최신 출제기준에 맞춘 최고의 수험서

2021 개정 14판

국가기술자격시험 한 권으로 끝내기!

전기 산업기사 필기

이광수
이기수 공저

이 책의 특징

- 전공학습에 대한 정확한 개념 정리
- 강의 경력 40년의 최상급 저자
- 한국산업인력공단의 출제기준안에 의한 구성
- 과목별 체계적인 단원 분류 및 요약정리
- 이론문제 및 계산문제를 공식부터 풀이과정을 상세하게 정리
- 최근 과년도 문제 수록

유료 동영상 강의

[질의응답 사이트 운영 http://www.kkwbooks.com (도서출판 건기원)
본서로 공부하면서 내용에 의문점이나 이해가 되지 않는 부분에 관하여 질·응답을 원하는
분은 위 사이트로 문의하시면 항상 감사하는 마음으로 정성껏 답하여 드리겠습니다.

전기산업기사 시험 정보

- **자격명**: 전기산업기사(Industrial Engineer Electricity)
- **관련부처**: 산업통상자원부
- **시행기관**: 한국산업인력공단 (http://www.q-net.or.kr)

01 취득방법

① 시 행 처 : 한국산업인력공단

② 시험과목 :

	과목
필기	1. 전기자기학 2. 전력공학 3. 전기기기 4. 회로이론 5. 전기설비기술기준 및 판단기준
실기	전기설비설계 및 관리

③ 검정방법
- 필기 : 객관식 4지 택일형, 과목당 20문항(과목당 30분)
- 실기 : 필답형(2시간 30분)

④ 합격기준
- 필기 : 100점을 만점으로 하여 과목당 40점 이상, 전 과목 평균 60점 이상
- 실기 : 100점을 만점으로 하여 60점 이상

02 규정변경

신분증, 전자통신기기, 공학용계산기 등에 관한 규정 강화로 수험자들의 주의 필요

- 2019년부터 수험자가 신분증을 미지참하거나 소지품 정리 시간 후 핸드폰, 전자시계 등 시험에 불필요한 전자·통신기기를 소지할 경우 당해 시험에 응시하지 못하고 퇴실 조치 및 시험은 무효처리함

- 공학용계산기 사용 규정도 변경된다.

  기능사 등급에 응시하는 수험자는 허용군 내 공학용계산기 사용만 가능하며 기술사를 비롯한 기사, 산업기사, 기능장 등급은 별도 기준을 마련해 단계적으로 시행할 계획이다.

▼ 공학용 계산기 기종 허용군

연번	제조사	허용기종군
1	카시오 (CASIO)	FX-901 ~ 999
2	카시오 (CASIO)	FX-501 ~ 599
3	카시오 (CASIO)	FX-301 ~ 399
4	카시오 (CASIO)	FX-80 ~ 120
5	샤프 (SHARP)	EL-501 ~ 599
6	샤프 (SHARP)	EL-5100, EL-5230, EL-5250, EL-5500
7	유니원 (UNIONE)	UC-600E, UC-400M

** 허용군 내 기종번호 말미의 영어 표기(ES, MS, EX 등)은 무관하나 SD라고 표기된 경우 외장메모리가 사용 가능하므로 사용 불가

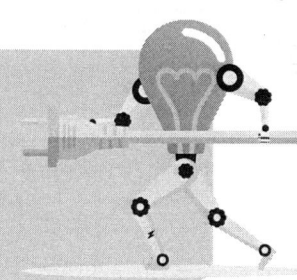

전기는 가장 기본적인 에너지이지만 관련 설비의 시공과 작동에서도 전문성이 요구되는 분야이다. 이에 따라 전기를 합리적으로 사용하고 전기로 인한 재해를 방지하기 위한 제반 환경을 조성하고 전문화된 기술 인력을 양성하기 위하여 자격제도를 제정하였다.

03 출제경향

- 필답형 실기시험이므로 시험과목 및 출제기준을 참조하여 수험준비를 해야 한다.
- 전기설비기술기준 및 판단기준, 내선규정은 시험일자 기준으로 시험 시행 전 최근 고시된 기준 및 규정으로 수험준비에 임하여야 한다.

04 수행직무

- 전기기계·기구의 설계, 제작, 관리 등과 전기설비를 구성하는 모든 기자재의 규격, 크기, 용량 등을 산정하기 위한 계산 및 자료의 활용과 전기설비의 설계, 도면 및 시방서 작성, 점검 및 유지, 시험작동, 운용관리 등에 전문적인 역할과 전기안전 관리 담당자로서의 업무를 수행한다.

05 진로 및 전망

- 한국전력공사를 비롯한 전기기기제조업체, 전기공사업체, 전기설계전문업체, 전기기기설비업체, 전기안전관리 대행업체, 건설 현장, 발전소, 변전소, 아파트 전기실, 빌딩 제어실 등에 취업할 수 있다.
- 전기는 모든 산업에 없어서는 안 될 중요한 에너지로서 단시간 정전이 발생한다하더라도 큰 재산상의 손실을 가져올 수 있을 뿐만 아니라 오·조작 시 안전사고를 불러일으킬 수도 있다. 이에 따라 전기를 안전하게 관리하고, 또한 전기관련 설비의 시공품질을 향상시키는 전문 인력의 수요는 꾸준할 전망이고 이에 따라 매년 많은 인원이 응시하고 있는 추세이다. 특히 '송유관사업법'에 의해 송유관사업체의 안전관리책임자로 '전기사업법'에 의해 발전소, 변전소 및 송전선로 내 배전선로의 관리소를 직접 통할하는 사업장에 전기안전관리 담당자로 고용될 수 있어 자격증 취득 시 취업에 매우 유리하다.

*자격취득자에 대한 법령상 우대현황

출처 : 본 자료는 2017년 하반기에 법제처(www.law.go.kr) 홈페이지를 통해 조사한 내용임

구 분		활용 내용
공무원	국가직	공무원 채용시험 응시 가점(5% 가산)
		6급 이하 공무원 채용시험 가산대상 자격증
	지방직	6급 이하 공무원 신규임용 시 필기시험 점수 가산(5% 가산)
	경찰직	경력경쟁채용 등의 자격
	법원직	경력경쟁시험의 응시요건
	교육직	5급 이하 공무원, 연구사 및 지도사 관련 가점사항
	선관위	자격증 소지자에 대한 가점(1점 이내) 평정
		6급 이하 공무원 채용시험에 응시하는 경우 가산(5% 가산)
	헌재	5급 이하 및 기능직공무원 자격증 취득자 가점 평정
	업무수당	특수업무수당 지급
자격증		검사원의 자격
		안전·보건진단기관의 인력기준
		환경기술인을 두어야 할 사업장과 그 자격기준
		승강기 보수를 업으로 하려는 자가 갖추어야 할 기술인력
근로자 직업능력		기능대학 교원 자격
		직업능력개발훈련교사의 자격
중소기업		지도사의 1차 시험 면제
		근로자의 창업지원 등 : 해당 직종과 관련분야에서 신기술에 기반한 창업의 경우 지원

머리말

■■■ 40여년간 전기·전자 관련 공학도들을 대상으로 강의해 오면서 학생들이 어렵게만 느끼고 있는 전기·전자공학 부분을 보다 알기 쉽고, 확실히 이해할 수 있는 방법을 찾고자 노력한 결과를 본서에 담았습니다.

■■■ 학생들과 같이 호흡하면서 강의해 온 경험을 토대로 전기산업기사 자격증 취득은 물론이거니와, 본서를 기반으로 전공 지식에 대한 비상을 목표로 기본적인 개념에서부터 응용분야에 이르는 단원별 핵심 이론 및 엄선 문제를 수록하고 풀이하였으며, 최근 자격증 기출문제에 대한 해설을 통하여 시험에 대비할 수 있도록 제작되었습니다.

■■■ 본서를 통하여 공부하시던 중 궁금한 부분이나 문제점이 생기면 질의·응답을 하실 수 있도록 질의·응답 사이트를 개설하여 수험생들의 문제점을 바로 해결할 수 있도록 하였습니다.

■■■ 【본 교재의 특징】

- 강의 경력 40년(대학 강의, 학원 강의, 기업체 연수원 강의)의 초특급 Know-How 교재
- 수험자가 단기간에 학습할 수 있도록 자격증 출제 기준안에 의거 각 과목별로 체계적인 단원 분류 및 핵심 이론과 엄선된 예제를 통한 공학 개념 완전 이해
- 단원별 핵심 이론 및 예제와 최근 과년도 출제 문제 해설을 수록하여 학습한 내용을 확인하고 평가할 수 있도록 만전을 기울인 교재

■■■ 아무쪼록 본서가 전기·전자공학도들에게 지속적인 사랑을 받으면서 전공학습의 개념 정리 및 전기산업기사 자격시험 합격에 있어서 꼭 필요한 책으로 기억되기를 바라며, 차후 변경되는 출제 경향 및 기출 문제 등을 지속적으로 수록하여 계속 보완하도록 하겠습니다.

■■■ 끝으로 본서를 출판하는 데 있어 많은 도움을 주시고 지도하여 주신 모든 선·후배님들과 도서출판 건기원 직원 여러분께 진심으로 감사드립니다.

저 자 씀

제1부 전기자기학

제 1 장 벡터(Vector)	13
	18 ★ 적중예상문제
제 2 장 정전계	18
	28 ★ 적중예상문제
제 3 장 진공중의 도체계	36
	42 ★ 적중예상문제
제 4 장 유전체	47
	53 ★ 적중예상문제
제 5 장 전기영상법	55
	61 ★ 적중예상문제
제 6 장 기본회로와 법칙	61
	70 ★ 적중예상문제
제 7 장 정자계	72
	82 ★ 적중예상문제
제 8 장 전류의 자기현상	83
	92 ★ 적중예상문제
제 9 장 자성체와 자기회로	98
	106 ★ 적중예상문제
제 10 장 인덕턴스(inductance)	111
	120 ★ 적중예상문제
제 11 장 전자계	126
	133 ★ 적중예상문제

차 례

제 2 부
전력공학

1. 송배전 공학

제 1 장 선로정수 및 코로나	137
141 ★ 적중예상문제	
제 2 장 송전특성 및 송전용량	148
153 ★ 적중예상문제	
제 3 장 고 장 계 산	160
164 ★ 적중예상문제	
제 4 장 유도장해 및 안정도	170
174 ★ 적중예상문제	
제 5 장 중성점 접지방식	176
180 ★ 적중예상문제	
제 6 장 이상전압 및 개폐기	182
190 ★ 적중예상문제	
제 7 장 전 선 로	201
206 ★ 적중예상문제	
제 8 장 배전선로의 구성과 전기방식	209
213 ★ 적중예상문제	
제 9 장 배전선로의 전기적인 특성	221
225 ★ 적중예상문제	
제 10 장 송배전선로의 운용과 보호	234
238 ★ 적중예상문제	

2. 수화력 및 원자력 공학

제 1 장 수력 공학	244
250 ★ 적중예상문제	
제 2 장 화력 공학	257
261 ★ 적중예상문제	
제 3 장 원자력 공학	265
269 ★ 적중예상문제	

제 3 부
전기기기

제1장 직류기 275
　　　　　　　　　　281 ★ 적중예상문제

제2장 변압기 294
　　　　　　　　　　300 ★ 적중예상문제

제3장 유도기 315
　　　　　　　　　　322 ★ 적중예상문제

제4장 동기기 338
　　　　　　　　　　344 ★ 적중예상문제

제5장 교류 정류자기 및 정류기 351
　　　　　　　　　　356 ★ 적중예상문제

차 례

제 4 부
회로이론

제 1 장 기본 법칙 367
375 ★ 적중예상문제

제 2 장 정현파 교류 377
381 ★ 적중예상문제

제 3 장 기본 교류회로 383
389 ★ 적중예상문제

제 4 장 교류전력 392
399 ★ 적중예상문제

제 5 장 대칭좌표법 406
411 ★ 적중예상문제

제 6 장 비정현파 교류 413
419 ★ 적중예상문제

제 7 장 2단자 회로망 423
428 ★ 적중예상문제

제 8 장 4단자 회로망 430
440 ★ 적중예상문제

제 9 장 분포 정수 회로 446
451 ★ 적중예상문제

제 10 장 과도현상 455
464 ★ 적중예상문제

제 11 장 라플라스 변환 467
473 ★ 적중예상문제

제 12 장 전달함수 481
486 ★ 적중예상문제

제 5 부
전기설비기술기준

| 제 1 장 공통사항 | 497 |
| 516 ★ 적중예상문제 |
| 제 2 장 저압 전기설비 | 521 |
| 556 ★ 적중예상문제 |
| 제 3 장 고압·특고압 전기설비 | 564 |
| 603 ★ 적중예상문제 |
| 제 4 장 전기철도설비 | 614 |
| 626 ★ 적중예상문제 |
| 제 5 장 분산형전원설비 | 634 |
| 642 ★ 적중예상문제 |

기출문제
2017년도

2017년 3월 5일 시행	3
2017년 5월 7일 시행	32
2017년 8월 26일 시행	60

차 례

기출문제
2018년도

2018년 3월 4일 시행	3
2018년 4월 28일 시행	31
2018년 8월 19일 시행	58

기출문제
2019년도

2019년 3월 3일 시행	3
2019년 4월 27일 시행	31
2019년 8월 4일 시행	59

기출문제
2020년도

2020년 6월 21일 시행	3
2020년 8월 22일 시행	35

제 1 부

전기자기학

제 1 장	벡터(Vector)
제 2 장	정 전 계
제 3 장	진공중의 도체계
제 4 장	유 전 체
제 5 장	전기영상법
제 6 장	기본회로와 법칙
제 7 장	정 자 계
제 8 장	전류의 자기현상
제 9 장	자성체와 자기회로
제 10 장	인덕턴스(inductance)
제 11 장	전 자 계

벡터(Vector)

1부 전기자기학

1 Vector

Δx(변위)=종점-시점

F(N), E(v/m), H(AT/m) 등에 이용된다.

크기와 방향을 가진 양
시점 —— Δx —— 종점

2 Scalar

V(v), U(A), W(J) 등에 이용된다.

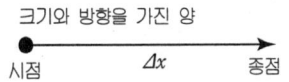

크기만을 가진 양
정수, 절대치

3 외적(vector積)

$$(\vec{A} \times \vec{B}) = |A||B|\sin\theta$$

(1) 단위 vector의 계산

$(i \times i) = 0$ $(i \times j) = k$ $(j \times i) = -k$
$(j \times j) = 0$ $(j \times k) = i$ $(k \times j) = -i$
$(k \times k) = 0$ $(k \times i) = j$ $(i \times k) = -j$

전위(V)란 무한원점에 있는 1[C]에 전하를 전계와 반대방향으로 무한원점으로부터 임의점까지 운반하는데 필요한 일의 양을 말한다.

$$\therefore V = -\int_{\infty}^{r} E dr \,[\text{V}] \text{ scalsr 양이다.}$$

(2) 전위경도=전위기울기= $gard\ V = \triangledown V \begin{bmatrix} \text{직각좌표} \\ \text{원통좌표} \\ \text{구좌표} \end{bmatrix}$ 으로 표시할 수 있다.

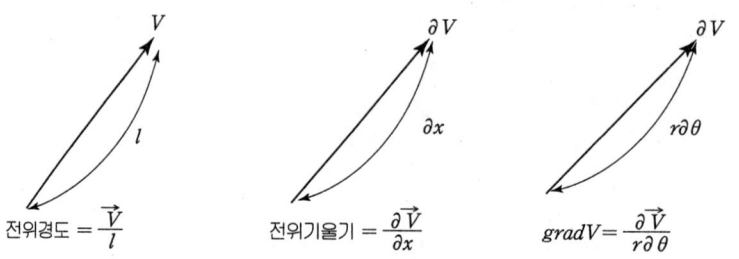

① 직각좌표($F[\text{N}]$, $E[\text{V/m}]$, $D[\text{C/m}^2]$ 등에 이용) (기준)

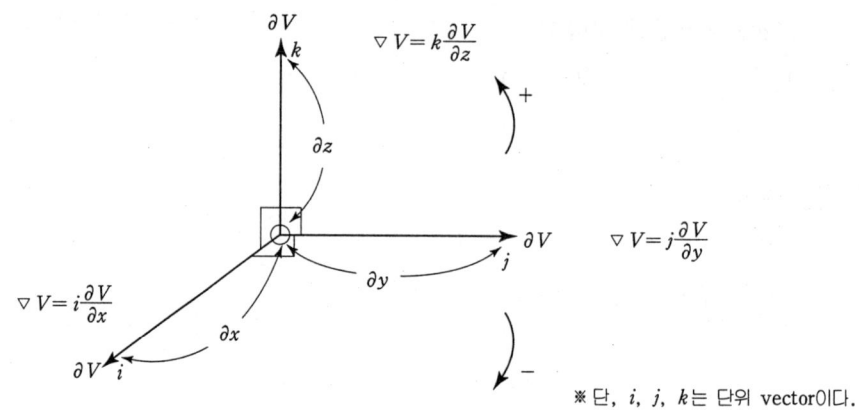

※ 단, i, j, k는 단위 vector이다.

$$dV(\text{미소체적}) = dxdydz\,[\text{m}^3]$$

$$\triangledown V(\text{전위경도}) = i\frac{\partial V}{\partial x} + j\frac{\partial V}{\partial y} + k\frac{\partial V}{\partial z}$$

$$\triangledown (\text{기울기}) = i\frac{\partial}{\partial x} + j\frac{\partial}{\partial y} + k\frac{\partial}{\partial z}$$

$$\therefore \triangledown \cdot \triangledown V = \frac{\partial^2 V}{\partial x^2} + \frac{\partial^2 V}{\partial y^2} + \frac{\partial^2 V}{\partial z^2}$$

$$\triangledown \cdot \triangledown = \triangledown^2 = \frac{\partial^2}{\partial x^2} + \frac{\partial^2}{\partial y^2} + \frac{\partial^2}{\partial z^2}$$

② $rotA$ (회전 vector A)

$$rotA = (\nabla \times A) = \begin{vmatrix} i & j & k \\ \dfrac{\partial}{\partial x} & \dfrac{\partial}{\partial y} & \dfrac{\partial}{\partial z} \\ A_x & A_y & A_z \end{vmatrix}$$

$$\triangle_{11} \quad + \quad \triangle_{12} \quad + \quad \triangle_{13}$$

$$\Rightarrow i\left(\frac{\partial A_z}{\partial y} - \frac{\partial A_y}{\partial z}\right) - j\left(\frac{\partial A_z}{\partial x} - \frac{\partial A_x}{\partial z}\right) + k\left(\frac{\partial A_y}{\partial x} - \frac{\partial A_x}{\partial y}\right)$$

③ V가 임이의 scalar량일 경우

$$(\nabla \times \nabla V) = 0$$
$$rot\ grad\ V = 0$$

4 내적(scalar積)

$$(\vec{A} \cdot \vec{B}) = |A||B|\cos\theta$$

(1) 단위 vector의 계산

$$(i \cdot i) = (j \cdot j) = (k \cdot k) = 1$$
$$(i \cdot j) = (j \cdot k) = (k \cdot i) = 0$$

(2) Scalar의 계산

① 2개 vector 사이의 각은 scalar를 이용하여 계산하면 쉽다.
② 2개 vector가 직교할 때는 무조건 scalar를 이용하여 계산한다.
③ 전력선과 통신선이 직교($\theta = 90°$)란 $\begin{bmatrix} M(\text{상호 인덕턴스}) = 0 \\ \text{전자유도 현상이 없다.} \end{bmatrix}$

(3) 발산(임의 체적에서의 발산)

$$divA = (\nabla \cdot A) = \frac{\partial A_x}{\partial x} + \frac{\partial A_y}{\partial y} + \frac{\partial A_z}{\partial z}$$

(4) $div \cdot grad V$

$$= (\nabla \cdot \nabla V) = \nabla^2 V = \frac{\partial^2 V}{\partial x^2} + \frac{\partial^2 V}{\partial y^2} + \frac{\partial^2 V}{\partial z^2}$$

$$\nabla^2 = (\nabla \cdot \nabla) = \frac{\partial^2}{\partial x^2} + \frac{\partial^2}{\partial y^2} + \frac{\partial^2}{\partial z^2}$$

[적중예상문제]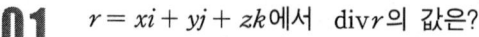

01 $r = xi + yj + zk$에서 div$r$의 값은?
① 0 ② 1
③ 2 ④ 3

해설
$\operatorname{div} r = \nabla \cdot r = \left(i\frac{\partial}{\partial x} + j\frac{\partial}{\partial y} + K\frac{\partial}{\partial z}\right) \cdot (ix + jy + kz) = \frac{\partial x}{\partial x} + \frac{\partial y}{\partial y} + \frac{\partial z}{\partial z} = 1 + 1 + 1 = 3$

02 모든 장소에서 $\nabla \cdot D = 0$, $\nabla \times \frac{D}{\varepsilon} = 0$와 같은 관계가 성립하면 D는 어떤 성질을 가져야 하는가?
① x의 함수 ② y의 함수
③ z의 함수 ④ 상수

해설
$\nabla \cdot D = 0$은 전속밀도의 연속성으로서 상수, $\nabla \times E = \nabla \times \frac{D}{\varepsilon} = 0$도 전속밀도의 보존이므로 상수이다.

03 저항이 100[Ω]인 동선에 900[Ω]인 망간선을 직렬로 연결하면 전체 저항의 온도계수는 동선의 온도 계수의 약 몇 배 정도가 되는가?
① 0.1 ② 0.6
③ 0.9 ④ 1.8

해설
동선과 망간선의 온도계수를 다 같이 a_o라면 동선저항의 온도계수는 합성저항온도계수의 몇 배인가는
$\frac{동선저항온도계수}{합성저항온도계수} = \frac{100 \times a_o}{100a_o + 900a_o} = \frac{100}{1000} = 0.1$배이다.

04 $A = -i\,7 - j$, $B = -i\,3 - j\,4$의 두 벡터가 이루는 각은 몇 도인가?
① 30 ② 45
③ 60 ④ 90

예답 1. ④ 2. ④ 3. ① 4. ②

해설 2개 벡터 사이에 각을 Scalar로 계산하면, $(\vec{A} \cdot \vec{B}) = |A||B|\cos\theta$ (내적)

$\cos\theta = \dfrac{(\vec{A} \cdot \vec{B})}{|A||B|}$, $\theta = \cos^{-1}\dfrac{(\vec{A} \cdot \vec{B})}{|A||B|}$ 에 대입하면

$\therefore \theta(\text{상차각}) = \cos^{-1}\dfrac{21+4}{\sqrt{7^2+1^2} \times \sqrt{3^2+4^2}} \fallingdotseq \cos^{-1}\dfrac{25}{7 \times 5} = \cos^{-1}\dfrac{25}{35} = 45°$

---

05 전계 $E = i3x^2 + j2xy^2 + kx^2yz$ 의 $\operatorname{div} E$는 얼마인가?

① $-i6x + jxy + kx^2y$ ② $i6x + j6xy + kx^2y$
③ $-6x - 6xy - x^2y$ ④ $6x + 4xy + x^2y$

해설 $\operatorname{div} E = \nabla \cdot E = \left(i\dfrac{\partial}{\partial x} + j\dfrac{\partial}{\partial y} + k\dfrac{\partial}{\partial z}\right) \cdot (i3x^2 + j2xy^2 + kx^2yz) = 6x + 4xy + x^2y$

정답 5. ④

정 전 계

1부 전기자기학

1 MKS단위계, CGS단위계 Coulomb 힘

$$F = \frac{Q_1 Q_2}{4\pi\varepsilon r^2}\left(\frac{\vec{r}}{|r|}\right) = 9\times 10^9 \frac{Q_1 Q_2}{\varepsilon_s r^2}\left(\frac{\vec{r}}{|r|}\right)[\text{N}]$$

⇨ MKS단위계 Coulomb힘

$$F = \frac{Q_1 Q_2}{\varepsilon_s r^2}\left(\frac{\vec{r}}{|r|}\right)[\text{dyne}]$$

⇨ CGS단위계 Coulomb힘

단위 vector $= \frac{\vec{r}}{|r|}$ 는 방향만 표시.

2 전기력선의 일반적인 성질

① +극에서 시작 −극으로 끝난다.
② 전기력선은 직진한다.(굴절하지 않는다.)
③ 전기력선은 어느 면과 직교한다.(폐곡면(선)을 만들지 못한다.)
④ 전기력선은 전위가 높은 곳에서 낮은 곳으로 향한다.

3 가우스 정리

3-1 가우스 정리 적분형

$$\int_s E n ds = \frac{Q}{\varepsilon_0} \Rightarrow 전기력 선의 총수$$

∴ $E[\text{v/m}]$(전계세기)를 구하는 식

$$\int_s D n ds = Q \Rightarrow 전속 총수$$

∴ $D[\text{c/m}^2]$(전속밀도)를 구하는 식

3-2 가우스 정리 미분형

$$\left.\begin{array}{l} divE = \dfrac{\rho}{\varepsilon_0} \\ \nabla \cdot E = \dfrac{\rho}{\varepsilon_0} \end{array}\right] E(전계세기)를 알고\ \rho(체적전하밀도)를 구하는 식$$

$$\left.\begin{array}{l} divD = \rho \\ \nabla \cdot D = \rho \end{array}\right] D(전속밀도)를 알고\ \rho(체적전하밀도)를 구하는 식$$

3-3 포아손의 방정식

$$\nabla^2 V = -\frac{\rho}{\varepsilon_0}$$

∴ V(전압)을 알고 ρ(체적전하밀도)를 구하는 식

4 전 위(v)

무한원점에 있는 1[C]에 전하를 전계와 반대방향으로 무한원점으로부터 임의점까지 운반하는데 필요한 일의 양을 말한다.

∴ $V = -\int_\infty^r E dr\,[\text{V}]$ scalar 양이다.

$\therefore$ 전위경도=전위기울기= $gard\ V = \triangledown V \begin{bmatrix} 직각좌표 \\ 원통좌표 \\ 구좌표 \end{bmatrix}$ 으로 표시할 수 있다.

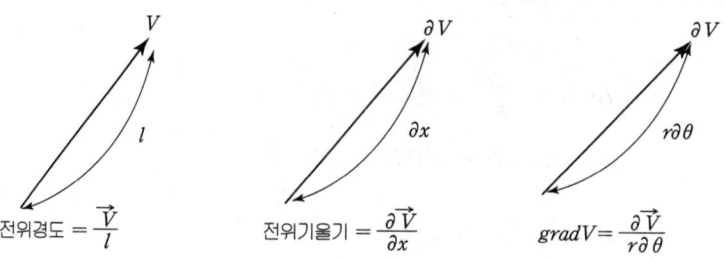

직각좌표($F[\text{N}]$, $E[\text{V/m}]$, $D[\text{C/m}^2]$ 등에 이용) (기준)

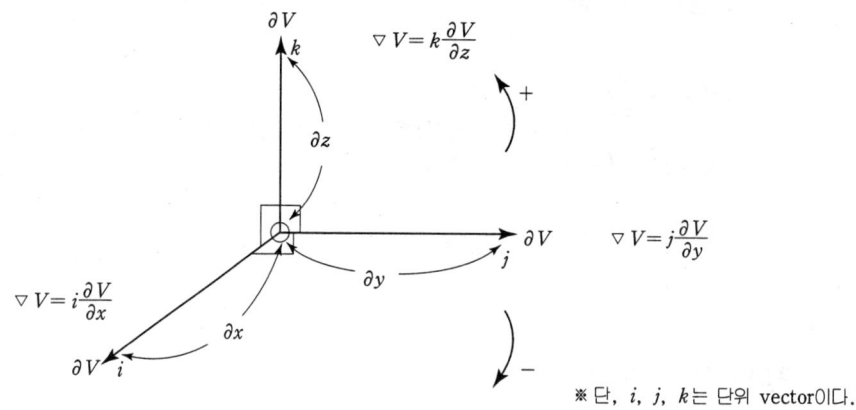

※ 단, i, j, k는 단위 vector이다.

$$dV(\text{미소체적}) = dx\,dy\,dz\,[\text{m}^3]$$

$$\triangledown V(\text{전위경도}) = i\frac{\partial V}{\partial x} + j\frac{\partial V}{\partial y} + k\frac{\partial V}{\partial z}$$

$$\triangledown (\text{기울기}) = i\frac{\partial}{\partial x} + j\frac{\partial}{\partial y} + k\frac{\partial}{\partial z}$$

$$\therefore \triangledown \cdot \triangledown V = \frac{\partial^2 V}{\partial x^2} + \frac{\partial^2 V}{\partial y^2} + \frac{\partial^2 V}{\partial z^2}$$

$$\triangledown \cdot \triangledown = \triangledown^2 = \frac{\partial^2}{\partial x^2} + \frac{\partial^2}{\partial y^2} + \frac{\partial^2}{\partial z^2}$$

5 E(전계세기) v/m

직각좌표, 원통좌표, 구좌표에 적용된다.

(1) 단위점전하 1[C]에 작용하는 힘

$$E = \frac{Q}{4\pi\varepsilon r^2}\left(\frac{\vec{r}}{|r|}\right) = 9 \times 10^9 \frac{Q}{\varepsilon_s r^2}\left(\frac{\vec{r}}{|r|}\right) [v/m]$$

단위 vector $\frac{\vec{r}}{|r|}$ 는 방향만 표시된다.

(2) 수직단면을 통과하는 전기력선의 밀도

$$E(전계세기) = 전기력선의 밀도 [v/m] = \frac{전기력선\ 총수}{단위면적} [v/m]$$

(3) 전위경도에 (-)부호를 붙인 것

$$E = -gardV = -\nabla V = -\left(i\frac{\partial v}{\partial x} + j\frac{\partial v}{\partial y} + k\frac{\partial v}{\partial z}\right) [v/m]$$

E(전계세기)는 전위경도와 크기는 같고 방향만 반대이다.

6 힘[N], 전계세기[v/m], 전속밀도[c/m²], 전압[V]의 상호관계

$$\begin{cases} F(힘) = \dfrac{QQ}{4\pi\varepsilon r^2} = QE [N] \\ E(전계세기) = \dfrac{Q}{4\pi\varepsilon r^2} = \dfrac{F}{Q} [N/C = v/m] \end{cases}$$

$$\begin{cases} V(전위) = \dfrac{Q}{4\pi\varepsilon r} = Er [V] \\ E(전계세기) = \dfrac{Q}{4\pi\varepsilon r^2} = \dfrac{V}{r} [v/m] \end{cases}$$

$$\begin{cases} E(전계세기) = \dfrac{Q}{4\pi\varepsilon r^2} = \dfrac{D}{\varepsilon} [v/m] \\ D(전속밀도) = \dfrac{Q}{4\pi r^2} = \varepsilon E [c/m^2] \end{cases}$$

7 E[v/m], V[V], D[c/m²], C[F] 등의 정리

(1) 구(점전하)

$$E(\text{전계세기}) = \frac{Q}{4\pi\varepsilon r^2} \ [\text{v/m}] \ \cdots\cdots\cdots\cdots\cdots\cdots\cdots\cdots\cdots \text{vector}$$

$$V(\text{전위}) = -\int_{\infty}^{r} E dr = \frac{Q}{4\pi\varepsilon_0 r} \ [\text{V}] \cdots\cdots\cdots\cdots\cdots\cdots\cdots\cdots \text{scalar}$$

$$D(\text{전속밀도}) = \sigma(\text{전하밀도}) = \frac{Q}{4\pi r^2} \ [\text{c/m}^2]$$

(2) 동심구

$$E(\text{전계세기}) = \frac{Q}{4\pi\varepsilon_0 r^2} \ [\text{v/m}]$$

$$V(\text{전압}) = -\int_{b}^{a} E dr = \frac{Q}{4\pi\varepsilon_0}\left(\frac{1}{a} - \frac{1}{b}\right)[\text{V}]$$

$$D(\text{전속밀도}) = \sigma(\text{전하밀도}) = \frac{Q}{4\pi r^2} \ [\text{c/m}^2]$$

(3) 전기쌍극자 ($M = Ql\ [\text{c}\cdot\text{m}]$)

$$V(\text{전위}) = \frac{Ql\cos\theta}{4\pi\varepsilon_0 r^2} = \frac{M\cos\theta}{4\pi\varepsilon_0 r^2} \ [\text{V}]$$

$$E_r = -\frac{\partial V}{\partial r} = \frac{2M\cos\theta}{4\pi\varepsilon_0 r^3} a_r \ [\text{v/m}]$$

$$E_\theta = -\frac{\partial V}{r\partial \theta} = \frac{M\sin\theta}{4\pi\varepsilon_0 r^3} a_\theta \ [\text{v/m}]$$

$$E(\text{전계세기}) = \sqrt{E_r^2 + E_\theta^2} = \frac{M}{4\pi\varepsilon_0 r^3}\sqrt{1 + 3\cos^2\theta} \ [\text{v/m}]$$

(4) 무한직선전하(선전하)

$$E(\text{전계세기}) = \frac{\lambda}{2\pi\varepsilon_0 r} \ [\text{v/m}]$$

$$V(\text{전위}) = -\int_{\infty}^{r} E dr = \infty \ [\text{V}] (\text{대지전위})$$

$$D(\text{전속밀도}) = \sigma(\text{전하밀도}) = \frac{\lambda}{2\pi r} \ [\text{c/m}^2]$$

(5) 원통도체

$$E(\text{전계세기}) = \frac{\lambda}{2\pi\varepsilon_0 r} \, [\text{v/m}]$$

$$V(\text{전위}) = -\int_{\infty}^{r} E dr = \infty \, [\text{V}] (\text{대지전위})$$

$$D(\text{전속밀도}) = \sigma(\text{전하밀도}) = \frac{\lambda}{2\pi r} \, [\text{c/m}^2]$$

(6) 동심원통=동축케이블

$$E(\text{전계세기}) = \frac{\lambda}{2\pi\varepsilon_0 r} \, [\text{v/m}]$$

$$V(\text{전압}) = -\int_{b}^{a} E dr = \frac{\lambda}{2\pi\varepsilon_0} \ln\frac{b}{a} \, [\text{V}]$$

$$C(\text{정전용량}) = \frac{\lambda \times l}{V} = \frac{\lambda}{-\int_{b}^{a} E dr} = \frac{2\pi\varepsilon_0}{\ln\frac{b}{a}} \, [\text{F/m}]$$

(7) 무한평면(도체)=구도체=대전도체

내부전위 (V) = 일정

$$E(\text{전계세기}) = \frac{\sigma}{\varepsilon_0} \, [\text{v/m}] \, (\text{거리에 무관하다.})$$

(8) 무한평면도체판(板)=무한판상

넓고 아주 얇은 판

$$E(\text{전계세기}) = \frac{\sigma}{2\varepsilon_0} \, [\text{v/m}](\text{거리에는 무관하다.})$$

(9) 평행판=평행평판=콘덴샤

무한평면도체판 2개를 평행하게 놓은 판

$$V(\text{전압}) = Ed = \frac{\sigma}{\varepsilon_0} \times d \, [\text{V}]$$

$$E(\text{전계세기}) = \frac{V}{d} \, [\text{v/m}]$$

$$C(\text{정전용량}) = \frac{Q}{V} = \frac{\varepsilon_0 S}{d} \, [\text{F}]$$

$$W(\text{에너지}) = \frac{1}{2} QV = \frac{Q^2}{2C} = \frac{1}{2} CV^2 = \frac{1}{2} \varepsilon_0 E^2 Sd \, [\text{J}]$$

(10) 평행전선

평행한 2가닥의 전선을 말한다.

$$V(\text{전압}) = -\int_{d-a}^{a} E dr = \frac{\lambda}{\pi \varepsilon_0} \ln \frac{d}{a} \ [V]$$

$$C(\text{정전용량}) = \frac{\lambda \times l}{V} = \frac{\lambda}{-\int_{d-a}^{a} E dr} = \frac{\pi \varepsilon_0}{\ln \frac{d}{a}} \ [F/m]$$

(11) 전기력선의 일반적인 성질

$$\frac{dx}{E_x} = \frac{dy}{E_y} = \frac{dz}{E_z}$$

(12) Stock 정리 적분형과 미분형

$$\left. \begin{array}{l} \int \int_C E dl = 0 = \int \int_S rotE dS \quad \cdots\cdots \text{적분형} \\ \left. \begin{array}{l} rotE = 0 \\ \nabla \times E = 0 \end{array} \right\} \cdots\cdots\cdots\cdots\cdots \text{미분형} \end{array} \right\} \text{보존적이다}$$

[적중예상문제]

01 한변의 길이가 $\sqrt{2}$[m]되는 정사각형의 4개의 정점에 $+10^{-9}$[C]의 점전하가 각각 있을 때 이 사각형의 중심에서의 전위는 몇 [V]인가?

① 0 ② 18
③ 36 ④ 72

해설 한 변의 길이가 $\sqrt{2}$[m]인 경우 중심거리는 1[m]이다.

∴ 중심전위 $V = \dfrac{Q}{4\pi\varepsilon_o r} \times 4 = 9 \times 10^9 \times \dfrac{10^{-9}}{1} \times 4 = 36$ [V]. 단, 전위는 Scalar이다.

02 전하밀도 ρ_s[C/m²]인 무한판상 전하분포에 의한 임의 점의 전장에 대하여 틀린 것은?

① 전장의 세기는 전하밀도 ρ_s에 비례한다.
② 전자의 세기는 매질에 따라 변한다.
③ 전장의 세기는 거리 r에 반비례한다.
④ 전장은 판에 수직방향으로만 존재한다.

해설 무한판상=무한평면도체판(板)상을 말한다. 그러므로 무한판상의 전장세기는 가우스 정리 적분형에서 $E = \dfrac{\sigma}{2\varepsilon_o}$ [V/m]로서 전하밀도 $\sigma = \rho_s$[c/m²]에 비례하며 거리와는 무관하다.

03 전하 Q_1, Q_2간의 작용력이 F_1일 때 이 근처에 전하 Q_3을 놓을 경우 Q_1과 Q_2 사이의 전기력을 F_2라 하면?

① $F_1 = F_2$ ② $F_1 < F_2$
③ $F_1 > F_2$ ④ Q_3의 크기에 따라 다르다.

해설 Q_1과 Q_2 사이에 전기력이 F_1이다. Q_1과 Q_2 사이에 Q_3를 놓아도 Q_1과 Q_2 사이에 작용 힘 F_2는 Q_3에 아무런 영향을 받지 않는다. 그러므로 $F_1 = F_2$이다.

해답 1. ③ 2. ③ 3. ①

04 거리 r에 반비례하는 전계의 크기를 주는 대전체는?
① 점전하　　　　　　　② 선전하
③ 구전하　　　　　　　④ 무한평면전하

해설 선전하로부터 임의거리인 점에 전계세기 $E=\dfrac{\lambda}{2\pi\varepsilon_o r}$ [V/m] 원통도체나 동축케이블(동심원통)로부터 임의거리 r[m] 떨어진 점에서의 전계 $E=\dfrac{\lambda}{2\pi\varepsilon_o r}$ [V/m]이다. 그러므로 이는 거리 r[m]에 반비례한다.

05 공기 중에 0.1×10^{-6}[C]의 점전하가 있다. 전하 Q에서 거리 $a=1$[m], $b=2$[m]에 있는 두 점 a, b 사이의 전위차는 몇 [V] 인가?
① 4.5　　　　　　　　② 45
③ 450　　　　　　　　④ 4500

해설 V(전압=전위차)
$=-\int_2^1 E dr = \dfrac{Q}{4\pi\varepsilon_o}\left(\dfrac{1}{r}\right)_2^1 = 9\times 10^9 \times 0.1 \times 10^{-6}\left(\dfrac{1}{1}-\dfrac{1}{2}\right)=450$ [V]

06 유전체 중의 전계의 세기를 E, 유전률을 ε이라 하면 전기 변위는?
① $\dfrac{\varepsilon}{E}$　　　　　　　　② $\dfrac{E}{\varepsilon}$
③ $E\varepsilon^2$　　　　　　　　④ εE

해설 전기변위=전속밀도$=\dfrac{\phi}{s}=\varepsilon E$ [c/m^2]로서 εE만한 크기를 갖고 방향은 전계방향과 동일방향으로 변위한다.

07 전기쌍극자로부터 임의의 점의 거리가 r이라 할 때, 전계의 세기는 r과 어떤 관계에 있는가?
① $\dfrac{1}{r}$에 비례　　　　　　② $\dfrac{1}{r^2}$에 비례
③ $\dfrac{1}{r^3}$에 비례　　　　　　④ $\dfrac{1}{r^4}$에 비례

정답 4. ②　5. ③　6. ④　7. ③

해설 전기쌍극자의 중심으로부터 임의거리 r[m] 떨어진 점에서의 전위

$V = \dfrac{Q\delta\cos\theta}{4\pi\varepsilon_o r^2} = \dfrac{M\cos\theta}{4\pi\varepsilon_o r^2}$ [V]이다. 그러므로 전기쌍극자 중심으로부터 임의거리 떨어진 점에

전계세기 $\to E = a_r E_r + a_\theta E_\theta = \sqrt{E_r^2 + E_\theta^2} = \dfrac{M}{4\pi\varepsilon_o r^3}\sqrt{1+3\cos^2\theta}$ [V/m]로서 전계세기는 거리

$\dfrac{1}{r^3}$ 에 비례한다.

08 정전계의 대한 설명 중 틀린 것은?
① 도체에 주어진 전하는 도체표면에만 분포한다.
② 중공도체(中空導體)에 준 전하는 외부 표면에만 분포하고 내면에는 존재하지
③ 단위전하에서 나오는 전기력선의 수는 $\dfrac{1}{\varepsilon_0}$ 개다.
④ 전기력선은 전하가 없는 곳에서는 서로 교차한다.

해설 전기력선의 일반적인 성질
① 전기력선은 +극에서 출발, -극으로 끝난다.
② 전기력선은 직진한다.(굴절하지 않는다.)
③ 전기력선은 어느 면과 직교한다.(폐곡면(선)을 만들지 못한다.)

09 평행판 극판에 전압 [V]가 인가되고 내부전계는 평등하다고 한다. 극판간의 간격을 d 라할 때, 전하 Q가 속도 v로 움직이며 회로에 흐르는 전류는 어떻게 표현되는가?

① $\dfrac{QV}{2d}$ ② $\dfrac{QV}{d}$

③ $\dfrac{2QV}{d}$ ④ $\dfrac{QV}{d^2}$

해설 평등전계 E[V/m] 중에 전하 Q[C]를 놓으면 힘 $F = QE = Q \times \dfrac{V}{d}$ [N] 힘을 받아 이 전하 Q[C]이 V[m/sec]의 속도로 움직이므로 평행판 콘덴서의 전류가 된다.

10 크기가 2×10^{-6}[C]인 두 개의 같은 점전하가 진공 중에 떨어져 4×10^{-3}[N]의 힘이 작용할 때 이들 사이의 거리는몇 [m] 인가?
① 1 ② 2
③ 3 ④ 4

해설 MKS 단위계의 Conlomb 힘 $F = \dfrac{Q_1 Q_2}{4\pi\varepsilon_o r^2} = 9 \times 10^9 \dfrac{Q_1 Q_2}{r^2} = 9 \times 10^9 \dfrac{(2 \times 10^{-6})^2}{r^2}$

∴ $r^2 = \dfrac{36 \times 10^{-3}}{4 \times 10^{-3}} = 9$ ∴ $r = \sqrt{9} = 3$ [m]

정답 8. ④ 9. ② 10. ③

11 축이 무한히 길고, 반지름이 a[m]인 원주내에 전하가 축대칭이며, 축방향으로 균일하게 분포되어 있을 경우, 반지름 $r(>a)$[m]되는 동심 원통면상 외부의 일점 P의 전계의 세기는 몇 [V/m] 인가? (단, 원주의 단위 길이당의 전하를 λ[C/m]라 한다.)

① $\dfrac{\lambda}{\varepsilon_o}$
② $\dfrac{\lambda}{2\pi\varepsilon_o}$
③ $\dfrac{\lambda}{\pi a}$
④ $\dfrac{\lambda}{2\pi\varepsilon_o r}$

해설 반지름 a[m]인 무한이 긴 반지름 $r>a$[m]되는 원통면상 외부 일점 P점에 전계세기는 가우스 정리 적분형에서 $\int_S E ds = \dfrac{dQ}{\varepsilon_o}$, $ES = \dfrac{dQ}{\varepsilon_o}$

∴ $E 2\pi r dl = \dfrac{\lambda dl}{\varepsilon_o}$ ∴ $E = \dfrac{\lambda}{2\pi\varepsilon_o r}$ [V/m]이다.

12 정전콘덴서의 전위차와 축적된 에너지와의 관계를 그림으로 나타내면?
① 원 ② 포물선
③ 쌍곡선 ④ 타원형

해설 정전용량과 전위차에 의한 에너지 $W = \dfrac{1}{2}QV = \dfrac{1}{2}CV^2$ [J]는 포물선이다.

13 전기쌍극자 모멘트 M[c.m]인 전기쌍극자에 의한 임의의 점의 전위는 몇 [V] 인가? (단, 전기쌍극자간의 중심점에서 임의의 점까지의 거리는 R[m]이고, 이들간에 이루어진 각은 θ이다.)

① $9 \cdot 10^9 \dfrac{M\cos\theta}{R}$
② $9 \cdot 10^9 \dfrac{M\cos\theta}{R^2}$
③ $9 \cdot 10^9 \dfrac{M\sin\theta}{R}$
④ $9 \cdot 10^9 \dfrac{M\sin\theta}{R^2}$

해설 전기쌍극자의 중심으로부터 임의거리 R[m] 떨어진 점에 전위
$V = \dfrac{Ql\cos\theta}{4\pi\varepsilon_o R^2} = \dfrac{M\cos\theta}{4\pi\varepsilon_o R^2} = 9\times 10^9 \dfrac{M\cos\theta}{R^2}$ [V]로서 거리 R^2에 반비례한다.

14 전기력선의 기본성질에 관한 설명으로 틀린 것은?
① 전기력선의 방향은 그 점의 전계의 방향과 일치한다.
② 전기력선은 전위가 높은 점에서 낮은 점으로 향한다.
③ 전기력선은 그 자신만으로도 폐곡선이 된다.
④ 전계가 0 이 아닌 곳에서는 전력선은 도체 표면에 수직으로 만난다.

해답 11. ④ 12. ② 13. ② 14. ③

해설
전기력선의 일반적인 성질
① +극에서 출발, -극으로 끝난다.
② 전기력선은 직진한다(굴절하지 않는다.).
③ 전기력선은 어느 면과 직교한다(전기력선은 그 자신만으로 폐곡선(면)이 될 수 없다.).

15 $E= i\left(\dfrac{x}{x^2+y^2}\right) + j\left(\dfrac{y}{x^2+y^2}\right)$인 전계의 전기력선의 방정식을 옳게 나타낸 것은? (단, C는 상수이다.)

① $y= c \ln x$
② $y= \dfrac{c}{x}$
③ $y= c\, x$
④ $y= c\, x^2$

해설
일반적인 전기력선의 방정식 $\dfrac{dx}{Ex}=\dfrac{dy}{Ey}$ 에서 $\dfrac{dx}{\frac{x}{x^2+y^2}}=\dfrac{dy}{\frac{y}{x^2+y^2}}$ 양변 적분하면

$\int \dfrac{1}{x}dx = \int \dfrac{1}{y}dy$, $\ln_e x + C_1 = \ln_e y + C_2$

∴ $C_1 x = C_2 y$ $\quad y = \dfrac{C_1}{C_2}x = Cx$

16 전계강도 $E = ix + jy + kz$로 표시될 때 반지름 10[m]의 구면을 통하는 전체 전속선 수는 얼마인가?

① 1.1×10^{-8}
② 2.1×10^{-7}
③ 3.2×10^{-7}
④ 5.1×10^{-7}

해설
구면 전체를 통과하는 전속수
$\psi = Q = DS = \varepsilon_o ES = 8.855 \times 10^{-12} \times 1 \times 4 \times 3.14 \times 10^2 \fallingdotseq 1.1 \times 10^{-8}$ [C]
단, 각 방향의 전계 $E = 1$[V/m]이다.

17 전위경도 V와 전계 E의 관계식은?
① E=grad V
② E=div V
③ E=-grad V
④ E=-div V

해설
전계세기란
① 단위 정전하 1[C]에 작용하는 힘
② 수직단면을 통과하는 전기력선의 밀도
③ 전위경도에 -부호를 붙인 것이다.
즉, $E = -\text{grad } V = -\nabla V$[V/m]로서 전계세기는 전위경도와 크기는 서로 같고 방향만 반대이다.

해답 15. ③ 16. ① 17. ③

18 전위함수에서 라플라스방정식을 만족하지 않는 것은?

① $V = r\cos\theta + \phi$
② $V = x^2 - y^2 + z^2$
③ $V = \rho\cos\theta + \phi$
④ $V = \dfrac{V_o}{d}X$

해설
$\nabla^2 V = 0$는 라플라스 방정식으로 연속성이다. 즉, $\nabla^2 V = 0$이면 연속성이다.

$\therefore \nabla^2 V = \dfrac{\partial^2 V}{\partial x^2} + \dfrac{\partial^2 V}{\partial y^2} + \dfrac{\partial^2 V}{\partial z^2} = 0$에서

$V = x^2 - y^2 + z^2$ [V]인 경우에만

$\nabla^2 V = \dfrac{\partial^2}{\partial x^2}(x^2 - y^2 + z^2) + \dfrac{\partial^2}{\partial y^2}(x^2 - y^2 + z^2) + \dfrac{\partial^2}{\partial z^2}(x^2 - y^2 + z^2) = 2 - 2 + 2 = 2$이다.

$\therefore$ 연속성이 성립되지 않는다.

19 전위가 $V = 2x + y$ [V]일 때 자유공간중의 $0 \leq x \leq 1$, $0 \leq y \leq 1$, $0 \leq z \leq 1$의 공간에 저장되는 전계에너지는 약 몇 [J]인가?

① 2.214×10^{-11}
② 4.428×10^{-11}
③ 2.214×10^{-12}
④ 4.428×10^{-12}

해설
전계세기

$E = -\text{grad}\, V = -\nabla V = -\left(\dfrac{\partial}{\partial x}(2x+y)a_x + \dfrac{\partial}{\partial y}(2x+y)a_y\right) = -2a_x - a_y$

$\therefore |E| = \sqrt{(2)^2 + (1)^2} = \sqrt{5}$ [V/m] (단, V는 체적이다.)

전계 저장되는 에너지

$W = \dfrac{1}{2}\varepsilon_o E^2 V = \dfrac{1}{2} \times 8.855 \times 10^{-12} \times (\sqrt{5})^2 \times 1 \times 1 \times 1 \fallingdotseq 2.214 \times 10^{-11}$ [J]

20 한변의 길이가 a [m]인 정4각형 A, B, C, D의 각 정점에 각각 Q [C]의 전하를 놓을 때, 정4각형 중심 0의 전위는 몇 [V]인가?

① $\dfrac{3Q}{4\pi\varepsilon_0 a}$
② $\dfrac{3Q}{\pi\varepsilon_0 a}$
③ $\dfrac{\sqrt{2}Q}{\pi\varepsilon_0 a}$
④ $\dfrac{2Q}{\pi\varepsilon_0 a}$

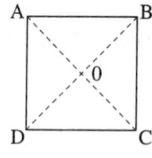

해설
정4각형 정점에서 중심 C까지의 거리 $= \dfrac{\sqrt{2}a}{2} = \dfrac{a}{\sqrt{2}}$ [m]

$\therefore$ 정4각형 중심 O의 전위 $V = 4 \times \dfrac{Q}{4\pi\varepsilon_o \dfrac{a}{\sqrt{2}}} = \dfrac{\sqrt{2}Q}{\pi\varepsilon_o a}$ [V]

해답 18. ② 19. ① 20. ③

21 유전률 ε[F/m]인 유전체를 넣은 무한장 동축 케이블의 중심도체에 Q[C/m]의 전하를 줄때, 중심축에서 r[m](내외반경의 중심선)인 점의 전속밀도는 몇 [C/m²]인가?

① $\dfrac{\lambda}{2\pi r}$ ② $\dfrac{\lambda}{2\pi r^2}$

③ $\dfrac{\lambda}{2\pi\varepsilon r}$ ④ $\dfrac{\lambda}{4\pi\varepsilon r^2}$

해설
임의폐곡면 S = 원둘레 × 1 = $2\pi r$ [m²]
∴ 전속밀도 (D) = 전하밀도 (σ) = $\dfrac{\lambda}{S} = \dfrac{\lambda}{2\pi r}$ [c/m²]

22 전기력선의 기본성질에 관한 설명으로 틀린 것은?
① 전기력선의 방향은 그 점의 전계의 방향과 일치한다.
② 전기력선은 전위가 높은 점에서 낮은 점으로 향한다.
③ 전기력선은 그 자신만으로도 폐곡선이 된다.
④ 전계가 0이 아닌 곳에서는 전력선은 도체 표면에 수직으로 만난다.

해설 전기력선의 일반적인 성질
① +극에서 출발, -극으로 끝난다.
② 전기력선은 직진한다.(굴절하지 않는다.)
③ 전기력선은 어느 면과 직교한다.(그 자신만으로 폐곡선(면)을 만들지 못한다.)

23 $\mathrm{div} D = \rho$와 관계가 가장 깊은 것은?
① Ampere의 주회적분 법칙 ② Faraday의 전자유도 법칙
③ Laplace의 방정식 ④ Gauss의 정리

해설
가우스 정리적분형에서 $\int_S D ds = Q \cdots$ ①, D(전속밀도)를 구하는 식이다.
①식에서 발산정리를 적용하면, $\int_V \mathrm{div} D dv = \int_V \rho dV$ 단, $\rho = \dfrac{dQ}{dV}$ [c/m³]
($dQ = \rho dV$[C], $Q = \int_V \rho dV$[C]이다.). $\mathrm{div} D = \rho$, $\nabla \cdot D = \rho$
가우스 정리 미분형이라 하며 이는 전속밀도(D)를 알고 ρ[c/m³]을 구하는 식이다.

24 전계 $E = i3x^2 + j2xy^2 + kx^2yz$ 의 $\mathrm{div} E$는 얼마인가?
① $-i6x + jxy + kx^2y$ ② $i6x + j6xy + kx^2y$
③ $-6x - 6xy - x^2y$ ④ $6x + 4xy + x^2y$

해설
$\mathrm{div} E = \nabla \cdot E = \left(i\dfrac{\partial}{\partial x} + j\dfrac{\partial}{\partial y} + k\dfrac{\partial}{\partial z} \right) \cdot (i3x^2 + j2xy^2 + kx^2yz) = 6x + 4xy + x^2y$

해답 21. ① 22. ③ 23. ④ 24. ④

25 MKS 합리화 단위계에서 진공 중의 유전율에 대한 값으로 옳지 않은 것은? (단, c[m/s]는 진공 중의 전자파 속도이다.)

① $\dfrac{1}{120\pi c}$ ② $\dfrac{10^7}{4\pi c^2}$

③ $\dfrac{1}{36\pi \times 10^9}$ ④ $\dfrac{10^7}{14\pi c}$

해설

MKS 단위계 coulumb 힘 $F = \dfrac{Q_1 Q_2}{4\pi\varepsilon r^2} = 9 \times 10^9 \dfrac{Q_1 Q_2}{\varepsilon_s r^2}$ [N]이다.

∴ $\dfrac{1}{4\pi\varepsilon_0} = 9 \times 10^9$에서 $\varepsilon_o = \dfrac{1}{36\pi \times 10^9} = 8.855 \times 10^{-12} = \dfrac{10^7}{4\pi C_o^2} = \dfrac{1}{120\pi C_o}$ [F/m]

단, C_o(광속) $= \dfrac{1}{\sqrt{\varepsilon_o \mu_o}} = 3 \times 10^8 = f\lambda$ [m/sec]다.

26 원점에 전하 0.01[μC]이 있을 때 무접점 A(0, 2, 0)[m]와 B(0, 0, 3)[m] 간의 전위차 V_{AB}는 몇 [V]인가?

① 10   ② 15
③ 18   ④ 20

해설

A점에 전위 $V_A = \dfrac{0.01 \times 10^{-6}}{4\pi\varepsilon_o \times 2} = 9 \times 10^9 \times \dfrac{0.01 \times 10^{-6}}{2} = 45$ [V]

B점에 전위 $V_B = \dfrac{0.01 \times 10^{-6}}{4\pi\varepsilon_o \times 3} = 9 \times 10^9 \dfrac{0.01 \times 10^{-6}}{3} = 30$ [V]

∴ 2점간의 전압 $V = V_A - V_B = 45 - 30 = 15$ [V]

27 두 장의 평행평면 도체판으로 만든 2극판내에서 도체간의 전위분포는 $V = V_0 \left(\dfrac{x}{d}\right)^{\frac{4}{3}}$ 으로 나타내어진다. 판간 공간의 전하밀도의 분포는 몇 [c/m³]인가? (단, V_0 : 도체간의 전위차, d : 판간의 거리, x : 전위가 낮은 쪽 도체로부터의 거리라고 한다.)

① $-\dfrac{4}{9} \dfrac{\varepsilon_0 V_0}{d^2} \left(\dfrac{d}{x}\right)^{-\frac{2}{3}}$ ② $-\dfrac{4}{9} \dfrac{\varepsilon_0 V_0}{d^2} \left(\dfrac{x}{d}\right)^{-\frac{2}{3}}$

③ $-\dfrac{4}{9} \dfrac{\varepsilon_0 V_0}{d^2} \left(\dfrac{d}{x}\right)^{\frac{1}{3}}$ ④ $-\dfrac{4}{9} \dfrac{\varepsilon_0 V_0}{d^2} \left(\dfrac{x}{d}\right)^{\frac{1}{3}}$

해설

$\nabla^2 V = -\dfrac{\rho}{\varepsilon_o}$ 포아송의 방정식은 전위 V를 알고 ρ[c/m³]을 구한다.

∴ $\nabla^2 V = \dfrac{\partial^2}{\partial x^2}\left(V_o \left(\dfrac{x}{d}\right)^{\frac{4}{3}}\right) = \dfrac{\partial}{\partial x}\left(V_o \times \dfrac{4}{3}\left(\dfrac{x}{d}\right)^{\frac{1}{3}} \times \dfrac{1}{d}\right) = V_o \times \dfrac{4}{9}\left(\dfrac{x}{d}\right)^{-\frac{2}{3}} \times \dfrac{1}{d^2} = -\dfrac{\rho}{\varepsilon_o}$

∴ $\rho = -\dfrac{4}{9} \times \dfrac{\varepsilon_o V_o}{d^2}\left(\dfrac{x}{d}\right)^{-\frac{2}{3}}$ [c/m³]이다.

정답 25. ④ 26. ② 27. ②

28 전속밀도 $D = e^{-2}\sin\theta a_x - e^2\cos\theta a_y + 5za_z [\text{C/m}^2]$이고 미소 체적소 $\Delta V = 10^{12}[\text{m}^3]$ 일때 ΔV 내에 존재하는 전하량의 근사값은 약 몇 [C] 정도 되는가?

① $(2\cos x) \times 10^{-12}$
② $(2\sin x) \times 10^{12}$
③ 5×10^{12}
④ $(2e^2 \sin x) \times 10^{12}$

해설 $\text{div} D = \rho$인 가우스 정리 미분형에서 ΔV 내에 존재하는 전하량 $Q[C]$의 근사값은
$$\text{div} D = \nabla \cdot D = \frac{\partial D_x}{\partial x} + \frac{\partial D_y}{\partial y} + \frac{\partial D_z}{\partial z} = 0 + 0 + 5 = \frac{Q}{10^{12}}$$
∴ $Q = 5 \times 10^{12}[C]$이 된다.

29 쌍극자 모멘트가 $M[\text{C.m}]$인 전기쌍극자에 의한 임의의 점 P의 전계의 크기는 전기쌍극자의 중심에서 축방향과 점 P를 잇는 선분사이의 각이 얼마일 때 최대가 되는가?

① 0
② $\frac{\pi}{2}$
③ $\frac{\pi}{3}$
④ $\frac{\pi}{4}$

해설 전기쌍극자 중심과 축방향의 임의점 P 사이에 각이 0일 때 전계세기
$$E = \sqrt{E_r^2 + E_\theta^2} = \frac{M}{4\pi\varepsilon_o r^3}\sqrt{1 + 3\cos^2 0} = \frac{M}{4\pi\varepsilon_o r^3} \times 2 = \frac{M}{2\pi\varepsilon_o r^3} [\text{V/m}]$$로서 최대가 된다.

30 $\sum_{i=1}^{n} Q_i \cos\theta_i = C$(일정)이란 전기력선 방정식이 성립할 수 있는 조건 중 틀린 것은?

① 점전하 Q_i가 일직선상에 있어야 한다.
② 점전하 Q_i가 시간적으로 불변이어야 한다.
③ 상수 C는 주위 매질에 관계없이 일정하다.
④ 점전하의 주위공간은 유전률이 같아야 한다.

해설 $\sum_{i=1}^{n} Q_i \cos\theta_i = C$(일정)이란 일직선상에 있는 많은 점전하에 의한 일점에 전기력선 방정식으로서 상수 C는 주위 매질에 따라 변화된다.

31 다음 식 중 옳지 않은 것은?

① $V_p = \int_p E \cdot dl$
② $E = -\text{grad } V$
③ $\text{grad } V = i\frac{\partial V}{\partial x} + l\frac{\partial V}{\partial y} + k\frac{\partial V}{\partial z}$
④ $\oint_s E \cdot ds = Q$

해답 28. ③ 29. ① 30. ③ 31. ④

해설
가우스 정리의 적분형 $\int_S Eds = \dfrac{Q}{\varepsilon_o}$ 로서 $\dfrac{Q}{\varepsilon_o}$ 를 전기력선의 총수라 한다.

32 비유전률 9인 유전체 중에 1[cm]의 거리를 두고 1[μC]과 2[μC]의 두 점전하가 있을때 서로 작용하는 힘은 몇 [N]인가?
① 18　　　　　　　　　② 20
③ 180　　　　　　　　④ 200

해설
비유전율이 $\varepsilon_s = 9$ 인 유전체 중에 작용하는 Colomb 힘
$F = \dfrac{Q_1 Q_2}{4\pi\varepsilon r^2} = 9 \times 10^9 \dfrac{Q_1 Q_2}{\varepsilon_s r^2} = 9 \times 10^9 \dfrac{1 \times 2 \times 10^{-12}}{9 \times (1 \times 10^{-2})^2} = \dfrac{90 \times 2}{9} = 20 \, [N]$

33 3[μF]의 콘덴서에 9×10^{-4}[C]의 전하를 저축할 때의 정전 에너지는 몇 J인가?
① 0.135　　　　　　　② 0.27
③ 1.35　　　　　　　　④ 2.7

해설
$W(\text{정전에너지}) = \dfrac{1}{2} QV = \dfrac{1}{2} CV^2 = \dfrac{Q^2}{2C}$ [J] 에서
$W = \dfrac{Q^2}{2C} = \dfrac{(9 \times 10^{-4})^2}{2 \times 3 \times 10^{-6}} = \dfrac{81 \times 10^{-8}}{6 \times 10^{-6}} = \dfrac{81 \times 10^{-2}}{6} = 0.135 \, [J]$

34 공기 중에 0.1×10^{-6}[C]의 점전하가 있다. 전하 Q에서 거리 $a = 1$[m], $b = 2$[m]에 있는 두점 a, b 사이의 전위차는 몇 [V]인가?
① 4.5　　　　　　　　② 45
③ 450　　　　　　　　④ 4500

해설
$V(\text{전압}) = V_a - V_b (\text{전위차})$
$= -\int_2^1 Edr = \dfrac{Q}{4\pi\varepsilon_o} \left(\dfrac{1}{r}\right)_2^1$
$= 9 \times 10^9 \times 0.1 \times 10^{-6} \times \left(\dfrac{1}{1} - \dfrac{1}{2}\right) = 450 \, [V]$

35 어느 점전하에 의하여 생기는 전위를 처음 전위의 $\dfrac{1}{2}$이 되게 하려면 전하로부터의 거리를 몇 배로 하면 되는가?
① $\dfrac{1}{\sqrt{2}}$　　　　　　　　② $\dfrac{1}{2}$
③ $\sqrt{2}$　　　　　　　　④ 2

해답 32. ②　33. ①　34. ③　35. ④

해설
처음거리 r_1[m]일 때의 전위 $V_1 = \dfrac{Q}{4\pi\varepsilon_o r_1} ≒ \dfrac{1}{r_1}$ …①

처음전위의 $\dfrac{1}{2}$ 일 때의 거리 r_2라면 $\dfrac{V_1}{2} = \dfrac{Q}{4\pi\varepsilon_o r_2} ≒ \dfrac{1}{r_2}$ …②

①식을 ②식에 대입하면 $\dfrac{1}{r_2} = \dfrac{V_1}{2} = \dfrac{1}{2} \times \dfrac{1}{r_1}$ ∴ $r_2 = 2r_1$[m]이다.

36 대전도체의 내부전위는?
① 항상 0이다.
② 표면전위와 같다.
③ 애지전압과 전하의 곱으로 표현된다.
④ 공기의 유전률과 같다.

해설 대전도체=무한평면도체의 내부전위는 표면의 전위와 같고 항상 일정하다.

37 그림과 같이 등전위면이 존재하는 경우, 전계의 방향은?
① a 방향
② b 방향
③ c 방향
④ d 방향

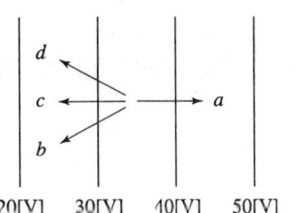

해설 그림에서 등전위면이므로 전계의 방향은 전위가 높은쪽에서 낮은쪽에 방향이 전기력선에 방향이므로 c 방향이 전계세기 방향이다.

38 무한히 넓은 평행판콘덴서에서 두 평행판 사이의 간격이 d[m]일 때 단위 면적당 두 평행판상의 정전용량은 몇 [F/m²]인가?

① $\dfrac{1}{4\pi\varepsilon_0 d}$
② $\dfrac{4\pi\varepsilon_0}{d}$
③ $\dfrac{\varepsilon_0}{d}$
④ $\dfrac{\varepsilon_0}{d^2}$

해설 평행판 콘덴서 $C = \dfrac{Q}{V} = \dfrac{Q}{Ed} = \dfrac{\sigma S}{\dfrac{\sigma}{\varepsilon_o} \times d} = \dfrac{\varepsilon_o S}{d} = \dfrac{\varepsilon_o}{d}$ [F/m²]

예답 36. ② 37. ③ 38. ③

진공중의 도체계

1부 전기자기학

1 전위계수(전압)의 일반적인 성질

$$P_{rr} > 0$$
$$P_{rs} = P_{sr} \geqq 0$$
$$P_{rr} \geqq P_{rs} = P_{sr}$$

단위 : $v/c = \dfrac{1}{\dfrac{c}{v}} = \dfrac{1}{F} =$ Daraf = elastance(엘라스턴스)

$P_{11} = P_{21} \Rightarrow$ (도체 Ⅱ가 도체 Ⅰ 안에 $P_{11}^{Ⅱ}$ 포함된 그림) $\Rightarrow$ 도체 Ⅱ가 도체 Ⅰ에 포위됨을 말한다.

2 유도계수(전하), 용량계수(전하), 일반적인 성질

$$q_{rr} > 0$$
$$q_{rs} = q_{sr} \leqq 0$$
$$q_{rr} \geqq q_{rs} = q_{sr}$$

단위 : c/v = F(정전용량)

$$q_{11} \geqq -(q_{21} + q_{31} + q_{41} + q_{51} + \cdots)$$

3 도체가 갖는 Energy

$$W = \frac{1}{2}QV = \frac{Q^2}{2C} = \frac{1}{2}CV^2 \,[\text{J}]$$

4 도체계가 갖는 Energy

$$W = \frac{1}{2}(Q_1V_1 + Q_2V_2 + Q_3V_3 + \cdots)\,[\text{J}]$$

5 C(정전용량)의 계산

(1) C의 직렬연결

① 합성요량 감소
② 구도체 매설을 말한다.

(2) C의 병렬연결

① 합성용량 증가
② 구도체 도선연결을 말한다.

$$\left. \begin{array}{l} RC = \rho\varepsilon \\ R = \dfrac{\rho\varepsilon}{C}\,[\Omega] \end{array} \right] \; i\,(누설전류) = \dfrac{V}{R} = \dfrac{V}{\dfrac{\rho\varepsilon}{C}} = \dfrac{CV}{\rho\varepsilon}\,[\text{A}]$$

(3) C의 △결선과 Y결선의 관계

$$C_Y = 3C_\triangle$$

$$C_\triangle = \frac{1}{3}C_Y \qquad \begin{bmatrix} C_Y : Y\text{①상의 용량[F]} \\ C_\triangle : \triangle\text{①상의 용량[F]} \end{bmatrix}$$

(4) 구도체 정전용량 : $C = 4\pi\varepsilon_0 r\,[\text{F}]$
  반구도체 정전용량 : $C = 2\pi\varepsilon_0 r\,[\text{F}]$

(5) 동심구의 정전용량 ($b > a$)

$$C = \frac{\lambda}{V} = \frac{\lambda}{-\int_b^a E dr} = \frac{4\pi\varepsilon_0}{\frac{1}{a} - \frac{1}{b}} = \frac{4\pi\varepsilon_0 ab}{b-a} \ [\text{F}]$$

(6) 동심원통=동축케이블 정전용량 ($b > a$)

$$C = \frac{\lambda \times 1}{V} = \frac{\lambda}{-\int_b^a E dr} = \frac{\lambda}{\frac{\lambda}{2\pi\varepsilon_0}\ln\frac{b}{a}} = \frac{2\pi\varepsilon_0}{\ln\frac{b}{a}} \ [\text{F/m}]$$

(7) 평행한 콘덴샤의 정전용량

$$C = \frac{Q}{V} = \frac{Q}{Ed} = \frac{\sigma S}{\frac{\sigma}{\varepsilon_0} \times d} = \frac{\varepsilon_0 S}{d} \ [\text{F}]$$

(8) 평행전선 사이의 정전용량 ($d \gg a \neq 0$)

$$C = \frac{\lambda \times 1}{V} = \frac{\lambda}{-\int_{d-a}^a E dr} = \frac{\lambda}{\frac{\lambda}{\pi\varepsilon_0}\ln\frac{d}{a}} = \frac{\pi\varepsilon_0}{\ln\frac{d}{a}} \ [\text{F/m}]$$

[적중예상문제]

01 간격 d의 평행도체판간에 고유저항 ρ인 물질을 채웠을 때 단위 면적당의 저항은?

① ρd ② $\dfrac{\rho}{d}$

③ $\rho - d$ ④ $\rho + d$

해설
단위면적당의 평행판 콘덴서 $C = \dfrac{\varepsilon}{d}$ [F/m^2]이다.

∴ $RC = \rho\varepsilon$에서 단위면적당의 저항 $R = \dfrac{\rho\varepsilon}{C} = \dfrac{\rho\varepsilon}{\frac{\varepsilon}{d}} = \rho d$ [N]이다.

02 용량이 3×10^{-6}[F]인 콘덴서를 220[V]의 전압으로 충전시킨다면, 콘덴서에 축적되는 에너지는 몇 J 인가?

① 2.76×10^{-2} ② 7.26×10^{-2}

③ 2.76×10^{-4} ④ 7.26×10^{-4}

해설
도체가 갖는 에너지 $W = \dfrac{1}{2}QV = \dfrac{Q^2}{2C} = \dfrac{1}{2}CV^2$ [J]에서 $V = 220$ [V]이므로
$W = \dfrac{1}{2}CV^2 = \dfrac{1}{2} \times 3 \times 10^{-6} \times (220)^2 = 7.26 \times 10^{-2}$ [J]

03 a, b, c 인 도체 3개에서 도체 a 를 도체 b 로 정전차폐 하였을 때의 조건으로 옳은 것은?

① c의 전하는 a의 전위와 관계가 있다.
② a, b 간의 유도계수는 없다.
③ a, c 간의 유도계수는 0이다.
④ a의 전하는 c 의 전위와 관계가 있다.

해설
도체 a를 도체 b로 정전차폐하였으므로 a, c 간의 유도계수는 0이다.

예답 1. ① 2. ② 3. ③

04 한 변이 50[cm]인 정사각형의 전극을 가진 평행판콘덴서가 있다. 이 극판의 간격을 5[mm]로 할 때 정전용량은 약 몇 [pF]인가? (단, 단말(端末)효과는 무시한다.)
① 373　　　　② 380
③ 410　　　　④ 443

해설
전극의 단면적 $50 \times 10^{-2} \times 50 \times 10^{-2} = 25 \times 10^{-2} [m^2]$
평행판 콘덴서의 정전용량
$C = \dfrac{\varepsilon_o S}{d} = \dfrac{8.855 \times 10^{-12} \times 25 \times 10^{-2}}{5 \times 10^{-3}} ≒ 443 \times 10^{-12} = 443 [pF]$ 이다.

05 반지름 a[m]인 도체구에 전하 Q[C]이 있을 때, 이 도체구가 유전률 ε[F/m]인 유전체에 있다고 하면 이 도체구가 가진 에너지는 몇 [J]인가?

① $\dfrac{Q^2}{2\pi \varepsilon a}$　　　　② $\dfrac{Q^2}{4\pi \varepsilon a}$
③ $\dfrac{Q^2}{8\pi \varepsilon a}$　　　　④ $\dfrac{Q^2}{16\pi \varepsilon a}$

해설
반지름이 a[m]인 도체구의 정전용량 $C = \dfrac{Q}{V} = 4\pi\varepsilon a$ [F]
이 구가 갖는 에너지 $W = \dfrac{Q^2}{2C} = \dfrac{Q^2}{8\pi\varepsilon a}$ [J]

06 그림과 같이 진공 중에 반지름 r[m], 중심 간격 x[m]인 평행 원통도체가 있다. $x \gg r$라 할 때 원통도체의 단위 길이당 정전용량은 몇 [F/m]인가?

① $\dfrac{2\pi\varepsilon_0}{\ln\dfrac{r}{x}}$

② $\dfrac{2\pi\varepsilon_0}{\ln\dfrac{x}{r}}$

③ $\dfrac{\pi\varepsilon_0}{\ln\dfrac{r}{x}}$

④ $\dfrac{\pi\varepsilon_0}{\ln\dfrac{x}{r}}$

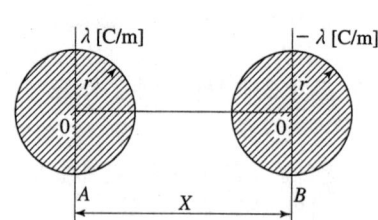

해설
평행원통도체 사이에 전압 $V = -\int_{x-r}^{r} E dr = \dfrac{\lambda}{\pi\varepsilon_0} \ln_e \dfrac{x}{r}$ [V] (단, $x \gg r ≒ 0$이다.)
∴ 원통도체 단위길이당의 정전용량
$C = \dfrac{\lambda \times 1}{V} = \dfrac{\lambda}{-\int_{x-r}^{r} E dr} = \dfrac{\lambda}{\dfrac{\lambda}{\pi\varepsilon_0} \ln_e \dfrac{x}{r}} = \dfrac{\pi\varepsilon_o}{\ln_e \dfrac{x}{r}}$ [F/m]이다.

정답 4. ④　5. ③　6. ④

07 3심 케이블의 정전용량을 측정하기 위하여 그림과 같이 연결하였더니 AA′단자사이의 용량이 각각 C_1 및 C_2이었다. 이 경우 심선 1조의 용량은 몇 [F]인가?

① $\dfrac{9C_1 - C_2}{6}$

② $\dfrac{C_2 - C_1}{3}$

③ $\dfrac{5C_1 - C_2}{3}$

④ $\dfrac{9C_2 - C_1}{6}$

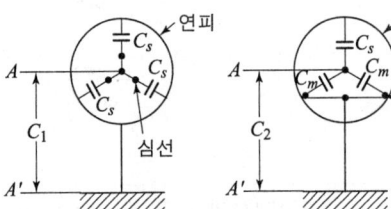

해설

심선과 연피 사이의 용량 C_s라면 $C_1 = 3C_s$ … ①

심선과 심선 사이의 상호용량을 C_m이라면 $C_2 = C_s + 2C_m$ … ②

②식에서 $C_m = \dfrac{1}{2}(C_2 - C_s) = \dfrac{1}{2}\left(C_2 - \dfrac{C_1}{3}\right) = \dfrac{3C_2 - C_1}{6}$ … ③

∴ 심선 1조의 정전용량 $= C_s + 3C_m = \dfrac{C_1}{3} + 3 \times \dfrac{3C_2 - C_1}{6} = \dfrac{9C_2 - C_1}{6}$ [F]

08 베이클라이트 중의 전속밀도가 D[C/m²]일 때의 분극의 세기는 몇 [C/m²]인가? (단, 베이클라이트의 비유전률은 ε_r이다.)

① $D(\varepsilon_r - 1)$

② $D\left(1 + \dfrac{1}{\varepsilon_r}\right)$

③ $D\left(1 - \dfrac{1}{\varepsilon_r}\right)$

④ $D(\varepsilon_r + 1)$

해설

χ(분극철)$= \varepsilon_o(\varepsilon_s - 1)$

분극세기 $P = \chi E = \varepsilon_o(\varepsilon_s - 1)E = D - \varepsilon_o E = D\left(1 - \dfrac{1}{\varepsilon_s}\right)$ [c/m²]

09 그림과 같은 반지름 a, b인 동심원통 전극이 있다. 이 공간을 고유저항 ρ인 물질로 채울 때, 두극사이의 단위 길이당의 저항은?

① $2\pi\rho \log \dfrac{b}{a}$

② $2\pi\rho \log \dfrac{a}{b}$

③ $\dfrac{\rho}{2\pi} \log \dfrac{b}{a}$

④ $\dfrac{\rho}{2\pi \log \dfrac{b}{a}}$

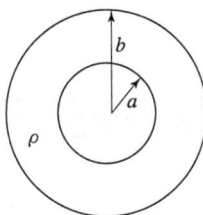

7. ④ 8. ③ 9. ③

해설

동심원통=동축케이블의 전압 $V=-\int_b^a E dr = \frac{\lambda}{2\pi\varepsilon}\ln_e\frac{b}{a}$ [V]

C(정전용량)$=\frac{\lambda \times 1}{V}=\frac{\lambda}{-\int_b^a E dr}=\frac{\lambda}{\frac{\lambda}{2\pi\varepsilon}\ln_e\frac{b}{a}}=\frac{2\pi\varepsilon}{\ln_e\frac{b}{a}}$ [F/m]

2극 사이의 저항 $R=\frac{\rho\varepsilon}{C}=\frac{\rho\varepsilon}{\frac{2\pi\varepsilon}{\ln_e\frac{b}{a}}}=\frac{\rho}{2\pi}\ln_e\frac{b}{a}$ [V]

10 평행판콘덴서의 면적이 $S[m^2]$, 양단의 극판 간격이 $d[m]$일 때 비유전률 ε_s인 유전체를 채우면 정전용량은 몇 F인가? (단, 진공 중의 유전률은 ε_o이다.)

① $\frac{\varepsilon_s S}{4\pi\varepsilon_o d}$

② $\frac{4\pi\varepsilon_o\varepsilon_s}{s d}$

③ $\frac{\varepsilon_o\varepsilon_s S}{d}$

④ $\frac{\varepsilon_s S}{\varepsilon_o d}$

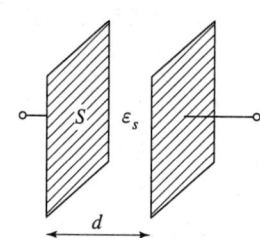

해설

평행판 콘덴서의 정전용량 $C=\frac{Q}{V}=\frac{\sigma S}{Ed}=\frac{\sigma S}{\frac{\sigma}{\varepsilon}\times d}=\frac{\varepsilon S}{d}=\frac{\varepsilon_o\varepsilon_s S}{d}$ [F]

11 정전용량 $C[F]$와 콘덕턴스 $G[℧]$와의 관계가 옳은 것은? (단, K 도전률 $[℧/m]$ ε 유전률$[F/m]$이다.)

① $\frac{C}{G}=\frac{\varepsilon}{K}$

② $CK=\frac{G}{\varepsilon}$

③ $GC=\varepsilon K$

④ $\frac{C}{G}=\frac{K}{\varepsilon}$

해설

$R=\rho\frac{l}{S}$ [Ω], $C=\frac{\varepsilon S}{d}(F)$ 에서 $RC=\rho\frac{l}{S}\times\frac{\varepsilon S}{d}=\rho\varepsilon$

∴ $RC=\rho\varepsilon$, $\frac{C}{G}=\frac{\varepsilon}{K}$ 이다.

12 전압 V로 충전된 용량 C의 콘덴서에 용량 2C의 콘덴서를 병렬 연결한 후의 단자전압은?

① V
② 2V
③ V/2
④ V/3

해답 10. ③ 11. ① 12. ④

해설

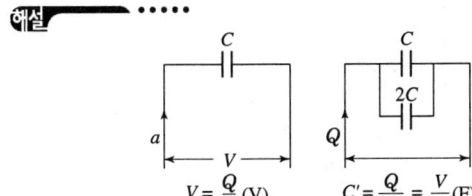

$V = \dfrac{Q}{C}$ (V) $C' = \dfrac{Q}{3C} = \dfrac{V}{3}$ (F)

---

13 그림과 같이 도체 1을 도체 2로 포위하여 도체 2를 일정 전위로 유지하고, 도체 1과 도체 2의 외측에 도체 3이 있을 때, 용량계수 및 유도계수의 성질로 옳은 것은?

① $q_{21} = -q_{11}$
② $q_{31} = q_{11}$
③ $q_{13} = -q_{11}$
④ $q_{23} = q_{11}$

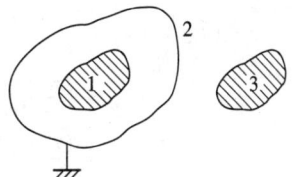

해설 도체 ①이 도체 ②에 완전 포위되어 있으므로 도체 ①의 전전하는 $q_{11} + q_{21} = 0$
∴ $q_{21} = -q_{11}$이다. (단 $q_{12} = q_{21}$이다.)

---

14 반지름 $a > b$(단위 : m)인 동심구 도체의 정전용량은 몇 [C]인가?

① $\dfrac{2\pi\varepsilon_o ab}{a-b}$
② $\dfrac{4\pi\varepsilon_o ab}{a-b}$
③ $\dfrac{8\pi\varepsilon_o ab}{a-b}$
④ $\dfrac{16\pi\varepsilon_o ab}{a-b}$

해설 동심구의 전압 $V = -\int_a^b E dr = \dfrac{Q}{4\pi\varepsilon_o}\left(\dfrac{1}{b} - \dfrac{1}{a}\right)$ [V]

동심구의 정전용량

$C = \dfrac{Q}{V} = \dfrac{Q}{-\int_a^b E dr} = \dfrac{Q}{\dfrac{Q}{4\pi\varepsilon_o}\left(\dfrac{1}{b} - \dfrac{1}{a}\right)} = \dfrac{4\pi\varepsilon_o}{\dfrac{1}{b} - \dfrac{1}{a}} = \dfrac{4\pi\varepsilon_o ab}{a-b}$ [F]

단, $a > b$일 때다.

---

15 반지름이 각각 2[m], 3[m], 4[m]인 3개의 절연 도체구의 전위가 각각 5[V], 6[V], 7[V]가 되도록 충전한 후 이들을 도선으로 접속할 때의 공통 전위는 몇 [V] 인가?

① 56/9
② 56/18
③ 56/24
④ 56/27

정답 13. ① 14. ② 15. ①

해설 그림에서 다음을 참조하여 계산하자.

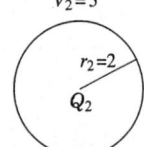 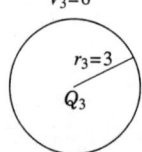 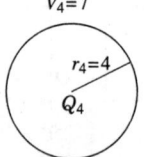

$C_2 = 4\pi\varepsilon_o r_2$ $\qquad C_3 = 4\pi\varepsilon_o r_3$ $\qquad C_4 = 4\pi\varepsilon_o r_4$
$Q_2 = C_2 V_2 = 4\pi\varepsilon_o r_2 V_2$ $\quad Q_3 = C_3 V_3 = 4\pi\varepsilon_o r_3 V_3$ $\quad Q_4 = C_4 V_4 = 4\pi\varepsilon_o r_4 V_4$

도체구 도선 연결하면 구의 콘덴서는 병렬 접속한다.

$$\therefore V(\text{공통전위}) = \frac{Q}{C} = \frac{Q_2 + Q_3 + Q_4}{C_2 + C_3 + C_4}$$

$$= \frac{4\pi\varepsilon_o(r_2 V_2 + r_3 V_3 + r_4 V_4)}{4\pi\varepsilon_o(r_2 + r_3 + r_4)}$$

$$= \frac{(r_2 V_2 + r_3 V_3 + r_4 V_4)}{r_2 + r_3 + r_4}$$

$$= \frac{2\times 5 + 3\times 6 + 4\times 7}{2+3+4} = \frac{56}{9}$$

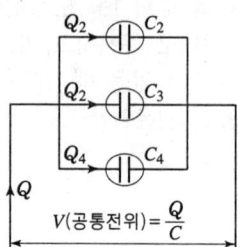

16 두 도체 1, 2의 전하 및 전위를 각각 Q_1, V_1, Q_2, V_2라고 할 때 도체 1이 그림과 같이 도체 2속에 있을 때 다음 중 성립하지 않는 것은?

① $P_{11} > 0$
② $P_{22} > 0$
③ $P_{11} > P_{21}$
④ $P_{12} > P_{21}$

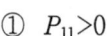

해설 $P_{rr} \geq P_{rs} = P_{sr}$
전위계수의 일반적인 성질 $P_{rr} > 0$, $P_{rs} = P_{sr} \geq 0$, $\therefore P_{12} = P_{21}$이어야 한다.

17 반지름 a[m]인 반구도체를 유전률 ε, 고유저항 ρ인 대지에 접지할 경우의 도체와 대지 간의 저항은 몇 [Ω]인가?

① $\dfrac{\rho}{4\pi a^2}$ ② $\dfrac{\rho}{4\pi a}$

③ $\dfrac{\rho}{2\pi a^2}$ ④ $\dfrac{\rho}{2\pi a}$

해설 반구의 정전용량 $C = \dfrac{4\pi\varepsilon a}{2} = 2\pi\varepsilon a$ [F]

도체와 대지간의 저항 $R = \dfrac{\rho\varepsilon}{C} = \dfrac{\rho\varepsilon}{2\pi\varepsilon a} = \dfrac{\rho}{2\pi a}$ [Ω]

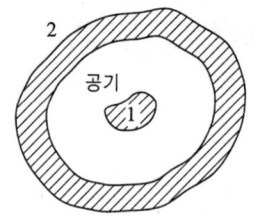

해답 16. ④ 17. ④

18 그림과 같이 유전률이 ε_1, ε_2인 두 유전체의 경계면에 중심을 둔 반지름 a인 도체구의 정전용량은?

① $4\pi a(\varepsilon_1 + \varepsilon_2)$
② $2\pi a(\varepsilon_1 + \varepsilon_2)$
③ $\dfrac{\varepsilon_1 + \varepsilon_2}{2\pi a}$
④ $\dfrac{\varepsilon_1 + \varepsilon_2}{4\pi a}$

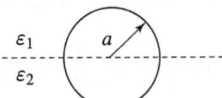

해설 유전율이 ε_1, ε_2인 반구의 정전용량을 C_1, C_2라면 이는 C_1, C_2가 도선연결로 병렬 접속된다.
∴ 합성용량 $C = C_1 + C_2 = 2\pi\varepsilon_1 a + 2\pi\varepsilon_2 a = 2\pi a(\varepsilon_1 + \varepsilon_2)$ [F]이다.

19 극판의 면적이 4[cm²], 정전용량이 1[pF]인 종이콘덴서를 만들려고 한다. 비유전률 2.5, 두께 1[mm]의 종이를 사용하면 종이는 몇 장을 겹쳐야 되겠는가?

① 8.8   ② 100
③ 250   ④ 885

해설 정전용량이 1[PF]인 종이 콘덴서의 간격을 d[m]라 하면 $C = \dfrac{\varepsilon_0 \varepsilon_s S}{d}$ [F]

$d(간격) = \dfrac{\varepsilon_0 \varepsilon_s S}{C} = \dfrac{8.855 \times 10^{-12} \times 2.5 \times 4 \times 10^{-4}}{1 \times 10^{-12}} = 8.855 \times 10^{-3}$ [m]

∴ 간격(d)을 [mm]의 두께로 표현하면 $d = 8.855 \times 10^{-3} \times 10^3$ [mm] = 8.855 [mm]이다.
이는 1mm의 종이두께≒8.8장이면 1[PF]의 종이 콘덴서가 된다.

20 그림과 같이 용량 C_o[F]의 콘덴서를 대전하고 있는 정전전압계에 직렬로 접속하였더니 그 계기의 지시가 10[%]로 감소하였다면 계기의 정전용량은 몇 F인가?

① $9C_o$
② $99C_o$
③ $\dfrac{C_o}{9}$
④ $\dfrac{C_o}{99}$

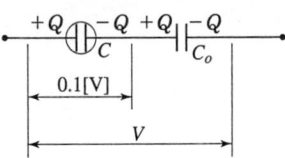

해설 그림에서 $0.1V = \dfrac{Q}{C}$ $V - 0.1V = \dfrac{Q}{C_o}$

∴ $0.9V = 0.9 \times \dfrac{Q}{0.1C} = \dfrac{9Q}{C} = \dfrac{Q}{C_o}$

∴ $C = 9C_o$ [F]

정답 18. ② 19. ① 20. ①

21 1 μF의 정전용량을 갖는 구의 반지름은 몇 [km]인가?

① 0.9　　　　② 9
③ 90　　　　④ 900

해설 구의 반지름 r[m]라면 $C = \dfrac{Q}{V} = 4\pi\varepsilon_o r$ [F]

∴ $r = \dfrac{C}{4\pi\varepsilon_o} = 9 \times 10^9 \times 1 \times 10^{-6} = 9 \times 10^3 = 9$ [km]

22 콘덴서의 성질에 관한 설명 중 적절하지 못한 것은?

① 용량이 같은 콘덴서를 n개 직렬 연결하면 내압은 n배, 용량은 $\dfrac{1}{n}$배로 된다.
② 용량이 같은 콘덴서를 n개 병렬 연겨하면 내압은 같고, 용량은 n배로 된다.
③ 정전용량이란 도체의 전위를 1[V]로 하는데 필요한 전하량을 말한다.
④ 콘덴서를 직렬 연결할 때 각 콘덴서에 분포되는 전하량은 콘덴서 크기에 비례한다.

해설 ① 콘덴서를 직렬연결하면 용량(감소). 내압은 n배다.
② 콘덴서를 병렬연결하면 용량(증가). 내압은 일정하다.
③ $C = \dfrac{Q}{V}$ [F]이다.

해답 21. ② 22. ④

유 전 체

1부 전기자기학

1 분극세기(P)

단위체적으로부터 밖으로 나가는 전속(↱)의 세기를 말한다.

분극세기 : $P[c/m^2]$

$P = \dfrac{dM}{dV} = \dfrac{dQ}{ds} = \sigma_P$ (분극전하밀도) $[c/m^2]$

$P = \chi E [c/m^2]$

χ(분극율) $= \varepsilon_0(\varepsilon_S - 1)$

$P = \varepsilon_0(\varepsilon_S - 1)E = D - \varepsilon_0 E = D\left(1 - \dfrac{1}{\varepsilon_S}\right)[c/m^2]$

2 유전율 (ε)[F/m]

ε(유전율) $= \varepsilon_0 \varepsilon_S [F/m]$

ε_0(진공유전율) $= \dfrac{10^{-9}}{36\pi} = 8.855 \times 10^{-12} = \dfrac{10^7}{4\pi C_0^2} = \dfrac{1}{120\pi C_0} [F/m]$

ε_s(비유전율) : 공기 ⎤
　　　　　　　　　진공 ⎦ $=1$

ε_s(물속) : ≒ 80

$$\varepsilon_s(\text{보통}) = 1 + \frac{\chi}{\varepsilon_0}$$

단, χ(분극률)은 유전체가 $(+)(-)$극으로 대전되어 나가는 율을 말한다.

$$\therefore \chi = \varepsilon_0(\varepsilon_s - 1)$$

$$\varepsilon_s = \frac{Q}{Q_0}, \quad \varepsilon_s = \frac{C}{C_0}, \quad \varepsilon_s = \frac{V_0}{V}, \quad \varepsilon_s = \frac{E_0}{E}$$

$\begin{bmatrix} Q_0(\text{공기, 진공}) \text{ 전하}[C] \\ Q(\text{유전체}) \text{ 전하}[C] \end{bmatrix}$
$\begin{bmatrix} C_0(\text{공기, 진공}) \text{ 정전용량}[F] \\ C(\text{유전체}) \text{ 정전용량}[F] \end{bmatrix}$
$\begin{bmatrix} E_0(\text{공기, 진공}) \text{ 전계세기}[v/m] \\ E(\text{유전체}) \text{ 전계세기}[v/m] \end{bmatrix}$

$$\varepsilon_s = \frac{W}{W_0}, \quad \varepsilon_s = \frac{f}{f_0}, \quad \varepsilon_s = \frac{W_0}{W}, \quad \varepsilon_s = \frac{F_0}{F}$$

$\begin{bmatrix} W_0(\text{공기, 진공}) \text{ 에너지}[J] \\ W(\text{유전체}) \text{ 에너지}[J] \end{bmatrix}$
$\begin{bmatrix} f_0(\text{공기, 진공}) \text{ 정전력}[N] \\ f(\text{유전체}) \text{ 정전력}[N] \end{bmatrix}$
$\begin{bmatrix} F_0(\text{공기, 진공}) \text{ Coulomb의 힘}[N] \\ F(\text{유전체}) \text{ Coulomb의 힘}[N] \end{bmatrix}$

3 전속밀도(D)

$$D(\text{전속밀도}) = \frac{\psi}{S} = \frac{Q}{S} \, [c/m^2]$$

$\begin{bmatrix} D(\text{구면}) = \dfrac{Q}{4\pi r^2} \, [c/m^2] \\ D(\text{보통}) = \varepsilon_0 E + P \, [c/m^2] \end{bmatrix}$
$\begin{bmatrix} D(\text{유전체}) = \varepsilon E \, [c/m^2] \\ D(\text{공기, 진공}) = \varepsilon_0 E \, [c/m^2] \end{bmatrix}$

4 전계의 경계조건

① 전속밀도(D)에 수직성분은 경계면 양측이 서로 같다.
② 전계(E)의 수평성분은 경계면의 양측이 서로 같다.

(1) $D_{1n} = D_{2n}$
　　$D_1 \cos\theta_1 = D_2 \cos\theta_2$ ⎫
　　$\varepsilon_1 E_1 \cos\theta_1 = \varepsilon_2 E_2 \cos\theta_2$ ⎭ ……… ①

　　입사각 $\theta_1 = 0$이면 굴절각 $\theta_2 = 0$이다.

키르히호프 제1법칙
(연속성)
$\begin{bmatrix} divD = 0 \\ \nabla \cdot D = 0 \end{bmatrix}$
$\begin{bmatrix} divE = 0 \\ \nabla \cdot E = 0 \end{bmatrix}$

(2) $E_{1t} = E_{2t}$ ⎫
　　$E_1 \sin\theta_1 = E_2 \sin\theta_2$ ⎭ ……… ②

　　경계면 양측의 전위도 서로 같다.

stock 정리 적분형과 미분형
$\int_C E dl = 0 = \int_S rotE dS$
$rotE = 0$
$\nabla \times E = 0$ ⎭ 보존적이다

(3) $\dfrac{②}{①} = \dfrac{E_1 \sin\theta_1}{\varepsilon_1 E_1 \cos\theta_1} = \dfrac{E_2 \sin\theta_2}{\varepsilon_2 E_2 \cos\theta_2}$

　　$\therefore \dfrac{\tan\theta_1}{\varepsilon_1} = \dfrac{\tan\theta_2}{\varepsilon_2}$

　　$\dfrac{\tan\theta_1}{\tan\theta_2} = \dfrac{\varepsilon_1}{\varepsilon_2}$

$\varepsilon_1 > \varepsilon_2$ 라면 $\theta_1 > \theta_2$ ⎫
　　　　　　$D_1 > D_2$ ⎬ 이어야 한다.
　　　　　　$E_2 > E_1$ ⎭

5 맥스웰 응력

(1) 전계가 계면에 수직일때는 전계방향으로 $\dfrac{1}{2}(E_2 - E_1)D\,[\text{N/m}^2]$에 인장응력(흡인력)을 받고

(2) 전계가 계면에 평행일때는 전계와 수직방향으로 $\dfrac{1}{2}(D_1 - D_2)E\,[\text{N/m}^2]$에 압축응력(흡인력)를 받는다.

(3) $\varepsilon_2 > \varepsilon_1$ 이라면 ε이 작은 쪽으로 힘이 작용된다.
　　즉, $\varepsilon_2 \to \varepsilon_1$쪽으로 인장응력이 작용된다.

[적중예상문제]

01 유전률 ε, 고유저항 ρ인 유전체로 채워진 평행판콘덴서를 충전시키고 다시 전원을 끊어 축적된 전하를 유전체의 저항을 통해 방전시키는 경우, 전하량이 최초 양의 $\frac{1}{e}$로 되는 시간 τ [sec]는?

① $\frac{\rho}{\varepsilon}$
② $\frac{\varepsilon}{\rho}$
③ $\rho\varepsilon$
④ $2\rho\varepsilon$

해설
평행판 콘덴서에서의 $C = \frac{\varepsilon s}{d}$ [F]이고 $R = \rho\frac{l}{s}$[Ω],
시정수 $RC = \frac{\varepsilon s}{d} \times \rho\frac{l}{s} = \rho\varepsilon$ [sec]

02 단절연(Graded insulation)된 절연케이블이 있다. 심선과 외피를 절연시키는 유전체의 유전률이 각각 ε_1, ε_2, ε_3일 때 절연효과를 높이기 위하여 내측에서부터 채워야 되는 순서로 옳은 것은? (단, $\varepsilon_1 > \varepsilon_2 > \varepsilon_3$이다.)

① ε_1, ε_3, ε_2
② ε_2, ε_1, ε_3
③ ε_3, ε_2, ε_1
④ ε_1, ε_2, ε_3

해설
절연효과를 높이기 위한 유전체는 ε_1, ε_2, ε_3 순이다.

03 유전체에 가한 전계 E[V/m]와 분극의 세기 P[C/m²]간의 관계는?

① $P = \varepsilon_o(\varepsilon_s - 1)E$
② $P = \varepsilon_o(\varepsilon_s + 1)E$
③ $P = \varepsilon_s(\varepsilon_o - 1)E$
④ $P = (\varepsilon - 1)E$

해설
χ(카이) $= \varepsilon_o(\varepsilon_s - 1)$로서 유전체가 ±극으로 대전되어 나가는 율을 분극률이라 하며 이때의 분극세기
$P = \chi E = \varepsilon_o(\varepsilon_s - 1)E = D - \varepsilon_o E = D(1 - \frac{1}{\varepsilon_s})$이다.

해답 1. ③ 2. ④ 3. ①

04 유전체에 가한 전계 E와 분극 P사이의 관계식은?

① $P=\varepsilon_0(\varepsilon_s-1)E$ ② $P=\varepsilon_s(\varepsilon_0-1)E$
③ $P=\varepsilon_0(\varepsilon_s+1)E$ ④ $P=\varepsilon_s(\varepsilon_0+1)E$

해설 분극율(χ)=유전체가 분극이 되어 나가는 율로서 $\chi=\varepsilon_o(\varepsilon_s-1)$
∴ 분극세기 $P=\chi E=\varepsilon_o(\varepsilon_s-1)E\,[c/m^2]$

05 비유전률 ε_s에 대한 설명으로 옳은 것은?

① 진공의 비유전률은 0이고, 공기의 비유전률은 1이다.
② ε_s는 항상 1보다 작은 값이다.
③ ε_s는 절연물의 종류에 따라 다르다.
④ ε_s의 단위는 C/m이다.

해설 공기나 진공의 비유전율 $\varepsilon_s=1$로 할 경우 다른 유전체의 유전율의 비를 비유전율로 정의되며 절연물의 종류에 따라 다르다.

06 일정 전압이 가해져 있는 콘덴서에 비유전률이 ε_s인 유전체를 채웠을 때 일어나는 현상은?

① 극판간의 전계가 ε_s배가 된다. ② 극판간의 전계가 $1/\varepsilon_s$배가 된다.
③ 극판의 전하량이 ε_s배가 된다. ④ 극판의 전하량이 $1/\varepsilon_s$배가 된다.

해설 ε_s(공기 진공)≒1, $\varepsilon_s=\dfrac{C}{C_o}$, $\varepsilon_s=\dfrac{Q}{Q_o}$이며 V(일정)이다.
∴ Q(유전체일 때의 전하)=$\varepsilon_s Q_o$(공기일 때의 전하)이다.

07 전계 E[V/m], 전속밀도 D[C/m^2], 유전율 $\varepsilon=\varepsilon_o\varepsilon_s$[F/m], 분극의 세기 P[C/m^2]사이의 관계는?

① $P=D+\varepsilon_o E$ ② $P=D-\varepsilon_o E$
③ $\varepsilon_o P=D+E$ ④ $\varepsilon_o P=D-E$

해설 P(분극세기)$=\dfrac{dM}{dV}=\dfrac{dQ}{dS}=\sigma_p\,[c/m^2]$ 분극전하밀도

P(분극세기)$=\chi E=\varepsilon_o(\varepsilon_s-1)E=D-\varepsilon_o E=D\left(1-\dfrac{1}{\varepsilon_s}\right)[c/m^2]$

정답 4. ① 5. ③ 6. ③ 7. ②

08 비유전률 $\varepsilon_s = 5$인 유전체 중에서 전속밀도가 4×10^{-4}[C/m^2]일 때 분극의 세기는 몇 [C/m^2]인가?

① 1.6×10^{-4} ② 2.4×10^{-4}
③ 3.2×10^{-4} ④ 4.8×10^{-4}

해설
$P(\text{분극세기}) = \varepsilon_o(\varepsilon_s - 1)E = D\left(1 - \frac{1}{\varepsilon_s}\right) = 4 \times 10^{-4}\left(1 - \frac{1}{5}\right) = 3.2 \times 10^{-4}$ [c/m^2]

09 표면 전하밀도 σ[C/m^2]로 대전된 도체 내부의 전속밀도는 몇 [C/m^2]인가?

① σ ② 1
③ $\frac{\sigma}{\varepsilon_0}$ ④ 0

해설
표면전하밀도가 σ[c/m^2]인 대전도체=구도체=무한평면도체에는 내부전위가 일정하며 내부의 전기력선은 없으며, 내부전속밀도 없다.

10 모든 전기장치를 접지시키는 근본적 이유는?
① 지구의 용량이 커서 전위가 거의 일정하기 때문에
② 편의상 지면을 영전위로 보기 때문에
③ 영상전하를 이용하기 때문에
④ 지구는 전류를 잘 통하기 때문에

해설
접지시키는 근본원인은 지구는 용량이 커서 접지하여도 그 전위가 일정하기 때문이다.

11 비유전률 ε_s인 유전체의 판을 E_0인 평등전계내에 전계와 수직으로 놓았을 때 유전체 내의 전계 E는?

① $E = \varepsilon_s E_0$ ② $E = \frac{E_0}{\varepsilon_s}$
③ $E = E_0$ ④ $E = \varepsilon_s^2 E_0$

해설
비유전율 $\varepsilon_s\left(\frac{공기}{진공}\right) \fallingdotseq 1$ $\varepsilon_s = \frac{C}{C_o}$ $\varepsilon_s = \frac{Q}{Q_o}$ $\varepsilon_s = \frac{V_o}{V}$

$\therefore \varepsilon_s = \frac{E_o}{E}$ 에서 유전체 내의 전계세기 $E = \frac{1}{\varepsilon_s}E_o$ [V/m]이다.

예답 8. ③ 9. ④ 10. ① 11. ②

12 반지름 a[m]인 도체구에 전하 Q[C]이 있을 때, 이 도체구가 유전률 ε[F/m]인 유전체에 있다고 하면 이 도체구가 가진 에너지는 몇 [J]인가?

① $\dfrac{Q^2}{2\pi\varepsilon a}$　　　② $\dfrac{Q^2}{4\pi\varepsilon a}$

③ $\dfrac{Q^2}{8\pi\varepsilon a}$　　　④ $\dfrac{Q^2}{16\pi\varepsilon a}$

해설
반지름 a[m]인 도체구의 정전용량 $C=4\pi\varepsilon a$[F]
이 도체구가 갖는 에너지 $W=\dfrac{Q^2}{2C}=\dfrac{Q^2}{2\times 4\pi\varepsilon a}=\dfrac{Q^2}{8\pi\varepsilon a}$ [J]

13 중공도체의 중공부에 전하를 놓지 않으면 외부에서 준 전하는 외부 표면에만 분포한다. 이때 도체내의 전계는 몇 [V/m]가 되는가?

① 0　　　② 4π

③ ∞　　　④ $\dfrac{1}{4\pi\varepsilon_0}$

해설
중공도체 중공부에는 전하가 없고 외부에다 전하를 주면 전하는 표면에만 존재, 도체 내부에는 전하가 존재하지 않으므로 도체 내부의 전계는 0[V/m]이다.

14 공기 중의 전계 E_1이 10[kV/cm]이고, 입사각 $\theta_1 = 30°$(법선과 이룬각)로 변압기유의 경계면에 닿을 때, 굴절각 θ_2는 몇 도이며, 변압기유의 전계 E_2는 몇 [V/m]인가? (단, 변압기유의 비유전률은 3이다.)

① $\theta_2 = 60$, $E_2 = \dfrac{10^6}{\sqrt{3}}$　　② $\theta_2 = 60$, $E_2 = \dfrac{10^3}{\sqrt{3}}$

③ $\theta_2 = 45$, $E_2 = \dfrac{10^6}{\sqrt{3}}$　　④ $\theta_2 = 45$, $E_2 = \dfrac{10^3}{\sqrt{3}}$

해설
전계의 경계조건
$\dfrac{\tan 30}{\tan \theta_2}=\dfrac{\varepsilon_1}{\varepsilon_2}=\dfrac{\varepsilon_o}{\varepsilon_o\varepsilon_s}$, $\dfrac{\frac{1}{\sqrt{3}}}{\tan\theta_2}=\dfrac{1}{\varepsilon_s}=\dfrac{1}{3}$
∴ $\tan\theta_2=\sqrt{3}$
$\theta_2=\tan^{-1}\sqrt{3}=60°\cdots$①
∴ $E_{1t}=E_{2t}$
$E_1\sin\theta_1=E_2\sin\theta_2$
$10^6\sin 30°=E_2\sin 60°$
$10^6\times\dfrac{1}{2}=E_2\dfrac{\sqrt{3}}{2}$
∴ $E_2=\dfrac{10^6}{\sqrt{3}}$ [V/m]$\cdots$②

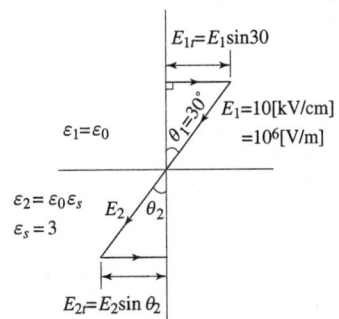

정답 12. ③　13. ①　14. ①

15 20[W]의 전구가 2초 동안 한 일의 에너지를 축적할 수 있는 콘덴서의 용량은 몇 μF 인가? (단, 충전전압은 100[V]이다.)

① 4000　　　　　② 6000
③ 8000　　　　　④ 10000

해설

$W(일에너지) = Pt = 20 \times 2 = 40 = \frac{1}{2}CV^2 [J]$

$\therefore C = \frac{2W}{V^2} = \frac{2 \times 40}{(100)^2} = \frac{80}{10^4} = 8000 [\mu F]$

16 두 종류의 유전체 경계면에서 전속과 전기력이 경계면에 수직으로 도달할 때 옳지 않은 것은?

① 전속과 전기력선은 굴절하지 않는다.
② 전속밀도는 불변이다.
③ 전계의 세기는 불연속이다.
④ 전속선은 유전률이 작은 유전체 중으로 모이려는 성질이 있다.

해설

전계의 경계 조건 $D_1 n = D_2 n$, $D_1 \cos\theta_1 = D_2 \cos\theta_2$
$\varepsilon_1 E_1 \cos\theta_1 = \varepsilon_2 E_2 \cos\theta_2 \cdots$ ① 키르히호프 제1법칙(연속성)
$E_1 t = E_2 t$
$E_1 \sin\theta_1 = E_2 \sin\theta_2 \cdots$ ② Stock 정리적분형(보존적이다)
경계면 양측의 전위도 서로 같다.

$\frac{②}{①}$ $\frac{E_1 t}{D_1 n} = \frac{E_2 t}{D_2 n}$　$\frac{E_1 \sin\theta_1}{\varepsilon_1 E_1 \cos\theta_1} = \frac{E_2 \sin\theta_2}{\varepsilon_2 E_2 \cos\theta_2}$

$\therefore \frac{\tan\theta_1}{\varepsilon_1} = \frac{\tan\theta_2}{\varepsilon_2}$　$\frac{\tan\theta_1}{\tan\theta_2} = \frac{\varepsilon_1}{\varepsilon_2}$ 경계조건이며 $\theta_1 > \theta_2$라면 $\varepsilon_1 > \varepsilon_2$, $D_1 > D_2$, $E_2 > E_1$이어야 한다.

05 전기영상법

1부 전기자기학

1 무한평면=대지=(기준)

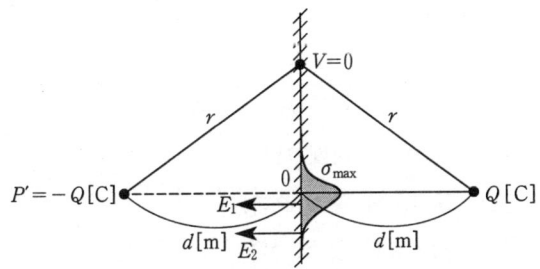

(1) 점전하 $Q[C]$에 대한 영상전하 $-Q[C]$이다.

$$영상전하수 = \frac{360}{\angle 각도(\theta)} - 1 개이다.$$

(2) 작용력(흡인력) $F = \dfrac{Q \times (-Q)}{4\pi\varepsilon_0 (2d)^2} = \dfrac{-Q^2}{16\pi\varepsilon_0 d^2}$ [N]

(3) 무한평면 임의점전위 $V = \dfrac{Q}{4\pi\varepsilon_0 r} + \dfrac{-Q}{4\pi\varepsilon_0 r} = 0$ [V]

(4) $E_1 = E_2 = \dfrac{Q}{4\pi\varepsilon_0 d^2}$ [v/m] 인 원점에 전계세기

$$E = E_1 + E_2 = \frac{Q}{4\pi\varepsilon_0 d^2} \times 2 = \frac{Q}{2\pi\varepsilon_0 d^2} \ [\text{v/m}]$$

(5) 원점에서 전하밀도=최대유기 전하밀도

$$D_{\max} = \sigma_{\max} = -\varepsilon_0 E = -\frac{Q}{2\pi d^2} \ [\text{c/m}^2]$$

2 직교도체 평면과 점전하

직교도체($\theta=90°$) 평면과 점전하 사이에 영상전하수 $= \frac{360}{90} - 1 = 3$개

3 접지구 도체와 점전하

반지름 a[m]인 접지구 도체와 점전하 사이에 영상전하 1개

∴ 영상전하 $P' = -\frac{a}{d}Q[\text{C}]$

표피효과두께 $(\delta) = \sqrt{\frac{2}{wk\mu}} = \sqrt{\frac{2}{2\pi fk\mu}} = \frac{1}{\sqrt{\pi fk\mu}} \doteq \frac{1}{\sqrt{f}}$ [m]

∴ 표피효과 두께는 전원주파수 $\sqrt{\ }$ 에 반비례한다.
  f, k, μ 증가, δ값 감소, 표피효과 증가(크다)
  f, k, μ 감소, δ값 증가, 표피효과 감소(작다)

4 구도체가 부착된 무한평면과 점전하

구도체가 부착된 무한평면과 점전하 사이에 영상전하수 3개

$$P' = -Q, \ P'' = -\frac{a}{d}Q, \ P''' = \frac{a}{d}Q$$

이다.

5 유전체구와 점전하

유전율 ε_1[F/m], ε_2[F/m]인 유전체구와 점전하 사이에 영상전하수 2개

$$P' = \frac{\varepsilon_1 - \varepsilon_2}{\varepsilon_1 + \varepsilon_2} q, \quad P'' = \frac{2\varepsilon_2}{\varepsilon_1 + \varepsilon_2} q$$

$$F(\text{작용력}) = \frac{\frac{\varepsilon_1 - \varepsilon_2}{\varepsilon_1 + \varepsilon_2} q^2}{4\pi\varepsilon_1 (2r)^2} \, [\text{N}]$$

$\begin{bmatrix} F(+) : \text{반발력인 조건 } \varepsilon_1 > \varepsilon_2 \\ F(-) : \text{흡인력인 조건 } \varepsilon_2 > \varepsilon_1 \end{bmatrix}$

6 구형기포

구형기포 중에

전계세기 $E' = \dfrac{3\varepsilon_1}{2\varepsilon_1 + \varepsilon_2} E_0 \, [\text{v/m}]$

분극세기 $P' = \dfrac{3\varepsilon_1(\varepsilon_2 - \varepsilon_1)}{2\varepsilon_1 + \varepsilon_2} E_0 \, [\text{c/m}^2]$

전속밀도 $D' = \dfrac{3\varepsilon_2}{2\varepsilon_1 + \varepsilon_2} D_0 \, [\text{c/m}^2]$

단, E_0(외부전계)[v/m]

[적중예상문제]

01 무한 평면도체로부터 거리 a[m]의 곳에 점전하 2π[C]이 있을 때, 도체 표면에 유도되는 최대 전하밀도는 몇 [C/m²]인가?

① $-\dfrac{1}{a^2}$ 　　② $-\dfrac{1}{2a^2}$

③ $-\dfrac{1}{2\pi a}$ 　　④ $-\dfrac{1}{4\pi a}$

해설

무한평면도체로부터 a[m] 떨어진 점에서의 전계세기
$$E = E_1 + E_2 = \dfrac{2\pi}{4\pi\varepsilon_o a^2} + \dfrac{2\pi}{4\pi\varepsilon_o a^2} = \dfrac{1}{\varepsilon_o a^2} \text{ [V/m]}$$
도체 표면에 유도되는 최대유도전하밀도
$$\rho_{max} = D_{max} = -\varepsilon_o E = -\varepsilon_o \times \dfrac{1}{\varepsilon_o a^2} = -\dfrac{1}{a^2} \text{ [c/m}^2\text{]}$$

02 평면도체 표면에서 d[m]의 거리에 점전하 Q[C]이 있을 때 전하를 무한원점까지 운반하는데 필요한 일은 몇 [J] 인가?

① $\dfrac{Q^2}{4\pi\varepsilon_0 d}$ 　　② $\dfrac{Q^2}{8\pi\varepsilon_0 d}$

③ $\dfrac{Q^2}{16\pi\varepsilon_0 d}$ 　　④ $\dfrac{Q^2}{32\pi\varepsilon_0 d}$

해설

전기영상법에 따라 작용력(흡인력) $F = \dfrac{-Q^2}{4\pi\varepsilon_o(2d)^2}$ [N]

무한평면으로부터 임의거리 d[m] 떨어진 점에 전하를 무한원점까지 운반하는 데 요하는 일은 에너지 소모로 $dw = -Fd_d$

$$\therefore W = -\int_d^\infty F d_d = -\int_d^\infty \dfrac{-Q^2}{4\pi\varepsilon_o(2d)^2} d_d =$$

$$\dfrac{Q^2}{16\pi\varepsilon_o} \int_d^\infty \dfrac{1}{d^2} d_d = \dfrac{Q^2}{16\pi\varepsilon_o}\left(-\dfrac{1}{d}\right)_d^\infty = \dfrac{Q^2}{16\pi\varepsilon_o d} \text{ [J]}$$

해답 1. ① 2. ③

03 접지된 구도체와 점전하간에 작용하는 힘은?
① 항상 흡인력이다.   ② 항상 반발력이다.
③ 조건적 흡인력이다.   ④ 조건적 반발력이다.

해설
접지구 도체와 점전하 사이에는 전기영상법에 따라 점전하와 영상전하 사이에는 항상 흡인력이 작용된다.

04 반지름 a 인 접지 도체구의 중심에서 $d(>a)$ 되는 곳에 점전하 Q가 있다. 구도체에 유기되는 영상전하 및 그 위치(중심에서의 거리)는?

① $+\dfrac{a}{d}Q$, $\dfrac{a^2}{d}$
② $-\dfrac{a}{d}Q$, $\dfrac{a^2}{d}$
③ $+\dfrac{d}{a}Q$, $\dfrac{a^2}{d}$
④ $-\dfrac{d}{a}Q$, $\dfrac{d^2}{a}$

해설

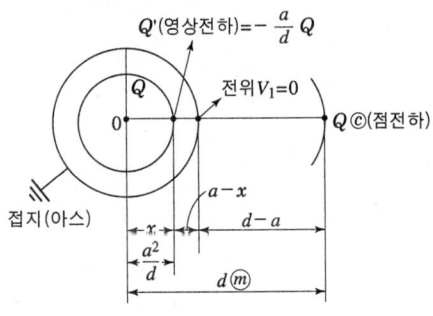

도체 Ⅰ 의 전위 $V_1 = 0 = P_{11}Q' + P_{12}Q$

$\therefore P_{11}Q' = -P_{12}Q$ 에서 영상전하 $Q' = P'$ 는 $Q' = -\dfrac{P_{12}}{P_{11}}Q = -\dfrac{\dfrac{1}{4\pi\varepsilon_o d}}{\dfrac{1}{4\pi\varepsilon_o a}} \times Q = -\dfrac{a}{d}Q[C]\cdots$ ①

※ 원점 O 로부터 표피효과두께까지의 거리 $x(m)$는 도체 Ⅰ 의 전위

$V_1 = 0 = \dfrac{-\dfrac{a}{d}Q}{4\pi\varepsilon_o(a-x)} + \dfrac{Q}{4\pi\varepsilon_o(d-a)}$

$\therefore \dfrac{\dfrac{a}{d}Q}{4\pi\varepsilon_o(a-x)} = \dfrac{Q}{4\pi\varepsilon_o(d-a)}$

$\therefore \dfrac{a}{d}(d-a) = a-x, \; a - \dfrac{a^2}{d} = a-x$

$\therefore x = \dfrac{a^2}{d} \cdots$ ②

해답 3. ① 4. ②

05 반지름 a[m]인 접지구도체 밖에 구도체의 중심에서 거리 d[m]만큼 떨어진 점에서 점전하 Q[C]가 있을 때, 구면에 유도되는 전하의 크기는 몇 C인가?

① $\frac{d}{a}Q$ ② $-\frac{a}{d}Q$
③ Q ④ $\frac{Q}{d}$

해설 접지구 도체와 점전하에서 접지구 도체에 유도된 전하(영상전하) Q'는 접지구 도체 전위
$V_1 = 0 = P_{11}Q' + P_{12}Q$

$\therefore P_{11}Q' = -P_{12}Q, \quad Q' = -\frac{P_{12}}{P_{11}}Q = -\frac{\frac{1}{4\pi\varepsilon_o d}}{\frac{1}{4\pi\varepsilon_o a}} \times Q = -\frac{a}{d}Q[C]$

06 반지름 a[m]인 접지 구도체의 중심으로부터 d[m]($> a$)인 곳에 점전하 Q[c]이 있다면 구도체에 유기되는 전하량은 몇 [C]인가?

① $-\frac{a}{d}Q$ ② $+\frac{a}{d^2}Q$
③ $-\frac{d}{a}Q$ ④ $+\frac{d^2}{a}Q$

해설 접지구 도체와 점전하에서 접지구 도체에 유도되는 전하는?
$V_1 = O = P_{11}Q' + P_{12}Q \quad \therefore P_{11}Q' = -P_{12}Q$
$\therefore$ 영상전하

$Q' = -\frac{P_{12}Q}{P_{11}} = -\frac{\frac{1}{4\pi\varepsilon_o d}}{\frac{1}{4\pi\varepsilon_o a}} \times Q = -\frac{a}{d}Q[C]$

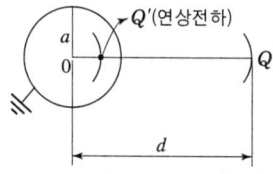

07 그림과 같은 유전속의 분포에서 ε_1과 ε_2의 관계는?

① $\varepsilon_1 > \varepsilon_2$
② $\varepsilon_2 > \varepsilon_1$
③ $\varepsilon_1 = \varepsilon_2$
④ $\varepsilon \leq \varepsilon_1$

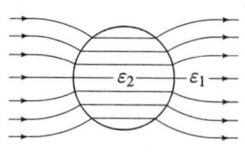

해설 외측 전속밀도 $D_1 = \frac{\phi}{S_1} = \varepsilon_1 E$(小). 단, S_1(大)이기 때문이다.

구 내부 전속밀도 $D_2 = \frac{\phi}{S_2} = \varepsilon_2 E$(大). 단, S_2(小)이다. $\phi=$일정.

$\therefore D_1$과 D_2 사이에는 다음에 관계가 성립된다.

$D_2 > D_1$이므로 $\varepsilon_2 > \varepsilon_1$의 관계가 성립된다.

해답 5. ② 6. ① 7. ②

기본회로와 법칙

1부 전기자기학

1 옴 법칙

$$I = \frac{V}{R} \, [\text{A}] \qquad \begin{bmatrix} I(\text{전류})[\text{A}] \\ V(\text{전압})[\text{V}] \\ R(\text{저항})[\Omega] \end{bmatrix}$$

(1) 전 류

단위시간에 이동되는 전기량을 말한다.

$$I(\text{전류}) = \frac{Q}{t} \, [\text{c/sec}] = [\text{A}]$$

$$Q(\text{전기량}) = It \, [\text{C}]$$

$$N(\text{자유전자수}) = \frac{Q}{e} \, [\text{개}]$$

$$\begin{bmatrix} e(\text{전자전하}) = 1.602 \times 10^{-19} \, [\text{C}] \\ m(\text{전자질량}) = 9.1 \times 10^{-31} \, [\text{kg}] \end{bmatrix}$$

$$\therefore 1 \, [\text{C}] = \frac{1}{1.602 \times 10^{-19}} \fallingdotseq 6.25 \times 10^{18} \text{개의 전자이다.}$$

(2) 전류밀도

$$i(\text{전류밀도}) = i_C + i_d = KE + \frac{\partial D}{\partial t} \, [\text{A/m}^2]$$

① 전도전류 (i_c)
  ㉠ 도체 내에 흐르는 전류
  ㉡ 자유전자 이동에 의한 전류
  ㉢ 옴법칙 미분형

$$i_c = \frac{I}{S} = \frac{E}{\rho} = KE = enV = en\mu E\,[\text{A/m}^2]$$

$$\begin{bmatrix} n(\text{자유전자수}) = \dfrac{Q}{e}\,[\text{개}] \\ \mu(\text{전자의 이동도}) = \dfrac{V}{E} \end{bmatrix}$$

② 변위전류 (i_d)
  ㉠ 도체외에 흐르는 전류
  ㉡ 구속전자 변위에 의한 전류
  ㉢ 전속밀도($D = \varepsilon E$)의 시간적인 변화에 의한 전류

$$i_d = \frac{\partial D}{\partial t} = \varepsilon \frac{\partial E}{\partial t}\,[\text{A/m}^2]$$

(3) 전　압

$Q[\text{C}]$에 전하를 이동해서 $W[\text{J}]$의 일을 할 경우 두 점간에 전위차를 전압이라 한다.

$$V(\text{전압}) = V_1 - V_2(\text{전위차}) = \frac{W}{Q}(J/C = Volt)$$

$$W(\text{일}=\text{에너지}) = QV = Q(V_1 - V_2)\,[\text{J}]$$

$$W(\text{전자전하가 한 일}) = eV = \frac{1}{2}mv^2\,[\text{J}]$$

$$v(\text{속도}) = \sqrt{\frac{2eV}{m}} = 5.931 \times 10^5 \sqrt{V}\,[\text{m/sec}]$$

단, $\sqrt{V}$(전압)

(4) 전기저항

$$R(\text{전기저항}) = \rho\frac{l}{S}(\Omega) \text{ 손실이 있다.}$$

① 역수단위

$$\frac{1}{R}\left(\frac{1}{\Omega} = \mho\,(\text{콘닥턴스}) = \text{지이멘스}\right)$$

$$K(\text{도전율}) = \frac{1}{\rho}\left(\frac{1}{\Omega\text{m}} = \mho/\text{m}\right)$$

$$\%K = \frac{도체의\ 도전도}{표준연동\ 도전도} \times 100$$

$$\begin{bmatrix} 연동\ \%K=100 \\ 경동\ \%K=97 \\ 경알미늄선\ \%K=61 \end{bmatrix}$$

② 온도변화(도체)
    온도상승 저항 증가

  ㉠ 0℃일 때 저항 R_0 온도계수 $\alpha_0 = \dfrac{1}{234.5}$

  ㉡ t ℃일 때 저항 $R_t = R_0(1+\alpha_0 t)\,[\Omega]$

  ㉢ t ℃일 때 온도계수 $\alpha_t = \dfrac{\alpha_0}{1-\alpha_0 t}$

③ 저항연결
  ㉠ 직렬연결 → 합성저항 증가한다.
  ㉡ 병렬연결 → 합성저항 감소한다.

> **참고**
> ▶ △결선과 Y결선의 관계
> $\begin{bmatrix} Y_r = \dfrac{1}{3}\triangle_R \\ \triangle_R = 3Y_r \end{bmatrix}$ $\begin{bmatrix} P_Y = \dfrac{1}{3}P_\triangle \\ P_\triangle = 3P_Y \end{bmatrix}$ $\begin{bmatrix} Y_r(\ Y ①상에\ 저항) \\ \triangle_R(\ \triangle ①상에\ 저항) \end{bmatrix}$ $\begin{bmatrix} P_Y(\ Y ①상\ 전력) \\ P_\triangle(\ \triangle ①상\ 전력) \end{bmatrix}$

④ 저항역할
    전력을 소모한다.

$$P(전력) = VI = I^2 R = \frac{V^2}{R}\,[\text{W}]$$

$$W(전력량,\ 에너지) = Pt = VIt = I^2 Rt = \frac{V^2}{R}t\,[\text{J}]$$

$$H(주울열량) = 0.24Pt = 0.24VIt = 0.24I^2 Rt = 0.24\frac{V^2}{R}\,[\text{cal}]$$

> **참고**
> ▶ 쥬울열량과 물리적인 양과의 관계
> $0.24Pt\eta = Cm(T-t)\,[\text{cal}]$
> $1\,[\text{Kwh}] = 860\,[\text{kcal}]$
> $860Pt\eta = Cm(T-t)\,[\text{kcal}]$ $\quad \therefore\ W = Pt = \dfrac{QT}{860\eta}\,[\text{Kwh}]$

2 키르히호프의 법칙

(1) 키르히호프제1법칙(전류법칙)
  ① 연속성이다.
  ② 마디전압을 구하는 식이다.
  ③ 마디중심에 들어가는 전류는 밖으로 나가는 전류와 서로 같다.
  즉 $\sum_{k=1}^{n} i_k = 0$

(2) 키르히호프제2법칙(전압법칙)
  ① 폐회로 전류(망전류)를 구하는 식이다.
  ② 폐회로에서 기전력의 합은 전압강하의 합과 서로 같다.
  즉 $\sum_{K=1}^{n} E_K - IR_K = 0$

3 전 지

1차전지 → 건전지
2차전지 → 축전지

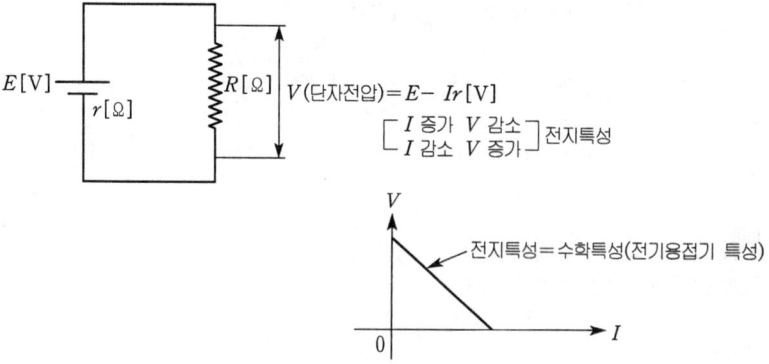

4 분배법칙

(1) 직렬회로(I = 일정)

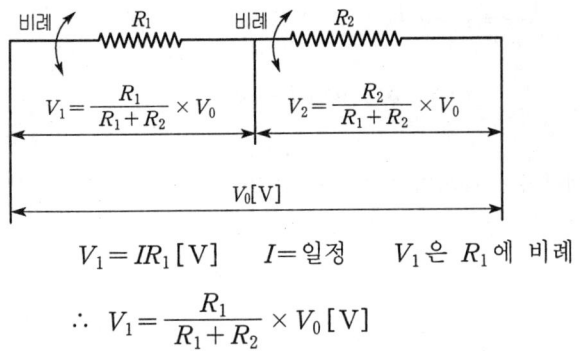

$$V_1 = IR_1 \, [\text{V}] \quad I = \text{일정} \quad V_1 \text{은 } R_1 \text{에 비례}$$

$$\therefore V_1 = \frac{R_1}{R_1 + R_2} \times V_0 \, [\text{V}]$$

(2) 병렬회로(V = 일정)

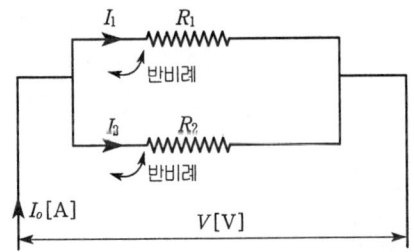

$$I_1 = \frac{V}{R_1} \, [\text{A}] \quad \therefore I_1 = \frac{R_2}{R_1 + R_2} \times I_0 \, [\text{A}]$$

$$I_2 = \frac{V}{R_2} \, [\text{A}] \quad \therefore I_2 = \frac{R_1}{R_1 + R_2} \times I_0 \, [\text{A}]$$

5 접지저항과 정전용량의 관계

$$RC = \rho\varepsilon \quad \therefore R(\text{접지저항}) = \frac{\rho\varepsilon}{C} \, [\Omega]$$

$$\frac{C}{G} = \frac{\varepsilon}{K} \quad \therefore i(\text{누설전류}) = \frac{V}{R} = \frac{V}{\frac{\rho\varepsilon}{C}} = \frac{CV}{\rho\varepsilon} \, [\text{A}]$$

6 근이법(근사법)

$\alpha, \beta \leqq 0$일 때 $\left[\begin{array}{l} \dfrac{1}{1-\alpha} \fallingdotseq 1+\alpha \\ \dfrac{1}{1+\beta} \fallingdotseq 1-\beta \end{array}\right]$ 이며

$$(1+\alpha)(1-\beta) = \underbrace{1}_{1\text{항}} + \underbrace{(\alpha-\beta)}_{2\text{항}} - \alpha\beta \fallingdotseq 1+(\alpha-\beta)$$

① 1항과 2항만 계산하고 나머지는 생략하는 법이다.
② 2항이 폐회로일 때는 그대로 계산한다.
③ 2항이 개회로일 때는 근의 공식을 이용계산한다.

[적중예상문제]

01 고유저항 $2\times10^{-6}[\Omega m]$, 길이 5[cm], 단면적 $0.4[cm^2]$ 도체에 3[A]의 전류가 흐르고 있다. 도체내의 전계의 세기는 몇 [V/m]인가?

① 1.5×10^{-1} ② 1.5×10^{-2}
③ 3.0×10^{-1} ④ 3.0×10^{-2}

해설

$i(\text{전류밀도}) = i_c + i_d = KE + \dfrac{\partial D}{\partial t}\ [A/m^2]$

도체에 흐르는 전류를 전도전류라 하며 전도전류밀도 $i_c = \dfrac{I}{S} = KE = \dfrac{E}{\rho}\ [A/m^2]$

$\dfrac{3}{0.4\times10^{-4}} = \dfrac{E}{2\times10^{-6}}\quad \therefore\ E = \dfrac{6\times10^{-6}}{0.4\times10^{-4}} = 1.5\times10^{-1}[V/m]$

02 압전기 진동자로 가장 많이 이용되는 재료는?

① 로셀염   ② 실리콘
③ 방해석   ④ 페라이트

해설
압전기 진동자로 사용되는 재료는 로셀염이다.

03 공간도체 중의 정상 전류밀도가 i, 전하밀도가 ρ일 때 키르히호프의 전류법칙과 같은 것은?

① $i = 0$ ② $i = \dfrac{\partial \rho}{\partial t}$
③ $i = \dfrac{\rho}{\varepsilon_0}$ ④ $\mathrm{div}\, i = 0$

해설
키르히호프 제2법칙 ⇒ 전류법칙(연속성)
그러므로 $\begin{cases} \mathrm{div}\, i = 0 \\ \nabla \cdot i = 0 \end{cases}$ 전류밀도의 연속성을 말한다.

예답 1. ① 2. ① 3. ④

04 반지름 a인 액체상태의 원통상 도선 내부에 균일하게 전류가 흐를 때 도체내부에 자장이 생겨 로렌츠의 힘으로 전류가 원통 중심방향으로 수축하려는 효과는?

① 펠티에 효과　　② 톰슨효과
③ 핀치효과　　　　④ 제에벡효과

해설
핀치 효과를 말한다.

05 대지중의 두 전극사이에 있는 어떤 점의 전계의 세기가 6[V/cm], 지면의 도전률이 10^{-4} [℧/cm] 일 때, 이 점의 전류밀도는 몇 [A/cm²] 인가?

① $6×10^{-4}$　　② $6×10^{-3}$
③ $6×10^{-2}$　　④ $6×10^{-1}$

해설
전도전류란
① 도체 내에 흐르는 전류
② 자유전자의 이동에 의한 전류
③ 옴의 법칙에 미분형이다.
∴ $i_c = KE = 10^{-4} × 6 = 6 × 10^{-4}$ [A/cm²] 이다.

06 공기 중에서 1[V/m]의 전계로 2[A/m²]의 변위전류를 흐르게 하려면 주파수는 약 몇 [Hz]이어야 하는가?

① $1.8×10^{10}$　　② $3.6×10^{10}$
③ $5.4×10^{10}$　　④ $7.2×10^{10}$

해설
변위전류란
① 도체 외에 흐르는 전류
② 구속전자의 변위에 의한 전류
③ 전속밀도(D)의 시간적인 변화에 의한 전류다. ∴ $i_d = \frac{\partial D}{\partial t} = \varepsilon \frac{\partial E}{\partial t}$ [A/m²]
복소수로 표시하면 $i_d = |j\omega\varepsilon E| = 2\pi f \varepsilon_o E$ [A/m²]
$f = \frac{i_d}{2\pi\varepsilon_o E} = \frac{2}{2×3.14×8.855×10^{-12}×1} = 3.6×10^{10}$ [Hz]

07 전류가 흐르고 있는 도체와 직각방향으로 자계를 가하게 되면 도체 측면에 정부의 전하가 생기는 것을 무슨 효과라 하는가?

① Thomson 효과　　② Peltier 효과
③ Seebeck 효과　　　④ Hall 효과

해설
• Thomson 효과 : 한 개의 금속체의 2개의 지점간에 온도차로 열류가 이동하는 중간에서 열에 흡수와 발산이 일어나는 효과
• Peltier 효과 : 전자냉동 원리로 도체와 반도체를 접합하면 접합점에서 열에 흡수와 발산이 일어나는 효과
• Seebeck 효과 : 2개 금속을 조합하면 온도차에 의해서 열류가 흘러서 열기전력이 생기는 효과

4. ③　5. ①　6. ②　7. ④

08 대지의 고유저항이 ρ[Ωm]일 때 반지름 2[m]인 반구형 접지극의 접지 저항은 몇 [Ω]인가?

① 0.25　　　　　　　② 0.5
③ 0.75　　　　　　　④ 0.95

해설 반지름이 a[m]인 반구의 정전용량 $C=2\pi\varepsilon a$[F] 반구의 접지저항

$$R=\frac{\rho\varepsilon}{C}=\frac{\rho\varepsilon}{2\pi\varepsilon a}=\frac{\pi}{2\pi\times 2}=\frac{1}{4}=0.25$$

09 정전용량 5[μF]인 콘덴서를 200[V]로 충전하여 자기인덕턴스 20[mH], 저항 0인 코일을 통해 방전할 때 생기는 전기진동 주파수 f[Hz]와 코일에 축적되는 에너지 W는 몇 J 인가?

① $f=500,\ W=0.1$　　　② $f=50,\ W=1$
③ $f=500,\ W=1$　　　　④ $f=5000,\ W=0.1$

해설 공진조건 $\omega_o L=\frac{1}{\omega_o C}$, $\omega_o^2=\frac{1}{LC}$ [rad/sec]

$$f_o(공진주파수)=\frac{1}{2\pi\sqrt{LC}}=\frac{1}{2\times 3.14\sqrt{20\times 10^{-3}\times 5\times 10^{-6}}}=500\,[\text{Hz}]$$

$$W(에너지)=\frac{1}{2}CV^2=\frac{1}{2}\times 5\times 10^{-6}\times 200^2=0.1\,[\text{J}]$$

10 압전기 진동자로 가장 많이 이용되는 재료는?

① 로셸염　　　　　　② 실리콘
③ 방해석　　　　　　④ 페라이트

해설 압력을 가하면 전기가 발생하는 소자의 재료는 로셸염이다.

11 k는 도전도, ρ는 고유저항, E는 전계의 세기, I는 전류 밀도일 때 옴의 법칙은?

① $I=kE$　　　　　　② $I=\frac{E}{k}$
③ $I=\rho E$　　　　　　④ $I=\rho kE$

해설 전도전류밀도란
① 도체 내에 흐르는 전류　② 자유전자의 이동에 의한 전류　③ 옴법칙에 미분형을 말한다.

$$\therefore i_c=\frac{I}{S}=\frac{\frac{V}{R}}{S}=\frac{V}{RS}=\frac{V}{\rho\frac{l}{s}\times S}=\frac{V}{\rho l}=\frac{E}{\rho}=KE\,[\text{A/m}^2]\text{이다.}$$

$\therefore i_c=KE\,[\text{A/m}^2]$을 옴법칙 미분형이라 한다.

정답 8. ①　9. ①　10. ①　11. ①

12 변위전류에 의하여 전자파가 발생되었을 때 전자파의 위상은?
① 변위전류보다 90° 빠르다.   ② 변위전류보다 90° 늦다.
③ 변위전류보다 30° 빠르다.   ④ 변위전류보다 30° 늦다.

해설
변위전류 $i_d = \dfrac{\partial D}{\partial t} = \varepsilon \dfrac{\partial E}{\partial t} = j\omega\varepsilon E\,[\text{A/m}^2]$

E(전계의 세기)$= \dfrac{i_d}{j\omega\varepsilon} = -j\dfrac{i_d}{\omega\varepsilon}\,[\text{V/m}]$ 로서 변위전류보다 전자파위상이 90° 늦다.

13 실용적인 유전체의 유전 손실각 $\tan\delta$는? (단, ω는 각속도 [rad/s], k는 도전률 [℧/m], ε은 유전률 [F/m]이다.)

① $\dfrac{d\varepsilon}{\omega}$

② $\dfrac{\varepsilon}{\omega k}$

③ $\dfrac{k}{\omega\varepsilon}$

④ $\dfrac{\omega k}{\varepsilon}$

해설
전류밀도 $i = i_c + i_d = KE + \dfrac{\partial D}{\partial t}\,[\text{A/m}^2]$의 벡터 도는

i_c(전도전류)$= K\dfrac{V_m}{d}\sin\omega t\,[\text{A/m}^2]$

i_d(변위전류)$= \dfrac{\varepsilon}{d}V_m\omega\cos\omega t\,[\text{A/m}^2]$

∴ δ(정전손실각)이라 한다.

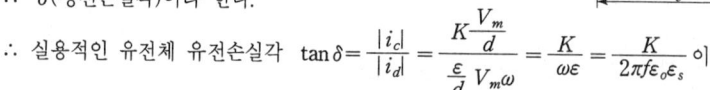

∴ 실용적인 유전체 유전손실각 $\tan\delta = \dfrac{|i_c|}{|i_d|} = \dfrac{K\dfrac{V_m}{d}}{\dfrac{\varepsilon}{d}V_m\omega} = \dfrac{K}{\omega\varepsilon} = \dfrac{K}{2\pi f\varepsilon_0\varepsilon_s}$ 이다.

14 공기 중에서 E[V/m]의 전계를 i_d[A/m²]의 변위전류로 흐르게 하려면 주파수 f는 몇 [Hz]가 되어야 하는가?

① $f = \dfrac{i_d}{2\pi\varepsilon E}$

② $f = \dfrac{i_d}{4\pi\varepsilon E}$

③ $f = \dfrac{\varepsilon i_d}{2\pi^2 E}$

④ $f = \dfrac{i_d E}{4\pi^2\varepsilon}$

해설
변위전류를 복소수로 표시하면 $i_d = \dfrac{\partial D}{\partial t} = \varepsilon\dfrac{\partial E}{\partial t} = j\omega\varepsilon E = |2\pi f\varepsilon E|\,[\text{A/m}^2]$

주파수 $f = \dfrac{i_d}{2\pi\varepsilon E}\,[\text{Hz}]$이다.

해답 12. ② 13. ③ 14. ①

15 도체계에서 임의의 도체를 일정 전위의 도체로 완전 포위하면 내외 공간의 전계를 완전히 차단할 수 있다. 이것을 무엇이라 하는가?

① 전자차폐   ② 정전차폐
③ 홀(hall)효과   ④ 핀치(pinch)효과

해설 정전차폐라 한다.

16 전력용 유입커패시터가 있다. 유(기름)의 유전율이 $\varepsilon = 2$이고 인가된 전계 $E = 200\sin\omega t a_x$[V/m]일 때 커패시터 내부에서의 변위전류밀도는 몇 [A/m²] 인가?

① $400\omega\cos\omega t a_x$ ② $400\sin\omega t a_x$
③ $200\omega\cos\omega t a_x$ ④ $400\omega\sin\omega t a_x$

해설 변위전류
$$i_d = \frac{\partial D}{\partial t} = \varepsilon\frac{\partial E}{\partial t} = \varepsilon\frac{\partial}{\partial t}200\sin\omega t = \varepsilon \times 200\omega\cos\omega t = 2 \times 200\omega\cos\omega t \,[A/m^2]$$

17 맥스웰은 전극간의 유전체를 통하여 흐르는 전류를 (ⓐ)라 하고, 이것도 (ⓑ)를 발생한다고 가정하였다. ⓐ, ⓑ에 알맞는 것은?

① ⓐ 와전류 ⓑ 자계   ② ⓐ 변위전류 ⓑ 자계
③ ⓐ 와전류 ⓑ 전계   ④ ⓐ 변위전류 ⓑ 전계

해설 ⓐ 변위전류 ⓑ 자계로서 이는 맥스웰의 제1 기초(전자파동) 방정식이다. 이는
$$\text{rot}\,H = i_d = \frac{\partial D}{\partial t}\,[A/m^2] \quad \therefore\quad \nabla \times H = i_d = \varepsilon\frac{\partial E}{\partial t}\,[A/m^2]\,\text{이다.}$$

해답 15. ② 16. ① 17. ②

정 자 계

1부 전기자기학

1 Coulomb 힘(직각좌표, 구좌표에 사용)

(1) MKS 단위계 coulomb힘

$$F = \frac{m_1 m_2}{4\pi\mu r^2}\left(\frac{\vec{r}}{|r|}\right) = 6.33 \times 10^4 \frac{m_1 m_2}{\mu_s r^2}\left(\frac{\vec{r}}{|r|}\right)[\text{N}]$$

(2) CGS 단위계 coulomb힘

$$F = \frac{m_1 m_2}{\mu_s r^2}\left(\frac{\vec{r}}{|r|}\right)[\text{dyne}]$$

$\dfrac{\vec{r}}{|r|}$ ⇒ 방향만 표시

2 자기력선의 일반적인 성질

① +극(N극)에서 시작 −극(S극)으로 끝난다.
② 자기력선은 직진한다.(굴절하지 않는다.)
③ 자기력선은 어느 면과 직교한다.($\theta = 90°$)
　폐곡면(선)을 만들지 못한다.
④ 자기력선의 방향이 그 점에 힘(자계세기)방향이다.

3 자 위(U)

무한원점에 있는 1[Wb]에 자극을 자계와 반대방향으로 무한원점으로부터 임의점까지 운반하는데 필요한 일의 양을 말한다. 즉

$$U = -\int_{\infty}^{r} H dr \,[\text{A}] \quad \text{scalar 양이다.}$$

∴ 자위경도＝자위기울기＝ $gard\ U = \triangledown U \begin{bmatrix} 직각좌표 \\ 구좌표 \end{bmatrix}$ 으로 표시할 수 있다.

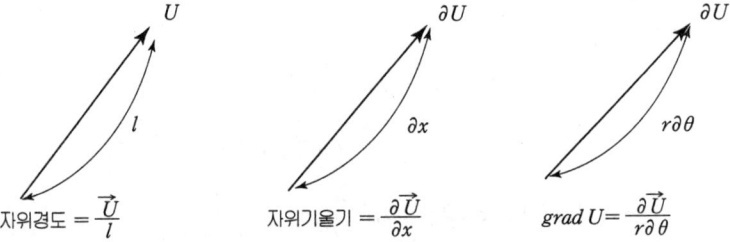

① 직각좌표($F[\text{N}]$, $H[\text{AT/m}]$, $B[\text{Wb/m}^2]$ 등에 이용) (기준)

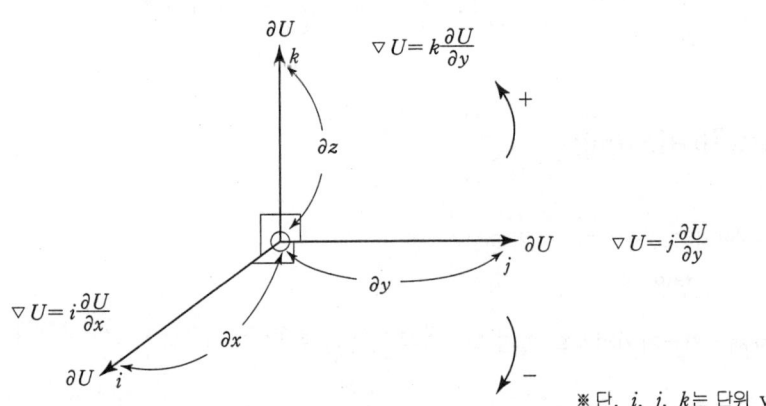

※ 단, i, j, k는 단위 vector이다.

$$dV(\text{미소체적}) = dx\,dy\,dz\,[\text{m}^3]$$

$$\triangledown U(\text{전위경도}) = i\frac{\partial U}{\partial x} + j\frac{\partial U}{\partial y} + k\frac{\partial U}{\partial z}$$

$$\triangledown (\text{기울기}) = i\frac{\partial}{\partial x} + j\frac{\partial}{\partial y} + k\frac{\partial}{\partial z}$$

$$\therefore \triangledown \cdot \triangledown U = \frac{\partial^2 U}{\partial x^2} + \frac{\partial^2 U}{\partial y^2} + \frac{\partial^2 U}{\partial z^2}$$

$$\triangledown \cdot \triangledown = \triangledown^2 = \frac{\partial^2}{\partial x^2} + \frac{\partial^2}{\partial y^2} + \frac{\partial^2}{\partial z^2}$$

② 구좌표(H[AT/m], B[Wb/m²] 등에 이용 직각좌표 기준, 구좌표 표시)

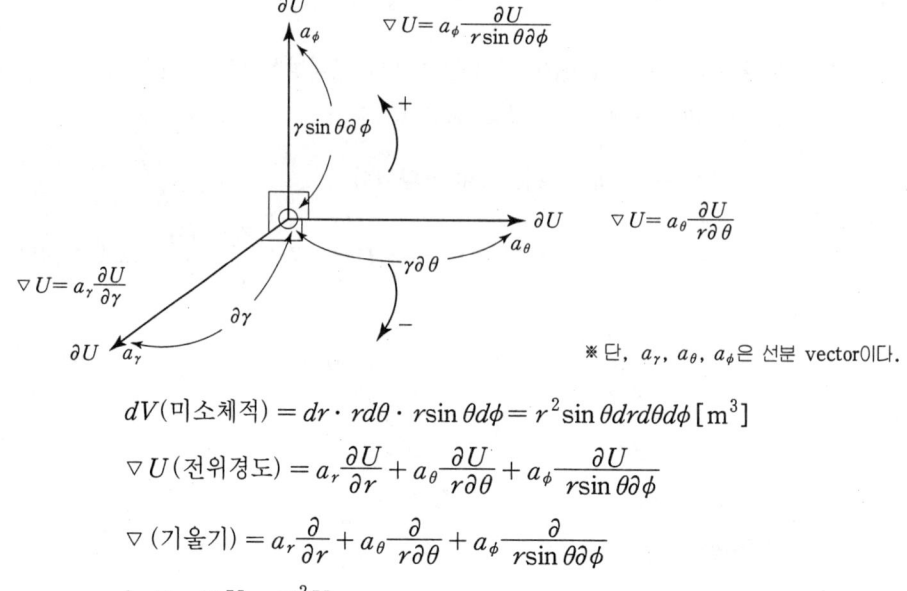

※ 단, a_r, a_θ, a_ϕ은 선분 vector이다.

$$dV(미소체적) = dr \cdot rd\theta \cdot r\sin\theta d\phi = r^2\sin\theta dr d\theta d\phi \,[\text{m}^3]$$

$$\nabla U(전위경도) = a_r\frac{\partial U}{\partial r} + a_\theta\frac{\partial U}{r\partial\theta} + a_\phi\frac{\partial U}{r\sin\theta\partial\phi}$$

$$\nabla(기울기) = a_r\frac{\partial}{\partial r} + a_\theta\frac{\partial}{r\partial\theta} + a_\phi\frac{\partial}{r\sin\theta\partial\phi}$$

$$\therefore \nabla \cdot \nabla U = \nabla^2 U$$
$$= \frac{1}{r^2}\frac{\partial}{\partial r}\left(r^2\frac{\partial U}{\partial r}\right) + \frac{\partial}{r^2\sin\theta\partial\theta}\left(\sin\theta\frac{\partial U}{\partial\theta}\right) + \frac{\partial^2 U}{r^2\sin^2\theta\partial\phi^2}$$

4 자계세기(H[AT/m])

① 단위정자극 1[Wb]에 작용하는 힘
② 수직단면을 통과하는 자기력선의 밀도

$$자계세기 = 자기력선의 밀도 = \frac{자기력선의 총수}{단위면적}$$

$$U(자위) = -\int_\infty^r H dr \,[\text{A}]$$

B점에 대한 A점의 자위(자위차)=전류차

$$U_{AB} = U_A - U_B = -\int_B^A H dr \,[\text{A}]$$

③ 자위경도에 -부호를 붙인 것

$$H = -\text{gard}\, U = -\nabla U = -\left(i\frac{\partial U}{\partial x} + j\frac{\partial U}{\partial y} + k\frac{\partial U}{\partial z}\right)[\text{AT/m}]$$

즉, 자계세기는 자위경도와 크기는 같고 방향만 반대이다.

5 가우스정리 적분형

$$\int_S H n ds = \frac{m}{\mu_0} \; : \; H(\text{자계세기})\text{를 구하는 식}$$

$$\frac{m}{\mu_0}(\text{자기력선의 총수})$$

$$\int_S B n ds = m \; : \; B(\text{자속밀도})\text{를 구하는 식}$$

$$m(\text{자속의 총수})$$

6 자속밀도(B)

$$B = \frac{\phi}{S}\,[\text{Wb/m}^2] \qquad \phi(\text{자속}) = BS\,[\text{Wb}]$$

$$B = \frac{d\phi}{dS}\,[\text{Wb/m}^2] \qquad \phi(\text{자속}) = \int_S B dS\,[\text{Wb}]$$

(1) 구 면

$$B = \frac{m}{4\pi r^2}\,[\text{Wb/m}^2]$$

(2) 공기, 진공

$$B = \mu_0 H\,[\text{Wb/m}^2]$$

(3) 자 성 체

$$B = \mu H = \mu_0 \mu_S H\,[\text{Wb/m}^2]$$

(4) 보 통

$$B = \mu_0 H + J \fallingdotseq J\,[\text{Wb/m}^2] \quad \therefore \; B \geq J$$
(자속밀도가 자화세기보다 약간 크다.)

7 coulomb힘(F[N]), 자계세기(H[AT/m]), 자위(U[A]), 자속밀도(B[Wb/m²]) 의 관계

$$\begin{cases} F = \dfrac{m\,m}{4\pi\mu r^2} = mH\,[\text{N}] \\ H = \dfrac{m}{4\pi\mu r^2} = \dfrac{F}{m}\,[\text{AT/m}] \end{cases}$$

$$\begin{cases} H = \dfrac{m}{4\pi\mu r^2} = \dfrac{U}{r}\,[\text{AT/m}] \\ U = \dfrac{m}{4\pi\mu r} = Hr\,[\text{A}] \end{cases}$$

$$\begin{cases} B = \dfrac{m}{4\pi r^2} = \mu H\,[\text{Wb/m}^2] \\ H = \dfrac{m}{4\pi\mu r^2} = \dfrac{B}{\mu}\,[\text{AT/m}] \end{cases}$$

8 점자극, 구

$$H = \dfrac{m}{4\pi\mu r^2}\,[\text{AT/m}]$$

$$U(\text{자위}) = \dfrac{m}{4\pi\mu r}\,[\text{A}]$$

9 동 심 구

$$H = \dfrac{m}{4\pi\mu r^2}\,[\text{AT/m}]$$

$$U_a(\text{자위}) = -\int_\infty^a H\,dr = \dfrac{m}{4\pi\mu a}\,[\text{A}]$$

$$U_b(\text{자위}) = -\int_\infty^b H\,dr = \dfrac{m}{4\pi\mu b}\,[\text{A}]$$

$$U = U_a - U_b(\text{전위차}) = -\int_b^a H\,dr = \dfrac{m}{4\pi\mu}\left(\dfrac{1}{a} - \dfrac{1}{b}\right)[\text{A}]$$

10 자기쌍극자

매우 가까운 거리에 있는 두 개의 점자극

(1) 자기쌍극자 moment

$$M = ml = \sigma lS = PS = \mu_0 IS \,[\text{Wb/m}]$$

$$\begin{cases} \sigma(\text{자극밀도}) = \dfrac{m}{S}\,[\text{Wb/m}^2] \\ P(\text{판자석세기}) = \sigma l\,[\text{Wb/m}^2] \\ P(\text{폐회로 전류}) = \mu_0 I \end{cases}$$

(2) 자기 쌍극자에 의한 임의점에 자위 및 자계세기

$$U = \frac{ml\cos\theta}{4\pi\mu_0 r^2} = \frac{M\cos\theta}{4\pi\mu_0 r^2}\,[\text{A}]$$

$$H_r = -\frac{\partial U}{\partial r} = \frac{2M\cos\theta}{4\pi\mu_0 r^3}\,a_r\,[\text{AT/m}]$$

$$H_\theta = -\frac{\partial U}{r\partial\theta} = \frac{M\sin\theta}{4\pi\mu_0 r^3}\,a_\theta\,[\text{AT/m}]$$

(3) 자기쌍극자에 의한 임의점에 자계세기

$$H = \sqrt{H_r^2 + H_\theta^2} = \frac{M}{4\pi\mu_0 r^3}\sqrt{1+3\cos^2\theta}\,[\text{AT/m}]$$

11 판자석에의 임의점의 자위차

(1) N(+)극으로부터 임의거리인점에 자위

$$U_P = \frac{ml\cos\theta}{4\pi\mu_0 r^2} = \frac{\sigma lS\cos\theta}{4\pi\mu_0 r^2} = \frac{\sigma l}{4\pi\mu_0}\,\omega\,[\text{A}]$$

(2) S(−)극으로부터 임의거리인점의 자위

$$U_\theta = \frac{ml\cos\theta}{4\pi\mu_0 r^2} = \frac{-\sigma lS\cos\theta}{4\pi\mu_0 r^2} = \frac{\sigma l}{4\pi\mu_0}(-\omega)\,[\text{A}]$$

단) $\omega(\text{입체각}) = \dfrac{S\cos\theta}{r^2}\,[\text{radin}]$

(3) 자위차(U)

$$U = U_P - U_\theta = 전류차(I) = \frac{M}{\mu_0} [A]$$

$$\therefore M = P(판자석\ 세기) = \mu_0 I$$

12 폐회로 전류에 의한 자위

$$U = \frac{ml\cos\theta}{4\pi\mu_0 r^2} = \frac{\sigma lS\cos\theta}{4\pi\mu_0 r^2} = \frac{P}{4\pi\mu_0}\omega = \frac{\mu_0 I}{4\pi\mu_0}\omega = \frac{I}{4\pi}\omega\ [A]$$

[적중예상문제]

01 거리 r[m]를 두고 m_1[Wb], m_2[Wb]인 같은 부호의 자극이 놓여 있다. 두 자극을 잇는 선상의 어느 1점에서 자계의 세기가 0인 점은 m_1[Wb]에서 몇 m 떨어져 있는가?

① $\dfrac{m_1 r}{m_1 + m_2}$ ② $\dfrac{r\sqrt{m_1}}{\sqrt{m_1 + m_2}}$

③ $\dfrac{r\sqrt{m_1}}{\sqrt{m_1} + \sqrt{m_2}}$ ④ $\dfrac{r\sqrt{m_2}}{\sqrt{m_1} + \sqrt{m_2}}$

해설 Coulomb 법칙에서 H_1과 H_2는 다음과 같다.

$H_1 = \dfrac{m_1}{4\pi\mu_o x^2}$ [AT/m]

$H_2 = \dfrac{m_2}{4\pi\mu_o (r-x)^2}$ [AT/m]

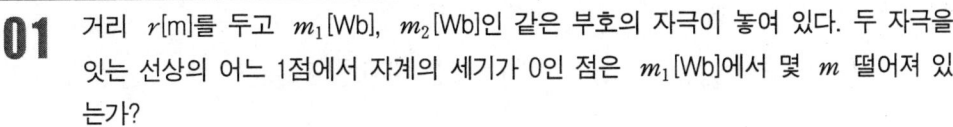

※ $H = 0$인 조건은 $H_1 = H_2$이다.

∴ $\dfrac{m_1}{4\pi\mu_o x^2} = \dfrac{m_2}{4\pi\mu_o (r-x)^2}$ $(r-x)^2 m_1 = m_2 x^2$

∴ $\sqrt{m_1}(r-x) = \sqrt{m_2}\, x$ $\sqrt{m_1}\, r = x(\sqrt{m_2} + \sqrt{m_1})$ ∴ $x = \dfrac{\sqrt{m_1}}{\sqrt{m_1} + \sqrt{m_2}} \times r$ [m]

02 무한장 직선형 도선에 I[A]의 전류가 흐를 경우 도선으로부터 R[m] 떨어진 점의 자속밀도 B의 크기는?

① $B = \dfrac{I}{4\pi\mu R}$ ② $B = \dfrac{I}{2\pi\mu R}$

③ $B = \dfrac{\mu I}{2\pi R}$ ④ $B = \dfrac{\mu I}{4\pi R}$

해설 Amper의 주회적분의 법칙에서 무한장 직선형 도선에 I[A]가 흐를 때 무한장 직선도체로부터 R[m] 떨어진 점에 자계세기 $H = \dfrac{I}{2\pi R}$ [AT/m]

∴ B(자속밀도) $= \dfrac{\phi}{S} = \mu H = \dfrac{\mu I}{2\pi R}$ [Wb/m^2]이다.

해답 1. ③   2. ③

03 공기 중에 놓여 있는 두 자극사이에 10[N]의 힘이 작용하였다. 두 자극사이의 거리를 2배로 하면 작용하는 힘은 몇 [N]이 되겠는가?

① 0.15
② 0.25
③ 2.5
④ 35

해설

두 자극사이에 작용하는 힘 $F_1 = \dfrac{m_1 m_2}{4\pi\mu_o r_1^2} \doteqdot \dfrac{1}{r_1^2}$ [N]이다.

∴ $r_1^2 \doteqdot \dfrac{1}{F_1} \doteqdot \dfrac{1}{10} \rightarrow$ ① 이므로 $r_2 = 2r_1$일 때의 힘

$F_2 \doteqdot \dfrac{1}{r_2^2} \doteqdot \dfrac{1}{(2r_1)^2} \doteqdot \dfrac{1}{4r_1^2} = \dfrac{1}{4 \times \dfrac{1}{10}} = \dfrac{10}{4} = 2.5$[N]이다.

04 길이가 10[cm] 자극의 자하가 ±90[μWb]가 되는 막대 자석의 자축상에 자극으로부터 20[cm]되는 점에 자계세기는 약 몇 [AT/m]가 되는가?

① 60
② 80
③ 100
④ 40

해설

자축상[S] 자극으로 부터 20[cm]떨어진 점에 자계세기

$H_1 = 6.33 \times 10^4 \times \dfrac{m}{(0.2)^2}$ [AT/m] → ①

자축상 N[자극]으로 부터 [10+20][cm]떨어진 점에 자계세기

$H_2 = 6.33 \times 10^4 \times \dfrac{m}{(0.3)^2}$ [AT/m] → ②

∴ $H = H_1 - H_2 = 6.33 \times 10^4 \times m \left[\dfrac{1}{(0.2)^2} - \dfrac{1}{(0.3)^2} \right]$

$= 6.33 \times 10^4 \times 9 \times 10^{-5} \left[\dfrac{1}{0.04} - \dfrac{1}{0.09} \right] \doteqdot 6.33 \times 0.9 \times 14 \doteqdot 80$[AT/m]이다.

05 1000[AT/m]의 자계중에 어떤 자극을 놓았을 때 5000[N]의 힘을 받았다. 이때의 자극의 세기 (Wb)는?

① 20
② 10
③ 3
④ 5

해설

F[coulomb의 힘]=mH[N]이다.

∴ m[자극] $= \dfrac{F}{H} = \dfrac{5000}{1000} = 5$[Wb]이다.

해답 3. ③ 4. ② 5. ④

06 비투자율 μ_s, 자속 밀도 B[Wb/m²]인 자계중에 있는 m[Wb]에 자극이 받는 힘[N]은?

① $\dfrac{Bm}{\mu_0 \mu_s}$ ② $\dfrac{B}{\mu_0}$

③ $\dfrac{m}{\mu_s}$ ④ $\dfrac{\mu_0 \mu_s}{B}$

해설
자계 중에 자극이 받는 coulomb의 힘. $F = mH = m \times \dfrac{B}{\mu} = m \times \dfrac{B}{\mu_0 \mu_s} = \dfrac{Bm}{\mu_0 \mu_s}$ [N]이다.

단, $H = \dfrac{B}{\mu} = \dfrac{B}{\mu_0 \mu_s}$ [AT/m]

07 S[단면적]=4[cm²]의 철심에 ϕ[자속]= 6×10^{-4}[Wb]을 통하게 하려면 2800[AT/m]의 자계가 필요하다. 이 철심의 비 투자율은 약 얼마가 되겠는가?

① 126 ② 326
③ 426 ④ 626

해설
B[자속밀도] $= \dfrac{\phi}{S} = \dfrac{6 \times 10^{-4}}{4 \times 10^{-4}} = 1.5$[Wb/m²]

∴ B[자속밀도] $= \mu H = \mu_0 \mu_s H$[Wb/m²]에서 μ_s[비 투자율] $= \dfrac{B}{\mu_0 H}$

$= \dfrac{1.5}{4\pi \times 10^{-7} \times 2800} \div 426$ 이다.

08 임의 폐회로를 갖는 반지름 a[m]인 원형 코일에 전류 I[A]가 흐를때에 원형 코일 중심 축상으로 부터 r[m] 거리에 있는 점의 자위[A]는 얼마인가? (단, 점에 대한 원에 입체각 w, 폐회로 전류 I[A]이다.)

① $\dfrac{Iw}{\pi}$ ② $\dfrac{4\pi I}{w}$

③ $4\pi I$ ④ $\dfrac{I}{4\pi} w$

해설
M[자기 쌍극자 moment] $= ml = \sigma lS = PS = \mu_0 IS$[Wb·m]

σ[자극 밀도] $= \dfrac{m}{S}$[Wb/m²]

P[판자석의 세기] $= \sigma l$[Wb/m]

P[폐회로 전류] $= \mu_0 I$[A], w[입체각] $= \dfrac{S\cos\theta}{r^2}$[rad/sec]이다.

∴ 원형 코일중심으로부터 임의 거리 r[m] 떨어진 점의 자위[자기 쌍극자에 의한 임의점에 자위]로서

U[자위] $= \dfrac{ml\cos\theta}{4\pi\mu_0 r^2} = \dfrac{\sigma l}{4\pi\mu_0} \times \dfrac{S\cos\theta}{r^2} = \dfrac{P}{4\pi\mu_0} w = \dfrac{\mu_0 I}{4\pi\mu_0} w = \dfrac{I}{4\pi} w$[A]이다.

09 자극의 세기가 m [Wb/m]인 판자석의 N극으로부터 r[m] 떨어진 점 P에서의 U_P[자위]를 구하는 식은? (단, 점 P에서 판자석을 보는 w[입체각] $=\dfrac{S\cos\theta}{r^2}$ [rad/sec]이다.)

① $\dfrac{m}{4\pi\mu_o}w$ ② $\dfrac{m}{2\pi\mu_o}w$

③ $\dfrac{2\pi\mu_o}{m}w$ ④ $\dfrac{4\pi}{\mu_o m}w$

해설
자극의 세기 $m=P=\sigma l$[Wb/m]=판자석의 세기이다.
∴ 판자석의 N[+]극으로 부터 r[m] 떨어진 점의
U_P[자위] $=\dfrac{ml\cos\theta}{4\pi\mu_o r^2}=\dfrac{\sigma l}{4\pi\mu_o}\times\dfrac{S\cos\theta}{r^2}=\dfrac{P}{4\pi\mu_o}w=\dfrac{m}{4\pi\mu_o}w$[AT]이다.

9. ①

08 전류의 자기현상

1부 전기자기학

1 앙페르(Anper)의 오른나사의 법칙

전류에 의한 자계방향은 오른나사 진행방향이 전류방향이고 회전방향이 자계방향이다.

$$\int_C H dl = \pm I [\text{A}]$$

자계 방향을 정의한 식이다.

2 앙페르(Anper)의 주회적분의 법칙

$$\int_C H dl = |I| [\text{A}]$$

전류(I)와 자계(H)의 관계를 양적으로 설명한 식이다.

(1) 무한직선도체

$$H (\text{자계세기}) = \frac{I}{2\pi r} [\text{AT/m}]$$

(2) 권수(N), 환상철심(소레노이드)의 내부자계

$$H = \frac{NI}{2\pi r} [\text{AT/m}]$$

(3) 반지름 a [m], 임의거리 r [m](변수)일 때

원주도체, 내부자계세기 $H' = \dfrac{Ir}{2\pi a^2}$ [AT/m]

3 비오사바르의 법칙

전류와 자계관계를 정의한 식이다.

$$\triangle H = \dfrac{I \triangle l \sin\theta}{4\pi r^2} \text{ [AT/m]}$$

(1) 원형코일 중심자계

$$H = \dfrac{I}{2r} \text{ [AT/m]}$$

(2) 반원코일 중심자계

$$H = \dfrac{I}{2r} \times \dfrac{1}{2} = \dfrac{I}{4r} \text{ [AT/m]}$$

(3) $\dfrac{3}{4}$ 원코일 중심자계

$$H = \dfrac{I}{2r} \times \dfrac{3}{4} = \dfrac{3I}{8r} \text{ [AT/m]}$$

(4) 원형코일 임의각도(θ)에 의한 원형코일 중심자계

$$H = \dfrac{I}{2r} \times \dfrac{\theta}{2\pi} = \dfrac{I\theta}{4\pi r} \text{ [AT/m]}$$

(5) 반지름 a [m]인 원형코일 중심으로부터 임의거리 x [m] 떨어진 점에 자계세기

$$H = \dfrac{NIa^2}{2r^3} = \dfrac{NIa^2}{2(a^2+x^2)^{\frac{3}{2}}} \text{ [AT/m]}$$

4 유한장 직선도체

$$H = \frac{I}{4\pi a}(\sin\beta_1 + \sin\beta_2)$$
$$= \frac{I}{4\pi a}(\cos\theta_1 + \cos\theta_2)\,[\text{AT/m}]$$

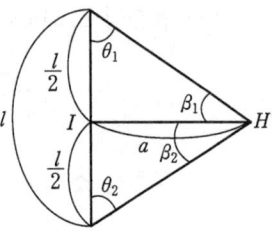

(1) 정3각형 코일 중심자계

$$H = \frac{9I}{2\pi l}\,[\text{AT/m}]$$

(2) 정4각형 코일 중심자계

$$H = \frac{2\sqrt{2}\,I}{\pi l}\,[\text{AT/m}]$$

(3) 정6각형 코일 중심자계

$$H = \frac{\sqrt{3}\,I}{\pi l}\,[\text{AT/m}]$$

(4) 직4각형 코일 중심자계

$$H = \frac{N\sqrt{a^2+b^2}}{\pi ab}\,[\text{AT/m}]$$

(5) $\frac{3}{4}$ 원과, 반무한장, 직선도체에 $I[\text{A}]$의 전류를 흘릴 때 $\frac{3}{4}$ 원 코일 중심 자계세기

$$H = \frac{(3\pi - 2)I}{8\pi a}\,[\text{AT/m}]$$

(6) 정 n각형 코일 중심자계 : $H = \dfrac{nI\left(\sin\dfrac{\pi}{n} + \sin\dfrac{\pi}{n}\right)}{4\pi R\cos\dfrac{\pi}{n}}$

$$= \frac{nI}{2\pi R} \times \tan\frac{\pi}{n}\,[\text{AT/m}]$$

5 소레노이드의 내부자계(평등자계)

(1) 유한장 소레노이드 내부자계

$$H = \frac{NI}{\sqrt{4a^2 + l^2}} \, [\text{AT/m}]$$

(2) 무한장 소레노이드 내부자계

$$H = \frac{NI}{l} = n_o I \, [\text{AT/m}]$$

(3) 외부자계

$$H_0 = 0$$

6 전 자 력

(1) 푸레밍 왼손법칙(직류전동기 원리)

$$\begin{cases} f(\text{전자력}) = I \times Bl\sin\theta \, [\text{N}] \\ B(\text{자장의 방향}) \\ I(\text{전류의 방향}) \end{cases}$$

(단, $v(\text{속도}) = \frac{l}{t} = rw \, [\text{m/sec}]$.)

(2) 푸레밍 오른손법칙(직류발전기 원리)

$$\begin{cases} e(\text{유기기전력}) = Blv\sin\theta \, [\text{V}] \\ v(\text{물체의 운동방향}) \\ B(\text{자장의 방향}) \end{cases}$$

(3) 푸레밍 왼손법칙과 오른손법칙과의 관계

$$fv = eI$$

$$f(\text{전자력}) = \frac{eI}{v} \, [\text{N}]$$

$$e(\text{기전력}) = \frac{fv}{I} \, [\text{V}]$$

인력(흡인력)   척력(반발력)

(4) 평행 전선사이에 전자력

$$f = I_2 Bl = \frac{2I_1 I_2 l}{r} \times 10^{-7} \, [\text{N}]$$

7 회전력(Torque)

(1) 막대자석이 받는 Torque

$$T = mlH\sin\theta = MH\sin\theta \, [\text{N} \cdot \text{m}]$$

(2) 직4각형(장방형) 코일이 받는 Torque

$$T = IBNS\cos\theta \, [\text{N} \cdot \text{m}] \qquad (단, V = 속도이다.)$$

8 전자 전하가 일정반지름 r[m]를 갖고 원운동을 하기 위한 조건

전자력 = 원심력

$$Bev = \frac{mv^2}{r}$$

$$r(\text{반지름} = \text{궤도}) = \frac{mv}{Be} \, [\text{m}]$$

$$T(\text{주기}) = \frac{2\pi m}{Be} \, [\text{sec}] \quad \begin{array}{l} e(\text{선자전하}) = 1.602 \times 10^{-19} \, [\text{C}] \\ m(\text{전자질량}) = 9.107 \times 10^{-31} \, [\text{kg}] \end{array}$$

단, 1g의 전자수 $= \dfrac{1}{9.107 \times 10^{-34}} \fallingdotseq 1.1 \times 10^{-33}$개의 전자

9 로렌츠의 힘

전자계 중에 점전하 q[C]을 놓을 경우 이 점전하 q[C]이 받는 힘을 말한다.

$$F = F_E + F_H = q[E + (v \times B)] \, [\text{N}]$$

단, $(v \times B)$는 vector이다.

10 막대자석의 운동방정식

$$I\frac{d^2\theta}{dt^2} + MH_0\theta = 0$$

$$T(막대자석운동주기) = 2\pi\sqrt{\frac{I}{MH_0}}\ [\sec]$$

$\begin{bmatrix} I(관성\ moment) \\ M(자기쌍극자\ moment) \\ H_0(지구\ 자계의\ 수평분력) \end{bmatrix}$

[적중예상문제]

01 자속밀도 $B[\text{Wb/m}^2]$의 자계내에서 전하량의 크기가 $e[\text{C}]$인 전자가 $v[\text{m/s}]$의 속도로 이동할 때 전자가 받는 힘 $[F]$는 몇 $[\text{N}]$인가?

① evB
② $ev^2 \cdot B$
③ $ev \times B$
④ $eB^2 \times v$

해설

전자력 $f = I \times Bl \sin 90 = \left|\dfrac{-e}{t}\right| \times Bl = e \times B \dfrac{l}{t} = e \times Bv\,[\text{N}]$

단, $v(\text{속도}) = \dfrac{l}{t} = \dfrac{r\omega t}{t} = r\omega\,[\text{m/sec}]$

02 그림과 같이 길이 l인 직선도선에 직류전류 I가 흐를 때 P에서의 자계 H는?

① $H = -\dfrac{1}{4\pi r}(\sin\theta_1 - \sin\theta_2)^2 a_x$

② $H = \dfrac{1}{4\pi r}(\sin\theta_2 - \sin\theta_1) a_x$

③ $H = \dfrac{I^2}{4\pi r}(\sin\theta_2 - \sin\theta_1)^2 a_x$

④ $H = \dfrac{I^2}{4\pi r}(\sin\theta_1 - \sin\theta_2) a_x$

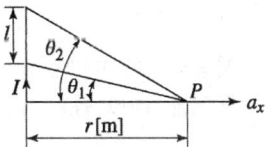

해설

유한직선도체로부터 임의거리 $r[\text{m}]$ 떨어진 점에서의 자계세기

$H = \dfrac{I}{4\pi r}(\sin\beta_1 + \sin\beta_2)\,[\text{AT/m}]$이다. 단, 여기서는 $l[\text{m}]$인 구간에서의 자계세기 이므로 $l[\text{m}]$ 구간에서의 $H = \dfrac{I}{4\pi r}(\sin\theta_2 - \sin\theta_1) a_x\,[\text{AT/m}]$이다.

정답 1. ③ 2. ②

03 그림과 같은 동축원통의 왕복 전류회로가 있다. 도체 단면에 고르게 퍼진 일정 크기의 전류가 내부도체로 흘러 들어가고 외부도체로 흘러 나올 때 전류에 의하여 생기는 자계에 대하여 옳지 않은 설명은?

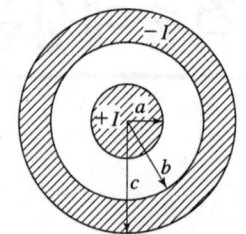

① 내부 도체 내 ($r<a$)에 생기는 자계의 크기는 중심으로부터 거리에 비례한다.
② 두 도체사이 (내부공간) ($a<r<b$)에 생기는 자계의 크기는 중심으로부터 거리에 반비례 한다.
③ 외부도체 내 ($b<r<c$)에 생기는 자계의 크기는 거리에 관계없이 일정하다.
④ 외부공간 ($r>c$)의 자계는 영(0)이다.

해설

㉮ $r<a$에서 $I' = \dfrac{r^2}{a^2}I$[A]이다. ∴ 원주도체내부 자계 $H_1 = \dfrac{I'}{2\pi r} = \dfrac{Ir}{2\pi a^2}$[AT/m]로서 거리 r[m]에 비례한다.

㉯ $a<r<b$에서의 자계는 Amper의 주회체적분 법칙에서 $H_2 = \dfrac{I}{2\pi r}$[AT/m]로서 거리 r[m]에 반비례한다.

㉰ $b<r<c$에서의 $I'' = I\left(1 - \dfrac{r^2 - b^2}{c^2 - b^2}\right)$[AT/m]이다.
∴ $H_3 = \dfrac{I''}{2\pi r} = \dfrac{I}{2\pi r}\left(1 - \dfrac{r^2 - b^2}{c^2 - b^2}\right)$[AT/m]로서 거리 r[m]에 따라서 변화된다.

㉱ $r>c$의 에서의 자계는 Amper의 주회적분의 법칙에 의해서 합성자계는 0이다.

04 자속밀도가 10[Wb/m²]인 자계내에 길이 4[cm]의 도체를 자계와 직각으로 놓고 이 도체를 0.4초 동안 1[m]씩 균일하게 이동하였을 때 발생하는 기전력은 몇 [V]인가?
① 1
② 2
③ 3
④ 4

해설

플레밍의 오른손법칙 $e = Blv \sin 90° = Blv = Bl \times \dfrac{d}{t} = 10 \times 4 \times 10^{-2} \times \dfrac{1}{0.4} = 1$ [V]

05 그림과 같은 환상 솔레노이드에서 평균 반지름 r[m], 코일권수 N회에 I[A]의 전류를 흘릴 때 중심 0점의 자계의 세기 H[AT/m]는?

① $\dfrac{NI}{2\pi r}$

② $\dfrac{NI}{2\pi r^2}$

③ NI

④ 0

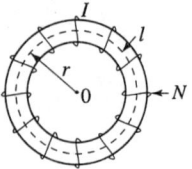

정답 3. ③ 4. ① 5. ①

해설
환상 솔레노이드의 중심자계는 Ampere의 주회적분법칙에서 $\int_c Hdl = NI$

∴ $Hl = NI$, $H = \dfrac{NI}{l} = \dfrac{NI}{2\pi r}$ [AT/m]

---

06 그림과 같이 반지름 r[m]인 원의 임의의 2점 a, b(각 θ) 사이에 전류 I[A]가 흐른다. 원의 중심 0의 자계의 세기는 몇 [A/m] 인가?

① $\dfrac{I\theta}{4\pi\ r^2}$

② $\dfrac{I\theta}{4\pi\ r}$

③ $\dfrac{I\theta}{2\pi\ r^2}$

④ $\dfrac{I\theta}{2\pi\ r}$

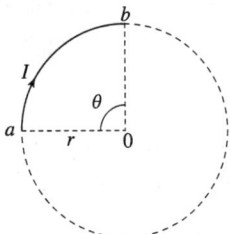

해설
비오-사바르의 법칙에서 원형코일에 I를 흘릴 때 원형코일 중심 임의각도 θ 사이에 의한 원형코일 중심자계 $H = \dfrac{I}{2r} \times \dfrac{\theta}{2\pi} = \dfrac{I\theta}{4\pi r}$ [AT/m]이다.

---

07 반지름 1[m]의 원형코일에 1[A]의 전류가 흐를 때 중심점의 자계의 세기는 몇 [AT/m] 인가?

① $\dfrac{1}{4}$

② $\dfrac{1}{2}$

③ 1

④ 2

해설
비오-사바르의 법칙에서 원형코일 중심 자계세기는 $H = \dfrac{I}{2r} = \dfrac{1}{2 \times 1} = \dfrac{1}{2}$ [AT/m]

---

08 전류 I[A]에 대한 P점의 자계 H[A/m]의 방향이 옳게 표시된 것은? (단, ⊙은 지면을 나오는 방향, ⊗은 지면을 들어가는 방향표시이다.)

①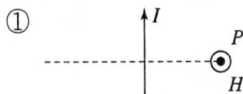

②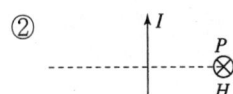

③

④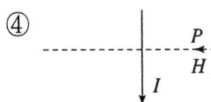

해설
Ampere의 오른나사의 법칙에서 지면으로 들어가는 방향표시를 나타낸다.

정답 6. ② 7. ② 8. ②

09 자계의 세기가 2×10^4[AT/m]인 평등자계내에서 자계와 30°각도로 무한장 직선도체를 놓고 도체에 전류 2[A]를 흘렸을경우, 도체에 작용하는 단위길이당의 힘은 몇 [N/m²]인가?

① $2\pi \times 10^{-3}$ ② $4\pi \times 10^{-3}$
③ $6\pi \times 10^{-3}$ ④ $8\pi \times 10^{-3}$

해설 플레밍 왼손법칙에서 전자력 $f = I \times Bl \sin\theta$
$= I \times \mu_o Hl \sin\theta = 2 \times 4\pi \times 10^{-7} \times 2 \times 10^4 \times 1 \times \dfrac{1}{2} = 8\pi \times 10^{-3}$ [N/m²]

10 환상철심에 감은 코일에 5[A]의 전류를 흘리면 2000[AT]의 기자력이 생기는 것으로 한다면, 코일의 권수는 얼마로 하여야 하는가?

① 100회 ② 200회
③ 300회 ④ 400회

해설 환상철심에서의 기진력 $F = NI = R\phi = Hl$[AT]에서 $N = \dfrac{F}{I} = \dfrac{2000}{5} = 400$회다.

11 전류와 자계사이에 직접적인 관련이 없는 법칙은?

① 암페어의 오른나사법칙 ② 비오사바르의 법칙
③ 플레밍의 왼손법칙 ④ 렌쯔의 법칙

해설 렌츠의 법칙 : 전자유도에 의해 유기되는 기전력에 방향은 자속에 변화를 방해하는 방향이다. 즉 $e = -N \dfrac{d\phi}{dt}$ [V]로서 전류와 자계의 관계를 설명한 식이 아니다.

12 그림과 같이 반지름 r[m]인 원의 임의의 2점 a, b (각 θ) 사이에 전류 I[A]가 흐른다. 원의 중심 0의 자계의 세기는 몇 [A/m] 인가?

① $\dfrac{I\theta}{4\pi} \dfrac{1}{r^2}$
② $\dfrac{I\theta}{4\pi} \dfrac{1}{r}$
③ $\dfrac{I\theta}{2\pi} \dfrac{1}{r^2}$
④ $\dfrac{I\theta}{2\pi} \dfrac{1}{r}$

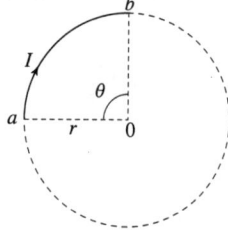

해설 원형코일에 I[A]의 전류를 흘릴 때 원형코일 임의각도에 의한 원형코일 중심자는 비오-사바르의 법칙에 따라 $H = \dfrac{I}{2r} \times \dfrac{\theta}{2\pi} = \dfrac{I\theta}{4\pi r}$ [AT/m]

해답 9. ④ 10. ④ 11. ④ 12. ②

13 반지름 $r=a$[m]인 원통상 도선에 I[A]의 전류가 균일하게 흐를 때 $r=0.2\,a$[m]의 자계는 $r=2\,a$[m]인 자계의 몇 배인가?

① 0.2　　　　　　　　② 0.4
③ 2　　　　　　　　　④ 4

해설
원주도체 내부자계 세기 $H_1 = \dfrac{I \times 0.2a}{2\pi a^2}$ [AT/m] ⋯①

원통도체로부터 $r=2a$[m]인 점의 자계세기 $H_2 = \dfrac{I}{2\pi \times 2a}$ ⋯②

$\dfrac{H_1}{H_2} = \dfrac{\frac{I \times 0.2a}{2\pi a^2}}{\frac{I}{2\pi 2a}} = 0.2 \times 2 = 0.4$ 배이다.

---

14 반지름 R인 원에 내접하는 정n각형의 회로에 전류 I가 흐를 때 원 중심점에서의 자속밀도는 몇 [Wb/m²]인가?

① $\dfrac{n\mu_o I}{2\pi R} \tan \dfrac{\pi}{n}$　　　　② $\dfrac{\mu_o I}{\pi R} \cos \dfrac{\pi}{n}$

③ $\dfrac{I}{2\pi \mu_o R} \tan \dfrac{2\pi}{n}$　　　　④ $\dfrac{2\pi R}{\tan \dfrac{\pi}{n}}$

해설
유한직선도체로부터 임의거리인 점의 자계세기 H는 정 n각형이다.

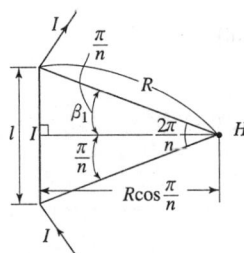

$H = n \times \dfrac{I}{4\pi R \cos \dfrac{\pi}{n}} \left(\sin \dfrac{\pi}{n} + \sin \dfrac{\pi}{n} \right)$

$= \dfrac{nI}{2\pi R} \tan \dfrac{\pi}{n}$ [AT/m]

$\therefore\ B = \dfrac{\phi}{S} = \mu_o \times H = \dfrac{n\mu_o I}{2\pi R} \tan \dfrac{\pi}{n}$ [Wb/m²] 이다.

---

15 자속밀도 10[Wb/m²]의 자계중에 10[cm]의 도체를 자계와 30°의 각도로 30[m/s]로 움직일 때 도체에 유기되는 기전력은 몇 [V]인가?

① 15　　　　　　　　② $15\sqrt{3}$
③ 1500　　　　　　　④ $1500\sqrt{3}$

해설
플레밍의 오른손법칙에서 도체에 유기되는 기전력
$e = Blv \sin \theta = 10 \times 10 \times 10^{-2} \times 30 \times \sin 30 = 15$ [V]

13. ②　14. ①　15. ①

16 무한히 긴 직선 도체에 전류 I[A]를 통했을 때 이로부터 d[m]되는 점의 자계의 세기는 몇 [AT/m]인가?

① $\dfrac{I}{\pi d}$ ② $\dfrac{I}{2\pi d}$

③ $\dfrac{I}{4\pi d}$ ④ $\dfrac{2\pi I}{d}$

해설 Ampere의 주회적분법칙에서 $\int_c Hdl = I \quad Hl = I \quad \therefore H = \dfrac{I}{l} = \dfrac{I}{2\pi d}$ [AT/m]

17 자극의 세기 8×10^{-6}[Wb], 길이 5[cm]의 막대 자석을 150[AT/m]의 평등 자계내에 자계와 30°의 각도로 놓았다면 자석이 받는 회전력은 몇 [N·m]인가?

① 1.2×10^{-2} ② 5.2×10^{-5}
③ 3×10^{-5} ④ 2×10^{-7}

해설 막대자속이 받는 회전력(Torque)
$T = mlH\sin\theta = 8 \times 10^{-6} \times 5 \times 10^{-2} \times 150 \times \sin 30 = 3 \times 10^{-5}$ [N·m]

18 100[kV]로 충전된 8×10^3[pF]의 콘덴서가 축적할 수 있는 에너지는 몇 [W] 전구가 2초동안 한 일에 해당되는가?

① 10 ② 20
③ 30 ④ 40

해설 콘덴서에 축적되는 에너지 $W = \dfrac{1}{2}CV^2 = \dfrac{1}{2} \times 8 \times 10^3 \times 10^{-12} \times (100 \times 10^3)^2 = 40$ [J]

$P(전력) = \dfrac{W}{t} = \dfrac{40}{2} = 20$ [W]

19 반지름 1[m]의 원형코일에 1[A]의 전류가 흐를 때 중심점의 자계의 세기는 몇 [AT/m]인가?

① $\dfrac{1}{4}$ ② $\dfrac{1}{2}$

③ 1 ④ 2

해설 비오-사바르의 법칙에서 반지름 $r = 1$[m]인 원형코일 중심자계
$H = \dfrac{I}{2r} = \dfrac{1}{2 \times 1} = \dfrac{1}{2}$ [AT/m]

16. ② 17. ③ 18. ② 19. ②

20 전류 I_1[A], I_2[A]의 무한장 평행직선도선 A, B가 d[m]의 간격으로 있을 때 양자간에 작용하는 힘은? 단, 흐르는 두 전류의 방향은 같은 방향이라고 한다.

① $\dfrac{I_1 I_2}{2d} \times 10^{-7}$[N/m]의 흡인력   ② $\dfrac{I_1 I_2}{2d} \times 10^{-7}$[N/m]의 반발력

③ $\dfrac{2I_1 I_2}{d} \times 10^{-7}$[N/m]의 흡인력   ④ $\dfrac{2I_1 I_2}{d} \times 10^{-7}$[N/m]의 반발력

해설

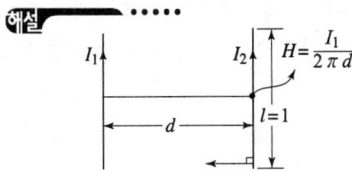

f(평행전선 사이의 전자력) $= I_2 B l = I_2 \mu_o H l$

$= I_2 \mu_o \times \dfrac{I_1 l}{2\pi d} = \dfrac{4\pi \times 10^{-7} I_1 I_2 l}{2\pi d} = \dfrac{2 I_1 I_2}{d} \times 10^{-7}$ [N/m]

의 흡인력이 된다.

21 그림과 같이 무한장 직선도체에 I[A]의 전류가 흐를 때 도체에서 d[m] 떨어진 곳에 있는 가로, 세로가 각각 a[m], b[m]인 구형의 면적을 통과하는 자속은 몇 [Wb]인가?

① $\dfrac{\mu_0 b I}{2\pi} \ln \dfrac{d}{d+a}$

② $\dfrac{\mu_0 b I}{2\pi} \ln \dfrac{d+a}{d}$

③ $\dfrac{\mu_0 b I}{\mu} \ln \dfrac{d}{d+a}$

④ $\dfrac{\mu_0 b I}{\mu} \ln \dfrac{d+a}{d}$

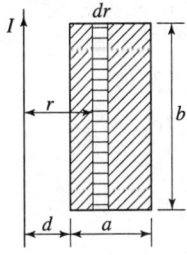

해설 Ampere의 주회적분의 법칙에서 무한직선도체로부터 임의거리 r[m] 떨어진 점에 자계세기

$H = \dfrac{I}{2\pi r}$ [AT/m]

∴ 자속밀도 $B = \dfrac{d\phi}{dS} = \mu_o H$ [Wb/m²]

$d\phi = B \, ds$ [Wb]

∴ $\phi = \int_d^{d+a} B dS = \int_d^{d+a} \mu_o H b dr$

$= \int_d^{d+a} \mu_o \times \dfrac{Ib}{2\pi r} dr = \dfrac{\mu_o Ib}{2\pi} (\ln_e r)_d^{d+a} = \dfrac{\mu_o Ib}{2\pi} \ln_e \dfrac{d+a}{d}$ [Wb]

해답 20. ③ 21. ②

22 전류에 의한 자계의 방향을 결정하는 법칙은?
① 렌즈의 법칙　　② 플레밍의 오른손법칙
③ 플레밍의 왼손법칙　　④ 암페어의 오른손법칙

해설 Ampere의 오른나사법칙은 전류에 대한 자계의 방향을 결정해 주는 법칙이다.

23 그림과 같이 자계의 방향이 Z축 방향인 균일자계 (자속밀도는 B이다.)내에 이와 수직한 XY면내에 놓인 구형도선 코일 C를 Y방향으로 v인 속도로 이동시킬 때, 이 도선회로에 유도 되는 기전력은?
① vB에 비례한다.
② v_2B_2에 비례한다.
③ $\dfrac{v}{B}$에 비례한다.
④ 영(0)이다.

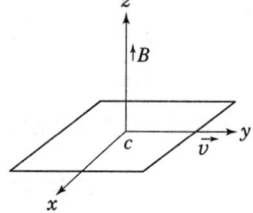

해설 이 도선에 유도되는 기전력 $e = Blv = v \times Bl$ [V]로서 vB에 비례한다.(단, v(속도)$= \dfrac{l}{t}$ [m/sec])

24 그림과 같은 모양의 자화곡선을 나타내는 자성체 막대를 충분히 강한 평등자계 중에서 매분 3000회 회전시킬 때 자성체는 단위체적당 약 몇 kcal/s의 열이 발생하는가? (단, $Br=2$[Wb/m²], $H_L : 500$[AT/m], $B = \mu H$에서 $\mu \neq$ 일정)
① 11.7
② 47.6
③ 70.2
④ 200

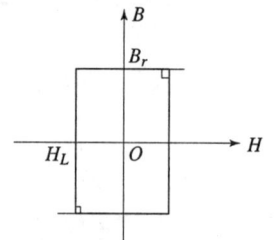

해설 매분 3000회전이므로 $W = 4H_L B_r \times \dfrac{3000}{60} = 4 \times 500 \times 2 \times \dfrac{3000}{60} = 200$ [kW/m³]
∴ 열량 $H = \dfrac{W}{4.189} = 0.24 W = 0.24 \times 200 \doteqdot 47.8$ [kcal/secm³]

25 전하 q[C]이 진공 중의 자계 H[AT/m]에 수직방향으로 v[m/s]의 속도로 움직일 때 받는 힘은 몇 N 인가?
① $\dfrac{qH}{\mu_0 v}$　　② $\dfrac{qvH}{\mu_0}$
③ $\dfrac{qvH}{\mu_0}$　　④ $\mu_0 qvH$

해답 22. ④　23. ①　24. ②　25. ④

해설 플레밍의 왼손법칙에 의한 전자력 $f = I \times Bl = \frac{q}{t}Bl = qB\frac{l}{t} = qBv = \mu_o qvH$ [N]

(단, I(전류)$=\frac{q}{t}$ [A], v(속도)$=\frac{l}{t}$ [m/sec], B(자속밀도)$=\frac{\phi}{S}=\mu_o H$ [Wb/m²])

26
전류 I[A]가 흐르는 반지름 a[m]의 원형코일의 중심선상의 자위는 몇 [A]인가?
(단, 중심축상의 거리는 x[m]라 한다.)

① $\frac{I}{2}\left(1-\frac{x}{\sqrt{a^2+x^2}}\right)$
② $\frac{I}{4}\left(1-\frac{x}{\sqrt{a^2+x^2}}\right)$
③ $\frac{a^2 I}{2(a^2+x^2)^{3/2}}$
④ $\frac{a^2 I}{4(a^2+x^2)^{3/2}}$

해설

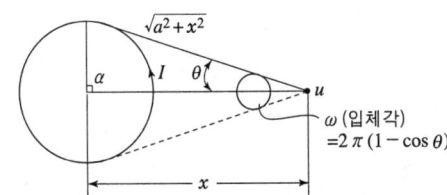

$\therefore\ U(P점의\ 자위) = \frac{ml\cos\theta}{4\pi\mu_o r^2} = \frac{\sigma l s \cos\theta}{4\pi\mu_o r^2} = \frac{\sigma l}{4\pi\mu_o} \times w = \frac{P}{4\pi\mu_o} \times w = \frac{\mu_o I}{4\pi\mu_o} \times 2\pi(1-\cos\theta)$

$= \frac{I}{2}\left(1-\frac{x}{\sqrt{a^2+x^2}}\right)$ [A]이다.

H(자계세기)$= -\frac{\partial u}{\partial x} = -\frac{\partial}{\partial x} \times \frac{I}{2}\left(1-\frac{x}{\sqrt{a^2+x^2}}\right) = \frac{a^2 I}{2(a^2+x^2)^{\frac{3}{2}}}$ [AT/m]

26. ①

09 자성체와 자기회로

1부 전기자기학

1 자성체

자성체는 자기를 가질 수 있는 물체

① 상자성체 : Al(알루미늄), Mn(망간), Pt(백금), O_2(산소), Sn(주석), N_2(질소) 등이다.
② 강자성체 : Fe(철), Ni(니켈), Co(코발트), 이들에 합금 등이다.
③ 반(역)자성체 : Bi(비스무트), C(탄소), Si(규소), Ag(은), Pb(납), Zn(아연), Cu(구리) 등이다.

(1) 자성체 자계

$$H = H_0 - H' = \frac{H_0}{1 + N\frac{x}{\mu_0}} = \frac{H_0}{1 + N(\mu_s - 1)} \, [\text{AT/m}]$$

$$H'(감자력) = N\frac{J}{\mu_0} \fallingdotseq J[\text{Wb/m}^2]$$

(2) 감자율

① 외부자계와 자성체가 평행일 때($N=0$)

$$H_2 = H_0 - H' = H_0 - N\frac{J}{\mu_0} = H_0$$

$$\therefore H_2 = H_0 \, [\text{AT/m}]$$

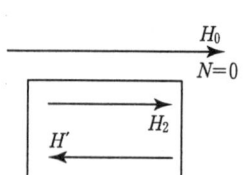

$\begin{cases} N(감자율) \\ H_0(외부세기)[\text{AT/m}] \\ J(자화의 세기) = \chi H [\text{Wb/m}] \\ H(자성체 세기)[\text{AT/m}] \end{cases}$

② 외부자계와 자성체가 직각일 때 ($N=1$)

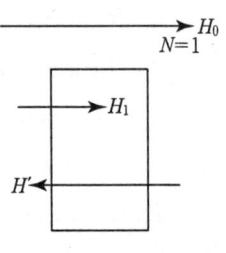

$$H_1 = H_0 - H' = H_0 - N\frac{J}{\mu_0} = H_0 - \frac{\chi H_1}{\mu_0}$$

$$H_1\left(1 + \frac{\chi}{\mu_0}\right) = H_0$$

$$H_1 = \frac{H_0}{1 + \frac{\chi}{\mu_0}} = \frac{H_0}{\mu_s} \, [\text{AT/m}]$$

2 자화세기

① $J = \dfrac{dM}{dV} = \dfrac{dm}{ds} = \sigma_J(\text{자극밀도}) \, [\text{Wb/m}^2]$

② $J = \chi H \, [\text{Wb/m}^2]$ $\chi(\text{자화율}) = \mu_0(\mu_s - 1)$

③ $J = \mu_0(\mu_s - 1)H = B - \mu_0 H = B\left(1 - \dfrac{1}{\mu_s}\right)[\text{Wb/m}^2]$

∴ $B \geq J [\text{Wb/m}^2]$

3 투자율 (μ[H/m])

$\mu(\text{투자율}) = \mu_0 \mu_s \, [\text{H/m}]$

$\mu_0(\text{진공투자율}) = 12.56 \times 10^{-7} = 4\pi \times 10^{-7} \, [\text{H/m}]$

$\mu_s(\text{비투자율}) \fallingdotseq 1 (\text{공기, 진공})$

$\mu_s(\text{자성체}) \fallingdotseq$ 대단히 크다.

단 ┌ 상자성체 $\chi > 0, \mu_s > 1$
   └ 역자성체 $\chi < 0, \mu_s < 1$

4 자계의 경계조건

① 자속밀도의 수직성분은 경계면 양측이 서로 같다.
② 자계의 수평성분은 경계면의 양측이 서로 같다.

㉠ $B_{1n} = B_{2n}$
　$B_1 \cos\theta_1 = B_2 \cos\theta_2$ ┐
　$\mu_1 H_1 \cos\theta_1 = \mu_2 H_2 \cos\theta_2$ ┘ ············ ⓐ 키르히호프 제1법칙(연속성)
　입사각 $\theta_1 = 0$ 이면, 굴절각 $\theta_2 = 0$
　　　　　　　　　　　　　　　　$divB = 0$ ┐ 자속밀도의 연속성
　　　　　　　　　　　　　　　　$\nabla \cdot B = 0$ ┘

㉡ $H_1 t = H_2 t$ ┐
　$H_2 \sin\theta_1 = H_2 \sin\theta_2$ ┘ ············ ⓑ stock정리 적분형(보존적) ┐
　경계면 양측에 자위도 서로 같다.　　$\int_C Hdl = 0 = \int_S rotHds$ ┘ 보존적이다
　　　　　　　　　　　　　　　　$rotH = 0$ ┐ 미분형
　　　　　　　　　　　　　　　　$\nabla \times H = 0$ ┘

㉢ $\dfrac{\tan\theta_1}{\mu_1} = \dfrac{\tan\theta_2}{\mu_2}$, $\dfrac{\tan\theta_1}{\tan\theta_2} = \dfrac{\mu_1}{\mu_2}$

$\mu_1 > \mu_2$ 라면 $\theta_1 > \theta_2$ ┐
　　　　　　　$B_1 > B_2$ ├ 이어야 한다.
　　　　　　　$H_2 > H_1$ ┘

5 맥스웰 응력

① 자계가 계면에 수직일 때는 자계방향으로 $\dfrac{1}{2}(H_2 - H_1)B [\text{N/m}^2]$ 인장응력을 받고

② 자계가 계면에 평행일 때는 자계와 수직방향으로 $\dfrac{1}{2}(B_1 - B_2)H [\text{N/m}^2]$ 에 압축응력을 받는다.

③ $\mu_2 > \mu_1$ 이라면 μ 가 작은쪽으로 힘이 작용된다.
즉, $\mu_2 \longrightarrow \mu_1$ 쪽으로 인장응력이 작용된다.

6 자기회로

자성체에 코일을 감은 회로
① F (기자력) $= NI = R\phi = Hl [\text{AT}]$ ⟹ 자기회로 카르히호프 제2법칙
② R (자기저항=철심저항=손실없다) $= \dfrac{l}{\mu s} [\text{AT/Wb}]$
③ ϕ (자속) $= \dfrac{NI}{R} [\text{Wb}]$ ⟹ 자기회로 옴법칙
④ ϕ (자속)에 연속성 ⟹ 자기회로 키르히호프 제1법칙

7 자화곡선(B-H곡선)

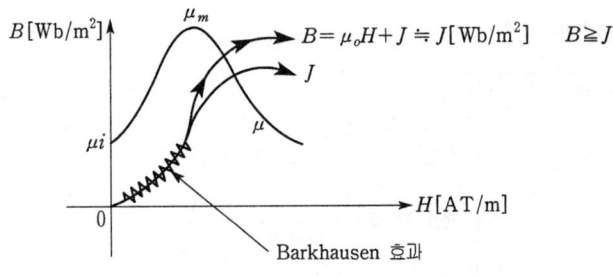

후리니히식 $B = \dfrac{H}{a+bH}$ [Wb/m²]

- μ_m(최대 투자율)
- μ_i(초 투자율)
- a, b(재질의 상수)

8 히스테리시스 곡선

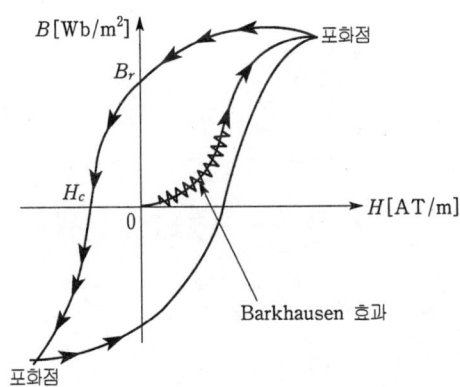

B_r(잔류자기) ⇒ $H=0$ 일 때 남는 자기

H_c(보자력) ⇒ $B_r=0$ 일 때의 자화력

이런 히스테리시스 곡선의 면적을 히스테리시스손이라 한다.
① 큐리점에 온도(790°) : 강자성체가 상자성체로 변화되는 온도를 말한다.

② P_i(철손) $= B_h$(히스테리시스손) $+ P_e$(와류손)

㉠ $P_h = \eta f B_m^{1.6}$ [W/kg]

철손에 70~80% 차지

방지책 : 규소강판 사용

㉡ $P_e = \eta (ftk_f B_m)^2$ [W/kg]

$$\begin{cases} f(\text{전원주파수})[\text{Hz}] \\ t(\text{철판두께}) = 0.35 \sim 0.5 \,[\text{mm}] \\ K_f(\text{파형율}) = \dfrac{\text{실효치}}{\text{평균치}} = \dfrac{\dfrac{I_m}{\sqrt{2}}}{\dfrac{2}{\pi}I_m} = \dfrac{\pi}{2\sqrt{2}} \\ B_m(\text{최대 자속밀도})[\text{Wb/m}^2] \end{cases}$$

∴ 맥스웰의 제2 전자파동 방정식 $rot\, E = -\dfrac{\partial B}{\partial t}$, $rot\, \dfrac{i}{K} = -\dfrac{\partial B}{\partial t}$.

∴ $rot\, i = -K \dfrac{\partial B}{\partial t}$ 이다. 즉, 도체에서 자속밀도의 시간적인 변화는 와류손을 발생한다. (단, $i = KE(A/\text{m}^2)$이다.)

∴ ϕ는 $rot\, i$ 보다 90° 앞선다.

철손에 20~30% 차지

방지책 : 성층철심으로 한다.

③ 영구자석에 재료인 강철은 B_r와 H_c가 모두 커야 한다.

④ 전자석에 재료인 연철은 B_r가 크고 H_c는 작아야 한다.

[적중예상문제]

01 단면적 15[cm²]의 자석 근처에 같은 단면적을 가진 철편을 놓을 때 그곳을 통하는 자속이 3×10^{-4}[Wb] 이면 철편에 작용하는 흡인력은 약 몇 [N]인가?

① 12.2　　② 23.9
③ 36.6　　④ 48.8

해설 맥스웰의 응력식에서 철편에 작용하는 정전력(흡인력)

$$f = \frac{B^2}{2\mu_o}S = \frac{\left(\frac{\phi}{S}\right)^2}{2\mu_o} \times S = \frac{\phi^2}{2\mu_o S} = \frac{(3\times10^{-4})^2}{2\times4\pi\times10^{-7}\times15\times10^{-4}} = 23.9\,[\text{N}]$$

02 단면적 S, 길이 l, 투자율 μ인 자성체의 자기회로에 권선을 N회 감아서 I[A]의 전류를 흐르게 할 때 자속은?

① $\dfrac{\mu SI}{Nl}$　　② $\dfrac{\mu NI}{Sl}$
③ $\dfrac{NIl}{\mu S}$　　④ $\dfrac{\mu NIS}{l}$

해설 자성체에 N회 감고 전류 I[A]를 흘리면 기자력 $F = NI = R\phi$[N]

$$\therefore \phi = \frac{NI}{R} = \frac{NI}{\frac{l}{\mu s}} = \frac{\mu NIs}{l}\,[\text{Wb}]$$

단, R(자기저항=철심저항) $= \dfrac{l}{\mu s}$ [AT/Wb]로서 손실은 없다.

03 기자력의 단위는?

① V　　② Wb
③ AT　　④ N

해설 기자력 $F = NI = R\phi = Hl$ [AT]이다.

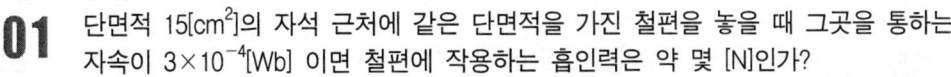
1. ②　2. ④　3. ③

04 공심(空心) 솔레노이드의 내부자계의 세기가 800[AT/m]일때, 자속밀도는 몇 [Wb/m²]인가?

① 10^{-3} ② 10^{-4}
③ 10^{-5} ④ 10^{-6}

해설
$B = \dfrac{\phi}{s} = \mu_o H = 4\pi \times 10^{-7} \times 800 ≒ 10^{-3}\,[\text{Wb/m}^2]$

05 비투자율 μ_r인 철심이든 환상 솔레노이드의 권수가 N회, 평균지름이 d[m], 철심의 단면적이 A[m²]라 할 때 솔레노이드에 I[A]의 전류가 흐르면, 자속은 몇 [Wb]인가?

① $\dfrac{2\pi \cdot 10^{-7} \mu_r NIA}{d}$ ② $\dfrac{4p \cdot 10^{-7} \mu_r NIA}{d}$
③ $\dfrac{2 \cdot 10^{-7} \mu_r NIA}{d}$ ④ $\dfrac{4\pi \cdot 10^{-7} \mu_r NIA}{d}$

해설
환상 솔레노이드에 기진력 $F = NI = R\phi = Hl\,[\text{AT}]$ ∴ $NI = R\phi$
∴ $\phi = \dfrac{NI}{R} = \dfrac{NI}{\dfrac{d}{\mu A}} = \dfrac{\mu_o \mu_s ANI}{d} = \dfrac{4\pi \times 10^{-7} \mu_s ANI}{d}\,[\text{Wb}]$

06 자기감자력(self demagnetizing force)이 평등 자화되는 자성체에서의 관계로 옳은 것은?

① 투자율에 비례한다. ② 자화의 세기의 비례한다.
③ 감자율에 반비례한다. ④ 자계에 반비례한다.

해설
자기감자력 $H^1 = N\dfrac{J}{\mu_o}$ ≒ J(자화세기)에 비례한다.

단, N(감자율)로서 $N=0$(자성체와 자계가 평행일 때다), $N=1$(자성체와 자계가 수직인 경우이다)

07 자기회로의 자기저항에 대한 설명으로 옳은 것은?

① 자기회로의 길이에 반비례한다.
② 자기회로의 단면적에 비례한다.
③ 비투자율에 반비례한다.
④ 길이의 제곱에 비례하고 단면적에 반비례한다.

해설
자기저항=철심저항 $R = \dfrac{NI}{\phi} = \dfrac{Hl}{BS} = \dfrac{Hl}{\mu HS} = \dfrac{l}{\mu S}\,[\text{AT/Wb}]$로서 투자율 μ에 반비례한다.

예답 4. ① 5. ④ 6. ② 7. ③

08 감자율이 0인 것은?
① 가늘고 짧은 막대 자성체   ② 굵고 짧은 막대 자성체
③ 가늘고 긴 막대 자성체   ④ 환상 솔레노이드

해설 감자력 $H' = N\dfrac{J}{\mu_o}$ 늑J[Wb/m²] 감자율= N로서 $N=0$(외부자계와 자성체가 평행 인 경우로 환상철심이다), $N=1$(외부자계와 자성체가 직각인 경우이다).

09 비투자율이 μ_s이고 감자율이 N인 자성체를 외부 자계 H_o 중에 놓았을 때 자성체의 자화의 세기는 몇 [Wb/m²]인가?

① $\dfrac{\mu_o(\mu_s+1)}{1+N(\mu_s+1)}H_o$ ② $\dfrac{\mu_o\mu_s}{1+N(\mu_s+1)}H_o$

③ $\dfrac{\mu_o\mu_s}{1+N(\mu_s-1)}H_o$ ④ $\dfrac{\mu_o(\mu_s-1)}{1+N(\mu_s-1)}H_o$

해설 자성체 자계

$$H = H_o - H' = \dfrac{H_o}{1+N\dfrac{\chi}{\mu_o}} = \dfrac{H_o}{1+N\dfrac{\mu_o(\mu_s-1)}{\mu_o}} = \dfrac{H_o}{1+N(\mu_s-1)} \text{[AT/m]}$$

$$\therefore J(\text{자화세기}) = \chi H = \dfrac{\chi H_o}{1+N(\mu_s-1)} = \dfrac{\mu_o(\mu_s-1)H_o}{1+N(\mu_s-1)} \text{[Wb/m²]}$$

10 자계의 세기에 관계없이 급격히 자성을 잃는 점을 자기임계온도 또는 큐리점(curie point)이라고 한다. 순철의 경우 이 온도는 약 몇 ℃인가?
① 0   ② 370
③ 570   ④ 790

해설 큐리점의 온도 : 강자성체가 상자성체로 변화되는 온도를 말하며 790℃이다.

11 자계에 있어서의 자화의 세기 J[Wb/m²]은 유전체에서의 무엇과 동일한 의미를 가지고 대응 되는가?
① 전속밀도   ② 전계의 세기
③ 전기분극도 ④ 전위

해설 자계와 전계를 비교하면

$J(\text{자화세기}) = \dfrac{dM}{dV} = \dfrac{dm}{ds} = \sigma_J$[Wb/m²] $P(\text{분극세기}) = \dfrac{dM}{dV} = \dfrac{dQ}{ds} = \sigma_p$[c/m²]

$J(\text{자화세기}) = \chi H = \mu_o(\mu_s-1)H$[Wb/m²] $P(\text{분극세기}) = \chi E = \varepsilon_o(\varepsilon_s-1)E$[c/m²]

$J(\text{자화세기}) = B - \mu_o H = B\left(1-\dfrac{1}{\mu_s}\right)$[Wb/m²] $P(\text{분극세기}) = D - \varepsilon_o E = D\left(1-\dfrac{1}{\varepsilon_s}\right)$[c/m²]

해답 8. ④ 9. ④ 10. ④ 11. ③

12 자화율 x와 비투자율 μ_s의 관계에서 상자성체로 판단 할 수 있는 것은?

① $x > 0$, $\mu_s > 1$ ② $x < 0$, $\mu_s > 1$
③ $x > 0$, $\mu_s < 1$ ④ $x < 0$, $\mu_s < 1$

해설 자화율(x) : 철이 (자성체) 자석으로 변해 나가는 율로서 자성체에 μ_s는 대단히 크다.
또 $x = \mu_o(\mu_s - 1)$이므로 $x > 0$, $\mu_s > 1$이어야만 상자성체가 된다.

13 영구자석에 관한 설명으로 틀린 것은?
① 히스테리시스현상을 가진 재료만이 영구자석이 될 수 있다.
② 보자력이 클수록 자계가 강한 영구자석이 된다.
③ 잔류 지속밀도가 클수록 자계가 강한 영구자석이 된다.
④ 자석재료로 폐회로를 만들면 강한 영구자석이 된다.

해설 영구자석의 재료인 강철은 B_r(전류자기)와 H_c(보자력)이 모두 커야 한다. 그러나 보자력(H_c)가 클수록 자계가 강한 영구자석이 되지는 않는다.

14 그림과 같이 Gap의 단면적 $S[m^2]$의 전자석에 자속밀도 $B[Wb/m^2]$의 자속이 발생될 때 철편을 흡입하는 힘은 몇 [N]인가?

① $\dfrac{B^2 S}{2\mu_o}$

② $\dfrac{B^2 S}{\mu_o}$

③ $\dfrac{B^2 S^2}{\mu_o}$

④ $\dfrac{2B^2 S^2}{\mu_o}$

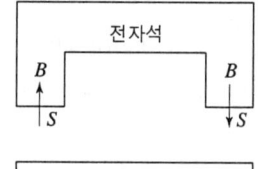

해설 맥스웰 응력에서 자계가 계면에 수직일 때는 자계방향으로
f(인장응력 = 흡인력)
$= \dfrac{1}{2}(H_2 - H_1)B = \dfrac{1}{2}\left(\dfrac{1}{\mu_2} - \dfrac{1}{\mu_1}\right)B^2 = \dfrac{1}{2}\left(\dfrac{1}{\mu_o \mu_s} - \dfrac{1}{\mu_o}\right)B^2 = \dfrac{B^2}{2\mu_o}\left(\dfrac{1}{\mu_s} - 1\right) \fallingdotseq -\dfrac{B^2}{2\mu_o}$ [N/m²]
단, μ_s(자성체) 는 대단히 크다.
∴ 문제의 전자석 양면의 흡인력 $f = \left|-\dfrac{B^2}{2\mu_o}S \times 2\right| \fallingdotseq \dfrac{B^2 S}{\mu_o}$ [N/m²]이다.

12. ① 13. ② 14. ②

15 자화율은 x, 자속밀도를 B, 자계의 세기를 H, 자화의 세기를 J라고 할 때 성립될 수 없는 식은?

① $\mu = \mu_0 + x$
② $\mu_s = 1 + \dfrac{x}{\mu_0}$
③ $B = \mu H$
④ $J = xB$

해설
μ(투자율) $= \mu_0 + x = \mu_0 + \mu_0(\mu_s - 1) = \mu_0(1 + \mu_s - 1) = \mu_0 \mu_s$ [H/m]

x(자화율) $= \mu_0(\mu_s - 1)$, $\mu_s - 1$(비자화율) $= \dfrac{x}{\mu_0}$ ∴ μ_s(비투자율) $= 1 + \dfrac{x}{\mu_0}$

B(자속밀도) $= \dfrac{\phi}{S} = \mu H$ [Wb/m²]   ∴ 틀린 식은 ④이다.

16 투자율이 μ이고, 감자율이 N인 자성체를 외부자계 H_o 중에 놓았을 때의 자성체의 자화의 세기는 몇 [Wb/m²]인가?

① $\dfrac{\mu_0(\mu_s + 1)}{1 + N(\mu_s - 1)} H_o$
② $\dfrac{\mu_0 \mu_s}{1 + N(\mu_s + 1)} H_o$
③ $\dfrac{\mu_0 \mu_s}{1 + N(\mu_s - 1)} H_o$
④ $\dfrac{\mu_0(\mu_s - 1)}{1 + N(\mu_s - 1)} H_o$

해설
H(자성체 자계), H_o(외부자계), H'(감자력) $= N\dfrac{J}{\mu_0} = N\dfrac{xH}{\mu_0}$

$H = H_o - H' = H_o - N\dfrac{xH}{\mu_0}$ ∴ $H\left(1 + N\dfrac{x}{\mu_0}\right) = H_o$

$H = \dfrac{H_o}{1 + N\dfrac{x}{\mu_0}} = \dfrac{H_o}{1 + N\dfrac{\mu_0(\mu_s - 1)}{\mu_0}} = \dfrac{H_o}{1 + N(\mu_s - 1)}$ [AT/m]

J(자화세기) $= xH = \dfrac{xH_o}{1 + N(\mu_0 - 1)} = \dfrac{\mu_0(\mu_s - 1)H_o}{1 + N(\mu_s - 1)}$ [Wb/m²]

17 공심 환상철심에서 코일의 권회수 500회 단면적 6[m²] 평균 반지름 15[cm], 코일에 흐르는 전류를 4[A]라 하면 철심 중심에서의 자계의 세기는 약 몇 [AT/m]인가?

① 1520
② 1720
③ 1920
④ 2120

해설 환상철심의 기자력
$F = NI = R\phi = Hl$ [AT]

$H = \dfrac{NI}{l} = \dfrac{NI}{2\pi r} = \dfrac{500 \times 4}{2 \times 3.14 \times 15 \times 10^{-2}} = 2120$ [AT/m]

정답 15. ④ 16. ④ 17. ④

18 그림과 같은 히스테리시스 루프를 가진 철심이 강한 평등자계에 의해 매초 60[Hz]로 자화 할 경우 히스테리시스 손실은 몇 [W]인가? (단, 철심의 체적은 20[cm³], $B_r = 5[Wb/m^2]$, $H_c = 2[AT/m]$이다.)

① 1.2×10^{-2}
② 2.4×10^{-2}
③ 3.6×10^{-2}
④ 4.8×10^{-2}

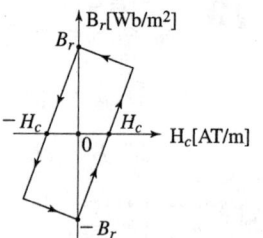

해설 히스테리시스손
$W_m = 4 \times H_c B_r \times f \times 체적 = 4 \times 2 \times 5 \times 60 \times 20 \times 10^{-6} = 2400 \times 20 \times 10^{-6} = 4.8 \times 10^{-2}[W]$

19 자계의 세기 H[AT/m], 자속밀도 8[Wb/m²], 투자율 μ[H/m]인 곳의 자계의 에너지밀도는 몇 [J/m³]인가?

① BH
② $\dfrac{1}{2\mu} H^2$
③ $\dfrac{1}{2} \mu H$
④ $\dfrac{1}{2} BH$

해설 자계의 에너지 $W = \dfrac{1}{2} LI^2 = \dfrac{1}{2} \dfrac{N\phi}{I} I^2 = \dfrac{1}{2} N\phi I = \dfrac{1}{2} NI\phi = \dfrac{1}{2} HlBS = \dfrac{1}{2} HBSl$[J]이다. 단, 기자력
$F = NI = R\phi = Hl$[AT], 자속밀도 $B = \dfrac{\phi}{S} = \mu H$[Wb/m²]
이때, $Sl = 1$(단위체적)에 저장되는 에너지를 에너지밀도라 한다.
∴ 에너지밀도 $W = \dfrac{1}{2} HB = \dfrac{B^2}{2\mu} = \dfrac{1}{2} \mu H^2$[J/m³]이다.

20 내부장치 또는 공간을 물질로 포위시켜 외부자계의 영향을 차폐시키는 방식을 자기차폐라 한다. 자기차폐에 좋은 물질은?
① 강자성체중에서 비투자율이 큰 물질
② 강자성체중에서 비투자율이 작은 물질
③ 비투자율이 1보다 작은 역자성체
④ 비투자율에 관계없이 물질의 두께에만 관계되므로 되도록 두꺼운 물질

해설 자기차폐에 좋은 물질은 B_r(잔류자기), H_c(보자력)이 큰 강자성체 중에서 비투자율이 큰 물질이다.

18. ④ 19. ④ 20. ①

21 어느 강철의 자화곡선을 응용하여 종축을 자속밀도(B) 및 투자율(μ)이라하고, 횡축을 자화의 세기(H)라고 할 때 투자율 곡선을 잘 표현한 것은?

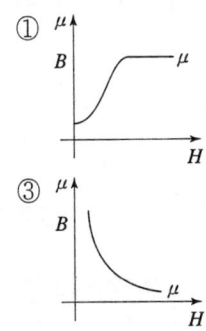

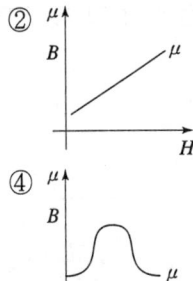

해설
자화곡선(B-H곡선)후리니히 식 $B = \dfrac{H}{a+bH}$ [Wb/m²] (a, b는 재질에 따른 상수)

Bark-Hausen 효과 $B = \mu_0 H + J \fallingdotseq J$

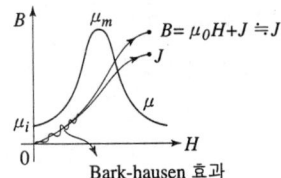

Bark-hausen 효과

22 자화율 x와 비투자율 μ_s의 관계에서 상자성체로 판단 할 수 있는 것은?
① $x > 0, \mu_s > 1$ ② $x < 0, \mu_s > 1$
③ $x >, \mu_s < 1$ ④ $x < 0, \mu_s < 1$

해설
상자성체에서의 μ_s는 대단히 크다.
∴ $\mu > 0$이어야 한다.
$x = \mu_0(\mu_s - 1)$에서도 μ_s는 대단히 크므로
∴ $x > 0$이어야 한다.

23 두 자성체의 경계면에서 경계조건을 설명한 것 중 옳은 것은?
① 자계의 법선성분은 서로 같다. ② 자계의 접선성분은 서로 다르다.
③ 자속밀도의 법선성분은 서로 같다. ④ 자속밀도의 접선성분은 서로 같다.

해설 자계의 경계조건
① 자속밀도(B)에 수직성분(법선성분)은 경계면 양측이 서로 같다.
② 자계(H)의 수평성분(접선성분)은 경계면에 양측이 서로 같다.

해답 21. ④ 22. ① 23. ③

제 09 장 자성체와 자기회로

24 코일로 감겨진 환상 자기회로에서 철심의 투자율을 μ[H/m]라 하고 자기회로의 길이를라 l[m]라 할 때, 그 자기회로의 일부에 미소 공극 l_g[m]를 만들면 회로의 자기저항은 이 전의 약 몇 배 정도되는가?

① $1 + \dfrac{\mu l_g}{\mu_0 l}$ ② $1 + \dfrac{\mu l}{\mu_0 l_g}$

③ $\dfrac{\mu l_g}{\mu_0 l}$ ④ $\dfrac{\mu l}{\mu_0 l_g}$

해설

처음 환상철심 자기저항 $R_A = \dfrac{l}{\mu S}$ [AT/Wb]…①

미소공극 l_g[m]를 만들 경우의 자기저항

$R_B = \dfrac{l - l_g}{\mu S} + \dfrac{l_g}{\mu_0 S} \fallingdotseq \dfrac{l}{\mu S} + \dfrac{l_g}{\mu_o S}$ [AT/Wb]…② (단, $l - l_g \fallingdotseq l$[m]이다.)

$\therefore \dfrac{R_B}{R_A} = \dfrac{\dfrac{l}{\mu S} + \dfrac{l_g}{\mu_o S}}{\dfrac{l}{\mu S}} = 1 + \dfrac{\mu l_g}{\mu_0 l}$ 이다.

24. ①

인덕턴스(inductance)

1부 전기자기학

1 Faraday 전자유도법칙

전자유도에 의해 유기되는 기전력(전압)의 크기는 자속의 변화에 비례한다.
전압, 기전력 크기

$$V = N\frac{d\phi}{dt} = L\frac{di}{dt}\ [\text{V}]$$

2 렌쯔법칙

전자유도에 의해 유기되는 기전력(전압)의 방향은 자속의 변화를 방해하는 방향이다.

$$e = -N\frac{d\phi}{dt} = -L\frac{di}{dt}\ [\text{V}]$$

※ $-$: 감쇄, 저지, 방해를 반대하는 방향만을 표기한 것이다.

3 자기 inductance

무효자속에 의한 inductance를 말한다.

$$N\phi = LI\,[\text{Wb}]\ (\text{전자속수}=\text{자속쇄교수}=\text{쇄교자속수})[\text{Wb}]$$

$$\phi(\text{자속}) = \frac{LI}{N}\,(\text{무효자속})\ [\text{Wb}]$$

$$L(\text{자기}:\text{inductance}) = \frac{N\phi}{I} = \frac{N^2}{R} = \frac{N^2}{\frac{l}{\mu S}} = \frac{\mu S N^2}{l}\ [\text{H}]$$

$$\begin{bmatrix} L \doteqdot N^2 \\ L \doteqdot \mu \end{bmatrix}$$

단, $R(\text{자기저항}=\text{철심저항}=\text{손실이 없다}) = \dfrac{l}{\mu S}\,[\text{AT/Wb}]$

4 에너지

일을 할 수 있는 능력

$$W(\text{에너지}) = \frac{1}{2}LI^2 = \frac{1}{2}\frac{N\phi}{I}I^2$$

$$= \frac{1}{2}N\phi I = \frac{1}{2}NI\phi$$

$$= \frac{1}{2}Hl \cdot BS = \frac{1}{2}HBSl\,[\text{J}]$$

$$W(\text{에너지밀도}) = \frac{1}{2}HB = \frac{1}{2}\mu H^2 = \frac{B^2}{2\mu}\,[\text{J}]$$

철심인 경우 $L = \dfrac{N^2}{R}\,[\text{H}]$

$$W(\text{에너지}) = \frac{1}{2}LI^2 = \frac{1}{2}\frac{N^2}{R}I^2\,[\text{J}]$$

단, $R(\text{자기저항})=\text{철심저항}=\dfrac{l}{\mu S}\,[\text{AT/Wb}]$로서 손실이 없다.

5 결합회로(M을 갖는 회로)

1차코일　　$L_1 = \dfrac{N_1 \phi_{11}}{i_1} = \dfrac{N_1^2}{R}$ [H]

　　　　　⇒ 자기 인덕턴스=무효자속에 의한 인덕턴스

　　　　$M_{12} = M = \dfrac{N_1 \phi_{12}}{i_2} = \dfrac{N_1 N_2}{R}$ [H]

　　　　　⇒ 상호 인덕턴스=유효자속에 의한 인덕턴스

2차코일　　$L_2 = \dfrac{N_2 \phi_{22}}{i_2} = \dfrac{N_2^2}{R}$ [H]

　　　　　⇒ 자기 인덕턴스=무효자속에 의한 인덕턴스

　　　　$M_{21} = M = \dfrac{N_2 \phi_{21}}{i_1} = \dfrac{N_1 N_2}{R}$ [H]

　　　　　⇒ 상호 인덕턴스=유효자속에 의한 인덕턴스

　　∴ $M_{12} = M_{21} = M = \dfrac{N_1 N_2}{R}$ [H]

　단, $R = \dfrac{l}{\mu S}$ [AT/Wb]

　　　　　　　　　　　　R : 자기저항=철심저항=손실이 없다

6 L[H]와 M[H]의 관계

$$L_1 L_2 = \dfrac{N_1^2}{R} \times \dfrac{N_2^2}{R} = \left(\dfrac{N_1 N_2}{R}\right)^2 = M^2$$

∴ $M^2 = L_1 L_2$ [H]　　⇒ $K ≒ 1$일 때 밀결합이라 하며 이상변압기라 한다.

　$M^2 = K^2 L_1 L_2$ [H]

　$M = K\sqrt{L_1 L_2}$ [H]

K(결합계수) $= \dfrac{M}{\sqrt{L_1 L_2}}$　　⇒ $K ≒ 0$일 때 소결합이라 한다.

7 변압기극성

대한민국 표준변압기는 감극성($-$)이다.

① 가극성(+) : 전류와 자속 방향이 동일 방향
② 감극성(-) : 전류와 자속이 반대 방향일 때

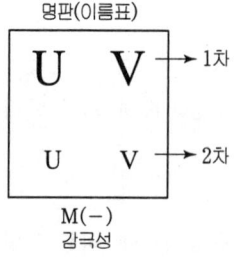
M(-) 감극성

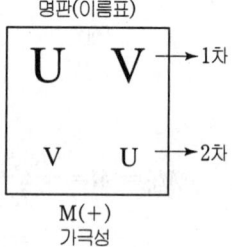
M(+) 가극성

8 이상변압기($K ≒ 1$)

$$a = \frac{V_1}{V_2} = \frac{N_1}{N_2} = \frac{I_2}{I_1} = \frac{L_1}{M} = \frac{M}{L_2} = \sqrt{\frac{L_1}{L_2}}$$

$$a^2 = \frac{V_1}{V_2} \times \frac{I_2}{I_1} = \frac{Z_1}{Z_2} = \frac{R_i}{R_L}$$

$$\begin{cases} R_i = a^2 R_L \\ R_L = \dfrac{R_i}{a^2} \end{cases}$$

$$\therefore a = \sqrt{\frac{Z_1}{Z_2}} = \sqrt{\frac{R_i}{R_L}}$$

$\begin{cases} Z_1 = R_i & 1차(입력)저항(impedancd)[\Omega] \\ Z_2 = R_L & 2차(출력)저항(impedancd)[\Omega] \end{cases}$

9 표피효과 두께

$$\delta = \sqrt{\frac{2}{wk\mu}} = \sqrt{\frac{2}{2\pi fk\mu}} = \frac{1}{\sqrt{\pi fk\mu}} \fallingdotseq \frac{1}{\sqrt{f}} \, [\text{m}]$$

∴ 표피효과 두께 δ는 전원주파수 f의 $\sqrt{}$에 반비례한다.

f, k, μ가 증가하면 δ값(감소) 표피효과 증가 크다.
f, k, μ가 감소하면 δ값(증가) 표피효과 감소 작다.

$$R(\text{저항분증가량}) = \frac{1}{\delta} = \frac{1}{\dfrac{1}{\sqrt{f}}} \fallingdotseq \sqrt{f} \, [\Omega]$$

10 렌쯔법칙만 적용(도체에 유기하는 기전력 계산)

(1) 자속이 도체 전반을 끊을 때 ($\phi = BS\cos\omega t\,[\text{wb}]$)

① E_m(최대 유지 기전력) $= NBS\omega \fallingdotseq f\,[\text{V}]$
② ϕ기준 e위상 동위상
③ $e \fallingdotseq f\,[\text{V}]$

(2) 자속이 도체 표면만을 끊을 때 ($\phi = BS\sin\omega t\,[\text{wb}]$)

① E_m(최대 유지 기전력) $= NBS\omega \fallingdotseq f\,[\text{V}]$
② ϕ기준 e위상 $\dfrac{\pi}{2}$ 만큼 늦다.
③ $e \fallingdotseq f\,[\text{V}]$

11 자기(inductance) 계산 공식

(1) 원주도체 내부자기 인덕턴스

$$L_i = \frac{\mu l}{8\pi}\,[\text{H}]$$

(2) 평행전선사이에 자기 인덕턴스

$$L = L_o + L_i = \frac{\mu_0 l}{\pi}\left(\ln\frac{d}{a} + \frac{\mu_s}{4}\right)[\text{H}]$$

(3) 1가닥 전선과 대지사이에 자기인덕턴스

$$L = L_0 + L_i = \frac{\mu_0 l}{2\pi}\left(\ln\frac{2h}{a} + \frac{\mu_s}{4}\right)[\text{H}]$$

(4) 동심원통(동축케이블) 자기인덕턴스

$$L = L_0 + L_i = \frac{\mu_0 l}{2\pi}\left(\ln\frac{b}{a} + \frac{\mu_s}{4}\right)[\text{H}]$$

(5) 환상철심 자기인덕턴스

$$L_1 = \frac{N_1\phi_{11}}{i_1} = \frac{N_1^2}{R}\,[\text{H}],\quad L_2 = \frac{N_2\phi_{22}}{i_2} = \frac{N_2^2}{R}\,[\text{H}]$$

(6) 유한장소레노이드 자기인덕턴스

$$L = K\frac{(n_o)^2}{R} \text{ [H]}$$

$\begin{bmatrix} n_0(\text{단위 길이당 권수}) = \dfrac{N}{l} \\ K(\text{나까오까 계수}) \end{bmatrix}$

(7) 무한장소레노이드 자기인덕턴스

$$l \gg a \quad \therefore L = \frac{N^2}{R} \text{ [H]}$$

12 상호 inductance의 계산공식

(1) 노이만공식 : 2개폐회로 사이에 상호 inductance

$$A(\text{Vector 포텐샬}) = \frac{\mu}{4\pi} \int_{c_1} \frac{I_1}{r} \triangle l_1 \text{이다.}$$

$$\therefore M(\text{상호인덕턴스}) = \frac{\phi_{21}}{I_1} = \frac{\mu}{4\pi} \int_{c1} \int_{c2} \frac{1}{r} \triangle l_1 \triangle l_2$$

$$= \frac{\mu}{4\pi} \int_{c1} \int_{c2} \frac{\cos\theta}{r} dl_1 dl_2 \text{ [H]}$$

또한, $B = rot\, A$. 맥스웰의 제1기초방정식은 $rot\, H = rot\,\dfrac{B}{\mu} = i$ 이다.

$$\therefore rot\, B = rotrot\, A = \mu i$$

$\nabla^2 A = \mu i$의 관계가 성립된다.

(2) 환상철심(소레노이드)의 상호인덕턴스

$$M_{21} = \frac{N_2 \phi_{21}}{i_1} = \frac{N_1 N_2}{R} \text{ [H]}$$

$$M_{12} = \frac{N_1 \phi_{12}}{i_2} = \frac{N_1 N_2}{R} \text{ [H]} \qquad \therefore M_{12} = M_{21} = M = \frac{N_1 N_2}{R} \text{ [H]}$$

(3) 2조의 왕복도선사이에 상호인덕턴스

$$M = \frac{\phi_1 - \phi_2}{I} = \frac{\mu_0 l}{2\pi} \ln \frac{d_2 d_3}{d_1 d_4} \text{ [H]}$$

[적중예상문제]

01 그림과 같은 지름 $a=1[\text{cm}]$의 원형단면을 가진 평균반지름 0.1[m]의 환상솔레노이드의 권수는 500회, 이 코일에 흐르는 전류는 2[A]라고 할 때, 전체 자속은 몇 [Wb]인가? (단, 환상철심의 비투자율은 1000으로 하고 누설자속은 없는 것으로 한다.)

① 1.57×10^{-4}
② 5.0×10^{-3}
③ 2.74×10^{-2}
④ 1

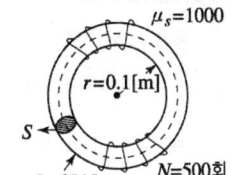

해설 기자력 $F = NI = R\phi$

$$\therefore \phi = \frac{NI}{R} = \frac{NI}{\frac{l}{\mu s}} = \frac{\mu_o \mu_s SNI}{l} = \frac{4\pi \times 10^{-7} \mu_s \times \frac{\pi a^2}{4} NI}{2\pi r} \fallingdotseq 1.57 \times 10^{-4} [\text{Wb}]$$

02 N회의 권선에 최대값 1[V], 주파수 f[Hz]인 기전력을 유기 시키기 위한 쇄교자속의 최대값은 몇 [Wb]인가?

① $\dfrac{f}{2\pi N}$ ② $\dfrac{2N}{\pi f}$
③ $\dfrac{1}{2\pi f N}$ ④ $\dfrac{N}{2\pi f}$

해설 렌츠의 법칙에서 $e = E_m \sin wt = -N\dfrac{d\phi}{dt} = -N\dfrac{d}{dt}\phi_m$, $\sin wt$ [V]에서

$E_m = 1 = -N\dfrac{d}{dt}\phi_m = |jwN\phi_m|$ $\therefore$ 최대자속 $\phi_m = \dfrac{E_m}{wN} = \dfrac{1}{2\pi f N}$ [Wb]

03 자기인덕턴스 L_1[H], L_2[H]와 상호인덕턴스 M[H]와의 결합계수는?

① $\dfrac{M}{\sqrt{L_1 L_2}}$ ② $\dfrac{M}{L_1 L_2}$
③ $\dfrac{\sqrt{L_1 L_2}}{M}$ ④ $\dfrac{L_1 L_2}{M}$

해답 1. ① 2. ③ 3. ①

해설

자기 인덕턴스와 상호 인덕턴스의 관계에서 $M = k\sqrt{L_1 L_2}$ [H]

∴ $k = \dfrac{M}{\sqrt{L_1 L_2}}$ 이다. (k 는 결합계수로서 절연체에 관계된 계수이다.)

---

04 반지름 a[m]인 직선상 도체에 전류 I[A]가 고르게 흐를 때 도체내의 전자에너지와 관계 없는 것은?

① 투자율 ② 도체의 길이
③ 전류의 크기 ④ 도체의 단면적

해설

직선상 도체내에 흐르는 전류 $I' = \dfrac{r^2}{a^2} I$[A]

∴ $H\dfrac{I'}{2\pi r} = \dfrac{Ir}{2\pi a^2}$ [AT/m]이다.

W(직선상 도체에 저장되는 에너지) $= \dfrac{1}{2}\mu H^2 \times l = \dfrac{1}{2}\mu \times \left(\dfrac{Ir}{2\pi a^2}\right)^2 \times l$[J]로서 μ(투자율)·I^2(전류)[A]·l(직선상 도체 길이)[m]에 비례한다.

---

05 그림과 같은 유도결합회로에서 자기인덕턴스는 $L_1 = 3$[mH], $L_2 = 2$[mH]이고, 상호인덕턴스는 $M = 1$[mH]이다. 단자 ab간의 합성 인덕턴스 L_{ab}의 값은 몇 [mH]인가?

① 2
② 3
③ 4
④ 6

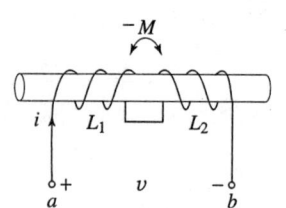

해설

$M(-)$ ⇒ 감극성이다. 합성 인덕턴스 $L = L_1 + L_2 - 2M = 3 + 2 - 2 \times 1 = 3$[H]

---

06 자속 ϕ[Wb]가 주파수 f[Hz]로 $\phi = \phi_m \cdot \sin 2\pi \cdot ft$[Wb]일 때, 이 자속과 쇄교하는 권수 N회인 코일에 발생하는 기전력은 몇[V] 인가?

① $-2\pi \cdot fN\phi_m \cos 2\pi \cdot ft$ ② $-2\pi \cdot fN\phi_m \sin 2\pi \cdot ft$
③ $2\pi \cdot fN\phi_m \tan 2\pi \cdot ft$ ④ $2\pi \cdot fN\phi_m \sin 2\pi \cdot ft$

해설

렌츠의 법칙에서 코일에 발생되는 기전력

$e = -N\dfrac{d\phi}{dt} = -N\dfrac{d}{dt}\phi_m \sin 2\pi ft = -2\pi fN\phi_m \cos 2\pi ft$ [V]

해답 4. ④ 5. ② 6. ①

07 그림과 같이 단면적이 균일한 환상철심에 권수 N_1인 A코일과 권수 N_2인 B코일이 있을때 A코일의 자기인덕턴스가 L_1[H]라면 두 코일의 상호인덕턴스 M은 몇 H 인가?

① $\dfrac{L_1 N_1}{N_2}$

② $\dfrac{N_2}{L_1 N_1}$

③ $\dfrac{N_1}{L_1 N_2}$

④ $\dfrac{L_1 N_2}{N_1}$

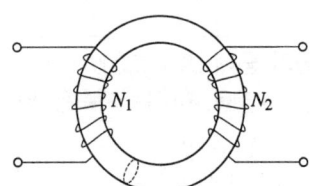

해설

$L_1 = \dfrac{N_1^2}{R}$ [H] $\therefore R = \dfrac{N_1^2}{L_1}$ [AT/m]

$\therefore$ 상호 인덕턴스 $M = \dfrac{N_1 N_2}{R} = \dfrac{N_1 N_2}{\dfrac{N_1^2}{L_1}} = L_1 \left(\dfrac{N_2}{N_1}\right)$ [H]

---

08 동축케이블의 단위 길이 당 자기인덕턴스는? (단, 동축선 자체의 내부 인덕턴스는 무시하는 것으로 한다.)

① 두 원통의 반지름의 비에 정비례한다.
② 동축선의 투자율에 비례한다.
③ 동축선간 유전체의 투자율에 비례한다.
④ 동축선에 흐르는 전류의 세기에 비례한다.

해설 동축 케이블의 자기 인덕턴스

$= L_o + L_i = \dfrac{\phi}{I} + \dfrac{\mu l}{8\pi} = \int_a^b B ds + \dfrac{\mu_o \mu_s l}{2\pi \times 4} = \int_a^b \mu_o \times \dfrac{l}{2\pi r} dr + \dfrac{\mu_o \mu_s l}{2\pi \times 4}$

$= \dfrac{\mu_o l}{2\pi} \ln_e \dfrac{b}{a} + \dfrac{\mu_o l}{2\pi} \times \dfrac{\mu_s}{4} = \dfrac{\mu_o l}{2\pi} \left(\ln_e \dfrac{b}{a} + \dfrac{\mu_s}{4}\right)$ [H]로서 투자율에 비례한다.

---

09 비투자율 $\mu_s = 800$, 원형 단면적 $S = 10$[cm^2], 평균 자료의 길이 $l = 8\pi \times 10^{-2}$[m] 인 환상철심에 600회의 코일을 감고 이것에 1[A]의 전류를 흘리면 철심 내부의 자속은 몇 [Wb]인가?

① 1.2×10^{-3} ② 1.2×10^5
③ 2.4×10^{-3} ④ 2.4×10^5

해답 7. ④ 8. ③ 9. ③

해설

$R(\text{자기저항}) = \dfrac{l}{\mu s}$ [AT/Wb], 기자력 $F = NI = R\phi$에서

$\phi = \dfrac{NI}{R} = \dfrac{NI}{\dfrac{l}{\mu s}} = \dfrac{\mu_s \mu_s SNI}{l} = \dfrac{4\pi \times 10^{-7} \times 800 \times 10 \times 10^{-4} \times 600 \times 1}{8\pi \times 10^{-2}} = 2.4 \times 10^{-3}$ [Wb]

10 공기 중에 $H = 1200$[AT/cm]의 자계와 30°의 각을 이루는 면적 20×40[cm²]의 사변형 코일을 지나는 자속은 몇 [Wb] 인가?

① 1.2×10^{-3}
② 12×10^{-3}
③ 0.6×10^{-3}
④ 6×10^{-3}

해설

장방형(직사각형) 코일을 관통하는 자속

$\phi = B.S. \sin 30 = \mu_o HS \sin 30 = 4\pi \times 10^{-7} \times 1200 \times 10^2 \times 20 \times 40 \times 10^{-4} \times \dfrac{1}{2} = 6 \times 10^{-3}$ [Wb]

(단위계산에 조심 바람)

11 권수 500회이고 자기인덕턴스가 0.05[H]인 코일이 있을 때 여기에 전류 3[A]를 흘리면 자속 쇄교수는 몇 [Wb]인가?

① 0.15
② 0.25
③ 5
④ 4

해설

Faraday 전자유도법칙에 따른 전압을 복소수로 표시하면 $V = N\dfrac{d\phi}{dt} = L\dfrac{di}{dt}$ [V]

∴ $V = j\omega N\phi = j\omega LI$ [V]

∴ $N\phi = LI = 0.05 \times 3 = 0.15$ [Wb]를 전자속수=쇄교자속수라 한다.

12 도전률 σ, 투자율 μ인 도체에 교류전류가 흐를 때의 표피효과에 대한 설명으로 옳은 것은?

① 도전률이 클수록 표피효과가 크다.
② 투자율이 클수록 표피효과가 적다.
③ 주파수가 높을수록 표피효과가 적다.
④ 재료의 유전률과 표피효과는 깊은 관계에 있다.

해설

표피효과 두께 $\delta = \sqrt{\dfrac{2}{\omega\sigma\mu}} = \dfrac{1}{\sqrt{\pi f \sigma \mu}} ≒ \dfrac{1}{\sqrt{f}}$ [m]

σ(도전률)이 크면 클수록 δ(표피효과 두께)값은 감소. 표피효과가 크다.

해답 10. ④ 11. ① 12. ①

13 반지름 a[m], 중심간 거리 d[m]인 두 개의 무한장 왕복선로에 서로 반대방향으로 전류 I[A]가 흐를 때, 한 도체에서 x[m]거리인 A점의 자계의 세기는 몇 [AT/m]인가? 단, $d \gg a$, $x \gg a$라고 한다.

① $\dfrac{I}{2\pi}\left(\dfrac{1}{x}+\dfrac{1}{d-x}\right)$

② $\dfrac{I}{2\pi}\left(\dfrac{1}{x}-\dfrac{1}{d-x}\right)$

③ $\dfrac{I}{4\pi}\left(\dfrac{1}{x}+\dfrac{1}{d-x}\right)$

④ $\dfrac{I}{4\pi}\left(\dfrac{1}{x}-\dfrac{1}{d-x}\right)$

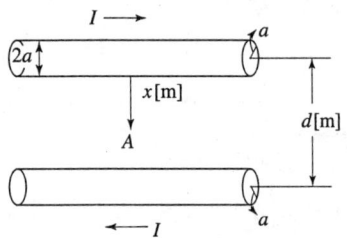

해설 Ampere의 주회적분의 법칙에서 무한직선도체로부터 x[m] 떨어진 점에 자계세기 $H_1 = \dfrac{I}{2\pi x}$ [AT/m] ··· ①

무한직선도체로부터 $d-x$[m] 떨어진 점에 자계세기 $H = \dfrac{I}{2\pi(d-x)}$ [AT/m] ··· ②

①+② 식이 평행전선 사이에 한 점 A에 자계세기

$H = \dfrac{I}{2\pi x} + \dfrac{I}{2\pi(d-x)} = \dfrac{I}{2\pi}\left(\dfrac{1}{x}+\dfrac{1}{d-x}\right)$ [AT/m]

14 자기인덕턴스 L_1, L_2[H], 상호인덕턴스 M[H]인 두 회로에 자속을 돕는 방향으로 각각 I_1, I_2[A]의 전류가 흘렀을 때 저장되는 자계의 에너지는 몇 [J]인가?

① $\dfrac{1}{2}(L_1 I_1^2 + L_2 I_2^2)$

② $\dfrac{1}{2}(L_1 I_1 + L_2 I_2)^2$

③ $\dfrac{1}{2}(L_1 I_1^2 + L_2 I_2^2 + 2MI_1 I_2)$

④ $\dfrac{1}{2}(L_1 I_1^2 + L_2 I_2^2 + MI_1 I_2)$

해설 1차, 2차 코일에 저장되는 에너지

$W = \dfrac{1}{2}L_1 I_1^2 + \dfrac{1}{2}MI_1 I_2 + \dfrac{1}{2}MI_1 I_2 + \dfrac{1}{2}L_2 I_2^2 = \dfrac{1}{2}L_1 I_1^2 + MI_1 I_2 + \dfrac{1}{2}L_2 I_2^2$

$= \dfrac{1}{2}(L_1 I_1^2 + 2MI_1 I_2 + L_2 I_2^2)$ [J]

해답 13. ① 14. ③

15 길이 l[m]의 도체로 원형코일을 만들어 일정 전류를 흘릴 때 M회 감았을 때의 중심 자계는 N회 감았을 때의 중심 자계의 몇 배인가?

① $\dfrac{M}{N}$　　　　　　　　　② $\dfrac{M^2}{N^2}$

③ $\dfrac{N}{M}$　　　　　　　　　④ $\dfrac{N^2}{M^2}$

해설 반지름 r_1[m]인 원형코일을 M회 감으면 $l=2\pi r_1 M$

∴ $r_1 = \dfrac{l}{2\pi M}$ 이며 원형코일 중심자계 $H_1 = \dfrac{MI}{2r_1} = \dfrac{MI}{2\times \dfrac{l}{2\pi M}} = \dfrac{\pi M^2 I}{l} \fallingdotseq M^2 \cdots$ ①

반지름 r_2[m]인 원형코일을 N회 감으면 $l=2\pi r_2 N$

∴ $r_2 = \dfrac{l}{2\pi N}$ 이며 원형코일 중심자계 $H_2 = \dfrac{NI}{2r_2} = \dfrac{NI}{2\times \dfrac{l}{2\pi N}} = \dfrac{\pi N^2 I}{l} \fallingdotseq N^2 \cdots$ ②

∴ $\dfrac{H_1}{H_2} = \dfrac{M^2}{N^2}$ 이다.

16 권수 n, 가로 a[m], 세로 b[m]인 구형코일이 자속밀도 B[Wb/m²]되는 평등자계 내에서 각속도 ω[rad/s]로 회전할때 발생하는 유기기전력의 최대치는?

① ωNB　　　　　　　　　② $\omega ab B^2$

③ $\omega NabB$　　　　　　　　④ $\omega NabB^2$

해설 일정 도체에 자속이 도체 전반을 끊을 경우의 $\phi = BS\cos\omega t$ [Wb]
도체에 유기되는 기전력은 렌츠의 법칙에서

$e = -N\dfrac{d\phi}{dt} = -N\dfrac{d}{dt}BS\cos\omega t = -NBS\omega(-\sin\omega t) = NBS\omega\sin\omega t$ [V]

∴ 유기 기전력에 최대치 $E_m = NBab\omega$ [V]이다.(단, S(면적)$= a\cdot b$)

17 내도체의 반지름이 a[m]이고, 외도체의 내반지름이 b[m], 외반지름이 c[m]인 동축케이블의 단위길이 당 자기인덕턴스는 [H/m]인가?

① $\dfrac{\mu_o}{2\pi}\ln\dfrac{b}{a}$　　　　　　　② $\dfrac{\mu_o}{\pi}\ln\dfrac{b}{a}$

③ $\dfrac{2\pi}{\mu_o}\ln\dfrac{b}{a}$　　　　　　　④ $\dfrac{\pi}{\mu_o}\ln\dfrac{b}{a}$

해설 동축케이블=동심원통 자기 인덕턴스

$L = \dfrac{\phi}{I} = \dfrac{\int_a^b B ds}{I} = \dfrac{\int_a^b \mu_o H ds}{I} = \dfrac{\int_a^b \mu_o \times \dfrac{I}{2\pi r}dr}{I} = \dfrac{\mu_o}{2\pi}\int_a^b \dfrac{1}{r}dr = \dfrac{\mu_o}{2\pi}\ln_e\dfrac{b}{a}$ [H]

단, $H = \dfrac{I}{2\pi r}$ [AT/m]는 Ampere의 주회적분법칙에서, $ds = 1 \times dr(\text{m}^2)$

해답 15. ②　16. ③　17. ①

18 자기 인덕턴스 L_1, L_2가 각각 4[mH], 9[mH]인 두 코일이 이상결합(理想結合)되었다면 상호 인덕턴스 M은 몇 [mH]가 되는가?

① 6 ② 6.5
③ 9 ④ 36

해설 이상결합이란 결합계수 K≒1이다.
∴ $M = k\sqrt{L_1 L_2} ≒ \sqrt{4 \times 9} = 6$ [mH]

19 원형단면을 가진 비자성 재료에 균일하게 감긴 권수 1000인 환상 솔레노이드의 자기유도 계수가 2[mH]이다. 그 위에 권수가 1200인 코일을 감으면 상호유도계수는 몇 [mH]가 되는가?

① 2.0 ② 2.4
③ 3.6 ④ 4.5

해설 자기 인덕턴스 $L_1 = 2$ [mH] $= \dfrac{N_1^2}{R}$ [H], ∴ $R = \dfrac{(1000)^2}{2}$ [AT/wb]

∴ M(상호 인덕턴스) $= \dfrac{N_1 N_2}{R} = 2\left(\dfrac{1000 \times 1200}{(1000)^2}\right) = 2.4$ [mH]

20 자기인덕턴스 L_1[H], L_2[H]와 상호인덕턴스 M[H]와의 결합계수는?

① $\dfrac{M}{\sqrt{L_1 L_2}}$ ② $\dfrac{M}{L_1 L_2}$

③ $\dfrac{\sqrt{L_1 L_2}}{M}$ ④ $\dfrac{L_1 L_2}{M}$

해설 $M^2 = k^2 L_1 L_2$ [H] ∴ $M = k\sqrt{L_1 L_2}$ [H]

k(결합계수) $= \dfrac{M}{\sqrt{L_1 L_2}}$ [H] (k≒1 : 밀결합, k≒0 : 소결합)

만약, k≒0.9라면 손실이 10[%]이다.

21 C_1, C_2의 두 폐회로간의 상호인덕턴스를 구하는 노이만의 공식은?

① $\dfrac{\mu}{2\pi} \oint_{c_1} \oint_{c_2} \dfrac{dl_1 \cdot dl_2}{r^2}$ ② $4\pi\mu \oint_{c_1} \oint_{c_2} \dfrac{dl_1 \cdot dl_2}{r}$

③ $\dfrac{\mu}{4\pi} \oint_{c_1} \oint_{c_2} \dfrac{dl_1 \cdot dl_2}{r}$ ④ $\dfrac{4\pi}{\mu} \oint_{c_1} \oint_{c_2} \dfrac{dl_1 \cdot dl_2}{r}$

해답 18. ① 19. ② 20. ① 21. ③

해설 노이만의 공식 : 2개 폐회로 사이에 상호 인덕턴스를 구하는 공식으로 dl_2인 점에 대함 dl_1인 점에 위치한 벡터 A(벡터 포텐셜)$=\dfrac{\mu}{4\pi}\int_{C1}\dfrac{I_1}{r}dl_1$이다.

∴ 2개 폐회로 사이에 상호 인덕턴스

$$M_{21}=M=\dfrac{\phi_{21}}{I_1}=\dfrac{\int_{C2}Adl_2}{I_1}=\dfrac{\dfrac{\mu}{4\pi}\int_{C1}\int_{C2}\dfrac{I_1}{r}dl_1dl_2}{I_1}=\dfrac{\mu}{4\pi}\int_{C1}\int_{C2}\dfrac{dl_1dl_2}{r}\,[\text{H}]$$

이다.

22 자기인덕턴스 0.05[H]의 회로에 흐르는 전류가 매초 500[A]의 비율로 증가할 때 자기 유도 기전력의 크기는 몇 [V]인가?

① 2.5 ② 25
③ 100 ④ 1000

해설 기전력의 크기는 패러데이 전자유도법칙이나 렌츠의 법칙 중 어느 법칙을 적용해도 정답을 구할 수 있다.

∴ 패러데이 전자유도법칙에 따른

$|e|=|V|=N\dfrac{d\phi}{dt}=L\dfrac{di_{(t)}}{dt}=0.05\times 500=25\,[\text{V}]$ (단, $\dfrac{d\phi_{(t)}}{dt}=500\,[\text{A}]$이다.)

23 [Ω · sec]와 같은 단위는?

① H ② H/m
③ F ④ F/m

해설 패러데이 전자유도법칙에 따른 전압 $V=L\dfrac{di_{(t)}}{dt}\,[\text{V}]$

∴ $L=\dfrac{Vdt}{di_{(t)}}=\dfrac{V}{A}\sec=\Omega\cdot\sec=H$

24 인덕턴스 L_1, L_2가 각각 3[mH], 6[mH]인 두 코일 간의 상호인덕턴스 M이 4[mH]라고 하면 결합계수 K는?

① 약 0.11 ② 약 0.94
③ 약 0.44 ④ 약 0.67

해설 $M^2=k^2L_1L_2\,[\text{H}]$ ∴ $M=k\sqrt{L_1L_2}\,[\text{H}]$

k(결합계수)$=\dfrac{M}{\sqrt{L_1L_2}}=\dfrac{4}{\sqrt{3\times 6}}\fallingdotseq 0.94$

해답 22. ② 23. ① 24. ②

25 자기인덕턴스 L_1[H], L_2[H]이고, 상호인덕턴스가 M[H]인 두 코일을 직렬로 연결하였을 경우 합성인덕턴스는?

① $L_1 + L_2 + 2M$
② $\sqrt{L_1 + L_2} \pm 2M$
③ $L_1 + L_2 - 2\sqrt{M}$
④ $\sqrt{L_1 + L_2} \pm 2\sqrt{M}$

해설 2개 코일을 직렬로 연결하면 상호 인덕턴스는 (+M)=가극성이다. 그러므로 합성 인덕턴스 $L = L_1 + L_2 + 2M$[H]로서 R, L, C는 항상 (+)값이다.

26 자속 ϕ[Wb]가 주파수 f[Hz]로 $\phi = \phi_m \sin 2\pi ft$[Wb]일 때, 이 자속과 쇄교하는 권수 N회인 코일에 발생하는 기전력은 몇 [V] 인가?

① $-2\pi fN\phi_m \cos 2\pi ft$
② $-2\pi fN\phi_m \sin 2\pi ft$
③ $2\pi fN\phi_m \tan 2\pi ft$
④ $2\pi fN\phi_m \sin 2\pi ft$

해설 렌츠의 법칙에서 코일에 유기되는 기전력
$e = -N \dfrac{d\phi}{dt} = -N \dfrac{d}{dt} \phi_m \sin 2\pi ft = -2\pi fN\phi_m \cos 2\pi ft \, [\text{V}]$

해답 25. ① 26. ①

전 자 계 ⑪

1부 전기자기학

1 노이만의 공식

① 일정도체에 자속만이 변화 도체에 유기되는 기전력은 임의 폐회로를 따라 단위 양전하를 운반할 때 도체에 유기되는 기전력과 서로 같다.

$$e = \int_C E dl = -\frac{d\phi}{dt} = -\frac{\partial}{\partial t}\int_S B ds \quad \cdots\cdots\cdots (1)$$

② 일정자속에 도체만이 변화 도체에 유기되는 기전력

$$e = \oint (v \times B) dl = Blv\sin\theta \quad \cdots\cdots\cdots (2)$$

③ 도체와 자속이 동시에 변화시 도체에 유기되는 기전력

$$e = \oint (v \times B) dl + \left(-\frac{\partial}{\partial t}\int_S B ds\right) [V]$$

2 맥스웰 기초(전자파동) 방정식

① 암페르(Amper) 주회적분 법칙에서

$$rotH = i = i_c + i_d = KE + \frac{\partial D}{\partial t} \ [A/m^2]$$

공기, 진공인 경우 $K=0$

$$rotH = \frac{\partial D}{\partial t} \quad \cdots \cdots \cdots \cdots \cdots \cdots \cdots \cdots \cdots \cdots (1) \text{ 제1기초방정식}$$

② 노이만의 공식에서

$$rotE = -\frac{\partial B}{\partial t} \quad \cdots \cdots \cdots \cdots \cdots \cdots \cdots \cdots \cdots \cdots (2) \text{ 제2기초방정식}$$

③ 가우스정리 적분형에서

$$divD = \rho \quad \cdots \cdots \cdots \cdots \cdots \cdots \cdots \cdots \cdots \cdots \cdots \cdots (3) \text{ 제3기초방정식}$$

④ 자계의 경계조건에서

$$divB = 0 \quad \cdots \cdots \cdots \cdots \cdots \cdots \cdots \cdots \cdots \cdots \cdots \cdots (4) \text{ 제4기초방정식}$$

3 맥스웰 방정식

전계와 자계에 대한 방정식

$$\nabla^2 E = K\mu \frac{\partial E}{\partial t} + \varepsilon\mu \frac{\partial^2 E}{\partial t^2}$$

$$\nabla^2 H = K\mu \frac{\partial H}{\partial t} + \varepsilon\mu \frac{\partial^2 H}{\partial t^2}$$

4 분포정수회로

송전(전송)선로가 100km 이상인 선로의 회로

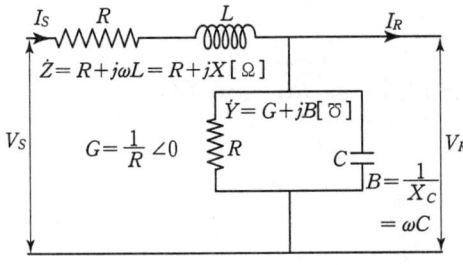

① Z_0 (선로특성임피던스) $= \sqrt{\dfrac{Z}{Y}}$ [Ω]

② r (전파정수) $= \alpha + j\beta = \sqrt{YZ}$

③ $v\,(위상속도) = \dfrac{\omega}{\beta} = \dfrac{1}{\sqrt{\varepsilon\mu}}\,[\text{m/sec}]$

$\lambda\,(파장) = \dfrac{2\pi}{\beta} = \dfrac{v}{f} = \dfrac{C_0}{f}\,[\text{m}]$

④ 전자계 고유임피던스 $Z_0 = \dfrac{E}{H} = \sqrt{\dfrac{\mu}{\varepsilon}}\,[\Omega]$

---

5 무손실선로(송전선로, 전송선로)

$$R=0,\ G=0,\ \varepsilon_s=\mu_s=1\text{인 선로}$$

① $Z_0\,(선로특성임피던스) = \sqrt{\dfrac{L}{C}} = \sqrt{\dfrac{\mu_0}{\varepsilon_0}} \doteq 377\,[\Omega]$

② $r\,(전파정수) = \alpha + j\beta = j\beta = jw\sqrt{LC}$
   $\alpha\,(감파정수) = 0,\quad \beta\,(위상정수) = w\sqrt{LC}$

③ $v\,(위상속도) = \dfrac{w}{\beta} = \dfrac{1}{\sqrt{LC}} = \dfrac{1}{\sqrt{\varepsilon_0\mu_0}} = C_0(광속) = f\lambda\,[\text{m/sec}]$

$\begin{cases} f = \dfrac{v}{\lambda} = \dfrac{C_0}{\lambda}\,[\text{Hz}] \\ \lambda = \dfrac{2\pi}{\beta}\,[\text{m}] \end{cases}$

④ $Z_0\,(전자계고유임피던스) = \dfrac{E}{H} = \sqrt{\dfrac{\mu_0}{\varepsilon_0}}\,[\Omega]$

---

6 무왜조건(일그러짐이 없는 조건)

$\left.\begin{array}{l} \dfrac{R}{L} = \dfrac{G}{C} \\ RC = LG \end{array}\right]\ r\,(전파정수) = \sqrt{RG} + jw\sqrt{LC}$

---

7 포인팅 Vector

평면 전자파가 $v = \dfrac{1}{\sqrt{\varepsilon\mu}}\,[\text{m/sec}]$의 속도로 단위시간에 단위면적을 통과하는 에너

지의 흐름을 말한다.

$$P(\text{포인팅 vector}) = \frac{P}{S} = EH = E \times H [\text{w/m}^2]$$

$$E(\text{전계세기}=\text{전파세기}) = \frac{\sqrt{30}P}{r} [\text{v/m}]$$

$$H(\text{자계세기}) = \sqrt{\frac{\varepsilon}{\mu}} E [\text{AT/m}]$$

반사계수 $\rho = \dfrac{Z_L - Z_0}{Z_L + Z_0}$

무한이 긴선로=무한장 선로

$$Z_L = Z_0$$

$$\therefore \rho(\text{반사계수}) = \frac{Z_L - Z_0}{Z_L + Z_0} = 0$$

$$S(\text{정재파비}) = \frac{1+|\rho|}{1-|\rho|}$$

[적중예상문제]

01 전계 및 자계의 세기가 각각 E, H일 때, 포인팅 벡터 P는 몇 [W/m²]인가?
① $E+H$
② $\nabla(E.H)$
③ $E \times H$
④ $\oint E \times H dl$

해설
P (포인팅 vector)=평면 전자파가 속도 $v = \frac{1}{\sqrt{\varepsilon\mu}}$ [m/sec]의 속도로 단위시간에 단위면적을 통과하는 에너지의 흐름이다.
$\therefore P = \frac{P}{S} = Wv = \sqrt{\varepsilon\mu}\, EH \times \frac{1}{\sqrt{\varepsilon\mu}} = E \times H$ [W/m²]

02 어떤 공간의 비투자율 및 비유전률이 $\mu_s = 0.99$, $\varepsilon_s = 60.7$이라 한다. 이 공간에서의 전자파의 진행속도는 몇 [m/s]인가?
① 1.5×10^7
② 1.5×10^8
③ 3.3×10^7
④ 3.3×10^8

해설
ε_s와 μ_s가 있는 공간에서의 전자파의 진행속도
$v = \frac{1}{\sqrt{\varepsilon\mu}} = \frac{1}{\sqrt{\varepsilon_o\mu_o\varepsilon_s\mu_s}} = \frac{3 \times 10^8}{\sqrt{\varepsilon_s\mu_s}} = \frac{3 \times 10^8}{\sqrt{0.99 \times 60.7}} = 3.3 \times 10^7$ [m/sec]

03 100[kW]의 전력이 안테나에서 사방으로 균일하게 방사될 때 안테나에서 1[km]의 거리에 있는 전계의 실효값은 몇 [V/m]인가?
① 1.73
② 2.45
③ 3.68
④ 6.21

해설
포인팅 벡터 $P = \frac{P}{S} = W \cdot v = \sqrt{\varepsilon\mu}\, EH \times \frac{1}{\sqrt{\varepsilon\mu}} = E \times H$
$\therefore \frac{P}{S} = \frac{P}{4\pi r^2} = \sqrt{\frac{\varepsilon_o}{\mu_o}} E^2 = \frac{E^2}{120\pi}$ 에서 전계세기
$E = \frac{\sqrt{30P}}{r} = \frac{\sqrt{30 \times 100 \times 10^3}}{1000} = \sqrt{3} = 1.73$ [V/m]

예답 1. ③ 2. ③ 3. ①

04 완전 유전체내의 전자파에서 성립되는 식이 아닌 것은? (단, α는 감쇄정수, β는 위상정수, γ는 전파정수, λ는 파장, v는 속도, f는 주파수이다.)

① $\gamma = \alpha + j\beta$ ② $\beta = \dfrac{2\pi}{\lambda}$

③ $v = f\lambda$ ④ $\beta = \dfrac{v}{2\pi f}$

해설

$\gamma(\text{전파정수}) = \alpha + j\beta = \sqrt{YZ}$

$v(\text{위상속도}) = \dfrac{w}{\beta} = \dfrac{w}{w\sqrt{LC}} = \dfrac{1}{\sqrt{LC}} = \dfrac{1}{\sqrt{\varepsilon_o\mu_o}} = C_o = f\lambda\,[\text{m/sec}]$

$\dfrac{w}{\beta} = \dfrac{2\pi f}{\beta} = f\lambda$

$\therefore \lambda = \dfrac{2\pi}{\beta} = \dfrac{C_o}{f} = \dfrac{v}{f}\,[\text{m}]$

05 비유전률이 9인 유리(비자성체)에서의 고유 임피던스는 약 몇 [Ω]인가?

① 42   ② 84

③ 126   ④ 377

해설

전자계의 고유 임피던스 $= Z_o = \dfrac{E}{H} = \sqrt{\dfrac{\mu}{\varepsilon}} = \dfrac{377}{\sqrt{\varepsilon_s}} = \dfrac{377}{\sqrt{9}} = \dfrac{377}{3} = 126\,[\Omega]$

06 100[kW] 전력이 안테나로부터 사방으로 균일하게 방사되어 나갈 때 안테나로부터 10[km] 떨어진점에서의 전계의 세기를 실효값으로 나타내면 약 몇 [V/m]인가?

① 0.087   ② 0.173

③ 0.346   ④ 0.519

해설

포인팅 벡터 $P = \dfrac{P}{S} = W \cdot v = \sqrt{\varepsilon\mu}\,EH \times \dfrac{1}{\sqrt{\varepsilon\mu}} = E \times H$

$\therefore \dfrac{P}{S} = \dfrac{P}{4\pi r^2} = \sqrt{\dfrac{\varepsilon_o}{\mu_o}}\,E^2 = \dfrac{E^2}{120\pi}$ 에서

$E = \dfrac{\sqrt{30P}}{r} = \dfrac{\sqrt{30 \times 100 \times 10^3}}{10 \times 10^3} = \dfrac{\sqrt{3}}{10} = 0.173\,[\text{V/m}]$

07 자계의 세기 $H = xya_y - xza_z$ [A/m]일 때 점(2, 3, 5)에서 전류 밀도는 몇 [A/m²]인가?

① $5a_x + 3a_y$ ② $3a_x + 5a_y$

③ $5a_y + 2a_z$ ④ $5a_y + 3a_z$

해답   4. ④   5. ③   6. ②   7. ④

해설 맥스웰의 제1 기초(전자파동) 방정식에서
rot $H = \nabla \times H = i\,[\text{A/m}^2]$에서

$$(\nabla \times H) = \begin{vmatrix} a_x & a_y & a_z \\ \frac{\partial}{\partial x} & \frac{\partial}{\partial y} & \frac{\partial}{\partial z} \\ 0 & xy & -xz \end{vmatrix}$$

$$= a_x\left(\frac{\partial}{\partial y}(-xz) - \frac{\partial xy}{\partial z}\right) - a_y\left(\frac{\partial}{\partial x}(-xz) - 0\right) + a_z\left(\frac{\partial}{\partial x}(xy) - 0\right)$$

$$= 0 + Za_y + ya_z = 5a_y + 3a_z\,[\text{A/m}^2]\text{이다.}$$

08 비투자율 $\mu_s = 1$, 비유전률 $\varepsilon_s = 90$인 매질내의 고유 임피던스는 약 몇 [Ω]인가?
① 32.5
② 39.7
③ 42.3
④ 45

해설 전자계의 고유 임피던스
$Z_o = \dfrac{E}{H} = \sqrt{\dfrac{\mu}{\varepsilon}} = \dfrac{377}{\sqrt{\varepsilon_s}} \fallingdotseq \dfrac{377}{\sqrt{90}} \fallingdotseq 39.7\,[\Omega]$

09 전계 $e = \sqrt{2}E \cdot \sin\omega(t-t')[\text{V/m}]$의 평면 전자파가 있다. 진공 중에서 자계의 실효값은 몇 [AT/m]인가?
① $0.707 \times 10^{-3}E$
② $1.44 \times 10^{-3}E$
③ $2.65 \times 10^{-3}E$
④ $5.37 \times 10^{-3}E$

해설 전자계의 고유 임피던스 $Z_o = \dfrac{E}{H} = \sqrt{\dfrac{\mu_o}{\varepsilon_o}}\,[\Omega]$에서

$H(\text{자계의 실효치}) = \sqrt{\dfrac{\varepsilon_o}{\mu_o}}\,E \fallingdotseq \dfrac{E}{377} \fallingdotseq 2.654 \times 10^{-3}E\,[\text{AT/m}]$

단, 전계의 최대치는 $\sqrt{2}E$, 실효치는 $E[\text{V/m}]$이다.

10 맥스웰의 전자방정식 중 패러데이 법칙에서 유도된 식은? (단, D : 전속밀도, ρ_v : 공간 전하밀도, B : 자속밀도, E : 전계의 세기, J : 전류밀도, H : 자계의 세기)
① div $D = \rho_v$
② div $B = 0$
③ $\nabla \times H = J + \dfrac{\partial D}{\partial t}$
④ $\nabla \times E = -\dfrac{\partial B}{\partial t}$

예답 8. ② 9. ③ 10. ④

해설 패러데이 전자유도법칙에 따라 도체에 유기되는 기전력 $e = \int_c E dl = -\frac{d\phi}{dt}$ [V] ···①

식 양변 회전식 적용하면 $e = \int_S rot E ds = -\frac{\partial}{\partial t}\int_S B ds$

∴ $rot E = -\frac{\partial B}{\partial t}$, $\nabla \times E = -\mu \frac{\partial H}{\partial t}$ ···②

맥스웰의 제2 기초(전자파) 방정식이다.

∴ 이는 자속미도의 시간적인 변화가 전계를 돌린다.

11 Maxwell의 전자파 방정식이 아닌 것은?

① $rot H = i + \frac{\partial D}{\partial t}$ ② $rot E = -\frac{\partial B}{\partial t}$

③ $\nabla \cdot B = i$ ④ $div D = \rho$

해설 맥스웰의 전자파 방정식이 아닌 것은 $div B = i$이다. 맥스웰 전자파 방정식이 되려면 $div B = 0$, $\nabla \cdot B = 0$ 자속밀도의 연속성이 되어야 한다.

12 비유전률이 ε_s 인 매질내의 전자파의 전파속도는?

① ε_s 에 반비례한다. ② ε_s^2 에 반비례한다.

③ ε_s 에 비례한다. ④ $\sqrt{\varepsilon_s}$ 에 반비례한다.

해설 전자파의 전파속도

전파속도 $v = \frac{\omega}{\beta} = \frac{\omega}{\omega\sqrt{LC}} = \frac{1}{\sqrt{LC}} = \frac{1}{\sqrt{\varepsilon\mu}} = \frac{C_o}{\sqrt{\varepsilon_s \mu_s}} = \frac{C_o}{\sqrt{\varepsilon_s}}$ [m/sec]

∴ 전파속도 $\sqrt{\varepsilon_s}$에 반비례한다.

해답 11. ③ 12. ④

제 2 부

전력공학

1. 송배전 공학	제1장	선로정수 및 코로나
	제2장	송전특성 및 송전용량
	제3장	고 장 계 산
	제4장	유도장해 및 안정도
	제5장	중성점 접지방식
	제6장	이상전압 및 개폐기
	제7장	전 선 로
	제8장	배전선로의 구성과 전기방식
	제9장	배전선로의 전기적인 특성
	제10장	송배전선로의 운용과 보호
2. 수화력 및 원자력 공학	제1장	수력 공학
	제2장	화력 공학
	제3장	원자력 공학

선로정수 및 코로나

2부 전력공학 / 1. 송배전 공학

1 R(전기저항)[Ω]

① $R(전기저항) = \rho \dfrac{l}{s}$ [Ω]

② Y결선 ↔ △결선(평형)

$$Y_r = \dfrac{1}{3} \triangle_R \qquad\qquad P_y = \dfrac{1}{3} P_\triangle$$
$$\triangle_R = 3Y_r \qquad\qquad P_\triangle = 3P_y$$

2 L(인덕턴스)[H]

① $L(인덕턴스) = \dfrac{N\phi}{I}$ [H]

② 원주도체 자기 인덕턴스 $L = \dfrac{\mu l}{8\pi}$ [H/m] $= 0.05$ [mH/km]

③ 1가닥 전선과 대지 사이의 자기 인덕턴스(단도체)

$$L = 0.05 + 0.4605 \log_{10} \dfrac{D}{r} \text{[mH/km]} \quad (단, \ D = 2h\text{[m]})$$

(전기 영상법에 의한 거리)

3 C(Condenser)[F]

① 평행판 Condenser의 정전용량 $C = \dfrac{\varepsilon s}{d}$ [F]

② 평행전선 사이의 정전용량 $C = \dfrac{\pi \varepsilon_o}{\ln_e \dfrac{D}{r}}$ [F/m]

③ 단도체의 작용 정전용량 $C' = 2C = 2 \times \dfrac{\pi \varepsilon_o}{\ln_e \dfrac{D}{r}} = \dfrac{0.02413}{\log_{10} \dfrac{D}{r}}$ [μF/km]

4 코로나 손실

$$P_c = \dfrac{241}{\delta}(f+25)\sqrt{\dfrac{d}{2D}}(E-E_o)^2 \text{[kw/km/1선]}$$

(단, δ(상대공기 밀도), D(선간 거리), d(지름), E(대지 상전압) $= \dfrac{V}{\sqrt{3}}$ [V],

E_o(코로나 임계전압)[kV/cm]는 직류 30[kV/cm], 교류 21[kV/cm])

[적중예상문제]

01 선간 거리가 D이고, 반지름이 r인 선로의 인덕턴스 L[mH/km]은?

① $L = 0.4 \log_{10} \dfrac{D}{r} + 0.5$
② $L = 0.4605 \log_{10} \dfrac{D}{r} + 0.05$
③ $L = 0.4605 \log_{10} \dfrac{r}{2D} + 0.05$
④ $L = 0.4605 \log_{10} \dfrac{r}{2D} + 5$

해설 1선 1[km] 당의 가공전선에 작용(선로)의 인덕턴스 $L = 0.05 + 0.4605 \log_{10} \dfrac{D}{r}$ [mH/km]

02 3상 3선식 송전선의 선간 거리가 각각 D_1, D_2 및 D_3일 때, 그 등가 선간거리는?

① $\sqrt[3]{D_1^2 + 2D_2^2 + 3D_3^2}$
② $\dfrac{D_1 D_2 + D_2 D_3 + D_3 D_1}{D_1 + D_2 + D_3}$
③ $\sqrt{D_1^2 + D_2^2 + D_3^2}$
④ $\sqrt[3]{D_1 \cdot D_2 \cdot D_3}$

해설 선간 거리가 D_1, D_2, D_3인 3상 3선식 선로에 등가 선간거리(기하학적 평균거리) $GMD = \sqrt[3]{D_1 D_2 D_3}$ 이다.

03 그림과 같은 전선 배치에서 등가 선간 거리[m]를 구하면?

a ← 10[m] → b ← 10[m] → c

① 5
② $\sqrt{10}$
③ $3\sqrt{5}$
④ $10\sqrt[3]{2}$

해설 등가 선간 거리(기하학적 평균거리) $= \sqrt[3]{D_{ab} D_{bc} D_{ac}}$
$= \sqrt[3]{10 \times 10 \times 2 \times 10}$
$= 10\sqrt[3]{2}$ [m]

예답 1. ② 2. ④ 3. ④

04 그림과 같이 송전선이 4도체인 경우 소선 상호간의 등가 평균 거리는 얼마인가?

① $\sqrt{2}D$
② $\sqrt[4]{2}D$
③ $\sqrt[6]{2}D$
④ $\sqrt[7]{2}D$

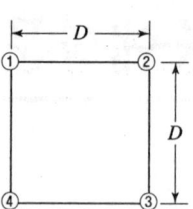

해설 등가 선간 거리(기하학적 평균거리)
$GMD = \sqrt[6]{D_{12}D_{23}D_{34}D_{41}D_{13}D_{24}} = \sqrt[6]{D \cdot D \cdot D \cdot D \cdot \sqrt{2}D \cdot \sqrt{2}D} = D\sqrt[6]{2}$ 이다.

05 반지름 r[m]인 전선 A, B, C가 그림과 같이 수평으로 D[m] 간격으로 배치되고 3선이 완전 연가된 경우 각 선의 인덕턴스는?

① $L = 0.04 + 0.4605 \log_{10} \dfrac{2D}{r}$
② $L = 0.05 + 0.4605 \log_{10} \dfrac{\sqrt{3}}{r}$
③ $L = 0.05 + 0.4605 \log_{10} \dfrac{\sqrt[4]{D}}{2r}$
④ $L = 0.05 + 0.4605 \log_{10} \dfrac{\sqrt[3]{2}D}{r}$

해설 등가 선간 거리(기하학적 평균거리)
$GMD = \sqrt[3]{D \cdot D \cdot 2D} = \sqrt[3]{2}D$
∴ $L = 0.05 + 0.4605 \log_{10} \dfrac{\sqrt[3]{2}D}{r}$ 이다.

06 송전 선로의 인덕턴스는 등가 선간 거리 (그림 참조) D가 증가하면 어떻게 하는가?

① 증가한다.
② 감소한다.
③ 변하지 않는다.
④ D에 비례하여 감소한다.

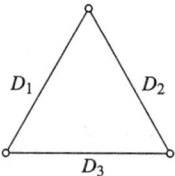
$D = \sqrt[3]{D_1 D_2 D_3}$

해설 D(등가 선간 거리) $= \sqrt[3]{D_1 D_2 D_3}$가 증가할 경우
$L = 0.05 + 0.4605 \log_{10} \dfrac{D}{r}$ [mH/km]로 증가한다.

4. ③ 5. ④ 6. ①

07 3상 3선식 송전선을 연가할 경우 전 긍장의 몇 배수로 등분해서 연가하는가?
　① 2　　　　　　　　　② 3
　③ 5　　　　　　　　　④ 6

해설 선로정수를 평형시키기 위한 연가는 3상 3선식은 전 긍장을 3등분 단상 2선식은 전 긍장을 2등분한다.

08 3상 3선식 송전 선로를 연가하는 목적은?
　① 전압 강하를 방지하기 위함이다.　② 송전선을 절약하기 위함이다.
　③ 미관상　　　　　　　　　　　　④ 선로정수를 평형시키기 위함이다.

해설 3상 3선식 선로의 연가목적은
　① 선로정수를 평형시키기 위하여
　② 통신선의 유도장해를 감소시킨다.
　③ 직렬 공진의 방지이다.

09 연가해도 효과가 없는 것은?
　① 통신선의 유도 장해의 감소　② 직렬 공진의 방지
　③ 대지 정전 용량의 감소　　　④ 선로 정수의 평형

해설 연가의 목적은 선로정수의 평형. 통신선의 유도 장해방지. 직렬 공진의 방지 등이다.

10 선간거리가 D이고, 반지름이 r인 선로의 정전 용량 $C[\mu F/km]$은?

① $\dfrac{0.02413}{\log_{10}\dfrac{D}{r}}$　　　② $\dfrac{0.02413}{\log_{10}\dfrac{r}{2D}}$

③ $\dfrac{0.2413}{\log_{10}\dfrac{D}{r}}$　　　④ $\dfrac{0.2413}{\log_{10}D}$

해설 선간거리 $D[m]$. 반지름 $r[m]$인 선로의 정전용량
$$C = 2 \times \frac{\pi \varepsilon_o}{\ln_e \dfrac{D}{r}} = \frac{2 \times 3.14 \times 8.855 \times 10^{-12}}{2.3026 \log_{10}\dfrac{D}{r}} = \frac{0.02413}{\log_{10}\dfrac{D}{r}} [\mu F/km]$$

11 3상 3선식 1회선의 가공 전선에 있어서 D를 선간거리[m], r을 전선의 반지름[m]이라 하면 전선 1선당의 정전용량은 다음의 어느 것에 관계되는가?

① $\log_{10}\dfrac{D}{2r}$에 비례　　　② $\log_{10}\dfrac{D}{r}$에 반비례

③ $\log_{10}\dfrac{2r}{D}$에 비례　　　④ $\log_{10}\dfrac{r}{D}$에 반비례

정답 7. ②　8. ④　9. ③　10. ①　11. ②

제 01 장 선로정수 및 코로나

해설
3상 3선식 1회선의 가공전선에서 1선당의 정전용량

$$C = 2 \times \frac{\pi \varepsilon_0}{\ln_e \frac{D}{r}} = \frac{2 \times 3.14 \times 8.855 \times 10^{-12}}{2.3026 \log_{10} \frac{D}{r}} = \frac{0.02413}{\log_{10} \frac{D}{r}} [\mu F/km] 로서$$

$\log_{10} \frac{D}{r}$ 에 반비례한다.

12 가공 송전 선로에서 선간 거리를 도체 반지름으로 나눈 값($D \div r$)이 클수록 어떠한가?
① 인덕턴스 L과 정전용량 C는 둘 다 커진다.
② 인덕턴스는 커지나 정전용량은 작아진다.
③ 인덕턴스와 정전용량은 둘 다 작아진다.
④ 변화없다.

해설
가공 송전 선로에서의 인덕턴스 $L = 0.05 + 0.4605 \log_{10} \frac{D}{r}$ [mH/km]로서 $\frac{D}{r}$가 클수록 인덕턴스는 커진다.

정전용량 $C = \frac{0.02413}{\log_{10} \frac{D}{r}} [\mu F/km]$ 로서 $\frac{D}{r}$가 클수록 정전용량은 작아진다.

13 단상 2선식의 송전선에 있어서 대지 정전 용량을 C, 선간 정전 용량을 C'라 할 때 작용 정전 용량은?
① $C + C'$
② $2C' + C$
③ $C' + 2C$
④ $C + 4C'$

해설
단상 2선식에서의 1선당의 작용 정전용량 C_w는 선간 정전 용량 $2C'$와 대지 정전용량 C의 병렬접속이 된다.
∴ 1선당의 작용 정전 용량 $C_w = 2C' + C$ [F]

14 단상 2선식 배전 선로에 있어서 대지 정전용량을 C_s, 선간 정전 용량을 C_m이라 할 때 작용 정전 용량 C_w은?
① $C_s + C_m$
② $C_s + 2C_m$
③ $2C_s + C_m$
④ $C_s + 3C_m$

해설

단상 2선식 배전선의 작용 정전 용량 = 단상 2선식 1선당의 작용 정전 용량
$C_w = C_s + 2C_m$ [F]가 된다.

해답 12. ② 13. ② 14. ②

15 3상 1회선 전선로의 작용 정전 용량을 C_w, 선간 정전 용량을 C_1, 대지 정전 용량을 C_2라 할 때 C_w, C_1, C_2의 관계는?

① $C = C_1 + 3C_2$
② $C = 3C_1 + C_2$
③ $C = 2C_1 + 3C_2$
④ $C = 2(C_1 + C_2)$

해설

3상 3선식 선로에 있어서 1선의 작용 정전 용량=3상 1회선 선로의 작용 정전 용량
$C_w = 3C_1 + C_2$[F]이다.

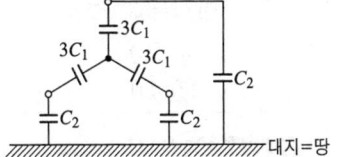

16 3상 3선식 배전 선로에서 대지 정전 용량을 C[F/m], 선간 정전 용량을 C'[F/m], 작용 정전 용량을 C_w[F/m]라 할 때 C_n[F/m]는?

① $2C + 3C'$
② $C + 2C'$
③ $C + 3C'$
④ $C' + 3C$

해설 3상 3선식 선로의 작용 정전 용량 $C_w = C + 3C'$[F]

17 복도체에 있어서 소도체의 반지름을 r[m], 소도체 사이의 간격을 s[m]라고 할 때 2개의 소도체를 사용한 복노제의 능가 반지름은?

① $\sqrt{rs}$
② $\sqrt{r^2 s}$
③ $\sqrt{2rs^2}$
④ $2rs$

해설 다도체의 등가 반지름 $r_e = \sqrt[n]{rs^{n-1}}$[m], $n = 2$(복도체)
∴ 복도체의 등가 반지름 $r_e = \sqrt[2]{rs^{2-1}} = \sqrt{rs}$[m]

복도체의 인덕턴스 $L_n = \dfrac{0.05}{2} + 0.4605 \log_{10} \dfrac{D}{\sqrt{rs}}$ [mH/km]

복도체의 정전 용량 $C_n = \dfrac{0.02413}{\log_{10} \dfrac{D}{\sqrt{rs}}}$ [μF/km]

18 소도체 2개로 된 복도체 방식 3상 3선식 송전 선로가 있다. 소도체의 지름 2[cm], 소도체 간격 36[cm], 등가 선간 거리 120[cm]인 경우에 복도체 1[km]의 인덕턴스 [mH]는? (단, $\log_{10} 2 = 0.3010$이다.)

① 1.436
② 6.24
③ 0.624
④ 0.669

해답 15. ② 16. ③ 17. ① 18. ③

해설 복도체의 인덕턴스

$$L_n = \frac{0.05}{2} + 0.4605 \log_{10} \frac{120}{\sqrt{1 \times 36}} = 0.025 + 0.4605 \log_{10}(2 \times 10)$$
$$= 0.624 [\text{mH/km}]$$

19 복도체 선로가 있다. 소도체의 지름 8[mm], 소도체 사이의 간격 40[cm]일 때 등가 반지름[cm]은?
① 2.0 ② 3.6
③ 4.0 ④ 5.6

해설 등가 반지름 $r_e = \sqrt{rs} = \sqrt{0.4 \times 40} = \sqrt{16} = 4[\text{cm}]$

20 복도체 방식이 가장 적당한 송전 선로는?
① 고압 송전 선로 ② 저전압 송전 선로
③ 특별 고압 송전 선로 ④ 초고압 송전 선로

해설 복도체의 사용목적
① 코로나 임계 전압을 증가시킨다.
② 초고압 송전 선로에 적당하다.
③ 코로나 발생의 감소, 인덕턴스의 감소, 정전용량이 증가된다.

21 송전 선로에 복도체를 사용하는 이유는?
① 코로나를 방지하고 인덕턴스를 감소시킨다.
② 철탑의 하중을 평형화한다.
③ 선로를 뇌격으로부터 보호.
④ 선로의 진동을 못느끼게 한다.

해설 송전선로에 복도체를 사용하는 이유는
① 코로나 발생의 감소
② 코로나를 방지하고 인덕턴스를 감소시킨다.
③ 코로나손, 코로나 잡음 등의 장해가 저감된다.

22 다음 중 복도체의 특성이 아닌 것은?
① 코로나 임계 전압이 낮아진다. ② 안전 전류가 증가한다.
③ 정전 용량이 증가한다. ④ 송전 전력이 증가한다.

해설 복도체의 특성
① 코로나 임계 전압이 증가된다. ② 송전 전력이 증가한다.
③ 정전 용량이 증가한다. ④ 안전 전류가 증가한다.

해답 19. ③ 20. ④ 21. ① 22. ①

23 복도체는 같은 단면적의 단도체에 비해서?

① 인덕턴스는 증가하고 정전 용량은 감소한다.
② 인덕턴스는 감소하고 정전 용량은 증가한다.
③ 인덕턴스와 정전 용량 모두 감소한다.
④ 인덕턴스와 정전 용량 모두 증가한다.

해설
복도체는 단도체에 비해서 등가반지름 $r_e = \sqrt{rs}$[m]로 증가되며 $\log_{10}\frac{D}{\sqrt{rs}}$의 감소로,

인덕턴스 $L_n = \frac{0.05}{2} + 0.4605 \log_{10}\frac{D}{\sqrt{rs}}$는 감소되고, 정전용량 $C_n = \frac{0.02413}{\log_{10}\frac{D}{\sqrt{rs}}}$은 증가된다.

24 지중선 계통은 가공선 계통에 비하여 인덕턴스와 정전 용량은 어떠한가?

① 인덕턴스, 정전 용량 작다.
② 인덕턴스, 정전 용량 크다.
③ 인덕턴스는 크고 정전 용량은 작다.
④ 인덕턴스는 작고, 정전 용량은 크다.

해설
지중선로의 전력 케이블은 D(선간거리)[m]가 매우 가까워 $\log_{10}\frac{D}{r}$가 작다.

∴ 지중선로의 인덕턴스 $L = 0.05 + 0.4605 \log_{10}\frac{D}{r}$[mH/km] = 0.2~0.45(mH/km)로 가공선로의

$\frac{1}{3}$ 정도로 작다. 정전용량 $C = \frac{0.02413 \times \varepsilon_s}{\log_{10}\frac{D}{r}}$[μF/km] = 0.3~1.7[μF/km]로서 가공선로의 20~

25배로 크다.

25 가공선 계통은 지중선 계통보다?

① 인덕턴스는 작고, 정전 용량은 크다.
② 인덕턴스, 정전 용량이 모두 크다.
③ 인덕턴스는 크고, 정전용량은 작다.
④ 인덕턴스, 정전용량 모두 작다.

해설
가공선 계통의 D(선간거리)[m]는 지중선 계통에 비해서 매우 크므로 $\log_{10}\frac{D}{r}$는 크다.

∴ 가공선 계통의 인덕턴스는 크고, 정전용량은 작다.

26 3상 3선식 3각형 배치의 송전 선로가 있다. 선로가 연가되어 각 선간의 정전 용량은 0.009[μF/km], 각 선의 대지 정전 용량은 0.003[μF/km]라고 하면 1선의 작용 정전 용량[μF/km]은?

① 0.03
② 0.011
③ 0.013
④ 0.06

정답 23. ② 24. ④ 25. ③ 26. ①

제 01 장 선로정수 및 코로나

해설 3상 3선식에서 1선의 작용 정전 용량
$C_w = C_s + 3C_m = 0.003 + 3 \times 0.009 = 0.03[\mu F/km]$ 로서 이는 정상 운전시에 선로의 충전전류계산에 사용된다.

27 대지 정전 용량 0.007[μF/km], 상호 정전 용량 0.001[μF/km], 선로의 길이 100[km]인 3상 송전선이 있다. 여기에 154[kV] 60[Hz]를 가했을 때 1선에 흐르는 충전 전류[A]는?

① 33.5 ② 42.65
③ 0.335 ④ 0.4265

해설 3상 송전 선로의 1선 작용 정전용량
$C = C_s + 3C_m = (0.007 + 3 \times 0.001) \times 10^{-6}[F]$는 정상운전 시 선로의 충전 전류계산에 이용된다.
∴ 1선의 충전전류 $I_c = wCEl = 2\pi f(C_s + 3C_m) \times \dfrac{V}{\sqrt{3}} \times l$
$= 2 \times 3.14 \times 60 \times 0.01 \times 10^{-6} \times \dfrac{154 \times 10^3}{\sqrt{3}} \times 100 = 33.5[A]$

28 22,000[V] 60[Hz] 1회선의 3상 지중 송전선의 무부하 충전 용량[kvar]은? (단, 송전선의 길이는 20[km], 1선 1[km] 당의 정전 용량은 0.5[μF]이다.)

① 1750 ② 1825
③ 1800 ④ 1900

해설 무부하 충전용량 $P_r = 3EI_c = 3 \times wCE^2 l = 3 \times 2\pi fC \times \left(\dfrac{V}{\sqrt{3}}\right)^2 \times l$
$= 3 \times 2\pi \times 60 \times 0.5 \times 10^{-6} \times 20 \times \left(\dfrac{22 \times 10^3}{\sqrt{3}}\right)^2 \times 10^{-3} = 1825[kVar]$

29 154[kV]송전 선로의 1[km] 당의 애자련 정전 용량[pF]을 구하면? (단, 철탑의 경간은 250[m]이고, 애자련 1개의 정전 용량은 9[pF]이다.)

① 45 ② 36
③ 2.35 ④ 1.85

해설 경간이 250[m]이다
∴ 1[km]에는 4개의 애자련이 병렬로 연결되어 있으므로 합성용량은 4×9 = 36[pF]이다.

30 현수 애자 4개를 1련으로 한 66[kV] 송전선로가 있다. 현수 애자 1개의 절연 저항이 1500[MΩ]이라면 표준 경간을 200[m]로 할 때 1[km]당의 누설 콘덕턱스[℧]는?

① 0.83×10^{-9} ② 0.83×10^{-6}
③ 0.83×10^{-3} ④ 0.83×10^{-8}

해답 27. ① 28. ② 29. ② 30. ①

해설 현수애자 1개의 절연저항 1500[MΩ]이다.
현수애자 1련의 저항 $r = 1500 \times 10^6 \times 4 = 6 \times 10^9 [\Omega]$
∴ 경간 200[m]일 때 1[km]당의 합성저항은 각각의 경간 저항이 병렬이므로
$$R = \frac{r}{n} = \frac{6 \times 10^9}{5}[\Omega]$$
∴ 누설콘닥턴스 $G = \frac{1}{R} = \frac{5}{6} \times 10^{-9} = 0.83 \times 10^{-9}[℧]$

31 송전 선로의 코로나 임계 전압이 높아지는 것은?
① 기압이 낮아지는 경우
② 전선의 지름이 큰 경우
③ 상대 공기 밀도가 작은 경우
④ 온도가 높아지는 경우

해설 d(전선의 지름), r(반지름), D(선간거리)[m]일 때
(코로나 임계전압) $E_0 = 24.3\, m_0\, m_1\, \delta d \log_{10} \frac{D}{r}$ [kV]에서 코로나 임계전압이 높아지는 경우는 전선의 지름(d)가 큰 경우로서 코로나 현상이 잘 발생되지 않으므로 좋다.

32 표준 상태의 기온, 기압하에서 공기의 절연이 파괴되는 전위 경도는 정현파 교류의 실효값[kV/cm]으로 얼마인가?
① 42
② 31
③ 21
④ 12

해설 절연이 파괴되는 전압(내압=최대전압)은 직류 30[kV/cm] 교류의 실효값은 21[kV/cm]이다.

33 송전선에 코로나가 발생하면 전선이 부식된다. 다음의 무엇에 의하여 부식되는가?
① 산소
② 물
③ 수소
④ 오존

해설 코로나 방전에 의한 전선의 부식은 오존(ozon)과 산화질소(질산)이 전선과 부속 금구를 부식시킨다.

34 송전선로에 복도체나 다도체를 사용하는 주된 목적은 다음 중 어느 것인가?
① 낙뢰의 방지
② 건설비의 절감
③ 부식 방지
④ 코로나 방지

해설 전선의 바깥지름을 크게 하면 코로나(corona)가 방지된다.
∴ 복도체나 다도체를 사용하는 주된 목적은 코로나 방지이다.

예답 31. ② 32. ③ 33. ④ 34. ④

송전특성 및 송전용량

2부 전력공학 / 1. 송배전 공학

1 단거리 송전선로 50[km] 이하(집중선로)

(1) 단상식인 경우

$$V_s \fallingdotseq V_R + I(R\cos\theta + X\sin\theta)[V]$$

$$V_s - V_R = I(R\cos\theta + X\sin\theta)[V]$$

(2) 3상식인 경우

$$V_s = V_R + \sqrt{3}I(R\cos\theta + X\sin\theta)[V]$$

$$V_s - V_R = \sqrt{3}I(R\cos\theta + X\sin\theta)[V]$$

$\begin{bmatrix} V_s : \text{송전단 전압[V]} \\ V_R : \text{수전단 전압[V]} \end{bmatrix}$

(3) 4단자망

4단자 기초방정식 $\begin{cases} V_1 = AV_2 + BI_2 \\ I_1 = CV_2 + DI_2 \end{cases}$

① 직렬형 4단자망

4단자 정수 $\begin{vmatrix} A & B \\ C & D \end{vmatrix} = \begin{vmatrix} 1 & Z \\ 0 & 1 \end{vmatrix}$

② 병렬형 4단자망

4단자 정수 $\begin{vmatrix} A & B \\ C & D \end{vmatrix} = \begin{vmatrix} 1 & 0 \\ \frac{1}{Z} & 1 \end{vmatrix}$

③ 4단자망의 종속접속

4단자 정수

$\begin{vmatrix} A & B \\ C & D \end{vmatrix} = \begin{vmatrix} A_1 & B_1 \\ C_1 & D_1 \end{vmatrix} \begin{vmatrix} A_2 & B_2 \\ C_2 & D_2 \end{vmatrix}$

$= \begin{vmatrix} A_1A_2 + B_1C_2 & A_1B_2 + B_1D_2 \\ C_1A_2 + D_1C_2 & C_1B_2 + D_1D_2 \end{vmatrix}$

④ L형 4단자망, 역 L형 4단자망

2 중거리 송전선로 50[km]~100[km] 사이(집중 선로)

T형 4단자 회로망
π형 4단자 회로망

3 장거리 송전선로 100[km] 이상(분포정수 선로)

선로의 특성 impedance $Z_o = \sqrt{Z_{1s} \times Z_{1f}}\,[\Omega]$

4 역률개선

(1) 전력용 콘덴서(병렬 콘덴서) : 진상만을 보상
(2) 분로 리액터(병렬 리액터) : 지상만을 보상으로 초고압 장거리 송전 선로에 페란티 현상을 방지한다.
(3) 동기 조상기 : 진상이나 지상 전류나 전력을 연속적으로 보상 등으로 역률을 개선한다. 또, 제3고조파는 변압기 △결선에서 제거되고, 제5고조파는 전력용 콘덴서 용량에 5[%]가량의 직렬리액터로 제5고조파를 제거시킨다.

5 스틸식(still식)

경제적인 송전전압 $kV = 5.5\sqrt{0.6\,l + \dfrac{P}{100}}$

(l(송전거리)[km], P(송전용량)[kw])

[적중예상문제]

01 늦은 역률 부하를 갖는 단거리 송전 선로의 전압 강하의 근사식은? (단, P는 3상 부하 전력[kW], E는 선간 전압[kV], R은 선로 저항[Ω], X는 리액턴스[Ω], θ는 부하의 늦은 역률각이다.)

① $\dfrac{\sqrt{3}P}{E}(R+X\cdot\tan\theta)$ ② $\dfrac{2P}{\sqrt{3}E}(R+X\cdot\tan\theta)$

③ $\dfrac{P}{E}(R+X\cdot\tan\theta)$ ④ $\dfrac{P}{\sqrt{3}E}(\cos\theta+X\cdot\sin\theta)$

해설

$P=\sqrt{3}EI\cos\theta$[kW], $I=\dfrac{P}{\sqrt{3}E\cos\theta}$[A]

∴ 3상의 전압 강하

$\begin{aligned}V_s-V_R&=\sqrt{3}I(R\cos\theta+X\sin\theta)\\&=\sqrt{3}\times\dfrac{P}{\sqrt{3}E\cos\theta}(R\cos\theta+X\sin\theta)\\&=\dfrac{P}{E}(R+X\tan\theta)\text{[V]}\end{aligned}$

02 부하 역률이 $\cos\theta$, 부하 전류 I 선로의 저항을 r, 리액턴스를 X라 할 때, 최대 전압 강하가 발생할 조건은?

① $\cos\theta=rX$ ② $\sin\theta=\dfrac{2X}{r}$

③ $\tan\theta=\dfrac{X}{r}$ ④ $\cot\theta=\dfrac{X}{r}$

해설

단상 전압 강하 $e=I(r\cos\theta+X\sin\theta)$[V]

최대 전압 강하 발생조건은 bridge의 평형조건이므로 $\dfrac{de}{d\theta}=0$이다.

∴ $\dfrac{d}{d\theta}I(r\cos\theta+X\sin\theta)=I(r(-\sin\theta)+X\cos\theta)=0$

$r\sin\theta=X\cos\theta$

∴ $\dfrac{\sin\theta}{\cos\theta}=\tan\theta=\dfrac{X}{r}$ 이다.

해답 1. ③ 2. ③

03 송전단 전압이 6600[V], 수전단 전압은 6100[V]였다. 수전단의 부하를 끊은 경우 수전단 전압이 6300[V]라면 이 회로의 전압 강하율과 전압 변동률은 각각 몇[%]인가?

① 3.28, 8.2　　　　　　　② 8.2, 3.28
③ 5.14, 6.5　　　　　　　④ 6.5, 5.14

해설

전압 강하율 $\varepsilon = \dfrac{V_s - V_R}{V_R} \times 100 = \dfrac{6600 - 6100}{6100} \times 100 = 8.2[\%]$

전압 변동률 $\delta = \dfrac{V_0 - V_R}{V_R} \times 100 = \dfrac{6300 - 6100}{6100} \times 100 = 3.28[\%]$

---

04 3상 3선식 송전선에서 한 선의 저항이 15[Ω], 리액턴스 20[Ω]이고, 수전단의 선간 전압은 30[kV], 부하역률이 0.8인 경우 전압 강하율을 10[%]라 하면 이 송전 선로는 몇[kW]까지 수전할 수 있는가?

① 27,500　　　　　　　② 2800
③ 3000　　　　　　　　④ 3200

해설

전압 강하율 $\varepsilon = \dfrac{V_s - V_R}{V_R} = \dfrac{V_s}{V_R} - 1$　　∴ $\dfrac{V_s}{V_R} = 1 + \varepsilon$

∴ $V_s = (1 + 0.1) \times 30 \times 10^3 = 33,000[V]$

∴ $V_s = V_R + \sqrt{3} I(R\cos\theta + X\sin\theta)[V]$

$33,000 = 30,000 + \sqrt{3} I(15 \times 0.8 + 20 \times 0.6)$　　∴ $I = \dfrac{125}{\sqrt{3}}[A]$

∴ 수전 전력 $P = \sqrt{3} V_R I \cos\theta = \sqrt{3} \times 30,000 \times \dfrac{125}{\sqrt{3}} \times 0.8 \times 10^{-3} = 3000[kW]$

---

05 송전거리, 전력, 손실률 및 역률이 일정하다면 전선의 굵기는?

① 전력에 비례한다.　　　　　② 전압 제곱에 비례한다.
③ 전력에 역비례한다.　　　　④ 전압의 제곱에 역비례한다.

해설

구 분	송전전력	선로손실	전선량
단상2선식	$VI_1\cos\theta$	$2I_1^2 R_1$	$w_1 = 2\sigma s_1 l$
단상3선식	$2VI_2\cos\theta$	$2I_2^2 R_2$	$w_2 = 3\sigma s_2 l$
3상3선식	$\sqrt{3} VI_3\cos\theta$	$3I_3^2 R_3$	$w_3 = 3\sigma s_3 l$
3상4선식	$3VI_4\cos\theta$	$3I_4^2 R_4$	$w_4 = 4\sigma s_4 l$

선로 손실 $P_l = 3I^2 R = 3 \times \left(\dfrac{P}{\sqrt{3} V \cos\theta}\right)^2 R = \dfrac{P^2 \times \rho \dfrac{l}{s}}{V^2 \cos^2\theta} = \dfrac{P^2 \times \rho \times l}{V^2 \cos^2\theta \times s}[W]$

∴ s(전선의 굵기(단면적)) $= \dfrac{P^2 \rho l}{P_l V^2 \cos^2\theta} \fallingdotseq \dfrac{1}{V^2}$

06 일정 거리를 동일 전선으로 송전할 때 송전 전력은 송전 전압의 대략 몇 승에 비례하는가?

① $\frac{1}{2}$　　　　② 1.5

③ $\sqrt{2}$　　　　④ 2

해설
선로 손실 $P_l = 3I^2R = 3 \times \left(\frac{P}{\sqrt{3}\,V\cos\theta}\right)^2 R = \frac{P^2R}{V^2\cos^2\theta}$ [W]

전력 손실율 $K = \frac{P_l}{P} = \frac{PR}{V^2\cos^2\theta}$

∴ P(송전 전력) $= \frac{KV^2\cos^2\theta}{R} \fallingdotseq V^2$　　∴ $P \fallingdotseq V^2$ [W]

---

07 전압과 역률이 일정할 때 전력 손실을 2배로 하면 전력은 몇[%] 증가시킬 수 있는가?

① 약 41　　　　② 약 51

③ 약 71　　　　④ 약 81

해설
$P_l = 3I^2R = 3 \times \left(\frac{P}{\sqrt{3}\,V\cos\theta}\right)^2 R = \frac{P^2R}{V^2\cos^2\theta} = KP^2$ [W] … ①

∴ $P \fallingdotseq \sqrt{P_l}$ [W] … ②

전력 손실(P_l)을 2배로 하면 즉, $2P_l$일 때의 송전 전력은 ①식에서 $2P_l = K(P')^2$

∴ P'(전력 손실을 2배로 한 후의 송전 전력) $= \sqrt{2P_l} = \sqrt{2} \times \sqrt{P_l} = \sqrt{2}\,P$이다.

∴ 증가 시킬수 있는 전력 증가율은 $\frac{P'-P}{P} \times 100 = \frac{\sqrt{2}\,P - P}{P} \times 100 \fallingdotseq 41[\%]$이다.

---

08 154[kV]의 송전 선로의 전압을 345[kV]로 승압하고 같은 손실률로 송전한다고 가정하면 송전 전력은 승압 전의 몇 배인가?

① 2.5　　　　② 3

③ 4.5　　　　④ 5

해설 송전 전력이 송전 전압의 제곱에 비례하므로
$P \fallingdotseq V^2 \fallingdotseq (154)^2$

$P' \fallingdotseq (V')^2 \fallingdotseq (345)^2$일 때의 송전 전력 $P' = \left(\frac{345}{154}\right)^2 \times P = 5P$이다.(즉, 처음 송전 전력에 5배)

---

09 선로의 단위 길이의 분포 인덕턴스, 저항, 정전용량 및 누설 콘덕턴스를 각각 L, r, C 및 g로 표시할 때의 전파 정수는?

① $\sqrt{(r+jwL)(g+jwC)}$　　　　② $(r+jwL)(g+jwC)$

③ $\sqrt{\frac{r+2jwL}{g+jwL}}$　　　　④ $\sqrt{\frac{g+jwL}{r+2jwL}}$

해답 6. ④　7. ①　8. ④　9. ①

해설

분포 선로에서 $\begin{cases} \dot{Z}(\text{직렬 } impedance) = r+jwL[\Omega] \\ \dot{Y}(\text{병렬 } admittance) = g+jwC[\mho] \end{cases}$

∴ $Z_0(\text{선로의 특성 } impedance) = \sqrt{\dfrac{Z}{Y}} = \sqrt{\dfrac{r+jwL}{g+jwC}}[\Omega]$ 이고,

∴ $\dot{Y}(\text{병렬 } admittance) = \sqrt{YZ} = \sqrt{(g+jwC)(r+jwL)}[\mho]$ 이다.

10 송전 선로에서 수전단을 단락한 경우 송전단에서 본 임피던스는 300[Ω]이고, 수전단을 개방한 경우에는 1200[Ω]일 때, 이 선로의 특성 임피던스[Ω]는?
① 600
② 750
③ 900
④ 1050

해설 송전 선로에서 수전단 개방시 송전단에서 본 impedance $Z_f = 1200[\Omega]$이고, 수전단 단락시 송전단에서 본 impedance $Z_s = 300[\Omega]$일 때 선로의 특성 impedance
$Z_0 = \sqrt{\dfrac{Z}{Y}} = \sqrt{Z_f Z_s} = \sqrt{1200 \times 300} = 600[\Omega]$

11 선로의 특성 임피던스에 대한 설명으로 옳은 것은?
① 선로의 길이가 길어질수록 값이 작아진다.
② 선로의 길이가 길어질수록 값이 커진다.
③ 선로의 길이보다는 부하 전력에 따라 값이 변한다.
④ 선로의 길이에 관계 없이 일정하다.

해설 선로의 특성 impedance $Z_0 = \sqrt{\dfrac{Z}{Y}} = \sqrt{\dfrac{AB}{CD}} = \sqrt{Z_f Z_s}[\Omega]$로서 선로의 길이에 관계없이 일정하다.

12 송전 선로의 특성 임피던스와 전파 정수는 무슨 시험에 의해서 구할 수 있는가?
① 무부하 시험과 단락 시험
② 부하 시험과 단락 시험
③ 부하 시험과 충격 시험
④ 충격 시험과 단락 시험

해설 단락 시험에서 $\dot{Z}$(직렬 impedance)를 구하고 무부하 시험에서 $\dot{Y}$(병렬 admittance)[℧]를 구한다.

13 장거리 송전 선로의 특성은 무슨 회로로 다루어야 하는가?
① 선로의 특성 임피던스 회로
② 집중 정수 회로
③ 분포 정수 회로
④ 분산 부하 회로

해설 단거리와 중거리의 선로특성은 집중 정수 회로로 장거리(송전, 전송)선로의 특성은 분포정수 회로로 해석한다.

해답 10. ① 11. ④ 12. ① 13. ③

14 송전선의 파동 임피던스를 Z_0, 전자파의 전파 속도를 V라 할 때 송전선의 단위 길이에 대한 인덕턴스 L은?

① $L = 2\sqrt{VZ_0}$ ② $L = \dfrac{V}{Z_0^2}$

③ $L = \dfrac{Z_0}{V}$ ④ $L = \dfrac{Z_0^2}{V}$

해설 무손실 선로인 경우 $R=0$, $G=0$, $\varepsilon_s = \mu_s = 1$인 경우 선로의 특성 impedance

$Z_0 = \sqrt{\dfrac{Z}{Y}} = \sqrt{\dfrac{L}{C}}$ … ①

전파속도 $V = \dfrac{w}{\beta} = \dfrac{w}{w\sqrt{LC}} = \dfrac{1}{\sqrt{LC}}$ … ②

$\therefore \dfrac{Z_0}{V} = \dfrac{\sqrt{\dfrac{L}{C}}}{\dfrac{1}{\sqrt{LC}}} = \sqrt{L^2} = L$(인덕턴스)[H]이다.

15 154[kV], 300[km]의 3상 송전선에서 일반 회로 정수는 다음과 같다. $A = 0.900$, $B = 150$, $C = j0.901 \times 10^{-3}$, $D = 0.930$이 송전선에서 무부하시 송전단에 154[kV]를 가했을 때 수전단 전압은 몇 [kV]인가?

① 133   ② 154
③ 167   ④ 171

해설 무부하시(수전단 개방시) $I_R = 0$

$\therefore$ 송전 선로에 4단자 기초 방정식 $\begin{cases} V_s = AV_R + BI_R = AV_R \\ I_s = CV_R + DI_R = CV_R \end{cases}$

$\therefore V_R$(수전단 전압) $= \dfrac{V_s}{A} = \dfrac{154}{0.9} = 171$[kV]이다.

16 일반 회로 정수가 A, B, C, D이고, 송전단 상전압이 E_s인 경우 무부하시의 충전 전류(송전단 전류)는?

① $\dfrac{C}{A} E_s$ ② $\dfrac{A}{C} E_s$

③ AE_s ④ CE_s

해설 무부하시(수전단 개방시)에 $I_R = 0$

$\therefore$ 송전 선로의 4단자 기초 방정식 $E_s = AE_R + BI_R = AE_R$에서 $E_R = \dfrac{E_s}{A}$ … ①

$I_s = CE_R + DI_R = CE_R = C \times \dfrac{1}{A} E_s = \dfrac{C}{A} E_s$ [A]

정답 14. ③ 15. ④ 16. ①

17 페란티 현상이 생기는 원인은?
① 선로의 리액턴스 ② 선로의 정전 용량
③ 선로의 누설 콘덕턴스 ④ 선로의 저항

해설 페란티 현상이란 선로의 정전용량으로 인하여 무부하시나 경부하시에 수전단 전압이 송전단 전압보다 높아지는 현상을 말한다.

18 송전 선로의 페란티(Ferranti)효과를 방지하는 데 효과적인 것은?
① 분로 리액터 ② 복도체 사용
③ 직렬 콘덴서 ④ 병렬 콘덴서

해설 분로 리액터(병렬 리액터)는 지상만의 보상으로 초고압 장거리 송전선로의 페란티 효과를 방지한다.

19 초고압 장거리 송전 선로에 접속되는 1차 변전소에 병렬 리액터를 설치하는 목적은?
① 정전 용량의 증가 ② 페란티 효과의 방지
③ 안정도의 증대 ④ 전력 손실의 경감

해설 초고압 장거리 송전선로의 1차 변전소에 병렬 리액터(분로 리액터)를 설치하는 주 목적은 지상만의 보상으로 페란티 현상을 방지하기 위해서이다.

20 전력용 콘덴서에 직렬로 콘덴서 용량의 5[%]정도의 유도 리액턴스를 삽입하는 목적은?
① 제2고조파 전류의 억제 ② 제5고조파 전류의 억제
③ 정전 용량의 조절 ④ 이상 전압 발생 방지

해설 전력용 콘덴서(병렬 콘덴서)는 지상만의 보상으로 역률이 개선되고 전력용 콘덴서 용량의 약 5[%]정도의 직렬 리액턴스는 제5고조파 전류를 제거(억제)시킨다.

21 1상당의 용량 150[kVA]의 콘덴서에 제5고조파를 억제시키기 위하여 필요한 직렬 리액터의 기본파에 대한 용량[kVA]은?
① 3.5 ② 4.5
③ 6.5 ④ 7.5

해설 제5고조파에 대한 기본파의 리액턴스는 $2\pi 5fL = \dfrac{1}{2\pi 5fC}$ ∴ $2\pi fL = \dfrac{1}{2\pi(5)^2 fC} = \dfrac{1}{2\pi fC} \times 0.04$ 이다.

실제는 기본파에 대한 직렬 리액턴스 용량($2\pi fL$) = 1상당의 콘덴서 용량 $\left(\dfrac{1}{2\pi fC} = 150[\text{kVA}]\right)$의 5[%]정도가 제5고조파를 상쇄시킨다.

∴ $2\pi fL = 150 \times 0.05 = 7.5[\text{kVA}]$ 이다.

정답 17. ② 18. ① 19. ② 20. ② 21. ④

22 송전 계통의 전력 콘덴서와 직렬로 연결하는 리액터로 제거되는 고조파는?
① 제1고조파 ② 제2고조파
③ 제4고조파 ④ 제5고조파

해설 전력 콘덴서와 직렬로 연결된 리액턴스는 제5고조파를 제거한다.

23 전력용 콘덴서 회로에 직렬 리액터를 접속시키는 목적은 무엇인가?
① 콘덴서 단선시의 방전 촉진 ② 콘덴서에 걸리는 전압의 저하
③ 제2고조파의 침입 방지 ④ 제5고조파 이상의 고조파의 침입 방지

해설 전력용 콘덴서(병렬 콘덴서)용량의 4~6[%]정도의 직렬 리액턴스는 제5고조파 이상의 고조파 침입을 방지한다.

24 전력용 콘덴서의 방전 코일의 역할은?
① 잔류 전하의 방전 ② 고조파의 억제
③ 역률의 개선 ④ 수명 연장

해설 전력용 콘덴서의 방전 코일은 전원 개방시 잔류전하를 방전시켜 인체의 위험을 방지한다. 즉, 잔류전하의 방전이다.

25 조상 설비가 있는 1차 변전소에서 주변압기로 주로 사용되는 변압기는?
① 승압용 변압기 ② 파권 변압기
③ 3권선 변압기 ④ 단상 변압기

해설 조상설비가 있는 1차 변전소의 주상 변압기로는 제 3고조파가 제거되는 3권선 변압기가 주로 사용된다.

26 변압기 결선에 있어서 1차에 제 3고조파가 있을 때 2차 전압에 제 3고조파가 나타나는 결선은?
① $\triangle-\triangle$ ② $Y-\triangle$
③ $Y-Y$ ④ $\triangle-Y$

해설 제 3고조파는 변압기 $\triangle$결선에서는 순환전류가 되어 소멸되나, Y결선에서는 2차측에도 제3 고조파가 나타나는 $Y-Y$ 결선이다.

27 최근 초고압 송전 계통에 단권 변압기가 사용되고 있는데 그 특성이 아닌 것은?
① 전압 변동률이 작다. ② 중량이 가볍다.
③ 효율이 높다. ④ 단락 전류가 작다.

예답 22. ④ 23. ④ 24. ① 25. ③ 26. ③ 27. ④

해설 단권 변압기 특징
① 중량이 가볍다.
② 전압 변동률이 작다.
③ 효율이 높다.
④ 단락 전류가 증가된다.

28 다음 식은 무엇을 결정할 때 쓰이는 식인가? (단, l은 송전 거리[km], P는 송전 전력[kW]이다.)

$$= 5.5\sqrt{0.6l + \frac{P}{100}}$$

① 송전 전압을 결정할 때
② 송전선의 굵기를 결정할 때
③ 무효율 개선시 콘덴서의 용량을 결정할 때
④ 발전소의 발전 전압을 결정할 때

해설 스틸(still)의 식
: 경제적인 송전전압의 결정식으로서
$KV = 5.5\sqrt{0.6l + \frac{P}{100}}$ 이다.

29 송전 거리 50[km], 송전 전력 5000[kW]일 때의 송전 전압은 대략 몇 [kV]정도가 적당한가? (단, 스틸의 식에 의해 구하시오.)
① 28   ② 38
③ 49   ④ 59

해설 still의 식. 경제적인 송전 전압
$KV = 5.5\sqrt{0.6l + \frac{P}{100}} = 5.5\sqrt{0.6 \times 50 + \frac{5000}{100}} = 49[kV]$

30 송전 전압 V_s가 160[kV], 수전 전압 V_R이 154[kV], 두 전압 사이의 위상차 δ가 30°, 전체 리액턴스 X가 50[Ω]일 때, 선로 손실을 없다고 하면 송전단에서 수전단으로 공급되는 전송 전력은 몇 [MW]인가?
① 3.834   ② 13.2
③ 246.4   ④ 346.4

해설 송전단에서 수전단으로 공급되는 전송 전력(송전 전력)
$P = \frac{V_s \times V_R}{X}\sin\delta = \frac{154 \times 160}{50} \times \sin 30° = \frac{154 \times 160}{50} \times \frac{1}{2} = 246.4[MW]$

해답 28. ① 29. ③ 30. ③

31 송전단 전압이 161[kV], 수전단 전압이 155[kV], 상차각이 40°, 리액턴스 50[Ω]일 때, 선로 손실을 무시하면 송전 전력[MW]은? (단, cos40°=0.766, cos50°=0.643이다.)

① 약 107 ② 약 321
③ 약 421 ④ 약 521

해설
$\cos^2\theta + \sin^2\theta = 1$ ∴ $\sin\theta = \sqrt{1-\cos^2\theta}$
전송 전력(송전 전력)
$P = \dfrac{V_s V_R}{X}\sin\theta = \dfrac{161 \times 155}{50}\sin 40°$
$= \dfrac{161 \times 155}{50} \times \sqrt{1-(0.766)^2} \fallingdotseq 321[\text{MW}]$

---

32 교류 송전에서 송전 거리가 멀어질수록 동일 전압에서의 송전 가능 전력이 적어진다. 그 이유는?

① 선로의 어드미턴스가 커지기 때문
② 선로의 유도성 리액턴스가 커지기 때문
③ 저항 손실이 커지기 때문
④ 코로나 손실이 증가하기 때문

해설
송전거리가 멀어지면 선로정수는 모두 증가한다.
또, 초고압. 장거리 송전선로에서는 저항(R)과 정전용량이 유도성 리액턴스(X)에 비해서 매우 작다.
∴ 송전거리가 길면 길수록 유도성 리액턴스(X)가 증가하므로
송전전력 $P = \dfrac{V_s V_R \sin\theta}{X}$ [W]는 작아진다.

---

33 전력 계통의 전압을 조정하는 가장 주요 수단은?

① 발전기의 유효 전력 조정 ② 부하의 유효 전력 조정
③ 계통의 f(주파수) 조정 ④ 계통의 무효 전력 조정

해설
전력 계통의 전압 조정은 조상설비에 의한 무효 전력 조정이다.
또, 동기 조상기(동기 전동기)는 진상과 지상(전류나 용량)의 연속적인 보상으로 역률을 개선하고 변압기의 △결선은 제3 고조파를 제거한다.

고장계산

2부 전력공학 / 1. 송배전 공학

1 3상 단락 전류계산

(1) "옴"법(ohm method)

① 단락전류(차단전류)

$$I_s = \frac{E}{Z} = \frac{E}{Z_g + Z_T + Z_l} [A]$$

(2) 백분율법(%법)

① %(퍼어센트)임피던스

$$\%Z = \frac{IZ}{E} \times 100 = \frac{PZ}{10V^2} [\%]$$

② 단락전류(차단전류)

$$I_s = \frac{100}{\%Z} I_n [A]$$

③ 단락용량(차단용량)

$$P_s = \frac{100}{\%Z} P_n [kVA]$$

2 대칭 좌표법

(1) 대칭분의 각상전압

$$V_o(\text{영상전압}) = \frac{1}{3}(V_a + V_b + V_c)[\text{V}]$$

$$V_1(\text{정상전압}) = \frac{1}{3}(V_a + aV_b + a^2 V_c)[\text{V}]$$

$$V_2(\text{역상전압}) = \frac{1}{3}(V_a + a^2 V_b + aV_c)[\text{V}]$$

(2) 비대칭 각상전압

$$V_a(\text{비대칭 } a\text{상전압}) = V_o + V_1 + V_2[\text{V}]$$

$$V_b(\text{비대칭 } b\text{상전압}) = V_o + a^2 V_1 + aV_2[\text{V}]$$

$$V_c(\text{비대칭 } c\text{상전압}) = V_o + aV_1 + a^2 V_2[\text{V}]$$

$$(\text{단, } 1 + a + a^2 = 0 \quad \therefore a + a^2 = -1)$$

(3) 3상 교류발전기 기본식

$$V_o = -Z_o I_o[\text{V}]$$

$$V_1 = E_a - Z_1 I_1[\text{V}]$$

$$V_2 = -Z_2 I_2[\text{V}]$$

[적중예상문제]

01 3상 변압기 임피던스 $Z[\Omega]$, 선간 전압이 $V[kV]$, 변압기의 용량 $P[kVA]$일 때 이 변압기의 % 임피던스는?

① $\dfrac{PZ}{10V^2}$ ② $\dfrac{5PZ}{V}$

③ $\dfrac{5VZ}{ZP}$ ④ $\dfrac{VZ}{P}$

해설
$P = \sqrt{3}\,VI \times 10^3 [kVA]$

$\%Z = \dfrac{IZ}{E} \times 100 = \dfrac{\dfrac{P}{\sqrt{3}\,V \times 10^3} \times Z}{\dfrac{V}{\sqrt{3}}} \times 100 = \dfrac{PZ}{10V^2}[\%]$

02 66[kV], 3상 1회선 송전 선로의 1선의 리액턴스가 20[Ω], 전류가 350[A]일 때 %리액턴스는?

① 18.3 ② 19.7
③ 25.2 ④ 28.7

해설
$\%Z = \dfrac{IZ}{E} \times 100 = \dfrac{IX}{\dfrac{V}{\sqrt{3}}} \times 100 = \dfrac{350 \times 20}{\dfrac{66,000}{\sqrt{3}}} \times 100 = 18.37[\%]$

03 3상 송전 선로의 선간 전압을 100[kV], 3상 기준 용량을 10,000[kVA]로 할 때 선로 리액턴스(1선당) 100[Ω]을 % 임피던스로 환산하면 얼마인가?

① 1.3 ② 10
③ 0.33 ④ 20

해설
$\%Z = \dfrac{IZ}{E} \times 100 = \dfrac{PZ}{10V^2} = \dfrac{10,000 \times 100}{10 \times 100^2} = 10[\%]$

정답 1. ① 2. ① 3. ②

04 어느 발전소의 발전기는 그 정격이 13.2[kV], 93000[kVA], 95[%] Z라고 명판에 씌어 있다. 이것은 몇 [Ω]인가?
① 1.2 ② 1.8
③ 1200 ④ 1800

해설
$$\%Z = \frac{IZ}{E} \times 100 = \frac{PZ}{10V^2} [\%]$$
$$\therefore Z(\text{impedance}) = \frac{\%Z \times 10V^2}{P} = \frac{95 \times 10 \times (13.2)^2}{93,000} \fallingdotseq 1.8[\Omega]$$

05 66/22[kV], 2000[kVA] 단상 변압기 3대를 1뱅크로 한 변전소로부터 공급받는 어떤 수전점에서의 3상 단락 전류[A]는 약 얼마인가? (단, 변압기의 %리액턴스는 7이며 선로의 % 임피던스는 0으로 본다.)
① 750 ② 850
③ 1750 ④ 1850

해설
P_n(정격 용량) $= \sqrt{3} V I_n$ [kVA]
P_s(단락 용량) $= \frac{100}{\%Z} P_n$ [kVA]
I_n(정격 전류) $= \frac{P_n}{\sqrt{3}V} = \frac{2000}{\sqrt{3} \times 22}$ [A]
I_s(단락 전류) $= \frac{100}{\%Z} \times I_n = \frac{100}{7} \times \frac{2000}{\sqrt{3} \times 22} = 750$ [A]

06 어느 변전소 모선에서의 계통 전체의 합성 임피던스가 2.5[%] (100[MVA]기준)일 때, 이 모선측에 설치하여야 할 차단기의 차단 소요 용량[MVA]은?
① 1000 ② 1500
③ 3500 ④ 4000

해설
P_n(정격 용량) $= 100$ [MVA]
P_s(단락 용량=차단 용량) $= \frac{100}{\%Z} \times P_n = \frac{100}{2.5} \times 100 = 4000$ [MVA]

07 그림과 같은 3상 송전 계통에서 송전 전압은 22[kV]이다. 지금 1점 P에서 3상 단락 하였을 때의 발전기에 흐르는 단락 전류[A]는 약 얼마인가?
① 733
② 1270
③ 3270
④ 3810

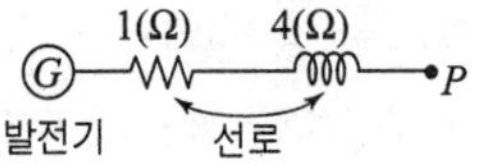

해답 4.② 5.① 6.④ 7.②

해설
$Z = R + jX = 1 + j10$

$\therefore I_s$(단락 전류) $= \dfrac{E}{|Z|} = \dfrac{\frac{22,000}{\sqrt{3}}}{\sqrt{1^2 + 10^2}} ≒ \dfrac{22,000}{10\sqrt{3}} ≒ 1270[A]$

---

08 그림의 F점에서 3상 단락 고장이 생겼다. 발전기 쪽에서 본 3상 단락 전류는? (단, 154[kV] 송전선의 리액턴스는 1000[MVA]를 기준으로 하여 2[%/km]이다.)

① 43,740
② 42,740
③ 41,740
④ 40,740

발전기 변압기 154(kV)송전선로
G ─── ⊲⊦ ─── • F
11(kV) 11/54(kV) 20(km)
500(MVA) 500(MVA)
25(%) 15(%)

해설
기준 용량을 환산할 분자 용량으로 설정 계산한다.

즉, 기준용량=1000[MVA]인 경우 발전기의 $\%Z_G = \dfrac{1000}{500} \times 25 = 50$

변압기의 $\%Z_T = \dfrac{1000}{500} \times 15 = 30$. 선로의 $\%Z_l = 20 \times 2 = 40$

$\therefore$ 총 $\%Z = \%Z_G + \%Z_T + \%Z_l = 50 + 30 + 40 = 120$

발전기 쪽에서 본 3상 단락전류 $I_s = \dfrac{100}{\%Z} \times I_n = \dfrac{100}{120} \times \dfrac{1000 \times 10^3}{\sqrt{3} \times 11} = 43740[A]$

---

09 그림에 표시하는 무부하 송전선의 S점에 있어서 3상 단락이 일어났을 때의 단락 전류[A]는? (단, G_1 : 15[MVA], 11[kV], $\%Z = 30[\%]$, G_2 : 15[MVA], 11[kV], $\%Z = 30[\%]$, T : 30[MVA], 11[kV]/154[kV], $\%Z = 8[\%]$, 송전선 TS사이 50[km], $Z = 0.5[\Omega/km]$)

① 12.7
② 173
③ 273
④ 38.3

발전기
G₁
   ├─── ⊲⊦ ─────── • S점
발전기   T(변압기)
G₁

해설
기준용량 30[MVA]인 경우, 발전기의 $\%Z_{G1} = \dfrac{30}{15} \times 30 = 60$

발전기의 $\%Z_{G2} = \dfrac{30}{15} \times 30 = 60$

$\therefore$ 병렬 발전기의 $\%Z_G = \dfrac{60 \times 60}{60 + 60} = \dfrac{60}{2} = 30$ ⋯ ①

변압기의 $\%Z_T = 8$ ⋯ ②

선로(TS간)의 $\%Z_l = \dfrac{IZ}{E} \times 100 = \dfrac{P \times Z_l}{10 V^2} = \dfrac{30 \times (50 \times 0.5)}{10 \times (154)^2} ≒ 3.16$ ⋯ ③

$\therefore$ ①, ②, ③식에서 총 $\%Z = 30 + 8 + 3.16 = 41.16[\%]$이다.

단락전류 $I_s = \dfrac{100}{\%Z} I_n = \dfrac{100}{41.16} \times \dfrac{30 \times 10^3}{\sqrt{3} \times 154} ≒ 273[A]$

해답 8. ① 9. ③

10 그림과 같이 전압 11[kV], 용량 15[MVA]의 3상 교류 발전기 2대와 용량 33[MVA]의 변압기 1대로 된 계통이 있다. 발전기 1대 및 변압기의 %리액턴스가 20[%], 10[%]일 때 차단기 ②의 차단 용량[MVA]은?

① 80
② 905
③ 103
④ 13

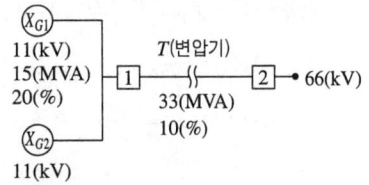

해설

$P_n = 30$[MVA]기준, 발전기의 %$Z_G = \dfrac{40 \times 40}{40 + 40} = \dfrac{40}{2} = 20$[%]

변압기의 %$Z_T = \dfrac{30}{33} \times 10 = 9.1$[%]

∴ 총 %$Z = 20 + 9.1 = 29.1$[%]

∴ P_s(차단 용량) $= \dfrac{100}{\%Z} \times P_n = \dfrac{100}{29.1} \times 30 = 103$[MVA]

---

11 그림과 같은 3상 교류 회로에서 유입 차단기 3의 차단 용량[MVA]은? (단, % 리액턴스 발전기는 각각 10[%], 변압기는 5[%], 용량은 $G_1 = 15,000$[kVA], $G_2 = 30,000$[kVA], $T_r = 45,000$[kVA]이다.)

① 100
② 300
③ 450
④ 850

해설

기준용량 $P_n = 45$[MVA]일 때, 발전기의 %$Z_G = \dfrac{\%Z_{G1} \times \%Z_{G2}}{\%Z_{G1} + \%Z_{G2}} = \dfrac{30 \times 15}{30 + 15} = 10$[%].

%$Z_T = 5$[%]이므로, 총 %$Z = 10 + 5 = 15$[%]

∴ 차단용량 $P_s = \dfrac{100}{\%Z} \times P_n = \dfrac{100}{15} \times 45 = 300$[MVA]

---

12 변전소의 1차측 합성 선로 임피던스를 3[%] (10,000[kVA] 기준)라 하고, 3000[kVA] 변압기 2대를 병렬로 하여 그 임피던스를 5[%]라 하면 A지점의 단락 용량은 얼마인가?

① 76,20[kVA]
② 88,260[kVA]
③ 90,910[kVA]
④ 15,000[kVA]

정답 10. ③ 11. ② 12. ②

해설
$P_n = 10,000$[kVA]기준, 1차 측 선로의 $\%Z_l = 3$[%]

변압기의 $\%Z_T = \dfrac{10,000}{3000} \times 5 = 16.66$[%]가 2대 병렬이므로

총 %임피던스 $\%Z = 3 + \dfrac{16.66 \times 16.66}{16.66 + 16.66} = 11.33$[%]이다.

∴ 차단용량 $P_s = \dfrac{100}{\%Z} \times P_n = \dfrac{100}{11.33} \times 10,000 = 88,260$[kVA]

13 그림의 154[kV], 길이 150[km]인 선로에 1선 지락이 생겼다면 지락 전류[A]는 약 얼마인가? (단, 송.수전단 변압기의 중성점에 저항을 설치하여 접지하였다고 하고, 그 값은 900[Ω], 600[Ω]으로 하며, 1선의 대지 정전 용량은 0.005[μF/km], 기타 정수는 무시한다.)

① 99
② 158
③ 258
④ 326

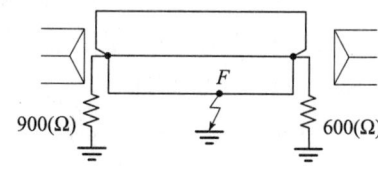

해설
송.수전단 변압기의 중성점에 접지전류

$I_A = \dfrac{\frac{154,000}{\sqrt{3}}}{900} = 99$[A], $I_B = \dfrac{\frac{154,000}{\sqrt{3}}}{600} = 148.2$[A]

대지 정전 용량에 의한 충전전류

$I_c = j3wCE = j3 \times 2\pi f \times \dfrac{V}{\sqrt{3}} = j3 \times 2\pi \times 60 \times 0.005 \times \dfrac{154,000}{\sqrt{3}} = j75.5$[A]

∴ 지락전류 $|I_g| = \sqrt{(I_A + I_B)^2 + I_c^2} = \sqrt{(99 + 148.2)^2 + (75.5)^2} = 258$[A]

14 A, B및 C상 전류를 각각 I_a, I_b및 I_c라 할 때 $I_x = \dfrac{1}{3}(I_a + a^2 I_b + a I_c)$, $a = -\dfrac{1}{2} + j\dfrac{\sqrt{3}}{2}$으로 표시되는 I_x는 어떤 전류인가?

① 영상 전류
② 역상 전류
③ 정상 전류
④ 역상 전류와 영상 전류의 합계

해설
대칭분의 영상전류 $I_0 = \dfrac{1}{3}(I_a + I_b + I_c)$[A]

정상전류 $I_1 = \dfrac{1}{3}(I_a + aI_b + a^2 I_c)$[A]

역상전류 $I_2 = \dfrac{1}{3}(I_a + a^2 I_b + aI_c)$[A]

예답 13. ③ 14. ②

15 그림과 같은 3상 발전기가 있다. a상이 지락한 경우 지락 전류는 얼마인가? (단, Z_0 : 영상 임피던스, Z_1 : 정상 임피던스, Z_2 : 역상 임피던스)

① $\dfrac{E_a}{Z_0+Z_1+Z_2}$

② $\dfrac{3E_a}{Z_0+Z_1+Z_2}$

③ $\dfrac{3Z_0 E_a}{Z_0+Z_1+Z_2}$

④ $\dfrac{3Z_2 E_a}{Z_1+Z_2}$

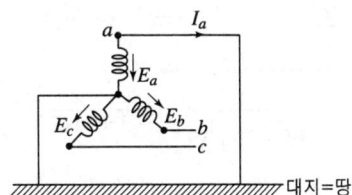

해설 a상 지락인 경우이다.

초기조건 $\begin{cases} V_a=0 \\ I_b=I_c=0 \end{cases}$ ∴ $I_0=I_1=I_2$ 이다.

∴ 발전기 기본식에서 $V_a=0=V_0+V_1+V_2$에 발전기 기본식을 대입하면,
$0=-Z_0 I_0+E_a-Z_1 I_1-Z_2 I_2$

∴ $E_a=I_0(Z_0+Z_1+Z_2)$

∴ $I_0=I_1=I_2=\dfrac{E_a}{Z_0+Z_1+Z_2}$ [A]

∴ 지락전류 $I_a=I_0+I_1+I_2=3I_o=\dfrac{3E_a}{Z_0+Z_1+Z_2}$ [A]

16 그림과 같은 회로의 영상, 정상 및 역상 임피던스 Z_0, Z_1, Z_2는?

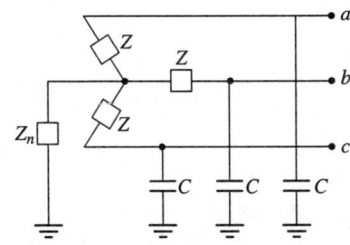

① $Z_0=\dfrac{Z+3Z_n}{1+jwC(Z+3Z_n)}$ $Z_1=Z_2=\dfrac{Z}{1+jwCZ}$

② $Z_0=\dfrac{3Z_n}{1+jwC(3Z+Z_n)}$ $Z_1=Z_2=\dfrac{3Z_n}{1+jwCZ}$

③ $Z_0=\dfrac{Z+Z_n}{1+jwC(Z+Z_n)}$ $Z_1=Z_2=\dfrac{Z}{1+j3wZ_n}$

④ $Z_0=\dfrac{3Z}{1+jwC(Z+3Z_n)}$ $Z_1=Z_2=\dfrac{3Z_n}{1+j3wCZ}$

해답 15. ② 16. ①

해설 변압기와 선로는 정지기이다.
① 영상 임피던스 등가 회로는

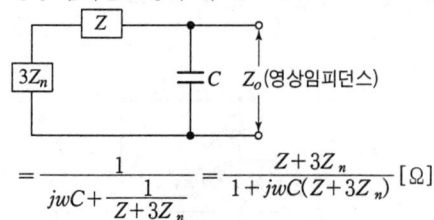

$$= \frac{1}{jwC + \frac{1}{Z+3Z_n}} = \frac{Z+3Z_n}{1+jwC(Z+3Z_n)} [\Omega]$$

② 정지 기계는 정상 impedance=역상 impedance이다.

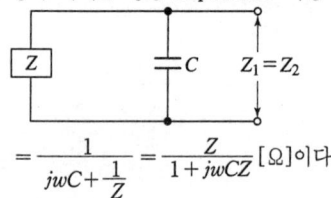

$$= \frac{1}{jwC + \frac{1}{Z}} = \frac{Z}{1+jwCZ} [\Omega] 이다.$$

이때, 영상 임피던스는 1회선인 경우 정상 임피던스의 4배정도, 2회선인 경우 7배 정도이다.

17 다음 중 옳은 것은 어느 것인가?
① 송전 선로의 정상 임피던스는 역상 임피던스의 배이다.
② 송전 선로의 정상 임피던스는 역상 임피던스의 2배이다.
③ 송전선의 정상 임피던스는 역상 임피던스와 같다.
④ 송전선의 정상 임피던스는 역상 임피던스의 3배 이다.

해설 송전선로나 변압기의 impedance는 정지 기계이므로 정상 impedance는 역상 impedance와 서로 같다.

18 송전 선로의 정상, 역상 및 영상 임피던스를 각각 Z_1, Z_2 및 Z_0라 하면 다음 어떤 관계가 성립하는가?
① $Z_1 \neq Z_2 \neq Z_0$ ② $Z_1 = Z_2 > Z_0$
③ $Z_1 > Z_2 = Z_0$ ④ $Z_1 = Z_2 < Z_0$

해설 송전 선로나 변압기는 정지 기계이며 정상 임피던스=역상 임피던스이다.
영상 임피던스는 1회선인 경우 정상 임피던스의 4배, 2회선인 경우는 7배이다.
∴ $Z_0 > Z_1 = Z_2$이다.

해답 17. ③ 18. ④

19 송전 계통의 한 부분이 그림에서와 같이 $Y-Y$로 3상 변압기가 결선이 되고 1차측은 비접지로 그리고 2차측은 접지로 되어 있을 경우, 영상 전류는?

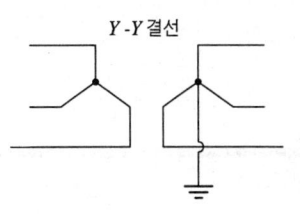
$Y-Y$ 결선

① 2차측 선로에서만 흐를 수 있다.
② 1차측 선로에서만 흐를 수 있다.
③ 1, 2차측 선로에서 다 흐를 수 있다.
④ 1차 및 2차측 선로에서 다 흐를 수 없다.

해설 1차 Y 결선은 비접지로 영상전류 = 0.
2차측 Y 결선 접지는 임피던스가 대단히 크므로 영상전류가 흐르지 못한다.
∴ 1차 및 2차측 선로에 다 흐를 수 없다.

예답 19. ④

유도장해 및 안정도

2부 전력공학 / 1. 송배전 공학

1 유도장애 : 전력선에 의한 통신선의 장해를 말한다.

(1) 정전유도 전압(장해) : 전력선에 의해 통신선에 유도된 전압이다. 정전용량(C_o) 에 의한 통신선과 대지사이의 전압(장해)이다.

$$E_S(\text{정전유도전압}) = \frac{C_{ab}}{C_o + C_{ab}} \times E(V).$$

(2) 전자유도 전압(장해) : M에 의해(영상전류(I_o)에 의해) 통신선에 발생된 전압이다.)

∴ E_n(전자유도 전압) : $jwMl(I_a + I_b + I_c) = jwMl \times 3I_o$ [V]이다.

2 유도장해 방지대책

① 충분한 연가
② 고장 구간을 신속히 차단
③ 통신선으로는 케이블을 사용한다.
④ 통신선에 피뢰기나 차폐선을 설치하면 유도전압을 30~50[%]줄일 수 있다.

3 안정도

① 정태 안정도
② 동태 안정도
③ 과도 안정도가 있다.

4 안정도 향상 대책

① 직렬리액턴스(X)를 작게 한다.
② 전압 변동률을 적게 한다.
  ⓐ 속응여자 방식 채용
  ⓑ 계통을 연계한다.
  ⓒ 중간조상 방식을 채용한다.
③ 고속도 차단기를 채용.
④ 고속도 재폐로 방식을 채용한다.

[적중예상문제]

01 전력선 a의 충전 전압을 E, 통신선 b의 대지 정전 용량을 C_b, ab사이의 상호 정전 용량을 C_{ab}라고 하면 통신선 b의 정전 유도 전압 E_s는?

① $\dfrac{C_{ab}+C_b}{C_b}$

② $\dfrac{C_{ab}+C_a}{C_{ab}}E$

③ $\dfrac{2C_b}{C_{ab}+C_b}E$

④ $\dfrac{C_{ab}}{C_{ab}+C_b}E$

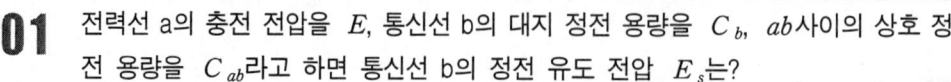

해설
전원전압 $E[V]$
통신선의 정전 유도 전압
$E_s = \dfrac{C_{ab}}{C_{ab}+C_b} \times E[V]$이다.

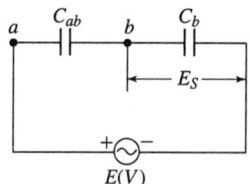

02 그림에서 통신선 n에 유도되는 정전 유도 전압은? (단, 전력선의 대칭은 전압을 V_0, V_1, V_2라 하고 상순은 $a-b-c$라 한다.)

① $\dfrac{3CV_0}{3C+C_0}$

② $\dfrac{3C_0V_1}{C+3C_0}$

③ $\dfrac{2\sqrt{3}CV_2}{C+C_0}$

④ $\dfrac{2\sqrt{3}C_0V_0}{C+3C_0}$

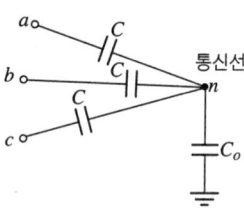

해답 1. ④ 2. ①

해설

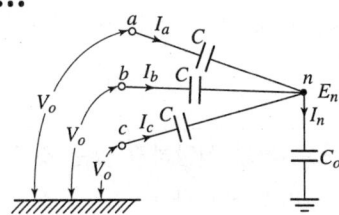

a.b.c 각 상의 대지전압 V_0[V], 통신선의 정전 유도 전압 E_n[V]일 때, 각 상전류

$I_a + I_b + I_c + I_n = 0$

$jwC(V_0 - E_n) + jwC(V_0 - E_n) + jwC(V_0 - E_n) + jwC_0(0 - E_n) = 0$

$3jwCV_0 - 3jwCE_n - jwC_0E_n = 0$

$\therefore 3CV_0 = (3C + C_0)E_n$

E_n(통신선의 정전 유도 전압) $= \dfrac{3C}{3C + C_0} \times V_0$[V]

---

03 통신선과 평행인 주파수 60[Hz]의 3상 1회선 송전선에서 1선 지락으로(영상 전류가 100[A] 흐르고)있을 때 통신선에 유기되는 전자 유도 전압[V]은? (단, 영상 전류는 송전선 전체에 걸쳐 같으며 통신선과 송전선의 상호 인덕턴스는 0.05[mH/km]이고, 그 평행 길이는 50[km]이다.)

① 172   ② 182
③ 242   ④ 283

해설 통신선에 유기되는 전자 유도 전압
$E_m = jwMl(I_a + I_b + I_c) = jwMl3I_0$
$= 2\pi \times 60 \times 0.05 \times 10^{-3} \times 50 \times 3 \times 100 = 283$[V]

---

04 송전 선로에 근접한 통신선에 유도 장애가 발생하였다. 전자 유도의 원인은?

① 정상 전류(I_1)   ② 정상 전압(V_1)
③ 역상 전압(V_2)   ④ 영상 전류(I_0)

해설 송전선로에 근접한 통신선에 유도전압 $E_m = jwMl3I_0$[V]로서 전자유도의 원인은 영 상 전류(I_0[A])
이다.
∴ 유도장해 방지용 피뢰기는 통신선 측에 설치한다.

---

05 전력선에 의한 통신 선로의 전자 유도 장해의 발생 요인은 주로 어느 것인가?

① 영상 전류가 흘러서
② 전력선의 전압이 통신 선로보다 높기 때문에
③ 전력선과 통신 선로 사이의 차폐 효과가 충분할 때
④ 전력선의 연가가 충분하여

정답 3. ④ 4. ④ 5. ①

해설 전력선에 대한 통신선의 전자유도 전압 $E_m = jwMl3I_0$[V]로 방지책은 전력선과 통신선을 직각으로 하여야 한다.

06 통신선에 대한 유도 장해의 방지법으로 가장 적당하지 않은 것은?
① 전력선과 통신선의 교차 부분을 비스듬히 한다.
② 소호 리액터 접지 방법을 채용한다.
③ 통신선에 절연 변압기를 채용한다.
④ 통신선에 배류 코일을 채용한다.

해설 통신선의 전자유도 장해 방지법
① 전력선과 통신선을 직각으로 하여야 한다.
② 소호리액터 접지방식을 채용한다.
③ 통신선에 절연 변압기나 배류 코일을 채용한다.

07 유도 장해의 방지책으로 차폐선을 사용하면 유도 전압은 얼마 정도[%] 줄일 수 있는가?
① 10~20 ② 30~50
③ 60~70 ④ 80~90

해설 통신선에 전자유도 장해 방지책으로 차폐선을 사용하면 전자유도 전압을 30~50[%] 줄일 수 있다.

08 송전 선로의 안정도 향상 대책이 아닌 것은?
① 속응 여자 방식을 채용
② 병행 2회선이나 복도체 방식을 채용
③ 계통의 직렬 리액턴스를 증가
④ 고속도 차단기의 이용

해설 송전 선로의 안정도 향상(증진)대책
① 전동 변동율과 직열 리액턴스를 적게 한다.
② 재폐로 방식과 복도체 방식이나 속응 여자방식을 채용한다.
③ 단락비가 큰 발전기를 사용한다.
④ 고속차단기를 사용한다.

09 송전 계통에서의 안정도 증진과 관계 없는 것은?
① 재폐로 방식의 채용   ② 리액턴스 감소
③ 속응 여자 방식의 채용 ④ 차폐선의 채용

해답 6. ① 7. ② 8. ③ 9. ④

해설 송전 계통의 안정도 증진 대책
① 리액턴스를 감소한다.
② 재폐로 방식을 채용한다.
③ 속응 여자 방식을 채용한다.

10 송전 계통의 안정도 향상책으로 옳지 않은 것은?
① 계통을 연계한다.
② 발전기의 단락비를 작게 한다.
③ 직렬 콘덴서로 선로의 리액턴스를 보상한다.
④ 발전기, 변압기의 리액턴스를 작게 한다.

해설 송전 계통 안정도 향상 대책
① 발전기 단락비를 크게 한다.
② 계통을 연계한다.
③ 직·병렬 콘덴서를 설치한다.

해답 10. ②

중성점 접지방식

2부 전력공학 / 1. 송배전 공학

1 중성점 접지방식의 목적

① 이상전압의 발생을 방지한다.
② 보호계전기의 확실한 동작.
③ 전선로 및 기기의 절연 절감.

2 중성점 접지방식

	비접지 방식	직접 접지방식	저항 접지방식	소호 리액터 접지 방식
용 도	3.3[kV] 6.6[kV] 22.9[kV]	154[kV] 345[kV]		66[kV]
지락 전류	$I_g = 3wCE[A]$ (小)	$I_g = \dfrac{E}{Z_l}[A]$ (최대)	$I_g = (\dfrac{1}{R} + ju3C)$ $E \fallingdotseq 100 \sim 150[A]$	$I_g = (jwL + \dfrac{1}{3wC})E$ $= j(wL - \dfrac{1}{3wC})E[A]$ (최소)
1선 지락시 건전상의 대지전압	$\sqrt{3}$배 이상	큰 변화 없다	$\sqrt{3}$배 이상	$\sqrt{3}$배 이상

(1) 소호리액터의 I_c(충전전류) $= 3wCE$ [A]

P_c(충전용량) $= EI_c = 3wCE^2$ [VA]

(2) 소호리액터의 합조도 $P = \dfrac{I - I_c}{I_c} \times 100$

$\begin{bmatrix} I : \text{소호리액터의 탭전류} \\ I_c : \text{소호리액터 충전전류)} \end{bmatrix}$

$I_c > I$ 부족보상 $\quad wL > \dfrac{1}{3wC}$

$I > I_c$ 과보상 $\quad \dfrac{1}{3wC} > wL$

$I = I_c$ 공진 $\quad wL = \dfrac{1}{3wC}$

[적중예상문제] 05

01 송전 선로의 중성점을 접지하는 목적은?
① 송전 용량이 증가
② 동량의 절약
③ 전압 강하 감소
④ 이상 전압의 방지

해설 중성점 접지 방식의 목적
① 이상 전압의 발생을 방지한다.
② 보호 계전기의 확실한 동작
③ 건전상의 대지 전위 상승을 억제하고 선로나 기기의 절연을 절감시킨다.

02 중성점 비접지 방식을 이용하는 것이 적당한 것은?
① 전압과 거리에 부관하다.
② 저전압 장거리
③ 고전압 단거리
④ 저전압 단거리

해설 중성점 비접지 방식은
① 저 전압, 단거리 송전선로에 사용된다.
② 3.3[kV], 6.6[kV], 22[kV], 20~30[kV]정도의 단거리 송전선로에 이용된다.

03 1선 지락 사고시 지락 전류가 가장 적은 중성점 접지 방식은?
① 직접 접지식
② 비접지식
③ 저항 접지식
④ 소호 리액터 접지식

해설 소호리액턴스 접지방식은
① 1선 지락 사고시 지락전류가 제일 작다.
② 1선 지락시 아-아크를 빨리 소멸시킨다.
③ 사용전압은 66[kV]이다.

04 △결선의 3상 3선식 배전 선로가 있다. 1선이 지락하는 경우 건전상의 전위 상승은 지락 전의 몇 배가 되는가?
① $\dfrac{\sqrt{3}}{2}$
② 1
③ $\dfrac{2}{\sqrt{3}}$
④ $\sqrt{3}$

예답 1. ④ 2. ④ 3. ④ 4. ④

해설 직접 접지 방식을 제외하고는 1선 지락시 건전상의 대지 전위 상승은 √3배가 된다.

05 송전 선로에서 1선 지락시에 건전상의 전압 상승이 가장 적은 방식은?
① 비접지 방식 ② 직접 접지 방식
③ 소호 리액터 접지 방식 ④ 저항 접지 방식

해설 직접 접지 방식은
① 1선 지락시 건전상의 대지전압 상승이 거의 없다
② 통신선에 전자유도 장해가 제일 크다
③ 지락전류가 가장 많이 흐르므로 과도 안정도가 나쁘다
④ 보호계전기 동작이 가장 확실하다

06 직접 접지와 관계 없는 것은?
① 과도 안정도 증진 ② 단절연 변압기 사용 가능
③ 계전기 동작 확실 ④ 기기의 절연 수준 저감

해설 직접 접지 방식은
① 지락 전류가 가장 많이 흐르므로 과도 안정도가 나쁘다.
② 단절연 변압기 사용이 가능하다.
③ 154[kV], 345[kV], 675[kV]등의 접지 방식이다.

07 우리 나라 154[kV] 송전 선로의 중성점 접지 방식은?
① 비접지 방식 ② 직접 접지 방식
③ 고저항 접지 방식 ④ 소호 리액터 접지 방식

해설 직접 접지 방식은
① 계통의 절연을 낮게 할 수 있으므로 초고압 송전선에 채용된다.
② 154[kV], 345[kV], 675[kV]의 접지 방식이다.

08 다음 중 1선 지락 전류가 큰 순서대로 배열된 것은?
　　가. 직접 접지 3상 3선식 방식
　　나. 저항 접지 3상 3선 방식
　　다. 리액터 접지 3상 3선 방식
　　라. 다중 접지 3상 4선식 중
① 라, 가, 나, 다 ② 나, 가, 다, 라
③ 가, 라, 나, 다 ④ 라, 나, 가, 다

해답 5. ② 6. ① 7. ② 8. ①

해설 1선 지락 전류가 큰 순서대로 배열된 접지방식은
다중 접지 3상 4선식방식 〉 직접 접지 3상 3선식 방식 〉 저항 접지 3상 3선식 방식 〉 리액턴스 접지 3상 3선식 방식 순서이다.

09 다음 중성점 접지 방식 중에서 단선 고장일 때 선로의 전압 상승이 최대이고, 또한 통신 장해가 최소인 것은?

① 직접 접지 ② 비접지
③ 저항 접지 ④ 소호 리액터 접지

해설 소호 리액턴스의 접지 방식은
① 단선 고장일 경우 선로의 전압 상승이 최대이다.
② 통신선의 전자유도 장해가 최소이다.
③ 병렬 공진시에는 지락 전류가 소멸된다.

10 소호 리액터를 송전 계통에 쓰면 리액터의 인덕턴스와 선로의 정전 용량이 다음의 어느 상태가 되어 지락 전류를 소멸시키는가?

① 병렬 공진 ② 직렬 공진
③ 저 임피던스 ④ 고 임피던스

해설 병렬 공진시에는 지락 전류가 소멸된다.

11 소호 리액턴스의 인덕턴스 값이 3상 1회선 송전선에서 1선의 대지 정전 용량을 C_0[F], 주파수를 f[Hz]라 한다면? (단, $w=2\pi f$ 이다.)

① $3w^2C_0$ ② $\dfrac{1}{3w^2C_0}$
③ $3w^3C_0$ ④ $\dfrac{1}{3wC_0}$

해설 소호 리액터 접지시의 리액턴스 $wL=\dfrac{1}{3wC_0}$[Ω]

∴ 소호 리액턴스의 인덕턴스 $L=\dfrac{1}{3w^2C_0}=\dfrac{1}{3\times(2\pi f)^2C_0}$[H]

12 1상의 대지 정전 용량 0.53[μF], 주파수 60[Hz]의 3상 송전선의 소호 리액터의 공진 탭[Ω]은 얼마인가? (단, 소호 리액터를 접속시키는 변압기의 1상단의 리액턴스는 9[Ω]이다.)

① 1665 ② 1768
③ 1571 ④ 1674

해답 9. ④ 10. ① 11. ② 12. ①

해설 소호 리액터 접지시의 리액턴스(공진 탭)

$$wL = \frac{1}{3wC} - \frac{x}{3} = \frac{1}{3 \times 2\pi fC} - \frac{x}{3} = \frac{10^6}{3 \times 6\pi \times 60 \times 0.53} - \frac{9}{3} = 1665[\Omega]$$

13 154[kV], 60[Hz], 길이 200[km]인 평형 2회선 송전선에 설치한 소호 리액터의 공진 용량[kVA]은? (단, 1선의 대지 정전 용량을 0.0043[μF/km]이라 한다.)

① 15,380   ② 16,380
③ 17,380   ④ 18,380

해설 3상 2회선의 소호 리액턴스 용량

$$P = 2 \times EI_c = 2 \times 3wCE^2 = 2 \times 3 \times 2\pi fC \times \left(\frac{V}{\sqrt{3}}\right)^2$$
$$= 2 \times 3 \times 2\pi \times 60 \times 0.0043 \times 10^{-6} \times 200 \times \left(\frac{154,000}{\sqrt{3}}\right)^2 \times 10^{-3} = 15.380[\text{kVA}]$$

14 3상 3선식 단일 소호 리액터 접지 방식에서 1선 지락 고장시에 영상 전류의 분포는?

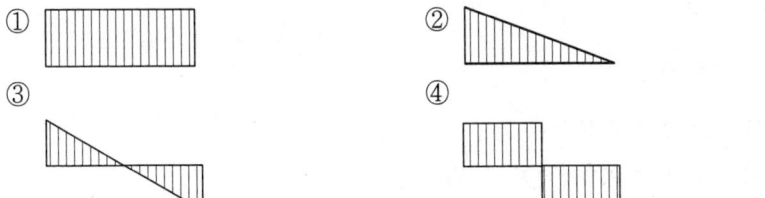

해설 그림에서
① : 직접 접지 방식의 영상 전류 분포
② : 단일 소호 리액터 접지 방식의 영상 전류 분포
③ : 양단 소호 리액턴스 접지 방식의 영상 전류 분포
④ : 저항 접지 방식의 영상 전류 분포이다.

15 가공 지선의 접지 저항 최대값[Ω]은?

① 10   ② 75
③ 100   ④ 500

해설 가공 지선의 접지는 제1종 접지 공사이다
∴ 접지 저항은 10[Ω] 이하이다.

13. ①   14. ②   15. ①

이상전압 및 개폐기 06

2부 전력공학 / 1. 송배전 공학

1 이상전압의 종류

(1) 내부 이상전압

① 선로개폐 이상전압
② 사고시나 고장 시 이상전압

(2) 외부 이상전압

① 직격뢰
② 유도뢰
③ 타선과의 혼촉

2 이상전압의 보호

(1) 가공지선

① 직격뢰를 90[%] 이상 차폐하며 가공지선의 차폐각은 작으면 작을수록 좋다(설비비가 많이 든다.). 보통은 30~40°, 최대는 45°이다.
② 철탑의 접지저항을 작게하여 역섬락을 방지한다.

(2) 매설지선

역섬락을 방지하기 위해서 경동선 또는 철연선을 탑각에 접속하고 다른 쪽을 지하

50[cm] 정도로 매설 피뢰효과를 높인 것이다.
∴ 가공지선과 매설지선은 뇌해방지이고 댐퍼는 선로의 진동방지이다.

(3) 피뢰기 : 뇌 또는 서어지(surge)전압을 억제하여 기기의 절연파괴를 방지하는 장치이다.(피뢰기는 제1종 접지공사를 한다.)

① 직렬캡과 특성요소를 자기애관에 넣어 밀봉시킨 것이다.
② 피뢰기의 역할 : 속류를 차단하고 이상전압을 방전시킨다.
③ 피뢰기의 정격전압 : 속류가 차단되는 교류의 최고전압을 말한다.
④ 피뢰기의 제한전압 : 충격파 전류가 흐르는 피뢰기의 단자전압을 말한다.
(절연협조의 기본이다.)

3 차단기(CB)와 개폐기(스위치)(DS)

(※ 차단기 : 고장전류, 대전류를 차단한다.)

(1) 차단시간은 개극시간 + 아-크 시간(소호시간)으로 3~8 Cycle이다.

(초고압 차단기에 개폐저항을 사용하는 이유는 개폐 서어지 이상전압(SOV)을 억제하기 위해서이다.)

(2) 차단용량

단상 정격 차단용량은 정격전압 × 정격차단 전류[MVA]
(재점호는 진상전류에서 가장 일어나기 쉽고 아-크 전류와 전압 위상차가 90°에 가까울수록 크다.)
3상 정격 차단용량은 $\sqrt{3}$ × 정격전압 × 정격 차단전류[MV]

(3) 차단기 종류

① OCB(유입 차단기) : 소호능력이 크다. 고전압, 대전류의 옥외용 유입 차단기이다.
(절연유 유입)
② MBB(자기 차단기) : 자속(ϕ)을 이용한 차단기로 3~9[kV]급의 전력용 차단기이다.
③ 기중 차단기(ACB) : 주상변압기 1차측 보호용 차단기이다.
∴ 주상변압기의 1차측 보호는 기중차단기(ACB)와 COS(캇-아웃 스위치)이고, 2차측 보호는 캣치홀다 이다.
④ 공기차단기(ABB)는 10~20[kg/cm^2]의 압축공기를 사용한 차단기이다.
⑤ 가스차단기(GCB)는 SF$_6$가스차단기

ⓐ 저소음 차단기로 무색, 무해, 유독가스 발생이 없다.
　　　ⓑ 가스는 절연내력이 공기의 2~3배, 소호능력은 100~200배이다.
　⑥ 진공차단기(VCB)는 진공으로 전극을 개폐하는 차단기를 말한다.
　⑦ 배선용 차단기(NFB)
　⑧ 재폐로 차단기는 송전선로의 고장구간을 고속차단 재전송하는 자동차단기 이다.

4　개폐기(스위치)(DS)

① 단로기(DS) : 선로변경 개폐기(스위치)이다.
　　ⓐ 부하전류 차단능력이 없다.
　　ⓑ 이상 전류가 흐를 때 투입, 차단 할 수 없다.
② 정전구간 축소 가능한 개폐기(스위치)
　　AS(전류 절환 스위치), VS(전압 절환 스위치)
　　OS(유입 스위치)
③ COS(캇-아웃 스위치) : 주상변압기 1차 보호용이다.

5　보호기

(1) 인터록(inter lack)
　① 자가 발전시 선로 변경 장치로서 차단기(CB) 열려 있어야만 DS(단로기)를 닫을 수 있다.
　② 부하 급전시, 정전시, CB, DS 조작법

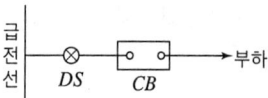

　　급전시 : DS → CB 순서
　　정전시 : CB → DS 순으로 조작한다.

(2) 계기용 변압,변류기(MOF) : 계기 보호용이다.
　① PT(변압기)
　　ⓐ 부하와 병렬연결
　　ⓑ 선로 점검시 개방 상태이다.
　　ⓒ 차동 계전기(DFR)는 변압기 보호용이다.

② CT(변류기)
　　ⓐ 선로와 직렬연결
　　ⓑ 선로 점검시 단락 상태이다.
　　ⓒ 변류기 2차측을 단락하는 이유는 2차측의 절연보호이다.

(3) ZCT(영상 변류기)
① 지락전류 검출에 이용된다.
② 지락사고 차단에 사용, 방향성이 없다.
③ GR(지락 계전기), SGR(선택접지 계전기)로 사용된다.

6 보호계전기

전력계통 이상 현상을 검출, 고장구간을 자동적으로 차단하는 역할을 한다.
※ 특성 : 고장 개소 정확히 선별할 것.
　　　　 오동작 하지 말 것.

(1) 동작시한에 의한 분류

① 순한시 계전기 : 동작전류가 흐르는 시간에만 동작하는 계전기이다.
② 정한시 계전기 : 정해진 시간에만 동작하는 계전기이다.
③ 반한시 계전기 : 동작전류 값이 크면 동작시간이 짧고, 작으면 길어지는 계전기이다.
④ 반한시, 정한시 계전기 : 어느 한도 까지는 반한시성이고, 그 이상은 정한시성 특성의 계전기이다.
⑤ 노칭한시 계전기 : 동작완료를 확인하는 계전기이다.
⑥ 계단형 한시계전기 : 복합시한 계전기이다.

(2) 용도에 의한 분류

① 차동 계전기(DFR) : 발전기나 주변압기 내부고장 검출용이다.
　　전류차동 계전기 : 전류차로 동작하는 계전기
　　전압차동 계전기 : 전압차로 동작하는 계전기이다.
② 비율차동 계전기(R DFR) : 발전기나 주변압기 내부고장 보호용이다.
③ 선택단락 계전기(SSR) : 평행 2회선에서 단락(고장)회선 선택용 계전기이다.
④ 거리 계전기(DR) : 고장점 까지의 거리에 비례하도록 동작시킨 계전기이다.
⑤ 방향 단락 계전기(DSR) : 일정 방향으로 일정 값 이상의 전류가 흐를 때 동작하는 계전기이다.

⑥ 접지 계전기(GR) : 접지 사고 보호용 계전기이다.
⑦ 선택 접지 계전기(SGR) : 다회선 접지 고장시 회선 선택용 계전기이다.
⑧ 과전류 계전기(OCR) : 과부하시 동작하는 계전기이다.
⑨ 과전압 계전기(OVR) : 과전압에서 동작하는 계전기이다.

7 계전방식

(1) **표시선 계전방식** : 고속도 차단 재폐로 방식(고장 구간을 고속차단 재전송하는 자동 계전 방식)을 확실하게, 쉽게 적용하는 계전방식이다.

① 전압 반향 방식
② 방향 비교 방식
③ 전류 순환 방식

(2) **파일럿 와이어(pilot wir)계전 방식**

① 고장점 위치에 관계없이 양단 고속 차단 할 수 있다.
② 송전선에 평행되도록 양단을 연락하게 한다.
③ 연피 케이블을 사용한다.

(3) **방향 단락 계전방식(DSR)** : 환상선로 단락 보호에 사용되는 계전방식이다.

(4) **모선보호 계전방식**

① 전류 차동 계전방식
② 전압 차동 계전압식
③ 위상 비교방식
④ 환상모선 보호방식
⑤ 방향거리 계전방식

(5) **위상 비교 반송방식** : 유입 전류와 유출 전류의 위상각을 비교하는 계전방식이다.

(6) **한류 리액터의 사용목적** : 단락전류 제한이다.

(7) **서어지 흡수기**

① 기기 보호용으로 기기와 대지 사이에 접속되는 콘덴서를 말한다.
② 발전기 단자 부근에 접속하여 발전기 권선의 절연을 보호한다.

(8) 발전소의 옥외 변전소 모선방식

① 단모선 방식 : 저압과 고압이 단모선이다.
② 복모선 방식 : 1차(고압) ⇒ 단모선
    2차(저압) ⇒ 복모선 방식이다.
③ 절환 모선방식 : 주모선, 절환모선 방식이다.
④ 환상모선 방식 : 1모선 고장이면 타모선으로 절체하는 2중모선 방식이다.

[적중예상문제]

01 차단기의 개폐에 의한 이상 전압은 송전선의 Y 전압의 몇 배 정도가 최고인가?
① 1배 ② 3배
③ 6배 ④ 9배

해설 차단기 개폐시 이상 전압은 송전선 Y 전압의 4~6배이다

02 송전 선로 매설 지선의 설치 목적은?
① 뇌해 방지 ② 코로나 전압 저감
③ 절연 강도의 증가 ④ 기계적 강도의 증가

해설 가공 지선과 매설 지선의 설치는 송전선의 뇌해 방지가 주목적이다.

03 뇌 서어지와 개폐 서어지의 다른 점으로 다음 중 옳은 것은?
① 파두장만 다르다.
② 파두장이 같고 파미장이 다르다.
③ 파두장과 파미장이 모두 다르다.
④ 파두장과 파미장이 같다.

해설 뇌 서어지와 개폐 서어지가 다른 점은 파두장과 파미장이 모두 다르다.

04 송전 선로에서 역섬락을 방지하기 위하여 가장 필요한 것은?
① 초호각을 설치한다. ② 피뢰기를 설치한다.
③ 가공 지선을 설치한다. ④ 탑각 접지 저항을 적게 한다.

해설 철탑의 탑각 접지 저항이 크면 직격뢰를 대지로 흘릴 수 없어, 철탑에 역섬락을 일으킨다.
∴ 철탑의 탑각 접지 저항은 작아야 만이 직격뢰를 대지로 잘 흘려 역섬락을 방지한다.
또, 철탑의 차폐각은 기설 송전선의 45° 정도로서 뇌의 보호 효율은 97[%]이다.

해답 1. ③ 2. ① 3. ③ 4. ④

05 철탑의 탑각 접지 저항이 커지면 우려되는 것으로 옳은 것은?
① 뇌의 직격　　　　　　　② 역섬락
③ 차폐각의 증가　　　　　④ 코로나의 증가

해설 철탑의 탑각 접지 저항이 크면 역섬락을 일으킨다.

06 철탑에서의 차폐각에 대한 설명 중 옳은 것은?
① 클수록 보호 효율이 크다.
② 클수록 건설비가 적다.
③ 기존의 대부분인 45°의 경우 보호 효율은 70[%]정도이다.
④ 보통 90° 이상이다.

해설 철탑의 차폐각은 기설의 송전선은 45° 정도로서 뇌의 보호 효율은 97[%]이다.
또, 차폐각이 작으면 작을수록 보호 효율이 크지만 건설비가 많이 든다.

07 피뢰기의 구조는?
① 특성 요소와 콘덴서　　　　② 특성 요소와 소호 리액터
③ 소호 리액터와 콘덴서　　　④ 특성 요소와 직렬 갭

해설 피뢰기의 구조 : 특성 요소와 직렬 갭을 자기 애관에 넣어 밀봉시킨 구조이다.

08 피뢰기의 직렬 갭의 작용은?
① 상용 주파수의 전류를 방전시킨다.
② 이상 전압의 파고값을 저감시킨다.
③ 이상 전압이 내습하면 뇌전류를 방전하고, 속류를 차단하는 역할을 한다.
④ 이상 전압의 진행파를 증가시킨다.

해설 피뢰기의 직렬 갭 역할 : 이상 전압이 내습하면 뇌전류를 방전하고 속류를 차단하는 역할을 한다.

09 피뢰기의 제한 전압이란?
① 충격파 침입시 피뢰기의 충격 방전 개시 전압
② 상용 주파 전압에 대한 피뢰기의 충격 방전 개시 전압
③ 피뢰기가 충격파 방전 종료 후 언제나 속류를 확실히 차단할 수 있는 상용 주파 허용 단자 전압
④ 충격파 전류가 흐르고 있을 때의 피뢰기의 단자 전압

해답 5. ② 6. ② 7. ④ 8. ③ 9. ④

제 06 장　이상전압 및 개폐기

해설 피뢰기의 제한 전압 : 충격파 전류가 흐르고 있을 때의 피뢰기의 단자 전압을 말한다.

10 피뢰기의 정격 전압이란?
① 충격파의 방전 개시 전압
② 충격 방전 전류를 통하고 있을 때의 단자 전압
③ 속류의 차단이 되는 최고의 교류 전압
④ 상용 주파수의 방전 개시 전압

해설 피뢰기의 정격 전압 : 속류가 차단되는 최고의 교류 전압이다

11 KSC에서 피뢰기의 공칭 방전 전류는 얼마로 되어 있는가?
① 250[A] 또는 500[A] ② 1250[A] 또는 1500[A]
③ 2500[A] 또는 5000[A] ④ 7000[A] 또는 10,000[A]

해설 KSC에서의 피뢰기 공칭 방전 전류는 2500~5000[A]이다.

12 송전 계통에서 절연 협조의 기본이 되는 것은?
① 피뢰기의 제한 전압   ② 애자의 섬락 전압
③ 권선의 절연 내력   ④ 변압기 부싱의 섬락 전압

해설 송전 계통의 절연 협조는 각 기기, 기구, 선로, 애자 상호간에 균형 있는 적당한 절연 강도를 가지는 것으로 절연협조의 기준은 피로기의 제한 전압으로 제일 낮다.

13 송전선의 아아크 지락시 재점호의 발생률은 아아크 전류와 전압의 위상차와 어떤 관계가 있는가?
① 90°에 가까울수록 크다.   ② 180°에 가까울수록 크다.
③ 45°에 가까울수록 크다.   ④ 관계 없다.

해설 재점호는 진상 전류에서 가장 일어나기 쉽고, 재점호 발생률은 아-아크 전류와 전압의 위상차가 90°에 가까울수록 크다.

14 3상용 차단기의 정격 용량은 그 차단기의 정격 전압과 정격 차단 전류와의 곱을 몇 배한 것인가?
① $\frac{1}{\sqrt{2}}$ ② $\frac{1}{\sqrt{3}}$
③ $\sqrt{2}$ ④ $\sqrt{3}$

해답 10. ③ 11. ③ 12. ① 13. ① 14. ④

해설 3상용 차단기의 정격차단 용량
$P_s = \sqrt{3} \times$ 정격 전압 $\times$ 정격 차단 전류 $\sqrt{3} V_n I_s$ [kVA]이다.

15 차단기의 차단 시간은?
① 개극 시간을 말하며 대개 3~8 사이클이다.
② 개극 시간과 아아크 시간을 합친 것을 말하며 3~8 사이클이다.
③ 아아크 시간을 말하며 3 사이클 이하이다.
④ 개극과 아아크 시간에 따라 8 사이클 이하이다.

해설 차단기의 차단시간 : 개극 시간과 아아크 시간을 합친 것을 말하며 3~8[cycle/sec]이다.

16 다음 차단기 중 투입과 차단을 다 같이 압축 공기의 힘으로 하는 것은?
① 팽창 차단기 ② 유입 차단기
③ 제호 차단기 ④ 임펄스 차단기

해설 임펄스 차단기 : 투입과 차단을 다 같이 압축 공기의 힘으로 하는 차단기이다.

17 자기 차단기의 특징 중 옳지 않은 것은?
① 보수, 점검이 비교적 쉽다.
② 화재의 위험이 적다.
③ 전류 전달에 의한 와전류가 발생되지 않는다.
④ 회보의 고유 주파수에 차단 성능이 좌우된다.

해설 자기차단기의 특징은 다음과 같다.
① 화재 위험이 적다.
② 보수, 점검이 비교적 쉽다.
③ 전류 절단 현상이 잘 발생 된다.

18 현재 널리 쓰이고 있는 GCB(Gas Circuit Breaker)용 가스는?
① SF_6 가스 ② 아르곤 가스
③ 네온 가스 ④ H_2SO_4 가스

해설 GCB(접지 차단기용)가스 : SF_6가스로서 절연내력이 공기의 2~3배. 소호 응력이 공기의 100~200배이다. 무해 가스로서 불활성 기체이다.

정답 15. ② 16. ④ 17. ④ 18. ①

제 06 장 이상전압 및 개폐기

19 다음 차단기들의 소호 매질이 적합하지 않게 결합된 것은?
① 가스 차단기 - SF₆ 가스
② 공기 차단기 - 압축 공기
③ 자기 차단기 - 진공
④ 유입 차단기 - 절연유

[해설] 차단기와 소호매질
공기 차단기 → 압축 공기
가스 차단기 → SF₆ 가스
유입 차단기 → 절연유

20 초고압 차단기에서 개폐 저항기를 사용하는 이유는?
① 개폐 서어지 이상 전압(SOV) 억제
② 차단 전류 감소
③ 차단 전류의 역률 개선
④ 차단 속도 증진

[해설] 차단기 개폐시 에는 개폐 서어지 이상 전압이 발생된다.
∴ 그러므로 초 고압용 차단기 접촉자 간에는 병렬 임피던스로서의 개폐 저항기를 사용하여 개폐 서어지 이상전압(SOV)을 억제한다.

21 재폐로 차단기에 대한 다음 설명 중 옳은 것은?
① 이 차단기는 재폐로 계전기와 같이 설치하여 계전기가 고장을 검출하여 이를 차단기에 통보, 차단하도록 된 것이다.
② 배전 선로용은 고장 구간을 고속 차단하여 제거한 후 다시 수동 조작에 의해 배전이 되도록 설계된 것이다.
③ 이 차단기는 송전 선로의 고장 구간을 고속 차단하고 재송전하는 조작을 자동적으로 시행하는 재폐로 차단기를 장비한 자동 차단기이다.
④ 3상 재폐로 차단기는 1상의 차단이 가능하고 무전압 시간을 약 20~30[s]로 정하여 재폐로 하도록 되어 있다.

[해설] 재폐로 차단기는 송전 선로의 고장 구간을 고속 차단하고, 재송전하는 조작을 자동적으로 시행하는 자동 차단기이다.

22 과부하 전류는 물론 사고 때의 대전류도 개폐할 수 있는 것은?
① 나이프 스위치
② 단로기
③ 차단기
④ 부하 개폐기

[해설] 차단기(CB) : 과부하 전류. 단락 전류. 고장 전류와 같은 대전류를 차단(개폐)한다.

[해답] 19. ③ 20. ① 21. ③ 22. ③

23 이상 전류가 흐르는 경우 투입과 차단을 모두 할 수 없는 개폐기는?
① 차단기　　　　　　　　② 단로기
③ 나이프 스위치　　　　　④ 접지 스위치

해설 단로기(DS)
① 부하 전류 차단, 또는 개폐 능력 없다
② 이상 전류가 흐를 때 투입, 차단할 수 없다

24 고압 배전 선로의 고장 또는 보수 점검시 정전 구간을 축소하기 위하여 사용되는 기기는?
① 유입 개폐기(OS) 또는 기중 개폐기(AS)
② 컷아웃 스위치(COS)
③ 단로기(DS)
④ 캐치 호울더(catch holder)

해설 구분 개폐기 : 고압 배전선로의 고장 또는 보수 점검시 정전구간 축소용 기기이다. 이에는 OS(유입 개폐기), AS(기중 개폐기), VS(진공 개폐기)등이 있다.

25 인터록(interlock)의 설명으로 옳게 된 것은?
① 차단기가 열려 있어야만 단로기를 닫을 수 있다.
② 차단기가 닫혀 있어야만 단로기를 닫을 수 있다.
③ 차단기의 접점과 단로기이 접점이 기계석으로 연결되어 있다.
④ 차단기와 단로기는 제각기 열리고 닫힌다.

해설 인터록(interlock)
① 자가 발전시 선로 변경 장치이다.
② 부하 급전시나 정전시 ⇒ 차단기(CB)가 열려 있어야만 단로기(DS)를 닫을 수 있다.

26 그림과 같은 배전선이 있다. 부하에 급전 및 정전할 때 조작 방법 중 옳은 것은?

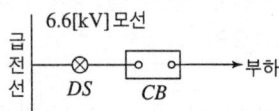

① 급전 및 정전할 때는 반드시 DS, CB 순으로 한다.
② 급전 및 정전할 때는 반드시 CB, DS 순으로 한다.
③ 급전시는 DS, CB 순이고 정전시는 CB, DS 순이다.
④ 급전시는 CB, DS 순이고 정전시는 DS, CB 순이다.

해답 23. ② 24. ① 25. ① 26. ③

해설 인터록(interlock)에서 급전시나 정전시 DS. CB의 조작법
① 급전시는 DS → CB 순서
② 정전시는 CB → DS 순서로 조작해야 한다.

27 계기용 변성기의 위상각이란?

① 1차 전류 또는 전압 벡터를 180°, 회전시킨 2차 전류 또는 2차 전압과의 상차
② 2차 전압과 1차 전압의 위상차
③ 2차 전압 벡터와 전류 벡터의 상차
④ 2차 전류 전압을 180°, 회전시킨 1차 전류 전압과의 상차각

해설 계기용 변성기의 위상각이란, 1차 전류 또는 전압의 vector를 180° 회전시킨 2차 전류 또는 전압과의 상차를 말한다.
즉, $\dot{I_1} - \dot{I_2}$ 나 $\dot{V_1} - \dot{V_2}$의 상차를 위상각이라 한다.

28 3상으로 표준 전압 3[kV], 600[kW]를 역률 0.85로 수전하는 공장의 수전 회로에 시설하는 계기용 변류기의 변류비는 다음 중 어느 것이 적당한가?

① 50 ② 40
③ 10 ④ 20

해설 계기용 변류기의 2차 전류 $I_2 = 5[A]$이다.
∴ $P = \sqrt{3} V_1 I_1 \cos\theta$ ∴ 1차 전류 $I_1 = \dfrac{P}{\sqrt{3} V_1 \cos\theta} = \dfrac{600 \times 10^3}{\sqrt{3} \times 3000 \times 0.85} = 136[A]$
∴ 변류기의 변류비 $N = \dfrac{I_1}{I_2} = \dfrac{136}{5} ≒ 27$이며, 해답에서 27이 없으므로 27보다 크고 제일 가까운 40을 변류비로 한다.

29 MOF(metering out fit)에 대한 설명으로 옳은 것은?

① 계기용 변류기의 별명이다.
② 계기용 변성기의 별명이다.
③ 한 탱크 내에 계기용 변성기, 변류기를 장치한 것이다.
④ 변전소 내의 계기류의 총칭이다.

해설 MOF(metering out fit) : 계기용 변압. 변류기로서 계기용 변성기라고도 한다.

30 배전반에 연결되어 운전 중인 PT와 CT를 점검할 때는?

① CT는 단락 ② CT와 PT 모두 단락
③ PT는 단락 ④ CT와 PT 모두 개방

해답 27. ① 28. ② 29. ③ 30. ①

해설 PT는 전원과 병렬로 연결됨으로 점검시는 개방 상태로 하고 CT는 선로와 직렬로 연결됨으로 점검시는 반드시 2차 측을 단락시켜야 한다. 만약 CT가 개방되면 부하전류에 의해서 소손된다.

31 변류기 개방시 2차측을 단락하는 이유는?
① 2차측 절연 보호
② 2차측 과전류 보호
③ 1차측 과전류 방지
④ 측정 오차 방지

해설 CT 2차측을 단락하는 이유는 2차측의 절연보호 때문이다.

32 영상 변류기와 가장 관계가 깊은 계전기는?
① 과전압 계전기
② 과전류 계전기
③ 선택 접지 계전기
④ 차동 계전기

해설 선로중의 정상 및 역상 전류는 철심내에 자속을 만들지 못하고 영상 전류 만이 철심내에 자속을 만들므로 영상 변류기는 SRG(선택 접지계전기)나 GR(접지 계전기)로 배전선로나 지중케이블 등에 지락전류 검출용으로 쓰인다.

33 ZCT의 사용 목적은?
① 과전류 검출
② 부하 전류 검출
③ 지락 전류 검출
④ 과전압 검출

해설 ZCT(영상 변류기)는 영상 전류의 공급으로 지락 전류를 검출한다.

34 변전소에서 비접지 선로의 접지 보호용으로 사용되는 계전기에 영상 전류를 공급하는 계기는?
① C. T
② P.T
③ Z. C. T
④ G. C. T

해설 영상 전류를 공급하는 계전기는 ZCT(영상 변류기)이다.
∴ 이는 지락 전류를 검출한다.

35 동작 전류의 크기에 관계없이 일정한 시간에 동작하는 한시 특성을 갖는 계전기는?
① 순한시 계전기
② 정한시 계전기
③ 반한시성 정한시 계전기
④ 반한시 계전기

해설 정한시 계전기 : 정해진 시간에만 동작하는 한시 특성의 계전기를 말한다.

해답 31. ① 32. ③ 33. ③ 34. ③ 35. ②

제 06 장 이상전압 및 개폐기

36 영상 변류기로 사용하는 계전기는?
① 과전류 계전기 ② 접지 계전기
③ 과전압 계전기 ④ 차동 계전기

해설 지락전류 검출용의 영상 변류기로 사용되는 계전기는 접지 계전기(GR)이다.

37 차동 계전기는 무엇에 의하여 동작하는가?
① 양쪽 전압의 차로 동작한다.
② 양쪽 전류의 차로 동작한다.
③ 정상 전류와 역상 전류의 차로 동작한다.
④ 전압과 전류의 배수의 차로 동작한다.

해설 차동 계전기 : 기기에 유입하고 유출하는 양쪽 전류의 차로 동작하는 계전기이다.

38 다음은 어떤 계전기의 동작 특성을 나타낸다. 계전기의 종류는? (단, 전압 및 전류를 압력량으로 하여, 전압과 전류의 비의 함수가 예정값 이하로 되었을 때 동작한다.)
① 거리 계전기 ② 변화폭 계전기
③ 차동 계전기 ④ 방향 계전기

해설 차동 계전기(DRF) : 발전기나 주변압기 내부고장 검출용이다. 이에는 전압 차동계전기와 전류 차동계전기가 있으며 동작은 입력 전압, 전류와 출력 전압, 전류의 차가 예정값 이하일 때 동작된다.

39 방향성을 가지지 않는 계전기는?
① 비율 차동 계전기 ② 전력 계전기
③ mho 계전기 ④ 지락 계전기

해설 지락 계전기(GR)는
① 영상 전류를 공급한다
② 지락 전류를 검출한다
③ 방향성이 없는 계전기이다

40 발전기나 변압기의 내부 고장 검출에 사용되는 계전기는?
① 역상 계전기 ② 차동 계전기
③ 과전류 계전기 ④ 과전압 계전기

해설 차동 계전기(DFR)는 발전기나 주변압기 내부고장 검출용에 사용된다.

해답 36. ② 37. ② 38. ③ 39. ④ 40. ②

41 발전기 또는 주변압기의 내부 고장 보호용으로 가장 널리 쓰이는 계전기는?
① 과전류 계전기　　② 비율 차동 계전기
③ 거리 계전기　　　④ 방향 단락 계전기

해설 비율 차동 계전기(R. DFR)는 발전기나 주변압기 내부고장 보호용에 사용된다

42 변압기 보호에 사용되지 않는 계전기는?
① 차동 전류 계전기　② 비율 차동 계전기
③ 부흐홀쯔 계전기　　④ 임피던스 계전기

해설 변압기 보호에 사용되는 계전기는 비율 차동 계전기, 차동 전류 계전기, 부흐홀쯔 계전기 등이다.

43 중성점 저항 접지 방식의 병행 2회선 송전 선로의 지락 사고 차단에 사용되는 계전기는?
① 거리 계전기　　　② 선택 접지 계전기
③ 역상 계전기　　　④ 과전류 계전기

해설 선택 접지 계전기(SGR)는
① 중성점 저항 접지 방식에서는 병행 2회선 지락사고 차단에 이용된다.(배전선에 지락사고를 검출하여 사고 회로만을 선택 차단하는 계전기이다)
② 다회선 접지 고장시에는 회선 선택용 계전기이다

44 모선 보호에 사용되는 방식은?
① 방향 단락 계전 방식　② 표시선 계전 방식
③ 전력 평형 보호 방식　④ 전압 차동 보호 방식

해설 모선 보호 계전 방식
① 전류 차동 보호방식　② 전압 차동 보호방식
③ 위상 비교방식　　　④ 환상 모선 보호방식
⑤ 방향 거리 계전방식

45 환상 선로의 단락 보호에 사용하는 계전 방식은?
① 과전류 계전 방식　　② 선택 접지 계전 방식
③ 방향 단락 계전 방식　④ 비율 차동 계전 방식

해설 방향 단락 계전기(DSR) : 일정 방향으로 일정 값 이상의 전류가 흐를 때 동작하는 계전기로 환상선로 단락보호에 이용된다.

정답 41. ②　42. ④　43. ②　44. ④　45. ③

46 아래의 송전선 보호 방식 중 가장 뛰어난 방식으로 고속도 차단 재폐로 방식을 쉽고 확실하게 적용할 수 있는 것은?

① 표시 계전 방식
② 과전류 계전 방식
③ 회로 선택 계전 방식
④ 방향 거리 계전 방식

해설 표시선 계전 방식 : 고속도 차단 재폐로 방식을 쉽고 확실하게 적용할 수 있는 계전방식으로 고장 구간을 고속 차단 재송전 할 수 있다.

47 비접지 3상 3선식 배전 선로에 방향 지락 계전기를 사용하여 선택 지락 보호를 하려고 한다. 필요한 것은?

① CT 와 PT
② CT 와 OCR
③ 접지 변압기와 ZCT
④ 접지 변압기와 OCR

해설 선택 지락(단락) 계전기(SSR) : 지락 사고를 검출하여 사고 회로만을 선택 차단하는 방향성 계전기로써 선택 지락 보호에는 접지 변압기와 ZCT가 필요하다.

48 파일럿 와이어(pilot wire) 계전 방식에 해당되지 않는 것은?

① 송전선에 평행되도록 양단을 연락하게 한다.
② 고장점 위치에 관계없이 양단을 동시에 고속 차단할 수 있다.
③ 고장점 위치에 관계없이 부하측 고장을 고속도 차단한다.
④ 고장시 장해를 받지 않게 하기 위하여 연피 케이블을 사용한다.

해설 파일럿 와이어(pilot wire)계전방식
① 고장점 위치에 관계없이 양단을 고속 차단할 수 있다
② 송전선에 평행 되도록 양단을 연락하게 한다
③ 연피 케이블을 사용한다

49 표시선 계전 방식이 아닌 것은?

① 방향 비교 방식(directional comparison)
② 전압 반향 방식(opposed voltage system)
③ 전류 순환 방식(circulating current system)
④ 반송 계전 방식(carrier-pilot relaying)

해설 표시선 계전 방식 : 고장 구간을 고속차단 재송전하는 계전방식이다.
① 전압 반향 방식
② 방향 비교식
③ 전류 순환 방식이 있다.

정답 46. ① 47. ③ 48. ③ 49. ④

50 변전소 옥외 변전소의 모선 방식 중 환상 모선 방식은?
① 1모선 사고시 타모선으로 절체할 수 있는 2중 모선 방식이다.
② 1발전기마다 1모선으로 구분하여 모선 사고시 타발전기의 동시 탈락을 방지한다.
③ 단모선 방식을 말한다.
④ 다른 방식보다 차단기의 수가 적어도 된다.

해설) 발전소의 옥외 변전소 모선방식 중에서 환상 모선 방식이란 2중 모선 방식으로서 1모선 고장시 타모선으로 절체하는 방식이다

51 서어지 흡수기를 설치하는 장소는?
① 변전소 인출구   ② 변전소 인입구
③ 발전기 부근   ④ 변압기 부근

해설) 서어지 흡수기 : 발전기 단자 부근에 접속해서 발전기 권선의 절연을 보호한다. 이는 기기와 대지 사이에 접속하는 콘덴서를 말한다.

52 한류 리액터의 사용 목적은?
① 접지 전류의 제한   ② 이상 전압 발생의 저지
③ 단락 전류의 제한   ④ 코로나 방지

해설) 한류 리액터의 사용 목적은 단락 전류의 제한이다.

53 가스 절연 개폐 장치(GIS)의 특징이 아닌 것은?
① 밀폐형이므로 배기 및 소음이 없다.   ② 감전사고 위험 감소
③ 신뢰도가 높음   ④ 변성기와 변류기는 따로 설치

해설) 가스 절연 개폐장치(GIS)의 특징
① 감전사고 위험 감소
② 밀폐형이므로 배기 및 소음이 적다
③ 신뢰도가 높다

54 어느 변전소에서 합성 임피던스 0.4[%](10,000[kVA] 기준)인 곳에 시설한 차단기에 필요한 차단 용량[MVA]은?
① 500   ② 1500
③ 2500   ④ 3500

해설) 차단기의 차단용량
$$P_{(s)} = \frac{100}{\%Z} \times P_n = \frac{100}{0.4} \times 10,000 \times 10^{-3} = 2500 [MVA]$$

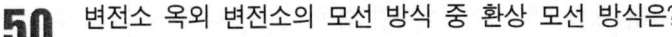

50. ① 51. ③ 52. ③ 53. ④ 54. ③

55 차단하기는 쉬우나 재점호를 여러 번 발생하기 쉬운 차단은 다음 중 어느 것인가?
① 단락 전류의 차단 ② R−L회로의 차단
③ C회로의 차단 ④ L회로의 차단

해설 C회로의 차단 : 차단하기도 쉽고 또 재점호를 여러 번 발생하기도 쉬운 차단이 C회로의 차단이다.

56 전력 회로에 사용되는 차단기의 용량(Interrupting capacity)은 다음 중 어느 것에 의하여 결정되어야 하는가?
① 예상최대 단락전류
② 회로에 접속되는 전부하 전류
③ 회로를 구성하는 전선의 최대 허용 전류
④ 계통의 최고 전압

해설 전력 회로에 사용되는 차단기의 용량은 예상최대 단락전류로 결정한다.

57 가공지선의 설치 목적이 아닌 것은?
① 정전차폐 효과 ② 전압 강하의 방지
③ 전자차폐 효과 ④ 직격차폐 효과

해설 가공지선의 설치목적은
① 정전차폐 효과
② 직격차폐 효과
③ 전자차폐 효과 등이 있다.

58 계전기의 반한시 특성이란?
① 동작전류가 흐르는 순간에 동작한다.
② 동작전류가 클수록 동작 시간이 길어진다.
③ 동작전류에 관계없이 동작시간은 일정하다.
④ 동작전류가 크면 동작시간은 짧아진다.

해설 반환시 계전기 : 동작전류 값이 크면, 동작시간이 짧고, 작으면, 길어지는 계전기의 특성이다.

해답 55. ③ 56. ① 57. ② 58. ④

전선로

2부 전력공학 / 1. 송배전 공학

1 전선의 종류

① 단선
② 연선
③ 케이블
- 단층권 : 7가닥
- 2층권 : 19가닥
- N(소선의 총수)는 $3n(1+n)+1$
- n(총수)이다.

2 전선의 이도(Dip)

$$h'(\text{전선의 평균 높이}) = h - \frac{2}{3}D[\text{m}], \quad h(\text{지지점 높이})[\text{m}]$$

① $D(\text{이도}) = \frac{Ws^2}{8T}[\text{m}], \quad T(\text{수평장력}) = \frac{\text{인장하중}}{\text{안전율}}[\text{kg}]$

② $L(\text{전선의 실제 길이}) = s + \frac{8D^2}{3s}[\text{m}], \quad L - s = \frac{8D^2}{3s}[\text{m}]$

③ 온도상승 후의 D_2(이도), L_2(실제 길이)

$$L_2 = L_1 \pm ats[\text{m}] \cdots ⓐ \quad (a: \text{선팽창 계수})$$

$$s + \frac{8D_2^2}{3s} = s + \frac{8D_1^2}{3s} \pm ats$$

$$8D_2^2 = 8D_1^2 \pm 3ats^2$$

$$\therefore D_2 = \sqrt{D_1^2 \pm \frac{3}{8}ats^2}[\text{m}] \cdots ⓑ$$

3 전선의 하중

W_c(자중), W_i(빙설하중), W_w(풍압하중)

① 합성하중 $W = \sqrt{(W_c + W_i)^2 + W_w^2}[\text{kg/m}]$
② 전선의 진동방지 : 댐퍼(Damper)를 설치한다. 전선의 도약(고·저압 혼촉방지)
   ⇒ off-set(오프-셋)을 한다.

4 지선

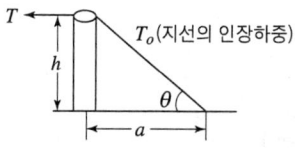

$T = T_o \cos\theta[\text{kg}]$

$T_o = \dfrac{T}{\cos\theta} = \dfrac{\text{지선 1가닥 인장하중}}{\text{안전율}} \times n[\text{kg}]$

단, T(전선의 수평장력) $= \dfrac{\text{인장하중}}{\text{안전율}}$

T_o(지선의 인장하중) $= \dfrac{\text{지선 1가닥 인장하중}}{\text{안전율}} \times n$

n(지선의 소선 가닥 수)

5 애자

(1) 애자 종류 : 현수애자, 나무애자, 핀애자, 장간애자 등

(2) 애자의 전압분담

　① 전선 측 애자의 전압분담은 최대
　② 철탑에 가까운곳(중간애자)는 최소이다.
　③ 접지측 애자는 다시 증가(커진다.)

(3) 송전선로의 역섬락 방지 : 탑각접지 저항을 적게하여 접지 전류를 많이 흘린다.

6 지중선로

(1) 선로정수

　① 저항 : 직류 저항값이다.
　② inductance(인덕턴스) $L = 0.05 + 0.4605 \log_{10} \frac{D}{r} ≒ 0.2 \sim 0.45 [mH/km]$로 가공 전선에 $\frac{1}{3}$ 정도로 작다.
　③ Condenser(정전용량) $C = \frac{0.02413 \varepsilon}{\log_{10} \frac{D}{r}} = 0.3 \sim 1.7 [\mu F/km]$ 가공전선로에 $20 \sim 25$배 정도로 크다.
　④ 전력손실에는 연피손과 유전체손이 있다.

[적중예상문제]

01 전선의 표피 효과에 관한 기술 중 옳은 것은?
① 전선이 굵을수록, 또 주파수가 낮을수록 커진다.
② 전선이 굵을수록, 또 주파수가 높을수록 커진다.
③ 전선이 가늘수록, 또 주파수가 높을수록 커진다.
④ 전선이 가늘수록, 또 주파수가 낮을수록 커진다.

해설 표피효과 : 전선에서 전류 밀도가 도선의 중심으로 들어갈수록 작아지는 현상으로 전선이 굵을수록 또 주파수가 높을수록 커진다.

02 3상 수직 배치인 선로에서 오프세트(off-set)를 주는 이유는?
① 전선의 진동 억제
② 단락 방지
③ 전선의 풍압 감소
④ 철탑 중량 감소

해설 3상 수직 배치에서 오프세트(off-set)(잔류편차)를 주는 이유는 단락방지이다.

03 켈빈(Kelvin)의 법칙이 적용되는 경우는?
① 전압 강하를 감소시키고자 하는 경우
② 전력 손실량을 축소시키고자 하는 경우
③ 부하 배분의 균형을 얻고자 하는 경우
④ 경제적인 전선의 굵기를 선정하고자 하는 경우

해설 켈빈(Kelvin)의법칙 : 경제적인 송전선의 전선 굵기를 결정하는 식을 말한다.

04 전선의 지지점의 높이가 12[m], 이도(dip)가 3[m], 전주 사이의 간격이 200[m]일 때 전선의 평균 높이[m]는?
① 12
② 10
③ 8
④ 6

해설 전선의 평균높이 $h = h' - \frac{2}{3}D = 12 - \frac{2}{3} \times 3 = 10[m]$ (h'[m]:지지점의 높이)

해답 1. ② 2. ② 3. ④ 4. ②

05 두 지점이 수평한 두 전선의 이도는? (단, S는 경간, W는 전선 1[m]의 중량, T는 허용 최대 장력이다)

① $\dfrac{WS^2}{8T}$ ② $\dfrac{TS^2}{8W}$

③ $\dfrac{TS}{8W}$ ④ $\dfrac{W^2S}{8T}$

해설
$T(\text{수평장력}) = \dfrac{\text{인장 하중}}{\text{안전율}}$ [kg], $D(\text{이도}) = \dfrac{WS^2}{8T}$ [m]

06 가공 선로에서 이도를 D라 하면 전선의 길이는 경간 S보다 얼마나 긴가?

① $\dfrac{8D^2}{3S}$ ② $\dfrac{5D}{8S}$

③ $\dfrac{3D}{8S^2}$ ④ $\dfrac{3D^2}{8S}$

해설
$L(\text{전선길이})$[m], $S(\text{경간})$[m]
$\therefore L = S + \dfrac{8D^2}{3S}$ [m] $\therefore L - S = \dfrac{8D^2}{3S}$ 만큼 전선이 길다.

07 경간이 200[m]인 가공 선로가 있다. 사용 전선의 길이[m]가 경간보다 얼마나 크면 되는가? (단, 전선의 1[m]당 하중은 2.0[kg], 인장 하중은 4000[kg]이며 풍압 하중은 무시하고 전선의 안전율을 2라 한다.)

① $\dfrac{1}{3}$ ② $\dfrac{1}{2}$

③ $\sqrt{3}$ ④ $\sqrt{2}$

해설
$T(\text{수평장력}) = \dfrac{\text{인장 하중}}{\text{안전율}} = \dfrac{4000}{2} = 2000$ [kg]
$\therefore L = S + \dfrac{8D^2}{3S}$ [m]
$\therefore L - S = \dfrac{8D^2}{3S} = \dfrac{8 \times \dfrac{WS^2}{8T}}{3 \times 200} = \dfrac{8 \times \left(\dfrac{2 \times (200)^2}{3 \times 2000}\right)^2}{3 \times 200} = \dfrac{8 \times (5)^2}{3 \times 200} = \dfrac{1}{3}$ [m]

08 고저차가 없는 가공 전선로에서 이도 및 전선 중량을 일정하게 하고 경간을 2배로 했을 때 전선의 수평 장력은 몇 배가 되는가?
① 2배 ② 4배
③ 8배 ④ 16배

해답 5. ① 6. ① 7. ① 8. ②

해설

$D = \dfrac{WS^2}{8T}$ [m]

∴ $T(\text{수평장력}) = \dfrac{WS^2}{8 \times D} \fallingdotseq S^2$

∴ $S' = 2S$인 경우 $T'(\text{수평장력}) = (S')^2 = (2S)^2 = 4S^2 = 4T$. 즉, 4배가 된다.

09 온도가 t[°C] 상승했을 때의 이도[m]는? (단, 온도 변화 전의 이도를 D_1[m], 경간을 S[m], 전선의 온도 계수를 α라 한다.)

① $\sqrt{D_1^2 - \dfrac{3}{8}\alpha^2 tS}$ ② $\sqrt{D_1 + \dfrac{3}{8}\alpha tS}$

③ $\sqrt{D_1^2 + \dfrac{3}{8}\alpha tS^2}$ ④ $\sqrt{D_1^2 + \dfrac{3}{8}\alpha t^2 S}$

해설

온도 변화 전 $L_1 = S + \dfrac{8D_1^2}{3S}$ [m]

온도 변화 후 $L_2 = S + \dfrac{8D_2^2}{3S}$ [m]

$L_2 \fallingdotseq L_1 + \alpha tS \cdots$ ①식에 상식 대입하면 $S + \dfrac{8D_2^2}{3S} = S + \dfrac{8D_1^2}{3S} + \alpha tS$

∴ $D_2 = \sqrt{D_1^2 + \dfrac{3}{8}\alpha tS^2}$ [m]

10 가공 전선로에서 전선의 단위 길이당 중량과 경간이 일정할 때 이도는 어떻게 되는가?
① 전선의 장력에 비례한다.
② 전선의 장력에 반비례한다.
③ 전선의 장력의 제곱에 반비례한다.
④ 전선의 장력의 제곱에 비례한다.

해설

$D(\text{이도}) = \dfrac{WS^2}{8T} \fallingdotseq \dfrac{1}{T}$ 로서 수평장력(T)에 반비례한다.

11 소호각(아아킹 호온(arcing horn))과 소호환(arcing ring)의 설치 목적은?
① 섬락 사고에 대한 애자련의 보호
② 전선의 진동 방지
③ 이상 전압의 소멸
④ 코로나 손실의 방지

해설 소호각(arcing horn) : 아아킹 호온과 소호환(arcing ring)은 애자가 파손되는 것을 방지하는 효과가 있다.
∴ 애자련의 보호이다. 즉, 섬락사고에 대한 애자련의 보호가 설치목적이다

해답 9. ③ 10. ② 11. ①

12 현수 애자의 연효율 η는? (단, V_1은 현수 애자 1개의 섬락 전압, n은 1련의 사용 애자 수이고, V_n은 애자련의 섬락 전압이다.)

① $\eta = \dfrac{V_n}{nV_1} \times 100[\%]$ ② $\eta = \dfrac{nV_1}{V_n} \times 100[\%]$

③ $\eta = \dfrac{V_1}{nV_n} \times 100[\%]$ ④ $\eta = \dfrac{nV_n}{V_1} \times 100[\%]$

해설 현수애자의 연효율 $\eta = \dfrac{V_n}{nV_1} \times 100$ 이다.

13 그림과 같이 지선을 가설하여 전주에 가해진 수평 장력 800[kg]을 지지하고자 한다. 지선으로서 4[mm]철선을 사용한다고 하면 몇 가닥 사용해야 하는가? (단, 4[mm] 철선 1가닥의 인장 하중은 440[kg] 으로 하고 안전율은 2.5이다.)

① 7
② 8
③ 10
④ 11

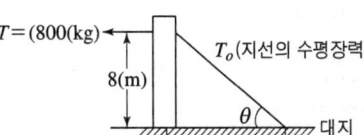

해설 T_o(지선의 수평장력) $= \dfrac{\text{지선 인장하중}}{\text{지선 안전율}}$[kg], ($n$: 지선의 소선 가닥수)

∴ T(전선의 수평장력) $= T_o \cos\theta$[kg].

$T_o = \dfrac{T}{\cos\theta} = \dfrac{800}{\frac{6}{\sqrt{6^2+8^2}}} = \dfrac{8000}{6} = T_o \times n = \dfrac{440}{2.5} \times n$ 에서

n(지선의 소선 가닥수) $= \dfrac{2.5 \times 8000}{6 \times 440} = 7.6$개 $\fallingdotseq 8$개 이다.

14 유전체손이 가장 많은 전선은?
① 고무 절연 전선   ② 석도금 절연 전선
③ 케이블   ④ 나전선

 유전체손이 가장 많은 전선은 케이블이다.

∴ P_d(유전체 손) $= EI_c \tan\delta = wCE^2 \tan\delta = 2\pi fc \left(\dfrac{V}{\sqrt{2}}\right)^2 \tan\delta$[w/km].

$\tan\delta = 0.01 \sim 0.005$로서 전압의 제곱에 비례하므로 사용전압 10[kV]이하에서는 무시된다.

12. ① 13. ② 14. ③

15 선로를 개로한 후에도 잔류 전하에 의한 안전상 위험성이 있어 방전을 요하는 것은?
① 개로한 전로가 전력 케이블인 것 ② 나선의 가공 송전 전로
③ 전철 회로 ④ 전동기에 연결된 전로

해설) 전로가 전력케이블인 경우는 선로를 개로한 후에도 잔류전하에 의한 안전상에 위험이 있으므로 방전을 꼭 시켜야 한다.

16 그림과 같이 각 도체와 연피간의 정전 용량이 C_o, 각 도체간의 정전 용량이 C_m인 3심 케이블의 도체 1조당의 작용 정전 용량은?
① $C_o + C_m$
② $2(C_o + C_m)$
③ $2C_o + C_m$
④ $C_o + 3C_m$

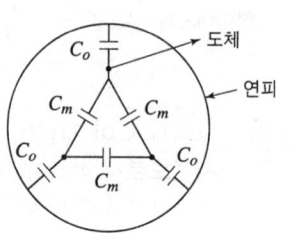

해설) 도체간의 정전용량 C_m이 △결선이므로 Y결선으로 고치면 $3C_m$이다.
∴ 3심 케이블 1선당의 작용 정전용량 $= C_o + 3C_m$[F]이다.

17 다음의 고무 플라스틱 절연 전력 케이블 중에서 154[kV]급 송전선에 사용되는 케이블은?
① EP형 ② EV형
③ CV형 ④ BN형

해설) 154[kV] 송전선의 최소 절연 간격은 900[mm] 이상이며 사용 전력케이블은 CV형(가교 폴리에틸렌 절연 비닐외장)케이블이다. 또, 선택배류기는 지하 전력케이블에 설치한다.

18 가공 송전선에 사용하는 애자련중 전압 부담이 최대인 것은?
① 전선에 가장 가까운 것 ② 중앙에 있는 것
③ 모두 같다. ④ 철탑에 가까운 것

해설) 가공 송전선에 사용되는 애자련 중, 전압 부담이 최대인 것은 전선에 가장 가까운 것이다.

해답) 15. ① 16. ④ 17. ③ 18. ①

배전선로의 구성과 전기방식

2부 전력공학 / 1. 송배전 공학

1 배전계통의 구분

- 주상변압기 중심
① 고압 배전선로(발전소 쪽)
② 저압 배전선로(부하 쪽)

(1) 고압 배전선로

① 망상식(network system) : 이상적이다.
② 환상식(loop system) : 부하밀집지역, 전압변동이 작다.
③ 나뭇가지식(tree system) : 정전범위 넓다.

(2) 저압 배전선로

① 저압 가지식
② 저압 Banking방식 : 캐스케이팅 발생우려가 크다. 부하가 밀집된 시가지에 적당.
③ 저압 Net work방식 : 공급 신뢰도가 가장 우수하다. 전압 변동이 작다.

2 배전용 변압기

고압측 : 3300[V] ~ 5700[V] (5개 단자)
저압측 : 110[V] ~ 380[V] (3개 단자)

3 배전선로 전기방식

$w(\text{전선량}) \risingdotseq s(\text{단면적}) \risingdotseq \dfrac{1}{R}$

전기방식 구분	단상 2선식	단상 3선식	3상 3선식	3상 4선식
전력(P)	$VI_1\cos\theta$	$2VI_2\cos\theta$	$\sqrt{3}\,VI_3\cos\theta$	$3VI_4\cos\theta$
손실 전력(P_l)	$2I_1^2 R$	$2I_2^2 R$	$3I_3^2 R$	$3I_4^2 R$
중량(w)	$w_1=2\,\sigma s_1 l$ $w_1=100[\%](\text{기준})$	$w_2=3\,\sigma s_2 l$ $\dfrac{3}{8}w_1=37.5[\%]$	$w_3=3\,\sigma s_3 \rho$ $\dfrac{3}{4}w_1=75[\%]$	$w_4=4\,\sigma s_4 l$ $\dfrac{1}{3}w_1=33.3[\%]$

[적중예상문제]

01 저압 뱅킹(banking) 배전 방식이 적당한 지역은?
① 대용량 화학 공장
② 바람이 많은 어촌
③ 부하가 밀집된 시가지
④ 농어촌

해설 저압 뱅킹(banking) 배전 방식
① 부하가 밀집된 시가지에 적당
② 캐스 케이팅(cascading)현상이 발생. 고장이 광범위하게 파급될 우려가 있다.
③ 부하 증가에 대한 탄력성(융통성)이 좋다.

02 저압 뱅킹 배전 방식에서 캐스캐이딩(cascading)현상이란?
① 변압기의 부하 배분이 불균일한 현상
② 전압 동요가 적은 현상
③ 저압선이나 변압기에 고장이 생기면 자동적으로 고장이 제거되는 현상
④ 저압선의 고장에 의하여 건전한 변압기의 일부 또는 전부가 차단되는 현상

해설 캐스케이팅(cascading)현상이란 저압선의 고장에 의해서 건전한 변압기의 일부 또는 전부가 차단되는 현상을 말한다.

03 저압 네트워어크 배전 방식의 장점이 아닌 것은?
① 무정전 공급이 가능하다.
② 인축의 접지 사고가 작아진다.
③ 부하 증가에 적응성이 크다.
④ 전압 변동이 작다.

해설 저압 net-work(망상식)방식
① 공급 신뢰도가 가장 우수하다.
② 전압 변동이 작다.
③ 부하 증가에 대한 탄력성(융통성=적응성)이 좋다.
④ 무정전 공급이 가능하다.

해답 1. ③ 2. ④ 3. ②

04 다음 배전 방식 중 공급 신뢰도가 가장 우수한 계통 구성 방식은?
① 저압 뱅킹 방식　　　② 수지상 방식
③ 고압 네트워크 방식　④ 저압 네트워크 방식

해설 저압 네트워크방식은 공급 신뢰도가 가장 우수하다. 무정전 공급이 가능하다.

05 루우프 배전의 이점은?
① 농촌에 적당하다.　　② 전선비가 적게 든다.
③ 증설이 용이하다.　　④ 전압 변동이 적다.

해설 환상식(루우프) 배전방식
① 부하 밀집지역에 적당하다.
② 전압 변동이 적다.

06 저압 밸런서를 필요로 하는 방식은?
① 3상 4선식　　② 3상 3선식
③ 단상 2선식　　④ 단상 3선식

해설 저압 밸런서는 단상 3선식에서 부하 불평형으로 인한, 전압 불평형을 방지하기 위해서이다.
※ 밸런서의 특징
① 권수비가 1 : 1이다.
② 누설 impedance가 적다.
③ 여자 임피던스가 크다.

07 전선량 및 송전 전력이 같은 조건하에서 6.6[kV] 3상 3선식 배전선과 22.9[kV] 3상 4선식 배전선의 전력 손실비는 6.6[kV] 배전선을 100으로 하면 대략 얼마인가? (단, 3상 4선식 배전선의 중성선은 전압선의 굵기와 같으며 중성선에는 전류가 흐르지 않는다고 가정한다.)
① 4　　② 8
③ 14　④ 18

해설 송전 전력 $P=\sqrt{3}\,VI\cos\theta[\text{W}]$

손실 전력 $P_l=3I^2R=3\times\left(\dfrac{P}{\sqrt{3}\,V\cos\theta}\right)^2 R=\dfrac{P^2 R}{V^2\cos^2\theta}\fallingdotseq\dfrac{1}{V^2}[\text{W}]$

∴ $100\fallingdotseq\dfrac{1}{V^2}=\dfrac{1}{(6.6)^2}$,　$P_l=\dfrac{1}{(22.9)^2}$에서 $P_l=\left(\dfrac{6.6}{22.9}\right)^2\times 100=8[\text{W}]$

해답 4.④　5.④　6.④　7.②

08 선간 전압, 배전 거리, 선로 손실 및 전력 공급을 같게 할 경우 단상 2선식과 3상 3선식에서 전선 한 가닥의 저항비(단상 / 3상)는?

① $\dfrac{1}{\sqrt{3}}$ ② $\dfrac{1}{\sqrt{2}}$
③ $\dfrac{1}{3}$ ④ $\dfrac{1}{2}$

해설
공급 전력 $VI_1\cos\theta = \sqrt{3}\,VI_3\cos\theta$ ∴ $I_1 = \sqrt{3}\,I_3$ ⋯ ①
선로 손실 $2I_1^2 R_1 = 3I_3^2 R_3$ ∴ $2\times(\sqrt{3}\,I_3)^2 R_1 = 3I_3^2 R_3$
∴ $R_3 = 2R_1$ ∴ $\dfrac{R_1}{R_3} = \dfrac{1}{2}$

09 단상 2선식과 3상 3선식에 있어서 선간 전압, 송전 거리, 수전 전력, 역률은 같게 하고 선로 손실을 동일하게 할 때 3상에 필요한 전선의 무게는 단상의 전선 무게의 얼마인가?

① $\dfrac{1}{4}$ ② $\dfrac{2}{4}$
③ $\dfrac{3}{4}$ ④ $\dfrac{2}{3}$

해설
수전 전력 $VI_1\cos\theta = \sqrt{3}\,VI_3\cos\theta$
∴ $I_1 = \sqrt{3}\,I_3$ ⋯ ①
선로 손실 $2I_1^2 R_1 = 3I_3^2 R_3$ $2\times(\sqrt{3}\,I_3)^2\times\rho\dfrac{l}{s_1} = 3I_3^2\times\rho\dfrac{l}{s_3}$
∴ $\dfrac{2}{s_1} = \dfrac{1}{s_3}$
∴ $s_1 = 2s_3$ ⋯ ②
∴ $\dfrac{3상\,3선식}{단상\,2선식} = \dfrac{3w_3}{2w_2} = \dfrac{3\times\sigma s_3 l}{2\times\sigma s_1 l} = \dfrac{3s_3}{2\times s_1} = \dfrac{3s_3}{2\times 2s_3} = \dfrac{3}{4}$

10 3상 4선식의 배전 선로에서 3상 3선식과 같은 종류의 전선을 사용하여 같은 부하에 같은 전력 손실로 송전할 경우, 그 소요 전선 중량은 3상 3선식의 몇 배인가? (단, 4선식의 외선은 중성선과 굵기가 같고 외선과 중성선과의 전압은 3선식의 선간 전압과 같다고 한다.)

① $\dfrac{4}{9}$ ② $\dfrac{6}{9}$
③ $\dfrac{8}{9}$ ④ $\dfrac{12}{9}$

해답 8. ④ 9. ③ 10. ①

해설

배전 전력 $\sqrt{3}VI_3\cos\theta = 3VI_4\cos\theta$

$\therefore I_3 = \sqrt{3}I_4 \cdots ①$

전력 손실 $3I_3^2R_3 = 3I_4^2R_4$ $3\times(\sqrt{3}I_4)^2\times\rho\dfrac{l}{s_3} = 3I_4^2\times\rho\dfrac{l}{s_4}$

$\therefore \dfrac{3}{s_3} = \dfrac{1}{s_4}$

$\therefore s_3 = 3s_4 \cdots ②$

$\therefore \dfrac{3상\ 4선식\ 전선\ 중량}{3상\ 3선식\ 전선\ 중량} = \dfrac{4w_4}{3w_3} = \dfrac{4\times\sigma s_4 l}{3\times\sigma s_3 l} = \dfrac{4s_4}{3s_3} = \dfrac{4s_4}{3\times 3s_4} = \dfrac{4}{9}$

---

11 단상 2선식 배전선의 소요 전선 총량은 100[%]라 할 때 3상 3선식과 단상 3선식(중성선의 굵기는 외선과 같다)의 소요 전선의 총량은 각각 몇[%]인가? (단, 선간 전압, 공급 전력, 전력 손실 및 배전 거리는 같다.)

① 75, 37.5　　② 50, 75
③ 175, 37.5　　④ 37, 5.75

해설

$w_2 = 100[\%]$ 일 때

(1) $VI_2\cos\theta = \sqrt{3}VI_3\cos\theta$ $\therefore I_2 = \sqrt{3}I_3$

손실 전력 $2I_2^2R_2 = 3I_3^2R_3$

$\therefore 2\times(\sqrt{3}I_3)^2\times\rho\dfrac{l}{s_2} = 3I_3^2\times\rho\dfrac{l}{s_3}$. $\dfrac{2}{s_2} = \dfrac{1}{s_3}$

$\therefore s_2 = 2s_3 \cdots ①$

$\therefore \dfrac{3상\ 3선식\ 중량}{단상\ 2선식\ 중량} = \dfrac{3w_3}{2w_2} = \dfrac{3\sigma s_3 l}{2\sigma s_2 l} = \dfrac{3s_3}{2\times 2s_3} = \dfrac{3}{4} = 0.75 \fallingdotseq 75[\%]$

(2) $VI_2\cos\theta = 2V_3I_3\cos\theta$. $I_2 = 2I_3$.

손실 전력 $2I_2^2R_2 = 2I_3^2R_3$

$\therefore 2\times(2I_3)^2\times\rho\dfrac{l}{s_2} = 2I_3^2\times\rho\dfrac{l}{s_3}$. $\dfrac{4}{s_2} = \dfrac{1}{s_3}$

$\therefore s_2 = 4s_3 \cdots ②$

$\therefore \dfrac{단상\ 3선식\ 중량}{단상\ 2선식\ 중량} = \dfrac{3w_3}{2w_2} = \dfrac{3\sigma s_3 l}{2\sigma s_2 l} = \dfrac{3s_3}{2s_2} = \dfrac{3s_3}{2\times 4s_3} = \dfrac{3}{8} = 0.375 \fallingdotseq 37.5[\%]$

---

12 배전 선로의 전기 방식 중 전선의 중량(전선 비용)이 가장 적게 소요되는 방식은? (단, 배전 전압, 거리, 전력 및 선로 손실 등은 같다.)

① 단상 3선식　　② 단상 2선식
③ 3상 3선식　　④ 3상 4선식

해설

단상 2선식 기준

단상 3선식은 37.5[%]. 3상 3선식은 75[%]. 3상 4선식은 33.3[%]이다.

해답 11. ① 12. ④

13 동일 전력을 동일 선간 전압, 동일 역률로 동일 거리에 보낼 때 사용하는 전선의 총 중량이 같으면, 3상 3선식인 때와 단상 2선식일 때의 전력 손실비는?

① 1
② $\dfrac{3}{4}$
③ $\dfrac{1}{\sqrt{3}}$
④ $\dfrac{2}{3}$

해설
송전 전력 $VI_2\cos\theta = \sqrt{3}\,VI_3\cos\theta$ ∴ $I_2 = \sqrt{3}\,I_3$ … ①
전선 중량 $2w_2 = 3w_3$ ∴ $2\sigma s_2 l = 3\sigma s_3 l$ $s_2 = \dfrac{3}{2}s_3$ … ②
∴ ① ②式 전력 손실식에 代入하면 전력손실은

$$\dfrac{\text{3상 3선식}}{\text{단상 2선식}} = \dfrac{3I_3^2 R_3}{2I_2^2 R_2} = \dfrac{3I_3^2 \times \rho\dfrac{l}{s_3}}{2\times(\sqrt{3}I_3)^2 \times \rho\dfrac{l}{s_2}} = \dfrac{s_2}{2s_3} = \dfrac{\dfrac{3}{2}s_3}{2s_3} = \dfrac{3}{4}$$

14 단상 2선식(110[V]) 배전 선로를 단상 3선식 (110/220[V])으로 변경하는 경우, 부하의 크기 및 공급 전압을 불변하게 하고 부하를 평형시키면 전선로의 전력 손실은 변경 전에 비교해서 몇 [%]인가?

① 57[%]
② 0.5[%]
③ 33[%]
④ 25[%]

해설
배전 전력 $VI_2\cos\theta = 2VI_3\cos\theta$
∴ $I_2 = 2I_3$ … ①
전력 손실은 $\dfrac{\text{단상 3선식 손실 전력}}{\text{단상 2선식 손실 전력}} = \dfrac{2I_3^2 R}{2I_2^2 R} = \dfrac{2I_3^2}{2\times(2I_3)^2} = \dfrac{1}{4} = 0.25 = 25[\%]$

15 그림과 같은 단상 3선식 선로의 중성선의 점 P에서 단선 사고가 발생하였을 때 부하 A및 B에 걸리는 전압 V_A[V] 및 V_B[V]는? (단, 부하 A는 100[W] 전구 2개, 부하 B는 60[W] 전구 2개이다.)

① $\begin{cases} V_A = 108 \\ V_B = 92 \end{cases}$
② $\begin{cases} V_A = 125 \\ V_B = 75 \end{cases}$
③ $\begin{cases} V_A = 92 \\ V_B = 108 \end{cases}$
④ $\begin{cases} V_A = 75 \\ V_B = 125 \end{cases}$

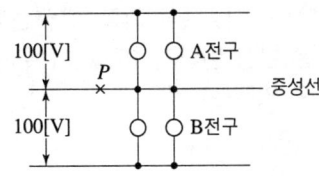

예답 13. ② 14. ④ 15. ④

해설

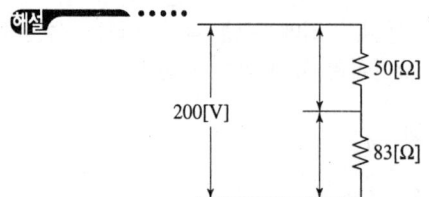

A부하 전력 $P_A = \dfrac{V_A^2}{R_A}$

∴ $R_A = \dfrac{V_A^2}{P_A} = \dfrac{(100)^2}{100} = 100[\Omega]$ 2개가 병렬이다.

∴ 합성 저항 $R_A' = \dfrac{100}{2} = 50[\Omega]$ … ①

B부하 전력 $P_B = \dfrac{V_B^2}{R_B}$

∴ $R_B = \dfrac{V_B^2}{P_B} = \dfrac{(100)^2}{60}[\Omega]$ 2개가 병렬이다.

∴ 합성 저항 $R_B' = \dfrac{(100)^2}{60} \times \dfrac{1}{2} \fallingdotseq 83[\Omega]$ … ②

사고 시 R_A'과 R_B'가 2개 직렬. 공급 전압 200[V]일 때 각 저항에 걸리는 전압은

$V_A = IR_A' = \dfrac{200}{50+83} \times 50 = 75[V]$

$V_B = IR_B = \dfrac{200}{50+83} \times 83 = 125[V]$

16 500[kVA]의 단상 변압기 상용 3대(결선 △−△)예비 1대를 갖는 변전소가 있다. 지금 부하의 증가에 응하기 위하여 예비 변압기까지 동원해서 사용한다면 얼마만한 최대 부하[kVA]에까지 응할 수 있게 되겠는가?

① 약 2000   ② 약 1730
③ 약 1000   ④ 약 1830

해설
$VI = 500[kVA]$. 단상 변압기 4대 V 결선 시
최대 부하 $= 2 \times \sqrt{3}\, VI = 2 \times \sqrt{3} \times 500 \fallingdotseq 1730[kVA]$

17 동일한 2대의 단상 변압기를 V결선하여 3상 전력을 100[kVA]까지 배전할 수 있다면 똑같은 단상 변압기 1대를 더 추가하여 △결선하면 3상 전력을 얼마 정도까지 배전할 수 있겠는가?

① 약 70.5   ② 약 57.7
③ 약 141.4   ④ 약 173.2

16. ② 17. ④

해설 V결선 전력. $P_V = \sqrt{3}\,VI\,[\text{kVA}]$

∴ 단상 변압기 1대 용량 $VI = \dfrac{P_V}{\sqrt{3}} = \dfrac{100}{\sqrt{3}}\,[\text{kVA}]$

∴ △결선의 전력 $P_\triangle = 3VI = 3 \times \dfrac{P_V}{\sqrt{3}} = 3 \times \dfrac{100}{\sqrt{3}} = \sqrt{3} \times 100 = 173.2\,[\text{kVA}]$

---

18 100[kVA] 단상 변압기 3대를 사용해서 △결선에 의하여 급전하고 있는 경우 1대의 변압기가 소손되었기 때문에 이것을 제거시켰다고 한다. 이 때의 부하가 230[kVA]라고 하면 나머지 2대의 변압기는 몇 [%]의 과부하가 되는가?

① 100　　　　　　　　② 125
③ 133　　　　　　　　④ 170

해설 과부하 $= \dfrac{\text{부하 용량}}{V\text{결선 용량}} \times 100 = \dfrac{\text{부하 용량}}{\sqrt{3}\,VI} \times 100 = \dfrac{230}{\sqrt{3} \times 100} \times 100 \fallingdotseq 133\,[\%]$

---

19 200[kVA] 단상 변압기 3대를 사용해서 △결선에 의하여 급전하고 있는 경우 1대의 변압기가 소손했기 때문에 이것을 제거시켜 V 결선으로 사용하였다고 한다. 이 때의 부하가 516[kVA]라고 하면 나머지 2대의 변압기는 몇 [%]의 과부하가 되는가?

① 109　　　　　　　　② 119
③ 139　　　　　　　　④ 149

해설 과부하 $= \dfrac{\text{부하 용량}}{V\text{결선 용량}} \times 100 = \dfrac{\text{부하 용량}}{\sqrt{3}\,VI} \times 100 = \dfrac{516}{\sqrt{3} \times 200} \times 100 \fallingdotseq 149\,[\%]$

---

20 공통 중성선 다중 접지 3상 4선식 배전 선로에서 고압측(1차측) 중성선과 저압측(2차측) 중성선을 전기적으로 연결하는 목적은?

① 저압측의 접지 사고를 검출하기 위함
② 저압측의 단락 사고를 검출하기 위함
③ 주상 변압기의 중성선 측 부싱(bushing)을 생략하기 위함
④ 고저압 혼촉시 수용가에 침입하는 상승 전압을 억제하기 위함

해설 3상 4선식 다중접지 선로에서 고압(1차측)과 저압(2차측)의 중성선을 전기적으로 연결하는 이유는 고압과 저압 혼촉시 수용가에 침입하는 전압 상승을 억제하기 위함이다.

예답 18. ③　19. ④　20. ④

21 주상 변압기의 2차측 접지 공사는 다음의 어느 것에 의한 보호를 목적으로 하는가?
① 1차측 접지
② 2차측 단락
③ 2차측 접지
④ 1차측과 2차측의 혼촉

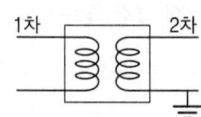

해설 주상 변압기 2차측 접지 공사는 1차측과 2차측 혼촉시 주상변압기 보호가 목적이다.

22 주상 변압기의 1차측 전압이 일정할 경우, 2차측 부하가 변동하면 주상 변압기의 동손과 철손은 어떻게 되는가?
① 동손은 일정하고 철손은 변동한다. ② 동손과 철손이 다 변동한다.
③ 동손은 변동하고 철손은 일정하다. ④ 동손과 철손이 다 일정하다.

해설 변압기 손실에는 철손(히스테리시스손+와류손)과 동손이 있다.
철손은 1차 전압만 걸리면 손실이 되고, 동손은 2차 전류가 흘려야만이 손실이 된다
∴ 2차 부하가 변동하면 동손은 변동하고 철손은 일정하다.

23 1대의 주상 변압기에 역률(뒤짐) $\cos\theta_1$, 유효 전력 P_1[kW]의 부하와 역률(뒤짐) $\cos\theta_2$, 유효 전력 P_2[kW]의 부하가 병렬로 접속되어 있을 경우, 주상 변압기 2차 측에서 본 부하의 종합 역률은?

① $\dfrac{P_1+P_2}{\dfrac{P_1}{\cos\theta_1}+\dfrac{P_2}{\cos\theta_2}}$

② $\dfrac{\cos\theta_1\cos\theta_2}{\cos\theta_1+\cos\theta_2}$

③ $\dfrac{P_1+P_2}{\dfrac{P_1}{\sin\theta_1}+\dfrac{P_2}{\sin\theta_2}}$

④ $\dfrac{P_1+P_2}{\sqrt{(P_1+P_2)^2+(P_1\tan\theta_1+P_2\tan\theta_2)^2}}$

21. ④ 22. ③ 23. ④

[해설]

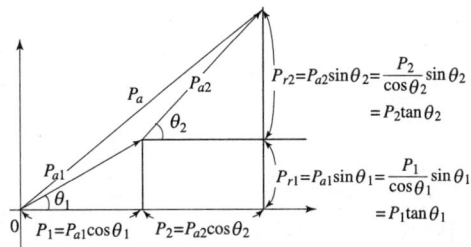

$P_1 = P_{a1}\cos\theta_1$ ∴ $P_{r1} = P_{a1}\sin\theta_1 = \dfrac{P_1}{\cos\theta_1}\sin\theta_1 = P_1\tan\theta_1$ ⋯ ①

$P_2 = P_{a2}\cos\theta_2$ ∴ $P_{r2} = P_{a2}\sin\theta_2 = \dfrac{P_2}{\cos\theta_2}\sin\theta_2 = P_2\tan\theta_2$ ⋯ ②

합성 유효전력
$P = P_1 + P_2 [W]$

합성 피상전력
$P_a = \sqrt{(\text{유효 전력})^2 + (\text{무효 전력})^2} = \sqrt{(P_1+P_2)^2 + (P_1\tan\theta_1 + P_2\tan\theta_2)^2}$

∴ 역률 $\cos\theta = \dfrac{P}{P_a} = \dfrac{P_1 + P_2}{\sqrt{(P_1+P_2)^2 + (P_1\tan\theta_1 + P_2\tan\theta_2)^2}}$

24 그림과 같은 3상 4선식 배전선에 역률 1인 부하 A, B, C가 각 상과 중성선 간에 접속되어 있다. 상 a, b, c에 흐르는 전류가 각각 220[A], 180[A], 180[A]일 때 중성선에 흐르는 전류[A]는? (단, 대칭 3상 전압 (a상 기준)이고 a-b-c의 순이라 한다.)

① $40\angle 0°$
② $60\angle 30°$
③ $90\angle 60°$
④ $120\angle 90°$

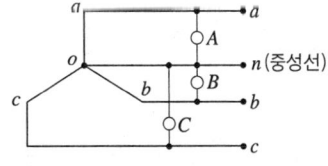

[해설] 3상 4선식에서 a상 기준. 3상 교류 전류의 합이 중성선에 흐르는 전류이다.

∴ 중성선에 흐르는 전류 $= I_a + a^2 I_b + a I_c$

$= 220 + \left(-\dfrac{1}{2} - j\dfrac{\sqrt{3}}{2}\right) \times 180 + \left(-\dfrac{1}{2} + j\dfrac{\sqrt{3}}{2}\right) \times 180$

$= 220 - 180 = 40\angle 0°$ [A]

25 동일 굵기의 전선으로 된 3상 3선식 2회선의 송전선이 있다. A회선의 전류는 100[A], B회선의 전류는 50[A]이고 선로 손실은 합계 50[kW]이다. 개폐기를 닫아서 양 회선을 병렬로 사용하여 합계 150[A]의 전류를 통하도록 하려면 선로 손실[kW]은?

① 40
② 45
③ 60
④ 65

정답 24. ① 25. ②

해설 선로 손실의 합이 50[kW]이다.

$$\therefore I_A^2 R + I_B^2 R = 50[kW]$$

$$\therefore R = \frac{50 \times 10^3}{I_A^2 + I_B^2} = \frac{50 \times 10^3}{100^2 + 50^2} = 4[\Omega]$$

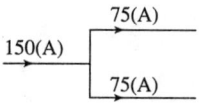

양회선 병렬 접속시,

각 회선 동일전류 $= \frac{150}{2} = 75[A]$가 흐를 경우의 선로 손실은

2회선 $\times (75)^2 R = 2 \times (75)^2 \times 4 = 45[kW]$

---

26 절연 내력을 시험하기 위해 시험용 변압기를 사용하였다. 이 때 전압 조정을 하기 위해 제일 많이 사용하는 기기는?

① 다단식 저항 전압 조정기
② 수저항 전압 조정기
③ 소형 발전기를 사용하여 변속 장치에 의해 전압 조정
④ 유도 전압 조정기

해설 유도 전압 조정기는
① 부하 변화에 따라 전압 변동이 심한 배전 변전소의 전압조정 장치이다.
② 절연 내력을 시험하기 위한 시험용 변압기의 전압 조정장치 등에 제일 많이 사용된다.

26. ④

배전선로의 전기적인 특성

2부 전력공학 / 1. 송배전 공학

1 배전선로의 전압강하

(1) 단일 급전점인 직류 2선식

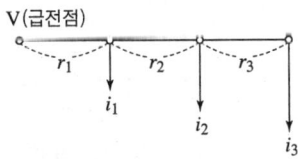

$$V(전압강하) = r_1(i_1+i_2+i_3) + r_2(i_2+i_3) + r_3 i_3$$
$$= i_1 r_1 + i_2(r_1+r_2) + i_3(r_1+r_2+r_3)[V]$$

(2) 양단 급전점인 직류 2선식

$$I_A = \frac{E_A - E_B}{r_1 + r_2} + \frac{r_2}{r_1 + r_2} \times i[A]$$

$$I_B = \frac{E_B - E_A}{r_1 + r_2} + \frac{r_1}{r_1 + r_2} \times i[A]$$

2 전력손실과 손실률

$$P_l(\text{손실전력}) = 3I^2R = 3 \times \left(\frac{P}{\sqrt{3}\,V\cos\theta}\right)^2 R = \frac{P^2R}{V^2\cos^2\theta} \fallingdotseq \frac{1}{V^2}\,[\text{w}]$$

$$K(\text{손실률}) = \frac{P_l}{P} = \frac{PR}{V^2\cos^2\theta}$$

H(손실계수)와 F(부하률)과의 관계

$$1 \geq F \geq H \geq F^2 \geq 0$$

3 부하특성

$$\text{수용률} = \frac{\text{최대 수용 전력}}{\text{수용 설비 용량}} \times 100\,[\%]$$

$$\text{부등률} = \frac{\text{개개의 최대 수용전력의 합}}{\text{합성 최대 수용 전력}} \geq 1$$

$$\text{부하율} = \frac{\text{평균 수용 전력}}{\text{최대 수용 전력}} \times 100 = \frac{\text{총전력} \div \text{총시간}}{\text{최대 전력}} \times 100\,[\%]$$

$$\text{변압기 용량} = \text{수전설비 용량} = \text{변전시설 용량}$$

$$= \frac{\text{개개 최대 수용전력의 합}}{\cos\theta}$$

$$= \frac{\text{수용률} \times \text{설비 용량}}{\cos\theta}\,[\text{kVA}]$$

[적중예상문제]

01 선로의 부하가 균일하게 분포되어 있을 때 배전 선로의 전력 손실은 이들의 전 부하가 선로의 말단에 집중되어 있을 때에 비하여 어떠한가?

① $\dfrac{1}{6}$ ② $\dfrac{1}{5}$

③ $\dfrac{1}{3}$ ④ $\dfrac{1}{2}$

해설
말단 집중 부하 = 말단 단일 부하의 전압강하 = IR [V]
전력 손실 = I^2R [W]
균등 분포(분산) 부하 = 균등 (분포) 부하시 $i = I(1-x)$ [A]

전압 강하 = $\int_0^1 iR\,dx = \int_0^1 I(1-x)R\,dx = IR\left(x - \dfrac{x^2}{2}\right)_0^1 = \dfrac{IR}{2}$ [V]

전력 손실 = $\int_0^1 i^2R\,dx = \int_0^1 i^2(1-x)^2R\,dx = I^2R\int_0^1 (1-2x+x^2)dx = \dfrac{1}{3}I^2R$ [W]

∴ $\dfrac{\text{균등 분포 부하 전력}}{\text{말단 집중 부하 전력}} = \dfrac{\dfrac{1}{3}I^2R}{I^2R} = \dfrac{1}{3}$

02 고압 배전 선로의 중간에 승압기를 설치하는 주목적은?
① 전압 변동률의 감소　② 말단의 전압 강하의 방지
③ 역률 개선　④ 전력 손실의 감소

해설 고압 배전 선로의 중간에 승압기를 설치하는 목적은 말단의 전압 강하를 방지하기 위해서이다.

03 100[V]에서 전력 손실률 0.1인 배전 선로에서 전압을 200[V]로 승압하고 그 전력 손실률을 0.05로 하면 전력은 몇 배 증가시킬 수 있는가?
① $\sqrt{1}$ ② $\sqrt{2}$
③ 2   ④ 3

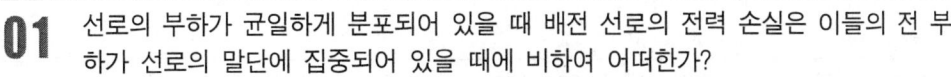
예답　1. ③　2. ②　3. ③

해설

전력 $P=\sqrt{3}VI\cos\theta$[W]

$\therefore P_l$(선로 손실)$=3I^2R=3\times\left(\dfrac{P}{\sqrt{3}V\cos\theta}\right)^2R=\dfrac{P^2R}{V^2\cos^2\theta}\fallingdotseq\dfrac{1}{V^2}$[W]

전력 손실률 $K=\dfrac{P_l}{P}=\dfrac{PR}{V^2\cos^2\theta}\fallingdotseq\dfrac{P}{V^2}$

전력=송전(수송) 전력 $P=\dfrac{KV^2\cos^2\theta}{R}\fallingdotseq KV^2$[W]

$\therefore \begin{cases} P=KV^2=0.1\times(100)^2 \\ P'=K'(V')^2=0.05\times(200)^2 \end{cases} \quad \therefore P'=\dfrac{0.05\times(200)^2}{0.1\times(100)^2}\times P=2P$

---

04 배전 전압을 3000[V]에서 5200[V]로 높일 때 전선이 같고, 배전 손실률도 같다고 하면 수송 전력은 몇 배로 증가시킬 수 있는가?

① 약 $\sqrt{3}$배　　② 약 $\sqrt{2}$배
③ 약 2배　　④ 약 3배

해설

전력=송전(수송) 전력 $P=\dfrac{KV^2\cos^2\theta}{R}=KV^2\fallingdotseq V^2$[W]

$\therefore \begin{cases} P=V^2=(3000)^2 \\ P'=(V')^2=(5200)^2 \end{cases} \quad \therefore P'=\dfrac{(5200)^2}{(3000)^2}\times P=3P$

---

05 배전 전압을 3000[V]에서 5200[V]로 높일 때 수송 전력이 같다고 하면 손실 전력은 몇 배로 줄일 수 있는가?

① $\dfrac{1}{2}$배　　② 1배
③ $\dfrac{1}{3}$배　　④ $\dfrac{1}{4}$배

해설

손실 전력 $P_l=3I^2R=3\times\left(\dfrac{P}{\sqrt{3}V\cos\theta}\right)^2R=\dfrac{P^2R}{V^2\cos^2\theta}\fallingdotseq\dfrac{1}{V^2}$[W]

$\therefore \begin{cases} P_l=\dfrac{1}{V^2}=\dfrac{1}{(3000)^2} \\ P_l'=\dfrac{1}{(V')^2}=\dfrac{1}{(5200)^2} \end{cases} \quad \therefore P_l'=\left(\dfrac{3000}{5200}\right)^2\times P=\dfrac{1}{3}P$

---

06 전선에 흐르는 전류가 $\dfrac{1}{2}$배로 되면 전력 손실은?

① $\dfrac{1}{2}$배　　② $\dfrac{1}{4}$배
③ 4배　　④ 5배

해답 4. ④　5. ③　6. ②

해설 전력 손실=선로 손실 $P_l=3I^2R\fallingdotseq I^2$[W]

$\therefore I'=\dfrac{1}{2}I$[A]일 때의 전력 손실 $P_l'=(I')^2=\left(\dfrac{1}{2}I\right)^2=\dfrac{1}{4}I^2=\dfrac{1}{4}P_l$[W]

07 부하가 말단에만 집중되어 있는 배전 선로의 선간 전압 강하가 866[V], 1선당의 저항 10[Ω], 리액턴스 20[Ω], 부하 역률 80[%](지상)인 경우 부하 전류(또는 선로 전류)의 근사값[A]는?

① 25   ② 50
③ 85   ④ 135

해설 $e=V_s-V_r=\sqrt{3}I(R\cos\theta+X\sin\theta)$[V]

$I=\dfrac{e}{\sqrt{3}(R\cos\theta+X\sin\theta)}=\dfrac{866}{\sqrt{3}(10\times0.8+20\times0.6)}=25$[A]

08 단상 2선식 교류 배전선이 있다. 전선의 1가닥 저항이 0.15[Ω], 리액턴스는 0.25[Ω]이다. 부하는 무유도성이고 100[V], 3[kW]이다. 급전점의 전압[V]은?

① 105   ② 110
③ 115   ④ 134

해설 부하는 무유도성=순저항이다.
$\therefore \cos\theta=1$, $\sin\theta=0$일 때, 단상 2선식 배전선로

$V_s=V_r+2I(R\cos\theta+X\sin\theta)=V_r+2IR=100+2\times\dfrac{P}{V}\times R$

$=100+2\times\dfrac{3000}{100}\times0.15=109$[V]

09 20개의 가로등이 500[m]거리에 균등하게 배치되어 있다. 한 등의 소요 전류 4[A], 전선의 단면적 38[mm²], 도전율 56[℧/mm²]라면 한쪽 끝에서 110[V]로 급전할 때 최종 전등에 가해지는 전압[V]은?

① 91   ② 96
③ 106   ④ 126

해설 최종 전등에 가해지는 전압(분포부하)
$e=110-IR\times 20$등
$=110-I\dfrac{l}{K\cdot s}\times 20$등$=110-4\times\dfrac{500}{38\times 56}\times 20=91$[V]

7. ① 8. ② 9. ①

10 380[m]의 거리에 55개의 가로등을 같은 간격으로 배치하였다. 전등 하나의 소요 전류 1[A], 전선의 단면적 38[mm^2], 도전율 55[℧/mm^2]라 한다. 한쪽 끝에서 110[V]로 급전할 때 최종 전등에 걸리는 전압[V]는?

① 50　　② 60
③ 90　　④ 100

[해설] 최종 전등에 가해지는 전압

$$e = 110 - IR \times 55등 = 110 - I\frac{l}{K \times s} \times 55등$$
$$= 110 - 1 \times \frac{380}{55 \times 38} \times 55 = 100[V]$$

11 그림과 같은 단상 2선식 배선에서 인입구 A점의 전압이 100[V]라면, C점의 전압[V]은? (단, 저항값은 1선의 값으로 AB간 0.05[Ω], BC간 0.1[Ω]이다.)

① 90
② 94
③ 100
④ 104

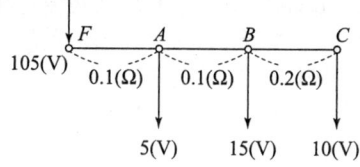

[해설] 단상 2선식의 전압 강하는 1선 전압 강하의 2배이다.
$V_B = 110 - 2IR = 110 - 2 \times (40 + 20) \times 0.05 = 94[V]$
∴ $V_C = V_B - 2IR = 94 - 2 \times 20 \times 0.1 = 90[V]$

12 그림과 같은 저압 배전선이 있다. FA, AB, BC간의 저항은 각각 0.1[Ω], 0.1[Ω], 0.2[Ω]이고, A, B, C점에 전등(역률 100[%])부하가 각각 5[A], 15[A], 10[A] 걸려있다. 지금 급전점 F의 전압을 105[V]라 하면 C점의 전압은 몇 [V]인가? (단, 선로의 리액턴스는 무시한다.)

① 103.5
② 102.5
③ 97.5
④ 95.5

[해설] 저압 배전선에서 F(급전점)의 전압 105[V]이다.
$V_A = V_F - R_{FA}(I_A + I_B + I_C) = 105 - 0.1(5 + 15 + 10) = 102[V]$
$V_B = V_A - R_{AB}(I_B + I_C) = 102 - 0.1(15 + 10) = 99.5[V]$
$V_C = V_B - R_{BC} \times I_C = 99.5 - 0.2 \times 10 = 97.5[V]$

【예답】 10. ④　11. ①　12. ③

13 그림에서 단상 2선식 저압 배전선의 A, C점에서 전압을 같게 하기 위한 공급점 D의 위치를 구하면? (단, 전선의 굵기는 AB간 5[mm], BC간 4[mm], 또, 부하 역률은 1이고 선로의 리액턴스는 무시한다.)

① B에서 A쪽으로 58.9[m]
② B에서 A쪽으로 57.4[m]
③ B에서 A쪽으로 56.9[m]
④ B에서 A쪽으로 55.4[m]

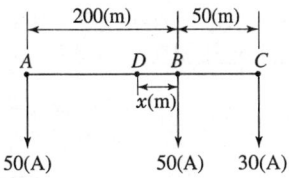

해설

전압 강하 $IR = I \times \rho \frac{l}{s} = I \times \rho \frac{l}{\pi\left(\frac{D}{2}\right)^2}$ [V].

$DB = x$[m]라면, 급전점 D(기준), 양쪽 전압 강하가 같아야 한다.

∴ $50 \times \rho \frac{200-x}{\pi\left(\frac{5}{2}\right)^2} = 80 \times \rho \frac{x}{\pi\left(\frac{5}{2}\right)^2} + 30 \times \rho \frac{50}{\pi\left(\frac{4}{2}\right)^2}$ 에서의

x값은 $\frac{10,000-50x}{5^2} = \frac{80x}{5^2} + \frac{1500}{4^2}$

∴ $10,000 - 50x = 80x + \frac{25 \times 1500}{16}$

∴ $80x + 50x = 10,000 - \frac{37500}{16}$

∴ $130x = \frac{160,000 - 37,500}{16}$

∴ $x ≒ 58.89$[m]점이다.

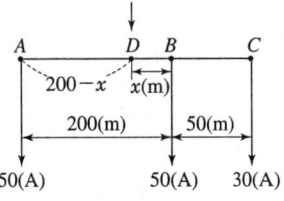

14 다음 중 그 값이 1이상인 것은?
① 전압 강하율   ② 수용률
③ 부하율   ④ 부등률

해설

부등률은 그 값이 1 이상으로 부등률이 높다(크다)란 수용가 가동율이 낮다.
수용률과 부하율이 높다(크다)란 수용가 가동율이 높다라고 볼 수 있다.

∴ 부등률 = $\frac{\text{개개의 최대 수용 전력의 합계}}{\text{합성 최대 전력}} \geq 1$이다.

15 전등 설비 250[W], 전열 설비 800[W], 전동기 설비 200[W], 기타 150[W]인 수용가가 있다. 이 수용가의 최대 수용 전력이 910[W]이면 수용률은?
① 65   ② 70
③ 80   ④ 95

정답 13. ① 14. ④ 15. ①

해설

$$수용률 = \frac{최대 수용 전력}{설비 용량} = \frac{910}{250+800+200+150} = \frac{910}{1400} = 0.65 = 65[\%]$$

※ 참고
최대 수용 전력 = 수용률 × 설비 용량
$$\frac{최대 수용 전력}{\cos\theta} = \frac{수용률 \times 설비 용량}{\cos\theta}$$
= 수전 설비 = 변압기 용량 = 변전 시설 용량[kVA]

16 수용가군 총합의 부하율은 각 수용가의 수용률 및 수용가 사이의 부등률이 변화할 때 다음 중 옳은 것은?

① 수용률에 비례하고 부등률에 반비례한다.
② 부등률에 비례하고, 수용률에 반비례한다.
③ 부등률에 반비례하고 수용률에도 반비례한다.
④ 부등률에 비례하고 수용률에도 비례한다.

해설

$$부등률 = \frac{개개의 최대 수용 전력의 합}{합성 최대 전력} = \frac{수용률 \times 설비 용량의 합}{합성 최대 전력}$$

$$\therefore 부하율 = \frac{평균 전력}{최대 전력} = \frac{평균 전력}{최대 전력 \times 시간} = \frac{평균 전력}{합성 최대 전력}$$

$$= \frac{평균 전력}{\dfrac{개개의 최대 수용 전력의 합}{부등률}} = \frac{평균 전력 \times 부등률}{수용률 \times 설비 용량의 합} 이다.$$

17 최대 수용 전력이 80[kW]인 수용가에서 1일의 소비 전력량이 1200[kWh]라면 일부하율[%]은?

① 약 42 ② 약 53
③ 약 63 ④ 약 71

해설

$$부하율 = \frac{평균 전력}{최대 전력} \times 100 = \frac{\dfrac{1200}{24}}{80} \times 100 = \frac{1200}{80 \times 24} \times 100 = 62.5[\%]$$

18 30일 간의 최대 수용 전력이 200[kW], 소비 전력량이 72,000[kWh]일 때 월부하율[%]은?

① 10 ② 20
③ 50 ④ 60

해설

$$부하율 = \frac{평균 전력}{최대 전력} \times 100 = \frac{\dfrac{72,000}{30 \times 24}}{200} \times 100 = \frac{72,000}{200 \times 24 \times 30} \times 100 = 50[\%]$$

정답 16. ② 17. ③ 18. ③

19 어떤 수용가의 1년간의 소비 전력량은 100만 [kWh]이고, 1년 중 최대 전력은 130[kW]라면 수용가의 부하율은 약 몇 [%]인가?
① 64
② 68
③ 82
④ 88

해설
부하율 = $\dfrac{평균 전력}{최대 전력} \times 100 = \dfrac{\frac{1,000,000}{365 \times 24}}{130} \times 100 = \dfrac{1,000,000}{8760 \times 130} \times 100 = 87.7[\%]$ 이다.

20 수용률 80[%], 부하율 60[%]일 때 설비 용량이 320[kW]인 최대 수용 전력[kW]은?
① 333
② 400
③ 256
④ 656

해설
수용률 = $\dfrac{최대 수용 전력}{설비 용량}$
∴ 최대 수용 전력 = 수용률 × 설비 용량 = $0.8 \times 320 = 256[kW]$

21 어떤 고층 건물의 부하의 총설비 전력이 1505.6[kW], 수용률이 0.5일 때 이 건물의 변전 시설 용량의 최저값[kVA]은? (단, 부하 역률은 0.8이다.)
① 160
② 941
③ 640
④ 1000

해설
수용률 = $\dfrac{최대 수용 전력}{총 설비 용량}$
최대 수용 전력 = 수용률 × 총 설비 용량 = $0.5 \times 1505.6 = 752.8[kW]$
그러므로 건물의 변전 시설 용량의 최저값은 $\dfrac{최대 수용 전력}{\cos\theta} = \dfrac{752.8}{0.8} = 941[kVA]$

22 총 설비 부하가 120[kW], 수용률이 65[%], 부하 역률이 80[%]인 수용가에 공급하기 위한 변압기의 용량[kVA]은?
① 45
② 60
③ 85
④ 100

해설
변전 시설 용량 = 수전 설비 = 공급 설비 용량 = 변압기 용량
= $\dfrac{최대 수용 전력}{\cos\theta} = \dfrac{수용률 \times 설비 용량}{\cos\theta} = \dfrac{0.65 \times 120}{0.8} = 97.5[kVA]$

19. ④ 20. ③ 21. ② 22. ④

23 설비 A가 130[kW], B가 250[kW], 수용률이 각각 0.5 및 0.8일 때 합성 최대 전력이 235[kW]이면 부등률은?

① 1.11
② 1.13
③ 2.21
④ 2.23

해설

$$\text{부등률} = \frac{\text{개개의 최대 수용 전력의 합}}{\text{합성 최대 전력}} = \frac{\text{개개의 수용률} \times \text{설비 용량의 합}}{\text{합성 최대 전력}}$$

$$= \frac{0.5 \times 130 + 0.8 \times 250}{235} = 1.13$$

24 설비 용량 800[kW], 부등률 1.2, 수용률 60[%]일 때 변전 시설 용량의 최저값[kVA]은 얼마인가? (단, 부하의 역률은 0.8로 본다.)

① 450
② 500
③ 600
④ 750

해설

$$\text{합성 최대 전력} = \frac{\text{개개의 최대 수용 전력의 합}}{\text{부등률}} = \frac{\text{수용률} \times \text{설비 용량의 합}}{\text{부등률}}$$

$$= \frac{0.6 \times 800}{1.2} = 400[\text{kW}]$$

∴ 변전 시설 용량 = 공급 설비량 = 수전 설비 = 변압기 용량

$$= \frac{\text{합성 최대 전력}}{\cos\theta} = \frac{400}{0.8} = 500[\text{kVA}]$$

25 고압 배전선 간선에 역률 100[%]의 수용가가 두 군으로 나누어 각 군에 변압기 1대씩 설치되어 있다. 각 군의 수용가 총 설비 용량은 각각 30[kW], 20[kW]라 한다. 각 수용가의 수용률 0.5, 수용가 상호간의 부등률 1.2, 변압기 상호간의 부등률은 1.3이라 한다. 고압 간선의 최대 부하[kW]는?

① 12
② 16
③ 35
④ 60

해설

A군 합성 최대전력 $= \frac{\text{수용률} \times \text{설비용량}}{\text{부등률}} = \frac{0.5 \times 30}{1.2} = \frac{15}{1.2}$

B군 합성 최대전력 $= \frac{\text{수용률} \times \text{설비용량}}{\text{부등률}} = \frac{0.5 \times 20}{1.2} = \frac{10}{1.2}$

∴ 고압간선의 최대부하 $= \frac{\text{개개의 최대 수용 전력의 합}}{\text{변압기 상호 부등률}} = \frac{\frac{15}{1.2} + \frac{10}{1.2}}{1.3} = 16[\text{kW}]$

해답 23. ② 24. ② 25. ②

26 전등만의 수용가를 두 군으로 나누어 각 군에 변압기 1개씩을 설치하며 각 군의 수용가의 총 설비 용량을 각각 30[kW], 40[kW]라 한다. 각 수용가의 수용률을 0.6, 수용가간 부등률을 1.2, 변압기군의 부등률을 1.4라고 하면 고압 간선에 대한 최대 부하[kW]는?

① 25 ② 20
③ 10 ④ 5

해설

A군 변압기 합성 최대전력 $= \dfrac{\text{수용률} \times \text{설비 용량}}{\text{부등률}} = \dfrac{30 \times 0.6}{1.2} = \dfrac{18}{1.2} = 15[\text{kW}]$

B군 변압기 합성 최대전력 $= \dfrac{\text{수용률} \times \text{설비 용량}}{\text{부등률}} = \dfrac{40 \times 0.6}{1.2} = \dfrac{24}{1.2} = 20[\text{kW}]$

∴ 고압 간선에 대한 최대부하 = 고압 간선에 최대 부하 $= \dfrac{\text{개개의 최대 수용 전력의 합}}{\text{부등률(변압 기준)}}$

$= \dfrac{15+20}{1.4} = 25[\text{kW}]$

---

27 그림과 같은 수용 설비 용량과 수용률을 갖는 부하의 부등률이 1.5이다. 평균 부하 역률을 75[%]라 하면 변압기 용량[kVA]은 얼마로 하면 되는가?

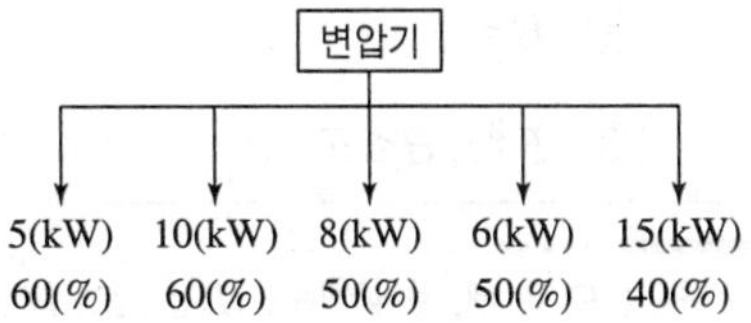

① 15
② 20
③ 40
④ 55

변압기

| 5(kW) | 10(kW) | 8(kW) | 6(kW) | 15(kW) |
| 60(%) | 60(%) | 50(%) | 50(%) | 40(%) |

해설

합성 최대 전력 $= \dfrac{\text{개개의 최대 수용 전력의 합}}{\text{부등률}} = \dfrac{\text{수용률} \times \text{설비 용량의 합}}{\text{부등률}}$

$= \dfrac{0.6 \times 5 + 0.6 \times 10 + 0.5 \times 8 + 0.5 \times 6 + 0.4 \times 15}{1.5} = 15[\text{kW}]$

∴ 변압기 용량 = 수전 설비 = 공급 시설 용량 $= \dfrac{\text{합성 최대 전력}}{\cos \theta} = \dfrac{15}{0.75} = 20[\text{kVA}]$

---

28 A, B, C의 수용가에 수전하고 있는 배전선이 있다. 그 합성 최대 전력은 1000[kW], 수용가의 상호 부등률은 1.18이고 A, B, C의 설비 용량은 각각 400[kW], 500[kW], 750[kW]라 한다. A, B의 수용률은 각각 70[%], 60[%]라 하면 C의 수용률은 몇 [%]인가?

① 50 ② 60
③ 80 ④ 90

해답 26. ① 27. ② 28. ③

해설
$$부등률 = \frac{개개의 \ 최대 \ 수용 \ 전력의 \ 합}{합성 \ 최대 \ 전력} = \frac{수용률 \times 설비 \ 용량의 \ 합}{합성 \ 최대 \ 전력}$$
∴ 수용률 × 설비 용량의 합 = 부등률 × 합성 최대 전력에서
$0.7 \times 400 + 0.6 \times 500 + C$의 수용률 $\times 750 = 1.18 \times 1000$
∴ C의 수용률 $= \frac{1180 - (280 + 300)}{750} \times 100 = \frac{600}{750} \times 100 = 80[\%]$

29 배전선의 손실계수 H와 부하율 F와의 관계는?
① $1 \geq F \geq H \geq F^2 \geq 0$
② $1 \geq H \geq F \geq H^2 \geq 0$
③ $1 \geq H \geq H^2 \geq F \geq 0$
④ $1 \geq F \geq F^2 \geq H \geq 0$

해설
H(손실 계수) $= \frac{평균 \ 전력 \ 손실}{최대 \ 전력 \ 손실} \times 100$ F(부하율) $= \frac{평균 \ 전력}{최대 \ 전력} \times 100$
∴ H와 F의 관계는 $1 \geq F \geq H \geq F^2 \geq 0$이다.

30 배전 선로의 부하율이 F일 때 손실 계수 H는?
① $H = F$
② $H = \frac{1}{F}$
③ $F^2 \leq H \leq F$
④ $H = F^2$

해설
부하율(F)일 때, 손실계수(H)는 $F \geq H \geq F^2$

31 250[kW]의 동력설비를 가진 수용가의 수용률이 90[%]라면 최대 수용 전력[kW]은?
① 215
② 225
③ 335
④ 345

해설
수용률 $= \frac{최대수용전력}{설비용량}$
∴ 최대 수용 전력 = 수용률 × 설비 용량 = $0.9 \times 250 = 225[kW]$

32 3300[V]의 배전선로의 전압을 6600[V]로 승압하고 같은 손실률로 송전하는 경우 송전 전력은 승압전의 몇 배인가?
① $\sqrt{3}$
② $\sqrt{4}$
③ 3
④ 4

정답 29. ① 30. ③ 31. ② 32. ④

해설

$P = \sqrt{3}\,VI\cos\theta\,[W]$

∴ 선로 손실 $P_l = 3I^2R = 3 \times \left(\dfrac{P}{\sqrt{3}\,V\cos\theta}\right)^2 R = \dfrac{P^2R}{V^2\cos^2\theta} \fallingdotseq \dfrac{1}{V^2}\,[kW]$

전력 손실률 $K = \dfrac{P_l}{P} = \dfrac{PR}{V^2\cos^2\theta} = \dfrac{1}{V^2}\,[kW]$

송전 전력 $P = \dfrac{KV^2\cos^2\theta}{R} \fallingdotseq KV^2 \fallingdotseq V^2\,[kW]$ 에서

$\begin{cases} P = V^2 = (3300)^2 \\ P' = (V')^2 = (6600)^2 \end{cases}$ 에서 $P' = \left(\dfrac{6600}{3300}\right)^2 \times P = 4P$

---

33 선로의 전압을 6,600[V]에서 22,900[V]로 높이면 송전 전력이 같을 때, 전력손실은 처음의 몇 배로 줄일 수 있는가?

① 약 $\dfrac{1}{3}$ 배 　　　② 약 $\dfrac{1}{4}$ 배

③ 약 $\dfrac{1}{11}$ 배 　　　④ 약 $\dfrac{1}{12}$ 배

해설

$P = \sqrt{3}\,VI\cos\theta\,[W]$

선로 손실 = 전력 손실

∴ $P_l = 3I^2R = 3 \times \left(\dfrac{P}{\sqrt{3}\,V\cos\theta}\right)^2 R = \dfrac{P^2R}{V^2\cos^2\theta} \fallingdotseq \dfrac{1}{V^2}\,[kW]$

∴ $\begin{cases} P_l = \dfrac{1}{V^2} = \dfrac{1}{(6,600)^2} \\ P_l' = \dfrac{1}{(V')^2} = \dfrac{1}{(22,900)^2} \end{cases}$ 에서 $P_l' = \left(\dfrac{6,600}{22,900}\right)^2 \times P_l \fallingdotseq \dfrac{1}{12}P_l$

33. ④

송배전선로의 운용과 보호

1 단상 승압기

$$V_2 = e_1 + e_2 = V_1\left(1 + \frac{e_2}{e_1}\right) = V_1\left(1 + \frac{1}{a}\right)$$

$$\therefore\ e_2 = V_2 - e_1 = V_2 - V_1 [\text{V}] \quad \left(\text{단},\ a = \frac{N_1}{N_2} = \frac{V_1}{V_2} = \frac{e_1}{e_2}\right)$$

승압기 용량(변압기 용량) = 자기용량 $w = e_2 I_2 [\text{kVA}]$

선로용량 = 부하용량 $P = V_2 I_2 [\text{kVA}]$

$$\frac{부하 용량(P)}{자기 용량(w)} = \frac{V_2 I_2}{e_2 I_2} \qquad \therefore\ P = w \times \frac{V_2}{e_2} [\text{kVA}]$$

2 역률개선에 의한 배전계통의 효과

① 전력손실 감소
② 전압강하 감소
③ 변압기, 개폐기 용량감소

3 역률개선

(1) 분로 리액터(병렬 리액터) : 장거리 초고압 송전선 또는 지중계통 충전용량 보상용으로 주요 발,변전소에 설치, 지상만을 보상, 계통에 페란티 효과(현상)를 방지한다.
(2) 전력용 콘덴서(병렬 콘덴서) : 진상만을 보상
역률 개선용 콘덴서 용량 $Q_c = P(\tan\theta_1 = \tan\theta_2)$[kVA]
(3) 동기 조상기(동기 전동기) : 진상과 지상을 연속적으로 보상함으로서 역률을 개선한다.
(4) 송전 선로의 제3고조파는 변압기 △결선에서 제거되고 전력용 콘덴서(용량)에 약 5[%] 정도의 직렬 리액터가 제5고조파를 제거한다.

4 3상 단락 전류

$$I_s(\text{단락전류}=\text{차단전류}) = \frac{E}{Z} = \frac{E}{Z_g + Z_T + Z_l}[A]$$

$\%Z = \frac{IZ}{E} \times 100$ 이다

$\therefore I_s(\text{단락전류}=\text{차단전류}) = \frac{100}{\%Z} I_n[A]$

$\therefore P_s(\text{단락용량}=\text{차단용량}) = \frac{100}{\%Z} P_n[\text{kVA}]$ 이다.

5 전력손실(P_l)과 전력손실률(K)

$$P_l = 3I^2R = 3 \times \left(\frac{P}{\sqrt{3}V\cos\theta}\right)^2 \times R \fallingdotseq \frac{1}{V^2} \fallingdotseq \frac{1}{\cos^2\theta}[w]$$

$$K = \frac{P_l}{P} = \frac{\frac{P^2R}{V^2\cos^2\theta}}{P} = \frac{PR}{V^2\cos^2\theta}$$

$P(\text{송전전력}) = \frac{KV^2\cos^2\theta}{R}[w]$ 이다.

[적중예상문제]

01 다음 그림에서 기기의 A점에 완전 지락 사고가 발생하였을 때, 기기 외함에 인체가 접촉되었다면 인체를 통하여 흐르는 전류를 구하여라. (단, 인체의 저항은 3000 [Ω]이라 한다.)

① 8[A]
② 2.8[A]
③ 0.28[A]
④ 0[A]

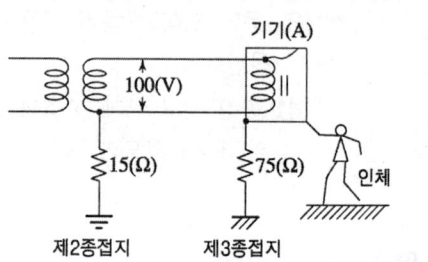

해설 제3종 접지 저항과 인체의 저항은 병렬이다.

∴ 합성저항 $R_t = 15 + \dfrac{75 \times 300}{75 + 300}$ [Ω]이다. 등가회로는

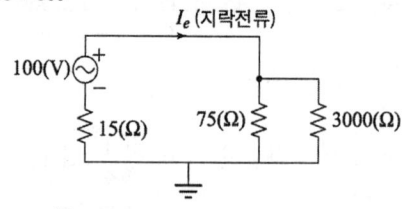

I_e(지락 전류) $= \dfrac{V}{R_t} = \dfrac{10}{15 + \dfrac{75 \times 300}{75 + 300}} ≒ 1.134$[A]

∴ I_e'(인체에 흐르는 전류) $= \dfrac{75}{75 + 300} \times I_e = \dfrac{75}{375} \times 1.134 = 0.028$[A]

02 단상 승압기 1대를 사용하여 승압할 경우 1차 전압을 E_1이라 하면 2차 전압 V_2는 얼마나 되는가?

① $V_2 = V_1 + \left(\dfrac{e_1}{e_2}\right) V_1$
② $V_2 = V_1 + e_2$
③ $V_2 = V_1 + \left(\dfrac{e_2}{e_1}\right) V_1$
④ $V_2 = V_1 + e_1$

예답 1. ③ 2. ③

해설

$e_1 \rightleftharpoons V_1$,

$a = \dfrac{e_1}{e_2}$

$V_2 = e_1 + e_2 = V_1 + \dfrac{1}{a} V_1$

$= V_1 \left(1 + \dfrac{1}{a}\right) = V_1 \left(1 + \dfrac{e_2}{e_1}\right)$ [V]

∴ 선로 용량 = 부하용량(용량) $P = V_2 I_2 \cos\theta$ [W] ⋯ ①

$e_2 = V_2 - e_1 = V_2 - V_1$ [V]

자기 용량(변압기 용량 = 승압기 용량) $W = e_2 I_2 = e_2 \times \dfrac{P}{V_2 \cos\theta}$ [W] ⋯ ②

---

03 정격 전압 1차 6600[V], 2차 210[V]의 단상 변압기 두 대를 승압기로 V결선하여 6300[V]의 3상 전원에 접속한다면 승압된 전압[V]은?

① 6600 ② 6500
③ 6200 ④ 6300

해설

$a = \dfrac{e_1}{e_2} = \dfrac{6600}{210}$

승압된 전압 $V_2 = e_1 + e_2 = V_1 + \dfrac{1}{a} V_1 = V_1 \left(1 + \dfrac{1}{a}\right) = 6300 \left(1 + \dfrac{1}{\frac{6600}{210}}\right) = 6500$ [V]

---

04 단상 교류 회로에 3150/210[V]의 승압기를 80[kW], 역률 0.8인 부하에 접속하여 전압을 상승시키는 경우에 다음 중 몇 [kVA]의 승압기를 사용하여야 적당한가? (단, 전원 전압은 2900[V]이다.)

① 3 ② 5
③ 6.8 ④ 10

해설

$a = \dfrac{e_1}{e_2} = \dfrac{3150}{210}$

$V_2 = e_1 + e_2 = V_1 + \dfrac{1}{a} V_1 = V_1 \left(1 + \dfrac{1}{a}\right) = 2900 \left(1 + \dfrac{210}{3150}\right) = 3093$ [V]

∴ $P = V_2 I_2 \cos\theta$ [W]에서

$I_2 = \dfrac{P}{V_2 \cos\theta}$ [A]

∴ 자기용량(변압기 용량 = 승압기 용량)

$W = e_2 I_2 = e_2 \times \dfrac{P}{V_2 \cos\theta} = 210 \times \dfrac{80 \times 10^3}{3093 \times 0.8} \times 10^{-3} = 6.8$ [kVA]

3. ② **4.** ③

05 단권 변압기로 2400[V]의 전압을 3300[V]로 승압하여 용량 100[kW], 역률 85[%](뒤짐)의 단상 부하에 전력을 공급하는 경우 자기 용량[kVA]은?

① 27　　　　　　　　　　② 32
③ 39　　　　　　　　　　④ 52

해설
$V_2 = e_1 + e_2$ [V]
∴ $e_2 = V_2 - e_1 = V_2 - V_1 = 3300 - 2400 = 900$ [V]
부하 용량 $P = V_2 I_2 \cos\theta$ [W]　　$I_2 = \dfrac{P}{V_2 \cos\theta}$ [A]
∴ W(자기 용량 = 승압기 용량)
$= e_2 I_2 = e_2 \times \dfrac{P}{V_2 \cos\theta} = 900 \times \dfrac{100 \times 10^3}{3300 \times 0.85} \times 10^{-3} = 32$ [kVA]

06 1차 전압 6300[V]의 6[%]를 승압하는 승압기의 2차 직렬 권선의 유도 전압[V]은?

① 178　　　　　　　　　② 268
③ 378　　　　　　　　　④ 578

해설 1차 전압 6300[V]의 6[%]를 승압한 2차 직렬 권선의 유도전압
$e_2 = 6300 \times 0.06 = 378$ [V]이다.

07 배전 계통에서 콘덴서를 설치하는 것은 여러 가지 목적이 있으나 그 중에서 가장 주된 목적은?

① 전압 강하 보상　　　　② 전력 손실 감소
③ 기기의 보호　　　　　④ 송전 용량 증가

해설 배전 계통에서 콘덴서를 설치하는 주된 목적은
① 역률 개선으로 인한 전력손실 감소.
② 전압 보상으로 인한 전압강하 감소.

08 어떤 콘덴서 3개를 선간 전압 3300[V], 주파수 60[Hz]의 선로에 △로 접속하여 60[kVA]가 되도록 하려면 콘덴서 1개의 정전 용량[μF]은 약 얼마로 하여야 하는가?

① 5　　　　　　　　　　② 50
③ 7　　　　　　　　　　④ 70

해설 △결선에서는 $V_l = V_P \angle 0°$ [V]이다.
∴ 용량 $P_c = 3EI_c = 3wCE^2 = 3 \times 2\pi f C E^2$ [kVA]
C (정전 용량) $= \dfrac{P_c}{3 \times 2\pi f E^2} = \dfrac{60 \times 10^3}{3 \times 2\pi \times 60 \times (3300)^2} = 4.8 \times 10^{-6} = 4.8$ [μF]

정답 5. ②　6. ③　7. ②　8. ①

09 3상의 전원에 접속된 3각형 콘덴서를 성형 결선으로 바꾸면 진상 용량은 몇 배가 되는가?

① 2
② $\sqrt{2}$
③ $\dfrac{1}{\sqrt{3}}$
④ $\dfrac{1}{3}$

해설

3상 Y성형(상)결선 $V_l = \sqrt{3} V_P \angle +30°$ [V].

$V_P = \dfrac{V_l}{\sqrt{3}}$ [V]

3상 △(환상)결선 $V_l = V_P \angle 0°$ [V]이다.

진상 무효 전력량(용량)의 비에서 P_Y(진상 용량)은

$$\dfrac{P_Y}{P_\triangle} = \dfrac{3EI_c}{3EI_c} = \dfrac{3wCE^2}{3wCE^2} = \dfrac{3 \times 2\pi fC \times \left(\dfrac{V}{\sqrt{3}}\right)^2}{3 \times 2\pi fCV^2} = \dfrac{1}{3}$$

∴ P_Y(진상 용량) $= \dfrac{1}{3} P_\triangle$

10 정격 용량 300[kVA]의 변압기에서 늦은 역률 70[%]의 부하에 300[kVA]를 공급하고 있다. 지금 합성 역률을 90[%]로 개선하여 이 변압기의 전용량의 것에 공급하려고 한다. 이 때 증가할 수 있는 부하[kW]는?

① 60
② 86
③ 126
④ 144

해설

$P_1 = P_{a1} \cos\theta_1 = 300 \times 0.7 = 210$ [kW]
$P_2 = P_{a2} \cos\theta_2 = 300 \times 0.9 = 270$ [kW]
증가할 수 있는 부하
$W = P_2 - P_1 = 270 - 210 = 60$ [kW]이다.

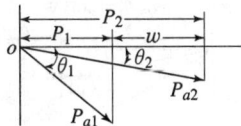

11 어떤 공장의 소모 전력이 100[kW]이며 이 부하의 역률이 0.6일 때 역률을 0.9로 개선하기 위하여 필요한 전력 콘덴서의 용량은 몇 [kVA]인가?

① 약 40
② 약 65
③ 약 85
④ 약 90

해설

$\cos\theta_1 = 0.6$을 $\cos\theta_2 = 0.9$로 개선하기 위한 콘덴서의 용량

$P_c = P(\tan\theta_1 - \tan\theta_2) = P\left(\dfrac{\sin\theta_1}{\cos\theta_1} - \dfrac{\sin\theta_2}{\cos\theta_2}\right)$

$= 100\left(\dfrac{0.8}{0.6} - \dfrac{\sqrt{1-(0.9)^2}}{0.9}\right) \fallingdotseq 85$ [kVA]

9. ④ 10. ① 11. ③

12 당초 역률(지상) 80[%]로 60[kW]의 부하를 사용하고 있었는데 새로이 역률(지상) 60[%]로 40[kW]의 부하를 증가해서 사용하게 되었다. 이 때 콘덴서로 합성 역률을 90[%]로 개선 하려고 할 경우 콘덴서의 소요 용량 [kVA]은 대략 얼마인가?

① 45　　　　　　　　　② 42
③ 50　　　　　　　　　④ 58

해설 2개 부하 역률을 각각 90[%]로 개선하는데 필요한 각각의 콘덴서 용량

$$P_{r1} = P_1(\tan\theta_1 - \tan\theta_2) = P_1\left(\frac{\sin\theta_1}{\cos\theta_1} - \frac{\sqrt{1-(\cos\theta_2)^2}}{\cos\theta_2}\right)$$
$$= 60\left(\frac{0.6}{0.8} - \frac{\sqrt{1-(0.9)^2}}{0.9}\right) = 16[\text{kVA}]$$

콘덴서 용량

$$P_{r2} = P_2(\tan\theta_1 - \tan\theta_2) = P_2\left(\frac{\sin\theta_1}{\cos\theta_1} - \frac{\sqrt{1-(\cos\theta_2)^2}}{\cos\theta_2}\right)$$
$$= 40\left(\frac{0.6}{0.8} - \frac{\sqrt{1-(0.9)^2}}{0.9}\right) = 34[\text{kVA}]$$

∴ 합성 역률을 90[%]로 개선하는데 필요한 콘덴서의 용량
$P_{rc} = P_{r1} + P_{r2} = 16 + 34 = 50[\text{kVA}]$이다.

[별 해]

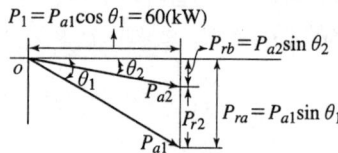

∴ $P_{r1} = P_{ra} - P_{rb} = P_1(\tan\theta_1 - \tan\theta_2)$ …①

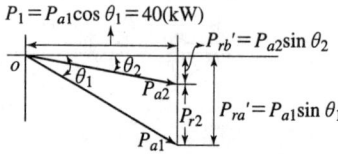

∴ $P_{r2} = P_{ra}' - P_{rb}' = P_2(\tan\theta_1 - \tan\theta_2)$ …②
∴ 콘덴서의 소요 용량 $P_{rc} = P_{r1} + P_{r2}$이다.

13 부하의 역률이 $\cos\theta$일 때 배전 선로의 저항 손실은 동일 부하 전력에서 역률이 1일 때의 몇 배인가?

① 1　　　　　　　　　② $\dfrac{1}{\cos\theta}$

③ $\cos^2\theta$　　　　　　　④ $\dfrac{1}{\cos^2\theta}$

정답 12. ③　13. ④

해설 부하에 역률이 $\cos\theta$일 때 선로 손실

$$P_{l\cos\theta} = 3I^2R = 3\times\left(\frac{P}{\sqrt{3}V\cos\theta}\right)^2R = \frac{P^2R}{V^2\cos^2\theta} \fallingdotseq \frac{1}{\cos^2\theta} \cdots ①$$

부하 역률 $\cos\theta = 1$일 때 선로 손실

$$P_{l1} = \frac{P^2R}{V^2\cos^2\theta} \fallingdotseq \frac{1}{\cos^2\theta} = \frac{1}{1} = 1 \cdots ②$$

$$\therefore \frac{P_{l\cos\theta}}{P_{l1}} = \frac{\frac{1}{\cos^2\theta}}{1} = \frac{1}{\cos^2\theta}$$

---

14 역률 개선으로 역률이 0.6에서 0.93으로 되면 전력 손실은 처음의 약 몇 [%]인가?
① 약 25　　　　② 약 35
③ 약 42　　　　④ 약 68

해설 선로 손실 $P_l \fallingdotseq \frac{1}{\cos^2\theta}$ 이다.

$$\therefore \frac{P_{l0.93}}{P_{l0.6}} = \frac{\frac{1}{(0.93)^2}}{\frac{1}{(0.6)^2}} \times 100 = \frac{(0.6)^2}{(0.93)^2} \times 100 = 42[\%] \text{이다}$$

---

15 동일한 전압에서 동일한 전력을 송전할 때 역률을 0.6에서 0.93으로 개선하면 전력 손실은 몇 [%] 감소되는가?
① 65　　　　② 58
③ 32　　　　④ 25

해설 선로 손실 $P_l \fallingdotseq \frac{1}{\cos^2\theta}$ 이다.

$$\frac{P_{l0.93}}{P_{l0.6}} = \frac{\frac{1}{(0.93)^2}}{\frac{1}{(0.6)^2}} = \frac{(0.6)^2}{(0.93)^2} \fallingdotseq 0.42$$

∴ 전력 손실의 감소는 $1 - 0.42 = 0.58 = 58[\%]$ 감소된다.

---

16 100[V]에서 전력 손실률 0.1인 배전 선로에서 전압을 200[V]로 승압하고 그 전력 손실률을 0.05로 하면 전력은 몇 배 증가시킬 수 있는가?
① $\frac{1}{2}$　　　　② $\sqrt{2}$
③ 2　　　　④ 1

14. ③　15. ②　16. ③

해설 전력 손실률 $K = \dfrac{P_l}{P} = \dfrac{PR}{V^2 \cos^2\theta}$

∴ 송전력(전력) $P = \dfrac{KV^2 \cos^2\theta}{R} \fallingdotseq KV^2 [W]$

∴ $P \fallingdotseq KV^2$, $P' \fallingdotseq K'(V')^2$ 에서 $P' = \dfrac{K'(V')^2}{KV^2} \times P = \dfrac{0.05 \times (200)^2}{0.1 \times (100)^2} \times P = 2P$

∴ 송전 전력은 2배가 된다.

---

17 주상 변압기에서 시설하는 캐치 호울더는 다음 어느 부분에 직렬로 삽입하는가?
① 1차측 1선　　② 1차측 양선
③ 2차측 비접지측선　　④ 2차측 접지된 선

해설 주상 변압기의 1차측 보호는 컷아웃-스위치(C.O.S). 2차측의 보호는 캐치호울더(catch holder)를 2차측 비접지측선과 직렬로 삽입해서 주상 변압기를 보호한다.

---

18 배전용 변압기의 과전류에 대한 보호 장치로서 고압측에 설치하는 데 적합하지 않은 것은?
① 애자형 개폐기　　② 고압 컷아웃 스위치
③ CF 차단기　　④ 캐치 호울더

해설 캐치 호울더는 주상 변압기 2차측 보호용이다.

---

19 자가 변전소의 1차측 용량 결정에 관계되는 것은?
① 부하 설비 용량　　② 공급측의 전기 설비 용량
③ 수전 계약 용량　　④ 부하 부하율

해설 자가 변전소의 1차측 차단기의 용량 결정은 차단기로부터 공급원(전원)까지의 % impedance와 공급측의 전기 설비 용량(P_n)에 의해 결정된다.

∴ P_s(1차 차단 용량) $= \dfrac{100}{\%Z} \times P_n$ 이다.

---

20 옥내 배선의 지름을 결정하는 가장 중요한 요소는?
① 허용 전류　　② 전압 강하
③ 옥내 구조　　④ 기계적 강도

해설 옥내 배선의 지름은 허용 전류의 값에 의해 결정된다.

정답 17. ③　18. ④　19. ②　20. ①

21 일반적으로 행하여지고 있는 저압 옥내 배선의 준공 검사의 종류의 조합이 적절한 것은?

① 절연 저항 측정
　온도 상승 시험
　접지 저항 측정

② 절연 저항 측정
　접지 저항 측정
　절연 내력 측정

③ 온도 상승 시험
　도통 시험
　접지 저항 측정

④ 절연 저항 측정
　접지 저항 측정
　도통 시험

해설 저압 옥내 배선의 준공검사는 일반적인 경우는 절연 저항 측정. 접지 저항 측정. 도통 시험을 한다. 공장인 경우는 절연 내력 시험과 온도 상승 시험을 제작시 행한다.

22 100[V]의 수용가를 220[V]로 승압했을 때 특별히 교체하지 않아도 되는 것은?
① 백열 전등의 기구　　② 옥내 배선의 전선
③ 형광등의 안정기　　④ 콘센트와 플러그

해설 100[V]의 수용가를 220[V]로 승압시에는
① 콘센트와 플러그는 220[V]용으로 교체한다.
② 전구와 안정기도 교체해야 한다.

23 가공 배전 선로에 있어 고압선과 저압선과의 혼촉에 의한 위험을 방지하는데 필요한 시설은 무엇인가?
① 제1종 접지공사　　② 제2종 접지공사
③ 특별 제3종 접지공사　　④ 제3종 접지공사

해설 제2종 접지공사는 고압선과 저압선의 혼촉에 의한 위험을 방지하는 시설 공사이다.

정답 21. ④　22. ②　23. ②

수력 공학

2부 전력공학 / 2. 수화력 및 원자력 공학

1 수두

(1) 위치수두 : H[m]

(2) 압력수두 : $\dfrac{P}{w} = \dfrac{P}{1000}$ [m]

(3) 속도수두 : $\dfrac{V^2}{2g}$ [m]

w(물 단위 부피의 무게) = 1000[kg/m³]
P(수압의 세기)[kg/m²]
V(유속)[m/sec]
g(중력 가속도) ≒ 9.8[m/sec²]

2 베르누이의 정리(손실이 무시될 경우)

$$H + \frac{P}{w} + \frac{V^2}{2g} = k(\text{일정})$$

물의 이론 분출속도 $V = \sqrt{2gH}$ [m/sec]

3 수력발전소의 이론 출력

$$P = 9.8QH [\text{kW}]$$

- Q(유량)[m³/sec]
- H(유효낙차)[m]

4 양수 펌프용 전동기의 출력

$$P = \frac{9.8QH}{\eta} = \frac{9.8 \times \frac{Q}{60} H}{\eta} [\text{kW}]$$

- η(펌프 효율)
- H(총 양정)[m]
- Q(양수량)[m³/sec]

조정지의 필요 저수 용량 $= (Q_2 - Q_1) \times T \times 3600 [\text{m}^3]$

- Q_2(첨두부하 때의 사용유량)[m³]
- Q_1(1일 평균 사용유량)[m³]
- T (첨두부하 계속시간)[h]

5 유량도표

① 유출계수 $= \dfrac{하천유량}{강우량} \times 100 = 60[\%]$이다.

② 유량도 : 횡축(365일 역일순), 종축(매일의 유량, 수위, 기후)을 연결한 곡선

③ 유량 곡선 : 유량도를 기초로 하여 횡축(365일), 종축(유량)을 취하여 유량이 큰 것으로 부터 순차적으로 연결하여 배선한 곡선.

④ 적산 유량곡선 : 유량도를 기초로 하여 횡축(1년 365일 역일순), 종축(유량의 누계)으로 만든 곡선

⑤ 수위 유량곡선 : 횡축(유량), 종축(수위)와의 관계곡선

6 상수조 및 조압수조

(1) **상수조** : 수로식 발전소의 수로 말단에 설치하는 수조로 수압관을 연결 사용한다.

(2) **조압수조** : 수로가 압력 터널에 연결되어

　① 부하 변동에 대해 수격압을 흡수.
　② 수량 변동에 대해 서어지 작용을 흡수하는 수조다.

(3) **조압 수조의 종류** : 단동조합 수조, 차동조합 수조, 수질조합 수조, 재수공, 조합 수조가 있다.

7 수압관과 수차

(1) 수압관의 지름 $D=\sqrt{\dfrac{4Q}{\pi V}}$ [m]

$\quad\begin{cases} Q(유량)[m^3/sec] \\ V(수압관내의\ 유속은\ 2\sim 4[m/sec]이다.) \end{cases}$

(2) 수차의 종류

　① 펠턴수차 : 350[m]이상, 고낙차에 이용. 경부하시 효율이 좋다.
　② 프란시스 수차 : 45~350[m]. 중낙차 용이다. 경부하시 낙차가 변화하면 효율이 크게 저하한다.
　③ 프로펠러 수차 : 45[m]이하, 저낙차 용이다. 낙차나 부하변화에 효율 변화가 크다.
　④ 카플란 수차 : 프로펠러 수차의 버너 각도를 변화시키는 복잡한 구조이다. 낙차나 부하 변화에 효율저하는 작다. 흡출관이 꼭 필요하다.

(3) 수차의 특유속도 $N_s = N\dfrac{\sqrt{P}}{H^{\frac{5}{4}}}$ [rpm]

$\quad\begin{cases} N(정격\ 회전수) \\ H(유효\ 낙차) \\ P(유효낙차에서의\ 최대출력) \end{cases}$

　① 펠톤수차 : $12 \le N_s \le 21$ 전부하까지 효율변화가 작으며, 경부하시 효율이 좋다.
　② 프란시스 수차 : $N_s \le \dfrac{13.000}{H+20} + 50$ (45~350[rpm])

저속도형(65~250[rpm]), 중속도형(150~250[rpm]), 고속도형(250~350[rpm])

③ 카플란 수차 : $N_s \leq \dfrac{20,000}{H+20}$ (350~800[rpm]) 부분변화에 대한 효율변화가 작다.

(4) 낙차변화에 대한 특성변화

회전수 : $\dfrac{N_2}{N_1} = \left(\dfrac{H_2}{H_1}\right)^{\frac{1}{2}}$

유량 : $\dfrac{Q_2}{Q_1} = \left(\dfrac{H_2}{H_1}\right)^{\frac{1}{2}}$

출력 : $\dfrac{P_2}{P_1} = \left(\dfrac{H_2}{H_1}\right)^{\frac{3}{2}}$

$\begin{bmatrix} N[\text{rpm}] \\ Q[\text{m}^3/\text{sec}] \\ P[\text{kW}] \\ H[\text{m}] \end{bmatrix}$ 이다.

(5) **흡출관** : 수차의 출구에서부터 방수로 수면까지를 연결하는 관이다. 흡출고의 최대 한도는 7.5[m]이다. 흡출관에 이상이 생기면 캐비테이션을 일으킨다.

(6) 수차 : 버너에 물을 분사하여 힘을 작용시키는 장치이다.

　　조속기 : 수차의 속도를 조정, 출력을 가감하는 장치이다.
　　∴ 조속기가 너무 예민하면 탈조를 일으킨다.

[적중예상문제]

01 $1[kg/cm^2]$의 수압의 압력 수두[m]는?
① 1　　　　　② 10
③ 5　　　　　④ 50

해설
W(단위 부피당의 물의 무게) $= 1000[kg/m^3]$
P(압력의 세기) $= 1[kg/cm^2] = 10^4[kg/m^2]$
∴ 압력 수두 $H = \dfrac{P}{W} = \dfrac{10,000}{1,000} = 10[m]$

02 $v[m/s]$인 등속 정류의 물의 속도 수두[m]는? (단, g는 중력 가속도 $[m/s^2]$이다.)
① $\dfrac{v}{2g}$　　　　　② $\dfrac{v^2}{2g}$
③ $2vg^2$　　　　　④ $2gv$

해설
$h[m]$의 높이에 있는 물 $m[kg]$의 위치 Energy $= mgh[J]$와
물의 운동 Energy $= \dfrac{1}{2}mv^2[H]$는 서로 같다.(에너지 보존 법칙에서)
∴ $mgh = \dfrac{1}{2}mv^2$에서 h(물의 속도 수두) $= \dfrac{v^2}{2g}[m]$이다.

03 유효 낙차 $H[m]$인 펠톤 수차의 노즐로부터 분출하는 물의 속도[m/sec]는? (단, g는 중력 가속도라 한다.)
① $\sqrt{gH}$　　　　　② $\sqrt{2gH}$
③ $\sqrt{\dfrac{H}{2g}}$　　　　　④ $\dfrac{H}{2g}$

해설
물의 분출 속도 $V = \sqrt{2gH}[m/sec]$

해답 1. ②　2. ②　3. ②

04 유효 낙차 H[m], 유량 Q[m³/s]로 얻을 수 있는 이론 수력[kW]은?
 ① $13.33HQ$ ② HQ
 ③ $9.8HQ$ ④ $98HQ$

해설 수력 발전소의 이론 출력(수력)
$P = 9.8QH$[kW]이다.

05 양수량 Q[m³/s], 총양정 H[m], 펌프 효율 η인 경우 양수 펌프용 전동기의 출력 [kW]은? (단, k는 비례 상수라 한다.)
 ① $k\dfrac{Q^2H^2}{\eta}$ ② $k\dfrac{Q^2H}{\eta}$
 ③ $k\dfrac{QH}{\eta}$ ④ $\dfrac{kQH^2}{\eta}$

해설 양수 펌프용 전동기의 출력. 단, $k = \dfrac{9.8}{60}$ 이다.

$$P = \dfrac{9.8QH}{\eta} = \dfrac{9.8 \times \dfrac{Q}{60} \times H}{\eta} = \dfrac{kQH}{\eta} \text{ [kW]}$$

06 유효 낙차 50[m], 이론 최대 출력 4900[kW]일 때 유량 Q[m²/s]는?
 ① 10   ② 15
 ③ 30   ④ 45

해설 수력 발전소의 이론 출력 $P = 9.8QH$[kW]
 유량 $Q = \dfrac{P}{9.8H} = \dfrac{4900}{9.8 \times 50} = 10$[m/sec]이다.

07 양수량 40[m³/min], 총양정 13[m]의 양수 펌프용 전동기의 소요 출력[kW]은?
 ① 100   ② 300
 ③ 190   ④ 50

해설 양수 펌프용 전동기의 효율은 0.8 이상이어야 한다.
 ∴ 양수 펌프용 전동기의 출력 $P = \dfrac{9.8QH}{\eta} = \dfrac{9.8 \times \dfrac{40}{60} \times 13}{0.8} = 106$[kW]

해답 4. ③ 5. ③ 6. ① 7. ①

08 조정지 용량 100,000[m³], 유효 낙차 100[m]인 수력 발전소가 있다. 조정지의 전용량을 사용하여 발생 시킬 수 있는 전력량[kWh]은 대략 얼마인가? (단, 수차 및 발전기의 종합 효율을 75[%]로 하고, 유효 낙차는 거의 일정하다고 본다.)

① 26,000　　　　　　　　② 25,000
③ 36,000　　　　　　　　④ 45,000

해설 수력 발전소에서의 발전 출력 $P = 9.8QH\eta_g\eta_t$[kW]
∴ 발전소 발전 전력량
$$W = P \times h = 9.8QH\eta_t\eta_g \times \frac{1}{60 \times 60}$$
$$= 9.8 \times 100,000 \times 100 \times 0.75 \times \frac{1}{60 \times 60} = 26416.7 \text{[kWh]}$$

09 양수 발전의 목적은?
① 연간 평균 발전 출력[kW]의 증가
② 연간 발전량[kWh]의 증가
③ 연간 발전 비용[원]의 감소
④ 연간 발전 발전량[kWh]의 증가

해설 양수 발전기의 목적은 잉여 전력을 이용, 물을 양수하여 발전함으로 인하여 연간 발전 비용(원)을 감소시킨다.

10 연간 최대 전력이 P[kW], 소비 전력량이 A[kWh]일 때, 연부하율[%]은? (단, 1년은 365일 이다.)

① $\dfrac{8760 \times P}{A} \times 100$　　　　② $\dfrac{A}{365 \times P} \times 100$

③ $\dfrac{A}{8760 \times P} \times 100$　　　　④ $\dfrac{365P}{A} \times 100$

해설 연부하율 = $\dfrac{\text{연 평균 전력}}{\text{최대 전력}} \times 100 = \dfrac{\frac{\text{평균 전력}}{365 \times 24}}{\text{최대 전력}} \times 100$
$= \dfrac{\text{평균 전력}}{365 \times 24 \times \text{최대 전력}} \times 100 = \dfrac{A}{8760 \times P} \times 100$

11 발전소에 있어서 어느 기간 내의 평균 발전 전력을 발전소의 인가 최대 전력으로 나눈 값을 무엇이라 하는가?
① 발전율　　　　　　　② 부하율
③ 용량률　　　　　　　④ 설비 이용률

정답 8. ①　9. ③　10. ③　11. ②

해설
부하율 = $\dfrac{평균\ 전력}{최대\ 전력} \times 100$ 로서 부하율이 크다란 가동률이 높다는 것이다.

12 유출 계수란?

① $\dfrac{하천\ 유량}{강우량}$ ② $\dfrac{전\ 유출량}{유역\ 면적}$

③ $\dfrac{전\ 강우량}{전\ 유출량}$ ④ $\dfrac{증발량}{전\ 유출량}$

해설
유출 계수 = $\dfrac{하천\ 유량}{강우량} \times 100 = 60[\%]$ 이다.

13 유역 면적 365[km²]인 발전 지점에서 연 강수량이 2400[mm]일 때 강수량의 $\dfrac{1}{3}$ 이 이용된다면 연평균 수량[m³/s]은?

① 5.26 ② 6.26
③ 9.26 ④ 10.26

해설
유량 Q의 단위[m³/sec]로 환산한다.
유역 면적 = 365[km²] = 365×1000^2 [m²]
강우량 = 2400[mm] = $\dfrac{2400}{1000}$ [m]
1년 동안의 평균 유량

$Q_t = \dfrac{유역\ 면적 \times 강우량 \times 1년[m^3]}{365 \times 24 \times 3600[sec]} = \dfrac{365 \times 1000^2 \times \dfrac{2400}{1000} \times 1}{365 \times 24 \times 3600} = 27.78[m^3/sec]$

에서 $\dfrac{1}{3}$ 이 이용되므로 유효 평균 유량 = $27.78 \times \dfrac{1}{3} = 9.26[m^3/sec]$

14 적산 유량 곡선상의 임의의 점에서 그은 절선의 기울기는 그 점에 해당하는 日字에 있어서의?

① 하천 유량을 표시한다. ② 하천 수위를 표시한다.
③ 사용 유량을 표시한다. ④ 적산 유량을 표시한다.

해설
적산 유량 곡선상의 임의의 점에서 절선의 기울기는 그 점에서의 $\dfrac{d}{dt}\int Q\,dt$의 값으로 이 값은 Q(하천 유량)을 표시한다.

정답 12. ① 13. ③ 14. ①

15 1년 중 365일 이상 매일 일정 시간만 발생할 수 있는 출력은?
① 예비 출력
② 보급 출력
③ 상시 첨두 출력
④ 특수 출력

해설 조정지 또는 저수지에서 하천의 유량을 조절하여 첨두 부하로 매일 일정 시간만 출력을 발생할 수 있는 상시 첨두 출력을 말한다.

16 유속계로 하천의 유속을 측정할 때 2점법으로 재어지는 것은 수심의 몇 [%] 점인가?
① 40[%]와 60[%]
② 5[%]와 35[%]
③ 20[%]와 80[%]
④ 30[%]와 80[%]

해설 유속은 수심에 따라 다르다.
수심의 60[%]가 평균 유속이다.
1점법은 수심의 60[%]가 평균 유속이고, 2점법은 수심의 20[%]와 80[%]의 유속을 평균유속으로 한다.

17 취수구에 제수문을 설치하는 목적은?
① 낙차를 높인다.
② 모래를 걸러낸다.
③ 홍수위를 낮춘다.
④ 유량을 조절한다.

해설 취수구에 제수문을 설치하는 목적은 유량(취수량)을 조절하며, 수로나 수압관을 수리할 때 물 유입을 단절시키는 역할도 한다.

18 무압 수로의 일반적인 설계 유속[m/s]은?
① 1
② 3
③ 5
④ 7

해설 무압 수로의 일반적인 설계 유속은 2~3[m/sec]이다.

19 조압 수조의 목적은?
① 압력 터널의 보호
② 수압 철관의 보호
③ 여수의 관리
④ 수차의 보호

해설 조압 수조의 설치 목적은 발전소에서 부하급변 또는 차단시에는 수격압 작용과 서어지 작용이 일어난다. 이 수격압 작용과 서어지 작용을 조압 수조가 흡수(완화)하여 수압 철관을 보호한다.

해답 15. ③ 16. ③ 17. ④ 18. ② 19. ②

20 수력 발전소의 서어지 탱크(surge tank)설치 목적으로 옳지 않은 것은?
① 흡출관의 보호를 취한다.
② 부하의 변동시 생기는 수격압을 경감시킨다.
③ 유량 조절을 한다.
④ 수격압이 압력 수로에 미치는 것을 방지한다.

해설 서어지 탱크(surge tank)의 설치 목적
① 유량을 조절한다.
② 부하 급변 또는 차단시 생기는 수격압을 경감시킨다.
③ 수격압이 압력 수로에 미치는 것을 방지한다.

21 고낙차 소수량 발전에 쓰이는 수차의 입구 밸브로서 적당한 것은?
① 슬루우스 밸브 ② 존슨 밸브
③ 로우터리 밸브 ④ 버터플라이 밸브

해설
• 슬루우스 밸브 : 고낙차 소수량용
• 존슨 밸브(니이들 밸브) : 고낙차 대수량용
• 버터 플라이 밸브 : 중낙차용
• 로우터리 밸브 : 어떤 낙차에도 사용 가능 (일반 수력 발전소에는 잘 사용하지 않는다.)

22 유효 낙차 400[m]의 펠톤 수차의 노즐에서 분사되는 물의 속도는 대략?
① 10 ② 20
③ 90 ④ 100

해설 물의 속도 $v = \sqrt{2gH} = \sqrt{2 \times 9.8 \times 400} \fallingdotseq 88.54 \fallingdotseq 90$[m/sec]

23 수차의 특유 속도(specific speed) 공식은? (단, 유효 낙차를 H, 출력을 P, 회전수를 N, 특유 속도를 N_s라 한다.)
① $N_s = N \dfrac{P^{1/2}}{H^{5/4}}$ ② $N_s = \dfrac{H^{5/4}}{NP}$
③ $N_s = \dfrac{NP^2}{H^{5/4}}$ ④ $N_s = \dfrac{NP^{1/4}}{N^{5/4}}$

해설 수차의 특유 속도 $N_s = N \times \dfrac{P^{1/2}}{H^{5/4}}$ [rpm]

20. ① 21. ① 22. ③ 23. ①

24 낙차 290[m], 회전수 500[rpm]인 수차를 225[m]의 낙차에서 사용할 때의 회전수 [rpm]는 얼마로 하면 적당한가?
① 400　　　　　　　　② 440
③ 520　　　　　　　　④ 580

해설
낙차 변화에 대한 회전수의 변화에서 $\frac{N_2}{N_1} = \left(\frac{H_2}{H_1}\right)^{1/2}$

∴ $\frac{N_2}{500} = \left(\frac{225}{290}\right)^{1/2}$ 에서 $N_2 = 500 \times \sqrt{\frac{225}{290}} = 500 \times 0.88 = 440$[rpm]

25 특유 속도가 가장 작은 수차는?
① 펠톤 수차　　　　　② 프란시스 수차
③ 카플란 수차　　　　④ 프로펠러 수차

해설 특유 속도가 크면, 회전 날개 매수는 감소한다. 또, 경부하시 효율 저하가 더욱 심하다.
∴ 일반적으로 특유속도는 펠톤 수차=12~21, 프란시스 수차=45~350, 프로펠러 수차=350~800으로서 펠톤 수차의 특유 속도가 제일 작다.

26 수차의 무구속시 속도의 상승률이 최대인 것은?
① 카플란 수차　　　　② 프란시스형 가역 펌프 수차
③ 프란시스 수차　　　④ 펠톤 수차

해설 카플란 수차의 특성은 다음과 같다.
① 흡출관이 꼭 필요하다.(흡출관 출구에서의 경제적인 유수 속도는 1~2[m/sec]이다.)
② 모든 출력에서 효율이 제일 좋다.
③ 특유 속도(N_s)가 가장 크므로 무구속 속도의 상승률도 최대로 크다.
④ 카플란 수차의 러너 날개 매수는 유효 낙차 5~20[m] 범위에서는 4~5개. 유효낙차 35[m] 범위에서는 6개. 40[m]를 넘는 경우는 7~8개이다.

27 프로펠러 수차에서는 특유 속도가 높아지면 회전 날개의 매수는?
① 변하지 않는다.　　　② 낙차에 따라 증가한다.
③ 감소한다.　　　　　　④ 증가한다.

해설 프로펠러 수차에서 특유 속도가 높아지면 회전 날개의 매수를 감소시켜 손실을 적게 한다.

28 캐비테이션(cavitation) 현상에 의한 결과로 적당하지 않은 것은?
① 수차 레버 부분의 진동　　② 수차 러너의 부식
③ 흡출관의 진동　　　　　　④ 수차 효율의 증가

정답 24. ②　25. ①　26. ①　27. ③　28. ④

해설 수차의 캐비테이션 현상의 결과와 방지책
① 캐비테이션 현상의 결과 : 수차 러너의 부식, 수차 레버 부분의 진동, 흡출관의 진동 등으로 효율이 감소된다.
② 캐비테이션 현상의 방지책 : 흡출구를 작게 한다. 경부하 및 과부하 운전을 피한다. 수차의 특유 속도 및 회전속도를 적게 한다. 흡출관 상부에 적당량의 공기를 도입한다.

29 수력 발전소의 수차 발전기를 정지시키도록 다음과 같은 동작을 하였다. 동작 순서가 옳은 것은?

> 가. 주 밸브(main valve)를 닫음과 동시에 모든 수문을 닫는다.
> 나. 여자기의 여자 전압을 내려 발전기의 전압을 내린다.
> 다. 주개폐기를 열어 무부하로 한다.
> 라. 조속기의 유압 조정 장치를 핸들에 옮겨 니이들 밸브 또는 가이드 밸브를 닫아 수차를 정지시키고 곧 주 밸브를 닫는다.

① 라-다-나-가　　② 가-나-다-라
③ 나-라-가-다　　④ 다-나-라-가

해설 수력 발전소에서 수차 발전기를 정지 시키는 순서이다.

30 부하 변동에 있을 경우 수차(또는 증기 터어빈) 입구의 밸브를 조작하는 기계식 조속기의 각 부의 동작 순서는?

① 압 밸브 → 평속기 → 서어보 전동기 → 복원 기구
② 배평속기 → 복원 기구 → 배압 밸브 → 서어보 전동기
③ 평속기 → 배압 밸브 → 서어보 전동기 → 복원 기구
④ 평속기 → 배압 밸브 → 복원 기구 → 서어보 전동기

해설 부하 변동시 기계식 조속기의 동작 순서이다.

31 수차의 조속기 시험을 할 때 폐쇄 시간이 길게 되도록 조속기의 기구를 조정하여 부하를 차단하면 수차는 어떻게 되는가?

① 회전 속도의 상승률이 늘고, 수추 작용이 감소한다.
② 회전 속도의 상승률이 증가하고 수추 작용도 커진다.
③ 회전 속도의 상승률이 줄고, 수추 작용은 커진다.
④ 회전 속도의 상승률이 줄고 수추 작용은 커진다.

29. ④　30. ③　31. ①

해설 수차의 조속기 시험은
① 조속기 폐쇄시간이 길면, 수차의 회전수가 증가되며, 수추작용은 감소된다.
② 조속기 폐쇄시간이 짧으면, 수차의 속도 변동율이 작아진다.
③ 수차의 조속기가 너무 예민하면 난조를 일으킨다.
　방지책 : 자극 표면에 제동권선을 설치한다. 또는 발전기에 관성 moment를 크게 한다.

32 평균 유효 낙차 46[m], 평균 사용 수량 5.5[m³/s]이고, 유효 저수량 43000[m³]의 조정지를 가진 수력 발전소가 그림과 같은 부하 곡선으로 운전할 때 첨두 출력 발전량은 얼마인가? (단, 수차 및 발전기의 종합 효율은 80[%]이다.)

① 4523[kW]
② 4137[kW]
③ 5120[kW]
④ 5225[kW]

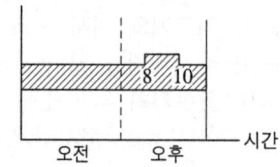

해설 평균 유량 $Q_1 = 5.5[\text{m}^3/\text{sec}]$에 의한 출력
$P_1 = 9.8 Q_1 H\eta = 9.8 \times 5.5 \times 46 \times 0.8 = 1983.5[\text{kW}]$ … ①
조정지의 유효저수량 4300[m³]을 8시~10시까지 사용 시, 평균 유량
$Q_2 = \dfrac{4300}{2 \times 60 \times 60} = 5.972[\text{m}^3/\text{sec}]$에 의한 출력
$P_2 = 9.8 Q_2 H\eta = 9.8 \times 5.972 \times 46 \times 0.8 = 2153.7[\text{kW}]$ … ②이다.
∴ ①＋②가 첨두 출력 발전량 $P = P_1 + P_2 = 1983.5 + 2153.7 = 4137.2[\text{kW}]$이다.

해답 32. ②

화력 공학

2부 전력공학 / 2. 수화력 및 원자력 공학

1 단위: 1[kwh]=860[kcal]

1[BTU]=252[cal]

1기압, 1[kg]의 건조 포화증기의 엔탈피는 639[kcal/kg]이다. 또, 수증기의 임계압력은 225.6[kg/cm²]이다.

2 용어해설

① 엔탈피 : 각 온도에 있어서의 물 또는 증기의 보유열량
② 액화열 : 증기 1[kg]의 잠열
③ 증기 엔탈피 : 증기 1[kg]의 보유열량
④ 기화열(증발열) : 증기 1[kg]의 기화 열량
⑤ 과열도 : 과열증기의 온도와 포화증기 온도와의 차를 말한다.

3 열 사이클 방식

① 재생 사이클 방식 : 열효율을 역학적으로 증진시키는 방식이다.
② 재열 사이클 방식 : 열효율 향상과 증기내부 손실을 경감시키는 방식이다.
③ 재생, 재열 사이클 방식 : 재생 사이클 방식과 재열 사이클 방식을 겸비한 방식으

로 고온, 고압의 기력발전소에 채용된다.

4 화력발전소의 열효율

$$\eta = \frac{860E}{wC} \times 100 \quad \begin{bmatrix} w(석탄량)[kg] \\ C(발열량)[kcal/kg] \end{bmatrix}$$

입력(석탄 발열량) = wC[kcal]

출력(발전 전력량) = $860E$[kcal]이다.

※ 화력발전소에 가장 큰 손실은 복수기. 냉각 후에 빼앗기는 손실이다.

[적중예상문제]

01 증기의 엔탈피란?
① 증기 1[kg]의 잠열
② 증기 1[kg]의 보유 열량
③ 증기 1[kg]의 증발열을 그 온도로 나눈 것
④ 증기 1[kg]의 기화 열량

해설 증기의 엔탈피란 1[kg]의 보유 열량을 말한다.

02 1기압, 1[kg]의 건조 포화 증기의 엔탈피[kcal/kg]는?
① 100 ② 339
③ 639 ④ 939

해설 1기압, 1[kg]의 건조 포화 증기의 엔탈피 ⇒ 639[kcal/kg]이다.

03 과열도란 무엇인가?
① 과열 증기의 온도
② 포화수가 과열수에서 상승한 온도
③ 과열 증기의 온도와 그 압력에 상당한 포화 증기의 온도와의 비율
④ 과열 증기의 온도와 그 압력에 상당한 포화 증기의 온도와의 차

해설 과열도란 과열 증기의 온도와 그 압력에 상당한 포화 증기의 온도와의 차를 말한다.

정답 1. ② 2. ③ 3. ④

04 종축에 절대 온도 T, 횡축에 엔트로피 s를 취할 때 $T-s$선도에 있어서 단열 변화를 나타내는 것은?

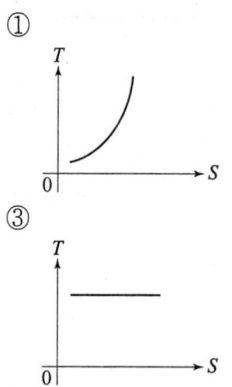

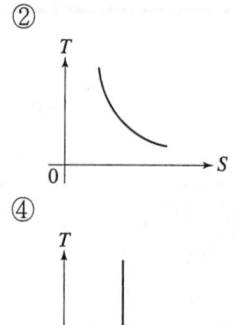

해설
엔트로피(entropy) $\triangle s = \dfrac{\triangle Q}{T}$ 이다.

∴ 단열 변화에 있어서는 열량의 변화가 없으므로 엔트로피의 변화도 없다.(즉, $\triangle Q = 0$. $\triangle s = 0$이다.)
∴ s(엔트로피)는 T(온도)에 관계없이 일정하다.

05 아래 표시한 것은 기력 발전소의 기본 사이클이다. 순서가 맞는 것은?
① 급수 펌프 → 보일러 → 터어빈 → 과열기 → 복수기 → 다시 급수 펌프로
② 급수 펌프 → 보일러 → 과열기 → 터어빈 → 복수기 → 다시 급수 펌프로
③ 보일러 → 급수 펌프 → 과열기 → 복수기 → 급수 펌프 → 다시 보일러로
④ 과열기 → 보일러 → 복수기 → 터어빈 → 급수 펌프 → 축열기 → 다시 과열기로

해설
기력 발전소의 기본 싸이클이다.

06 가장 열효율이 좋은 사이클은?
① 우드 사이클   ② 랭킨 사이클
③ 카르노 사이클   ④ 재생, 재열 사이클

해설
재생. 재열 사이클은 열효율을 역학적으로 증진시키는 재생방식과 열효율 향상과 증기 내부 손실을 경감시키는 재열방식의 특징을 겸비한 사이클로서 열효율 향상을 위해 고온. 고압 기력 발전소에 채용된다.

07 기력 발전소의 열효율을 올리는 데 가장 효과적인 것은?
① 연소용 공기의 예열   ② 포화 증기 가열
③ 재생, 재열 사이클 채용 ④ 절탄기의 사용

예답 4. ④ 5. ② 6. ④ 7. ③

해설 기력 발전소의 열효율을 올리는 데는 재생. 재열 사이클이 채용된다.

08 탄소 1[kg]을 완전 연소시키는데 요하는 공기의 양[kg]은?

① $\frac{8}{3}$
② 11.6
③ 14.2
④ 17.5

해설 석탄 연소시 화학변화는 $C + O_2 = CO_2$이다.

탄소 12[kg]과 산소 32[kg]에서 탄산가스 44[kg]이 만들어진다.

∴ 탄소 1[kg]을 완전 연소시키는데 필요한 산소의 중량은 $\frac{32}{12} = \frac{8}{3}$[kg]이다. 또, 공기중의 산소 함유량은 23[%]이다.

∴ 탄소 1[kg]을 완전연소 시키는데 소요되는 공기의 중량은 $\frac{8}{3} \times \frac{1}{0.23} ≒ 11.6$[kg]

09 50[°C]의 급수로부터 엔탈피 750[kcal/kg]의 증기를 발생하는 보일러의 증발 계수는 약 얼마인가?

① 1.0
② 1.1
③ 1.3
④ 1.4

해설 50[°C]인 급수의 엔탈피는 50[kcal/kg]이다.

∴ 증발계수 = $\frac{\text{실제 증기 1[kg]이 흡수한 열량}}{539} = \frac{750-50}{539} = \frac{700}{539} ≒ 1.3$

10 과열도 110[°C]에서 얻을 수 있는 증기 소비량의 절약[%]은?

① 8~11
② 11~16
③ 16~20
④ 20~25

해설 복수식 터어빈에서는 6[°C]의 과열로 약 0.8~1.0[%]의 증기가 절약된다.

∴ 과열도 110[°C]에서는 $\frac{110}{6} ≒ 18$[%] 정도의 증기가 절약된다.

11 기력 발전소의 연소 효율을 높이는 다음 방법 중 미분탄 연소 발전소에서 하지 않아도 되는 방법은?

① 수냉벽을 사용한다.
② 공기 예열기로 2차 연소용 공기의 온도를 올린다.
③ 재생, 재열 사이클을 채용한다.
④ 절탄기로 급수를 가열한다.

예답 8. ② 9. ③ 10. ③ 11. ③

제 02 장 화력 공학

해설 미분탄 연소발전소에서 열효율을 높이는 방법
① 절탄기로 급수를 가열한다.
② 공기 예열기로 2차 연소용 공기온도를 올린다.
③ 수냉벽을 사용한다.

12 절탄기로 급수를 6[°C] 상승시켜 얻은 연료 절약은 대략 몇 [%]인가?
① 1
② 2
③ 4
④ 4.5

해설 절탄기로 급수의 온도를 6[°C] 높일 때마다 연료는 약 1[%]정도 절약된다.

13 터어빈 각 부의 침식을 방지할 목적으로 사용되는 장치는?
① 공기 예열기
② 수위 경보기
③ 증기 분리기
④ 스팀 제트

해설 화력 발전소에서 탈기기와 디엑티베이터(deactivator)의 역할은 산소 분리가 주 목적이고, 터어빈 각부의 침식을 방지할 목적으로 사용되는 장치는 증기 분리기(=기수 분리기)이다.

14 냉각수를 복수기에 보내 주는 펌프의 명칭은?
① 복수 펌프
② 배수 펌프
③ 급수 펌프
④ 순환 펌프

해설 순환 펌프 : 냉각수를 복수기에 보내주는 펌프이다.

15 발전 전력량 E[kWh], 연료 소비량 W[kg], 연료의 발열량 C[kcal/kg]일 때 화력 발전의 열효율[%]은?
① $\dfrac{860E}{WC} \times 100$
② $\dfrac{860WC}{E} \times 100$
③ $\dfrac{980E}{WC} \times 100$
④ $\dfrac{WC}{860E} \times 100$

해설 1[kWh]=860[kcal]
발전 전력량(출력) E[kWh]=860 E[kcal]
W(석탄량)[kg] C(발열량)[kcal/kg]
∴ WC(석탄 발열량(입력))[kcal]
∴ 화력 발전소의 열효율 $\eta = \dfrac{출력}{입력} \times 100 = \dfrac{860E}{WC} \times 100$[%]이다.

예답 12. ① 13. ③ 14. ④ 15. ①

16 5700[kcal/kg]의 석탄을 150[t] 소비하여 200,000[kWh]를 발전할 때 발전소의 효율 [%]은?

① 21
② 25
③ 20
④ 30

해설 발전소의 효율 $\eta = \dfrac{출력}{입력} \times 100 = \dfrac{860E}{WC} \times 100 = \dfrac{860 \times 200,000}{150 \times 10^3 \times 5700} \times 100 = 20[\%]$

17 종합 효율 40[%]의 화력 발전소에서 열량 5000[kcal]의 석탄 1[kg]이 발생하는 전력량[kWh]은?

① 5.8
② 12.33
③ 17.5
④ 0.3

해설
E[kWh] : 전력량
$860\,E$[kcal] : 발전 전력량
화력 발전소의 종합 효율 $\eta = \dfrac{출력}{입력} = \dfrac{발전 전력량}{석탄 발열량} = \dfrac{860E}{WC}$

∴ 전력량 $E = \dfrac{WC \times \eta}{860} = \dfrac{1 \times 5000 \times 0.4}{860} = 12.33[\text{kWh}]$

18 발열량 5500[kcal/kg]의 석탄 10[ton]을 연소하여 24,000[kWh]의 전력을 발생하는 화력 발전소의 열효율[%]는 약 얼마인가?

① 26.5
② 33.5
③ 35.5
④ 37.5

해설
E(전력량)[kWh]. $860\,E$(발전 전력량)[kcal].
W(석탄량)[kg]. C(발열량)[kcal/kg]. WC(석탄 발열량)[kcal]

∴ 화력 발전소의 열효율 $\eta = \dfrac{출력}{입력} \times 100 = \dfrac{발전 전력량}{석탄 발열량} \times 100 = \dfrac{860E}{WC} \times 100$
$= \dfrac{860 \times 24,000}{10 \times 10^3 \times 5500} \times 100 = 37.5[\%]$

19 증기압, 증기 온도 및 진공도가 일정할 때에 추기할 때는 추기하지 않을 때 보다 단위 발전량당 증기 소비량과 연료 소비량은 어떻게 변하는가?

① 증기 소비량, 연료 소비량은 다 감소한다.
② 증기 소비량은 증가하고 연료 소비량은 감소한다.
③ 증기 소비량, 연료 소비량은 다 증가한다.
④ 증기 소비량은 감소하고 연료 소비량은 증가한다.

해답 16. ③ 17. ② 18. ④ 19. ②

해설 추기 급수 가열을 하면 추기량 만큼 연료소비량은 감소하고, 회수되는 증기 소비량의 증가로 열효율이 향상된다.

20 화력 발전소에서 가장 큰 손실은?
① 연돌 배출 가스 손실
② 복수기 냉각 후에 빼앗기는 손실
③ 터어빈 및 발전기 손실
④ 소내용 동력

해설 복수식 발전소에서는 복수기 냉각 후에 빼앗기는 손실이 가장 크고, 이는 석탄 열량의 50~60[%]에 달한다. 다음은 연돌 배출 가스 손실로 10[%] 정도이다.

21 복수기 냉각수 관의 재료로 가장 중요한 성질은?
① 열전도
② 내부식성
③ 기계적 강도
④ 마찰 저항

해설 복수기 냉각수관의 재료는 내부식성 이며 침식에 강할 것. 유수의 마찰이 작을 것. 열의 양도체일 것.

22 가스 터어빈의 장점이 아닌 것은?
① 기동 시간이 짧고 부하의 급변에도 잘 견딘다.
② 소형 경량으로 건설비가 싸고 유지비가 적다.
③ 냉각수를 다량으로 필요로 하지 않는다.
④ 열효율이 높다.

해설 가스 터어빈 발전의 장점
① 기동 시간이 짧아 첨두 부하용으로 사용한다.
② 운전 조작이 쉽고, 부하 급변에도 잘 견딘다.
③ 소형 경량으로 건설비가 싸고 유지비가 적다.
④ 냉각수를 다량으로 필요로 하지 않는다.

23 다음 발전소 중에서 첨두 부하용으로 가장 적합한 것은?
① 기력 발전소
② 가스 터어빈 발전소
③ 펌프식 발전소
④ 유입식 발전소

해설 첨두 부하용의 발전소는 가스 터어빈 발전소이다.

해답 20. ② 21. ② 22. ④ 23. ②

03 원자력 공학

2부 전력공학 / 2. 수화력 및 원자력 공학

1 원자로의 종류

(1) 고속 중성자로

핵분열에 의해 생긴 중성자의 에너지는 0.1[Mev]이상이다.
∴ 운전제어가 곤란하고, 위험도도 크며, 고농축 핵연료를 필요로 하므로 연료비가 대단히 많이 든다.

(2) 열 중성자로

핵분열에 의해 생긴 중성자의 에너지를 2[Mev]에서 0.025[Mev]의 열중성자로 저하시키면서 핵반응을 지속하는 원자로를 말한다.

(3) 중속 중성자로

에너지가 1[kev]이하의 중성자에 의해서 핵반응을 하는 로이다. 이는 열 중성자로에 비해서 연료량과 감속량이 적다. 그러나 설비면적이 작아지는 특징이 있다.

2 원자로의 구성

(1) 노심 : 핵 분열을 하는 부분

(2) 핵연료

$_{92}U^{235}$를 0.714[%] 포함하고 있는 천연우라늄 및 고농축 우라늄이 핵연료이다. 또, $_{94}PU^{239}$를 사용하는 증식로도 있다.

(3) 감속재

중성자 흡수가 적고, 탄성 산란에 의해 감속도가 큰 것이 좋으며, 중수, 경수, 산화베릴륨, 흑연 등이 사용된다.

(4) 냉각재

① 탄산가스, 헬륨 등의 기체
② 경수, 중수 등과 같은 물 또는 나트륨액체, 금속유체를 말한다.

(5) 제어봉

핵분열의 연쇄 반응을 제어한다. 이는 B(붕소), cd(카드뮴), Hf(하프늄)과 같은 중성자 흡수 단면적이 큰 재료로 만든다.

(6) 반사체

중성자의 누설을 방지하기 위해서 베릴륨 혹은 흑연과 같이 중성자로 잘 산란 시키는 재료로 반사체를 설치한다. 재료로 반사체를 설치한다.

(7) 차폐재

원자로 내의 방사선이 외부로 빠져나가는 것을 방지하는 것으로 열차폐(철판이 좋다)와 생체차폐(콘크리트가 널리 사용된다)가 있다.

3 원자력 발전소

대부분이 열 중성자로 이며 $_{92}U^{235}$, $_{94}PU^{239}$등에 열중성자를 충돌시켜 핵분열 반응을 일으켜서 방출되는 에너지에 의해서 증기를 발생하게 하여, 증기 터어빈을 구동시켜서 전력을 얻는 형식이다.

[적중예상문제]

01 다음 사항은 일반적으로 원자력 발전소와 화력 발전소의 특성을 비교한 것이다. 이들 중 틀리게 기술된 것은?

① 원자력 발전소는 화력 발전소의 보일러 대신 원자로와 열교환기를 사용.
② 원자력 발전소의 단위 출력당 건설비가 화력 발전소에 비하여 싸다.
③ 동일 출력일 경우 원자력 발전소의 터어빈이나 복수기가 화력 발전소에 비하여 대형.
④ 원자력 발전소는 방사능에 대한 차례 시설물에 대한 투자가 필요.

해설 일반적인 원자력 발전소와 화력 발전소의 특성 비교
① 원자력 발전소는 화력 발전소의 보일러 대신 원자로와 열교환기를 사용한다.
② 동일 출력일 경우 원자력 발전소의 터어빈과 복수기는 화력 발전소에 비하여 대형이다.
③ 원자력 발전소는 방사능의 시설물 등 단위 출력당 건설비가 화력 발전소에 비하여 비싸다.

02 원자력 발전의 특징에 해당되지 않는 것은?

① 연료를 소비하는 동시에 새로운 연료를 생성시킨다.
② 소비 연료량이 적어 연료의 수송 및 저장이 용이하다.
③ 방사선 장해를 막아야 한다.
④ 기력 발전보다 총 기관의 지름이 작아진다.

해설 원자력 발전의 특징
① 연료 소비량이 적어 수송 및 저장이 용이
② 핵분열로 새로운 연료를 생성
③ 방사선 장해를 막아야 한다.

03 다음 원소 중 열중성자 흡수 단면적이 가장 큰 것은?

① $_{94}PU^{239}$ ② $_{92}U^{235}$
③ $_{92}U^{233}$ ④ $_{92}U^{239}$

해답 1. ② 2. ④ 3. ①

해설
$_{94}Pu^{239}$의 흡수 단면적 1029(barn)
$_{92}U^{239}$의 흡수 단면적 2.75(barn)
$_{92}U^{235}$의 흡수 단면적 687(barn)
$_{92}U^{233}$의 흡수 단면적 583(barn)

04 중성자의 수명이란?
① 감속 시간
② 핵분열시 생긴 중성자가 열중성자까지 감속되는 시간
③ 감속 시간과 확산 시간의 합계
④ 반감기

해설 중성자의 수명시간= 감속시간+확산시간 이다.

05 원자로에서 열중성자를 U^{235}핵에 흡수시켜 연쇄 반응을 일으키게 함으로서 열에너지를 발생시키는데, 그 방아쇠 역할을 하는 것이 중성자원이다. 다음 중 중성자를 발생시키는 방법이 아닌 것은?
① α입자에 의한 방법   ② β입자에 의한 방법
③ 양자에 의한 방법   ④ γ선에 의한 방법

해설 중성자를 발생시키는 방법
① α입자에 의한 방법
② γ선에 의한 방법
③ 양자 또는 중성자에 의한 방법이 있다.

06 원자로에서 고속 중성자를 열중성자로 만들기 위하여 사용되는 재료는?
① 제어재   ② 감속재
③ 반사재   ④ 냉각재

해설 원자로에서 고속 중성자를 열 중성자로 만들기 위하여 사용되는 재료가 감속재이다.
감속 재료는 감속능(slowing down power)과 감속비가 큰 경수, 중수, 흑연, 산화베릴륨 등이 사용된다.

07 원자로의 중성자 감속재(moderator)가 갖추어야 할 조건이 아닌 것은?
① 원자의 질량이 클 것
② 충돌 후에 갖는 에너지의 평균차가 클 것
③ 감속비가 클 것
④ 감속 능력이 클 것

해답 4. ③ 5. ② 6. ② 7. ①

해설
감소재(moderator)가 갖추어야 할 조건
① 감속능과 감속비가 클 것
② 중성자 흡수 단면적이 작을 것
③ 중성자 충돌 확률이 높을 것

08 감속재에 관한 설명 중 옳지 않은 것은?
① 중성자 흡수 면적이 클 것
② 원자량이 적은 원소이어야 한다.
③ 감속능력과, 감속비가 클 것
④ 감속재료는 경수, 중수, 흑연 등이 사용.

해설 감속재의 성질
① 중성자 흡수 단면적이 작을 것
② 감속능과 감속비가 클 것
③ 감속 재료는 경수, 중수, 흑연, 산화베릴륨 등이 사용된다.

09 다음 중 감속재로 가장 적당하지 않은 것은?
① 중수   ② 경수
③ 산화 베릴륨   ④ 무기 화합물

해설 감속재는 감속능과 감속비가 클수록 우수하며 경수, 중수, 산화베릴륨, 흑연 등이 사용된다.

10 감속재의 온도 계수란?
① 감속재의 시간에 대한 온도 하강률
② 반응에 아무런 영향을 주지 않는 계수
③ 감속재의 온도 1[°C] 변화에 대한 반응도의 변화
④ 열중성자로에서 양(+)의 값을 갖는 계수

해설
감속재의 온도계수 $a = \dfrac{d\rho}{dT}$ 로서 ρ(반응도), T(온도)이다.
즉, 감속재의 온도 1[°C] 변화(dT)에 대한 반응도의 변화($d\rho$)를 감속재 온도계수라 한다.

11 원자로의 냉각제가 갖추어야 할 조건 중 옳지 않은 것은?
① 열용량이 작을 것
② 중성자의 흡수 단면적이 작을 것
③ 중성자의 흡수 단면적이 큰 불순물을 포함하지 않을 것
④ 냉각재와 접촉하는 재료를 부식하지 않을 것

해답 8. ① 9. ④ 10. ③ 11. ①

해설 원자로의 냉각재가 갖추어야 할 조건
① 중성자의 흡수 단면적이 작을 것
② 냉각제와 접촉하는 재료를 부식하지 않을 것
③ 열 용량이 클 것
④ 냉각 재료는 기체(탄산가스, 헬륨), 물(중수, 경수), 액체(나트륨), 금속유체 등이다.

12 원자로의 중성자 수를 적당히 유지하고 노의 출력을 제어하기 위한 재어재로서 적합하지 않은 것은?
① 하프늄　　② 카드뮴
③ 붕소　　　④ 플루토늄

해설 원자로에서 중성자의 수를 적당히 유지하고(줄인다.) 노의 출력을 제어하기 위한 제어재에는 B(붕소), Cd(카드뮴), Hf(하프늄), 은합금 등이 있다.

13 다음 물질 중 제어 재료로 사용되는 것은?
① 하프늄　　② 스테인레스강
③ 경수　　　④ 나트륨

해설 원자로 내의 중성자수를 적당히 유지하고 노의 출력을 제어하기 위한 재료로 중성자 흡수 단면적이 큰 재료인 B(붕소), Hf(하프늄), Cd(카드뮴), 은합금 등이 사용된다.

14 다음에서 가압 수형 원자력 발전소에서 사용하는 연료, 감속재 및 냉각재로 적당한 것은?
① 농축 우라늄, 중수 감속, 경수 냉각
② 천연 우라늄, 흑연 감속, 이산화탄소 냉각
③ 저농축 우라늄, 경수 감속, 경수 냉각
④ 저농축 우라늄, 흑연 감속, 경수 냉각

해설 가압 수형 원자력 발전소에 사용되는 연료 ⇒ 저농축 우라늄, 감속재 ⇒ 경수, 냉각재 ⇒ 경수 등등이다.

15 γ선 또는 중성자 등의 방사선을 차폐하기 위하여 가장 좋은 물질은?
① 중성자 흡수 단면적이 작은 물질　② 비열이 높은 물질
③ 밀도가 높은 물질　　　　　　　　④ 밀도가 낮은 물질

해설 γ선 또는 중성자 등의 방사선을 차폐하기 위한 물질은 납, 철, 콘크리트가 널리 사용되며 원자번호가 크고, 밀도가 높은(큰) 금속 물질이 적당하다.

예답 12. ④　13. ①　14. ③　15. ③

16 방사선 방호의 기본 원칙에 들지 않는 것은?
① 차폐   ② 거리
③ 장비   ④ 시간

해설 방사선 보호(방호)의 기본 3원칙 : 거리. 차폐. 시간 이다.

17 증식비가 1보다 큰 원자로는?
① 경수로   ② 고속 중성자로
③ 흑연로   ④ 중수로

해설 고속 중성자로의 증식비는 1.1~1.4 정도이다.

18 P.W.R(Pressurized water reactor)형 발전용 원자로의 감속재 및 냉각재는?
① 경수(H_2O)   ② 중수(D_2O)
③ 아연   ④ 액체 금속(Na)

해설 ① P.W.R(가압수형)형 원자로의 연료는 저농축 우라늄, 감속재와 냉각재는 경수(H_2O)이다.
② B.W.R(비등수형)형 원자로의 연료는 농축 우라늄이다. 냉각재로 경수를 사용하며 물을 로 내에서 직접 비등 시킨다.

19 다음 경수로의 특징 중 옳지 않은 것은?
① 경수는 입수가 용이하고 취급하는 기술 경험이 풍부하다.
② 경수는 중성자의 흡수 단면적이 작으므로 연료로 농축 우라늄을 사용할 수가 없다.
③ 경수는 감속 능력이 크고, 열 전달성이 좋은 까닭에 노를 소형으로 할 수 있다.
④ 부($-$)의 온도 계수를 가지고, 또 고유의 자기 제어성이 있다.

해설 경수는 중성자의 흡수 단면적이 적고, 탄성 산란에 의해서 감속되는 정도가 크고, 감속능과 감속비가 크므로 감속재로서 우수하다.
∴ 연료로는 농축 우라늄을 사용한다.

20 핵연료가 가져야 할 특성이 아닌 것은?
① 강도가 높아야 한다.   ② 낮은 열전도율을 가져야 한다.
③ 방사선에 안정하여야 한다. ④ 부식에 강해야 한다.

정답 16. ③ 17. ② 18. ① 19. ② 20. ②

제 03 장 원자력 공학

해설 핵연료가 가져야 할 성질.
① 방사선에 안정
② 낮은 열 전도율
③ 융점이 높을 것

21 원자로에서 독작용이란 것을 설명한 것 중 옳은 것은?
① 열중성자가 독성을 받는 현상을 말한다.
② $_{54}X^{135}$와 $_{62}S^{149}$가 인체에 독성을 주는 작용이다.
③ 열중성자 이용률이 저하되고 반응도가 감소되는 작용을 말한다.
④ 방사성 물질이 생체에 유해한 작용을 하는 것을 말한다.

해설 원자로에서 독작용이란 원자로의 연료내에 축적된 핵분열 생성물질이 열 중성자의 이용률을 저하시키고 반응도를 감소시키는 작용을 말한다.

22 원자로에서 카드뮴(Cd) 막대기가 하는 일을 옳게 설명한 것은?
① 원자로내의 중성자를 공급한다.
② 원자로내의 중성자의 운동을 느리게 한다.
③ 원자로내의 중성자의 수를 감소시켜 핵분열의 연쇄 반응.
④ 원자로내의 핵분열을 일으킨다.

해설 원자로에서 Cd(카드뮴) 막대기는 원자로 내의 중성자를 공급한다.

해답 21. ③ 22. ①

제 3 부

전기기기

제1장	직 류 기
제2장	변 압 기
제3장	유 도 기
제4장	동 기 기
제5장	교류 정류자기 및 정류기

직류기

3부 전기기기

1 직류기

(1) 직류기의 구조

① 전기자 : 0.35~0.5[mm]의 규소강판을 성층사용 규소함유량은 1~3.5[%]이다.
② 계자 : 0.8~1.6[mm]의 연강판을 성층사용 공극은 3~8[mm]. 공극부분의 자기저항은 제일 크다.
③ 정류자 : 정류자 지름은 전기자 지름에 70~75[%]이며 경동의 정류자편은 운모로 절연, 정류자 편간의 최고전압은 20[V]이다.
④ brush 종류 및 특성
  ㉠ 탄소 brush : 고전압. 저 전류용(제일 많이 사용)
  ㉡ 금속흑연 brush : 저전압. 대전류용이다.
  ㉢ 전기흑연 brush
  ㉣ brush의 성질
    ⓐ 접속저항이 크다.
    ⓑ 전기저항이 작다.
    ⓒ 기계적강도가 크다.
  ㉤ brush의 기울기
    ⓐ 일정방향의 기계 : 회전방향으로 30°~35° 역방향으로 10°~15°
    ⓑ 회전방향이 바꾸어지는 기계는 수직이다.
  ㉥ brush 압력 : 보통은 0.15~0.25[kg/cm^2]. 전철용은 0.35~0.4[kg/cm^2]이다.

(2) 전기자 권선법
① 환상권
② 고상권 : ┌ 개로권
           └ 폐로권 ┌ 단층권
                   └ 2층권 ┌ ① 중권
                           └ ② 파권

㉠ 중권
ⓐ 병렬권이다.
ⓑ 저전압 대전류용이다.
ⓒ 균압선이 필요하다.
ⓓ 병렬회로수(a)=극수(p)=brush수($a=p$)

③ 파권
㉠ 직렬권이다.
㉡ 고전압, 저전류용이다.
㉢ 균압선이 필요없다.
㉣ 병렬회로수 (a)=극수 (p)=brush수 ($a=2$)

(3) 전기자 반작용
① 전기적인 중성축이 이동한다.
② 주자속이 감소한다.
③ flash over 현상이 생긴다.
④ 전기자의 기자력
㉠ AT_d(전기자 감자기자력) $= \dfrac{Z}{2p} \times \dfrac{I_a}{a} \times \dfrac{2\alpha}{180}$ [AT/극]

($\alpha = 18° \sim 20°$정도. 2α(감자작용)내의 전기자 반작용 : 보극설치 방지)

㉡ AT_c(전기자 교차기자력) $= \dfrac{Z}{2p} \times \dfrac{I_a}{a} \times \dfrac{\beta}{180}$ [AT/극]

(2α외(전기자 전반)에 반작용으로 보상권선을 설치 방지한다.)

⑤ 보극과 보상권선
㉠ 보극 : 주자극 사이에 보극을 설치, 전기자 권선과 직렬연결 2α내 전기자 반작용을 방지한다.
㉡ 보상권선 : 주자극편의 slot에 전기자 권선과 동일한 권선으로 전기자와 직렬로 연결 전기자 전반의 반작용을 방지한다.

(4) 정류작용

① 이상정류(직선정류) : brush와 정류자편 사이에 접속저항만에 의한 정류이다.
② 과정류 : brush 전단부분에 불꽃이 발생. 정류가 빠르다.
③ 부족정류 : brush 후단 부분에 불꽃이 발생. 정류가 늦다.
④ 코일의 평균 리액턴스전압 : $e = -L\dfrac{di_{(t)}}{dt} = -L\dfrac{2I_c}{T_c}[V]$

$$T_c(\text{정류주기}) = \dfrac{b-\delta}{V_c} = 0.002 \sim 0.0008[\sec]$$

$$V_c(\text{주변속도}) = \dfrac{l}{t} = \dfrac{2\pi r}{t} = \pi D n [\text{m/sec}]$$

δ(마이카 두께)

2 직류발전기

(1) 직류발전기의 종류

① 자석 발전기
② 타여자 발전기
③ 자여자 발전기
  ㉠ 직권 발전기
  ㉡ 분권 발전기
  ㉢ 복권 발전기
    ⓐ 차동복권 발전기(내분권 발전기)
    ⓑ 가동복권 발전기(외분권 발전기)

(2) $V = E - I_a r_a [V]$

$E = V + I_a r_a = \dfrac{P}{a} Z n \phi [V]$

(3) 무부하 포화곡선($E \to I_f$의 관계곡선)

외부 특성곡선($V \to I$의 관계곡선)

3 직류 전동기

(1) 직류 전동기의 종류

① 타여자 전동기
② 직권 전동기
③ 분권 전동기
④ 복권 전동기
  ㉠ 가동복권 전동기
  ㉡ 차동복권 전동기

(2) $V = E + I_a r_a$ [V]

$$E = V - I_a r_a = \frac{P}{a} Zn\phi = kn\phi \text{[V]}$$

$$N(\text{전동기 속도}) = \frac{V - I_a r_a}{K\phi} \text{[rpm]}$$

$$T(\text{Torque}) = \frac{PZ}{2\pi a} \phi I_a = K_1 \phi I_a \text{[N.m]} = \frac{1}{9.8} K_1 \phi I_a \text{[kg.m]}$$

(3) 직류전동기 속도제어

① 계자 제어법 = ϕ를 변화 속도를 제어하는 법
② 저항 제어법 = 전기자에 직렬저항 접속, 속도를 제어하는 법
③ 전압 제어법 = V 변환 속도 제어법
  종류 : 워어드레오나드 방식, 일그너 방식

(4) 직류전동기 제동법

① 발전제동
② 회생제동 = 위치 에너지로 전동기를 발전기로 동작. 제동하는 법
③ 역전제동 = 전기자 전류와 Torque를 반대로 하여 제동하는 법

(5) 직류발전기와 직류전동기의 효율

$$\text{발전기 효율}(\eta) = \frac{\text{출력}}{\text{입력}} \times 100 = \frac{\text{출력}}{\text{출력} + \text{손실}} \times 100$$

$$\text{전동기 효율}(\eta) = \frac{\text{출력}}{\text{입력}} \times 100 = \frac{\text{입력} - \text{손실}}{\text{입력}} \times 100$$

[적중예상문제]

01 전기 기계에 있어서 히스테리시스손을 감소시키기 위하여 어떻게 하는 것이 좋은가?
① 성층철심 사용　　　　② 규소강판 사용
③ 보극 설치　　　　　　④ 보상권선 설치

해설 철손 = 히스테리시스손(P_h) + 와류손(P_e)이다.
P_h(히스테리시스손) = $\eta f B_m^{1.6}$[w/kg]로서 철손의 70~80[%]를 차지한다.
방지책 : 규소함유량 1~3.5[%]에 규소강판을 사용, 감소시키고
P_e(와류손) = $\eta(ftK_fB_m)^2$[w/kg]로서 철손에 20~30[%]를 차지한다.
방지책 : 0.35~0.5[mm]의 규소강판을 성층하여 와류손을 적게 한다.

02 정류자면에 대한 브러쉬의 압력은 몇[kg/cm²]인가?
① 5　　　　　　　　② 0.5~1.0
③ 1~3　　　　　　　④ 0.15~0.25

해설 직류기에서 정류자면에 대한 brush의 압력은 보통 0.15~0.25[kg/cm²].
전철용 : 0.35~0.4[kg/cm²]이다.

03 다음의 권선법 중에서 직류기에 주로 사용되는 것은?
① 폐로권, 고상권, 이층권　　② 폐로권, 환상권, 이층권
③ 개로권, 환상권, 단층권　　④ 개로권, 고상권, 이층권

해설 직류기의 전기자 권선은 고상권(폐회로권)→2층권→중권과 파권을 사용한다.

04 직류기의 권선을 단중 파권으로 감으면?
① 내부 병렬 회로수가 극수만큼 생긴다.
② 저전압 대전류용 권선이다.
③ 내부 병렬 회로수는 극수에 관계없이 언제나 2이다.
④ 균압환을 반드시 연결해야 한다.

예답 1. ② 2. ④ 3. ① 4. ③

해설 단중파권은 직렬권으로서 병렬회로수 = 극수($a=p=2$)이다.
고전압, 저전류 용으로서 균압선이 필요하지 않다

05 직류기의 다중 중권 권선법에서 전기자 병렬 회로수 a와 극수 p사이에는 어떤 관계가 있는가? (단, 다중도는 m이다.)
① $a=2$
② $a=mp$
③ $a=p$
④ $a=2m$

해설 직류기에서 단중 중권인 경우, 병렬회로수(a)와 극수(p)사이에는 $a=p$이고,
다중 중권인 경우는 $a=mp$이다.

06 정현 파형의 회전 자계 중에 정류자가 있는 회전자를 놓으면 각 정류자편 사이에 연결되어 있는 회전자 권선에는 크기가 같고 위상이 다른 전압이 유기된다. 정류자 편수를 K라 하면 정류자편 사이의 위상차는?
① π/K
② $2\pi/K$
③ K/π
④ $K/2\pi$

해설 정류자는 $2\pi(360°)$이다.
정류자 편수를 K라면 정류자 편 사이에 위상각은 $\frac{2\pi}{K}$이다.

07 매극 유효자속 0.035[wb], 전기자 총도체수 152인 4극 중권 발전기를 매분 1200회의 속도로 회전할 때의 기전력[V]을 구하면?
① 약 106
② 약 86
③ 약 66
④ 약 53

해설 중권 발전기 이므로 $a=p=4$이다.
$E=\frac{p}{a}Zn\phi=\frac{4}{4}\times 152\times \frac{1200}{60}\times 0.035 = 106.4[V]$

08 직류 발전기의 극수가 10이고, 전기자 도체수가 500이며, 단중 파권일 때 매극의 자속수가 0.01[wb]이면 600[rpm]때의 기전력[v]은?
① 150
② 250
③ 211
④ 300.9

해설 파권 발전기 이므로 $a=2$(일정)이다.
$E=\frac{p}{a}Zn\phi=\frac{10}{2}\times 500\times \frac{600}{60}\times 0.01 = 250[V]$

5. ② 6. ② 7. ① 8. ②

09 전기자 도체의 총수 400, 10극 단중 파권으로 매극의 자속수가 0.02[wb]인 직류 발전기가 1200[rpm]의 속도로 회전할 때, 그 유도 기전력[V]은?

① 125　　　　　② 750
③ 800　　　　　④ 700

해설 단중 파권의 직류 발전기 이므로 $a=2$이다.
$E = \dfrac{p}{a}Zn\phi = \dfrac{10}{2} \times 400 \times \dfrac{1200}{60} \times 0.02 = 800[V]$

10 직류 발전기에서 기하학적 중성축과 a[rad]만큼 브러쉬의 위치가 이동되었을 때 극당 감자 기자력은 몇 [AT]인가? (단, 극수 p, 전기자 전류 I_a, 전기자 도체수 Z, 병렬 회로수 a이다.)

① $\dfrac{I_a Z}{2pa} \cdot \dfrac{a}{180}$　　　　② $\dfrac{2pa}{I_a Z} \cdot \dfrac{a}{180}$

③ $\dfrac{2pa}{I_a Z} \cdot \dfrac{2a}{180}$　　　　④ $\dfrac{I_a Z}{2pa} \cdot \dfrac{2a}{180}$

해설 전기자 감자 기자력 $AT_d = \dfrac{Z}{2p} \times \dfrac{I_a}{a} \times \dfrac{2a}{180}$ [AT/극]

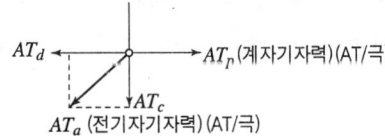

11 직류기의 전기자 기자력 중에서 감자 기자력 및 교차 기자력이 있다. 여기서, 자극 단에 작용하는 교차 기자력[AT/극]을 표시한 것 중에서 맞는 것은? (단, 여기 ϕ는 $\dfrac{극호}{자극절}$, Z는 전도체수, a는 병렬 회로 수, p는 극수, a는 브러쉬의 이동각[rad], β는 $\pi - 2a$, I_a는 전기자 전류[A]이다.)

① $\dfrac{ZI_a}{2ap} \cdot \dfrac{2a}{\pi}$　　　　② $\dfrac{ZI_a}{2ap} \phi$

③ $\dfrac{ZI_a}{2ap} \phi \cdot \dfrac{\beta}{\pi}$　　　　④ $\dfrac{ZI_a}{2ap}$

해설 전기자 교차 기자력 $AT_c = \dfrac{Z}{2p} \times \dfrac{I_a}{a} \times \phi \times \dfrac{\beta}{\pi}$ [AT/극]

예답 9. ③　10. ④　11. ③

12 직류 발전기의 전기자 반작용을 설명함에 있어서 그 영향을 없애는 데 가장 유효한 것은?
① 보상권선   ② 탄소 브러쉬
③ 균압환   ④ 보극

해설 보극은 중성축 부근의 전기자 반작용을 없애는데 유효하나 전기자 전반의 전기자 반작용을 없애는 데는 보상권선이 더 유효하다.

13 보극이 없는 직류 발전기는 부하의 증가에 따라서 브러쉬의 위치는?
① 그대로 둔다.   ② 회전 방향과 반대로 이동
③ 회전 방향으로 이동   ④ 극의 하단에 놓는다.

해설 보극이 없는 발전기에 부하가 걸리면 전기자 반작용 때문에 중성축의 위치가 회전방향으로 이동하므로 그 위치에 brush를 옮겨 놓아야 한다.

14 직류 분권 발전기를 서서히 단락 상태로 하면 다음 중 어떠한 상태로 되는가?
① 과전류로 손실된다.   ② 소전류가 흐른다.
③ 과전압이 된다.   ④ 운전이 멎는다.

해설 직류분권 발전기가 서서히 단락상태가 되면 단자전압이 감소되어 소전류가 흐른다.

15 포화하고 있지 않은 직류 발전기의 회전수가 $\frac{1}{2}$로 감소되었을 때 기전력을 전과 같은 값으로 하자면 여자를 속도 변화 전에 비해 얼마로 해야 하는가?
① $\frac{1}{2}$배   ② 0.5배
③ 2배   ④ 4배

해설 직류발전기에서 $E = \frac{p}{a} Zn\phi = Kn\phi$[V]에서 $N' = \frac{1}{2}n$으로 할 때 $\phi' = 2\phi$가 되어야만이 변화 전후 E[V]가 서로 같다.

16 타여자 발전기가 있다. 여자 전류 2[A]로 매분 600회전 할 때 120[v]의 기전력을 유기한다. 여자 전류 2[A]는 그대로 두고 매분 500회전 할 때의 유기 기전력은 얼마인가?
① 100   ② 111
③ 120   ④ 149.9

예답 12. ① 13. ③ 14. ② 15. ③ 16. ①

해설 타여자 발전기 $I_f \fallingdotseq \phi$[A]

$E = \frac{p}{a} Z n \phi = K N \phi \fallingdotseq N$ [600 rpm] … ①

$E' = \frac{p}{a} Z n' \phi = K N' \phi \fallingdotseq N'$ [500 rpm] … ②에서

500[rpm]일 때의 유기 기전력 $E' = \frac{N'}{N} \times E = \frac{500}{600} \times 120 = 100$[V]

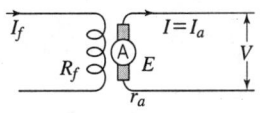

17 직류 분권 발전기의 무부하 포화 곡선이 $V = \frac{940 i_f}{33 + i_f}$ 이고, i_f는 계자 전류[A], V는 무부하 전압[V]으로 주어질 때 계자 회로의 저항이 20[Ω]이면 몇 [V]의 전압이 유기되는가?

① 140   ② 280
③ 169   ④ 333

해설 직류 분권 발전기의 무부하 포화곡선에서 계자저항 20[Ω]에 전압 $V = 20 i_f$

∴ $i_f = \frac{V}{20}$[A]를 포화곡선식에 대입 하면

$V = \frac{940 i_f}{33 + i_f} = \frac{940 \times \frac{V}{20}}{33 + \frac{V}{20}} = \frac{940 V}{33 \times 20 + V}$

∴ $660 V + V^2 = 940 V$
∴ $V^2 = 280 V$
∴ $V = 280$[V]

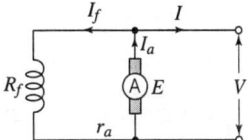

18 정격 속도로 회전하고 있는 무부하의 분권 발전기가 있다. 계자 권선의 저항이 50[Ω], 계자 전류 2[A], 전기자 저항 1.5[Ω]일 때, 유기 기전력[V]은?

① 90   ② 188
③ 103   ④ 106

해설 무부하시 분권 발전기에서는 $I_a = I_f$[A]이다.
단자전압 $V = I_f R_f = 2 \times 50 = 100$[V]
∴ $E = V + I_a r_a = I_f R_f + I_f r_a$
    $= 2 \times 50 + 2 \times 1.5 = 103$[V]

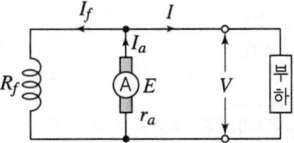

19 유기 기전력 210[V], 단자 전압 200[V], 5[kw]인 분권 발전기의 계자 저항이 500[Ω]이면, 그 전기자 저항[Ω]은?

① 0.2   ② 0.8
③ 1.4   ④ 0.4

17. ② 18. ③ 19. ④

해설 분권 발전기에 전기자 전류

$$I_a = I + I_f = \frac{p}{V} + \frac{V}{R_f} = \frac{5000}{200} + \frac{200}{500} = 25.4[A]$$

$$\therefore V = E - I_a r_a [V] \quad \therefore I_a r_a = E - V[V]$$

$$\therefore r_a = \frac{E - V}{I_a} = \frac{210 - 200}{25.4} \fallingdotseq 0.4[\Omega]$$

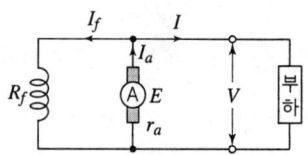

20 무부하에서 119[V]되는 분권 발전기의 전압 변동율이 6[%]이다. 정격 전 부하 전압 [V]은?

① 11　　② 12.9
③ 112.3　　④ 125.3

해설 무부하 전압(V_o) = 유기 기전력(E) = 119[V]

$$\varepsilon = \frac{V_o - V_n}{V_n} = \frac{V_o}{V_n} - 1$$

$$\therefore \frac{V_o}{V_n} = 1 + \varepsilon$$

$$\therefore V_n(\text{정격 전압}) = \frac{V_o}{1 + \varepsilon} = \frac{119}{1 + 0.06} = 112.3[V]$$

21 직류 복권 발전기를 병렬 운전할 때 반드시 필요한 것은?
① 과부하 계전기　　② 균압선
③ 용량이 다를 것　　④ 외부 특성 곡선이 일치할 것

해설 균압선의 목적은 안전한 병렬운전을 위한 것으로 직류 직권발전기. 복권발전기에는 반드시 필요하다.

22 2대의 직류 발전기를 병렬 운전하여 부하에 100[A]를 공급하고 있다. 각 발전기의 유기 기전력과 내부 저항이 각각 110[V], 0.04[Ω] 및 112[V], 0.06[Ω]이다. 각 발전기에 흐르는 전류[A]는?

① 10, 40　　② 20, 80
③ 70, 70　　④ 40, 60

해설 병렬운전 부하전류 $100 = I_1 + I_2$

$$\therefore I_1 = 100 - I_2 \cdots ①$$

병렬회로 전압 $V_1 = V_2$, $E_1 - I_1 R_1 = E_2 - I_2 R_2$에 상식을 대입

$$\therefore E_1 - (100 - I_2)R_1 = E_2 - I_2 R_2$$

$$110 - (100 - I_2)0.04 = 112 - 0.06 I_2$$

$$\therefore I_2 = 60[A] \text{ 를 ①식에 대입 } I_1 = 100 - 60 = 40[A]$$

예답 20. ③　21. ②　22. ④

23 직류 전동기에 전기자 전도체수 Z, 극수 p, 전기자 병렬 회로수 a, 1극당의 자속 ϕ[wb], 전기자 전류가 I_a[A]일 경우, 토오크[N·m]를 나타내는 것은?

① $\dfrac{aZ\phi I_a}{\pi}$ ② $\dfrac{pZ\phi I_a}{2\pi a}$

③ $\dfrac{apZI_a}{2\pi\phi}$ ④ $\dfrac{4apZ\phi}{2\pi I_a}$

해설 단중 중권 병렬회로수 $a=p$이고, 단중파권인 경우 병렬회로수 $a=2$이다.
$1[kg.m] = 9.8[N.m]$ $p=EI_a=wT[w]$

∴ $T(\text{Torque}) = \dfrac{EI_a}{w} = \dfrac{\dfrac{p}{a}Zn\phi I_a}{2\pi n} = \dfrac{pZ}{2\pi a}\phi I_a[\text{N.m}]$

24 직류 분권 전동기가 있다. 총도체수 100, 단중 파권으로 자극수는 4, 자속수 3.14[wb], 부하를 가하여 전기자에 5[A]가 흐르고 있으면 이 전동기의 토오크[N·m]는?

① 455   ② 450
③ 500   ④ 650

해설 단중파권 이므로 병렬회로수 $a=2$
∴ $T = \dfrac{pZ}{2\pi a}\phi I_a = \dfrac{4\times 100}{2\pi\times 2}\times 3.14\times 5 = 500[\text{N.m}]$

25 직류분권 전동기가 있다. 단자 전압 215[v], 전기자 전류 150[A], 1500[rpm]으로 운전되고 있을 때 발생 토오크[N·m]는 얼마인가? (단, 전기자 저항은 0.1[Ω]이다.)

① 약 20.5   ② 약 22.4
③ 약 191   ④ 약 291

해설 직류분권 전동기에
$E = V - I_a r_a = 215 - 150\times 0.1 = 200[V]$
∴ $P = EI_a = wT[w]$
∴ $T = \dfrac{EI_a}{w} = \dfrac{200\times 150}{2\pi\times\dfrac{1500}{60}} = 191[\text{N.m}]$

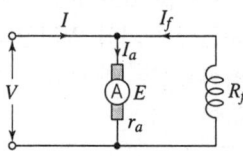

26 직류 분권 전동기가 있다. 단자 전압 215[v], 전기자 전류 50[A], 1500[rpm]으로 운전되고 있을 때 발생 토오크[N·m]는 얼마인가? (단, 전기자 저항은 0.1이다.)

① 6.6   ② 77.9
③ 6.9   ④ 66.9

해답 23. ② 24. ③ 25. ③ 26. ④

해설

$1[\text{kg.m}] = 9.8[\text{N.m}]$, 직류분권 전동기에서
$E = V - I_a r_a = 215 - 50 \times 0.1 = 210[\text{v}]$
$P = EI_a = wT[\text{w}]$

$\therefore T = \dfrac{p}{w} = \dfrac{EI_a}{2\pi n} = \dfrac{210 \times 50}{2 \times 3.14 \times \dfrac{1500}{60}} = 66.9[\text{N.m}]$

---

27 출력 3[kw], 1500[rpm]인 전동기의 토오크[kg·m]는?
① 1.5 ② 2
③ 3.9 ④ 10

해설

$1[\text{kg.m}] = 9.8[\text{N.m}]$, $P = EI_a = wT[\text{w}]$

$\therefore T = \dfrac{p}{w}[\text{N.m}] = \dfrac{1}{9.8} \times \dfrac{p}{w}[\text{kg.m}]$

$= \dfrac{1}{9.8} \times \dfrac{p \times 10^3}{2\pi \dfrac{N}{60}} = 975\dfrac{p}{N} = 975 \times \dfrac{3}{1500} = 1.95[\text{kg.m}]$

---

28 직류 전동기의 역기전력이 200[v], 매분 1200 회전으로 토오크 16.2[kg·m]를 발생하고 있을 때의 전기자 전류는 몇 [A]인가?
① 122 ② 100
③ 200 ④ 60

해설

$1[\text{kg.m}] = 9.8[\text{N.m}]$, $P = EI_a = wT[\text{w}]$

$\therefore I_a = \dfrac{wT}{E} = \dfrac{9.8 \times 2\pi \times \dfrac{N}{60} T}{E} = \dfrac{1.026NT}{E} = \dfrac{1.026 \times 1200 \times 16.2}{200}$

$= 99.7 \fallingdotseq 100[\text{A}]$

---

29 정격 부하를 걸고 16.3[kg.m]의 토오크를 발생하여 600[rpm]으로 회전하는 어떤 직류 분권 전동기의 역기전력이 50[v]라고 한다. 그 전류[A]는 얼마인가?
① 약 1.1 ② 약 211.5
③ 약 125.3 ④ 약 200

해설

$1[\text{kg.m}] = 9.8[\text{N.m}]$, $P = EI_a = wT[\text{w}]$

$\therefore I_a = \dfrac{wT}{E} = \dfrac{9.8 \times 2\pi \dfrac{N}{60} \times T}{E} = \dfrac{1.026NT}{E} = \dfrac{1.026 \times 600 \times 16.3}{50}$

$= 200.88 \fallingdotseq 200[\text{A}]$

---

27. ② 28. ② 29. ④

30 직류 분권 전동기에서 전기자 회로의 전저항을 $r[\Omega]$, 전압 $V[v]$에서 $I_a[A]$의 부하 전류가 흐르고 있을 때 회전수 $n[rpm]$이었다. 무 부하 때의 속도는 몇 $[rpm]$인가? (단, 포화현상은 무시한다.)

① $\dfrac{nV}{V-r_aI_a}$ ② $\dfrac{n(V-rI_a)}{V-1}$

③ $n(V-rI_a)$ ④ $\dfrac{1}{V-rI_a}$

해설 정격 부하시 직류분권 전동기의 단자전압 $V=E+I_ar_a[v]$

$\therefore E=V-I_ar_a=\dfrac{p}{a}Zn\phi=Kn\phi[v]$

$\therefore K\phi=\dfrac{V-I_ar_a}{n}$ ... ①

무 부하시 $E\fallingdotseq V=\dfrac{p}{a}Zn'\phi=Kn'\phi[v]$

$\therefore n'(\text{무 부하시 속도})=\dfrac{E}{K\phi}=\dfrac{V}{\dfrac{V-I_ar_a}{n}}=\dfrac{nV}{V-I_ar_a}[rpm]$

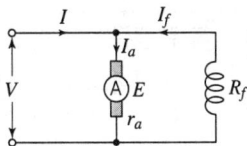

31 회전수 $N[rpm]$으로 단자 전압이 $E_t[v]$일 때, 정격 부하에서 $I_a[A]$의 전기자 전류가 흐르는 직류 분권 전동기의 전기자 저항이 $R_a[\Omega]$이라고 한다. 이 전동기를 같은 전압으로 무부하 운전할 때 그 속도 $N'[rpm]$는? (단, 그 전기자 반작용 및 자기 포화 현상 등은 일체 무시한다.)

① $\dfrac{N}{E_t+I_aR_a}$ ② $(\dfrac{E_t}{E_t-I_aR_a})N$

③ $(\dfrac{E_t-I_a}{E_t})N$ ④ $(\dfrac{E_t+I_aR_a}{E_t})N-1$

해설 정격 부하시 직류분권 전동기의 단자전압 $V=E_t=E+I_ar_a[v]$

$\therefore E=E_t-I_ar_a=\dfrac{p}{a}Zn\phi=Kn\phi[v]$

$\therefore K\phi=\dfrac{E_t-I_ar_a}{n}$ ... ①

무 부하시 $E\fallingdotseq V=E_t=\dfrac{p}{a}Zn'\phi=Kn'\phi[v]$

$\therefore n'(\text{무 부하시 속도})=\dfrac{E}{K\phi}=\dfrac{E_t}{\dfrac{E_t-I_ar_a}{n}}=\dfrac{nE_t}{E_t-I_ar_a}[rpm]$

30. ① 31. ②

32 직류 전동기의 속도 제어 방법 중 광범위한 속도 제어가 가능하며 운전 효율이 좋은 방법은?
① 계자 제어 ② 병렬 저항 제어
③ 직렬 저항 제어 ④ 전압 제어

해설 직류전동기의 속도제어 방식에는 계자제어, 저항제어, 전압제어방식이 있다.
이 중 전압제어는 광범위한 속도제어와 운전 효율이 제일 좋은 속도제어 방식으로 일그너방식과 워어드 레오나드 방식이 있다.

33 직류 전동기의 속도 제어법에서 정출력 제어에 속하는 것은?
① 워어드 레오너드 제어법 ② 전압 제어법
③ 계자 제어법 ④ 저항 제어법

해설 전동기 출력(P)와 Torque(T)
회전수(N)에는 P≒TN이고, ϕ변화시 T≒ϕ이다.
N≒$\frac{1}{\phi}$ 이므로 계자제어법은 정출력 Torque가 된다.

34 직류 직권 전동기에서 토오크 T와 회전수 N과의 관계는?
① $T \propto N^2$ ② $T \propto N$
③ $T \propto 1$ ④ $T \propto \frac{1}{N^2}$

해설 직류 직권 전동기에서는 $\phi \fallingdotseq I_a$이다.
∴ $N = \frac{V - I_a r_a}{K\phi} \fallingdotseq \frac{1}{\phi} = \frac{1}{I_a}$ [rpm]
∴ $I_a \fallingdotseq \frac{1}{N}$ … ①
$T = \frac{pZ}{2\pi a}\phi I_a = K\phi I_a \fallingdotseq I_a^2 = \frac{1}{N^2}$ [N.m]

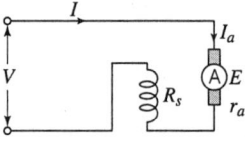

35 직류 직권 전동기의 전원 극성을 반대로 하면?
① 회전 방향이 변하지 않는다. ② 회전 방향이 변한다.
③ 속도가 증가된다. ④ 발전기로 된다.

해설 직류 직권 전동기는 전기자 권선과 계자 권선이 직렬로 연결되어 있으므로 전원극성을 반대로 하면 전기자 전류와 계자전류의 방향이 모두 반대가 되어 회전방향은 변하지 않는다.

정답 32. ④ 33. ③ 34. ④ 35. ①

36 직권 전동기에서 위험 속도가 되는 경우는?
① 전기자에 저저항
② 정격 전압, 무부하
③ 정격 저전압, 과부하
④ 접속저전압, 과여자

해설 직류 직권전동기는 부하 변화 속도가 급히 상승하는 직권 특성으로 정격전압, 무부하시는 위험 속도가 된다. 직권 전동기로 다른 기계를 운전하려면 반드시 직결하거나 기어(gear)를 사용하여야 한다.

37 직류 직권 전동기에서 벨트(belt)를 걸고 운전하면 안 되는 이유는?
① 벨트가 마모하여 보수가 곤란하다.
② 직결하지 않으면 속도 제어가 어려워 진다.
③ 벨트가 벗겨지면 위험 속도에 도달한다.
④ 손실이 많아진다.

해설 직류 직권전동기에서 벨트(belt)를 걸고 운전시 벨트가 벗겨지면 순간 무부하로 되어 위험속도가 된다. 즉, 벨트운전을 하여서는 않된다.

38 부하 전류 100[A] 발생 토오크 40[kg.m], 1500[rpm]으로 운전하고 있는 직류 직권 전동기의 부하 전류가 50[%]로 감소하였을 때 발생 토오크[kg.m]는 얼마인가? (단, 자기 포화, 전기자 반작용은 무시한다.)
① 50
② 10
③ 5
④ 20

해설 직류 직권전동기 $I_a ≒ \phi$이다.
$T = \dfrac{pZ}{2\pi a} \phi I_a = K\phi I_a ≒ I_a^2 [\text{kg.m}]$에서 ∴ $40 ≒ (100)^2$
부하전류 50[%] 감소시 $T = (50)^2$ ∴ $T = \dfrac{(50)^2 \times 40}{(100)^2} = 10[\text{kg.m}]$이다.

39 부하 전류가 100[A]일 때 1000[rpm]으로 15[kg.m]의 토오크를 발생하는 직류 직권 전동기가 80[A]의 부하 전류로 감소되었을 때의 토오크는 몇 [kg.m]인가?
① 12.2
② 11.6
③ 1.4
④ 9.6

해설 직류 직권전동기 $I_a ≒ \phi$이다.
$T ≒ K\phi I_a ≒ I_a^2[\text{kg.m}]$에서
∴ $\begin{cases} 15 = (100)^2 \\ T = (80)^2 \end{cases}$
∴ $T = \dfrac{(80)^2 \times 15}{(100)^2} = 9.6[\text{kg.m}]$

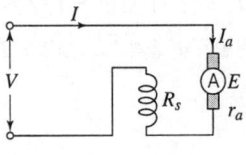

정답 36. ② 37. ③ 38. ② 39. ④

40 직류 분권 전동기의 공급 전압의 극성을 반대로 하면 회전 방향은?
① 변하지 않는다.　　② 반대로 된다.
③ 전동기로 않는다.　④ 발전기로 된다.

해설 직류 분권전동기에서 공급전압의 극성을 반대로 하면 전기자 전류와 계자 전류의 극성이 동시에 반대가 되기 때문에 회전방향은 변하지 않는다.

41 무부하로 운전하고 있는 분권 전동기의 계자 회로가 갑자기 끊어졌을 때의 전동기의 속도는?
① 속도가 약간 낮아진다.
② 전동기가 갑자기 정지한다.
③ 속도가 약간 빨라진다.
④ 전동기가 갑자기 가속하여 고속이 된다.

해설 분권 전동기에서 계자회로가 끊어지면 무부하 전류가 계자전류가 되어 전동기가 갑자기 가속되어 고속이 된다.

42 분권 전동기가 120[v]의 전원에 접속되어 운전되고 있다. 부하시에는 53[A]가 유입되고 무부하로 하면 4.25[A]가 유입된다. 분권 계자 회로의 저항은 40[Ω], 전기자 회로 저항은 0.1[Ω]일 때 부하 운전시의 출력은 몇[kw]인가? (단, 브러쉬의 전압 강하는 2[v]이다.)
① 약 6　　　　　　② 약 1.51
③ 약 5.51　　　　　④ 약 5.0

해설 직류 분권전동기

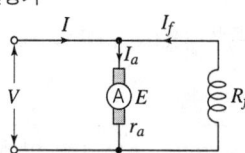

$E = V - I_a r_a - e_b = 120 \times 50 \times 0.1 - 2 = 113[V]$

① 전 부하시 전기자 전류

$I_a = I(\text{전 부하 전류}) - I_f(\text{계자 전류}) = 53 - \dfrac{V}{R_f} = 53 - \dfrac{120}{40} = 50[A]$

② 무 부하시 전기자 전류

$I_{ao} = I_o(\text{무 부하 전류}) - I_f(\text{계자 전류}) = 4.25 - \dfrac{V}{R_f} = 4.25 - \dfrac{120}{40} = 1.25[A]$

③ 분권 전동기의 출력 $p = E(I_a - I_{ao}) = 113(50 - 1.25) = 5.51[kw]$

해답 40. ①　41. ④　42. ③

43 공급 전압 525[v], 전기자 전류 50[A]일 때, 1000[rpm]의 회전 속도로 운전하고 있는 직류 직권 전동기의 공급 전압을 400[v]로 낮추면 같은 부하 토오크에 대하여 회전 속도는 얼마인가? (단, 전기자 반작용은 무시하고 전기자 권선 저항과 직권 계자 저항의 합은 0.5[Ω]이다.)

① 5000[rpm]   ② 750[rpm]
③ 10[rpm]   ④ 150[rpm]

해설 직류 직권전동기

$$E = V - I_a r_a = \frac{pZ}{a} n\phi = N[\text{rpm}]$$

∴ $E = V - I_a r_a = 525 - 50 \times 0.5 = 500 \fallingdotseq N = 1000[\text{rpm}]$
$E' = V' - I_a r_a = 400 - 50 \times 0.5 = 375 = N'[\text{rpm}]$

∴ 공급전압 400[V]로 할 때의 속도 $N' = \frac{375}{500} \times 1000 = 750[\text{rpm}]$

44 정격 전압 100[v], 전기자 전류 50[A]일 때, 1500[rpm]인 직류 분권 전동기의 무부하 속도는 몇 [rpm]인가? (단, 전기자 저항은 0.1[Ω]이고, 전기자 반작용은 무시한다.)

① 약 1300   ② 약 2421
③ 약 1579   ④ 약 1625

해설 직류 분권전동기

$$E = V - I_a r_a = \frac{pZ}{a} n\phi = Kn\phi \fallingdotseq n[\text{rpm}]$$

∴ $E = 100 - 50 \times 0.1 = 95 = n = 1500[\text{rpm}]$
무 부하시에는 $E_o \fallingdotseq V = 100 = n'[\text{rpm}]$

∴ 무 부하시 속도 $n' = \frac{E_o}{E} \times n = \frac{100}{95} \times 1500 = 1579[\text{rpm}]$

45 2.2[kw]의 분권 전동기가 있다. 전압 110[v], 전기자 전류 42[A], 속도 1800[rpm]으로 운전 중에 계자 전류 및 부하 전류를 일정하게 두고 단자 전압을 120[v]로 올리면 회전수[rpm]는? (단, 전기자 회로의 저항은 0.1[Ω]으로 하고 전기자 반작용은 무시한다.)

① 1450   ② 2870
③ 1970   ④ 20

해설 직류 분권전동기

$$E = V - I_a r_a = \frac{pZ}{a} n\phi = Kn\phi \fallingdotseq n[\text{rpm}]$$

∴ $E_1 = V_1 - I_a r_a = 110 - 42 \times 0.1 = 105.8 = n_1 = 1800[\text{rpm}]$
$E_2 = V_2 - I_a r_a = 120 - 42 \times 0.1 = 115.8 = n_2[\text{rpm}]$

∴ $n_2 = \frac{E_2}{E_1} \times n_1 = \frac{115.8}{105.8} \times 1800 = 1970[\text{rpm}]$

해답 43. ② 44. ③ 45. ③

46 계자 권선 및 전기자 권선의 저항이 각각 0.1[Ω] 및 0.12[Ω]인 직류 직권 전동기가 있다. 이 전동기를 230[v]의 전원에 접속한 경우 부하 전류가 80[A]일 때의 회전수가 750[rpm]이라고 하면, 부하 전류가 20[A]일 때의 회전수[rpm]는 얼마인가? (여기서, 부하 전류 20[A]일 때의 계자속은 80[A]일 때의 45[%]라고 한다.)

① 1670　　　　　② 1770
③ 1800　　　　　④ 2000

해설 직류 직권전동기

$N = \dfrac{V - I_a(r_a + R_s)}{K\phi}$ [rpm]

∴ $K\phi = \dfrac{V - I_a(r_a + R_s)}{N} = \dfrac{230 - 80(0.1 + 0.12)}{750} = \dfrac{212.4}{750}$ … ①

부하 전류 20[A]일 때의 $K\phi'$는 80[A]일 때의 45[%]이므로

$K\phi' = K\phi \times 0.45 = \dfrac{212.4}{750} \times 0.45 = 0.1274$ 일 때의 속도

$N' = \dfrac{V - I_a'(r_a + R_s)}{K\phi'} = \dfrac{230 - 20(0.1 + 0.12)}{0.1274} = 1770$ [rpm]

47 대형 직류 전동기의 토오크를 측정하는 데 가장 적당한 방법은?
① 와전류 제동기　　　　② 반환 부하법
③ 전기 동력계　　　　　④ 프로니 브레이크법

해설 반환 부하법은 온도시험 방법이고, 소형 전동기 Torque측정법에는 와전류 제동기와 프로니 브레이크법이 적당하다. 대형 직류전동기 Torque 측정법에는 전기 동력계가 가장 적당하다.

48 일정 전압으로 운전하고 있는 직류 발전기의 손실이 $\alpha + \beta I^2$으로 표시될 때 효율이 최대가 되는 전류는? (단, α, β는 정수이다.)

① $\dfrac{1}{\beta}$　　　　　② $\dfrac{\beta}{\alpha}$

③ $\sqrt{\dfrac{\alpha}{\beta}}$　　　　　④ $\sqrt{\beta}$

해설 직류 발전기 손실 $\alpha + \beta I^2$이다. α(고정손), βI^2(가변손)이므로 최대효율 조건은 고정손 = 가변손이다.

∴ $\alpha = \beta I^2$. $I = \sqrt{\dfrac{\alpha}{\beta}}$ [A]일 때 최대 효율이 된다.

49 효율 80[%], 출력 10[kw] 직류 발전기의 전손실[kw]은?
① 1.25　　　　　② 5.5
③ 4.5　　　　　　④ 2.5

정답 46. ②　47. ③　48. ③　49. ④

해설 직류 발전기의 전손실 $P = (고정손 + 가변손)[kw]$
∴ 직류 발전기의 효율 $\eta = \dfrac{출력}{출력+손실} \times 100$ 이다.

∴ $0.8 = \dfrac{10}{10+P}$ $\quad 8 + 0.8P = 10$
$0.8P = 10 - 8$

∴ $P(전손실) = \dfrac{2}{0.8} = 2.5[kw]$

50 전 부하 효율이 88[%]되는 분권 직류 전동기가 있다. 80[%] 부하에서 최대 효율이 된다면 이 전동기의 전부하에 있어서의 고정손과 부하손의 비는?
① 1.5
② 1
③ 0.15
④ 0.64

해설 직류 분권전동기의 최대 효율조건은
$P_i(고정손) = m^2 P_c(부하손)$ 이다.

∴ $\dfrac{고정손}{부하손} = \dfrac{P_i}{P_c} = m^2 = (0.8)^2 = 0.64$

50. ④

변 압 기

3부 전기기기

1 이상변압기

$$a = \frac{V_1}{V_2} = \frac{I_2}{I_1'} = \frac{N_1}{N_2}$$

$$a^2 = \frac{Z_1}{Z_2}$$

(1) 1차로 환산한 파라메트는(환산)

$$V_1 = aV_2 [\text{v}]$$

$$I_1' = \frac{I_2}{a} [\text{A}]$$

(1차 임피던스) $Z_{12} = Z_1 + a^2 Z_2 [\Omega]$

$$\begin{bmatrix} r_{12} = r_1 + a^2 r_2 \\ x_{12} = x_1 + a^2 x_2 \\ I_o = I_i - jI_\phi [\text{A}] \\ Y_o = g_o - jb_o [\mho] \end{bmatrix}$$

(2) 2차로 환산한 파라메트

$$V_2 = \frac{V_1}{a} [\text{v}]$$

$$I_2 = aI_1 [\text{A}]$$

2차 임피던스 $Z_{21} = Z_2 + \dfrac{Z_1}{a^2} [\Omega]$

$$\begin{cases} r_{21} = r_2 + \dfrac{r_1}{a^2} \\ x_{21} = x_2 + \dfrac{x_1}{a^2} [\Omega] \\ I_2 = aI_1 = aI_o + aI_1' \fallingdotseq aI_1' \\ a^2 Y_o = a^2 g_o - ja^2 b_o [\mho] \text{ 2차 환산값}. \end{cases}$$

2 변압기 손실

(1) 무부하 시험으로 철손을 측정한다.

$$P_h = \eta f B_m^{1.6} [\text{w/kg}]$$
$$P_e = \eta (f t K_f B_m)^2 [\text{w/kg}]$$
$$\therefore P_i = P_h + P_e [\text{w/kg}]$$

(2) 단락 시험으로 부하손을 측정한다.

$$P_s(\text{임피던스 와트}) = I_{2n}^2 R_{21} [\text{w}]$$
$$V_s(\text{임피던스 전압}) = I_{2n} Z_{21} [\text{v}] \text{이다}.$$

3 전압 변동률

(1) 지상일 때

$$\varepsilon = \dfrac{V_{20} - V_{2n}}{V_{2n}} \times 100 \fallingdotseq P\cos\theta + q\sin\theta$$

$$\left(P = \dfrac{I_{2n} r_{21}}{V_{2n}} \times 100 ,\ q = \dfrac{I_{2n} x_{21}}{V_{2n}} \times 100 \right)$$

(2) 진상일 때

$$\varepsilon = \frac{V_{20} - V_{2n}}{V_{2n}} \times 100 \fallingdotseq P\cos\theta - q\sin\theta$$

$$\begin{cases} \%Z = \sqrt{P^2 + q^2} \times 100 = \frac{I_{2n}Z_{21}}{V_{2n}} \times 100 \\ \text{단락전류} \quad I_s = \frac{100}{\%Z} I_n [A] \\ \text{단락용량} \quad P_s = \frac{100}{\%Z} P_n [VA] \end{cases}$$

4 변압기 효율

(1) 전부하 효율

$$\eta = \frac{\text{출력}}{\text{출력} + \text{손실}} \times 100 = \frac{V_2 I_2 \cos\theta}{V_2 I_2 \cos\theta + P_i + P_c} \times 100$$

(2) 최대 효율조건

$$P_i = \left(\frac{1}{m}\right)^2 P_c$$

$$\therefore \frac{1}{m} \text{부하} = \sqrt{\frac{P_i}{P_c}}$$

(3) $\frac{1}{m}$ 부하 효율 $\eta = \dfrac{\dfrac{1}{m} V_2 I_2 \cos\theta}{\dfrac{1}{m} V_2 I_2 \cos\theta + P_i + \left(\dfrac{1}{m}\right)^2 P_c} \times 100$

5 V결선 변압기

V결선 변압기 출력비는 $\dfrac{V\text{결선용량}}{3\text{대용량}} = \dfrac{\sqrt{3}\,VI}{3\,VI} = 0.577$

V결선 변압기 이용률은 $\dfrac{V\text{결선용량}}{2\text{대용량}} = \dfrac{\sqrt{3}\,VI}{2\,VI} = 0.866$

과부하 $= \dfrac{\text{부하 용량}}{V\text{결선 변압기 용량}} \times 100$

6 단상변압기 병렬운전조건

(1) 1, 2차 정격전압 및 극성이 같을 것

(2) 각 변압기 권수비와 %임피던스 강하가 같을 것

$$P_a = mP_b [\text{KVA}] \qquad \therefore m(부하) = \frac{P_a}{P_b}$$

%Z가 작은 부하에 큰 전류가 흐르므로 병렬 운전시 분담부하

$$P_a(I_a) = \frac{m\%Z_b}{\%Z_a + m\%Z_b} \times P(I)$$

7 3상 변압기

3상 → 2상 변환 결선
스코트 결선(T결선), Meyer's, wood bridge결선이 있다.

8 단권 변압기

(1) 체승용 단권 변압기(승압기)

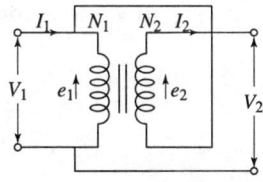

$$\frac{자기 용량}{부하 용량} = \frac{e_2 I_2}{V_2 I_2} = \frac{V_2 - V_1}{V_2}$$

단, $V_2 = e_1 + e_2 = V_1 + \frac{1}{a} V_1 = \left(1 + \frac{1}{a}\right) V_1 [\text{V}]$,

$e_2 = V_2 - e_1 = V_2 - V_1 [\text{V}]$

[적중예상문제]

01 변압기 코일의 인덕턴스는? (여기서 N은 권수이다.)
① $N-1$에 비례한다.   ② N^2에 비례한다.
③ N에 무관하다.   ④ N에 반비례한다.

해설
자기회로의 "ohm"법칙 $\phi = \dfrac{NI}{R}$ [wb]

$R = \dfrac{l}{\mu S}$ [AT/wb] : 자기저항 = 철심저항 = 손실이 없다.

$\therefore L = \dfrac{N\phi}{I} = \dfrac{N \times \dfrac{NI}{R}}{I} = \dfrac{N^2}{R} = \dfrac{N^2}{\dfrac{l}{\mu S}} = \dfrac{\mu S N^2}{l} \fallingdotseq N^2$

02 50[Hz]용 변압기에 60[Hz]의 동일 전압을 인가하면 자속밀도(A), 손실(B)은 어떻게 변화하는가?
① A-감소, B-증가   ② A-감소, B-감소
③ A-감소, B-일정   ④ A-증가, B-증가

해설
$E = 4.44 f N \phi_m$ [V]

$\therefore \phi_m = B_m = \dfrac{E}{4.44 f N} = \dfrac{1}{f} = P(손실) = \dfrac{1}{X_L}$ 의 관계식에서 $\dfrac{\phi_{60}}{\phi_{50}} = \dfrac{\dfrac{1}{60}}{\dfrac{1}{50}} = \dfrac{50}{60} = \dfrac{5}{6}$

$\therefore \phi_{60} = \dfrac{5}{6} \phi_{50}$(감소)[wb]

$\dfrac{P_{60}}{P_{50}} = \dfrac{\dfrac{1}{60}}{\dfrac{1}{50}} = \dfrac{5}{6}$

$\therefore P_{60} = \dfrac{5}{6} P_{50}$(감소)[w]

해답 1. ② 2. ②

03 1차 공급 전압이 일정할 때 변압기의 1차 코일의 권수를 두 배로 하면 여자 전류와 최대 자속은 어떻게 변화하는가? (단, 자로는 포화상태가 되지 않는다.)

① 여자전류 $\frac{1}{4}$ 감소, 최대자속 $\frac{1}{2}$ 감소

② 여자전류 $\frac{1}{4}$ 감소, 최대자속 $\frac{1}{2}$ 증가

③ 여자전류 4증가, 최대자속 2감소

④ 여자전류 $\frac{1}{4}$ 증가, 최대자속 $\frac{1}{2}$ 증가

해설

$V \fallingdotseq E = 4.44fN\phi_m[V]$ $\phi_m = B_m = \frac{V}{4.44fN} \fallingdotseq \frac{1}{N}$ … ①

$F = NI_o = R\phi_m[AT]$ $I_o = \frac{R\phi_m}{N} \fallingdotseq \frac{1}{N}\phi_m = \frac{1}{N} \times \frac{1}{N} = \frac{1}{N^2}$ … ②

①식에서 $N_1 = 2N$일 때 $\phi_m' \fallingdotseq \frac{1}{N_1} = \frac{1}{2N} = \frac{1}{2}\phi_m = \frac{1}{2}$ (감소)

②식에서 $N_1 = 2N$일 때 $I_o' \fallingdotseq \frac{1}{N_1^2} = \frac{1}{(2N)^2} = \frac{1}{4}\frac{1}{N^2} = \frac{1}{4}I_o = \frac{1}{4}$ 감소된다.

04 1차전압 3300[V], 권수비 30인 단상 변압기가 전등 부하에 20[A]를 공급 할 때의 입력 [kw]은?

① 6.6   ② 5.9
③ 3.3   ④ 2.2

해설

전등부하 $\cos\theta = 1$

$a = \frac{V_1}{V_2} = \frac{N_1}{N_2} = \frac{I_2}{I_1}$

∴ $I_1 = \frac{I_2}{a} = \frac{20}{30} = \frac{2}{3}$[A]

$P_1(입력) = V_1 I_1 \cos\theta = 3300 \times \frac{2}{3} \times 1 = 2200 = 2.2$[kw]

05 변압기 여자 전류에 많이 포함된 고조파는?

① 제1고조파   ② 제3고조파
③ 제2고조파   ④ 제5고조파

해설

변압기 1차측 철심의 여자전류 $I_o = I_i - jI_\phi$[A]에는 자기포화 및 히스테리 현상이 있으므로 제3고조파가 제일 많이 포함된다.

해답 3. ① 4. ④ 5. ②

06 1차 전압이 2200[V], 무부하 전류가 0.088[A], 철손이 110[w]인 단상 변압기의 자화 전류[A]는?

① 0.55   ② 0.039
③ 0.072   ④ 0.088

해설
$P_i = V_1 I_1$[w]

∴ $I_i = \dfrac{P_i}{V_1} = \dfrac{110}{2200} = 0.05$[A]

∴ $I_o = I_i - jI_\phi = \sqrt{I_o^2 + I_\phi^2}$[A]

∴ $I_\phi = \sqrt{I_o^2 - I_i^2} = \sqrt{(0.088)^2 - (0.05)^2} = 0.072$[A]

07 그림과 같은 변압기 회로에서 부하 R_2에 공급되는 전력이 최대로 되는 변압기의 권수비 a는?

① 8
② $\sqrt{8}$
③ 10
④ $\sqrt{10}$

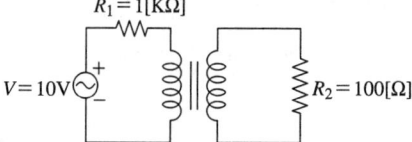

해설
$a^2 = \dfrac{V_1}{V_2} \times \dfrac{I_2}{I_1} = \dfrac{I_2}{V_2} \times \dfrac{V_1}{I_1} = \dfrac{Z_1}{Z_2} = \dfrac{R_1}{R_2}$

∴ $a = \sqrt{\dfrac{R_1}{R_2}} = \sqrt{\dfrac{1000}{100}} = \sqrt{10} = 3.16$

08 변압기의 2차측 부하 임피던스 Z가 20[Ω]일 때 1차측에서 보아 18[kΩ]이 되었다면 이 변압기의 권수비는 얼마인가? (단, 변압기의 임피던스는 무시)

① 9   ② 30
③ $\dfrac{1}{9}$ ④ $\dfrac{1}{30}$

해설
$a^2 = \dfrac{V_1}{V_2} \times \dfrac{I_2}{I_1} = \dfrac{I_2}{V_2} \times \dfrac{V_1}{I_1} = \dfrac{Z_1}{Z_2} = \dfrac{R_i}{R_L}$

∴ $a = \sqrt{\dfrac{Z_1}{Z_2}} = \sqrt{\dfrac{18,000}{20}} = 30$

해답 6. ③ 7. ④ 8. ②

09 주상 변압기의 고압측에는 몇 개의 탭을 내놓았다. 그 이유는 무엇인가?
　① 예비 단자용
　② 수전점의 전압을 조정하기 위하여
　③ 부하전류를 조정하기 위하여
　④ 변압기의 여자 전류를 조정하기 위하여

[해설] 주상변압기 1차측이 몇 개의 tap(탭)을 갖는 이유는 전원 전압이나 부하 변화에 대한 수전점의 전압을 조정하기 위해서이다.

10 변압기에 콘서베이터를 설치하는 목적은 무엇인가?
　① 열화 방지　　　　② 강제 순환
　③ 코로나 방지　　　④ 통풍 장치

[해설] 변압기 상부에 설치된 콘서베이트는 변압기 기름의 열화를 방지하기 위해서이다.

11 변압기 임피던스 전압이란?
　① 정격 전류가 흐를 때의 변압기 내의 전압 강하
　② 여자 전류가 흐를 때의 1차측 단자 전압
　③ 정격 전류가 흐를 때의 2차측 단자 전압
　④ 2차 단락 전류가 흐를 때의 변압기 내의 전류 강하

[해설] 변압기의 임피던스 전압이란 정격전류가 흐를 때의 변압기 내부 전압강하를 말한다.

12 임피던스 강하가 5[%]인 변압기가 운전 중 단락되었을 때 그 단락 전류는 정격 전류의 몇 배인가?
　① 15배　　　　② 20배
　③ 45배　　　　④ 65배

[해설] 단락전류 $I_s = \dfrac{100}{\%Z} \times I_n = \dfrac{100}{5} \times I_n = 20 I_n$

13 5[kVA], 3000/200[V]의 변압기의 단락 시험에서 임피던스 전압은 120[V], 동손은 150[w]라 하면, %저항 강하는 몇 [%]인가?
　① 1　　　　② 3
　③ 0　　　　④ 5

[정답] 9. ②　10. ①　11. ①　12. ②　13. ②

해설

$$P(\%\text{저항 강하}) = \frac{I_{1n}r_{12}}{V_{1n}} \times 100 = \frac{I_{1n}^2 r_{12}}{V_{1n}I_{1n}} \times 100 = \frac{P_c}{P_a} \times 100$$
$$= \frac{150}{5000} \times 100 = 3[\%]$$

14 2000/100[V], 10[kVA] 변압기의 1차 환산 등가 임피던스가 6.2 + j7[Ω]이라면 %임피던스 강하는 약 몇 [%]인가?

① 2.35　　　　② 2.55
③ 7.25　　　　④ 7.35

해설

$P_{a1} = V_1 I_{1n}[\text{kVA}]$

$\therefore I_{1n} = \frac{P_{a1}}{V_1} = \frac{10 \times 10^3}{2000} = 5[\text{A}]$

$Z(\%\text{임피던스 강하}) = \frac{I_{1n}Z_{12}}{V_{1n}} \times 100 = \frac{5 \times \sqrt{(6.2)^2 + (7)^2}}{2000} \times 100 = 2.35[\%]$

15 10[kVA], 2000/100[V] 변압기에서 1차에 환산한 등가 임피던스는 6.2 + j7[Ω]이다. 이 변압기의 %리액턴스 강하는?

① 3.75　　　　② 1.75
③ 1.35　　　　④ 0.175

해설

$P_{a1} = V_1 I_{1n}[\text{kVA}] \quad \therefore I_{1n} = \frac{P_{a1}}{V_1} = \frac{10 \times 10^3}{2000} = 5[\text{A}]$

$q(\%\text{리액턴스 강하}) = \frac{I_{1n}x_{12}}{V_{1n}} \times 100 = \frac{5 \times 7}{2000} \times 100 = 1.75[\%]$

16 3300/200[V], 10[kVA]인 단상 변압기의 2차를 단락하여 1차측에 300[V]를 가하니 2차에 120[A]가 흘렀다. 이 변압기의 임피던스 전압[V]과 백분율 임피던스 강하[%]는?

① 125,　3.8　　　　② 211,　5
③ 125,　3.5　　　　④ 200,　5.2

해설

$P_{a1} = V_1 I_{1n}[\text{kVA}] \quad \therefore I_{1n} = \frac{P_{a1}}{V_1} = \frac{10 \times 10^3}{3300} = 3.03[\text{A}]$

$I_{1s}(\text{1차단락 전류}) = \frac{I_{2s}}{a} = \frac{V_s}{Z_{1s}}[\text{A}]$

$\therefore Z_{12}(\text{1차 임피던스}) = \frac{aV_s}{I_{2s}} = \frac{\frac{3300}{200} \times 300}{120} = 41.26[\Omega]$

$\therefore Z(\%\text{임피던스 강하}) = \frac{I_{1n}Z_{12}}{V_{1n}} \times 100 = \frac{3.03 \times 41.26}{3300} \times 100 \fallingdotseq 3.8[\%]$

정답　14. ①　15. ②　16. ①

17 3300/200[V], 50[kVA]인 단상 변압기의 퍼센트[%]저항, 퍼센트[%]리액턴스를 각각 2.4[%], 1.6[%]라 하면 이 때의 임피던스 전압은 몇 [%]인가?

① 95 ② 185
③ 195 ④ 120

해설

$Z(\%\text{임피던스 강하}) = \sqrt{P^2 + q^2} = \sqrt{(2.4)^2 + (1.6)^2}$
$= 2.88[\%] = \dfrac{I_{1n}Z_{12}}{V_{1n}} \times 100 = \dfrac{V_s}{V_{1n}} \times 100$

∴ $V_s(\text{임피던스 전압}) = \dfrac{Z \times V_{1n}}{100} = \dfrac{2.88 \times 3300}{100} = 95[V]$

18 전압비가 무부하에서 15 : 1, 정격 부하에서는 15.5 : 1인 변압기의 전압 변동률[%]은?

① 2.2 ② 2.9
③ 3.3 ④ 5.5

해설

무부하에서의 전압비 $\dfrac{V_1}{V_{20}} = 15$ ∴ $V_{20} = \dfrac{V_1}{15}$

정격부하에서의 전압비 $\dfrac{V_1}{V_{2n}} = 15.5$ ∴ $V_{2n} = \dfrac{V_1}{15.5}$

∴ $\varepsilon = \dfrac{V_{20} - V_{2n}}{V_{2n}} \times 100 = \left(\dfrac{V_{20}}{V_{2n}} - 1\right) \times 100 = \left(\dfrac{\frac{V_1}{15}}{\frac{V_1}{15.5}} - 1\right) \times 100$

$= \left(\dfrac{15.5}{15} - 1\right) \times 100 \fallingdotseq 3.3[\%]$ 이다.

19 어느 변압기의 변압비가 무부하시에는 14.5 : 1이고 정격 부하의 어느 역률에서는 15 : 1이다. 이 변압기의 동일 역률에서의 전압 변동률을 구하면?

① 3.5 ② 2.5
③ 4.5 ④ 5.5

해설

무부하시 전압비 $\dfrac{V_1}{V_{20}} = 14.5$ ∴ $V_{20} = \dfrac{V_1}{14.5}$

정격부하시 전압비 $\dfrac{V_1}{V_{2n}} = 15$ ∴ $V_{2n} = \dfrac{V_1}{15}$

∴ $\varepsilon = \dfrac{V_{20} - V_{2n}}{V_{2n}} \times 100 = \left(\dfrac{V_{20}}{V_{2n}} - 1\right) \times 100 = \left(\dfrac{15}{14.5} - 1\right) \times 100 \fallingdotseq 3.53[\%]$

해답 17. ① 18. ③ 19. ①

20 단상 변압기가 있다. 전부하에서 2차 전압은 115[V]이고, 전압 변동률은 2[%]이다. 1차 단자 전압을 구하여라. (단, 1차, 2차 권선비는 20 : 1이다.)
① 2356[V] ② 2346[V]
③ 2336[V] ④ 2366[V]

해설

$$\varepsilon = \frac{V_{20} - V_{2n}}{V_{2n}} = \frac{aV_{20} - aV_{2n}}{aV_{2n}} = \frac{V_{10} - V_{1n}}{V_{1n}} = \frac{V_{10}}{V_{1n}} - 1$$

$\therefore \dfrac{V_{10}}{V_{1n}} = 1 + \varepsilon$

$\therefore V_{10} = V_{1n}(1+\varepsilon) = aV_{2n}(1+\varepsilon) = 20 \times 115 \times (1+0.02) = 2346[V]$

21 어떤 변압기의 단락 시험에서 %저항 강하 1.5[%]와 %리액턴스 강하 3[%]를 얻었다. 부하 역률이 80[%] 앞선 경우의 전압 변동률[%]은?
① -0.6 ② 0.6
③ -3.0 ④ 3.0

해설 앞선 역률에서의 전압변동률
$\varepsilon = P\cos\theta - q\sin\theta = 1.5 \times 0.8 - 3 \times 0.6 = -0.6[\%]$

22 어느 변압기의 백분율 저항 강하가 2[%], 백분율 리액턴스 강하가 3[%]일 때 역률(지역률) 80[%]인 경우의 전압 변동률[%]은?
① -0.9 ② 3.4
③ 1.2 ④ -3.4

해설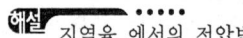
$\varepsilon = P\cos\theta + q\sin\theta = 2 \times 0.8 + 3 \times 0.6 = 3.4[\%]$이다.

23 60[Hz], 6300/210[V], 15[kVA]의 단상 변압기에 있어서 임피던스 전압은 185[V], 임피던스 와트는 250[w]이다. 이 변압기를 5[kVA], 지역률 0.8의 부하를 건 상태에서의 전압 변동률[%]은?
① 약 0.83 ② 약 0.93
③ 약 0.99 ④ 약 0.88

20. ② 21. ① 22. ② 23. ②

해설

$Z(\%임피던스\ 강하) = \dfrac{I_{1n}Z_{12}}{V_{1n}} \times 100 = \dfrac{V_s}{V_{1n}} \times 100 = \dfrac{185}{6300} \times 100 = 2.94[\%]$

$P(\%저항\ 강하) = \dfrac{(r_1 + a^2 r_2)I_{1n}}{V_{1n}} \times 100 = \dfrac{r_{12}I_{1n}}{V_{1n}} \times 100 = \dfrac{r_{12}I_{1n}^2}{V_{1n}I_{1n}} \times 100$

$= \dfrac{P_s}{V_{1n}I_{1n}} \times 100 = \dfrac{250}{15 \times 10^3} \times 100 = 1.67[\%]$

$q(\%리액턴스\ 강하) = \sqrt{Z^2 - P^2} = \sqrt{(2.94)^2 - (1.67)^2} = 2.42[\%]$

∴ 출력 5[kVA]일 때의 전압 변동률

$\varepsilon = \dfrac{5}{15}(P\cos\theta + q\sin\theta) = \dfrac{1}{3}(1.67 \times 0.8 + 2.42 \times 0.6) \fallingdotseq 0.93[\%]$

24 변압기의 정격 전류에 대한 백분율 저항 강하 1.5[%], 백분율 리액턴스 강하가 4[%]이다. 이 변압기에 정격 전류를 통하여 전압 변동율이 최대로 되는 부하 역률은 얼마인가?

① 0.154　　　　　② 0.288
③ 0.351　　　　　④ 1.683

해설 최대 전압 변동율

$\varepsilon_{max} = \sqrt{P^2 + q^2} = \sqrt{(1.5)^2 + (4)^2} = 4.27[\%]$

∴ $\cos\theta(부하\ 역률) = \dfrac{P}{\sqrt{P^2 + q^2}} = \dfrac{1.5}{4.27} = 0.351$

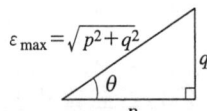

25 변압기 리액턴스 강하가 저항 강하의 3배이고 정격 전류에서 전압 변동율이 0이 되는 앞선 역율의 크기[%]는?

① 88　　　　　② 85
③ 90　　　　　④ 95

해설 앞선 역률일 때 $q = 3P$이다. 즉

∴ $\cos\theta(앞선\ 역률) = \dfrac{q}{\sqrt{P^2 + q^2}}$

$= \dfrac{3P}{\sqrt{P^2 + (3P)^2}} = \dfrac{3}{\sqrt{10}}$

$= 0.95 = 95[\%]$

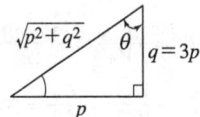

26 어떤 변압기에 있어서 그 전압 변동률은 부하 역률 100[%]에 있어서 2[%], 부하 역률 80[%]에서 3[%]라고 한다. 이 변압기의 최대 전압 변동률[%] 및 그 때의 부하 역률[%]은?

① 2.33, 85　　　　　② 3.07, 65
③ 3.61, 55　　　　　④ 3.61, 85

24. ③　25. ④　26. ②

해설 ① 부하역률 $\cos\theta = 100[\%]$일 때
$\varepsilon = P\cos 0 + q\sin 0 = P = 2[\%]$
② 부하역률 $\cos\theta = 80[\%]$일 때
$\varepsilon = P\cos\theta + q\sin\theta = 2 \times 0.8 + q \times 0.6 = 3$ ∴ $q = 2.3[\%]$
∴ 최대 전압 변동율 $\varepsilon_{max} = \sqrt{P^2 + q^2} = \sqrt{(2)^2 + (2.3)^2} = 3.048[\%]$
부하시 역률 $\cos\theta = \dfrac{P}{\sqrt{P^2 + q^2}} = \dfrac{2}{3.048} = 65.6[\%]$

27 역률 80[%](지상)로 전부하 운전 중인 3상 100[kVA], 3000/200[V] 변압기의 저압측 선전류의 무효분은 대략 몇 [A]인가?

① 90   ② 125
③ 173   ④ 273

해설 변압기의 출력 $P_2 = \sqrt{3}V_2I_2[kVA]$
∴ $I_2 = \dfrac{P_2}{\sqrt{3}V_2} = \dfrac{100 \times 10^3}{\sqrt{3} \times 200} = \dfrac{1000}{2\sqrt{3}}[A]$
∴ 변압기 저압측(2차측) 선전류의 무효분 $I_X = I_2\sin\theta = \dfrac{1000}{2\sqrt{3}} \times 0.6 = 173[A]$

28 1차 Y, 2차 △로 결선한 권수비 20 : 1로 되는 서로 같은 단상 변압기 3대가 있다. 이 변압기군에 2차 단자 전압 200[V], 30[kVA]의 평형 부하를 걸었을 때 각 변압기의 1차 전류[A]는?

① 50   ② 20
③ 3.5   ④ 2.5

해설 2차 △결선의 단상변압기 용량
$P_{d2} = \dfrac{30}{3} = 10 = V_{2P}I_{2P}[kVA]$
∴ $I_{2P} = \dfrac{P_{d2}}{V_{2P}} = \dfrac{10 \times 10^3}{200} = 50[A]$
∴ $a = \dfrac{V_{1P}}{V_{2P}} = \dfrac{I_{2P}}{I_{1P}} = 20$에서
1차 Y결선의 $I_{1l} = I_{1P} = \dfrac{I_{2P}}{a} = \dfrac{50}{20} = 2.5[A]$

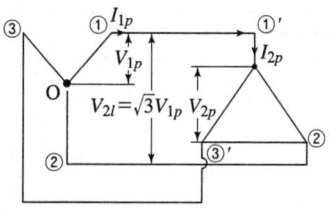

29 단상 15[kVA] 변압기 3대를 1차 Y, 2차를 △로 접속하여 사용하고 있다. 야간 전등용으로서 한 상에 부하를 걸 때 야간 전등은 몇 [kw]까지 걸 수 있는가?

① 19.9   ② 10.9
③ 22.5   ④ 25.9

정답 27. ③   28. ④   29. ③

해설 2차 △결선(전등용)에서

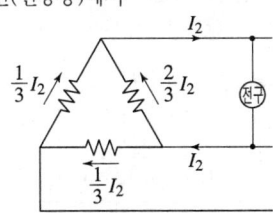

1상은 $\frac{2}{3}$ 부하 전류로, 정격용량 15[kVA]까지 전등부하를 걸 수 있고 나머지 2상은 직렬로, $\frac{1}{3}$ 부하전류 이므로 정격용량 15[kVA]의 $\frac{1}{2}$ 까지 전등부하를 걸 수 있다.

∴ 야간 전등용 전부하는 $15 + 15 \times \frac{1}{2} = 22.5[kW]$

30 용량 P[kVA]인 동일 정격의 단상 변압기 4대로 낼 수 있는 3상 최대 출력 용량은?
① $2\sqrt{3}P$ ② $\sqrt{4}P$
③ $4P$ ④ $10P$

해설 P[kVA]인 단상변압기 4대는 2대씩 V결선 병렬로 하면 3상 최대 출력용량은
$\sqrt{3}P + \sqrt{3}P = 2\sqrt{3}P$[kVA]

31 △결선 변압기의 한 대가 고장으로 제거되어 V결선으로 공급할 때 공급할 수 있는 전력은 고장 전 전력에 대하여 몇 [%]인가?
① 0 ② 77.7
③ 66.7 ④ 57.7

해설 V결선 변압기의 출력비는
$\frac{V결선 용량}{3대 용량} \times 100 = \frac{\sqrt{3}VI}{3VI} \times 100 = \frac{1}{\sqrt{3}} \times 100 = 57.7[\%]$이다.

32 2대의 변압기로 V결선하여 3상 변압하는 경우 변압기 이용률[%]은?
① 57.8 ② 76.6
③ 86.6 ④ 101

해설 V결선 변압기의 이용률은
$\frac{V결선 용량}{2대 용량} \times 100 = \frac{\sqrt{3}VI}{2VI} \times 100 = \frac{\sqrt{3}}{2} \times 100 = 86.6[\%]$

예답 30. ① 31. ④ 32. ③

33 정격출력 P[kW], 역률 0.8, 효율 0.82로 운전하는 3상 유도 전동기에 V결선의 변압기로 전원을 공급할 때 변압기 1대의 최소 용량[kVA]은?

① $\dfrac{2P}{0.8\times 0.82\times 2}$ ② $\dfrac{\sqrt{3}P}{0.8\times 0.82\times 2}$

③ $\dfrac{P}{0.8\times 0.82\times \sqrt{3}}$ ④ $\dfrac{2P}{0.8\times 0.82\times \sqrt{3}}$

[해설]

V결선 변압기 → 3상 유도 전동기

$\left(\eta_M = \dfrac{출력}{입력} = \dfrac{P}{\sqrt{3}\,VI\cos\theta}\right)$

∴ 변압기 출력 = 3상 유도 전동기 입력 = $\sqrt{3}\,VI\cos\theta = \dfrac{P}{\eta_M}$ [kW]

∴ 변압기 1대의 최소 용량 = $VI = \dfrac{P}{\sqrt{3}\cos\theta\times\eta_M} = \dfrac{P}{\sqrt{3}\times 0.8\times 0.82}$ [kVA]

34 2[kVA]의 단상 변압기 3대를 써서 △결선하여 급전하고 있는 경우 1대가 소손되어 나머지 2대로 급전하게 되었다. 이 2대의 변압기는 과부하를 20[%]까지 견딜 수 있다고 하면 2대가 부담할 수 있는 최대 부하 [kVA]는?

① 약 3.46 ② 약 4.15
③ 약 5.15 ④ 약 6.15

[해설]

과부하 = $\dfrac{(최대)부하\ 용량}{V결선\ 변압기\ 용량}$

∴ 최대 부하 용량 = 과부하 × V결선 변압기 용량 = $(1+0.2)\times \sqrt{3}\times P$
= $1.2\times\sqrt{3}\times 2 = 4.15$ [kVA]

35 2[kVA]의 단상 변압기 3대를 △결선으로 해서 급전하고 있을 때, 한 대의 변압기가 소손 되었기 때문에 남은 변압기로서 5.16[kVA]의 부하에 사용했을 때 몇 [%]의 과부하가 되는가?

① 49 ② 52
③ 26 ④ 14

[해설]

과부하 = $\dfrac{부하\ 용량}{V결선\ 변압기\ 용량} = \dfrac{5.16}{\sqrt{3}\times P} = \dfrac{5.16}{\sqrt{3}\times 2} = 1.49$

∴ 49[%]의 과부하이다.

[해답] 33. ③ 34. ② 35. ①

36 3상 배전선에 접속된 V결선의 변압기에서 전부하시의 출력을 P[kVA]라 하면 같은 변압기 한 대를 증설하여 △결선하였을 때의 정격 출력 [kVA]은?

① $\frac{1}{2}P$ ② $\frac{2}{\sqrt{3}}P$
③ $\sqrt{3}P$ ④ $10P$

해설
V결선 변압기의 출력 $P=\sqrt{3}VI$[kVA]
∴ $VI=\frac{P}{\sqrt{3}}$ … ⓐ

단상변압기 1대 추가 △결선시의 정격출력 $=3VI=3\times\frac{P}{\sqrt{3}}=\sqrt{3}P$[kVA]

---

37 3상 전원에서 2상 전원을 얻기 위한 변압기의 결선 방법은?

① △결선   ② T결선
③ Y결선   ④ V결선

해설
3상 전원에서 2상 전원을 얻기 위한 변압기 결선 방법에는 스코트 결선(T결선). Wood bridge결선. Meyer결선이 있다.

---

38 단상 변압기를 병렬 운전하는 경우 부하 전류의 분담은 무엇에 관계되는가?

① 누설 임피던스에 비례한다.
② 누설 리액턴스 제곱에 반비례한다.
③ 누설 리액턴스에 비례한다.
④ 누설 임피던스에 반비례한다.

해설
단상변압기 병렬운전시는 내부 전압강하가 서로 같다.
∴ $Z_aI_a=Z_bI_b$, $\frac{I_a}{I_b}=\frac{Z_b}{Z_a}$ 로서 부하전류 분담은 누설 임피던스에 반비례한다.

---

39 60[Hz], 1328/230[V]의 단상 변압기가 있다. 무부하 전류 $i=3\sin wt+1.1\sin(3wt+\alpha_3)$이다. 지금 위와 똑같은 변압기 3대로 $Y-△$결선 하여 1차에 2300[V]의 평형 전압을 걸고 2차를 무부하로 하면 △회로를 순환하는 전류(실효값)[A]는 약 얼마인가?

① 0.77   ② 2.10
③ 4.48   ④ 5.38

해설
$Y-△$ 결선 이므로 무부하 전류는 1차 Y결선의 전류로서 제3고조파 전류는 흐를 수 없고, 2차 △결선 회로에서는 제3고조파 전류가 순환전류가 되어 흐르게 된다. 이때,

I_c(2차 순환전류 실효치) $=aI_3=a\times\frac{I_{m3}}{\sqrt{2}}=\frac{1328}{230}\times\frac{1.1}{\sqrt{2}}=4.48$[A]

예답 36. ③ 37. ② 38. ④ 39. ③

40 3150/210[V]인 변압기의 용량을 각각 250[kVA], 200[kVA]이고, %임피던스 강하가 각각 2.5[%]와 3[%]일 때 그 병렬 합성 용량[kVA]은?

① 389　　　　　　　　　　② 417
③ 517　　　　　　　　　　④ 455

해설

단상 변압기 병렬운전시　$P_a = mP_b$　　$I_a Z_a = I_b Z_b$

∴ $\dfrac{P_a}{P_b} = \dfrac{I_a}{I_b} = \dfrac{Z_b}{Z_a} = \dfrac{m \, \%Z_b}{\%Z_a}$ 에서 P_a(용량)과 I_a(전류)는 병렬운전시 %Z와 누설임피던스에 반비례하므로 분배법칙에서 $P_a(I_a) = \dfrac{m \, \%Z_b}{\%Z_a + m \, \%Z_b} \times P(I)$ 이며 %Z가 작은 것에 큰 전류가 흐름으로 ⇒ 기준한 분배법칙이다.

∴ $P_a = mP_b$　　∴ $m = \dfrac{P_a}{P_b} = \dfrac{250}{200} = \dfrac{5}{4}$ … ⓐ

%Z_a = 2.5[%]가 작은 것이다.　∴ 큰 전류가 흐름으로 기준.

$P_a = \dfrac{m \, \%Z_b}{\%Z_a + m \, \%Z_b} \times P[\text{kVA}]$

∴ P(합성용량) $= \dfrac{\%Z_a + m \, \%Z_b}{m \, \%Z_b} \times P_a = \dfrac{2.5 + \frac{5}{4} \times 3}{\frac{5}{4} \times 3} \times 250 = \dfrac{10 + 15}{15} \times 250 \fallingdotseq 417[\text{kVA}]$

41 500[kVA], 73.5/22[kV]의 단상 변압기 두 대가 있다. 임피던스 볼트(백분율 임피던스)가 각각 8.414[%], 6.91[%]이다. 이 두 변압기를 병렬로 운전할 때 최대 허용 출력은 [kVA]은? (단, 변압기 저항과 리액턴스의 비는 두 대가 같다.)

① 711　　　　　　　　　　② 410
③ 910　　　　　　　　　　④ 1000

해설

병렬운전　%Z = 6.91[%]가 작다. ⇒ 기준

∴ $P_b = \dfrac{\%Z_a}{\%Z_a + m \, \%Z_b} \times P$ 에서　P_b = 500[kVA]일 때의

최대 허용 출력 $P = \dfrac{\%Z_a + m \, \%Z_b}{\%Z_a} \times P_b = \dfrac{8.414 + 1 \times 6.91}{8.414} \times 500 = 910.63[\text{kVA}]$

(단, 변압기 임피던스 비는 2대가 같다.　∴ $m = 1$)

42 3상 변압기의 결선에서 병렬 운전이 불가능한 것은?

① △-△와 Y-Y　　　　　② Y-△와 Y-△
③ △-Y와 Y-△　　　　　④ △-Y와 Y-Y

해설 3상 변압기 병렬운전이 불가능한 결선은 △-△와 △-Y, △-Y와 Y-Y이다.

해답 40. ② 41. ③ 42. ④

43 1차 전압 100[V], 2차 전압 200[V], 선로 출력 50[kVA]인 단권 변압기의 자기 용량은 몇 [kVA]인가?
① 25
② 55
③ 250
④ 550

해설
단권변압기 =1차, 2차 권선의 일부를 공통으로 갖고 있는 변압기를 말한다.

∴ 자기 용량 = 부하용량 × $\frac{V_2 - V_1}{V_2}$

= $50 \times 10^3 \times \frac{200 - 100}{200}$ = 25[kVA]

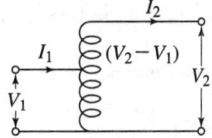

44 자기용량 1[kVA], 3000/200[V]의 단상 변압기를 단권 변압기로 결선해서 3000/3200[V]의 승압기로 사용할 때 그 부하 용량[kVA]은?
① 16
② 25
③ 2
④ $\frac{1}{16}$

해설
단권변압기에서 $\frac{자기 용량}{부하 용량} = \frac{V_2 - V_1}{V_2}$

∴ 부하용량 = 자기용량 × $\frac{V_2}{V_2 - V_1}$ = $1 \times \frac{3200}{3200 - 3000}$ = 16[kVA]

45 변류기 개방시 2차측을 단락하는 이유는?
① 2차측 절연 보호
② 1차측 과전류 방지
③ 측정 오차 방지
④ 2차측 과전류 보호

해설
변류기 2차측을 개방하면 2차측에 고전압이 유기되어 권선의 절연이 파괴된다.
∴ 변류기 2차측을 단락, 2차측의 권선절연을 보호한다.

46 변압기 철심의 와류손은 다음 중 어느 것에 비례하는가? (단, f는 주파수, B_m은 최대 자속 밀도, t를 철판의 두께로 한다.)
① $fB_m t$
② $2fB_m^2 t$
③ $f^2 B_m^2 t^2$
④ $fB_m^{1.6} t$

해설
변압기의 철손에는 히스테리시스손(P_h)과 와류손(P_e)이 있다.
$P_h = \eta f B_m^{1.6}$[w/kg]. 철손의 70~80[%]차지, 방지책으로는 규소강판을 사용한다.
$P_e = \eta (ftK_f B_m)^2 = f^2 t^2 B_m^2$[w/kg]에 비례하고 철손의 20~30[%]차지, 방지책으로는 성층철심으로 한다.

예답 43. ① 44. ① 45. ① 46. ③

47 3300[V], 60[Hz]용 변압기의 와류손이 360[W]이다. 이 변압기를 2750[V], 50[Hz]에서 사용할 때 와류손[W]은?

① 50   ② 150
③ 220 ④ 250

해설

$$V \fallingdotseq E = 4.44 fN\phi_m = 4.44 fNB_m s \fallingdotseq fB_m [V] \quad \therefore B_m \fallingdotseq \frac{V}{f} \cdots ⓐ$$

$$\therefore P_e(\text{와류손}) = \eta(ftK_fB_m)^2 \fallingdotseq f^2B_m^2 \fallingdotseq f^2 \times \left(\frac{V}{f}\right)^2 \fallingdotseq V^2 [\text{w/kg}]$$

$$\frac{P_e'}{P_e} = \left(\frac{V'}{V}\right)^2$$

$$\therefore P_e' = P_e \times \left(\frac{V'}{V}\right)^2 = 360 \times \left(\frac{2750}{3300}\right)^2 = 250[W]$$

48 변압기의 부하 전류 및 전압은 일정하고, 주파수가 낮아지면?

① 철손이 증가   ② 철손이 감소
③ 동손이 증가   ④ 변화없다.

해설

$$B_m = \phi_m = \text{철손}(P_i) = \frac{1}{f} = \frac{1}{X_L} = \frac{1}{V} \quad \therefore \text{철손}(P_i) = \frac{1}{f(\text{감소})} = \text{증가한다.}$$

49 변압기의 철손이 P_i[kW], 전 부하 동손이 P_c[kW]일 때 정격 출력의 $\frac{1}{m}$의 부하를 걸었을 때 전손실[kW]은 얼마인가?

① $(P_i + P_c)\left(\frac{1}{m}\right)^2$ ② $P_i\left(\frac{1}{m}\right)^2 + 2P_c$
③ $P_i + P_c\left(\frac{1}{m}\right)^2$ ④ $P_i + P_c\left(\frac{1}{m}\right)$

해설

$$\frac{1}{m}\text{부하의 효율}(\eta) = \frac{\text{출력}}{\text{출력}+\text{손실}} = \frac{\frac{1}{m}V_2I_2\cos\theta}{\frac{1}{m}V_2I_2\cos\theta + P_i + \left(\frac{1}{m}\right)^2 P_c}$$

$$\therefore \text{전손실} = P_i + \left(\frac{1}{m}\right)^2 P_c$$

50 150[kVA] 단상 변압기의 철손이 1[kW], 전 부하 동손이 4[kW]이다. 이 변압기의 최대 효율은 몇 [kVA]의 부하에서 나타나는가?

① 25   ② 75
③ 101   ④ 175

47. ④ 48. ① 49. ③ 50. ②

해설
변압기 최대효율의 조건 : 철손 = 동손

$\therefore P_i = \left(\dfrac{1}{m}\right)^2 P_c$

$\therefore \dfrac{1}{m} = \sqrt{\dfrac{P_i}{P_c}} = \sqrt{\dfrac{1}{4}} = \dfrac{1}{2}$

$\dfrac{1}{m}$ 부하시 용량 $= 150 \times \dfrac{1}{2} = 75[\text{kVA}]$

---

51 어떤 변압기의 전 부하 동손이 270[W], 철손이 120[W]일 때 이 변압기를 최고 효율로 운전하는 출력은 정격 출력의 몇 [%]가 되는가?

① 22.5 ② 33.3
③ 55.7 ④ 66.7

해설
변압기 최대효율 조건 : 철손 = 동손

$P_i = \left(\dfrac{1}{m}\right)^2 P_c$

$\therefore \dfrac{1}{m} = \sqrt{\dfrac{P_i}{P_c}} = \sqrt{\dfrac{120}{270}} \fallingdotseq 0.677 \fallingdotseq 66.7[\%]$이다.

---

52 50[Hz], 6.3[kV]/210[V], 50[kVA], 정격 역률 0.8(지상)의 단상 변압기에 무부하손은 0.65[%], %저항 강하는 1.4[%]라 하면 이 변압기의 전 부하 효율[%]은?

① 약 96.5 ② 약 97.7
③ 약 87.7 ④ 약 99.4

해설
정격출력 P_n(기준) $= V_n I_n \cos\theta$[W]

P_o(무부하손) $= P_n \times \dfrac{0.65}{100}$ … ⓐ $P(\%저항강하) = \dfrac{I_n R}{V_n} = \dfrac{I_n^2 R}{V_n I_n} = \dfrac{P_c}{V_n I_n} = \dfrac{1.4}{100}$

$\therefore P_c$(동손) $= I_n^2 R = \dfrac{1.4}{100} \times V_n I_n = \dfrac{1.4}{100} \times \dfrac{P_n}{\cos\theta}$ … ⓑ

$\therefore$ 전부하 효율 $\eta = \dfrac{정격 출력(P_n)}{정격 출력(P_n) + 무부하손(P_o) + 동손(P_c)}$

$= \dfrac{P_n}{P_n + P_n \times \dfrac{0.65}{100} + \dfrac{1.4}{100} \times \dfrac{P_n}{\cos\theta}}$

$= \dfrac{1}{1 + \dfrac{0.65}{100} + \dfrac{1.4}{100} \times \dfrac{1}{0.8}} = 0.977 \fallingdotseq 97.7[\%]$

---

53 변압기 보호 방식 중 비율 차동 계전기를 사용하는 경우는?

① 변압기의 포화 억제 ② 여자 돌입 전류 보호
③ 고조파 발생 억제 ④ 변압기의 상간 단락 보호

해답 51. ④ 52. ② 53. ④

해설 비율차동계전기(RDFR) : 전류차로 동작하는 계전기로 발전기나 변압기의 상간단락 보호용에 이용된다.

54 변압기의 내부 고장 보호에 쓰이는 계전기로서 가장 적당한 것은?
① 과전류 차단기　　　　② 비율 차동 계전기
③ 역상 계전기　　　　　④ 접지 계전기

해설 차동계전기 : 발전기나 주변압기 내부고장 검출용에 이용된다.

55 3300/210[V], 5[kVA] 단상 변압기가 퍼센트 저항 강하 2.4[%], 리액턴스 강하 1.8[%]이다. 임피던스 전압[V]은?
① 99　　　　② 66
③ 11　　　　④ 21

해설
$Z(\%임피던스\ 강하) = \sqrt{P^2+q^2} = \sqrt{(2.4)^2+(1.8)^2} = 3[\%]$
$\therefore Z(\%임피던스\ 강하) = \dfrac{I_{1n}Z_{12}}{V_{1n}} \times 100 = \dfrac{V_s}{V_{1n}} \times 100$ 에서
$V_s(임피던스\ 전압) = \dfrac{Z \times V_{1n}}{100} = \dfrac{3 \times 3300}{100} = 99[V]$

56 정격이 같은 2대의 변압기 단상 1000[kVA]의 임피던스 전압은 각각 8[%]와 7[%]이다. 이것을 병렬로 하면 몇 [kVA]의 부하를 걸 수가 있는가?
① 1800　　　　② 1877
③ 1875　　　　④ 1880

해설 $\%Z_b = 7[\%]$ 작은것에 큰 전류가 흐르며(기준).
분배법칙에서 $P_b = \dfrac{\%Z_a}{\%Z_a + m\%Z_b} \times P$ 에서 $m=1$
$\therefore P(부하용량) = \dfrac{\%Z_a + m\%Z_b}{\%Z_a} \times P_b = \dfrac{8+1\times7}{8} \times 1000 = 1875[kVA]$

정답　54. ②　55. ①　56. ③

유 도 기

03

3부 전기기기

1 단상 유도 전동기

(1) 단상유도전동기의 종류

① 분상 기동형
② 반발 기동형
③ 반발 유도형
④ 콘덴서 기동형
⑤ 셰이딩 코일형
⑥ 모노 사이클릭 기동형

2 3상 유도 전동기

(1) $S(\text{슬립}) = \dfrac{N_s - N}{N_s}$

$N(\text{회전자 속도}) = (1-S)N_s [\text{rpm}]$

$N_s(\text{회전자장의 속도} = \text{동기 속도}) = \dfrac{120f}{P} [\text{rpm}]$

(2) $S = 1$(정지시)

(3) $S=0$ (운전시)

$$f_{2s}=sf_1 [\text{Hz}]$$
$$E_{2s}=sE_2 [\text{V}]$$
$$x_{2s}=sx_2 [\Omega]$$

(4) 유도 전동기의 간이 등가회로(운전시) : 1차로 환산된 변압기 회로

① I_2(2차 전류) $= \dfrac{sE_2}{\sqrt{r_2^2+(sx_2)^2}} = \dfrac{E_2}{\sqrt{\left(\dfrac{r_2}{s}\right)^2+x_2^2}}$ [A]

② I_1(1차 전류) $= I_o+I_1' = I_o + \dfrac{1}{a}I_2$

③ 부하 저항(R_L) $= \dfrac{r_2'}{s} - r_2'$

④ 유도전동기의 간이등가 회로도

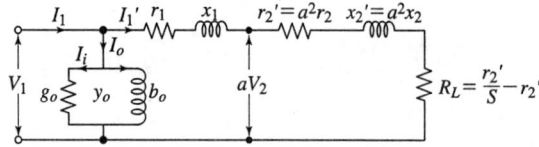

I_o는 I_1'의 2~3[%]이다.

$$P_2(\text{2차 입력=1차 출력=동기 왓트})=(I_1')^2 \dfrac{r_2'}{s} [\text{w}]$$

$$P_{c2}(\text{2차 동손})=(I_1')^2 r_2' = sP_2$$

$$P_o(\text{기계적 출력})=(I_1')^2\left(\dfrac{r_2'}{s}-r_2'\right)=(I_1')^2\dfrac{r_2'}{s}-(I_1')^2 r_2'$$
$$=P_2-P_{c2}=P_2(1-s) [\text{w}]$$

전동기 2차 효율 $\eta_2 = \dfrac{P_o}{P_2} = \dfrac{(1-s)P_2}{P_2} = (1-s) = \dfrac{wT}{w_s T} = \dfrac{w}{w_s} = \dfrac{N}{N_s}$

(5) 3상 유도 전동기의 특성

① 속도 특성

$$N(\text{회전자 속도})=(1-s)N_s=(1-s)\dfrac{120f}{P} [\text{rpm}]$$

② 1차 전류 특성

1차 부하 전류 $I_1' = I_s$(기동 전류)

$$I_{(s)} = \frac{V_1}{\sqrt{(r_1 + \frac{r_2'}{s})^2 + (x_1 + x_2')^2}} [A]$$

를 정격전류 2~3배 정도로 제한 기동한다.

③ Torque 특성

$$P_o(\text{기계적인 출력}) = wT[w]$$

$$T_s(\text{기동 Torque}) = \frac{P_o}{w} = \frac{(I_1')^2 r_2'}{\frac{4\pi f}{P}}$$

$$= \frac{r_2'}{\frac{4\pi f}{P}} \times \frac{V_1^2}{(r_1 + r_2')^2 + (x_1 + x_2')^2}$$

$$\fallingdotseq V_1^2 [N.m]$$

∴ 기동 Torque > 전부하 Torque ≒ V_1^2[N.m]

④ 최대 Torque의 조건, $s(r_1^2 + (x_1 + x_2')^2) = \frac{(r_2')^2}{s}$

최대 슬립 $s_{max} = \frac{r_2'}{\sqrt{r_1^2 + (x_1 + x_2')^2}} \fallingdotseq \frac{r_2'}{x_2'}$

⑤ 비례추이

$T(\text{Torque}) \fallingdotseq \frac{r_2'}{s}$ 에 비례하여 변화하는 것을 말한다.

T(일정인 조건), $r_2' = s$이어야 한다. 즉, r_2'증가, s도 증가한다.

∴ $\frac{r_2'}{s_t} = \frac{r_2' + R}{s}$

(s_t : 최대 Torque발생 슬립, s : 기동 Torque발생시 슬립

r_2'증가시 $I_{(s)}$(기동전류)는 감소, T_s(기동 Torque)증가된다.

R(외부 삽입저항)은 $\sqrt{r_1^2 + (x_1 + x_2')^2} - r_2'$[Ω]이다.)

(6) 3상 유도 전동기의 기동법(농형)

　① 농형 유도 전동기 기동법
　　㉠ 전전압 기동법 : 5[kw] 이하 소형
　　㉡ $Y-\triangle$ 기동법 : 5~15[kw] 이하. ∴ $\dfrac{I_y}{I_\triangle}=\dfrac{T_y}{T_\triangle}=\dfrac{1}{3}$
　　㉢ 기동 보상기법 : 15[kw] 이상
　② 권선형 유도 전동기 기동법
　　㉠ 2차 저항법(비례츄이 이용법)
　　㉡ 게르 게스법

(7) 3상 유도 전동기 원선도 작성에 필요한 시험

　① 1차 저항 측정
　② 무 부하 시험

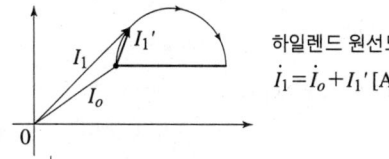
하일렌드 원선도
$\dot{I}_1=\dot{I}_o+I_1'$ [A]

　③ 구속 시험(단락 시험)

(8) 3상 유도 전동기의 속도제어 및 제동법

　① 속도제어
　　㉠ 저항 제어(슬립 제어)
　　㉡ 전원 주파수 변환법(농형)
　　㉢ 극수 변환법(농형)
　　㉣ 2차 여자법(권선형)
　　㉤ 전원 전압 제어법
　　㉥ 종속 접속법
　　　ⓐ 직렬 종속법 $N=\dfrac{120f}{P_1+P_2}$ [rpm]
　　　ⓑ 차동 종속법 $N=\dfrac{120f}{P_1-P_2}$ [rpm]
　　　ⓒ 병렬 접속법 $N=\dfrac{2\times 120f}{P_1\pm P_2}$ [rpm]

　　　같은 극수 2개를 종속접속 하면 속도는 $\dfrac{1}{2}$ 이고 Torque는 2배가 된다.
　② 제동법=발전제동, 회생제동, 역상제동, 단상제동이 있다.

3 특수 유도기

(1) 단상 유도 전압 조정기

1차 권선(고정자) $= V_1$(전원 전압),

2차 권선(회전자) $= E_2 \cos \alpha$(변화)일 때 부하측 전압 $V_2 = V_1 \pm E_2 \cos \alpha [V]$

(단, w(자기 용량) $= V_2 I_2 [KVA]$)

단상 유도 전압 조정기의 조정 정격 용량 $P = E_2 I_2 [KVA]$이다.

(2) 3상 유도 전압 조정기

선로 용량 $P_a = V_2 I_2 [KVA]$, $V_2 = V_1 \pm E_2 [V]$

∴ 3상 유도 전압 조정기의 조정 정격 용량 $P = \sqrt{3} E_2 I_2 = \sqrt{3} \times E_2 \times \dfrac{P_a}{V_2} [KVA]$

(E_2(조정전압)[V]이다.)

[적중예상문제]

01 유도 전동기로 동기 전동기를 기동하는 경우, 유도 전동기의 극수는 동기기의 그것보다 2극 적은 것을 사용한다. 옳은 이유는? (단, s: 슬립이다.)

① 같은 극수로는 유도기는 동기 속도보다 sN_s 만큼 늦으므로
② 같은 극수로는 유도기는 동기 속도보다 $(1-s)$ 만큼 빠르므로
③ 같은 극수로는 유도기는 동기 속도보다 s 만큼 빠르므로
④ 같은 극수로는 유도기는 동기 속도보다 $(1-s)$ 만큼 늦으므로

해설

$S = \dfrac{N_s - N}{N_s}$ ∴ $N_s - N$(상대속도) $= SN_s$

∴ N(유도전동기 회전수=회전자 속도)
  $= N_s$(동기전동기 회전수=동기속도) $- SN_s$(약 2극 만큼 늦다.)
∴ 같은 극수로는 유도기는 동기속도보다 SN_s(약 2극)만큼 늦다.

02 4극, 60[Hz]인 3상 유도기가 1750[rpm]으로 회전하고 있을 때 전원의 b상, c상과를 바꾸면 이 때의 슬립은?

① 2.03
② 1.97
③ 0.099
④ 0.197

해설 전원의 b상과 c상의 접속을 바꾸면 회전자는 역전($-N$)하므로

$S = \dfrac{N_s - (-N)}{N_s} = \dfrac{1800 + 1750}{1800} \fallingdotseq 1.97$

03 유도 전동기에서 인가 전압이 일정하고 주파수가 정격값에서 수[%] 감소할 때 다음 현상 중 해당되지 않는 것은?

① 철손이 증가한다.
② 동기 속도가 감소한다.
③ 누설 리액턴스가 증가한다.
④ 효율이 나빠진다.

예답 1. ① 2. ② 3. ③

해설

B(자속밀도) $= \phi$(자속) $= I_o$(여자전류) $=$ 손실(철손) $=$ 온도상승

$= \text{Torque} = \dfrac{1}{f(\text{주파수})} = \dfrac{1}{\eta(\text{효율})} = \dfrac{1}{X_L(\text{리액턴스})} = \dfrac{1}{\cos\theta(\text{역률})}$

$= \dfrac{1}{N_s(\text{동기 속도})} = \dfrac{1}{N(\text{회전자 속도})} = \dfrac{1}{\text{냉각 효과}}$ 의 관계에서

주파수가 감소하면 누설리액턴스도 감소된다.

---

04 6극, 3상 유도 전동기가 있다. 회전자도 3상이며 회전자 정지시의 1상의 전압은 200[V]이다. 전부하시의 속도가 1152[rpm]이면 1상의 전압은 몇 [V]인가? (단, 1차 주파수는 60[Hz]이다.)

① 8.0 ② 8.3
③ 9.3 ④ 10.0

해설

$N_s = \dfrac{120f}{P} = \dfrac{120 \times 60}{6} = 1200[\text{rpm}]$

$\therefore S = \dfrac{N_s - N}{N_s} = \dfrac{1200 - 1152}{1200} = 0.04$

$\therefore E_{2s} = SE_2 = 0.04 \times 200 = 8[V]$

---

05 그림에서 고정자가 매초 50회전하고, 회전자가 45회전하고 있을 때 회전자의 도체에 유기되는 기전력의 주파수[Hz]는?

① $f = 50$
② $f = 95$
③ $f = 5$
④ $f = 45$

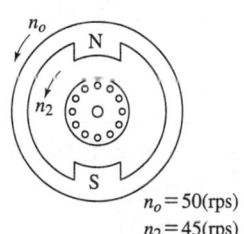

$n_o = 50(\text{rps})$
$n_2 = 45(\text{rps})$

해설

N_s(고정자 회전수) $= 50$(1차 주파수) $= 45$(2차 주파수)

$S = \dfrac{N_s - N}{N_s} = \dfrac{50 - 45}{50} = 0.1$

$\therefore$ 회전자 도체에 유기되는 기전력에 주파수 $f_{2s} = sf_1 = 0.1 \times 50 = 5[\text{Hz}]$

※ 참고 : 1극 1상의 slot(홈)수 $q = \dfrac{Z}{3P}$

각 slot(홈)간의 전기각 $\alpha = \pi \times \dfrac{P}{Z}$ 로 계산된다.

---

06 200[V], 3상 유도전동기의 전부하 슬립이 4[%]이다. 공급 전압이 10[%] 저하된 경우의 전부하 슬립은 어떻게 되는가?

① 약 0.03[%] ② 약 0.09[%]
③ 약 0.05[%] ④ 약 0.6[%]

해답 4. ① 5. ③ 6. ③

해설 슬립(s)는 공급전압(V)의 자승에 반비례한다.

∴ $\begin{cases} S = \dfrac{1}{V^2} = \dfrac{1}{(200)^2} \\ S' = \dfrac{1}{(V')^2} = \dfrac{1}{(200 \times 0.9)^2} \end{cases}$ 에서 $S' = S \times (\dfrac{V}{V'})^2 = 0.04 \times \left(\dfrac{200}{180}\right)^2 = 0.05 = 5[\%]$ 이다.

07 권선형 유도 전동기의 슬립 s에 있어서의 2차 전류는? (단, E_2, X_2는 전동기 정지시의 2차 유기 전압과 2차 리액턴스로 하고 R_2는 2차 저항으로 한다.)

① $\dfrac{E_2}{\sqrt{(R_2/s)^2 + X_2^2}}$ 　　② $2sE_2 / \sqrt{R_2^2 + \dfrac{X_2^2}{s}}$

③ $E_2 / (\dfrac{R_2}{1-s})^2 + X_2$ 　　④ $E_2 / \sqrt{(sR_2)^2 + X_2}$

해설

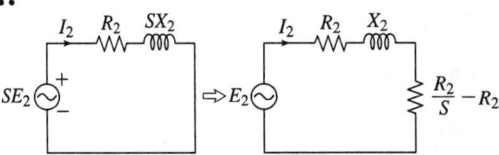

권선형 유도전동기가 슬립 s로 운전시의 2차 전류
$I_2 = \dfrac{sE_2}{\sqrt{R_2^2 + (sX_2)^2}} = \dfrac{E_2}{\sqrt{\left(\dfrac{R_2}{s}\right)^2 + X_2^2}}$ [A]이다.

08 3상 유도 전동기의 전압이 10[%] 낮아졌을 때 기동 토오크는 약 몇 [%] 감소하는가?
① 15 　　② 10
③ 20 　　④ 35

해설 3상유도 전동기에서 T(Torque)는 V_1^2(공급전압의 자승)에 비례한다.
∴ $T \fallingdotseq (1-0.1)^2 = (0.9)^2 = 0.81$
∴ $1 - 0.81 \fallingdotseq 0.2$로서 20[%] 감소된다.

09 극수 p인 3상 유도 전동기가 주파수 f[Hz], 슬립 s, 토오크 T[N.m]로 회전하고 있을 때 기계적 출력[W]은?

① $T \cdot \dfrac{4\pi f}{p}(1-s)$ 　　② $T \cdot \dfrac{5pf}{\pi}(1-s)$

③ $T \cdot \dfrac{4\pi f}{3p} \cdot s$ 　　④ $T \cdot \dfrac{\pi f}{2p}(1-s)$

정답 7. ①　8. ③　9. ①

해설

$$N=(1-s)N_s=(1-s)\times\frac{120f}{p}\,[\text{rpm}]$$

$P_2(\text{1차 출력=2차 입력= 동기 왓트})=w_sT=2\pi\dfrac{N_s}{60}\times T[\text{w}]$

$P_o(\text{2차 출력=기계적인 출력})=wT=2\pi\dfrac{N}{60}\times T=2\pi\dfrac{(1-s)N_s}{60}\times T$

$$=2\pi\times\frac{(1-s)}{60}\times\frac{120f}{p}\times T=T\times\frac{4\pi f}{p}(1-s)[\text{w}]$$

10 다상 유도 전동기의 등가 회로에서 기계적 출력을 나타내는 정수는?

① $\dfrac{s-1}{s}r_2'$ ② $(1-s)r_2'$

③ $\dfrac{r_2'}{s}$ ④ $\left(\dfrac{1}{s}-1\right)r_2'$

해설 유도 전동기의 등가회로에서의 출력

$P_2(\text{1차 출력=2차 입력=동기 왓트})=(I_1')^2\left(\dfrac{r_2'}{s}\right)[\text{w}]$

$P_o(\text{2차 출력=기계적 출력})=P_2-P_{c2}=P_2-sP_2=P_2(1-s)$

$$=(I_1')^2\times\left(\dfrac{r_2'}{s}\right)(1-s)=(I_1')^2\times r_2'\left(\dfrac{1}{s}-1\right)$$

$$=(I_1')^2\times\left(\dfrac{r_2'}{s}-r_2'\right)[\text{w}]$$

11 2차 저항 0.02[Ω], $s=1$에서 2차 리액턴스 0.05[Ω]인 3상 유도 전동기가 있다. 이 전동기의 슬립이 5[%]일 때, 1차 부하 전류가 12[A]라면, 그 기계적 출력 [kW]은? (단, 권수비 $a=10$, 상수비 $m=1$이다.)

① 12.5   ② 17

③ 15.4   ④ 16.4

해설

$r_2'=a^2r_2=10^2\times0.02=2[\Omega]$

$\therefore P_o(\text{기계적 출력})=3(I_1')^2\times\left(\dfrac{r_2'}{s}-r_2'\right)=3(I_1')^2\times a^2\left(\dfrac{r_2}{s}-r_2\right)$

$$=3\times(12)^2\times(10)^2\times0.02\left(\dfrac{1}{0.05}-1\right)\fallingdotseq16.4[\text{kW}]$$

12 3300[V], 60[Hz]인 Y결선의 3상 유도 전동기가 있다. 철손을 1020[W]라 하면 1상의 여자 콘덕턴스 [℧]는?

① 56.1×10^{-5} ② 28.7×10^{-5}

③ 9.37×10^{-5} ④ 6.22×10^{-5}

해답 10. ④ 11. ④ 12. ③

해설
$P_i(철손) = 3 g_o V_1^2 [W]$

$g_o(여자 콘덕턴스) = \dfrac{P_i}{3V_1^2} = \dfrac{1020}{3 \times \left(\dfrac{3300}{\sqrt{3}}\right)^2} ≒ 9.37 \times 10^{-5} [\mho]$

13 3상 유도 전동기의 원선도를 구하는 데 필요하지 않은 것은?
① 단락 시험 ② 저항 측정
③ 슬립 측정 ④ 무부하 시험

해설 원선도 작성시 필요한 시험은 무부하 시험(철손 측정), 구속시험(단락시험(단락 전류 측정)), 권선저항 측정으로 원선도를 작성한다.

14 유도 전동기에 있어서 2차 입력 P_2, 출력 P_o, 슬립(slip) s 및 2차 동손 P_{c2}와의 관계를 선정하면?
① $P_2 : P_o : P_{c2} = 1 : s : 1-s$
② $P_2 : P_o : P_{c2} = 1 : 1 : 1$
③ $P_2 : P_o : P_{c2} = 1 : \dfrac{1}{s} : 1-s$
④ $P_2 : P_o : P_{c2} = 1 : 1-s : s$

해설 유도전동기에서 $P_2 : P_o : P_{c2} = P_2 : P_2(1-s) : sP_2$
$= 1 : (1-s) : s$ 이다.

15 60[Hz], 220[V], 7.5[kW]인 3상 유도 전동기의 전부하시 회전자 동손이 0.485[kW], 기계손이 0.404[kW]일 때 슬립은 몇 [%]인가?
① 6.2 ② 5.8
③ 6.8 ④ 4.4

해설 P_2(1차 출력=2차 입력) $= P_o + P_M + P_{c2} = 7.5 + 0.404 + 0.485 = 8.389 [kW]$
∴ $P_{c2} = sP_2$에서 $S = \dfrac{P_{c2}}{P_2} = \dfrac{0.485}{8.389} = 0.058 = 5.8[\%]$ 이다.

16 3상 유도 전동기의 출력이 10[kW], 슬립이 4.8[%]일 때의 2차 동손[kW]은?
① 0.49 ② 0.44
③ 0.5 ④ 0.55

정답 13. ③ 14. ④ 15. ② 16. ③

해설
P_o(기계적 출력) $= (1-s)P_2$[kW]

∴ P_2(2차 입력) $= \dfrac{P_o}{1-s} = \dfrac{10 \times 10^3}{1-0.048} = 10.5$[kW]

∴ $P_{c2} = sP_2 = 0.048 \times 10.5 = 0.5$[kW]

---

17 15[kW] 3상 유도 전동기의 기계손이 350[W], 전부하시의 슬립이 3[%]이다. 전부하시의 2차 동손[W]은?

① 395   ② 575
③ 475   ④ 675

해설
$(P_M + P_o) = (1-s)P_2$[w]

∴ P_2(2차 입력) $= \dfrac{1}{1-s}(P_M + P_0)$[w] ⋯ ⓐ

P_{c2}(2차 동손) $= sP_2 = \dfrac{s}{1-s}(P_M + P_o) = \dfrac{0.03}{1-0.03}(15,000 + 350) = 475$[w]

---

18 동기 각속도 w_s, 회전자 각속도 w인 유도 전동기의 2차 효율은?

① $\dfrac{w_s - w}{w}$ ② $\dfrac{w_s - 2w}{w_s}$

③ $\dfrac{1}{w}$ ④ $\dfrac{w}{w_s}$

해설
η_2(유도전동기의 2차 효율) $= \dfrac{P_o}{P_2} = \dfrac{(1-s)P_2}{P_2} = 1 - s = \dfrac{wT}{w_sT} = \dfrac{w}{w_s}$

$= \dfrac{2\pi\dfrac{N}{60}}{2\pi\dfrac{N_s}{60}} = \dfrac{N}{N_s}$

---

19 4극, 7.5[kW], 200[V], 60[Hz]인 3상 유도 전동기가 있다. 전부하에서의 2차 입력이 7950[W]이다. 이 경우의 슬립을 구하면? (단, 기계손은 130[W]이다.)

① 0.04   ② 0.09
③ 0.06   ④ 1.04

해설
P_2(1차 출력=2차 입력) $= P_o + P_M + P_{c2}$[w]

∴ $P_{c2} = P_2 - (P_o + P_M) = 7950 - (7500 + 130) = 320$[w]

∴ $P_{c2} = sP_2$에서 $S = \dfrac{P_{c2}}{P_2} = \dfrac{320}{7950} = 0.04 = 4$[%]이다.

20 P[kW], N[rpm]인 전동기의 토오크[kg·m]인가?

① $0.01625 \dfrac{P}{N}$ ② $675 \dfrac{P}{N}$

③ $\dfrac{P}{N}$ ④ $975 \dfrac{P}{N}$

해설

$1[\text{kg.m}] = 9.8[\text{N.m}]$ ∴ $P(출력) = wT = 2\pi \dfrac{N}{60} T[w]$

$T(\text{Torque}) = \dfrac{P}{2\pi \dfrac{N}{60}} [\text{N.m}] = \dfrac{1}{9.8} \times \dfrac{P}{2\pi \times \dfrac{N}{60}} = 0.975 \dfrac{P}{N} [\text{kg.m}]$

$= 0.975 \times \dfrac{P \times 1000}{N} = 975 \dfrac{P}{N} [\text{kg.m}]$

21 4극, 60[Hz]인 3상 유도 전동기를 입력 100[kW], 효율 90[%]로 정격 운전할 때의 토오크[kg·m]는?

① 46.75 ② 48.75
③ 1 ④ 146.25

해설

$N_s(동기속도) = \dfrac{120f}{P} = \dfrac{120 \times 60}{4} = 1800[\text{rpm}]$

$P_2(2차\ 입력) = w_s T[w]$

∴ $T(\text{Torque}) = \dfrac{P_2}{w_s} \times \dfrac{1}{9.8} = \dfrac{1}{9.8} \times \dfrac{P_2}{2\pi \dfrac{N_s}{60}}$

$= 0.975 \dfrac{P_2}{N_s} = 0.975 \times \dfrac{100 \times 10^3}{1800} = 54.166[\text{kg.m}]$

∴ $\eta = 90[\%]$일 때의 Torque를 T'이라면 $\eta = \dfrac{T'}{T}$ 에서

$T' = \eta T = 0.9 \times 54.166 = 48.75[\text{kg.m}]$

22 60[Hz] 4극 유도 전동기의 슬립이 5[%]이고, 2차 손실이 100[W]이다. 이때의 토오크[N·m]는?

① 약 1.082 ② 약 10.61
③ 약 1.14 ④ 약 1.17

해설

$P_{c2} = sP_2[w]$ $P_2(2차\ 입력) = \dfrac{P_{c2}}{s} = \dfrac{100}{0.05} = 2000[w]$ … ⓐ

∴ $P_2 = w_s T[w]$

∴ $T(\text{Torque}) = \dfrac{P_2}{w_s} = \dfrac{P_2}{2\pi \dfrac{N_s}{60}} = \dfrac{P_2}{2\pi \dfrac{1}{60} \times \dfrac{120f}{P}} = \dfrac{P_2}{\dfrac{4\pi f}{P}} = \dfrac{2000}{\dfrac{4 \times 3.14 \times 60}{4}} = 10.61[\text{N.m}]$

정답 20. ④ 21. ② 22. ②

23 8극 60[Hz], 3상 권선형 유도 전동기의 전부하시의 2차 주파수가 3[Hz], 2차 동손이 500[W]라면 발생 토오크는 약 몇 [kg·m]인가? (단, 기계손은 무시한다.)
  ① 10.4   ② 10.8
  ③ 11.833   ④ 2.5

해설
$N_s = \dfrac{120f}{P} = \dfrac{120 \times 60}{8} = 900[\text{rpm}] \cdots ⓐ$

$f_{2s} = sf_1[\text{Hz}] \quad \therefore s = \dfrac{f_{2s}}{f_1} = \dfrac{3}{60} = 0.05 \cdots ⓑ$

$P_{c2} = sP_2[\text{w}] \quad \therefore P_2(2차 입력) = \dfrac{P_{c2}}{s} = \dfrac{500}{0.05} = 10 \times 10^3[\text{w}] \cdots ⓒ$

$\therefore P_2(2차 입력) = w_s T[\text{w}]$

$T(\text{Torque}) = \dfrac{P_2}{w_s} \times \dfrac{1}{9.8} = 0.975 \dfrac{P_2}{N_s} = 0.975 \times \dfrac{10 \times 10^3}{900} = 10.833[\text{kg.m}]$

24 전동기 축의 벨트 축 지름이 28[cm], 1140[rpm]에서 20[kW]를 전달하고 있다. 벨트에 작용하는 힘[kg]은?
  ① 약 134   ② 약 212
  ③ 약 160   ④ 약 122

해설
$P_o(기계적 출력) = wT[\text{w}]$

$T(\text{Torque}) = \dfrac{P_o}{w} \times \dfrac{1}{9.8} = 0.975 \dfrac{P_o}{N} = 0.975 \times \dfrac{20 \times 10^3}{1140} = 17.14[\text{kg.m}]$

$T(\text{Torque}) = Fr[\text{kg.m}]$

$\therefore F(벨트에 작용하는 힘) = \dfrac{T}{r} = \dfrac{17.14}{0.14} ≒ 122.4[\text{kg}]$

25 3상 유도 전동기의 특성 중 비례 추이할 수 없는 것은?
  ① 토오크   ② 출력
  ③ 2차 전류   ④ 1차 입력

해설 3상유도 전동기의 특성 중에서 비례추이를 할수 없는 것은 출력, 2차동손, 효율 등이다.

26 3상 유도 전동기에서 2차측 저항을 2배로 하면 그 최대 토오크는 몇 배로 되는가?
  ① 1/4배   ② 1/2배
  ③ $\sqrt{2}$배   ④ 변하지 않는다.

해설 비례추이는 $T ≒ \dfrac{r_2'}{s}$ 이다. $T=$일정 일 때는 2차 저항을 2배로 하면 슬립도 2배가 된다. (단, 최대 Torque는 2차 저항과 슬립의 변화와는 무관하다.)

해답 23. ② 24. ④ 25. ② 26. ④

27 1차(고정자측) 1상당 저항이 $r_1[\Omega]$, 리액턴스 $x_1[\Omega]$이고, 1차에 환산한 2차측(회전자측) 1상당 저항은 $r_2'[\Omega]$, 리액턴스 $x_2'[\Omega]$이 되는 권선형 유도 전동기가 있다. 2차 회로는 Y로 접속되어 있으며, 비례추이를 이용하여 최대 토오크로 기동시키려고 하면 2차에 1상당 얼마의 외부 저항(1차에 환산한 값)을 연결하면 되는가?

① $\dfrac{r_2'}{\sqrt{r_1^2+(2x_1+x_2')^2}}$ ② $\sqrt{r_1^2+(x_1+x_2')^2}-r_2'$

③ $\sqrt{(r_1+r_2')^2+(x_1+x_2')^2}$ ④ $\sqrt{r_1^2+(x_1+x_2')^2}+2r_2'$

해설 비례추이에서 최대 Torque로 기동하기 위한 2차 1상당의 외부저항을 R_s'라면

$\dfrac{r_2'}{s_t}=\dfrac{r_2'+R_s'}{s}$ 에서 s_t(최대 슬립) $=\dfrac{r_2'}{\sqrt{r_1^2+(x_1+x_2')^2}}$

기동시 $s=1$

$\therefore \dfrac{r_2'}{\dfrac{r_2'}{\sqrt{r_1^2+(x_1+x_2')^2}}}=\dfrac{r_2'+R_s'}{1}$

$\therefore r_2'+R_s'=\sqrt{r_1^2+(x_1+x_2')^2}$

$\therefore R_s$(외부삽입 저항) $=\sqrt{r_1^2+(x_1+x_2')^2}-r_2'$

28 권선형 3상 유도 전동기가 있다. 1차 및 2차 합성 리액턴스는 1.5[Ω]이고, 2차 회전자는 Y결선이며, 매상의 저항은 0.3[Ω]이다. 기동시에 있어서의 최대 토오크 발생을 위하여 삽입해야 하는 매상당 외부 저항[Ω]은 얼마인가? (단, 1차 저항은 무시한다.)

① 2 ② 1.2
③ 1 ④ 0.9

해설 비례추이에서 최대 Torque를 발생하기 위한 2차 매상당의 삽입저항
$R_s'=\sqrt{r_1^2+(x_1^2+x_2')^2}-r_2'=\sqrt{(x_1+x_2')^2}-r_2'=\sqrt{(1.5)^2}-0.3=1.2[\Omega]$

29 60[Hz], 6극, 권선형 3상 유도 전동기의 전부하시의 회전수는 1152[rpm]이다. 지금 회전수 900[rpm]에서 전 부하 토크를 발생하려면 회전자에 투입해야 할 외부 저항[Ω]은 얼마인가? (단, 회전자는 Y결선이고, 각 상 저항 $r_2'=0.03[\Omega]$이다.)

① 0.15 ② 0.1375
③ 0.2575 ④ 0.1575

27. ② 28. ② 29. ④

해설

$$N_s = \frac{120f}{P} = \frac{120 \times 60}{6} = 1200[\text{rpm}]$$

① $N_1 = 1152[\text{rpm}]$일 때 $s_1 = \frac{N_s - N_1}{N_s} = \frac{1200 - 1152}{1200} = 0.04$

② $N_2 = 900[\text{rpm}]$일 때 $s_2 = \frac{N_s - N_2}{N_s} = \frac{1200 - 900}{1200} = 0.25$

비례추이에서

$\frac{r_2'}{s_1} = \frac{r_2' + R_s}{s_2}$ ∴ $\frac{0.03}{0.04} = \frac{0.03 + R_s}{0.25}$ ∴ $R_s = 0.1575[\Omega]$

---

30 3상 권선인 유도 전동기의 전 부하 슬립이 5[%], 2차 1상의 저항 0.5[Ω]이다. 이 전동기의 기동 토오크를 전 부하 토오크와 같도록 하려면 외부에서 2차에 삽입할 저항은 몇[Ω]인가?

① 10
② 9.5
③ 9.9
④ 1.0

해설

비례추이에서 $\frac{r_2'}{s_1(\text{전부하시})} = \frac{r_2' + R_s}{s(\text{기동시})}$

∴ $R_s = \frac{r_2'}{s_1} - r_2' = \frac{0.5}{0.05} - 0.5 = 10 - 0.5 = 9.5[\Omega]$

---

31 슬립 s_t에서 최대 토오크를 발생하는 3상 유도 전동기에서 2차 1상의 저항을 r_2라 하면 최대 토오크로 기동하기 위한 2차 1상의 외부로부터 가해 주어야 할 저항은?

① $\frac{1-s_t}{s_t} r_2$
② $\frac{1+s_t}{s_t} 2r_2$
③ $\frac{r_2}{1-s_t}$
④ $\frac{1}{s_t}$

해설

비례추이에서 $\frac{r_2}{s_t} = \frac{r_2 + R}{1}$ ∴ $R = \frac{r_2}{s_t} - r_2 = \frac{r_2(1-s_t)}{s_t}[\Omega]$

---

32 출력 22[kW], 8극, 60[Hz]인 권선형 3상 유도 전동기의 전 부하 회전수가 855[rpm]이라고 한다. 같은 부하 토오크로 2차 저항 r_2를 4배로 하면 회전 속도[rpm]는?

① 720
② 730
③ 620
④ 630

---

30. ② 31. ① 32. ①

해설

$N_s = \dfrac{120f}{P} = \dfrac{120 \times 60}{8} = 900[\text{rpm}]$

∴ 전부하 회전수 $N_1 = 855[\text{rpm}]$일 때의 슬립 $s_1 = \dfrac{N_s - N_1}{N_s} = \dfrac{900 - 855}{900} 0.05$ ⋯ ⓐ

∴ 비례추이에서 부하저항을 4배로 하면 슬립도 4배가 된다.

∴ $s_2 = 4s_1 = 4 \times 0.05 = 0.2$일 때의 회전속도 $N_2 = (1 - s_2)N_s = (1 - 0.2) \times 900 = 720[\text{rpm}]$ 이다.

33 6극, 60[Hz]인 3상 권선형 유도 전동기가 1140[rpm]의 정격 속도로 회전할 때, 1차측 단자를 전환해서 상회전 방향을 반대로 바꾸어 역전 제동을 하는 경우, 그 제동 토오크를 전부하 토오크와 같게 하기 위한 2차 삽입 저항은 몇 $R[\Omega]$인가? (단, 회전자 1상의 저항은 $0.005[\Omega]$, Y결선이다.)

① 0.19 ② 0.27
③ 0.99 ④ 0.29

해설

$N_s = \dfrac{120f}{P} = \dfrac{120 \times 60}{6} = 1200[\text{rpm}]$

전부하 일 때의 슬립 $s_1 = \dfrac{N_s - N}{N_s} = \dfrac{1200 - 1140}{1200} = 0.05$ ⋯ ⓐ

역전제동 일 때의 슬립 $s_2 = \dfrac{N_s - (-N)}{N_s} = \dfrac{1200 + (1140)}{1200} = 1.95$ ⋯ ⓑ

비례추이에서 외부 삽입저항 R은

$\dfrac{r_2'}{s_1} = \dfrac{r_2' + R}{s_2}$ ∴ $\dfrac{0.005}{0.05} = \dfrac{0.005 + R}{1.95}$

∴ $R = 0.1 \times 1.95 - 0.005 \fallingdotseq 0.19[\Omega]$

34 10[kW], 3상, 200[V] 유도 전동기(효율 및 역률 각각 85[%])의 전 부하 전류[A]는?

① 29 ② 40
③ 50 ④ 80

해설

$\eta(\text{효율}) = \dfrac{\text{출력}(P)}{\text{입력}}$ ∴ 입력 $= \sqrt{3}\, VI \cos\theta = \dfrac{P}{\eta}$

전부하 전류 $I = \dfrac{P}{\sqrt{3}\, V \cos\theta \times \eta} = \dfrac{10 \times 10^3}{\sqrt{3} \times 200 \times 0.85 \times 0.85} = 40[\text{A}]$

35 3상 유도 전동기에 직결된 직류 발전기가 있다. 이 발전기에 100[kW]의 부하를 걸었을 때 발전기 효율은 80[%], 전동기의 효율과 역률은 95[%]와 90[%]라고 하면, 전동기의 입력[kVA]은?

① 146.2 ② 188.5
③ 10.5   ④ 118.2

예답 33. ① 34. ② 35. ①

해설

3상 유도 전동기(η_M) ⇒ 직류 발전기($\eta_g = \frac{\text{발전기 출력}(P_o)}{\text{발전기 입력}}$)에서

발전기 입력 = 유도 전동기 출력 = $\frac{P_o}{\eta_g}$ ⋯ ⓐ

∴ $\eta_M = \frac{\text{유도 전동기 출력}}{\text{유도 전동기 입력}}$ 에서 3상 유도 전동기 입력

$= \sqrt{3} VI \cos\theta = \frac{\text{유도 전동기 출력}}{\eta_M}$ 이다.

∴ $\sqrt{3} VI = \frac{\frac{P_o}{\eta_g}}{\cos\theta \eta_M} = \frac{P_o}{\cos\theta \eta_M \eta_g} = \frac{100}{0.95 \times 0.9 \times 0.8} = 146.2 [\text{kVA}]$

36 10[kW] 정도의 농형 유도 전동기 기동에 가장 적당한 방법은?
① 직접 기동
② $Y-\triangle$ 기동
③ 저항 기동
④ 기동 보상기에 의한 기동

해설 농형 유도 전동기 기동법
① 전 전압 기동법 → 5[kW] 이하
② $Y-\triangle$ 기동법 → 5~15[kW] 사이
③ 기동 보상기법 → 15[kW] 이상

37 3상 유도 전동기에서 제5고조파에 의한 기자력의 회전 방향 및 속도는 기본파의 몇 배인가?
① 기본파와 같은 방향이고 5배의 속도
② 기본파와 역방향이고 2배의 속도
③ 기본파와 같은 방향이고 $\frac{1}{2}$ 배의 속도
④ 기본파와 역방향이고 $\frac{1}{5}$ 배의 속도

해설 h(회전자계 고조파 차수), m(상수), $n = 0, 1, 2, 3$(정수)

$h = 2nm + 1 \Rightarrow$ 제7, 제13, 등은 기본파와 동일 방향이고, $\frac{1}{7}$ 배의 속도, $\frac{1}{13}$ 배의 속도이다.

$h = 2nm - 1 \Rightarrow$ 제5, 제11, 등은 기본파와 반대 방향이고, $\frac{1}{5}$ 배의 속도, $\frac{1}{11}$ 배의 속도이다.

38 3상 유도 전동기를 불평형 전압으로 운전하면 토오크와 입력과의 관계는?
① 토오크는 증가하고 입력은 감소
② 토오크는 감소하고 입력도 감소
③ 토오크는 감소하고 입력은 증가
④ 토오크는 증가하고 입력도 증가

해답 36. ② 37. ④ 38. ③

해설 3상 유도 전동기를 불평형 전압으로 운전시는 비례추이에서

T(기동 Torque증가) ≒ R(2차 저항증가) ≒ $\dfrac{1}{I(\text{기동 전류 감소})}$ ≒ $\dfrac{1}{P(\text{입력 감소})}$

혹은 $P ≒ I ≒ \dfrac{1}{T} ≒ \dfrac{1}{R}$ 의 관계가 성립된다.

---

39 유도 전동기를 기동하기 위하여 △를 Y로 전환했을 때 토오크는 몇 배가 되는가?

① $\dfrac{1}{3}$ 배
② $\dfrac{1}{\sqrt{3}}$ 배
③ $\sqrt{4}$ 배
④ 4배

해설
$T ≒ V^2$
∴ △결선인 경우 $T_\triangle ≒ V^2$
Y결선인 경우 $T_y ≒ \left(\dfrac{V}{\sqrt{3}}\right)^2$

∴ $\dfrac{T_y}{T_\triangle} = \dfrac{\left(\dfrac{V}{\sqrt{3}}\right)^2}{V^2} ≒ \dfrac{1}{3}$

※ 참고

△결선인 경우 $I_\triangle ≒ \sqrt{3} I_P = \sqrt{3} \times \dfrac{V}{Z}$ … ⓐ

Y결선인 경우 $I_y = \dfrac{\dfrac{V}{\sqrt{3}}}{Z} = \dfrac{V}{\sqrt{3} Z}$ … ⓑ

∴ $\dfrac{I_y}{I_\triangle} = \dfrac{\dfrac{V}{\sqrt{3} Z}}{\dfrac{\sqrt{3} V}{Z}} ≒ \dfrac{1}{3}$

---

40 10[HP], 4극, 60[Hz] 3상 유도 전동기의 전 전압 기동 토오크가 전 부하 토오크의 1/3일 때, 탭 전압이 $1/\sqrt{3}$인 기동 보상기로 기동하면 그 기동 토오크는 전 부하 토오크의 몇 배가 되겠는가?

① $3\sqrt{3}$ 배
② $1/3\sqrt{9}$ 배
③ $1/9$ 배
④ $2/\sqrt{3}$ 배

해설 T(전부하 Torque) ≒ V^2(전 전압)

∴ $\dfrac{1}{3} T ≒ V^2$

$T' ≒ \left(\dfrac{1}{\sqrt{3}} V\right)^2$ ⇒ 탭 전압 일 때 T'(기동 보상기의 기동 Torque)

$= \dfrac{\dfrac{1}{3} V^2}{V^2} \times \dfrac{1}{3} T ≒ \dfrac{1}{9} T$

해답 39. ① 40. ③

41 전압 220[V]에서의 기동 토오크가 전 부하 토오크의 210[%]인 3상 유도 전동기가 있다. 기동 토오크가 100[%]되는 부하에 대하여는 기동 보상기로 전압[V]을 얼마 공급하면 되는가?

① 약 105　　　　　　　　② 약 152
③ 약 339　　　　　　　　④ 약 46

해설 $T \fallingdotseq V^2$　$210\,T \fallingdotseq (220)^2$　$100\,T \fallingdotseq (V_x)^2$

∴ $V_x^2 = \dfrac{100\,T}{210\,T} \times (220)^2$

∴ $V_x = \sqrt{\dfrac{100}{210}} \times 220 = 151.8 \fallingdotseq 152 [V]$

42 200[V], 7.5[kW], 6극 3상 농형 유도 전동기를 정격 전압으로 기동하면 기동 전류는 500[%]흐르고, 기동 토오크는 220[%]이다. 기동 전류를 300[%]로 제한하려면 기동 토오크[%]는?

① 79　　　　　　　　② 69
③ 179　　　　　　　　④ 279

해설 $I_s \fallingdotseq V$　$T_s \fallingdotseq V^2 \fallingdotseq I_s^2$

∴ $220 \fallingdotseq (500)^2$
　$T' \fallingdotseq (300)^2$

∴ $T' = \left(\dfrac{300}{500}\right)^2 \times 220 = 79.2[\%]$ 이다.

43 220[V], 7.5[kW], 6극, 3상 유도 전동기가 있다. 정격 전압으로 기동할 때 기동 전류는 정격 전류의 6배, 기동 토오크는 전 부하 토오크의 2.5배이다. 지금 기동 토오크를 전 부하 토오크의 1.5배로 하기 위해서는 기동 전압을 얼마로 하면 되는가? 또, 이 때의 기동 전류[V]는 정격 전류의 몇 배인가?

① 150,　1.62배　　　　② 140,　3.63배
③ 170,　4.63배　　　　④ 180,　5.63배

해설 $T \fallingdotseq V^2$에서 $\begin{cases} 2.5\,T \fallingdotseq (220)^2 \\ 1.5\,T \fallingdotseq V^2 \end{cases}$　∴ $V = \sqrt{\dfrac{1.5}{2.5}} \times 220 = 170[V]$ … ⓐ

$I \fallingdotseq V$에서 $\begin{cases} 6I \fallingdotseq 220 \\ I_s \fallingdotseq V = 170 \end{cases}$　∴ $I_s = \dfrac{170}{220} \times 6I = 4.64I$

정답 41. ②　42. ①　43. ③

44 횡축에 속도 n을, 종축에 토오크 T를 취하여 전동기 및 부하의 속도 토오크 특성 곡선을 그릴 때 그 교점이 안정 운전점인 경우에 성립하는 관계식은? (단, 전동기의 발생 토오크를 T_M, 부하의 반항 토오크를 T_L이라 한다.)

① $\dfrac{dT_M}{dT_L} < \dfrac{dT_L}{d}$ ② $\dfrac{dT_M}{dn} = \dfrac{dT_L}{dn} = 1$

③ $\dfrac{dT_M}{d_n} = \dfrac{dT_L}{dn}$ ④ $\dfrac{dT_M}{dn} < \dfrac{dT_L}{dn}$

해설
n(전동기 회전속도).
T_M(전동기의 발생 Torque).
T_L(부하의 반항 Torque)로서
전동기의 안전 운전 조건은 $\dfrac{dT_L}{dn} > \dfrac{dT_M}{dn}$ 일 때이다.

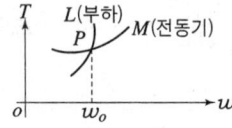

45 유도 전동기의 회전자에 슬립 주파수의 전압을 공급하여 속도 제어를 하는 방법은?
① 2차 저항법   ② 주파수 변환법
③ 직류 여자법   ④ 2차 여자법

해설 2차 여자법 : 권선형 유도 전동기의 회전자에 슬립 주파수 전압을 공급하여 속도를 제어하는 방법

46 sE_2는 권선형 3상 유도 전동기의 2차 유기 전압이고 E_c는 2차 여자법에 의한 속도 제어를 하기 위하여 외부에서 회전자 슬립에 가한 슬립 주파수의 전압이다. 여기서 E_c의 작용 중 옳은 것은?

① 속도를 강하게 한다.
② 역률을 향상시킨다.
③ 속도를 상승하게 한다.
④ 역률과 속도를 떨어뜨린다.

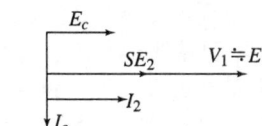

해설 2차 여자법에 의한 권선형 유도 전동기 회전자의 속도 조정은 외부 슬립 주파수 전압(E_c)를 전동기 2차 유기 기전력(sE_2)와 같은 방향으로 가하면 전동기 속도는 상승하고, 반대 방향으로 가하면 전동기 속도는 감소된다.

47 60[Hz]인 3상 8극 및 2극의 유도 전동기를 차동 종속으로 접속하여 운전할 때의 무부하 속도[rpm]는?
① 3200   ② 1200
③ 4200   ④ 720

예답 44. ④ 45. ④ 46. ③ 47. ②

해설 유도전동기의 종속법에 따른 무부하속도(N)은

차동 종속법 $N = \dfrac{120f}{P_1 - P_2} = \dfrac{120 \times 60}{8 - 2} = 1200 [\text{rpm}]$

직렬 종속법 $N = \dfrac{120f}{P_1 + P_2} = \dfrac{120 \times 60}{8 + 2} = 720 [\text{rpm}]$

48 유도 전동기의 동작 특성에서 제동기로 쓰이는 슬립의 영역은?
① 1~2
② 0~1
③ 0~-1
④ -3~-1

해설 유도전동기의 동작특성에 대한 슬립의 영역
유도 전동기의 동작 범위 : 1 > S > 0
유도 제동기의 동작 범위 : S > 1
유도 발전기의 동작 범위 : S < 0

49 220 ±100[V], 5[kVA]의 3상 유도 전압 조정기의 정격 2차 전류는 몇 [A]인가?
① 13.9
② 38.8
③ 28.8
④ 50

해설 3상(단상)유도 전압 조정기

$\dfrac{\text{자기용량}}{\text{부하용량}} = \dfrac{\sqrt{3}E_2I_2}{\sqrt{3}V_2I_2} = \dfrac{E_3(\text{승압 조정기})}{V_2(\text{고압측 전압})} = \dfrac{E_2(\text{조정 전압})}{V_1 + E_2(\text{부하 전압})}$

∴ 부하 용량 = 선로 용량 = 최대 출력 = $\sqrt{3}V_2I_2$ [kVA].
  V_2(부하 전압=2차 전압) = $V_1 + E_2$[V]이다.

∴ 자기용량 = 유도 전압 조정기의 정격 용량 $P_a = \sqrt{3}E_2I_2$ [kVA]

∴ I_2(2차 전류) $= \dfrac{P_a}{\sqrt{3}E_2} = \dfrac{5 \times 10^3}{\sqrt{3} \times 100} = 28.8 [\text{A}]$

50 선로 용량 6600[kVA]의 회로에 사용하는 3300±330[V] 3상 유도 전압 조정기의 정격 용량은 몇 [kVA]인가?
① 6000
② 3000
③ 4000
④ 600

해설 3상 유도 전압 조정기의 정격용량

$P_a = \sqrt{3}E_2I_2 = \sqrt{3}E_2 \times \dfrac{P}{\sqrt{3}V_2} = \sqrt{3}E_2 \times \dfrac{P}{\sqrt{3}(V_1 + E_2)}$

$= \sqrt{3} \times 330 \times \dfrac{6600 \times 10^3}{\sqrt{3}(3300 + 330)} = 600 [\text{kVA}]$

해답 48. ① 49. ③ 50. ④

51 단상 유도 전압 조정기에서 1차 전원 전압을 V_1이라 하고 2차의 유도 전압을 E_2라고 할때 부하 단자 전압을 연속적으로 가변할 수 있는 조정 범위는?

① $0 \sim V_1$까지
② $V_1 - E_2$까지
③ $V_1 + E_2$까지
④ $V_1 + E_2$에서 $V_1 - E_2$까지

[해설] 유도전압 조정기에서 부하단자 전압의 연속인 조정범위 $V_2 = V_1 \pm E_2$까지 이다.

52 단상 유도 전압 조정기의 1차 전압 100[V], 2차 100 ±30[V], 2차 전류는 50[A]이다. 이 조정 정격은 몇 [kVA]인가?

① 1.5
② 3.5
③ 15
④ 5.1

[해설] 단상유도 전압 조정기의 정격용량 $P_a = E_2 I_2 = 30 \times 50 = 1500[VA] = 1.5[kVA]$

53 200 ±200[V], 자기용량 3[kVA]인 단상 유도 전압 조정기가 있다. 최대 출력[kVA]은?

① 4
② 5
③ 6
④ 7

[해설] 자기용량 $P_a = E_2 I_2 = 3[kVA]$ … ⓐ

최대 출력 = 부하용량 $P = V_2 I_2 = (V_1 + E_2) \times \dfrac{P_a}{E_2} = (200 + 200) \times \dfrac{3 \times 10^3}{200} = 6[kVA]$

54 단상 유도 전압 조정기와 3상 유도 전압조정기의 비교 설명으로 옳지 않은 것은?

① 모두 회전자와 고정자가 있으며 한편에 1차 권선을, 다른 편에 2차 권선을 둔다.
② 모두 입력 전압과 이에 대응한 출력 전압 사이에 위상차가 있다.
③ 모두 회전자의 회전각에 따라 조정된다.
④ 단상 유도 전압 조정기에는 단락 코일이 필요하나 3상에서는 필요 없다.

[해설] 단상과 3상 유도전동기는 입력 전압과 출력 전압에 위상차가 없다. 즉, 동위상이다.

55 단상 유도 전동기를 기동 토오크가 큰 순서로 배열한 것은?

① ⓐ 반발 유도형 ⓑ 반발 기동형 ⓒ 콘덴서 기동형 ⓓ 분상 기동형
② ⓐ 반발 기동형 ⓑ 반발 유도형 ⓒ 콘덴서 기동형 ⓓ 셰이딩 코일형
③ ⓐ 반발 기동형 ⓑ 콘덴서 기동형 ⓒ 셰이딩 코일형 ⓓ 분상 기동형
④ ⓐ 반발 유도형 ⓑ 모노사이클릭형 ⓒ 셰이딩 코일형 ⓓ 콘덴서 전동기

[정답] 51. ④ 52. ① 53. ③ 54. ② 55. ②

해설 단상 유도 전동기에서 기동 Torque가 큰 순서로 배열하면
반발 기동형 > 반발 유도형 > 콘덴서 기동형 > 분상 기동형 > 세이딩 코일형 > 모노 사이클릭형 순서이다.

56 6극 3상 권선형 유도 전동기를 동일 토오크로 운정할 때 60[Hz]의 전원에서 2차측에 0.3[Ω]의 저항을 Y로 삽입하면 500[rpm]으로 회전하고, 0.2[Ω]을 삽입하면 700[rpm]이 된다. 회전수를 550[rpm]으로 하려면 외부 저항을 매상 몇 [Ω]으로 하면 되는가?

① 약 0.34
② 약 0.75
③ 약 0.275
④ 약 0.043

해설
$N_s = \dfrac{120f}{P} = \dfrac{120 \times 60}{6} = 1200$ [rpm]

① 외부 삽입 저항 $R_1 = 0.3$[Ω]일 때 $s_1 = \dfrac{N_s - N_1}{N_s} = \dfrac{1200 - 500}{1200} = \dfrac{12}{7}$ ⋯ ⓐ

② 외부 삽입 저항 $R_2 = 0.2$[Ω]일 때 $s_2 = \dfrac{N_s - N_2}{N_s} = \dfrac{1200 - 700}{1200} = \dfrac{5}{12}$ ⋯ ⓑ

비례추이에서 $\dfrac{0.3 + r_2}{s_1} = \dfrac{0.2 + r_2}{s_2}$ 에서 $r_2 = 0.05$[Ω]

③ $N_3 = 550$[rpm]일 때 $s_3 = \dfrac{1200 - 550}{1200} = \dfrac{13}{24}$ 일 때 외부저항 R_3는 비례추이에서

$\dfrac{0.3 + 0.05}{s_1} = \dfrac{0.05 + R_3}{s_3}$ 에서 $R_3 = 0.275$[Ω]

56. ③

04 동 기 기

3부 전기기기

1 동기 발전기의 종류

(1) 회전자에 의한 분류 : 회전 계자형, 회전 전기자형, 유도자형,
(2) 원동기에 의한 분류 : 수차 발전기, 터빈 발전기, 기관 발전기
(3) 상수에 의한 분류 : 단상 발전기, 3상 발전기

2 전기자 권선법

(1) 권선계수

① 집중권(매극 매상의 홈수가 1개인 경우)과
　분포권(매극 매상의 홈수가 2개 이상인 경우)다.
　※ 분포권의 장점 : ⓐ 기전력의 파형이 좋아진다.
　　　　　　　　　　ⓑ 기전력의 고조파가 감소된다.

$$K_d(\text{분포 계수}) = \frac{\sin\dfrac{\pi}{2m}}{q\sin\dfrac{\pi}{2mq}}$$

② 전절권(코일피치와 자극피치가 같은 경우)과 단절권(자극피치가 코일피치보다 큰 경우) 단절권의 장점 : 기전력의 파형이 좋다. 고조파가 제거된다.

$$단절계수(K_P) = \sin\frac{\beta\pi}{2}, \quad 단, \ \beta = \frac{코일피치}{자극 피치}$$

③ 권선계수 $K = K_P K_d$

(2) 3상 동기 발전기의 특성

① 전기자 반작용

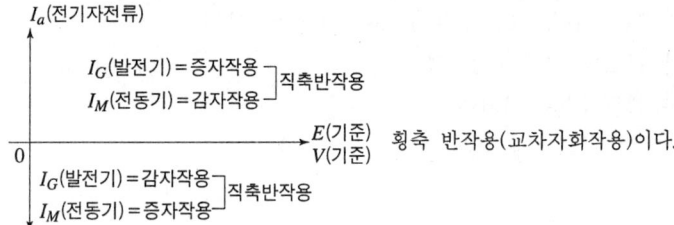

(단, E(기준)=발전기, V(기준)=전동기)

② 동기 임피던스

$$Z_s = \frac{E_n}{I_s} = \frac{V_n}{\sqrt{3}I_s} \rightleftharpoons X_s(동기\ 리액턴스) \rightleftharpoons X_a + X_l [\Omega]$$

I_s(3상 단락 전류)[A]

③ 단락비

$$K_s = \frac{I_s}{I_n} \times 100 = \frac{1}{Z_s'} = \frac{1}{전압\ 변동율}$$

$$K_s(단락비) = \frac{1}{Z_s'} (단락비가\ 큰\ 기계는\ 철\ 기계이다.)$$

(3) 3상 동기 발전기의 병렬운전조건

① 기전력의 크기가 같을 것(무효 순환 전류)
② 기전력의 위상이 같을 것(동기화 전류)
③ 기전력 파형이 같을 것(고조파 무효 순환 전류)
④ 기전력 주파수가 같을 것(난조의 원인)
⑤ 상회전 방향이 같을 것
※ 단, ( )는 같지 않을 경우 일어나는 현상이다.

(4) 동기 발전기 병렬 운전시 원동기에 필요한 조건

① 균일 각속도를 가질 것
② 적당한 속도 조정률을 가질 것

$$s(\text{속도 조정률}) = \frac{N_o - N}{N} \times 100$$

$\begin{bmatrix} N_o : \text{무부하 회전수} \\ N : \text{정격 회전수} \end{bmatrix}$

(5) 난조의 발생 원인

① 조속기 감도가 너무 예민할때
② 원동기 Torque에 고조파 Torque가 포함된 경우
③ 전기자 회로의 저항이 큰 경우
④ 부하가 맥동할 때, 기전력 주파수가 같지 않을 때
※ 방지법 : 자극 표면에 제동권선을 설치한다.

3 동기 전동기

(1) 동기 전동기의 종류

철극형, 원통형, 고정자 회전기 동형

(2) 위상특성 곡선(V곡선)

① 계자전류 I_f를 가감해서 전기자 전류의 크기와 위상을 조정하는 곡선

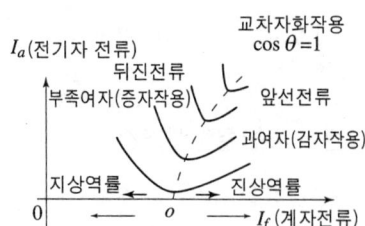

부하가 클수록 V곡선은 위로 이동한다.

(3) 동기 전동기의 기동법

① 자기 기동법
  ㉠ 기동 Torque를 이용, 기동하는 법
  ㉡ 기동 보상기를 이용, 전전압 $\frac{1}{2} \sim \frac{1}{3}$로 내려 기동하는 법
  ㉢ 제동권선을 이용 기동하는 법
② 기동 전동기법 : 동기발전기 축에 직결한 기동전동기로 기동하는 법이다.

(4) 동기 전동기의 특징
① 장점
㉠ 속도가 일정 불변이다.
㉡ 항상 역률 1로 운전할 수 있다.
㉢ 필요시 앞선 전류를 흘릴 수 있다.
㉣ 전압조정과 역률 개선용 동기조상기로 이용된다.
② 단점
㉠ 속도 조정을 할 수 없다.
㉡ 난조를 일으킬 염려가 있다.

[적중예상문제]

01 극수 6, 회전수 1200[rpm]의 교류 발전기와 병행 운전하는 극수 8의 교류 발전기의 회전수는 몇 [rpm]이라야 되는가?

① 880 ② 900
③ 1055 ④ 2200

해설

N_s(동기속도=회전자장의 속도) $= \dfrac{120f}{p}$[rpm]

$f = \dfrac{N_s \times p}{120} = \dfrac{1200 \times 6}{120} = 60$[Hz]

N(회전자 속도) $= \dfrac{120f}{p} = \dfrac{120 \times 60}{8} = 900$[rpm]

02 20극, 360[rpm]의 3상 동기 발전기가 있다. 전 슬롯수 180, 2층권 각 코일의 권수 4, 전기자 권선은 성형으로, 단자 전압 6600[V]인 경우 1극의 자속[wb]은 얼마인가? (단, 권선 계수는 0.9라 한다.)

① 0.08 ② 0.5314
③ 0.0662 ④ 0.6620

해설

3상 동기발전기에서 E(상전압) $= \dfrac{6600}{\sqrt{3}} = 3810.6$[V]

slot(홈)당 권수는 4. ∴ n(1상의 권수) $= \dfrac{180 \times 4}{3} = 240$. $N_s = \dfrac{120f}{p}$[rpm]

∴ $f = \dfrac{N_s \times p}{120} = \dfrac{360 \times 20}{120} = 60$[Hz]

∴ $E = 4.44 k_w fn\phi$[V] ∴ $\phi = \dfrac{E}{4.44 k_w fn} = \dfrac{3810.6}{4.44 \times 0.9 \times 60 \times 240} = 0.0662$[wb]

03 60[Hz], 12극의 동기 전동기 회전 자계의 주변 속도[m/s]는? (단, 회전 자계의 극 간격은 1[m]이다.)

① 120 ② 102
③ 1200 ④ 52

해답 1. ② 2. ③ 3. ①

해설
$$N_s = \frac{120f}{P} = \frac{120 \times 60}{12} = 600[\text{rpm}]$$
극 간격이 1[m]이므로 회전자 둘레는 $2\pi r = \pi D = 12$극이므로 12[m]이다.
∴ 동기 전동기, 회전자계의 주변속도
$$V = \frac{l}{t} = \frac{2\pi r}{t} = \pi D n = \pi D \times \frac{N_s}{60}$$
$$= 12 \times \frac{600}{60} = 120[\text{m/sec}]$$

04 보통 회전 계자형으로 하는 전기 기계는?
① 직류 변류기 ② 회전 전동기
③ 동기 발전기 ④ 유도 발전기

해설 동기 발전기는 보통 회전 계자형으로 사용한다(절연이 용이하며 기계적으로 튼튼하다.).

05 동기 발전기의 권선을 분포권으로 하면?
① 권선의 리액턴스가 커짐
② 집중권에 비하여 합성 유도 기전력이 높아짐
③ 파형이 좋아짐
④ 난조를 방지할 수 있음

해설 동기 발전기 권선을 분포권으로 하면 기전력의 고조파가 감소되어 파형이 좋아지며 권선의 리액턴스가 감소된다.

06 3상 동기 발전기의 매극, 매상의 slot수를 3이라 할 때 분포권 계수를 구하면?
① $6 \sin \frac{\pi}{18}$ ② $3 \sin$
③ $\frac{1}{6 \sin \frac{\pi}{18}}$ ④ $\frac{2}{9 \sin \frac{\pi}{18}}$

해설 q(매극 매상의 slot(홈)수) = 3, n(고조파 차수)
분포권 계수 $K_d = \dfrac{\sin \frac{n\pi}{2m}}{q \sin \frac{n\pi}{2mq}} = \dfrac{\sin \frac{\pi}{2 \times 3}}{3 \sin \frac{\pi}{2 \times 3 \times 3}} = \dfrac{\frac{1}{2}}{3 \sin \frac{\pi}{18}} = \dfrac{1}{6 \sin \frac{\pi}{18}}$

07 동기 발전기의 전기자 권선을 단절권으로 하면?
① 고조파를 제거한다. ② 절연이 비교적 잘 되는 편이다.
③ 기전력을 높일 수 있다. ④ 역률이 좋아진다.

예답 4. ③ 5. ③ 6. ③ 7. ①

> **해설** 동기발전기의 전기자 권선을 단절권으로 하면 기전력 파형이 좋아지며 고조파가 제거된다.

08 동기 발전기에서 제 5고조파를 제거하려면 어떤 단절권으로 하는 것이 가장 좋을지 코일 피치 β를 구하면?

① 8.0　　　　　　② 0.8
③ 0.65　　　　　　④ 0.4

> **해설** 제 5고조파를 제거하기 위한 단절계수 $K_p = \sin\dfrac{n\beta\pi}{2} = \sin\dfrac{5\beta\pi}{2} = 0$가 되기 위한
> $\beta = \dfrac{\text{코일간격}}{\text{극간격}} = \angle 1$에 조건은 $\dfrac{5\beta\pi}{2} = n\pi$이다.
> $\therefore \beta = \dfrac{2}{5}n \cdots$ ①　　n(고조파 차수)
> ①式에서
> $n=1$　　$\beta = \dfrac{2}{5}n = \dfrac{2}{5} \times 1 = 0.4$
> $n=2$　　$\beta = \dfrac{2}{5}n = \dfrac{2}{5} \times 2 = 0.8$
> $n=3$　　$\beta = \dfrac{2}{5}n = \dfrac{2}{5} \times 3 = 1.2$로서 $\beta \angle 1$보다 작고 1에 가까운 $\beta = 0.8$이어야 한다.

09 6극, 슬롯수 54의 동기기가 있다. 전기자 코일은 제1슬롯과 제9슬롯에 연결된다고 한다. 기본파에 대한 단절 계수를 구하면?

① 약 0.589　　　　② 약 0.981
③ 약 0.985　　　　④ 약 3.0

> **해설** 극 간격 : $\dfrac{slot수}{극수} = \dfrac{54}{6} = 9$
> 코일 간격 : $9-1=8$
> $\therefore \beta = \dfrac{\text{코일 간격}}{\text{극 간격}} = \dfrac{8}{9}$
> $\therefore$ 기본파에 대한 단절계수 $K_p = \sin\dfrac{\beta\pi}{2} = \sin\dfrac{\frac{8}{9}\pi}{2} = \sin 80 = 0.985$

10 동기 발전기에 앞선 전류가 흐를 때 다음 중 어느 것이 옳은가?

① 효율이 좋아진다.　　　　② 증자 작용을 받는다.
③ 속도가 상승한다.　　　　④ 감자 작용을 받는다.

> **해설** 유기 기전력(E)기준
> ① 동위상인 전기자 전류(교차 자화 작용) → 횡축 반작용 이라 한다.
> ② 앞선 전기자 전류(증자 작용) → 직축 반작용
> ③ 뒤진 전기자 전류(감자 작용) → 직축 반작용

해답 8. ②　9. ③　10. ②

11 동기 발전기에서 전기자 전류를 I, 유기 기전력과 전기자 전류와의 위상각을 θ라 하면 횡축 반작용을 하는 성분은?
① $I \cot \theta$
② $I \tan \theta$
③ $I \sin \theta$
④ $I \cos \theta$

해설 동기 발전기에서 유기 기전력(E)와 전기자 전류(I)와의 위상각을 θ라 할 때 $I\cos\theta$를 횡축 반작용, $I\sin\theta$를 직축 반작용이라 한다.

12 동기 발전기의 시험, 단락 시험, 무부하 시험으로부터 구할 수 없는 것은?
① 철손
② 동기 임피던스
③ 전기자 반작용
④ 단락비

해설 무부하 시험에서는 철손과 기계손, 단락시험에서는 동기 임피던스, 동기 리액턴스 등을, 단락비 계산에는 3상 단락시험과 무부하 포화 시험이 필요하다.

13 동기 발전기의 단락비를 계산하는 데 필요한 시험의 종류는?
① 전기자 반작용 시험, 3상 단락 시험
② 부하 포화 시험, 동기화 시험
③ 무부하 포화 시험, 3상 단락 시험
④ 동기화 시험, 3상 단락 시험

해설 동기 발전기 단락비를 계산하는 데는 무부하 포화시험과 3상 단락시험이 필요하다.

14 3상 동기 발전기가 있다. 이 발전기의 여자 전류 5[A]에 대한 1상의 유기 기전력이 600[V]이고, 그 3상 단락 전류는 30[A]이다. 이 발전기의 동기 임피던스[Ω]는 얼마인가?
① 2
② 3
③ 20
④ 30

해설
$I_s(\text{단락 전류}) = \dfrac{E_n}{Z_s} = \dfrac{V_n}{\sqrt{3}Z_s}[A]$

$Z_s(\text{동기 impedance}) = \dfrac{E_n}{I_s} = \dfrac{600}{30} = 20[\Omega]$

※ 참고
$P(\text{정격 용량}) = \sqrt{3}\,V_n I_n [kVA]$

$Z_s{'}(\%\text{동기 impedance}) = \dfrac{I_n}{I_s} \times 100 = \dfrac{1}{K_s}$

$K_s(\text{단락비}) = \dfrac{1}{Z_s{'}} = \dfrac{I_s}{I_n} \times 100$

정답 11. ④ 12. ③ 13. ③ 14. ③

15 정격이 6000[V], 9000[kVA]인 3상 동기 발전기의 % 임피던스가 90[%]라면 동기 임피던스는 몇 [Ω]인가?

① 3.0 ② 3.9
③ 4.0 ④ 3.6

해설
$$Z_s' = \frac{I_n}{I_s} \times 100 = \frac{I_n}{\frac{E_n}{Z_s}} \times 100 = \frac{I_n Z_s}{E_n} \times 100$$

$$\therefore Z_s = \frac{E_n Z_s'}{I_n} = \frac{\frac{V_n}{\sqrt{3}} \times Z_s'}{\frac{P}{\sqrt{3}V_n}} = \frac{\frac{6000}{\sqrt{3}} \times 0.9}{\frac{9000 \times 10^3}{\sqrt{3} \times 6000}} = 3.6[\Omega]$$

16 정격 용량 10,000[kVA], 정격 전압 6000[V], 극수 24, 주파수 60[Hz], 단락비 1.2되는 3상 동기 발전기 1상의 동기 임피던스[Ω]는?

① 3.0 ② 4.0
③ 4.12 ④ 9.2

해설
$$Z_s' = \frac{1}{K_s} = \frac{1}{1.2}$$

$$\therefore Z_s = \frac{E_n Z_s'}{I_n} = \frac{\frac{V_n}{\sqrt{3}} \times \frac{1}{K_s}}{\frac{P}{\sqrt{3}V_n}} = \frac{\frac{6000}{\sqrt{3}} \times \frac{1}{1.2}}{\frac{10,000 \times 10^3}{\sqrt{3} \times 6000}} = 3[\Omega]$$

17 단락비가 큰 동기기의 설명에서 옳지 않은 것은?

① 전기자 기자력이 작다. ② 계자 자속이 비교적 크다.
③ 공극이 크다. ④ 송전선의 충전 용량이 작다.

해설
단락비가 큰 동기기(철기계)는
송전선의 충전용량이 크다, 전기자 반작용이 작다, 전압 변동률이 작아 양호하다.

18 2대의 3상 동기 발전기를 무부하로 병렬 운전할 때 대응하는 기전력 사이에 30°의 위상차가 있다면 한 쪽 발전기에서 다른 쪽 발전기에 공급되는 전력은 1상당 몇 [kw]인가? (단, 발전기 1상 기전력은 2000[V], 동기 리액턴스는 10[Ω], 전기자 저항은 무시한다.)

① 50 ② 100
③ 250 ④ 400

해설
수수전력의 크기 $P = \frac{E^2}{2X_s} \sin\delta_s = \frac{(2000)^2}{2 \times 10} \sin 30° = 100[kw]$

정답 15. ④ 16. ① 17. ④ 18. ②

19 3상 동기 발전기를 병렬 운전시키는 경우 고려하지 않아도 되는 조건은?
① 발생 전압이 같을 것
② 상회전이 같을 것
③ 회전수가 같을 것
④ 전압 파형이 같을 것

해설
동기발전기 병렬운전 조건
① 기전력 크기가 같을 것.
② 기전력 위상이 같을 것.
③ 기전력 파형이 같을 것.
④ 기전력 주파수가 같을 것.
⑤ 상회전 방향이 같을 것.

20 발전기의 단자 부근에서 단락이 일어났다고 하면 단락 전류는?
① 일정한 큰 전류가 흐른다.
② 처음은 큰 전류이나 점차로 감소한다.
③ 계속 증가
④ 발전기가 즉시 정지한다.

해설
단락 초기에는 큰 과도전류가 흐르고, 수 초 후에는 영구 단락 전류값으로 되어 점차 감소된다.

21 동기 발전기가 운전 중 갑자기 3상 단락을 일으켰을 때 그 순간 단락 전류를 제한하는 것은?
① 전기자 누설 리액턴스와 계자 누설 리액턴스
② 전기자 작용
③ 동기 리액턴스
④ 전기자 반작용

해설
3상 동기 발전기가 돌발 단락시 단락전류를 주로 제한 하는 것은 제동권선이 있는 3상 동기발전기는 전기자 누설리액턴스와 제동권선의 누설 리액턴스와의 합인 직축 초기 과도 리액턴스가 제한하고 제동권선이 없는 발전기는 전기자 누설 리액턴스와 계자권선의 누설리액턴스와의 합인 직축과도 리액턴스가 제한한다.

22 발전기 권선의 층간 단락 보호에 가장 적합한 계전기는?
① 과부하 계전기
② 습도 계전기
③ 접지 계전기
④ 차동 계전기

해설
차동 계전기(DFR) : 발전기 및 변압기의 층간 단락 보호 및 내부고장 검출용에 이용된다.

해답 19. ③ 20. ② 21. ① 22. ④

23 3상 교류 발전기의 손실은 단자 전압 및 역률이 일정하면 $P=P_o+\alpha I+\beta I^2$으로 된다. 부하 전류 I가 어떤 값일 때 발전기 효율이 최대가 되는가? (단, P_o : 무부하손, α, β : 계수.)

① $I=\sqrt{\dfrac{P_o}{\beta}}$ ② $I=\alpha\beta$

③ $I=\dfrac{P_o}{2\alpha}$ ④ $I=\dfrac{P_o}{5\beta}$

해설 3상 교류 발전기 손실(P) = P_o(무부하손) + αI(와류손) + βI^2(동손)일 때 최대효율 조건은 무부하손 = 동손 이다.
∴ $P_o=I^2\beta$ ∴ $I=\sqrt{\dfrac{P_o}{\beta}}$ [A]일 때 발전기 효율이 최대가 된다.

24 450[kVA], 역률 0.85, 효율 0.9되는 동기 발전기 운전용 원동기의 입력[kw]은? (단, 원동기의 효율은 0.85)

① 450 ② 500
③ 155 ④ 611

해설
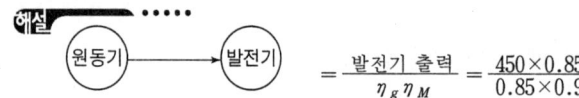 $=\dfrac{\text{발전기 출력}}{\eta_g \eta_M}=\dfrac{450\times0.85}{0.85\times0.9}=500[\text{kw}]$

25 동기 전동기의 진상 전류는 어떤 작용을 하는가?
① 교차 증자 작용 ② 감자 작용
③ 교차 자화 작용 ④ 무 작용

해설 동기전동기인 경우 V(공급전압) =기준
① 동상인 전기자 전류 = 횡축 반작용(교차 자화 작용)
② $\dfrac{\pi}{2}$ 앞선 전기자 전류(I_a) =직축 반작용(감자 작용)
③ $\dfrac{\pi}{2}$ 뒤진 전기자 전류(I_a) =직축 반작용(증자 작용)이 된다.

26 전압이 일정한 도선에 접속되어 역률 1로 운전하고 있는 동기 전동기의 여자 전류를 증가시키면 이 전동기의?
① 역률은 앞서고 전기자 전류는 증가
② 역률은 뒤지고 전기자 전류는 감소
③ 역률은 뒤지고 전기자 전류는 증가
④ 역률은 앞서고 전기자 전류는 감소

예답 23. ① 24. ② 25. ② 26. ①

해설 동기 전동기의 위상 특성 곡선(V곡선)에서
① 여자전류(I_f) → 증가(과여자).
   전기자 전류(I_a) → 증가.
   앞선 역률. 감자 작용
② 여자전류(I_f) → 감소(부족여자).
   전기자 전류(I_a) → 감소.
   뒤진 역률. 증자작용을 한다.

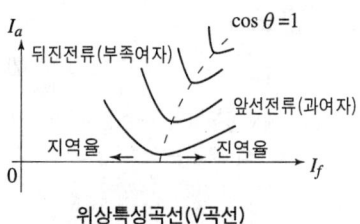

위상특성곡선(V곡선)

27 동기 전동기의 공급전압, 주파수 및 부하가 일정할 때 여자 전류를 변화시키면 어떤 현상이 생기는가?
① 회전력이 변한다. ② 속도가 변한다.
③ 변화가 없다. ④ 전기자 전류와 역률이 변한다.

해설 동기 전동기의 위상특성 곡선(V곡선)에서 공급전압, 주파수 및 부하가 일정할 때 여자 전류를 변화시키면 전기자 전류와 역률이 변화된다.
여자전류(I_f) → 증가(과여자). 전기자 전류 증가. 앞선 역률.
여자전류(I_f) → 감소(부족여자). 전기자 전류 감소. 뒤진 역률.

28 유도 전동기로 동기 전동기를 기동하는 경우, 유도 전동기의 극수를 동기 전동기의 극수보다 2극 적게 하는 이유는? (단, N_s는 동기속도, s는 슬립)
① 같은 극수로는 유도기가 동기 속도보다 sN_s만큼 늦으므로
② 같은 극수로는 유도기가 동기 속도보다 $(1-s)N_s$만큼 빠르므로
③ 같은 극수로는 유도기가 동기 속도보다 sN_s만큼 빠르므로
④ 같은 극수로는 유도기가 동기 속도보다 $(1-s)N_s$만큼 늦으므로

해설 $S = \dfrac{N_s - N}{N_s}$ $SN_s = N_s - N$

∴ N(회전자 속도(유도기)) = N_s(동기 속도(동기기)) − SN_s(2극)이다.
∴ 같은 극수로는 유도기 속도가 동기기 속도보다 SN_s(2극)만큼 늦기 때문이다.

29 60[Hz], 600[rpm]인 동기 전동기를 기동하기 위한 직결 유도 전동기의 극수로서 적당한 것은?
① 15 ② 10
③ 12 ④ 1

해답 27. ④ 28. ① 29. ②

해설

$$N_s = \frac{120f}{P}[\text{rpm}]$$

∴ P(동기기의 극수) $= \frac{120f}{N_s} = \frac{120 \times 60}{600} = 12$극 … ①

∴ 기동용 유도전동기의 극수는 동기 전동기의 극수보다 SN_s(2극)이 적으므로 유도전동기의 극수는 $12 - 2 = 10$극이 된다.

30 3상 동기기의 제동 권선의 효용은?
① 효율 증가 ② 출력 증가
③ 역률 감소 ④ 난조 방지

해설 자극 표면에 Slot(홈)을 파고 전기자 권선과 동일 권선으로 제동권선을 설치, 난조를 방지한다.

31 동기기의 안정도 향상에 유효하지 못한 것은?
① 속응 여자 방식으로 할 것 ② 단락비를 크게 할 것
③ 관성 모우먼트를 크게 할 것 ④ 동기 임피던스를 크게 할 것

해설 동기기의 안정도 증진법
속응 여자 방식으로 할것, 회전자의 플라이 휠일 효과를 크게 할 것(관성 moment를 크게 할 것), 동기화 리액턴스를 작게 할 것 ($Z_s \fallingdotseq \frac{1}{K_s}$로서 단락비를 크게 할 것)

32 1상의 유기 전압 E[V], 1상의 누설 리액턴스 X[Ω], 1상의 동기 리액턴스 X_s[Ω]인 동기 발전기의 지속 단락 전류는?

① $\frac{4}{X}$ ② $\frac{E}{X_s}$
③ $\frac{1}{X+X_s}$ ④ $\frac{E}{X-X_s}$

해설 $Z_{(s)} = r + jX_{(s)} \fallingdotseq X_{(s)}[\Omega]$

∴ 발전기의 지속 단락 전류=영구 단락 전류

$$I_{(s)} = \frac{E}{Z_{(s)}} \fallingdotseq \frac{E}{X_{(s)}}[\text{A}]$$

해답 30. ④ 31. ④ 32. ②

교류 정류자기 및 정류기

3부 전기기기

---

1 교류 정류자기

(1) 교류 정류자 전동기
(2) 단상 직권 정류자 전동기
(3) 3상 직권 정류자 전동기

---

2 회전 변류기

(1) 전압비 $\dfrac{E_a}{E_d} = \dfrac{1}{\sqrt{2}} \sin \dfrac{\pi}{m}$

(2) 전류비 $\dfrac{I_a}{I_d} = \dfrac{2\sqrt{2}}{m \cos \theta}$

(3) 회전 변류기의 기동
① 교류 측 기동
② 직류 측 기동
③ 기동 전동기에 의한 기동법

(4) 회전 변류기의 전압 조정법

① 유도 전압 조정기를 사용하는 방법
② 부하 시, 전압 조정 변압기를 사용하는 방법
③ 직렬리액턴스에 의한 방법

3 수은 정류기

(1) 이상 현상

역호=수은 정류기의 밸브 작용이 상실되는 현상
동호=격자 전압이 임계치 전압보다 낮을 경우 아크를 실패하는 현상을 말한다.
실호=격자 전압이 임계치 전압보다 높을 경우, 점호를 실패하는 현상을 말한다.

(2) **전호강하**(e_a) = 음극 강하(10[V]) + 양극 강하(5[V]) + 양광주 강하
(약 $0.05 \sim 0.3$[V/cm] × 아-크 길이) ≒ 16~30[V]정도이다.

(3) 수은 정류기의 직류측, 교류측 전압비 $E_d = \dfrac{\sqrt{2}E \sin \dfrac{\pi}{m}}{\dfrac{\pi}{m}}$ [V]

$$\therefore \frac{E_d}{E} = \frac{\sqrt{2} \sin \dfrac{\pi}{m}}{\dfrac{\pi}{m}}$$

4 단상 정류회로

(1) 단상 반파 정류회로

$E_{dc} = \dfrac{E_m}{\pi} = \dfrac{\sqrt{2}E}{\pi} = 0.45 E$[V] 또는 $E_{dc} = \left(\dfrac{E_m}{\pi} - e_a\right)$

$I_{dc} = \dfrac{E_{dc}}{R} = \dfrac{\sqrt{2}}{\pi} \times \left(\dfrac{E}{R}\right) = 0.45 \dfrac{E}{R}$ [A]

$P_{dc} = E_{dc} \cdot I_{dc}$ [w]

$\eta(효율) = \dfrac{P_{dc}}{P} \times 100 = \dfrac{E_{dc}I_{dc}}{VI} \times 100 = \dfrac{(I_{dc})^2 R_L}{I^2(r_d + R_L)} \times 100 = \dfrac{40.6}{1 + \dfrac{r_d}{R_L}}$ [%]

(2) 단상전파 정류회로

$$E_{dc} = \frac{2E_m}{\pi} = \frac{2\sqrt{2}E}{\pi} = 0.90E[V] \quad \text{또는} \quad E_{dc} = \frac{2E_m}{\pi} - e_a[V]$$

$$I_{dc} = \frac{E_{dc}}{R} = \frac{2\sqrt{2}}{\pi} \times \frac{E}{R} = 0.90\frac{E}{R}[A]$$

$$P_{dc} = E_{dc} \quad I_{dc} \ [w]$$

$$\eta(\text{효율}) = \frac{P_{dc}}{P} \times 100 = \frac{E_{dc}I_{dc}}{VI} \times 100 = \frac{(I_{dc})^2 R_L}{I^2(r_d + R_L)} \times 100 = \frac{81.2}{1 + \frac{r_d}{R_L}} \ [\%]$$

(3) r(맥동율) : 직류에 교류가 포함된 율

$$= \frac{\text{교류 실효치}}{\text{직류 평균치}} \times 100 = \sqrt{\frac{I_{ac}^2 - I_{dc}^2}{I_{dc}^2}} \times 100$$

① 단상 반파 맥동율 $r = 1.21$
② 단상 전파 맥동율 $r = 0.482$
③ 3상 반파 맥동율 $r = 0.183$
④ 3상 전파 맥동율 $r = 0.042$

전원주파수가 60[Hz]일 때 맥동주파수는
① 단상반파=60[Hz]
② 단상전파=120[Hz]
③ 3상반파=180[Hz]
④ 3상전파=360[Hz]

※ PIV(첨두역내 전압)

① 단상 반파 정류회로 PIV $= E_m = \sqrt{2}E[V]$
② 단상 전파 정류회로 PIV $= 2E_m = 2\sqrt{2}E[V]$
③ 단상 전파 bridge형 정류회로 PIV $= E_m = \sqrt{2}E[V]$

[적중예상문제] 05

01 다음은 단상 정류자 전동기에서 보상 권선과 저항 도선의 작용을 설명한 것이다. 옳지 않은 것은?

① 전기자 반작용을 제거해 준다.
② 변압기 기전력을 크게 한다.
③ 역률을 좋게 한다.
④ 저항 도선은 변압기 기전력에 의한 단락 전류를 작게 한다.

해설 단상교류 정류자 전동기의 보상권선과 저항 도선의 작용은
① 전기자 반작용을 제거해 준다.
② 역률을 개선한다.
③ 저항 도선은 변압기 기전력에 의한 단락 전류를 작게 한다.

02 단상 정류자 전동기에 보상 권선을 사용하는 가장 큰 이유는?

① 기동 토오크 조절 ② 정류 개선
③ 속도 제어 ④ 역률 개선

해설 단상 교류 정류자 전동기의 보상권선에 가장 큰 역할은 전기자 반작용의 제거로 역률을 개선한다.

03 교류 분권 정류자 전동기는 다음 중 어느 때에 가장 적당한 특성을 가지고 있는가?

① 속도의 연속 가감과 정속도 운전을 아울러 요하는 경우
② 부하 토오크에 관계없이 완전 일정 속도를 요하는 경우
③ 속도를 여러 단으로 변화시킬 수 있고 각 단에서 정속도 운전을 요하는 경우
④ 무부하와 전부하의 속도 변화가 적고 거의 일정 속도를 요하는 경우

해설 교류 분권 정류자 전동기의 특성은 정속도 전동기나 가변속도 전동기의 특성으로 널리 사용된다.

04 단상 정류자 정동기의 일종인 단상 반발 전동기에 해당되지 않는 것은 어느 것인가?

① 톰슨 전동기 ② 시라게 전동기
③ 데리 전동기 ④ 애트킨스 전동기

해답 1. ② 2. ④ 3. ① 4. ②

> **해설** 시라게 전동기(3상 분권 정류자 전동기)는 brush 이동으로 간단히 속도 제어를 할 수 있는 전동기로서 단상 정류자 전동기(단상 반발 전동기)는 아니다.

05 만능 전동기는?
① 차동 복권 전동기 ② 리니어 전동기
③ 3상 유도 전동기 ④ 단상 직권 전동기

> **해설** 만능 전동기(universal motor)는 직류, 교류 양용 전동기인 단상 직권 전동기를 말하며 여러 장소의 용도로 사용되는 전동기를 말한다.

06 2상 서어보 모우터의 특성 중 옳지 않은 것은?
① 회전자의 관성 모우먼트가 작을 것
② 기동 토오크가 클것
③ 제어 권선 전압 V_c가 0일 때 기동할 것
④ 제어 권선 전압 V_c가 0일 때 속히 정지할 것

> **해설** 2상 서어보 모우터(servo motor)의 특성은 기동 Torque가 클 것, 회전자 중 관성moment가 작을 것, V_c(제어권선 전압)=0일 때 기동해서는 않되고 곧 정지해야 한다.

07 교류 정류자기의 전기자 기전력은 회전으로 발생하는 기전력으로서 속도 기전력이라고도 하는데 그 식은 다음 것 중 어느 것인가?
① $E = \dfrac{a}{2p} Z \dfrac{N}{60} \phi$ ② $E = \dfrac{1}{a} Z \phi$
③ $E = \dfrac{p}{a} Z \dfrac{N}{60} \phi$ ④ $E = \dfrac{p}{a} \times \dfrac{N}{60Z} \phi$

> **해설** 교류 정류자기의 속도 기전력
> $E = \dfrac{1}{\sqrt{2}} \dfrac{p}{a} Zn\phi_m = \dfrac{1}{\sqrt{2}} \times \dfrac{p}{a} Z \dfrac{N}{60} \times \sqrt{2}\phi = \dfrac{p}{a} Z \dfrac{N}{60} \phi [V]$

08 6상 회전 변류기에서 직류 600[V]를 얻으려면 슬립 링 사이의 교류 전압을 몇 [V]로 하여야 하는가?
① 약 212 ② 약 303
③ 약 313 ④ 약 848

정답 5. ④ 6. ③ 7. ③ 8. ①

제 05 장 교류 정류자기 및 정류기

해설 회전 변류기

① 전압비 $\dfrac{E_a}{E_d} = \dfrac{1}{\sqrt{2}} \sin \dfrac{\pi}{m}$

② 전류비 $\dfrac{I_a}{I_d} = \dfrac{2\sqrt{2}}{m \cos \theta}$ 　단, m＝상수이다.

∴ 전압비 $\dfrac{E_a}{E_d} = \dfrac{1}{\sqrt{2}} \sin \dfrac{\pi}{m}$.

교류전압 $E_a = \dfrac{1}{\sqrt{2}} \sin \dfrac{\pi}{m} \times E_d = \dfrac{1}{\sqrt{2}} \sin \dfrac{\pi}{6} \times 600 = \dfrac{1}{\sqrt{2}} \times \dfrac{1}{2} \times 600 = 212.16[V]$

09 회전 변류기의 직류 측 선로 전류와 교류 측 선로 전류의 실효값과의 비는 다음 중 어느것인가? (단, m은 상수이다.)

① $\dfrac{2\sqrt{2}}{m \sin \theta}$　　② $\dfrac{m \cos \theta}{2}$

③ $\dfrac{2\sqrt{2} \sin \theta}{m}$　　④ $\dfrac{2\sqrt{2}}{m \cos \theta}$

해설

$\dfrac{I_a}{I_d} = \dfrac{2\sqrt{2}}{m \cos \theta}$

∴ I_a(교류 측 선로전류) $= \dfrac{2\sqrt{2}}{m \cos \theta} \times I_d [A]$

10 6상 회전 변류기의 정격 출력이 1000[kW], 직류측 정격 전압이 600[V]인 경우 교류 측의 입력 전류 [A]를 구하면? (단, 역률은 100[%]로 한다.)

① 약 686　　② 1
③ 약 786　　④ 약 872.5

해설

I_d(직류측 선로전류) $= \dfrac{P}{V_d} = \dfrac{1000 \times 10^3}{600} ≒ 1667[A]$

∴ $\dfrac{I_a}{I_d} = \dfrac{2\sqrt{2}}{m \cos \theta}$

∴ I_a(교류측 입력 전류) $= \dfrac{2\sqrt{2}}{m \cos \theta} \times I_d = \dfrac{2\sqrt{2} \times 1667}{6 \times 1} ≒ 785.8[A]$

11 회전 변류기의 직류측 전압을 조정하려는 방법이 아닌 것은?

① 유도 전압 조정기를 사용하는 방법　② 직렬 리액턴스에 의한 방법
③ 여자 전류를 조정하는 방법　　　　④ 동기 승압기에 의한 방법

해설 회전 변류기의 직류측 전압조정 방법은 부하측에 전압조정 변압기를 사용하는 방법, 동기 승압기에 의한 방법, 유도전압 조정기를 사용하는 방법, 직렬 리액턴스에 의한 방법

예답 9. ④　10. ③　11. ③

12 6상식 수은 정류기의 무부하시에 있어서의 직류측 전압은 얼마인가? (단, 교류측 전압은 E[V], 격자 제어 위상각 및 아아크 전압 강하를 무시한다.)

① $\dfrac{3\sqrt{2}E}{\pi}$
② $\dfrac{6(\sqrt{3}-1)E}{\pi}$
③ $\dfrac{2\sqrt{2}\pi E}{3}$
④ $\dfrac{3\sqrt{6}E}{\pi}$

해설 수은 정류기에서 전류 무제어의 경우 직류측 전압을 E_{do}[V]라면

$$\dfrac{E_{do}}{E} = \dfrac{\sqrt{2}\sin\dfrac{\pi}{m}}{\dfrac{\pi}{m}}$$

$$\therefore E_{do} = \dfrac{\sqrt{2}E\sin\dfrac{\pi}{m}}{\dfrac{\pi}{m}} = \dfrac{\sqrt{2}E\sin\dfrac{\pi}{6}}{\dfrac{\pi}{6}} = \sqrt{2}E \times \dfrac{1}{2} \times \dfrac{6}{\pi} = \dfrac{3\sqrt{2}E}{\pi} \text{ [V]}$$

13 수은 정류기에 있어서 정류기의 밸브 작용이 상실되는 현상을 무엇이라고 하는가?
① 점호 ② 역호
③ 통호 ④ 실호

해설 역호 : 수은 정류기에서 정류기의 밸브 작용이 상실되는 현상으로 역호 발생에 큰 원인은 과부하 전류이다.

14 다음과 같은 반도체 정류기 중에서 역방향 내전압이 가장 큰 것은?
① 실리콘 정류기 ② 게르마늄 정류기
③ 셀렌 정류기 ④ 아산화동 정류기

해설 실리콘 정류기의 역방향 내전압은 500~1000[V]로서 반도체 정류기 중에서 가장 크고, 최고 허용 온도는 140°~200[°C]이다.

15 SCR(실리콘 정류 소자)의 특징이 아닌 것은 다음 중 무엇인가?
① 과전압에 약하다.
② 아아크가 생기지 않으므로 열의 발생이 적다.
③ 게이트에 신호를 인가할 때부터 도통할 때까지의 시간이 짧다.
④ 전류가 흐르고 있을 때의 양극 전압 강하가 크다.

해설 실리콘 정류소자(SCR)의 특징은 다음과 같다.
열발생이 적다, gate신호에 따른 turn-on과 turn-off시간이 짧다. 과전압에 약하다.
※ Diode를 과대전류로 부터 보호하기 위해서는 Diode를 직렬로 추가한다.

해답 12. ① 13. ② 14. ① 15. ④

16 다이리스터를 이용한 교류 전압 제어 방식은?
① 위상 제어 방식　　② 상관없다.
③ 초퍼 방식　　　　④ TRC방식

해설 다이리스터(thyristor)를 이용한 교류전압 제어 방식은 위상제어 방식이다.

17 그림은 일반적인 반파 정류 회로이다. 변압기 2차 전압의 실효값을 E[V]라 할 때 직류 전류 평균값은? (단, 정류기의 전압 강하는 무시한다.)

① $\dfrac{E}{2R}$
② 1
③ $\dfrac{2\sqrt{2}E}{\pi R}$
④ $\dfrac{\sqrt{2}E}{\pi R}$

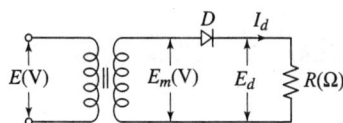

해설 단상반파 정류회로

E_d(직류전압=평균치 전압) $= \dfrac{E_m}{\pi} - e_a$ [V]

(단, e_a(정류기의 전압강하)[V])

∴ I_d(직류 전류=평균치 전류) $= \dfrac{E_d - e_a}{R} = \dfrac{\dfrac{E_m}{\pi} - e_a}{R}$

$= \dfrac{\dfrac{\sqrt{2}E}{\pi} - e_a}{R} = \dfrac{\dfrac{\sqrt{2}}{\pi}E - 0}{R} = \dfrac{\sqrt{2}E}{R\pi}$ [A]

18 단상 반파 정류 회로에서 변압기 2차 전압의 실효값을 E[V]라 할 때 직류 평균값 [A]은 얼마인가? (단, 정류기의 전압 강하는 e[V]이다.)

① $(\dfrac{\sqrt{2}}{\pi}E - e)/R$
② $\dfrac{1}{2}$
③ $\dfrac{2\sqrt{2}}{\pi} \cdot \dfrac{E}{R}$
④ $\dfrac{\sqrt{2}}{\pi} \cdot \dfrac{E-e}{R-1}$

해설 단상반파 정류회로

$E_d = \dfrac{E_m}{\pi} - e_a$ [V]

$I_d = \dfrac{E_d - e_a}{R} = \dfrac{\dfrac{\sqrt{2}}{\pi}E - e_a}{R}$ [A]

정답 16. ①　17. ④　18. ①

19 단상 반파 정류 회로인 경우 정류 효율은 몇 [%]인가?
① 50.6　　② 40.6
③ 60.6　　④ 11.6

해설 단상반파 정류회로의 정류효율
$$\eta = \frac{출력직류전력(P_{dc})}{입력교류전력(P_{ac})} \times 100 = \frac{V_{dc}I_{dc}}{VI} \times 100 = \frac{I_{dc}^2 R_L}{I^2(r_d + R_L)} \times 100 = \frac{I_{dc}^2}{I^2} \times \frac{1}{\frac{r_d}{R_L}+1} \times 100$$
$$= \left(\frac{\frac{I_m}{\pi}}{\frac{I_m}{2}}\right)^2 \times 100 = \frac{4}{\pi^2} \times 100 = 40.6[\%] \text{이다. (단, } R_L \text{ 부하저항이 크다. } \frac{r_d}{R_L} \fallingdotseq 0 \text{이다.)}$$

20 반파 정류 회로에서 직류 전압 200[V]를 얻는 데 필요한 변압기 2차 상전압을 구하여라. (단, 부하는 순저항, 변압기 내 전압 강하를 무시하면 정류기 내의 전압 강하는 50[V]로 한다.)
① 648　　② 444
③ 333　　④ 555

해설 단상반파 정류회로　$E_d = \frac{E_m}{\pi} - e_a = \frac{\sqrt{2}E}{\pi} - e_a[V]$

∴ $\frac{\sqrt{2}E}{\pi} = E_d + e_a$　∴ $E(2차 \text{ 상전압}) = \frac{\pi}{\sqrt{2}}(E_d + e_a) = \frac{\pi}{\sqrt{2}}(200+50) = 555[V]$

21 반파 정류 회로에서 직류 전압 100[V]를 얻는 데 필요한 변압기의 역전압 첨두값[V]은? (단, 부하는 순서항으로 하고 변압기 내의 전압 강하는 무시하며 정류기 내의 전압 강하를 15[V]로 한다.)
① 약 191　　② 약 361
③ 약 722　　④ 약 512

해설 단상반파 정류회로의
$E_d = \frac{E_m}{\pi} - e_a[V]$　$\frac{E_m}{\pi} = E_d + e_a$
∴ PIV(첨두역내 전압) $= E_m = \pi(E_d + e_a) = 3.14(100+15) = 361.6[V]$

22 $e = \sqrt{2}\,V\sin\theta$[V]의 단상 전압을 SCR 한 개로 반파 정류하여 부하에 전력을 공급하는 경우 $\alpha = 60°$에서 점호하면 직류분 전압[V]은?
① 0.338　　② 0.395
③ 0.998　　④ 0.7

19. ②　20. ④　21. ②　22. ①

해설 점호각 $a=60°$인 SCR이 단상반파 정류 할 때의 직류전압(평균치 전압)

$$E_{da} = \frac{1}{2\pi}\int_a^\pi e\,d\theta = \frac{1}{2\pi}\int_{60}^\pi \sqrt{2}V\sin\theta\,d\theta = \frac{\sqrt{2}V}{2\pi}(-\cos\theta)\Big|_{60}^\pi$$
$$= \frac{\sqrt{2}V}{2\pi}(1+\cos 60°) = \frac{\sqrt{2}V}{2\pi}\left(1+\frac{1}{2}\right) \fallingdotseq 0.338V[\text{V}]$$

23 단상 bridge형 회로에서 E[V]를 교류 전압 v의 실효값이라고 할 때 단상 전파 정류에서 얻을 수 있는 직류 전압 e_d의 평균값 [V]은?

① 2.9
② 5
③ 1
④ 0.9

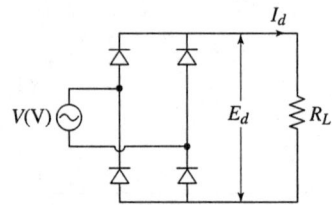

해설 단상전파 bridge형 정류회로이다.
직류 전압의 평균값

$$E_d = \frac{2E_m}{\pi} = \frac{2\times\sqrt{2}E}{\pi} \fallingdotseq 0.912E[\text{V}]$$

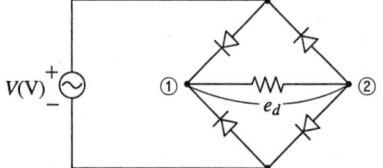

24 권수비가 1:2인 변압기(이상 변압기로 한다)를 사용하여 교류 100[V]의 입력을 가했을때 전파 정류하면 출력 전압의 평균값은?

① $400\sqrt{2}/\pi$
② $300\sqrt{2}/\pi$
③ $500\sqrt{2}/\pi$
④ $200\sqrt{2}/\pi$

해설 단상전파 정류회로에서

$$a(\text{권수비}) = \frac{E(\text{입력교류전압})}{E_d(\text{출력 직류전압})} = \frac{N_1}{N_2} = \frac{1}{2}$$

$$E_d(\text{출력직류 전압}) = 2\times\frac{2E_m}{\pi} = 2\times\frac{2\sqrt{2}E}{\pi} = 2\times\frac{2\sqrt{2}\times 100}{\pi} = \frac{400\sqrt{2}}{\pi}[\text{V}]$$

25 정류기의 단상 전파 정류에 있어서 직류 전압 100[V]를 얻는 데 필요한 2차 상전압 [V]을 구하면? (단, 부하는 순저항으로 하고 변압기 내의 전압 강하는 무시하며 전호 강하를 15[V]로 한다.)

① 약 94.4
② 약 128
③ 약 18
④ 약 328

해답 23. ④ 24. ① 25. ②

해설

단상 전파 정류회로에서

$$E_d = \frac{2E_m}{\pi} - V_a = \frac{2\times\sqrt{2}E}{\pi} - V_a [V]$$

∴ $\frac{2\sqrt{2}E}{\pi} = E_d + V_a$

∴ $E(2차 상전압) = \frac{\pi}{2\sqrt{2}}(E_d + V_a) = \frac{\pi}{2\sqrt{2}}(100+15)$
$\doteqdot 128[V]$

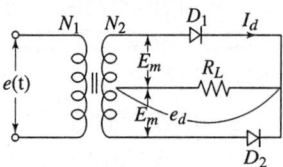

26 단상 전파 정류에 있어서 직류 전압 100[V]를 얻는 데 필요한 변압기 2차 상전압[V]은? (단, 부하는 순저항으로 하고 변압기 내의 전압강하는 무시하고 정류기의 전압강하는 20[V]로 한다.)

① 약 115   ② 약 233
③ 약 121   ④ 약 133

해설

단상 전파 정류회로의 직류전압 $E_d = \frac{2E_m}{\pi} - e_a = \frac{2\sqrt{2}E}{\pi} - e_a[V]$

∴ $\frac{2\sqrt{2}E}{\pi} = E_d + e_a[V]$

$E(2차 상전압) = \frac{\pi}{2\sqrt{2}}(E_d + e_a) = \frac{\pi}{2\sqrt{2}}(100+20) \doteqdot 133[V]$

27 2개의 SCR로 단상 전파 정류를 하여 $\sqrt{2}\times 100[V]$의 직류 전압을 얻는 데 필요한 1차측 교류 전압은 몇 [V]인가?

① 11   ② 257
③ 157   ④ 314

해설

단상 전파 정류회로에 직류전압 $E_d = \sqrt{2}\times 100 = \frac{2E_m}{\pi}[V]$

∴ $\frac{2\sqrt{2}E}{\pi} = \sqrt{2}\times 100$ ∴ $E(1차 교류 전압) = \frac{\pi}{2\sqrt{2}}\times\sqrt{2}\times 100 = 50\pi \doteqdot 157[V]$

28 단상 전파 정류 회로에서 첨두 역전압[V]은 얼마인가? (단, 변압기 2차측 전압은 100[V]이고 정류기의 전압 강하는 20[V]이다.)

① 26
② 200
③ 262
④ 382

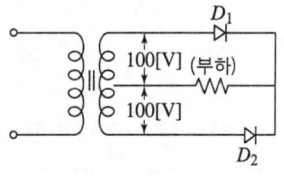

해설

단상 전파 정류회로에서의 첨두 역내전압
$PIV = 2E_m - e_a = 2\sqrt{2}E - e_a = 2\sqrt{2}\times 100 - 20 \doteqdot 262[V]$

정답 26. ④ 27. ③ 28. ③

29 2개의 다이리스터를 이용한 단상 전파 정류 회로에서 직류 전압 150[V]를 얻는 데 필요한 1차측 교류 전압[V]과 이 회로에 사용되는 다이오드의 첨두 역전압[PIV]은 얼마인가?

① 166.5, 200.5
② 166.5, 471
③ 235.5, 312.2
④ 235.5, 471

해설 단상 전파 정류회로의 직류전압

$E_d = \dfrac{2E_m}{\pi}$ [V]

∴ 첨두 역내전압 $PIV = 2E_m = \pi \times E_d = 3.14 \times 150 = 471$ [V]

$E_d = \dfrac{2E_m}{\pi} = \dfrac{2 \times \sqrt{2}E}{\pi}$ [V]

∴ E(1차 교류전압) $= \dfrac{\pi \times E_d}{2\sqrt{2}} = \dfrac{3.14 \times 150}{2\sqrt{2}} \fallingdotseq 166.5$ [V]

30 단상 50[Hz], 전파 정류 회로에서 변압기의 2차 상전압 100[V], 수은 정류기의 전호 강하 15[V]에서 회로 중의 인덕턴스는 무시한다. 외부 부하로서 기전력 60[V], 내부 저항 0.2[Ω]의 축전지를 연결할 때 평균 출력을 구하면?

① 5625
② 7525
③ 83
④ 9205

해설 단상 전파 정류회로의 직류전압

$E_d = \dfrac{2E_m}{\pi} - e_a = \dfrac{2 \times \sqrt{2}E}{\pi} - e_a = \dfrac{2 \times \sqrt{2} \times 100}{\pi} - 15 = 75$ [V]

전위차에 따른 부하 전류 $I_d = \dfrac{E_d - 60}{0.2} = \dfrac{75 - 60}{0.2} = 75$ [A]

∴ 축전지의 평균 출력 $P_o = E_d I_d = 75 \times 75 = 5625$ [W]

31 단상 전파 제어 회로에서 점호각이 α일 때 출력 전압의 평균값을 나타내는 식은?

① $\dfrac{\sqrt{2}V_1}{\pi}(2 - \cos \alpha)$

② $\dfrac{\sqrt{2}V_1}{\pi}(1 + \cos \alpha)$

③ $\dfrac{2\pi}{\sqrt{2}V_1}(1 + \cos \alpha)$

④ $\dfrac{\pi}{\sqrt{2}V_1}(2 + \cos \alpha)$

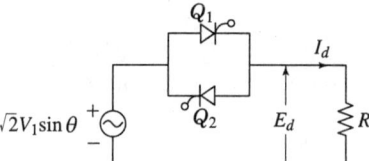

정답 29. ② 30. ① 31. ②

해설 입력전압 $e=\sqrt{2}\,V_1\sin\theta$[V]일 때의 단상 반파의 직류전압

$$E_d=\frac{1}{2\pi}\int_{a}^{\pi}e\,d\theta=\frac{1}{2\pi}\int_{a}^{\pi}\sqrt{2}\,V_1\sin\theta\,d\theta$$
$$=\frac{\sqrt{2}\,V_1}{2\pi}(-\cos\theta)\Big|_{a}^{\pi}=\frac{\sqrt{2}\,V_1}{2\pi}(-\cos\pi+\cos\alpha)$$
$$=\frac{\sqrt{2}\,V_1}{2\pi}(1+\cos\alpha)\text{[V]}\quad\cdots\text{ⓐ}$$

단상 전파의 직류전압

$$E_d=\frac{1}{\pi}\int_{a}^{\pi}e\,d\theta=\frac{1}{\pi}\int_{a}^{\pi}\sqrt{2}\,V_1\sin\theta\,d\theta$$
$$=\frac{\sqrt{2}\,V_1}{\pi}(-\cos\theta)\Big|_{a}^{\pi}=\frac{\sqrt{2}\,V_1}{\pi}(1+\cos\alpha)\text{[V]}$$

32 그림과 같은 단상 전파 제어 회로에서 부하의 역률각 ϕ가 60°의 유도 부하일 때 제어각 α를 0°에서 180°까지 제어하는 경우에 전압 제어가 불가능한 범위는?

① $\alpha\leq 20°$
② $\alpha\leq 60°$
③ $\alpha\leq 120°$
④ $\alpha\leq 90°$

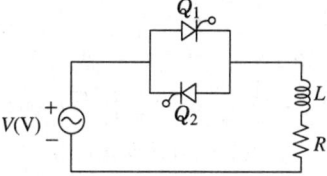

해설 제어범위는 부하의 역률각 이상이다.

즉, 부하 역률각 $\theta=\tan^{-1}\dfrac{wL}{R}=60°$ 이상이다.

제어 범위는 제어각 $\alpha\leq 60°$ 이상이다.

33 오른쪽 그림과 같은 단상 전파 제어 회로의 전원 전압의 최대값이 2300[V]이다. 저항 2.3[Ω], 유도 리액턴스가 2.3[Ω]인 부하에 전력을 공급하고자 한다. 제어 범위는?

① $\dfrac{\pi}{4}\leq\alpha\leq\pi$
② $\dfrac{\pi}{2}\leq\alpha\leq\pi$
③ $1\leq\alpha\leq 2\pi$
④ $0\leq\alpha\leq\dfrac{\pi}{2}$

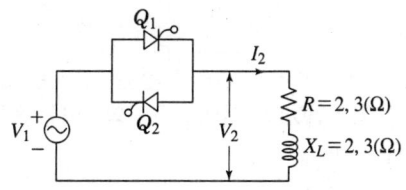

해설 제어 범위는 부하의 역률각 이상이다.

∴ 부하의 역률각 $\theta=\tan^{-1}\dfrac{X_L}{R}=\tan^{-1}\dfrac{2.3}{2.3}=\dfrac{\pi}{4}$ 이다.

∴ 제어범위는 $\dfrac{\pi}{4}\leq\alpha\leq\pi$ 이다.

정답 32. ① 33. ①

34 4개의 소자를 전부 다이리스터를 사용한 대칭 단상 브리지 회로에서 다이리스터의 점호각을 α라 하고 부하의 인덕턴스 $L=0$일 때의 평균값을 나타낸 식은 다음 중 어느 것인가?

① $E_{do}\cos\alpha\dfrac{1}{\pi}$

② $2E_{do}\sin\alpha$

③ $E_{do}\dfrac{1+\cos\alpha}{2}$

④ $E_{do}\dfrac{1-\cos\alpha}{2}$

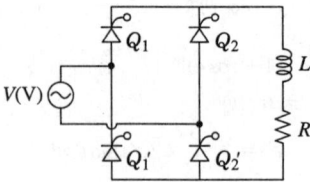

해설 다이리스트를 사용한 단상 전파 bridge형 회로에 $e=\sqrt{2}E\sin\theta$[V]를 가할 경우 점호각 $\alpha=0$일 때의 직류전압

$E_{do}=\dfrac{1}{\pi}\int_0^\pi e\,d\theta=\dfrac{1}{\pi}\int_0^\pi \sqrt{2}E\sin\theta\,d\theta=\dfrac{\sqrt{2}E}{\pi}(-\cos\theta)\Big|_0^\pi=\dfrac{\sqrt{2}E}{\pi}(1+1)=\dfrac{2\sqrt{2}E}{\pi}$ [V] … ⓐ

∴ 점호각이 α이고 $L=0$일 때의 직류전압

$E_{d\alpha}=\dfrac{1}{\pi}\int_\alpha^\pi e\,d\theta=\dfrac{1}{\pi}\int_\alpha^\pi \sqrt{2}E\sin\theta\,d\theta=\dfrac{\sqrt{2}E}{\pi}(-\cos\theta)\Big|_\alpha^\pi=\dfrac{\sqrt{2}E}{\pi}(1+\cos\alpha)$

$=\dfrac{2\sqrt{2}E}{\pi}\left(\dfrac{1+\cos\alpha}{2}\right)=E_{do}\left(\dfrac{1+\cos\alpha}{2}\right)$[V]

35 어떤 정류기의 부하 전압이 2000[V]이고 맥동률이 3[%]이면 교류분은 몇 [V] 포함되어 있는가?

① 50 ② 39
③ 49 ④ 60

해설 맥동률(r) = 직류(DC)에 교류(AC)가 포함된 율 = $\dfrac{\text{교류}(AC)\text{의 실효치}}{\text{직류}(DC)\text{의 평균치}}\times 100$

∴ 교류(AC)의 실효치 = 맥동률(r) × 직류(DC)의 평균치 = $0.03\times 2000 = 60$[V]

36 단상 전파 제어 회로에서 전원 전압은 2300[V]이고, 부하 저항은 2.3[Ω], 출력 부하는 2300[kW]이다. 다이리스터의 최대 전류값은?

① 540[A]
② 707[A]
③ 1000[A]
④ 2001[A]

해설 부하출력 $P_L=I^2R_L$[W]

∴ I(다이리스트의 최대전류) $=\sqrt{\dfrac{P_L}{R_L}}=\sqrt{\dfrac{2.3\times 10^6}{2.3}}=\sqrt{10^6}=1000$[A]

해답 34. ③ 35. ④ 36. ③

제 4 부

회로이론

제 1 장	기본 법칙
제 2 장	정현파 교류
제 3 장	기본 교류회로
제 4 장	교류전력
제 5 장	대칭 좌표법
제 6 장	비정현파 교류
제 7 장	2단자 회로망
제 8 장	4단자 회로망
제 9 장	분포 정수 회로
제 10 장	과도현상
제 11 장	라플라스변환
제 12 장	전달함수

기본 법칙

4부 회로이론

1 옴 법칙

$$I = \frac{V}{R} \ [\text{A}] \qquad \begin{matrix} I(전류)[\text{A}] \\ V(전압)[\text{V}] \\ R(저항)[\Omega] \end{matrix}$$

(1) 전 류

단위시간에 이동되는 전기량을 말한다.

$$I(전류) = \frac{Q}{t} \ [\text{c/sec}] = [\text{A}]$$

$$Q(전기량) = It \ [\text{C}]$$

$$N(자유전자수) = \frac{Q}{e} \ [개]$$

$$\begin{matrix} e(전자전하) = 1.062 \times 10^{-19} \ [\text{C}] \\ m(전자질량) = 9.1 \times 10^{-31} \ [\text{kg}] \end{matrix}$$

$$\therefore \ 1[\text{C}] = \frac{1}{1.602 \times 10^{-19}} \fallingdotseq 6.25 \times 10^{18} 개의 \ 전자이다.$$

(2) 전류밀도

$$i(전류밀도) = i_C + i_d = KE + \frac{\partial D}{\partial t} \ [\text{A/m}^2]$$

① 전도전류 (i_c)
   ㉠ 도체 내에 흐르는 전류
   ㉡ 자유전자 이동에 의한 전류
   ㉢ 옴법칙 미분형

$$i_c = \frac{I}{S} = \frac{E}{\rho} = KE = enV = en\mu E \, [\text{A/m}^2]$$

$$\begin{bmatrix} n(\text{자유전자수}) = \frac{Q}{e} [\text{개}] \\ \mu(\text{전자의 이동도}) = \frac{V}{E} \end{bmatrix}$$

② 변위전류 (i_d)
   ㉠ 도체외에 흐르는 전류
   ㉡ 구속전자 변위에 의한 전류
   ㉢ 전속밀도($D = \varepsilon E$)의 시간적인 변화에 의한 전류

$$i_d = \frac{\partial D}{\partial t} = \varepsilon \frac{\partial E}{\partial t} \, [\text{A/m}^2]$$

(3) 전 압

$Q[C]$에 전하를 이동해서 $W[J]$의 일을 할 경우 두 점간에 전위차를 전압이라 한다.

$$V(\text{전압}) = V_1 - V_2(\text{전위차}) = \frac{W}{Q} (J/C = Volt)$$

$$W(\text{일=에너지}) = QV = Q(V_1 - V_2) [J]$$

$$W(\text{전자전하가 한 일}) = eV = \frac{1}{2} mv^2 [J]$$

$$v(\text{속도}) = \sqrt{\frac{2eV}{m}} = 5.931 \times 10^5 \sqrt{V} \, [\text{m/sec}]$$

단, $\sqrt{V}$ (전압)

(4) 전기저항

$$R(\text{전기저항}) = \rho \frac{l}{S} (\Omega) \text{ 손실이 있다.}$$

① 역수단위

$$\frac{1}{R} \left(\frac{1}{\Omega} = \mho \, (\text{콘닥턴스}) = \text{지이멘스} \right)$$

$$K(\text{도전율}) = \frac{1}{\rho} \left(\frac{1}{\Omega \text{m}} = \mho/\text{m} \right)$$

$$\%K = \frac{\text{도체의 도전도}}{\text{표준연동 도전도}} \times 100$$

$$\begin{bmatrix} \text{연동 } \%K = 100 \\ \text{경동 } \%K = 97 \\ \text{경알미늄선 } \%K = 61 \end{bmatrix}$$

② 온도변화(도체)

온도상승 저항 증가

㉠ 0℃일 때 저항 R_0 온도계수 $\alpha_0 = \dfrac{1}{234.5}$

㉡ t℃일 때 저항 $R_t = R_0(1 + \alpha_0 t)[\Omega]$

㉢ t℃일 때 온도계수 $\alpha_t = \dfrac{\alpha_0}{1 - \alpha_0 t}$

③ 저항연결

㉠ 직렬연결 → 합성저항 증가한다.

㉡ 병렬연결 → 합성저항 감소한다.

참고

▶ △결선과 Y결선의 관계

$\begin{bmatrix} Y_r = \frac{1}{3}\triangle_R \\ \triangle_R = 3Y_r \end{bmatrix}$ $\begin{bmatrix} P_Y = \frac{1}{3}P_\triangle \\ P_\triangle = 3P_Y \end{bmatrix}$ $\begin{bmatrix} Y_r(\ Y ① 상에 저항) \\ \triangle_R(\triangle ① 상에 저항) \end{bmatrix}$ $\begin{bmatrix} P_Y(\ Y ① 상 전력) \\ P_\triangle(\triangle ① 상 전력) \end{bmatrix}$

④ 저항역할

전력을 소모한다.

$$P(\text{전력}) = VI = I^2 R = \frac{V^2}{R}\ [\text{W}]$$

$$W(\text{전력량, 에너지}) = Pt = VIt = I^2 Rt = \frac{V^2}{R} t\ [\text{J}]$$

$$H(\text{쥬울열량}) = 0.24Pt = 0.24VIt = 0.24I^2 Rt = 0.24\frac{V^2}{R}\ [\text{cal}]$$

참고

▶ 쥬울열량과 물리적인 양과의 관계

$0.24Pt\eta = Cm(T-t)\ [\text{cal}]$

$1\ [\text{Kwh}] = 860\ [\text{kcal}]$

$860Pt\eta = Cm(T-t)\ [\text{kcal}]$

$\therefore\ W = Pt = \dfrac{QT}{860\eta}\ [\text{Kwh}]$

2 키르히호프의 법칙

(1) 키르히호프제1법칙(전류법칙)

① 연속성이다.
② 마디전압을 구하는 식이다.
③ 마디중심에 들어가는 전류는 밖으로 나가는 전류와 서로 같다.

즉 $\sum_{k=1}^{n} i_k = 0$

(2) 키르히호프제2법칙(전압법칙)

① 폐회로 전류(망전류)를 구하는 식이다.
② 폐회로에서 기전력의 합은 전압강하의 합과 서로 같다.

즉 $\sum_{K=1}^{n} E_K - IR_K = 0$

3 전 지

1차전지 → 건전지
2차전지 → 축전지

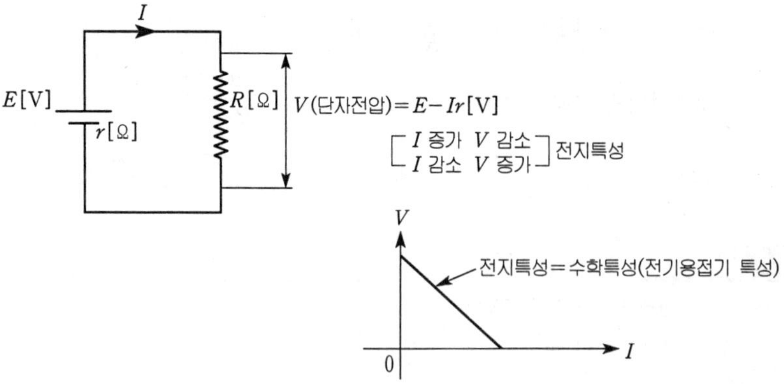

V(단자전압) $= E - Ir$ [V]

$\begin{bmatrix} I \text{ 증가 } V \text{ 감소} \\ I \text{ 감소 } V \text{ 증가} \end{bmatrix}$ 전지특성

전지특성 = 수하특성(전기용접기 특성)

4 분배법칙

(1) 직렬회로($I=$일정)

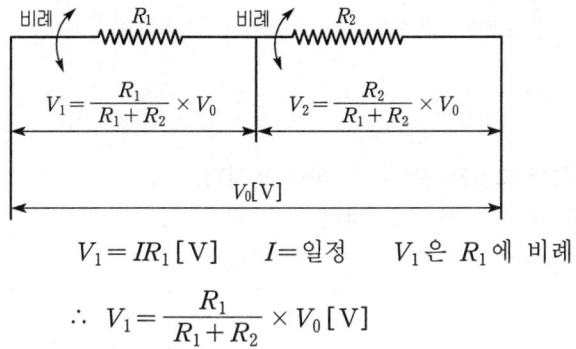

$$V_1 = IR_1 \,[\mathrm{V}] \quad I=\text{일정} \quad V_1 \text{은 } R_1 \text{에 비례}$$

$$\therefore V_1 = \frac{R_1}{R_1+R_2} \times V_0 \,[\mathrm{V}]$$

(2) 병렬회로($V=$일정)

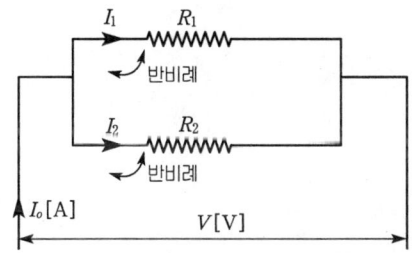

$$I_1 = \frac{V}{R_1} \,[\mathrm{A}] \quad \therefore I_1 = \frac{R_2}{R_1+R_2} \times I_0 \,[\mathrm{A}]$$

$$I_2 = \frac{V}{R_2} \,[\mathrm{A}] \quad \therefore I_2 = \frac{R_1}{R_1+R_2} \times I_0 \,[\mathrm{A}]$$

5 접지저항과 정전용량의 관계

$$RC = \rho\varepsilon \quad \therefore R(\text{접지저항}) = \frac{\rho\varepsilon}{C} \,[\Omega]$$

$$\frac{C}{G} = \frac{\varepsilon}{K} \quad \therefore i(\text{누설전류}) = \frac{V}{R} = \frac{V}{\frac{\rho\varepsilon}{C}} = \frac{CV}{\rho\varepsilon} \,[\mathrm{A}]$$

6 근이법(근사법)

$\alpha, \beta \leq 0$일 때 $\left[\begin{array}{l} \dfrac{1}{1-\alpha} \fallingdotseq 1+\alpha \\ \dfrac{1}{1+\beta} \fallingdotseq 1-\beta \end{array}\right]$ 이며

$$(1+\alpha)(1-\beta) = \underbrace{1}_{1항} + \underbrace{(\alpha-\beta)}_{2항} - \alpha\beta \fallingdotseq 1+(\alpha-\beta)$$

① 1항과 2항만 계산하고 나머지는 생략하는 법이다.
② 2항이 폐회로일 때는 그대로 계산한다.
③ 2항이 개회로일 때는 근의 공식 이용 계산한다.

[적중예상문제]

01 다른 두 종류의 금속선으로 된 폐회로의 두 접합점의 온도를 달리 하였을 때 열기전력이 발생하는 효과는?

① peltier효과 ② Seebeck효과
③ Pinch효과   ④ Thomson효과

해설 제벡 효과 : 2개 금속을 조합하면 온도차에 의해서 전류가 흘러 열기전력이 생기는 효과를 말한다.

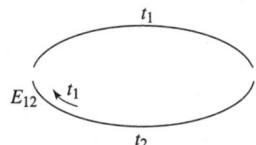

열기전력
$E_{12} = \int_{t_1}^{t_2} (a+bt)dt = a(t)\Big|_{t_1}^{t_2} + \frac{b}{2}(t^2)\Big|_{t_1}^{t_2} = a(t_2-t_1) + \frac{b}{2}(t_2^2-t_1^2)$ [V]이다.
(단, a, b는 열전상수라 한다.)

02 어떤 콘덴서의 회로에 커패시턴스를 2배하고, 주파수를 1/5배로 하면 흐르는 전류는 몇 배인가? (단, 커패시턴스 양단 전압은 일정하다.)

① 1/5   ② 2/5
③ 2   ④ 5/2

해설 콘덴서에 흐르는 전류 $I_C = \frac{V}{X_C} = \frac{V}{\frac{1}{\omega C}} = \omega CV = 2\pi f CV ≒ fC$ [A] … ①

$f' = \frac{1}{5}f$, $C' = 2C$일 때에 $I_C' = f'C' = \frac{1}{5}f \times 2C = \frac{2}{5}fC = \frac{2}{5}I_C$배가 된다.

03 $I_1 = 2+j3$, $I_2 = 1+j1$[A]일 때 합성 전류의 크기 I[A]는?

① 5   ② 4
③ 3   ④ 2

해설 합성전류 $I = \dot{I}_1 + \dot{I}_2 = (2+j3)+(1+j1) = 3+j4$
∴ $|I| = \sqrt{3^2+4^2} = 5$ [A]

정답 1. ② 2. ② 3. ①

04 "회로망 중의 임의의 폐회로에 있어서 그 각지로의 전압 강하의 총합은 그 폐회로 중의 기전력의 총 합과 같다." 이와 관계되는 법칙은?

① 플레밍의 법칙 ② 렌쯔의 법칙
③ 테브란의 법칙 ④ 키르히호프의 법칙

해설 키르히호프의 제2법칙(전압법칙) : 폐회로에서 기전력의 총합은 전압강하의 총합과 서로 같다.

05 그림과 같이 정육면체 한변의 저항이 $r[\Omega]$일 때, 그림 회로도 단자 a, b에서 본 합성저항 $R_{ab}[\Omega]$는?

① $\dfrac{5}{6}r$
② $\dfrac{2}{3}r$
③ $\dfrac{3}{2}r$
④ $\dfrac{3}{5}r$

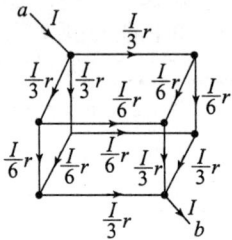

해설 키르히호프의 제 2법칙에서
a, b 사이의 전압
$V_{ab} = V_1 + V_2 + V_3$
$= \dfrac{1}{3}Ir + \dfrac{1}{6}Ir + \dfrac{1}{3}Ir$
$= \dfrac{2}{3}Ir + \dfrac{1}{6}Ir$
$= \dfrac{5}{6}Ir$ [V]에서
$\therefore R_{ab} = \dfrac{V_{ab}}{I} = \dfrac{5}{6}r[\Omega]$

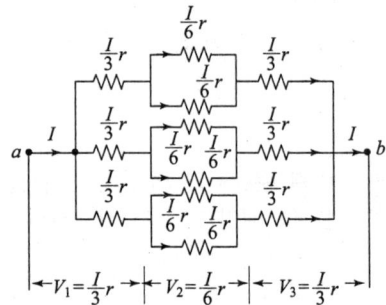

06 단위 길이당의 저항이 같은 도선을 사용하여 그림과 같은 무한이 긴 사다리꼴 회로를 만든다. 각 지로의 저항을 $r[\Omega]$라 할때, ab 간의 합성저항 $R_{ab}[\Omega]$의 근사값을 구하라?

① $[\sqrt{3}+2]r$
② $[\sqrt{3}+1]r$
③ $[\sqrt{3}-1]r$
④ $[\sqrt{3}-2]r$

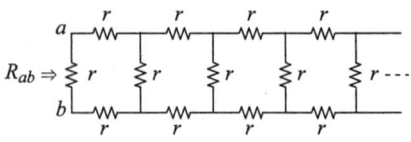

해답 4. ④ 5. ① 6. ③

해설

근이법[근사법]에서는 회로의 ①항 과 ②항만 존재하고 나머지항은 생략하는 법으로서 그림에서 다음과 같다.

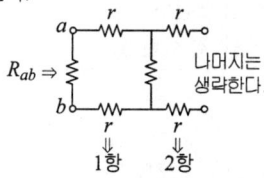

$$\therefore R_{ab}[\text{합성 저항}] = \frac{r[2r+R_{ab}]}{r+2r+R_{ab}} = \frac{2r^2+rR_{ab}}{3r+R_{ab}}[\Omega]\text{에서} \quad 3rR_{ab}+R_{ab}^2 = 2r^2+rR_{ab}$$

$$\therefore R_{ab}^2 + 2rR_{ab} - 2r^2 = 0$$

단, $|R| \cdot |L| \cdot |C| \rightarrow$ 항상 양 (+) 값이다. 근의 공식에서의

$$R_{ab} = \frac{-b+\sqrt{b^2-4ac}}{2a}$$

$$= \frac{-2r+\sqrt{(2r)^2-4\times 1\times(-2r^2)}}{2\times 1}$$

$$= \frac{-2r+\sqrt{12r^2}}{2} = -r+\sqrt{3}\,r = [\sqrt{3}-1]r[\Omega]\text{이다}.$$

---

07 2[A]의 전류가 흐를 때, 단자 전압이 1.4 [V], 3[A]의 전류가 흐를 때, 단자 전압이 1.1[V]라고 한다. 이 전지의 기전력 [V]와 내부 저항 [Ω]은?

① 5[V], 3[Ω]
② 3[V], 1.5[Ω]
③ 2[V], 0.3[Ω]
④ 1[V], 0.8[Ω]

해설

그림의 회로도에서
$V_1 = 1.4 = E - 2r \rightarrow$ ①,
$V_2 = 1.1 = E - 3r \rightarrow$ ②
∴ ① - ② 에서 $1.4 - 1.1 = 0.3 = -2r + 3r = r$
∴ $r[\text{내부저항}] = 0.3[\Omega]$이다.
또한, $r[\text{내부저항}] = 0.3[\Omega]$를
①식에 대입하면 $1.4 = E - 2r = E - 2 \cdot 0.3[V]$
∴ $E[\text{기전력}] = 1.4 + 0.6 = 2[V]$가 된다.

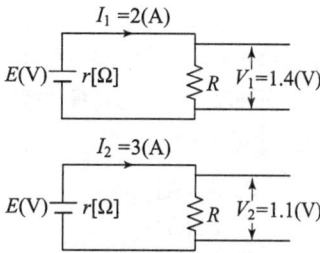

---

08 구리선에 $i_{(t)} = 3t^2 + 2t$[A]의 전류가 1분간 흐를 경우 구리선을 이동하는 전체 전기량은 대략 몇 Q[Ah]가 되는가?

① 41 ② 51
③ 81 ④ 61

해설

$i_{(t)} = \frac{dQ}{dt}$[C/sec], $dQ = i_{(t)}dt$[C]이다.

$$\therefore Q = \int_0^{60} i_{(t)}dt = \int_0^{60}[3t^2+2t]dt = \left[3\left(\frac{t^3}{3}\right)+2\left(\frac{t^2}{2}\right)\right]_0^{60}$$

$$= [60^3 - 0^3 + 60^2 - 0^2] \times \frac{1}{3600} \doteq 61[\text{Ah}]\text{이다}.$$

예답 7. ③ 8. ④

09 전구에 걸리는 전압이 15[%] 낮아진 경우 소비 전력은 약 몇[%] 감소되는가?
① 27.75[%] 감소된다.   ② 81[%] 감소된다.
③ 75[%] 증가된다.   ④ 72.25[%] 감소된다.

해설

$P[\text{소비 전력}] = \dfrac{V^2}{R} \doteq V^2$이다.

∴ $V' = [1-0.15]V = 0.85V[\text{V}]$이다. ∴ $\dot{P} \doteq (V')^2 \doteq [0.85\,V]^2 \doteq 0.7225\,V^2 \doteq 0.7225\,P[\text{W}]$이다.

∴ 소비 전력의 감소량 $= 1 - 0.7225 = 0.2775$이다. 즉, 27.75[%] 감소된다.

10 백열 전구 ①, ②를 $E[\text{V}]$의 전원에 접속할 때 각각 $W_1[w]$, $W_2[w]$의 전력을 소비한다. 이를 직열로 $V[\text{V}]$의 전원에 연결할 때 어느 전구가 더 밝은가? (단 [$W_1 > W_2$] 이고 밝기는 소비 전력의 크기에 비례한다고 가정한다])
① ②전구가 더 밝다.   ② ①전구가 더 밝다.
③ 두 전구 밝기는 같다.   ④ 수시로 변동된다.

해설

$W_1 > W_2$ 일때의 전구의 내부 저항을 각각 $r_1[\Omega]$, $r_2[\Omega]$이라면

① $W_1 = \dfrac{E^2}{r_1}[\text{W}]$에서 $r_1 = \dfrac{E^2}{W_1}[\Omega] \to$ 작다.   ② $W_2 = \dfrac{E^2}{r_2}[\text{W}]$에서 $r_2 = \dfrac{E^2}{W_2}[\Omega] \to$ 크다.

$r_1[\Omega]$와 $r_2[\Omega]$를 직열로 연결하면 $I[\text{A}]$가 일정 일때의 각 전구의 소비 전력을 $P_1[\text{W}]$, $P_2[\text{W}]$이라면 $P_1 = I^2 r_1[\text{W}] \to$ 작다. $P_2 = I^2 r_2[\text{W}] \to$ 크다.

∴ 전구의 밝기는 소비전력에 비례하므로 ②전구가 더 밝다.

11 내부저항 $r_1 = 20[\Omega]$, $r_2 = 25[\Omega]$ 그림의 위치가 최대 지시눈금이 다 같이 1[A]인 전류계 A_1과 A_2를 그림과 같이 연결하였을 때 측정할 수 있는 최대 전류의 값은 몇[A] 인가?
① 3.8[A]
② 1.8[A]
③ 0.8[A]
④ 5.8[A]

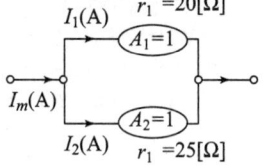

해설

전류의 분배 법칙에서

A_1[전류계]에 흐르는 전류 $I_1 = 1 = \dfrac{r_2}{r_1 + r_2} \times I_m\,[\text{A}]$

$I_m[\text{최대 전류}] = \dfrac{r_1 + r_2}{r_2} \times I_1 = \dfrac{20+25}{25} \times 1 \dfrac{45}{25} = 1.8[\text{A}] \to$ ①

A_2[전류계]에 흐르는 전류 $I_2 = 1 = \dfrac{r_1}{r_1 + r_2} \times I_m[\text{A}]$

$I_m[\text{최대 전류}] = \dfrac{r_1 + r_2}{r_1} \times I_2 = \dfrac{20+25}{20} \times 1 = \dfrac{45}{20} = 2.25[\text{A}]$이다. $\to$ ②

∴ ①, ②에서 최대 지시눈금이 $A_1 = A_2 = 1[\text{A}]$인 전류계가 안정하게 흘릴 수 있는 최대 전류 $I_m = 1.8\,[\text{A}]$ 이어야 한다.

해답 9. ① 10. ① 11. ②

정현파 교류

4부 회로이론

1 실효치 전류(열선형계기, 가동철편형계기)

한 주기에 대한 순시전류에 자승에 합에 평방근을 말한다.

$$|I| = \sqrt{\frac{1}{T} \int_0^T i_{(t)}^2 dt} \, [\text{A}]$$

2 평균치 전류(가동코일형계기, 가동자침형계기)

① +반파와 −반파가 일치할 경우
  ⇒ 반주기에 대한 순시전류의 합을 말한다.

$$I_{av} = \frac{1}{\pi} \int_0^\pi i_{(t)} dt \, [\text{A}]$$

② +반파와 −반파가 일치하지 않을 경우
  +반파만이거나 −반파만일 경우
  ⇒ 한 주기에 대한 순시전류의 합을 말한다.

$$I_{av} = \frac{1}{2\pi} \int_0^{2\pi} i_{(t)} dt \, [\text{A}]$$

3 순시전류

$$i_{(t)} = I_m \sin \omega t \, [\text{A}]$$

- $i_{(t)}$: 순시전류, 교류전류
- I_m : 최대치전류 $= \sqrt{2}|I|\,[\text{A}]$
- ω : 전기각속도
- t : 시간

① ω(전기각속도) $= 2\pi f = 2\pi \dfrac{1}{T}\,[\text{rad/sec}]$ ……………………………… ①

T(주기) $= \dfrac{1}{f} = \dfrac{2\pi}{\omega}\,[\text{sec}]$

② ω(기하각속도) $= 2\pi \dfrac{N}{60}\,[\text{rad/sec}]$ ……………………………… ②

③ 전기각속도 = 기하각속도 $\times \dfrac{P}{2}$

$2\pi f = 2\pi \dfrac{N}{60} \times \dfrac{P}{2}$

f(발생주파수) $= \dfrac{NP}{120}\,[\text{Hz}]$, N(회전수) $= \dfrac{120f}{P}\,[\text{rpm}]$

④ $\omega t = \theta$(위상)

t(시간) $= \dfrac{\theta}{\omega} = \dfrac{\theta}{2\pi f}\,[\text{sec}]$

4 실효치, 평균치, 최대치

		실효치	평균치	최대치
전 파	정현파	$\dfrac{I_m}{\sqrt{2}} = 0.707 I_m$	$\dfrac{2}{\pi} I_m = 0.637 I_m$	I_m
	구형파	I_m	I_m	I_m
	3각파	$\dfrac{I_m}{\sqrt{3}} = 0.577 I_m$	$\dfrac{I_m}{2} = 0.5 I_m$	I_m
반 파	정현파	$\dfrac{I_m}{\sqrt{2}} \times \dfrac{1}{\sqrt{2}}$	$\dfrac{2I_m}{\pi} \times \dfrac{1}{2}$	I_m
	구형파	$I_m \times \dfrac{1}{\sqrt{2}}$	$I_m \times \dfrac{1}{2}$	I_m
	3각파	$\dfrac{I_m}{\sqrt{3}} \times \dfrac{1}{\sqrt{2}}$	$\dfrac{I_m}{2} \times \dfrac{1}{2}$	I_m

파형율 $= \dfrac{\text{실효치}}{\text{평균치}}$, 파고율 $= \dfrac{\text{최대치}}{\text{실효치}}$

[적중예상문제]

01 그림의 정현파에서 $v(t) = V\sin(\omega t + \phi)$의 주기 T를 바르게 표시한 것은?

① $2\pi\omega$
② $2\pi f$
③ $\dfrac{\omega}{2\pi}$
④ $\dfrac{2\pi}{\omega}$

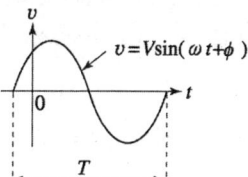

해설 전기각속도 $\omega = 2\pi f = 2\pi \dfrac{1}{T}$ [radim/sec] ∴ 주기 $T = \dfrac{1}{f} = \dfrac{2\pi}{\omega}$ [sec]

02 그림은 반파정류에서 얻은 파형이다. 이전류의 실효치(rms)는?

① $\dfrac{I_m}{2}$
② $\dfrac{I_m}{\sqrt{2}}$
③ $2I_m$
④ $\sqrt{2}I_m$

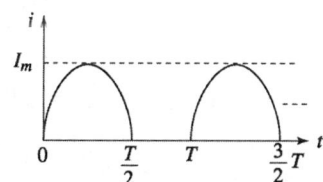

해설 그림에서 전류의 실효치

$|I| = \sqrt{\dfrac{1}{T}\int_0^T (i_t)^2 dt} = \sqrt{\dfrac{1}{2\pi}\left(\int_0^\pi (I_m^2 \sin^2 \omega t) dt\right)} = \sqrt{\dfrac{1}{2\pi}\int_0^\pi \dfrac{I_m^2}{2}(1-\cos 2\omega t)dt}$
$= \sqrt{\dfrac{1}{2\pi} \times \dfrac{I_m^2}{2}((t)_0^\pi - 0)} = \sqrt{\dfrac{I_m^2}{4}} = \dfrac{I_m}{2}$ [A]

03 $e = 100\sqrt{2}\sin\left(100\pi t - \dfrac{\pi}{3}\right)$[V]인 정현파 교류 전압의 주파수 [Hz]는?

① 314
② 100
③ 60
④ 50

해설 정현파 교류전압의 주파수는 $\omega = 100\pi = 2\pi f$ [radim/sec]
∴ 주파수 $f = \dfrac{100\pi}{2\pi} = 50$ [Hz]

해답 1. ④ 2. ① 3. ④

제 02장 정현파 교류

04 $e_1 = 20\sqrt{2}\sin\omega t$, $e_2 = 50\sqrt{2}\cos\left(\omega t - \frac{\pi}{6}\right)$일 때 $e_1 + e_2$의 실효치는?

① $\sqrt{2900}$　　　　　　　② $\sqrt{3400}$
③ $\sqrt{3900}$　　　　　　　④ $\sqrt{4400}$

해설 실효치 전압 $E_1 = \frac{20\sqrt{2}}{\sqrt{2}} \angle 0° = 20(\cos 0° + j\sin 0°) = 20 \cdots ①$
$E_2 = \frac{50\sqrt{2}}{\sqrt{2}}(\angle 90° - \angle 30°) = 50\angle 60° = 50(\cos 60° + j\sin 60°) = 25 + j25\sqrt{3} \cdots ②$
$E_1 + E_2 = (20 + 25) + j25\sqrt{3} = 45 + j25\sqrt{3}$
$|E_1 + E_2| = \sqrt{(45)^2 + (25\sqrt{3})^2} = \sqrt{2025 + 625 \times 3} = \sqrt{3900}$

05 정현파 전압의 진폭이 Vm이라면 이를 반파 정류했을 때의 평균값은?

① $\frac{Vm}{2}$　　　　　　　② $\frac{Vm}{\sqrt{2}}$
③ $\frac{Vm}{\pi}$　　　　　　　④ $\frac{2Vm}{\pi}$

해설 반파정류파 전압의 평균치
$Vav = \frac{1}{2\pi}\int_0^\pi V_m\sin\omega t\,dt = \frac{V_m}{2\pi}(-\cos\omega t)_0^\pi = \frac{V_m}{\pi}$ [V]

06 $e(t) = 100\sqrt{2}\sin\left(\omega t + \frac{\pi}{6}\right)$와 $i(t) = 5\sqrt{2}\cos\left(\omega t - \frac{2}{3}\pi\right)$와의 위상차는?

① $0°$　　　　　　　② $40°$
③ $60°$　　　　　　　④ $150°$

해설 위상차=(기준)전압위상-전류위상이다.
∴ $\phi = 30 - (-30°) = 60°$
(단, $\cos\left(\omega t - \frac{2\pi}{3}\right) = \sin(\omega t + 90 - 120) = \sin(\omega t - 30)$로서 위상은 $-30°$이다.

07 파고율(crest factor)을 나타낸 것은?

① 최대값 ÷ 평균값　　　　② 실효값 ÷ 평균값
③ 실효값 ÷ 최대값　　　　④ 최대값 ÷ 실효값

해설 파형률 $= \frac{실효치}{평균치}$, 파고율 $= \frac{최대치}{실효치}$
왜형률 $= \frac{전고조파\ 실효치}{기본파\ 실효치} \times 100 = \sqrt{\frac{V_2^2 + V_3^2 + V_4^2 + \cdots}{V_1^2}} \times 100$

해답 4. ③　5. ③　6. ③　7. ④

08 $V = 311\sin\left(377t - \dfrac{\pi}{2}\right)$[V]인 파형의 주파수는 약 얼마인가?

① 377[Hz] ② 311[Hz]
③ 60[Hz] ④ 120[Hz]

해설
전기각속도 $\omega = 2\pi f = 377$ [rad/sec]
∴ 주파수 $f = \dfrac{377}{2\pi} = \dfrac{377}{2 \times 3.14} = 60$ [Hz]이다.

09 두 전류가 $i_1(t) = \sqrt{2}\sin\left(\omega t + \dfrac{\pi}{4}\right)$, $i_2(t) = -\dfrac{2}{\sqrt{3}}\cos\left(\omega t + \dfrac{\pi}{6}\right)$로 주어질 때, 이 전류의 합은?

① $(1+\sqrt{3})\sin\omega t$ ② $\left(1 - \dfrac{1}{\sqrt{3}}\right)\cos\omega t$
③ $\left(1 + \dfrac{1}{\sqrt{3}}\right)\sin\omega t$ ④ $(1-\sqrt{3})\cos\omega t$

해설
$I_{m1} = \sqrt{2}\angle\dfrac{\pi}{4} = \sqrt{2}(\cos 45° + j\sin 45°) = 1 + j1 \cdots ①$

$I_{m2} = -\dfrac{2}{\sqrt{3}}\angle 120 = -\dfrac{2}{\sqrt{3}}(\cos 120° + j\sin 120°) = -\dfrac{2}{\sqrt{3}}\left(-\dfrac{1}{2} + j\dfrac{\sqrt{3}}{2}\right) = -\dfrac{1}{\sqrt{3}} - j1 \cdots ②$

∴ $I_m = I_{m1} + I_{m2} = (1+j1) + \left(+\dfrac{1}{\sqrt{3}} - j1\right) = \left(1 + \dfrac{1}{\sqrt{3}}\right)$

∴ $i_{(t)} = I_m \sin\omega t = \left(1 + \dfrac{1}{\sqrt{3}}\right)\sin\omega t$ [A]

10 순서값이 $i_{(t)} = I_m \sin(\omega t - \theta)$인 정현파 전류의 실효값은?

① $\dfrac{2}{\pi}I_m$ ② $\dfrac{I_m}{\sqrt{2}}$
③ $\dfrac{\pi}{2}I_m$ ④ $\sqrt{2}I_m$

해설
$|I| = \sqrt{\dfrac{1}{T}\int_0^T i_{(t)}^2 dt} = \sqrt{\dfrac{1}{T}\int_0^T I_m^2 \sin^2(\omega t - \theta)dt} = \sqrt{\dfrac{I_m^2}{2T}\int_0^T (1 - \cos 2(\omega t - \theta))dt}$
$= \sqrt{\dfrac{I_m^2}{2T}((t)_0^T - 0)} = \sqrt{\dfrac{I_m^2}{2}} = \dfrac{I_m}{\sqrt{2}}$ [A]

8. ③ 9. ③ 10. ②

11 정현파 교류 전압의 파형률은?

① $\dfrac{\pi}{2\sqrt{2}}$ ② $\dfrac{2}{\pi}$

③ $\dfrac{\pi}{2}$ ④ $\sqrt{2}$

해설

정현파교류의 파고율 $= \dfrac{최대치}{실효치} = \dfrac{I_m}{\frac{I_m}{\sqrt{2}}} = \sqrt{2}$

$\left(\text{단, 전파 정현파전류 실효치} = I = \dfrac{I_m}{\sqrt{2}}\right)$

정현파교류 파형률 $= \dfrac{실효치}{평균치} = \dfrac{\frac{I_m}{\sqrt{2}}}{\frac{2}{\pi}I_m} = \dfrac{\pi}{2\sqrt{2}}$

$\left(\text{단, 전파 정현파전류 평균치} = I_{av} = \dfrac{2I_m}{\pi}\right)$

11. ①

기본 교류회로

4부 회로이론

1 직렬회로

직렬회로는 I(일정), Z(impedance)[Ω]인 조건이다.

(1) R만의 직렬회로

θ(위상)$=0$

동위상$=V$와 I가 같은 위상

$$P(전력) = VI = I^2R = \frac{V^2}{R} \ [\text{W}]$$

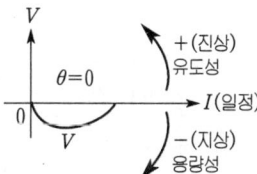

(2) L만의 직렬회로

$$\underline{L[\text{H}]} \longrightarrow \underline{X_L \angle 90°} = jwL[\Omega]$$
$$\Downarrow \qquad\qquad\qquad \Downarrow$$
$$\text{inductance[H]} \quad \text{유도성 Reactance}[\Omega]$$

θ(위상)$=90°$

유도성 : V가 앞선 경우

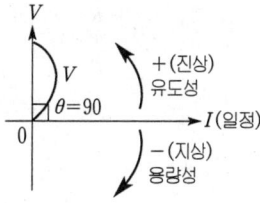

> **참고**
> ▶ Faraday 전자유도법칙
> 전압, 기전력 크기 $V = L\dfrac{di_{(t)}}{dt}$ [V]
> ※ 전류가 급격히 변화하는 것을 코일이 막는다.
> P_r(무효전력) $= VI = I^2 X_L = \dfrac{V^2}{X_L}$ [var]

(3) C만의 직렬회로

$$C\begin{pmatrix} F \\ \mu F \\ PF \end{pmatrix} \xrightarrow{\text{교류}} X_c \angle -90° = -jX_c = \frac{1}{jwc} [\Omega]$$

$\Downarrow$ $\Downarrow$
Condenser   용량성 Reactance

θ(위상)$=90°$

용량성 : I가 앞선 경우

> **참고**
>
> ▶ Faraday 전자유도법칙
> 전압, 기전력 크기는
> $V_{(t)} = \frac{1}{C} \int i_{(t)} dt \,[V]$ $\therefore i_t = C \frac{dV_{(t)}}{dt} \,[A]$
> ※ 전압이 급격이 변화하는 것을 콘덴서가 막는다.
> $P_r \,(\text{무효전력}) = VI = I^2 X_c = \frac{V^2}{X_c} \,[var]$

2 R-L-C의 직렬회로(Vector도)

유도성 $\begin{cases} V_L > V_C \\ X_L > X_C \\ f > f_0 = \frac{1}{2\pi\sqrt{LC}} \,[Hz] \end{cases}$

공진 $\begin{cases} V_L = V_C \\ X_L = X_C \\ f = f_0 = \frac{1}{2\pi\sqrt{LC}} \,[Hz] \end{cases}$

용량성 $\begin{cases} V_C > V_L \\ X_C > X_L \\ f < f_0 = \frac{1}{2\pi\sqrt{LC}} \,[Hz] \end{cases}$

$Z = R + j(X_L - X_C)[\Omega]$

$|Z| = \sqrt{R^2 + \left(\omega L - \frac{1}{\omega C}\right)^2}$

$\theta = \tan^{-1} \frac{\pm\left(\omega L - \frac{1}{\omega C}\right)}{R}$

① $P(전력) = \dfrac{V_m I_m}{2} \cos\theta = VI\cos\theta = I^2 R\,[\text{W}]$

$P_r(무효전력) = \dfrac{V_m I_m}{2} \sin\theta = VI\sin\theta = I^2 X\,[\text{var}]$

$P_a(피상전력) = \dot{V}\,\overline{I} = \dfrac{V_m I_m}{2} = VI\,[\text{VA}]$

② $\cos\theta(역율) = \dfrac{V_R}{V} = \dfrac{R}{|Z|} = \dfrac{P}{P_a},\quad \sin\theta(무효율) = \dfrac{V_x}{V} = \dfrac{X}{|Z|} = \dfrac{P_r}{P_a}$

③ 공진

V와 I가 같은 위상인 경우

허수부 $= 0$

$V_L = I_0 X_L = \dfrac{V}{R}\omega_0 L = \dfrac{V}{\omega_0 CR}\,[\text{V}]$

$V_c = I_0 X_c = \dfrac{V}{R}\dfrac{1}{\omega_0 c} = \dfrac{V}{R}\omega_0 L\,[\text{V}]$

$I_0(직렬공진전류) = \dfrac{V}{R}\angle 0\,[\text{A}]$ 최대다(크다).

④ $Q_0(선택도) = 첨예도 = 전압확대비$

$Q_0 = \dfrac{V_L}{V} = \dfrac{V_c}{V} = \dfrac{\omega_0 L}{R} = \dfrac{1}{\omega_0 CR} = \dfrac{f_0}{f_2 - f_1} = \dfrac{f_0}{B(\triangle f)}$

$\therefore B(\triangle f) = 대역폭 = f_2 - f_1 = \dfrac{f_0}{Q_0}$

3 R-L-C 병렬회로

병렬회로는 V(일정), Y(admiture)[℧]인 조건이다.

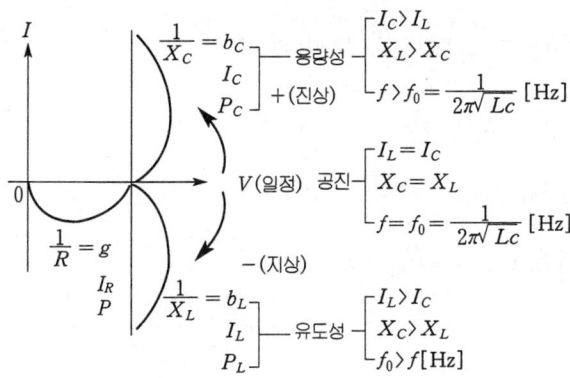

$\left.\begin{array}{l}\dfrac{1}{X_C} = b_C \\ I_C \\ P_C\end{array}\right\}$ 용량성 $\left\{\begin{array}{l}I_C > I_L \\ X_L > X_C \\ f > f_0 = \dfrac{1}{2\pi\sqrt{Lc}}\,[\text{Hz}]\end{array}\right.$ +(진상)

$V(일정)$ 공진 $\left\{\begin{array}{l}I_L = I_C \\ X_C = X_L \\ f = f_0 = \dfrac{1}{2\pi\sqrt{Lc}}\,[\text{Hz}]\end{array}\right.$

$-$(지상)

$\left.\begin{array}{l}\dfrac{1}{X_L} = b_L \\ I_L \\ P_L\end{array}\right\}$ 유도성 $\left\{\begin{array}{l}I_L > I_C \\ X_C > X_L \\ f_0 > f\,[\text{Hz}]\end{array}\right.$

① $P(전력) = \dfrac{V_m I_m}{2} \cos\theta = VI\cos\theta = \dfrac{V^2}{R}$ [W]

$P_r(무효전력) = \dfrac{V_m I_m}{2} \sin\theta = VI\sin\theta = \dfrac{V^2}{X}$ [var]

$P_a(복소전력) = \overline{V}I = \dfrac{V_m I_m}{2} = VI$ [VA]

② $\cos\theta(역율) = \dfrac{I_R}{I} = \dfrac{g}{|Y|} = \dfrac{P}{P_a}$

$\sin\theta(무효율) = \dfrac{I_x}{I} = \dfrac{b}{|Y|} = \dfrac{P_r}{P_a}$

③ $\dot{Y} = \dfrac{1}{R} - j\dfrac{1}{X_L} + j\dfrac{1}{X_c} = \dfrac{1}{R} - j\left(\dfrac{1}{X_L} - \dfrac{1}{X_C}\right)$ [℧]

④ 병렬공진

V와 I가 같은 위상인 경우

허부수=0

$I_0(병렬공진전류) = \dfrac{V}{R} \angle 0$ [A] 최소다(적다).

⑤ $Q_0(선택도=첨예도=전류확대비)$

$Q_0 = \dfrac{I_L}{I} = \dfrac{I_c}{I} = \dfrac{R}{\omega_0 L} = \omega_0 CR = \dfrac{f_0}{f_2 - f_1} = \dfrac{f_0}{B(\triangle f)}$

$B(\triangle f)(대역독) = f_2 - f_1 = \dfrac{f_0}{Q_0}$

4 일반적인 공진회로(허수부=0)

$\omega_0(공진각속도) = \sqrt{\dfrac{1}{LC} - \dfrac{R^2}{L^2}}$ [rad/sec]

$f_0(공진주파수) = \dfrac{1}{2\pi}\sqrt{\dfrac{1}{LC} - \dfrac{R^2}{L^2}}$ [Hz]

$Y_0(공진시\ \text{admittance}) = \dfrac{CR}{L}$ [℧]

$I_0(공진전류) = Y_0 E = \dfrac{CR}{L} E$ [A]

[적중예상문제] 03

01 저항 3[Ω]과 리액턴스 4[Ω]을 병렬 연결한 회로의 역률은?
① 0.2
② 0.4
③ 0.6
④ 0.8

해설

직렬회로 $\cos\theta = \dfrac{V_R}{V} = \dfrac{R}{|Z|} = \dfrac{P}{P_a}$, $\sin\theta = \dfrac{V_X}{V} = \dfrac{X}{|Z|} = \dfrac{P_r}{P_a}$ (단, $|Z| = \sqrt{R^2+X^2}$)

병렬회로 $\cos\theta = \dfrac{I_R}{I} = \dfrac{g}{|Y|} = \dfrac{P}{P_a}$, $\sin\theta = \dfrac{I_X}{I} = \dfrac{b}{|Y|} = \dfrac{P_r}{P_a}$ (단, $Y = \sqrt{\left(\dfrac{1}{R}\right)^2 + \left(\dfrac{1}{X}\right)^2}$)

∴ 병렬회로

$\cos\theta = \dfrac{g}{|Y|} = \dfrac{\dfrac{1}{R}}{\sqrt{\left(\dfrac{1}{R}\right)^2 + \left(\dfrac{1}{X}\right)^2}} = \dfrac{X}{\sqrt{R^2+X^2}} = \dfrac{4}{\sqrt{3^2+4^2}} = \dfrac{4}{5} = 0.8$

02 R L C 직렬공진회로에서 공진 주파수가 f_r이고, 반전력 대역폭이 $\triangle f$일 때 공진도 Qr은?
① $Qr = \dfrac{\triangle f}{f_r}$
② $Qr = \dfrac{\triangle f}{2\pi f_r}$
③ $Qr = \dfrac{f_r}{\triangle f}$
④ $Qr = \dfrac{2\pi f_r}{\triangle f}$

해설

직렬 공진회로의 선택도(공진도)

$= Q_r = \dfrac{V_L}{V} = \dfrac{V_C}{V} = \dfrac{\omega_o L}{R} = \dfrac{1}{\omega_o CR} = \dfrac{f_r}{f_2 - f_1} = \dfrac{f_r}{\triangle f(B)}$ 이며, 이를 첨예도=전압확비라고도 한다.

03 어떤 회로에서 콘덴서의 캐패시턴스가 2.12[μF]일 때, 주파수가 100[Hz], 전압 100[V]를 인가 했다면, 이 때 콘덴서의 용량성 리액턴스 X_C[Ω]의 값은?
① 320
② 750
③ 830
④ 910

해답 1. ④ 2. ③ 3. ②

해설 용량성 리액턴스

$$X_C = \frac{1}{\omega C} = \frac{1}{2\pi f C} = \frac{10^6}{2 \times 3.14 \times 100 \times 2.12} \fallingdotseq 750\,[\Omega]$$

04 그림과 같은 저항회로에서 합성저항이 $R_{ab} = 12[\Omega]$일 때 병렬저항 R_x의 값은 몇 [Ω]인가?

① 3
② 4
③ 5
④ 6

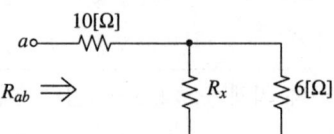

해설 합성저항 $R_{ab} = 10 + \dfrac{6R_x}{6+R_x} = 12$

$\therefore\ 12 = \dfrac{60 + 16R_X}{6 + R_X}$

$72 + 12R_x = 60 + 16R_x$, $12 = 4R_x$

$\therefore\ R_x = 3\,[\Omega]$

05 공진 회로에 있어서 선택도 Q를 표시하는 옳은 식은? (단, RLC 직렬 공진 회로임.)

① $\dfrac{R}{\omega_0 L}$ ② $\dfrac{\omega_0}{RL}$

③ $\dfrac{\omega_0 L}{R}$ ④ $\dfrac{RL}{\omega_0}$

해설 직렬공진회로 선택도 $Q = \dfrac{V_L}{V} = \dfrac{I_0 X_L}{I_0 R} = \dfrac{X_L}{R} = \dfrac{\omega_o L}{R}$ 이다.

06 R-L-C 직렬회로에서 자유 진동 주파수는?

① $\dfrac{1}{2\pi\sqrt{LC}}$ ② $\dfrac{2\pi}{\sqrt{LC}}$

③ $2\pi\sqrt{\dfrac{1}{LC} - \left(\dfrac{R}{2L}\right)^2}$ ④ $\dfrac{1}{2\pi}\sqrt{\dfrac{1}{LC} - \left(\dfrac{R}{2L}\right)^2}$

해설 $R-L-C$ 직렬회로의 자유진동주파는 공진조건에서

$\omega_o L = \dfrac{1}{\omega_o C}$ $\omega_o^2 = \dfrac{1}{LC}\,[\text{radin/sec}]$ $\omega_o = 2\pi f_o = \dfrac{1}{\sqrt{LC}}\,[\text{rad/sec}]$

$\therefore\ f_o(\text{자유진동주파수}) = \dfrac{1}{2\pi\sqrt{LC}}\,[\text{Hz}]$

해답 4. ① 5. ③ 6. ①

07 $Z=2-j2\,[\Omega]$의 회로에서 $V=1-j1\,[V]$의 전압을 가했을 때 흐르는 전류는 몇 [A]인가?

① 0.5 ② 1
③ 2 ④ 2.5

해설
$$I=\frac{V}{Z}=\frac{1-j1}{2-j2}=\frac{(1-j1)(2+j2)}{(2-j2)(2+j2)}=\frac{2+2}{2^2+2^2}=\frac{4}{8}=\frac{1}{2}=0.5\,[A]$$

08 $R=100\,[\Omega]$, $L=25.3\,[mH]$, $C=100\,[\mu F]$인 R-L-C 회로에 $V=100\sqrt{2}\sin\omega t$인 전압을 인가 할 때 위상각은? (단, $f=100\,[Hz]$)

① $-30°$ ② $0°$
③ $30°$ ④ $60°$

해설 위상각
$$\theta=\tan^{-1}\frac{\omega L-\frac{1}{\omega C}}{R}=\tan^{-1}\frac{2\pi fL-\frac{1}{2\pi fC}}{R}=\tan^{-1}\frac{15.884-15.93}{100}\fallingdotseq 0$$

09 다음 설명 중 옳지 않은 것은?

① 캐패시턴스만의 회로에서는 전류가 기전력보다 위상이 $\frac{\pi}{2}\,[rad]$만큼 앞선다.
② 인덕턴스만의 회로에서는 기전력은 전류보다 위상이 $\frac{\pi}{2}\,[rad]$만큼 앞선다.
③ 저항만의 회로에서는 전류와 기전력은 동상이다.
④ 저항 R과 인덕턴스 L이 직렬로 연결된 회로에서 전류는 기전력보다 앞선다.

해설
$R-L$ 직렬회로에서 전류기준 기전력에 위상이 $\theta=\tan^{-1}\frac{\omega L}{R}$ 만큼 앞선다.

10 $2\,[\mu F]$의 콘덴서에 100[V]로 어떤 전하를 충전시킨 뒤 콘덴서의 양단을 $200\,[\Omega]$의 저항으로 연결하면 저항에서 소모되는 총 에너지는 몇 [J]인가?

① 0.01 ② 0.1
③ 1 ④ 10

해설
$$W(에너지)=\frac{1}{2}CV^2=\frac{1}{2}\times 2\times 10^{-6}\times (100)^2=10^{-2}=0.01\,[J]$$

해답 7. ① 8. ② 9. ④ 10. ①

11 R-L-C 직렬공진 회로에서 공급전압을 E라 하고, 인덕터 L 및 콘덴서 C에 걸리는 전압을 각 각 E_L, E_C라 할 때 선택도 Q는?

① $\dfrac{E_L}{E}$ ② $\dfrac{E}{E_c}$

③ $\dfrac{E_c}{E_L}$ ④ $\dfrac{E_L}{E_c}$

해설 $R-L-C$ 직렬공진회로의 선택도=첨예도=전압확대비

$$Q = \frac{E_L}{E} = \frac{E_C}{E} = \frac{\omega_o L}{R} = \frac{1}{\omega_o CR} = \frac{f_o}{f_2-f_1} = \frac{f_o}{B}$$

12 다음 변압기 결선에서 제3고주파를 발생하는 것은?

① Δ - Y ② Y - Δ
③ Δ - Δ ④ Y - Y

해설 제3고주파를 발생하는 변압기 결선은 $Y-Y$ 결선이다.

13 어떤 콘덴서가 누설이 없다면 이 콘덴서의 소모전력은 어떻게 되겠는가?

① 무한대가 된다.
② 인가전압의 제곱에 반비례한다.
③ 콘덴서 용량에 비례한다.
④ 항상 0이 된다.

해설 콘덴서의 소모전력 $P_r = \dfrac{V^2}{X_c} = \dfrac{V^2}{\frac{1}{\omega C}} = \omega CV^2 ≒ C[\mathrm{Var}]$로서 콘덴서 용량에 비례한다.

14 실효값 220V인 정현파 교류 전압을 인가했을 때 실효값 5[A] 전류가 흐르는 회로가 있을 때 피상 전력은?

① 1100[VA] ② 550[VA]
③ 1100[W] ④ 550[W]

해설 P_a(피상전력)$= VI = 220 \times 5 = 1100\,[\mathrm{VA}]$

15 단자 회로에 인가되는 전압과 유입되는 전류의 크기만을 생각하는 겉보기 전력은?

① 유효전력 ② 무효전력
③ 평균전력 ④ 피상전력

해답 11. ① 12. ④ 13. ③ 14. ① 15. ④

해설 피상전력 $P_a = V \times I$ [VA]

16 어떤 회로에서 유효 전력이 300[W]이고, 무효 전력이 400[Var]이다. 이 회로에 100[V]의 전압원을 접속하면 회로에 흐르는 전류 [A]는?
① 7   ② 6
③ 5   ④ 4

해설 단상회로에서 $P = VI\cos\theta = 300$ [W], $P_r = VI\sin\theta = 400$ [Var]
∴ 피상전력 $P_a = P + jP_r = \sqrt{P^2 + P_r^2} = VI$ [VA]
∴ $\sqrt{(300)^2 + (400)^2} = 500 = 100 \times I$ ∴ $I = 5$ [A]

17 저항 R과 L의 직렬 회로에서 전원 주파수 f가 변할 때 전류 궤적은?
① 1 상한내의 직선   ② 원점을 지나는 원
③ 원점을 지나는 반원   ④ 4 상한내의 직선

해설 $R-L$ 직렬회로의 전류에서 $I = \dfrac{V}{R+j\omega L}$ [A]일 때 $\omega \to 0$일 때 $I = \dfrac{V}{R}$ [A]
$\omega \to$ 증가일 때 $I = \dfrac{V}{\sqrt{R^2 + (\omega L)^2}}$ [A] 감소
$\omega \to \infty$ 일 때 $I = \dfrac{V}{\sqrt{R^2 + \infty^2}} \fallingdotseq 0$ 이다.
∴ 원점을 지나는 반원이 된다.

정답 16. ③   17. ③

04 교류전력

4부 회로이론

1 단상 교류전력

$$P(전력) = \frac{V_m I_m}{2} \cos\theta = VI\cos\theta = I^2 R = \frac{V^2}{R} \, [\text{W}]$$

$$P_r(무효전력) = \frac{V_m I_m}{2} \sin\theta = VI\sin\theta = I^2 X = \frac{V^2}{X} \, [\text{var}]$$

$$P_a(피상전력) = \frac{V_m I_m}{2} = VI = P^+_- jP_r \, [\text{VA}]$$

유효전력량 $= Pt = VI\cos\theta \times t \, [\text{wh}]$

무효전력량 $= P_r \times t = VI\sin\theta \times t \, [\text{Varh}]$

2 3상 교류회로

(1) △결선(환상결선)

$$V_l = V_p \angle 0° \, [\text{V}]$$

$$I_l = \sqrt{3} I_p \angle -30° \, [\text{A}]$$

(2) Y결선(성형(상)결선)

$$V_l = \sqrt{3}\, V_p \angle 30° \,[\text{V}]$$

$\begin{bmatrix} V_l : \text{선간전압} \\ V_p : \text{상전압} \end{bmatrix}$

$$I_l = I_p \angle 0° \,[\text{A}]$$

$\begin{bmatrix} I_l : \text{선전류} \\ I_p : \text{상전류} \end{bmatrix}$

(3) △결선과 Y결선의 관계

$$V_l = \sqrt{3}\, V_p \angle 30° \,[\text{V}]$$

$\begin{bmatrix} V_l : \text{환상전압}(\triangle \text{전압}) = \text{선간전압} \\ V_p : \text{성형(상) 전압}(Y \text{전압}) = \text{상전압} \end{bmatrix}$

$$I_l = \sqrt{3}\, I_p \angle -30° \,[\text{A}]$$

$\begin{bmatrix} I_l : \text{성형(상)전류}(Y \text{전류}) = \text{선전류} \\ I_p : \text{환상전류}(\triangle \text{전류}) = \text{상전류} \end{bmatrix}$

(4) 저항과 전력의 관계

$\begin{bmatrix} Y_r = \dfrac{1}{3} \triangle_R \\ \triangle_R = 3 Y_r \end{bmatrix}$
$\qquad$
$\begin{bmatrix} P_Y = \dfrac{1}{3} P_\triangle \\ P_\triangle = 3 P_Y \end{bmatrix}$

$\begin{bmatrix} Y_r (Y \, ①\text{상저항}) \\ \triangle_R (\triangle \, ①\text{상저항}) \end{bmatrix}$
$\qquad$
$\begin{bmatrix} P_Y (Y \, ①\text{상전력}) \\ P_\triangle (\triangle \, ①\text{상전력}) \end{bmatrix}$

(5) 3상 교류전력

$$P(\text{전력}) = 3VI\cos\theta = \sqrt{3}\, VI\cos\theta = 3I^2 R \,[\text{W}]$$

$$P_r(\text{무효전력}) = 3VI\sin\theta = \sqrt{3}\, VI\sin\theta = 3I^2 X \,[\text{var}]$$

$$P_a(\text{피상전력}) = 3VI = \sqrt{3}\, VI = P \pm jP_r \,[\text{VA}]$$

3 단상변압기(V결선)

(1) V결선 변압기

$$\text{이용율} = \frac{V\text{결선의 용량}}{2\text{대 용량}} = \frac{\sqrt{3}\, VI}{2VI} = \frac{\sqrt{3}}{2} = 0.866$$

$\therefore$ 86.6%

(2) V결선 변압기

$$\text{출력비} = \frac{V\text{결선의 용량}}{3\text{대 용량}} = \frac{\sqrt{3}\,VI}{3\,VI} = \frac{1}{\sqrt{3}} = 0.577$$

$$\therefore 57.7\%$$

$\begin{bmatrix} V_l = V_p = V \\ \text{선간전압} = \text{상전압} \end{bmatrix}$
$\begin{bmatrix} I_l = I_p = I \\ \text{선전류} = \text{상전류} \end{bmatrix}$

(3) V결선 교류전력

$$P(\text{전력}) = \sqrt{3}\,VI\cos\theta\,[\text{W}]$$

$$P_r(\text{무효전력}) = \sqrt{3}\,VI\sin\theta\,[\text{var}]$$

$$P_a(\text{피상전력}) = \sqrt{3}\,VI = P \pm jP_r\,[\text{VA}]$$

4　n상 교류회로 결선

(1) 성형(상)결선(Y결선)

$$I_l = I_p \angle 0\,[\text{A}]$$

$$V_l = V_p 2\sin\frac{\pi}{n}\,\varepsilon^{\,j\frac{\pi}{2}\left(1-\frac{2}{n}\right)}\,[\text{V}]$$

(2) 환상결선($\triangle$결선)

$$I_l = I_p 2\sin\frac{\pi}{n}\,\varepsilon^{\,-j\frac{\pi}{2}\left(1-\frac{2}{n}\right)}\,[\text{A}]$$

$$V_l = V_p \angle 0\,[\text{V}]$$

$\begin{bmatrix} V_l : \text{선간전압} \\ V_p : \text{상전압} \end{bmatrix}$
$\begin{bmatrix} I_l : \text{선전류} \\ I_p : \text{상전류} \end{bmatrix}$

(3) 성형(상)결선과 환상결선의 관계

$$V_l = V_p 2\sin\frac{\pi}{n} \varepsilon^{j\frac{\pi}{2}\left(1-\frac{2}{n}\right)} [V]$$

$\begin{bmatrix} V_l : \text{환상전압}(\triangle \text{전압}) \\ V_p : \text{성형(상)전압}(Y\text{전압}) \\ 2\sin\frac{\pi}{n} : \text{환상전압}(\triangle \text{전압}) \\ \frac{\pi}{2}\left(1-\frac{2}{n}\right) : \text{위상차} \end{bmatrix}$

$$I_l = I_p 2\sin\frac{\pi}{n} \varepsilon^{-j\frac{\pi}{2}\left(1-\frac{2}{n}\right)}$$

$\begin{bmatrix} I_l : \text{성형(상)전류}(Y\text{전류}) \\ I_p : \text{환상전류}(\triangle \text{전류}) \\ 2\sin\frac{\pi}{n} : \text{환상전류}(\triangle \text{전류}) \\ \frac{\pi}{2}\left(1-\frac{2}{n}\right) : \text{위상차} \end{bmatrix}$

(4) n상 교류 전력

$$P(\text{전력}) = nVI\cos\theta = \frac{nVI\cos\theta}{2\sin\frac{\pi}{n}} [W]$$

$$P_r(\text{무효전력}) = nVI\sin\theta = \frac{nVI\sin\theta}{2\sin\frac{\pi}{n}} [var]$$

$$P_a(\text{피상전력}) = nVI = \frac{nVI}{2\sin\frac{\pi}{n}} = P \pm jP_r [VA]$$

5 역률개선용 무효전력

① 진상 → 지상(모선, 병열 Reactunce 접속한다.)
② 지상 → 진상(모선, 병열 Condenser 접속한다.)
③ 진상 → 지상
　 지상 → 진상 ┐ 동기조상기(동기전동기)를 설치

∴ P_r(역률개선용 무효전력) $= P(\tan\theta_1 - \tan\theta_2)[KVA]$

6 최대전력 전송조건과 최대전력

최대정리 $\begin{bmatrix} A+B= \text{일정} \\ A \times B = \text{최대인 조건} \end{bmatrix}$ 은 $A=B$ 일 때이다.

①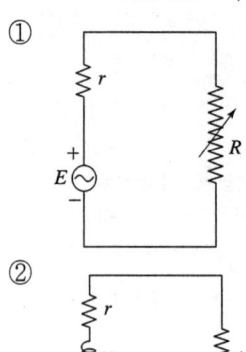

최대전력 전송조건 $\begin{bmatrix} \text{내부저항크기}=\text{외부저항크기} \\ |r|=|R|[\Omega] \end{bmatrix}$

최대전력 $P_{\max} = \dfrac{E^2}{4r}$ [W]

②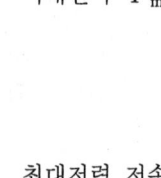

최대전력 전송조건 내부임피던스 크기 = 외부저항 크기
$\sqrt{r^2+X^2}=|Z|=|R|[\Omega]$

최대전력 $P_{\max} = \dfrac{E^2}{4|Z|}$ [W]

[적중예상문제]

01 $v(t) = 150\sin\omega t$[V]이고, $i(t) = 6\sin\omega t$[A]일 때 평균전력 [W]은 얼마인가?
① 400 [W] ② 450 [W]
③ 500 [W] ④ 550 [W]

해설
$$P(전력) = \frac{v_m I_m}{2}\cos\theta = \frac{150\times 6}{2}\cos 0° = 450\,[W]$$

02 그림과 같이 주파수 f[Hz], 단상교류전압 V[V]의 전원에 저항 R[Ω] 및 인덕턴스 L[H]의 코일을 접속한 회로가 있다. L을 가감해서 R의 전력손실을 $L=0$일 때의 $\frac{1}{2}$로 하면, L의 크기는 얼마인가?

① $L = \dfrac{R}{4\pi f}$
② $L = \dfrac{R}{\pi^2 f}$
③ $L = \dfrac{R}{2\pi f}$
④ $L = 2\pi f R$

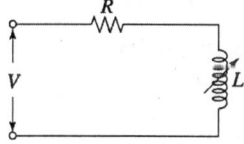

해설
L(H)=0 일 때 $P = \dfrac{V^2}{R} \times \dfrac{1}{2}$ …①

L(H) 증가시 $P = I^2 R = \left(\dfrac{V}{\sqrt{R^2+(\omega L)^2}}\right)^2 R = \dfrac{V^2 R}{R^2+(\omega L)^2}$ …②

①=②式 일 때
$\dfrac{V^2}{2R} = \dfrac{V^2 R}{R^2+(\omega L)^2}$
∴ $2R^2 = R^2 + (\omega L)^2$ ∴ $R^2 = (\omega L)^2$
$R = \omega L = 2\pi f L$ ∴ $L = \dfrac{R}{2\pi f}$ [H]

01. ② 02. ③

03 그림과 같은 회로에서 [Ω]을 변화시킬 때, 저항에서 소비되는 전력이 최대가 되는 $R[Ω]$의 값은 대략 얼마인가?(단, $V=200[V]$, $C=15[\mu F]$, $f=50[Hz]$이다.)

① 10.6[Ω]
② 106[Ω]
③ 21.2[Ω]
④ 212[Ω]

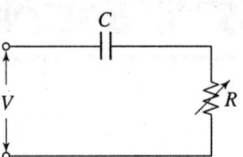

해설
최대전력 전송조건 R(외부저항 크기)$=\dfrac{1}{\omega C}$(내부저항 크기)
$=\dfrac{1}{2\pi fc}=\dfrac{1}{2\times 3.14\times 50\times 15\times 10^{-6}}≒212[Ω]$

04 그림과 같은 일정 저항 $r[Ω]$을 통해서 전기로에 전력을 공급하는 회로가 있다. 전원 전압 $V[V]$로 내부 저항을 생각하지 않을 경우 전기로의 최대 소비 전력은 몇 [W]인가?

① $\dfrac{V}{4r^3}[W]$

② $\dfrac{V^2}{4r}[W]$

③ $\dfrac{V^2}{4r^3}[W]$

④ $\dfrac{V}{4r}[W]$

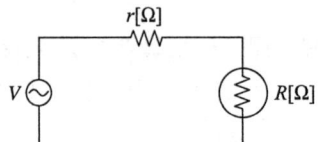

해설
최대전력 전송조건 $|r|=|R|[Ω]$이다.
$\therefore P_{max}=I^2R=\left(\dfrac{V}{r+R}\right)^2 R=\dfrac{V^2}{4r}[W]$

05 정현파 교류의 전압과 전류의 최대치가 V_m 및 I_m일 때 피상전력은 얼마인가?

① $2V_mI_m$
② V_mI_m
③ $\dfrac{V_mI_m}{\sqrt{2}}$
④ $\dfrac{V_mI_m}{2}$

해설
P_a(피상전력)$=\dfrac{V_mI_n}{2}=VI[VA]$

정답 03. ④ 04. ② 05. ④

06 역률 80[%], 용량 P[kW]의 부하를 역률 100[%]로 하기 위한 콘덴서의 용량 Q [kVA]는?

① $0.65P$
② $0.75P$
③ $0.8P$
④ $0.87P$

해설

$\begin{bmatrix} \cos\theta_1 = 0.8 & \cos\theta_2 = 1 \\ \sin\theta_1 = 0.6 & \sin\theta_2 = 0 \end{bmatrix}$ 로 될 때

$P_r = P(\tan\theta_1 - \tan\theta_2) = P\left(\dfrac{\sin\theta_1}{\cos\theta_1} - \dfrac{\sin\theta_2}{\cos\theta_2}\right)$

$= P\left(\dfrac{0.6}{0.8} - \dfrac{0}{1}\right) = \dfrac{3}{4} = 0.75P\,[\mathrm{kVA}]$

07 1개의 코일에 직류 100[V]를 가하면 500[W]의 전력을 소비하고 교류 150[V]를 가하면 720[W]가 소모된다. 이 코일의 저항[Ω]과 리액턴스[Ω]을 구하여라?

① $R = 20,\ X = 15$
② $R = 15,\ X = 15$
③ $R = 15,\ X = 10$
④ $R = 20,\ X = 10$

해설

$P_1(\text{직류}) = \dfrac{V_1^2}{R}\,[\mathrm{W}] \quad \therefore\ R = \dfrac{V_1^2}{P_1} = \dfrac{(100)^2}{500} = 20\,[\Omega]$

$P_2(\text{교류}) = 720 = I^2 R = \left(\dfrac{V_2}{\sqrt{R^2 + X^2}}\right)^2 R = \dfrac{V_2^2 R}{R^2 + X^2}\,[\mathrm{W}]$

 $= \sqrt{\dfrac{V_2^2 R}{P_2} - R^2} = \sqrt{\dfrac{(150)^2 \times 20}{720} - (20)^2} = 15\,[\Omega]$

08 그림과 같은 회로에서 I_1과 I_2의 위상차는?(단, $R = X$)

① 90°
② 45°
③ 30°
④ 0°

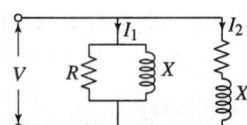

해설

병열회로 $\cos\theta_1(\text{역율}) = \dfrac{g}{Y} = \dfrac{\dfrac{1}{R}}{\sqrt{\left(\dfrac{1}{R}\right)^2 + \left(\dfrac{1}{X}\right)^2}} = \dfrac{X}{\sqrt{R^2 + X^2}}$ ………… ①

직열회로 $\sin\theta_2(\text{역율}) = \dfrac{R}{|Z|} = \dfrac{R}{\sqrt{R^2 + X^2}}$ ……………………… ②

$R = X$ 이므로 $\cos\theta_1 = \cos\theta_2 \quad \therefore\ \theta_1 = \theta_2$ 이다.

$\therefore\ \phi(\text{위상차}) = \theta_1 - \theta_2 = 0(\text{동위상})$

09 $R-L$ 병열회로에서 $V_{(t)} = V_m \sin(\omega t - \theta)$[V]의 전압이 가해졌을 때, 소비되는 유효전력[W]은?

① $\dfrac{V^2}{2R}$ ② $\dfrac{V^2}{\sqrt{2}R}$

③ $\dfrac{V_m^2}{2R}$ ④ $\dfrac{V_m^2}{\sqrt{2}R}$

해설

$P = \dfrac{V_m I_m}{2} \cos\theta = \dfrac{YV_m^2}{2} \times \dfrac{g}{Y} = \dfrac{V_m^2}{2R}$ [W]

10 그림과 같은 교류회로에서 저항 R을 변화시킬 때, 저항에서 소비되는 최대전력[W]을 구하면?(단, $V=200$[V], $C=15$[μF], $f=60$[Hz])

① 90
② 100
③ 134
④ 113

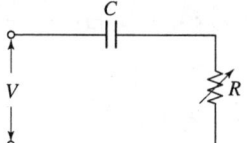

해설

최대전력 전송조건 $|R| = \left|\dfrac{1}{\omega C}\right|$[Ω]이다.

$P_{max} = I^2 R = \left(\dfrac{V}{\sqrt{R^2 + \left(\dfrac{1}{\omega C}\right)^2}}\right)^2 R = \dfrac{V^2}{2R} = \dfrac{V^2}{2 \times \dfrac{1}{\omega C}} = \dfrac{\omega C V^2}{2} = \dfrac{2\pi f C V^2}{2}$

$= \pi f C V^2 = 3.14 \times 60 \times 15 \times 10^{-6} \times (200)^2 = 113$[W]

11 대칭6상식의 성형전압 200[V], 성형전류 10[A]일 때, 선간전압과 선전류는 얼마인가?

① 30[V], 150[A]   ② 150[V], 30[A]
③ 100[V], 20[A]   ④ 200[V], 10[A]

해설

성형(상)과 함상 관계

$V_l = V_P \cdot 2\sin\dfrac{\pi}{n} \varepsilon^{j\frac{\pi}{2}\left(1-\frac{2}{n}\right)}$ [V]

$I_l = I_P \cdot 2\sin\dfrac{\pi}{n} \varepsilon^{-j\frac{\pi}{2}\left(1-\frac{2}{n}\right)}$ [A]

∴ V_l(선간전압) $= 200 \times 2 \times \sin\dfrac{\pi}{6} = 200$[V]

I_l(선전류) = 성형(상)전류 = 10[A]

09. ③ 10. ④ 11. ④

12 서로 같은 저항 6개를 그림과 같이 접속하여 평형 3상 전압 E[V]를 가할 때의 전류 I_1[A], I_2[A]를 구하면?

① $I_1 = \dfrac{\sqrt{3}E}{4r}$, $I_2 = \dfrac{E}{4r}$

② $I_1 = \dfrac{E}{4r}$, $I_2 = \dfrac{\sqrt{3}E}{4r}$

③ $I_1 = \dfrac{E}{r}$, $I_2 = \dfrac{E}{4r}$

④ $I_1 = \dfrac{E}{4r}$, $I_2 = \dfrac{E}{r}$

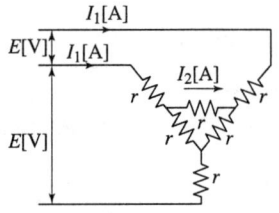

해설

$Y_r = \dfrac{1}{3} \varDelta_R = \dfrac{r}{3}$ Ω이다.

$\varDelta$결선 $\begin{cases} V_l = V_P \underline{/0°} \\ I_l = \sqrt{3} I_P \underline{/-30°} \end{cases}$

Y결선 $\begin{cases} I_l = I_P \underline{/0°} \\ V_l = \sqrt{3} V_P \underline{/30°} \end{cases}$

I_1(Y결선 선전류) $= \dfrac{\dfrac{E}{\sqrt{3}}}{r + \dfrac{r}{3}} = \dfrac{\sqrt{3}E}{4r}$ [A] ⋯ ①

I_2($\varDelta$결선 상전류) $= \dfrac{I_1(선전류)}{\sqrt{3}} = \dfrac{1}{\sqrt{3}} \times \dfrac{\sqrt{3}E}{4r} = \dfrac{E}{4r}$ [A] ⋯ ②

13 전압 200[V]의 3상 회로에 그림과 같은 평형부하를 접속했을 때, 선전류와 부하에 역률을 구하여라?(단, $r = 9$[Ω], $X_c = 4$[Ω])

① 0.6 [A], 48.2
② 48.2 [A], 0.6
③ 0.8 [A], 48.2
④ 48.2 [A], 0.8

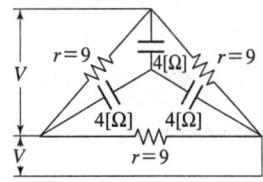

해설

$Y_r = \dfrac{1}{3} \varDelta_R = 3$Ω $Y = \dfrac{1}{3} - j\dfrac{1}{4}$ [℧]

$\cos\theta = \dfrac{g}{|Y|} = \dfrac{\dfrac{1}{3}}{\sqrt{\left(\dfrac{1}{3}\right)^2 + \left(\dfrac{1}{4}\right)^2}} = \dfrac{4}{\sqrt{3^2 + 4^2}} = \dfrac{4}{5} = 0.8$

I_l(선전류) $= |Y| V_P = \sqrt{\left(\dfrac{1}{3}\right)^2 + \left(\dfrac{1}{4}\right)^2} \times \dfrac{200}{\sqrt{3}} = 48.2$[A]

14 5[kW], 200[V]의 3상 유도전동기가 있다. 전동기의 효율 80[%], 역율 85[%]일 때, 전동기에 유입되는 전류는 몇 [A]인가?

① 10.28 ② 11.28
③ 21.28 ④ 31.28

해설

$\eta(\text{효율}) = \dfrac{P_o}{P_i}$ $\therefore P_i(\text{입력}) = \dfrac{P_o}{\eta} = \sqrt{3}\,VI\cos\theta$

$\therefore I(\text{선전류}) = \dfrac{1}{\sqrt{3}\,V\cos\theta} \times \dfrac{P_o}{\eta} = \dfrac{5 \times 10^3}{\sqrt{3} \times 200 \times 0.85 \times 0.8} = 21.28[A]$

15 3상 유도전동기의 출력이 3[HP], 전압이 200[V], 효율 85[%], 역율 80[%]일 때, 전동기에 유입되는 선전류는 몇 [A]인가?

① 20.5 ② 9.5
③ 19.5 ④ 29.5

해설

$\eta = \dfrac{P_o}{P_i}$ $\therefore P_i = \dfrac{P_o}{\eta} = \sqrt{3}\,VI\cos\theta\,[W]$

$I = \dfrac{1}{\sqrt{3}\,V\cos\theta} \times \dfrac{P_o}{\eta} = \dfrac{3 \times 746}{\sqrt{3} \times 200 \times 0.8 \times 0.85} \fallingdotseq 9.5[A]$

16 $R[\Omega]$의 저항 3개를 Y로 접속하고 이것을 전압 200[V]의 3상 교류전원에 연결할 때, 선전류 10[A]를 흘린다면, 3개 저항을 △로 접속하고 동일전원에 연결할 때의 선전류는 몇 [A]인가?

① 40 ② 10
③ 30 ④ 20

해설

• Y연결 : $I_y(\text{선전류}) = 10\,[A] = \dfrac{\dfrac{V}{\sqrt{3}}}{R} = \dfrac{V}{\sqrt{3}\,R}$ ····················①

• △연결 : $I_\triangle(\text{선전류}) = \sqrt{3}\,I_p = \sqrt{3}\,\dfrac{V}{R}\,[A]$ ·························②

$\dfrac{I_\triangle}{I_y} = \dfrac{I_\triangle}{10} = \dfrac{\sqrt{3}\,\dfrac{V}{R}}{\dfrac{V}{\sqrt{3}\,R}} = 3$

$\therefore I_\triangle = 3I_y = 3 \times 10 = 30\,[A]$

정답 14. ③ 15. ② 16. ③

17 대칭 n상에서 선전류와 환상전류사이의 위상차는?

① $\frac{\pi}{2}\left(1-\frac{2}{n}\right)$ ② $2\pi\left(1-\frac{2}{n}\right)$

③ $\pi\left(1-\frac{2}{n}\right)$ ④ $\frac{\pi}{2}\left(1-\frac{n}{2}\right)$

해설

$I_l = I_P\, 2\sin\frac{\pi}{n}\, \varepsilon^{-j\frac{\pi}{2}\left(1-\frac{2}{n}\right)}$

∴ ψ (위상차) $= \frac{\pi}{2}\left(1-\frac{2}{n}\right)$

18 $I_a = I_b = I_c = I$[A]가 3상 평형전류이면, $I_a - I_b$의 크기와 위상은?

① $\frac{I}{\sqrt{3}}\underline{/60°}$ ② $\frac{I}{\sqrt{3}}\underline{/30°}$

③ $\sqrt{3}\,I\underline{/60°}$ ④ $\sqrt{3}\,I\underline{/30°}$

해설 $I_a - I_b = 2I\cos 30 = \sqrt{3}\,I\underline{/30°}$

19 △결선된 변압기 1대가 고장으로 제거되어 V결선으로 할 경우 공급할 수 있는 전력과 고장전의 전력과의 비율은 몇 [%]인가?

① 80 ② 90
③ 86.6 ④ 57.7

해설 V결선 출력비 $= \frac{V결선용량}{3대용량} = \frac{\sqrt{3}\,VI}{3\,VI} = \frac{1}{\sqrt{3}} = 0.577$

∴ 57.7[%]

20 단상변압기 3대 100[KVA]×3를 △결선 운전 중, 단상변압기 1대 고장으로 V결선 한 경우의 출력은 몇 [KVA]인가?

① 173.2 ② 273.2
③ 73.2 ④ 200

해설 V결선 출력 $= \sqrt{3}\,VI = \sqrt{3}\times 100 = 173.21$[KVA]

해답 17. ① 18. ④ 19. ④ 20. ①

21 그림과 같은 회로에 대칭인 상전압 200[V]를 가했을 때, 이 회로에 소비되는 전력은 몇 [kW]인가?(단, $R_1=30[\Omega]$, $R_2=10[\Omega]$ 이다.)

① 34
② 4
③ 24
④ 14

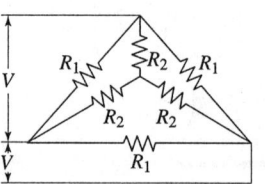

해설
$Y_r = \frac{1}{3}\Delta_R = \frac{30}{3} = 10[V]$, $R(\text{합성저항}) = \frac{10}{2} = 5[\Omega]$

$P = 3I_P^2 R = 3\left(\frac{\frac{200}{\sqrt{3}}}{5}\right)^2 \times 5 = 24[\text{KW}]$

---

22 △결선된 부하를 Y결선으로 바꾸면, 소비전력은 어떻게 되겠는가?(단, 선간전압은 일정하다.)

① 3배
② $\frac{1}{3}$배
③ 9배
④ $\frac{1}{9}$배

해설
$\begin{bmatrix} Y_r = \frac{1}{3}\triangle_R \\ \triangle_R = 3Y_r \end{bmatrix}$ $\begin{bmatrix} P_Y = \frac{1}{3}P_\triangle \\ P_\triangle = 3P_Y \end{bmatrix}$

---

23 12상 성형상 전압이 100[V]일 때, 단자전압은 몇 [V]인가?(단, $\sin 15° = 0.2588$)

① 51.76
② 25.76
③ 10.76
④ 20.76

해설
단자전압=선간전압 $(V_l) = V_P \cdot 2\sin\frac{\pi}{n} = 100 \times 2\sin\frac{\pi}{12}$
$= 100 \times 2 \times 0.2588 = 51.76[V]$

---

24 3상 4선식 중에서 중성선이 필요하지 않아서 중성선을 제거하여 3상 3선식을 만들기 위한 중선선에서의 조건은?

① 평형 3상회로 $I_1+I_2+I_3=0$
② 평형 3상회로 $I_1+I_2+I_3=3$
③ 불평형 3상회로 $I_1+I_2+I_3=0$
④ 불평형 3상회로 $I_1+I_2+I_3=1$

해설 평형 3상 교류 전류합은 0이다.

정답 21. ③ 22. ② 23. ① 24. ①

25 변압비 30:1의 단상변압기 3대를 1차는 3각 결선 2차는 성형 결선하고 1차 선간에 3000[V]를 가했을 때의 무부하 2차 선간전압은 몇 [V]인가?
① 200　② 100
③ 173.2　④ 220

해설
변압비 $a = \dfrac{30}{1} = \dfrac{V_1P}{V_2P} = \dfrac{3000}{V_2P}$　　$\therefore V_2P = \dfrac{3000}{30} = 100\,[\text{V}]$

V_{2l}(2차 성형결선 선간전압) $= \sqrt{3}\,V_{2p} = \sqrt{3} \times 100 = 173.21\,[\text{V}]$

26 평형 3상회로 임피던스를 Y 결선에서 $\varDelta$결선으로 하면 소비전력은 몇 배가 되는가?
① $\dfrac{1}{\sqrt{3}}$배　② 3배
③ $\sqrt{3}$배　④ $\dfrac{1}{3}$배

해설
$\begin{cases} Z_Y = \dfrac{1}{3}Z_\varDelta \\ Z_\varDelta = 3Z_Y \end{cases}$ 　　$\begin{cases} P_Y = \dfrac{1}{3}P_\varDelta \\ P_\varDelta = 3P_Y \end{cases}$

27 그림과 같은 회로에서 부하 R_L에서 소비되는 최대전력[W]은?
① 11.25
② 9.25
③ 10.25
④ 8.25

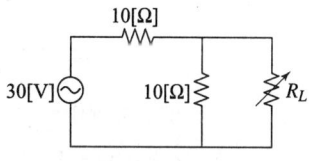

해설
최대정리에서 최대전력 전송조건 $|R_L| = |R_S| = 5\,[\Omega]$이다.

$I = \dfrac{30}{20} = 1.5\,[\text{A}]$

$V_s = I \times 10 = 15\,[\text{V}]$

$R_{(s)} = \dfrac{10 \times 10}{10 + 10} = 5\,[\Omega]$

테브난 등가회로 : 부하 R_L에 소비되는 최대전력

$P_{\max} = I^2 R = \left(\dfrac{15}{10}\right)^2 \times 5 = 11.25\,[\text{W}]$

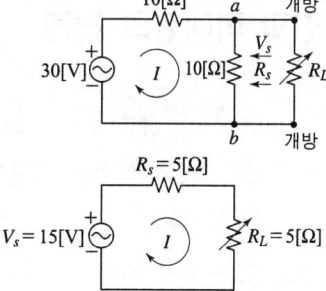

정답 25. ③　26. ②　27. ①

대칭좌표법

4부 회로이론

1 연산자 계산

$$a = \angle 120° = \cos\frac{2\pi}{3} + j\sin\frac{2\pi}{3} = -\frac{1}{2} + j\frac{\sqrt{3}}{2} = a^{-2}$$

$$a^2 = \angle 240° = \cos\frac{4\pi}{3} + j\sin\frac{4\pi}{3} - \frac{1}{2} - j\frac{\sqrt{3}}{2} = a^{-1}$$

$$a^3 = \angle 360° = \angle 0° = \cos 0° + j\sin 0° = 1 = a^{-3}$$

$$a + a^2 = -1$$

∴ 3상교류 전류 혹은 전압의 합은 0이다.

2 대칭과 비대칭의 관계

단, 전압 (V), 전류(I), 기전력 (E), 임피던스 (Z), 어드미턴스 (Y) 등에 대칭 3상과 비대칭 3상과의 환산 관계식에서 연산자의 차수는 다 동일하게 환산된다.

비대칭 3상　　　　　대칭분 3상

$$V_a = V_0 + V_1 + V_2 \qquad V_0(영상) = \frac{1}{3}(V_a + V_b + V_c)$$

$$V_b = V_0 + a^2 V_1 + aV_2 \qquad V_1(정상) = \frac{1}{3}(V_a + aV_b + a^2 V_c)$$

$$V_c = V_0 + aV_1 + a^2 V_2 \qquad V_2(역상) = \frac{1}{3}(V_a + a^2 V_b + aV_c)$$

3상에 공통인 성분은 영상분이다.

불평형률 $= \dfrac{\text{역상분}}{\text{정상분}} \times 100\%$

3 3상 교류 발전기 기본식

$V_0(\text{영상분 단자전압}) = E_0 - Z_0 I_0 = -Z_0 I_0 [\text{V}]$
$V_1(\text{정상분 단자전압}) = E_1 - Z_1 I_1 = E_a - Z_1 I_1 [\text{V}]$
$V_2(\text{역상분 단자전압}) = E_2 - Z_2 I_2 = -Z_2 I_2 [\text{V}]$

4 3상교류 발전기 기본식 응용

(1) 선간단락

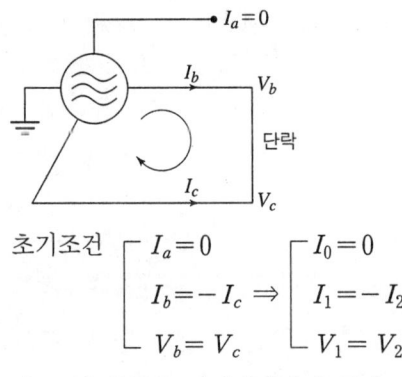

초기조건 $\begin{bmatrix} I_a = 0 \\ I_b = -I_c \\ V_b = V_c \end{bmatrix} \Rightarrow \begin{bmatrix} I_0 = 0 \\ I_1 = -I_2 \\ V_1 = V_2 \end{bmatrix}$

인 고장 종류를 선간단락이라 한다.

(2) 1선지락(접지)

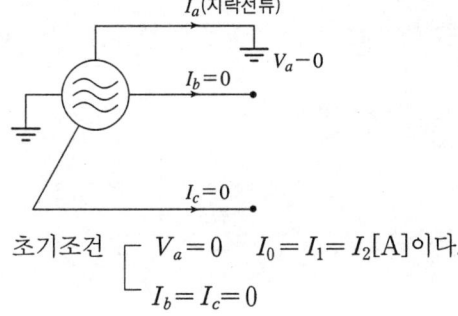

초기조건 $\begin{bmatrix} V_a = 0 \\ I_b = I_c = 0 \end{bmatrix}$ $I_0 = I_1 = I_2 [\text{A}]$이다.

∴ $I_0 = I_1 = I_2$인 고장종류를 1선지락이라 한다.

$$I_a(지락전류) = 3I_0 = \frac{3E_a}{Z_0 + Z_1 + A_2} [A]$$

(3) 2선지락(접지)

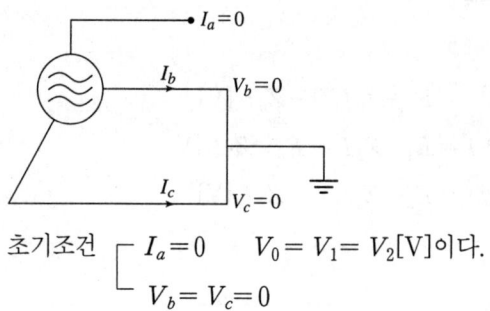

초기조건 $\begin{cases} I_a = 0 \\ V_b = V_c = 0 \end{cases}$ $V_0 = V_1 = V_2[V]$이다.

∴ $V_0 = V_1 = V_2$인 고장 종류를 2선지락이라 한다.

(4) 대칭분 3상전력

$$대칭분\ 3상전력 = 3\overline{V_0}I_0 + 3\overline{V_1}I_1 + 3\overline{V_2}I_2[W]$$

[적중예상문제]

01 비접지 3상 Y부하에서 각 선전류를 I_a, I_b, I_c라 할 때, 전류의 영상분 I_0의 값은 얼마인가?

① 0
② I_a
③ I_b
④ I_c

해설

$\begin{cases} I_a = I_b = I_c = I \\ 1 + a + a^2 = 0 \end{cases}$

$\therefore I_0 = \frac{1}{3}(I_a + I_b + I_c)$
$= \frac{1}{3}(Ia + a^2 I_a + a I_a)$
$= \frac{1}{3} Ia(1 + a^2 + a) = 0$

02 어느 3상회로의 선간전압을 측정하였다. 이 전압의 불평형률을 구하는 관계식은?

① $\frac{정상전압}{역상전압} \times 100\%$
② $\frac{역상전압}{정상전압} \times 100\%$
③ $\frac{영상전압}{역상전압} \times 100\%$
④ $\frac{영상전압}{정상전압} \times 100\%$

해설

• 불평형율 $= \frac{역상전압\,(V_2)}{정상전압\,(V_1)} \times 100\%$

03 3상 불평형 전압에서 역상전압이 50[V]이고 정상전압이 200[V] 영상전압이 10[V]라고 할 때, 전압의 불평형률을 구하면?

① 10
② 30
③ 20
④ 25

해설

• 불평형율 $= \frac{V_2}{V_1} \times 100 = \frac{50}{200} \times 100 = 25\%$

예답 1. ① 2. ② 3. ④

04 3상회로의 선간전압을 측정한 결과 120, 100, 100 [V] 였다고 한다. 이 전압의 불평형률을 구하면?

① 29[%]　　　　　　　② 23[%]
③ 13[%]　　　　　　　④ 39[%]

해설

불평형율 $= \dfrac{V_2}{V_1} \times 100 \Rightarrow \dfrac{\frac{1}{3}(V_a + a^2 V_b + a V_c)}{\frac{1}{3}(V_a + a V_b + a^2 V_c)} \times 100$

$\dfrac{V_a + \left(-\frac{1}{2} - j\frac{\sqrt{3}}{2}\right) V_b + \left(-\frac{1}{2} + j\frac{\sqrt{3}}{2}\right) V_c}{V_a + \left(-\frac{1}{2} + j\frac{\sqrt{3}}{2}\right) V_b + \left(-\frac{1}{2} - j\frac{\sqrt{3}}{2}\right) V_c} \times 100 = 13\%$

$V_c = 100 = -60 + j80 [V]$
$V_a = 120$
$V_b = 100 = -60 - j80 [V]$

---

05 비대칭 3상 전압 V_a, V_b, V_c를 a상을 기준으로 할 경우의 대칭분의 각 성분은?

① $V_0 = 0$, $V_1 = V_a$, $V_2 = 0$　　　② $V_0 = V_a$, $V_1 = 0$, $V_2 = V_c$
③ $V_0 = 0$, $V_1 = 0$, $V_2 = V_c$　　　④ $V_0 = 0$, $V_1 = 0$, $V_2 = 0$

해설

$\begin{cases} V_a = V_b = V_c = V \\ 1 + a + a^2 = 0 \end{cases}$

∴ 대칭분의 3상 전압

$V_0 = \dfrac{1}{3}(V_a + V_b + V_c) = \dfrac{V_a}{3}(1 + a^2 + a) = 0$

$V_1 = \dfrac{1}{3} V_a + a V_b + a^2 V_c = \dfrac{V_a}{3}(1 + a^3 + a^3) = V_a$

$V_2 = \dfrac{1}{3} V_a + a^2 V_b + a V_c = \dfrac{V_a}{3}(1 + a^4 + a^2) = 0$

$V_c = a V_a$
$V_a = V$(기준)
$V_b = a^2 V_a$

---

06 불평형 회로에서 영상분이 존재하는 3상 회로의 구성은?

① $Y-\triangle$ 결선의 3상 3선식　　　② $\triangle-\triangle$ 결선의 3상 3선식
③ $Y-Y$ 결선의 3상 3선식　　　　④ $Y-\dot{Y}$ 결선의 3상 4선식

해설
Y-Y 결선 3상 4선 式이다.

---

07 대칭 좌표법에서 사용되는 용어 중 3상에 공통인 성분을 표시하는 것은?

① 영상분　　　　　　② 정상분
③ 역상분　　　　　　④ 공통분

해설
3상에 공통인 성분은 영상분이다.

정답　4. ③　5. ①　6. ④　7. ①

08 각 상의 다음과 같을 때 영상 대칭분 전류[A]는 얼마인가?

$$I_a = 30 \sin \omega t \,[A]$$
$$I_b = 30 \sin (\omega t - 90°)\,[A]$$
$$I_c = 30 \sin (\omega t + 90°)\,[A]$$

① $I_o = 20 \sin \omega t$ ② $I_0 = 30 \sin \omega t$
③ $I_o = 10 \sin \omega t$ ④ $I_0 = 5 \sin \omega t$

해설

I_o(영상전류) $= \frac{1}{3} = \frac{1}{3}(I_a + I_b + I_c)$
$= \frac{1}{3}(30 \sin wt + 30 \sin (wt - 90°) + 30 \sin (wt + 90°))\,[A]$
$= 10 \sin wt$

09 단자전압의 각 대칭분 V_0, V_1, V_2가 같게 되는 고장의 종류는?

① 1선 지락 ② 2선 지락
③ 선간단락 ④ 3상 단락

해설

$V_0 = V_1 = V_3$인 고장 종류를 2선 지각이라 한다.

10 그림과 같이 중성점을 접지한 3상 교류발전기의 ⓐ상을 지락 했을 때, 흐르는 전류 I_a[A]를 구하여라?

① $\dfrac{E_a}{Z_o + Z_1 + Z_2}$

② $\dfrac{Z_1 E_a}{Z_0 + Z_2}$

③ $\dfrac{3E_a}{Z_0 + Z_1 + Z_2}$

④ 0

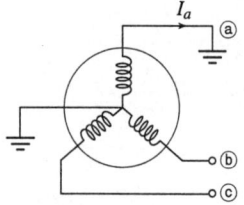

해설

초기조건 $\begin{pmatrix} V_a = 0 \\ I_b = I_c = 0 \end{pmatrix}$ ∴ $I_0 = I_1 = I_2$에서 $V_a = 0$(대칭분)

$V_a = 0 = V_0 + V_1 + V_2$(발전기 기본式 代入)
$0 = -Z_0 I_0 + E_a - Z_1 I_1 - Z_2 I_2$ ∴ $E_a = I_0(Z_0 + Z_1 + Z_2)$

∴ $I_0 = \dfrac{E_a}{Z_0 + Z_1 + Z_2}\,[A]$

∴ $I_a = I_0 + I_1 + I_2 = 3I_0 = \dfrac{3E_a}{Z_0 + Z_1 + Z_2}\,[A]$

11 3상 Y결선이 있어서 상전압은 150[V], 선간 전압은 220[V]이고 기본파와 제3고조파만이 포함되어 있다면, 제 3고조파의 전압[V]은?

① 109.9 ② 49.9
③ 59.9 ④ 79.9

해설

V_l(선간전압) $= 220 = \sqrt{3}\, V_1$[V]

∴ $V_1 = \dfrac{220}{\sqrt{3}}$ [V]

V_P(상전압) $= 150 = \sqrt{V_1^2 + V_3^2}$ [V]

∴ $V_3 = \sqrt{V_P^2 - V_1^2} = \sqrt{(150)^2 - \left(\dfrac{220}{\sqrt{3}}\right)^2} = 79.9$ [V]

11. ④

비정현파 교류

4부 회로이론

1 푸리에 급수

푸리에 급수란 비정현파를 여러 가지파로 분류하는 법

$$왜율\,(D) = \frac{전고조파\ 실효치}{기본파\ 실효치} \times 100 = \sqrt{\frac{V_2^2 + V_3^2 + V_4^2 + \cdots}{V_1^2}} \times 100$$

(1) x의 함수 $y(x)$가 2π에 주기인 경우 푸리에 급수

$$y(x) = a_0 + \sum_{n=1}^{\infty} a_n \cos nx + \sum_{n=1}^{\infty} b_n \sin nx \quad \cdots\cdots\cdots ①$$

$$a_0 = \frac{1}{2\pi} \int_0^{2\pi} y(x) dx$$

$$a_n = \frac{1}{\pi} \int_0^{2\pi} y(x) \cos nx\, dx$$

$$b_n = \frac{1}{\pi} \int_0^{2\pi} y(x) \sin nx\, dx$$

∴ 이는 일반적인 파형에 이용한다.

(2) x의 함수 $y(x)$가 π에 주기인 경우 푸리에 급수

$$y(x) = a_0 + \sum_{n=1}^{\infty} a_n \cos nx + \sum_{n=1}^{\infty} b_n \sin nx \quad \cdots\cdots\cdots ②$$

$$a_0 = \frac{1}{\pi} \int_0^{\pi} y(x) dx$$

$$a_n = \frac{2}{\pi} \int_0^\pi y(x) \cos nx dx$$

$$b_n = \frac{2}{\pi} \int_0^\pi y(x) \sin nx dx$$

특수파형 중 반파대칭, 정현대칭, 여현대칭에 이용된다.

(3) x의 함수 $y(x)$가 $\frac{\pi}{2}$에 주기인 경우 푸리에 급수

$$y(x) = a_0 + \sum_{n=1}^\infty a_n \cos nx + \sum_{n=1}^\infty b_n \sin nx \quad \cdots\cdots\cdots\cdots ①$$

$$a_0 = \frac{2}{\pi} \int_0^{\frac{\pi}{2}} y(x) dx$$

$$a_n = \frac{4}{\pi} \int_0^{\frac{\pi}{2}} y(x) \cos nx dx$$

$$b_n = \frac{4}{\pi} \int_0^{\frac{\pi}{2}} y(x) \sin nx dx$$

특수파형 중 반파정현대칭, 반파여현대칭에 이용된다.

(4) t의 함수 $f(t)$가 T에 주기인 경우 푸리에 급수

$$f(t) = a_0 + \sum_{n=1}^\infty a_n \cos nwt + \sum_{n=1}^\infty b_n \sin nwt \quad \cdots\cdots\cdots\cdots ①$$

$$a_0 = \frac{1}{T} \int_0^T f(t) dt$$

$$a_n = \frac{2}{T} \int_0^T f(t) \cos nwt dt$$

$$b_n = \frac{2}{T} \int_0^T f(t) \sin nwt dt$$

로서 일반적인 파형에 이용된다.

$$A_n = \sqrt{a_n^2 + b_n^2}, \quad \theta_n(위상) = \tan^{-1} \frac{a_n}{b_n} \text{ 라면}$$

$$f(t) = a_0 + \sum_{n=1}^\infty A_n \sin(nwt + \theta_n)$$

비정현파=직류파+기본파+고조파의 합성이다.
∴ 무수이 많은 주파수의 합성이다.

2 특수파형

(1) 반파대칭

양(+)반파를 π만큼 이동, 반전하면
음(−)반파와 일치하는 파형
$$y(x) = -y(x+\pi)$$
기함수 $n = 1, 3, 5, 7\cdots$

$a_0 = 0 \cdot \left.\begin{matrix}a_n\\b_n\end{matrix}\right)$ 만 존재한다.

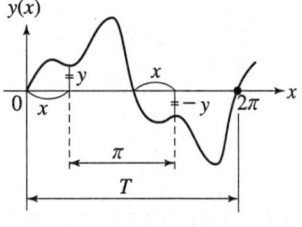

(2) 정현대칭

어떤 파형을 수직축에 대해서 반전하고
수평축에 대해서 반전할 때 일치하는 파형
$$y(-x) = -y(x)$$
기함수 $n = 1, 3, 5, 7, 9$

$\left.\begin{matrix}a_0 = 0\\a_n = 0\end{matrix}\right) \cdot b_n$ 만 존재한다.

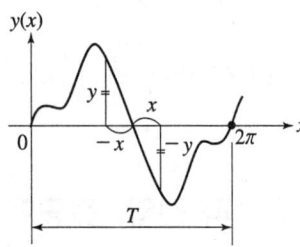

(3) 여현대칭

어떤 파형을 수직축에 대해 반전할 때
좌우가 일치하는 파형
$$y(x) = y(-x)$$
우함수 $n = 2, 4, 6, 8$

$b_n = 0 \cdot \left.\begin{matrix}a_0\\a_n\end{matrix}\right)$ 만 존재한다.

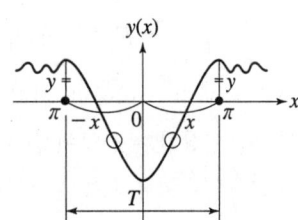

(4) 반파정현대칭

반대대칭+정현대칭
$$y(x) = -y(x+\pi) \rightarrow 반파대칭$$
$$y(-x) = -y(x) \rightarrow 정현대칭$$
기함수 $n = 1, 3, 5, 7, 9$

$\left.\begin{matrix}a_0\\a_n\end{matrix}\right) \cdot b_n$ 만 존재한다.

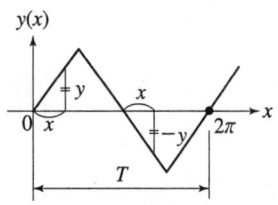

(5) 반파여현대칭

반파대칭＋여현대칭
$$y(x) = -y(x+\pi)$$
$$y(x) = y(-x)$$

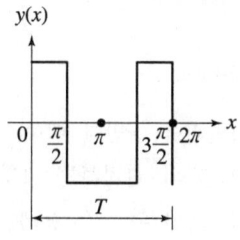

기함수 $n = 1, 3, 5, 7, 9$

$\left.\begin{array}{l} a_0 = 0 \\ b_n = 0 \end{array}\right\}$ · a_n만 존재한다.

3 비정현파 전압, 전류의 실효치

$$|E|(전압) = \sqrt{\frac{1}{T}\int_0^T e_{(t)}^2 dt} = \sqrt{E_0^2 + E_1^2 + E_2^2 + \cdots}\,[V]$$

$$|I|(전류) = \sqrt{\frac{1}{T}\int_0^T i_{(t)}^2 dt} = \sqrt{I_0^2 + I_1^2 + I_2^2 + I_3^2 + \cdots}\,[A]$$

4 비정현파 전압, 전류에 의한 전력

$$P(전력) = \frac{1}{T}\int_0^T e_{(t)} i_{(t)} dt = E_0 I_0 + \sum_{n=1}^{\infty} E_n I_n \cos\psi_n$$
$$= E_0 I_0 + E_1 I_1 \cos\psi_1 + E_2 I_2 \cos\psi_2 + E_3 I_3 \cos\psi_3 + \cdots\,[W]$$

같은 주파수 사이에만 전력이 존재한다.

단, ψ(위상차)＝전압위상(기준)－전류위상이다.

[적중예상문제]

01 정현 대칭에서는 어떤 함수식이 성립하는가?
① $f(t)=f(t)$
② $f(t)=-f(t)$
③ $f(t)=f(-t)$
④ $f(t)=-f(-t)$

해설 정현대칭 $\begin{cases} -y(x)=y(-x) \\ y(x)=-y(-x) \end{cases}$

02 왜형율이란 무엇인가?
① $\dfrac{전 고조파의 실효치}{기본파의 실효치}$
② $\dfrac{전 고조파의 평균치}{기본파의 평균치}$
③ $\dfrac{제3고조파의 실효치}{기본파의 실효치}$
④ $\dfrac{우수 고조파의 실효치}{기수 고조파의 실효치}$

해설 $D(왜형율)= \dfrac{전고조파실효치}{기본파실효치} \times 100$

03 반파 대칭의 왜형파의 푸리에 급수에서 옳게 표현된 것은?
(단, $f(t)=a_0+\sum_{n=1}^{\infty} a_n\cos nwt + \sum_{n=1}^{\infty} b_n\sin nwt$ 라 한다.)
① $a_0=0$, $b_n=0$이고, 기수항의 a_n만이 남는다.
② $a_n=0$이고, b_0 및 기수항의 b_n만이 남는다.
③ $a_0=0$이고, 기수항의 a_n, b_n만이 남는다.
④ $a_0=0$이고, 모든 고조파분의 a_n, b_n만이 남는다.

해설 반파대칭 기함수 $a_0=0$, $\begin{pmatrix} a_n \\ b_n \end{pmatrix}$ 만 존재한다.

정답 01. ④ 02. ① 03. ③

04 다음 우함수의 주기 구형파의 푸우리에 전개에서 맞는 것은?
① 직류 성분, 코사인 성분만 존재   ② 사인성분만 존재
③ 직류, 사인성분만 존재   ④ 사인, 코사인 다같이 존재

해설) 우함수는 여현대칭. $b_n = 0$, $\begin{pmatrix} a_0 \\ a_n \end{pmatrix}$만 존재

05 주기적인 구형파의 신호는 그 성분이 어떻게 되는가?
① 성분 분석이 불가능하다.   ② 무수히 많은 주파수의 합성이다.
③ 직류분만으로 합성된다.   ④ 교류 합성을 갖지 않는다.

해설) 비정현파=직류+기본파+고조파의 합성으로 무수이 많은 주파수의 합성이다.

06 반파 대칭의 왜형파에 포함되는 고조파는?
① 제 2 고조파   ② 제 4 고조파
③ 제 5 고조파   ④ 제 6 고조파

해설) 반대칭은 기함수이다.

07 $i = 2 + 5\sin(100t + 10°) + 10\sin(20t - 10°) - 5\cos(400t - 10°)$와 파형이 동일하나 기본파의 위상이 20° 늦은 비정형 전류파의 순서치 표시식은?
① $i = 2 + 5\sin(100t + 10°) + 10\sin(200t - 30°) - 5\cos(400t - 10°)$
② $i = 2 + 5\sin(100t + 10°) + 10\sin(200t - 10°) - 5\cos(400t - 10°)$
③ $i = 2 + 5\sin(100t - 10°) + 10\sin(200t - 50°) - 5\cos(400t - 90°)$
④ $i = 2 + 5\sin(100t + 10°) + 10\sin(200t - 50°) - 5\cos(400t - 50°)$

해설) $(it) = 2 + 5\sin(100t + 10° - 20) + 10\sin(200t - 10° - 2 \times 20) - 5\cos(400t - 10 - 4 \times 20)$ [A]

08 $V_{(t)} = 3 + 10\sqrt{2}\sin wt + 5\sqrt{2}\sin\left(3wt - \frac{\pi}{3}\right)$일 때 실효치는?
① 11.6[V]   ② 21.5[V]
③ 31[V]   ④ 42.5[V]

해설) $|V| = \sqrt{\dfrac{1}{T}\int_0^T V_{(1)}^2 dt} = \sqrt{V_0^2 + V_1^2 + V_3^2} = \sqrt{3^2 + 10^2 + 5^2} = 11.6$ [V]

예답) 04. ①　05. ②　06. ③　07. ③　08. ①

09 $V_{(1)} = 50\sin wt + 70\sin(3wt+60°)$ 의 실효치는?

① $\dfrac{50+70}{2}$ 　　　② $\dfrac{\sqrt{50^2+70^2}}{2}$

③ $\sqrt{\dfrac{50^2+70^2}{2}}$ 　　　④ $\sqrt{\dfrac{50+70}{2}}$

해설

$|V| = \sqrt{\dfrac{1}{T}\int_0^T V_{(t)}^2 dt} = \sqrt{V_1^2 + V_3^2}$
$= \sqrt{\left(\dfrac{50}{\sqrt{2}}\right)^2 + \left(\dfrac{70}{\sqrt{2}}\right)^2} = \sqrt{\dfrac{50^2+70^2}{2}}$ [V]

10 그림과 같은 파형의 파고율은 얼마인가?

① 1.0
② 1.414
③ 1.732
④ 2.0

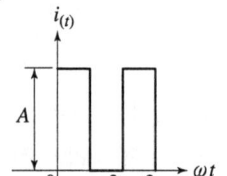

해설

• 반파구형파 $\begin{bmatrix} \text{실효치} & |I| = A \times \dfrac{1}{\sqrt{2}}\,[A] \\ \text{평균치} & I_m = A \times \dfrac{1}{2}\,[A] \end{bmatrix}$ 이다.

파고율 $= \dfrac{\text{최대치}}{\text{실효치}} = \dfrac{A}{A\times\dfrac{1}{\sqrt{2}}} = \sqrt{2} = 1.414$

11 전압 $V_{(t)} = V\sin wt$, 전류 $i = I(\sin wt - \sin 3wt)$ 의 교류의 평균 전력[W]은?

① $\dfrac{1}{2}VI\sin wt$ 　　　② $\int_0^2 VI dt$

③ $\dfrac{1}{2}VI$ 　　　④ $\dfrac{2}{\sqrt{3}}VI$

해설

비정파는 같은 주파수 사이에만 전력존재
$P(\text{전력}) = \dfrac{1}{T}\int_0^T V_{(t)} i_{(t)} dt = V_1 I_1 \cos\theta_1 = \dfrac{V}{\sqrt{2}} \times \dfrac{I}{\sqrt{2}} \cos(0-0) = \dfrac{VI}{2}$ [W]

12 전압이 $V_{(t)} = 20\sin 20t + 30\sin 30t$ 이고 전류가 $i = 30\sin 20\,t$이면 소비전력[W]은?

① 300[W]　　　② 400[W]
③ 600[W]　　　④ 1200[W]

09. ③　10. ②　11. ③　12. ①

해설
$$P(전력) = \frac{1}{T}\int_0^T V_{(t)}i_{(t)}dt = V_2 I_2 \cos\phi_2 + V_3 I_3 \cos\phi_3$$
$$= \frac{20}{\sqrt{2}} \times \frac{30}{\sqrt{2}} \cos(0-0) + \frac{30}{\sqrt{2}} \times \frac{20}{\sqrt{2}} \cos(0-0) = 300[\text{W}]$$

13 다음 중 맞는 것은?
① 비정현파=직류분+기본파+고조파
② 비정현파=교류분+고조파+기본파
③ 비정현파=직류분+고조파+기본파
④ 비정현파=기본분+고조파+직류분

해설 비정현파=직류+기본파+고조파 합성

14 $R-L$직렬 회로에 $V_{(t)} = 10 + 100\sqrt{2}\sin wt + 100\sqrt{2}\sin(3wt+60°) + 100\sqrt{2}\sin(5wt+30°)$[V]인 전압을 가할 때 제3고조파 전류의 실효치는 몇 [A]인가? (단, $R=8[\Omega]$, $wL=2[\Omega]$)

① 1[A] ② 3[A]
③ 5[A] ④ 10[A]

해설 제3고조파 전압실효치 $V_3 = 100$[V], 실효치 전류
$$I_3 = \frac{V_3}{\sqrt{R^2 + (3wL)^2}}$$
$$= \frac{100}{\sqrt{8^2 + (3\times 2)^2}}$$
$$= \frac{100}{10} = 10[\text{A}]$$

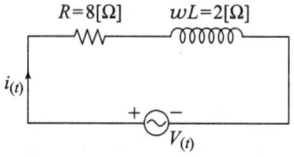

15 그림과 같은 파형의 맥동 전류를 열선형 계기로 측정할 때 20[A]였다면, 이를 가동 코일형 계기로 측정하면, 전류는 몇 [A]인가?

① 7.07
② 10
③ 14.14
④ 20

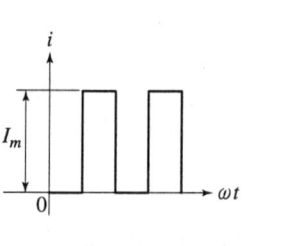

해설 반파구형이다.
① 열선형계기 실효치전류 $I = 20 = I_m \times \frac{1}{\sqrt{2}}$[A] ∴ $I_m = 20\sqrt{2}$[A]
② 가동코일형계기 평균치전류 $I_{av} = I_m \times \frac{1}{2} = 20\sqrt{2} \times \frac{1}{2} = 10\sqrt{2} = 14.14$[A]

해답 13. ① 14. ④ 15. ③

16 그림과 같이 wt가 0에서 π까지 $i=10[A]$, π에서 2π까지는 $i=0[A]$인 파형을 푸리에 급수로 전개하면 a_0는 얼마인가?

① 14.14
② 10
③ 7.07
④ 5

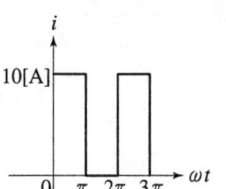

해설 일반적인 파형이다. 푸리에 급수식에서
$$a_0 = \frac{1}{2\pi}\int_0^\pi i_{(t)}dwt = \frac{1}{2\pi}\int_0^\pi 10\,dwt = \frac{10}{2\pi}(wt)_0^\pi = \frac{10}{2} = 5$$

17 그림과 같은 직4각형파를 푸리에 급수로 전개할 때, b_n의 값은?

① $\dfrac{4A}{n\pi}$
② $\dfrac{A}{\pi}$
③ $\dfrac{2A}{n\pi}$
④ 0

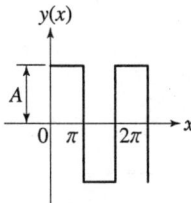

해설 반파정현대칭, 기함수. $y(x)=A$
$$b_n = \frac{4}{\pi}\int_0^{\frac{\pi}{2}} y(x)\sin nx\,dx = \frac{4A}{n\pi}(-\cos nx)_0^{\frac{\pi}{2}} = \frac{4A}{n\pi}\left(-\cos\frac{\pi}{2}+\cos 0°\right) = \frac{4A}{n\pi}$$

18 반파 여현대칭의 푸리에 급수식에서 여현파의 진폭 a_n의 값은?
(단, $y(x) = a_0 + \sum_{n=1}^{\infty} a_n\cos nx + \sum_{n=1}^{\infty} b_n\sin nx$)

① $a_n = \dfrac{2}{\pi}\int_0^{\frac{\pi}{2}} y(x)\cos nx\,dx$
② $a_n = \dfrac{4}{\pi}\int_0^{\frac{\pi}{2}} y(x)\cos nx\,dx$
③ $a_n = \dfrac{1}{\pi}\int_0^{\frac{\pi}{2}} y(x)\sin nx\,dx$
④ $a_n = \dfrac{1}{\pi}\int_0^{\pi} y(x)\sin nx\,dx$

해설 반파여현대칭 $\left.\begin{array}{l}a_0=0\\b_n=0\end{array}\right)$ a_n만 존재
$$a_n = \frac{4}{\pi}\int_0^{\frac{\pi}{2}} y(x)\cos nx\,dx$$

해답 16. ④ 17. ① 18. ②

19 다음과 같은 비정현파 기전력 및 전류에 의한 전력[W]은?

$$e_{(t)} = 100\sin(wt+30°) - 50\sin(3wt+60°) + 25\sin 5wt [V]$$
$$i_{(t)} = 20\sin(wt-30°) + 15\sin(3wt+30°) + 10\cos(5wt-60°)[A]$$

① 283.5   ② 183.5
③ 83.5   ④ 383.5

해설 같은 주파수 사이에만 전력존재

$$P = \frac{1}{T}\int_0^T e_{(t)}i_{(t)}dt = E_1I_1\cos\psi_1 + E_3I_3\cos\psi_3 + E_5I_5\cos\psi_5$$
$$= \frac{100}{\sqrt{2}} \times \frac{20}{\sqrt{2}}\cos(30+30) + \frac{-50}{\sqrt{2}} \times \frac{15}{\sqrt{2}}\cos(60-30) + \frac{25}{\sqrt{2}} \times \frac{10}{\sqrt{2}}\cos(0-30)$$
$$= 283.5[W]$$

20 $V_{(t)} = 100\sin wt + 40\sin 2wt + 30\sin(3wt+60°)[V]$에 대한 전압파의 왜형율을 구하면?

① 60[%]   ② 40[%]
③ 30[%]   ④ 50[%]

해설

$$D(왜율) = \sqrt{\frac{V_2^2}{V_1^2} + \frac{V_3^2}{V_1^2}} \times 100 = \sqrt{\left(\frac{40}{100}\right)^2 + \left(\frac{30}{100}\right)^2} \times 100 = 50[\%]$$

21 다음과 같이 교류전압 $V_{(t)}$와 전류 $i_{(t)}$가 있을 때, 역률을 구하면?

$$V_{(t)} = V\sin wt[V], \quad i_{(t)} = I\left(\sin wt - \frac{1}{\sqrt{3}}\sin 3wt\right)[A]$$

① 0.577   ② 0.866
③ 0.5   ④ 0.6

해설

$$P(전력) = V_1I_1\cos\psi_1 = \frac{V}{\sqrt{2}} \times \frac{I}{\sqrt{2}}\cos(0-0) = \frac{VI}{2}[W]$$

$$P_a(피상전력) |V||I| = \frac{V}{\sqrt{2}} \times \sqrt{\left(\frac{I}{\sqrt{2}}\right)^2 + \left(\frac{I}{\sqrt{2}} \times \frac{1}{\sqrt{3}}\right)^2} = \frac{V}{\sqrt{2}} \times \frac{\sqrt{2}I}{\sqrt{3}} = \frac{VI}{\sqrt{3}}[VA]$$

$$\therefore \cos\theta = \frac{P}{P_a} = \frac{\frac{VI}{2}}{\frac{VI}{\sqrt{3}}} = \frac{\sqrt{3}}{2} = 0.866$$

정답 19. ①   20. ④   21. ②

2단자 회로망

4부 회로이론

1 리액턴스 2단자망에 구동점 임피던스

$$Z(s) = jwH \frac{(w^2-w_1^2)(w^2-w_3^2)\cdots(w^2-w_{2n-1}^2)}{w^2(w^2-w_2^2)(w^2-w_4^2)\cdots(w^2-w_{2n-2}^2)} [\Omega]$$

① $Z(s) = 0$, 분자 $= 0$, 영점(0), 공진. 단락회로
② $Z(s) = \infty$, 분모 $= 0$, 극점($\times$), 반공진. 개방회로
③ 영점(0)과 극점($\times$), 공진과 반공진점은 교대로 존재한다.
④ 무수히 많은 주파수의 합성이다.
⑤ $\frac{dX(w)}{dw} > 0$ 이다.
⑥ 영점(0)과 극점($\times$)는 허수축 좌반부에 존재한다(단 수동회로다).

2 카워형(사다리형) 방정식

$$Z_{(S)} = \frac{1}{Y_{(S)}} = Z_1 + \cfrac{1}{Y_2 + \cfrac{1}{Z_3 + \cfrac{1}{Y_4 + \cfrac{1}{Z_5 + \cfrac{1}{Y_6 + \cfrac{1}{Z_7}}}}}} [\Omega]$$

단, $\left[\begin{array}{l} \dfrac{d}{dt} = jw = S\,(교류) \\ \int dt = \dfrac{1}{jw} = \dfrac{1}{S}\,(교류) \end{array}\right] S = 0\,(직류)$

$\left[\begin{array}{l} L[\mathrm{H}] \xrightarrow{\text{교류}} SL\,[\Omega]\,(유도성리액턴스) \\ C[\mathrm{F}] \xrightarrow{\text{교류}} \dfrac{1}{SC}\,[\Omega]\,(용량성리액턴스) \end{array}\right.$

3 역 회 로

회로요소가 서로 상대관계에 있고, 그 impedance 및 admittance의 비나 2개 impedance의 곱이 주파수에 관계없이 일정한 회로를 말한다.

$$\frac{Z_1}{Y_2} = Z_1 Z_2 = K^2 \,(공칭\ impedance)$$

상대회로 요소 $\left[\begin{array}{l} L \longleftrightarrow C,\ Z \longleftrightarrow Y \\ X \longleftrightarrow B,\ 직렬 \longleftrightarrow 병렬 \end{array}\right.$

예제 1 그림에서 $K = 100$일 때의 역회로는?

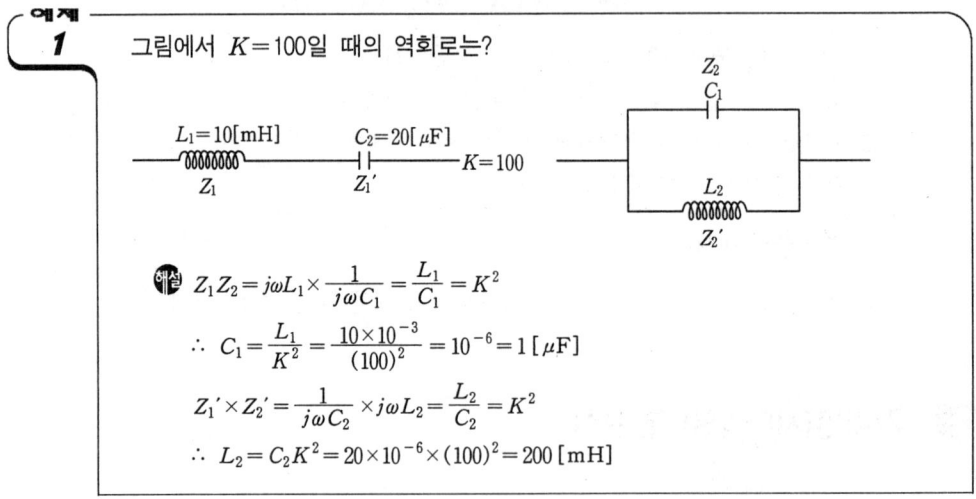

해설 $Z_1 Z_2 = j\omega L_1 \times \dfrac{1}{j\omega C_1} = \dfrac{L_1}{C_1} = K^2$

$\therefore\ C_1 = \dfrac{L_1}{K^2} = \dfrac{10 \times 10^{-3}}{(100)^2} = 10^{-6} = 1\,[\mu\mathrm{F}]$

$Z_1' \times Z_2' = \dfrac{1}{j\omega C_2} \times j\omega L_2 = \dfrac{L_2}{C_2} = K^2$

$\therefore\ L_2 = C_2 K^2 = 20 \times 10^{-6} \times (100)^2 = 200\,[\mathrm{mH}]$

4 정저항회로

두 단자의 impedance가 주파수에 관계없이 일정한 저항과 같은 회로를 말한다.

① 근사치계산 : $\dfrac{Z_1}{Y_2} = Z_1 Z_2 = R^2$

② 정밀치계산 : 허수부=0일 때이다.

예제 2 그림의 회로가 정저항회로가 되기 위한 L값은?

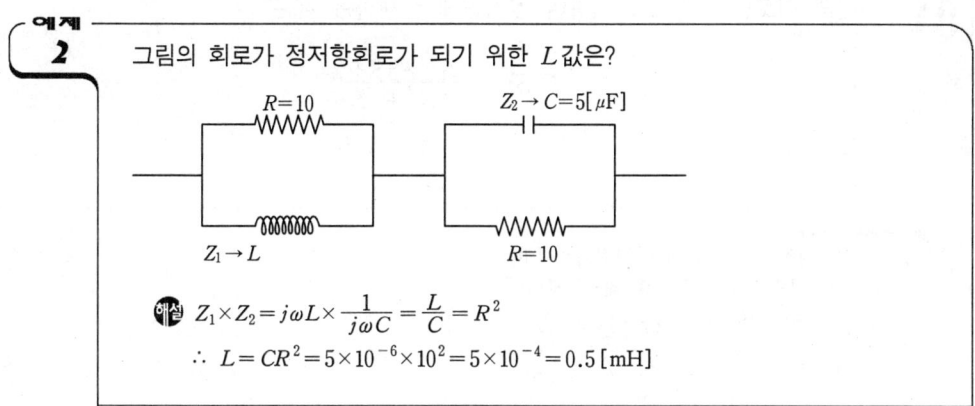

해설 $Z_1 \times Z_2 = j\omega L \times \dfrac{1}{j\omega C} = \dfrac{L}{C} = R^2$

∴ $L = CR^2 = 5 \times 10^{-6} \times 10^2 = 5 \times 10^{-4} = 0.5 \,[\text{mH}]$

[적중예상문제] 07

01 다음의 회로망 방정식에 대하여 S 평면에 존재하는 극은?

$$F(S) = \frac{S^2+3S+2}{S^2+3S}$$

① 3, 0
② −3, 0
③ 1, −3
④ −1, −3

해설
$F(s) = 0$, 영점(○), 분자 = 0, 단락회로이고,
$F(s) = \infty$, 극점(×), 분모 = 0, 개방회로이다.
∴ $F(s) = \dfrac{S^2+3S+2}{S^2+3S} = \dfrac{(S+1)(S+2)}{S(S+3)}$
∴ 극점은 분모 = 0에서 $S = 0$, $S = -3$이다.

02 다음은 리액턴스 곡선에 관한 사항이다. 옳지 않은 것은?
① 곡선의 기울기는 어디서나 (+)이다.
② 주파수가 증가함에 따라 극점과 영점이 교대로 나타난다.
③ $\omega = 0$, $\omega = \infty$ 에서의 영점과 극점이 존재한다.
④ 내부영점과 내부극점의 총수는 회로 내의 리액턴스 소자의 총 수 보다 하나 더 많다.

해설
리액턴스 2단망의 구동점 임피던스의 해설이다.
$Z_{(j\omega)} = X(\omega) = j\omega H \dfrac{(\omega^2 - \omega_1^2)(\omega^2 - \omega_3^2) \cdots (\omega^2 - \omega_{2n-1}^2)}{\omega^2(\omega^2 - \omega_2^2)(\omega^2 - \omega_4^2) \cdots (\omega^2 - \omega_2^2)}$ [Ω]
$Z_{(j\omega)} = 0$, 영점(○), 분자 = 0, 분자의 S차수가 영점수, 단락회로이고,
$Z_{(j\omega)} = \infty$, 극점(×), 분모 = 0, 분모의 S차수가 극점수, 개방회로이며 본문에서 리액턴스 2단자망 해설이 아닌 것이다.

03 구동점 임피던스(driving-point impedance)함수에 있어서 극(pole)은?
① 아무런 상태도 아니다.
② 개방회로 상태를 의미한다.
③ 단락회로 상태를 의미한다.
④ 전류가 많이 흐르는 상태를 의미한다.

정답 1. ② 2. ④ 3. ②

해설
리액턴스 2단자망의 구동점 impedance는
$Z(s)=0$, 영점(O), 분자 $=0$, 단락회로이고,
$Z(s)=\infty$, 극점(×), 분모 $=0$, 개방회로 상태다.

04 임피던스 $Z(S)$가 $Z(S)=\dfrac{S+20}{S^2+2RLS+1}$인 2단자 회로에 직류 전류원 20[A]를 인가할 때 이 회로의 단자 전압 [V]은?

① 20　　② 40
③ 200　　④ 400

해설
직류인 경우 $\dfrac{d}{dt}=j\omega=S$(교류), $S=0$(직류)
∴ $Z(S)=\dfrac{S+20}{S^2+2RLS+1}=\dfrac{20}{1}=20\,[\Omega]$
∴ 단자전압 $V=IZ(s)=20\times20=400\,[\text{V}]$

05 S평면상에서 전달함수의 극점(pole)이 그림과 같은 위치에 있으면 이 회로망의 상태는?

① 발진하지 않는다.
② 점점 더 크게 발진한다.
③ 지속 발진한다.
④ 감쇄 진동한다.

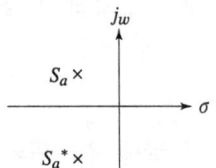

해설
S평면 좌반부에 있는 공액극점은 감쇄진동한다. 그러므로 안정근이다.

06 2단자 임피던스가 $\dfrac{S+3}{S^2+3S+2}$일 때 극점(pole)은?

① -3　　② 0
③ $-1, -2, -3$　　④ $-1, -2$

해설
2단자 impedance $Z(s)=\dfrac{S+3}{S^2+3S+2}=\dfrac{S+3}{(S+2)(S+1)}\,[\Omega]$
$Z(s)=0$, 영점(O), 분자 $=0$, 영점인 $S=-3$, 단락회로
$Z(s)=\infty$, 극점(×), 분모 $=0$, 극점인 $\begin{cases}S=-2\\S=-1\end{cases}$ 개방회로.

07 어떤 회로망 함수가 $Z_{(s)}$로 표시될 때, 영점은 다음 중 무엇을 결정하여 주는가?

① 응답 성분의 크기　　② 전압의 크기
③ 시간 축상의 파형　　④ 주파수

해답 4. ④　5. ④　6. ④　7. ①

> **[해설]** 영점 [0]은 각 응답 성분의 크기를 결정하여 주고, 극점[×]은 응답 [시간 축상의 파형]을 결정하여 준다.

08 다음 회로망에서 극점 [pole]의 수는?
① 3
② 1
③ 2
④ 5

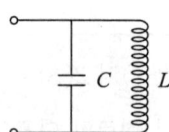

> **[해설]** 2단자 회로망은 교류이다.
>
> $\therefore \dfrac{d}{dt} = jw = S$ [교류], $\int dt = \dfrac{1}{jw} = \dfrac{1}{S}$ [교류]를 표시한다.
>
> $\therefore Z(s)$ [구동점 임피던스] $= \dfrac{SL \times \dfrac{1}{SC}}{SL + \dfrac{1}{SC}} = \dfrac{SL}{S^2LC+1}$ [Ω] 이다.
>
> ① 분자=0, 영점 [0], $SL=0$, $S=0$ 이다.
> $\therefore S$[영점 수]= 1 개, 단락회로다
>
> ② 분모=0, 극점[×], $S^2LC+1=0$, $S^2 = \dfrac{-1}{LC}$, $S = \pm j\dfrac{1}{\sqrt{LC}}$ 이다.
> $\therefore S$[극점의 수]=2개 개방회로 이다.

09 다음과 같은 회로망 함수에 있어서 극점[×]에 해당되지 않는 것은?

$F(s)$ [회로망 함수] $= \dfrac{S^2+3S+2}{S^3-2S-4}$ 이다

① +1 ② +2
③ $-1+j$ ④ $-1-j$

> **[해설]** 회로망 함수 $F(s)$ 에서
> ① 분자=0. 영점 [0]. $S^2+3S+2=0$. 인수 분해하면 $(S+1)(S+2)=0$에서 영점인 S의 값은 $S=-1$. $S=-2$. 영점의 수=2개이다.
> ② 분모=0. 극점[×]. $S^3-2S-4=0$. 인수 분해하면 $(S-2)(S^2+2S+2)=0$. $(S-2)(S+1\pm j)=0$에서 극점인 S의 값은 $S=2$. $S=-1\pm j$. 극점의 수=3개이다.

10 그림과 같은 a, b 회로가 역회로의 관계가 그림의 위치 있으려면 L_2의 값은 몇 [mH]인가?
① 1.2
② 2
③ 2.5
④ 3.5

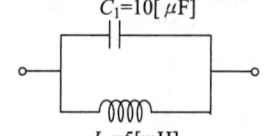

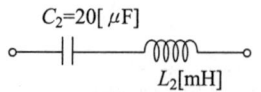

8. ③ 9. ① 10. ③

해설

$Z_1 Z_2 = K^2$ [단, K=공칭 임피던스]인 역회로의 조건에서

① $Z_1 Z_2 = jwL_1 \times \dfrac{1}{jwC_2} = \dfrac{L_1}{C_2} = \dfrac{5 \times 10^{-3}}{20 \times 10^{-6}} = \dfrac{500}{2} = 250 = K^2$ 이다.

② $Z_1 Z_2 = jwL_2 \times \dfrac{1}{jwC_1} = \dfrac{L_2}{C_1} = K^2$

$L_2 = C_1 K^2 = 10 \times 10^{-6} \times 250 = 2500 \times 10^{-6} = 2.5 \times 10^{-3} = 2.5$ [mH] 이다.

11 그림과 같은 2 단자 회로망에서의 그림의 위치 구동점 임피던스 함수 $Z(s)[\Omega]$는 얼마가 되는가?

① $\dfrac{3 + 19S}{4S[S+1]}$

② $\dfrac{4S[S+2]}{3 + 18S}$

③ $\dfrac{5 + 8S}{6S[3S + 7]}$

④ $\dfrac{10 + 5S}{S^2 + 4S + 6}$

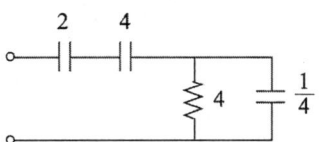

해설

2 단자 회로망은 교류이다.

∴ $\int dt = \dfrac{1}{jw} = \dfrac{1}{S}$ [교류]이다.

∴ $Z(s)$[구동점 임피던스] $= \dfrac{1}{2S} + \dfrac{1}{4S} + \dfrac{4 \times \dfrac{4}{S}}{4 + \dfrac{4}{S}} = \dfrac{3}{4S} + \dfrac{16}{4S + 4}$

$= \dfrac{3}{4S} + \dfrac{4}{S+1} = \dfrac{3S + 3 + 16S}{4S[S+1]} = \dfrac{3 + 19S}{4S[S+1]}$ 이다.

12 그림과 같은 회로에서 정저항 회로가 되기 위한 $wL[\Omega]$의 값은?

① 1.2
② 0.2
③ 0.8
④ 0.4

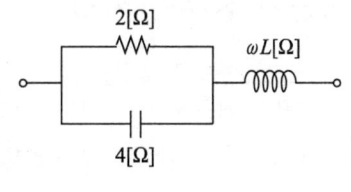

해설

정 저항 회로의 조건

① 근사값의 계산 : $Z_1 Z_2 = \dfrac{L}{C} = K^2$ 일 때이다.[단, K=공칭 임피던스 이다]

② 정밀값 계산 : $Z(s) = Z(jw)$[구동점 임피던스]의 허수부=0일때 이다. 여기서는 정밀값 계산이어야 한다.

∴ $Z(s) = jwL + \dfrac{2 \times [-j4]}{2 - j4} = jwL + \dfrac{-j8}{2 - j4} = jwL + \dfrac{-j8[2 + j4]}{2^2 + 4^2} = \dfrac{32}{20} + j \left[wL - \dfrac{16}{20} \right]$

∴ 허수부=0 에서 $wL = \dfrac{16}{20} = 0.8 [\Omega]$ 이다.

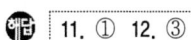

08 4단자 회로망

4부 회로이론

1 4단자 기초방정식

4단자 기초방정식:
$$V_1 = AV_2 + BI_2$$
$$I_1 = CV_2 + DI_2$$

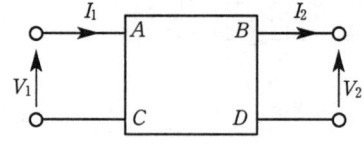

4단자 회로망은 역방향을 기준한 것이다.

2 4단자 정수의 정의

4단자 기초방정식 $\begin{cases} V_1 = AV_2 + BI_2 \\ I_1 = CV_2 + DI_2 \end{cases}$ 에서

(1) $V_2 = 0$ (2차측 단락)

$$B = \left. \frac{V_1}{I_2} \right)_{V_2=0} \Rightarrow 단락전달 임피던스[\Omega] \Rightarrow 임피던스의 차원식$$

$$D = \left. \frac{I_1}{I_2} \right)_{V_2=0} \Rightarrow 전류궤환율$$

$$Z_{1S}(구동점임피던스) = \left. \frac{V_1}{I_1} \right)_{V_2=0} = \frac{B}{D}\,[\Omega]$$

(2) $I_2 = 0$ (2차측 개방)

$$A = \frac{V_1}{V_2}\bigg)_{I_2=0} \Rightarrow 전압궤환율$$

$$C = \frac{I_1}{V_2}\bigg)_{I_2=0} \Rightarrow 개방전달어드미턴스[℧] \Rightarrow 어드미턴스 차원식$$

$$Z_{1f}(구동점임피던스) = \frac{V_1}{I_1}\bigg)_{I_2=0} = \frac{A}{C}\,[\Omega]$$

(3) 선로특성임피던스

$$Z_0 = \sqrt{Z_{1s}Z_{1f}} = \sqrt{\frac{AB}{CD}}\,[\Omega]$$

(4) 임피던스 파라메트

$$Z_{11} = \frac{A}{C}\,[\Omega] \quad (자기\ \text{impedance})$$

$$Z_{12} = Z_{21} = -\frac{1}{C} \,(역방향)\ (상호\ \text{impedance})$$

$$Z_{22} = \frac{D}{C}\,[\Omega] \quad (자기\ \text{impedance})$$

(5) 어드미턴스 파라메트

$$Y_{11} = \frac{D}{B}\,[℧] \quad (자기\ \text{admittance})$$

$$Y_{12} = Y_{21} = \frac{1}{B}\,(역방향)\ (상호\ \text{admittance})$$

$$Y_{22} = \frac{A}{B} \quad (자기\ \text{admittance})$$

4단자 정수사이에 관계 : $AD - BC = 1$

3 4단자망의 접속(종속접속)

최대전력 전송접속이다.

(1) 직 열 형

4단자 정수

$$\begin{vmatrix} A & B \\ C & D \end{vmatrix} = \begin{vmatrix} 1 & Z \\ 0 & 1 \end{vmatrix}$$

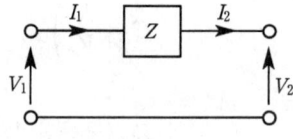

(2) 병 열 형

4단자 정수

$$\begin{vmatrix} A & B \\ C & D \end{vmatrix} = \begin{vmatrix} 1 & 0 \\ \dfrac{1}{Z} & 1 \end{vmatrix}$$

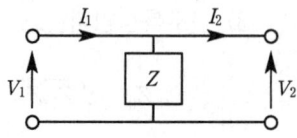

(3) 종속접속(메트릭스 곱의 접속)

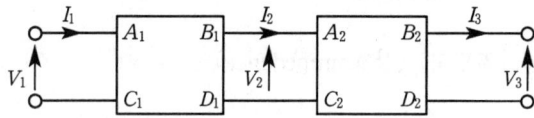

4단자 정수

$$\begin{vmatrix} A & B \\ C & D \end{vmatrix} = \begin{vmatrix} A_1 & B_1 \\ C_1 & D_1 \end{vmatrix} \begin{vmatrix} A_2 & B_2 \\ C_2 & D_2 \end{vmatrix} = \begin{vmatrix} A_1A_2+B_1C_2 & A_1B_2+B_1D_2 \\ C_1A_2+D_1C_2 & C_1B_2+D_1D_2 \end{vmatrix}$$

(4) 단거리 송전·전송 선로 L형 4단자망 = 50[km] 이하

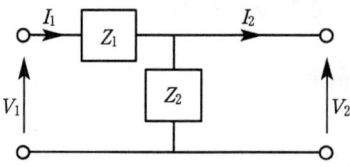

4단자 정수

$$\begin{vmatrix} A & B \\ C & D \end{vmatrix} = \begin{vmatrix} 1 & Z_1 \\ 0 & 1 \end{vmatrix} \begin{vmatrix} 1 & 0 \\ \dfrac{1}{Z_2} & 1 \end{vmatrix} = \begin{vmatrix} 1+\dfrac{Z_1}{Z_2} & Z_1 \\ \dfrac{1}{Z_2} & 1 \end{vmatrix}$$

(5) 중거리 송전·전송 선로 T형 4단자망＝50~100[km]

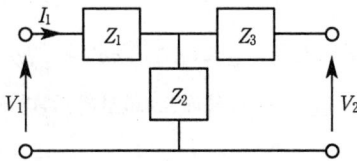

4단자정수

$$\begin{vmatrix} A & B \\ C & D \end{vmatrix} = \begin{vmatrix} 1 & Z_1 \\ 0 & 1 \end{vmatrix} \begin{vmatrix} 1 & 0 \\ \frac{1}{Z_2} & 1 \end{vmatrix} \begin{vmatrix} 1 & Z_3 \\ 0 & 1 \end{vmatrix}$$

$$= \begin{vmatrix} 1+\frac{Z_1}{Z_2} & Z_1 \\ \frac{1}{Z_2} & 1 \end{vmatrix} \begin{vmatrix} 1 & Z_3 \\ 0 & 1 \end{vmatrix} = \begin{vmatrix} 1+\frac{Z_1}{Z_2} & Z_3\left(1+\frac{Z_1}{Z_2}\right)+Z_1 \\ \frac{1}{Z_2} & 1+\frac{z_3}{Z_2} \end{vmatrix}$$

(6) 중거리 송전전송 선로, π형 4단자망＝50~100[km]

4단자 정수

$$\begin{vmatrix} A & B \\ C & D \end{vmatrix} = \begin{vmatrix} 1 & 0 \\ \frac{1}{Z_1} & 1 \end{vmatrix} \begin{vmatrix} 1 & Z_2 \\ 0 & 1 \end{vmatrix} \begin{vmatrix} 1 & 0 \\ \frac{1}{Z_3} & 1 \end{vmatrix}$$

$$= \begin{vmatrix} 1 & Z_2 \\ \frac{1}{z_1} & 1+\frac{Z_2}{Z_1} \end{vmatrix} \begin{vmatrix} 1 & 0 \\ \frac{1}{Z_3} & 1 \end{vmatrix} = \begin{vmatrix} 1+\frac{Z_2}{Z_3} & Z_2 \\ \frac{1}{Z_1}+\frac{1}{Z_3}\left(1+\frac{Z_2}{Z_1}\right) & 1+\frac{z_2}{Z_1} \end{vmatrix}$$

4 영상파라메트(임피던스)

부하측에 Z_{01}, Z_{02}인 영상임피던스를 접속하고 aa'나 bb'에서 4단자측으로 impedance가 Z_{01}, Z_{02}가 되는 회로를 영상파라메트 회로라 한다.

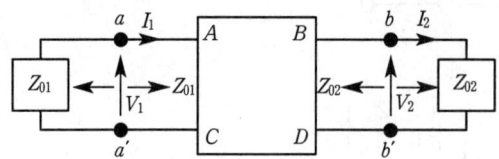

(1) 영상임피던스

$$Z_{01} = \sqrt{\frac{AB}{CD}} \, [\Omega], \quad Z_{02} = \sqrt{\frac{BD}{CA}} \, [\Omega]$$

$$\frac{Z_{01}}{Z_{02}} = \frac{A}{D}, \quad Z_{01}Z_{02} = \frac{B}{C}$$

$A = D$ (대칭회로)

$$\therefore Z_{01} = Z_{02} = \sqrt{\frac{B}{C}} \, [\Omega]$$

(2) 전달정수 (θ)

전력의 전달정수를 말한다.

$$\left(\frac{V_1 I_1}{V_2 I_2}\right)^{\frac{1}{2}} = \left(\frac{P_1}{P_2}\right)^{\frac{1}{2}} = \varepsilon^\theta = \sqrt{AD} + \sqrt{BC}$$

$$\theta(\text{전달정수}) = \ln_e(\sqrt{AD} + \sqrt{BC}) = \frac{1}{2} \ln_e \frac{P_1}{P_2}$$

(3) 전달정수 쌍곡선함수 표시

$\sin h\theta = \sqrt{BC}$ $\quad \therefore \theta(\text{전달정수}) = \sin h^{-1} \sqrt{BC}$

$\cos h\theta = \sqrt{AD}$ $\quad \therefore \theta(\text{전달정수}) = \cos h^{-1} \sqrt{AD}$

5 반복파라메트(임피던스)

1,2차측에서 Z_{K_1}, Z_{K_2}(반복임피던스)를 접속하고 2,1차측에서 4단자쪽으로 본 impedance 가 Z_{K_1}, Z_{K_2}이 되는 회로를 반복파라메트 회로라 한다.

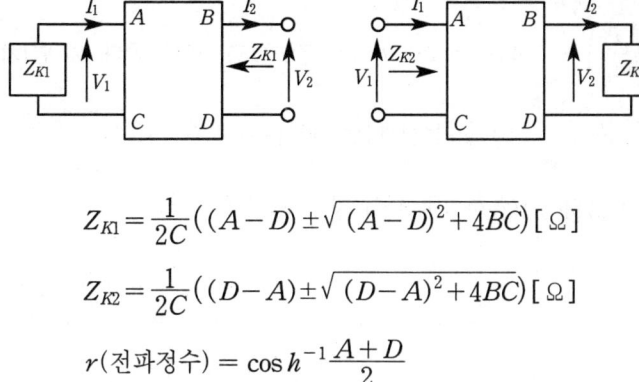

$$Z_{K1} = \frac{1}{2C}((A-D) \pm \sqrt{(A-D)^2 + 4BC})\,[\Omega]$$

$$Z_{K2} = \frac{1}{2C}((D-A) \pm \sqrt{(D-A)^2 + 4BC})\,[\Omega]$$

$$r(\text{전파정수}) = \cos h^{-1}\frac{A+D}{2}$$

6 h 파라메트

Tr(트렌지스터)의 내부회로

- NPN 접합 T_r

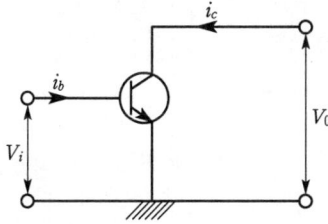

- 내부회로

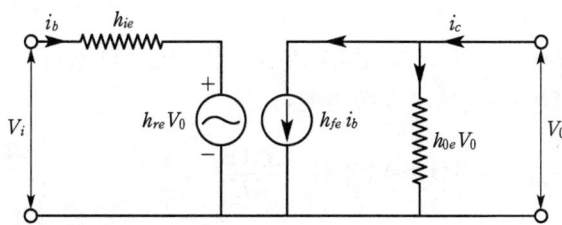

$$V_i = h_{ie}i_b + h_{re}V_0$$
$$i_c = h_{fe}i_b + h_{0e}V_0$$
$$h_{ie} = \left.\frac{V_i}{i_b}\right)_{V_0=0} \Rightarrow \text{입력 임피던스}[\Omega]$$
$$h_{re} = \left.\frac{V_i}{V_0}\right)_{i_b=0} \Rightarrow \text{전압궤환률} (2.5 \times 10^{-4})$$
$$h_{fe} = \left.\frac{i_c}{i_b}\right)_{V_0=0} \text{전류증폭률} (\beta = 49 \sim 50\text{정도}), \text{크면 좋다. 270[Hz] 기준}$$
$$h_{0e} = \left.\frac{i_c}{V_0}\right)_{i_b=0} \Rightarrow \text{출력어드미턴스}[\mho] \Rightarrow \text{작다}$$
$$\frac{1}{h_{0e}} \doteqdot 40[\text{k}\Omega](\text{출력임피던스}) \text{정도} \Rightarrow \text{크다}$$

7 g 파라메트

$$I_1 = g_{11}V_1 + g_{12}I_2$$
$$V_2 = g_{21}V_1 + g_{22}I_2$$
$$g_{11} = \left.\frac{I_1}{V_1}\right)_{I_2=0} \quad \text{입력 어드미턴스}[\mho]$$
$$g_{12} = \left.\frac{I_1}{I_2}\right)_{V_1=0} \quad \text{전류궤환율}$$
$$g_{21} = \left.\frac{V_2}{V_1}\right)_{I_2=0} \quad \text{전압증폭률(이득)}$$
$$g_{22} = \left.\frac{V_2}{I_2}\right)_{V_1=0} \quad \text{출력임피던스}[\Omega]$$

8 정K형 filter회로(L-C만회로)

회로요소가 서로 쌍대관계에 있고, 그 임피던스 및 어드미턴스의 비나 2개 임피던스의 곱이 주파수에 관계없이 일정한 회로를 말한다.

$$\frac{Z_1}{Y_2} = Z_1Z_2 = K^2, \quad \text{차단주파수범위} \quad \frac{X_1(w)}{2K} = \pm 1$$

(1) 정K형 저역 filter회로

$$L = \frac{K}{\pi f_1} \, [\text{H}]$$

$$C = \frac{1}{\pi f_1 K} \, [\text{F}]$$

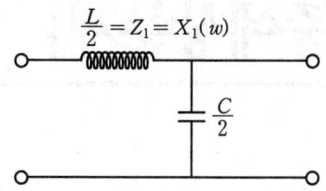

(2) 정K형 고역 filter회로

$$L = \frac{K}{4\pi f_1} \, [\text{H}]$$

$$C = \frac{1}{4\pi f_1 K} \, [\text{F}]$$

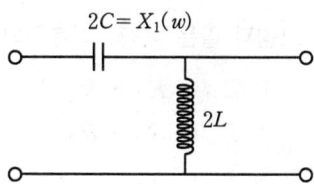

(3) 정K형 대역 filter회로

$$\frac{X_1(w)}{2K} = \pm 1$$

$$\frac{L_1}{2K} = \frac{1}{w_2 - w_1}$$

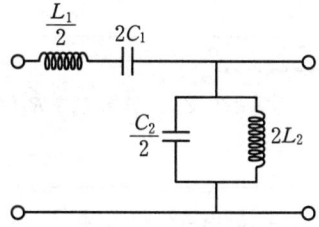

[적중예상문제] 08

01 그림과 같은 4단자 회로망의 임피던스 파라미터 Z_{11}은?

① $Z_{11} = R_1 + R_3$
② $Z_{11} = R_2 + R_3$
③ $Z_{11} = R_3$
④ $Z_{11} = R_1 + \dfrac{R_3}{R_2 + R_3}$

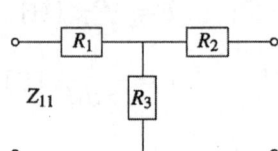

해설 자기 임피던스 $Z_{11} = \dfrac{A}{C} = R_1 + R_3 [\Omega]$

02 그림의 전달 어드미턴스 $\dfrac{I_0}{V_i}$에서 옳은 설명은?

① 저역 필터 이며, 차단 주파수는 $\dfrac{R}{L}$이다.
② 고역 필터 이며, 차단 주파수는 $\dfrac{R}{2L}$이다.
③ 저역 필터 이며, 차단 주파수는 $\dfrac{R}{2L}$이다.
④ 고역 필터 이며, 차단 주파수는 $\dfrac{R}{L}$이다.

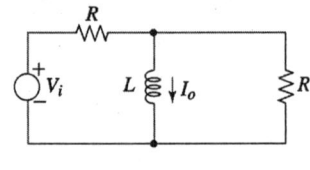

해설 고역 필터외로이며, 공진조건은 $w \times 2L = R$이다.
∴ 차단 주파수 $= \dfrac{R}{2L}$ 이다.

03 그림과 같은 정 K형 필터에 대한 기술 중 옳은 것은? (단, K는 공칭 임피던스이다.)

① 고역필터이며, $K = 40[\Omega]$이다.
② 저역필터이며, $K = 40[\Omega]$이다.
③ 고역필터이며, $K = 16[\Omega]$이다.
④ 저역필터이며, $K = 16[\Omega]$이다.

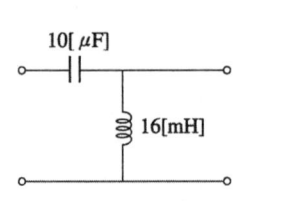

해답 1. ① 2. ② 3. ①

해설 필터회로에서 $Z_1 \to C$, $Z_2 \to L$ 이면 고역필터이다. 이때 정 K형 고역필터회로가 되기 위한 조건은
$Z_1 Z_2 = \dfrac{1}{j\omega C} \times j\omega L = \dfrac{L}{C} = K^2$

∴ 공칭 임피던스 $K = \sqrt{\dfrac{L}{C}} = \sqrt{\dfrac{16 \times 10^{-3}}{10 \times 10^{-6}}} = \sqrt{16 \times 10^2} = 40\,[\Omega]$

04 4단자 회로망에 있어서 4단자 정수(또는 $ABCD$ 파라미터) 중 정수 A와 C의 정의가 옳은 것은?

① $A = \left.\dfrac{V_1}{V_2}\right|_{I_2=0}$, $C = \left.\dfrac{I_1}{V_2}\right|_{I_2=0}$

② $A = \left.\dfrac{V_1}{V_2}\right|_{I_2=0}$, $C = \left.\dfrac{V_1}{V_2}\right|_{I_2=0}$

③ $A = \left.\dfrac{V_1}{I_2}\right|_{I_2=0}$, $C = \left.\dfrac{I_1}{I_2}\right|_{I_2=0}$

④ $A = \left.\dfrac{I_1}{I_2}\right|_{I_2=0}$, $C = \left.\dfrac{V_1}{I_2}\right|_{I_2=0}$

해설 4단자 기초 방정식 $V_1 = AV_2 + BI_2$, $I_1 = CV_2 + DI_2$
∴ 4단자 정수는
$A = \left.\dfrac{V_1}{V_2}\right|_{I_2=0}$ = 전압궤환률
$C = \left.\dfrac{I_1}{V_2}\right|_{I_2=0}$ = 단락전달 어드미턴스(어드미턴스 차원식이라 한다.)
$B = \left.\dfrac{V_1}{I_2}\right|_{V_2=0}$ = 단락전달 impedance(임피던스 차원식이라 한다.)
$D = \left.\dfrac{I_1}{I_2}\right|_{V_2=0}$ = 전류궤환률

05 2개의 4단자망을 직렬로 접속했을 때 성립하는 식은?

① $Z = Z_1 + Z_2$ ② $Z = Z_1 \cdot Z_2$
③ $Y = Y_1 + Y_2$ ④ $Z = Y_1 + Y_2$

해설 4단자망에 직렬접속은 행렬에 직렬접속이 된다.
∴ $Z = Z_1 + Z_2$이다.

06 어떤 4단자망의 입력 단자 1, 1'사이의 영상 임피던스 Z_{01}과 출력 단자 2, 2'사이의 영상 임피던스 Z_{02}가 같게되려면 4단자 정수사이에 어떠한 관계가 있어야 하는가?

① A=D ② B=C
③ AB=CD ④ AD=BC

정답 4. ① 5. ① 6. ①

해설 영상 파라메트 회로에서 영상 임피던스 $Z_{01}=\sqrt{\dfrac{AB}{CD}}$ [Ω], $Z_{02}=\sqrt{\dfrac{BD}{CA}}$ [Ω], $Z_{01}Z_{02}=\dfrac{B}{C}$, $\dfrac{Z_{01}}{Z_{02}}=\dfrac{A}{D}$ 이다. 만약 $A=D$이면 $Z_{01}=Z_{02}$이며, 이때를 대칭회로라 한다.

07 정 K형 여파기에 있어서 임피던스 Z_1, Z_2와 공칭 임피던스 K와의 관계는?

① $Z_1 Z_2 = K^2$
② $\sqrt{Z_1 Z_2} = K^2$
③ $\sqrt{\dfrac{Z_2}{Z_1}} = K$
④ $\sqrt{\dfrac{Z_1}{Z_2}} = K$

해설 $Z_1 Z_2 = K^2$은 정 K형 필터회로의 조건이다.

08 다음 회로에서 입·출력간의 ABCD parameter 중 옳지 않은 것은?

① $A = n\,A_1$
② $B = n\,B_1$
③ $C = \dfrac{C_1}{n}$
④ $D = \dfrac{1}{n}A_1$

해설 이상변압기 $a = \dfrac{V_1}{V_2} = \dfrac{N_1}{N_2} = \dfrac{I_2}{I_1}$ 에서

① $\dfrac{V_1}{V_2} = \dfrac{N_1}{N_2} = \dfrac{n}{1}$ 에서 ∴ $V_1 = AV_2 + BI_2 = nV_2 + 0I_2$

② $\dfrac{I_2}{I_1} = \dfrac{N_1}{N_2} = \dfrac{n}{1}$ 에서 ∴ $I_1 = CV_2 + DI_2 = 0V_2 + \dfrac{1}{n}I_2$ 와 4단자망의 종속접속

∴ 회로 전체의 4단자정수 $\begin{vmatrix} A & B \\ C & D \end{vmatrix} = \begin{vmatrix} n & 0 \\ 0 & \dfrac{1}{n} \end{vmatrix} \begin{vmatrix} A_1 & B_1 \\ C_1 & D_1 \end{vmatrix} = \begin{vmatrix} nA_1 & nB_1 \\ \dfrac{1}{n}C_1 & \dfrac{1}{n}D_1 \end{vmatrix}$

∴ 4단자정수 $D = \dfrac{1}{n}D_1$이다.

09 다음 그림과 같은 4단자 회로의 어드미턴스 파라미터의 Y_{22}는?

① $Y_1 + Y_2$
② $Y_2 + Y_3$
③ $Y_3\;Y_3$
④ Y_2

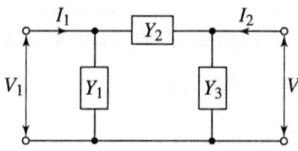

7. ① 8. ④ 9. ②

해설 T형 4단자망 4단자정수

$$\begin{vmatrix} A & B \\ C & D \end{vmatrix} = \begin{vmatrix} 1 & 0 \\ Y_1 & 1 \end{vmatrix} \begin{vmatrix} 1 & \frac{1}{Y_2} \\ 0 & 1 \end{vmatrix} \begin{vmatrix} 1 & 0 \\ Y_3 & 1 \end{vmatrix} = \begin{vmatrix} 1 & \frac{1}{Y_2} \\ Y_1 & 1+\frac{Y_1}{Y_2} \end{vmatrix} \begin{vmatrix} 1 & 0 \\ Y_3 & 1 \end{vmatrix} = \begin{vmatrix} 1+\frac{Y_3}{Y_2} & \frac{1}{Y_2} \\ Y_1+Y_3\left(1+\frac{Y_1}{Y_2}\right) & 1+\frac{Y_1}{Y_2} \end{vmatrix}$$

∴ 어드미턴스 파라메트 $Y_{11}=\dfrac{D}{B}$ $Y_{12}=Y_{21}=-\dfrac{1}{B}$ (순)

$$Y_{22}=\frac{A}{B}=\frac{\frac{Y_2+Y_3}{Y_2}}{\frac{1}{Y_2}}=Y_2+Y_3$$

10 ABCD 파라미터에서 B에 대한 정의로서 옳은 것은?
① 개방 역방향 전압이득 ② 단락 역방향 전류이득
③ 단락 역방향 전달 임피던스 ④ 개방 순방향 전달 어드미턴스

해설 4단자 기초방정식에서 $\begin{cases} V_1=AV_2+BI_2 \\ I_1=CV_2+DI_2 \end{cases}$ 에서 $B=\dfrac{V_1}{I_2}\bigg)_{V_2=0}$ = 단락 역방향 전달 임피던스(임피던스 차원식이다.)

11 그림의 회로망에서 Y parameter 중 옳지 않은 것은?
① $y_{11}=\dfrac{1}{2}+\dfrac{7}{10}s$
② $y_{22}=1+\dfrac{S^2+2}{4S}$
③ $y_{12}=-\dfrac{S}{4}$
④ $y_{21}=-\dfrac{S}{4}$

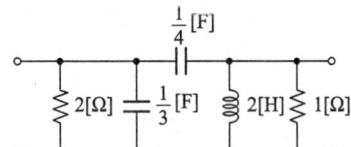

해설 파라메트가 종속접속됨으로 4단자정수를 정의한다.

$$\begin{vmatrix} A & B \\ C & D \end{vmatrix} = \begin{vmatrix} 1 & 0 \\ \frac{1}{2} & 1 \end{vmatrix} \begin{vmatrix} 1 & 0 \\ \frac{S}{3} & 1 \end{vmatrix} \begin{vmatrix} 1 & \frac{4}{S} \\ 0 & 1 \end{vmatrix} \begin{vmatrix} 1 & 0 \\ \frac{1}{2S} & 1 \end{vmatrix} \begin{vmatrix} 1 & 0 \\ 1 & 1 \end{vmatrix} \text{에서}$$

어드미턴스의 파라메트는 $\begin{cases} Y_{11}=\dfrac{D}{B} \\ Y_{12}=Y_{21}=-\dfrac{1}{B} \text{(순)} \\ Y_{22}=\dfrac{A}{B} \end{cases}$

해답 10. ③ 11. ①

12 다음 ABCD와 h-parameter 중 차원이 아닌 것은?

① A ② D ③ h_{12} ④ h_{22}

해설

NPN 접합 T_r에서 h파라메트는
$$\begin{cases} V_i = h_{ie}i_b + h_{re}V_o = h_{11}i_b + h_{12}V_o = Ai_b + BV_o \\ i_c = h_{fe}i_b + h_{oe}V_o = h_{21}i_b + h_{22}V_o = Ci_b + DV_o \end{cases}$$
이다. 차원이 있는 파라메트는

$h_{ie} = h_{11} = A = \left.\dfrac{V_i}{i_b}\right|_{V_o=0}$ =입력 임피던스(Ω) → 임피던스의 차원식이다.

$h_{oe} = h_{22} = D = \left.\dfrac{i_c}{V_o}\right|_{i_b=0}$ =출력 어드미턴스($\mho$) → 어드미턴스의 차원식이다.

∴ 차원식이 아닌 것은 h_{12}이다.

13 정 K형 저역통과 필터의 공칭 임피던스는?

① $\sqrt{\dfrac{L}{R}}$ ② $\sqrt{\dfrac{L}{C}}$ ③ $\sqrt{\dfrac{C}{L}}$ ④ $\dfrac{1}{R}\sqrt{\dfrac{L}{C}}$

해설

정 K형 저역필터회로의 조건은
$Z_1 Z_2 = j\omega L \times \dfrac{1}{j\omega C} = \dfrac{L}{C} = K^2$ ∴ 공칭 임피던스 $K = \sqrt{\dfrac{L}{C}}$ 이다.

14 2개의 4단자 회로망을 직렬 접속할 경우 각 회로의 Z파라미터를 각 각 [Z′] 및 [Z″]라 하면 합성한 후의 전체 Z 파라미터[Z]는?

① [Z]=[Z′]+[Z″] ② [Z]=[Z′][Z″]
③ [Z]=[Z′]-[Z″] ④ [Z]=[Z′]/[Z″]

해설

2개의 4단자망을 직렬 접속시 전체의 Z파라메트 $Z = [Z'] + [Z'']$ 이다.

15 그림과 같은 T형 4단자 회로의 임피던스 파라미터 Z_{21}은?

① $Z_1 + Z_2$
② $-Z_3$
③ Z_2
④ $Z_2 + Z_3$

해설

4단자망의 접속은 역방향이 기준이다. 그러므로 ①망과 ②망 사이의 임피던스는 ②망과 ①망 사이의 임피던스와 서로 같다.

즉 $Z_{12} = Z_{21} = -\dfrac{1}{C} = -Z_3 [\Omega]$이다.

$Z_{11} = \dfrac{A}{C} = Z_1 + Z_3$, $Z_{22} = \dfrac{D}{C} = Z_2 + Z_3$

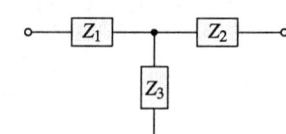

12. ③ 13. ② 14. ① 15. ②

16 어떤 4단자망의 입력단자 1, 1'사이의 영상 임피던스 Z_{01}과 출력 단자 2, 2' 사이의 영상 임피던스 Z_{02}가 같게 되려면 4단자 정수사이에 어떠한 관계가 있어야 하는가?

① A=D
② B=C
③ AB=CD
④ AD=BC

해설

영상회로에서 $Z_{01}=\sqrt{\dfrac{AB}{CD}}\,[\Omega]$, $Z_{02}=\sqrt{\dfrac{BD}{CA}}\,[\Omega]$, $Z_{01}Z_{02}=\dfrac{B}{C}$, $\dfrac{Z_{01}}{Z_{02}}=\dfrac{A}{D}$ 이며

$A=D$(대칭회로)에서는 $Z_{01}=Z_{02}=\sqrt{\dfrac{B}{C}}$ 이다.

---

17 그림과 같은 회로의 임피던스 행열에서 그림의 위치 임피던스 파라메트 Z_{11}는 얼마인가?

① SL_2
② L_1L_2
③ SM
④ SL_1

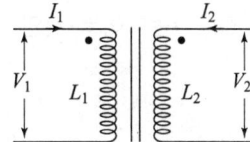

해설

전류와 자속이 동일하다 $=M(+)$이다.
∴ 키르히호프 제2법칙에서
$\dot{V}_1 = jwL_1I_1+jwMI_2 = SL_1I_1+SMI_2 = Z_{11}I_1+Z_{12}I_2$
$\dot{V}_2 = jwMI_1 + jwL_2I_2 = SMI_1+SL_2I_2 = Z_{21}I_1+Z_{22}I_2$ 에서
$Z_{11}=SL_1$, $Z_{12}=SM$, $Z_{21}=SM$, $Z_{22}=SL_2$ 이다.

---

18 그림과 같은 회로망이 임피던스 파라메트로 그림의 위치표시 되어있다. V_2단자가 개방 되었을 때 G파라메트 중 G_{21}은 얼마인가?

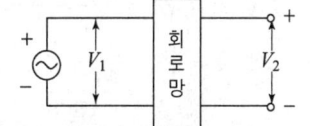

① $\dfrac{Z_{21}}{Z_{11}}$
② $\dfrac{Z_{22}}{Z_{11}}$
③ $\dfrac{Z_{12}}{Z_{22}}$
④ $\dfrac{Z_{11}Z_{22}}{Z_{21}}$

해설

V_2단자가 개방 되었을 때. 즉 $I_2=0$ 일때의 키르히호프 제2 법칙은 $\dot{V}_1=Z_{11}I_1[V]$. $\dot{V}_2=Z_{21}I_1[V]$ → ①식이다.

∴ G파라메트는 $I_1 = G_{11}V_1+G_{12}I_2$, $V_2 = G_{21}V_1+G_{22}I_2$에서 G파라메트

$G_{21}=\left[\dfrac{V_2}{V_1}\right]_{I_2=0}$ 식에 ①식을 대입하면 $G_{21}=\left[\dfrac{V_2}{V_1}\right]_{I_2=0}=\left[\dfrac{Z_{21}I_1}{Z_{11}I_1}\right]_{I_2=0}=\dfrac{Z_{21}}{Z_{11}}$ 이다.

해답 16. ① 17. ④ 18. ①

19 하이브리드 파라메트에서 개방 출력어드미턴스와 같은 것은 다음 중 어느 것인가?

① $h_{11} = \left[\dfrac{V_1}{I_1}\right]_{V_2=0}$ 　　② $h_{22} = \left[\dfrac{I_2}{V_2}\right]_{I_1=0}$

③ $h_{12} = \left[\dfrac{V_1}{V_2}\right]_{I_1=0}$ 　　④ $h_{21} = \left[\dfrac{I_2}{I_1}\right]_{V_2=0}$

해설 h 파라메트에서 $V_1 = h_{11}I_1 + h_{12}V_2$, $I_2 = h_{21}I_1 + h_{22}V_2$ 에서

$h_{11} = \left[\dfrac{V_1}{I_1}\right]_{V_2=0}$ = 단락 입력임피던스[Ω]

$h_{22} = h_{22} = \left[\dfrac{I_2}{V_2}\right]_{I_1=0}$ = 개방 출력 어드미턴스[℧] 이다.

20 그림과 같은 결합회로의 4단자 정수 $A.\ B.\ C.\ D$는 어느 것인가?

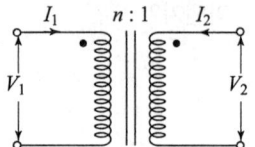

① $\begin{vmatrix} A & B \\ C & D \end{vmatrix} = \begin{vmatrix} n & 0 \\ 0 & \dfrac{1}{n} \end{vmatrix}$ 　　② $\begin{vmatrix} A & B \\ C & D \end{vmatrix} = \begin{vmatrix} 0 & n \\ \dfrac{1}{n} & 0 \end{vmatrix}$

③ $\begin{vmatrix} A & B \\ C & D \end{vmatrix} = \begin{vmatrix} 1 & n \\ \dfrac{1}{n} & 1 \end{vmatrix}$ 　　④ $\begin{vmatrix} A & B \\ C & D \end{vmatrix} = \begin{vmatrix} \dfrac{1}{n} & 1 \\ n & 1 \end{vmatrix}$

해설 $K \fallingdotseq 1$인 이상 변압기이다.

∴ $V_1 I_1$(입력) = $V_2 I_2$(출력) 이다.

① $a = \dfrac{V_1}{V_2} = \dfrac{N_1}{N_2} = \dfrac{n}{1} = n$ 에서의 4단자 기초방정식 $V_1 = nV_2 + 0I_2$ → ①

② $a = \dfrac{I_2}{I_1} = \dfrac{N_1}{N_2} = \dfrac{n}{1} = n$ 에서의 4단자 기초방정식 $I_1 = 0V_2 + \dfrac{1}{n}I_2$ → ②

∴ ①, ② 식에서 4단자 기초방정식을 행열식을 표시하면은

$\begin{vmatrix} V_1 \\ I_1 \end{vmatrix} = \begin{vmatrix} A & B \\ C & D \end{vmatrix} \begin{vmatrix} V_2 \\ I_2 \end{vmatrix} = \begin{vmatrix} n & 0 \\ 0 & \dfrac{1}{n} \end{vmatrix} \begin{vmatrix} V_2 \\ I_2 \end{vmatrix}$ 이므로 4단자 정수 $\begin{vmatrix} A & B \\ C & D \end{vmatrix} = \begin{vmatrix} n & 0 \\ 0 & \dfrac{1}{n} \end{vmatrix}$ 가 된다.

21 그림과 같은 회로에서 차단 주파수 f_c[Hz]는?

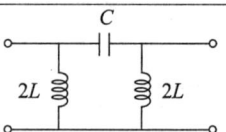

① $\dfrac{2\pi}{\sqrt{LC}}$ 　　② $\dfrac{1}{2\pi\sqrt{LC}}$

③ $\dfrac{1}{4\pi\sqrt{LC}}$ 　　④ $\dfrac{4\pi}{\sqrt{\dfrac{1}{LC} - \dfrac{R^2}{L^2}}}$

해답 19. ② 20. ① 21. ③

해설
정 K형 고역 여파기이다.
∴ 정 K형 고역 여파기의 회로 조건
$$Z_1Z_2 = \frac{L}{C} = K^2 \rightarrow ① \quad 단, \ K = 공칭 \ 임피던스이다.$$

차단 주파수의 범위는 $\frac{X_1(w)}{2K} = \frac{-\frac{1}{wC}}{2K} = -1$인 조건에서 $\frac{1}{2KwC} = 1$. $w = 2\pi f_c = \frac{1}{2KC}$
[rad/sec]이다.

∴ $f_c[차단\ 주파수] = \frac{1}{4\pi KC} = \frac{1}{4\pi\sqrt{\frac{L}{C}\times C}} = \frac{1}{4\pi\sqrt{LC}}$ [Hz]이다.

---

22 그림과 같은 L형 감쇠기를 100[Ω]의 그림의 위치 전원과 부하사이에 연결하여 20[dB]의 감쇠를 얻고자한다. R_1. R_2는 몇 [Ω]로 하면 되겠는가?

① $R_1 = 50[Ω]$. $R_2 = \frac{70}{3}[Ω]$

② $R_1 = 130[Ω]$. $R_2 = \frac{20}{9}[Ω]$

③ $R_1 = 70[Ω]$. $R_2 = 90[Ω]$

④ $R_1 = 90[Ω]$. $R_2 = \frac{100}{9}[Ω]$

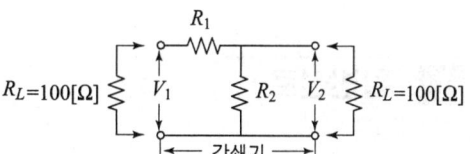

해설
2차측 단락시 $R_L = 100 = R_1 + \frac{R_2 \times R_L}{R_2 + R_L}[Ω] \rightarrow ①$

$\alpha[감쇠량] = \frac{V_1}{V_2} = \frac{I_1 R_L}{I_2 R_L} = \frac{I_1}{I_2} = \frac{I_1}{\frac{R_2}{R_2+R_L}\times I_1} = \frac{R_2+R_L}{R_2} = 1 + \frac{R_L}{R_2}$

에서 $\frac{R_L}{R_2} = \alpha - 1$

∴ $R_2 = \frac{R_L}{\alpha-1} = \frac{100}{10-1} = \frac{100}{9}$ [Ω]이다.[단 $dB = 20 = 20\log_{10}\frac{V_1}{V_2} = 20\log_{10}10$ 이다.

∴ $\frac{V_1}{V_2} = \alpha = 10[Ω]$

$R_2 = \frac{100}{9}$ [Ω]를 ①식에 대입하면

$R_L = 100 = R_1 + \frac{R_2 \times R_L}{R_2+R_L} = R_1 + \frac{\frac{100}{9}\times 100}{\frac{100}{9}+100} = R_1 + \frac{10000}{100+900} = R_1 + 10$

∴ $R_1 = 100 - 10 = 90[Ω]$이다.

분포 정수 회로

4부 회로이론

1 일반선로

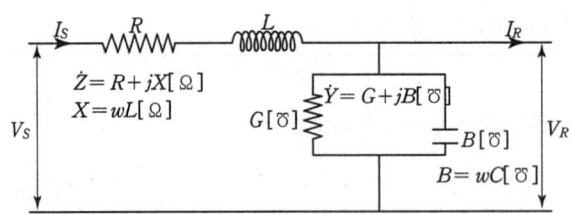

① Z_0(선로특성임피던스) $=\sqrt{\dfrac{Z}{Y}}=\sqrt{Z_{1f}Z_{1s}}=\sqrt{\dfrac{AB}{CD}}\ [\Omega]$

② r(전파정수) $= \alpha + j\beta = \sqrt{YZ}$

α(감쇄정수) $=\sqrt{\dfrac{1}{2}(|YZ|+RG-XB)}$

[단위] $\begin{bmatrix} \text{neper} = \ln\dfrac{V_1}{V_2} = \dfrac{1}{2}\ln_e\dfrac{P_1}{P_2} \\ \text{dB} = 20\log_{10}\dfrac{V_1}{V_2} = 10\log_{10}\dfrac{P_1}{P_2} \end{bmatrix} \dfrac{\text{dB}}{\text{neper}} = 8.686$

β(위상정수) $=\sqrt{\dfrac{1}{2}(|YZ|-RG+XB)}$

[단위] $\begin{bmatrix} \text{radian} & \pi & \dfrac{\pi}{2} \\ & \Downarrow & \Downarrow \\ \text{degree} & 180° & 90° \end{bmatrix} 2\pi : 360 = x\,(\text{radian}) : y°$

③ v (위상속도, 전파속도) $= \dfrac{w}{\beta} = \dfrac{1}{\sqrt{LC}} = \dfrac{1}{\sqrt{\varepsilon\mu}}$ [m/sec]

2 무손실선로(송전전송 선로)

$\left.\begin{array}{l} R=0 \\ G=0 \end{array}\right] \ \varepsilon_s = \mu_s = 1$

① Z_0(선로특성임피던스) $= \sqrt{\dfrac{Z}{Y}} = \sqrt{\dfrac{L}{C}} = \sqrt{\dfrac{\mu_0}{\varepsilon_0}}$ [Ω]

② r (전파정수) $= \alpha + j\beta = j\beta = jw\sqrt{LC}$
  r (전파정수) $= \sqrt{YZ} = jw\sqrt{LC}$
  α (감쇄정수) $= 0$
  β (위상정수) $= w\sqrt{LC}$

③ v (위상속도) $= \dfrac{w}{\beta} = \dfrac{1}{\sqrt{LC}} = \dfrac{1}{\sqrt{\varepsilon_0\mu_0}} = C_0 = f\lambda$ [m/sec]

λ (파장) $= \dfrac{2\pi}{\beta} = \dfrac{C_0}{f} = \dfrac{v}{f}$ [m]

단, $L = \dfrac{N^2}{R} = \dfrac{N^2}{\dfrac{l}{\mu S}} = \dfrac{\mu S N^2}{l}$ [H]

$\therefore \left[\begin{array}{l} L \fallingdotseq N^2 \\ L \fallingdotseq \mu = \mu_0 \mu_S [\text{H/m}] \end{array}\right.$

$C = \dfrac{\varepsilon_S}{d} \fallingdotseq \varepsilon = \varepsilon_0 \varepsilon_S [\text{F/m}]$

3 송, 수전단, 전압, 전류 관계(장거리 (송전, 전송) 선로)

100km 이상으로 분포정수회로이다.

$V_s = V_R \cos hrl + Z_0 I_R \sin hrl = AV_R + BI_R$ [V]

$I_s = \dfrac{1}{Z_0} V_R \sin hrl + I_R \cos hrl = CV_R + DI_R$ [A]

Z_{1s}(구동점임피던스) $= \left.\dfrac{V_S}{I_S}\right)_{V_R=0} = Z_0 \tan hrl$ ·························· ①

$$Z_{1f}(\text{구동점임피던스}) = \left.\frac{V_S}{I_S}\right)_{I_R=0} = Z_0 \cot hrl \quad\cdots\cdots\cdots\cdots\text{②}$$

$$\therefore Z_0(\text{선로특성임피던스}) = \sqrt{Z_{1s}Z_{1f}} = \sqrt{\frac{AB}{CD}}\ [\Omega]$$

4 무왜조건(일그러짐이 없는 조건)

$$\frac{R}{L} = \frac{G}{C},\quad RC = LG,\quad r = \sqrt{RG} + jw\sqrt{LC}$$

단, 일반적인 전송 선로인 경우는 $RC \geq LG$

5 반사계수

$$\rho = \frac{Z_L - Z_0}{Z_L + Z_0}$$

무한이 긴 선로(무한장 선로)

$Z_L = Z_0$ 이다.

$$\therefore \rho(\text{반사계수}) = \frac{Z_L - Z_0}{Z_L + Z_0} = 0\text{이다.}$$

$$S(\text{정재파비}) = \frac{1 + |\rho|}{1 - |\rho|} = \frac{V_1 + V_2}{V_1 - V_2}$$

$$\begin{bmatrix} V_1(\text{입사전압}) \\ V_2(\text{반사전압}) \end{bmatrix}$$

[적중예상문제]

01 분포정수 회로에서 수전단의 끝을 개방하면 반사계수는?
① 0
② −1
③ 1
④ ∞

해설 수전단 끝단 개방시에는 $I_R=0$ 이며, $Z_L=0$ 이다.
※ 반사계수 $\rho = \dfrac{Z_L-Z_0}{Z_L+Z_0} = \left|\dfrac{-Z_0}{Z_0}\right| = 1$ (절대치 이다)

02 1[km] 당의 인덕턴스 25[mH], 정전용량 0.005[μF]의 선로가 있다. 무손실선로라고 가정한 경우 위상속도는?
① 6.95×10^4[km/s]
② 6.95×10^{-4}[km/s]
③ 8.95×10^{-4}[km/s]
④ 8.95×10^4[km/s]

해설 위상속도(무손실인 경우)
$v = \dfrac{\omega}{\beta} = \dfrac{\omega}{\omega\sqrt{LC}} = \dfrac{1}{\sqrt{LC}} = \dfrac{1}{\sqrt{25\times10^{-3}\times0.005\times10^{-6}}} = 8.95\times10^4$ [km/sec]

03 30을 데시벨[dB]로 표시하면? (단, $\log_{10}3=0.477$)
① 25.4
② 29.5
③ 30.1
④ 35.3

해설 $20\log_{10}30 = 20\log_{10}10 + 20\log_{10}3 = 20+20\times0.477 = 29.5$

04 그림과 같은 회로에서 특성 임피던스 Z_0는 약 얼마인가?
① 3.25
② 4.25
③ 5.25
④ 6.25

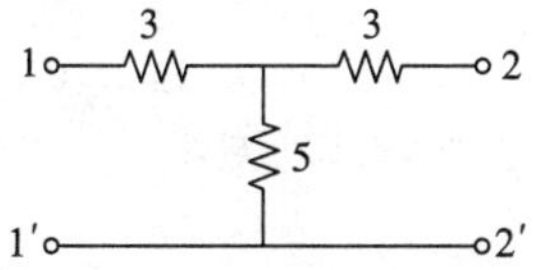

해답 1. ③ 2. ④ 3. ② 4. ④

해설
$Z_{1f} = 3+5 = 8(\Omega)$, $Z_{1s} = 3 + \dfrac{3\times 5}{3+5} = \dfrac{39}{8}(\Omega)$

※ 선로의 특성 impedance $Z_o = \sqrt{Z_{1f} \cdot Z_{1s}} = \sqrt{8 \times \dfrac{39}{8}} = \sqrt{39} \fallingdotseq 6.25(\Omega)$

05 전송선로의 특성 임피던스가 50[Ω]이고, 부하저항이 150[Ω]이면 부하에서의 반사 계수는?

① 0 ② 0.5
③ 0.3 ④ 1

해설
∴ 반사계수 $\rho = \dfrac{Z_L - Z_o}{Z_L + Z_o} = \dfrac{150-50}{150+50} = \dfrac{100}{200} = \dfrac{1}{2} = 0.5$

06 무손실 유한장 선로의 길이가 $\dfrac{1}{3}$ 파장 일때 수전단을 단락하였을 때 송전단에서 본 임피던스는?

① 유도성 리액턴스 ② 용량성 리액턴스
③ 저항 리액턴스 ④ 무 유도성 리액턴스

해설
송. 수 전단 전압. 전류의 관계
$V_s = V_R \cos h\gamma l + Z_0 I_R \sin h\gamma l$
$I_s = \dfrac{1}{Z_0} V_R \sin h\gamma l + I_R \cos h\gamma l$ 이다.

무 손실선로인 경우는 : $R=0$, $G=0$, $\varepsilon_s = \mu_s = 1$ 이다.

∴ Z_0[선로의 특성 임피던스] $= \sqrt{\dfrac{Z}{Y}} = \sqrt{\dfrac{L}{C}}$ [Ω]

α [감쇄정수] $= 0$, β[위상 정수] $= w\sqrt{LC}$

∴ γ[전파 정수] $= \alpha + j\beta = j\beta = j\dfrac{2\pi}{\lambda}$ 이다.

∴ 수전단 단락이란 $V_R = 0$일 때

Z_{1s}[송전단에서 본 임피던스] $= \dfrac{Z_0 I_R \sin h\gamma l}{I_R \cos h\gamma l} = Z_0 \tan h\gamma l$

$= jZ_0 \tan \beta l = jZ_0 \tan \dfrac{2\pi}{\lambda} \times \dfrac{\lambda}{3}$

$= jZ_0 \tan \dfrac{2\pi}{3} = jZ_0 \times \dfrac{\sin \dfrac{2\pi}{3}}{\cos \dfrac{2\pi}{3}} = jZ_0 \times \dfrac{\dfrac{\sqrt{3}}{2}}{-\dfrac{1}{2}}$

$= -j\sqrt{3} Z_0 [\Omega]$

로서 용량성 리액턴스가 된다.

예답 5. ② 6. ②

07 통신 선로의 종단을 개방했을 때의 입력 임피던스 Z_f 종단을 단락 했을때의 입력 임피턴스를 Z_s 라고 할 때 Z_0[특성 임피던스][Ω]의 식은?

① $Z_0 = \sqrt{\dfrac{Z_f}{Z_0}}$ ② $Z_0 = \sqrt{\dfrac{Z_0}{Z_f}}$

③ $Z_0 = Z_f Z_s$ ④ $Z_0 = \sqrt{Z_s Z_f}$

해설

송·수 전단 전압. 전류의 관계

$V_s = V_R \cos h\gamma l + Z_0 I_R \sin h\gamma l$, $I_s = \dfrac{1}{Z_0} V_R \sin h\gamma l + I_R \cos h\gamma l$ 통신 선로는 무손실 선로이며, $R=0$. $G=0$, $\varepsilon_s = \mu_s = 1$인 선로이다.

① 수전단 단락[$V_R = 0$], 송전단에서 본 임피던스

Z_s[입력 임피던스] $= \dfrac{Z_0 I_R \sin h\gamma l}{I_R \cos h\gamma l} = Z_0 \tan h\gamma l \rightarrow$ ①

② 수전단 개방[$I_R = 0$], 송전단에서 본 임피던스

Z_f[입력 임피던스] $= \dfrac{V_R \cos h\gamma l}{\dfrac{1}{Z_0} V_R \sin h\gamma l} = Z_0 \cot h\gamma l \rightarrow$ ②

①×②에서 $Z_s \times Z_f = Z_0 \tan h\gamma l \times Z_0 \cot h\gamma l = Z_0^2$

∴ Z_0[통신 선로의 특성 임피던스] $= \sqrt{Z_s Z_f}$ 이다.

08 동축 케이블 선로에서의 단위길이당에 특성 임피던스 Z_0[Ω]의 값은?

① $276\sqrt{\dfrac{\mu_s}{\varepsilon_s}} \log_{10} \dfrac{b}{a}$

② $356\sqrt{\dfrac{\varepsilon_s}{\mu_s}} \log_{10} \dfrac{b}{a}$

③ $138\sqrt{\dfrac{\mu_s}{\varepsilon_s}} \log_{10} \dfrac{b}{a}$

④ $425\sqrt{\dfrac{\varepsilon_s}{\mu_s}} \log_{10} \dfrac{a}{b}$

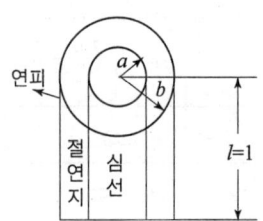

해설

① 자계에서 B[자속 밀도] $= \dfrac{d\phi}{ds} = \mu H$[wb/m²]

∴ $\phi = \int_a^b B ds$[wb]

Amper의 주회적분 법칙에서 동축 케이블 중심으로부터 임의거리 r[m] 떨어진 점에 자계세기

$H = \dfrac{I}{2\pi r}$[AT/m]이다.

∴ Faraday 전자 유도법칙에서

$L = \dfrac{\phi}{I} = \dfrac{\int_a^b B ds}{I} = \dfrac{\int_a^b \mu H \times 1 dr}{I} = \dfrac{\int_a^b \mu \times \dfrac{I}{2\pi r} dr}{I} = \dfrac{\mu}{2\pi} \ln_e \dfrac{b}{a}$[H] $\rightarrow$ ①

정답 7. ④ 8. ③

② 전계에서 λ[선 전하밀도] $= \dfrac{Q}{l} = \dfrac{Q}{1} = Q[C/m]$이다.

$$V[전압] = -\int_b^a E dr = -\int_b^a \dfrac{\lambda}{2\pi\varepsilon r} dr = \dfrac{\lambda}{2\pi\varepsilon} \ln_e \dfrac{b}{a} [V] \text{ 이다.}$$

$$C[정전용량] = \dfrac{Q}{V} = \dfrac{\lambda}{V} = \dfrac{\lambda}{-\int_b^a E dr} = \dfrac{\lambda}{\dfrac{\lambda}{2\pi\varepsilon} \ln_e \dfrac{b}{a}} = \dfrac{2\pi\varepsilon}{\ln_e \dfrac{b}{a}} [F] \to ②$$

①, ② 식에서

Z_0[동축 케이블 선로의 특성 임피던스]

$$= \sqrt{\dfrac{L}{C}} = \sqrt{\dfrac{\dfrac{\mu}{2\pi} \ln_e \dfrac{b}{a}}{\dfrac{2\pi\varepsilon}{\ln_e \dfrac{b}{a}}}} = \sqrt{\dfrac{\mu_o \mu_s [\ln_e \dfrac{b}{a}]^2}{[2\pi]^2 \varepsilon_o \varepsilon_s}}$$

$$= \sqrt{\dfrac{4\pi \times 10^{-7} \mu_s [2.3026 \log_{10} \dfrac{b}{a}]^2}{4\pi^2 \times 8.855 \times 10^{-12} \varepsilon_s}} \doteq 138 \sqrt{\dfrac{\mu_s}{\varepsilon_s}} \log_{10} \dfrac{b}{a} [\Omega]\text{이다.}$$

09 2선식 선로에서의 단위 길이당의 선로의 Z_0[특성 임피던스][Ω]는?

① $276\sqrt{\dfrac{\mu_s}{\varepsilon_s}} \log_{10} \dfrac{d}{a}$ ② $138\sqrt{\dfrac{\mu_s}{\varepsilon_s}} \log_{10} \dfrac{d}{a}$

③ $328\sqrt{\dfrac{\varepsilon_s}{\mu_s}} \log_{10} \dfrac{d}{a}$ ④ $369\sqrt{\dfrac{\varepsilon_s}{\mu_s}} \log_{10} \dfrac{d}{a}$

해설

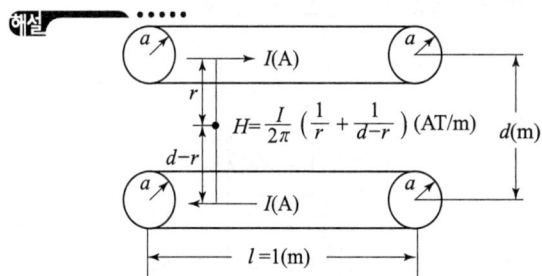

① 자계에서 B[자속 밀도] $= \dfrac{d\phi}{ds} = \mu H$ [wb/m²],

ϕ[자속] $= \int_a^{d-a} B ds$[wb], Amper주 회적분의 법칙에서 무한직선 도체로부터 임의거리 r[m]떨어진 점에 자계세기 $H_1 = \dfrac{I}{2\pi r}$ [AT/m]. 또한, 무한직선 도체로부터 $d-r$[m]떨어진 점에 자계세기 $H_2 = \dfrac{I}{2\pi[d-r]}$ [AT/m]

∴ 2선식 선로 임의점에 자계 H[평등 자계] $= H_1 + H_2 = \dfrac{I}{2\pi}\left[\dfrac{1}{r} + \dfrac{1}{d-r}\right]$[AT/m]이다.

Faraday 전자 유도법칙에서

$$L = \dfrac{\phi}{I} = \dfrac{\int_a^{d-a} \mu H dr}{I} = \dfrac{\int_a^{d-a} \mu \times \dfrac{I}{2\pi}\left[\dfrac{1}{r} + \dfrac{1}{d-r}\right] dr}{I}$$

$$\doteq \dfrac{\mu}{2\pi} \times 2\ln_e \dfrac{d}{a} \doteq \dfrac{\mu}{\pi} \ln_e \dfrac{d}{a} [H] \to ①$$

9. ①

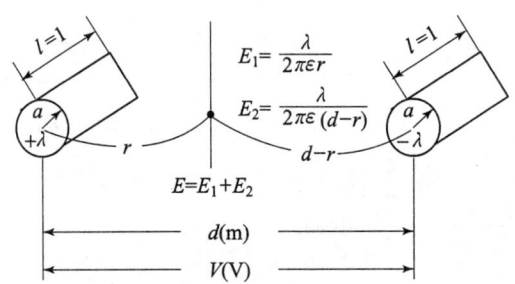

② 전계에서 λ[선 전하밀도] $= \dfrac{Q}{l} = \dfrac{Q}{1} = Q$[c/m]

가우스의 정리적분형에서 $+\lambda$ [C/m]로 부터 임의거리 r[m]떨어진 점에 전계세기 $E_1 = \dfrac{\lambda}{2\pi\varepsilon r}$

[V/m], $-\lambda$ [C/m]로 부터 $d-r$[m]떨어진 점에 전계세기 $E_2 = \dfrac{\lambda}{2\pi\varepsilon[d-r]}$[V/m]

∴ 2 선식 선로 임의점에 전계세기 E[평등 전계]$=E_1+E_2=\dfrac{\lambda}{2\pi\varepsilon}[\dfrac{1}{r}+\dfrac{1}{d-r}]$[V/m]이다.

C[정전 용량]$=\dfrac{Q}{V}=\dfrac{\lambda}{V}=\dfrac{\lambda}{-\int_{d-a}^{a}Edr}$

$=\dfrac{\lambda}{-\int_{d-a}^{a}\dfrac{\lambda}{2\pi\varepsilon}[\dfrac{1}{r}+\dfrac{1}{d-r}]dr}=\dfrac{\lambda}{\dfrac{\lambda}{2\pi\varepsilon}\times 2\ln_e\dfrac{d}{a}}\fallingdotseq \dfrac{\pi\varepsilon}{\ln_e\dfrac{d}{a}}$[F] → ②

∴ ①, ②식에서

Z_0[2선식 선로의 특성 임피던스]$=\sqrt{\dfrac{L}{C}}=\sqrt{\dfrac{\dfrac{\mu}{\pi}\ln_e\dfrac{d}{a}}{\dfrac{\pi\varepsilon}{\ln_e\dfrac{d}{a}}}}=\sqrt{\dfrac{\mu_0\mu_s[\ln_e\dfrac{d}{a}]^2}{\pi^2\varepsilon_0\varepsilon_s}}$

$=\sqrt{\dfrac{4\pi\times 10^{-7}\mu_s[2.3026\log_{10}\dfrac{d}{a}]^2}{\pi^2\times 8.855\times 10^{-12}\varepsilon_s}}$

$\fallingdotseq 276\sqrt{\dfrac{\mu_s}{\varepsilon_s}}\log_{10}\dfrac{d}{a}$[Ω]이다.

---

10 수전단 개방의 무손실 선로에 있어서 입력 임피던스의 절대값을 특성 임피던스와 같게 하려면 선로의 길이를 파장의 몇 배로 하면 되겠는가?

① $\dfrac{\lambda}{2}$ ② $\dfrac{\lambda}{4}$

③ $\dfrac{\lambda}{6}$ ④ $\dfrac{\lambda}{8}$

해설

송·수 전단 전압, 전류의 관계식에서 수전단 개방 $[I_R=0]$,

무손실 선로 $R=0$, $G=0$, $\varepsilon_s=\mu_s=1$이며,

Z_0[특성 임피던스]$=\sqrt{\dfrac{L}{C}}$[Ω], γ[전파 정수]$=\alpha+j\beta=j\beta=\dfrac{2\pi}{\lambda}$이다.

정답 10. ④

$$\therefore Z_f[\text{수전단 개방시 입력 임피던스}] = \frac{V_R \cos h\gamma l}{\frac{1}{Z_0} V_R \sin h\gamma l} Z_0 \cot h\gamma l = -jZ_0 \cot \beta l$$

$$= -j\sqrt{\frac{L}{C}} \cot\beta l = \left|-j\sqrt{\frac{L}{C}} \cot\beta l\right| = |Z_0|$$

$$= \left|\sqrt{\frac{L}{C}}\right| \text{의 관계식에서 } \cot\beta l = 1, \ \beta l = \cot^{-1} 1 = \frac{\pi}{4}$$

$$\therefore l[\text{선로의 길이}] = \frac{\pi}{4\beta} = \frac{\pi}{4 \times \frac{2\pi}{\lambda}} = \frac{\lambda}{8} [m] \text{이다.}$$

11 특성 임피던스 50[Ω] 길이 10[m]의 무손실 선로에서 수전단을 단락하는 경우 100 [MHz] 주파수에서의 입력 임피던스 Z_s[Ω]는 얼마인가?

① $j20\sqrt{3}$　　　② $-j50\sqrt{3}$
③ $j10\sqrt{3}$　　　④ $40\sqrt{2}$

해설 수전단 단락[$V_R = 0$], 무손실 선로 $R=0, G=0, \varepsilon_s = \mu_s = 1$이며,

$\gamma[\text{전파 정수}] = \alpha + j\beta = j\beta = j\frac{2\pi}{\lambda} = j\frac{2\pi}{\frac{C_0}{f}}$ 이다.

$\therefore Z_s[\text{수전단 단락 입력 임피던스}]$

$= \frac{Z_0 I_R \sin h\gamma l}{I_R \cos h\gamma l} = Z_0 \tan h\gamma l = jZ_0 \tan \beta l = jZ_0 \tan \frac{2\pi}{\lambda} l = j50 \tan \frac{2\pi}{\frac{C_0}{f}}$

$= j50 \tan \frac{2\pi}{\frac{3 \times 10^8}{100 \times 10^6}} = j50 \tan \frac{2\pi}{3} = j50 \times (-\sqrt{3})$

$= -j50\sqrt{3} [\Omega]$

이는 용량성 리액던스의 값이다.

11. ②

10 과도현상

4부 회로이론

1 R-L 직렬회로 과도현상

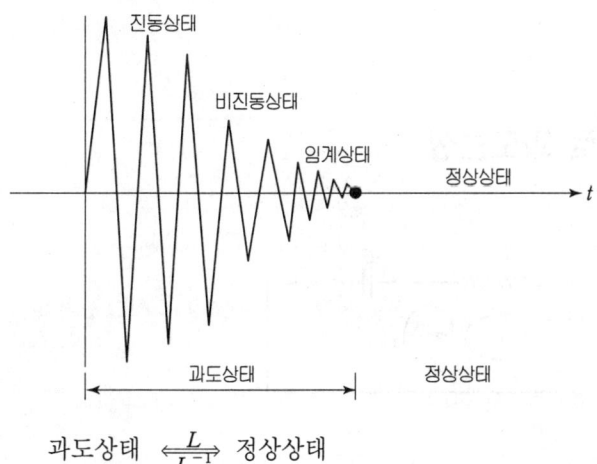

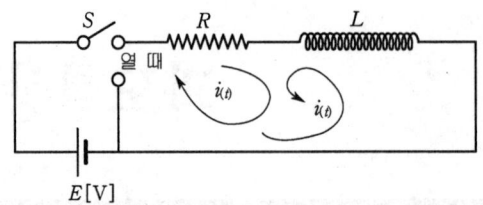

① S를 닫는 순간의 과도전류 $i_{(t)} = \dfrac{E}{R}\left(1 - e^{-\frac{R}{L}t}\right)$[A]

② S를 열때 과도전류 $i_{(t)} = \dfrac{E}{R} e^{-\frac{R}{L}t}$[A]

③ 시정수 $\tau = \dfrac{L}{R}$ [sec]

④ 시정수가 크면 클수록 과도현상은
  ㉠ 길어진다.
  ㉡ 오래 지속된다.
  ㉢ 천천히 사라진다.

⑤ $\tan\theta(기울기) = \dfrac{I}{\tau}$

⑥ 과도현상이 안생길 전압위상 $\theta = \tan^{-1}\dfrac{\omega L}{R}$ 이다.

2 R-C 직렬회로 과도현상

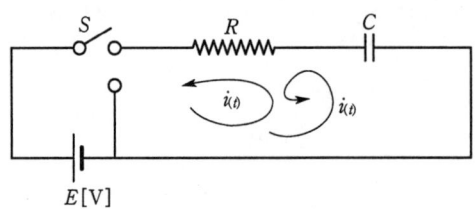

① S를 닫는 순간 과도전류 $i_{(t)} = \dfrac{E}{R} e^{-\frac{1}{CR}t}$[A]

② S를 열때의 과도전류 $i_{(t)} = -\dfrac{Q_0}{CR} e^{-\frac{1}{CR}t} = -\dfrac{V}{R} e^{-\frac{1}{CR}t}$[A]

③ 시정수 $\tau = CR$[sec]

④ 시정수가 크면 클수록 과도현상은
  ㉠ 길어진다.

ⓛ 천천히 사라진다.
ⓒ 오래 지속된다.

⑤ 과도현상이 안생길 전압위상 $\theta = \frac{\pi}{2} - \tan^{-1}\frac{1}{\omega cR}$ 이다.

⑥ $\tan\theta(기울기) = \frac{I}{\tau}$

⑦ 미분회로, 적분회로
   ㉠ $T > CR$ → 미분회로

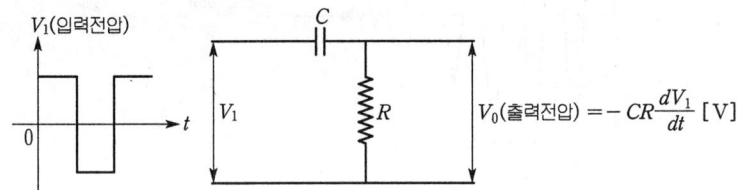

처음에는 입력과 같이 변하다가 서서히 감소하는 양이다.

   ㉡ $T < CR$ → 적분회로

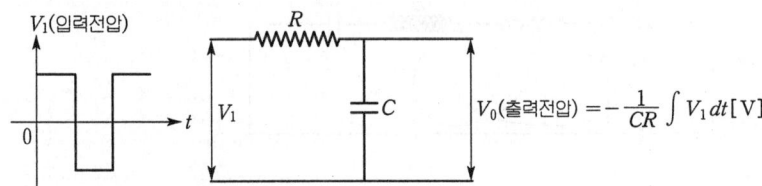

0로부터 지수적으로 증가하는 양이다.)

3 L-C 직렬회로 과도현상

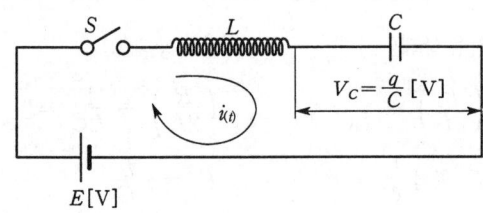

① S를 닫는 순간의 과도전류 $i_{(t)} = \frac{E}{\sqrt{\frac{L}{C}}} \sin\frac{1}{\sqrt{LC}} t [A]$

② $q = CE\left(1 - \cos\frac{1}{\sqrt{LC}} t\right) [C]$

③ $V_{Cmax} = \frac{q}{C} = E\left(1 - \cos\frac{1}{\sqrt{LC}} t\right) = 2E [V]$

4 R-L-C 직렬회로 과도현상

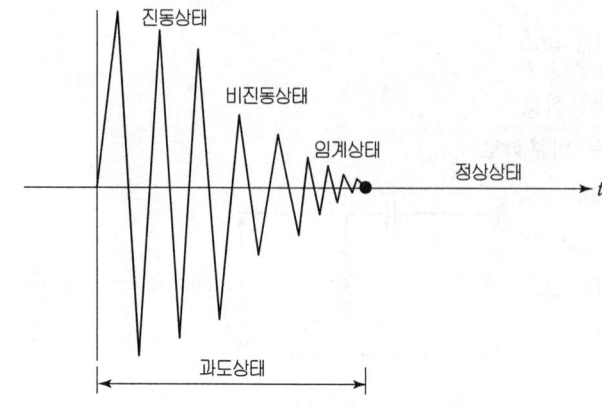

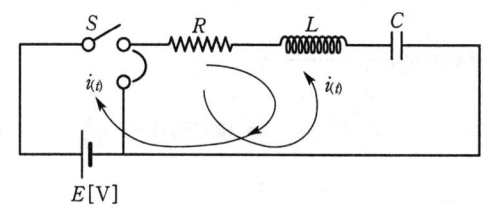

① $P(특이해) = -\dfrac{R}{2L} \overset{\oplus}{\underset{\ominus}{}} \sqrt{\left(\dfrac{R}{2L}\right)^2 - \dfrac{1}{LC}}$

$\begin{cases} -\dfrac{R}{2L} : 실수 = 정상상태 \\ \oplus : 비진동 \\ \ominus : 진동 \\ \pm\sqrt{\left(\dfrac{R}{2L}\right)^2 - \dfrac{1}{LC}} : 허수(\omega) = 과도상태 \end{cases}$

② 비진동상(+)   진동상태(−)   임계상태(0)

$\left(\dfrac{R}{2L}\right)^2 - \dfrac{1}{LC} > 0$ $\left(\dfrac{R}{2L}\right)^2 - \dfrac{1}{LC} < 0$ $\left(\dfrac{R}{2L}\right)^2 - \dfrac{1}{LC} = 0$

$R^2 > 4\dfrac{L}{C}$ $R^2 < 4\dfrac{L}{C}$ $R^2 = 4\dfrac{L}{C}$

$R^2 - 4\dfrac{L}{C} > 0$ $R^2 - 4\dfrac{L}{C} < 0$ $R^2 - 4\dfrac{L}{C} = 0$

$R > 2\sqrt{\dfrac{L}{C}}$ $R < 2\sqrt{\dfrac{L}{C}}$ $R = 2\sqrt{\dfrac{L}{C}}$

$R - 2\sqrt{\dfrac{L}{C}} > 0$ $R - 2\sqrt{\dfrac{L}{C}} < 0$ $R - 2\sqrt{\dfrac{L}{C}} = 0$

$$\left(\frac{R}{L}-\frac{G}{C}\right)^2 > 4\frac{L}{C} \qquad \left(\frac{R}{L}-\frac{G}{C}\right)^2 < 4\frac{L}{C} \qquad \left(\frac{R}{L}-\frac{G}{C}\right)^2 = 4\frac{L}{C}$$

5 직병렬 회로 과도현상

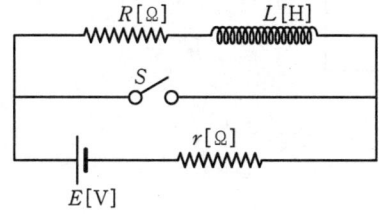

① S를 닫았다. 열 때의 과도전류 $i_{(t)} = \dfrac{E}{r+R} e^{-\frac{R}{L}t}$ [A]

② 시정수 $\tau = \dfrac{L}{R}$ [sec]

6 직병렬 회로 과도현상 2

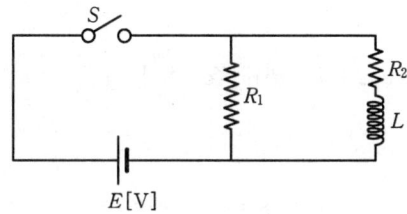

① S를 닫았다. 열 때의 과도전류 $i_{(t)} = \dfrac{E}{R_2} e^{-\frac{(R_1+R_2)t}{L}}$ [A]

② 시정수 $\tau = \dfrac{L}{R_1+R_2}$ [sec]

7 교류 회로 과도현상

(1) R-L 교류 직렬회로 과도현상

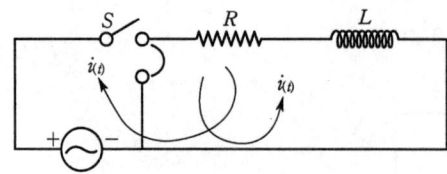

$$V_{(t)} = V\sin(wt+\phi)\,[\text{V}]$$

① S를 닫는 순간의 과도전류(특이해)

$$i_{(t)} = \frac{V_{(t)}}{|Z|\angle\theta} = \frac{V}{\sqrt{R^2+(wL)^2}}\sin(wt+\phi-\theta) \quad \cdots\cdots\cdots (1)\text{식}$$

② S를 열 때의 과도전류(일반해)

$$Ri_{(t)} + L\frac{di_{(t)}}{dt} = 0 \text{에서}$$

$$i_{(t)} = Ke^{-\frac{R}{L}t}\,[\text{A}] \quad \cdots\cdots\cdots\cdots\cdots\cdots\cdots\cdots\cdots\cdots\cdots\cdots (2)\text{식}$$

∴ (1)+(2)식에서 과도전류

$$i_{(t)} = \frac{V}{\sqrt{R^2+(wL)^2}}\sin(wt+\phi-\theta) + Ke^{-\frac{R}{L}t}\,[\text{A}]$$

∴ 과도현상이 안 생길 조건은

$$\theta = \phi = \tan^{-1}\frac{wL}{R},\ t=0,\ i_{(t)}=0 \text{ 에서 } K=0 \text{ 일 때이다.}$$

(2) R-C 교류 직렬회로 과도현상

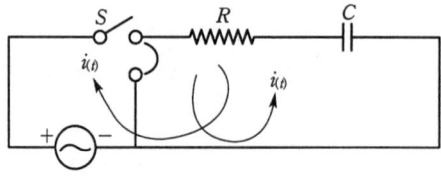

$$V_{(t)} = V\sin(wt+\phi)\,[\text{V}]$$

① S를 닫는 순간의 과도전류(특이해)

$$i_{(t)} = \frac{V_{(t)}}{|Z|\angle -\theta} = \frac{V}{\sqrt{R^2 + \left(\frac{1}{wC}\right)^2}} \sin(wt + \phi + \theta) \quad \cdots\cdots\cdots (1)식$$

② S를 열 때의 과도전류(일반해)

$$Ri_{(t)} + \frac{1}{C}\int i_{(t)} dt = 0 \text{ 에서}$$

$$i_{(t)} = Ke^{-\frac{1}{CR}t} [A] \cdots\cdots\cdots\cdots\cdots\cdots\cdots\cdots\cdots\cdots\cdots\cdots (2)식$$

∴ (1)+(2)식에서 과도전류

$$i_{(t)} = \frac{wCV}{\sqrt{1+(wCR)^2}} \sin(wt + \phi + \theta) + Ke^{-\frac{1}{CR}t} [A]$$

∴ 과도현상이 안생길 조건은

$\theta = \phi = \tan^{-1}\frac{1}{wCR} = 0$ 이어야 하며 $t=0$, $i_{(t)}=0$, $K=0$ 일 때이다.

[적중예상문제]

01 저항 10[Ω], 인덕턴스 50[H]의 R-L 직렬회로에 100[V]의 전압을 인가 하였을 때 시정수 [sec]는?

① 0.2
② 0.8
③ 1.25
④ 5

해설
R-L 직렬회로의 과도현상에서 시정수 $\tau = \dfrac{L}{R}$ [sec] ···①
R-C 직렬회로의 과도현상에서 시정수 $\tau = CR$ [sec] ···②
∴ R-L 직렬회로 시정수 $\tau = \dfrac{L}{R} = \dfrac{50}{10} = 5$ [sec]

02 R-L-C 직렬회로에서 과도 현상의 진동이 일어나지 않을 조건은?

① $\left(\dfrac{R}{2L}\right)^2 - \dfrac{1}{LC} > 0$
② $\left(\dfrac{R}{2L}\right)^2 - \dfrac{1}{LC} < 0$
③ $\left(\dfrac{R}{2L}\right)^2 = \dfrac{1}{LC}$
④ $\dfrac{R}{2L} = \dfrac{1}{LC}$

해설
R-L-C 직렬회로의 과도현상에서 S(스위치)를 닫았다 열 때 키르히호프 제2법칙에서
$Ri_{(t)} + L\dfrac{di_{(t)}}{dt} + \dfrac{1}{C}\int i_{(t)} dt = 0$ ($i_{(t)} = \dfrac{dq}{dt}$ [A], P(특이해) $= \dfrac{d}{dt}$)
$R\dfrac{dq}{dt} + L\dfrac{d}{dt}\dfrac{dq}{dt} + \dfrac{1}{C}\int \dfrac{dq}{dt} dt = 0$
P(특이해) $= \dfrac{d}{dt}$ 를 대입하면 $\left(RP + LP^2 + \dfrac{1}{C}\right)q = 0$
∴ $LP^2 + RP + \dfrac{1}{C} = 0$에 근의 공식 대입

P(특이해) $= -\dfrac{R}{2L} \pm \dfrac{\sqrt{R^2 - 4L \times \dfrac{1}{C}}}{2L} = -\dfrac{R}{2L} \pm \sqrt{\left(\dfrac{R}{2L}\right)^2 - \dfrac{1}{LC}}$

실수=정상상태 $\left(-\dfrac{R}{2L}\right)$, 허수=과도상태($\omega$), (비진동상태(+), 진동상태(-), 임계상태(0))

∴ 진동이 일어나지 않을 조건은 허수(-)일 때다. 즉 $\left(\dfrac{R}{2L}\right)^2 - \dfrac{1}{LC} > 0$일 때를 말한다. (즉, 비진동인 상태를 말한다)

해답 1. ④ 2. ①

03 R-L 직렬 회로에 $t=0$일 때, 직류 전압 100[V]를 인가하면 흐르는 전류 $i(t)$는? (단, $R=50[\Omega]$, $L=10[H]$이다.)

① $2(1-e^{5t})$ ② $2(1-e^{-5t})$

③ $1.96(1-e^{-\frac{t}{5}})$ ④ $1.96(1+e^{-\frac{t}{5}})$

해설 $R-L$ 직렬회로의 과도현상에서 S(스위치)를 닫는 순간의 과도전류
$i_{(t)}=\frac{E}{R}\left(1-e^{-\frac{R}{L}t}\right)=\frac{100}{50}\left(1-e^{-\frac{50}{10}t}\right)=2(1-e^{-5t})$ [A]

04 다음 그림과 같은 R-L 직렬 회로에서 $t=0$에서 스위치 S를 닫았다. 다음 설명 중 옳지 않은 것은?

① $t=0$ 때 전류 $I=0$ 이다.
② $t=0$ 때 R에 걸리는 전압은 0 이다.
③ $t=\infty$ 때 L에 걸리는 전압은 0 이다.
④ $t=\infty$ 때 R에 걸리는 전압은 0 이다.

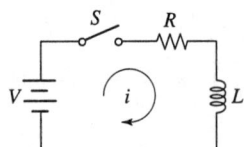

해설 S를 닫으면 직류전원에서 $t=\infty$ 일때 L→단락이 된다. ※ $t\to\infty$일때, $I=\frac{V}{R}(A)$, R에 걸리는 전압 $V_R=IR(A)$ 이다

05 그림과 같은 회로에서 $t=0$ 일 때 스위치 K를 닫았다. 시간 $t=\infty$일 때의 전류 $i(\infty)$ 값은 몇 [A] 인가?

① 2.5
② 1.7
③ 1.545
④ 1

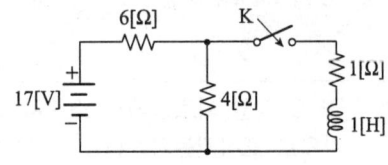

해설 직류전원을 가하므로 $t=\infty$일 때 $L=$단락이다.
∴ $t=\infty$일 때 전류 $I(\infty)=\frac{V}{R_t}=\frac{17}{6+\frac{4\times1}{4+1}}=\frac{17}{6.8}=2.5$ [A]

06 R-L-C 직렬회로에 t=0인 순간, 직류전압을 인가한다면 2계 선형 미분방정식은?

① $\frac{d^2i}{dt^2}+\frac{R}{L}\frac{di}{dt}+i=0$ ② $\frac{d^2i}{dt^2}+\frac{R}{L}\frac{di}{dt}+\frac{1}{LC}i=0$

③ $CR\frac{d^2i}{dt^2}+\frac{R}{L}\frac{di}{dt}+i=0$ ④ $\frac{L}{R}\frac{d^2i}{dt^2}+\frac{R}{L}\frac{di}{dt}+CRi=0$

해답 3. ② 4. ④ 5. ① 6. ②

해설

$R-L-C$ 직렬회로에 직류전압을 $t=0$에서 S(스위치)를 닫았다 열 때의 키르히호프 제 2법칙은
$Ri+L\dfrac{di}{dt}+\dfrac{1}{C}\int idt=0\cdots$①을 t에 관해 ①번 미분하면 $R\dfrac{dt}{dt}+L\dfrac{d^2i}{dt^2}+\dfrac{i}{C}=0$
$\therefore L\dfrac{d^2i}{dt^2}+R\dfrac{di}{dt}+\dfrac{1}{C}i=0$ $\quad\therefore \dfrac{d^2i}{dt^2}+\dfrac{R}{L}\dfrac{di}{dt}+\dfrac{1}{LC}i=0$

07 시정수 T인 R-L직렬회로에 $t=0$에서 직류전압을 가하였을 때 $t=4T$에서의 회로 전류는 정상치의 몇 [%]인가? (단, 초기치는 0으로 한다.)

① 63　　　　　　　　　② 86
③ 95　　　　　　　　　④ 98

해설

$R-L$ 직렬회로에 직류전압을 가하는 순간의 과도전류
$i_{(t)}=\dfrac{E}{R}\left(1-e^{-\frac{R}{L}t}\right)=\dfrac{E}{R}\left(1-e^{-\frac{R}{L}\times 4T}\right)=\dfrac{E}{R}\left(1-e^{-\frac{R}{L}\times 4\frac{L}{R}}\right)$
$=\dfrac{E}{R}(1-e^{-4})=\dfrac{E}{R}(1-0.02)\fallingdotseq 0.98\dfrac{E}{R}$ [A] (단, $T=\dfrac{L}{R}$ [sec])　$\therefore$ 정상치전류에 98%이다.

08 R-L 직렬 회로에서 시정수는?

① $\dfrac{R}{L}$　　　　　　　　　② RL
③ $\dfrac{L}{R}$　　　　　　　　　④ $\dfrac{1}{RL}$

해설

$R-L$ 직렬회로의 시정수 $\tau=\dfrac{L}{R}$ [sec]

09 R-C 직렬 회로망에서 스위치 S가 $t=0$일 때 닫혔다고 하면 전류 $i(t)$는 어느 식으로 표시되는가? (단, 콘덴서에는 초기 전하가 없었다.[9장])

① $\dfrac{V}{R}e^{-RCt}$

② $\dfrac{V}{RC}e^{-\frac{t}{RC}}$

③ $\dfrac{V}{R}e^{\frac{t}{RC}}$

④ $\dfrac{V}{R}e^{-\frac{t}{RC}}$

해설

$R-C$ 직렬회로의 과도현상에서 S(스위치)를 닫는 순간의 과도전류(충전전류)
$i_{(t)}=\dfrac{V}{R}e^{-\frac{1}{CR}t}$ [A]

정답 7. ④　8. ③　9. ④

10 저항 2[Ω] 자기 인덕던스 10[H]의 직열회로에 100[V]의 직류 전압을 인가할 때 스위치를 닫고서 약 몇 초 후에 전류는 최종값의 90[%]에 도달하는가?

① 0.015　　　　② 15
③ 1.15　　　　　④ 11.5

해설 R - L 직열회로에서 S를 닫는 순간의 과도 전류

$i_{(t)} = \frac{E}{R}[1-e^{-\frac{R}{L}t}] = I[1-e^{-\frac{R}{L}t}]$[A]에서 $\frac{i_{(t)}}{I} = 0.9 = [1-e^{-\frac{R}{L}t}]$

∴ $e^{-\frac{R}{L}t} = 1 - 0.9 = 0.1 = \frac{1}{10}$ 양변에 대수를 취하면

$-\frac{R}{L}t \ln_e e = \ln_e 1 - \ln_e 10 = 0 - 2.3026 \log_{10} 10$, $\frac{R}{L}t = 2.3026$

∴ $t = \frac{L}{R} \times 2.3026 = \frac{10}{2} \times 2.3026 ≒ 11.5$[sec]

11 계자 코일이 있다. 그 권수 $N=5$회 저항 $R=10[\Omega]$으로 전류 $I=5$[A]를 흘릴 때 자속 $\phi=30$[wb]였다. 이 회로의 시정수는 몇초가 되는가?

① 0.2　　　　② 0.6
③ 2　　　　　④ 3

해설 Faraday 전자 유도법칙에서 $LI = N\phi$

∴ $L = \frac{N\phi}{I} = \frac{5 \times 30}{5} = 30$[H] R-L 직열회로의 시정수 $\tau = \frac{L}{R} = \frac{30}{10} = 3$[sec]이다.

12 R-L 직열 회로에서 시정수의 값이 클수록 과도현상에 소멸 시간은 어떻게 되는가?

① 천천이 사라진다.　　　② 빨리 사라진다.
③ 관계가 없다.　　　　　④ 과도 현상 자체가 없다.

해설 R-L 직열회로의 시정수 $\tau = \frac{L}{R}$[sec]로서 L[H]가 크면 클수록 τ[시정수]가 크다 시정수가 크면 클수록 과도 현상은 ① 길어진다. ② 천천이 사라진다. ③ 오래 지속된다.

13 그림의 직·병열회로가 정상 상태로 그림의 위치 있을 때 S를 닫은 후의 인덕던스 L[H]의 전위차 V_L[V]의 식은?

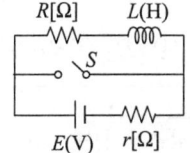

① $-\frac{E}{R}e^{-\frac{R}{L}t}$　　　　② $-\frac{RE}{R+r}e^{-\frac{R}{L}t}$

③ $\frac{R \times L}{R+L}e^{-\frac{R}{L}t}$　　　　④ $\frac{R \times r}{R}e^{-\frac{L}{R}t}$

해답 10. ④　11. ④　12. ①　13. ②

해설

S를 닫기 전의 초기치 값[적분 상수] $I = \dfrac{E}{R+r}$ [A]이다.

S를 닫는 순간의 과도 전류 $i_{(t)} = \dfrac{E}{R+r} e^{-\frac{R}{L}t}$ [A]

∴ L[인덕던스]에 걸리는 전압

$$V_L = L \dfrac{di_{(t)}}{dt} = L \dfrac{d}{dt}\left[\dfrac{E}{R+r} e^{-\frac{R}{L}t}\right] = \dfrac{L \cdot E}{R+r}\left[-\dfrac{R}{L}\right] e^{-\frac{R}{L}t} = -\dfrac{R \cdot E}{R+r} e^{-\frac{R}{L}t} [V]$$

이다.

---

14 L-C 직렬회로에 직류 전압 E[V]를 갑자기 인가할 때에 C[F]에 걸리는 최대치 전압 $V_{c\max}$[V]는 얼마인가?

① E
② $1.5E$
③ $2E$
④ $3E$

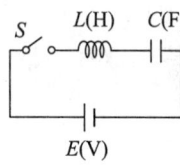

해설

$t=0$에서 직류 전압 E[V]를 급히 가할 때 C[F]에 저장된 전하 $q = CE\left[1 - \cos \dfrac{1}{\sqrt{LC}} t\right]$[C]

C[F]에 걸리는 전압 $V_c = \dfrac{q}{C} = \dfrac{CE\left[1 - \cos \dfrac{1}{\sqrt{LC}} t\right]}{C} = E\left[1 - \cos \dfrac{1}{\sqrt{LC}} t\right]$[V]이다.

∴ C[F]에 걸리는 최대 전압은 $\dfrac{1}{\sqrt{LC}} t$가 π일때이다. 따라서

$V_{c\max} = E[1 - \cos \pi] = E[1-(-1)] = 2E$[V]이다.

---

15 그림의 회로에서 인덕던스 L[H]에 흐르는 전류 i_1[A]가 S를 닫는 순간부터 계속 일정하려면 R_1[Ω]와 R_2[Ω]는 각각 얼마가 되어야 하는가?

① $R_1 = R_2 = \dfrac{1}{\sqrt{LC}}$

② $R_1 = R_2 = \sqrt{\dfrac{L}{C}}$

③ $R_1 = R_2 = \dfrac{1}{2\pi\sqrt{LC}}$

④ $R_1 = R_2 = \sqrt{\dfrac{1}{LC} - \dfrac{R^2}{L^2}}$

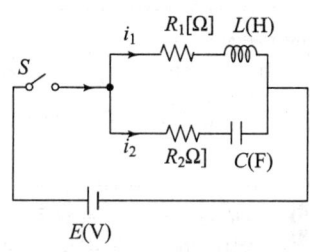

해설

S를 닫는 순간부터 L[인덕던스][H]에 흐르는 전류 i_1(A)가 계속 일정하기 위한 조건은 정 저항회로의 조건이므로

∴ 정 저항회로의 조건에서 $Z_1 Z_2 = jwL \times \dfrac{1}{jwC} = \dfrac{L}{C} = R_1^2 = R_2^2$ 이다.

∴ $R_1 = R_2 = \sqrt{\dfrac{L}{C}}$ [Ω]이어야 한다.

14. ③ **15.** ②

라플라스 변환

4부 회로이론

1 기준입력 요소의 라플라스 변환

(1) 임펄스 입력 $r(t) = \delta(t)$

$$\begin{bmatrix} L(\delta(t)) = 1 \\ L^{-1}(1) = \delta(t) \end{bmatrix}$$

(2) 인디셜 입력

　　단위계단 입력 $r(t) = u(t)$

$$\begin{bmatrix} L(u(t)) = \dfrac{1}{s} \\ L^{-1}\left(\dfrac{1}{s}\right) = u(t) \end{bmatrix}$$

(3) 램프 입력

　　경사 입력 $r(t) = t$

$$\begin{bmatrix} L(t) = \dfrac{1}{s^2} \\ L^{-1}\left(\dfrac{1}{s^2}\right) = t \end{bmatrix} \qquad \begin{bmatrix} L(t^2) = \dfrac{2}{s^3} \\ L^{-1}\left(\dfrac{2}{s^3}\right) = t^2 \end{bmatrix}$$

$$\therefore \begin{bmatrix} L(t^n) = \dfrac{n!}{s^{n+1}} \\ L^{-1}\left(\dfrac{n!}{s^{n+1}}\right) = t^n \end{bmatrix}$$

(4) 파라볼라 입력

포물선 입력 $\quad r(t) = \frac{1}{2}t^2$

$$\left[\begin{array}{l} L\left(\frac{1}{2}t^2\right) = \frac{1}{s^3} \\ L^{-1}\left(\frac{1}{s^3}\right) = \frac{1}{2}t^2 \end{array}\right.$$

2 미분된 함수의 라플라스 변환

$$L\left(\frac{d}{dt}f(t)\right) = sF(s) - f(0)$$

$$L\left(\frac{d^2}{dt^2}f(t)\right) = s^2 F(s) - sf(0) - f'(0)$$

$$L\left(\frac{d^3}{dt^3}f(t)\right) = s^3 F(s) - s^2 f(0) - sf'(0) - f''(0)$$

3 적분된 함수의 라플라스 변환

$$L\left(\int f(t)dtrigt\right) = \frac{1}{s}F(s) + \frac{1}{s}f(0)^{-1} = \frac{1}{s}(F(s) + f(0)^{-1})$$

$$L\left(\int\int f(t)dt\right) = \frac{1}{s^2}F(s) + \frac{1}{s^2}f(0)^{-1} + \frac{1}{s^2}f(0)^{-2}$$

$$= \frac{1}{s^2}(F(s) + f(0)^{-1} + f(0)^{-2})$$

4 자연대수의 라플라스 변환

$$\left[\begin{array}{l} L(e^{at}) = \frac{1}{s-a} \\ L^{-1}\left(\frac{1}{s-a}\right) = e^{at} \end{array}\right. \qquad \left[\begin{array}{l} L(e^{-at}) = \frac{1}{s+a} \\ L^{-1}\left(\frac{1}{s+a}\right) = e^{-at} \end{array}\right.$$

5 복소미분 정리

$$L(t^n f(t)) = (-1)^n \frac{d^n}{ds^n} F(s)$$

$$\begin{bmatrix} L(te^{at}) = \frac{1}{(s-a)^2} \\ L^{-1}\left(\frac{1}{(s-a)^2}\right) = te^{at} \end{bmatrix} \qquad \begin{bmatrix} L(te^{-at}) = \frac{1}{(s+a)^2} \\ L^{-1}\left(\frac{1}{(s+a)^2}\right) = te^{-at} \end{bmatrix}$$

6 3각 함수의 라플라스 변환

(1) 3각 함수와 쌍곡선 함수의 자연대수 표기법

$$\sin wt = \frac{e^{jwt} - e^{-jwt}}{2j} \qquad \sin\theta = \frac{e^{j\theta} - e^{-j\theta}}{2j}$$

$$\cos wt = \frac{e^{jwt} + e^{-jwt}}{2} \qquad \cos\theta = \frac{e^{j\theta} + e^{-j\theta}}{2}$$

$$\sin hat = \frac{e^{at} - e^{-at}}{2} \qquad \cos hat = \frac{e^{at} + e^{-at}}{2}$$

$$L(\cos wt) = \frac{s}{s^2 + w^2} \qquad L(\sin wt) = \frac{w}{s^2 + w^2}$$

$$L^{-1}\left(\frac{s}{s^2 + w^2}\right) = \cos wt \qquad L^{-1}\left(\frac{w}{s^2 + w^2}\right) = \sin wt$$

$$L(\cos hat) = \frac{s}{s^2 - a^2} \qquad L(\sin hat) = \frac{a}{s^2 - a^2}$$

$$L^{-1}\left(\frac{s}{s^2 - a^2}\right) = \cos hat \qquad L^{-1}\left(\frac{a}{s^2 - a^2}\right) = \sin hat$$

7

초기치 정리 : $\lim_{t \to 0} f(t) = \lim_{s \to \infty} sF(s)$

최종치 정리 : $\lim_{t \to \infty} f(t) = \lim_{s \to 0} sF(s)$

8 라플라스 역변환

(1) 단일일 때 부분분수 전개

$$F(s) = \frac{(s-z_1)(s-z_2)\cdots(s-z_n)}{(s-p_1)(s-p_2)\cdots(s-p_n)} = \frac{k_1}{s-p_1} + \frac{k_2}{s-p_2} + \frac{k_3}{s-p_3} + \cdots$$

$$k_1 = \lim_{s \to p_1}(s-p_1)F(s) \qquad k_2 = \lim_{s \to p_2}(s-p_2)F(s)$$

$$k_3 = \lim_{s \to p_3}(s-p_3)F(s) \qquad k_4 = \lim_{s \to p_4}(s-p_4)F(s)$$

(2) 복소근일 때 부분 분수 전개

$$F(s) = \frac{A(s)}{(s-p_1)^n(s-p_2)(s-p_3)\cdots(s-p_n)}$$

$$= \frac{k_{11}}{(s-p_1)^n} + \frac{k_{12}}{(s-p_1)^{n-1}} + \frac{k_{13}}{(s-p_1)^{n-2}} + \cdots$$

$$+ \frac{k_{1n}}{(s-p_1)} + \frac{k_2}{s-p_2} + \frac{k_3}{s-p_3} + \cdots$$

$$k_{11} = \lim_{s \to p_1}(s-p_1)^n F(s) \qquad k_2 = \lim_{s \to p_2}(s-p_2)F(s)$$

$$k_{12} = \lim_{s \to p_1}\frac{d}{ds}(s-p_1)^n F(s) \qquad k_3 = \lim_{s \to p_3}(s-p_3)F(s)$$

$$k_{13} = \lim_{s \to p_1}\frac{1}{2!}\frac{d^2}{ds^2}(s-p_1)^n F(s) \qquad k_4 = \lim_{s \to p_4}(s-p_4)F(s)$$

[적중예상문제]

01 다음 파형의 라플라스 변환은?

① $\dfrac{E}{2s^2}$

② $\dfrac{E}{Ts^2}$

③ $\dfrac{E}{s}$

④ $\dfrac{E}{Ts}$

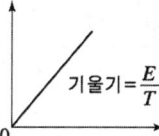

해설
$L(t^n) = \dfrac{n!}{s^{n+1}}$ ∴ $f(t) = \dfrac{E}{T}t$의 라플라스 변환

$F(s) = L(f(t)) = L\left(\dfrac{E}{T}t\right) = \dfrac{E}{T} \times \dfrac{1!}{s^{1+1}} = \dfrac{E}{Ts^2}$

02 $u(t-a)$의 라플라스 변환을 구하면?

① $\dfrac{e^{as}}{s^2}$ ② $\dfrac{e^{-as}}{4s^2}$

③ $\dfrac{e^{as}}{s}$ ④ $\dfrac{e^{-as}}{s}$

해설
$F(s) = L(u(t-a)) = \int_a^\infty 1 \cdot e^{-st}dt$

$= \left(\dfrac{e^{-st}}{-s}\right)_a^\infty = \dfrac{e^{-\infty} - e^{-as}}{-s} = \dfrac{e^{-as}}{s}$

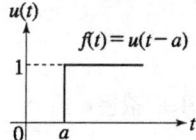

03 $t>0$일 때 그림과 같이 높이 h, 폭 w인 구형파의 라플라스 변환은?

① $\dfrac{h}{s}(1-e^{-sw})$

② $\dfrac{h}{s}(1+e^{-sw})$

③ $5sh(1-e^{-sw})$

④ $sh(1+e^{-sw})$

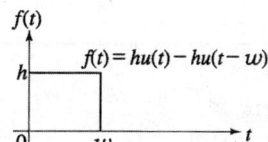

해답 1. ② 2. ④ 3. ①

해설
$f(t) = hu(t) - hu(t-w)$
$$F(s) = L(f(t)) = \int_0^\infty h e^{-st}dt - \int_w^\infty h e^{-st}dt = h\left(\frac{e^{-st}}{-s}\right)_0^\infty - h\left(\frac{e^{-st}}{-s}\right)_w^\infty$$
$$= \frac{h}{s} - \frac{h}{s}e^{-sw} = \frac{h}{s}(1-e^{-sw})$$

04 $f(t) = 3t^2$의 라플라스 변환은?

① $\dfrac{3}{s^2}$ ② $\dfrac{1}{s^3}$

③ $\dfrac{6}{s^2}$ ④ $\dfrac{6}{s^3}$

해설
$L(t^n) = \dfrac{n!}{s^{n+1}}$의 공식에서
$f(t) = 3t^2$의 라플라스 변환
$F(s) = L(f(t)) = L(3t^2) = 3 \times \dfrac{2!}{s^{2+1}} = \dfrac{6}{s^3}$

05 $f(t) = \sin wt$를 라플라스 변환하면?

① $\dfrac{w}{s^2 + w^2}$ ② $\dfrac{s}{s^2 + w^2}$

③ $\dfrac{3w}{s^2 - w}$ ④ $\dfrac{s}{s^2 - w^2}$

해설
$f(t) = \sin wt = \dfrac{1}{2j}(e^{jwt} - e^{-jwt})$
$\therefore F(s) = L(f(t)) = \int_0^\infty \dfrac{1}{2j}(e^{+jwt} - e^{-jwt})e^{-st}dt = \dfrac{1}{2j}\int_0^\infty (e^{-(s-jw)t} - e^{-(s+jw)t})dt$
$= \dfrac{1}{2j}\left(\dfrac{1}{s-jw} - \dfrac{1}{s+jw}\right) = \dfrac{1}{2j} \times \dfrac{s+jw-s+jw}{s^2+w^2} = \dfrac{w}{s^2+w^2}$

06 $\mathcal{L}\left[\dfrac{d}{dt}\cos wt\right]$의 값은?

① $\dfrac{s^2}{s^2 + w^2}$ ② $\dfrac{-s^2}{s^2 + w^2}$

③ 1 ④ $\dfrac{-2w^2}{s^2 + w^2}$

해설
$f(t) = \dfrac{d}{dt}\cos wt$일 때
$F(s) = L(f(t)) = L\left(\dfrac{d}{dt}\cos wt\right) = s \times \left(\dfrac{s}{s^2+w^2}\right) = \dfrac{s^2}{s^2+w^2}$

정답 4. ④ 5. ① 6. ①

07 $f(t)=\sin(wt+\theta)$를 라플라스 변환하면?

① $\dfrac{w\sin\theta}{s^2+w^2}$ ② $\dfrac{w\cos\theta}{s+w}$

③ $\dfrac{\cos\theta+\sin\theta}{s^2+w^2}$ ④ $\dfrac{w\cos\theta+s\sin\theta}{s^2+w^2}$

해설 $f(t)=\sin(wt+\theta)$일 때
$F(s)=L(f(t))=L(\sin(wt+\theta))$
$=L(\sin wt\cos\theta+\cos wt\sin\theta)$
$=\dfrac{w\cos\theta}{s^2+w^2}+\dfrac{s\sin\theta}{s^2+w^2}=\dfrac{w\cos\theta+s\sin\theta}{s^2+w^2}$

08 $f(t)=t\sin wt$를 라플라스 변환하면?

① $\dfrac{w}{s^2+w^2}$ ② $\dfrac{2ws}{(s^2+w^2)^2}$

③ $\dfrac{5s}{(s^2+w^2)^2}$ ④ $\dfrac{2w}{(s^2-w^2)^2}$

해설 $f(t)=t\sin wt$일 때
$F(s)=L(f(t))=L(t\sin wt)=(-1)\dfrac{d}{ds}\left(\dfrac{w}{s^2+w^2}\right)$
$=(-1)\left(\dfrac{0-2s\cdot w}{(s^2+w^2)^2}\right)=\dfrac{2ws}{(s^2+w^2)^2}$

09 $f(t)=e^{-at}\sin wt$를 라플라스 변환하면?

① $\dfrac{w}{(s+a)^2+w^2}$ ② $\dfrac{s}{(s+a)^2+w^2}$

③ $\dfrac{ws}{(s+a)^2-w}$ ④ $\dfrac{2ws}{(s-a)^2+w^2}$

해설 $f(t)=e^{-at}\sin wt$일 때
$F(s)=L(f(t))=L(e^{-at}\sin wt)=\left(\dfrac{w}{s^2+w^2}\right)_{s=s+a}=\dfrac{w}{(s+a)^2+w^2}$

10 $f(t)=\sin t\cos t$를 라플라스 변환하면?

① $\dfrac{1}{s^2+3}$ ② $\dfrac{1}{s^2+2^2}$

③ $\dfrac{1}{(s+2)^2}$ ④ $\dfrac{1}{(s+5)^2}$

예답 7. ④ 8. ② 9. ① 10. ②

해설

$f(t) = \sin t \cos t = \frac{1}{2}\sin 2t$ 일 때

$F(s) = L(f(t)) = L\left(\frac{1}{2}\sin 2t\right) = \frac{1}{2} \times \left(\frac{2}{s^2+(2)^2}\right) = \frac{1}{s^2+(2)^2}$

11 감쇠 여현파 함수 $e^{-at}\cos wt$의 라플라스 변환은?

① $\dfrac{3w}{s^2+w^2}$ ② $\dfrac{w}{(s+a)^2+w}$

③ $\dfrac{s+a}{(s+a)+w}$ ④ $\dfrac{s+a}{(s+a)^2+w^2}$

해설

$f(t) = e^{-at}\cos wt$ 일 때

$F(s) = L(f(t)) = L(e^{-at}\cos wt) = \left(\dfrac{s}{s^2+w^2}\right)_{s=s+a} = \dfrac{s+a}{(s+a)^2+w^2}$

12 $e^{-2t}\cos 3t$의 라플라스 변환을 구하면?

① $\dfrac{s+2}{(s+2)^2+3^2}$ ② $\dfrac{s-2}{(s-2)^2+3^2}$

③ $\dfrac{s}{(s+2)^2+3^2}$ ④ $\dfrac{s}{(s-2)^2+3^2}$

해설

$f(t) = e^{-2t}\cos 3t$ 일 때

$F(s) = L(f(t)) = L(e^{-2t}\cos 3t) = \left(\dfrac{s}{s^2+(3)^2}\right)_{s=s+2} = \dfrac{s+2}{(s+2)^2+(3)^2}$

13 $f = t\cos wt$를 라플라스 변환하면?

① $\dfrac{2ws}{(s^2+w^2)^2}$ ② $\dfrac{s+w}{(s^2+w^2)^2}$

③ $\dfrac{s^2-w^2}{(s^2+w^2)^2}$ ④ $\dfrac{3ws}{(s^2-w^2)^2}$

해설

$f(t) = t\cos wt$ 일 때

$F(s) = L(f(t)) = L(t\cos wt) = (-1)\dfrac{d}{ds}\left(\dfrac{s}{s^2+w^2}\right)$

$= (-1)\left(\dfrac{1(s^2+w^2)-(2s+0)\times s}{(s^2+w^2)^2}\right) = \dfrac{s^2-w^2}{(s^2+w^2)^2}$

정답 11. ④ 12. ① 13. ③

14 다음 그림과 같이 높이가 1인 펄스의 라플라스 변환은?

① $\dfrac{3}{s}(e^{-as}+e^{-bs})$

② $\dfrac{1}{s}(e^{-as}-e^{-bs})$

③ $\dfrac{1}{a-b}\left(\dfrac{e^{-as}+e^{-bs}}{s}\right)$

④ $\dfrac{1}{a-b}\left(\dfrac{e^{-as}+e^{-bs}}{s}\right)$

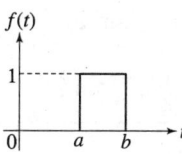

해설 $f(t)=u(t-a)-u(t-b)$ 일 때

$F(s)=L(f(t))=\int_a^\infty 1\,e^{-st}dt-\int_b^\infty 1\,e^{-st}dt$

$=\left(\dfrac{e^{-st}}{-s}\right)_a^\infty-\left(\dfrac{e^{-st}}{-s}\right)_b^\infty$

$=\dfrac{e^{-as}}{s}-\dfrac{e^{-bs}}{s}=\dfrac{1}{s}(e^{-as}-e^{-bs})$

15 $F(s)=\dfrac{3s+10}{s^2+2s^2+5s}$ 일 때 $f(t)$의 최종치는?

① 0 ② 0.5
③ 2 ④ 6

해설 최종치 정리에서

$\lim\limits_{t\to\infty}f(t)=\lim\limits_{s\to 0}sF(s)=\lim\limits_{s\to 0}s\times\dfrac{3s+10}{s(s^2+2s+5)}=\lim\limits_{s\to 0}\dfrac{3s+10}{s^2+2s+5}=\dfrac{10}{5}=2$

16 $\dfrac{3}{s(s+2)}$ 의 라플라스 역변환은?

① $\dfrac{3}{2}(1-e^{-2t})$ ② $4(1+e^{-2t})$
③ $\dfrac{2}{3}(1-e^{-3t})$ ④ $\dfrac{2}{3}(1+e^{-2t})$

해설 라플라스 역변환은 부분 분수 전개 후 역변환 한다.

복소함수 $F(s)=\dfrac{3}{s(s+2)}$ 일 때의 라플라스 역변환은

$f(t)=L^{-1}(F(s))=L^{-1}\left(\dfrac{3}{s(s+2)}\right)=L^{-1}\left(\dfrac{k_1}{s}+\dfrac{k_2}{s+2}\right)=L^{-1}\left(\dfrac{\frac{3}{2}}{s}+\dfrac{-\frac{3}{2}}{s+2}\right)=\dfrac{3}{2}(1-e^{-2t})$

단, $k_1=\lim\limits_{s\to 0}sF(s)=\lim\limits_{s\to 0}s\times\dfrac{3}{s(s+2)}=\lim\limits_{s\to 0}\dfrac{3}{s+2}=\dfrac{3}{2}$

$k_2=\lim\limits_{s\to -2}(s+2)\times\dfrac{3}{s(s+2)}=\lim\limits_{s\to -2}\dfrac{3}{s}=-\dfrac{3}{2}$ 을 상식에 대입한 것이다.

정답 14. ② 15. ③ 16. ①

17 $L^{-1}\left(\dfrac{1}{s^2+2s+5}\right)$의 값은?

① $2e^{-t}\sin 2t$ ② $\dfrac{1}{2}e^{-t}\sin t$

③ $\dfrac{1}{2}e^{-t}\sin 2t$ ④ $e^{-2t}\sin t$

해설
$$L^{-1}\left(\dfrac{1}{s^2+2s+5}\right)=L^{-1}\left(\dfrac{1}{(s+1)^2+(2)^2}\right)=\dfrac{1}{2}L^{-1}\left(\dfrac{2}{(s+1)^2+(2)^2}\right)$$
$$=\dfrac{1}{2}e^{-t}\sin 2t$$

18 $L^{-1}\left(\dfrac{s+7}{s^2+2s+5}\right)$의 값은?

① $e^{-t}\cos t+3e^{-t}\sin t$ ② $e^{-t}\cos 2t+3e^{-t}\sin 2t$

③ $e^{-t}2\cos t+3e^{-t}\sin t$ ④ $e^{-t}\cos t+3e^{-t}$

해설
$$L^{-1}\left(\dfrac{s+7}{s^2+2s+5}\right)=L^{-1}\left(\dfrac{(s+1)+6}{(s+1)^2+(2)^2}\right)=L^{-1}\left(\dfrac{s+1}{(s+1)^2+(2)^2}+3\times\dfrac{2}{(s+1)^2+(2)^2}\right)$$
$$=e^{-t}\cos 2t+3e^{-t}\sin 2t$$

19 $\dfrac{1}{s(s-1)}$의 라플라스 역변환은?

① $(1-2e^t)$ ② $(-1+e^t)$

③ (e^t-2) ④ $(e^{-t}-1)$

해설
$$L^{-1}\left(\dfrac{1}{s(s-1)}\right)=L^{-1}\left(\dfrac{k_1}{s}+\dfrac{k_2}{s-1}\right)=L^{-1}\left(\dfrac{-1}{s}+\dfrac{1}{s-1}\right)=-1+e^t$$
단, $k_1=\lim_{s\to 0}sF(s)=\lim_{s\to 0}s\times\dfrac{1}{s(s-1)}=\lim_{s\to 0}\dfrac{1}{s-1}=-1$
$k_2=\lim_{s\to 1}sF(s)=\lim_{s\to 1}(s-1)\times\dfrac{1}{s(s-1)}=\lim_{s\to 1}\dfrac{1}{s}=1$을 상식에 대입

20 $\dfrac{1}{s(s+a)}$의 라플라스 역변환을 구하면?

① $a(1-e^{-at})$ ② $1-e^{-at}$

③ $\dfrac{1}{a}(1-e^{-at})$ ④ e^{-at}

해답 17. ③ 18. ② 19. ② 20. ③

해설

$$L^{-1}\left(\frac{1}{s(s+a)}\right)=L^{-1}\left(\frac{k_1}{s}+\frac{k_2}{s+a}\right)=L^{-1}\left(\frac{\frac{1}{a}}{s}+\frac{-\frac{1}{a}}{s+a}\right)=\frac{1}{a}(1-e^{-at})$$

단, $k_1=\lim_{s\to 0}\frac{1}{s+a}=\frac{1}{a}$

$k_2=\lim_{s\to -a}\frac{1}{s}=-\frac{1}{a}$ 을 상식에 대입, 역변환 한다.

---

21 $\dfrac{1}{s(s+1)}$ 의 라플라스 역변환을 구하면?

① $e^{-t}\sin t$ 　　　② $2+e^{-t}$
③ $1-e^{-t}$ 　　　④ $e^{-t}\cos t$

해설

$$L^{-1}\left(\frac{1}{s(s+1)}\right)=L^{-1}\left(\frac{k_1}{s}+\frac{k_2}{s+1}\right)=L^{-1}\left(\frac{1}{s}+\frac{-1}{s+1}\right)=1-e^{-t}$$

단, $k_1=\lim_{s\to 0}sF(s)=\lim_{s\to 0}s\times\frac{1}{s(s+1)}=\lim_{s\to 0}\frac{1}{s+1}=1$

$k_2=\lim_{s\to -1}sF(s)=\lim_{s\to -1}(s+1)\times\frac{1}{s(s+1)}=\lim_{s\to -1}\frac{1}{s}=-1$

---

22 $F(s)=\dfrac{2s+3}{s^2+3s+2}$ 의 시간함수 $f(t)$는?

① $e^{-t}-e^{-2t}$ 　　　② $e^{-t}+e^{-2t}$
③ $e^{-t}+2e^{-2t}$ 　　　④ $e^{-t}-4e^{-2t}$

해설

$$f(t)=L^{-1}(F(s))=L^{-1}\left(\frac{2s+3}{s^2+3s+2}\right)=L^{-1}\left(\frac{2s+3}{(s+1)(s+2)}\right)$$

$$=L^{-1}\left(\frac{k_1}{s+1}+\frac{k_2}{s+2}\right)=L^{-1}\left(\frac{1}{s+1}+\frac{1}{s+2}\right)=e^{-t}+e^{-2t}$$

단, $k_1=\lim_{s\to -1}sF(s)=\lim_{s\to -1}(s+1)\times\frac{2s+3}{(s+1)(s+2)}=\lim_{s\to -1}\frac{2s+3}{s+2}=\frac{2(-1)+3}{-1+2}=1$

$k_2=\lim_{s\to -2}(s+2)\times\frac{2s+3}{(s+1)(s+2)}=\lim_{s\to -2}\frac{2s+3}{s+1}=\frac{2(-2)+3}{-2+1}=1$ 을 상식에 대입

---

23 $F(s)=\dfrac{s+1}{s^2+2s}$ 일 때 라플라스 역변환은?

① $\dfrac{1}{2}(1+e^t)$ 　　　② $\dfrac{1}{2}(1+e^{-2t})$
③ $\dfrac{1}{4}(1-e^{-2t})$ 　　　④ $\dfrac{1}{2}(1-e^{-3t})$

정답 21. ③ 22. ② 23. ②

해설

$$f(t) = L^{-1}(F(s)) = L^{-1}\left(\frac{s+1}{s^2+2s}\right) = L^{-1}\left(\frac{s+1}{s(s+2)}\right) = L^{-1}\left(\frac{k_1}{s} + \frac{k_2}{s+2}\right)$$

$$= L^{-1}\left(\frac{\frac{1}{2}}{s} + \frac{\frac{1}{2}}{s+2}\right) = \frac{1}{2} + \frac{1}{2}e^{-2t} = \frac{1}{2}(1+e^{-2t})$$

단, $k_1 = \lim_{s \to 0} sF(s) = \lim_{s \to 0} s \times \frac{s+1}{s(s+2)} = \lim_{s \to 0} \frac{s+1}{s+2} = \frac{1}{2}$

$k_2 = \lim_{s \to -2}(s+2) \times \frac{s+1}{s(s+2)} = \lim_{s \to -2} \frac{s+1}{s} = \frac{-2+1}{-2} = \frac{1}{2}$ 를 상식에 대입

24 $F(s) = \dfrac{3}{s^3+s^2}$ 의 라플라스 역변환은?

① $3t-3+3e^{-t}$ ② $t+1-e^{-t}$
③ $3t-3-e^{-t}$ ④ $3t+3+3e^{-t}$

해설

$$f(t) = L^{-1}(F(s)) = L^{-1}\left(\frac{3}{s^3+s^2}\right) = L^{-1}\left(\frac{3}{s^2(s+1)}\right)$$

$$= L^{-1}\left(\frac{k_{11}}{s^2} + \frac{k_{12}}{s} + \frac{k_2}{s+1}\right) = L^{-1}\left(\frac{3}{s^2} + \frac{-3}{s} + \frac{3}{s+1}\right) = 3t-3+3e^{-t}$$

단, $k_{11} = \lim_{s \to 0} s^2 F(s) = \lim_{s \to 0} \frac{3}{s+1} = \frac{3}{0+1} = 3$

$k_{12} = \lim_{s \to 0} \frac{d}{ds}(s^2 F(s)) = \lim_{s \to 0} \frac{d}{ds}\left(\frac{3}{s+1}\right) = \lim_{s \to 0}\left(\frac{0-1 \times 3}{(s+1)^2}\right) = -3$

$k_2 = \lim_{s \to -1}(s+1) \times F(s) = \lim_{s \to -1} \frac{3}{s^2} = \frac{3}{(-1)^2} = 3$을 상식에 대입

25 다음 방정식을 라플라스 변환에 의해 $x(t)$를 구하면? (단, $x(0_+) = -1$, $x'(0_+) = 2$이다.)

$$\frac{d^2}{dt^2}x(t) + 3\frac{d}{dt}x(t) + 2x(t) = 5$$

① $\dfrac{5}{2} - 5e^{-t} + \dfrac{3}{2}e^{-2t}$ ② $\dfrac{3}{2} - 5e^{-t} + \dfrac{5}{2}e^{-t}$

③ $\dfrac{5}{2} - 3e^{-t} + \dfrac{2}{3}e^{-2t}$ ④ $\dfrac{5}{2} - 5e^{-t} + \dfrac{5}{2}e^{-2t}$

해설

양변 라플라스 변환하면

$s^2 X(s) - sx(0_+) - x'(0_+) + 3sX(s) - 3x(0_+) + 2X(s) = \dfrac{5}{s}$

초기치 값을 대입하면

$s^2 X(s) - s(-1) - 2 + 3sX(s) - 3(-1) + 2X(s) = \dfrac{5}{s}$

$X(s)(s(s^2+3s+2)) = -s^2 - s + 5$

$\therefore X(s) = \dfrac{-s^2-s+5}{s(s^2+3s+2)}$

정답 24. ① 25. ①

$$\therefore x(t) = L^{-1}(x(s)) = L^{-1}\left(\frac{-s^2-s+5}{s(s+1)(s+2)}\right) = L^{-1}\left(\frac{k_1}{s} + \frac{k_2}{s+1} + \frac{k_3}{s+2}\right)$$

$$= L^{-1}\left(\frac{\frac{5}{2}}{s} + \frac{-5}{s+1} + \frac{\frac{3}{2}}{s+2}\right) = \frac{5}{2} - 5e^{-t} + \frac{3}{2}e^{-2t}$$

단, $k_1 = \lim_{s \to 0} sF(s) = \lim_{s \to 0} \frac{-s^2-s+5}{(s+1)(s+2)} = \frac{5}{2}$

$k_2 = \lim_{s \to -1} (s+1)F(s) = \lim_{s \to -1} \left(\frac{-s^2-s+5}{s(s+2)}\right) = -5$

$k_3 = \lim_{s \to -2} (s+2)F(s) = \lim_{s \to -2} \left(\frac{-s^2-s+5}{s(s+1)}\right) = \frac{3}{2}$ 상식에 대입

26 $Ri(t) + \frac{1}{C} \int i(t)\, dt = E$의 관계식에서 $i(t)$의 초기값과 최종값은?

① $0, \dfrac{E}{2R}$ ② $0, \dfrac{E}{RC}$

③ $\dfrac{E}{R}, 0$ ④ $\dfrac{E}{RC}, 0$

해설 양변 라플라스 변환을 하면

$RI(s) + \frac{1}{sc}I(s) + \frac{1}{sc}i^{-1}(0_+) = \frac{E}{s}$ $\therefore I(s)\left(R + \frac{1}{sc}\right) = \frac{E}{s}$ $\therefore I(s) = \frac{E}{s\left(R + \frac{1}{sc}\right)}$ [A]

초기값: $\lim_{t \to 0} i(t) = \lim_{s \to \infty} sI(s) = \lim_{s \to \infty} \left(\frac{E}{R + \frac{1}{sc}}\right) = \frac{E}{R}$

최종값: $\lim_{t \to \infty} i(t) = \lim_{s \to 0} sI(s) = \lim_{s \to 0} \left(\frac{E}{R + \frac{1}{sc}}\right) = \frac{E}{R + \infty} = 0$

27 라플라스 변환을 이용하여 미분 방정식을 풀이하면? (단, $y(0) = 3$, $y'(0) = 4$)

$$\frac{d^2y}{dt^2} + 3y = 0$$

① $3\cos\sqrt{3}t + \dfrac{4\sqrt{3}}{3}\sin\sqrt{3}t$ ② $3\cos\sqrt{3}t + \dfrac{4}{3}\sin\sqrt{3}t$

③ $3\cos\sqrt{3}t + 3\sin\sqrt{3}t$ ④ $3\cos 3t + \dfrac{4}{\sqrt{3}}\sin t$

해설 양변 라플라스 변환을 하고, 초기값을 대입하면
$s^2Y(s) - sy(0) - y'(0) + 3Y(s) = 0$
$\therefore Y(s)(s^2 + 3) = 3s + 4$
$\therefore Y(s) = \dfrac{3s + 4}{s^2 + 3}$ 의 역변환

$y(t) = L^{-1}(Y(s)) = L^{-1}\left(\dfrac{3s}{s^2+3} + \dfrac{4\sqrt{3}}{3} \times \dfrac{\sqrt{3}}{s^2+3}\right) = 3\cos\sqrt{3}t + \dfrac{4\sqrt{3}}{3}\sin\sqrt{3}t$

26. ③ 27. ①

28 $\dfrac{dx}{dt}+x=1$의 라플라스 변환 $X(s)$의 값은?

① $s(s+2)$　　　　② $s+1$
③ $\dfrac{1}{2s}(s+1)$　　　　④ $\dfrac{1}{s(s+1)}$

해설
초기값 = 0, 양변 라플라스 변환을 하면
$sX(s)-x(0)+X(s)=\dfrac{1}{s}$
∴ $X(s)(s+1)=\dfrac{1}{s}$
∴ $X(s)=\dfrac{1}{s(s+1)}$

29 $F(s)=\dfrac{s+5}{(s+3)(s^2+2s+2)}$의 극점과 영점을 나타낸 것은?

① ② ③ ④

해설
$F(s)$의 복소함수는
ⓐ 영점(0) : 공진점(직렬 공진점)은 $F(s)=0$. 단락회로. 분자 = 0이다.
　∴ $s+5=0$. s(영점의 값) = -5 ················· ①
ⓑ 극점(X) : 반공진점(병렬 공진점)은 $F(s)=\infty$. 개방회로. 분모 = 0에서
　$(s+3)(s^2+2s+2)=(s+3)((s+1)^2+1)=0$
　∴ s(극점의 값) = -3. s(극점의 값) = $-1\pm j$이다. ········ ②
①의 좌표 표시이다.

28. ④　29. ①

12 전달함수

4부 회로이론

① 초기 값 0일 때 입력과 출력 비를 말한다.
② 전달함수 분모 차수 s가 1차식 일 때 → 1차 지연 요소, 2차식 일 때 → 2차 지연 요소라 한다.

1 비례요소

$$G(s) = \frac{Y(s)}{X(s)} = K (비례요소)$$

2 미분요소

$$G(s) = \frac{V(s)}{I(s)} = sL = Ks (미분요소)$$

3 적분요소

$$G(s) = \frac{E(s)}{I(s)} = \frac{1}{sc} = \frac{K}{s} (적분요소)$$

4 1차 지연요소

$$G(s) = \frac{E(s)}{I(s)} = \frac{K}{1+Ts}$$

5 2차 지연요소

$$G(s) = \frac{E_{2s}}{E_{1s}} = \frac{1}{s^2LC + sCR + 1}$$

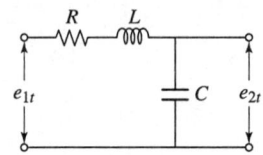

6 진상 보상기

$$G(s) = \frac{E_o(s)}{E_1(s)} = \frac{s+a}{s+b}$$

$$\begin{bmatrix} a = \dfrac{1}{CR_1} \\ b = \dfrac{1}{CR_1} + \dfrac{1}{CR_2} \\ b > a \end{bmatrix}$$

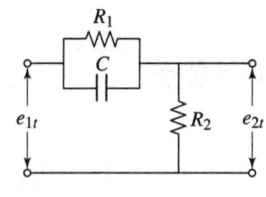

7 지상 보상기

$$G(s) = \frac{E_o(s)}{E_1(s)} = \frac{s+b}{s+a}$$

$$\begin{bmatrix} a = \dfrac{1}{C(R_1+R_2)} \\ b = \dfrac{1}{CR_2} \\ b > a \end{bmatrix}$$

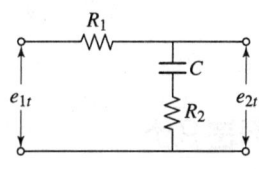

8 지상, 진상 보상기

$$G(s) = \frac{E_2(s)}{E_1(s)} = \frac{(s+a_1)(s+b_1)}{(s+b_2)(s+a_2)}$$

$$\begin{bmatrix} b_1 > a_1 \\ b_2 > a_2 \end{bmatrix}$$

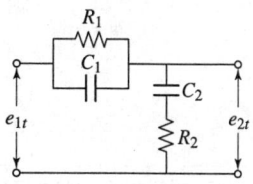

9 부동작 요소

$t=0$에서 입력 변화가 있어도 $t=L$에 출력변화가 없는 요소로 $G(s) = \dfrac{Y(s)}{X(s)} = Ke^{-Ls}$이다.

[적중예상문제] 12

01 다음 전달함수 설명 중 옳은 것은?
① 2계 회로의 분모와 분자의 차수의 차는 s의 1차식이 된다.
② 2계 회로에서는 전달함수의 분모는 s의 2차식이다.
③ 전달 함수 분모의 차수는 초기값에 따라 결정된다.
④ 전달 함수 분자의 차수에 따라 분모의 차수가 결정된다.

[해설] 전달함수 분모의 s차수가 1차식일 때는 1차 진상(지상)요소. 2차식일 때는 2차 진상(지상)전달요소라 한다.

02 그림과 같은 회로에서 e_i를 입력, e_o를 출력으로 할 경우 전달 함수는?

① $\dfrac{RLs}{R+Ls}$
② $\dfrac{Ls}{R+Ls}$
③ $\dfrac{Rs}{R+Ls}$
④ $\dfrac{L}{R+Ls}$

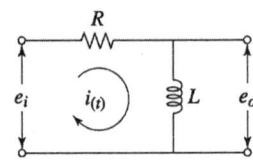

[해설] $e_i = R\,i(t) + L\dfrac{di(t)}{dt}$ [V], $e_o = L\dfrac{di(t)}{dt}$ [V] 양변 라플라스 변환. 단, 초기치값 = 0

$E_i = RI(s) + sLI(s)$ [V] $E_o = sLI(s)$ [V] ∴ 전달함수 $G(s) = \dfrac{E_o}{E_i} = \dfrac{I(s)\,sL}{I(s)(R+sL)} = \dfrac{sL}{R+sL}$

03 다음과 같은 회로에서 e_i를 입력, e_o를 출력으로 할 경우 전달 함수는?

① $\dfrac{1}{Ts+1}$
② $\dfrac{1}{Ts^2+1}$
③ $\dfrac{s}{Ts+2}$
④ $\dfrac{s}{Ts^2+1}$

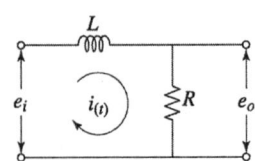

[해답] 1. ② 2. ② 3. ①

해설

$e_i = L\dfrac{di(t)}{dt} + Ri(t)[V]$, $e_o = Ri(t)[V]$ 초기치값 $=0$이다. 양변 라플라스 변환. 시정수 $T = \dfrac{L}{R}$ [sec]일 때 $E_i = sLI(s) + RI(s)[V]$, $E_o = RI(s)[V]$

$\therefore$ 전달함수 $G(s) = \dfrac{E_o}{E_i} = \dfrac{I(s)R}{I(s)(sL+R)} = \dfrac{1}{\dfrac{L}{R}s+1} = \dfrac{1}{Ts+1}$

---

04 다음과 같은 회로의 전달함수는?

① $\dfrac{1}{Ts^2+1}$
② $Ts+2$
③ $\dfrac{1}{Ts+1}$
④ $\dfrac{1}{Ts}$

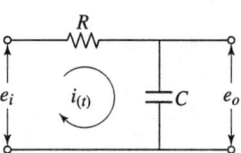

해설

초기값 $=0$ 이라 하면 양변 라플라스 변환. 시정수 $T = CR$[sec]일 때

전달함수 $G(s) = \dfrac{E_o}{E_i} = \dfrac{I(s)\dfrac{1}{sC}}{I(s)\left(R+\dfrac{1}{sC}\right)} = \dfrac{1}{sCR+1} = \dfrac{1}{Ts+1}$

---

05 다음과 같은 전기 회로의 입력 전압 e_i와 출력 전압 e_o 사이의 전달함수를 구하면?

① $\dfrac{CRs}{1+CRs}$
② $\dfrac{CRs}{1-CRs}$
③ $\dfrac{CR}{2+CRs}$
④ $\dfrac{CR}{2-CRs}$

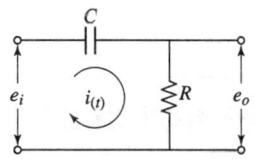

해설

그림에서 초기값 $=0$일 때의 양변 라플라스 변환

전달함수 $G(s) = \dfrac{E_o}{E_i} = \dfrac{I(s)R}{I(s)\left(\dfrac{1}{sC}+R\right)} = \dfrac{sCR}{1+sCR}$

---

06 다음과 같은 회로의 전달함수는?

① $C_1 + 2C_2$
② $\dfrac{C_2}{2C_1}$
③ $\dfrac{C_1}{C_1+C_2}$
④ $\dfrac{C_2}{C_1+C_2}$

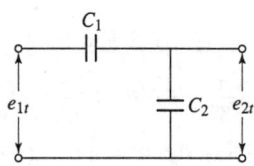

정답 4. ③ 5. ① 6. ③

해설 입, 출력 초기치 값=0 라플라스 변환에 의한 전달함수

$$G(s) = \frac{E_o}{E_i} = \frac{I(s) \times \frac{1}{sC_2}}{I(s)\left(\frac{1}{sC_1}+\frac{1}{sC_2}\right)} = \frac{\frac{1}{sC_2}}{\frac{1}{sC_1}+\frac{1}{sC_2}} = \frac{sC_1}{sC_1+sC_2} = \frac{C_1}{C_1+C_2}$$

07 그림과 같은 회로의 전압비 전달함수 $H(jw)$는 얼마인가? (단, 입력 $e(t)$는 정현파 교류 전압이며, 출력은 e_R이다.)

① $\dfrac{jw}{(5-w^2)+jw}$

② $\dfrac{jw}{(5+w^2)+jw}$

③ $\dfrac{jw}{(4-w)^2+jw}$

④ $\dfrac{jw}{(4+w)^2+jw}$

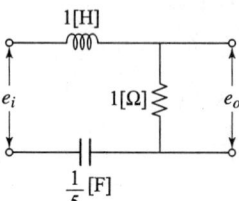

해설 입,출력 전압의 초기값=0일 때의 라플라스 변환에 의한 전달함수

$$G(s) = \frac{E_o}{E_i} = \frac{I(s)\times R}{I(s)\left(sL+R+\frac{1}{sC}\right)} = \frac{R}{s\times 1+R+\frac{1}{s\times \frac{1}{5}}} = \frac{sR}{s^2+sR+5}$$

$$= \frac{jw\times 1}{(jw)^2+jw\times 1+5} = \frac{jw}{-w^2+jw+5} = \frac{jw}{(5-w^2)+jw}$$

08 그림과 같은 회로의 전달함수 $\dfrac{Q(s)}{E(s)}$를 구하면?

① $\dfrac{L}{LCs^2+1}$

② $\dfrac{C}{LCs^2+1}$

③ $\dfrac{1}{LCs^2+1}$

④ $\dfrac{C}{Ls+1}$

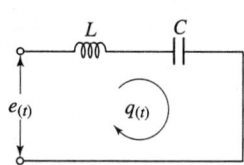

해설 $i(t) = \dfrac{dq(t)}{dt}$ [A]일 때 키르히호프 제2법칙에서 입력전압

$$e(t) = L\frac{di(t)}{dt} + \frac{1}{C}\int i(t)dt = L\frac{d}{dt}\times\frac{dq(t)}{dt} + \frac{1}{C}\int\frac{dq(t)}{dt}\times dt = L\frac{d^2q(t)}{dt^2} + \frac{q(t)}{C} \text{ [V]}$$

초기값=0. 양변 라플라스 변환하면 $E(s) = (s^2L+\dfrac{1}{C})Q(s)$

∴ 전달함수 $G(s) = \dfrac{Q(s)}{E(s)} = \dfrac{1}{s^2L+\dfrac{1}{C}} = \dfrac{C}{s^2LC+1}$

7. ① **8.** ②

09 그림과 같은 회로의 전달함수 $\dfrac{E_o(s)}{I(s)}$ 는?

① $\dfrac{1}{C_1s+C_2s}$

② $\dfrac{C_1}{C_1s+C_2s}$

③ $\dfrac{C_1C_2}{C_1s+C_2s}$

④ $\dfrac{C_2}{C_1s+C_2s}$

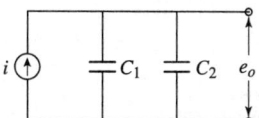

해설

키르히호프 제1법칙 $i = i_1 + i_2 = C_1 \dfrac{de_o}{dt} + C_2 \dfrac{de_o}{dt}$ [A]. 양변 라플라스 변환하면

$I(s) = (sC_1 + sC_2)E_o s$ ∴ 전달함수 $G(s) = \dfrac{E_o(s)}{I(s)} = \dfrac{1}{sC_1 + sC_2}$

10 그림과 같은 RC 병렬회로의 전달함수 $\dfrac{E_o(s)}{I(s)}$ 는?

① $\dfrac{R}{RCs+1}$

② $\dfrac{C}{RCs+1}$

③ $\dfrac{RC}{RCs+2}$

④ $\dfrac{RCs}{RCs+2}$

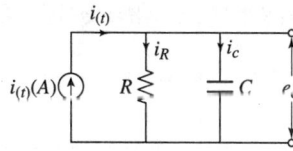

해설

키르히호프 제1법칙에서 $i = i_R + i_c = \dfrac{1}{R} e_o(t) + C \dfrac{de_o(t)}{dt}$ [A]

초기치 값 $=0$. 양변 라플라스 변환하면 $I(s) = (\dfrac{1}{R} + sC)E_o(s)$

∴ 전달함수 $G(s) = \dfrac{E_o(s)}{I(s)} = \dfrac{1}{\dfrac{1}{R} + sC} = \dfrac{R}{1+sCR}$

11 적분 요소의 전달함수는?

① K　　　　　　　　② Ts

③ $\dfrac{1}{Ts}$　　　　　　　④ $\dfrac{K}{1+Ts}$

해설

K : 비례요소 전달함수,　Ts : 미분요소 전달함수

$\dfrac{1}{Ts}$: 적분요소 전달함수　$\dfrac{K}{1+Ts}$: 1차 지연요소 전달함수

해답 9. ①　10. ①　11. ③

12 다음과 같은 요소는 다음의 어떤 요소인가?

① 미분 요소
② 적분 요소
③ 1차 지연 요소
④ 1차 지연 요소를 포함한 미분 요소

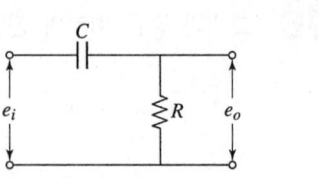

해설 입, 출력 전압, 초기치 값 = 0로 하고, 라플라스 변환하면 전달함수
$$G(s) = \frac{E_o}{E_i} = \frac{I(s) \times R}{I(s)(\frac{1}{sC}+R)} = \frac{sCR}{1+sCR} = \frac{Ts}{1+Ts}$$
단, T(시정수) = cR[sec]. 이는 1차 지연요소를 포함한 미분요소이다.

13 다음 회로에서 출력 전압의 위상은 입력 전압 위상보다 어떻게 되는가?

① 같다.
② 뒤진다.
③ 앞선다.
④ 앞설 수도, 뒤질 수도 있다.

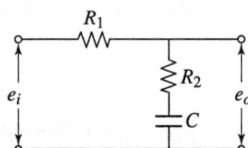

해설 R_1만의 입력전압 위상은 전류와 동위상이다. 또 $R_2 - c$의 직렬회로 출력전압 위상은 전류보다 지상이다.
∴ 출력전압 위상은 뒤진다.

14 다음과 같은 회로에서 입력 전압의 위상은 출력 전압보다 어떠한가?

① 같다.
② 뒤진다.
③ 앞선다.
④ 정수에 따라 앞서기도 뒤지기도 한다.

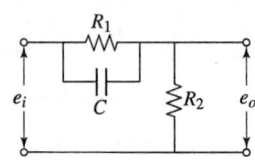

해설 $R_1 - c$ 병렬회로의 입력전압 위상은 전류보다 지상이다. 또, R_2만의 출력전압 위상은 전류와 동위상이다.
∴ 입력전압 위상은 뒤진다.

15 $G(s) = \frac{K}{s^2}$ 인 제어계는?

① 2차 진상 요소
② 2차 적분 요소
③ 2차 지연 요소
④ 2차 미분 요소

해답 12. ④ 13. ② 14. ② 15. ②

해설 전달함수 $G(s)$의 분모 차수가 1차식 일 때는 1차 진상(지상)요소이고, 2차식 일 때는 2차 진상(지상)요소이므로 $\frac{k}{s^2}$ 의 제어계는 2차 적분요소 이다.

16 $G(s)=\frac{1}{(T_1s+1)(T_2s+1)}$ 인 제어계는?
① 2차 적분 요소 ② 2차 미분 요소
③ 2차 전달 진상 요소 ④ 2차 전달 지연 요소

해설 전달함수 $G(s)$의 분모차수가 2차식 이므로 2차 전달 지연요소이다.

17 $G(s)=Ks^2$ 인 제어계는?
① 2차 미분 요소 ② 2차 진상 요소
③ 2차 지연 요소 ④ 2차 적분 요소

해설 $G(s)=Ks^2$은 2차 미분 요소이다.

18 1차 지연 요소의 전달 함수는?
① $1+Ts$ ② $\frac{K}{s}$
③ Ks ④ $\frac{K}{1+Ts}$

해설 $G(s)=\frac{K}{1+Ts}$ 는 1차 지연 요소이다.

19 부동작 시간 요소의 전달 함수는?
① Ks ② K
③ $\frac{K}{s}$ ④ Ke^{-Ls}

해설 $G(s)=Ke^{-Ls}$는 부동작 시간요소이다.

20 전달 함수의 값이 $G(s)=1+Ts$로 표시되는 요소는?
① 1차 지연 요소 ② 미분 요소
③ 2차 전달 지상 요소 ④ 1차 전달 진상 요소

해답 16. ④ 17. ① 18. ④ 19. ④ 20. ④

해설
$G(s) = 1 + Ts$는 1차 전달 진상요소이다.

21 다음 브릿지 회로에서 입력전압 e_i에 대한 출력 전압 e_o의 전달 함수를 구하면?

① $\dfrac{1}{LCs^2+1}$

② $\dfrac{LCs^2+1}{LCs^2-1}$

③ $\dfrac{1}{LCs^2-1}$

④ $\dfrac{LCs^2-1}{LCs^2+1}$

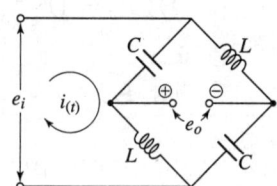

해설
초기치 값 = 0. 입, 출력 전압의 라플라스 변환
$E_i = \left(\dfrac{1}{sC} + sL\right) I(s) [V]$
$E_o = \left(sL - \dfrac{1}{sC}\right) I(s) [V]$
∴ 전달함수 $G(s) = \dfrac{E_o}{E_i} = \dfrac{\left(sL - \dfrac{1}{sC}\right)I(s)}{\left(\dfrac{1}{sC} + sL\right)I(s)} = \dfrac{s^2LC - 1}{s^2LC + 1}$

22 그림과 같은 RC 브릿지 회로의 전달함수 $\dfrac{E_o(s)}{E_i(s)}$는?

① $\dfrac{1}{2+RCs}$

② $\dfrac{RCs}{2+RCs}$

③ $\dfrac{1+RCs}{1-RCs}$

④ $\dfrac{1-RCs}{1+RCs}$

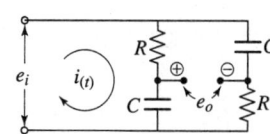

해설
초기치 값 = 0. 입, 출력 전압의 라플라스 변환
$E_i = \left(R + \dfrac{1}{sC}\right)I(s)[V],\ E_o = \left(\dfrac{1}{sC} - R\right)I(s)[V]$
∴ 전달함수 $G(s) = \dfrac{E_o}{E_i} = \dfrac{I(s)\left(\dfrac{1}{sC} - R\right)}{I(s)\left(R + \dfrac{1}{sC}\right)} = \dfrac{1 - sCR}{sCR + 1}$

정답 21. ④ 22. ④

23 회전 운동 물리계의 관성 모멘트, 비틀림 강도, 회전 점성 저항을 전기계로 유추하는 경우 옳은 것은?

① 전기 저항, 정전 용량, 인덕턴스
② 인덕턴스, 정전 용량, 전기 저항
③ 정전 용량, 전기 저항, 인덕턴스
④ 정전 용량, 인덕턴스, 전기 저항

해설
- 회전계의 관성 모멘트=인덕턴스
- 비틀림 강도=정전 용량
- 회전 점성 저항=전기저항으로 유추된다.

24 질량, 속도, 힘을 전기계로 유추하는 경우 옳은 것은?

① 질량=임피던스, 속도=전류, 힘=전압
② 질량=인덕턴스, 속도=전류, 힘=전압
③ 질량=용량, 속도=전류, 힘=전압
④ 질량=저항, 속도=전류, 힘=전압

해설
질량=인덕턴스
속도=전류
힘=전압으로 유추된다.

25 어떤 제어계의 관계식이 다음과 같을 때 전달함수는? (단, $\dfrac{d^2y}{dt^2}+5\dfrac{dy}{dt}+6y=e^{-t}x$이다.)

① $\dfrac{2}{(s+2)(s+3)}$
② $\dfrac{(s+2)(s+3)}{s+1}$
③ $\dfrac{s+5}{(s+2)(s+3)}$
④ $\dfrac{1}{(s+1)(s+2)(s+3)}$

해설
초기값 =0. 양변 라플라스 변환하면
$s^2Y(s)+5sY(s)+6Y(s)=\dfrac{1}{s+1}X(s)$
∴ $Y(s)(s^2+5s+6)=\dfrac{1}{s+1}X(s)$
전달함수 $G(s)=\dfrac{Y(s)}{X(s)}=\dfrac{1}{(s+1)(s^2+5s+6)}=\dfrac{1}{(s+1)(s+2)(s+3)}$

23. ② 24. ② 25. ④

26 전달 함수가 $G(s) = \dfrac{Y(s)}{X(s)} = \dfrac{10}{(s+1)(s+2)}$ 인 계를 미분 방정식의 형으로 나타낸 것은?

① $\dfrac{d^2}{dt^2}x(t) + 3\dfrac{d}{dt}x(t) + 2x(t) = 10g(t)$

② $\dfrac{d}{dt^2}x(t) + 3\dfrac{d}{dt}x(t) + 4x(t) = 10$

③ $\dfrac{d}{dt^2}y(t) + 3\dfrac{d}{dt}y(t) + 2y(t) = 10x(t)$

④ $\dfrac{d}{dt^2}y(t) + 3\dfrac{d}{dt}y(t) + 2y(t) = 1$

해설

전달함수 $G(s) = \dfrac{Y(s)}{X(s)} = \dfrac{10}{(s+1)(s+2)} = \dfrac{10}{s^2+3s+2}$ 맞보는 변의 곱에 시간함수 표현은

$\dfrac{d^2}{dt^2}y(t) + 3\dfrac{d}{dt}y(t) + 2y(t) = 10x(t)$

27 다음 제어계의 임펄스 응답이 $\sin t$일 때에 이 계의 전달함수를 구하면?

① $\dfrac{1}{s+1}$ ② $\dfrac{1}{s^2+1}$

③ $\dfrac{s}{s+4}$ ④ $\dfrac{2}{s^2+1}$

해설

과도 응답(시간 함수) $C(t) = L^{-1}(G(s)R(s))$

정상 응답(전달 함수) $G(s) = L(C(t)) = L(\sin t) = \dfrac{1}{s^2+1}$

28 전달함수 $G(s) = \dfrac{1}{s+1}$ 인 제어계의 인디셜 응답은?

① $1 - e^{-t}$ ② e^{-t}

③ $2e^{-t}$ ④ $e^{-t} - 1$

해설

인디셜 입력 $R(s) = \dfrac{1}{s}$

인디셜 응답 $C(t) = L^{-1}(G(s)R(s)) = L^{-1}\left(\dfrac{1}{s+1} \times \dfrac{1}{s}\right) = L^{-1}\left(\dfrac{k_1}{s} + \dfrac{k_2}{s+1}\right)$

$= L^{-1}\left(\dfrac{1}{s} + \dfrac{-1}{s+1}\right) = 1 - e^{-t}$

해답 26. ③ 27. ② 28. ①

29 전달함수 $G(s)=\dfrac{s+1}{s+2}$ 인 제어계의 경사 응답 $y(t)$를 나타낸 값은?

① $\dfrac{1}{4}(1+e^{-2t}+2t)$ ② $\dfrac{1}{4}(1-e^{-2t}+2t)$

③ $\dfrac{1}{2}(1+e^{-2t}-2t)$ ④ $\dfrac{1}{2}(1-e^{-2t}-2t)$

해설

경사 입력 $R(s)=\dfrac{1}{s^2}$

경사 응답 $y(t)=L^{-1}(G(s)R(s))=L^{-1}\left(\dfrac{s+1}{s+2}\times\dfrac{1}{s^2}\right)=L^{-1}\left(\dfrac{k_{11}}{s^2}+\dfrac{k_{12}}{s}+\dfrac{k_2}{s+2}\right)$

$=L^{-1}\left(\dfrac{\frac{1}{2}}{s^2}+\dfrac{-\frac{1}{4}}{s+2}+\dfrac{\frac{1}{4}}{s}\right)=\dfrac{1}{4}-\dfrac{1}{4}e^{-2t}+\dfrac{1}{4}\times 2t=\dfrac{1}{4}(1-e^{-2t}+2t)$

단, $k_{11}=\lim\limits_{s\to 0}\left(s^2\times\dfrac{s+1}{(s+2)}\times\dfrac{1}{s^2}\right)=\lim\limits_{s\to 0}\dfrac{s+1}{s+2}=\dfrac{1}{2}$

$k_{12}=\lim\limits_{s\to 0}\dfrac{d}{ds}\left(\dfrac{s+1}{s+2}\right)=\dfrac{1(s+2)-1(s+1)}{(s+2)^2}=\dfrac{2-1}{4}=\dfrac{1}{4}$

$k_2=\lim\limits_{s\to -2}\left(\dfrac{s+1}{s^2}\right)=\dfrac{-2+1}{(-2)^2}=-\dfrac{1}{4}$ 를 상식에 대입한다.

29. ②

제 5 부

전기설비기술기준

제 1 장	공통사항
제 2 장	저압 전기설비
제 3 장	고압·특고압 전기설비
제 4 장	전기철도설비
제 5 장	분산형전원설비

공통사항

5부 전기설비기술기준

1 총칙(KEC 100)

1-1. 목적

한국전기설비규정(KEC, Korea Electro-technical Code) 목적은 전기설비기술기준 고시(이하 "기술기준")에서 정하는 전기설비("발전·송전·변전·배전 또는 전기사용을 위하여 설치하는 기계·기구·댐·수로·저수지·전선로·보안통신선로 및 그 밖의 설비"를 말한다)의 안전성능과 기술적 요구사항을 구체적으로 정하는 것을 목적으로 한다.

2 일반사항(KEC 110)

2-1. 전압의 구분

1. 저압 : 교류는 1[kV] 이하, 직류는 1.5[kV] 이하인 것
2. 고압 : 교류는 1[kV]를, 직류는 1.5[kV]를 초과하고, 7[kV] 이하인 것
3. 특고압 : 7[kV]를 초과하는 것

2-2. 용어정리(KEC 112)

1. 가공인입선 : 가공전선로의 지지물로부터 다른 지지물을 거치지 아니하고 수용장소의 붙임점에 이르는 가공전선

2. **계통연계** : 둘 이상의 전력계통 사이를 전력이 상호 융통될 수 있도록 선로를 통하여 연결하는 것으로 전력계통 상호간을 송전선, 변압기 또는 직류-교류변환설비 등에 연결하는 것. 계통연락이라고도 한다.
3. **계통외도전부**(Extraneous Conductive Part) : 전기설비의 일부는 아니지만 지면에 전위 등을 전해줄 위험이 있는 도전성 부분
4. **계통접지**(System Earthing) : 전력계통에서 돌발적으로 발생하는 이상현상에 대비하여 대지와 계통을 연결하는 것으로, 중성점을 대지에 접속하는 것.
5. **고장보호(간접접촉에 대한 보호**, Protection Against Indirect Contact) : 고장 시 기기의 노출도전부에 간접 접촉함으로써 발생할 수 있는 위험으로부터 인축을 보호하는 것
6. **관등회로** : 방전등용 안정기 또는 방전등용 변압기로부터 방전관까지의 전로
7. **기본보호(직접접촉에 대한 보호**, Protection Against Direct Contact) : 정상운전 시 기기의 충전부에 직접 접촉함으로써 발생할 수 있는 위험으로부터 인축의 보호
8. **내부 피뢰시스템**(Internal Lightning Protection System) : 등전위본딩 및/또는 외부 피뢰시스템의 전기적 절연으로 구성된 피뢰시스템의 일부
9. **노출도전부**(Exposed Conductive Part) : 충전부는 아니지만 고장 시에 충전될 위험이 있고, 사람이 쉽게 접촉할 수 있는 기기의 도전성 부분
10. **뇌전자기임펄스**(LEMP, Lightning Electromagnetic Impulse) : 서지 및 방사상 전자계를 발생시키는 저항성, 유도성 및 용량성 결합을 통한 뇌전류에 의한 모든 전자기 영향
11. **단독운전** : 전력계통의 일부가 전력계통의 전원과 전기적으로 분리된 상태에서 분산형전원에 의해서만 가압되는 상태
12. **단순 병렬운전** : 자가용 발전설비 또는 저압 소용량 일반용 발전설비를 배전계통에 연계하여 운전하되, 생산한 전력의 전부를 자체적으로 소비하기 위한 것으로서 생산한 전력이 연계계통으로 송전되지 않는 병렬 형태
13. **등전위본딩**(Equipotential Bonding) : 등전위를 형성하기 위해 도전부 상호간을 전기적으로 연결하는 것
14. **리플프리직류**을 말한다. 교류를 직류로 변환할 때 리플성분의 실효값이 10% 이하로 포함된 직류
15. **보호등전위본딩**(Protective Equipotential Bonding)를 말한다. 감전에 대한 보호 등과 같은 안전을 목적으로 하는 등전위본딩
16. **보호본딩도체**(Protective Bonding Conductor) : 등전위본딩을 확실하게하기 위한 보호도체를 말한다.

17. 보호접지(Protective Earthing) : 고장 시 감전에 대한 보호를 목적으로 기기의 한 점 또는 여러 점을 접지하는 것

18. 등전위본딩망(Equipotential Bonding Network) : 구조물의 모든 도전부와 충전도체를 제외한 내부설비를 접지극에 상호 접속하는 망

19. 분산형전원 : 중앙급전 전원과 구분되는 것으로서 전력소비지역 부근에 분산하여 배치 가능한 전원을 말한다. 상용전원의 정전시에만 사용하는 비상용 예비전원은 제외하며, 신·재생에너지 발전설비, 전기저장장치 등을 포함

20. 서지보호장치(SPD, Surge Protective Device) : 과도 과전압을 제한하고 서지전류를 분류시키기 위한 장치

21. 수뢰부 시스템(Air-termination System) : 낙뢰를 포착할 목적으로 피뢰침, 망상도체, 피뢰선 등과 같은 금속 물체를 이용한 외부 피뢰시스템의 일부

22. 스트레스전압(Stress Voltage) : 지락고장 중에 접지부분 또는 기기나 장치의 외함과 기기나 장치의 다른 부분 사이에 나타나는 전압

23. 옥내배선 : 건축물 내부의 전기사용장소에 고정시켜 시설하는 전선

24. 옥외배선 : 건축물 외부의 전기사용장소에서 그 전기사용장소에서의 전기사용을 목적으로 고정시켜 시설하는 전선

25. 옥측배선 : 건축물 외부의 전기사용장소에서 그 전기사용장소에서의 전기사용을 목적으로 조영물에 고정시켜 시설하는 전선

26. 외부피뢰시스템(External Lightning Protection System) : 수뢰부시스템, 인하도선시스템, 접지극시스템으로 구성된 피뢰시스템의 일종

27. 인하도선시스템(Down-conductor System) : 뇌전류를 수뢰시스템에서 접지극으로 흘리기 위한 외부 피뢰시스템의 일부

28. 임펄스내전압(Impulse Withstand Voltage) : 지정된 조건하에서 절연파괴를 일으키지 않는 규정된 파형 및 극성의 임펄스전압의 최대 피크 값 또는 충격내전압

29. 접지시스템(Earthing System) : 기기나 계통을 개별적 또는 공통으로 접지하기 위하여 필요한 접속 및 장치로 구성된 설비

30. 제1차 접근 상태 : 가공 전선이 다른 시설물과 접근(병행하는 경우를 포함하며 교차하는 경우 및 동일 지지물에 시설하는 경우를 제외한다. 이하 같다)하는 경우에 가공 전선이 다른 시설물의 위쪽 또는 옆쪽에서 수평거리로 가공 전선로의 지지물의 지표상의 높이에 상당하는 거리 안에 시설(수평 거리로 3[m] 미만인 곳에 시설되는 것을 제외한다)됨으로써 가공 전선로의 전선의 절단, 지지물의 도괴 등의 경우에 그 전선이 다른 시설물에 접촉할 우려가 있는 상태

31. **제2차 접근상태** : 가공 전선이 다른 시설물과 접근하는 경우에 그 가공 전선이 다른 시설물의 위쪽 또는 옆쪽에서 수평 거리로 3[m] 미만인 곳에 시설되는 상태
32. **접근상태** : 제1차 접근상태 및 제2차 접근상태
33. **전기철도용 급전선** : 전기철도용 변전소로부터 다른 전기철도용 변전소 또는 전차선에 이르는 전선
34. **전기철도용 급전선로** : 전기철도용 급전선 및 이를 지지하거나 수용하는 시설물
35. **접속설비** : 공용 전력계통으로부터 특정 분산형전원 전기설비에 이르기까지의 전선로와 이에 부속하는 개폐장치, 모선 및 기타 관련 설비
36. **접지전위 상승(EPR, Earth Potential Rise)** : 접지계통과 기준대지 사이의 전위차
37. **접촉범위(Arm's Reach)** : 사람이 통상적으로 서있거나 움직일 수 있는 바닥면상의 어떤 점에서라도 보조장치의 도움 없이 손을 뻗어서 접촉이 가능한 접근구역
38. **지락고장전류(Earth Fault Current)** : 충전부에서 대지 또는 고장점(지락점)의 접지된 부분으로 흐르는 전류를 말하며, 지락에 의하여 전로의 외부로 유출되어 화재, 사람이나 동물의 감전 또는 전로나 기기의 손상 등 사고를 일으킬 우려가 있는 전류
39. **지중 관로** : 지중 전선로 · 지중 약전류 전선로 · 지중 광섬유 케이블 선로 · 지중에 시설하는 수관 및 가스관과 이와 유사한 것 및 이들에 부속하는 지중함 등
40. **충전부(Live Part)** : 통상적인 운전 상태에서 전압이 걸리도록 되어 있는 도체 또는 도전부를 말한다. 중성선을 포함하나 PEN 도체, PEM 도체 및 PEL 도체는 포함하지 않는다.
41. **특별저압(ELV, Extra Low Voltage)** : 인체에 위험을 초래하지 않을 정도의 저압을 말한다. 여기서, SELV(Safety Extra Low Voltage)는 비접지회로에 해당되며, PELV(Protective Extra Low Voltage)는 접지회로에 해당된다.
42. **피뢰등전위본딩(Lightning Equipotential Bonding)** : 뇌전류에 의한 전위차를 줄이기 위해 직접적인 도전접속 또는 서지보호장치를 통해 분리된 금속부를 피뢰시스템에 본딩하는 것
43. **피뢰레벨(LPL, Lightning Protection Level)** : 자연적으로 발생하는 뇌방전을 초과하지 않는 최대 그리고 최소 설계 값에 대한 확률과 관련된 일련의 뇌격전류 매개변수(파라미터)로 정해지는 레벨
44. **피뢰시스템(LPS, Lightning Protection System)** : 구조물 뇌격으로 인한 물

리적 손상을 줄이기 위해 사용되는 전체시스템을 말하며, 외부피뢰시스템과 내부피뢰시스템으로 구성

45. PEN 도체[Combined Protective(Earthing) and Neutral(PEN) Conductor] : 중성선 겸용 보호도체
46. 기술기준 제73조 및 제162조에서 언급하는 보일러는 발전소에 속하는 기기 중 보일러, 독립과열기, 증기저장기 및 작동용공기가열기를 말한다.
47. 압력용기 : 발전용기기 중 내압 및 외압을 받는 용기
48. 배관 : 발전용기기 중 증기, 물, 가스 및 공기를 이동시키는 장치
49. 액화가스 연료연소설비 : 액화가스를 연료로 하는 연소설비
50. 하중 : 구조물 또는 부재에 응력 및 변형을 발생시키는 일체의 작용
51. 지진력 : 지진이 발생될 경우 지진에 의해 구조물에 작용하는 힘
52. 활동 : 흙에서 전단파괴가 일어나서 어떤 연결된 면을 따라서 엇갈림이 생기는 현상
53. 수로 : 취수설비, 침사지, 도수로, 헤드탱크, 서지탱크, 수압관로 및 방수로
    ① 취수설비 : 발전용의 물을 하천 또는 저수지로부터 끌어들이는 설비
    ② 침사지 : 발전소의 도수설비의 하나로, 수로식 발전의 경우에 취수구에서 도수로에 토사가 유입하는 것을 막기 위하여 도수로의 도중에서 취수구에 가급적 가까운 위치에 설치하는 연못
    ③ 도수로 : 발전용의 물을 끌어오기 위한 공작물을 말하며, 취수구와 상수조(또는 상부 Surge Tank)사이에 위치하고 무압도수로와 압력도수로가 있다.
    ④ 헤드탱크(Head Tank) : 도수로에서의 유입수량 또는 수차유량의 변동에 대하여 수조내 수위를 거의 일정하게 유지하도록 도수로 종단에 설치한 공작물
    ⑤ 서지탱크(Surge Tank) : 수차의 유량급변의 경우에 탱크내의 수위가 자동적으로 상승하여 도수로, 수압관로 또는 방수로에서의 과대한 수압의 변화를 조절하기 위한 공작물을 말한다. Surge Tank 중에서 수압관로측에 있는 것을 상부 Surge Tank, 방수로측에 있는 것을 하부 Surge Tank이다.
    ⑥ 수압관로 : 상수조(또는 상부 Surge Tank) 또는 취수구로부터 압력상태하에서 직접 수차에 이르기까지의 도수관 및 그것을 지지하는 공작물을 일괄하여 말한다.
    ⑦ 방수로 : 수차를 거쳐 나온 물을 유도하기 위한 구조물을 말하며, 무압 방수로와 압력 방수로가 있다. 방수로의 시점은 흡출관의 출구로 한다. 또한 "방수구 : 수차의 방수를 하천, 호소, 저수지 또는 바다로 방출하는 출구

54. 설계홍수위(FWL, Flood Water Level) : 설계홍수량이 저수지로 유입 될 경우에 여수로 방류량과 저수지내의 저류효과를 고려하여 상승할 수 있는 가장 높은 수위를 말한다. 일반적으로 설계홍수량은 빈도별 홍수유량을 기준으로 산정

55. 최고수위(MWL, Maximum Water Level) : 가능최대홍수량이 저수지로 유입될 경우에 여수로 방류량과 저수지내의 저류효과를 고려하여 상승 할 수 있는 가장 높은 수위. 최고수위는 설계홍수위와 같거나, 빈도홍수를 설계홍수량으로 채택한 댐의 경우는 설계홍수위보다 높다.

56. 가능최대홍수량(PMF, Probable Maximum Flood) : 가능최대강수량(PMP, Probable Maximum Precipitation)으로 인한 홍수량을 말하며, 유역에서의 가능최대 강수량이란 주어진 지속시간 동안 어느 특정 위치에 주어진 유역면적에 대하여 연중 어느 지정된 기간에 물리적으로 발생할 수 있는 이론적 최대 강수량

57. 수차 : 물이 가지고 있는 에너지를 기계적 일로 변환하는 회전기계를 말하며 수차 본체와 부속장치로 구성된다. 수차 본체는 일반적으로 케이싱, 커버, 가이드베인, 노즐, 디플렉터, 러너, 주축, 베어링 등으로 구성되며 부속장치는 일반적으로 입구밸브, 조속기, 제압기, 압유장치, 윤활유장치, 급수장치, 배수장치, 수위조정기, 운전제어장치 등이 포함

58. 유량 : 단위시간에 수차를 통과하는 물의 체적(m^3/s)

59. 총낙차 : 취수구 수면과 방수구 수면의 표고차(m)

60. 수차의 유효낙차 : 사용상태에서 수차의 운전에 이용되는 전 수두(m)

61. 정격회전속도 : 수차에 지정된 회전속도(rpm)

62. 무구속속도 : 어떤 유효낙차, 어떤 가이드베인개도 및 어떤 흡출높이에서 수차가 무부하로 회전하는 속도(rpm)

63. 비속도 : 기준유효낙차 및 기준출력에서의 값(m-kW기준)

64. 수차효율 : 수차출력과 수차입력과의 비. 수차입력은 유효낙차와 유량과 물의 밀도와 중력가속도와의 상승적으로 표시된 동력을 말한다.

[비고] 수차입력의 실용단위는 (kW)이며 다음식으로 표시한다.

$$P_h = \rho g Q H \times 10^{-3}$$

여기서, P_h : 수차입력(kW)
ρ : 물의 밀도(kg/m^3)
g : 중력가속도(m/s^2)
Q : 유량(m^3/s)
H : 유효낙차(m)

65. 입구밸브 : 수차에 통수 또는 단수할 목적으로 수차의 고압측 지정점 부근에 설치한 밸브를 말하며 주밸브, 바이패스밸브(Bypass Valve), 서보모터(Servomoter), 제어장치 등으로 구성

66. 제압기 : 케이싱 및 수압관로의 수압상승을 경감할 목적으로 가이드베인을 급속히 폐쇄할 때에 이와 연동하여 관로내의 물을 급속히 방출하고 가이드베인 폐쇄 후 서서히 방출을 중지하도록 케이싱 또는 그 부근의 수압관로에 설치한 자동배수장치

67. 유압장치 : 조속기, 입구밸브, 제압기, 운전제어장치 등의 조작에 필요한 압유를 공급하는 장치를 말하며 유압펌프, 유압탱크, 집유탱크 냉각장치, 유관 등을 포함

68. 운전제어장치 : 수차 및 발전기의 운전제어에 필요한 장치로써 전기적 및 기계적 응동기기, 기구, 밸브류, 표시장치 등을 조합한 것

3 전선(KEC 120)

3-1. 전선의 식별(KEC 121.2)

상(문자)	L1	L2	L3	N	보호도체
색상	갈색	흑색	회색	청색	녹색-노란색

3-2. 전선의 종류

3-2-1. 절연전선(KEC 122.1)
저압 절연전선은 450/750[V] 비닐절연전선 · 450/750[V] 저독난연 폴리올레핀 절연전선 · 450/750[V] 고무절연전선 사용

3-2-2. 저압케이블(KEC 122.4)
사용전압이 저압인 전로(전기기계기구 안의 전로를 제외한다)의 전선으로 사용하는 케이블은 0.6/1[kV] 연피(鉛皮)케이블, 클로로프렌외장(外裝)케이블, 비닐외장케이블, 폴리에틸렌외장케이블, 무기물 절연케이블, 금속외장케이블, 유선텔레비전용 급전겸용 동축 케이블(그 외부도체를 접지하여 사용하는 것에 한한다)을 사용하여야 한다.

3-2-3. 고압 및 특고압케이블(KEC 122.5)
사용전압이 고압인 전로(전기기계기구 안의 전로를 제외한다)의 전선으로 사용하는 케이블은 클로로프렌외장케이블 · 비닐외장케이블 · 폴리에틸렌외장케이블 · 콤바인 덕트 케이블 또는 이들에 보호 피복을 한 것을 사용

4 전로의 절연(KEC 130)

4-1. 전로의 절연저항 및 절연내력(KEC 132)

1. 사용전압이 저압인 전로에서 정전이 어려운 경우 등 절연저항 측정이 곤란한 경우에는 누설전류를 1[mA] 이하로 유지하여야 한다.
2. 고압 및 특고압의 전로(회전기, 정류기, 연료전지 및 태양전지 모듈의 전로, 변압기의 전로, 기구 등의 전로 및 직류식 전기철도용 전차선을 제외)는 아래 표에서 정한 시험전압을 전로와 대지 사이(다심케이블은 심선 상호 간 및 심선과 대지 사이)에 연속하여 10분간 가하여 절연내력을 시험하였을 때에 이에 견디어야 한다. 다만, 전선에 케이블을 사용하는 교류 전로로서 아래 표에서 정한 시험전압의 2배의 직류전압을 전로와 대지 사이(다심케이블은 심선 상호 간 및 심선과 대지 사이)에 연속하여 10분간 가하여 절연내력을 시험하였을 때에 이에 견디는 것에 대하여는 그러하지 아니하다.

〈전로의 종류 및 시험전압〉

전로의 종류	시 험 전 압
1. 최대사용전압 7[kV] 이하인 전로	최대사용전압의 1.5배의 전압
2. 최대사용전압 7[kV] 초과 25[kV] 이하인 중성점 접지식 전로(중성선을 가지는 것으로서 그 중성선을 다중접지 하는 것에 한한다)	최대사용전압의 0.92배의 전압
3. 최대사용전압 7[kV] 초과 60[kV] 이하인 전로(2란의 것을 제외한다)	최대사용전압의 1.25배의 전압(10.5[kV] 미만으로 되는 경우는 10.5[kV])
4. 최대사용전압 60[kV] 초과 중성점 비접지식전로(전위 변성기를 사용하여 접지하는 것을 포함한다)	최대사용전압의 1.25배의 전압
5. 최대사용전압 60[kV] 초과 중성점 접지식 전로(전위 변성기를 사용하여 접지하는 것 및 6란과 7란의 것을 제외한다)	최대사용전압의1.1배의 전압 (75[kV] 미만으로 되는 경우에는 75[kV])
6. 최대사용전압이 60[kV] 초과 중성점 직접접지식 전로(7란의 것을 제외한다)	최대사용전압의 0.72배의 전압
7. 최대사용전압이 170[kV] 초과 중성점 직접 접지식 전로로서 그 중성점이 직접 접지되어 있는 발전소 또는 변전소 혹은 이에 준하는 장소에 시설하는 것.	최대사용전압의 0.64배의 전압
8. 최대사용전압이 60[kV]를 초과하는 정류기에 접속되고 있는 전로	교류측 및 직류 고전압측에 접속되고 있는 전로는 교류측의 최대사용전압의 1.1배의 직류전압
	직류측 중성선 또는 귀선이 되는 전로(이하 이장에서 "직류 저압측 전로"라 한다)는 아래에 규정하는 계산식에 의하여 구한 값

직류 저압측 전로의 절연내력시험 전압의 계산방법 : $E = V \times \dfrac{1}{\sqrt{2}} \times 0.5 \times 1.2$

단, E : 교류 시험 전압(V를 단위로 한다)

V : 역변환기의 전류 실패 시 중성선 또는 귀선이 되는 전로에 나타나는 교류성 이상전압의 파고 값(V를 단위로 한다). 다만, 전선에 케이블을 사용하는 경우 시험전압은 E의 2배의 직류전압으로 한다.

4-2. 회전기 및 정류기의 절연내력(KEC 133)

회전기 및 정류기는 아래 표의 시험방법으로 절연내력을 시험하였을 때에 이에 견디어야 한다. 다만, 회전변류기 이외의 교류의 회전기로 다음 표에서 정한 시험전압의 1.6배의 직류전압으로 절연내력을 시험하였을 때 이에 견디는 것을 시설하는 경우에는 그러하지 아니하다.

〈회전기 및 정류기 시험전압〉

종 류		시 험 전 압	시 험 방 법
회전기	발전기 · 전동기 · 조상기 · 기타회전기(회전변류기를 제외한다) 최대사용전압 7[kV] 이하	최대사용전압의 1.5배의 전압(500[V] 미만으로 되는 경우에는 500[V])	권선과 대지 사이에 연속하여 10분간 가한다.
	발전기 · 전동기 · 조상기 · 기타회전기(회전변류기를 제외한다) 최대사용전압 7[kV] 초과	최대사용전압의 1.25배의 전압(10.5[kV] 미만으로 되는 경우에는 10.5[kV])	
	회전변류기	직류측의 최대사용전압의 1배의 교류전압(500[V] 미만으로 되는 경우에는 500[V])	
정류기	최대사용전압이 60[kV] 이하	직류측의 최대사용전압의 1배의 교류전압(500[V] 미만으로 되는 경우에는 500[V])	충전부분과 외함 간에 연속하여 10분간 가한다.
	최대사용전압 60[kV] 초과	교류측의 최대사용전압의 1.1배의 교류전압 또는 직류측의 최대사용전압의 1.1배의 직류전압	교류측 및 직류고전압측단자와 대지 사이에 연속하여 10분간 가한다.

4-3. 연료전지 및 태양전지 모듈의 절연내력(KEC 134)

연료전지 및 태양전지 모듈은 최대사용전압의 1.5배의 직류전압 또는 1배의 교류전압(500[V] 미만으로 되는 경우에는 500[V])을 충전부분과 대지사이에 연속하여 10분간 가하여 절연내력을 시험하였을 때에 이에 견디는 것이어야 한다.

4-4. 변압기 전로의 절연내력(KEC 135)

변압기(방전등용 변압기 · 엑스선관용 변압기 · 흡상 변압기 · 시험용 변압기 · 계기용변성기와 전기집진 응용 장치용의 변압기 기타 특수 용도에 사용되는 것을 제외한다. 이하 같다)의 전로는 아래 표에서 정하는 시험전압 및 시험방법으로 절연내력을 시험하였을 때에 이에 견디어야 한다.

〈변압기 전로의 시험전압〉

권선의 종류	시 험 전 압	시 험 방 법
1. 최대 사용전압 7[kV] 이하	최대 사용전압의 1.5배의 전압 (500[V] 미만으로 되는 경우에는 500[V]) 다만, 중성점이 접지되고 다중접지된 중성선을 가지는 전로에 접속하는 것은 0.92배의 전압(500[V] 미만으로 되는 경우에는 500[V])	시험되는 권선과 다른 권선, 철심 및 외함 간에 시험전압을 연속하여 10분간 가한다.
2. 최대 사용전압 7[kV] 초과 25[kV] 이하의 권선으로서 중성점접지식전로(중선선을 가지는 것으로서 그 중성선에 다중접지를 하는 것에 한한다)에 접속하는 것.	최대 사용전압의 0.92배의 전압	
3. 최대 사용전압 7[kV] 초과 60[kV] 이하의 권선(2란의 것을 제외한다)	최대 사용전압의 1.25배의 전압 (10.5[kV] 미만으로 되는 경우에는 10.5[kV])	
4. 최대 사용전압이 60[kV]를 초과하는 권선으로서 중성점 비접지식 전로(전위 변성기를 사용하여 접지하는 것을 포함한다. 8란의 것을 제외한다)에 접속하는 것.	최대 사용전압의 1.25배의 전압	
5. 최대 사용전압이 60[kV]를 초과하는 권선(성형결선, 또는 스콧결선의 것에 한한다)으로서 중성점 접지식 전로(전위 변성기를 사용하여 접지 하는 것, 6란 및 8란의 것을 제외한다)에 접속하고 또한 성형결선의 권선의 경우에는 그 중성점에, 스콧결선의 권선의 경우에는 T좌권선과 주좌권선의 접속점에 피뢰기를 시설하는 것.	최대 사용전압의 1.1배의 전압 (75[kV] 미만으로 되는 경우에는 75[kV])	시험되는 권선의 중성점단자(스콧결선의 경우에는 T좌권선과 주좌권선의 접속점 단자. 이하 이 표에서 같다) 이외의 임의의 1단자, 다른 권선(다른 권선이 2개 이상 있는 경우에는 각권선)의 임의의 1단자, 철심 및 외함을 접지하고 시험되는 권선의 중성점 단자 이외의 각 단자에 3상교류의 시험 전압을 연속하여 10분간 가한다. 다만, 3상교류의 시험전압 가하기 곤란할 경우에는 시험되는 권선의 중성점 단자 및 접지되는 단자 이외의 임의의 1단자와 대지 사이에 단상교류의 시험전압을 연속하여 10분간 가하고 다시 중성점 단자와 대지 사이에 최대 사용전압의 0.64배(스콧 결선의 경우에는 0.96배)의 전압을 연속하여 10분간 가할 수 있다.

권선의 종류	시 험 전 압	시 험 방 법
6. 최대 사용전압이 60[kV]를 초과하는 권선(성형결선의 것에 한한다. 8란의 것을 제외한다)으로서 중성점 직접접지식전로에 접속하는 것. 다만, 170[kV]를 초과하는 권선에는 그 중성점에 피뢰기를 시설하는 것에 한한다.	최대 사용전압의 0.72배의 전압	시험되는 권선의 중성점단자, 다른 권선(다른 권선이 2개 이상 있는 경우에는 각 권선)의 임의의 1단자, 철심 및 외함을 접지하고 시험되는 권선의 중성점 단자이외의 임의의 1단자와 대지 사이에 시험전압을 연속하여 10분간 가한다. 이 경우에 중성점에 피뢰기를 시설하는 것에 있어서는 다시 중성점 단자의 대지 간에 최대사용전압의 0.3배의 전압을 연속하여 10분간 가한다.
7. 최대 사용전압이 170[kV]를 초과하는 권선(성형결선의 것에 한한다. 8란의 것을 제외한다)으로서 중성점직접접지식 전로에 접속하고 또한 그 중성점을 직접 접지하는 것.	최대 사용전압의 0.64배의 전압	시험되는 권선의 중성점 단자, 다른 권선(다른 권선이 2개 이상 있는 경우에는 각 권선)의 임의의 1단자, 철심 및 외함을 접지하고 시험되는 권선의 중성점 단자 이외의 임의의 1단자와 대지 사이에 시험전압을 연속하여 10분간 가한다.
8. 최대 사용전압이 60[kV]를 초과하는 정류기에 접속하는 권선	정류기의 교류측의 최대 사용전압의 1.1배의 교류전압 또는 정류기의 직류측의 최대 사용전압의 1.1배의 직류전압	시험되는 권선과 다른 권선, 철심 및 외함 간에 시험전압을 연속하여 10분간 가한다.
9. 기타 권선	최대 사용전압의 1.1배의 전압 (75[kV] 미만으로 되는 경우는 75[kV])	시험되는 권선과 다른 권선, 철심 및 외함 간에 시험전압을 연속하여 10분간 가한다.

4-5. 기구 등의 전로의 절연내력(KEC 136)

개폐기·차단기·전력용 커패시터·유도전압조정기·계기용변성기 기타의 기구의 전로 및 발전소·변전소·개폐소 또는 이에 준하는 곳에 시설하는 기계기구의 접속선 및 모선(전로를 구성하는 것에 한한다. 이하 "기구 등의 전로"라 한다)은 아래 표에서 정하는 시험전압을 충전 부분과 대지 사이(다심케이블은 심선 상호 간 및 심선과 대지 사이)에 연속하여 10분간 가하여 절연내력을 시험하였을 때에 이에 견디어야 한다.

〈기구 등의 전로의 시험전압〉

종 류	시 험 전 압
1. 최대 사용전압이 7[kV] 이하인 기구 등의 전로	최대 사용전압이 1.5배의 전압(직류의 충전 부분에 대하여는 최대 사용전압의 1.5배의 직류전압 또는 1배의 교류전압) (500[V] 미만으로 되는 경우에는 500[V])

종 류	시 험 전 압
2. 최대 사용전압이 7[kV]를 초과하고 25[kV] 이하인 기구 등의 전로로서 중성점 접지식 전로(중성선을 가지는 것으로서 그 중성선에 다중접지하는 것에 한한다)에 접속하는 것.	최대 사용전압의 0.92배의 전압
3. 최대 사용전압이 7[kV]를 초과하고 60[kV] 이하인 기구 등의 전로(2란의 것을 제외한다)	최대 사용전압의 1.25배의 전압 (10.5[kV] 미만으로 되는 경우에는 10.5[kV])
4. 최대 사용전압이 60[kV]를 초과하는 기구 등의 전로로서 중성점 비접지식 전로(전위변성기를 사용하여 접지하는 것을 포함한다. 8란의 것을 제외한다)에 접속하는 것.	최대 사용전압의 1.25배의 전압
5. 최대 사용전압이 60[kV]를 초과하는 기구 등의 전로로서 중성점 접지식전로(전위변성기를 사용하여 접지하는 것을 제외한다)에 접속하는 것.(7란과 8란의 것을 제외한다)	최대 사용전압의 1.1배의 전압 (75[kV] 미만으로 되는 경우에는 75[kV])
6. 최대 사용전압이 170[kV]를 초과하는 기구 등의 전로로서 중성점직접접지식 전로에 접속하는 것(7란과 8란의 것을 제외한다)	최대 사용전압의 0.72배의 전압
7. 최대 사용전압이 170[kV]를 초과하는 기구 등의 전로로서 중성점 직접접지식 전로 중 중성점이 직접접지 되어 있는 발전소 또는 변전소 혹은 이에 준하는 장소의 전로에 접속하는 것(8란의 것을 제외한다).	최대 사용전압의 0.64배의 전압
8. 최대 사용전압이 60[kV]를 초과하는 정류기의 교류측 및 직류측 전로에 접속하는 기구 등의 전로	교류측 및 직류 고전압측에 접속하는 기구 등의 전로는 교류측의 최대 사용전압의 1.1배의 교류전압 또는 직류측의 최대 사용전압의 1.1배의 직류전압
	직류 저압측전로에 접속하는 기구 등의 전로는 규정하는 계산식으로 구한 값.

1. 단서의 규정에 의한 뇌서지흡수용 커패시터 · 지락검출용 커패시터 · 재기전압억제용 커패시터의 표준
   ① 사용전압이 고압 또는 특고압일 것
   ② 고압단자 또는 특고압단자 및 접지된 외함 사이에 다음 표에서 정하고 있는 공칭전압의 구분 및 절연계급의 구분에 따라 각각 같은 표에서 정한 교류전압 및 직류전압을 다음과 같이 일정시간 가하여 절연내력을 시험하였을 때에 이에 견디는 것일 것
   ㉠ 교류전압에서는 1분간
   ㉡ 직류전압에서는 10초간

〈뇌서지흡수용 · 지락검출용 · 재기전압억제용 커패시터의 시험전압〉

공칭전압의 구분(kV)	절연계급의 구분	시험전압	
		교류(kV)	직류(kV)
3.3	A	16	45
	B	10	30
6.6	A	22	60
	B	16	45
11	A	28	90
	B	28	75
22	A	50	150
	B	50	125
	C	50	180
33	A	70	200
	B	70	170
	C	70	240
66	A	140	350
	C	140	420
77	A	160	400
	C	160	480

- A : B 또는 C 이외의 경우
- B : 뇌서지전압외 침입이 적은 경우 또는 피뢰기 등의 보호장치에 의해서 이상전압이 충분히 낮게 억제되는 경우
- C : 피뢰기 등의 보호장치의 보호범위 외에 시설되는 경우

2. 단서의 규정에 의한 직렬 갭이 있는 피뢰기의 표준은 건조 및 주수상태에서 2분이 내의 시간간격으로 10회 연속하여 상용주파 방전개시전압을 측정하였을 때 아래 표의 상용주파 방전개시전압의 값 이상일 것

〈직렬 갭이 있는 피뢰기의 상용주파 방전개시전압〉

피뢰기 정격전압 (실효값) [kV]	상용주파 방전 개시전압 (실효값) [kV]	상용주파 전압 (실효값) [kV]	내전압[kV]		충격방전 개시전압 (파고값)[kV]		제한전압(파고값) [kV]		
			충격전압 (파고값)[kV]						
			1.2×50[μs]	250×2500[μs]	1.2×50[μs]	250×2500[μs]	10[kA]	5[kA]	2.5[kA]
7.5	11.25	21(20)	60	–	27	–	27	27	27
9	13.5	27(24)	75	–	32.5	–	–	–	32.5
12	18	50(45)	110	–	43	–	43	43	–
18	27	42(36)	125	–	65	–	–	–	65
21	31.5	70(60)	120	–	76	–	76	76	–

피뢰기 정격전압 (실효값) [kV]	상용주파 방전 개시전압 (실효값) [kV]	상용주파 전압 (실효값) [kV]	내전압[kV]		충격방전 개시전압 (파고값)[kV]		제한전압(파고값) [kV]		
			충격전압 (파고값)[kV]						
			1.2×50[μs]	250×2500[μs]	1.2×50[μs]	250×2500[μs]	10[kA]	5[kA]	2.5[kA]
24	26	70(60)	150	–	87	–	87	87	–
72 75	112.5	175 (145)	350	–	270	–	270	270	–
138 144	207	325 (325)	750	–	460	–	460	–	–
288	432	450 (450)	1175	950	725	695	690	–	–

[비고] ( ) 안의 숫자는 주수시험시 적용

3. 단서의 규정에 의한 전력선 반송용 결합리액터의 표준은
　① 사용전압은 고압일 것.
　② 60[Hz]의 주파수에 대한 임피던스는 사용전압의 구분에 따라 전압을 가하였을 때에 아래 표에서 정한 값 이상일 것.
　③ 권선과 철심 및 외함 간에 최대사용전압이 1.5배의 교류전압을 연속하여 10분간 가하였을 때에 (이에) 견딜 것

〈전력선 반송용 결합리액터의 판정 임피던스〉

사용전압의 구분	전 압	임피던스
3.5[kV] 이하	2[kV]	500 kΩ
3.5[kV] 초과	4[kV]	1,000 kΩ

5 접지시스템(KEC 140)

5-1. 접지극의 시설 및 접지저항(KEC 142.2)

1. 접지극은 다음의 방법 중 하나 또는 복합하여 시설하여야 한다.
　① 콘크리트에 매입 된 기초 접지극
　② 토양에 매설된 기초 접지극
　③ 토양에 수직 또는 수평으로 직접 매설된 금속전극(봉, 전선, 테이프, 배관, 판 등)
　④ 케이블의 금속외장 및 그 밖에 금속피복

⑤ 지중 금속구조물(배관 등)
⑥ 대지에 매설된 철근콘크리트의 용접된 금속 보강재. 다만, 강화콘크리트는 제외

2. 접지극의 매설은
① 접지극은 지표면으로부터 지하 0.75[m] 이상으로 하되 동결 깊이를 감안하여 매설 깊이를 정해야 한다.
② 접지도체를 철주 기타의 금속체를 따라서 시설하는 경우에는 접지극을 철주의 밑면으로부터 0.3[m] 이상의 깊이에 매설하는 경우 이외에는 접지극을 지중에서 그 금속체로부터 1[m] 이상 떼어 매설하여야 한다.

3. 수도관 등을 접지극으로 사용하는 경우는
① 지중에 매설되어 있고 대지와의 전기저항 값이 3[Ω] 이하의 값을 유지하고 있는 금속제 수도관로가 다음에 따르는 경우 접지극으로 사용이 가능
㉠ 접지도체와 금속제 수도관로의 접속은 안지름 75[mm] 이상인 부분 또는 여기에서 분기한 안지름 75[mm] 미만인 분기점으로부터 5[m] 이내의 부분에서 하여야 한다. 다만, 금속제 수도관로와 대지 사이의 전기저항 값이 2[Ω] 이하인 경우에는 분기점으로부터의 거리는 5[m]을 넘을 수 있다.
② 건축물·구조물의 철골 기타의 금속제는 이를 비접지식 고압전로에 시설하는 기계기구의 철대 또는 금속제 외함의 접지공사 또는 비접지식 고압진로와 저압전로를 결합하는 변압기의 저압전로의 접지공사의 접지극으로 사용할 수 있다. 다만, 대지와의 사이에 전기저항 값이 2[Ω] 이하인 값을 유지하는 경우에 한한다.

5-2. 접지도체·보호도체(KEC 142.3)

5-2-1. 접지도체(KEC 142.3.1)

1. 접지도체의 선정
① 접지도체의 단면적은 큰 고장전류가 접지도체를 통하여 흐르지 않을 경우 접지도체의 최소 단면적은 ㉠ 구리는 6[mm^2] 이상, ㉡ 철제는 50[mm^2] 이상
② 접지도체에 피뢰시스템이 접속되는 경우, 접지도체의 단면적은 구리 16[mm^2] 또는 철 50[mm^2] 이상으로 하여야 한다.

2. 접지도체는 지하 0.75[m] 부터 지표 상 2[m]까지 부분은 합성수지관(두께 2(mm) 미만의 합성수지제 전선관 및 가연성 콤바인덕트관은 제외한다) 또는 이와 동등 이상의 절연효과와 강도를 가지는 몰드로 덮어야 한다.

5-2-2. 보호도체(KEC 142.3.2)

〈보호도체의 최소 단면적〉

상도체의 단면적 S (mm², 구리)	보호도체의 최소 단면적(mm², 구리)	
	보호도체의 재질	
	상도체와 같은 경우	상도체와 다른 경우
$S \leq 16$	S	$(k_1/k_2) \times S$
$16 < S \leq 35$	$16(a)$	$(k_1/k_2) \times 16$
$S > 35$	$S(a)/2$	$(k_1/k_2) \times (S/2)$

여기서,
- k_1 : 도체 및 절연의 재질에 따라 KS C IEC 60364-5-54(저압전기설비-제5-54부:전기기기의 선정 및 설치-접지설비 및 보호도체)의 표A54.1(여러 가지 재료의 변수 값) 또는 KS C IEC 60364-4-43(저압전기설비-제4-43부:안전을 위한 보호-과전류에 대한 보호)의 표 43A(도체에 대한 k값)에서 선정된 상도체에 대한 k값
- k_2 : KS C IEC 60364-5-54(저압전기설비-제5-54부:전기기기의 선정 및 설치-접지설비 및 보호도체)의 표A.54.2(케이블에 병합되지 않고 다른 케이블과 묶여 있지 않은 절연 보호도체의 k값)~A.54.6(제시된 온도에서 모든 인접 물질에 손상 위험성이 없는 경우 나도체의 k값)에서 선정된 보호도체에 대한 k값
- a : PEN 도체의 최소단면적은 중성선과 동일하게 적용한다(KS C IEC 60364-5-52(저압전기설비-제5-52부:전기기기의 선정 및 설치-배선설비) 참조).

1. 보호도체의 단면적은 다음의 계산 값 이상이어야 한다.
   ① 차단시간이 5초 이하인 경우에만 다음 계산식 적용

$$S = \frac{\sqrt{I^2 t}}{k}$$

여기서,
- S : 단면적(mm²)
- I : 보호장치를 통해 흐를 수 있는 예상 고장전류 실효값(A)
- t : 자동차단을 위한 보호장치의 동작시간(s)
- k : 보호도체, 절연, 기타 부위의 재질 및 초기온도와 최종온도에 따라 정해지는 계수로 KS C IEC 60364-4-41(저압전기설비-제4-41부:안전을 위한 보호-감전에 대한 보호)의 부속서 A(기본보호에 관한 규정)에 의한다.

5-2-3. 변압기 중성점 접지(KEC 142.5)

5-2-4. 중성점 접지 저항 값(KEC 142.5.1)

1. 변압기의 중성점접지 저항 값은 다음에 의한다.
   ① 일반적으로 변압기의 고압·특고압측 전로 1선 지락전류로 150을 나눈

값과 같은 저항 값 이하

② 변압기의 고압·특고압측 전로 또는 사용전압이 35[kV] 이하의 특고압 전로가 저압측 전로와 혼촉하고 저압전로의 대지전압이 150[V]를 초과하는 경우는 저항 값은 다음에 의한다.

㉠ 1초 초과 2초 이내에 고압·특고압 전로를 자동으로 차단하는 장치를 설치할 때는 300을 나눈 값 이하

㉡ 1초 이내에 고압·특고압 전로를 자동으로 차단하는 장치를 설치할 때는 600을 나눈 값 이하

5-2-5. 공통접지 및 통합접지(KEC 142.5.2)

접지시스템에서 고압 및 특고압 계통의 지락사고 시 저압계통에 가해지는 상용주파 과전압은 아래 표에서 정한 값을 초과해서는 안 된다.

〈저압설비 허용 상용주파 과전압〉

고압계통에서 지락고장시간(초)	저압설비 허용 상용주파 과전압(V)	비 고
> 5	U_0 + 250	중성선 도체가 없는 계통에서 U_0는 선간전압을 말한다.
≤ 5	U_0 + 1,200	

[비고] 1. 순시 상용주파 과전압에 대한 저압기기의 절연 설계기준과 관련된다.
2. 중성선이 변전소 변압기의 접지계통에 접속된 계통에서, 건축물외부에 실치한 외함이 접시되시 않은 기기의 절연에는 일시적 상용주파 과전압이 나타날 수 있다.

5-3. 감전보호용 등전위본딩(KEC 143)

5-3-1. 보조 보호등전위본딩(KEC 143.2.2)

제1의 차단시간을 초과하고 2.5[m] 이내에 설치된 고정기기의 노출도전부와 계통외도전부는 보조 보호등전위본딩을 하여야 한다. 다만, 보조 보호등전위본딩의 유효성에 관해 의문이 생길 경우 동시에 접근 가능한 노출도전부와 계통외도전부 사이의 저항 값(R)이 다음의 조건을 충족하는지 확인하여야 한다.

교류 계통: $R \leq \dfrac{50\,V}{I_a}[\Omega]$, 직류 계통: $R \leq \dfrac{120\,V}{I_a}[\Omega]$

여기서, I_a : 보호장치의 동작전류(A) (누전차단기의 경우 $I_{\Delta n}$(정격감도전류), 과전류보호장치의 경우 5초 이내 동작전류)

5-3-2. 보호등전위본딩 도체(KEC 143.3.1)

1. 주접지단자에 접속하기 위한 등전위본딩 도체는 설비 내에 있는 가장 큰 보호접지도체 단면적의 1/2 이상의 단면적을 가져야 하고 다음의 단면적 이상이어야 한다.
    가. 구리도체 6[mm^2]
    나. 알루미늄 도체 16[mm^2]
    다. 강철 도체 50[mm^2]
2. 주접지단자에 접속하기 위한 보호본딩도체의 단면적은 구리도체 25[mm^2] 또는 다른 재질의 동등한 단면적을 초과할 필요는 없다.

6 피뢰시스템(KEC 150)

6-1. 피뢰시스템의 적용범위 및 구성

6-1-1. 적용범위(KEC 151.1)
1. 전기전자설비가 설치된 건축물·구조물로서 낙뢰로부터 보호가 필요한 것 또는 지상으로부터 높이가 20[m] 이상인 것
2. 저압전기전자설비
3. 고압 및 특고압 전기설비

6-1-2. 피뢰시스템의 구성(KEC 151.2)
1. 직격뢰로 부터 대상물을 보호하기 위한 외부피뢰시스템
2. 간접뢰 및 유도뢰로부터 대상물을 보호하기 위한 내부피뢰시스템

6-2. 외부피뢰시스템(KEC 152)

6-2-1. 수뢰부시스템(KEC 152.1.1)
1. 높이 60[m]를 초과하는 건축물·구조물의 측격뢰 보호용 수뢰부시스템의 시설은
    ① 상층부와 이 부분에 설치한 설비를 보호할 수 있도록 시설한다. 다만, 상층부의 높이가 60[m]를 넘는 경우는 최상부로부터 전체높이의 20% 부분에 한한다.
    ② 코너, 모서리, 중요한 돌출부 등에 우선 배치하고, 피뢰시스템 등급 Ⅳ 이상으로 하여야 한다.

2. 건축물·구조물과 분리되지 않은 수뢰부시스템의 시설은
   ① 지붕 마감재가 불연성 재료로 된 경우 지붕표면에 시설할 수 있다.
   ② 지붕 마감재가 높은 가연성 재료로 된 경우 지붕재료와 다음과 같이 이격하여 시설한다.
      ㉠ 초가지붕 또는 이와 유사한 경우 0.15[m] 이상
      ㉡ 다른 재료의 가연성 재료인 경우 0.1[m] 이상

6-3. 내부피뢰시스템(KEC 153)

6-3-1. 전기전자설비의 낙뢰에 대한 보호(KEC 153.1.1)
   1. 뇌서지에 대한 보호는 다음 중 하나 이상에 의한다.
      ① 접지·본딩
      ② 자기차폐와 서지유입경로 차폐
      ③ 서지보호장치 설치
      ④ 절연인터페이스 구성

6-3-2. 금속제설비의 등전위본딩(KEC 153.2.2)
   1. 건축물·구조물의 등전위본딩은
      ① 높이가 20[m] 이상인 경우, 지표면 및 높이 20[m] 부분에는 환상형 등전위본딩 바를 설치하거나 두 개 이상의 등전위본딩 바를 충분히 이격하여 설치하고 서로 접속한다.
      ② 높이가 30[m] 이상인 경우 지표면 및 높이 20[m]의 지점과 그 이상 20[m] 높이 마다 등전위본딩을 반복적으로 환상형 등전위본딩 바를 설치하거나 두 개 이상의 등전위본딩 바를 충분히 이격하여 설치하고 서로 접속한다.
   2. 등전위본딩 연결은 가능한 한 직선으로 하여야 한다.

[적중예상문제]

01 다음 중 전압의 구분으로 올바른 것은?
① 저압 : 교류는 1[kV] 이하, 직류는 1.5[kV] 이하인 것
② 고압 : 교류는 1.5[kV]를, 직류는 1[kV]를 초과하고, 7[kV] 이하인 것
③ 저압 : 교류는 1.5[kV] 이하, 직류는 2[kV] 이하인 것
④ 고압 : 교류는 1[kV]를, 직류는 7[kV]를 초과하고, 9[kV] 이하인 것

해설 전압의 구분
① 저압 : 교류는 1[kV] 이하, 직류는 1.5[kV] 이하인 것
② 고압 : 교류는 1[kV]를, 직류는 1.5[kV]를 초과하고, 7[kV] 이하인 것
③ 특고압 : 7[kV]를 초과하는 것

02 계통외도전부(Extraneous Conductive Part)의 설명으로 올바른 것은?
① 전력계통에서 돌발적으로 발생하는 이상현상에 대비하여 대지와 계통을 연결하는 것으로, 중성점을 대지에 접속하는 것
② 방전등용 안정기 또는 방전등용 변압기로부터 방전관까지의 전로
③ 둘 이상의 전력계통 사이를 전력이 상호 융통될 수 있도록 선로를 통하여 연결하는 것
④ 전기설비의 일부는 아니지만 지면에 전위 등을 전해줄 위험이 있는 도전성 부분

해설 계통접지(System Earthing) : 전력계통에서 돌발적으로 발생하는 이상현상에 대비하여 대지와 계통을 연결하는 것으로, 중성점을 대지에 접속하는 것
- 관등회로 : 방전등용 안정기 또는 방전등용 변압기로부터 방전관까지의 전로
- 계통연계 : 둘 이상의 전력계통 사이를 전력이 상호 융통될 수 있도록 선로를 통하여 연결하는 것

03 보호등전위본딩(Protective Equipotential Bonding)의 설명으로 올바른 것은?
① 감전에 대한 보호 등과 같은 안전을 목적으로 하는 등전위본딩
② 등전위본딩을 확실하게하기 위한 보호도체를 말한다.
③ 고장 시 감전에 대한 보호를 목적으로 기기의 한 점 또는 여러 점을 접지하는 것
④ 고장 시 감전에 대한 보호를 목적으로 기기의 한 점 또는 여러 점을 접지하는 것

예답 1. ① 2. ④ 3. ①

해설 보호본딩도체(Protective Bonding Conductor) : 등전위본딩을 확실하게하기 위한 보호도체를 말한다.
- 보호접지(Protective Earthing) : 고장 시 감전에 대한 보호를 목적으로 기기의 한 점 또는 여러 점을 접지하는 것
- 등전위본딩망(Equipotential Bonding Network) : 구조물의 모든 도전부와 충전도체를 제외한 내부 설비를 접지극에 상호 접속하는 망

04 전선의 상(문자) 중 흑색을 의미하는 것은?
① L_1
② L_2
③ L_3
④ N

해설

상(문자)	L_1	L_2	L_3	N	보호도체
색상	갈색	흑색	회색	청색	녹색-노란색

05 사용전압이 저압인 전로에서 정전이 어려운 경우 등 절연저항 측정이 곤란한 경우에는 누설전류를 몇 [mA] 이하로 유지하여야 하는가?
① 0.5[mA]
② 1.0[mA]
③ 1.5[mA]
④ 2.0[mA]

해설 (KEC 132) 사용전압이 저압인 전로에서 정전이 어려운 경우 등 절연저항 측정이 곤란한 경우에는 누설전류를 1[mA] 이하로 유지하여야 한다

06 전로의 종류가 최대사용전압 7[kV] 초과 25[kV] 이하인 중성점 접지식 전로(중성선을 가지는 것으로서 그 중성선을 다중접지 하는 것에 한한다)이다. 이때, 절연내력 시험전압은 최대 사용전압의 몇 배인가?
① 1.5배
② 0.92배
③ 1.25배
④ 1.1배

해설

전로의 종류	시험전압
1. 최대사용전압 7[kV] 이하인 전로	최대사용전압의 1.5배의 전압
2. 최대사용전압 7[kV] 초과 25[kV] 이하인 중성점 접지식 전로(중성선을 가지는 것으로서 그 중성선을 다중접지 하는 것에 한한다.)	최대사용전압의 0.92배의 전압
3. 최대사용전압 7[kV] 초과 60[kV] 이하인 전로(2란의 것을 제외한다.)	최대사용전압의 1.25배의 전압(10.5[kV] 미만으로 되는 경우는 10.5[kV])
4. 최대사용전압 60[kV] 초과 중성점 비접지식전로(전위 변성기를 사용하여 접지하는 것을 포함한다.)	최대사용전압의 1.25배의 전압

정답 4. ② 5. ② 6. ②

07 고압 및 특고압의 전로는 시험전압을 전로와 대지 사이에 연속하여 몇 분간 가하여 절연내력을 시험하였을 때에 이에 견디어야 하는가?

① 5분 ② 10분
③ 15분 ④ 20분

해설 본문 KEC 132 참조

08 최대사용전압이 60[kV] 이하 정류기의 절연내력시험에서 시험전압은 직류측의 최대사용전압의 몇 배인가?

① 0.5배 ② 1.0배
③ 1.5배 ④ 2.0배

해설 본문 KEC 133 참조

종류		시험전압	시험방법
정류기	최대사용전압이 60[kV] 이하	직류측의 최대사용전압의 1배의 교류전압(500[V] 미만으로 되는 경우에는 500[V])	충전부분과 외함 간에 연속하여 10분간 가한다.
	최대사용전압 60[kV] 초과	교류측의 최대사용전압의 1.1배의 교류전압 또는 직류측의 최대사용전압의 1.1배의 직류전압	교류측 및 직류고전압측단자와 대지 사이에 연속하여 10분간 가한다.

09 연료전지 및 태양전지 모듈은 최대사용전압의 (㉠) 배의 직류전압 또는 (㉡) 배의 교류전압을 충전부분과 대지사이에 연속하여 (㉢) 분간 가하여 절연내력을 시험하였을 때에 이에 견디는 것이어야 한다. ( ) 안을 채우시오.

① ㉠ 1.0 ㉡ 1.5 ㉢ 5 ② ㉠ 1.5 ㉡ 1.0 ㉢ 5
③ ㉠ 1.0 ㉡ 1.5 ㉢ 10 ④ ㉠ 1.5 ㉡ 1.0 ㉢ 10

해설 본문 KEC 134 참조

10 변압기 전로의 절연내력 시험에서 권선의 종류가 "최대 사용전압 7[kV] 초과 25[kV] 이하의 권선으로서 중성점접지식 전로에 접속하는 것."일 때 시험전압은 최대 사용전압의 몇 배인가?

① 1.5배 ② 1.25배
③ 1.0배 ④ 0.92배

해설 본문 KEC 135 참조

해답 7. ② 8. ① 9. ④ 10. ④

11 접지극은 동결 깊이를 감안하여 매설 깊이를 정하되, 일반적으로 지표면으로부터 지하 몇 [m] 이상에 매설하는가?

① 0.5[m]   ② 0.75[m]
③ 1.0[m]   ④ 1.25[m]

해설 접지극의 매설
① 접지극은 지표면으로부터 지하 0.75[m] 이상으로 하되 동결 깊이를 감안하여 매설 깊이를 정해야 한다.
② 접지도체를 철주 기타의 금속체를 따라서 시설하는 경우에는 접지극을 철주의 밑면으로부터 0.3[m] 이상의 깊이에 매설하는 경우 이외에는 접지극을 지중에서 그 금속체로부터 1[m] 이상 떼어 매설하여야 한다.

12 접지도체의 단면적은 큰 고장전류가 접지도체를 통하여 흐르지 않을 경우, 구리와 철제의 접지도체의 최소 단면적은 각각 몇 [mm²] 이상인가?

① 구리 : 3[mm²] 이상, 철제 : 25[mm²] 이상
② 구리 : 3[mm²] 이상, 철제 : 50[mm²] 이상
③ 구리 : 6[mm²] 이상, 철제 : 25[mm²] 이상
④ 구리 : 6[mm²] 이상, 철제 : 50[mm²] 이상

해설 KEC 142.3.1
① 구리는 6[mm²] 이상
② 철제는 50[mm²] 이상

13 피뢰시스템의 적용범위는 "전기전자설비가 설치된 건축물·구조물로서 낙뢰로부터 보호가 필요한 것 또는 지상으로부터 높이가 몇 [m] 이상인 것"인가?

① 10[m]   ② 15[m]
③ 20[m]   ④ 25[m]

해설 피뢰시스템의 적용범위 (KEC 151.1)
1. 전기전자설비가 설치된 건축물·구조물로서 낙뢰로부터 보호가 필요한 것 또는 지상으로부터 높이가 20[m] 이상인 것
2. 저압전기전자설비

14 피뢰시스템의 구성에 대한 설명으로 올바른 것은?

① 직격뢰로 부터 대상물을 보호하기 위한 외부피뢰시스템
② 직격뢰로 부터 대상물을 보호하기 위한 내부피뢰시스템
③ 간접뢰로 부터 대상물을 보호하기 위한 외부피뢰시스템
④ 유도뢰로부터 대상물을 보호하기 위한 외부피뢰시스템

정답 11. ② 12. ④ 13. ③ 14. ①

해설 (KEC 151.2) 피뢰시스템의 구성
1. 직격뢰로 부터 대상물을 보호하기 위한 외부피뢰시스템
2. 간접뢰 및 유도뢰로부터 대상물을 보호하기 위한 내부피뢰시스템

15 내부피뢰시스템의 뇌서지에 대한 보호 형식이 아닌 것은?
① 정전차폐
② 서지유입경로 차폐
③ 절연인터페이스 구성
④ 접지·본딩

해설 (KEC 153.1.1) 뇌서지에 대한 보호
① 접지·본딩
② 자기차폐와 서지유입경로 차폐
③ 서지보호장치 설치
④ 절연인터페이스 구성

정답 15. ①

저압 전기설비

5부 전기설비기술기준

1 통칙(KEC 200)

1-1. 적용범위(KEC 201)

교류 1[kV] 또는 직류 1.5[kV] 이하인 저압의 전기를 공급하거나 사용하는 전기설비에 적용하며 "① 전기설비를 구성하거나, 연결하는 선로와 전기기계 기구 등의 구성품 ② 저압 기기에서 유도된 1[kV] 초과 회로 및 기기(예: 저압 전원에 의한 고압방전등, 전기집진기 등)"를 포함한다.

1-2. 배전방식(KEC 202)

1-2-1. 교류 회로(KEC 202.1)

① 3상 4선식의 중성선 또는 PEN 도체는 충전도체는 아니지만 운전전류를 흘리는 도체
② 3상 4선식에서 파생되는 단상 2선식 배전방식의 경우 두 도체 모두가 선도체이거나 하나의 선도체와 중성선 또는 하나의 선도체와 PEN 도체
③ 모든 부하가 선간에 접속된 전기설비에서는 중성선의 설치가 필요하지 않을 수 있다.

1-2-2. 직류 회로(KEC 202.2)

PEL과 PEM 도체는 충전도체는 아니지만 운전전류를 흘리는 도체이다. 2선식 배전방식이나 3선식 배전방식 적용

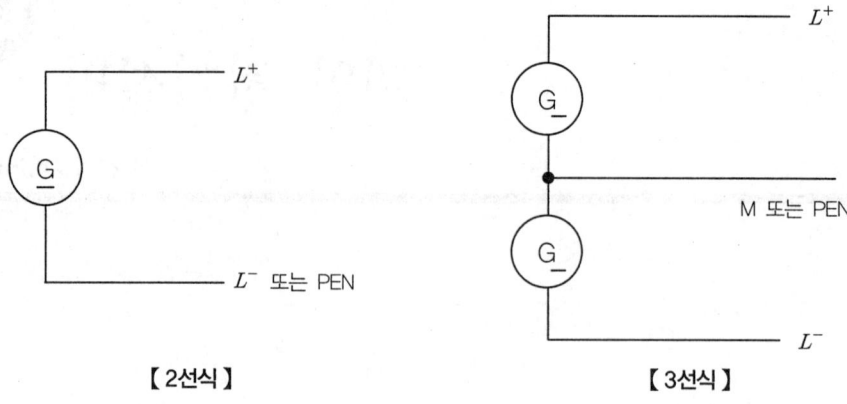

【 2선식 】　　　　　　　　　【 3선식 】

1-3. 계통접지의 방식(KEC 203)

1-3-1. 계통접지 구성(KEC 203.1)

1. 저압전로의 보호도체 및 중성선의 접속 방식에 따라 접지계통은 다음과 같이 분류
   ① TN 계통
   ② TT 계통
   ③ IT 계통

2. 계통접지에서 사용되는 문자 정의
   ① 제1문자－전원계통과 대지의 관계
      T : 한 점을 대지에 직접 접속
      I : 모든 충전부를 대지와 절연시키거나 높은 임피던스를 통하여 한 점을 대지에 직접 접속
   ② 제2문자－전기설비의 노출도전부와 대지의 관계
      T : 노출도전부를 대지로 직접 접속. 전원계통의 접지와는 무관
      N : 노출도전부를 전원계통의 접지점(교류 계통에서는 통상적으로 중성점, 중성점이 없을 경우는 선도체)에 직접 접속
   ③ 그 다음 문자(문자가 있을 경우)－중성선과 보호도체의 배치
      S : 중성선 또는 접지된 선도체 외에 별도의 도체에 의해 제공되는 보호기능
      C : 중성선과 보호 기능을 한 개의 도체로 겸용(PEN 도체)

⟨기호 설명⟩

기호	설명
—•—	중성선(N), 중간도체(M)
—⊢—	보호도체(PE)
—⊢•—	중성선과 보호도체겸용(PEN)

1-3-2. TN 계통(KEC 203.2)

전원측의 한 점을 직접접지하고 설비의 노출도전부를 보호도체로 접속시키는 방식으로 중성선 및 보호도체(PE 도체)의 배치 및 접속방식에 따라 다음과 같이 분류한다.

1. TN-S 계통은 계통 전체에 대해 별도의 중성선 또는 PE 도체를 사용한다. 배전계통에서 PE 도체를 추가로 접지할 수 있다.

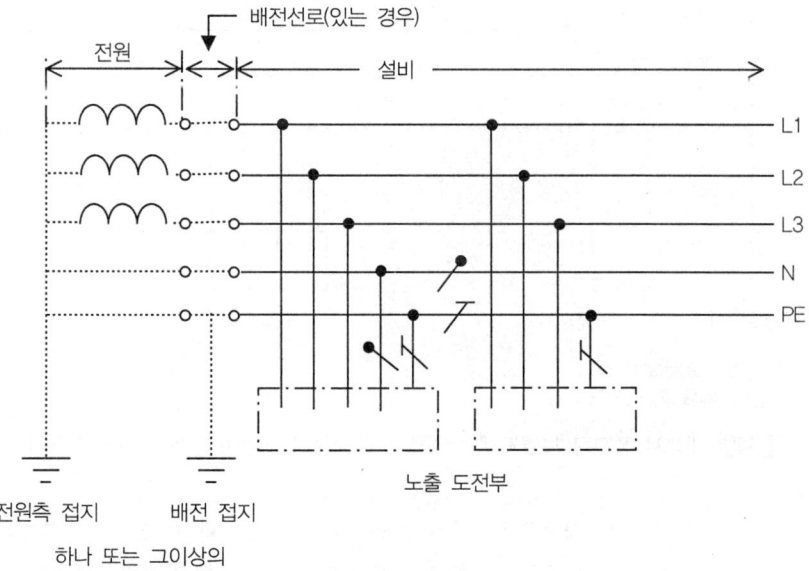

【 내에서 별도의 중성선과 보호도체가 있는 TN-S 계통 】

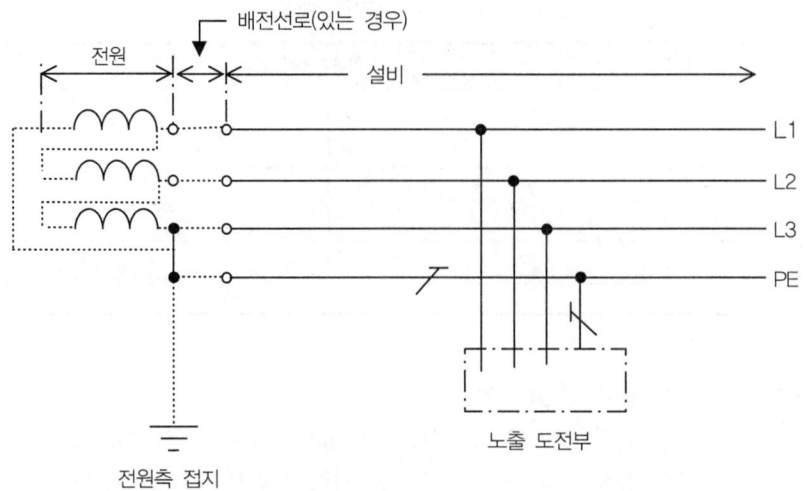

【 계통 내에서 별도의 접지된 선도체와 보호도체가 있는 TN-S 계통 】

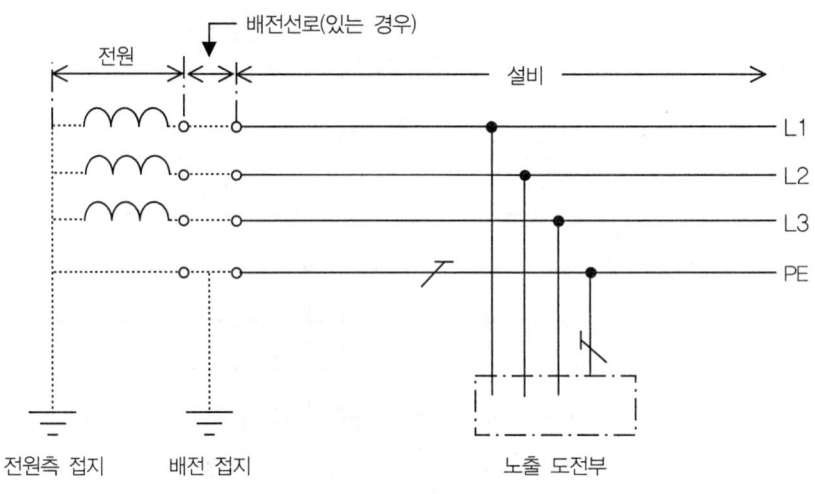

【 계통 내에서 접지된 보호도체는 있으나 중성선의 배선이 없는 TN-S 계통 】

2. TN-C 계통은 그 계통 전체에 대해 중성선과 보호도체의 기능을 동일도체로 겸용한 PEN 도체를 사용한다. 배전계통에서 PEN 도체를 추가로 접지할 수 있다.

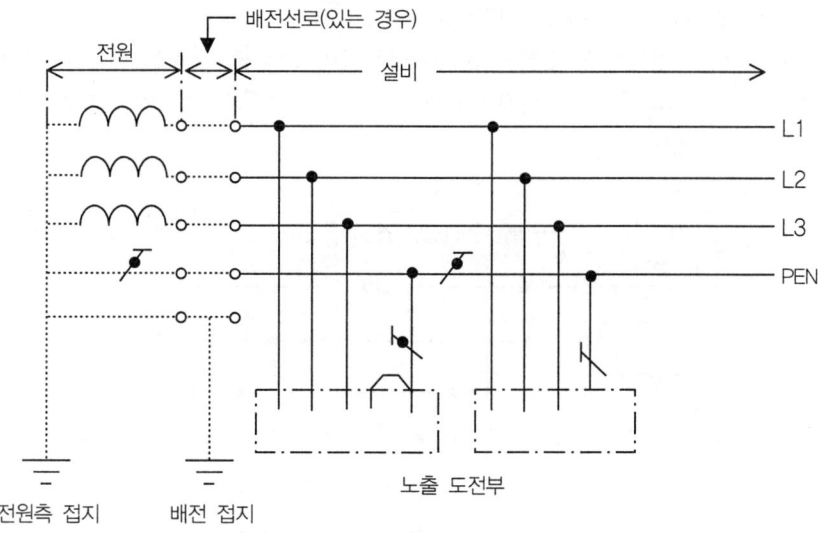

【 TN-C 계통 】

3. TN-C-S계통은 계통의 일부분에서 PEN 도체를 사용하거나, 중성선과 별도의 PE 도체를 사용하는 방식이 있다. 배전계통에서 PEN 도체와 PE 도체를 추가로 접지할 수 있다.

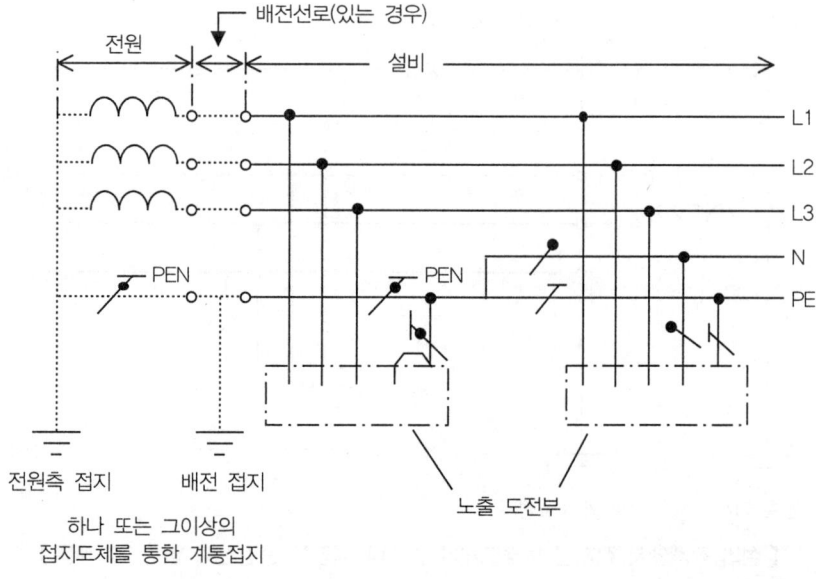

【 설비의 어느 곳에서 PEN이 PE와 N으로 분리된 3상 4선식 TN-C-S 계통 】

1-3-3. TT 계통(KEC 203.3)

전원의 한 점을 직접 접지하고 설비의 노출도전부는 전원의 접지전극과 전기적으로 독립적인 접지극에 접속시킨다. 배전계통에서 PE 도체를 추가로 접지할 수 있다.

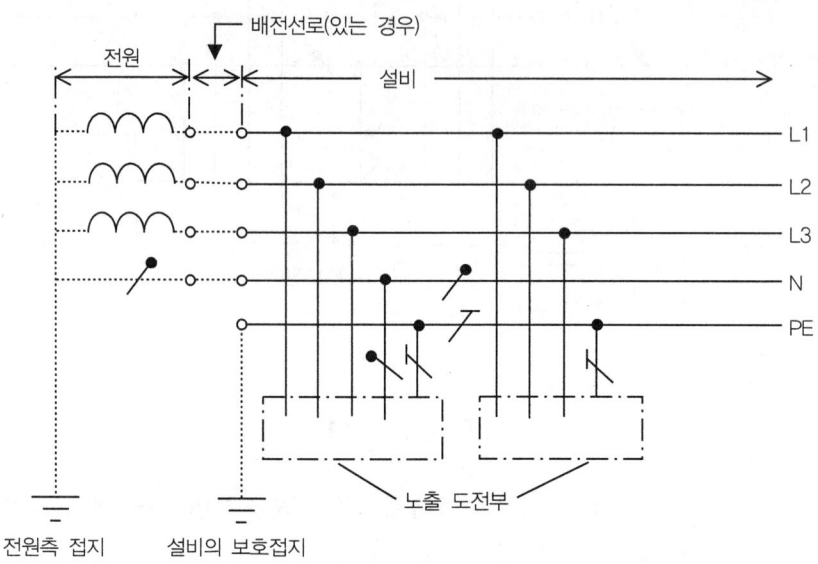

【 설비 전체에서 별도의 중성선과 보호도체가 있는 TT 계통 】

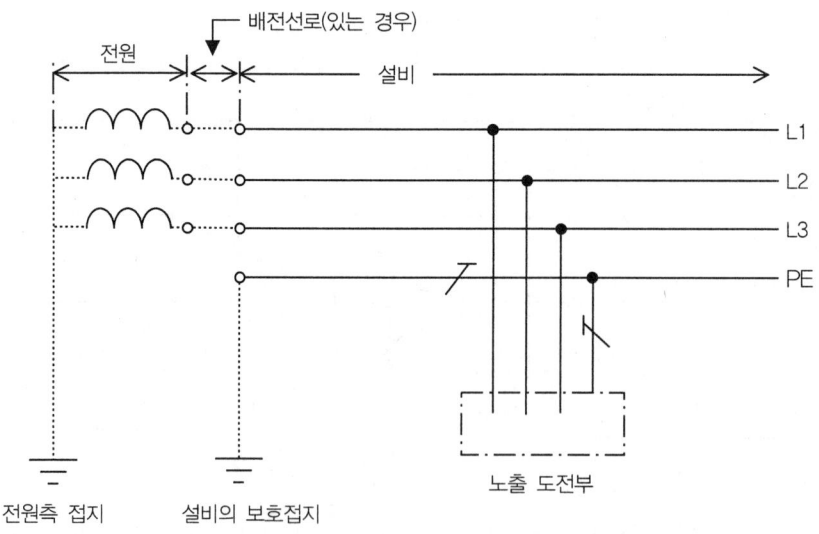

【 설비 전체에서 접지된 보호도체가 있으나 배전용 중성선이 없는 TT 계통 】

1-3-4. IT 계통(KEC 203.4)

1. 충전부 전체를 대지로부터 절연시키거나, 한 점을 임피던스를 통해 대지에 접속시킨다. 전기설비의 노출도전부를 단독 또는 일괄적으로 계통의 PE 도체에 접속시킨다. 배전계통에서 추가접지가 가능하다.

2. 계통은 충분히 높은 임피던스를 통하여 접지할 수 있다. 이 접속은 중성점, 인위적 중성점, 선도체 등에서 할 수 있다. 중성선은 배선할 수도 있고, 배선하지 않을 수도 있다.

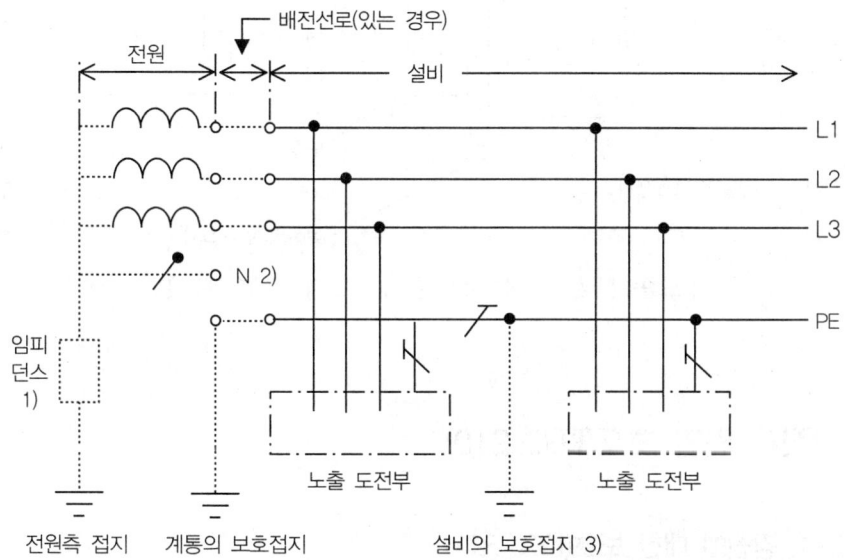

【 계통 내의 모든 노출도전부가 보호도체에 의해 접속되어 일괄 접지된 IT 계통 】

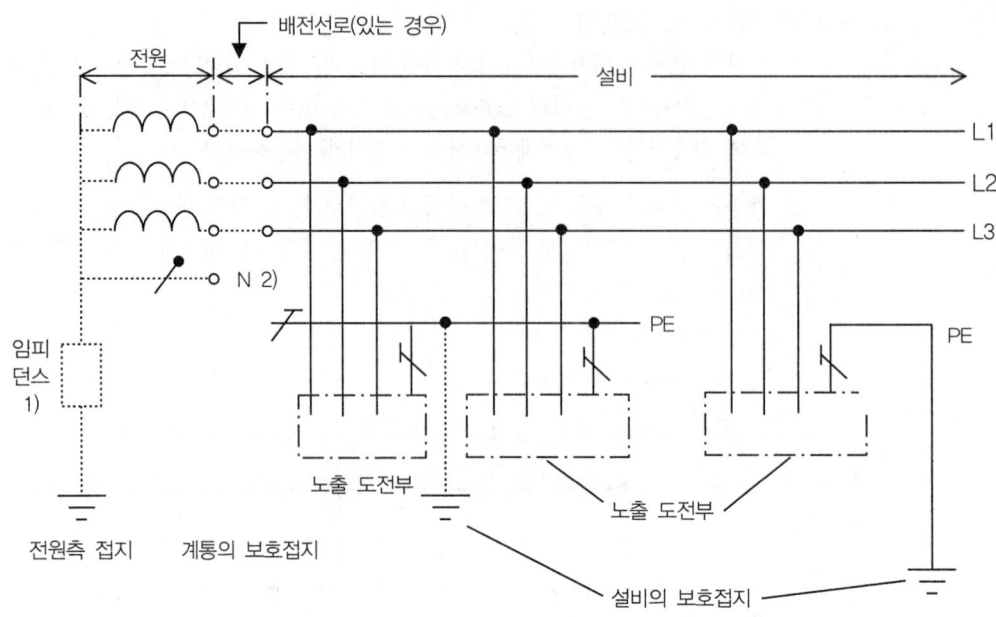

【 노출도전부가 조합으로 또는 개별로 접지된 IT 계통 】

2 안전을 위한 보호(KEC 210)

2-1. 감전에 대한 보호(KEC 211)

① 교류전압은 실효값으로 한다.
② 직류전압은 리플프리로 한다.

2-1-1 누전차단기의 시설(KEC 211.2.4)

금속제 외함을 가지는 사용전압이 50[V]를 초과하는 저압의 기계 기구로서 사람이 쉽게 접촉할 우려가 있는 곳에 시설하는 것에 전기를 공급하는 전로. 다만, 다음의 어느 하나에 해당하는 경우에는 적용하지 않는다.

① 기계기구를 발전소·변전소·개폐소 또는 이에 준하는 곳에 시설하는 경우
② 기계기구를 건조한 곳에 시설하는 경우
③ 대지전압이 150[V] 이하인 기계기구를 물기가 있는 곳 이외의 곳에 시설하는 경우
④ 「전기용품 및 생활용품 안전관리법」의 적용을 받는 이중 절연구조의 기계기구를 시설하는 경우

⑤ 그 전로의 전원측에 절연변압기(2차 전압이 300[V] 이하인 경우에 한한다)를 시설하고 또한 그 절연 변압기의 부하측의 전로에 접지하지 아니하는 경우
⑥ 기계기구가 고무·합성수지 기타 절연물로 피복된 경우
⑦ 기계기구가 유도전동기의 2차측 전로에 접속되는 것일 경우

2-1-2. 고장보호를 위한 요구사항(KEC 211.4.3)

① 분리된 회로는 최소한 단순 분리된 전원을 통하여 공급되어야 하며, 분리된 회로의 전압은 500[V] 이하이어야 한다.
② 분리된 회로의 충전부는 어떤 곳에서도 다른 회로, 대지 또는 보호도체에 접속되어서는 안 되며, 전기적 분리를 보장하기 위해 회로 간에 기본절연을 하여야 한다.
③ 가요 케이블과 코드는 기계적 손상을 받기 쉬운 전체 길이에 대해 육안으로 확인이 가능하여야 한다.
④ 분리된 회로들에 대해서는 분리된 배선계통의 사용이 권장된다. 다만, 분리된 회로와 다른 회로가 동일 배선계통 내에 있으면 금속외장이 없는 다심케이블, 절연전선관 내의 절연전선, 절연덕팅 또는 절연트렁킹에 의한 배선이 되어야 하며 다음의 조건을 만족하여야 한다.
　㉠ 정격전압은 최대 공칭전압 이상일 것.
　㉡ 각 회로는 과전류에 대한 보호를 할 것.
⑤ 분리된 회로의 노출도전부는 다른 회로의 보호도체, 노출도전부 또는 대지에 접속되어서는 아니 된다.

2-2. 과전류에 대한 보호(KEC 212)

2-2-1. 과부하전류에 대한 보호(KEC 212.4)

도체와 과부하 보호장치 사이의 협조(KEC 212.4.1) : 과부하에 대해 케이블(전선)을 보호하는 장치의 동작특성

$$I_B \leq I_n \leq I_Z \quad \cdots\cdots (a)$$
$$I_2 \leq 1.45 \times I_Z \quad \cdots\cdots (b)$$

여기서, I_B : 회로의 설계전류
　　　　I_Z : 케이블의 허용전류
　　　　I_n : 보호장치의 정격전류
　　　　I_2 : 보호장치가 규약시간 이내에 유효하게 동작하는 것을 보장하는 전류

1. I_B는 선도체를 흐르는 설계전류이거나, 함유율이 높은 영상분 고조파(특히 제3고조파)가 지속적으로 흐르는 경우 중성선에 흐르는 전류이다.

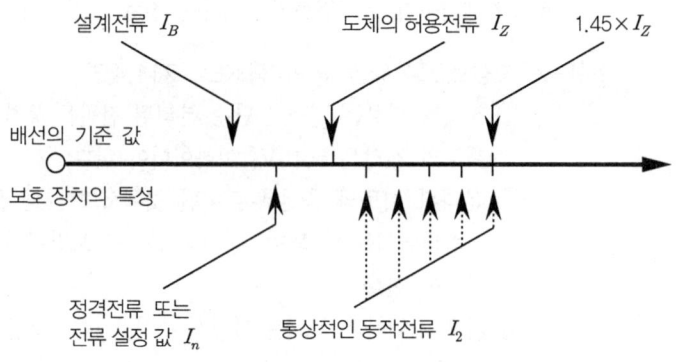

【 과부하 보호 설계 조건도 】

2-2-2. 과부하 보호장치의 설치 위치(KEC 212.4.2)

1. 분기회로(S_2)의 과부하 보호장치(P_2)의 전원 측에 다른 분기회로 또는 콘센트의 접속이 없고 KEC 212.5의 요구사항에 따라 분기회로에 대한 단락보호가 이루어지고 있는 경우, P_2는 분기회로의 분기점(O)으로부터 부하 측으로 거리에 구애 받지 않고 이동하여 설치할 수 있다.

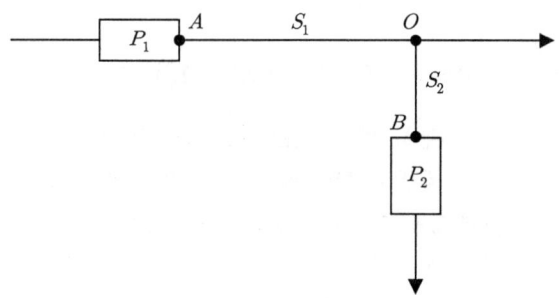

【 분기회로(S_2)의 분기점(O)에 설치되지 않은 분기회로 과부하보호장치(P_2) 】

2. 분기회로(S_2)의 보호장치(P_2)는 (P_2)의 전원 측에서 분기점(O) 사이에 다른 분기회로 또는 콘센트의 접속이 없고, 단락의 위험과 화재 및 인체에 대한 위험성이 최소화 되도록 시설된 경우, 분기회로의 보호장치(P_2)는 분기회로의 분기점(O)으로부터 3[m]까지 이동하여 설치할 수 있다.

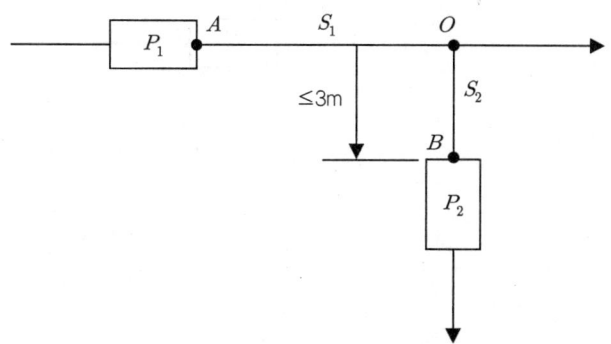

【 분기회로(S_2)의 분기점(O)에서 3m 이내에 설치된 과부하 보호장치(P_2) 】

2-2-3. (단락전류에 대한 보호) 단락보호장치의 설치위치(KEC 212.5.2)
   1. 단락전류 보호장치는 분기점(O)에 설치해야 한다. 다만, 그림과 같이 분기회로의 단락보호장치 설치점(B)과 분기점(O) 사이에 다른 분기회로 또는 콘센트의 접속이 없고 단락, 화재 및 인체에 대한 위험이 최소화될 경우, 분기회로의 단락 보호장치 P_2는 분기점(O)으로 부터 3[m]까지 이동하여 설치할 수 있다.

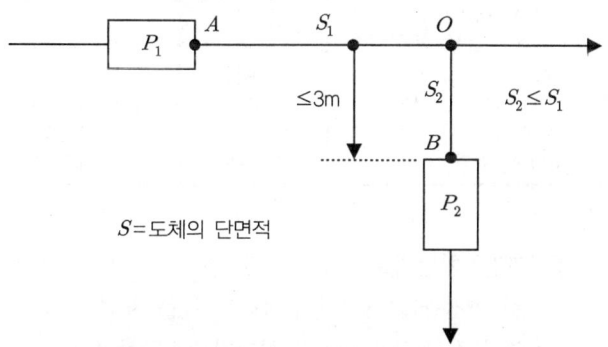

【 분기회로 단락보호장치(P_2)의 제한된 위치 변경 】

   2. 도체의 단면적이 줄어들거나 다른 변경이 이루어진 분기회로의 시작점(O)과 이 분기회로의 단락보호장치(P_2) 사이에 있는 도체가 전원측에 설치되는 보호장치(P_1)에 의해 단락보호가 되는 경우에, P_2의 설치위치는 분기점(O)로부터 거리제한이 없이 설치할 수 있다. 단, 전원측 단락보호장치(P_1)은 부하측 배선(S_2)에 대하여 단락보호를 할 수 있는 특성을 가져야 한다.

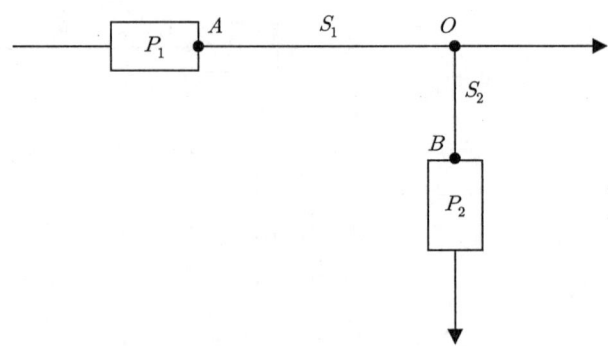

【 분기회로 단락보호장치(P_2)의 설치 위치 】

2-2-4. 저압전로 중의 과전류차단기의 시설(KEC 212.6.3)
  1. 과전류차단기로 저압전로에 사용하는 퓨즈(「전기용품 및 생활용품 안전관리법」에서 규정하는 것을 제외한다)는 다음 표에 적합한 것이어야 한다.

〈퓨즈(gG)의 용단특성〉

정격전류의 구분	시 간	정격전류의 배수	
		불용단전류	용단전류
4[A] 이하	60분	1.5배	2.1배
4[A] 초과 16[A] 미만	60분	1.5배	1.9배
16[A] 이상 63[A] 이하	60분	1.25배	1.6배
63[A] 초과 160[A] 이하	120분	1.25배	1.6배
160[A] 초과 400[A] 이하	180분	1.25배	1.6배
400[A] 초과	240분	1.25배	1.6배

  2. 과전류차단기로 저압전로에 사용하는 산업용 배선용차단기(「전기용품 및 생활용품 안전관리법」에서 규정하는 것을 제외한다)는 아래 표 "과전류트립 동작시간 및 특성(산업용 배선용 차단기)"에 주택용 배선차단기는 표 "순시트립에 따른 구분(주택용 배선용 차단기)" 및 표 "과전류트립 동작시간 및 특성(주택용 배선용 차단기)"에 적합한 것이어야 한다. 다만, 일반인이 접촉할 우려가 있는 장소(세대내 분전반 및 이와 유사한 장소)에는 주택용 배선차단기를 시설하여야 한다.

〈과전류트립 동작시간 및 특성(산업용 배선용 차단기)〉

정격전류의 구분	시 간	정격전류의 배수(모든 극에 통전)	
		부동작 전류	동작 전류
63[A] 이하	60분	1.05배	1.3배
63[A] 초과	120분	1.05배	1.3배

⟨순시트립에 따른 구분(주택용 배선용 차단기)⟩

형	순시트립 범위
B	$3I_n$ 초과 ~ $5I_n$ 이하
C	$5I_n$ 초과 ~ $10I_n$ 이하
D	$10I_n$ 초과 ~ $20I_n$ 이하

[비고] 1. B, C, D : 순시트립전류에 따른 차단기 분류
      2. I_n : 차단기 정격전류

⟨과전류트립 동작시간 및 특성(주택용 배선용 차단기)⟩

정격전류의 구분	시 간	정격전류의 배수(모든 극에 통전)	
		부동작 전류	동작 전류
63[A] 이하	60분	1.13배	1.45배
63[A] 초과	120분	1.13배	1.45배

2-2-5. 저압전로 중의 전동기 보호용 과전류보호장치의 시설(KEC 212.6.4)

① 과부하 보호장치로 전자접촉기를 사용할 경우에는 반드시 과부하계전기가 부착되어 있을 것
② 단락보호전용 차단기의 단락동작설정 전류 값은 전동기의 기동방식에 따른 기동돌입전류를 고려할 것
③ 단락보호전용 퓨즈는 아래 표의 용단 특성에 적합한 것일 것

⟨단락보호전용 퓨즈(aM)의 용단 특성⟩

정격전류의 배수	불용단시간	용단시간
4배	60초 이내	-
6.3배	-	60초 이내
8배	0.5초 이내	-
10배	0.2초 이내	-
12.5배	-	0.5초 이내
19배	-	0.1초 이내

2-2-6. 분기회로의 시설(KEC 212.6.5)
① 분기 개폐기는 각 극에 시설할 것.
② 분기회로의 과전류 차단기는 각 극(다선식 전로의 중성극 및 "가" 단서의 접지측 도체의 극을 제외한다)에 시설할 것.
③ 정격전류가 50[A]를 초과하는 하나의 전기사용기계기구(전동기 등을 제외한다. 이하 같다)에 이르는 저압 전로는 "저압 옥내 전로에 시설하는 분기회로의 과전류 차단기는 그 정격전류가 그 전기사용기계기구의 정격전류를 1.3배 한 값을 넘지 아니하는 것"에 의하여 시설할 것.

2-3. 과도과전압에 대한 보호(KEC 213)

2-3-1. 고압계통의 지락고장 시 저압계통에서의 과전압(KEC 213.1.1)
변전소에서 고압측 지락고장의 경우, 다음 과전압의 유형들이 저압설비에 영향을 미칠 수 있다.
① 상용주파 고장전압(U_f)
② 상용주파 스트레스전압(U_1 및 U_2)

2-4. 열 영향에 대한 보호(KEC 214)

〈접촉 범위 내에 있는 기기에 접촉 가능성이 있는 부분에 대한 온도 제한〉

접촉할 가능성이 있는 부분	접촉할 가능성이 있는 표면의 재료	최고 표면 온도(℃)
손으로 잡고 조작시키는 것	금속 비금속	55 65
손으로 잡지 않지만 접촉하는 부분	금속 비금속	70 80
통상 조작 시 접촉할 필요가 없는 부분	금속 비금속	80 90

3 전선로(KEC 220)

3-1. 구내 · 옥측 · 옥상 · 옥내전선로의 시설(KEC 221)

3-1-1. (구내인입선) 저압 인입선의 시설(KEC 221.1.1)

⟨저압 가공인입선 조영물의 구분에 따른 이격거리⟩

시설물의 구분		이격거리
조영물의 상부 조영재	위 쪽	2[m] (전선이 옥외용 비닐절연전선 이외의 저압 절연전선인 경우는 1.0[m], 고압절연전선, 특고압 절연전선 또는 케이블인 경우는 0.5[m])
	옆 쪽 또는 아래 쪽	0.3[m] (전선이 고압절연전선, 특고압 절연전선 또는 케이블인 경우는 0.15[m])
조영물의 상부 조영재 이외의 부분 또는 조영물 이외의 시설물		0.3[m] (전선이 고압절연전선, 특고압 절연전선 또는 케이블인 경우는 0.15[m])

3-1-2. 연접 인입선의 시설(KEC 221.1.2)

저압 연접인입선은 KEC 221.1.1의 규정에 준하여 시설하는 이외에는
① 인입선에서 분기하는 점으로부터 100[m]를 초과하는 지역에 미치지 아니할 것
② 폭 5[m]를 초과하는 도로를 횡단하지 아니할 것
③ 옥내를 통과하지 아니할 것

3-1-3. 옥측전선로(KEC 221.2)

1. 저압 옥측전선로 시설

⟨시설장소별 조영재 사이의 이격거리⟩

시설 장소	전선 상호 간의 간격		전선과 조영재 사이의 이격거리	
	사용전압이 400[V] 미만인 경우	사용전압이 400[V] 이상인 경우	사용전압이 400[V] 미만인 경우	사용전압이 400[V] 이상인 경우
비나 이슬에 젖지 않는 장소	0.06[m]	0.06[m]	0.025[m]	0.025[m]
비나 이슬에 젖는 장소	0.06[m]	0.12[m]	0.025[m]	0.045[m]

① 전선의 지지점 간의 거리는 2[m] 이하일 것.
② 전선에 인장강도 1.38[kN] 이상의 것 또는 지름 2[mm] 이상의 경동선을 사용하고 또한 전선 상호 간의 간격을 0.2[m] 이상, 전선과 저압 옥측전선로를 시설한 조영재 사이의 이격거리를 0.3[m] 이상으로 하여 시설하는 경우에 한하여 옥외용 비닐절연전선을 사용하거나 지지점 간의 거리를 2[m]를 초과하고 15[m] 이하로 할 수 있다.

2. 저압 옥측전선로의 전선과 다른 시설물 사이의 이격거리

〈저압 옥측전선로 조영물의 구분에 따른 이격거리〉

다른 시설물의 구분	접근 형태	이격 거리
조영물의 상부 조영재	위 쪽	2[m] 이상 (전선이 고압 절연전선, 특고압 절연전선 또는 케이블인 경우는 1[m] 이상)
	옆 쪽 또는 아래 쪽	0.6[m] 이상 (전선이 고압 절연전선, 특고압 절연전선 또는 케이블인 경우는 0.3[m] 이상)
조영물의 상부 조영재 이외의 부분 또는 조영물 이외의 시설물		0.6[m] 이상 (전선이 고압 절연전선, 특고압 절연전선 또는 케이블인 경우는 0.3[m] 이상)

3-2. 저압 가공전선로(KEC 222)

3-2-1. 저압 가공전선의 굵기 및 종류(KEC 222.5)

① 저압 가공전선 : 나전선(중성선 또는 다중접지된 접지측 전선으로 사용하는 전선에 한한다), 절연전선, 다심형 전선 또는 케이블 사용
② 사용전압이 400[V] 미만인 저압 가공전선 : 케이블인 경우를 제외하고는 인장강도 3.43[kN] 이상의 것 또는 지름 3.2[mm](절연전선인 경우는 인장강도 2.3[kN] 이상의 것 또는 지름 2.6[mm] 이상의 경동선) 이상의 것이어야 한다.
③ 사용전압이 400[V] 이상인 저압 가공전선 : 케이블인 경우 이외에는 시가지에 시설하는 것은 인장강도 8.01[kN] 이상의 것 또는 지름 5[mm] 이상의 경동선, 시가지 외에 시설하는 것은 인장강도 5.26[kN] 이상의 것 또는 지름 4[mm] 이상의 경동선
④ 사용전압이 400[V] 이상인 저압 가공전선 : 인입용 비닐절연전선을 사용하여서는 안 된다.

3-2-2. 저압 가공전선의 높이(KEC 222.7)

1. 저압 가공전선의 높이
   ① 도로[농로 기타 교통이 번잡하지 않은 도로 및 횡단보도교(도로·철도·궤도 등의 위를 횡단하여 시설하는 다리모양의 시설물로서 보행용으로만 사용되는 것을 말한다. 이하 같다)를 제외한다. 이하 같다]를 횡단하는 경우에는 지표상 6[m] 이상
   ② 철도 또는 궤도를 횡단하는 경우에는 레일면상 6.5[m] 이상
   ③ 횡단보도교의 위에 시설하는 경우에는 저압 가공전선은 그 노면상 3.5[m] [전선이 저압 절연전선(인입용 비닐 절연전선·450/750[V] 비닐 절연전선·450/750[V] 고무 절연전선·옥외용 비닐 절연전선을 말한다. 이하 같다)·다심형 전선 또는 케이블인 경우에는 3[m]] 이상

3-2-3. 저압 보안공사(KEC 222.10)

1. 전선은 케이블인 경우 이외에는 인장강도 8.01[kN] 이상의 것 또는 지름 5[mm](사용전압이 400[V] 미만인 경우에는 인장강도 5.26[kN] 이상의 것 또는 지름 4[mm] 이상의 경동선) 이상의 경동선이어야 하며, 또한 이를 KEC 222.6의 규정에 준하여 시설할 것.
2. 목주는 ① 풍압하중에 대한 안전율은 1.5 이상일 것.
   ② 목주의 굵기는 말구(末口)의 지름 0.12[m] 이상일 것.
3. 경간은 아래 표에서 정한 값 이하일 것. 다만, 전선에 인장강도 8.71[kN] 이상의 것 또는 단면적 22[mm^2] 이상의 경동연선을 사용하는 경우에는 고압 옥측전선로 등에 인접하는 가공전선의 시설(KEC 332.20)의 규정에 준할 수 있다.

〈지지물 종류에 따른 경간〉

지지물의 종류	경간
목주·A종 철주 또는 A종 철근 콘크리트주	100[m]
B종 철주 또는 B종 철근 콘크리트주	150[m]
철탑	400[m]

3-2-4. 저압 가공전선과 다른 시설물의 접근 또는 교차(KEC 222.18)

저압 가공전선이 건조물·도로·횡단보도교·철도·궤도·삭도·가공약전류전선로 등·안테나·교류 전차선 등·저압 또는 고압의 전차선·다른 저압 가공전선·고압 가공전선 및 특고압 가공전선 이외의 시설물(이하 "다른 시설물"이라 한다)과 접근상태로 시설되는 경우에는 저압 가공전선과 다른 시설물 사이의 이격거리는 다음 표에서 정한 값 이상이어야 한다.

〈저압 가공전선선 조영물의 구분에 따른 이격거리〉

다른 시설물의 구분		이격거리
조영물의 상부 조영재	위 쪽	2[m] (전선이 고압 절연전선, 특고압 절연전선 또는 케이블인 경우는 1.0[m])
	옆 쪽 또는 아래 쪽	0.6[m] (전선이 고압 절연전선, 특고압 절연전선 또는 케이블인 경우는 0.3[m])
조영물의 상부 조영재 이외의 부분 또는 조영물 이외의 시설물		0.6[m] (전선이 고압 절연전선, 특고압 절연전선 또는 케이블인 경우는 0.3[m])

3-2-5. 농사용 저압 가공전선로의 시설(KEC 222.22)
① 사용전압은 저압일 것.
② 저압 가공전선은 인장강도 1.38[kN] 이상의 것 또는 지름 2[mm] 이상의 경동선일 것.
③ 저압 가공전선의 지표상의 높이는 3.5[m] 이상일 것. 다만, 저압 가공전선을 사람이 쉽게 출입하지 못하는 곳에 시설하는 경우에는 3[m] 까지로 감할 수 있다.
④ 목주의 굵기는 말구 지름이 0.09[m] 이상일 것.
⑤ 전선로의 지지점 간 거리는 30[m] 이하일 것.
⑥ 다른 전선로에 접속하는 곳 가까이에 그 저압 가공전선로 전용의 개폐기 및 과전류 차단기를 각 극(과전류 차단기는 중성극을 제외한다)에 시설할 것.

3-2-6. 구내에 시설하는 저압 가공전선로(KEC 222.23)
전선로의 경간은 30[m] 이하일 것

〈구내에 시설하는 저압 가공전선로 조영물의 구분에 따른 이격거리〉

다른 시설물의 구분		이격거리
조영물의 상부 조영재	위 쪽	1[m] 이상
	옆 쪽 또는 아래 쪽	0.6[m] 이상 (전선이 고압 절연전선, 특고압 절연전선 또는 케이블인 경우는 0.3[m] 이상)
조영물의 상부 조영재 이외의 부분 또는 조영물 이외의 시설물		0.6[m] 이상 (전선이 고압 절연전선, 특고압 절연전선 또는 케이블인 경우는 0.3[m] 이상)

4 배선 및 조명설비 등(KEC 230)

4-1. 일반사항(KEC 231)

4-1-1. 저압 옥내배선의 사용전선(KEC 231.3)
1. 저압 옥내배선의 전선은
   ① 단면적 2.5[mm^2] 이상의 연동선 또는 이와 동등 이상의 강도 및 굵기의 것.
   ② 단면적이 1[mm^2] 이상의 미네럴인슈레이션케이블 중 어느 하나에 적합한 것을 사용하여야 한다.
2. 옥내배선의 사용 전압이 400[V] 미만인 경우로 다음 중 어느 하나에 해당하는 경우에는 제1을 적용하지 않는다.
   ① 전광표시 장치·출퇴 표시등(出退表示燈) 기타 이와 유사한 장치 또는 제어 회로 등에 사용하는 배선에 단면적 1.5[mm^2] 이상의 연동선을 사용하고 이를 합성수지관배선·금속관배선·금속몰드배선·금속덕트배선·플로어덕트배선 또는 셀룰러덕트배선에 의하여 시설하는 경우
   ② 전광표시 장치·출퇴 표시등 기타 이와 유사한 장치 또는 제어회로 등의 배선에 단면적 0.75[mm^2] 이상인 다심케이블 또는 다심 캡타이어 케이블을 사용하고 또한 과전류가 생겼을 때에 자동적으로 전로에서 차단하는 장치를 시설하는 경우
   ③ 진열장 또는 이와 유사한 것의 내부 관등회로 배선(KEC 234.11.5) 및 진열장 또는 이와 유사한 것의 내부 배선(KEC 234.8)의 규정에 의하여 단면적 0.75[mm^2] 이상인 코드 또는 캡타이어케이블을 사용하는 경우
   ④ 엘리베이터·덤웨이터 등의 승강로 안의 저압 옥내배선 등의 시설(KEC 232.32)의 규정에 의하여 리프트 케이블을 사용하는 경우

4-1-2. 나전선의 사용 제한(KEC 231.4)
1. 옥내에 시설하는 저압전선에는 나전선을 사용하여서는 아니 된다. 다만, 다음중 어느 하나에 해당하는 경우에는 그러하지 아니하다.
   ① KEC 232.3의 규정에 준하는 애자사용배선에 의하여 전개된 곳에 다음의 전선을 시설하는 경우
      ㉠ 전기로용 전선
      ㉡ 전선의 피복 절연물이 부식하는 장소에 시설하는 전선
      ㉢ 취급자 이외의 자가 출입할 수 없도록 설비한 장소에 시설하는 전선

4-2. 배선설비(KEC 232)

4-2-1. 애자사용배선 시설조건(KEC 232.3.1)
1. 전선은 다음의 경우 이외에는 절연전선(옥외용 비닐 절연전선 및 인입용 비닐 절연전선을 제외한다)일 것.
   ① 전기로용 전선
   ② 전선의 피복 절연물이 부식하는 장소에 시설하는 전선
   ③ 취급자 이외의 자가 출입할 수 없도록 설비한 장소에 시설하는 전선
2. 전선 상호 간의 간격은 0.06[m] 이상일 것.

4-2-2. 합성수지몰드배선 시설조건(KEC 232.4.1)
1. 합성수지몰드는 홈의 폭 및 깊이가 35[mm] 이하의 것일 것. 다만, 사람이 쉽게 접촉할 우려가 없도록 시설하는 경우에는 폭이 50[mm] 이하의 것을 사용할 수 있다.
2. 합성수지몰드 상호 간 및 합성수지 몰드와 박스 기타의 부속품과는 전선이 노출되지 아니하도록 접속할 것.

4-2-3. 합성수지관배선 시설조건(KEC 232.5.1)
1. 전선은 절연전선(옥외용 비닐 절연전선을 제외한다)일 것.
2. 전선은 연선일 것. 다만, 다음의 것은 적용하지 않는다.
   ① 짧고 가는 합성수지관에 넣은 것.
   ② 단면적 10[mm^2](알루미늄선은 단면적 16[mm^2]) 이하의 것.
3. 전선은 합성수지관 안에서 접속점이 없도록 할 것.
4. 중량물의 압력 또는 현저한 기계적 충격을 받을 우려가 없도록 시설할 것.

4-2-4. 금속관배선 시설조건(KEC 232.6.1)
1. 전선은 절연전선(옥외용 비닐절연전선을 제외한다)일 것.
2. 전선은 연선일 것. 다만, 다음의 것은 적용하지 않는다.
   ① 짧고 가는 금속관에 넣은 것.
   ② 단면적 10[mm^2](알루미늄선은 단면적 16[mm^2]) 이하의 것.
3. 전선은 금속관 안에서 접속점이 없도록 할 것.

4-2-5. 가요전선관배선 시설조건(KEC 232.8.1)
1. 전선은 절연전선(옥외용 비닐 절연전선을 제외한다)일 것.
2. 전선은 연선일 것. 다만, 단면적 10[mm^2](알루미늄선은 단면적 16[mm^2]) 이하인 것은 그러하지 아니하다.
3. 가요전선관 안에는 전선에 접속점이 없도록 할 것.
4. 가요전선관은 2종 금속제 가요전선관일 것.

4-2-6. 금속덕트배선 시설조건(KEC 232.9.1)
1. 전선은 절연전선(옥외용 비닐절연전선을 제외한다)일 것.
2. 금속덕트에 넣은 전선의 단면적(절연피복의 단면적을 포함한다)의 합계는 덕트의 내부 단면적의 20%(전광표시 장치·출퇴표시등 기타 이와 유사한 장치 또는 제어회로 등의 배선만을 넣는 경우에는 50%) 이하일 것.
3. 금속덕트 안에는 전선에 접속점이 없도록 할 것.

4-2-7. 버스덕트배선 시설조건(KEC 232.10.1)
1. 덕트 상호 간 및 전선 상호 간은 견고하고 또한 전기적으로 완전하게 접속할 것.
2. 덕트를 조영재에 붙이는 경우에는 덕트의 지지점 간의 거리를 3[m](취급자 이외의 자가 출입할 수 없도록 설비한 곳에서 수직으로 붙이는 경우에는 6[m]) 이하로 하고 또한 견고하게 붙일 것.

4-2-8. 버스덕트의 선정(KEC 232.10.2)
1. 도체는 단면적 20[mm^2] 이상의 띠 모양, 지름 5[mm] 이상의 관모양이나 둥글고 긴 막대 모양의 동 또는 단면적 30[mm^2] 이상의 띠 모양의 알루미늄을 사용한 것일 것.
2. 도체 지지물은 절연성·난연성 및 내수성이 있는 견고한 것일 것.
3. 덕트는 아래 표의 두께 이상의 강판 또는 알루미늄판으로 견고히 제작한 것일 것.

〈버스덕트의 선정〉

덕트의 최대 폭(mm)	덕트의 판 두께(mm)		
	강 판	알루미늄판	합성수지판
150 이하	1.0	1.6	2.5
150 초과 300 이하	1.4	2.0	5.0
300 초과 500 이하	1.6	2.3	-
500 초과 700 이하	2.0	2.9	-
700 초과하는 것	2.3	3.2	-

4-2-9. 라이팅덕트배선시설조건(KEC 232.11.1)
1. 덕트 상호 간 및 전선 상호 간은 견고하게 또한 전기적으로 완전히 접속할 것.
2. 덕트는 조영재에 견고하게 붙일 것.
3. 덕트의 지지점 간의 거리는 2[m] 이하로 할 것.
4. 덕트의 끝부분은 막을 것.

4-2-10. 플로어덕트배선 시설조건(KEC 232.12.1)

1. 전선은 절연전선(옥외용 비닐 절연전선을 제외한다)일 것.
2. 전선은 연선일 것. 다만, 단면적 10[mm^2](알루미늄선은 단면적 16[mm^2]) 이하인 것은 그러하지 아니하다.
3. 플로어덕트 안에는 전선에 접속점이 없도록 할 것. 다만, 전선을 분기하는 경우에 접속점을 쉽게 점검할 수 있을 때에는 그러하지 아니하다.

4-2-11. 케이블배선 시설조건(KEC 232.14.1)

1. 전선은 케이블 및 캡타이어케이블일 것.
2. 중량물의 압력 또는 현저한 기계적 충격을 받을 우려가 있는 곳에 시설하는 케이블에는 적당한 방호 장치를 할 것.
3. 전선을 조영재의 아랫면 또는 옆면에 따라 붙이는 경우에는 전선의 지지점 간의 거리를 케이블은 2[m](사람이 접촉할 우려가 없는 곳에서 수직으로 붙이는 경우에는 6[m]) 이하 캡타이어 케이블은 1[m] 이하로 하고 또한 그 피복을 손상하지 아니하도록 붙일 것.
4. 관 기타의 전선을 넣는 방호 장치의 금속제 부분·금속제의 전선 접속함 및 전선의 피복에 사용하는 금속체에는 KEC 211과 KEC 140에 준하여 접지공사를 할 것. 다만, 사용전압이 400[V] 미만으로서 다음 중 하나에 해당할 경우에는 관 기타의 전선을 넣는 방호 장치의 금속제 부분에 대하여는 그러하지 아니하다.
    가. 방호 장치의 금속제 부분의 길이가 4[m] 이하인 것을 건조한 곳에 시설하는 경우
    나. 옥내배선의 사용전압이 직류 300[V] 또는 교류 대지 전압이 150[V] 이하로서 방호 장치의 금속제 부분의 길이가 8[m] 이하인 것을 사람이 쉽게 접촉할 우려가 없도록 시설하는 경우 또는 건조한 것에 시설하는 경우

4-2-12. 수용가 설비에서의 전압 강하(KEC 232.16.9)

1. 다른 조건을 고려하지 않는다면 수용가 설비의 인입구로부터 기기까지의 전압강하는 다음 표의 값 이하이어야 한다.
2. 다음의 경우에는 아래 표 보다 더 큰 전압강하를 허용할 수 있다.
    ① 기동 시간 중의 전동기
    ② 돌입전류가 큰 기타 기기
3. 다음과 같은 일시적인 조건은 고려하지 않는다.
    ① 과도과전압
    ② 비정상적인 사용으로 인한 전압 변동

⟨수용가설비의 전압강하⟩

설비의 유형	조명(%)	기타(%)
A - 저압으로 수전하는 경우	3	5
B - 고압 이상으로 수전하는 경우[a]	6	8

[a] 가능한 한 최종회로 내의 전압강하가[A] 유형의 값을 넘지 않도록 하는 것이 바람직하다.
사용자의 배선설비가 100[m]를 넘는 부분의 전압강하는 미터당 0.005% 증가할 수 있으나 이러한 증가분은 0.5%를 넘지 않아야 한다.

4-2-13. 절연물의 허용온도(KEC 232.18.1)

1. 정상적인 사용 상태에서 내용기간 중에 전선에 흘러야 할 전류는 통상적으로 다음 표에 따른 절연물의 허용온도 이하이어야 한다.

⟨절연물의 종류에 대한 최고허용온도⟩

절연물의 종류	최고허용온도 (℃)[a,d]
열가소성 물질[염화비닐(PVC)]	70(도체)
열경화성 물질 [가교폴리에틸렌(XLPE) 또는 에틸렌프로필렌고무혼합물(EPR)]	90(도체)[b]
무기물(열가소성 물질 피복 또는 나도체로 사람이 접촉할 우려가 있는 것)	70(시스)
무기물(사람의 접촉에 노출되지 않고, 가연성 물질과 접촉할 우려가 없는 나도체)	105(시스)[b,c]

[a] 이 표에서 도체의 최고허용온도(최내연속운전온도)는 KS C IEC 60364-5-52(저압전기설비-제5-52부: 전기기기의 선정 및 설치-배선설비)의 부속서B(허용전류)에 나타낸 허용전류 값의 기초가 되는 것으로서 KS C IEC 60502(정격전압 1[kV] ~ 30[kV] 압출 성형 절연전력케이블 및 그 부속품) 및 IEC 60702(정격전압 750[V] 이하 무기물 절연케이블 및 단말부) 에서 인용하였다.
[b] 도체가 70℃를 초과하는 온도에서 사용될 경우, 도체에 접속되어 있는 기기가 접속 후에 나타나는 온도에 적합한지 확인하여야 한다.
[c] 무기절연(MI) 케이블은 케이블의 온도 정격, 단말 처리, 환경조건 및 그 밖의 외부영향에 따라 더 높은 허용 온도로 할 수 있다.
[d] (공인)인증 된 경우, 도체 또는 케이블 제조자의 규격에 따라 최대허용온도 한계(범위)를 가질 수 있다.

4-2-14. 도체 및 중성선의 단면적(KEC 232.19)

1. 도체의 단면적(KEC 232.19.1)

   교류회로 선도체와 직류회로 충전용 도체의 최소 단면적은 아래 표에 나타낸 값 이상이어야 한다.

<도체의 최소 단면적>

배선설비의 종류		사용회로	도체	
			재료	단면적(mm²)
고정 설비	케이블과 절연전선	전력과 조명회로	구리	2.5
			알루미늄	KS C IEC 60228에 따라 10
		신호와 제어회로	구리	1.5
	나전선	전력 회로	구리	10
			알루미늄	16
		신호와 제어회로	구리	4
절연전선과 케이블의 가요 접속		특정 기기	구리	관련 IEC 표준에 의함
		기타 적용		0.75[a]
		특수한 적용을 위한 특별 저압 회로		0.75

[a] 7심 이상의 다심 유연성 케이블에서는 최소 단면적을 0.1[mm²]로 할 수 있다.

4-2-15. 중성선의 단면적(KEC 232.19.2)

1. 다음의 경우는 중성선의 단면적은 최소한 선도체의 단면적 이상이어야 한다.
    ① 2선식 단상회로
    ② 선도체의 단면적이 구리선 16[mm²], 알루미늄선 25[mm²] 이하인 다상 회로
    ③ 제3고조파 및 제3고조파의 홀수배수의 고조파 전류가 흐를 가능성이 높고 전류 종합고조파왜형률이 15~33%인 3상회로

2. 제3고조파 및 제3고조파 홀수배수의 전류 종합고조파왜형률이 33%를 초과하는 경우
    ① 다심케이블의 경우 선도체의 단면적은 중성선의 단면적과 같아야 하며, 이 단면적은 선도체의 $1.45 \times I_B$(회로 설계전류)를 흘릴 수 있는 중성선을 선정한다.
    ② 단심케이블은 선도체의 단면적이 중성선 단면적보다 작을 수도 있다. 계산은 다음과 같다.
        ㉠ 선: I_B(회로 설계전류)
        ㉡ 중성선: 선도체의 $1.45\,I_B$와 동등 이상의 전류

3. 다상 회로의 각 선도체 단면적이 구리선 16[mm²] 또는 알루미늄선 25[mm²]를 초과하는 경우 다음 조건을 모두 충족한다면 그 중성선의 단면적을 선도체 단면적보다 작게 해도 된다.

① 통상적인 사용시에 상(phase)과 제3고조파 전류 간에 회로 부하가 균형을 이루고 있고, 제3고조파 홀수배수 전류가 선도체 전류의 15%를 넘지 않는다.
② 중성선은 212.2.2에 따라 과전류 보호된다.
③ 중성선의 단면적은 구리선 16[mm^2], 알루미늄선 25[mm^2] 이상이다.

4-2-16. 옥내에 시설하는 저압 접촉전선 배선(KEC 232.31)

1. 전선을 아래 표에서 정한 값 이하의 간격으로 지지하고 또한 동요하지 아니하도록 시설하는 이외에 전선 상호 간의 간격을 60[mm] 이상으로 하는 경우

〈전선 상호 간의 간격 판정을 위한 전선의 지지점 간격〉

단면적의 구분	지지점 간격
1[cm^2] 미만	1.5[m](굴곡 반지름이 1[m] 이하인 곡선 부분에서는 1[m])
1[cm^2] 이상	2.5[m](굴곡 반지름이 1[m] 이하인 곡선 부분에서는 1[m])

2. 버스덕트는
① 도체는 단면적 20[mm^2] 이상의 띠 모양 또는 지름 5[mm] 이상의 관 모양이나 둥글고 긴 막대 모양의 동 또는 황동을 사용한 것일 것.
② 도체 지지물은 절연성·난연성 및 내수성이 있고 견고한 것일 것.
③ 덕트는 건조한 장소에 시설할 것.
④ 버스덕트에 전기를 공급하기 위해서 1차측 전로의 사용전압이 400[V] 미만인 절연변압기를 사용할 것.

4-3. 조명설비 (KEC 234)

4-3-1. 열 영향에 대한 주변의 보호(KEC 234.1.3)

등기구의 주변에 발광과 대류 에너지의 열영향은 다음을 고려하여 선정 및 설치하여야 한다.
1. 램프의 최대 허용 소모전력
2. 인접 물질의 내열성
  ① 설치 지점
  ② 열 영향이 미치는 구역
3. 등기구 관련 표시
4. 가연성 재료로부터 적절한 간격을 유지하여야 하며, 제작자에 의해 다른 정

보가 주어지지 않으면, 스포트라이트나 프로젝터는 모든 방향에서 가연성 재료로부터 다음의 최소 거리를 두고 설치하여야 한다.
① 정격용량 100[W] 이하 : 0.5[m]
② 정격용량 100[W] 초과 300[W] 이하 : 0.8[m]
③ 정격용량 300[W] 초과 500[W] 이하 : 1.0[m]
④ 정격용량 500[W] 초과 : 1.0[m] 초과

4-3-2. 전구선 및 이동전선(KEC 234.3)

1. 전구선 또는 이동전선은 단면적 $0.75[mm^2]$ 이상의 코드 또는 캡타이어케이블을 용도에 따라서 다음 표에 따라 선정하여야 한다.
2. 전구선을 비나 이슬에 맞지 않도록 시설하고(옥측에 시설하는 경우에 한한다) 사람이 쉽게 접촉되지 않도록 시설할 경우에는 단면적이 $0.75[mm^2]$ 이상인 450/750[V] 내열성 에틸렌 아세테이트 고무절연전선을 사용할 수 있다. 이 경우 전구수구의 리이드인출부의 전선간격이 10[mm] 이상인 전구소켓을 사용하는 것은 $0.75[mm^2]$ 이상인 450/750[V] 일반용 단심 비닐절연전선을 사용할 수 있다.

〈코드 또는 캡타이어 케이블의 선정〉

종류	용도	옥내		옥외·옥측	
		전구선	이동전선	전구선	이동전선
코드	비닐	×	△○	×	×
	고무	○	○	×	×
	편조 고무			●	□
	금사	×	▲	×	×
	실내장식전등기구용		○	×	×
캡타이어 케이블	고무	◎	◎	◎	◎
	비닐	×	△◎	×	△◎

○, □, ● : 300/300[V] 이하에 사용한다.
◎ : 0.6/1[kV] 이하에 사용한다.
× : 사용될 수 없다.
△ : 다음 조건에 적합한 것에 한하여 사용할 수 있다.
 - 방전등, 라디오, 텔레비전, 선풍기, 전기이발기 등 전기를 열로 사용하지 않는 소형기계기구에 사용할 경우
 - 전기모포, 전기온수기 등 고온부가 노출되지 않은 것으로 이에 전선이 접촉될 우려가 없는 구조의 가열장치(가열장치와 전선과의 접속부 온도가 80℃ 이하이고 또한 전열기 외면의 온도가 100℃를 초과할 우려가 없는 것)에 사용할 경우
▲ : 전기면도기, 전기이발기 등과 같은 소형 가정용 전기기계기구에 부속되고 또한 길이가 2.5[m] 이하이며 건조한 장소에서 사용될 경우에 한한다.
● : 사람이 쉽게 접촉할 우려가 없도록 시설하는 경우
□ : 옥측에 비나 이슬에 맞지 아니하도록 시공한 경우 사용할 수 있다.

4-3-3. 콘센트의 시설(KEC 234.5)

「전기용품 및 생활용품 안전관리법」의 적용을 받는 인체감전보호용 누전차단기(정격감도전류 15[mA] 이하, 동작시간 0.03초 이하의 전류동작형의 것에 한한다) 또는 절연변압기(정격용량 3[kVA] 이하인 것에 한한다)로 보호된 전로에 접속하거나, 인체감전보호용 누전차단기가 부착된 콘센트를 시설하여야 한다.

4-3-4. 점멸기의 시설(KEC 234.6)

1. 점멸기는 전로의 비접지측에 시설하고 분기개폐기에 배선용차단기를 사용하는 경우는 이것을 점멸기로 대용할 수 있다
2. 노출형의 점멸기는 기둥 등의 내구성이 있는 조영재에 견고하게 설치할 것.
3. 여인숙을 제외한 객실 수가 30실 이상(「관광 진흥법」 또는 「공중위생법」에 의한 관광숙박업 또는 숙박업)인 호텔이나 여관의 각 객실의 조명용 전원에는 출입문 개폐용 기구 또는 집중제어방식을 이용한 자동 또는 반자동의 점멸이 가능한 장치를 할 것. 다만, 타임스위치를 설치한 입구등의 조명용전원은 적용받지 않는다.
4. 조명용 전등을 설치할 때에는 다음에 의하여 타임스위치를 시설하여야 한다.
   ① 「관광 진흥법」과 「공중위생법」에 의한 관광숙박업 또는 숙박업(여인숙업을 제외한다)에 이용되는 객실의 입구등은 1분 이내에 소등되는 것.
   ② 일반주택 및 아파트 각 호실의 현관등은 3분 이내에 소등되는 것.
5. 가로등, 보안등 또는 옥외에 시설하는 공중전화기를 위한 조명등용 분기회로에는 주광센서를 설치하여 주광에 의하여 자동점멸 하도록 시설할 것. 다만, 타이머를 설치하거나 집중제어방식을 이용하여 점멸하는 경우는 적용하지 않는다.
6. 국부 조명설비는 그 조명대상에 따라 점멸할 수 있도록 시설할 것.
7. 가로등, 경기장, 공장, 아파트 단지 등의 일반조명을 위하여 시설하는 고압방전등은 그 효율이 70[lm/W] 이상의 것이어야 한다.

4-3-5. 옥외 사용전압(KEC 234.9.1)

옥외등에 전기를 공급하는 전로의 사용전압은 대지전압을 300[V] 이하로 하여야 한다.

4-3-6. 옥외등의 인하선(KEC 234.9.4)

옥외등 또는 그의 점멸기에 이르는 인하선은 사람의 접촉과 전선피복의 손상을 방지하기 위하여 다음 배선방법으로 시설 한다.
① 애자사용배선(지표상 2[m] 이상의 높이에서 노출된 장소에 시설할 경우에 한한다)
② 금속관배선

③ 합성수지관배선
④ 케이블배선(알루미늄피 등 금속제 외피가 있는 것은 목조 이외의 조영물에 시설하는 경우에 한한다)

4-3-7. 전주외등(KEC 234.10)

1. 적용범위(KEC 234.10.1)

이 규정은 대지전압 300[V] 이하의 백열전등, 형광등, 수은등, LED등 등을 배전선로의 지지물 등에 시설하는 경우에 적용한다.

4-3-8. 배선(KEC 234.10.3)

1. 배선은 단면적 2.5[mm^2] 이상의 절연전선 또는 이와 동등 이상의 절연효력이 있는 것을 사용하고 다음 배선방법 중에서 시설하여야 한다.
   ① 케이블배선
   ② 합성수지관배선
   ③ 금속관배선
2. 배선이 전주에 연한 부분은 1.5[m] 이내마다 새들(Saddle) 또는 밴드로 지지할 것.

4-3-9. 방전등용 안정기(KEC 234.11.2)

1. 방전등용 안정기는 조명기구에 내장하여야 한다. 다만, 다음에 의할 경우는 조명기구의 외부에 시설할 수 있다.
   ① 안정기를 견고한 내화성의 외함 속에 넣을 때
   ② 노출장소에 시설할 경우는 외함을 가연성의 조영재에서 0.01[m] 이상 이격하여 견고하게 부착
   ③ 간접조명을 위한 벽안 및 진열장 안의 은폐장소에는 외함을 가연성의 조영재에서 10[mm] 이상 이격하여 부착할 것
   ④ 은폐장소에 시설("③"에서 규정한 것은 제외한다)할 경우는 외함을 또 다른 내화성 함속에 넣고 그 함은 가연성의 조영재로부터 10[mm] 이상 떼어서 부착할 것
2. 방전등용 안정기를 물기 등이 유입될 수 있는 곳에 시설할 경우는 방수형이나 이와 동등한 성능이 있는 것을 사용하여야 한다.

4-3-10. 방전등용 변압기(KEC 234.11.3)

방전등용 변압기는 KEC 234.11.2에 따르는 외에 다음에 의하여 시설하여야 한다.
1. 관등회로의 사용전압이 400[V] 이상인 경우는 방전등용 변압기를 사용할 것.
2. 방전등용 변압기는 절연변압기를 사용할 것. 다만, 방전관을 떼어냈을 때 1차측 전로를 자동적으로 차단할 수 있도록 시설할 경우에는 그러하지 아니하다.

4-3-11. 관등회로의 배선(KEC 234.11.4)

전선은 형광등 전선일 것. 다만, 전개된 장소에 관등회로의 사용전압이 600[V] 이하인 경우에는 단면적 2.5[mm²] 이상의 연동선과 동등 이상의 세기 및 굵기의 절연전선(옥외용 비닐절연전선 및 인입용 비닐절연전선은 제외한다)을 사용할 수 있다.

〈관등회로의 배선방식〉

시설장소의 구분		배선방법
전개된 장소	건조한 장소	애자사용배선·합성수지몰드배선 또는 금속몰드배선
	기타의 장소	애자사용배선
점검할 수 있는 은폐된 장소	건조한 장소	애자사용배선·합성수지몰드배선 또는 금속몰드배선
	기타의 장소	애자사용배선

〈애자사용배선의 시설〉

배선방식	전선 상호 간의 거리	전선과 조영재 의 거리	전선 지지점간의 거리	
			관등회로의 전압이 400[V] 이상 600[V] 이하의 것.	관등회로의 전압이 600[V] 초과 1[kV] 이하의 것.
애자사용 배선	60[mm] 이상	25[mm] 이상 (습기가 많은 장소는 45[mm] 이상)	2[m] 이하	1[m] 이하

4-3-12. 네온방전등 적용범위(KEC 234.12.1)

1. 이 규정은 네온방전등을 옥내, 옥측 또는 옥외에 시설할 경우에 적용한다.
2. 네온방전등에 공급하는 전로의 대지전압은 300[V] 이하로 하여야 하며, 다음에 의하여 시설하여야 한다. 다만, 네온방전등에 공급하는 전로의 대지전압이 150[V] 이하인 경우는 적용하지 않는다.
   ① 네온관은 사람이 접촉될 우려가 없도록 시설할 것.
   ② 네온변압기는 옥내배선과 직접 접촉하여 시설할 것.

4-3-13. 관등회로의 배선(KEC 234.12.3)

① 전선 상호간의 이격거리는 60[mm] 이상일 것.
② 전선과 조영재 이격거리는 노출장소에서 다음 표에 따르고 점검할 수 있는 은폐장소에서 60[mm] 이상으로 할 것.
③ 전선지지점간의 거리는 1[m] 이하로 할 것.
④ 애자는 절연성·난연성 및 내수성이 있는 것일 것.

⟨전선과 조영재의 이격거리⟩

전압 구분	이격 거리
6[kV] 이하	20[mm] 이상
6[kV] 초과 9[kV] 이하	30[mm] 이상
9[kV] 초과	40[mm] 이상

4-3-14. 출퇴표시등(KEC 234.13)

1. 사용전압(KEC 234.13.1)

    출퇴표시등 회로에 전기를 공급하기 위한 절연변압기의 사용전압은 1차측 전로의 대지전압을 300[V] 이하, 2차측 전로를 60[V] 이하로 하여야 한다.

2. 전원장치(KEC 234.13.2)

    ① 절연변압기는 「전기용품 및 생활용품 안전관리법」의 적용을 받는 것 이외에는 권선의 정격전압이 150[V] 이하인 경우에는 교류 1.5[kV], 150[V]를 초과하는 경우에는 교류 2[kV]의 시험전압을 하나의 권선과 다른 권선, 철심 및 외함 사이에 연속하여 1분간 가하여 절연내력을 시험한 때에 이에 견디는 것일 것.

    ② 절연변압기의 2차측 전로의 각 극에는 해당 변압기의 근접한 곳에 과전류차단기를 시설할 것.

4-3-15. 수중조명등(KEC 234.14)

1. 사용전압(KEC 234.14.1)

    수영장 기타 이와 유사한 장소에 사용하는 수중조명등(이하 "수중조명등"이라 한다)에 전기를 공급하기 위해서는 절연변압기를 사용하고, 그 사용전압은
    ① 절연변압기의 1차측 전로의 사용전압은 400[V] 미만일 것.
    ② 절연변압기의 2차측 전로의 사용전압은 150[V] 이하일 것.

2. 전원장치(KEC 234.14.2)

    ① 절연변압기의 2차 측 전로는 접지하지 말 것.

    ② 절연변압기는 교류 5[kV]의 시험전압으로 하나의 권선과 다른 권선, 철심 및 외함 사이에 계속적으로 1분간 가하여 절연내력을 시험할 경우, 이에 견디는 것이어야 한다.

4-3-16. 교통신호등(KEC 234.15)

1. 사용전압(KEC 234.15.1) : 교통신호등 제어장치의 2차측 배선의 최대사용전압은 300[V] 이하이어야 한다.

2. 교통신호등의 인하선(KEC 234.15.4)

① 교통신호등의 전구에 접속하는 인하선은 KEC 234.15.2의 2(전선은 케이블인 경우 이외에는 공칭단면적 2.5[mm²] 연동선과 동등 이상의 세기 및 굵기의 450/750[V] 일반용 단심 비닐절연전선 또는 450/750[V] 내열성에틸렌아세테이트 고무절연전선일 것.) 및 222.19(저압 가공전선은 상시 부는 바람 등에 의하여 식물에 접촉하지 않도록 시설하여야 한다.

② 다만, 저압 가공절연전선을 방호구에 넣어 시설하거나 절연내력 및 내마모성이 있는 케이블을 시설하는 경우는 그러하지 아니하다.)의 규정에 준하는 이외에는 전선의 지표상의 높이는 2.5[m] 이상일 것.

5 특수설비(KEC 240)

5-1. 특수 시설(KEC 241)

5-1-1. 전기울타리의 시설(KEC 241.1.3)
1. 전기울타리는 사람이 쉽게 출입하지 아니하는 곳에 시설할 것.
2. 전선은 인장강도 1.38[kN] 이상의 것 또는 지름 2[mm] 이상의 경동선일 것.
3. 전선과 이를 시시하는 기둥 사이의 이격거리는 25[mm] 이상일 것.
4. 전선과 다른 시설물(가공 전선을 제외한다) 또는 수목과의 이격거리는 0.3[m] 이상일 것.

5-1-2. 전기욕기 전원장치(KEC 241.2.1)
전기욕기에 전기를 공급하기 위한 전기욕기용 전원장치(내장되는 전원 변압기의 2차측 전로의 사용전압이 10[V] 이하의 것에 한한다)는 「전기용품 및 생활용품 안전관리법」에 의한 안전기준에 적합하여야 한다.

5-1-3. 유희용 전차(KEC 241.8)
1. 사용전압(KEC 241.8.1) : 유희용 전차(유원지·유희장 등의 구내에서 유희용으로 시설하는 것을 말한다)에 전기를 공급하기 위하여 사용하는 변압기의 1차 전압은 400V 미만이어야 한다.

2. 전원장치(KEC 241.8.2) : 유희용 전차에 전기를 공급하는 전원장치는
① 전원장치의 2차측 단자의 최대사용전압은 직류의 경우 60[V] 이하, 교류의 경우 40[V] 이하일 것.
② 전원장치의 변압기는 절연변압기일 것.

5-1-4. 아크 용접기(KEC 241.10)

가반형(可搬型)의 용접 전극을 사용하는 아크 용접장치는
① 용접변압기는 절연변압기일 것.
② 용접변압기의 1차측 전로의 대지전압은 300[V] 이하일 것.
③ 용접변압기의 1차측 전로에는 용접 변압기에 가까운 곳에 쉽게 개폐할 수 있는 개폐기를 시설할 것.
④ 용접기 외함 및 피용접재 또는 이와 전기적으로 접속되는 받침대·정반 등의 금속체는 KEC 140의 규정에 준하여 접지공사를 하여야 한다.

5-1-5. 표피전류 가열장치의 시설(KEC 241.12.4)

발열선은 다음에 정하는 표준에 적합한 것으로서 그 온도가 120℃를 넘지 아니하도록 시설할 것.
① 완성품은 사용전압이 600[V]를 초과하는 것은 접지한 금속평판 위에 케이블을 2[m] 이상 밀착시켜 도체와 접지 판 사이에 다음 표에서 정한 시험전압까지 서서히 전압을 가하여 코로나 방전량을 측정하였을 때 방전량이 30 pC 이하일 것.

〈표피전류 가열장치 발연선의 코로나 방전량 시험전압〉

사용전압의 구분	시험방법
600[V] 초과 1.5[kV] 이하	1.5[kV]
1.5[kV] 초과 3.5[kV] 이하	3.5[kV]

5-1-6. 소세력 회로(小勢力回路)(KEC 241.14)

전자 개폐기의 조작회로 또는 초인벨·경보벨 등에 접속하는 전로로서 최대 사용전압이 60[V] 이하인 것(최대사용전류가, 최대 사용전압이 15[V]이하인 것은 5[A] 이하, 최대 사용전압이 15[V]를 초과하고 30[V] 이하인 것은 3[A] 이하, 최대 사용전압이 30[V]를 초과하는 것은 1.5[A] 이하인 것에 한한다)(이하 "소세력 회로"라 한다)은 다음에 따라 시설하여야 한다.

1. 사용전압(KEC 241.14.1) : 소세력 회로에 전기를 공급하기 위한 절연변압기의 사용전압은 대지전압 300[V] 이하로 하여야 한다.

2. 전원장치(KEC 241.14.2)
① 소세력 회로에 전기를 공급하기 위한 변압기는 절연변압기 이어야 한다.
② 제1의 절연변압기의 2차 단락전류는 소세력 회로의 최대사용전압에 따라 다음 표 에서 정한 값 이하의 것일 것. 다만, 그 변압기의 2차측 전

로에 다음 표에서 정한 값 이하의 과전류 차단기를 시설하는 경우에는 그러하지 아니하다.

〈절연변압기의 2차 단락전류 및 과전류차단기의 정격전류〉

소세력 회로의 최대 사용전압의 구분	2차 단락전류	과전류 차단기의 정격전류
15[V] 이하	8[A]	5[A]
15[V] 초과 30[V] 이하	5[A]	3[A]
30[V] 초과 60[V] 이하	3[A]	1.5[A]

5-1-7. 임시시설(KEC 241.15)

1. 옥내의 시설(KEC 241.15.1)
   ① 사용전압은 400[V] 미만일 것.
   ② 건조하고 전개된 장소에 시설할 것.
   ③ 전선은 절연전선(옥외용 비닐절연전선을 제외한다)일 것.
   ④ 설치공사가 완료한 날로부터 4개월 이내에 한하여 사용하는 것일 것.

2. 옥측의 시설(KEC 241.15.2)
   ① 사용전압은 400[V] 미만일 것.
   ② 전선은 절연전선(옥외용 비닐절연전선을 제외한다)일 것.
   ③ 설치공사가 완료한 날로부터 4개월 이내에 한하여 사용하는 것일 것.

〈전선 상호간 및 전선과 조영재의 이격거리〉

시설장소	전 선	전선 상호간의 거리	전선과 조영재의 거리
비 또는 이슬에 맞는 전개된 장소	절연전선 (옥외용 비닐절연전선 및 인입용 비닐절연전선은 제외)	0.03[m] 이상	6[mm] 이상
비 또는 이슬에 맞지 아니하는 전개된 장소	절연전선 (옥외용 비닐절연전선은 제외)	이격거리 없이 시설할 수 있다	이격거리 없이 시설할 수 있다

3. 옥외의 시설(KEC 241.15.3)
   ① 사용전압은 150[V] 이하일 것.
   ② 전선은 절연전선(옥외용 비닐절연전선을 제외한다)일 것.

4. 콘크리트 매입 시설(KEC 241.15.4) : 옥내에 시설하는 임시시설을 콘크리트에 직접 매설하여 시설하는 경우
   ① 사용전압은 400[V] 미만일 것.
   ② 전선은 케이블 일 것.
   ③ 설치공사가 완료한 날로부터 1년 이내에 한하여 사용하는 것일 것.

5-1-8. 전기부식방지 시설(KEC 241.16)

1. 전원장치(KEC 241.16.2)
   ① 전원장치는 견고한 금속제의 외함에 넣을 것.
   ② 변압기는 절연변압기이고, 또한 교류 1[kV]의 시험전압을 하나의 권선과 다른 권선·철심 및 외함과의 사이에 연속적으로 1분간 가하여 절연내력을 시험하였을 때 이에 견디는 것일 것.
2. 전기부식방지 회로의 전압 등(KEC 241.16.3) : 전기부식방지 회로(전기부식방지용 전원장치로부터 양극 및 피방식체까지의 전로를 말한다. 이하 같다)의 사용전압은 직류 60[V] 이하일 것.

5-2. 특수 장소(KEC 242)

5-2-1. 의료장소 내의 접지 설비(KEC 242.10.4)

1. 접지설비란 접지극, 접지도체, 기준접지 바, 보호도체, 등전위본딩도체를 말한다.
2. 의료장소마다 그 내부 또는 근처에 기준접지 바를 설치할 것. 다만, 인접하는 의료장소와의 바닥 면적 합계가 50[m^2] 이하인 경우에는 기준접지 바를 공용할 수 있다.
3. 그룹 2의 의료장소에서 환자환경(환자가 점유하는 장소로부터 수평방향 2.5[m], 의료장소의 바닥으로부터 2.5[m] 높이 이내의 범위) 내에 있는 계통외 도전부와 전기설비 및 의료용 전기기기의 노출도전부, 전자기장해(EMI) 차폐선, 도전성 바닥 등은 등전위본딩을 시행할 것.
4. 접지도체는
   ① 접지도체의 공칭단면적은 기준접지 바에 접속된 보호도체 중 가장 큰 것 이상으로 할 것.
   ② 철골, 철근 콘크리트 건물에서는 철골 또는 2조 이상의 주철근을 접지도체의 일부분으로 활용할 수 있다.
5. 보호도체, 등전위 본딩도체 및 접지도체의 종류는 450/750[V] 일반용 단심 비닐 절연전선으로서 절연체의 색이 녹/황의 줄무늬이거나 녹색인 것을 사용할 것.

5-2-2. 의료장소내의 비상전원(KEC 242.10.5)

1. 절환시간 0.5초 이내에 비상전원을 공급하는 장치 또는 기기
   ① 0.5초 이내에 전력공급이 필요한 생명유지장치
   ② 그룹 1 또는 그룹 2의 의료장소의 수술등, 내시경, 수술실 테이블, 기타 필수 조명
2. 절환시간 15초 이내에 비상전원을 공급하는 장치 또는 기기

① 15초 이내에 전력공급이 필요한 생명유지장치
② 그룹 2의 의료장소에 최소 50%의 조명, 그룹 1의 의료장소에 최소 1개의 조명
3. 절환시간 15초를 초과하여 비상전원을 공급하는 장치 또는 기기
① 병원기능을 유지하기 위한 기본 작업에 필요한 조명
② 그 밖의 병원 기능을 유지하기 위하여 중요한 기기 또는 설비

5-3. 저압 옥내직류 전기설비(KEC 243)

5-3-1. 축전지실 등의 시설(KEC 243.1.7)
1. 30[V]를 초과하는 축전지는 비접지측 도체에 쉽게 차단할 수 있는 곳에 개폐기를 시설하여야 한다.
2. 옥내전로에 연계되는 축전지는 비접지측 도체에 과전류보호장치를 시설하여야 한다.
3. 축전지실 등은 폭발성의 가스가 축적되지 않도록 환기장치 등을 시설하여야 한다.

[적중예상문제]

01 다음은 교류회로에 대한 설명이다. 틀린 것은?

① 3상 4선식의 중성선 또는 PEN 도체는 충전도체는 아니지만 운전전류를 흘리는 도체
② 3상 4선식에서 파생되는 단상 2선식 배전방식의 경우 두 도체 모두가 선도체이거나 하나의 선도체와 중성선 또는 하나의 선도체와 PEN 도체
③ 모든 부하가 선간에 접속된 전기설비에서는 중성선의 설치가 필요하지 않을 수 있다.
④ PEL과 PEM 도체는 충전도체는 아니지만 운전전류를 흘리는 도체이다. 2선식 배전방식이나 3선식 배전방식 적용

해설 직류 회로(KEC 202.2)
PEL과 PEM 도체는 충전도체는 아니지만 운전전류를 흘리는 도체이다. 2선식 배전방식이나 3선식 배전방식 적용

02 다음 그림은 계통접지의 기호 설명이다. 기호 설명으로 맞는 것은?

① 보호도체(PE)
② 중성선(N)
③ 중성선과 보호도체겸용(PEN)
④ 중간도체(M)

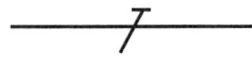

해설

기호 설명	
─────•╱───	중성선(N), 중간도체(M)
─────╱───	보호도체(PE)
─────╱•───	중성선과 보호도체겸용(PEN)

정답 1. ④ 2. ①

03 다음은 감전에 대한 보호 설명이다. 맞는 것은?
① 교류전압과 직류전압은 실효값으로 한다.
② 교류전압과 직류전압은 리플프리로 한다.
③ 교류전압은 리플프리, 직류전압은 실효값으로 한다.
④ 교류전압은 실효값, 직류전압은 리플프리로 한다.

해설 감전에 대한 보호(KEC 211)
① 교류전압은 실효값으로 한다.
② 직류전압은 리플프리로 한다.

04 고장보호를 위한 요구사항 중 분리된 회로는 최소한 단순 분리된 전원을 통하여 공급되어야 하며, 분리된 회로의 전압은 몇 [V] 이하이어야 하는가?
① 100[V] ② 250[V]
③ 500[V] ④ 750[V]

해설 고장보호를 위한 요구사항(KEC 211.4.3)
분리된 회로는 최소한 단순 분리된 전원을 통하여 공급되어야 하며, 분리된 회로의 전압은 500[V] 이하이어야 한다.

05 다음, 분기회로의 시설에서 ( )에 적합한 값을 고르시오.

> "정격전류기 (㉠ [A])"를 초과하는 하나의 전기사용기계기구에 이르는 저압 전로는 "저압 옥내 전로에 시설하는 분기회로의 과전류 차단기는 그 정격전류가 그 전기사용기계기구의 정격전류를 (㉡ [배]) 한 값을 넘지 아니하는 것"에 의하여 시설할 것."

① ㉠ 25[A], ㉡ 1.0[배] ② ㉠ 50[A], ㉡ 1.0[배]
③ ㉠ 25[A], ㉡ 1.3[배] ④ ㉠ 50[A], ㉡ 1.3[배]

해설 분기회로의 시설(KEC 212.6.5)
정격전류가 50[A]를 초과하는 하나의 전기사용기계기구에 이르는 저압 전로는 "저압 옥내 전로에 시설하는 분기회로의 과전류 차단기는 그 정격전류가 그 전기사용기계기구의 정격전류를 1.3배 한 값을 넘지 아니하는 것"에 의하여 시설할 것.

06 시설물의 구분이 "조영물의 상부 조영재 위쪽"일 때 저압 가공인입선 조영물의 구분에 따른 이격거리는 몇 [m]인가?
① 1[m] ② 2[m]
③ 3[m] ④ 4[m]

정답 3. ④ 4. ③ 5. ④ 6. ②

해설 저압 가공인입선 조영물의 구분에 따른 이격거리

시설물의 구분		이격거리
조영물의 상부 조영재	위 쪽	2[m] (전선이 옥외용 비닐절연전선 이외의 저압 절연전선인 경우는 1.0[m], 고압절연전선, 특고압 절연전선 또는 케이블인 경우는 0.5[m])
	옆 쪽 또는 아래 쪽	0.3[m] (전선이 고압절연전선, 특고압 절연전선 또는 케이블인 경우는 0.15[m])
조영물의 상부 조영재 이외의 부분 또는 조영물 이외의 시설물		0.3[m] (전선이 고압절연전선, 특고압 절연전선 또는 케이블인 경우는 0.15[m])

07 전기기기에 의한 화상 방지에 대한 설명이다. (㉠), (㉡), (㉢), (㉣)에 알맞은 값을 고르시오.

접촉할 가능성이 있는 부분	접촉할 가능성이 있는 표면의 재료	최고 표면 온도(℃)
손으로 잡고 조작시키는 것	금속 비금속	(㉠) (㉡)
손으로 잡지 않지만 접촉하는 부분	금속 비금속	70 80
통상 조작 시 접촉할 필요가 없는 부분	금속 비금속	(㉢) (㉣)

① ㉠ 50, ㉡ 60, ㉢ 80, ㉣ 90
② ㉠ 55, ㉡ 65, ㉢ 80, ㉣ 90
③ ㉠ 60, ㉡ 65, ㉢ 85, ㉣ 90
④ ㉠ 65, ㉡ 70, ㉢ 85, ㉣ 90

해설 전기기기에 의한 화상 방지(KEC 214.2.2)

08 저압 옥측전선로 시설에서 전선의 지지점 간의 거리는 몇 [m]인가?
① 1[m] 이하
② 2[m] 이하
③ 1[m] 이상
④ 2[m] 이상

해설 전선의 지지점 간의 거리는 2[m] 이하일 것.

09 저압 옥측전선로 시설에서 "비나 이슬에 젖지 않는 장소"에서 "사용전압이 400[V] 미만인 경우" 전선 상호 간의 간격은 몇 [m]인가?
① 0.02[m]
② 0.04[m]
③ 0.06[m]
④ 0.08[m]

해답 7. ② 8. ② 9. ④

해설 시설장소별 조영재 사이의 이격거리

시설 장소	전선 상호 간의 간격		전선과 조영재 사이의 이격거리	
	사용전압이 400[V] 미만인 경우	사용전압이 400[V] 이상인 경우	사용전압이 400[V] 미만인 경우	사용전압이 400[V] 이상인 경우
비나 이슬에 젖지 않는 장소	0.06[m]	0.06[m]	0.025[m]	0.025[m]
비나 이슬에 젖는 장소	0.06[m]	0.12[m]	0.025[m]	0.045[m]

10 사용전압이 400[V] 이상인 저압 가공전선에서 케이블인 경우 이외에는 시가지에 시설하는 것은 인장강도는 몇 [kN] 이상이어야 하는가?
① 5.26[kN]   ② 6.01[kN]
③ 7.26[kN]   ④ 8.01[kN]

해설 저압 가공전선의 굵기 및 종류(KEC 222.5)
사용전압이 400[V] 이상인 저압 가공전선 : 케이블인 경우 이외에는 시가지에 시설하는 것은 인장강도 8.01[kN] 이상의 것 또는 지름 5[mm] 이상의 경동선, 시가지 외에 시설하는 것은 인장강도 5.26[kN] 이상의 것 또는 지름 4[mm] 이상의 경동선

11 철도 또는 궤도를 횡단하는 경우 저압 가공전선의 높이는 레일면상에서 몇 [m] 이상인가?
① 5.0[m]   ② 5.5[m]
③ 6.0[m]   ④ 6.5[m]

해설 저압 가공전선의 높이(KEC 222.7)
① 도로를 횡단하는 경우에는 지표상 6[m] 이상
② 철도 또는 궤도를 횡단하는 경우에는 레일면상 6.5[m] 이상
③ 횡단보도교의 위에 시설하는 경우에는 저압 가공전선은 그 노면상 3.5[m] 이상

12 저압 보안공사에서 목주는 풍압하중에 대한 안전율이 얼마 이상이어야 하는가?
① 1.0 이상   ② 1.5 이상
③ 2.0 이상   ④ 2.5 이상

해설 저압 보안공사(KEC 222.10) : 목주는
① 풍압하중에 대한 안전율은 1.5 이상일 것.
② 목주의 굵기는 말구(末口)의 지름 0.12[m] 이상일 것.

해답 10. ④ 11. ④ 12. ②

13 다음은 농사용 저압 가공전선로의 시설에 관한 것이다. 전선로 지점 간의 거리는 몇 [m] 이하로 시설하여야 하는가?
① 10[m] ② 20[m]
③ 30[m] ④ 40[m]

해설 농사용 저압 가공전선로의 시설(KEC 222.22)
① 저압 가공전선의 지표상의 높이는 3.5[m] 이상일 것. 다만, 저압 가공전선을 사람이 쉽게 출입하지 못하는 곳에 시설하는 경우에는 3[m]까지로 감할 수 있다.
② 목주의 굵기는 말구 지름이 0.09[m] 이상일 것.
③ 전선로의 지지점 간 거리는 30[m] 이하일 것.

14 애자사용배선 시설조건에서 전선 상호 간의 간격은 몇 [m] 이상인가?
① 0.02[m] ② 0.04[m]
③ 0.06[m] ④ 0.08[m]

해설 애자사용배선 시설조건(KEC 232.3.1) : 전선 상호 간의 간격은 0.06[m] 이상일 것.

15 라이팅덕트배선시설조건에 대한 설명 중 틀린 것은?
① 덕트 상호 간 및 전선 상호 간은 견고하게 또한 전기적으로 완전히 접속할 것
② 덕트는 조영재에 견고하게 붙일 것
③ 덕트의 지지점 간의 거리는 1[m] 이하로 할 것
④ 덕트의 끝부분은 막을 것

해설 라이팅덕트배선시설조건(KEC 232.11.1) : 덕트의 지지점 간의 거리는 2[m] 이하로 할 것

16 스포트라이트나 프로젝터는 모든 방향에서 가연성 재료로부터의 최소 거리를 두고 설치하여야 한다. 다음 보기 중 맞는 것은?
① 정격용량 100[W] 이하 : 최소 거리 0.5[m]
② 정격용량 100[W] 초과 300[W] 이하 : 최소 거리 0.7[m]
③ 정격용량 300[W] 초과 500[W] 이하 : 최소 거리 1.2[m]
④ 정격용량 500[W] 초과 : 최소 거리 1.4[m] 초과

해설 열 영향에 대한 주변의 보호(KEC 234.1.3) : 스포트라이트나 프로젝터는 모든 방향에서 가연성 재료로부터의 최소 거리를 두고 설치하여야 한다.
① 정격용량 100[W] 이하 : 0.5[m]
② 정격용량 100[W] 초과 300[W] 이하 : 0.8[m]
③ 정격용량 300[W] 초과 500[W] 이하 : 1.0[m]
④ 정격용량 500[W] 초과 : 1.0[m] 초과

예답 13. ③ 14. ③ 15. ③ 16. ①

17 옥외등에 전기를 공급하는 전로의 사용전압은 대지전압을 몇 [V] 이하로 하여야 하는가?

① 100[V] ② 200[V]
③ 300[V] ④ 400[V]

해설 옥외 사용전압 (KEC 234.9.1)
옥외등에 전기를 공급하는 전로의 사용전압은 대지전압을 300[V] 이하로 하여야 한다.

18 배선이 전주에 연한 부분은 몇 [m] 이내마다 새들(Saddle) 또는 밴드로 지지하여야 하는가?

① 1.0[m] ② 1.5[m]
③ 2.0[m] ④ 2.5[m]

해설 배선(KEC 234.10.3)
배선이 전주에 연한 부분은 1.5[m] 이내마다 새들(Saddle) 또는 밴드로 지지할 것

19 관등회로의 배선에서 전선 상호간의 이격거리는 몇 [mm] 이상인가?

① 30[mm] ② 60[mm]
③ 80[mm] ④ 90[mm]

해설 관등회로의 배선(KEC 234.12.3)
① 전선 상호간의 이격거리는 60[mm] 이상일 것
② 전선과 조영재 이격거리는 노출장소에서 점검할 수 있는 은폐장소에서 60[mm] 이상으로 할 것
③ 전선지지점간의 거리는 1[m] 이하로 할 것
④ 애자는 절연성·난연성 및 내수성이 있는 것일 것

20 출퇴표시등 회로에 전기를 공급하기 위한 절연변압기의 사용전압은 1차측 전로의 대지전압과 2차측 전로를 각각 몇 [V] 이하로 하여야 하는가?

① 1차측 전로의 대지전압 : 300[V], 2차측 전로 : 60[V]
② 1차측 전로의 대지전압 : 60[V], 2차측 전로 : 300[V]
③ 1차측 전로의 대지전압 : 300[V], 2차측 전로 : 300[V]
④ 1차측 전로의 대지전압 : 60[V], 2차측 전로 : 60[V]

해설 사용전압(KEC 234.13.1)
출퇴표시등 회로에 전기를 공급하기 위한 절연변압기의 사용전압은 1차측 전로의 대지전압을 300[V] 이하, 2차측 전로를 60[V] 이하로 하여야 한다.

17. ③ 18. ② 19. ② 20. ①

21 수영장 기타 이와 유사한 장소에 사용하는 수중조명등에 전기를 공급하기 위해서는 절연변압기를 사용한다. 이때 절연변압기의 1, 2차측 전로의 사용전압 설명으로 맞는 것은?

① 1차측 전로의 사용전압 : 200[V] 미만, 2차측 전로의 사용전압 : 100[V] 이하
② 1차측 전로의 사용전압 : 400[V] 미만, 2차측 전로의 사용전압 : 100[V] 이하
③ 1차측 전로의 사용전압 : 200[V] 미만, 2차측 전로의 사용전압 : 150[V] 이하
④ 1차측 전로의 사용전압 : 400[V] 미만, 2차측 전로의 사용전압 : 150[V] 이하

해설 사용전압 (KEC 234.14.1)
수영장 기타 이와 유사한 장소에 사용하는 수중조명등에 전기를 공급하기 위해서는 절연변압기를 사용하고, 그 사용전압은
① 절연변압기의 1차측 전로의 사용전압은 400[V] 미만일 것.
② 절연변압기의 2차측 전로의 사용전압은 150[V] 이하일 것.

22 교통신호등 제어장치의 2차측 배선의 최대사용전압은 몇 [V] 이하인가?

① 100[V]　　　　　② 220[V]
③ 300[V]　　　　　④ 380[V]

해설 사용전압(KEC 234.15.1)
교통신호등 제어장치의 2차측 배선의 최대사용전압은 300[V] 이하이어야 한다.

23 다음은 전기울타리의 시설에 대한 설명이다. 틀린 것을 고르시오.

① 전기울타리는 사람이 쉽게 출입하지 아니하는 곳에 시설할 것
② 전선은 인장강도 1.38[kN] 이상의 것 또는 지름 2[mm] 이상의 경동선일 것
③ 전선과 이를 지지하는 기둥 사이의 이격거리는 20[mm] 이상일 것
④ 전선과 다른 시설물(가공 전선을 제외한다) 또는 수목과의 이격거리는 0.3[m] 이상일 것

해설 전기울타리의 시설(KEC 241.1.3)
전선과 이를 지지하는 기둥 사이의 이격거리는 25[mm] 이상일 것

24 유희용 전차에 전기를 공급하기 위하여 사용하는 변압기의 1차 전압은 몇 [V] 미만인가?

① 100[V]　　　　　② 200[V]
③ 300[V]　　　　　④ 400[V]

해설 사용전압(KEC 241.8.1)
유희용 전차(유원지·유희장 등의 구내에서 유희용으로 시설하는 것을 말한다)에 전기를 공급하기 위하여 사용하는 변압기의 1차 전압은 400[V] 미만이어야 한다.

정답 21. ④　22. ③　23. ③　24. ④

25 유희용 전차에 전기를 공급하는 전원장치에 대한 설명으로 올바른 것은?
① 전원장치의 2차측 단자의 최대사용전압은 교류의 경우 60[V] 이하
② 전원장치의 2차측 단자의 최대사용전압은 직류의 경우 40[V] 이상
③ 전원장치의 2차측 단자의 최대사용전압은 교류의 경우 40[V] 이상
④ 전원장치의 2차측 단자의 최대사용전압은 직류의 경우 60[V] 이하

해설 전원장치(KEC 241.8.2) : 유희용 전차에 전기를 공급하는 전원장치는
① 전원장치의 2차측 단자의 최대사용전압은 직류의 경우 60[V] 이하, 교류의 경우 40[V] 이하일 것
② 전원장치의 변압기는 절연변압기일 것

26 다음은 임시시설에 대한 설명이다. 틀린 것은?
① 옥내의 시설 : 사용전압은 400[V] 미만일 것
② 옥내의 시설 : 건조하고 전개된 장소에 시설할 것
③ 옥측의 시설 : 사용전압은 500[V] 미만일 것
④ 옥측의 시설 : 전선은 절연전선(옥외용 비닐절연전선을 제외한다)일 것

해설 옥측의 시설(KEC 241.15.2)
① 사용전압은 400[V] 미만일 것
② 전선은 절연전선(옥외용 비닐절연전선을 제외한다)일 것
③ 설치공사가 완료한 날로부터 4개월 이내에 한하여 사용하는 것일 것

해답 25. ④ 26. ③

고압·특고압 전기설비

5부 전기설비기술기준

1 통칙(KEC 300)

1-1. 적용범위(KEC 301)

교류 1[kV] 초과 또는 직류 1.5[kV]를 초과하는 고압 및 특고압 전기를 공급하거나 사용하는 전기설비에 적용한다. 고압·특고압 전기설비에서 적용하는 전압의 구분은 "(1) 저압 : 교류는 1[kV] 이하, 직류는 1.5[kV] 이하인 것. (2) 고압 : 교류는 1[kV]를, 직류는 1.5[kV]를 초과하고, 7[kV] 이하인 것. (3) 특고압 : 7[kV]를 초과하는 것"에 따른다.

2 안전을 위한 보호(KEC 310)

직접 접촉에 대한 보호(KEC 311.2), 간접 접촉에 대한 보호(KEC 311.3), 아크고장에 대한 보호(KEC 311.4), 직격뢰에 대한 보호(KEC 311.5), 화재에 대한 보호(KEC 311.6), 절연유 누설에 대한 보호(KEC 311.7), SF6의 누설에 대한 보호(KEC 311.8) 가 있다.

3 접지설비(KEC 320)

3-1 혼촉에 의한 위험방지시설(KEC 322)

3-1-1. 고압 또는 특고압과 저압의 혼촉에 의한 위험방지 시설(KEC 322.1)

1. 고압전로 또는 특고압전로와 저압전로를 결합하는 변압기에 위험방지 시설을 한다. 저압측의 중성점에는 KEC 142.5의 규정에 의하여 접지공사를 하여야 한다. 다만, 저압전로의 사용전압이 300[V] 이하인 경우에 그 접지공사를 변압기의 중성점에 하기 어려울 때에는 저압측의 1단자에 시행할 수 있다.
2. 제1의 접지공사는 변압기의 시설장소마다 시행하여야 한다.
3. 제1의 접지공사를 하는 경우에 토지의 상황에 의하여 제2의 규정에 의하기 어려울 때에는 다음에 따라 가공공동지선(架空共同地線)을 설치하여 2 이상의 시설장소에 KEC 142.5의 규정에 의하여 접지공사를 할 수 있다.

3-1-2. 혼촉방지판이 있는 변압기에 접속하는 저압 옥외전선의 시설 등(KEC 322.2)

1. 저압전선은 1구내에만 시설할 것.
2. 저압 가공전선로 또는 저압 옥상전선로의 전선은 케이블일 것.
3. 저압 가공전선과 고압 또는 특고압의 가공전선을 동일 지지물에 시설하지 아니할 것. 다만, 고압 가공전선로 또는 특고압 가공전선로의 전선이 케이블인 경우에는 그러하지 아니하다.

3-1-3. 전로의 중성점의 접지(KEC 322.5)

1. 전로의 보호 장치의 확실한 동작의 확보, 이상 전압의 억제 및 대지전압의 저하를 위하여 특히 필요한 경우에 전로의 중성점에 접지공사를 할 경우에는
   ① 접지도체는 공칭단면적 $16[\text{mm}^2]$ 이상의 연동선 또는 이와 동등 이상의 세기 및 굵기의 쉽게 부식하지 아니하는 금속선(저압 전로의 중성점에 시설하는 것은 공칭단면적 $6[\text{mm}^2]$ 이상의 연동선 또는 이와 동등 이상의 세기 및 굵기의 쉽게 부식하지 않는 금속선)으로서 고장시 흐르는 전류가 안전하게 통할 수 있는 것을 사용하고 또한 손상을 받을 우려가 없도록 시설할 것.
   ② 접지극 도체가 최초 개폐장치 또는 과전류장치에 접속될 때는 기기 본딩 점퍼의 굵기는 $10[\text{mm}^2]$ 이상으로서 접지저항기의 최대전류 이상의 허용전류를 갖는 것일 것.

〈기기 접지 점퍼의 굵기〉

상전선 최대 굵기(mm^2)	접지극 전선(mm^2)
30 이하	10
38 또는 50	16
60 또는 80	25
80 초과 175까지	35
175 초과 300까지	50
300 초과 550까지	70
550 초과	95

4 전선로(KEC 330)

4-1. 전선로 일반 및 구내·옥측·옥상전선로(KEC 331)

4-1-1. 가공전선로 지지물의 철탑오름 및 전주오름 방지(KEC 331.4)

가공전선로의 지지물에 취급자가 오르고 내리는데 사용하는 발판 볼트 등을 지표상 1.8[m] 미만에 시설하여서는 아니 된다. 다만, 다음의 어느 하나에 해당되는 경우에는 그러하지 아니하다.

① 발판 볼트 등을 내부에 넣을 수 있는 구조로 되어 있는 지지물에 시설하는 경우
② 지지물에 철탑오름 및 전주오름 방지장치를 시설하는 경우
③ 지지물 주위에 취급자 이외의 사람이 출입할 수 없도록 울타리·담 등의 시설을 하는 경우

4-1-2. 풍압하중의 종별과 적용(KEC 331.6)

1. 가공 전선로에 사용하는 지지물의 강도 계산에 적용하는 풍압 하중은 다음의 3종으로 한다.

① 갑종 풍압하중 : 아래 표에서 정한 구성재의 수직 투영면적 1[m^2]에 대한 풍압을 기초로 하여 계산한 것.

〈구성재의 수직 투영면적 1[m²]에 대한 풍압〉

풍압을 받는 구분			구성재의 수직 투영면적 1[m²]에 대한 풍압
목주			588[Pa]
지지물	철주	원형의 것	588[Pa]
		삼각형 또는 마름모형의 것	1,412[Pa]
		강관에 의하여 구성되는 4각형의 것	1,117[Pa]
		기타의 것	복재(腹材)가 전·후면에 겹치는 경우에는 1627[Pa], 기타의 경우에는 1784[Pa]
	철근콘크리트주	원형의 것	588[Pa]
		기타의 것	882[Pa]
	철탑	단주(완철류는 제외함) 원형의 것	588[Pa]
		단주(완철류는 제외함) 기타의 것	1,117[Pa]
		강관으로 구성되는 것(단주는 제외함)	1,255[Pa]
		기타의 것	2,157[Pa]
전선 기타 가섭선	다도체(구성하는 전선이 2가닥마다 수평으로 배열되고 또한 그 전선 상호 간의 거리가 전선의 바깥지름의 20배 이하인 것에 한한다. 이하 같다)를 구성하는 전선		666[Pa]
	기타의 것		745[Pa]
애자장치(특고압 전선용의 것에 한한다)			1,039[Pa]
목주·철주(원형의 것에 한한다) 및 철근 콘크리트주의 완금류(특고압 전선로용의 것에 한한다)			단일재로서 사용하는 경우에는 1,196[Pa], 기타의 경우에는 1,627[Pa]

② 을종 풍압하중 : 전선 기타의 가섭선(架涉線) 주위에 두께 6[mm], 비중 0.9의 빙설이 부착된 상태에서 수직 투영면적 372[Pa](다도체를 구성하는 전선은 333[Pa]), 그 이외의 것은 "①"풍압의 2분의 1을 기초로 하여 계산한 것.

③ 병종 풍압하중 : "①"풍압의 2분의 1을 기초로 하여 계산한 것.

4-1-3. 가공전선로 지지물의 기초의 안전율(KEC 331.7)

가공전선로의 지지물에 하중이 가하여지는 경우에 그 하중을 받는 지지물의 기초의 안전율은 2(KEC 333.14의 1에 규정하는 이상 시 상정하중이 가하여지는 경우의 그 이상 시 상정하중에 대한 철탑의 기초에 대하여는 1.33) 이상이어야 한다.

4-1-4. 철근 콘크리트주의 구성 등(KEC 331.9)

1. 가공전선로의 지지물로 사용되는 철근 콘크리트주는 콘크리트 및 다음 "①"에서 정하는 표준에 적합한 형강·평강 또는 봉강으로 구성하야야 한다.

2. 제1의 콘크리트와 형강·평강 및 봉강의 허용응력은 ① 콘크리트의 허용굽힘 압축응력 및 허용전단응력은 표 "콘크리트의 허용굽힘 압축응력 및 허용전단응력"에 규정한 값일 것. ② 콘크리트의 형강·평강 또는 봉강에 대한 허용부착응력은 표 "콘크리트의 형강·평강 또는 봉강에 대한 허용부착응력"에 규정한 값일 것. ③ 형강·평강 또는 봉강의 허용인장응력 및 허용압축응력은 표 "형강·평강 또는 봉강의 허용인장응력 및 허용압축응력"에 규정한 값일 것.

〈콘크리트의 허용굽힘 압축응력 및 허용전단응력〉

공시체의 압축강도(MPa)	허용굽힘압축응력(MPa)	허용전단응력(MPa)
17.7 이상 20.6 미만	5.88	0.59
20.6 이상 23.5 미만	6.86	0.64
23.5 이상	7.84	0.69

[비고] 공시체의 압축강도는 재령 28일의 3개 이상의 공시체를 KS F 2405에 규정한 콘크리트의 압축강도 시험방법에 의하여 시험을 구한 압축강도의 평균값으로 한다.

〈콘크리트의 형강·평강 또는 봉강에 대한 허용부착응력〉

콘크리트의 압축강도 (MPa)	부착응력(MPa)		
	형강 또는 평강의 경우	봉강의 경우	이형봉강의 경우
17.7 이상 20.6 미만	0.34	0.69	1.37
20.6 이상 23.5 미만	0.36	0.74	1.47
23.5 이상	0.39	0.78	1.57

[비고] 콘크리트의 압축강도는 재령 28일의 3개 이상의 공시체를 KS F 2405에 규정한 콘크리트의 압축강도 시험방법에 의하여 시험을 하여 구한 압축강도의 평균값으로 한다.

〈형강·평강 또는 봉강의 허용인장응력 및 허용압축응력〉

종류		기호	두께(mm)	허용인장응력(MPa)	허용압축응력(MPa)
일반구조용 압연강재 KS D 3503		SS 400	16 이하	161.8	161.8
			16 초과 40 이하	156.9	156.9
		SS 490	16 이하	186.3	186.3
			16 초과 40 이하	181.4	181.4
철근 콘크리트 용봉강 KS D 3504	열간압연 봉강	SR 24	-	156.9	156.9
		SR 30	-	196.1	196.1
	열간압연 이형봉강	SD 24	-	156.9	156.9
		SD 30	-	196.1	196.1
		SD 35	-	225.5	225.5

4-1-5. 지선의 시설(KEC 331.11)

1. 가공전선로의 지지물로 사용하는 철탑은 지선을 사용하여 그 강도를 분담시켜서는 안 된다.
2. 가공전선로의 지지물로 사용하는 철주 또는 철근 콘크리트주는 지선을 사용하지 않는 상태에서 2분의 1 이상의 풍압하중에 견디는 강도를 가지는 경우 이외에는 지선을 사용하여 그 강도를 분담시켜서는 안 된다.
3. 가공전선로의 지지물에 시설하는 지선은
   ① 지선의 안전율은 2.5(제6에 의하여 시설하는 지선은 1.5) 이상일 것. 이 경우에 허용 인장하중의 최저는 4.31[kN]으로 한다.
   ② 지선에 연선을 사용할 경우에는
      ㉠ 소선(素線) 3가닥 이상의 연선일 것.
      ㉡ 소선의 지름이 2.6[mm] 이상의 금속선을 사용한 것일 것. 다만, 소선의 지름이 2[mm] 이상인 아연도강연선(亞鉛鍍鋼然線)으로서 소선의 인장강도가 0.68[kN/mm^2] 이상인 것을 사용하는 경우에는 적용하지 않는다.
   ③ 지중부분 및 지표상 0.3[m]까지의 부분에는 내식성이 있는 것 또는 아연도금을 한 철봉을 사용하고 쉽게 부식되지 않는 근가에 견고하게 붙일 것. 다만, 목주에 시설하는 지선에 대해서는 적용하지 않는다.
4. 도로를 횡단하여 시설하는 지선의 높이는 지표상 5[m] 이상으로 하여야 한다. 다만, 기술상 부득이한 경우로서 교통에 지장을 초래할 우려가 없는 경우에는 지표상 4.5[m] 이상, 보도의 경우에는 2.5[m] 이상으로 할 수 있다.

4-1-6. 구내인입선(KEC 331.12)

1. 고압 가공인입선의 시설(KEC 331.12.1) : 고압 가공인입선 전선에는 인장강도 8.01[kN] 이상의 고압 절연전선, 특고압 절연전선 또는 지름 5[mm] 이상의 경동선의 고압 절연전선, 특고압 절연전선 또는 KEC 341.9의 1의 "②"에 규정하는 인하용 절연전선을 애자사용배선에 의하여 시설하거나 케이블을 KEC 332.2의 준하여 시설하여야 한다.

2. 특고압 가공인입선의 시설(KEC 331.12.2) : 변전소 또는 개폐소에 준하는 곳 이외의 곳에 인입하는 특고압 가공 인입선은 사용전압이 100[kV] 이하이며 또한 전선에 케이블을 사용하는 경우 이외에 KEC 333.7, 333.23~333.28까지 및 KEC 333.30의 규정에 준하여 시설하여야 한다.
"특고압 가공전선과 도로 등의 접근 또는 교차(KEC 333.24), 특고압 가공전선 상호 간의 접근 또는 교차(KEC 333.27), 특고압 가공전선과 식물의 이격거리(KEC 333.30)"

4-1-7. 옥측전선로(KEC 331.13)

1. 고압 옥측전선로의 시설(KEC 331.13.1)
   ① 고압 옥측전선로는 전개된 장소에는
      ㉠ 전선은 케이블일 것.
      ㉡ 케이블은 견고한 관 또는 트라프에 넣거나 사람이 접촉할 우려가 없도록 시설할 것.
      ㉢ 케이블을 조영재의 옆면 또는 아랫면에 따라 붙일 경우에는 케이블의 지지점 간의 거리를 2[m](수직으로 붙일 경우에는 6[m]) 이하로 하고 또한 피복을 손상하지 아니하도록 붙일 것.

2. 특고압 옥측전선로의 시설(KEC 331.13.2) : 특고압 옥측전선로(특고압 인입선의 옥측부분을 제외한다. 이하 같다)는 시설하여서는 아니 된다. 다만, 사용전압이 100[kV] 이하이고 KEC 331.13.1의 규정에 준하여 시설하는 경우에는 그러하지 아니하다.

4-1-8. 옥상전선로(KEC 331.14)

1. 고압 옥상전선로의 시설(KEC 331.14.1) : 전선을 전개된 장소에서 KEC 332.2(3은 제외한다)의 규정에 준하여 시설하는 외에 조영재에 견고하게 붙인 지지주 또는 지지대에 의하여 지지하고 또한 조영재 사이의 이격거리를 1.2[m] 이상으로 하여 시설하는 경우

2. 특고압 옥상전선로의 시설(KEC 331.14.2) : 특고압 옥상전선로(특고압의 인입선의 옥상부분을 제외한다)는 시설하여서는 아니 된다.

4-2. 가공전선로(KEC 332)

4-2-1. 가공약전류전선로의 유도장해 방지(KEC 332.1)

저압 가공전선로(전기철도용 급전선로는 제외한다.) 또는 고압 가공전선로(전기철도용 급전선로는 제외한다)와 기설 가공약전류전선로가 병행하는 경우에는 유도작용에 의하여 통신상의 장해가 생기지 않도록 전선과 기설 약전류전선간의 이격거리는 2[m] 이상이어야 한다.

4-2-2. 가공케이블의 시설(KEC 332.2)

1. 저압 가공전선 또는 고압 가공전선에 케이블을 사용하는 경우에는 다음에 따라 시설하여야 한다.
   ① 케이블은 조가용선에 행거로 시설할 것. 이 경우에는 사용전압이 고압인 때에는 행거의 간격은 0.5[m] 이하로 하는 것이 좋다.
   ② 조가용선은 인장강도 5.93[kN] 이상의 것 또는 단면적 22[mm^2] 이상인 아연도강연선일 것.

③ 조가용선 및 케이블의 피복에 사용하는 금속체에는 KEC 140의 규정에 준하여 접지공사를 할 것. 다만, 저압 가공전선에 케이블을 사용하고 조가용선에 절연전선 또는 이와 동등 이상의 절연내력이 있는 것을 사용할 때에 조가용선에 KEC 140의 규정에 준하여 접지공사를 하지 아니할 수 있다.

④ 고압 가공전선에 케이블을 사용하는 경우의 조가용선은 KEC 332.4에 준하여 시설할 것. 이 경우에 조가용선의 중량 및 조가용선에 대한 수평풍압에는 각각 케이블의 중량[KEC 332.4의 "②" 또는 "③"에 규정하는 빙설이 부착한 경우에는 그 피빙전선(被氷電線)의 중량] 및 케이블에 대한 수평풍압[KEC 332.4의 "②" 또는 "③"에 규정하는 빙설이 부착한 경우에는 그 피빙전선에 대한 수평풍압)을 가산한다.

2. 조가용선의 케이블에 접촉시켜 그 위에 쉽게 부식하지 아니하는 금속 테이프 등을 0.2[m] 이하의 간격을 유지하며 나선상으로 감는 경우, 조가용선을 케이블의 외장에 견고하게 붙이는 경우 또는 조가용선과 케이블을 꼬아 합쳐 조가하는 경우에 그 조가용선이 인장강도 5.93[kN] 이상의 금속선의 것 또는 단면적 22[mm^2] 이상인 아연도강연선의 경우에는 제1의 "①" 및 "②"의 규정에 의하지 아니할 수 있다.

3. 고압 가공전선에 반도전성 외장 조가용 고압케이블을 사용하는 경우는 제1의 "②"부터 "④"까지의 규정에 준하여 시설하는 이외에 조가용선을 반도전성 외장조가용 고압 케이블에 접속시켜 그 위에 쉽게 부식하지 아니하는 금속 테이프를 0.06[m] 이하의 간격을 유지하면서 나선상으로 감아 시설하여야 한다.

4. 제3에서 규정하는 반도전성 외장 조가용 고압케이블은 IEC 60502(정격전압 1[kV]~30[kV] 압출 성형 절연 전력케이블 및 그 부속품)에 적합한 것이어야 한다.

4-2-3. 고압 가공전선의 안전율(KEC 332.4)

고압 가공전선은 케이블인 경우 이외에는 다음에 규정하는 경우에 그 안전율이 경동선 또는 내열 동합금선은 2.2 이상, 그 밖의 전선은 2.5 이상이 되는 이도(弛度)로 시설

4-2-4. 고압 가공전선의 높이(KEC 332.5)

고압 가공전선의 높이는

① 도로[농로 기타 교통이 번잡하지 않은 도로 및 횡단보도교(도로·철도·궤도 등의 위를 횡단하여 시설하는 다리모양의 시설물로서 보행용으로만 사용되는 것을 말한다. 이하 같다.)를 제외한다. 이하 같다.]를 횡단하는 경우에는 지표상 6[m] 이상

② 철도 또는 궤도를 횡단하는 경우에는 레일면상 6.5[m] 이상
③ 횡단보도교의 위에 시설하는 경우에는 그 노면상 3.5[m] 이상
④ "①"부터 "③"까지 이외의 경우에는 지표상 5[m] 이상

4-2-5. 고압 가공전선로의 가공지선(KEC 332.6)

고압 가공전선로에 사용하는 가공지선은 인장강도 5.26[kN] 이상의 것 또는 지름 4[mm] 이상의 나경동선을 사용하고 또한 이를 KEC 332.4의 규정에 준하여 시설

4-2-6. 고압 가공전선로의 지지물의 강도(KEC 332.7)

고압 가공전선로의 지지물로서 사용하는 목주는
① 풍압하중에 대한 안전율은 1.3 이상일 것.
② 굵기는 말구(末口) 지름 0.12[m] 이상일 것.

4-2-7. 고압 가공전선로 경간의 제한(KEC 332.9)

고압 가공전선로의 경간은 아래 표에서 정한 값 이하이어야 한다.

〈고압 가공전선로 경간 제한〉

지지물의 종류	경 간
목주·A종 철주 또는 A종 철근 콘크리트주	150[m]
B종 철주 또는 B종 철근 콘크리트주	250[m]
철 탑	600[m]

4-2-8. 고압 보안공사(KEC 332.10)

고압 보안공사는
① 전선은 케이블인 경우 이외에는 인장강도 8.01[kN] 이상의 것 또는 지름 5[mm] 이상의 경동선일 것.
② 목주의 풍압하중에 대한 안전율은 1.5 이상일 것.
③ 경간은 아래 표에서 정한 값 이하일 것. 다만, 전선에 인장강도 14.51[kN] 이상의 것 또는 단면적 38[mm^2] 이상의 경동연선을 사용하는 경우로서 지지물에 B종 철주·B종 철근 콘크리트주 또는 철탑을 사용하는 때에는 그러하지 아니하다.

〈고압 보안공사 경간 제한〉

지지물의 종류	경 간
목주·A종 철주 또는 A종 철근 콘크리트주	100[m]
B종 철주 또는 B종 철근 콘크리트주	150[m]
철탑	400[m]

4-2-9. 고압 가공전선과 건조물의 접근(KEC 332.11)

1. 고압 가공전선과 건조물의 조영재 사이의 이격거리는 표 "고압 가공전선과 건조물의 조영재 사이의 이격거리"에서 정한 값 이상일 것.

〈저압 가공전선과 건조물의 조영재 사이의 이격거리〉

건조물 조영재의 구분	접근형태	이 격 거 리
상부 조영재 [지붕·챙(차양:遮陽)· 옷말리는 곳 기타 사람이 올라갈 우려가 있는 조영 재를 말한다. 이하 같다]	위쪽	2[m] (전선이 고압 절연전선, 특고압 절연전선 또는 케이블인 경우는 1[m])
	옆쪽 또는 아래쪽	1.2[m] (전선에 사람이 쉽게 접촉할 우려가 없도록 시설한 경우에는 0.8[m], 고압 절연전선, 특고압 절연전선 또는 케이블인 경우에는 0.4[m])
기타의 조영재		1.2[m] (전선에 사람이 쉽게 접촉할 우려가 없도록 시설한 경우에는 0.8[m], 고압 절연전선, 특고압 절연전선 또는 케이블인 경우에는 0.4[m])

〈고압 가공전선과 건조물의 조영재 사이의 이격거리〉

건조물 조영재의 구분	접근형태	이 격 거 리
상부 조영재	위쪽	2[m] (전선이 케이블인 경우에는 1[m])
	옆쪽 또는 아래쪽	1.2[m] (전선에 사람이 쉽게 접촉할 우려가 없도록 시설한 경우에는 0.8[m], 케이블인 경우에는 0.4[m])
기타의 조영재		1.2[m] (전선에 사람이 쉽게 접촉할 우려가 없도록 시설한 경우에는 0.8[m], 케이블인 경우에는 0.4[m])

2. 저고압 가공전선이 건조물과 접근하는 경우에 저고압 가공전선이 건조물의 아래쪽에 시설될 때에는 저고압 가공전선과 건조물 사이의 이격거리는 아래 표에서 정한 값 이상으로 하고 또한 위험의 우려가 없도록 시설하여야 한다.

〈저고압 가공전선과 건조물 사이의 이격거리〉

가공 전선의 종류	이 격 거 리
저압 가공 전선	0.6[m] (전선이 고압 절연전선, 특고압 절연전선 또는 케이블인 경우에는 0.3[m])
고압 가공 전선	0.8[m] (전선이 케이블인 경우에는 0.4[m])

4-2-10. 고압 가공전선과 도로 등의 접근 또는 교차(KEC 332.12)

1. ① 고압 가공전선로는 고압 보안공사에 의할 것.
   ② 저압 가공전선과 도로 등의 이격거리(도로나 횡단보도교의 노면상 또는 철도나 궤도의 레일면상의 이격거리를 제외한다. 이하 같다)는 다음 표에서 정한 값 이상일 것. 다만, 저압 가공전선과 도로·횡단보도교·철도 또는 궤도와의 수평 이격거리가 1[m] 이상인 경우에는 그러하지 아니하다.

〈저압 가공전선과 도로 등의 이격거리〉

도로 등의 구분	이격거리
도로·횡단보도교·철도 또는 궤도	3[m]
삭도나 그 지주 또는 저압 전차선	0.6[m] (전선이 고압 절연전선, 특고압 절연전선 또는 케이블인 경우에는 0.3[m])
저압 전차선로의 지지물	0.3[m]

2. 고압 가공전선과 도로 등의 이격거리는 다음 표에서 정한 값 이상일 것. 다만, 고압 가공전선과 도로·횡단보도교·철도 또는 궤도와의 수평 이격거리가 1.2[m] 이상인 경우에는 그러하지 아니하다.

〈저압 가공전선과 도로 등의 이격거리〉

도로 등의 구분	이격거리
도로·횡단보도교·철도 또는 궤도	3[m]
삭도나 그 지주 또는 저압 전차선	0.8[m] (전선이 케이블인 경우에는 0.4[m])
저압 전차선로의 지지물	0.6[m] (고압 가공전선이 케이블인 경우에는 0.3[m])

4-2-11. 고압 가공전선과 가공약전류전선 등의 접근 또는 교차(KEC 332.13)

① 고압 가공전선은 고압 보안공사에 의할 것.
② 저압 가공전선이 가공약전류전선등과 접근하는 경우에는 저압 가공전선과 가공약전류전선 등 사이의 이격거리는 0.6[m] [가공약전류전선로 또는 가공 광섬유 케이블 선로(이하 "가공약전류전선로 등"이라 한다)로서 가공약전류전선 등이 절연전선과 동등 이상의 절연효력이 있는 것 또는 통신용 케이블인 경우는 0.3[m]] 이상일 것.

③ 고압 가공전선이 가공약전류전선 등과 접근하는 경우는 고압 가공전선과 가공약전류전선 등 사이의 이격거리는 0.8[m](전선이 케이블인 경우에는 0.4[m]) 이상일 것.
④ 가공전선과 약전류전선로 등의 지지물 사이의 이격거리는 저압은 0.3[m] 이상, 고압은 0.6[m](전선이 케이블인 경우에는 0.3[m]) 이상일 것.

4-2-12. 고압 가공전선과 안테나의 접근 또는 교차(KEC 332.14)
① 고압 가공전선로는 고압 보안공사에 의할 것.
② 가공전선과 안테나 사이의 이격거리(가섭선에 의하여 시설하는 안테나에 있어서는 수평 이격거리)는 저압은 0.6[m](전선이 고압 절연전선, 특고압 절연전선 또는 케이블인 경우에는 0.3[m]) 이상, 고압은 0.8[m](전선이 케이블인 경우에는 0.4[m]) 이상일 것.

4-2-13. 고압 가공전선 등과 저압 가공전선 등의 접근 또는 교차(KEC 332.16)
고압 가공전선이 저압 가공전선 또는 고압 전차선(이하 "저압 가공전선 등"이라 한다)과 접근상태로 시설되거나 고압 가공전선이 저압 가공전선 등과 교차하는 경우에 고압 가공전선 등의 위에 시설되는 때에는
① 고압 가공전선로는 고압 보안공사에 의할 것.
② 고압 가공전선과 저압 가공전선 등 또는 그 지지물 사이의 이격거리는 아래 표에서 정한 값 이상일 것.

〈고압 가공전선과 저압 가공전선 등 또는 그 지지물 사이의 이격거리〉

저압 가공전선 등 또는 그 지지물의 구분	이격거리
저압 가공전선 등	0.8[m] (고압 가공전선이 케이블인 경우에는 0.4[m])
저압 가공전선 등의 지지물	0.6[m] (고압 가공전선이 케이블인 경우에는 0.3[m])

〈저압 가공전선과 고압 가공전선 등 또는 그 지지물 사이의 이격거리〉

고압 가공전선 등 또는 그 지지물의 구분	이격거리
고압 가공전선	0.8[m] (고압 가공전선이 케이블인 경우에는 0.4[m])
고압 전차선	1.2[m]
고압 가공전선 등의 지지물	0.3[m]

4-2-14. 고압 가공전선 상호 간의 접근 또는 교차(KEC 332.17)

고압 가공전선이 다른 고압 가공 전선과 접근상태로 시설되거나 교차하여 시설되는 경우에는 다음에 따라 시설하여야 한다.

① 위쪽 또는 옆쪽에 시설되는 고압 가공전선로는 고압 보안공사에 의할 것.
② 고압 가공전선 상호 간의 이격거리는 0.8[m](어느 한쪽의 전선이 케이블인 경우에는 0.4[m]) 이상, 하나의 고압 가공전선과 다른 고압 가공전선로의 지지물 사이의 이격거리는 0.6[m](전선이 케이블인 경우에는 0.3[m]) 이상일 것.

4-2-15. 고압 가공전선과 다른 시설물의 접근 또는 교차(KEC 332.18)

〈고압 가공전선과 다른 시설물의 이격거리〉

다른 시설물의 구분	접근형태	이격거리
조영물의 상부 조영재	위쪽	2[m] (전선이 케이블인 경우에는 1[m])
	옆쪽 또는 아래쪽	0.8[m] (전선이 케이블인 경우에는 0.4[m])
조영물의 상부조영재 이외의 부분 또는 조영물 이외의 시설물		0.8[m] (전선이 케이블인 경우에는 0.4[m])

4-3. 특고압 가공전선로(KEC 333)

4-3-1. 시가지 등에서 특고압 가공전선로의 시설(KEC 333.1)

특고압 가공전선로의 경간은 아래 표에서 정한 값 이하일 것.

〈시가지 등에서 170[kV] 이하 특고압 가공전선로의 경간 제한〉

지지물의 종류	경 간
A종 철주 또는 A종 철근 콘크리트주	75[m]
B종 철주 또는 B종 철근 콘크리트주	150[m]
철탑	400[m] (단주인 경우에는 300[m]) 다만, 전선이 수평으로 2이상 있는 경우에 전선 상호 간의 간격이 4[m] 미만인 때에는 250[m]

1. 지지물에는 철주·철근 콘크리트주 또는 철탑을 사용할 것.
2. 전선은 단면적이 아래 표에서 정한 값 이상일 것.

〈시가지 등에서 170[kV] 이하 특고압 가공전선로 전선의 단면적〉

사용전압의 구분	전선의 단면적
100[kV] 미만	인장강도 21.67[kN] 이상의 연선 또는 단면적 55[mm^2] 이상의 경동연선 또는 동등이상의 인장강도를 갖는 알루미늄 전선이나 절연전선
100[kV] 이상	인장강도 58.84[kN] 이상의 연선 또는 단면적 150[mm^2] 이상의 경동연선 또는 동등이상의 인장강도를 갖는 알루미늄 전선이나 절연전선

3. 전선의 지표상의 높이는 아래 표에서 정한 값 이상일 것. 다만, 발전소·변전소 또는 이에 준하는 곳의 구내와 구외를 연결하는 1경간 가공전선은 그러하지 아니하다.

〈시가지 등에서 170[kV] 이하 특고압 가공전선로 높이〉

사용전압의 구분	지표상의 높이
35[kV] 이하	10[m](전선이 특고압 절연전선인 경우에는 8[m])
35[kV] 초과	10[m]에 35[kV]를 초과하는 10[kV] 또는 그 단수마다 0.12[m]를 더한 값

4-3-2. 유도장해의 방지(KEC 333.2)

특고압 가공 전선로는 다음 "①", "②"에 따르고 또한 기설 가공 전화선로에 대하여 상시정전유도작용(常時靜電誘導作用)에 의한 통신상의 장해가 없도록 시설하여야 한다. 다만, 가공 전화선이 통신용 케이블인 때 가공 전화선로의 관리자로부터 승낙을 얻은 경우에는 그러하지 아니하다.

① 사용전압이 60[kV] 이하인 경우에는 전화선로의 길이 12[km] 마다 유도전류가 2[μA]를 넘지 아니하도록 할 것.
② 사용전압이 60[kV]를 초과하는 경우에는 전화선로의 길이 40[km] 마다 유도전류가 3[μA]을 넘지 아니하도록 할 것.
③ 다음 표에서 정한 거리이상 전화선로와 떨어져 있는 전선로의 부분은 "①"의 계산에서 생략할 것.

⟨전압에 따른 전선로와 전화선로 사이의 거리⟩

사용전압	전선로와 전화선로 사이의 거리(m)
25[kV] 이하	60
25[kV] 초과 35[kV] 이하	100
35[kV] 초과 50[kV] 이하	150
50[kV] 초과 60[kV] 이하	180
60[kV] 초과 70[kV] 이하	200
70[kV] 초과 80[kV] 이하	250
80[kV] 초과 120[kV] 이하	350
120[kV] 초과 160[kV] 이하	450
160[kV] 초과	500

4-3-3. 특고압 가공전선의 굵기 및 종류(KEC 333.4)

특고압 가공전선(특고압 옥측전선로 또는 KEC 335.9의 2의 규정에 의하여 시설하는 특고압 전선로에 인접하는 1경간의 가공전선 및 특고압 가공인입선을 제외한다. 이하 같다)은 케이블인 경우 이외에는 인장강도 8.71[kN] 이상의 연선 또는 단면적이 25[mm^2] 이상의 경동연선 또는 동등이상의 인장강도를 갖는 알루미늄 전선이나 절연전선이어야 한다.

4-3-4. 특고압 가공전선과 지지물 등의 이격거리(KEC 333.5)

⟨특고압 가공전선과 지지물 등의 이격거리⟩

사 용 전 압	이격거리(m)
15[kV] 미만	0.15
15[kV] 이상 25[kV] 미만	0.2
25[kV] 이상 35[kV] 미만	0.25
35[kV] 이상 50[kV] 미만	0.3
50[kV] 이상 60[kV] 미만	0.35
60[kV] 이상 70[kV] 미만	0.4
70[kV] 이상 80[kV] 미만	0.45
80[kV] 이상 130[kV] 미만	0.65
130[kV] 이상 160[kV] 미만	0.9
160[kV] 이상 200[kV] 미만	1.1
200[kV] 이상 230[kV] 미만	1.3
230[kV] 이상	1.6

4-3-5. 특고압 가공전선의 안전율(KEC 333.6)

특고압 가공전선은 KEC 332.4의 규정에 준하여 시설하여야 한다.

4-3-6. 특고압 가공전선의 높이(KEC 333.7)

〈특고압 가공전선의 높이〉

사용전압의 구분	지표상의 높이
35[kV] 이하	5[m] (철도 또는 궤도를 횡단하는 경우에는 6.5[m], 도로를 횡단하는 경우에는 6[m], 횡단보도교의 위에 시설하는 경우로서 전선이 특고압 절연전선 또는 케이블인 경우에는 4[m])
35[kV] 초과 160[kV] 이하	6[m] (철도 또는 궤도를 횡단하는 경우에는 6.5[m], 산지(山地) 등에서 사람이 쉽게 들어갈 수 없는 장소에 시설하는 경우에는 5[m], 횡단보도교의 위에 시설하는 경우 전선이 케이블인 때는 5[m])
160[kV] 초과	6[m] (철도 또는 궤도를 횡단하는 경우에는 6.5[m] 산지 등에서 사람이 쉽게 들어갈 수 없는 장소를 시설하는 경우에는 5[m])에 160[kV]를 초과하는 10[kV] 또는 그 단수마다 0.12[m]를 더한 값

4-3-7. 특고압 가공전선로의 목주 시설(KEC 333.10)

특고압 가공전선로의 지지물로 사용하는 목주는 다음에 따르고 또한 견고하게 시설하여야 한다.

① 풍압하중에 대한 안전율은 1.5 이상일 것.
② 굵기는 말구 지름 0.12[m] 이상일 것.

4-3-8. 특고압 가공전선로의 철주·철근 콘크리트주 또는 철탑의 종류(KEC 333.11)

특고압 가공전선로의 지지물로 사용하는 B종 철근 · B종 콘크리트주 또는 철탑의 종류

① 직선형 : 전선로의 직선부분(3도 이하인 수평각도를 이루는 곳을 포함한다. 이하 같다)에 사용하는 것. 다만, 내장형 및 보강형에 속하는 것을 제외한다.
② 각도형 : 전선로중 3도를 초과하는 수평각도를 이루는 곳에 사용하는 것.
③ 인류형 : 전가섭선을 인류하는 곳에 사용하는 것.
④ 내장형 : 전선로의 지지물 양쪽의 경간의 차가 큰 곳에 사용하는 것.
⑤ 보강형 : 전선로의 직선부분에 그 보강을 위하여 사용하는 것

4-3-9. 상시 상정하중(KEC 333.13)

인류형·내장형 또는 보강형·직선형·각도형의 철주·철근 콘크리트주 또는 철탑의 경우에는 하중에 다음에 따라 가섭선 불평균 장력에 의한 수평 종하중을 가산한다.

① 인류형의 경우에는 전가섭선에 관하여 각 가섭선의 상정 최대장력과 같은 불평균 장력의 수평 종분력에 의한 하중
② 내장형·보강형의 경우에는 전가섭선에 관하여 각 가섭선의 상정 최대장력의 33% 와 같은 불평균 장력의 수평 종분력에 의한 하중
③ 직선형의 경우에는 전가섭선에 관하여 각 가섭선의 상정 최대장력의 3% 와 같은 불평균 장력의 수평 종분력에 의한 하중.(단 내장형은 제외한다)
④ 각도형의 경우에는 전가섭선에 관하여 각 가섭선의 상정 최대장력의 10%와 같은 불평균 장력의 수평 종분력에 의한 하중.

4-3-10. 특고압 가공전선로의 내장형 등의 지지물 시설(KEC 333.16)

1. 특고압 가공전선로[KEC 333.32의 1에 규정하는 특고압 가공전선로를 제외한다. 이하 같다]중 지지물로 목주·A종 철주·A종 철근콘크리트주를 연속하여 5기 이상 사용하는 직선부분(5도 이하의 수평각도를 이루는 곳을 포함한다)에는 다음에 따라 목주·A종 철주 또는 A종 철근 콘크리트주를 시설하여야 한다.
    ① 5기 이하마다 지선을 전선로와 직각 방향으로 그 양쪽에 시설한 목주·A종 철주 또는 A종 철근 콘크리트주 1기
    ② 연속하여 15기 이상으로 사용하는 경우에는 15기 이하마다 지선을 전선로의 방향으로 그 양쪽에 시설한 목주·A종 철주 또는 A종 철근 콘크리트주 1기
2. 특고압 가공전선로 중 지지물로서 B종 철주 또는 B종 철근 콘크리트주를 연속하여 10기 이상 사용하는 부분에는 10기 이하마다 장력에 견디는 형태의 철주 또는 철근 콘크리트주 1기를 시설하거나 5기 이하마다 보강형의 철주 또는 철근 콘크리트주 1기를 시설하여야 한다.
3. 특고압 가공전선로 중 지지물로서 직선형의 철탑을 연속하여 10기 이상 사용하는 부분에는 10기 이하마다 장력에 견디는 애자장치가 되어 있는 철탑 또는 이와 동등 이상의 강도를 가지는 철탑 1기를 시설하여야 한다.

4-3-11. 특고압 가공전선과 저고압 가공전선 등의 병행설치(KEC 333.17)

특고압 가공전선과 특고압 가공전선로의 지지물에 시설하는 저압의 전기기계기구에 접속하는 저압 가공전선을 동일 지지물에 시설하는 경우에는 특고압 가공전선과 저압 가공전선 사이의 이격거리는 아래 표에서 정한 값 이상이어야 한다.

⟨특고압 가공전선과 저고압 가공전선의 병가 시 이격거리⟩

사용전압의 구분	이 격 거 리
35[kV] 이하	1.2[m] (특고압 가공전선이 케이블인 경우에는 0.5[m])
35[kV] 초과 60[kV] 이하	2[m] (특고압 가공전선이 케이블인 경우에는 1[m])
60[kV] 초과	2[m] (특고압 가공전선이 케이블인 경우에는 1[m])에 60[kV]을 초과하는 10[kV] 또는 그 단수마다 0.12[m]를 더한 값

4-3-12. 특고압 가공전선로의 경간 제한(KEC 333.21)

특고압 가공전선로의 경간은 다음 표에서 정한 값 이하이어야 한다.

⟨특고압 가공전선로의 경간 제한⟩

지지물의 종류	경 간
목주·A종 철주 또는 A종 철근 콘크리트주	150[m]
B종 철주 또는 B종 철근 콘크리트주	250[m]
철탑	600[m] (단주인 경우에는 400[m])

4-3-13. 특고압 보안공사(KEC 333.22)

1. 제1종 특고압 보안공사는

① 전선은 케이블인 경우 이외에는 단면적이 아래 표에서 정한 값 이상일 것.

⟨제1종 특고압 보안공사 시 전선의 단면적⟩

사용전압	전 선
100[kV] 미만	인장강도 21.67[kN] 이상의 연선 또는 단면적 55[mm^2] 이상의 경동연선 또는 동등이상의 인장강도를 갖는 알루미늄 전선이나 절연전선
100[kV] 이상 300[kV] 미만	인장강도 58.84[kN] 이상의 연선 또는 단면적 150[mm^2] 이상의 경동연선 또는 동등이상의 인장강도를 갖는 알루미늄 전선이나 절연전선
300[kV] 이상	인장강도 77.47[kN] 이상의 연선 또는 단면적 200[mm^2] 이상의 경동연선 또는 동등이상의 인장강도를 갖는 알루미늄 전선이나 절연전선

② 경간은 아래 표에서 정한 값 이하일 것. 다만, 전선의 인장강도 58.84[kN] 이상의 연선 또는 단면적이 150[mm^2] 이상인 경동연선을 사용하는 경우에는 그러하지 아니하다.

〈제1종 특고압 보안공사 시 경간 제한〉

지지물의 종류	경 간
B종 철주 또는 B종 철근 콘크리트주	150[m]
철탑	400[m] (단주인 경우에는 300[m])

2. 제2종 특고압 보안공사는 다음에 따라야 한다.
   ① 특고압 가공전선은 연선일 것.
   ② 지지물로 사용하는 목주의 풍압하중에 대한 안전율은 2 이상일 것.
   ③ 경간은 다음 표에서 정한 값 이하일 것. 다만, 전선에 안장강도 38.05[kN] 이상의 연선 또는 단면적이 95[mm^2] 이상인 경동연선을 사용하고 지지물에 B종 철주·B종 철근 콘크리트주 또는 철탑을 사용하는 경우에는 그러하지 아니하다.

〈제2종 특고압 보안공사 시 경간 제한〉

지지물의 종류	경 간
목주·A종 철주 또는 A종 철근 콘크리트주	100[m]
B종 철주 또는 B종 철근 콘크리트주	200[m]
철탑	400[m] (단주인 경우에는 300[m])

3. 제3종 특고압 보안공사는 다음에 따라야 한다.
   ① 특고압 가공전선은 연선일 것.
   ② 경간은 다음 표에서 정한 값 이하일 것. 다만, 전선의 인장강도 38.05[kN] 이상의 연선 또는 단면적이 95[mm^2] 이상인 경동연선을 사용하고 지지물에 B종 철주·B종 철근 콘크리트주 또는 철탑을 사용하는 경우에는 그러하지 아니하다.

⟨제3종 특고압 보안공사 시 경간 제한⟩

지지물 종류	경 간
목주·A종 철주 또는 A종 철근 콘크리트주	100[m] (전선의 인장강도 14.51[kN] 이상의 연선 또는 단면적이 38[mm²] 이상인 경동연선을 사용하는 경우에는 150[m])
B종 철주 또는 B종 철근 콘크리트주	200[m] (전선의 인장강도 21.67[kN] 이상의 연선 또는 단면적이 55[mm²] 이상인 경동연선을 사용하는 경우에는 250[m])
철 탑	400[m] (전선의 인장강도 21.67[kN] 이상의 연선 또는 단면적이 55[mm²] 이상인 경동연선을 사용하는 경우에는 600[m]) 다만, 단주의 경우에는 300[m] (전선의 인장강도 21.67[kN] 이상의 연선 또는 단면적이 55[mm²] 이상인 경동연선을 사용하는 경우에는 400[m])

4-3-14. 특고압 가공전선과 건조물의 접근(KEC 333.23)

특고압 가공전선이 건조물과 제1차 접근상태로 시설되는 경우에는
① 특고압 가공전선로는 제3종 특고압 보안공사에 의할 것.
② 사용전압이 35[kV] 이하인 특고압 가공전선과 건조물의 조영재 이격거리는 아래 표에서 정한 값 이상일 것.

⟨특고압 가공전선과 건조물의 이격거리(제1차 접근상태)⟩

건조물과 조영재의 구분	전선종류	접근형태	이격거리
상부 조영재	특고압 절연전선	위쪽	2.5[m]
		옆쪽 또는 아래쪽	1.5[m] (전선에 사람이 쉽게 접촉할 우려가 없도록 시설한 경우는 1[m])
	케이블	위쪽	1.2[m]
		옆쪽 또는 아래쪽	0.5[m]
	기타전선		3[m]
기타 조영재	특고압 절연전선		1.5[m] (전선에 사람이 쉽게 접촉할 우려가 없도록 시설한 경우는 1[m])
	케이블		0.5[m]
	기타 전선		3[m]

4-3-15. 특고압 가공전선과 삭도의 접근 또는 교차(KEC 333.25)

특고압 가공전선이 삭도와 제1차 접근상태로 시설되는 경우에는
① 특고압 가공전선로는 제3종 특고압 보안공사에 의할 것.
② 특고압 가공전선과 삭도 또는 삭도용 지주 사이의 이격거리는 다음 표에서 정한 값 이상일 것.

〈특고압 가공전선과 삭도의 접근 또는 교차 시 이격거리(제1차 접근상태)〉

사용전압의 구분	이격거리
35[kV] 이하	2[m] (전선이 특고압 절연전선인 경우는 1[m], 케이블인 경우는 0.5[m])
35[kV] 초과 60[kV] 이하	2[m]
60[kV] 초과	2[m]에 사용전압이 60[kV]를 초과하는 10[kV] 또는 그 단수마다 0.12[m] 더한 값

4-3-16. 특고압 가공전선과 저고압 가공전선 등의 접근 또는 교차(KEC 333.26)

〈특고압 가공전선과 저고압 가공전선 등의 접근 또는 교차 시 이격거리(제1차 접근상태)〉

사용전압의 구분	이 격 거 리
60[kV] 이하	2[m] 이상
60[kV] 초과	2[m]에 사용전압이 60[kV]를 초과하는 10[kV] 또는 그 단수마다 0.12[m] 을 더한 값 이상

1. 특고압 절연전선 또는 케이블을 사용하는 사용전압이 35[kV] 이하인 특고압 가공전선과 저고압 가공전선 등 또는 이들의 지지물이나 지주 사이의 이격거리는 아래 표에서 정한 값까지로 감할 수 있다.

〈[표 "특고압 가공전선과 저고압 가공전선 등의 접근 또는 교차 시 이격거리(제1차 접근상태)"]의 예외조건〉

저고압 가공전선 등 또는 이들의 지지물이나 지주의 구분	전선의 종류	이격거리
저압 가공전선 또는 저압이나 고압의 전차선	특고압 절연전선	1.5[m] (저압 가공전선이 절연전선선 또는 케이블인 경우는 1[m])
	케이블	1.2[m] (저압 가공전선이 절연전선 또는 케이블인 경우는 0.5[m])

고압 가공 전선	특고압 절연전선	1[m]
	케이블	0.5[m]
가공 약전류 전선 등 또는 저고압 가공전선 등의 지지물이나 지주	특고압 절연전선	1[m]
	케이블	0.5[m]

4-3-17. 특고압 가공전선과 다른 시설물의 접근 또는 교차(KEC 333.28)

특고압 절연전선 또는 케이블을 사용하는 사용전압이 35[kV] 이하의 특고압 가공전선과 다른 시설물 사이의 이격거리는 제1의 규정에 불구하고 다음 표에서 정한 값까지 감할 수 있다.

〈35[kV] 이하 특고압 가공전선(절연전선 및 케이블 사용한 경우)과 다른 시설물 사이의 이격거리〉

다른 시설물의 구분	접근형태	이격거리
조영물의 상부조영재	위쪽	2[m] (전선이 케이블 인 경우는 1.2[m])
	옆쪽 또는 아래쪽	1[m] (전선이 케이블인 경우는 0.5[m])
조영물의 상부조영재 이외의 부분 또는 조영물 이외의 시설물		1[m] (전선이 케이블인 경우는 0.5[m])

4-3-18. 25[kV] 이하인 특고압 가공전선로의 시설(KEC 333.32)

1. 사용전압이 15[kV] 이하인 특고압 가공전선로(중성선 다중접지식의 것으로 서 전로에 지락이 생겼을 때 2초 이내에 자동적으로 이를 전로로부터 차단 하는 장치가 되어 있는 것에 한한다.

〈15[kV] 이하인 특고압 가공전선로의 전기저항 값〉

각 접지점의 대지 전기저항 값	1[km]마다의 합성 전기저항 값
300[Ω]	30[Ω]

2. 사용전압이 15[kV]를 초과하고 25[kV] 이하인 특고압 가공전선로(중성선 다중접지식의 것으로서 전로에 지락이 생겼을 때에 2초 이내에 자동적으로 이를 전로로부터 차단하는 장치가 되어 있는 것에 한한다.)

⟨15[kV] 초과 25[kV] 이하인 특고압 가공전선로 경간 제한⟩

지지물의 종류	경 간
목주·A종 철주 또는 A종 철근 콘크리트주	100[m]
B종 철주 또는 B종 철근 콘크리트주	150[m]
철탑	400[m]

① 특고압 가공전선(다중접지를 한 중성선을 제외한다. 이하 같다) 이 건조물과 접근하는 경우에 특고압 가공전선과 건조물의 조영재 사이의 이격거리는 다음 표에서 정한 값 이상일 것.

⟨15[kV] 초과 25[kV] 이하 특고압 가공전선로 이격거리(1)⟩

건조물의 조영재	접근형태	전선의 종류	이격거리
상부 조영재	위쪽	나전선	3.0[m]
		특고압 절연전선	2.5[m]
		케이블	1.2[m]
	옆쪽 또는 아래쪽	나전선	1.5[m]
		특고압 절연전선	1.0[m]
		케이블	0.5[m]
기타의 조영재		나전선	1.5[m]
		특고압 절연전선	1.0[m]
		케이블	0.5[m]

② 특고압 가공전선이 도로 등의 아래쪽에서 접근하여 시설될 때에는 상호 간의 이격거리는 다음 표에서 정한 값 이상으로 하고 또한 위험의 우려가 없도록 시설할 것.

⟨15[kV] 초과 25[kV] 이하 특고압 가공전선로 이격거리(2)⟩

전선의 종류	이격거리
나전선	1.5[m]
특고압 절연전선	1.0[m]
케이블	0.5[m]

③ 특고압 가공전선이 삭도와 접근 또는 교차하는 경우에는 다음에 의할 것.
  ㉠ 특고압 가공전선이 삭도와 접근상태로 시설되는 경우에 삭도 또는 그 지주 사이의 이격거리는 다음 표에서 정한 값 이상일 것.

⟨15[kV] 초과 25[kV] 이하 특고압 가공전선로 이격거리(3)⟩

전선의 종류	이격거리
나전선	2.0[m]
특고압 절연전선	1.0[m]
케이블	0.5[m]

  ㉡ 특고압 가공전선이 삭도와 수평거리로 3[m] 미만에 접근하는 경우에 특고압 가공전선과 삭도 또는 그 지주 사이의 이격거리를 1.5[m] 이상으로 하고 특고압 가공전선의 위쪽에 다음 표에서 정한 값 이상의 거리에 견고한 방호장치를 설치하고, 그 금속제 부분은 KEC 140의 규정에 준하여 접지공사를 하고 또한 위험의 우려가 없도록 시설하는 경우

⟨15[kV] 초과 25[kV] 이하 특고압 가공전선로 이격거리(4)⟩

전선의 종류	이격거리
나전선, 특고압 절연전선	0.75[m]
케이블	0.5[m]

④ ㉠ 특고압 가공전선과 가공약전류전선 등의 수직 이격거리가 6[m] 이상인 때
  ㉡ 가공약전류전선로 등의 관리자의 승낙을 얻은 경우에 특고압 가공전선과 가공약전류전선 등과의 이격거리가 2.0[m] 이상인 때

⟨15[kV] 초과 25[kV] 이하 특고압 가공전선로 이격거리(5)⟩

구분	가공전선의 종류	이격(수평이격)거리
가공약전류전선 등·저압 또는 고압의 가공전선·저압 또는 고압의 전차선·안테나	나전선	2.0[m]
	특고압 절연전선	1.5[m]
	케이블	0.5[m]
가공약전류전선로 등·저압 또는 고압의 가공전선로·저압 또는 고압의 전차선로의 지지물	나전선	1.0[m]
	특고압 절연전선	0.75[m]
	케이블	0.5[m]

ⓒ 특고압 가공전선로의 경간은 다음 표에서 정한 값 이하일 것.

〈교류 전차선 교차 시 특고압 가공전선로의 경간 제한〉

지지물의 종류	경 간
목주 · A종 철주 · A종 철근 콘크리트주	60[m]
B종 철주 · B종 철근 콘크리트주	120[m]

⑤ 특고압 가공전선이 다른 특고압 가공전선과 접근 또는 교차하는 경우의 이격거리는 다음 표에서 정한 값 이상일 것.

〈15[kV] 초과 25[kV] 이하 특고압 가공전선로 이격거리(6)〉

사용전선의 종류	이격거리
어느 한쪽 또는 양쪽이 나전선인 경우	1.5[m]
양쪽이 특고압 절연전선인 경우	1.0[m]
한쪽이 케이블이고 다른 한쪽이 케이블이거나 특고압 절연전선인 경우	0.5[m]

〈15[kV] 초과 25[kV] 이하 특고압 가공전선로 이격거리(7)〉

사용전의 종류	이격거리
나전선	2.0[m]
특고압 절연전선	1.0[m]
케이블	0.5[m]

⑥ 각 접지도체를 중성선으로부터 분리하였을 경우의 각 접지점의 대지 전기저항 값과 1[km]마다 중성선과 대지 사이의 합성전기저항 값은 다음 표에서 정한 값 이하일 것.

〈15[kV] 초과 25[kV] 이하 특고압 가공전선로의 전기저항 값〉

각 접지점의 대지 전기저항 값	1[km] 마다의 합성 전기저항 값
300[Ω]	15[Ω]

4-4. 지중전선로(KEC 334)

4-4-1. 지중전선로의 시설(KEC 334.1)

1. 지중 전선로는 전선에 케이블을 사용하고 또한 관로식 · 암거식(暗渠式) 또는 직접 매설식에 의하여 시설하여야 한다.
2. 지중 전선로를 직접 매설식에 의하여 시설하는 경우에는 매설 깊이를 차량 기타 중량물의 압력을 받을 우려가 있는 장소에는 1.2[m] 이상, 기타 장소에는 0.6[m] 이상으로 하고 또한 지중 전선을 견고한 트라프 기타 방호물에 넣어 시설하여야 한다.
   ① 강대 또는 황동대는 다음 표에서 규정하는 값 이상의 두께의 것일 것.

〈강대(鋼帶) 또는 황동대(黃銅帶) 두께〉

외층의 바깥지름(mm)	쥬트의 두께(mm)	강대 또는 황동대의 두께(mm)
12 이하	1.5	0.5(0.4)
12 초과 25 이하	1.5	0.6(0.4)
25 초과 40 이하	1.5	0.6
40 초과	2	0.8

[비고] 괄호 내의 수치는 절연물에 절연지를 사용한 케이블 이외의 것에 적용한다.

4-4-2. 지중함의 시설(KEC 334.2)

지중전신로에 사용하는 지중함은
① 지중함은 견고하고 차량 기타 중량물의 압력에 견디는 구조일 것.
② 지중함은 그 안의 고인 물을 제거할 수 있는 구조로 되어 있을 것.
③ 폭발성 또는 연소성의 가스가 침입할 우려가 있는 것에 시설하는 지중함으로서 그 크기가 1[m^3] 이상인 것에는 통풍장치 기타 가스를 방산시키기 위한 적당한 장치를 시설할 것.

4-4-3. 지중전선과 지중약전류전선 등 또는 관과의 접근 또는 교차(KEC 334.6)

지중전선이 지중약전류 전선 등과 접근하거나 교차하는 경우에 상호 간의 이격거리가 저압 또는 고압의 지중전선은 0.3[m] 이하, 특고압 지중전선은 0.6[m] 이하인 때에는 지중전선과 지중약전류 전선 등 사이에 견고한 내화성(콘크리트 등의 불연재료로 만들어진 것으로 케이블의 허용온도 이상으로 가열시킨 상태에서도 변형 또는 파괴되지 않는 재료를 말한다)의 격벽(隔壁)을 설치하는 경우 이외에는 지중전선을 견고한 불연성(不燃性) 또는 난연성(難燃性)의 관에 넣어 그 관이 지중약전류전선 등과 직접 접촉하지 아니하도록 하여야 한다.

4-4-4. 지중전선 상호 간의 접근 또는 교차(KEC 334.7)

지중전선이 다른 지중전선과 접근하거나 교차하는 경우에 지중함 내 이외의 곳에서 상호 간의 거리가 저압 지중전선과 고압 지중전선에 있어서는 0.5[m] 이하, 저압이나 고압의 지중전선과 특고압 지중전선에 있어서는 0.3[m] 이하인 때에는 다음의 어느 하나에 해당하는 경우에 한하여 시설할 수 있다.

1. 각각의 지중전선이 다음 중 어느 하나에 해당하는 경우
   ① 다음의 시험에 합격한 난연성의 피복이 있는 것을 사용하는 경우
      ㉠ 사용전압 6.6[kV] 이하의 저압 및 고압케이블: KS C 3341(2002)의 "6.12" 또는 IEC 60332-3-24(2003)(화재조건에서의 전기케이블 난연성 시험 제3-24부:수직 배치된 케이블 또는 전선의 불꽃시험-카테고리 C)
      ㉡ 사용전압 66[kV] 이하의 특고압 케이블: KS C 3404(2000)의 부속서2
      ㉢ 사용전압 154[kV] 케이블: KS C 3405(2000)의 부속서2
      ㉣ 견고한 난연성의 관에 넣어 시설하는 경우
   ② 어느 한쪽의 지중전선에 불연성의 피복으로 되어 있는 것을 사용하는 경우
   ③ 어느 한쪽의 지중전선을 견고한 불연성의 관에 넣어 시설하는 경우
   ④ 지중전선 상호 간에 견고한 내화성의 격벽을 설치할 경우
   ⑤ 사용전압이 25[kV] 이하인 다중접지방식 지중전선로를 관에 넣어 0.1[m] 이상 이격하여 시설하는 경우

4-5. 특수장소의 전선로(KEC 335)

4-5-1. 물밑전선로의 시설(KEC 335.4)

특고압 물밑전선로는
① 전선은 케이블일 것.
② 케이블은 견고한 관에 넣어 시설할 것. 다만, 전선에 지름 6[mm]의 아연도철선 이상의 기계적강도가 있는 금속선으로 개장한 케이블을 사용하는 경우에는 그러하지 아니하다.
③ 절연체는 다음에 적합한 것일 것.

〈물밑전선로 케이블 절연체의 두께〉

사용전압구분 (kV)	도체의 공칭 단면적 (mm²)	절연체의 두께(mm)	
		폴리에틸렌혼합물 또는 에틸렌프로필렌 고무혼합물의 경우	부틸고무 혼합물의 경우
0.6[kV] 이하	8 이상 80 이하 80 초과 100 이하 100 초과 325 이하	2.0 2.5 2.5	2.5 2.5 2.5
0.6[kV] 초과 35[kV] 이하	8 이상 100 이하 100 초과 325 이하	3.5 3.5	4.5 4.5
35[kV] 초과	8 이상 325 이하	5.0	6.0

4-5-2. 지상에 시설하는 전선로(KEC 335.5)

1. 전선이 캡타이어 케이블인 경우에는 다음에 의할 것.
   ① 전선의 도중에는 접속점을 만들지 아니할 것.
   ② 전선로의 전원측 전로에는 전용의 개폐기 및 과전류 차단기를 각 극(과전류 차단기는 다선식 전로의 중성극을 제외한다)에 시설할 것.
   ③ 사용전압이 0.4[kV] 초과하는 저압 또는 고압의 전로 중에는 전로에 지락이 생겼을 때에 자동적으로 전로를 차단하는 장치를 시설할 것. 다만, 전선로의 전원측의 접속점으로부터 1 ㎞ 안의 전원측 전로에 전용 절연변압기를 시설하는 경우로서 전로에 지락이 생겼을 때에 기술원 주재소에 경보하는 장치를 설치한 때에는 그러하지 아니하다.

2. 지상에 시설하는 특고압 전선로는 제1의 어느 하나에 해당하고 또한 사용전압이 100[kV] 이하인 경우 이외에는 시설하여서는 아니 된다.

4-5-3. 급경사지에 시설하는 전선로의 시설(KEC 335.8)

전선의 지지점 간의 거리는 15[m] 이하일 것. 그리고 저압 전선로와 고압 전선로를 같은 벼랑에 시설하는 경우에는 고압 전선로를 저압 전선로의 위로하고 또한 고압전선과 저압전선 사이의 이격거리는 0.5[m] 이상일 것.

4-5-4. 임시 전선로의 시설(KEC 335.10)

저압 방호구에 넣은 절연전선 등을 사용하는 저압 가공전선 또는 고압 방호구에 넣은 고압 절연전선 등을 사용하는 고압 가공전선과 조영물의 조영재 사이의 이격거리는 방호구의 사용기간이 6개월 이내의 것에 한하여 KEC 332.11, KEC 222.18 및 KEC 332.18의 규정에 불구하고 다음 표에서 정한 값까지 감할 수 있다.

⟨임시 전선로 시설(저압 방호구)의 이격거리⟩

조영물 조영재의 구분		접근형태	이격거리
건조물	상부 조영재	위쪽	1[m]
		옆쪽 또는 아래쪽	0.4[m]
	상부이외의 조영재		0.4[m]
건조물 이외의 조영물	상부 조영재	위쪽	1[m]
		옆쪽 또는 아래쪽	0.4[m] (저압 가공전선은 0.3[m])
	상부 조영재 이외의 조영재		0.4[m] (저압 가공전선은 0.3[m])

5 기계·기구 시설 및 옥내배선(KEC 340)

5-1. 기계 및 기구(KEC 341)

5-1-1. 특고압 배전용 변압기의 시설(KEC 341.2)
① 변압기의 1차 전압은 35[kV] 이하, 2차 전압은 저압 또는 고압일 것.
② 변압기의 특고압측에 개폐기 및 과전류차단기를 시설할 것.
③ 변압기의 2차 전압이 고압인 경우에는 고압측에 개폐기를 시설하고 또한 쉽게 개폐할 수 있도록 할 것.

5-1-2. 특고압용 기계기구의 시설(KEC 341.4)
기계기구를 지표상 5[m] 이상의 높이에 시설하고 충전부분의 지표상의 높이를 다음 표에서 정한 값 이상으로 하고 또한 사람이 접촉할 우려가 없도록 시설하는 경우

⟨특고압용 기계기구 충전부분의 지표상 높이⟩

사용전압의 구분	울타리의 높이와 울타리로부터 충전부분까지의 거리의 합계 또는 지표상의 높이
35[kV] 이하	5[m]
35[kV] 초과 160[kV] 이하	6[m]
160[kV] 초과	6[m]에 160[kV]를 초과하는 10[kV] 또는 그 단수마다 0.12[m]를 더한 값

5-1-3. 고주파 이용 전기설비의 장해방지(KEC 341.5)

고주파 이용 전기설비에서 다른 고주파 이용 전기설비에 누설되는 고주파 전류의 허용한도는 그림의 측정 장치 또는 이에 준하는 측정 장치로 2회 이상 연속하여 10분간 측정하였을 때에 각각 측정값의 최대값에 대한 평균값이 -30[dB] (1[mW]를 0[dB]로 한다)일 것

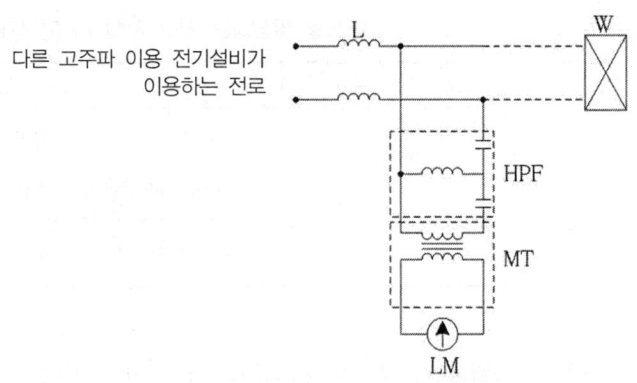

【 고주파 이용 전기설비의 장해 판정을 위한 측정장치 】

- LM : 선택 레벨계
- MT : 정합변성기
- L : 고주파대역의 하이임피던스장치(고주파 이용 전기설비가 이용하는 전로와 다른 고주파 이용 전기설비가 이용하는 전로와의 경계점에 시설할 것)
- HPF : 고역여파기
- W : 고주파 이용 전기설비

5-1-4. 기계기구의 철대 및 외함의 접지(KEC 341.6)

1. 전로에 시설하는 기계기구의 철대 및 금속제 외함(외함이 없는 변압기 또는 계기용변성기는 철심)에는 KEC 140에 의한 접지공사를 하여야 한다.
2. 다음의 어느 하나에 해당하는 경우에는 제1의 규정에 따르지 않을 수 있다.
   ① 사용전압이 직류 300[V] 또는 교류 대지전압이 150[V] 이하인 기계기구를 건조한 곳에 시설하는 경우
   ② 물기 있는 장소 이외의 장소에 시설하는 저압용의 개별 기계기구에 전기를 공급하는 전로에 「전기용품 및 생활용품 안전관리법」의 적용을 받는 인체감전보호용 누전차단기(정격감도전류가 30[mA] 이하, 동작시간이 0.03초 이하의 전류동작형에 한한다)를 시설하는 경우

5-1-5. 아크를 발생하는 기구의 시설(KEC 341.8)

고압용 또는 특고압용의 개폐기·차단기·피뢰기 기타 이와 유사한 기구(이하 이 조에서 "기구 등"이라 한다)로서 동작 시에 아크가 생기는 것은 목재의 벽 또는 천장 기타의 가연성 물체로부터 다음 표에서 정한 값 이상 이격하여 시설하여야 한다.

〈아크를 발생하는 기구 시설 시 이격거리〉

기구 등의 구분	이격거리
고압용의 것	1[m] 이상
특고압용의 것	2[m] 이상(사용전압이 35[kV] 이하의 특고압용의 기구 등으로서 동작할 때에 생기는 아크의 방향과 길이를 화재가 발생할 우려가 없도록 제한하는 경우에는 1[m] 이상)

5-1-6. 고압용 기계기구의 시설(KEC 341.9)

1. 고압용 기계기구(이에 부속하는 고압의 전기로 충전하는 전선으로서 케이블 이외의 것을 포함한다. 이하 같다)는 다음의 어느 하나에 해당하는 경우와 발전소·변전소·개폐소 또는 이에 준하는 곳에 시설하는 경우 이외에는 시설하여서는 아니 된다.
   ① 기계기구의 주위에 울타리·담 등을 시설하는 경우
   ② 기계기구(이에 부속하는 전선에 케이블 또는 고압 인하용 절연전선을 사용하는 것에 한한다)를 지표상 4.5[m](시가지 외에는 4[m]) 이상의 높이에 시설하고 또한 사람이 쉽게 접촉할 우려가 없도록 시설하는 경우
   ③ 공장 등의 구내에서 기계기구의 주위에 사람이 쉽게 접촉할 우려가 없도록 적당한 울타리를 설치하는 경우
   ④ 옥내에 설치한 기계기구를 취급자 이외의 사람이 출입할 수 없도록 설치한 곳에 시설하는 경우
   ⑤ 기계기구를 콘크리트제의 함 또는 KEC 140의 규정에 따른 접지공사를 한 금속제 함에 넣고 또한 충전부분이 노출하지 아니하도록 시설하는 경우
   ⑥ 충전부분이 노출하지 아니하는 기계기구를 사람이 쉽게 접촉할 우려가 없도록 시설하는 경우
   ⑦ 충전부분이 노출하지 아니하는 기계기구를 온도상승에 의하여 또는 고장 시 그 근처의 대지와의 사이에 생기는 전위차에 의하여 사람이나 가축 또는 다른 시설물에 위험의 우려가 없도록 시설하는 경우

2. 제1에서 정하는 인하용 고압 절연전선은 KS C IEC 60502-2(정격전압 1[kV]~30[kV] 압출 절연 전력케이블 및 그 부속품-케이블(6[kV]~30[kV])에서 정하는 6/10[kV] 인하용 절연전선에 적합한 것이어야 한다.
3. 고압용의 기계기구는 노출된 충전부분에 취급자가 쉽게 접촉할 우려가 없도록 시설하여야 한다.

5-1-7. 고압 및 특고압 전로 중의 과전류차단기의 시설(KEC 341.11)
1. 과전류차단기로 시설하는 퓨즈 중 고압전로에 사용하는 포장 퓨즈(퓨즈 이외의 과전류 차단기와 조합하여 하나의 과전류 차단기로 사용하는 것을 제외한다)는 정격전류의 1.3배의 전류에 견디고 또한 2배의 전류로 120분 안에 용단되는 것 또는 다음에 적합한 고압전류제한퓨즈이어야 한다.
2. 과전류차단기로 시설하는 퓨즈 중 고압전로에 사용하는 비포장 퓨즈는 정격전류의 1.25배의 전류에 견디고 또한 2배의 전류로 2분 안에 용단되는 것이어야 한다.
3. 고압 또는 특고압의 전로에 단락이 생긴 경우에 동작하는 과전류차단기는 이것을 시설하는 곳을 통과하는 단락전류를 차단하는 능력을 가지는 것이어야 한다.

5-1-8. 피뢰기의 시설(KEC 341.14)
고압 및 특고압의 전로 중 다음에 열거하는 곳 또는 이에 근접한 곳에는 피뢰기를 시설하여야 한다.
1. 발전소·변전소 또는 이에 준하는 장소의 가공전선 인입구 및 인출구
2. 특고압 가공전선로에 접속하는 341.2의 배전용 변압기의 고압측 및 특고압측
3. 고압 및 특고압 가공전선로로부터 공급을 받는 수용장소의 인입구
4. 가공전선로와 지중전선로가 접속되는 곳

5-1-9. 피뢰기의 접지(KEC 341.15)
고압 및 특고압의 전로에 시설하는 피뢰기 접지저항 값은 10 Ω 이하로 하여야 한다.

5-1-10. 압축공기계통(KEC 341.16)
발전소·변전소·개폐소 또는 이에 준하는 곳에서 개폐기 또는 차단기에 사용하는 압축공기장치는 ① 공기압축기는 최고 사용압력의 1.5배의 수압(수압을 연속하여 10분간 가하여 시험을 하기 어려울 때에는 최고 사용압력의 1.25배의 기압)을 연속하여 10분간 가하여 시험을 하였을 때에 이에 견디고 또한 새지 아니할 것.

5-2. 고압 · 특고압 옥내 설비의 시설(KEC 342)

5-2-1. 고압 옥내배선 등의 시설(KEC 342.1)

1. 고압 옥내배선은 다음 중 하나에 의하여 시설할 것.
   ① 애자사용배선(건조한 장소로서 전개된 장소에 한한다)
   ② 케이블배선
   ③ 케이블트레이배선

2. 애자사용배선에 의한 고압 옥내배선은 다음에 의하고, 또한 사람이 접촉할 우려가 없도록 시설할 것.
   ① 전선은 공칭단면적 6[mm^2] 이상의 연동선 또는 이와 동등 이상의 세기 및 굵기의 고압 절연전선이나 특고압 절연전선 또는 KEC 341.9의 2에 규정하는 인하용 고압 절연전선일 것.
   ② 전선의 지지점 간의 거리는 6[m] 이하일 것. 다만, 전선을 조영재의 면을 따라 붙이는 경우에는 2[m] 이하이어야 한다.
   ③ 전선 상호 간의 간격은 0.08[m] 이상, 전선과 조영재 사이의 이격거리는 0.05[m] 이상일 것

5-2-2. 옥내 고압용 이동전선의 시설(KEC 342.2)

옥내에 시설하는 고압의 이동전선은 다음에 따라 시설하여야 한다.
① 전선은 고압용의 캡타이어케이블일 것.
② 이동전선과 전기사용기계기구와는 볼트 조임 기타의 방법에 의하여 견고하게 접속할 것.

5-2-3. 특고압 옥내 전기설비의 시설(KEC 342.4)

특고압 옥내배선은 전기 집진장치(電氣 集塵裝置) 등(KEC 241.9)의 규정에 의하여 시설하는 경우 이외에는 다음에 따라 시설하여야 한다.
① 사용전압은 100[kV] 이하일 것. 다만, 케이블트레이배선에 의하여 시설하는 경우에는 35[kV] 이하일 것.
② 전선은 케이블일 것.

6 발전소, 변전소, 개폐소 등의 전기설비(KEC 350)

6-1. 발전소, 변전소, 개폐소 등의 전기설비(KEC 351)

6-1-1. 발전소 등의 울타리·담 등의 시설(KEC 351.1)
1. 울타리·담 등의 높이는 2[m] 이상으로 하고 지표면과 울타리·담 등의 하단사이의 간격은 0.15[m] 이하로 할 것.
2. 울타리·담 등과 고압 및 특고압의 충전 부분이 접근하는 경우에는 울타리·담 등의 높이와 울타리·담 등으로부터 충전부분까지 거리의 합계는 다음 표에서 정한 값 이상으로 할 것.

〈발전소 등의 울타리·담 등의 시설 시 이격거리〉

사용전압의 구분	울타리·담 등의 높이와 울타리·담 등으로부터 충전부분까지의 거리의 합계
35[kV] 이하	5[m]
35[kV] 초과 160[kV] 이하	6[m]
160[kV] 초과	6[m]에 160[kV]를 초과하는 10[kV] 또는 그 단수마다 0.12[m]를 더한 값

6-1-2. 특고압용 변압기의 보호장치(KEC 351.4)
특고압용의 변압기에는 그 내부에 고장이 생겼을 경우에 보호하는 장치를 다음 표와 같이 시설하여야 한다.

〈특고압용 변압기의 보호장치〉

뱅크용량의 구분	동작조건	장치의 종류
5,000[kVA] 이상 10,000[kVA] 미만	변압기내부고장	자동차단장치 또는 경보장치
10,000[kVA] 이상	변압기내부고장	자동차단장치
타냉식변압기(변압기의 권선 및 철심을 직접 냉각시키기 위하여 봉입한 냉매를 강제 순환시키는 냉각 방식을 말한다)	냉각장치에 고장이 생긴 경우 또는 변압기의 온도가 현저히 상승한 경우	경보장치

6-1-3. 무효전력 보상장치의 보호장치(KEC 351.5)
무효전력 보상장치에는 그 내부에 고장이 생긴 경우에 보호하는 장치를 다음 표와 같이 시설하여야 한다.

⟨조상설비의 보호장치⟩

설비종별	뱅크용량의 구분	자동적으로 전로로부터 차단하는 장치
전력용 커패시터 및 분로리액터	500[kVA] 초과 15,000[kVA] 미만	내부에 고장이 생긴 경우에 동작하는 장치 또는 과전류가 생긴 경우에 동작하는 장치
	15,000[kVA] 이상	내부에 고장이 생긴 경우에 동작하는 장치 및 과전류가 생긴 경우에 동작하는 장치 또는 과전압이 생긴 경우에 동작하는 장치
조상기(調相機)	15,000[kVA] 이상	내부에 고장이 생긴 경우에 동작하는 장치

6-1-4. 계측장치(KEC 351.6)

1. 발전소에서는 다음의 사항을 계측하는 장치를 시설하여야 한다. 다만, 태양전지 발전소는 연계하는 전력계통에 그 발전소 이외의 전원이 없는 것에 대하여는 그러하지 아니하다.
   ① 발전기·연료전지 또는 태양전지 모듈(복수의 태양전지 모듈을 설치하는 경우에는 그 집합체)의 전압 및 전류 또는 전력
   ② 발전기의 베어링(수중 메탈을 제외한다) 및 고정자(固定子)의 온도
   ③ 정격출력이 10,000[kW]를 초과하는 증기터빈에 접속하는 발전기의 진동의 진폭(정격출력이 400,000[kW] 이상의 증기터빈에 접속하는 발전기는 이를 자동적으로 기록하는 것에 한한다)
   ④ 주요 변압기의 전압 및 전류 또는 전력
   ⑤ 특고압용 변압기의 온도

2. 동기발전기(同期發電機)를 시설하는 경우에는 동기검정장치를 시설하여야 한다.

3. 변전소 또는 이에 준하는 곳에는 다음의 사항을 계측하는 장치를 시설하여야 한다. 다만, 전기철도용 변전소는 주요 변압기의 전압을 계측하는 장치를 시설하지 아니할 수 있다.
   ① 주요 변압기의 전압 및 전류 또는 전력
   ② 특고압용 변압기의 온도

4. 동기조상기를 시설하는 경우에는 다음의 사항을 계측하는 장치 및 동기검정장치를 시설하여야 한다. 다만, 동기조상기의 용량이 전력계통의 용량과 비교하여 현저히 적은 경우에는 동기검정장치를 시설하지 아니할 수 있다.
   ① 동기조상기의 전압 및 전류 또는 전력
   ② 동기조상기의 베어링 및 고정자의 온도

7 전력보안통신설비(KEC 360)

7-1. 전력보안통신설비의 시설(KEC 362)

7-1-1. 전력보안통신설비의 시설 요구사항(KEC 362.1)
1. 전력보안통신설비의 시설 장소는 다음에 따른다.
   ① 송전선로
      ㉠ 66[kV], 154[kV], 345[kV], 765[kV] 계통 송전선로 구간(가공, 지중, 해저) 및 안전상 특히 필요한 경우에 전선로의 적당한 곳
      ㉡ 고압 및 특고압 지중전선로가 시설되어 있는 전력구내에서 안전상 특히 필요한 경우의 적당한 곳
      ㉢ 직류 계통 송전선로 구간 및 안전상 특히 필요한 경우의 적당한 곳
   ② 배전선로
      ㉠ 22.9[kV] 계통 배전선로 구간(가공, 지중, 해저)
      ㉡ 22.9[kV] 계통에 연결되는 분산전원형 발전소
      ㉢ 폐회로 배전 등 신 배전방식 도입 개소
      ㉣ 원격검침, 부하감시 등의 및 스마트그리드 구현을 위해 필요한 구간

7-2. 전력보안통신케이블의 지상고와 배전설비와의 이격거리(KEC 362.2)
1. 전력보안통신케이블의 지상고는 다음 표 배전주(배전용 전주)의 공가 통신케이블의 지상고와 같다. 배전주의 공가 통신케이블은 다음의 지상고를 유지하여야 한다. 단, 철도, 궤도, 왕복 6차선 이상의 도로는 공가 통신설비가 가공으로 횡단할 수 없다.

〈배전주(배전용 전주)의 공가 통신케이블의 지상고〉

구분	지상고	비고
도로(인도)에 시설 시	5.0[m] 이상	경간 중 지상고
도로횡단 시	6.0[m] 이상	
철도 궤도 횡단 시	6.5[m] 이상	레일면상
횡단보도교 위	3.0[m] 이상	그 노면상
기타	3.5[m] 이상	

2. 배전설비와의 이격거리

배전전주에 시설하는 공가 통신설비와 배전설비의 이격거리는 다음 표 배전설비와의 이격 거리와 같다. 단, 저고압, 특고압 가공전선이 절연전선이고 통신선을 절연전선과 동등 이상의 성능을 사용하는 경우에는 0.3[m] 이상으로 이격하여야 한다.

〈배전설비와의 이격거리〉

구분	이격거리	비고
7[kV] 초과	1.2[m] 이상	
1[kV] 초과 ~ 7[kV] 이하	0.6[m] 이상	
저압 또는 특고압 다중접지 중성도체	0.6[m] 이상	

7-3. 조가선 시설기준(KEC 362.3)

① 조가선은 단면적 38[mm^2] 이상의 아연도강연선을 사용할 것.
② 조가선의 시설높이, 시설방향 및 시설기준
③ 조가선의 시설높이는 다음 표에 따를 것.

〈조가선의 시설높이〉

구 분	통신선 지상고
도로(인도)에 시설시	5.0[m] 이상
도로 횡단 시	6.0[m] 이상

7-4. 전력유도의 방지(KEC 362.4)

전력보안통신설비는 가공전선로로부터의 정전유도작용 또는 전자유도작용에 의하여 사람에게 위험을 줄 우려가 없도록 시설하여야 한다. 다음의 제한값을 초과하거나 초과할 우려가 있는 경우에는 이에 대한 방지조치를 하여야 한다.

① 이상시 유도위험전압 : 650[V](다만, 고장 시 전류제거시간이 0.1초 이상인 경우에는 430[V]로 한다)
② 상시 유도위험종전압 : 60[V]
③ 기기 오동작 유도종전압 : 15[V]
④ 잡음전압 : 0.5[mV]

7-5. 통신기기류 시설(KEC 362.7)

1. 배전주에 시설되는 광전송장치, 동축장치(수동소자 포함) 등의 기기는 전주로부터 0.5[m] 이상(1.5[m] 이내) 이격하여 승주작업에 장애가 되지 않도록 조가선에 견고하게 고정하여야 한다.
2. 조가선에 시설되는 모든 기기는 케이블의 추가시설, 철거 및 이설 등에 장애가 되지 않도록 적당한 금구류를 사용하여 견고하게 시설하여야 한다.
3. 전주 1본에 시설할 수 있는 기기 수량은 조가선 1조당 좌우 각각 1대를(수동소자 제외)를 한도로 하되 불가피한 경우는 예외로 시설할 수 있다.

7-6. 전원공급기의 시설(KEC 362.8)

① 지상에서 4[m] 이상 유지할 것.
② 누전차단기를 내장할 것.
③ 시설방향은 인도측으로 시설하며 외함은 접지를 시행할 것.

7-7. 전력선 반송 통신용 결합장치의 보안장치(KEC 362.10)

전력선 반송통신용 결합 커패시터(고장점 표점장치 기타 이와 유사한 보호장치에 병용하는 것을 제외한다)에 접속하는 회로에는 다음 그림의 보안장치 또는 이에 준하는 보안장치를 시설하여야 한다.

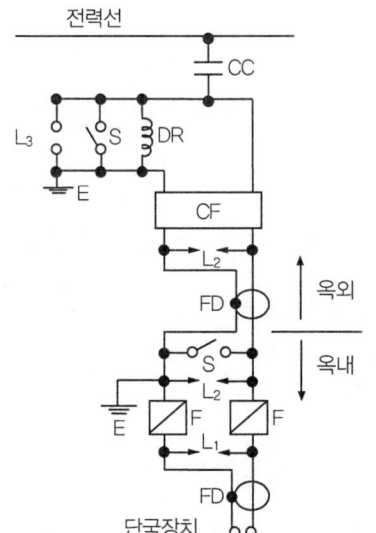

- FD : 동축케이블
- F : 정격전류 10[A] 이하의 포장 퓨즈
- DR : 전류 용량 2[A] 이상의 배류 선륜
- L_1 : 교류 300[V] 이하에서 동작하는 피뢰기
- L_2 : 동작 전압이 교류 1.3[kV]를 초과하고 1.6[kV] 이하로 조정된 방전갭
- L_3 : 동작 전압이 교류 2[kV]를 초과하고 3[kV] 이하로 조정된 구상 방전갭
- S : 접지용 개폐기
- CF : 결합 필타
- CC : 결합 커패시터(결합 안테나를 포함한다.)
- E : 접지

【 전력선 반송 통신용 결합장치의 보안장치 】

7-8. 통신설비의 식별표시(KEC 365.1)

1. 통신사업자의 설비표시명판은 플라스틱 및 금속판 등 견고하고 가벼운 재질로 하고 글씨는 각인하거나 지워지지 않도록 제작된 것을 사용하여야 한다.
2. 설비표시명판 시설기준
    ① 배전주에 시설하는 통신설비의 설비표시명판은
        ㉠ 직선주는 전주 5경간마다 시설할 것.
        ㉡ 분기주, 인류주는 매 전주에 시설할 것.
    ② 지중설비에 시설하는 통신설비의 설비표시명판은
        ㉠ 관로는 맨홀마다 시설할 것.
        ㉡ 전력구내 행거는 50[m] 간격으로 시설할 것.

[적중예상문제] 03

01 전로의 중성점의 접지에 대한 설명이다. 맞는 것을 고르시오.
① 접지도체는 공칭단면적 5[mm²] 이상의 연동선 또는 이와 동등 이상의 세기 및 굵기의 쉽게 부식하지 아니하는 금속선으로서 고장시 흐르는 전류가 안전하게 통할 수 있는 것을 사용
② 접지도체는 공칭단면적 16[mm²] 이상의 연동선 또는 이와 동등 이상의 세기 및 굵기의 쉽게 부식하지 아니하는 금속선으로서 고장시 흐르는 전류가 안전하게 통할 수 있는 것을 사용
③ 접지극 도체가 최초 개폐장치 또는 과전류장치에 접속될 때는 기기 본딩 점퍼의 굵기는 16[mm²] 이상으로서 접지저항기의 최대전류 이상의 허용전류를 갖는 것일 것
④ 접지극 도체가 최초 개폐장치 또는 과전류장치에 접속될 때는 기기 본딩 점퍼의 굵기는 5[mm²] 이상으로서 접지저항기의 최대전류 이상의 허용전류를 갖는 것일 것

해설 전로의 중성점의 접지(KEC 322.5)
전로의 보호 장치의 확실한 동작의 확보, 이상 전압의 억제 및 대지전압의 저하를 위하여 특히 필요한 경우에 전로의 중성점에 접지공사를 할 경우에는
① 접지도체는 공칭단면적 16[mm²] 이상의 연동선 또는 이와 동등 이상의 세기 및 굵기의 쉽게 부식하지 아니하는 금속선으로서 고장시 흐르는 전류가 안전하게 통할 수 있는 것을 사용하고 또한 손상을 받을 우려가 없도록 시설할 것
② 접지극 도체가 최초 개폐장치 또는 과전류장치에 접속될 때는 기기 본딩 점퍼의 굵기는 10[mm²] 이상으로서 접지저항기의 최대전류 이상의 허용전류를 갖는 것일 것

02 전로의 중성점의 접지에서 기기 접지 점퍼의 굵기에서 상전선 최대 굵기가 30[mm²] 이하일 경우 접지극 전선은 몇 [mm²]이 적합한가?
① 10[mm²]
② 16[mm²]
③ 25[mm²]
④ 35[mm²]

정답 1. ② 2. ①

제 03 장 고압·특고압 전기설비

해설 기기 접지 점퍼의 굵기

상전선 최대 굵기(mm²)	접지극 전선(mm²)
30 이하	10
38 또는 50	16
60 또는 80	25
80 초과 175까지	35
175 초과 300까지	50
300 초과 550까지	70
550 초과	95

03 가공 전선로에 사용하는 지지물의 강도 계산에 적용하는 병종 풍압하중의 설명으로 맞는 것은?

① "갑종 풍압하중" 풍압의 2분의 1을 기초로 하여 계산
② "을종 풍압하중" 풍압의 2분의 1을 기초로 하여 계산
③ "갑종 풍압하중" 풍압의 3분의 1을 기초로 하여 계산
④ "을종 풍압하중" 풍압의 3분의 1을 기초로 하여 계산

해설 풍압하중의 종별과 적용(KEC 331.6)
병종 풍압하중은 "갑종 풍압하중" 풍압의 2분의 1을 기초로 하여 계산한 것.

04 지선의 시설에 대한 설명이다. 가공전선로의 지지물에 시설하는 지선은 지선에 연선을 사용할 경우 소선은 몇 가닥 이상의 연선 이어야 하는가?

① 2가닥   ② 3가닥
③ 4가닥   ④ 5가닥

해설 지선의 시설(KEC 331.11) : 지선에 연선을 사용할 경우에는
① 소선(素線) 3가닥 이상의 연선일 것
② 일잔적으로 소선의 지름이 2.6[mm] 이상의 금속선을 사용한 것일 것

05 특고압 가공인입선의 시설에서 변전소 또는 개폐소에 준하는 곳 이외의 곳에 인입하는 특고압 가공 인입선은 사용전압이 [kV] 이하인가?

① 100[kV]   ② 150[kV]
③ 200[kV]   ④ 250[kV]

해설 특고압 가공인입선의 시설(KEC 331.12.2)
변전소 또는 개폐소에 준하는 곳 이외의 곳에 인입하는 특고압 가공 인입선은 사용전압이 100[kV] 이하

3. ① 4. ② 5. ①

06 고압 옥측전선로는 전개된 장소에는 케이블을 조영재의 옆면 또는 아랫면에 따라 붙일 경우에는 케이블의 지지점 간의 거리를 2[m] 이하이다. 수직으로 붙일 경우에는 몇 [m] 이하인가?

① 2[m]　　　② 4[m]
③ 6[m]　　　④ 8[m]

해설 고압 옥측전선로의 시설(KEC 331.13.1) : 고압 옥측전선로는 전개된 장소에는
① 전선은 케이블일 것
② 케이블은 견고한 관 또는 트라프에 넣거나 사람이 접촉할 우려가 없도록 시설할 것
③ 케이블을 조영재의 옆면 또는 아랫면에 따라 붙일 경우에는 케이블의 지지점 간의 거리를 2[m](수직으로 붙일 경우에는 6[m]) 이하로 하고 또한 피복을 손상하지 아니하도록 붙일 것

07 가공케이블의 시설에 대한 설명으로 틀린 것은?

① 케이블은 조가용선에 행거로 시설할 것
② "보기 ①"의 경우 사용전압이 고압인 때에는 행거의 간격은 0.5[m] 이하로 하는 것이 좋다.
③ 조가용선은 인장강도 4.5[kN] 이상의 것
④ 조가용선은 단면적 22[mm²] 이상인 아연도강연선일 것

해설 가공케이블의 시설(KEC 332.2)
① 케이블은 조가용선에 행거로 시설할 것. 이 경우에는 사용전압이 고압인 때에는 행거의 간격은 0.5[m] 이하로 하는 것이 좋다.
② 조가용선은 인장강도 5.93[kN] 이상의 것 또는 단면적 22[mm²] 이상인 아연도강연선일 것

08 고압 가공전선의 안전율에서 고압 가공전선은 케이블인 경우 이외에는 안전율이 경동선 또는 내열 동합금선은 얼마 이상으로 시설하여야 하는가?

① 1.8　　　② 2.0
③ 2.2　　　④ 2.4

해설 고압 가공전선의 안전율(KEC 332.4)
고압 가공전선은 케이블인 경우 이외에는 다음에 규정하는 경우에 그 안전율이 경동선 또는 내열 동합금선은 2.2 이상, 그 밖의 전선은 2.5 이상이 되는 이도(弛度)로 시설

09 고압 가공전선의 높이는 철도 또는 궤도를 횡단하는 경우에는 레일면상 몇 [m] 이상이어야 하는가?

① 5.5[m]　　　② 6.0[m]
③ 6.5[m]　　　④ 7.0[m]

해설 고압 가공전선의 높이(KEC 332.5) : 철도 또는 궤도를 횡단하는 경우에는 레일면상 6.5[m] 이상

해답 6. ③　7. ③　8. ③　9. ③

10 고압 가공전선의 높이는 횡단보도교의 위에 시설하는 경우에는 그 노면상 [m] 이상이 적합한가?

① 3.5[m]　　　　　② 4.0[m]
③ 4.5[m]　　　　　④ 5.5[m]

해설 고압 가공전선의 높이(KEC 332.5)
고압 가공전선의 높이는 횡단보도교의 위에 시설하는 경우에는 그 노면상 3.5[m] 이상

11 고압 가공전선로에 사용하는 가공지선은 인장강도가 몇 [kN] 이상이어야 하는가?

① 4.26[kN]　　　　② 5.26[kN]
③ 6.26[kN]　　　　④ 7.26[kN]

해설 고압 가공전선로의 가공지선(KEC 332.6)
고압 가공전선로에 사용하는 가공지선은 인장강도 5.26[kN] 이상의 것 또는 지름 4[mm] 이상의 나경 동선을 사용

12 고압 가공전선로의 지지물로서 사용하는 목주는 풍압하중에 대한 안전율은 얼마 이상이어야 하는가?

① 1.1 이상　　　　② 1.2 이상
③ 1.3 이상　　　　④ 1.4 이상

해설 고압 가공전선로의 지지물의 강도(KEC 332.7) : 고압 가공전선로의 지지물로서 사용하는 목주는
① 풍압하중에 대한 안전율은 1.3 이상일 것
② 굵기는 말구(末口) 지름 0.12[m] 이상일 것

13 고압 보안공사는 목주의 풍압하중에 대한 안전율은 얼마 이상이어야 하는가?

① 1.0 이상　　　　② 1.5 이상
③ 2.0 이상　　　　④ 2.5 이상

해설 고압 보안공사(KEC 332.10) : 고압 보안공사는
① 전선은 케이블인 경우 이외에는 인장강도 8.01[kN] 이상의 것 또는 지름 5[mm] 이상의 경동선일 것
② 목주의 풍압하중에 대한 안전율은 1.5 이상일 것

14 지지물의 종류가 "A종 철주 또는 A종 철근 콘크리트주"일 경우 시가지 등에서 170[kV] 이하 특고압 가공전선로의 경간 제한은 얼마인가?

① 75[m]　　　　　② 150[m]
③ 300[m]　　　　 ④ 400[m]

해답 10. ①　11. ②　12. ③　13. ②　14. ①

해설 시가지 등에서 170[kV] 이하 특고압 가공전선로의 경간 제한

지지물의 종류	경 간
A종 철주 또는 A종 철근 콘크리트주	75[m]
B종 철주 또는 B종 철근 콘크리트주	150[m]
철탑	400[m] (단주인 경우에는 300[m]) 다만, 전선이 수평으로 2이상 있는 경우에 전선 상호 간의 간격이 4[m] 미만인 때에는 250[m]

15 특고압 가공전선의 높이에서 사용전압 160[kV] 초과일 경우 일반적으로 지표상의 높이는 몇 [m]인가?

① 4[m] ② 5[m]
③ 6[m] ④ 7[m]

해설 특고압 가공전선의 높이(KEC 333.7)

사용전압의 구분	지표상의 높이
35[kV] 이하	5[m] (철도 또는 궤도를 횡단하는 경우에는 6.5[m], 도로를 횡단하는 경우에는 6[m], 횡단보도교의 위에 시설하는 경우로서 전선이 특고압 절연전선 또는 케이블인 경우에는 4[m])
35[kV] 초과 160[kV] 이하	6[m] (철도 또는 궤도를 횡단하는 경우에는 6.5[m], 산지(山地) 등에서 사람이 쉽게 들어갈 수 없는 장소에 시설하는 경우에는 5[m], 횡단보도교의 위에 시설하는 경우 전선이 케이블인 때는 5[m])
160[kV] 초과	6[m] (철도 또는 궤도를 횡단하는 경우에는 6.5[m] 산지 등에서 사람이 쉽게 들어갈 수 없는 장소를 시설하는 경우에는 5[m])에 160[kV]를 초과하는 10[kV] 또는 그 단수마다 0.12[m]를 더한 값

16 특고압 가공전선로의 지지물로 사용하는 목주 굵기는 말구 지름 몇 [m] 이상이어야 하는가?

① 0.11[m] ② 0.12[m]
③ 0.13[m] ④ 0.14[m]

해설 특고압 가공전선로의 목주 시설(KEC 333.10) : 특고압 가공전선로의 지지물로 사용하는 목주는
① 풍압하중에 대한 안전율은 1.5 이상일 것
② 굵기는 말구 지름 0.12[m] 이상일 것

정답 15. ③ 16. ②

17 특고압 가공전선로의 지지물로 사용하는 B종 철근·B종 콘크리트주 또는 철탑의 종류가 아닌 것은?

① 직선형　　　　　② 각도형
③ 보강형　　　　　④ 곡선형

해설 특고압 가공전선로의 철주·철근 콘크리트주 또는 철탑의 종류(KEC 333.11) : 특고압 가공전선로의 지지물로 사용하는 B종 철근·B종 콘크리트주 또는 철탑의 종류는 직선형, 각도형, 인류형, 내장형, 보강형이 있다.

18 특고압 가공전선로의 철주·철근 콘크리트주 또는 철탑의 종류 중 내장형에 대한 설명으로 적합한 것은?

① 전선로중 3도를 초과하는 수평각도를 이루는 곳에 사용하는 것
② 전선로의 지지물 양쪽의 경간의 차가 큰 곳에 사용하는 것
③ 전선로의 직선부분에 그 보강을 위하여 사용하는 것
④ 전가섭선을 인류하는 곳에 사용하는 것

해설
① 직선형 : 전선로의 직선부분(3도 이하인 수평각도를 이루는 곳을 포함한다. 이하 같다)에 사용하는 것. 다만, 내장형 및 보강형에 속하는 것을 제외한다.
② 각도형 : 전선로중 3도를 초과하는 수평각도를 이루는 곳에 사용하는 것.
③ 인류형 : 전가섭선을 인류하는 곳에 사용하는 것.
④ 내장형 : 전선로의 지지물 양쪽의 경간의 차가 큰 곳에 사용하는 것.
⑤ 보강형 : 전선로의 직선부분에 그 보강을 위하여 사용하는 것

19 내장형 철주·철근 콘크리트주 또는 철탑의 상시 상정하중의 설명으로 맞는 것은?

① 전가섭선에 관하여 각 가섭선의 상정 최대장력과 같은 불평균 장력의 수평 종분력에 의한 하중
② 전가섭선에 관하여 각 가섭선의 상정 최대장력의 33%와 같은 불평균 장력의 수평 종분력에 의한 하중
③ 전가섭선에 관하여 각 가섭선의 상정 최대장력의 33%와 같은 불평균 장력의 수평 종분력에 의한 하중
④ 전가섭선에 관하여 각 가섭선의 상정 최대장력의 10%와 같은 불평균 장력의 수평 종분력에 의한 하중

해설 상시 상정하중(KEC 333.13) : 인류형·내장형 또는 보강형·직선형·각도형의 철주·철근 콘크리트주 또는 철탑의 경우에는 하중에 다음에 따라 가섭선 불평균 장력에 의한 수평 종하중을 가산한다.
① 인류형의 경우에는 전가섭선에 관하여 각 가섭선의 상정 최대장력과 같은 불평균 장력의 수평 종분력에 의한 하중
② 내장형·보강형의 경우에는 전가섭선에 관하여 각 가섭선의 상정 최대장력의 33% 와 같은 불평균 장력의 수평 종분력에 의한 하중
③ 직선형의 경우에는 전가섭선에 관하여 각 가섭선의 상정 최대장력의 3% 와 같은 불평균 장력의 수평 종분력에 의한 하중.(단 내장형은 제외한다)
④ 각도형의 경우에는 전가섭선에 관하여 각 가섭선의 상정 최대장력의 10%와 같은 불평균 장력의 수평 종분력에 의한 하중

정답 17. ④　18. ②　19. ②

20 특고압 가공전선로의 경간 제한에서 지지물의 종류가 B종 철주 또는 B종 철근 콘크리트주일 경우 경간은 몇 [m]인가?
① 150[m] ② 250[m]
③ 400[m] ④ 600[m]

해설 특고압 가공전선로의 경간 제한(KEC 333.21)

지지물의 종류	경 간
목주·A종 철주 또는 A종 철근 콘크리트주	150[m]
B종 철주 또는 B종 철근 콘크리트주	250[m]
철탑	600[m] (단주인 경우에는 400[m])

21 제2종 특고압 보안공사에서 지지물로 사용하는 목주의 풍압하중에 대한 안전율은?
① 2.0 이상 ② 2.0 이하
③ 1.5 이상 ④ 1.5 이하

해설 특고압 보안공사(KEC 333.22)
① 제2종 특고압 보안공사는 지지물로 사용하는 목주의 풍압하중에 대한 안전율은 2 이상일 것
② 특고압 가공전선은 연선일 것

22 특고압 가공전선이 건조물과 제1차 접근상태로 시설되는 경우에는 특고압 가공선 선로는 몇 종 특고압 보안공사에 적용되는가?
① 제1종 특고압 보안공사
② 제2종 특고압 보안공사
③ 제3종 특고압 보안공사
④ 제3종 특고압 보안공사

해설 특고압 가공전선과 건조물의 접근(KEC 333.23)
특고압 가공전선이 건조물과 제1차 접근상태로 시설되는 경우에는 특고압 가공전선로는 제3종 특고압 보안공사에 의할 것

23 특고압 가공전선이 삭도와 제1차 접근상태로 시설되는 경우에는 특고압 가공전선 로는 몇 종 특고압 보안공사에 적용되는가?
① 제1종 특고압 보안공사
② 제2종 특고압 보안공사
③ 제3종 특고압 보안공사
④ 제3종 특고압 보안공사

정답 20. ② 21. ① 22. ③ 23. ③

해설 특고압 가공전선과 삭도의 접근 또는 교차(KEC 333.25)
특고압 가공전선이 삭도와 제1차 접근상태로 시설되는 경우에는 특고압 가공전로는 제3종 특고압 보안공사에 의할 것

24 특고압 가공전선과 저고압 가공전선 등의 접근 또는 교차 시 사용전압이 60[kV] 이하일 경우 이격거리(제1차 접근상태)는 몇 [m] 이상인가?

① 1.5[m] ② 2.0[m]
③ 2.5[m] ④ 3.0[m]

해설 특고압 가공전선과 저고압 가공전선 등의 접근 또는 교차 시 이격거리(제1차 접근상태) KEC 333.26)

사용전압의 구분	이 격 거 리
60[kV] 이하	2[m] 이상
60[kV] 초과	2[m]에 사용전압이 60[kV]를 초과하는 10[kV] 또는 그 단수마다 0.12[m]을 더한 값 이상

25 지중 전선로를 직접 매설식에 의하여 시설하는 경우에는 매설 깊이를 차량 기타 중량물의 압력을 받을 우려가 있는 장소에는 몇 [m] 이상으로 하고 지중 전선을 견고한 트라프 기타 방호물에 넣어 시설하여야 하는가?

① 0.6[m] ② 1.2[m]
③ 1.8[m] ④ 2.4[m]

해설 지중전선로의 시설(KEC 334.1)
지중전선로를 직접 매설식에 의하여 시설하는 경우에는 매설 깊이를 차량 기타 중량물의 압력을 받을 우려가 있는 장소에는 1.2[m] 이상, 기타 장소에는 0.6[m] 이상으로 하고 또한 지중 전선을 견고한 트라프 기타 방호물에 넣어 시설하여야 한다.

26 폭발성 또는 연소성의 가스가 침입할 우려가 있는 것에 시설하는 지중함에 통풍장치 기타 가스를 방산시키기 위한 적당한 장치를 시설해야 하는 지중함의 크기는 몇 [m³]인가?

① 0.5[m³] ② 1.0[m³]
③ 1.5[m³] ④ 2.0[m³]

해설 지중함의 시설(KEC 334.2)
폭발성 또는 연소성의 가스가 침입할 우려가 있는 것에 시설하는 지중함으로서 그 크기가 1[m³] 이상인 것에는 통풍장치 기타 가스를 방산시키기 위한 적당한 장치를 시설할 것

정답 24. ② 25. ② 26. ②

27 지상에 시설하는 전선로에 대한 설명으로 틀린 것은?
① 전선이 캡타이어 케이블인 경우 선의 도중에는 접속점을 만들지 아니할 것
② 전선이 캡타이어 케이블인 경우 전선로의 전원측 전로에는 전용의 개폐기 및 과전류 차단기를 각 극에 시설할 것
③ 전선이 캡타이어 케이블인 경우 사용전압이 0.4[kV] 초과하는 저압 또는 고압의 전로 중에는 전로에 지락이 생겼을 때에 자동적으로 전로를 차단하는 장치를 시설할 것
④ 지상에 시설하는 특고압 전선로는 사용전압이 50[kV] 이하인 경우 이외에는 시설하여서는 아니 된다.

해설 지상에 시설하는 전선로(KEC 335.5)
1. 전선이 캡타이어 케이블인 경우에는 다음에 의할 것
   ① 전선의 도중에는 접속점을 만들지 아니할 것
   ② 전선로의 전원측 전로에는 전용의 개폐기 및 과전류 차단기를 각 극(과전류 차단기는 다선식 전로의 중성극을 제외한다)에 시설할 것
   ③ 사용전압이 0.4[kV] 초과하는 저압 또는 고압의 전로 중에는 전로에 지락이 생겼을 때에 자동적으로 전로를 차단하는 장치를 시설할 것. 다만, 전선로의 전원측의 접속점으로부터 1[km] 안의 전원측 전로에 전용 절연변압기를 시설하는 경우로서 전로에 지락이 생겼을 때에 기술원 주재소에 경보하는 장치를 설치한 때에는 그러하지 아니하다.
2. 지상에 시설하는 특고압 전선로는 제1의 어느 하나에 해당하고 또한 사용전압이 100[kV] 이하인 경우 이외에는 시설하여서는 아니 된다.

28 급경사지에 시설하는 전선로의 시설에서 전선의 지지점 간의 거리는 몇 [m] 이하이어야 하는가?
① 5[m]
② 10[m]
③ 15[m]
④ 20[m]

해설 급경사지에 시설하는 전선로의 시설(KEC 335.8)
전선의 지지점 간의 거리는 15[m] 이하일 것. 그리고 저압 전선로와 고압 전선로를 같은 벼랑에 시설하는 경우에는 고압 전선로를 저압 전선로의 위로하고 또한 고압전선과 저압전선 사이의 이격거리는 0.5[m] 이상일 것

29 특고압 배전용 변압기의 시설에서 변압기의 1차 전압은 몇 [kV] 이하가 적합한가?
① 15[kV]
② 25[kV]
③ 35[kV]
④ 45[kV]

해설 특고압 배전용 변압기의 시설(KEC 341.2)
① 변압기의 1차 전압은 35 kV 이하, 2차 전압은 저압 또는 고압일 것
② 변압기의 특고압측에 개폐기 및 과전류차단기를 시설할 것
③ 변압기의 2차 전압이 고압인 경우에는 고압측에 개폐기를 시설하고 또한 쉽게 개폐할 수 있도록 할 것

정답 27. ④ 28. ③ 29. ③

30 특고압용 기계기구의 시설에서 기계기구를 지표상 몇 [m] 이상의 높이에 시설하여야 하는가?
① 1[m] ② 3[m]
③ 5[m] ④ 7[m]

해설 특고압용 기계기구의 시설(KEC 341.4) : 기계기구를 지표상 5[m] 이상의 높이에 시설

31 과전류차단기로 시설하는 퓨즈 중 고압전로에 사용하는 포장 퓨즈는 정격전류의 1.3배의 전류에 견디고 또한 2배의 전류로 몇 분 안에 용단 되어야 하는가?
① 60분 ② 120분
③ 180분 ④ 240분

해설 고압 및 특고압 전로 중의 과전류차단기의 시설(KEC 341.11)
과전류차단기로 시설하는 퓨즈 중 고압전로에 사용하는 포장 퓨즈(퓨즈 이외의 과전류 차단기와 조합하여 하나의 과전류 차단기로 사용하는 것을 제외한다)는 정격전류의 1.3배의 전류에 견디고 또한 2배의 전류로 120분 안에 용단되는 것 또는 다음에 적합한 고압전류제한퓨즈이어야 한다.

32 고압 및 특고압의 전로에 시설하는 피뢰기 접지저항 값은 [Ω] 이하로 하여야 하는가?
① 5[Ω] ② 10[Ω]
③ 15[Ω] ④ 20[Ω]

해설 피뢰기의 접지(KEC 341.15) : 고압 및 특고압의 전로에 시설하는 피뢰기 접지저항 값은 10 Ω 이하로 하여야 한다.

33 애자사용배선에 의한 고압 옥내배선에 대한 설명이다. 틀린 것을 고르시오?
① 전선과 조영재 사이의 이격거리는 0.05[m] 이상일 것
② 전선의 지지점 간의 거리는 6[m] 이하일 것
③ 전선의 지지점 간의 거리는 전선을 조영재의 면을 따라 붙이는 경우에는 2[m] 이하이어야 한다.
④ 전선 상호 간의 간격은 0.6[m] 이상

해설 고압 옥내배선 등의 시설(KEC 342.1) : 애자사용배선에 의한 고압 옥내배선은 다음에 의하고, 또한 사람이 접촉할 우려가 없도록 시설할 것
① 전선은 공칭단면적 6[mm^2] 이상의 연동선 또는 이와 동등 이상의 세기 및 굵기의 고압 절연전선이나 특고압 절연전선 또는 KEC 341.9의 2에 규정하는 인하용 고압 절연전선일 것.
② 전선의 지지점 간의 거리는 6[m] 이하일 것. 다만, 전선을 조영재의 면을 따라 붙이는 경우에는 2[m] 이하이어야 한다.
③ 전선 상호 간의 간격은 0.08[m] 이상, 전선과 조영재 사이의 이격거리는 0.05[m] 이상일 것

정답 30. ③ 31. ② 32. ② 33. ④

34 울타리·담 등의 높이는 2[m] 이상으로 하고, 지표면과 울타리·담 등의 하단사이의 간격은 몇 [m] 이하로 하여야 하는가?

① 0.15[m]   ② 0.20[m]
③ 0.25[m]   ④ 0.30[m]

해설 발전소 등의 울타리·담 등의 시설(KEC 351.1)
울타리·담 등의 높이는 2[m] 이상으로 하고 지표면과 울타리·담 등의 하단사이의 간격은 0.15[m] 이하로 할 것

35 전력보안통신설비의 시설 장소에서 배전선로에 대한 설명으로 틀린 것은?

① 22.9[kV] 계통 배전선로 구간(가공, 지중, 해저)
② 22.9[kV] 계통에 연결되는 분산전원형 발전소
③ 원격검침, 부하감시 등의 및 스마트그리드 구현을 위해 필요한 구간
④ 직류 계통 송전선로 구간 및 안전상 특히 필요한 경우의 적당한 곳

해설 전력보안통신설비의 시설 요구사항(KEC 362.1) : 송전선로
① 66[kV], 154[kV], 345[kV], 765[kV] 계통 송전선로 구간(가공, 지중, 해저) 및 안전상 특히 필요한 경우에 전선로의 적당한 곳
② 고압 및 특고압 지중전선로가 시설되어 있는 전력구내에서 안전상 특히 필요한 경우의 적당한 곳
③ 직류 계통 송전선로 구간 및 안전상 특히 필요한 경우의 적당한 곳

36 전력유도의 방지 제한 값을 초과하거나 초과할 우려가 있는 경우에는 이에 대한 방지조치를 하여야 한다. 방지치의 조건으로 틀린 것은?

① 이상 시 유도위험전압 : 650[V](다만, 고장 시 전류제거시간이 0.1초 이상인 경우에는 430[V]로 한다)
② 상시 유도위험종전압 : 60[V]
③ 기기 오동작 유도종전압 : 15[V]
④ 잡음전압 : 1.5[mV]

해설 전력유도의 방지(KEC 362.4) : 잡음전압 0.5[mV]

정답 34. ① 35. ④ 36. ④

전기철도설비

04
5부 전기설비기술기준

1 전기철도의 일반사항(KEC 401)

1-1. 적용범위(KEC 401.2)

이 규정은 직류 및 교류 전기철도 설비의 설계, 시공, 감리, 운영, 유지보수, 안전관리에 대하여 적용하여야 한다.

1-2. 전기철도의 용어 정의(KEC 402)

1. **전기철도** : 전기를 공급받아 열차를 운행하여 여객(승객)이나 화물을 운송하는 철도
2. **전기철도설비** : 전기철도설비는 전철 변전설비, 급전설비, 부하설비(전기철도차량 설비 등)로 구성
3. **전기철도차량** : 전기적 에너지를 기계적 에너지로 바꾸어 열차를 견인하는 차량으로 전기방식에 따라 직류, 교류, 직·교류 겸용, 성능에 따라 전동차, 전기기관차로 분류
4. **궤도** : 레일·침목 및 도상과 이들의 부속품으로 구성된 시설
5. **차량** : 전동기가 있거나 또는 없는 모든 철도의 차량(객차, 화차 등)을 말한다.
6. **열차** : 동력차에 객차, 화차 등을 연결하고 본선을 운전할 목적으로 조성된 차량
7. **레일** : 철도에 있어서 차륜을 직접지지하고 안내해서 차량을 안전하게 주행시키는 설비

8. **전차선** : 전기철도차량의 집전장치와 접촉하여 전력을 공급하기 위한 전선
9. **전차선로** : 전기철도차량에 전력를 공급하기 위하여 선로를 따라 설치한 시설물로서 전차선, 급전선, 귀선과 그 지지물 및 설비를 총괄한 것
10. **급전선** : 전기철도차량에 사용할 전기를 변전소로부터 합성전차선에 공급하는 전선
11. **급전선로** : 급전선 및 이를 지지하거나 수용하는 설비를 총괄한 것
12. **급전방식** : 전기철도차량에 전력을 공급하기 위하여 변전소로부터 급전선, 전차선, 레일, 귀선으로 구성되는 전력공급방식
13. **합성전차선** : 전기철도차량에 전력을 공급하기위하여 설치하는 전차선, 조가선(강체포함), 행어이어, 드로퍼 등으로 구성된 가공전선
14. **조가선** : 전차선이 레일면상 일정한 높이를 유지하도록 행어이어, 드로퍼 등을 이용하여 전차선 상부에서 조가하여 주는 전선
15. **가선방식** : 전기철도차량에 전력을 공급하는 전차선의 가선방식으로 가공식, 강체식, 제3궤조식으로 분류
16. **전차선 기울기** : 연접하는 2개의 지지점에서, 레일면에서 측정한 전차선 높이의 차와 경간 길이와의 비율
17. **전차선 높이** : 지지점에서 레일면과 전차선 간의 수직거리
18. **전차선 편위** : 팬터그래프 집전판의 편마모를 방지하기 위하여 전차선을 레일면 중심수직선으로부터 한쪽으로 치우친 정도의 치수를
19. **귀선회로** : 전기철도차량에 공급된 전력을 변전소로 되돌리기 위한 귀로
20. **누설전류** : 전기철도에 있어서 레일 등에서 대지로 흐르는 전류
21. **수전선로** : 전기사업자에서 전철변전소 또는 수전설비 간의 전선로와 이에 부속되는 설비
22. **전철변전소** : 외부로부터 공급된 전력을 구내에 시설한 변압기, 정류기 등 기타의 기계 기구를 통해 변성하여 전기철도차량 및 전기철도설비에 공급하는 장소
23. **지속성 최저전압** : 무한정 지속될 것으로 예상되는 전압의 최저값
24. **지속성 최고전압** : 무한정 지속될 것으로 예상되는 전압의 최고값
25. **장기 과전압** : 지속시간이 20[ms] 이상인 과전압

2 전기철도의 전기방식(KEC 410)

2-1. 전기방식의 일반사항(KEC 411)

2-1-1. 전력수급조건(KEC 411.1)

수전선로의 전력수급조건은 부하의 크기 및 특성, 지리적 조건, 환경적 조건, 전력조류, 전압강하, 수전 안정도, 회로의 공진 및 운용의 합리성, 장래의 수송수요, 전기사업자 협의 등을 고려하여 다음 표의 공칭전압(수전전압)으로 선정하여야 한다.

〈공칭전압(수전전압)〉

공칭전압(수전전압) (kV)	교류 3상 22.9, 154, 345

2-1-2. 전차선로의 전압(KEC 411.2)

1. 직류방식: 사용전압과 각 전압별 최고, 최저전압은 다음 표에 따라 선정하여야 한다. 다만, 비지속성 최고전압은 지속시간이 5분 이하로 예상되는 전압의 최고값으로 하되, 기존 운행중인 전기철도차량과의 인터페이스를 고려

〈직류방식의 급전전압〉

구분	지속성 최저전압 [V]	공칭전압 [V]	지속성 최고전압 [V]	비지속성 최고전압 [V]	장기 과전압 [V]
DC (평균값)	500 900	750 1,500	900 1,800	950(¹) 1,950	1,269 2,538

(¹) 회생제동의 경우 1,000[V]의 비지속성 최고전압은 허용 가능하다.

2. 교류방식: 사용전압과 각 전압별 최고, 최저전압은 다음 표에 따라 선정하여야 한다. 다만, 비지속성 최저전압은 지속시간이 2분 이하로 예상되는 전압의 최저값으로 하되, 기존 운행중인 전기철도차량과의 인터페이스를 고려

〈교류방식의 급전전압〉

주파수 (실효값)	비지속성 최저전압 [V]	지속성 최저전압 [V]	공칭전압 [V](²)	지속성 최고전압 [V]	비지속성 최고전압 [V]	장기 과전압 [V]
60 Hz	17,500 35,000	19,000 38,000	25,000 50,000	27,500 55,000	29,000 58,000	38,746 77,492

(²) 급전선과 전차선간의 공칭전압은 단상교류 50[kV](급전선과 레일 및 전차선과 레일사이의의 전압은 25[kV])를 표준으로 한다.

3 변전방식의 일반사항(KEC 421)

3-1. 변전소의 용량(KEC 421.3)

1. 변전소의 용량은 급전구간별 정상적인 열차부하조건에서 1시간 최대출력 또는 순시 최대출력을 기준으로 결정하고, 연장급전 등 부하의 증가를 고려하여야 한다.
2. 변전소의 용량 산정 시 현재의 부하와 장래의 수송수요 및 고장 등을 고려하여 변압기 뱅크를 구성하여야 한다.

3-2. 변전소의 설비(KEC 421.4)

1. 급전용변압기는 직류 전기철도의 경우 3상 정류기용 변압기, 교류 전기철도의 경우 3상 스코트결선 변압기의 적용을 원칙으로 하고, 급전계통에 적합하게 선정하여야 한다.
2. 제어용 교류전원은 상용과 예비의 2계통으로 구성하여야 한다.
3. 제어반의 경우 디지털계전기방식을 원칙으로 하여야 한다.

4 전기철도의 전차선로(KEC 430)

4-1. 전차선로의 일반사항(KEC 431)

4-1-1. 전차선 가선방식(KEC 431.1)

전차선의 가선방식은 열차의 속도 및 노반의 형태, 부하전류 특성에 따라 적합한 방식을 채택하여야 하며, 가공방식, 강체가선방식, 제3궤조 방식을 표준으로 한다.

4-1-2. 전차선로의 충전부와 건조물 간의 절연이격(KEC 431.2)

〈전차선과 건조물 간의 최소 절연이격거리〉

시스템 종류	공칭전압(V)	동적(mm)		정적(mm)	
		비오염	오염	비오염	오염
직류	750	25	25	25	25
	1,500	100	110	150	160
단상교류	25,000	170	220	270	320

4-1-3. 전차선로의 충전부와 차량 간의 절연이격(KEC 431.3)

〈전차선과 차량 간의 최소 절연이격거리〉

시스템 종류	공칭전압(V)	동적(mm)	정적(mm)
직류	750	25	25
	1,500	100	150
단상교류	25,000	190	290

4-1-4. 급전선로(KEC 431.4)

1. 급전선은 나전선을 적용하여 가공식으로 가설을 원칙으로 한다. 다만, 전기적 이격거리가 충분하지 않거나 지락, 섬락 등의 우려가 있을 경우에는 급전선을 케이블로 하여 안전하게 시공하여야 한다.
2. 가공식은 전차선의 높이 이상으로 전차선로 지지물에 병가하며, 나전선의 접속은 직선접속을 원칙으로 한다.

4-1-5. 귀선로(KEC 431.5)

1. 귀선로는 비절연보호도체, 매설접지도체, 레일 등으로 구성하여 단권변압기 중성점과 공통접지에 접속한다.
2. 귀선로는 사고 및 지락 시에도 충분한 허용전류용량을 갖도록 하여야 한다.

4-1-6. 전차선 및 급전선의 높이(KEC 431.6)

〈전차선 및 급전선의 최소 높이〉

시스템 종류	공칭전압(V)	동적(mm)	정적(mm)
직류	750	4,800	4,400
	1,500	4,800	4,400
단상교류	25,000	4,800	4,570

4-1-7. 전차선의 기울기(KEC 431.7)

〈전차선의 기울기〉

설계속도[V](km/시간)	속도등급	기울기(천분율)
$300 < V \leq 350$	350킬로급	0
$250 < V \leq 300$	300킬로급	0
$200 < V \leq 250$	250킬로급	1
$150 < V \leq 200$	200킬로급	2
$120 < V \leq 150$	150킬로급	3
$70 < V \leq 120$	120킬로급	4
$V \leq 70$	70킬로급	10

4-1-8. 전차선의 편위(KEC 431.8)

1. 전차선의 편위는 오버랩이나 분기 구간 등 특수 구간을 제외하고 레일면에 수직인 궤도 중심선으로부터 좌우로 각각 200[mm]를 표준으로 하며, 팬터그래프 집전판의 고른 마모를 위하여 지그재그 편위를 준다.
2. 전차선의 편위는 선로의 곡선반경, 궤도조건, 열차속도, 차량의 편위량 등을 고려하여 최악의 운행환경에서도 전차선이 팬터그래프 집전판의 집전 범위를 벗어나지 않아야 한다.
3. 제3궤조 방식에서 전차선의 편위는 차량의 집전장치의 집전범위를 벗어나지 않아야 한다.

4-1-9. 전차선로 설비의 안전율(KEC 431.10)

하중을 지탱하는 전차선로 설비의 강도는 작용이 예상되는 하중의 최악 조건 조합에 대하여 다음의 최소 안전율이 곱해진 값을 견디어야 한다.

① 합금전차선의 경우 2.0 이상
② 경동선의 경우 2.2 이상
③ 조가선 및 조가선 장력을 지탱하는 부품에 대하여 2.5 이상
④ 복합체 자재(고분자 애자 포함)에 대하여 2.5 이상
⑤ 지지물 기초에 대하여 2.0 이상
⑥ 장력조정장치 2.0 이상
⑦ 빔 및 브래킷은 소재 허용응력에 대하여 1.0 이상
⑧ 철주는 소재 허용응력에 대하여 1.0 이상
⑨ 가동브래킷의 애자는 최대 만곡하중에 대하여 2.5 이상
⑩ 지선은 선형일 경우 2.5 이상, 강봉형은 소재 허용응력에 대하여 1.0 이상

4-2. 전기철도의 원격감시제어설비(KEC 435)

4-2-1. 원격감시제어시스템(SCADA)(KEC 435.1)

원격감시제어시스템은 열차의 안전운행과 현장 전철전력설비의 유지보수를 위하여 제어, 감시대상, 수준, 범위 및 확인, 운용방법 등을 고려하여 구성

4-2-1. 중앙감시제어장치(KEC 435.2)

1. 변전소 등의 제어 및 감시는 관제센터에서 이루어지도록 한다.
2. 원격감시제어시스템(SCADA)는 중앙집중제어장치(CTC), 통신집중제어장치와 호환되도록 하여야 한다.

5 전기철도의 전기철도차량 설비(KEC 440)

5-1. 전기철도차량 설비의 일반사항(KEC 441)

5-1-1. 절연구간(KEC 441.1)
1. 교류 구간에서는 변전소 및 급전구분소 앞에서 서로 다른 위상 또는 공급점이 다른 전원이 인접하게 될 경우 전원이 혼촉되는 것을 방지하기 위한 절연구간을 설치
2. 전기철도차량의 교류-교류 절연구간을 통과하는 방식은 역행 운전방식, 타행 운전방식, 변압기 무부하 전류방식, 전력소비 없이 통과하는 방식이 있으며, 각 통과방식을 고려하여 가장 적합한 방식을 선택하여 시설
3. 교류-직류(직류-교류) 절연구간은 교류구간과 직류 구간의 경계지점에 시설한다. 이 구간에서 전기철도차량은 노치 오프(notch off) 상태로 주행
4. 절연구간의 소요길이는 구간 진입 시의 아크 시간, 잔류전압의 감쇄시간, 팬터그래프 배치간격, 열차속도 등에 따라 결정

5-1-2. 전차선과 팬터그래프간 상호작용(KEC 441.3)
1. 전차선의 전류는 차량속도, 무게, 차량간 거리, 선로경사, 전차선로 시공 등에 따라 다르고, 팬터그래프와 전차선의 특성은 과열이 일어나지 않도록 하여야 한다.
2. 정지시 팬터그래프당 최대전류값은 전차선 재질 및 수량, 집전판 수량 및 재질, 접촉력, 열차속도, 환경조건에 따라 다르게 고려되어야 한다.

5-1-3. 회생제동(KEC 441.5)
1. 전기철도차량은 다음과 같은 경우에 회생제동의 사용을 중단해야 한다.
   ① 전차선로 지락이 발생한 경우
   ② 전차선로에서 전력을 받을 수 없는 경우
2. 회생전력을 다른 전기장치에서 흡수할 수 없는 경우에는 전기철도차량은 다른 제동시스템으로 전환되어야 한다.
3. 전기철도 전력공급시스템은 회생제동이 상용제동으로 사용이 가능하고 다른 전기철도차량과 전력을 지속적으로 주고받을 수 있도록 설계되어야 한다.

5-1-4. 전기철도차량 전기설비의 전기위험방지를 위한 보호대책(KEC 441.6)
차체와 주행 레일과 같은 고정설비의 보호용 도체간의 임피던스는 이들 사이에 위험 전압이 발생하지 않을 만큼 낮은 수준인 다음 표에 따른다. 이 값은 적용전압이 50[V]를 초과하지 않는 곳에서 50[A]의 일정 전류로 측정하여야 한다.

⟨전기철도차량별 최대임피던스⟩

차량 종류	최대 임피던스(Ω)
기관차	0.05
객차	0.15

6 전기철도의 설비를 위한 보호(KEC 450)

6-1. 설비보호의 일반사항(KEC 451)

6-1-1. 절연협조(KEC 451.2)

변전소 등의 입, 출력 측에서 유입되는 뇌해, 이상전압과 변전소 등의 계통 내에서 발생하는 개폐서지의 크기 및 지속성, 이상전압 등을 고려하고 각각의 변전설비에 대한 절연협조는 표 "직류 1.5[kV] 방식의 절연협조 대조표" 또는 표 "교류 25[kV] 방식의 절연협조 대조표"를 적용

⟨직류 1.5[kV] 방식의 절연협조 대조표⟩

항목			변전소용	전차선로용
회로 전압	공칭(kV)		1.5	1.5
	최고(kV)		1.8	1.8
뇌 임펄스 내전압(kV)			12	50
피뢰기의 성능(ZnO)	정격 전압(kV)		2.1	2.1
	동작 개시 전압(kV)		2.6 이상	※ 9 이상
	제한 전압 (kV)	(2kV)	4.5 이하	-
		(3kV)	-	25 이하
		(5kV)	5 이하	28 이하
	임펄스 내전압(kV)		45	50
전차선 애자의 성능	현수 애자(kV) 180mm 2개 연결		교류 주수 내전압	45
			뇌 임펄스 내전압	160
	장간 애자(kV)		교류 주수 내전압	65
			뇌 임펄스내전압	180

주) 전차선로용 피뢰기는 ZnO형, 갭(Gap) 부착이며, ※는 방전 개시전압을 나타낸다.

⟨교류 25[kV] 방식의 절연협조 대조표⟩

항목			변전소용	전차선로용
회로 전압	공칭(kV)		25	25
	최고(kV)		29	29
뇌 임펄스 내전압(kV)			200	200
피뢰기의 성능(ZnO)	정격 전압(kV)		42	42
	동작 개시 전압(kV)		60	60
	제한 전압 (kV)	(5kV)	128	128
		(10kV)	140	140
	내전압 (kV)	교류	70	70
		임펄스	200	200
전차선 애자의 성능	현수 애자 250[mm] 4개 연결(kV)		교류 주수 내전압	160
			뇌 임펄스 내전압	445
	장간 애자(kV)		교류 주수 내전압	135
			뇌 임펄스 내전압	320

6-1-2. 피뢰기 설치장소(KEC 451.3)

1. 다음의 장소에 피뢰기를 설치하여야 한다.
   ① 변전소 인입측 및 급전선 인출측
   ② 가공전선과 직접 접속하는 지중케이블에서 낙뢰에 의해 절연파괴의 우려가 있는 케이블 단말
2. 피뢰기는 가능한 한 보호하는 기기와 가깝게 시설하되 누설전류 측정이 용이하도록 지지대와 절연하여 설치한다.

7 전기철도의 안전을 위한 보호(KEC 460)

7-1. 전기안전의 일반사항(KEC 461)

7-1-1. 감전에 대한 보호조치(KEC 461.1)

1. 공칭전압이 교류 1[kV] 또는 직류 1.5[kV] 이하인 경우 사람이 접근할 수 있는 보행표면의 경우 가공 전차선의 충전부뿐만 아니라 전기철도차량 외부의 충전부(집전장치, 지붕도체 등)와의 직접접촉을 방지하기 위한 공간거리가 있어야 하며 그림 에서 표시한 공간거리 이상을 확보하여야 한다. 단, 제3궤조 방식에는 적용되지 않는다.

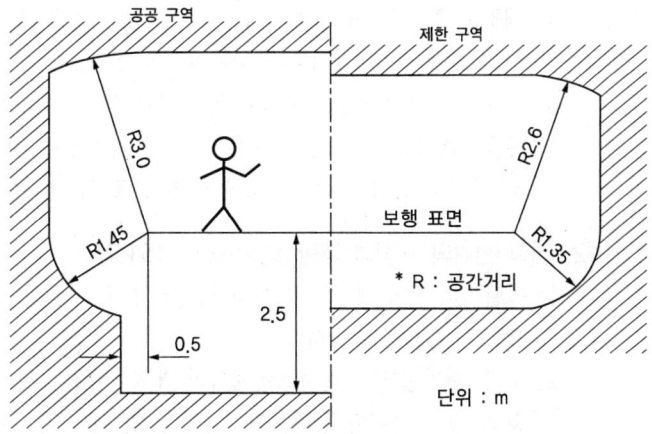

【 공칭전압이 교류 1[kV] 또는 직류 1.5[kV] 이하인 경우
사람이 접근할 수 있는 보행표면의 공간거리 】

2. 제1에 제시된 공간거리를 유지할 수 없는 경우 충전부와의 직접 접촉에 대한 보호를 위해 장애물을 설치하여야 한다. 충전부가 보행표면과 동일한 높이 또는 낮게 위치한 경우 장애물 높이는 장애물 상단으로부터 1.35[m]의 공간 거리를 유지하여야 하며, 장애물과 충전부 사이의 공간거리는 최소한 0.3[m]로 하여야 한다.

3. 공칭전압이 교류 1[kV] 초과 25[kV] 이하인 경우 또는 직류 1.5[kV] 초과 25[kV] 이하인 경우 사람이 접근할 수 있는 보행표면의 경우 기공 전차선의 충전부뿐만 아니라 차량외부의 충전부(집전장치, 지붕도체 등)와의 직접 접촉을 방지하기 위한 공간거리가 있어야 하며, 아래 그림에서 표시한 공간거리 이상을 유지하여야 한다.

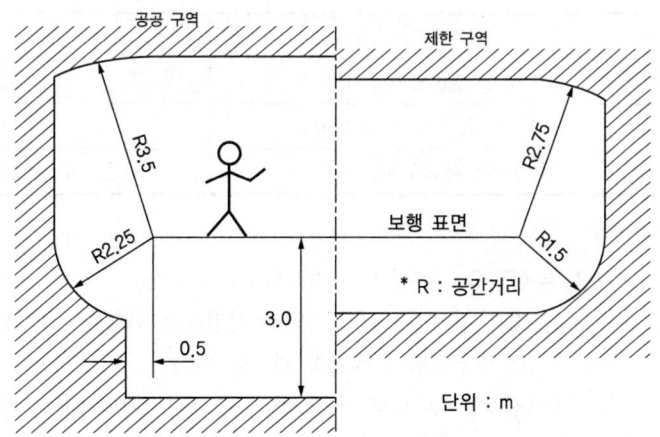

【 공칭전압이 교류 1[kV] 초과 25kV 이하인 경우 또는 직류 1.5[kV] 초과 25[kV] 이하인 경우 사람이 접근할 수 있는 보행표면의 공간거리 】

4. 제3에 제시된 공간거리를 유지할 수 없는 경우 충전부와의 직접 접촉에 대한 보호를 위해 장애물을 설치하여야 한다.
5. 충전부가 보행표면과 동일한 높이 또는 낮게 위치한 경우 장애물 높이는 장애물 상단으로부터 1.5[m]의 공간 거리를 유지하여야 하며, 장애물과 충전부 사이의 공간거리는 최소한 0.6[m]로 하여야 한다.

7-1-2. 레일 전위의 위험에 대한 보호(KEC 461.2)

1. 레일 전위는 고장 조건에서의 접촉전압 또는 정상 운전조건에서의 접촉전압으로 구분하여야 한다.
2. 교류 전기철도 급전시스템에서의 레일 전위의 최대 허용 접촉전압은 다음 표의 값 이하여야 한다. 단, 작업장 및 이와 유사한 장소에서는 최대 허용 접촉전압을 25[V](실효값)를 초과하지 않아야 한다.

〈교류 전기철도 급전시스템의 최대 허용 접촉전압〉

시간 조건	최대 허용 접촉전압(실효값)
순시조건(t ≤ 0.5초)	670[V]
일시적 조건(0.5초 < t ≤ 300초)	65[V]
영구적 조건(t >300)	60[V]

3. 직류 전기철도 급전시스템에서의 레일 전위의 최대 허용 접촉전압은 아래 표의 값 이하여야 한다. 단, 작업장 및 이와 유사한 장소에서 최대 허용 접촉전압은 60[V]를 초과하지 않아야 한다.

〈직류 전기철도 급전시스템의 최대 허용 접촉전압〉

시간 조건	최대 허용 접촉전압
순시조건(t ≤ 0.5초)	535[V]
일시적 조건(0.5초 < t ≤ 300초)	150[V]
영구적 조건(t >300)	120[V]

7-1-3. 누설전류 간섭에 대한 방지(KEC 461.5)

1. 직류 전기철도 시스템의 누설전류를 최소화하기 위해 귀선전류를 금속귀선로 내부로만 흐르도록 하여야 한다.
2. 심각한 누설전류의 영향이 예상되는 지역에서는 정상 운전 시 단위길이당 컨덕턴스 값은 다음 표의 값 이하로 유지될 수 있도록 하여야 한다.

〈단위길이당 컨덕턴스〉

견인시스템	옥외(S/km)	터널(S/km)
철도선로(레일)	0.5	0.5
개방 구성에서의 대량수송 시스템	0.5	0.1
폐쇄 구성에서의 대량수송 시스템	2.5	-

3. 직류 전기철도 시스템이 매설 배관 또는 케이블과 인접할 경우 누설전류를 피하기 위해 최대한 이격시켜야 하며, 주행레일과 최소 1[m] 이상의 거리를 유지하여야 한다.

[적중예상문제] 04

01 다음 중 조가선에 대한 용어정의로 올바른 것은?
① 전차선이 레일면상 일정한 높이를 유지하도록 행어이어, 드로퍼 등을 이용하여 전차선 상부에서 조가하여 주는 전선
② 지지점에서 레일면과 전차선 간의 수직거리
③ 연접하는 2개의 지지점에서, 레일면에서 측정한 전차선 높이의 차와 경간 길이와의 비율
④ 전기철도차량에 공급된 전력을 변전소로 되돌리기 위한 귀로

해설 전기철도의 용어 정의(KEC 402)
① 전차선 높이 : 지지점에서 레일면과 전차선 간의 수직거리
② 전차선 기울기 : 연접하는 2개의 지지점에서, 레일면에서 측정한 전차선 높이의 차와 경간 길이와의 비율
③ 귀선회로 : 전기철도차량에 공급된 전력을 변전소로 되돌리기 위한 귀로

02 다음 중 차량에 대한 용어정의로 올바른 것은?
① 레일·침목 및 도상과 이들의 부속품으로 구성된 시설
② 동력차에 객차, 화차 등을 연결하고 본선을 운전할 목적으로 조성된 차량
③ 철도에 있어서 차륜을 직접지지하고 안내해서 차량을 안전하게 주행시키는 설비
④ 전동기가 있거나 또는 없는 모든 철도의 차량(객차, 화차 등)을 말한다.

해설 ① 궤도 : 레일·침목 및 도상과 이들의 부속품으로 구성된 시설
② 열차 : 동력차에 객차, 화차 등을 연결하고 본선을 운전할 목적으로 조성된 차량
③ 레일 : 철도에 있어서 차륜을 직접지지하고 안내해서 차량을 안전하게 주행시키는 설비

정답 01. ① 02. ④

03 변전소의 용량에 대한 설명으로 적합한 것은?

① 급전구간별 정상적인 열차부하조건에서 2시간 최대출력 또는 순시 최대출력을 기준으로 결정
② 급전구간별 정상적인 열차부하조건에서 1시간 최대출력 또는 순시 최대출력을 기준으로 결정
③ 급전구간별 정상적인 열차부하조건에서 2시간 최대출력 또는 정시 최대출력을 기준으로 결정
④ 급전구간별 정상적인 열차부하조건에서 1시간 최대출력 또는 정시 최대출력을 기준으로 결정

[해설] 변전소의 용량(KEC 421.3)
변전소의 용량은 급전구간별 정상적인 열차부하조건에서 1시간 최대출력 또는 순시 최대출력을 기준으로 결정하고, 연장급전 등 부하의 증가를 고려하여야 한다.

04 다음은 "전차선과 차량 간의 최소 절연이격거리"이다 괄호 안에 적합한 거리는?

시스템 종류	공칭전압(V)	동적(mm)	정적(mm)
직류	750	(㉠)	25
	1,500	100	(㉡)
단상교류	25,000	(㉢)	290

① ㉠ 25 ㉡ 150 ㉢ 190
② ㉠ 25 ㉡ 110 ㉢ 160
③ ㉠ 45 ㉡ 150 ㉢ 160
④ ㉠ 45 ㉡ 110 ㉢ 190

[해설] 전차선로의 충전부와 차량 간의 절연이격(KEC 431.3) : 전차선과 차량 간의 최소 절연이격거리

시스템 종류	공칭전압(V)	동적(mm)	정적(mm)
직류	750	25	25
	1,500	100	150
단상교류	25,000	190	290

05 다음 급전선로에 대한 설명으로 틀린 것은?

① 급전선은 나전선을 적용하여 가공식으로 가설을 원칙으로 한다.
② 전기적 이격거리가 충분하지 않거나 지락, 섬락 등의 우려가 있을 경우에는 급전선을 케이블로 하여 안전하게 시공하여야 한다.
③ 가공식은 전차선의 높이 이상으로 전차선로 지지물에 병가한다.
④ 나전선의 접속은 병렬접속을 원칙으로 한다.

[해설] 급전선로(KEC 431.4) : 나전선의 접속은 직선접속을 원칙으로 한다.

[정답] 03. ② 04. ① 05. ④

06 아래 표는 "전차선 및 급전선의 최소 높이"이다 괄호 안에 적합한 거리는?

시스템 종류	공칭전압(V)	동적(mm)	정적(mm)
직류	750	4,800	(㉠)
	1,500	(㉡)	(㉢)

① ㉠ 4,800 ㉡ 4,400 ㉢ 4,800
② ㉠ 4,400 ㉡ 4,400 ㉢ 4,800
③ ㉠ 4,400 ㉡ 4,800 ㉢ 4,400
④ ㉠ 4,800 ㉡ 4,400 ㉢ 4,400

해설 전차선 및 급전선의 높이(KEC 431.6)

시스템 종류	공칭전압(V)	동적(mm)	정적(mm)
직류	750	4,800	4,400
	1,500	4,800	4,400
단상교류	25,000	4,800	4,570

07 전차선의 편위는 오버랩이나 분기 구간 등 특수 구간을 제외하고 레일면에 수직인 궤도 중심선으로부터 좌우로 각각 몇 [mm]를 표준으로 하는가?

① 100[mm] ② 200[mm]
③ 300[mm] ④ 400[mm]

해설 전차선의 편위(KEC 431.8)
전차선의 편위는 오버랩이나 분기 구간 등 특수 구간을 제외하고 레일면에 수직인 궤도 중심선으로부터 좌우로 각각 200[mm]를 표준으로 하며, 팬터그래프 집전판의 고른 마모를 위하여 지그재그 편위를 준다.

08 조가선 및 조가선 장력을 지탱하는 부품의 경우 하중을 지탱하는 전차선로 설비 강도는 작용이 예상되는 하중에 대한 최소 안전율의 몇 배 이상 값을 견디어야 하는가?

① 2.0 이상 ② 2.2 이상
③ 2.5 이상 ④ 2.7 이상

해설 전차선로 설비의 안전율(KEC 431.10)
하중을 지탱하는 전차선로 설비의 강도는 작용이 예상되는 하중의 최악 조건 조합에 대하여 다음의 최소 안전율이 곱해진 값을 견디어야 한다.
① 합금전차선의 경우 2.0 이상
② 경동선의 경우 2.2 이상
③ 조가선 및 조가선 장력을 지탱하는 부품에 대하여 2.5 이상

정답 06. ③ 07. ② 08. ③

09 복합체 자재(고분자 애자 포함)에 대해서는 하중을 지탱하는 전차선로 설비의 강도는 작용이 예상되는 하중에 대한 최소 안전율의 몇 배 이상 값을 견디어야 하는가?

① 2.5 이상 ② 2.0 이상
③ 1.5 이상 ④ 1.0 이상

해설
① 복합체 자재(고분자 애자 포함)에 대하여 2.5 이상
② 지지물 기초에 대하여 2.0 이상
③ 장력조정장치 2.0 이상

10 철주는 소재 허용응력에 대하여 전차선로 설비의 예상되는 최소 안전율의 몇 배 이상 값을 견디어야 하는가?

① 1.0 이상 ② 1.5 이상
③ 2.0 이상 ④ 2.5 이상

해설
① 빔 및 브래킷은 소재 허용응력에 대하여 1.0 이상
② 가동브래킷의 애자는 최대 만곡하중에 대하여 2.5 이상
③ 지선은 선형일 경우 2.5 이상, 강봉형은 소재 허용응력에 대하여 1.0 이상

11 전기철도의 전기철도차량 설비의 절연구간에 대한 설명으로 틀린 것은?

① 교류 구간에서는 변전소 및 급전구분소 앞에서 서로 다른 위상 또는 공급점이 다른 전원이 인접하게 될 경우 전원이 혼촉되는 것을 방지하기 위한 절연구간을 설치
② 전기철도차량의 직류-직류 절연구간을 통과하는 방식은 역행 운전방식, 타행 운전방식, 변압기 무부하 전류방식, 전력소비 없이 통과하는 방식이 있다.
③ 교류-직류(직류-교류) 절연구간은 교류구간과 직류 구간의 경계지점에 시설한다. 이 구간에서 전기철도차량은 노치 오프(notch off) 상태로 주행
④ 절연구간의 소요길이는 구간 진입 시의 아크 시간, 잔류전압의 감쇄시간, 팬터그래프 배치간격, 열차속도 등에 따라 결정

해설 절연구간(KEC 441.1)
전기철도차량의 교류-교류 절연구간을 통과하는 방식은 역행 운전방식, 타행 운전방식, 변압기 무부하 전류방식, 전력소비 없이 통과하는 방식이 있으며, 각 통과방식을 고려하여 가장 적합한 방식을 선택하여 시설

09. ① 10. ① 11. ②

12 다음은 회생제동에 대한 설명이다. 틀린 것은?
① 전차선로 지락이 발생한 경우 전기철도차량은 회생제동의 사용을 중단해야 한다.
② 전차선로에서 전력을 받을 수 없는 경우 전기철도차량은 회생제동의 사용을 중단해야 한다.
③ 회생전력을 다른 전기장치에서 흡수할 수 없는 경우에는 전기철도차량은 다른 제동시스템으로 전환되어야 한다.
④ 전기철도 전력공급시스템은 회생제동이 상용제동으로 사용이 불가능하다.

해설 회생제동(KEC 441.5)
전기철도 전력공급시스템은 회생제동이 상용제동으로 사용이 가능하고 다른 전기철도차량과 전력을 지속적으로 주고받을 수 있도록 설계되어야 한다.

13 전기철도차량별 최대임피던스에서 차량이 객차인 경우 최대 임피던스(Ω)는 얼마가 적합한가?
① 0.05[Ω]   ② 0.10[Ω]
③ 0.15[Ω]   ④ 0.25[Ω]

해설 전기철도차량 전기설비의 전기위험방지를 위한 보호대책(KEC 441.6)

차량 종류	최대 임피던스(Ω)
기관차	0.05
객차	0.15

14 다음 피뢰기에 대한 설명으로 적합하지 않는 것은?
① 변전소 인입측 및 급전선 인출측 장소에 피뢰기를 설치하여야 한다.
② 피뢰기는 가능한 한 보호하는 기기와 가깝게 시설하되 누설전류 측정이 용이하도록 지지대와 절연하여 설치한다.
③ 피뢰기는 밀봉형을 사용하고 유효 보호거리를 증가시키기 위하여 방전개시전압 및 제한전압이 높은 것을 사용한다.
④ 유도뢰서지에 대하여 2선 또는 3선의 피뢰기 동시동작이 우려되는 변전소 근처의 단락 전류가 큰 장소에는 속류차단능력이 크고 또한 차단성능이 회로조건의 영향을 받을 우려가 적은 것을 사용한다.

해설 피뢰기의 선정(KEC 451.4)
피뢰기는 밀봉형을 사용하고 유효 보호거리를 증가시키기 위하여 방전개시전압 및 제한전압이 낮은 것을 사용한다.

정답 12. ④ 13. ③ 14. ③

15 충전부가 보행표면과 동일한 높이 또는 낮게 위치한 경우 장애물 높이는 장애물 상단으로부터 몇 [m]의 공간 거리를 유지하여야 하는가?

① 0.6[m] ② 1.0[m]
③ 1.5[m] ④ 1.8[m]

해설 감전에 대한 보호조치(KEC 461.1)
충전부가 보행표면과 동일한 높이 또는 낮게 위치한 경우 장애물 높이는 장애물 상단으로부터 1.5 m의 공간 거리를 유지하여야 하며, 장애물과 충전부 사이의 공간거리는 최소한 0.6[m]로 하여야 한다.

16 교류 전기철도 급전시스템의 최대 허용 접촉전압에서 시간 조건이 순시조건(t≤0.5초)일 경우 최대 허용 접촉전압(실효값)은?

① 60[V] ② 65[V]
③ 535[V] ④ 670[V]

해설 레일 전위의 위험에 대한 보호(KEC 461.2)

시간 조건	최대 허용 접촉전압(실효값)
순시조건(t ≤ 0.5초)	670 V
일시적 조건(0.5초 < t ≤ 300초)	65 V
영구적 조건(t > 300)	60 V

17 직류 전기철도 급전시스템의 최대 허용 접촉전압에서 시간조건이 영구적 조건(t > 300)일 경우 최대 허용 접촉전압은?

① 110[V] ② 120[V]
③ 150[V] ④ 535[V]

해설 레일 전위의 위험에 대한 보호(KEC 461.2)

시간 조건	최대 허용 접촉전압
순시조건(t ≤ 0.5초)	535 V
일시적 조건(0.5초 < t ≤ 300초)	150 V
영구적 조건(t > 300)	120 V

18 교류 전기철도 급전시스템의 접촉전압을 감소시키는 방법으로 부적당한 것을 고르시오?

① 접지극 감소 사용 ② 등전위 본딩
③ 전압제한소자 적용 ④ 보행 표면의 절연

정답 15. ③ 16. ④ 17. ② 18. ①

해설 레일 전위의 접촉전압 감소 방법(KEC 461.3) : 교류 전기철도 급전시스템의 촉전압을 감소 방법
① 접지극 추가 사용
② 등전위 본딩
③ 전자기적 커플링을 고려한 귀선로의 강화
④ 전압제한소자 적용
⑤ 보행 표면의 절연
⑥ 단락전류를 중단시키는데 필요한 트래핑 시간 감소

19 직류 전기철도 급전시스템의 접촉전압을 감소시키는 방법으로 부적당한 것을 고르시오?
① 고장조건에서 레일 전위를 감소시키기 위해 전도성 구조물 접지의 보강
② 전압제한소자 적용
③ 보행 표면의 절연
④ 단락전류를 중단시키는데 필요한 트래핑 시간의 증가

해설 레일 전위의 접촉전압 감소 방법(KEC 461.3) : 직류 전기철도 급전시스템의 접촉전압을 감소 방법
① 고장조건에서 레일 전위를 감소시키기 위해 전도성 구조물 접지의 보강
② 전압제한소자 적용
③ 귀선 도체의 보강
④ 보행 표면의 절연
⑤ 단락전류를 중단시키는데 필요한 트래핑 시간의 감소

20 전기철도측의 전식방식 또는 전식예방을 위한 고려방법으로 적합하지 않은 것은?
① 변전소 간 간격 확대
② 레일본드의 양호한 시공
③ 장대레일채택
④ 절연도상 및 레일과 침목사이에 절연층의 설치

해설 전식방지대책(KEC 461.4) : 변전소 간 간격 축소

21 매설금속체측의 누설전류에 의한 전식의 피해가 예상되는 곳의 고려사항이 아닌 것은?
① 절연코팅
② 매설금속체 접속부 절연
③ 고준위 금속체를 접속
④ 궤도와의 이격 거리 증대

해설 전식방지대책(KEC 461.4) : 매설금속체측의 누설전류에 의한 전식의 피해가 예상되는 곳은 다음 방법을 고려하여야 한다.
① 배류장치 설치
② 절연코팅
③ 매설금속체 접속부 절연
④ 저준위 금속체를 접속
⑤ 궤도와의 이격 거리 증대
⑥ 금속판 등의 도체로 차폐

정답 19. ④ 20. ① 21. ③

22 누설전류 간섭에 대한 방지에 대한 설명으로 틀린 것은?
① 직류 전기철도 시스템의 누설전류를 최소화하기 위해 귀선전류를 금속귀선로 내부로만 흐르도록 하여야 한다.
② 심각한 누설전류의 영향이 예상되는 지역에서는 정상 운전 시 단위길이당 컨덕턴스 값은 견인시스템이 철도선로(레일)의 경우 옥외 0.5[S/km], 터널 0.5[S/km] 이하로 유지되어야 한다.
③ 심각한 누설전류의 영향이 예상되는 지역에서는 정상 운전 시 단위길이당 컨덕턴스 값은 견인시스템이 폐쇄 구성에서의 대량수송 시스템인 경우 옥외 2.5[S/km] 이하로 유지되어야 한다.
④ 직류 전기철도 시스템이 매설 배관 또는 케이블과 인접할 경우 누설전류를 피하기 위해 최대한 이격시켜야 하며, 주행레일과 최소 1.5[m] 이상의 거리를 유지하여야 한다.

해설 누설전류 간섭에 대한 방지(KEC 461.5)
직류 전기철도 시스템이 매설 배관 또는 케이블과 인접할 경우 누설전류를 피하기 위해 최대한 이격시켜야 하며, 주행레일과 최소 1[m] 이상의 거리를 유지하여야 한다.

23 귀선시스템의 종 방향 전기저항을 낮추기 위해서는 레일 사이에 저저항 레일본드를 접합 또는 접속하여 전체 종 방향 저항이 몇 % 이상 증가하지 않도록 하여야 하는가?
① 1%   ② 3%
③ 5%   ④ 7%

해설 누설전류 간섭에 대한 방지(KEC 461.5)
① 귀선시스템의 종 방향 전기저항을 낮추기 위해서는 레일 사이에 저저항 레일본드를 접합 또는 접속하여 전체 종 방향 저항이 5% 이상 증가하지 않도록 하여야 한다.
② 귀선시스템의 어떠한 부분도 대지와 절연되지 않은 설비, 부속물 또는 구조물과 접속되어서는 안 된다.

정답 22. ④ 23. ③

05 분산형전원설비

5부 전기설비기술기준

1 일반사항(KEC 501)

1-1. 용어의 정의(KEC 502)

1. 건물일체형 태양광발전시스템(BIPV, Building Integrated Photo Voltaic) : 태양광 모듈을 건축물에 설치하여 건축 부자재의 역할 및 기능과 전력생산을 동시에 할 수 있는 시스템으로 창호, 스팬드럴, 커튼월, 이중파사드, 외벽, 지붕재 등 건축물을 완전히 둘러싸는 벽·창·지붕 형태로 한정
2. 풍력터빈 : 바람의 운동에너지를 기계적 에너지로 변환하는 장치(가동부 베어링, 나셀, 블레이드 등의 부속물을 포함)
3. 풍력터빈을 지지하는 구조물 : 타워와 기초로 구성된 풍력터빈의 일부분
4. 풍력발전소 : 단일 또는 복수의 풍력터빈(풍력터빈을 지지하는 구조물을 포함)을 원동기로 하는 발전기와 그 밖의 기계기구를 시설하여 전기를 발생시키는 곳
5. 자동정지 : 풍력터빈의 설비보호를 위한 보호 장치의 작동으로 인하여 자동적으로 풍력터빈을 정지시키는 것
6. MPPT : 태양광발전이나 풍력발전 등이 현재 조건에서 가능한 최대의 전력을 생산할 수 있도록 인버터 제어를 이용하여 해당 발전원의 전압이나 회전속도를 조정하는 최대출력추종(MPPT, Maximum Power Point Tracking) 기능
7. 기타 용어는 KEC 112에 따른다.

1-2. 분산형전원 계통 연계설비의 시설(KEC 503)

1-2-1. 시설기준(KEC 503.2)

1. 전기 공급방식 등(KEC 503.2.1)
   분산형전원설비의 전기 공급방식, 접지 또는 측정 장치 등은
   ① 분산형전원설비의 전기 공급방식은 전력계통과 연계되는 전기 공급방식과 동일할 것
   ② 분산형전원설비의 접지는 전력계통과 연계되는 설비의 정격전압을 초과하는 과전압이 발생하거나, 전력계통의 보호협조를 방해하지 않도록 시설할 것
   ③ 분산형전원설비 사업자의 한 사업장의 설비 용량 합계가 250[kVA] 이상일 경우에는 송·배전계통과 연계지점의 연결 상태를 감시 또는 유효전력, 무효전력 및 전압을 측정할 수 있는 장치를 시설할 것

2. 저압계통 연계 시 직류유출방지 변압기의 시설(KEC 503.2.2)
   분산형전원설비를 인버터를 이용하여 전력판매사업자의 저압 전력계통에 연계하는 경우 인버터로부터 직류가 계통으로 유출되는 것을 방지하기 위하여 접속점(접속설비와 분산형전원설비 설치자 측 전기설비의 접속점을 말한다)과 인버터 사이에 상용주파수 변압기(단권변압기를 제외한다)를 시설하여야 한다. 다만, 다음을 모두 충족하는 경우에는 예외로 한다.
   ① 인버터의 직류 측 회로가 비접지인 경우 또는 고주파 변압기를 사용하는 경우
   ② 인버터의 교류출력 측에 직류 검출기를 구비하고, 직류 검출 시에 교류 출력을 정지하는 기능을 갖춘 경우

3. 연계용 변압기 중성점의 접지(KEC 503.2.6)
   분산형전원설비를 특고압 전력계통에 연계하는 경우 연계용 변압기 중성점의 접지는 전력계통에 연결되어 있는 다른 전기설비의 정격을 초과하는 과전압을 유발하거나 전력계통의 지락고장 보호협조를 방해하지 않도록 시설하여야 한다.

2 전기저장장치(KEC 510)

2-1. 옥내전로의 대지전압 제한(KEC 511.3)

주택의 전기저장장치의 축전지에 접속하는 부하 측 옥내배선을 다음에 따라 시설하는 경우에 주택의 옥내전로의 대지전압은 직류 600[V] 이하이어야 한다.
① 전로에 지락이 생겼을 때 자동적으로 전로를 차단하는 장치를 시설할 것
② 사람이 접촉할 우려가 없는 은폐된 장소에 합성수지관배선, 금속관배선 및 케이블배선에 의하여 시설하거나, 사람이 접촉할 우려가 없도록 케이블배선에 의하여 시설하고 전선에 적당한 방호장치를 시설할 것

2-2. 전기저장장치의 시설기준(KEC 512.1)

2-2-1. 전기배선(KEC 512.1.1)

전선은 공칭단면적 $2.5[mm^2]$ 이상의 연동선 또는 이와 동등 이상의 세기 및 굵기의 것일 것.

2-2-2. 충전 및 방전 기능(KEC 512.2.1)

1. 충전기능
   ① 전기저장장치는 배터리의 SOC특성(충전상태: State of Charge)에 따라 제조자가 제시한 정격으로 충전할 수 있어야 한다.
   ② 충전할 때에는 전기저장장치의 충전상태 또는 배터리 상태를 시각화하여 정보를 제공해야 한다.
2. 방전기능
   ① 전기저장장치는 배터리의 SOC특성에 따라 제조자가 제시한 정격으로 방전 할 수 있어야 한다.
   ② 방전할 때에는 전기저장장치의 방전상태 또는 배터리 상태를 시각화하여 정보를 제공해야 한다.

2-2-3. 계측장치(KEC 512.2.3)

전기저장장치를 시설하는 곳에는 다음의 사항을 계측하는 장치를 시설하여야 한다.
① 축전지 출력 단자의 전압, 전류, 전력 및 충방전 상태
② 주요변압기의 전압, 전류 및 전력

2-2-4. 접지 등의 시설(KEC 512.2.4)

금속제 외함 및 지지대 등은 KEC 140의 규정에 따라 접지공사를 하여야 한다.

3 태양광발전설비(KEC 520)

3-1. 설비의 안전 요구사항(KEC 521.2)

1. 태양전지 모듈, 전선, 개폐기 및 기타 기구는 충전부분이 노출되지 않도록 시설하여야 한다.
2. 모든 접속함에는 내부의 충전부가 인버터로부터 분리된 후에도 여전히 충전상태일 수 있음을 나타내는 경고가 붙어 있어야 한다.
3. 태양광설비의 고장이나 외부 환경요인으로 인하여 계통연계에 문제가 있을 경우 회로분리를 위한 안전시스템이 있어야 한다.

3-2. 태양광설비의 시설기준(KEC 522.2)

3-2-1. 전력변환장치의 시설(KEC 522.2.2)

인버터, 절연변압기 및 계통 연계 보호장치 등 전력변환장치의 시설은 다음에 따라 시설하여야 한다.
① 인버터는 실내·실외용을 구분할 것
② 각 직렬군의 태양전지 개방전압은 인버터 입력전압 범위 이내일 것
③ 옥외에 시설하는 경우 방수등급은 IPX4 이상일 것

3-2-2. 태양광설비의 계측장치(KEC 522.2.3)

태양광설비에는 전압, 전류 및 전력을 계측하는 장치를 시설하여야 한다.

3-2-3. 접지설비(KEC 522.3.3)

① 태양전지 모듈의 프레임은 지지물과 전기적으로 완전하게 접속하여야 한다.
② 기타 접지시설은 KEC 140의 규정에 따른다.

3-2-4. 피뢰설비(KEC 522.3.4)

태양광설비에는 외부피뢰시스템을 설치하여야 한다. 이 경우 적용기준은 KEC 150의 규정에 따른다.

4 풍력발전설비(KEC 530)

4-1. 일반사항(KEC 531)

4-1-1. 나셀 등의 접근 시설(KEC 531.1)
나셀 등 풍력발전기 상부시설에 접근하기 위한 안전한 시설물을 강구하여야 한다.

4-1-2. 항공장애 표시등 시설(KEC 531.2)
발전용 풍력설비의 항공장애등 및 주간장애표지는 「항공법」 제83조(항공장애 표시등의 설치 등)의 규정에 따라 시설하여야 한다.

4-1-3. 화재방호설비 시설(KEC 531.3)
500[kW] 이상의 풍력터빈은 나셀 내부의 화재 발생 시, 이를 자동으로 소화할 수 있는 화재방호설비를 시설하여야 한다.

4-2. 풍력설비의 시설기준(KEC 532.2)

4-2-1. 풍력터빈의 구조(KEC 532.2.1)
풍력터빈의 강도계산은 최대풍하중 및 운전 중의 회전력 등에 의한 풍력터빈의 강도계산에는 다음의 조건을 고려하여야 한다.
① 사용조건 : ㉠ 최대풍속 ㉡ 최대회전수
② 강도조건 : ㉠ 하중조건 ㉡ 강도계산의 기준
③ 피로하중

4-2-2. 풍력터빈을 지지하는 구조물의 구조 등(KEC 532.2.2)
1. 풍력터빈을 지지하는 구조물의 강도계산은 다음을 따른다.
   - 제1에 의한 풍력터빈 및 지지물에 가해지는 풍하중의 계산방식

$$P = CqA$$

단, P : 풍압력(N), C : 풍력계수, q : 속도압(N/m^2), A : 수풍면적(m^2)

① 풍력계수 C는 풍동실험 등에 의해 규정되는 경우를 제외하고, [건축구조설계기준]을 준용한다.
② 풍속압 q는 다음의 계산식 혹은 풍동실험 등에 의해 구하여야 한다.
  ㉠ 풍력터빈 및 지지물의 높이가 16[m] 이하인 부분

$$q = 60 \left(\frac{V}{60}\right)^2 \sqrt{h}$$

ⓒ 풍력터빈 및 지지물의 높이가 16[m] 초과하는 부분

$$q = 120\left(\frac{V}{60}\right)^2 \sqrt[4]{h}$$

V는 지표면상의 높이 10[m]에서의 재현기간 50년에 상당하는 순간최대풍속(m/s)으로 하고 관측자료에서 산출한다. h는 풍력터빈 및 지지물의 지표에서의 높이(m)로 하고 풍력터빈을 기타 시설물 지표면에서 돌출한 것의 상부에 시설하는 경우에는 주변의 지표면에서의 높이로 한다.

③ 수풍면적 A는 수풍면의 수직투영면적으로 한다.

4-3. 제어 및 보호장치 등(KEC 532.3)

4-3-1. 접지설비(KEC 532.3.4)

접지설비는 풍력발전설비 타워기초를 이용한 통합접지공사를 하여야 하며, 설비 사이의 전위차가 없도록 등전위본딩을 하여야 한다.

4-3-2. 피뢰설비(KEC 532.3.5)

〈풍력터빈 정지장치〉

이 상 상 태	자동정지장치	비 고
풍력터빈의 회전속도가 비정상적으로 상승	○	
풍력터빈의 컷 아웃 풍속	○	
풍력터빈의 베어링 온도가 과도하게 상승	○	정격 출력이 500[kW] 이상인 원동기 (풍력터빈은 시가지 등 인가가 밀집해 있는 지역에 시설된 경우 100[kW] 이상)
풍력터빈 운전중 나셀진동이 과도하게 증가	○	시가지 등 인가가 밀집해 있는 지역에 시설된 것으로 정격출력 10[kW] 이상의 풍력 터빈
제어용 압유장치의 유압이 과도하게 저하된 경우	○	용량 100[kVA] 이상의 풍력발전소를 대상으로 함
압축공기장치의 공기압이 과도하게 저하된 경우	○	
전동식 제어장치의 전원전압이 과도하게 저하된 경우	○	

4-3-3. 계측장치의 시설(KEC 532.3.7)
① 회전속도계
② 나셀(nacelle) 내의 진동을 감시하기 위한 진동계
③ 풍속계
④ 압력계
⑤ 온도계

5 연료전지설비(KEC 540)

5-1. 연료전지설비의 시설기준(KEC 542.1)

5-1-1. 전기배선(KEC 542.1.1)
① 전기배선은 열적 영향이 적은 방법으로 시설하여야 한다.
② 기타사항은 KEC 512.1.1(전기배선)에 따른다.
③ 단자와 접속은 KEC 512.1.2(단자와 접속)에 따른다.

5-1-2. 안전밸브(KEC 542.1.4)
1. 안전밸브의 분출압력은 아래와 같이 설정하여야 한다.
   ① 안전밸브가 1개인 경우는 그 배관의 최고사용압력 이하의 압력으로 한다. 다만, 배관의 최고사용압력 이하의 압력에서 자동적으로 가스의 유입을 정지하는 장치가 있는 경우에는 최고사용압력의 1.03배 이하의 압력으로 할 수 있다.
   ② 안전밸브가 2개 이상인 경우에는 1개는 상기 1.에 준하는 압력으로 하고 그 이외의 것은 그 배관의 최고사용압력의 1.03배 이하의 압력이어야 한다.

5-2. 제어 및 보호장치 등(KEC 542.2)

5-2-1. 연료전지설비의 보호장치(KEC 542.2.1)
연료전지는 다음의 경우에 자동적으로 이를 전로에서 차단하고 연료전지에 연료가스 공급을 자동적으로 차단하며 연료전지내의 연료가스를 자동적으로 배제하는 장치를 시설하여야 한다.
① 연료전지에 과전류가 생긴 경우
② 발전요소(發電要素)의 발전전압에 이상이 생겼을 경우 또는 연료가스 출구에서의 산소농도 또는 공기 출구에서의 연료가스 농도가 현저히 상승한 경우
③ 연료전지의 온도가 현저하게 상승한 경우

5-2-2. 연료전지설비의 계측장치(KEC 542.2.2)
연료전지설비에는 전압, 전류 및 전력을 계측하는 장치를 시설하여야 한다.

5-2-3. 접지설비(KEC 542.2.5)
① 접지극은 고장 시 그 근처의 대지 사이에 생기는 전위차에 의하여 사람이나 가축 또는 다른 시설물에 위험을 줄 우려가 없도록 시설할 것.
② 접지도체는 공칭단면적 16[mm^2] 이상의 연동선 또는 이와 동등 이상의 세기 및 굵기의 쉽게 부식하지 아니하는 금속선(저압 전로의 중성점에 시설하는 것은 공칭단면적 6[mm^2] 이상의 연동선 또는 이와 동등 이상의 세기 및 굵기의 쉽게 부식하지 않는 금속선)으로서 고장 시 흐르는 전류가 안전하게 통할 수 있는 것을 사용하고 또한 손상을 받을 우려가 없도록 시설할 것.

5-2-4. 피뢰설비(KEC 542.2.6)
연료전지설비의 피뢰설비는 KEC 150의 규정을 적용한다.

[적중예상문제]

01 BIPV(Building Integrated Photo Voltaic)에 대한 설명으로 올바른 것은?

① 태양광 모듈을 건축물에 설치하여 건축 부자재의 역할 및 기능과 전력생산을 동시에 할 수 있는 시스템으로 창호, 스팬드럴, 커튼월, 이중파사드, 외벽, 지붕재 등 건축물을 완전히 둘러싸는 벽·창·지붕 형태로 한정
② 태양광발전이나 풍력발전 등이 현재 조건에서 가능한 최대의 전력을 생산할 수 있도록 인버터 제어를 이용하여 해당 발전원의 전압이나 회전속도를 조정하는 최대출력추종 기능
③ 단일 또는 복수의 풍력터빈(풍력터빈을 지지하는 구조물을 포함)을 원동기로 하는 발전기와 그 밖의 기계기구를 시설하여 전기를 발생시키는 곳
④ 바람의 운동에너지를 기계적 에너지로 변환하는 장치(가동부 베어링, 나셀, 블레이드 등의 부속물을 포함)

해설 KEC 502
① MPPT : 태양광발전이나 풍력발전 등이 현재 조건에서 가능한 최대의 전력을 생산할 수 있도록 1인버터 제어를 이용하여 해당 발전원의 전압이나 회전속도를 조정하는 최대출력추종(MPPT, Maximum Power Point Tracking) 기능
② 풍력발전소 : 단일 또는 복수의 풍력터빈(풍력터빈을 지지하는 구조물을 포함)을 원동기로 하는 발전기와 그 밖의 기계기구를 시설하여 전기를 발생시키는 곳
③ 풍력터빈 : 바람의 운동에너지를 기계적 에너지로 변환하는 장치(가동부 베어링, 나셀, 블레이드 등의 부속물을 포함)

02 다음은 분산형전원설비에 대한 설명이다. 적합하지 않은 것을 고르시오?

① 전기 공급방식은 전력계통과 연계되는 전기 공급방식과 동일할 것
② 접지는 전력계통과 연계되는 설비의 정격전압을 초과하는 과전압이 발생하거나, 전력계통의 보호협조를 방해하지 않도록 시설할 것
③ 사업자의 한 사업장의 설비 용량 합계가 250 kVA 이상일 경우에는 송·배전계통과 연계지점의 연결 상태를 감시 또는 유효전력, 무효전력 및 전압을 측정할 수 있는 장치를 시설할 것
④ 교류 구간에서는 변전소 및 급전구분소 앞에서 서로 다른 위상 또는 공급점이 다른 전원이 인접하게 될 경우 전원이 혼촉되는 것을 방지하기 위한 절연구간을 설치

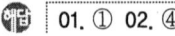 01. ① 02. ④

해설 절연구간(KEC 441.1)
교류 구간에서는 변전소 및 급전구분소 앞에서 서로 다른 위상 또는 공급점이 다른 전원이 인접하게 될 경우 전원이 혼촉되는 것을 방지하기 위한 절연구간을 설치

03 이차전지를 이용한 전기저장장치의 설비 안전 사항에 대한 설명으로 적합하지 않는 것은?
① 전기저장장치의 축전지, 제어반, 배전반의 시설은 기기 등을 조작 또는 보수·점검할 수 있는 충분한 공간을 확보하고 조명설비를 시설하여야 한다.
② 폭발성 가스의 축적을 방지하기 위한 환기시설을 갖추고 적정한 온도와 습도를 유지하도록 시설하여야 한다.
③ 침수의 우려가 없도록 시설하여야 한다.
④ 충전부분은 노출되도록 시설하여야 한다.

해설 설비의 안전 요구사항(KEC 511.2) : 충전부분은 노출되지 않도록 시설하여야 한다.

04 주택의 전기저장장치의 축전지에 접속하는 부하 측 옥내배선을 다음과 같이 시설하는 경우 주택의 옥내전로의 대지전압은 몇 [V]이어야 하는가?

㉠ 전로에 지락이 생겼을 때 자동적으로 전로를 차단하는 장치를 시설할 것
㉡ 사람이 접촉할 우려가 없는 은폐된 장소에 합성수지관배선, 금속관배선 및 케이블배선에 의하여 시설하거나, 사람이 접촉할 우려가 없도록 케이블배선에 의하여 시설하고 전선에 적당한 방호장치를 시설할 것

① 직류 600[V] 이하
② 직류 600[V] 이상
③ 직류 300[V] 이하
④ 직류 300[V] 이상

해설 옥내전로의 대지전압 제한(KEC 511.3)
주택의 전기저장장치의 축전지에 접속하는 부하 측 옥내배선을 문제의 ㉠, ㉡에 따라 시설하는 경우에 주택의 옥내전로의 대지전압은 직류 600[V] 이하이어야 한다.

05 전기저장장치의 시설기준에 의하면 전선은 공칭단면적 몇 [mm²] 이상의 연동선 또는 이와 동등 이상의 세기 및 굵기의 것이어야 하는가?
① 2.0[mm²]
② 2.5[mm²]
③ 3.0[mm²]
④ 3.5[mm²]

해설 전기배선(KEC 512.1.1)
전선은 공칭단면적 2.5[mm²] 이상의 연동선 또는 이와 동등 이상의 세기 및 굵기의 것일 것

정답 03. ④ 04. ① 05. ②

06 태양광설비 에서 모듈을 지지하는 구조물에 대한 설명으로 적합하지 않는 것은?

① 모듈 지지대와 그 연결부재의 경우 용융아연도금처리 또는 녹방지 처리를 하여야 한다.
② 절단가공 부위는 방식처리를 할 것
③ 적합한 재료로는 용융아연 또는 용융아연-알루미늄-마그네슘합금 도금된 형강이 있다.
④ 용접 부위는 방식처리가 필요하지 않다.

해설 부식환경에 의하여 부식되지 아니하도록 다음의 재질로 제작할 것(KEC 522.2.4) : 부식환경에 의하여 부식되지 아니하도록 다음의 재질로 제작할 것
① 용융아연 또는 용융아연-알루미늄-마그네슘합금 도금된 형강
② 스테인레스 스틸(STS)
③ 알루미늄합금
④ 상기와 동등이상의 성능(인장강도, 항복강도, 압축강도, 내구성 등)을 가지는 재질로서 KS제품 또는 동등이상의 성능의 제품일 것, 그리고 모듈 지지대와 그 연결부재의 경우 용융아연도금처리 또는 녹방지 처리를 하여야 하며, 절단가공 및 용접부위는 방식처리를 할 것

07 전기저장장치 제어 및 보호장치에 대한 설명으로 적합하지 않는 것은?

① 이차전지 모듈의 내부 온도가 급격히 하강할 경우 동으로 전로로부터 차단하는 장치를 시설하여야 한다.
② 직류 전로에 과전류차단기를 설치하는 경우 직류 단락전류를 차단하는 능력을 가지는 것이어야 하고 "직류용" 표시를 하여야 한다.
③ 직류전로에는 지락이 생겼을 때에 자동적으로 전로를 차단하는 장치를 시설하여야 한다.
④ 방전할 때에는 전기저장장치의 방전상태 또는 배터리 상태를 시각화하여 정보를 제공해야 한다.

해설 제어 및 보호장치(KEC 512.2.2) : 전기저장장치의 이차전지는 다음에 따라 자동으로 전로로부터 차단하는 장치를 시설하여야 한다.
① 과전압 또는 과전류가 발생한 경우
② 제어장치에 이상이 발생한 경우
③ 이차전지 모듈의 내부 온도가 급격히 상승할 경우

08 태양광발전설비에 대한 설명으로 적합하지 않는 것은?

① 모든 접속함에는 내부의 충전부가 인버터로부터 분리된 후에도 여전히 충전상태일 수 있음을 나타내는 경고가 붙어 있어야 한다.
② 태양전지 모듈, 전선, 개폐기 및 기타 기구는 충전부분이 노출되지 않도록 시설하여야 한다.
③ 인버터는 실내·실외용을 구분할 것
④ 옥외에 시설하는 경우 방수등급은 IPX3 이상일 것

정답 06. ④ 07. ① 08. ④

해설 전력변환장치의 시설(KEC 522.2.2) : 옥외에 시설하는 경우 방수등급은 IPX4 이상일 것

09 다음은 태양광설비의 시설기준이다. 틀린 것은?
① 태양광설비에는 전압, 전류 및 전력을 계측하는 장치를 시설하여야 한다.
② 태양전지 모듈의 프레임은 지지물과 전기적으로 완전하게 접속하여야 한다.
③ 태양광설비에는 외부피뢰시스템을 설치하여야 한다.
④ 인버터는 실내·실외용을 구분할 것

해설 피뢰설비(KEC 522.3.4) : 태양광설비에는 외부피뢰시스템을 설치하여야 한다.

10 몇 [kW] 이상의 풍력터빈은 나셀 내부의 화재 발생 시, 이를 자동으로 소화할 수 있는 화재방호설비를 시설하여야 하는가?
① 200[kW]
② 300[kW]
③ 400[kW]
④ 500[kW]

해설 화재방호설비 시설(KEC 531.3)
500[kW] 이상의 풍력터빈은 나셀 내부의 화재 발생 시, 이를 자동으로 소화할 수 있는 화재방호설비를 시설하여야 한다.

11 풍력터빈의 강도계산을 위한 강도 조건으로 알맞지 않은 것은?
① 하중조건
② 강도계산의 기준
③ 피로하중
④ 크리프 하중

해설 최대풍압하중 및 운전 중의 회전력 등에 의한 풍력터빈의 강도계산에는 다음의 조건을 고려하여야 한다.(KEC 532.2.1) : 강도조건
① 하중조건
② 강도계산의 기준
③ 피로하중

12 어레이 출력 개폐기 등의 시설에 대한 설명 중 적합하지 않은 것은?
① 1대의 인버터에 연결된 태양전지 직렬군이 2병렬 이상일 경우에는 각 직렬군에 역전류 방지기능이 있도록 설치할 것
② 모듈을 병렬로 접속하는 전로에는 그 주된 전로에 단락전류가 발생할 경우에 전로를 보호하는 과전류차단기 또는 기타 기구를 시설할 것
③ 어레이 출력개폐기는 점검이나 조작이 가능한 곳에 시설할 것
④ 용량은 모듈단락전류의 3배 이상이어야 하며 현장에서 확인할 수 있도록 표시할 것

정답 09. ③ 10. ④ 11. ④ 12. ④

해설 어레이 출력 개폐기 등의 시설(KEC 522.3.1)
① 태양전지 모듈에 접속하는 부하측의 태양전지 어레이에서 전력변환장치에 이르는 전로(복수의 태양전지 모듈을 시설한 경우에는 그 집합체에 접속하는 부하측의 전로)에는 그 접속점에 근접하여 개폐기 기타 이와 유사한 기구(부하전류를 개폐할 수 있는 것에 한한다)를 시설할 것
② 용량은 모듈단락전류의 2배 이상이어야 하며 현장에서 확인할 수 있도록 표시할 것

---

13 풍력설비의 시설DP 대한 설명으로 부적당한 것은?
① (간선의 시설기준)풍력발전기에서 출력배선에 쓰이는 전선은 CV선 또는 TFR-CV선을 사용
② 풍력터빈의 로터, 요 시스템 및 피치 시스템에는 각각 1개 이상의 잠금장치를 시설하여야 한다.
③ 잠금장치는 풍력터빈의 정지장치가 작동하지 않을 경우, 로터, 나셀, 블레이드의 회전을 막으면 않된다.
④ 풍력터빈의 선정에 있어서는 시설장소의 풍황(風況)과 환경, 적용규모 및 적용형태 등을 고려하여 선정

해설 풍력터빈의 구조(KEC 532.2.1)
풍력터빈의 유지, 보수 및 점검 시 작업자의 안전을 위해 잠금장치는 풍력터빈의 정지장치가 작동하지 않더라도 로터, 나셀, 블레이드의 회전을 막을 수 있어야 한다.

---

14 다음은 풍력설비의 시설기준이다. 틀린 것을 고르시오? (단, 보기에서 P : 풍압력(N), C : 풍력계수, q : 속도압(N/m²), A : 수풍면적(m²), V : 지표면상의 높이 10[m]에서의 재현기간 50년에 상당하는 순간최대풍속(m/s), h : 풍력터빈 및 지지물의 지표에서의 높이(m)이다.)
① 풍력터빈을 지지하는 구조물의 강도계산에서 풍력터빈 및 지지물에 가해지는 풍하중의 계산방식 $P = CqA$ 이다.
② 풍력터빈 및 지지물의 높이가 16[m] 이하인 부분 : $q = 60\left(\dfrac{V}{60}\right)^2 \sqrt{h}$
③ 풍력터빈 및 지지물의 높이가 16[m] 초과하는 부분 : $q = 120\left(\dfrac{V}{120}\right)^2 \sqrt[4]{h}$
④ 수풍면적 A는 수풍면의 수직투영면적으로 한다.

해설 풍력터빈을 지지하는 구조물의 구조 등(KEC 532.2.2)
풍력터빈 및 지지물의 높이가 16[m] 초과하는 부분 계산식은 $q = 120\left(\dfrac{V}{60}\right)^2 \sqrt[4]{h}$ 이다.

해답 13. ③ 14. ③

15 풍력설비의 시설기준 중 제어장치는 기능이 아닌 것은?
① 발전기의 과출력 또는 고장
② 출력제한
③ 요잉에 의한 케이블 꼬임 제한
④ 계통과의 연계

해설 제어 및 보호장치 시설의 일반 요구사항(KEC 532.3.1) : 제어장치는 다음과 같은 기능 등을 보유하여야 한다.
① 풍속에 따른 출력 조절
② 회전속도제어
③ 기동 및 정지
④ 계통 정전 또는 부하의 손실에 의한 정지

16 풍력설비의 시설기준 중 보호장치가 아닌 것은?
① 케이블의 꼬임 한계
② 계통 정전 또는 사고
③ 이상진동
④ 요잉에 의한 케이블 꼬임 제한

해설 제어 및 보호장치 시설의 일반 요구사항(KEC 532.3.1) : 보호장치는 다음의 조건에서 풍력발전기를 보호하여야 한다.
① 과풍속
② 발전기의 과출력 또는 고장

17 다음은 풍력발전설비 계측장치의 시설을 나타낸 것이다. 반드시 필요한 시설이 아닌 것은?
① 회전속도계
② 나셀(nacelle) 내의 진동을 감시하기 위한 진동계
③ 압력계
④ 습도계

해설 계측장치의 시설(KEC 532.3.7)
① 회전속도계
② 나셀(nacelle) 내의 진동을 감시하기 위한 진동계
③ 풍속계
④ 압력계
⑤ 온도계

정답 15. ① 16. ④ 17. ④

18 다음은 연료전지설비의 시설기준이다. 틀린 것을 고르시오?
① 전기배선은 열적 영향이 적은 방법으로 시설하여야 한다.
② 안전밸브가 1개인 경우는 그 배관의 최고사용압력 이하의 압력으로 한다.
③ 안전밸브가 1개인 경우라도 배관의 최고사용압력 이하의 압력에서 자동적으로 가스의 유입을 정지하는 장치가 있는 경우에는 최고사용압력의 1.3배 이하의 압력으로 할 수 있다.
④ "과압"이란 통상의 상태에서 최고사용압력을 초과하는 압력을 말한다.

해설 안전밸브(KEC 542.1.4)
안전밸브가 1개인 경우는 그 배관의 최고사용압력 이하의 압력으로 한다. 다만, 배관의 최고사용압력 이하의 압력에서 자동적으로 가스의 유입을 정지하는 장치가 있는 경우에는 최고사용압력의 1.03배 이하의 압력으로 할 수 있다.

19 다음은 연료전지에서 자동적으로 이를 전로에서 차단하고, 연료전지에 연료가스 공급을 자동적으로 차단하며, 연료전지내의 연료가스를 자동적으로 배제하는 장치를 시설하여야 하는 경우를 나타낸 것이다. 적합하지 않는 것을 고르시오?
① 연료전지에 과전류가 생긴 경우
② 발전요소(發電要素)의 발전전압에 이상이 생겼을 경우
③ 연료가스 출구에서의 산소농도 또는 공기 출구에서의 연료가스 농도가 현저히 하강한 경우
④ 연료전지의 온도가 현저하게 상승한 경우

해설 연료전지설비의 보호장치(KEC 542.2.1)
연료가스 출구에서의 산소농도 또는 공기 출구에서의 연료가스 농도가 현저히 상승한 경우 연료전지에 연료가스 공급을 자동적으로 차단/배제하는 장치를 시설하여야 한다.

20 다음은 연료전지설비의 접지설비를 나타낸 것이다. 적합하지 않는 것을 고르시오?
① 접지극은 고장 시 그 근처의 대지 사이에 생기는 전위차에 의하여 사람이나 가축 또는 다른 시설물에 위험을 줄 우려가 없도록 시설할 것
② 접지도체는 공칭단면적 16[mm^2] 이상의 연동선 또는 이와 동등 이상의 세기 및 굵기의 쉽게 부식하지 아니하는 금속선으로 시설할 것
③ 저압 전로의 중성점에 시설하는 것은 공칭단면적 6[mm^2] 이상의 연동선 또는 이와 동등 이상의 세기 및 굵기의 쉽게 부식하지 않는 금속선으로 시설할 것
④ 고장 시 흐르는 전류가 안전하게 차단 수 있는 것을 사용하고 또한 손상을 받을 우려가 없도록 시설할 것

해설 접지설비(KEC 542.2.5)
고장 시 흐르는 전류가 안전하게 통할 수 있는 것을 사용하고 또한 손상을 받을 우려가 없도록 시설할 것

정답 18. ③ 19. ③ 20. ④

기출문제

2017년도

전기산업기사	2017년 3월 5일 시행
전기산업기사	2017년 5월 7일 시행
전기산업기사	2017년 8월 26일 시행

01 전/기/자/기/학

001 자화의 세기 $J_m[\text{Wb/m}^2]$을 자속밀도 $B[\text{Wb/m}^2]$와 비투자율 μ_r로 나타내면?

① $J_m(1-\mu_r)B$
② $J_m=(\mu_r-1)B$
③ $J_m=(1-\dfrac{1}{\mu_r})B$
④ $J_m=(\dfrac{1}{\mu_r}-1)B$

해설 χ(자화율)$=\mu_o(\mu_r-1)$란 철이 자석으로 변해나가는 율.
J_m(자화의 세기)$=\chi H=\mu_o(\mu_r-1)H=\mu_o\mu_r H-\mu_o H$
$=\mu_o\mu_r H(1-\dfrac{1}{\mu_r})=B(1-\dfrac{1}{\mu_r})[\text{Wb/m}^2]$이다.
(단, B(자속도)$=\mu H[\text{Wb/m}^2]$, H(자화세기)$=\dfrac{B}{\mu}[\text{AT/m}]$이다.)

002 평행판 콘덴서의 양극판 면적을 3배로 하고 간격을 1/3로 줄이면 정전용량은 처음의 몇 배가 되는가?

① 1
② 3
③ 6
④ 9

해설 평행판 콘덴서의 정전용량 $C_1=\dfrac{\varepsilon s_1}{d_1}[\text{F}]$ … ①이다.

평행판 면적 $s_2=3s_1$, 간격 $d_2=\dfrac{1}{3}d_1$로 줄일 때의 정전용량

$C_2=\dfrac{\varepsilon s_2}{d_2}=\dfrac{\varepsilon\times 3s_1}{\dfrac{1}{3}d_1}=3\times 3\dfrac{\varepsilon s_1}{d_1}=9C_1[\text{F}]$가 된다.

003 임의의 절연체에 대한 유전율의 단위로 옳은 것은?

① F/m
② V/m
③ N/m
④ C/m²

해설 임의의 절연체에 대한 유전율의 단위=F/m이다.
또한 자성체에 대한 투자율의 단위=H/m가 된다.

해답 1.③ 2.④ 3.①

004
비유전율이 4이고, 전계의 세기가 20[kV/m]인 유전체 내의 전속밀도는 약 몇 [$\mu C/m^2$]인가?

① 0.71　　② 1.42　　③ 2.83　　④ 5.28

해설 σ(유전체 내의 전하밀도)= D(유전체 내의 전속밀도)= $\varepsilon E = \varepsilon_o \varepsilon_s E$
$= 8.855 \times 10^{-12} \times 4 \times 20 \times 10^3 = 8.855 \times 80 \times 10^{-9}$
≒ $0.71 \times 10^{-6} = 0.71[\mu C/m^2]$가 된다.

005
저항 24[Ω]의 코일을 지나는 자속이 $0.6\cos 800t$[Wb]일 때 코일에 흐르는 전류의 최대값은 몇 [A]인가?

① 10　　② 20　　③ 30　　④ 40

해설 렌즈의 법칙에서
$e = -\dfrac{d\phi}{dt} = -\dfrac{d}{dt}0.6\cos 800t = -0.6 \times 800(-\sin 800t) = 480\sin 800t[V]$

∴ 옴 법칙에서 i(순시전류) $= \dfrac{e}{R} = \dfrac{480}{24}\sin 800t = 20\sin 800t = I_m \sin\omega t$[A]이다.

∴ I_m(전류 최대값) = 20[A]가 된다.

006
−1.2[C]의 점전하가 $5a_x + 2a_y - 3a_z$[m/s]인 속도로 운동한다. 이 전하가 $B = -4a_x + 4a_y + 3a_z$[Wb/m^2]인 자계에서 운동하고 있을 때 이 전하에 작용하는 힘은 약 몇 [N]인가? (단, a_x, a_y, a_z는 단위벡터이다.)

① 10　　② 20　　③ 30　　④ 40

해설 점전하가 자계에서 운동하고 있을 때 이 전하에 작용하는 힘
$F = I(B \times l) = \dfrac{Q}{t}(B \times l) = Q \times \begin{vmatrix} a_x & a_y & a_z \\ -4 & 4 & 3 \\ 5 & 2 & -3 \end{vmatrix} = Q(a_x(-12-6) - a_y(12-15) + a_z(-8-20))$
$= -1.2 \times (-18a_x + 3a_y - 28a_z) = 21.6a_x - 3.6a_y + 33.6a_z = \sqrt{466.56 + 12.96 + 1128.96}$
$= \sqrt{1608.48}$ ≒ 40[N]이 된다.

007
유도기전력의 크기는 폐회로에 쇄교하는 자속의 시간적 변화율에 비례한다는 법칙은?

① 쿨롱의 법칙　　② 패러데이 법칙
③ 플레밍의 오른손 법칙　　④ 암페어의 주회적분 법칙

해설 패러데이 법칙이란 $|e| = \left|N\dfrac{d\phi}{dt}\right|$[V]이다. 이는 유도기전력의 크기는 폐회로의 쇄교하는 자속의 시간적 변화율에 비례한다는 법칙을 말한다.

해답　4. ①　5. ②　6. ④　7. ②

008 평행판 공기콘덴서 극판 간에 비유전율 6인 유리판을 일부만 삽입한 경우, 유리판과 공기간의 경계면에서 발생하는 힘은 약 몇 [N/m²]인가? (단, 극판 간의 전위경도는 30[kV/cm]이고 유리판의 두께는 평행판 간 거리와 같다.)

① 199　　　　　　　　② 223
③ 247　　　　　　　　④ 269

해설 맥스웰 응력에서 전계가 경계면에 평행일 때 유리판과 공기 간의 경계면에 발생하는 힘(흡인력)

$$F = \frac{1}{2}(D_1 - D_2)E = \frac{1}{2}(\varepsilon_o\varepsilon_s - \varepsilon_o)E^2 = \frac{1}{2}\varepsilon_o E^2(\varepsilon_s - 1)$$

$$= \frac{1}{2} \times 8.855 \times 10^{-12}(3 \times 10^6)^2 \times (6-1) = \frac{1}{2} \times 8.855 \times 10^{-12} \times 45 \times 10^{12}$$

$$= \frac{1}{2} \times 8.855 \times 45 ≒ 199[N/m^2] \text{이 된다.}$$

009 극판면적 10[cm²], 간격 1[mm]인 평행판 콘덴서에 비유전율이 3인 유전체를 채웠을 때 전압 100[V]를 가하면 축적되는 에너지는 약 몇 [J]인가?

① 1.32×10^{-7}　　　　② 1.32×10^{-9}
③ 2.64×10^{-7}　　　　④ 2.64×10^{-9}

해설 평행판 콘덴서의 정전용량

$$C = \frac{\varepsilon s}{d} = \frac{\varepsilon_o\varepsilon_s s}{d} = \frac{8.855 \times 10^{-12} \times 3 \times 10 \times 10^{-4}}{1 \times 10^{-3}}$$

$$= 8.855 \times 3 \times 10^{-12} = 26.565 \times 10^{-12}[F] \text{이다.}$$

∴ 콘덴서에 축적되는 에너지

$$W = \frac{1}{2}CV^2 = \frac{1}{2} \times 26.565 \times 10^{-12} \times (100)^2$$

$$= \frac{1}{2} \times 26.565 \times 10^{-8} = 1.32 \times 10^{-7}[J] \text{가 된다.}$$

010 0.2[Wb/m²]의 평등자계 속에 자계와 직각방향으로 놓인 길이 30[cm]의 도선을 자계와 30°의 방향으로 30[m/s]의 속도로 이동시킬 때 도체 양단에 유기되는 기전력은 몇 [V]인가?

① 0.45　　　　　　　　② 0.9
③ 1.8　　　　　　　　④ 90

해설 플레밍의 오른손 법칙에서 도체 양단에 유기되는 기전력

$$e = Blv\sin\theta = 0.2 \times 30 \times 10^{-2} \times 30 \times \sin30 = 0.2 \times 0.3 \times 30 \times \frac{1}{2} = 0.9[V] \text{가 된다.}$$

정답 8.① 9.① 10.②

011 전기 쌍극자에서 전계의 세기(E)와 거리(r)과의 관계는?

① E는 r^2에 반비례
② E는 r^3에 반비례
③ E는 $r^{\frac{3}{2}}$에 반비례
④ E는 $r^{\frac{5}{2}}$에 반비례

해설 전기 쌍극자란 매우 가까운 거리에 있는 2개의 점전하를 말한다.

V(전기 쌍극자에 의한 임의점의 전위)$= \dfrac{Q}{4\pi\varepsilon_o r^2}$ [V/m]

전기 쌍극자에 의한 임의점에 전계세기

$E = \sqrt{E_r^2 + E_\theta^2} = \dfrac{M}{4\pi\varepsilon_o r^3}\sqrt{1+3\cos^2\theta} \fallingdotseq \dfrac{1}{r^3}$ [V/m]가 된다.

∴ 전기 쌍극자에서의 전계세기 E는 r^3에 반비례한다.

012 대전도체 표면의 전하밀도를 σ[C/m²]이라 할 때, 대전도체 표면의 단위면적이 받는 정전응력은 전하밀도 σ와 어떤 관계에 있는가?

① $\sigma^{\frac{1}{2}}$에 비례
② $\sigma^{\frac{3}{2}}$에 비례
③ σ에 비례
④ σ^2에 비례

해설 대전도체 표면의 전계세기 $E = \dfrac{\sigma}{\varepsilon_o}$ [V/m](거리와는 무관하다.)

∴ 대전도체 표면의 단위면적이 받는 정전응력

$f = \dfrac{1}{2}\varepsilon_o E^2 = \dfrac{1}{2}\varepsilon_o \times (\dfrac{\sigma}{\varepsilon_o})^2 = \dfrac{\sigma^2}{2\varepsilon_o} \fallingdotseq \sigma^2$ [N]이 된다.

즉, 정전력은 σ^2에 비례된다.

013 단면적이 같은 자기회로가 있다. 철심의 투자율을 μ라 하고 철심회로의 길이를 l이라 한다. 지금 그 일부에 미소공극 l_o을 만들었을 때 자기회로의 자기저항은 공극이 없을 때의 약 몇 배인가? (단, $l \gg l_o$이다.)

① $1 + \dfrac{\mu l}{\mu_o l_o}$
② $1 + \dfrac{\mu l_o}{\mu_o l}$
③ $1 + \dfrac{\mu_o l}{\mu l_o}$
④ $1 + \dfrac{\mu_o l_o}{\mu l}$

해답 11.② 12.④ 13.②

해설 환상 철심 자기회로가 있다.

① 공극이 없을 때의 자기저항 $R = \dfrac{l}{\mu s}$ [AT/Wb] ······ ①

② 공극이 l_o이고 $l - l_o \fallingdotseq l$일 때의 자기저항

$$R_1 = \dfrac{l - l_o}{\mu s} + \dfrac{l_o}{\mu_o s} \fallingdotseq \dfrac{l}{\mu s} + \dfrac{l_o}{\mu_o s} \text{[AT/Wb]} \cdots\cdots \text{②}$$

이때 $\dfrac{②}{①} = \dfrac{R_1}{R} = \dfrac{\dfrac{l}{\mu s} + \dfrac{l_o}{\mu_o s}}{\dfrac{l}{\mu s}} = 1 + \dfrac{\mu l_o}{\mu_o l}$ 가 된다. 즉, 미소공극 l_o일 때의 자기저항은

공극이 없을 때의 $1 + \dfrac{\mu l_o}{\mu_o l}$배가 된다.

---

014 그림과 같이 도체구 내부 공동의 중심에 점전하 Q[C]가 있을 때 이 도체구의 외부로 발산되어 나오는 전기력선의 수는? (단, 도체 내외의 공간은 진공이라 한다.)

① 4π
② $\dfrac{Q}{\varepsilon_0}$
③ Q
④ $\varepsilon_0 Q$

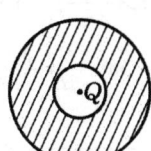

해설 가우스 정리 적분형에서 $\displaystyle\int_s E ds = \dfrac{Q}{\varepsilon_o}$ 개다.

즉 임의 폐곡면으로부터 밖으로 나가는 전기력선의 총수는 $\dfrac{Q}{\varepsilon_o}$ 개다.

---

015 $E = xi - yj$[V/m]일 때 점 (3, 4)[m]를 통과하는 전기력선의 방정식은?

① $y = 12x$
② $y = \dfrac{x}{12}$
③ $y = \dfrac{12}{x}$
④ $y = \dfrac{3}{4}x$

해설 일반적인 전기력선의 방정식

$\dfrac{d_x}{E_x} = \dfrac{d_y}{E_y}$ 에서 $\dfrac{1}{x} d_x = \dfrac{1}{-y} d_y$

양변 적분하면 $\displaystyle\int \dfrac{1}{x} d_x = \int -\dfrac{1}{y} d_y$

$\ln x + C_1 = -\ln y + C_2$, $\ln C_1 x = \ln \dfrac{C_2}{y}$ 에서 $C_1 x = \dfrac{C_2}{y}$, $xy = \dfrac{C_2}{C_1} = 3 \times 4 = 12$이다.

∴ 전기력선의 방정식 $y = \dfrac{12}{x}$가 된다.

정답 14. ② 15. ③

016 전자파 파동임피던스 관계식으로 옳은 것은?
① $\sqrt{\varepsilon}H = \sqrt{\mu}E$
② $\sqrt{\varepsilon\mu} = EH$
③ $\sqrt{\mu}H = \sqrt{\varepsilon}E$
④ $\varepsilon\mu = EH$

해설 전자파의 파동 임피던스 $Z_o = \dfrac{E}{H} = \sqrt{\dfrac{\mu}{\varepsilon}} = \dfrac{\sqrt{\mu}}{\sqrt{\varepsilon}}$ 이다.
∴ $\sqrt{\mu}H = \sqrt{\varepsilon}E$의 관계가 성립된다.

017 1000[AT/m]의 자계 중에 어떤 자극을 놓았을 때 3×10^2[N]의 힘을 받았다고 한다. 자극의 세기[Wb]는?
① 0.03   ② 0.3   ③ 3   ④ 30

해설 coulomb 힘과 자계세기 관계에서
$F = \dfrac{m \times m}{4\pi\mu r^2} = m \times \dfrac{m}{4\pi\mu r^2} = mH$ [N]
∴ 자극의 세기 $m = \dfrac{F}{H} = \dfrac{3 \times 10^2}{1000} = 0.3$[Wb]가 된다.

018 자위(magnetic potential)의 단위로 옳은 것은?
① C/m
② N·m
③ AT
④ J

해설 자위(magnetic potential)의 단위는 권수가 N일 때는 AT이고, 권수가 N=1일 때는 A(amper)이다.

019 매초마다 S면을 통과하는 전자에너지를 $W = \int_S P \cdot n\,dS$[W]로 표시하는데 이 중 틀린 설명은?
① 벡터 P를 포인팅 벡터라 한다.
② n이 내향일 때는 S면 내에 공급되는 총 전력이다.
③ n이 외향일 때에는 S면에서 나오는 총 전력이 된다.
④ P의 방향은 전자계의 에너지 흐름의 진행방향과 다르다.

해설 매초마다 S면을 통과하는 전자에너지를 $W = \int_S P \cdot n\,dS$[W]로 표시하는데 이 중 옳은 설명은?
① $W = \int_S P \cdot n\,dS$[W] 벡터 P를 포인팅 벡터라 한다.
② n이 내향일 때는 S면 내에 공급되는 총 전력이다.
③ n이 외향일 때에는 S면에서 나오는 총 전력이 된다.

정답 16. ③ 17. ② 18. ③ 19. ④

020 자기 인덕턴스 $L[H]$의 코일에 $I[A]$의 전류가 흐를 때 저장되는 자기에너지는 몇 [J]인가?

① LI ② $\frac{1}{2}LI$ ③ LI^2 ④ $\frac{1}{2}LI^2$

해설 자기 인덕턴스 $L[H]$의 코일에 $I[A]$의 전류가 흐를 때 이 코일에 저장되는 자기에너지 $W = \frac{1}{2}LI^2[J]$가 된다.

02 전/력/공/학

021 19/1.8[mm] 경동연선의 바깥지름은 몇 [mm]인가?

① 5 ② 7
③ 9 ④ 11

해설 19/1.8[mm] 2층권이다. 즉 $n=2$이다.
∴ 경동연선의 바깥지름 $D = (1+2n)d = (1+2\times 2) \times 1.8 = 5 \times 1.8 = 9[mm]$가 된다.

022 일반적으로 전선 1가닥의 단위 길이당 작용 정전용량이 다음과 같이 표시되는 경우 D가 의미하는 것은?

$$C_n = \frac{0.02413\varepsilon_s}{\log_{10}\frac{D}{r}}[\mu F/km]$$

① 선간거리 ② 전선 지름
③ 전선 반지름 ④ 선간거리 $\times \frac{1}{2}$

해설 전선 1가닥의 단위 길이당 작용 정전용량
$C_n = \frac{0.02413\varepsilon_s}{\log_{10}\frac{D}{r}}[\mu F/km]$에서 D(선간거리)이다.

023 3상 3선식 1선 1[km]의 임피던스가 $Z[\Omega]$이고, 어드미턴스가 $Y[\mho]$일 때 특성 임피던스는?

① $\sqrt{\frac{Z}{Y}}$ ② $\sqrt{\frac{Y}{Z}}$ ③ $\sqrt{ZY}$ ④ $\sqrt{Z+Y}$

 20. ④ 21. ③ 22. ① 23. ①

해설 3상 3선식 1선 1[km]의 특성 임피던스가 $Z_0 = \sqrt{\dfrac{Z}{Y}}$ [Ω]이다.
(단, Z(임피던스) $= R+j\omega L$ [Ω], Y(어드미턴스) $= G+j\omega C$ [℧]이다.)

024 역률 개선을 통해 얻을 수 있는 효과와 거리가 먼 것은?
① 고조파 제거
② 전력 손실의 경감
③ 전압 강하의 경감
④ 설비 용량의 여유분 증가

해설 역률 개선을 통해 얻을 수 있는 효과는
① 전력 손실의 경감
② 전압 강하의 경감
③ 설비 용량의 여유분 증가

025 송전단 전압이 154[kV], 수전단 전압이 150[kV]인 송전선로에서 부하를 차단하였을 때 수전단 전압이 152[kV]가 되었다면 전압변동률은 약 몇 [%]인가?
① 1.11
② 1.33
③ 1.63
④ 2.25

해설 전압강하율 $\varepsilon = \dfrac{V_s - V_r}{V_r} \times 100 = \dfrac{154-150}{150} \times 100 = \dfrac{4}{150} \times 100 ≒ 2.7[\%]$ 이다.

전압변동률 $\delta = \dfrac{V_{ro} - V_r}{V_r} \times 100 = \dfrac{152-150}{150} \times 100 = \dfrac{2}{150} \times 100 ≒ 1.33[\%]$ 가 된다.

026 다음 중 VCB의 소호원리로 맞는 것은?
① 압축된 공기를 아크에 불어 넣어서 차단
② 절연유 분해가스의 흡부력을 이용해서 차단
③ 고진공에서 전자의 고속도 확산에 의해 차단
④ 고성능 절연특성을 가진 가스를 이용하여 차단

해설 VCB(Vacuum Circuit Breaker)의 소호원리는 고진공에서 전자의 고속도 확산에 의해 차단된다.
• 진공차단기(VCB)의 특징
① 소형 경량이고 조작기구가 간편하다.
② 화재 위험이 없다.
③ 폭발음이 없다. 또한 소호실 보수가 거의 필요하지 않다.

정답 24.① 25.② 26.③

027 선간 단락 고장을 대칭좌표법으로 해석할 경우 필요한 것 모두를 나열한 것은?
① 정상 임피던스
② 역상 임피던스
③ 정상 임피던스, 역상 임피던스
④ 정상 임피던스, 영상 임피던스

해설 선간 단락을 대칭좌표법으로 해석하면 Z_1(정상 임피던스), Z_2(역상 임피던스)가 존재한다.

028 피뢰기의 제한전압에 대한 설명으로 옳은 것은?
① 방전을 개시할 때의 단자전압의 순시값
② 피뢰기 동작 중 단자전압의 파고값
③ 특성요소에 흐르는 전압의 순시값
④ 피뢰기에 걸린 회로전압

해설 피뢰기의 제한전압이란 피뢰기 동작 중 단자전압의 파고값 또는 충격파 전류가 흐르고 있을 때의 피뢰기의 단자전압을 말한다.

029 전력계통에서 안정도의 종류에 속하지 않는 것은?
① 상태 안정도
② 정태 안정도
③ 과도 안정도
④ 동태 안정도

해설 전력계통에서의 안정도의 종류에는 정태 안정도, 동태 안정도, 과도 안정도가 있다.

030 3300[V], 60[Hz], 뒤진 역률 60[%], 300[kW]의 단상 부하가 있다. 그 역률을 100[%]로 하기 위한 전력용 콘덴서의 용량은 몇 [kVA]인가?
① 150 ② 250 ③ 400 ④ 500

해설 $\cos\theta_1 = 0.6$, $\sin\theta_1 = 0.8$ → $\cos\theta_2 = 1$, $\sin\theta_2 = 0$로 하기 위한 전력용 콘덴서의 용량

$$P_r = P(\tan\theta_1 - \tan\theta_2) = P\left(\frac{\sin\theta_1}{\cos\theta_1} - \frac{\sin\theta_2}{\cos\theta_2}\right) = 300\left(\frac{0.8}{0.6} - \frac{0}{1}\right)$$

$$= 300 \times \frac{4}{3} = 400[\text{kVA}] \text{가 된다.}$$

031 저수지에서 취수구에 제수문을 설치하는 목적은?
① 낙차를 높인다.
② 어족을 보호한다.
③ 수차를 조절한다.
④ 유량을 조절한다.

해설 저수지에서 취수구에 제수문을 설치하는 목적은 유량을 조절하기 위해서다.

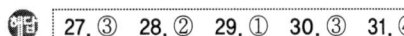
27. ③ 28. ② 29. ① 30. ③ 31. ④

2017년 3월 5일 시행

032 거리계전기의 종류가 아닌 것은?
① 모우(Mho)형
② 임피던스(Impedance)형
③ 리액턴스(Reactance)형
④ 정전용량(Capacitance)형

해설 거리계전기형의 종류는
① 모우(Mho)형
② 임피던스(Impedance)형
③ 리액턴스(Reactance)형 등이 있다.

033 전력용 퓨즈의 설명으로 옳지 않은 것은?
① 소형으로 큰 차단용량을 갖는다.
② 가격이 싸고 유지 보수가 간단하다.
③ 밀폐형 퓨즈는 차단 시에 소음이 없다.
④ 과도전류에 의해 쉽게 용단되지 않는다.

해설 전력용 퓨즈의 설명으로 옳은 것은
① 소형으로 큰 차단용량을 갖는다.
② 가격이 싸고 유지 보수가 간단하다.
③ 밀폐형 퓨즈는 차단 시에 소음이 적다.

034 갈수량이란 어떤 유량을 말하는가?
① 1년 365일 중 95일간은 이보다 낮아지지 않는 유량
② 1년 365일 중 185일간은 이보다 낮아지지 않는 유량
③ 1년 365일 중 275일간은 이보다 낮아지지 않는 유량
④ 1년 365일 중 355일간은 이보다 낮아지지 않는 유량

해설 갈수량이란 1년 365일 중 355일간은 이보다 낮아지지 않는 유량을 말한다.
단, 유출계수 = $\frac{하천유량}{강우량} \times 100 = 60[\%]$ 이다.

035 가공 선로에서 이도를 D[m]라 하면 전선의 실제 길이는 경간 S[m]보다 얼마나 차이가 나는가?
① $\frac{5D}{8S}$
② $\frac{3D^2}{8S}$
③ $\frac{9D}{8S^2}$
④ $\frac{8D^2}{3S}$

32. ④ 33. ④ 34. ④ 35. ④

해설 전선의 이도 $D = \dfrac{WS^2}{8T}$ [m]

전선의 실제 길이 $L = S + \dfrac{8D^2}{3S}$ [m]이다.

전선의 실제 길이는 경간 S[m]보다 얼마나 차이가 나는가

∴ $L - S = \dfrac{8D^2}{3S}$ [m] 차이가 난다.

036
유도뢰에 대한 차폐에서 가공지선이 있을 경우 전선상에 유기되는 전하를 q_1, 가공지선이 없을 때 유기되는 전하를 q_0라 할 때 가공지선의 보호율을 구하면?

① $\dfrac{q_0}{q_1}$ ② $\dfrac{q_1}{q_0}$

③ $q_1 \times q_0$ ④ $q_1 - \mu_s q_0$

해설 가공지선의 보호율 = $\dfrac{\text{가공지선이 있을 경우 전선상에 유기되는 전하}}{\text{가공지선이 없을 때 전선상에 유기되는 전하}} = \dfrac{q_1}{q_0}$ 가 된다.

037
어떤 건물에서 총 설비 부하용량이 700[kW], 수용률이 70[%]라면, 변압기 용량은 최소 몇 [kVA]로 하여야 하는가? (단, 여기서 설비 부하의 종합 역률은 0.8이다.)

① 425.9   ② 513.8
③ 612.5   ④ 739.2

해설 수용률 = $\dfrac{\text{최대 수용전력}}{\text{설비 용량}}$

P(최대 수용전력) = 수용률 × 설비 용량 = $0.7 \times 700 = 490$[kW]이다.

부하의 종합 역률 $\cos\theta = 0.8$일 때 변압기 용량은 즉, $P = VI\cos\theta$[W]

∴ VI(변압기 용량) = $\dfrac{P}{\cos\theta} = \dfrac{490}{0.8} ≒ 612.5$[kVA]가 된다.

038
동작전류가 커질수록 동작시간이 짧게 되는 특성을 가진 계전기는?

① 반한시 계전기   ② 정한시 계전기
③ 순한시 계전기   ④ 부한시 계전기

해설 반한시 계전기란 동작전류가 커질수록 동작시간이 짧게 되는 특성을 가진 계전기를 말한다.
정한시 계전기란 동작전류의 크기에 관계없이 일정한 시간에만 동작하는 특성을 가진 계전기를 말한다.

정답 36. ② 37. ③ 38. ①

039 전력 원선도의 가로축(㉠)과 세로축(㉡)이 나타내는 것은?
① ㉠ 최대전력, ㉡ 피상전력
② ㉠ 유효전력, ㉡ 무효전력
③ ㉠ 조상용량, ㉡ 송전손실
④ ㉠ 송전효율, ㉡ 코로나 손실

해설 전력 원선도의 가로축(㉠ 유효전력)과 세로축(㉡ 무효전력)을 나타낸다.

040 직접접지 방식에 대한 설명이 아닌 것은?
① 과도 안정도가 좋다.
② 변압기의 단절연이 가능하다.
③ 보호계전기의 동작이 용이하다.
④ 계통의 절연 수준이 낮아지므로 경제적이다.

해설 직접접지 방식에 대한 옳은 설명은
① 변압기의 단절연이 가능하다.
② 보호계전기의 동작이 용이하다.
③ 계통의 절연 수준이 낮아지므로 경제적이다.

03 전/기/기/기

041 450[kVA], 역률 0.85, 효율 0.9인 동기발전기의 운전용 원동기의 입력은 500[kW]이다. 이 원동기의 효율은?
① 0.75   ② 0.80   ③ 0.85   ④ 0.90

해설 동기발전기 효율 $\eta = 0.9 = \dfrac{\text{동기발전기 출력}(P_o)}{\text{동기발전기 입력}(P)}$

동기발전기 입력 $P = $ 원동기의 출력 $= \dfrac{\text{동기발전기 출력}}{\text{효율}}$

$= \dfrac{450 \times 0.85}{0.9} = \dfrac{382.25}{0.9} ≒ 424.72[\text{kW}]$

∴ 원동기 효율 $= \dfrac{\text{원동기 출력}}{\text{원동기 입력}} \times 100 = \dfrac{424.72}{500} \times 100 ≒ 85[\%] = 0.85$ 가 된다.

042 다음 중 일반적인 동기전동기 난조 방지에 가장 유효한 방법은?
① 자극수를 적게 한다.
② 회전자의 관성을 크게 한다.
③ 자극면에 제동권선을 설치한다.
④ 동기 리액턴스 x_x를 작게 하고 동기 화력을 크게 한다.

정답 39. ② 40. ① 41. ③ 42. ③

[해설] 동기전동기의 난조 방지에 가장 유효한 방법은 자극면에 제동권선을 설치한다.

[043] 일반적인 농형 유도전동기에 관한 설명 중 틀린 것은?

① 2차측을 개방할 수 없다.
② 2차측의 전압을 측정할 수 있다.
③ 2차저항 제어법으로 속도를 제어할 수 없다.
④ 1차 3선 중 2선을 바꾸면 회전방향을 바꿀 수 있다.

[해설] 일반적인 농형 유도전동기에 관한 옳은 설명은
① 2차측을 개방할 수 없다.
② 2차저항 제어법으로 속도를 제어할 수 없다.
③ 1차 3선 중 2선을 바꾸면 회전방향을 바꿀 수 있다.

[044] sE_2는 권선형 유도전동기의 2차 유기전압이고 Ec는 외부에서 2차 회로에 가하는 2차 주파수와 같은 주파수의 전압이다. Ec가 sE_2와 반대 위상일 경우 Ec를 크게 하면 속도는 어떻게 되는가? (단, $sE_2 - Ec$는 일정하다.)

① 속도가 증가한다.
② 속도가 감소한다.
③ 속도에 관계없다.
④ 난조 현상이 발생한다.

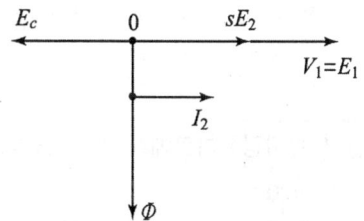

[해설] 권선형 유도전동기의 2차 여자법에 의한 그림과 같은 속도제어에서 Ec는 외부에서 2차 회로에 가하는 슬립 주파수전압이고 sE_2는 권선형 유도전동기의 2차 유기전압이다. Ec와 sE_2 같은 방향으로 가하면 속도는 증가하고 반대 방향으로 가하면 속도는 감소한다.
∴ Ec를 크게 하면 속도는 감소한다.

[045] 3상 유도전동기의 전원 주파수와 전압의 비가 일정하고 정격속도 이하로 속도를 제어하는 경우 전동기의 출력 P와 주파수 f와의 관계는?

① $P \propto f$
② $P \propto \dfrac{1}{f}$
③ $P \propto f^2$
④ P는 f에 무관

[해설] 3상 유도전동기를 정격속도 이하로 속도를 제어하는 경우 전동기 출력
$P = \omega T = 2\pi \dfrac{N}{60} T = 2\pi \dfrac{T}{60} \times \dfrac{120f}{P(극수)} = \dfrac{4\pi f}{P(극수)} \times T ≒ f$의 관계가 성립된다.

[정답] 43.② 44.② 45.①

046. 변압기의 철심이 갖추어야 할 조건으로 틀린 것은?

① 투자율이 클 것
② 전기 저항이 작을 것
③ 성층 철심으로 할 것
④ 히스테리시스손 계수가 작을 것

해설 변압기의 철심이 갖추어야 할 조건은
① 투자율이 클 것
② 성층 철심으로 할 것
③ 히스테리시스손 계수가 작을 것 등이다.

047. 3상 유도전동기가 경부하로 운전 중 1선의 퓨즈가 끊어지면 어떻게 되는가?

① 전류가 증가하고 회전은 계속한다.
② 슬립은 감소하고 회전수는 증가한다.
③ 슬립은 증가하고 회전수는 증가한다.
④ 계속 운전하여도 열손실이 발생하지 않는다.

해설 3상 유도전동기가 경부하로 운전 중 1선의 퓨즈가 끊어지면 전류가 증가한 상태에서 회전이 계속된다.

048. 단상 반파정류회로에서 평균 출력전압은 전원전압의 약 몇 [%]인가?

① 45.0 ② 66.7
③ 81.0 ④ 86.7

해설 단상 반파정류회로에서 평균 출력전압
$V_{av} = \dfrac{V_m}{\pi} \times 100 = \dfrac{\sqrt{2}\,V}{\pi} \times 100 ≒ 45.0\,[\mathrm{V}]$ 이다. (단, V(전원전압)[V]이다.)
∴ 평균치 출력전압은 전원전압의 약 45[%]가 된다.

049. 그림과 같이 전기자 권선에 전류를 보낼 때 회전 방향을 알기 위한 법칙 및 회전 방향은?

① 플레밍의 왼손 법칙, 시계 방향
② 플레밍의 오른손 법칙, 시계 방향
③ 플레밍의 왼손 법칙, 반시계 방향
④ 플레밍의 오른손 법칙, 반시계 방향

해설 ⊗에서 ⊙으로 전기자 권선에 전류를 보내면 플레밍의 왼손 법칙에 따라 전기자(회전자)는 시계 방향으로 회전한다.

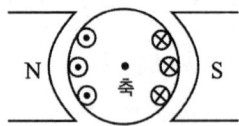

46. ② 47. ① 48. ① 49. ①

[050] 1차측 권수가 1500인 변압기의 2차측에 접속한 저항 16[Ω]을 1차측으로 환산했을 때 8[kΩ]으로 되어 있다면 2차측 권수는 약 얼마인가?

① 75　　　　② 70　　　　③ 67　　　　④ 64

해설 $a^2 = \dfrac{V_1}{V_2} \times \dfrac{I_2}{I_1} = \dfrac{V_1}{I_1} \times \dfrac{I_2}{V_2} = \dfrac{R_1}{R_2}$ 이다.

$a = \dfrac{V_1}{V_2} = \dfrac{I_2}{I_1} = \dfrac{N_1}{N_2} = \dfrac{1500}{N_2} = \sqrt{\dfrac{R_1}{R_2}} = \dfrac{\sqrt{R_1}}{\sqrt{R_2}}$ 이다.

맞보는 변의 곱에서 $N_2 = \dfrac{1500 \times \sqrt{R_2}}{\sqrt{R_1}} = \dfrac{1500 \times \sqrt{16}}{\sqrt{8000}} = \dfrac{6000}{89.44} ≒ 67$ 이다.

[051] 출력과 속도가 일정하게 유지되는 동기전동기에서 여자를 증가시키면 어떻게 되는가?

① 토크가 증가한다.
② 난조가 발생하기 쉽다.
③ 유기기전력이 감소한다.
④ 전기자 전류의 위상이 앞선다.

해설 출력과 속도가 일정하게 유지되는 동기전동기에서 여자를 증가시키면 전기자 전류의 위상이 앞선다.

[052] 다음 전자석의 그림 중에서 전류의 방향이 화살표와 같을 때 위쪽 부분이 N극인 것은?

① A, B
② B, C
③ A, D
④ B, D

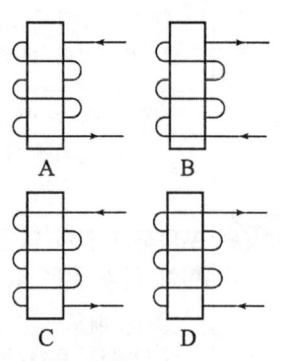

해설 전류의 방향이 철심 밑이면 ⊗(N극)으로 들어가는 방향 표시 전류방향이 철심 위쪽이면 ⊙(S극)으로 나오는 방향을 표시한다.
∴ 전자석 그림 A, D가 정답이다.

[053] 동기발전기의 전기자 권선법 중 집중권에 비해 분포권이 갖는 장점은?

① 난조를 방지할 수 있다.
② 기전력의 파형이 좋아진다.
③ 권선의 리액턴스가 커진다.
④ 합성 유도기전력이 높아진다.

해답 50.③　51.④　52.③　53.②

해설 동기발전기의 전기자 권선법
① 집중권 : 매극 매상에 홈 수가 1개인 권선법
② 분포권 : 매극 매상의 홈 수가 2개 이상인 권선법이다.
∴ 집중권에 비해 분포권이 갖는 장점은 기전력의 파형이 좋아진다. 권선의 리액턴스 감소, 합성 유도기전력도 감소된다.

054
와류손이 50[W]인 3300/110[V], 60[Hz]용 단상 변압기를 50[Hz], 3000[V]의 전원에 사용하면 이 변압기의 와류손은 약 몇 [W]로 되는가?
① 25 ② 31 ③ 36 ④ 41

해설 와류손은 주파수에 무관하고 전압의 제곱에 비례한다.
즉, P_o(와류손) ≒ V^2(전원전압)이다.
∴ 60[Hz]일 때 $P_{e1} = 50[W] ≒ (3300)^2$
50[Hz]일 때 $P_{e2} ≒ V^2 ≒ (3000)^2$에서
50[Hz]일 때의 P_{e2}(와류손) $= \left(\dfrac{3000}{3300}\right)^2 \times P_{e1} = \left(\dfrac{10}{11}\right)^2 \times 50$
$= \dfrac{100}{121} \times 50 = \dfrac{5000}{121} ≒ 41[W]$가 된다.

055
2대의 동기발전기를 병렬운전할 때, 무효횡류(무효순환전류)가 흐르는 경우는?
① 부하분담의 차가 있을 때   ② 기전력의 위상차가 있을 때
③ 기전력의 파형에 차가 있을 때   ④ 기전력의 크기에 차가 있을 때

해설 2대의 동기발전기를 병렬운전할 때, 무효횡류(무효순환전류)가 흐르는 경우는 기전력의 크기에 차가 있을 때이다.

056
포화하고 있지 않은 직류발전기의 회전수가 1/2로 감소되었을 때 기전력을 속도변화 전과 같은 값으로 하려면 여자를 어떻게 해야 하는가?
① 1/2배로 감소시킨다.   ② 1배로 증가시킨다.
③ 2배로 증가시킨다.   ④ 4배로 증가시킨다.

해설 처음 기전력 $E_1 = k\phi_1 N_1[V]$ … ①
회전수 $N_2 = \dfrac{1}{2}N_1$일 때의 기전력 $E_2 = k\phi_2 N_2 = k\phi_2 \times \dfrac{1}{2}N_1[V]$ … ②
①=②, $E_1 = E_2$, $k\phi_1 N_1 = k\phi_2 \dfrac{1}{2}N_1$으로 하자면 $\phi_2 = 2\phi_1$이어야 한다.
즉, 여자를 2배로 증가시킨다.

정답 54. ④ 55. ④ 56. ③

057 교류전동기에서 브러시 이동으로 속도 변화가 용이한 전동기는?
① 동기전동기
② 시라게전동기
③ 3상 농형 유도전동기
④ 2중 농형 유도전동기

시라게전동기는 교류전동기에서 브러시 이동으로 속도 변화가 용이한 전동기이다.

058 단상 유도전압조정기의 1차 전압 100[V], 2차 전압 100±30[V], 2차 전류는 50[A]이다. 이 전압조정기의 정격용량은 약 몇 [kVA]인가?
① 1.5
② 2.6
③ 5
④ 6.5

단상 유도전압조정기

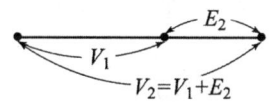

부하전압의 조정 범위 $V_2 = V_1 + E_2$ 이다.
∴ 전압조정기의 정격용량
$P_a = E_2 I_2 \times 10^{-3} = 30 \times 50 \times 10^{-3} = 1500 \times 10^{-3} = 1.5 [kVA]$ 가 된다.

059 변압기의 병렬운전 조건에 해당하지 않는 것은?
① 각 변압기의 극성이 같을 것
② 각 변압기의 정격 출력이 같을 것
③ 각 변압기의 백분율 임피던스 강하가 같을 것
④ 각 변압기의 권수비가 같고 1차 및 2차의 정격전압이 같을 것

단상변압기의 병렬운전 조건
① 1차 및 2차의 정격전압 및 극성이 같을 것
② 각 변압기의 권수비와 %임피던스 강하가 같을 것

060 4극 단중 파권 직류 발전기의 전전류가 I[A]일 때, 전기자 권선의 각 병렬회로에 흐르는 전류는 몇 [A]가 되는가?
① $4I$
② $2I$
③ $I/2$
④ $I/4$

단중 파권의 병렬회로수(a)=2이다.
∴ 전기자 권선의 각 병렬회로의 내부 임피던스가 서로 같으므로 직류 발전기의 전전류가 I[A]일 때 전기자 권선 각 병렬회로에 흐르는 전류는 $I/2$[A]로 분배된다.

57. ② 58. ① 59. ② 60. ③

04 회/로/이/론

061 정현파 교류전압의 파고율은?

① 0.91
② 1.11
③ 1.41
④ 1.73

해설 정현파 교류전압의 파고율 = $\dfrac{최대치}{실효치} = \dfrac{V_m}{\dfrac{V_m}{\sqrt{2}}} = \sqrt{2} = 1.41$ 이다.

062 인덕턴스 $L=20$[mH]인 코일에 실효값 $V=50$[V], 주파수 $f=60$[Hz]인 정현파 전압을 인가했을 때 코일에 축적되는 평균 자기 에너지[W_L]은 약 몇 [J]인가?

① 0.22
② 0.33
③ 0.44
④ 0.55

해설 코일에 축적되는 평균 자기 에너지

$W_L = \dfrac{1}{2}LI^2 = \dfrac{1}{2}L \times \left(\dfrac{V}{\omega L}\right)^2 = \dfrac{1}{2}L \times \left(\dfrac{V}{2\pi f L}\right)^2 = \dfrac{1}{2} \times 20 \times 10^{-3} \times \left(\dfrac{50 \times 10^3}{2\pi \times 60 \times 20}\right)^2$

$= 10 \times 10^{-3} \times \left(\dfrac{5000}{754}\right)^2 \fallingdotseq 44 \times 10^{-3} \fallingdotseq 0.44$[J]이다.

063 테브난의 정리를 이용하여 (a)회로를 (b)와 같은 등가 회로로 바꾸려 한다. V[V]와 R[Ω]의 값은?

① 7[V], 9.1[Ω]
② 10[V], 9.1[Ω]
③ 7[V], 6.5[Ω]
④ 10[V], 6.5[Ω]

해설 테브난의 정리에서 단자 a, b 개방 전원측으로 본 V[V]와 R[Ω]의 값은

테브난의 등가 전압원 $V = I \times 7 = \dfrac{10}{3+7} \times 7 = 7$[V]

테브난의 등가 저항 $R = 7 + \dfrac{3 \times 7}{3+7} = 7 + \dfrac{21}{10} = 9.1$[Ω]가 된다.

정답 61. ③ 62. ③ 63. ①

064 그림과 같은 회로에서 r_1 저항에 흐르는 전류를 최소로 하기 위한 저항 $r_2[\Omega]$는?

① $\dfrac{r_1}{2}$
② $\dfrac{r}{2}$
③ r_1
④ r

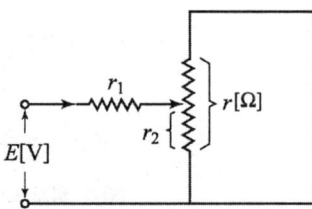

해설 문제의 그림 회로에서 $r_1[\Omega]$ 저항에 흐르는 전류를 최소로 하기 위한 조건은 최소 정리에서 $r-r_2=r_2$이다. ∴ $r=2r_2$, $r_2=\dfrac{r}{2}$일 때다.

065 그림과 같이 π형 회로에서 Z_3를 4단자 정수로 표시한 것은?

① $\dfrac{A}{1-B}$
② $\dfrac{B}{1-A}$
③ $\dfrac{A}{B-1}$
④ $\dfrac{B}{A-1}$

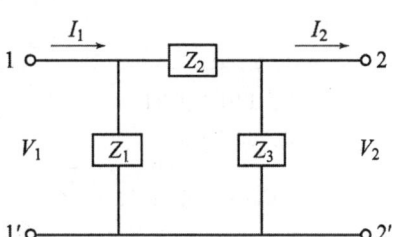

해설 그림의 π형 회로에 4단자 정수

$\begin{vmatrix} A & B \\ C & D \end{vmatrix} = \begin{vmatrix} 1 & 0 \\ \frac{1}{Z_1} & 1 \end{vmatrix} \begin{vmatrix} 1 & Z_2 \\ 0 & 1 \end{vmatrix} \begin{vmatrix} 1 & 0 \\ \frac{1}{Z_3} & 1 \end{vmatrix} = \begin{vmatrix} 1 & Z_2 \\ \frac{1}{Z_1} & 1+\frac{Z_2}{Z_1} \end{vmatrix} \begin{vmatrix} 1 & 0 \\ \frac{1}{Z_3} & 1 \end{vmatrix} = \begin{vmatrix} 1+\frac{Z_2}{Z_3} & Z_2 \\ \frac{1}{Z_1}+\frac{1}{Z_3}\left(1+\frac{Z_2}{Z_1}\right) & 1+\frac{Z_2}{Z_1} \end{vmatrix}$ 이다.

∴ 4단자 정수 $B=Z_2$ ⋯ ①

$A=1+\dfrac{Z_2}{Z_3}=1+\dfrac{B}{Z_3}$에서 $\dfrac{B}{Z_3}=A-1$, $Z_3=\dfrac{B}{A-1}$가 된다.

066 다음의 4단자 회로에서 단자 a-b에서 본 구동점 임피던스 $Z_{11}[\Omega]$은?

① $2+j4$
② $2-j4$
③ $3+j4$
④ $3-j4$

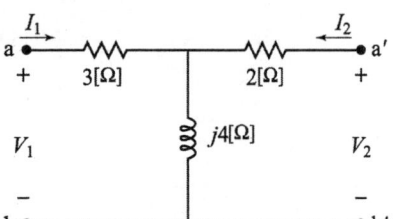

정답 64.② 65.④ 66.③

해설 π형 4단자망의 4단자 정수

$$\begin{vmatrix} A & B \\ C & D \end{vmatrix} = \begin{vmatrix} 1 & 3 \\ 0 & 1 \end{vmatrix} \begin{vmatrix} 1 & 0 \\ \frac{1}{j4} & 1 \end{vmatrix} \begin{vmatrix} 1 & 2 \\ 0 & 1 \end{vmatrix} = \begin{vmatrix} 1+\frac{3}{j4} & 3 \\ \frac{1}{j4} & 1 \end{vmatrix} \begin{vmatrix} 1 & 2 \\ 0 & 1 \end{vmatrix} = \begin{vmatrix} 1+\frac{3}{j4} & 2\left(1+\frac{3}{j4}\right)+3 \\ \frac{1}{j4} & 1+\frac{2}{j4} \end{vmatrix}$$ 이다.

∴ 임피던스 파라미터에서 $Z_{11} = \frac{A}{C}$, $Z_{12} = Z_{21} = -\frac{1}{C}$(역방향), $Z_{22} = \frac{D}{C}$이다.

∴ 4단자 회로에서 단자 ab에서 본 구동점 임피던스

$$Z_{11} = \frac{A}{C} = \frac{1+\frac{3}{j4}}{\frac{1}{j4}} = \frac{\frac{3+j4}{j4}}{\frac{1}{j4}} = 3+j4[\Omega]$$ 가 된다.

문제 067

불평형 3상 전류가 다음과 같을 때 역상 전류 I_2는 약 몇 [A]인가?

$$I_a = 15 + j2\text{[A]}$$
$$I_b = -20 - j14\text{[A]}$$
$$I_c = -3 + j10\text{[A]}$$

① $1.91 + j6.24$
② $2.17 + j5.34$
③ $3.38 - j4.26$
④ $4.27 - j3.68$

해설 연산자 계산

$$a = \angle 120° = -\frac{1}{2} + j\frac{\sqrt{3}}{2}, \quad a^2 = \angle 240° = -\frac{1}{2} - j\frac{\sqrt{3}}{2}, \quad a^3 = \angle 360° = 1$$

∴ $1 + a + a^2 = 0$이다.

대칭좌표법에서 대칭분의 전류는

I_0(영상전류) $= \frac{1}{3}(I_a + I_b + I_c)$[A]

I_1(정상전류) $= \frac{1}{3}(I_a + aI_b + a^2 I_c)$[A]

∴ I_2(역상전류) $= \frac{1}{3}(I_a + a^2 I_b + aI_c)$

$$= \frac{1}{3}\left((15+j2) + \left(-\frac{1}{2} - j\frac{\sqrt{3}}{2}\right)(-20 - j14) + \left(-\frac{1}{2} + j\frac{\sqrt{3}}{2}\right)(-3 + j10)\right)$$

$$= \frac{1}{3}\left(15 + j2 + 10 - 7\sqrt{3} + j(7 + 10\sqrt{3}) + \frac{3}{2} - 5\sqrt{3} - j\left(5 + \frac{3\sqrt{3}}{2}\right)\right)$$

$$= \frac{1}{3}\left(\left(15 + 10 - 7\sqrt{3} + \frac{3}{2} - 5\sqrt{3}\right) + j\left(2 + 7 + 10\sqrt{3} - \left(5 + \frac{3\sqrt{3}}{2}\right)\right)\right)$$

$$= \frac{1}{3}(5.7153 + j18.723) \fallingdotseq 1.91 + j6.24\text{[A]}$$ 가 된다.

67. ①

068 다음과 같은 회로에서 E_1, E_2, E_3[V]를 대칭 3상 전압이라 할 때 전압 E_0[V]은?

① 0
② $\dfrac{E_1}{3}$
③ $\dfrac{2}{3}E_1$
④ E_1

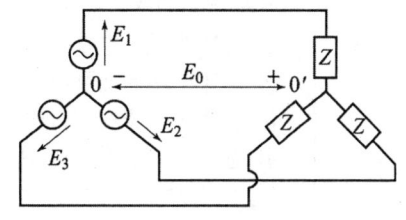

해설 회로에서 전원이 대칭 3상 전압이고 접지가 없으므로
각상 전류의 합 $I_1+I_2+I_3=0$이다.
∴ 부하 중성점에 전압 $E_0=0$이다.

069 100[kVA] 단상 변압기 3대로 Δ결선하여 3상 전원을 공급하던 중 1대의 고장으로 V결선하였다면 출력은 약 몇 [kVA]인가?

① 100   ② 173
③ 245   ④ 300

해설 단상 변압기 1대 용량 $VI=100$[kVA]이다.
단상 변압기 3대 Δ결선에서 1대 고장으로 V결선되었을 때의 출력
$P=\sqrt{3}\,VI=\sqrt{3}\times 100=173$[kVA]가 된다.

070 저항 R[Ω]과 리액턴스 X[Ω]이 직렬로 연결된 회로에서 $\dfrac{X}{R}=\dfrac{1}{\sqrt{2}}$일 때, 이 회로의 역률은?

① $\dfrac{1}{\sqrt{2}}$ ② $\dfrac{1}{\sqrt{3}}$ ③ $\sqrt{\dfrac{2}{3}}$ ④ $\dfrac{\sqrt{3}}{2}$

해설 R-L 직렬회로의 $Z(\text{impedance})=R=jX=\sqrt{2}+j1$[Ω]의 Vector도

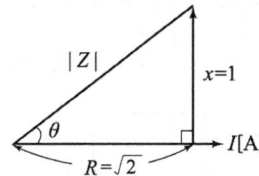

∴ 역률$(\cos\theta)=\dfrac{R}{|Z|}=\dfrac{\sqrt{2}}{\sqrt{(\sqrt{2})^2+1^2}}=\dfrac{\sqrt{2}}{\sqrt{3}}=\sqrt{\dfrac{2}{3}}$ 가 된다.

정답 68.① 69.② 70.③

071. 옴의 법칙은 저항에 흐르는 전류와 전압의 관계를 나타낸 것이다. 회로의 저항이 일정할 때 전류는?

① 전압에 비례한다.
② 전압에 반비례한다.
③ 전압의 제곱에 비례한다.
④ 전압의 제곱에 반비례한다.

해설 저항 $R[\Omega]$=일정일 때 "옴"의 법칙 $I=\dfrac{V}{R} \fallingdotseq V[A]$이다.

즉, 전류는 전압에 비례한다.

072. 어떤 회로의 단자 전압과 전류가 다음과 같을 때, 회로에 공급되는 평균 전력은 약 몇 [W]인가?

$$v(t) = 100\sin\omega t + 70\sin 2\omega t + 50\sin(3\omega t - 30°)[V]$$
$$i(t) = 20\sin(\omega t - 60°) + 10\sin(3\omega t + 45°)[A]$$

① 565　　② 525　　③ 495　　④ 465

해설 비정현파 전압, 전류에 의한 전력은 같은 주파수 사이에만 전력이 존재한다.
(단, θ(위상차)=전압위상(기준)-전류위상)

∴ 평균전력 $P = \dfrac{1}{T}\displaystyle\int_0^T v(t)\,i(t)\,dt = V_o I_o + \sum_{n=1}^{\infty} V_n I_n \cos\theta_n$

$= V_1 I_1 \cos\theta_1 + V_2 I_2 \cos\theta_2 + V_3 I_3 \cos\theta_3$

$= V_1 I_1 \cos\theta_1 + V_3 I_3 \cos\theta_3 = \dfrac{100}{\sqrt{2}} \times \dfrac{20}{\sqrt{2}} \cos(0-(-60)) + \dfrac{50}{\sqrt{2}} \times \dfrac{10}{\sqrt{2}} \cos(-30-45°)$

$= \dfrac{2000}{2}\cos 60° + \dfrac{500}{2}\cos(-75°) = \dfrac{2000}{2} \times \dfrac{1}{2} + \dfrac{500}{2} \times 0.2588$

$\fallingdotseq 500 + 65 = 565[W]$이다.

(단, $\cos 60° = \dfrac{1}{2}$, $\cos(-75) = 0.2588$. 즉, $\cos\theta$ 1상한과 4상한의 값은 +값이다.)

073. 그림과 같은 회로가 있다. $I=10[A]$, $G=4[\mho]$, $G_L=6[\mho]$일 때, G_L의 소비전력[W]은?

① 100
② 10
③ 6
④ 4

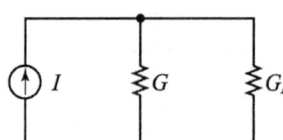

정답 71. ①　72. ①　73. ③

해설 병렬회로이므로 V=일정, "옴"법칙에서 $I = \dfrac{V}{R} = GV[\text{A}]$이다.

즉 $I[\text{A}]$는 $G[\mho]$에 비례한다.

∴ 분배법칙에서 G_L에서 흐르는 전류 $I_L = \dfrac{G_L}{G + G_L} \times I = \dfrac{6}{4+6} \times 10 = 6[\text{A}]$이다.

∴ $G_L[\mho]$에 소비되는 전력 $P_L = I_L^2 R_L = I_L^2 \times \dfrac{1}{G_L} = (6)^2 \times \dfrac{1}{6} = 6[\text{W}]$가 된다.

074

$F(s) = \dfrac{s+1}{s^2 + 2s}$의 역라플라스 변환은?

① $\dfrac{1}{2}(1 - e^{-t})$ 　　　② $\dfrac{1}{2}(1 - e^{-2t})$

③ $\dfrac{1}{2}(1 + e^t)$ 　　　④ $\dfrac{1}{2}(1 + e^{-2t})$

해설 $F(s) = \dfrac{s+1}{s^2+2s} = \dfrac{s+1}{s(s+2)} = \dfrac{k_1}{s} + \dfrac{k_2}{s+2}$

단, $k_1 = \lim\limits_{s \to 0} sF(s) = \lim\limits_{s \to 0} \dfrac{s+1}{s+2} = \dfrac{0+1}{0+2} = \dfrac{1}{2}$

$k_2 = \lim\limits_{s \to -2}(s+2)F(s) = \lim\limits_{s \to -2} \dfrac{s+1}{s} = \dfrac{-2+1}{-2} = \dfrac{-1}{-2} = \dfrac{1}{2}$

상식에 대입하면 $F(s) = \dfrac{k_1}{s} + \dfrac{k_2}{s+2} = \dfrac{\frac{1}{2}}{s} + \dfrac{\frac{1}{2}}{s+2}$의 역라플라스 변환

$f(t) = \mathcal{L}^{-1}(F(s)) = \mathcal{L}^{-1}\left(\dfrac{\frac{1}{2}}{s} + \dfrac{\frac{1}{2}}{s+2}\right) = \dfrac{1}{2}e^o + \dfrac{1}{2}e^{-2t} = \dfrac{1}{2} + \dfrac{1}{2}e^{-2t} = \dfrac{1}{2}(1 + e^{-2t})$가 된다.

075

그림과 같은 회로에서 $t = 0$에서 스위치를 닫으면 전류 $i(t)[\text{A}]$는? (단, 콘덴서의 초기 전압은 $0[\text{V}]$이다.)

① $5(1 - e^{-t})$
② $1 - e^{-t}$
③ $5e^{-t}$
④ e^{-t}

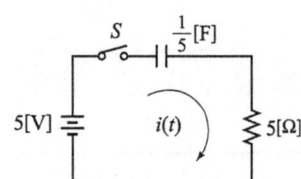

해설 R-C 직렬회로 과도현상에서 $t = 0$에서 스위치를 닫는 순간의 전류

$i(t) = \dfrac{E}{R} e^{-\frac{1}{CR}t} = \dfrac{5}{5} e^{-\frac{1}{\frac{1}{5} \times 5}t} = e^{-t}[\text{A}]$가 된다.

74. ④　**75.** ④

076 그림과 같은 회로에서 스위치 S를 $t=0$에서 닫았을 때 $(V_L)_{t=0}=100[V]$, $(\frac{di}{dt})_{t=0}=400[A/s]$이다. $L[H]$의 값은?

① 0.75
② 0.5
③ 0.25
④ 0.1

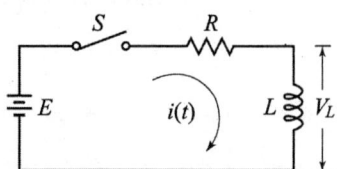

해설 R-L 직렬회로 과도현상에서 스위치 S를 닫는 순간의 과도전류
$i(t)=\frac{E}{R}(1-e^{-\frac{R}{L}t})$ [A]이다. 인덕턴스에 걸리는 전압 $V_L=L\frac{di}{dt}[V]$
∴ $100=L\times 400[V]$, $L=\frac{100}{400}=\frac{1}{4}=0.25[H]$가 된다.

077 임피던스 함수 $Z(s)=\frac{s+50}{s^2+3s+2}[\Omega]$으로 주어지는 2단자 회로망에 100[V]의 직류전압을 가했다면 회로의 전류는 몇 [A]인가?

① 4   ② 6   ③ 8   ④ 10

해설 2단자 회로망에 직류전압을 가하며 $\frac{d}{dt}=j\omega=S=0$이다.
∴ 임피던스 함수 $Z(s)=\frac{50}{2}=25=R[\Omega]$이다.
∴ 회로전류 $I=\frac{V}{Z(s)}=\frac{V}{R}=\frac{100}{25}=4[A]$이다.

078 단위 임펄스 $\delta(t)$의 라플라스 변환은?

① e^{-s} ② $\frac{1}{s}$ ③ $\frac{1}{s^2}$ ④ 1

해설 단위 임펄스 $\delta(t)$의 라플라스 변환 $F(s)=\mathcal{L}(\delta(t))=1$이 된다.

079 전류 $i(t)=30\sin\omega t+40\sin(3\omega t+45°)[A]$의 실효값은 약 몇 [A]인가?

① 25   ② 35.4   ③ 50   ④ 70.7

해설 비정현파의 실효치 전류
$|I|=\sqrt{\frac{1}{T}\int_0^T i(t)^2 dt}=\sqrt{I_0^2+I_1^2+I_2^2+I_3^2-I_n^2}=\sqrt{I_1^2+I_3^2}=\sqrt{(\frac{30}{\sqrt{2}})^2+(\frac{40}{\sqrt{2}})^2}$
$=\sqrt{\frac{900}{2}+\frac{1600}{2}}=\sqrt{450+800}=\sqrt{1250}=35.4[A]$가 된다.

정답 76. ③   77. ①   78. ④   79. ②

080 $\mathcal{L}^{-1}\left[\dfrac{\omega}{s(s^2+\omega^2)}\right]$ 은?

① $\dfrac{1}{\omega}(1-\sin\omega t)$ ② $\dfrac{1}{\omega}(1-\cos\omega t)$

③ $\dfrac{1}{s}(1-\sin\omega t)$ ④ $\dfrac{1}{s}(1-\cos\omega t)$

해설 라플라스의 변환 $\mathcal{L}(\cos\omega t)=\dfrac{s}{s^2+\omega^2}$

라플라스 역변환 $\mathcal{L}^{-1}\left(\dfrac{s}{s^2+\omega^2}\right)=\cos\omega t$ 가 된다.

∴ 문제는 라플라스 역변

$\mathcal{L}^{-1}\left(\dfrac{\omega}{s(s^2+\omega^2)}\right)=\mathcal{L}^{-1}\left(\dfrac{1}{\omega}\left(\dfrac{1}{s}-\dfrac{s}{s^2+\omega^2}\right)\right)=\dfrac{1}{\omega}(e^{-0}-\cos\omega t)$

$=\dfrac{1}{\omega}(1-\cos\omega t)$ 가 된다.

05 전/기/설/비/기/술/기/준 및 판/단/기/준

081 고압 가공전선로의 가공지선으로 나경동선을 사용할 경우 지름 몇 [mm] 이상으로 시설하여야 하는가?

① 2.5   ② 3   ③ 3.5   ④ 4

해설 가공전선로의 가공지선의 굵기는 고압인 경우는 지름이 4[mm] 이상의 나경동선으로 특별고압은 지름이 5[mm] 이상의 나경동선으로 시설하여야 한다.

082 저압 옥내배선을 금속 덕트공사로 할 경우 금속 덕트에 넣는 전선의 단면적(절연 피복의 단면적 포함)의 합계는 덕트의 내부 단면적의 몇 [%]까지 할 수 있는가?

① 20   ② 30   ③ 40   ④ 50

해설 저압 옥내배선을 금속 덕트공사로 할 경우 금속 덕트에 넣는 전선의 단면적(절연 피복의 단면적 포함)의 합계는 덕트의 내부 단면적의 20[%]까지 할 수 있다.

083 타냉식 특고압용 변압기의 냉각장치에 고장이 생긴 경우 시설해야 하는 보호장치는?

① 경보장치   ② 온도측정장치
③ 자동차단장치   ④ 과전류 측정장치

정답 80. ② 81. ④ 82. ① 83. ①

해설 타냉식 특고압용 변압기의 냉각장치에 고장이 생긴 경우, 변압기의 온도가 현저히 상승한 경우 시설해야 하는 보호장치는 경보장치이다.

084 다음 (㉠), (㉡)에 들어갈 내용으로 옳은 것은?

"지중전선로는 기설 지중 약전류전선로에 대하여 (㉠) 또는 (㉡)에 의하여 통신상의 장해를 주지 않도록 기설 약전류전선로로부터 충분히 이격시키거나 기타 적당한 방법으로 시설하여야 한다."

① ㉠ 정전용량 ㉡ 표피작용
② ㉠ 정전용량 ㉡ 유도작용
③ ㉠ 누설전류 ㉡ 표피작용
④ ㉠ 누설전류 ㉡ 유도작용

해설 지중전선로는 기설 지중 약전류전선로에 대하여 (① 누설전류) 또는 (② 유도작용)에 의하여 통신상에 장해를 주지 않도록 기설 약전류전선로로부터 충분히 이격시키거나 기타 적당한 방법으로 시설하여야 한다.

085 B종 철주 또는 B종 철근 콘크리트주를 사용하는 특고압 가공전선로의 경간은 몇 [m] 이하이어야 하는가?

① 150 ② 250 ③ 400 ④ 600

해설 B종 철주 또는 B종 철근 콘크리트주를 사용하는 특고압 가공전선로의 경간은 250[m] 이하이어야 한다.

086 전력보안 통신선 시설에서 가공전선로의 지지물에 시설하는 가공 통신선에 직접 접속하는 통신선의 종류로 틀린 것은?

① 조가용선
② 절연전선
③ 광섬유 케이블
④ 일반 통신용 케이블 이외의 케이블

해설 전력보안 통신선 시설에서 가공전선로의 지지물에 시설하는 가공통신선의 종류에는 절연전선, 광섬유 케이블, 일반 통신용 케이블 이외의 케이블이 있다.

087 변전소의 주요 변압기에서 계측하여야 하는 사항 중 계측장치가 꼭 필요하지 않는 것은? (단, 전기 철도용 변전소의 주요 변압기는 제외한다.)

① 전압 ② 전류
③ 전력 ④ 주파수

해설 변전소의 주요 변압기에서 계측하여야 하는 사항 중 계측장치가 꼭 필요한 것은 전압계, 전류계, 전력계이다.

정답 84.④ 85.② 86.① 87.④

088 옥내의 네온 방전등 공사의 방법으로 옳은 것은?
① 전선 상호간의 간격은 5[cm] 이상일 것
② 관등회로의 배선은 애자사용 공사에 의할 것
③ 전선의 지지점 간의 거리는 2[m] 이하로 할 것
④ 관등회로의 배선은 점검할 수 없는 은폐된 장소에 시설할 것

해설 옥내의 네온 방전등 공사의 방법은 관등회로의 배선은 애자사용 공사에 의할 것

089 무대, 무대마루 밑, 오케스트라박스, 영사실 기타 사람이나 무대 도구가 접촉할 우려가 있는 곳에 시설하는 저압 옥내배선, 전구선 또는 이동전선은 사용전압이 몇 [V] 미만이어야 하는가?
① 100   ② 200   ③ 300   ④ 400

해설 무대, 무대마루 밑, 오케스트라박스, 영사실 기타 사람이나 무대 도구가 접촉할 우려가 있는 곳에 시설하는 저압 옥내배선, 전구선 또는 이동전선은 사용전압이 400[V] 미만이어야 한다.

090 저압 가공전선로와 기설 가공 약전류전선로가 병행하는 경우에는 유도작용에 의하여 통신상의 장해가 생기지 아니하도록 전선과 기설 약전류전선 간의 이격거리는 몇 [m] 이상이어야 하는가?
① 1   ② 2   ③ 2.5   ④ 4.5

해설 저압 가공전선로와 기설 가공 약전류전선로가 병행하는 경우에는 유도작용에 의하여 통신상의 장해가 생기지 않기 위한 전선과 기설 약전류전선 간의 이격거리는 2[m] 이상이어야 한다.

091 금속관 공사에 의한 저압 옥내배선의 방법으로 틀린 것은?
① 전선으로 연선을 사용하였다.
② 옥외용 비닐절연전선을 사용하였다.
③ 콘크리트에 매설하는 관은 두께 1.2[mm] 이상을 사용하였다.
④ 사용전압 400[V] 이상이고 사람의 접촉 우려가 없어 제3종 접지공사를 하였다.

해설 금속관 공사에 의한 저압 옥내배선의 방법
① 전선으로는 연선을 사용하였다.
② 전선은 절연전선일 것
③ 콘크리트에 매설하는 관은 두께는 1.2[mm] 이상일 것
④ 사용전압 400[V] 이상이고 사람의 접촉 우려가 없어 제3종 접지공사를 할 것

 88.② 89.④ 90.② 91.②

092 특고압으로 시설할 수 없는 전선로는?
① 지중전선로
② 옥상전선로
③ 가공전선로
④ 수중전선로

해설 특고압으로 시설할 수 없는 전선로에는 지중전선로, 가공전선로, 수중전선로 등이다.

093 22.9[kV] 전선로를 제1종 특고압 보안공사로 시설할 경우 전선으로 경동연선을 사용한다면 그 단면적은 몇 [mm^2] 이상의 것을 사용하여야 하는가?
① 38
② 55
③ 80
④ 100

해설 22.9[kV] 전선로를 제1종 특고압 보안공사로 시설할 경우 전선으로 경동연선을 사용할 경우 그 단면적은 55[mm^2] 이상의 것을 사용하여야 한다.

094 교류 전차선 등이 교량 기타 이와 유사한 것의 밑에 시설되는 경우에 시설 기준으로 틀린 것은?
① 교류 전차선 등과 교량 등 사이의 이격거리는 30[cm] 이상일 것
② 교량의 가더 등의 금속제 부분에는 제1종 접지공사를 할 것
③ 교량 등의 위에서 사람이 교류 전차선 등에 접촉할 우려가 있는 경우에는 방호장치를 하고 위험표지를 할 것
④ 기술상 부득이한 경우에는 사용전압이 25[kV]인 교류 전차선과 교량 등 사이의 이격거리를 25[cm]까지로 감할 수 있을 것

해설 교류 전차선 등이 교량 기타 이와 유사한 것의 밑에 시설되는 경우 시설 기준
① 교류 전차선 등과 교량 등 사이의 이격거리는 30[cm] 이상일 것
② 교량 등의 위에서 사람이 교류 전차선 등에 접촉할 우려가 있는 경우에는 방호장치를 하고 위험표지를 할 것
③ 기술상 부득이한 경우에는 사용전압이 25[kV]인 교류 전차선과 교량 등 사이의 이격거리를 25[cm]까지로 감할 수 있을 것

095 변압기 1차측 3300[V], 2차측 220[V]의 변압기 전로의 절연내력 시험전압은 각각 몇 [V]에서 10분간 견디어야 하는가?
① 1차측 4950[V], 2차측 500[V]
② 1차측 4500[V], 2차측 400[V]
③ 1차측 4125[V], 2차측 500[V]
④ 1차측 3300[V], 2차측 400[V]

해설 변압기 1차측 3300[V], 2차측 220[V]의 변압기 전로의 절연내력 시험전압은 최대 사용전압의 1.5배이고 500[V] 미만은 500[V]의 전압을 권선과 다른 권선 철심과 외함 간에 가하여 견디어야 한다.
∴ 변압기 1차 전압 = 3300×1.5 = 4950[V], 2차 전압 = 500[V]가 된다.

정답 92.② 93.② 94.② 95.①

096 가공전선로의 지지물에 취급자가 오르고 내리는 데 사용하는 발판 볼트 등은 지표상 몇 [m] 미만에 시설하여서는 아니되는가?

① 1.2　　② 1.5　　③ 1.8　　④ 2

해설 가공전선로의 지지물에 취급자가 오르고 내리는 데 사용하는 발판 볼트 등은 지표상 1.8[m] 미만에 시설하여서는 아니된다.

097 22.9[kV] 특고압 가공전선로의 시설에 있어서 중성선을 다중 접지하는 경우에 각각 접지한 곳 상호간의 거리는 전선로에 따라 몇 [m] 이하이어야 하는가?

① 150　　② 300　　③ 400　　④ 500

해설 22.9[kV] 특고압 가공전선로의 시설에 있어서 중성선을 다중 접지하는 경우에 각각 접지한 곳 상호간의 거리는 150[m] 이하이어야 한다.

098 혼촉 사고시에 1초를 초과하고 2초 이내에 자동 차단되는 6.6[kV] 전로에 결합된 변압기 저압측의 전압이 220[V]인 경우 제2종 접지저항 값[Ω]은? (단, 고압측 1선 지락전류는 30[A]라 한다.)

① 5　　② 10　　③ 20　　④ 30

해설 혼촉 사고 시에 1초를 초과하고 2초 이내에 자동 차단되는 6.6[kV] 전로에 결합된 변압기 저압측의 전압이 220[V]인 경우 제2종 접지저항 값 $= \dfrac{300}{1선\ 지락\ 전류} = \dfrac{300}{30} = 10[Ω]$ 이하이어야 한다.

099 저압 가공전선 또는 고압 가공전선이 도로를 횡단할 때 지표상의 높이는 몇 [m] 이상으로 하여야 하는가? (단, 농로 기타 교통이 번잡하지 않은 도로 및 횡단보도교는 제외한다.)

① 4　　② 5　　③ 6　　④ 7

해설 저압 가공전선 또는 고압 가공전선이 도로를 횡단할 때 지표상의 높이는 6[m] 이상으로 하여야 한다.

100 저압 옥내배선의 사용전압이 400[V] 미만인 경우에는 금속제 트레이에 몇 종 접지공사를 하여야 하는가?

① 제1종 접지공사　　② 제2종 접지공사
③ 제3종 접지공사　　④ 특별 제3종 접지공사

해설 저압 옥내배선의 사용전압이 400[V] 미만인 경우에는 금속제 트레이에 제3종 접지공사를 하여야 한다.

해답 96.③　97.①　98.②　99.③　100.③

01 전/기/자/기/학

001 전기력선의 기본 성질에 관한 설명으로 틀린 것은?
① 전기력선의 방향은 그 점의 전계의 방향과 일치한다.
② 전기력선은 전위가 높은 점에서 낮은 점으로 향한다.
③ 전기력선은 그 자신만으로도 폐곡선을 만든다.
④ 전계가 0이 아닌 곳에서는 전기력선은 도체 표면에 수직으로 만난다.

해설 전기력선의 기본 성질에 관한 설명으로 옳은 것은
① 전기력선의 방향은 그 점의 전계의 방향과 일치한다.
② 전기력선은 전위가 높은 점에서 낮은 점으로 향한다.
③ 전계가 0이 아닌 곳에서는 전기력선은 도체 표면에 수직으로 만난다.

002 동일 용량 $C[\mu F]$의 콘덴서 n개를 병렬로 연결하였다면 합성용량은 얼마인가?
① $n^2 C$
② nC
③ $\dfrac{C}{n}$
④ C

해설 용량 $C[\mu F]$의 콘덴서 n개 병렬 연결하면 합성용량은 $nC[\mu F]$가 된다.

003 반지름 $r=1[m]$인 도체구의 표면 전하 밀도가 $\dfrac{10^{-8}}{9\pi}[C/m^2]$이 되도록 하는 도체구의 전위는 몇 [V]인가?
① 10
② 20
③ 30
④ 40

해설 도체구의 표면 전하 밀도 $\sigma = \dfrac{A}{S}[C/m^2]$, $Q=\sigma S[C]$이다.
∴ 도체구의 전위

$$V = \frac{Q}{4\pi\epsilon_o r} = 9\times 10^9 \times \frac{\sigma S}{r} = 9\times 10^9 \frac{\sigma \pi r^2}{r} = 9\times 10^9 \frac{\frac{10^{-8}}{9\pi}\times \pi \times 1^2}{1}$$

$$= 9\times 10^9 \times \frac{10^{-8}\times \pi}{9\pi} = 10[V]\text{가 된다.}$$

해답 1.③ 2.② 3.①

004 도전율의 단위로 옳은 것은?

① m/Ω ② Ω/m²
③ 1/℧·m ④ ℧/m

해설 전기 저항 $R=\rho\frac{l}{S}[\Omega]$, 고유 저항 $\rho=\frac{RS}{l}(\frac{\Omega\cdot m^2}{m}=\Omega\cdot m)$

∴ 도전율 $\sigma=\frac{1}{\rho}(\frac{1}{\Omega\cdot m}=℧/m)$가 된다.

005 여러 가지 도체의 전하 분포에 있어서 각 도체의 전하를 n배할 경우 중첩의 원리가 성립하기 위해서는 그 전위는 어떻게 되는가?

① $\frac{1}{2}n$배가 된다. ② n배가 된다.
③ $2n$배가 된다. ④ n^2배가 된다.

해설 여러 가지 도체의 전하 분포에 있어서 $V=\frac{Q}{C}$[V]일 때 도체 전하를 nQ[C]할 경우 중첩 원리가 성립하기 위한 전위는 nV가 되어야 한다.

006 $A=i+4j+3k$, $B=4i+2j-4k$의 두 벡터는 서로 어떤 관계에 있는가?

① 평행 ② 면적
③ 접근 ④ 수직

해설 2개의 Vector가 수직(직교)이면 무조건 scalar이용 계산된다.
$(\vec{A}\cdot\vec{B})=|A||B|\cos90°=0$
∴ $(\vec{A}\cdot\vec{B})=(i+4j+3k)\cdot(4i+2j-4k)=4+8-12=0$이다.
∴ 두 벡터 사이에는 수직($\theta=90°$)의 관계가 성립된다.

007 전류가 흐르는 도선을 자계 내에 놓으면 이 도선에 힘이 작용한다. 평등자계의 진공 중에 놓여 있는 직선전류 도선이 받는 힘에 대한 설명으로 옳은 것은?

① 도선의 길이에 비례한다.
② 전류의 세기에 반비례한다.
③ 자계의 세기에 반비례한다.
④ 전류와 자계 사이의 각에 대한 정현(sine)에 반비례한다.

해설 전류가 흐르는 도선을 진공 중 평등자계 내에 놓을 때 도선이 받는 힘 $f=IBl\sin\theta=I\mu_o Hl\sin\theta$[N]는 도선의 길이($l$[m])에 비례한다.

정답 4.④ 5.② 6.④ 7.①

008 영역 1의 유전체 $\epsilon_{r1}=4$, $\mu_{r1}=1$, $\sigma_1=0$과 영역 2의 유전체 $\epsilon_{r2}=9$, $\mu_{r2}=1$, $\sigma_2=0$일 때 영역 1에서 영역 2로 입사된 전자파에 대한 반사계수는?

① -0.2 ② -5.0
③ 0.2 ④ 0.8

해설 영역 I의 임피던스는 Z_o (전자계 고유 임피던스)

$$=\frac{E}{H}=\sqrt{\frac{\mu_2}{\epsilon_2}}=\sqrt{\frac{\mu_2\mu_{r2}}{\epsilon_2\epsilon_{r2}}}=377\times\sqrt{\frac{\mu_{r2}}{\epsilon_{r2}}}=377\times\sqrt{\frac{1}{9}}=377\times\frac{1}{3}[\Omega] \cdots ①$$

영역 II의 임피던스는 Z_L (부하 임피던스=선로특성 임피던스)

$$=\frac{L}{C}=\sqrt{\frac{\mu_1}{\epsilon_1}}=\sqrt{\frac{\mu_0\mu_{r1}}{\epsilon_0\epsilon_1}}=377\times\sqrt{\frac{\mu_{r1}}{\epsilon_1}}=377\times\sqrt{\frac{1}{4}}=377\times\frac{1}{2}[\Omega] \cdots ②$$

∴ ①, ②식에서 영역 I에서 영역 II로 입사된 전파파의 반사계수

$$\rho=\frac{Z_L-Z_o}{Z_L+Z_o}=\frac{377(\frac{1}{3}-\frac{1}{2})}{377(\frac{1}{3}+\frac{1}{2})}=\frac{-1}{5}=-0.2 \text{가 된다.}$$

009 정전용량이 $0.5[\mu F]$, $1[\mu F]$인 콘덴서에 각각 $2\times10^{-4}[C]$ 및 $3\times10^{-4}[C]$의 전하를 주고 극성을 같게 하여 병렬로 접속할 때 콘덴서에 축적된 에너지는 약 몇 [J]인가?

① 0.042 ② 0.063
③ 0.083 ④ 0.126

해설 콘덴서 병렬 연결 시 $V[V]$는 일정하다.
합성 콘덴서 $C=C_1+C_2=(0.5+1)[\mu F]=1.5\times10^{-6}[F]$
합성 전하 $Q=Q_1+Q_2=2\times10^{-4}+3\times10^{-4}=5\times10^{-4}[C]$이다.
∴ 병렬 접속된 콘덴서에 축적된 에너지
$$W=\frac{Q^2}{2C}=\frac{(5\times10^{-4})^2}{2\times1.5\times10^{-6}}=\frac{25}{3}\times10^{-2}≒8.3\times10^{-2}=0.083[J] \text{가 된다.}$$

010 정전용량 및 내압이 $3[\mu F]/1000[V]$, $5[\mu F]/500[V]$, $12[\mu F]/250[V]$인 3개의 콘덴서를 직렬로 연결하고 양단에 가한 전압을 서서히 증가시킬 경우 가장 먼저 파괴되는 콘덴서는?

① $3[\mu F]$ ② $5[\mu F]$
③ $12[\mu F]$ ④ 3개 동시에 파괴

정답 8.① 9.③ 10.②

해설 각 콘덴서 전기량은
$Q_1 = C_1 V_1 = 3 \times 1000 = 3000[\mu C]$ … ①
$Q_2 = CV_2 = 5 \times 500 = 2500[\mu C]$ …… ②
$Q_3 = C_3 V_3 = 12 \times 250 = 3000[\mu C]$ … ③으로 일정이다.
∴ 3개 콘덴서 직렬 연결 양단의 전압을 서서히 증가하면 용량(전기량)이 최소인 Q_2가 제일 먼저 파괴되므로 5[μF]이고, 다음 파괴되는 콘덴서는 $Q_1 = Q_3$이므로 3[μF]와 12[μF]는 동시에 파괴된다.

011 정전용량 10[μF]인 콘덴서의 양단에 100[V]의 일정 전압을 인가하고 있다. 이 콘덴서의 극판 간의 거리를 $\frac{1}{10}$로 변화시키려면 콘덴서에 충전되는 전하량은 거리를 변화시키기 이전의 전하량에 비해 어떻게 되는가?

① $\frac{1}{10}$로 감소 ② $\frac{1}{100}$로 감소
③ 10배로 증가 ④ 100배로 증가

해설 ① $C_1 = 10[\mu F] = \frac{\epsilon_o S}{d}$ 일 때의 전기량 $Q_1 = C_1 V = 10 \times 10^{-6} \times 100 = 10^{-3}[C]$ … ①

② 극판거리를 $\frac{1}{10}d$로 할 경우의 $C_2 = \frac{\epsilon_o S}{\frac{1}{10}d} = 10 \times \frac{\epsilon_o S}{d} = 10 \times 10[\mu F] = 100[\mu F]$일 때의

전기량 $Q_2 = C_2 V = 10 \times 10^{-6} \times 100 = 10^{-2}[C]$ … ②

∴ $\frac{②}{①} = \frac{Q_2}{Q_1} = \frac{10^{-2}}{10^{-3}} = 10$. $Q_2 = 10 Q_1$으로 전기량은 10배로 증가된다.

012 접지 구도체와 점전하 간의 작용력은?
① 항상 반발력이다. ② 항상 흡입력이다.
③ 조건적 반발력이다. ④ 조건적 흡입력이다.

해설 반지름 a[m]인 접지구 도체와 거리 d[m]인 점전하 Q[C] 사이의 영상전하
$Q' = -\frac{a}{d}Q$[C]이다. 접지구 도체와 점전하 간의 작용력은 항상 흡인력이다.

013 전계의 세기가 1500[V/m]인 전장에 5[μC]의 전하를 놓았을 때 이 전하에 작용하는 힘은 몇 [N]인가?
① 4.5×10^{-3} ② 5.5×10^{-3}
③ 6.5×10^{-3} ④ 7.5×10^{-3}

해설 전계 중에 전하를 놓을 때 이 전하 Q[C]에 작용하는 힘
$F = QE + 5 \times 10^{-6} \times 1500 = 7500 \times 10^{-6} = 7.5 \times 10^{-3}$[N]이 작용된다.

정답 11. ③ 12. ② 13. ④

014 500[AT/m]의 자계 중에 어떤 자극을 놓았을 때 4×10^3[N]의 힘이 작용했다면 이때 자극의 세기는 몇 [Wb]인가?

① 2 ② 4
③ 6 ④ 8

자계 중에 m[Wb]의 자극을 놓을 때 m[Wb]에 작용하는 힘 $F=4\times10^3$[N]=mH일 때 자극 세기 $m=\dfrac{F}{H}=\dfrac{4\times10^3}{500}=8$[Wb]가 된다.

015 도전성을 가진 매질 내의 평면파에서 전송계수 γ를 표현한 것으로 알맞은 것은? (단, α는 감쇠정수, β는 위상정수이다.)

① $\gamma=\alpha+j\beta$ ② $\gamma=\alpha-j\beta$
③ $\gamma=j\alpha+\beta$ ④ $\gamma=j\alpha-\beta$

평면파에서의 전송계수(전파정수) $r=\alpha$(감쇠정수)$+j\beta$(위상정수)이다. (단, 무손실 선로에서는 α(감쇠정수)$=0$, β(위상정수)$=\omega\sqrt{LC}$가 된다.)

016 자극의 세기가 8×10^{-6}[Wb]이고, 길이가 30[cm]인 막대자석을 120[AT/m] 평등자계 내에 자력선과 30°의 각도로 놓았다면 자석이 받는 회전력은 몇 [N·m]인가?

① 1.44×10^{-4} ② 1.44×10^{-5}
③ 2.88×10^{-4} ④ 2.88×10^{-5}

토크(Torque)=회전력(T)=힘(F)×길이(l)=$F\times l\sin30°=mHl\sin30°=mlH\sin30°$
$=8\times10^{-6}\times30\times10^{-2}\times120\sin30°=240\times10^{-8}\times120\times\dfrac{1}{2}=1.44\times10^{-4}$

017 자기 회로의 퍼미언스(permeance)에 대응하는 전기 회로의 요소는?

① 서셉턴스(susceptance) ② 컨덕턴스(conductance)
③ 엘라스턴스(elastance) ④ 정전용량(electrostatic capacity)

① 전기 회로 R(전기 저항)$=\rho\dfrac{l}{S}$[Ω] 손실이 있다.

전기 저항의 역수 $\dfrac{1}{R}(\dfrac{1}{\Omega}=\mho)$를 컨덕턴스(Conductance)라 한다. … ⓐ

② 자기 회로(철심의 회로) R(자기 저항)$=\dfrac{1}{\mu s}$[AT/Wb] 손실이 없다.

자기 저항의 역수 $\dfrac{1}{R}=\left(\dfrac{1}{AT/Wb}=Wb/AT\right)$를 퍼미언스(permeance)라 한다. … ⓑ

∴ ⓐ, ⓑ에서 자기 회로의 퍼미언스(permeance)에 대응하는 전기 회로의 요소는 컨덕턴스(conductance)가 된다.

14. ④ 15. ① 16. ① 17. ②

018
전류가 흐르고 있는 도체에 자계를 가하면 도체 측면에 정·부(+, −)의 전하가 나타나 두 면 간에 전위차가 발생하는 현상은?

① 홀효과 ② 핀치효과 ③ 톰슨효과 ④ 지벡효과

해설 홀효과란 전류가 흐르고 있는 도체에 자계를 가하면 도체 측면에 정·부(+, −)의 전하가 나타나 두 면 간에 전위차가 발생하는 현상을 말한다.

019
그림과 같이 직렬로 접속된 두 개의 코일이 있을 때 $L_1 = 20$[mH], $L_2 = 80$[mH], 결합계수 $k = 0.8$이다. 여기에 0.5[A]의 전류를 흘릴 때 이 합성코일에 저축되는 에너지는 약 몇 [J]인가?

① 1.13×10^{-3}
② 2.05×10^{-3}
③ 6.63×10^{-3}
④ 8.25×10^{-3}

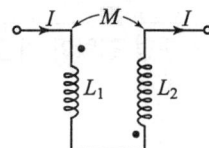

해설 전류와 자속이 동일 방향이므로 상호 인덕턴스 $M(+)$이다. 직렬 접속 합성 인덕턴스
$L = L_1 + L_2 + 2M = L_1 + L_2 + 2 \times K\sqrt{L_1 L_2} = 20 + 80 + 2 \times 0.8\sqrt{20 \times 80}$
$= 100 + 1.6 \times 40 = 164 \times 10^{-3}$[H]이다.
∴ 합성 코일에 저축되는 에너지
$W = \frac{1}{2}LI^2 = \frac{1}{2} \times 164 \times 10^{-3} \times (0.5)^2 = 20.5 \times 10^{-3} = 2.05 \times 10^{-2}$[J]가 된다.

020
도체 1을 Q가 되도록 대전시키고, 여기에 도체 2를 접촉했을 때 도체 2가 얻은 전하를 전위계수로 표시하면? (단, $P_{11}, P_{12}, P_{21}, P_{22}$는 전위계수이다.)

① $\dfrac{Q}{P_{11} - 2P_{12} + P_{22}}$
② $\dfrac{(P_{11} - P_{12})Q}{P_{11} - 2P_{12} + P_{22}}$
③ $\dfrac{(P_{11}P_{12} + P_{22})Q}{P_{11} + 2P_{12} + P_{22}}$
④ $\dfrac{(P_{11} - P_{12})Q}{P_{11} + 2P_{12} + P_{22}}$

해설 도체 Ⅰ을 Q가 되도록 대전시키고, 도체 Ⅱ를 접속하면 두 도체는 병렬 연결로 $V_1 = V_2$ … ①이다.
도체 Ⅱ의 전하를 Q_2라면
도체 Ⅰ전하 $Q_1 = Q - Q_2$ … ②이다.
∴ ①, ②식에서 $V_1 = V_2$를 전위계수로 표시하면(단, $P_{12} = P_{21}$이다.)
$P_{11}(Q - Q_2) + P_{12}Q_2 = P_{21}(Q - Q_2) + P_{22}Q_2$,
$(P_{11} - P_{12})Q = (P_{11} - P_{12} - P_{21} + P_{22})Q_2 = (P_{11} - 2P_{12} + P_{22})Q_2$에서
도체 Ⅱ가 얻은 전하를 전위계수로 표시하면 상식에서 $Q_2 = \dfrac{(P_{11} - P_{12})Q}{P_{11} - 2P_{12} + P_{22}}$이 된다.

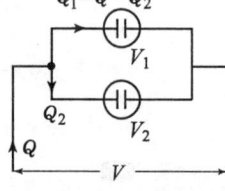

해답 18. ① 19. ② 20. ②

2017년 5월 7일 시행

02 전/력/공/학

021 개폐 서지를 흡수할 목적으로 설치하는 것의 약어는?
① CT   ② SA
③ GIS   ④ ATS

해설 서지 흡수기(Surge absorber=SA)란 선로로 부터의 이상 고압의 진행파 준도를 완화하고 파고값을 저감시키기 위하여 피뢰기와 콘덴서를 합한 것이나 발전기에 콘덴서를 연결한 것이다.

022 다음 중 표준형 철탑이 아닌 것은?
① 내선 철탑   ② 직선 철탑
③ 각도 철탑   ④ 인류 철탑

해설 표준형 철탑에는 직선 철탑, 각도 철탑, 인류 철탑 등이 있다.

023 전력계통의 전압 안정도를 나타내는 P-V 곡선에 대한 설명 중 적합하지 않은 것은?
① 가로축은 수전단 전압을 세로축은 무효전력을 나타낸다.
② 진상 무효전력이 부족하면 전압은 안정되고, 진상 무효전력이 과잉되면 전압은 불안정하게 된다.
③ 전압 불안정 현상이 일어나지 않도록 전압을 일정하게 유지하려면 무효전력을 적절하게 공급하여야 한다.
④ P-V 곡선에서 주어진 역률에서 전압을 증가시키더라도 송전할 수 있는 최대 전력이 존재하는 임계점이 있다.

해설 전력계통의 전압 안정도를 나타내는 P-V곡선에 대한 설명으로 옳은 것은
① 진상 무효전력이 부족하면 전압은 안정되고, 진상 무효전력이 과잉되면 전압은 불안정하게 된다.
② 전압 불안정 현상이 일어나지 않도록 전압을 일정하게 유지하려면 무효전력을 적절하게 공급해야 한다.
③ P-V곡선에서 주어진 역률에서 전압을 증가시키더라도 송전할 수 있는 최대 전력이 존재하는 임계점이 된다.

024 3상으로 표준 전압 3[kV], 800[kW]를 역률 0.9로 수전하는 공장의 수전회로에 시설할 계기용 변류기의 변류비로 적당한 것은? (단, 변류기의 2차 전류는 5[A]이며, 여유율은 1.2로 한다.)
① 10   ② 20   ③ 30   ④ 40

해답 21.② 22.① 23.① 24.④

해설 수전 전력
$P = \sqrt{3}\, VI_1 \cos\theta [\text{W}]$

$I_1(\text{1차 전류}) = \dfrac{P}{\sqrt{3}\, V\cos\theta} = \dfrac{800 \times 10^3}{\sqrt{3} \times 3000 \times 0.9} = \dfrac{800}{\sqrt{3} \times 2.7} \fallingdotseq 170[\text{A}]$ 이다.

∴ 변류기의 변류비 $= \dfrac{I_1 \times 여유율}{I_2} = \dfrac{170 \times 1.2}{5} \fallingdotseq \dfrac{204}{5} \fallingdotseq 40$이 적당하다.

---

025 발전기나 변압기의 내부고장 검출에 주로 사용되는 계전기는?
① 역상계전기　　　　　② 과전압계전기
③ 과전류계전기　　　　④ 비율차동계전기

해설 비율 차동계전기는 발전기나 변압기의 내부고장 검출에 주로 사용되는 계전기이다.

---

026 3000[kW], 역률 80%(뒤짐)의 부하에 전력을 공급하고 있는 변전소에 전력용 콘덴서를 설치하여 변전소에서의 역률을 90%로 향상시키는 데 필요한 전력용 콘덴서의 용량은 약 몇 [kVA]인가?
① 600　　　　　② 700
③ 800　　　　　④ 900

해설 역률 $\cos\theta_1 = 0.8 \rightarrow \cos\theta_2 = 0.9$로 개선하는 데 필요한 전력용 콘덴서의 용량

$P_r = P(\tan\theta_1 - \tan\theta_2) = 3000\left(\dfrac{\sin\theta_1}{\cos\theta_1} - \dfrac{\sin\theta_2}{\cos\theta_2}\right) = 3000\left(\dfrac{0.6}{0.8} - \dfrac{\sqrt{1-(0.9)^2}}{0.9}\right)$

$= 3000(0.75 - 0.48) = 3000 \times 0.27 \fallingdotseq 800[\text{kVA}]$가 된다.

---

027 역률 0.8인 부하 480[kW]를 공급하는 변전소에 전력용 콘덴서 220[kVA]를 설치하면 역률을 몇 %로 개선할 수 있는가?
① 92　　　　　② 94
③ 96　　　　　④ 99

해설 역률 개선용 무효전력 $Q_r = P(\tan\theta_1 - \tan\theta_2)[\text{kVA}]$.

$\tan\theta_1 - \tan\theta_2 = \dfrac{Q_r}{P}$. $\tan\theta_2 = \tan\theta_1 - \dfrac{Q_r}{P} = \dfrac{\sin\theta_1}{\cos\theta_1} - \dfrac{Q_r}{P} = \dfrac{0.6}{0.8} - \dfrac{220}{480} = 0.75 - 0.45 \fallingdotseq 0.3$

∴ $\theta_2 = \tan^{-1} 0.3 \fallingdotseq 16°$ ∴ 역률 $\cos\theta_2 = \cos 16° = 0.96$가 된다.

---

028 수전단을 단락한 경우 송전단에서 본 임피던스는 300[Ω]이고, 수전단을 개방한 경우에는 1200[Ω]일 때 이 선로의 특성 임피던스는 몇 [Ω]인가?
① 300　　　　　② 500
③ 600　　　　　④ 800

정답 25.④　26.③　27.③　28.③

[예설] 수전단 단락 시 송전단에서 본 임피던스 $Z_{1s}=300[\Omega]$, 수전단 개방 시 송전단에서 본 임피던스 $Z_{1f}=1200[\Omega]$일 때의 선로의 특성 임피던스 $Z_0=\sqrt{Z_{1s}\times Z_{1f}}=\sqrt{300\times 1200}=600[\Omega]$가 된다.

029 배전전압, 배전거리 및 전력손실이 같다는 조건에서 단상 2선식 전기방식의 전선 총중량을 100[%]라 할 때 3상 3선식 전기방식은 몇 [%]인가?
① 33.3 ② 37.5
③ 75.0 ④ 100.0

[예설] 송전 전력이 동일하므로 $\sqrt{3}\,VI_3\cos\theta = VI_1\cos\theta$
∴ $I_1 = \sqrt{3}\,I_3$ … ①
전력 손실이 동일하므로 $3I_3^2\rho\frac{l}{S_3}=2I_1^2\rho\frac{l}{S_1}=2(\sqrt{3}\,I_3)^2\times\rho\frac{l}{S_1}$에서
∴ $S_1 = 2S_3$ … ②이다.
∴ $\frac{3상\ 3선식\ 전선\ 총중량}{단상\ 2선식\ 전선\ 총중량}=\frac{3S_3 l\sigma}{2S_1 l\sigma}=\frac{3S_3}{2\times 2S_3}=\frac{3}{4}=0.75$이다.
즉, 단상 2선식 전선 총중량을 100[%]라 할때 3상 3선식 전선 총중량은 75[%]가 된다.

030 외뢰(外雷)에 대한 주 보호장치로서 송전계통의 절연협조의 기본이 되는 것은?
① 애자 ② 변압기
③ 차단기 ④ 피뢰기

[예설] 피뢰기는 외뢰에 대한 주 보호장치로서 송전계통의 기본이 되는 것이다. 즉 피뢰기의 제한 전압이 송전계통에서 절연협조의 기본이다. (단, 절연협조란 계통의 각 기기 및 기구, 선로, 애자 상호간의 균형있는 적당한 절연강도를 가지는 것을 말한다.)

031 배전선로의 전기적 특성 중 그 값이 1 이상인 것은?
① 전압 강하율 ② 부등률
③ 부하율 ④ 수용률

[예설] 부등률 = $\frac{개개의\ 최대\ 수용전력의\ 합}{합성\ 최대\ 수용전력}$ 이다. 즉, 합성 최대 수용전력이 개개의 최대 수용전력의 합보다 작은 값으로서 그 값이 1 이상인 것이다. (우리나라는 약 1.2 정도이다.)

032 1000[kVA]의 단상 변압기 3대를 △-△결선의 1 뱅크로 하여 사용하는 변전소가 부하 증가로 다시 1대의 단상 변압기를 증설하여 2 뱅크로 사용하면 약 몇 [kVA]의 3상 부하에 적용할 수 있는가?
① 1730 ② 2000 ③ 3460 ④ 4000

[예답] 29. ③ 30. ④ 31. ② 32. ③

해설 단상 변압기 1대의 용량 $P_a = VI = 100[kVH]$이다. 단상 변압기 3대 △-△결선 1뱅크로 사용하는 변전소가 부하 증가로 단상 변압기 1대 증설 2뱅크로 사용하면 최대 3상 부하 $= 2 \times \sqrt{3} P_a = 2 \times \sqrt{3} \times 1000 = 3460 [kVA]$가 된다.

033 3300[V] 배전선로의 전압을 600[V]로 승압하고 같은 손실률로 송전하는 경우 송전전력은 승압 전의 몇 배인가?

① $\sqrt{3}$ ② 2 ③ 3 ④ 4

해설 P_l(손실전력=전력손실)$= 3I^2 R = 3 \times \left(\dfrac{P}{\sqrt{3} V \cos\theta}\right)^2 R = \dfrac{P^2 R}{V^2 (\cos\theta)^2}$[W] … ①

①식에서 전력손실률 $k \dfrac{P_\ell}{P} = \dfrac{PR}{V^2 (\cos\theta)^2}$에서

P(송전전력)$= \dfrac{KV^2 (\cos\theta)^2}{R}$[W] ≒ V^2 … ②이다.

∴ ②식에서 $\dfrac{P_2}{P_1} ≒ \dfrac{V_2^2}{V_1^2} = \left(\dfrac{6600}{3300}\right)^2 = (2)^2 = 4$배가 된다.

034 송전선로에 근접한 통신선에 유도장해가 발생하였다. 전자유도의 주된 원인은?

① 영상전류 ② 정상전류
③ 정상전압 ④ 역상전압

해설 전자유도란 전력선에 영상전류가 흘려서 통신선에 발생되는 유도전압을 말한다.
∴ 송전선로에 근접한 통신선에 유도장해가 발생되는 유도전압 $E_m = j\omega ml \, 3I_0$[V]로 영상전류(I_o)가 원인이다.

035 기력발전소의 열사이클 과정 중 단열팽창 과정에서 물 또는 증기의 상태변화로 옳은 것은?

① 습증기 → 포화액 ② 포화액 → 압축액
③ 과열증기 → 습증기 ④ 압축액 → 포화액 → 포화증기

해설 기력발전소의 열사이클 과정 중 단열팽창 과정에서 물 또는 과열증기 → 습증기로 상태변화된다.

036 3상 배전선로의 전압 강하율[%]을 나타내는 식이 아닌 것은? (단, V_s : 송전단 전압, V_r : 수전단 전압, I : 전부하 전류, P : 부하 전력, Q : 무효 전력이다.)

① $\dfrac{PR+QX}{V_r^2} \times 100$ ② $\dfrac{V_s - V_r}{V_r} \times 100$

③ $\dfrac{V_s(PR+QX)}{V_r} \times 100$ ④ $\dfrac{\sqrt{3} I}{V_r}(R\cos\theta + X\sin\theta) \times 100$

정답 33.④ 34.① 35.③ 36.③

[해설] 3상 배전선로의 ε(전압 강하률)[%]을 나타내는 식은
① ε(전압 변동률)$=\dfrac{V_s-V_r}{V_r}\times 100[\%]$
② ε(전압 강하률)$=\dfrac{\sqrt{3}I}{V_r}(R\cos\theta+X\sin\theta)\times 100[\%]$
③ ε(전압 변동률)$=\dfrac{PR-QX}{V_r^2}\times 100[\%]$ 등이다.

037 송전선로의 보호방식으로 지락에 대한 보호는 영상전류를 이용하여 어떤 계전기를 동작시키는가?
① 선택지락 계전기　② 전류차동 계전기
③ 과전압 계전기　④ 거리 계전기

[해설] 영상전류(I_0)에 의해서만 철심에 자속을 만든다.
∴ 선택지락 계전기는 영상 전류를 이용하여 송전선에 지락을 보호한다.

038 경수감속 냉각형 원자로에 속하는 것은?
① 고속증식로　② 열중성자로
③ 비등수형 원자로　④ 흑연감속 가스 냉각로

[해설] 비등수형(BWR) 원자로는 경수감속 냉각형 원자로에 속한다.

039 장거리 송전선로의 특성을 표현한 회로로 옳은 것은?
① 분산부하 회로　② 분포정수 회로
③ 집중정수 회로　④ 특성 임피던스 회로

[해설] 4단자 망의 접속은 종속접속으로 최대 전력 전송접속이다.
① L형 4단자망의 접속(50[km] 이하)=단거리 송전 전송선로의 접속이다.
② T형, π형 4단자 망의 접속(50~100km)=중거리, 송전, 전송선로의 접속이다.
③ 분포정수 회로는 장거리, 송전, 전송선로의 특성을 표현한 회로이다.

040 배전선로에 3상 3선식 비접지방식을 채용할 경우 장점이 아닌 것은?
① 과도 안정도가 크다.
② 1선 지락고장 시 고장 전류가 작다.
③ 1선 지락고장 시 인접 통신선의 유도장해가 작다.
④ 1선 지락고장 시 건전상의 대지전위 상승이 작다.

[해설] 배전선로에 3상 3선식 비접지방식을 채용할 경우의 장점은
① 과도 안정도가 크다.
② 1선 지락 고장 시 고장 전류가 작다.
③ 1선 지락 고장 시 인접 통신선의 유도장해가 작다.

[정답] 37.① 38.③ 39.② 40.④

03 전/기/기/기

041 직류기에서 전기자 반작용의 영향을 설명한 것으로 틀린 것은?
① 주자극의 자속이 감소한다.
② 정류자편 사이의 전압이 불균일하게 된다.
③ 국부적으로 전압이 높아져 섬락을 일으킨다.
④ 전기적 중성점이 전동기인 경우 회전방향으로 이동한다.

직류기에서 전기자 반작용의 영향을 설명한 것으로 옳은 것은?
① 주 자극의 자속이 감소한다.
② 정류자편 사이의 전압이 불균일하게 된다.
③ 국부적으로 전압이 높아져 섬락을 일으킨다.

042 6300/210[V], 20[kVA] 단상 변압기 1차 저항과 리액턴스가 각각 15.2[Ω]과 21/6[Ω], 2차 저항과 리액턴스가 각각 0.019[Ω]과 0.028[Ω]이다. 백분율 임피던스는 약 몇 [%]인가?
① 1.86   ② 2.86   ③ 3.86   ④ 4.86

$a = \dfrac{V_{1n}}{V_{2n}} = \dfrac{6300}{210} = 30$. P_a(용량)$= V_{1n}I_{1n}$[VA]

1차 정격 전류 $I_{1n} = \dfrac{P_a}{V_{1n}} = \dfrac{20 \times 10^3}{6300} = \dfrac{200}{63} ≒ 3.17$[A]

1차 환산 임피던스 $Z_{12} = (r_1 + a^2 r_2) + j(x_1 + a^2 x_2)$
$= (15.2 + 30^2 \times 0.019) + j(21.6 + 30^2 \times 0.028)$
$≒ 32.3 + j46.8 = \sqrt{(32.3)^2 + (46.8)^2} = \sqrt{1043.2P + 2190.24}$
$= \sqrt{3233.53} ≒ 56.86$[Ω]

∴ 백분율 임피던스 $\%Z = \dfrac{I_{1n}Z_{12}}{V_{1n}} \times 100 = \dfrac{3.17 \times 56.86}{3600} \times 100 = \dfrac{180.18}{63} ≒ 2.86$[%]가 된다.

043 권선형 유도 전동기의 속도제어 방법 중 저항제어법의 특징으로 옳은 것은?
① 효율이 높고 역률이 좋다.
② 부하에 대한 속도 변동률이 작다.
③ 구조가 간단하고 제어조작이 편리하다.
④ 전부하로 장시간 운전하여도 온도에 영향이 적다.

비례 추이는 T(토크)$≒ \dfrac{r_2^1}{S}$이다. T(토크) 일정이면 r_2^1(2차 저항)$≒ S$(슬립)이다.
∴ 권선형 유도 전동기의 속도제어 방법 중 저항제어법은 2차 회로에 저항을 삽입 비례 추이로 속도를 제어하는 방법으로 구조가 간단하고 제어조작이 편리하다.

41. ④ 42. ② 43. ③

044 직류 분권 전동기의 공급 전압의 극성을 반대로 하면 회전방향은 어떻게 되는가?
① 반대로 된다.　　② 변하지 않는다.
③ 발전기로 된다.　　④ 회전하지 않는다.

해설 직류 분권 전동기의 공급 전압의 극성을 반대로 하면, 전기자 전류와 계자 전류의 극성이 동시에 반대가 되기 때문에 회전방향은 변하지 않는다.

045 단상 50[Hz], 전파정류 회로에서 변압기의 2차 상전압 100[V], 수은 정류기의 전압강하 20[V]에서 회로 중의 인덕턴스는 무시한다. 외부 부하로서 기전력 50[V], 내부 저항 0.3[Ω]의 축전지를 연결할 때 평균 출력은 약 몇 [W]인가?
① 4556　　② 4667
③ 4778　　④ 4889

해설 단상 전파정류 회로의 평균치 전압(직류 전압)
$E_d = \dfrac{2E_m}{\pi} - e_a = \dfrac{2\sqrt{2}E}{\pi} - e_a = 0.90E - e_a = 0.9 \times 100 - 20 = 90 - 20 = 70[V]$ … ①
외부 부하로서 기전력 50[V] 내부 저항 0.3[Ω]의 축전지 연결 시 단상 전파정류 회로의
직류 전류 $I_d = \dfrac{E_d - 50}{r} = \dfrac{70 - 50}{0.3} = \dfrac{20}{0.3} \fallingdotseq 67[A]$ … ②이다.
∴ 평균 출력 $P_d = E_d \times I_d = 70 \times 67 \fallingdotseq 4667[W]$가 된다.

046 3상 동기 발전기의 여자 전류 5[A]에 대한 1상의 유기 기전력이 600[V]이고 그 3상 단락 전류는 30[A]이다. 이 발전기의 동기 임피던스[Ω]는?
① 10　　② 20
③ 30　　④ 40

해설 3상 동기 발전기의 동기 임피던스 $Z_s = \dfrac{E_n(1상\ 기전력)}{I_s(단락\ 전류)} = \dfrac{600}{30} = 20[Ω]$가 된다.

047 동기 발전기의 전기자 권선을 단절권으로 하는 가장 큰 이유는?
① 과열을 방지
② 기전력 증가
③ 기본파를 제거
④ 고조파를 제거해서 기전력 파형 개선

해설 동기 발전기의 전기자 권선법 중 단절권이란 자극 피치가 코일 피치보다 큰 결선법으로 단절권의 장점은 고조파가 제거된다. 기전력의 파형이 좋다. 즉, 고조파를 제거해서 기전력 파형이 개선된다.

예답　44.②　45.②　46.②　47.④

048 권선형 유도 전동기가 기동하면서 동기속도 이하까지 회전속도가 증가하면 회전자의 전압은?

① 증가한다.   ② 감소한다.
③ 변함없다.   ④ 0이 된다.

해설 권선형 유도 전동기가 기동하면서 동기속도 이하까지 속도가 증가하면 회전자 전압은 감소한다.

049 3상 직권 정류자 전동기의 중간 변압기의 사용목적은?

① 역회전의 방지   ② 역회전을 위하여
③ 전동기의 특성을 조정   ④ 직권 특성을 얻기 위하여

해설 3상 직권 정류자 전동기의 중간 변압기는 고정자 권선과 회전자 권선 사이에 직렬로 접속되며, 이 중간 변압기의 사용목적은 ① 실효 권수비를 바꾸어 전동기의 특성을 조정한다. ② 전원 전압 크기에 관계없이 정류에 알맞은 회전자 전압을 선택할 수 있다. ③ 직권 특성으로 경부하 시의 속상승을 제한할 수 있다.

050 전기자 지름 0.2[m]의 직류 발전기가 1.5[kW]의 출력에서 1800[rpm]으로 회전하고 있을 때 전기자 주변 속도는 약 몇 [m/s]인가?

① 18.84   ② 21.96   ③ 32.74   ④ 42.85

해설 전기자의 주변 속도
$$v = \pi D \times \frac{N_s}{60} = \pi \times 0.2 \times \frac{1800}{60} = \pi \times 6 = 3.14 \times 6 = 18.84 [\text{m/sec}] \text{이다.}$$

051 2방향성 3단자 사이리스터는?

① SCR   ② SSS
③ SCS   ④ TRIAC

해설 TRIAC(트라이액)은 2방향성 3단자 사이리스터이다.

052 동기 전동기의 특징으로 틀린 것은?

① 속도가 일정하다.   ② 역률을 조정할 수 없다.
③ 직류 전원을 필요로 한다.   ④ 난조를 일으킬 염려가 있다.

해설 동기 전동기의 특징
① 항상 역률 1로 속도가 일정 불변이다.
② 난조를 일으킬 염려가 있다.
③ 직류 전원을 필요로 한다.

 48. ②   49. ③   50. ①   51. ④   52. ②

2017년 5월 7일 시행

053 정격 주파수 50[Hz]의 변압기를 일정 전압 60[Hz]의 전원에 접속하여 사용했을 때 여자 전류, 철손 및 리액턴스 강하는?

① 여자 전류와 철손은 $\frac{5}{6}$ 감소, 리액턴스 강하 $\frac{6}{5}$ 증가

② 여자 전류와 철손은 $\frac{5}{6}$ 감소, 리액턴스 강하 $\frac{6}{5}$ 감소

③ 여자 전류와 철손은 $\frac{6}{5}$ 증가, 리액턴스 강하 $\frac{6}{5}$ 증가

④ 여자 전류와 철손은 $\frac{6}{5}$ 증가, 리액턴스 강하 $\frac{6}{5}$ 감소

해설 변압기 전압 $E=4.44fN\phi$[V]. 자속 $\phi=\frac{E}{4.44fN}\fallingdotseq\frac{1}{f}$[Wb]

철심의 기자력 $F=NI_o=R\phi$[N]

철심 여자 전류 I_o≒철손 P_i≒철심의 자속≒$\phi=\frac{1}{f}=\frac{1/60}{1/50}=\frac{50}{60}=\frac{5}{6}$로 감소된다. … ①

철심의 여자 전류 $I_o=\frac{V}{X_L}$[A]

∴ 리액턴스 $X_L=\frac{V}{I_o}=\frac{1}{I_o}=\frac{1}{5/6}=\frac{6}{5}$으로 증가 된다. … ②

∴ ①, ②식에서 I_o≒$P_i=\frac{5}{6}$ 감소, $X_L=\frac{1}{I_o}=\frac{6}{5}$ 증가된다.

054 어떤 주상 변압기가 4/5 부하일 때 최대 효율이 된다고 한다. 전부하에 있어서의 철손과 동손의 비 P_c/P_i는 약 얼마인가?

① 0.64 　② 1.56 　③ 1.64 　④ 2.56

해설 주상 변압기가 4/5부하일 때 최대 효율이다.

최대 효율의 조건은 $P_i=m^2P_c=(\frac{4}{5})^2P_c$

∴ 철손과 동손의 비 $\frac{P_c}{P_i}=\frac{1}{m^2}=\left(\frac{1}{4/5}\right)^2=\left(\frac{5}{4}\right)^2=\frac{25}{16}\fallingdotseq 1.56$이 된다.

055 직류기의 손실 중 기계손에 속하는 것은?

① 풍손　　　　　　　　② 와전류손
③ 히스테리시스손　　　④ 브러시의 전기손

해설 직류기의 손실
① 기계손=브러시 마찰손, 베어링 마찰손, 풍손 등이다.
② 철손=와전류손, 히스테리 시스손이다.
③ 브러시의 전기손=동손이다.

해답 53. ① 54. ② 55. ①

[056] 직류기에서 양호한 정류를 얻는 조건으로 틀린 것은?
① 정류 주기를 크게 한다.
② 브러시의 접촉 저항을 크게 한다.
③ 전기자 권선의 인덕턴스를 작게 한다.
④ 평균 리액턴스 전압을 브러시 접촉면 전압 강하보다 크게 한다.

해설) 직류기에서 양호한 정류를 얻는 조건은
① 정류 주기를 크게 한다.
② 브러시의 접촉 저항을 크게 한다.
③ 전기자 권선의 인덕턴스를 작게 한다.

[057] 동기 전동기의 제동권선을 다음 어떤 것과 같은가?
① 직류기의 전기자
② 유도기의 농형 회전자
③ 동기기의 원통형 회전자
④ 동기기의 유도자형 회전자

해설) 동기 전동기의 자기 기동법은 제동권선을 이용 기동하는 법으로 제동권선은 유도 전동기의 농형 회전자와 같다.

[058] 권선형 3상 유도 전동기의 2차 회로는 Y로 접속되고 2차 각 상의 저항은 0.3[Ω]이며 1차, 2차 리액턴스의 합은 1.5[Ω]이다. 기동 시에 최대 토크를 발생하기 위해서 삽입하여야 할 저항[Ω]은? (단, 1차 각 상의 저항은 무시한다.)
① 1.2
② 1.5
③ 2
④ 2.2

해설) 권선형 3상 유도 전동기 1차 저항 $r_1=0$ 기동 시 최대 토크를 발생하기 위해서 삽입하여야 할 저항 $R=\sqrt{r_1^2+(x_1+x_2')^2}-r_2 ≒ \sqrt{(x_1+x_2')^2}-r_2 = \sqrt{(1.5)^2}-0.3 ≒ 1.2[\Omega]$ 가 된다.

[059] 3상 유도 전압 조정기의 특징이 아닌 것은?
① 분로 권선에 회전자계가 발생한다.
② 입력 전압과 출력 전압의 위상이 같다.
③ 두 권선을 2극 또는 4극으로 감는다.
④ 1차 권선은 회전자에 감고 2차 권선은 고정자에 감는다.

해설) 3상 유도 전압 조정기의 특징은
① 분로 권선에서 회전자계가 발생한다.
② 두 권선은 2극 또는 4극으로 감는다.
③ 1차 권선은 회전자에 감고 2차 권선은 고정자에 감는다.

 56.④ 57.② 58.① 59.②

060 변압기의 부하가 증가할 때의 현상으로서 틀린 것은?
① 동손이 증가한다. ② 온도가 상승한다.
③ 철손이 증가한다. ④ 여자 전류는 변함없다.

변압기에서 부하가 증가하면 저항이 증가한다.
출력 $P = \sqrt{3}\,VI\cos\theta = \sqrt{3}\,I_2 R[\text{W}]$이다.
∴ ① 동손이 증가한다.
② 동손은 joul열로 온도가 상승한다.
③ 여자 전류는 변함이 없다. 부하 전류는 변화된다.

04   회/로/이/론

061 어떤 회로망의 4단자 정수가 $A=8$, $B=j2$, $D=3+j14$이면 이 회로망의 C는?
① $2+j3$ ② $3+j3$
③ $24+j14$ ④ $8-j11.5$

4단자 회로망에서 4단자 정수사이와의 관계 $AD - BC = 1$, $AD - 1 = BC$.
∴ $C = \dfrac{AD-1}{B} = \dfrac{8(3+j2)-1}{j2} = \dfrac{24+j16-1}{j2} = \dfrac{23+j16}{j2} = 8 - j\dfrac{23}{2} = 8 - j11.5$가 된다.

062 다음과 같은 회로에서 $i_1 = I_m \sin\omega t$ [A]일 때, 개방된 2차 단자에 나타나는 유기 기전력 e_2는 몇 [V]인가?
① $\omega M I_m \sin(\omega t - 90°)$
② $\omega M I_m \cos(\omega t - 90°)$
③ $-\omega M \sin\omega t$
④ $\omega M \cos\omega t$

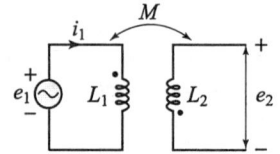

2차 단자에 나타나는 유기 기전력
$e_2 = L_2 \dfrac{di_2}{dt} + M\dfrac{di_1}{dt} = 0 + M\dfrac{di_1}{dt} = M\dfrac{d}{dt} I_m \sin\omega t = \omega M I_m \sin(\omega t - 90°)$[V]가 된다.

063 다음 회로에서 부하 R에 최대 전력이 공급될 때의 전력 값이 5[W]라고 하면 $R_L + R_i$의 값은 몇 [Ω]인가? (단, R_i는 전원의 내부 저항이다.)
① 5
② 10
③ 15
④ 20

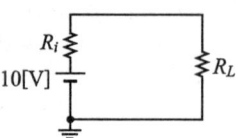

정답 60.③ 61.④ 62.① 63.②

해설 회로에서 부하에 최대 전력 전송조건은 $R_i = R_L$이다.

∴ 최대 전력 $P_{\max} = I^2 R_L = \left(\dfrac{E}{R_i+R_L}\right)^2 \times R_L = \left(\dfrac{E}{2R_L}\right)^2 \times R_L = \dfrac{E^2}{4R_L}$[W] … ①

①식에서 부하 저항 $R_L = \dfrac{E^2}{4 \times P_{\max}} = \dfrac{(10)^2}{4 \times 5} = \dfrac{100}{20} = 5[\Omega]$이다.

$R_i + R_L = 5 + 5 = 10[\Omega]$가 된다.

064 부동작 시간(dead time) 요소의 전달함수는?

① K
② $\dfrac{K}{s}$
③ K_e^{-Ls}
④ Ks

해설 부동작 시간 요소란 시간 $t=0$에서 입력이 변해도 $t=L$에서는 출력 측에 어떠한 영향도 나타나지 않는 요소로서 부동작 시간요소의 전달함수 $G(s) = \dfrac{Y(s)}{X(s)} = Ke^{-SL}$가 된다. 또한, K(비례요소), $\dfrac{K}{s}$(적분요소), Ks(미분요소) 등이다.

065 회로의 양 단자에서 테브난의 정리에 의한 등가 회로로 변환할 경우 V_{ab} 전압과 테브난 등가 저항은?

① 60[V], 12[Ω]
② 60[V], 15[Ω]
③ 50[V], 15[Ω]
④ 50[V], 50[Ω]

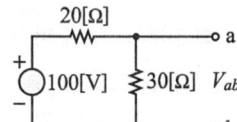

해설 폐회로 전류 $I = \dfrac{E}{R_i + R_L} = \dfrac{100}{20+30} = \dfrac{100}{50} = 2[A]$이다.

∴ 테브난의 등가 전압 $V_{ab} = IR_L = 2 \times 30 = 60[V]$ … ①

테브난의 등가 저항은 정전압원 단락시 ab단자에서 본 저항

$R_{ab} = \dfrac{20 \times 30}{20+30} = \dfrac{600}{50} = 12[\Omega]$ … ②이다.

∴ ①, ②식에서 $V_{ab} = 60[V]$, $R_{ab} = 12[\Omega]$가 된다.

066 저항 $R[\Omega]$, 리액턴스 $X[\Omega]$와의 직렬 회로에 교류 전압 $V[V]$를 가했을 때 소비되는 전력[W]은?

① $\dfrac{V^2 R}{\sqrt{R^2+X^2}}$
② $\dfrac{V}{\sqrt{R^2+X^2}}$
③ $\dfrac{V^2 R}{R^2+X^2}$
④ $\dfrac{X}{R^2+X^2}$

해답 64. ③ 65. ① 66. ③

해설 R-L 직렬 회로에 소비전력

$$P = VI\cos\theta = I^2R = (\frac{V}{\sqrt{R^2 \times X^2}})^2 R = \frac{V^2}{R^2+X^2} \times R[\text{W}]\text{가 된다.}$$

067 그림과 같은 회로에서 $V_1(S)$를 입력, $V_2(S)$ 출력으로 한 전달함수는?

① $\dfrac{1}{\dfrac{1}{LS}+CS}$

② $\dfrac{1}{1+S^2LC}$

③ $\dfrac{1}{LC+CS}$

④ $\dfrac{CS}{S^2(S+LC)}$

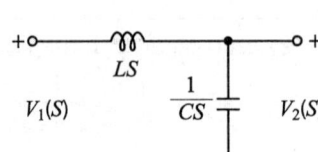

해설 L형 4단자망의 전달함수

$$G(s) = \frac{V_2(s)}{V_1(s)} = \frac{I\frac{1}{SC}}{I(SL+\frac{1}{SC})} = \frac{\frac{1}{SC}}{SL+\frac{1}{SC}} = \frac{1}{S^2LC+1} = \frac{1}{1+S^2LC}\text{된다.}$$

068 RLC 직렬 회로에서 각 주파수 ω를 변화시켰을 때 어드미턴스의 궤적은?

① 원점을 지나는 원 ② 원점을 지나는 반원
③ 원점을 지나지 않는 원 ④ 원점을 지나지 않는 직선

해설 RLC직렬 회로에서 임피던스 $\dot{Z} = R+j(\omega L - \dfrac{1}{\omega C})[\Omega]$,

어드미턴스 $\dot{Y} = \dfrac{1}{\dot{Z}} = \dfrac{1}{R+j(\omega L - \dfrac{1}{\omega C})}[\mho]$이다.

이때 각 주파수 ω를 $0 \sim \infty$까지 변화할 경우
① $\dot{Z}$(임피던스)의 궤적은 직선이다.
② 이에 역페이서인 $\dot{Y}$(어드미턴스)$= \dfrac{1}{\dot{Z}}$의 궤적은 원점을 지나는 원이 된다.

069 대칭 6상 기전력의 선간 전압과 상기전력의 위상차는?

① 120° ② 60°
③ 30° ④ 15°

해답 67. ② 68. ① 69. ②

해설 대칭 n상의 선간기전력(E_l)과 상기전력(E_p)의 관계 $E_l = E_p \times 2\sin\frac{\pi}{n} \varepsilon^{j\frac{\pi}{2}(1-\frac{2}{n})}$[V]이다.

∴ 대칭 6상의 선간기전력과 상기전력의 위상차 $= \frac{\pi}{2}(1-\frac{2}{n}) = \frac{\pi}{2}(1-\frac{2}{6}) = \frac{\pi}{2} - \frac{\pi}{6}$
$= 90 - 30° = 60°$가 된다.

070 RL 병렬 회로의 양단에 $e = E_m\sin(\omega t + \theta)$[V]의 전압이 가해졌을 때 소비되는 유효전력[W]은?

① $\frac{E_m^2}{2R}$ ② $\frac{E_m^2}{\sqrt{2}R}$

③ $\frac{E_m}{2R}$ ④ $\frac{E_m}{\sqrt{2}R}$

해설 RL 병렬 회로에서 소비되는 유효전력

$P = EI\cos\theta = E \times YE \times \frac{g}{Y} = E^2 \times \frac{1}{R} = (\frac{E_m}{\sqrt{2}})^2 \times \frac{1}{R} = \frac{E_m^2}{2R}$[W]이다.

(단, $E = \frac{E_m}{\sqrt{2}}$[V]이다.)

071 2단자 회로 소자 중에서 인가한 전류파형과 동 위상의 전압파형을 얻을 수 있는 것은?

① 저항 ② 콘덴서
③ 인덕턴스 ④ 저항+콘덴서

해설 2단자 회로 소자 중에서 전압과 전류 위상이 동 위상인 소자는 R(저항)이다.

072 다음과 같은 교류 브리지 회로에서 Z_0에 흐르는 전류가 0이 되기 위한 각 임피던스의 조건은?

① $Z_1Z_2 = Z_3Z_4$
② $Z_1Z_2 = Z_3Z_4$
③ $Z_2Z_3 = Z_1Z_0$
④ $Z_2Z_3 = Z_1Z_4$

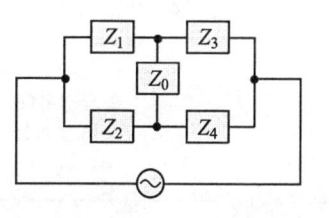

해설 문제의 교류 브리지 회로에서 Z_0에 전류가 0가 되기 위한 조건은 브리지의 평형을 위한 각 임피던스의 조건으로 맞보는 변에 곱이 서로 같아야 한다.

∴ $Z_1Z_4 = Z_2Z_3$이다.

정답 70.① 71.① 72.④

073 불평형 3상 전류가 $I_a=15+j2[A]$, $I_b=-20-j14[A]$, $I_c=-3+j10[A]$일 때의 영상전류 $I_0[A]$는?

① $1.57-j3.25$
② $2.85+j0.36$
③ $-2.67-j0.67$
④ $12.67+j2$

해설 비대칭 3상 전류와 대칭분 3상 전류와의 관계는

$$I_o(영상전류)=\frac{1}{3}(I_a+I_b+I_c)=\frac{1}{3}(15+j2+(-20-j14)+(-3+j10))$$

$$=\frac{1}{3}(-8-j2)≒-2.67-j0.67[A]가 된다.$$

074 회로에서 $L=50[mH]$, $R=20[k\Omega]$인 경우 회로의 시정수는 몇 $[\mu s]$인가?

① 4.0
② 3.5
③ 3.0
④ 2.5

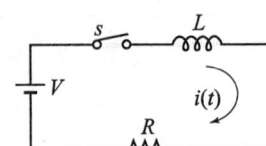

해설 RC직렬 회로의 시정수 $\tau=CR[sec]$
RL직렬 회로의 시정수 $\tau=\frac{L}{R}=\frac{50\times 10^{-3}}{20\times 10^3}=2.5\times 10^{-6}=2.5[\mu s]$가 된다.

075 주기적인 구형파 신호의 구성은?

① 직류 성분만으로 구성된다.
② 기본파 성분만으로 구성된다.
③ 고조파 성분만으로 구성된다.
④ 직류 성분, 기본파 성분, 무수히 많은 고조파 성분으로 구성된다.

해설 주기적인 구형파 신호의 구성=직류 성분+기본파 성분+무수이 많은 고조파 성분으로 구성된다. ∴ 비정현파(왜형파)=직류파+기본파+고조파의 합성이다.
단, 고조파는 무수이 많은 주파수의 합성이다.

076 $F(s)=\dfrac{5s+3}{s(s+1)}$일 때 $f(t)$의 최종값은?

① 3
② -3
③ 5
④ -5

해설 최종치 정리에서 $\lim\limits_{t\to\infty}f(t)=\lim\limits_{s\to 0}sF(s)=\lim\limits_{s\to 0}s\times\dfrac{5s+3}{s(s+1)}=\dfrac{0+3}{0+1}=3$이 된다.

정답 73. ③ 74. ④ 75. ④ 76. ①

077 다음 미분 방정식으로 표시되는 계에 대한 전달함수는? (단, $x(t)$는 입력, $y(t)$는 출력을 나타낸다.)

$$\frac{d^2y(t)}{dt^2}+3\frac{dy(t)}{dt}+2y(t)=x(t)+\frac{dx(t)}{dt}$$

① $\dfrac{s+1}{s^2+3s+2}$ ② $\dfrac{s-1}{s^2+3s+2}$

③ $\dfrac{s+1}{s^2-3s+2}$ ④ $\dfrac{s-1}{s^2-3s+2}$

해설 다음 미분방정식에서의 초기값=0이다.
$\dfrac{d^2y(t)}{dt^2}+3\dfrac{dy(t)}{dt}+2y(t)=x(t)+\dfrac{dx(t)}{dt}$ 양변 라플라스 변환하면
$s^2Y(s)+3sY(s)+2Y(s)=X(s)+sX(s)$, $Y(s)(s^2+3s+2)=X(s)(s+1)$에서
$G(s)$(전달함수)$=\dfrac{Y(s)}{X(s)}=\dfrac{s+1}{s^2+3s+2}$ 이 된다.

078 RC 회로에 비정현파 전압을 가하여 흐른 전류가 같을 때 이 회로의 역률은 약 [%]인가?

$u=20+220\sqrt{2}\sin120\pi t+40\sqrt{2}\sin360\pi t$ [V]
$i=2.2\sqrt{2}\sin(120\pi t+36.87°)+0.49\sqrt{2}\sin(360\pi t+14.04°)$ [A]

① 75.8 ② 80.4
③ 86.3 ④ 89.7

해설 (1) RC 비정현파 전압 전류의 실효값은
$|V|=\sqrt{\dfrac{1}{T}\int_0^T(\nu)^2d_t}=\sqrt{V_0^2+V_1^2+V_3^2}=\sqrt{(20)^2+(220)^2+(40)^2}$
$=\sqrt{400+48400+1600}=\sqrt{50400}≒224.5$[V]
$|I|=\sqrt{\dfrac{1}{T}\int_0^T(i)^2d_t}=\sqrt{I_1^2+I_3^2}=\sqrt{(2.2)^2+(0.49)^2}=\sqrt{5.08}≒2.25$[A]
$\therefore P_a$(피상전력)$=|V||I|=224.5×2.25≒505$[VA] ⋯ ①

(2) RC 비정현파 전압, 전류에 의한 전력은 같은 주파수 사이에서만 전력이 발생된다.
$\therefore P=\dfrac{1}{T}\int_0^T\nu id_t=V_1I_1\cos(0-36.87)+V_3I_3\cos(0-14.04)$
$=220×2.2\cos(-36.87)+40×0.49\cos(-14.04)$
$=484×0.8+19.6×0.97=387.2+19≒406.2$[W] ⋯ ②

(3) RC 비정현파 회로의 역률$(\cos\theta)=\dfrac{P}{P_a}×100=\dfrac{406.2}{505}×100≒80.4$[%]가 된다.

77. ① 78. ②

079 대칭 좌표법에 관한 설명이 아닌 것은?

① 대칭 좌표법은 일반적인 비대칭 3상 교류 회로의 계산에도 이용된다.
② 대칭 3상 전압의 영상분과 역상분은 0이고, 정상분만 남는다.
③ 비대칭 3상 교류 회로는 영상분, 역상분 및 정상분의 3성분으로 해석한다.
④ 비대칭 3상 회로의 접지식 회로에는 영상분이 존재하지 않는다.

해설 대칭 좌표법에 관한 설명으로 옳은 것은
① 대칭 좌표법은 일반적인 비대칭 3상 교류 회로의 계산에도 이용된다.
② 대칭 3상 전압의 영상분과 역상분은 0이고 정상분만 남는다.
③ 비대칭 3상 교류 회로는 영상분, 역상분 및 정상분의 3성분으로 해석한다.

080 3상 Y결선 전원에서 각 상전압이 100[V]일 때 선간전압[V]은?

① 150　　② 170
③ 173　　④ 179

해설 3상 Y결선 회로의 V_l(선간전압) $= \sqrt{3}\,V_p$(상전압) $= \sqrt{3} \times 100 ≒ 173[V]$가 된다.
또한 I_l(선전류) $= I_p$(상전류)[A]이다.

05 전/기/설/비/기/술/기/준 및 판/단/기/준

081 변전소의 주요 변압기에 시설하지 않아도 되는 계측 장치는?

① 전압계　　② 역률계
③ 전류계　　④ 전력계

해설 계측 장치에서 변전소 또는 이에 준하는 곳에는 계측 장치를 시설하여야 한다.
① 변전소의 주요 변압기에는 전압계, 전류계, 전력계의 계측 장치를 시설해야한다.
② 특고압용 변압기에는 변압기 온도 장치를 시설한다.

082 애자사용 공사에 의한 고압 옥내배선을 시설하고자 할 경우 전선과 조영재 사이의 이격거리는 몇 [cm] 이상인가?

① 3　　② 4
③ 5　　④ 6

해설 고압 옥내배선 등의 시설에서 애자사용 공사에 의한 고압 옥내배선을 시설하고자 할 경우 전선 상호간의 간격은 8[cm] 이상, 전선과 조영재 사이의 이격거리는 5[cm] 이상이어야 한다.

해답 79.④　80.③　81.②　82.③

083 특고압 전선로에 접속하는 배전용 변압기의 1차 및 2차 전압은?
① 1차: 35[kV] 이하, 2차: 저압 또는 고압
② 1차: 50[kV] 이하, 2차: 저압 또는 고압
③ 1차: 35[kV] 이하, 2차: 특고압 또는 고압
④ 1차: 50[kV] 이하, 2차: 특고압 또는 고압

해설 특별고압 배전용 변압기의 시설에서 특별고압 전선로에 배전용 전압기를 시설하는 경우 특별고압 절연 전선 또는 케이블을 사용하고 변압기 1차 전압은 35[kV] 이하, 2차 전압은 저압 또는 고압이어야 한다. 또 변압기의 특별고압 측에는 개폐기 및 과전류 차단기를 시설하여야 한다.

084 관·암거·기타 지중전선을 넣은 방호장치의 금속제 부분(케이블을 지지하는 금구류는 제외한다.) 금속제의 전선 접속함 및 지중전선의 피복으로 사용하는 금속체에 시설하는 접지공사의 종류는?
① 제1종 접지공사
② 제2종 접지공사
③ 제3종 접지공사
④ 특별 제3종 접지공사

해설 지중전선의 피복 금속체의 접지에서 관, 암거, 기타 지중전선을 넣은 방호장치의 금속체 부분(케이블을 지지하는 금구류는 제외한다.) 금속제의 전선 접속함 및 지중전선의 피복으로 사용하는 금속체에는 제3종 접지공사를 하여야 한다.

085 폭연성 분진 또는 화약류의 분말이 전기설비가 발화원이 되어 폭발할 우려가 있는 곳에 시설하는 저압 옥내 전기설비를 케이블 공사로 할 경우 관이나 방호장치에 넣지 않고 노출로 설치할 수 있는 케이블은?
① 미네랄인슈레이션 케이블
② 고무절연 비닐 시스케이블
③ 폴리에틸렌절연 비닐 시스케이블
④ 폴리에틸렌절연 폴리에틸렌 시스케이블

해설 먼지가 많은 장소에서의 저압 시설에서 폭연성 분진 또는 화약류의 분말이 전기설비가 발화원이 되어 폭발할 우려가 있는 곳에 시설하는 저압 옥내 전기설비를 케이블 공사로 할 경우 미네랄인슈레이션 케이블은 관이나 방호장치에 넣지 않고 노출로 설치할 수 있다.

086 지선을 사용하여 그 강도를 분담시켜서는 아니 되는 가공전선로 지지물은?
① 목주
② 철주
③ 철탑
④ 철근콘크리트주

해설 지선의 사용에서 가공전선로의 지지물로 사용하는 철탑은 지선을 사용하여 그 강도를 분담시켜서는 아니 된다.

정답 83.① 84.③ 85.① 86.③

087 특고압 가공전선로의 지지물 중 전선로의 지지물 양쪽의 경간의 차가 큰 곳에 사용하는 철탑은?

① 내장형 철탑
② 인류형 철탑
③ 보강형 철탑
④ 각도형 철탑

> 특별고압 가공전선로의 철주, 철근콘크리트주 또는 철탑의 종류에서 내장형 철탑은 특고압 가공전선로의 지지물 중 전선로의 지지물 양쪽의 경간의 차가 큰 곳에 사용하는 철탑을 말한다.

088 정격전류가 15[A] 이하인 과전류 차단기로 보호되는 저압 옥내전로에 접속하는 콘센트는 정격전류가 몇 [A] 이하인 것이어야 하는가?

① 15
② 20
③ 25
④ 30

> 분기 회로의 시설에서 정격전류가 15[A] 이하인 과전류 차단기로 보호되는 저압 옥내전로에 접속하는 콘센트는 정격전류가 15[A] 이하인 것이어야 한다.

089 풀용 수중조명등의 시설공사에서 절연 변압기는 그 2차 측 전로의 사용전압이 몇 [V] 이하인 경우에는 1차 권선과 2차 권선 사이에 금속제의 혼촉방지판을 설치하여야 하며, 제 몇 종 접지공사를 하여야 하는가?

① 30[V], 제1종 접지공사
② 30[V], 제2종 접지공사
③ 60[V], 제1종 접지공사
④ 60[V], 제2종 접지공사

> 풀용 수중조명등의 시설에서 전열 변압기는 그 2차 측 전로의 사용전압이 30[V] 이하인 경우에는 1차 권선과 2차 권선 사이에 금속제의 혼촉방지판을 설치하여야 하며, 제1종 접지공사를 하여야 한다.

090 수소냉각식 발전기 및 이에 부속하는 수소냉각장치 시설에 대한 설명으로 틀린 것은?

① 발전기 안의 수소의 온도를 계측하는 장치를 시설할 것
② 발전기 안의 수소의 순도가 70[%] 이하로 저하한 경우에 이를 경보하는 장치를 시설할 것
③ 발전기 안의 수소의 압력을 계측하는 장치 및 그 압력이 현저히 변동한 경우에 이를 경보하는 장치를 시설할 것
④ 발전기는 기밀구조의 것이고 또한 수소가 대기압에서 폭발하는 경우에 생기는 압력에 견디는 강도를 가지는 것일 것

정답 87.① 88.① 89.① 90.②

해설 수소냉각식 발전기 등의 시설 및 이에 부속하는 수소냉각장치 시설에 대한 설명으로 옳은 것은
① 발전기 안의 수소의 온도를 계측하는 장치를 시설할 것
② 발전기 안의 수소의 압력을 계측하는 장치 및 그 압력이 현저히 변동한 경우에 이를 경보하는 장치를 시설할 것
③ 발전기는 기밀 구조의 것이고 또한 수소가 대기압에서 폭발하는 경우에 생기는 압력에 견디는 강도를 가지는 것일 것

091 옥내에 시설하는 전동기에 과부하 보호장치의 시설을 생략할 수 없는 경우는?

① 정격출력이 0.75[kW]인 전동기
② 전동기의 구조나 부하의 성질로 보아 전동기가 소손할 수 있는 과전류가 생길 우려가 없는 경우
③ 전동기가 단상의 것으로 전원 측 전로에 시설하는 배선용 차단기의 정격전류가 20[A] 이하인 경우
④ 전동기가 단상의 것으로 전원 측 전로에 시설하는 과전류 차단기의 정격전류가 15[A] 이하인 경우

해설 옥내에 시설하는 전동기에 과부하 보호장치 시설을 생략하는 경우는
① 전동기의 구조나 부하의 성질로 보아 전동기가 소손할 수 있는 과전류가 생길 우려가 없는 경우이다.
② 전동기가 단상의 것으로 전원 측 전로에 시설하는 배선용 차단기의 정격전류가 20[A] 이하인 경우이다.
③ 전동기가 단상의 것으로 전원 측 전로에 시설하는 과전류 차단기의 정격전류가 15[A] 이하인 경우이다.

092 가공전선로의 지지물에 시설하는 통신선 또는 이에 직접 접속하는 가공통신선의 높이에 대한 설명 중 틀린 것은?

① 도로를 횡단하는 경우에는 지표상 6[m] 이상으로 한다.
② 철도 또는 궤도를 횡단하는 경우에는 레일면상 6[m] 이상으로 한다.
③ 횡단보도교의 위에 시설하는 경우에는 그 노면상 5[m] 이상으로 한다.
④ 도로를 횡단하는 경우, 저압이나 고압의 가공전선로의 지지물에 시설하는 통신선이 교통에 지장을 줄 우려가 없는 경우에는 지표상 5[m]까지로 감할 수 있다.

해설 가공통신선의 높이에서 가공전선로의 지지물에 시설하는 통신선 또는 이에 직접 접속하는 가공통신선의 높이에 대한 설명으로 옳은 것은
① 도로를 횡단하는 경우에는 지표상 6[m] 이상으로 한다.
② 횡단보도교의 위에 시설하는 경우에는 그 노면상 5[m] 이상으로 한다.
③ 도로를 횡단하는 경우, 저압이나 고압의 가공전선로의 지지물에 시설하는 통신선이 교통에 지장을 줄 우려가 없는 경우에는 지표상 5[m]까지로 감할 수 있다.

91. ① 92. ②

093 물기가 있는 장소의 저압 전로에서 그 전로에 지락이 생긴 경우, 0.5초 이내에 자동적으로 전로를 차단하는 장치를 시설하는 경우에는 자동차단기의 정격감도 전류가 50[mA]라면 제3종 접지공사의 접지저항 값은 몇 [Ω] 이하로 하여야 하는가?

① 100 ② 200
③ 300 ④ 500

해설 접지공사의 종류에서 물기가 있는 장소의 저압전로에서 그 전로에 지락이 생긴 경우 0.5초 이내에 자동적으로 전로를 차단하는 장치를 시설하는 경우에는 자동차단기의 정격감도 전류가 50[mA]라면 제3종 접지공사의 접지저항 값은 300[Ω] 이하로 하여야 한다.

094 접지공사의 특례와 관련하여 특별 제3종 접지공사를 하여야 하는 금속체와 대지 간의 전기저항 값이 몇 [Ω] 이하인 경우에는 특별 제3종 접지공사를 한 것으로 보는가?

① 3   ② 10
③ 50 ④ 100

해설 제3종 접지공사 등의 특례에서 특별 제3종 접지공사를 하여야 하는 금속체와 대지 간의 전기저항 값이 10[Ω] 이하인 경우에는 특별 제3종 접지공사를 한 것으로 본다.

095 아크가 발생하는 고압용 차단기는 목재의 벽 또는 천장, 기타의 가연성 물체로부터 몇 [m] 이상 이격하여야 하는가?

① 0.5 ② 1
③ 1.5 ④ 2

해설 아크를 발생하는 기구의 시설에서 아크가 발생하는 고압용 차단기는 목재의 벽 또는 천장, 기타 가연성 물체로부터 1[m] 이상 이격, 특별고압용 차단기는 2[m] 이상 이격되어야 한다.

096 지중 전선로를 관로식에 의하여 시설하는 경우에는 매설 깊이를 몇 [m] 이상으로 하여야 하는가?

① 0.6 ② 1.0
③ 1.2 ④ 1.5

해설 지중 전선로를 관로식에 의하여 시설하는 경우에는 매설 깊이를 1[m] 이상으로 하여야 한다.

정답 93. ③ 94. ② 95. ② 96. ②

097 가공전선로의 지지물이 원형 철근콘크리트주인 경우 갑종 풍압하중은 몇 Pa를 기초로 하여 계산하는가?

① 294
② 588
③ 627
④ 1078

🔑 풍압하중의 종별과 그 적용에서 가공전선로의 지지물이 원형 철근콘크리트주인 경우 갑종 풍압하중은 588[Pa]를 기초로 하여 계산한 것이다.

098 100[kV] 미만인 특고압 가공전선로를 민가가 밀집한 지역에 시설할 경우 전로에 사용되는 전선의 단면적이 몇 [mm^2] 이상의 경동연선이어야 하는가?

① 38
② 55
③ 100
④ 150

🔑 특고압 보안공사에서 100[kV] 미만인 특고압 가공전선로를 민가가 밀접한 지역에 시설할 경우 선로에 사용되는 전선의 단면적은 55[mm^2] 이상의 경동연선이어야 한다.

099 교류식 전기철도는 그 단상 부하에 의한 전압 불평형의 허용 한도가 그 변전소의 수전점에서 몇 % 이하이어야 하는가?

① 1
② 2
③ 3
④ 4

🔑 전압 불평형에 의한 장해방지에서 교류식 전기철도는 그 단상 부하에 의한 전압 불평형의 허용 한도가 그 변전소의 수전점에서 3% 이하이어야 한다.

100 터널 내에 교류 220[V]의 애자사용 공사로 전선을 시설할 경우 노면으로부터 몇 [m] 이상의 높이로 유지해야 하는가?

① 2
② 2.5
③ 3
④ 4

🔑 사람이 상시 통행하는 터널 안의 배선의 시설에서 터널 내의 교류 220[V]의 애자사용 공사로 전선을 시설할 경우 노면으로부터 2.5[m] 이상의 높이로 유지해야 한다.

정답 97.② 98.② 99.③ 100.②

전기산업기사

전기자기학 / 전력공학 / 전기기기 / 회로이론 / 전기설비기술기준 및 판단기준

[2017년 8월 26일 시행]

01 전/기/자/기/학

001 100[kV]로 충전된 8×10^3[pF]의 콘덴서가 축적할 수 있는 에너지는 몇 [W] 전구가 2초 동안 한 일에 해당되는가?
① 10 ② 20 ③ 30 ④ 40

해설 콘덴서에 축적할 수 있는 에너지 $W = Pt$ [J].
$$\therefore P(전력) = \frac{W}{t} = \frac{\frac{1}{2}CV^2}{t} = \frac{\frac{1}{2}\times 8\times 10^3 \times 10^{-12} \times (100\times 10^3)^2}{2}$$
$$= \frac{1}{2}\times 80 \times \frac{1}{2} = 20 \text{[W]}이 된다.$$

002 제벡(Seebeck) 효과를 이용한 것은?
① 광전지 ② 열전대
③ 전자냉동 ④ 수정 발진기

해설 제벡(Seebeck) 효과란 두 개 금속을 조합하면 온도차에 의해 열류가 흘러 열기전력이 생기는 효과로 열전대를 이용한 것이다.

003 마찰전기는 두 물체의 마찰열에 의해 무엇이 이동하는 것인가?
① 양자 ② 자하
③ 중성자 ④ 자유전자

해설 마찰전기란 두 물체의 마찰열에 의해서 자유전자가 이동하여 발생되는 전기를 말한다.

004 두 벡터 $A = -7i - j$, $B = -3i - 4j$가 이루는 각은?
① 30° ② 45° ③ 60° ④ 90°

해설 두 개 vector 사이의 각은 scalar을 이용 계산된다.
즉, $(A \cdot B) = |A||B|\cos\theta$
$$\cos\theta = \frac{(A \cdot B)}{|A||B|} = \frac{-7\times(-3) + (-1)\times(-4)}{\sqrt{(-7)^2 + (-1)^2}\ \sqrt{(-3)^2 + (-4)^2}} = \frac{21+4}{\sqrt{50}\ \sqrt{25}} \fallingdotseq \frac{25}{35}이다.$$
$$\therefore \theta(각도) = \cos^{-1}\frac{25}{35} = \cos^{-1}\frac{5}{7} \fallingdotseq 45°이 된다.$$

해답 1.② 2.② 3.④ 4.②

005 그림과 같이 반지름 a[m], 중심 간격 d[m]인 평행 원통도체가 공기 중에 있다. 원통도체의 선전하밀도가 각각 $\pm \rho_L$[C/m]일 때 두 원통도체 사이의 단위 길이당 정전 용량은 약 몇 [F/m]인가? (단, $d \gg a$이다.)

① $\dfrac{\pi \varepsilon_o}{\ln \dfrac{d}{a}}$ ② $\dfrac{\pi \varepsilon_o}{\ln \dfrac{a}{d}}$

③ $\dfrac{4\pi \varepsilon_o}{\ln \dfrac{d}{a}}$ ④ $\dfrac{4\pi \varepsilon_o}{\ln \dfrac{a}{d}}$

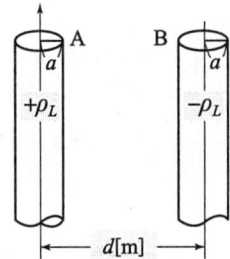

해설 두 원통도체 사이에 전계 세기

$$E = \dfrac{\rho_L}{2\pi \varepsilon_o r} + \dfrac{\rho_L}{2\pi \varepsilon_o (d-r)} [\text{V/m}]$$

전압 $V = -\displaystyle\int_{d-a}^{a} E\, dr = -\int_{d-a}^{a} \left(\dfrac{\rho_L}{2\pi \varepsilon_o r} + \dfrac{\rho_L}{2\pi \varepsilon_o (d-r)} \right) dr$

$= -\dfrac{\rho_L}{2\pi \varepsilon_o}(\ln_e r - \ln_e (d-r))_{d-a}^{a} \fallingdotseq \dfrac{\rho_L}{2\pi \varepsilon_o} \times 2\ln_e \dfrac{d}{a} \fallingdotseq \dfrac{\rho_L}{\pi \varepsilon_o} \ln_e \dfrac{d}{a} [\text{V}]$ (단, $d-r \fallingdotseq d$)

∴ 두 원통도체 사이의 단위 길이당 정전 용량

$$C = \dfrac{\rho_L \times 1}{V} = \dfrac{\rho_L}{-\displaystyle\int_{d-a}^{a} E\, dr} = \dfrac{\rho_L}{\dfrac{\rho_L}{\pi \varepsilon_o} \ln_e \dfrac{d}{a}} \fallingdotseq \dfrac{\pi \varepsilon_o}{\ln_e \dfrac{d}{a}} [\text{F/m}]$$이 된다.

006 횡전자파(TEM)의 특성은?

① 진행 방향의 E, H 성분이 모두 존재한다.
② 진행 방향의 E, H 성분이 모두 존재하지 않는다.
③ 진행 방향의 E 성분만 모두 존재하고, H 성분은 존재하지 않는다.
④ 진행 방향의 H 성분만 모두 존재하고, E 성분은 존재하지 않는다.

해설 횡전자파(TEM)의 특성은 진행 방향의 E, H 성분이 모두 존재하지 않는다.

007 반자성체가 아닌 것은?

① 은(Ag)   ② 구리(Cu)
③ 니켈(Ni)   ④ 비스무트(Bi)

해설 반자성체는 Bi(비스무트), C(탄소), Si(규소), Ag(은), Pb(납), Zn(아연), Cu(구리)이다.
∴ 니켈(Ni)은 강자성체이다.

정답 5.① 6.② 7.③

008 맥스웰 전자계의 기초 방정식으로 틀린 것은?

① $\text{rot } H = i_c + \frac{\partial D}{\partial t}$
② $\text{rot } E = -\frac{\partial B}{\partial t}$
③ $\text{div } D = \rho$
④ $\text{div } B = -\frac{\partial D}{\partial t}$

해설 맥스웰 전자계의 기초 방정식은 $\text{rot } H = i_c + \frac{\partial D}{\partial t}$, $\text{rot } E = -\frac{\partial B}{\partial t}$, $\text{div } D = \rho$, $\text{div } B = 0$ 등이다.

009 무한히 긴 두 평행도선이 2[cm]의 간격으로 가설되어 100[A]의 전류가 흐르고 있다. 두 도선의 단위 길이당 작용력은 몇 [N/m]인가?

① 0.1
② 0.5
③ 1
④ 1.5

해설 무한히 긴 두 평행도선의 단위 길이당의 작용력
$$f = I_2 Bl = I_2 \mu_o H l = I_2 \mu_o \times \frac{I_1 l}{2\pi r} = \frac{4\pi \times 10^{-7} \times I_1 I_2 l}{2\pi r} = \frac{2 I_1 I_2 l}{r} \times 10^{-7}$$
$$= \frac{2 \times (100)^2 \times 1 \times 10^{-7}}{2 \times 10^{-2}} = \frac{2 \times 10^{-1}}{2} = 0.1 [\text{N/m}]$$

010 -1.2[C]의 점전하가 $5a_x + 2a_y - 3a_z$[m/s]인 속도로 운동한다. 이 전하가 $E = -18a_x + 5a_y - 10a_z$[V/m] 전계에서 운동하고 있을 때 이 전하에 작용하는 힘은 약 몇 [N]인가?

① 21.1
② 23.5
③ 25.4
④ 27.3

해설 E[V/m]에서 전하 Q[C]이 운동할 때 이 전하에 작용하는 힘
$$F = QE = -1.2(-18a_x + 5a_y - 10a_z) = 21.6a_x - 6a_y + 12a_z = \sqrt{(21.6)^2 + (-6)^2 + (12)^2}$$
$$= \sqrt{466.56 + 36 + 144} = \sqrt{646.56} ≒ 25.4[\text{N}] 이 된다.$$

011 전계 $E = \sqrt{2} E_e \sin\omega(t - \frac{z}{v})$[V/m]의 평면 전자파가 있다. 진공 중에서의 자계의 실효값은 약 몇 [AT/m]인가?

① $2.65 \times 10^{-4} E_e$
② $2.65 \times 10^{-3} E_e$
③ $3.77 \times 10^{-2} E_e$
④ $3.77 \times 10^{-1} E_e$

정답 8.④ 9.① 10.③ 11.②

해설 전자계의 고유 임피던스 $z_o = \dfrac{E_e}{H} = \sqrt{\dfrac{\mu_o}{\varepsilon_o}}\,[\Omega]$

H(자계 실효치) $= \sqrt{\dfrac{\varepsilon_o}{\mu_o}}\,E_e \fallingdotseq \dfrac{1}{377}E_e \fallingdotseq 2.65 \times 10^{-3} E_e\,[\text{AT/m}]$이 된다.

012 전자석의 재료로 가장 적당한 것은?
① 잔류자기와 보자력이 모두 커야 한다.
② 잔류자기는 작고, 보자력은 커야 한다.
③ 잔류자기와 보자력이 모두 작아야 한다.
④ 잔류자기는 크고, 보자력은 작아야 한다.

해설 전자석의 재료로 가장 적당한 것은 B_r(잔류자기)가 크고 H_c(보자력)은 작아야 한다.

013 유전체 내의 전계의 세기가 E, 분극의 세기가 P, 유전율이 $\varepsilon = \varepsilon_s \varepsilon_o$인 유전체 내의 변위 전류 밀도는?

① $\varepsilon \dfrac{\partial E}{\partial t} + \dfrac{\partial P}{\partial t}$
② $\varepsilon_o \dfrac{\partial E}{\partial t} + \dfrac{\partial P}{\partial t}$
③ $\varepsilon_o \left(\dfrac{\partial E}{\partial t} + \dfrac{\partial P}{\partial t} \right)$
④ $\varepsilon \left(\dfrac{\partial E}{\partial t} + \dfrac{\partial P}{\partial t} \right)$

해설 P(분극 세기) $= \varepsilon_o(\varepsilon_s - 1)E = \varepsilon_o \varepsilon_s E - \varepsilon_o E = D - \varepsilon_o E\,[\text{C/m}^2]$

∴ D(유전체 내의 변위 전류 밀도) $= \varepsilon_o E + P = \varepsilon_o \dfrac{\partial E}{\partial t} + \dfrac{\partial P}{\partial t}\,[\text{C/m}^2]$이 된다.

014 점전하 $+Q[\text{C}]$의 무한 평면도체에 대한 영상 전하는?
① $Q[\text{C}]$와 같다.
② $-Q[\text{C}]$와 같다.
③ $Q[\text{C}]$보다 작다.
④ $Q[\text{C}]$보다 크다.

해설 점전하 $+Q[\text{C}]$의 무한 평면도체에 대한 영상 전하는 $-Q[\text{C}]$와 같다.

015 두 코일 A, B의 자기 인덕턴스가 각각 3[mH], 5[mH]라 한다. 두 코일을 직렬 연결 시, 자속이 서로 상쇄되도록 했을 때의 합성 인덕턴스는 서로 증가하도록 연결했을 때의 60[%]이었다. 두 코일의 상호 인덕턴스는 몇 [mH]인가?
① 0.5
② 100
③ 5
④ 10

해답 12. ④ 13. ② 14. ② 15. ②

해설 두 코일 직렬 연결 시(자속 증가) 합성 인덕턴스
$100[\%] = 1 = L_A + L_B + 2M \cdots$ ①
자속이 상쇄 시 합성 인덕턴스
$60[\%] = 0.6 = L_A + L_B - 2M \cdots$ ②에서
① - ② $1 - 0.6 = 0.4 = 4M$.
∴ 두 코일의 상호 인덕턴스 $M = \dfrac{0.4}{4} = 0.1[H] = 100[mH]$이다.

[016] 고립 도체구의 정전용량이 50[pF]일 때 이 도체구의 반지름은 약 몇 [cm]인가?
① 5   ② 25
③ 45   ④ 85

해설 반지름 $r[m]$인 고립 도체구의 전위 $V = \dfrac{Q}{4\pi\varepsilon_o r}[V]$

고립 도체구의 정전용량 $C = \dfrac{Q}{V} = 4\pi\varepsilon_o r[F]$이다.

∴ 고립 도체구의 반지름 $R = \dfrac{C}{4\pi\varepsilon_o} = 9 \times 10^9 \times 50 \times 10^{-6} = 45 \times 10^{-2}[m] = 45[cm]$가 된다.

[017] N회 감긴 환상 솔레노이드의 단면적이 $S[m^2]$이고 평균 길이가 $l[m]$이다. 이 코일의 권수를 반으로 줄이고 인덕턴스를 일정하게 하려면?
① 길이를 1/2로 줄인다.   ② 길이를 1/4로 줄인다.
③ 길이를 1/8로 줄인다.   ④ 길이를 1/16로 줄인다.

해설 N_1회 감긴 환상 솔레노이드의 인덕턴스

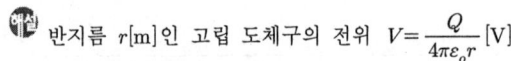

$L = \dfrac{N_1^2}{R} = \dfrac{N_1^2}{\dfrac{l_1}{\mu s}} = \dfrac{\mu s N_1^2}{l_1} ≒ \dfrac{N_1^2}{l_1}[H]$

$l_1 ≒ \dfrac{N_1^2}{L}[m] \cdots$ ① 또 권수를 $N_2 = \dfrac{1}{2}N_1$으로 줄일 때

$L(인덕턴스) = \dfrac{N_2^2}{R} = \dfrac{(\dfrac{1}{2}N_1)^2}{\dfrac{l_2}{\mu s}} = \dfrac{\dfrac{1}{4}N_1^2 \mu s}{l_2} ≒ \dfrac{\dfrac{1}{4}N_1^2}{l_2}[H]$이다.

∴ $l_2 = \dfrac{\dfrac{1}{4}N_1^2}{L} = \dfrac{1}{4}\dfrac{N_1^2}{L} = \dfrac{1}{4}l_1[m]$이다. 즉 길이를 $\dfrac{1}{4}$로 줄인다.

정답 16. ③ 17. ②

018 고유 저항이 $\rho[\Omega \cdot m]$, 한 변의 길이가 $r[m]$인 정육면체의 저항$[\Omega]$은?

① $\dfrac{\rho}{\pi r}$ ② $\dfrac{r}{\rho}$ ③ $\dfrac{\pi r}{\rho}$ ④ $\dfrac{\rho}{r}$

해설 한 변의 길이가 $l=r[m]$, $s(면적)=r \times r[m^2]$인 정육면체의 저항
$R = \rho \dfrac{l}{s} = \rho \dfrac{r}{rr} = \dfrac{\rho}{r}[\Omega]$가 된다.

019 내외 반지름이 각각 a, b이고 길이가 l인 동축원통도체 사이에 도전율 σ, 유전율 ε인 손실유전체를 넣고, 내원통과 외원통 간에 전압 V를 가했을 때 방사상으로 흐르는 전류 I는? (단, $RC=\varepsilon\rho$이다.)

① $\dfrac{2\pi l V}{\sigma \ln \dfrac{b}{a}}$ ② $\dfrac{\pi \sigma l V}{\ln \dfrac{b}{a}}$ ③ $\dfrac{2\pi \sigma l V}{\ln \dfrac{b}{a}}$ ④ $\dfrac{4\pi \sigma l V}{\ln \dfrac{b}{a}}$

해설 내외동축원통 사이의 단위 길이당의 정전용량
$C = \dfrac{Ql}{V} = \dfrac{Ql}{-\int_b^a E \cdot dr} = \dfrac{Ql}{\dfrac{Q}{2\pi\varepsilon}\ln\dfrac{b}{a}} = \dfrac{2\pi\varepsilon l}{\ln\dfrac{b}{a}}[F/m]$이다.

유전체의 $RC=\rho\varepsilon$, $R=\dfrac{\rho\varepsilon}{C}[\Omega]$, $\sigma=\dfrac{1}{\rho}$ 일 때

방사상의 전류 $I = \dfrac{V}{R} = \dfrac{V}{\dfrac{\rho\varepsilon}{C}} = \dfrac{CV}{\rho\varepsilon} = \dfrac{\dfrac{2\pi\varepsilon l}{\ln\dfrac{b}{a}} \times V}{\rho\varepsilon} = \dfrac{2\pi\sigma l V}{\ln\dfrac{b}{a}}[A]$가 된다

020 콘덴서를 그림과 같이 접속했을 때 C_x의 정전용량은 몇 $[\mu F]$인가? (단, $C_1 = C_2 = C_3 = 3[\mu F]$이고, a-b 사이의 합성 정전용량은 $5[\mu F]$이다.)

① 0.5
② 1
③ 2
④ 4

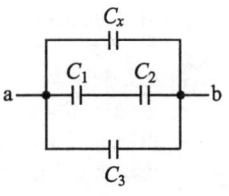

해설 a-b 간의 합성 정전용량
$C_{ab} = C_x + C_3 + \dfrac{C_1 C_2}{C_1 + C_2}[\mu F]$

$\therefore C_x = C_{ab} - C_3 - \dfrac{C_1 C_2}{C_1 + C_2} = 5 - 3 - \dfrac{3 \times 3}{3+3} = 5 - 3 - 1.5 = 0.5[\mu F]$가 된다.

정답 18.④ 19.③ 20.①

02 전/력/공/학

021 전력계통에 과도안정도 향상 대책과 관련 없는 것은?
① 빠른 고장 제거
② 속응 여자시스템 사용
③ 큰 임피던스의 변압기 사용
④ 병렬 송전선로의 추가 건설

전력계통에서 과도안정도의 향상 대책은
① 빠른 고장 제거
② 속응 여자시스템 사용
③ 병렬 송전선로의 추가 건설 등이다.

022 다음 중 페란티 현상의 방지대책으로 적합하지 않은 것은?
① 선로 전류를 지상이 되도록 한다.
② 수전단에 분로 리액터를 설치한다.
③ 동기 조상기를 부족 여자로 운전한다.
④ 부하를 차단하여 무부하가 되도록 한다.

페란티 현상의 방지대책은
① 선로 전류를 지상이 되도록 한다.
② 수전단에 분로 리액터를 설치한다.
③ 동기 조상기를 부족 여자로 운전한다.

023 보호계전기의 구비 조건으로 틀린 것은?
① 고장 상태를 신속하게 선택할 것
② 조정 범위가 넓고 조정이 쉬울 것
③ 보호동작이 정확하고 감도가 예민할 것
④ 접점의 소모가 크고, 열적 기계적 강도가 클 것

보호계전기의 구비 조건은
① 고장 상태를 신속하게 선택할 것
② 조정 범위가 넓고 조정이 쉬울 것
③ 보호동작이 정확하고 감도가 예민할 것

024 우리나라의 화력발전소에서 가장 많이 사용되고 있는 복수기는?
① 분사 복수기
② 방사 복수기
③ 표면 복수기
④ 증발 복수기

우리나라의 화력발전소에서 가장 많이 사용되고 있는 복수기는 표면 복수기이다.

정답 21. ③ 22. ④ 23. ④ 24. ③

025 뒤진 역률 80[%], 1,000[kW]의 3상 부하가 있다. 이것에 콘덴서를 설치하여 역률을 95[%]로 개선하려면 콘덴서의 용량은 약 몇 [kVA]로 해야 하는가?

① 240
② 420
③ 630
④ 950

해설 역률 개선용 콘덴서의 용량

$$P_r = P(\tan\theta_1 - \tan\theta_2) = P\left(\frac{\sin\theta_1}{\cos\theta_1} - \frac{\sin\theta_2}{\cos\theta_2}\right) = 1000\left(\frac{0.6}{0.8} - \frac{\sqrt{1-(0.95)^2}}{0.95}\right)$$

$$= 1000\left(\frac{3}{4} - \frac{0.31}{0.95}\right) = 1000(0.75 - 0.33) = 1000 \times 0.42 ≒ 420[kVA] 이다.$$

026 154[kV] 송전선로에 10개의 현수애자가 연결되어 있다. 다음 중 전압부담이 가장 적은 것은? (단, 애자는 같은 간격으로 설치되어 있다.)

① 철탑에 가장 가까운 것
② 철탑에서 3번째에 있는 것
③ 전선에서 가장 가까운 것
④ 전선에서 3번째에 있는 것

해설 66[kV]에서는 현수애자 4개, 154[kV]에서는 현수애자 9~11개, 345[kV]에서는 현수애자 23개 가량이 사용된다.
∴ 154[kV] 송전선로에 10개의 현수애자가 연결되어 있다. 전압 부담이 가장 작은 것은 철탑에서 3번째에 있는 것이다.

027 교류 송전에서는 송전거리가 멀어질수록 동일 전압에서의 송전 가능 전력이 적어진다. 그 이유로 가장 알맞은 것은?

① 표피 효과가 커지기 때문이다.
② 코로나 손실이 증가하기 때문이다.
③ 선로의 어드미턴스가 커지기 때문이다.
④ 선로의 유도성 리액턴스가 커지기 때문이다.

해설 $P(송전\ 전력) = \frac{V_S V_R}{X}\sin\theta[MW]$로서 송전거리가 멀어질수록 선로의 유도 리액턴스 ($X[\Omega]$)가 커지기 때문에 송전 가능전력($P[MW]$)는 적어진다.

028 충전된 콘덴서의 에너지에 의해 트립되는 방식으로 정류기, 콘덴서 등으로 구성되어 있는 차단기의 트립방식은?

① 과전류 트립방식
② 콘덴서 트립방식
③ 직류 전압 트립방식
④ 부족 전압 트립방식

해설 콘덴서 트립방식은 정류기, 콘덴서 등으로 구성되어 있는 차단기의 트립방식이다.

해답 25. ② 26. ② 27. ④ 28. ②

029 어느 일정한 방향으로 일정한 크기 이상의 단락전류가 흘렀을 때 동작하는 보호계전기의 약어는?

① ZR
② UFR
③ OVR
④ DOCR

해설 DOCR은 일정 방향으로 일정한 크기 이상의 단락전류가 흘렀을 때 동작하는 보호계전기의 약어이다.

030 전선의 자체 중량과 빙설의 종합 하중을 W_1, 풍압 하중을 W_2라 할 때 합성 하중은?

① $W_1 + W_2$
② $W_2 - W_1$
③ $\sqrt{W_1 - W_2}$
④ $\sqrt{W_1^2 + W_2^2}$

해설 W(합성 하중) = $\sqrt{(종합\ 하중)^2 + (풍압\ 하중)^2} = \sqrt{W_1^2 + W_2^2}$ 이다.

031 보호계전기 동작속도에 관한 사항으로 한시특성 중 반한시형을 바르게 설명한 것은?

① 입력 크기에 관계없이 정해진 한시에 동작하는 것
② 입력이 커질수록 짧은 한시에 동작하는 것
③ 일정 입력(200%)에서 0.2초 이내로 동작하는 것
④ 일정 입력(200%)에서 0.04초 이내로 동작하는 것

해설
- 한시특성 중 반한시형이란 입력이 커질수록 짧은 한시에 동작하는 것이다.
- 한시특성 중 정한시형이란 동작 전류의 크기에 관계없이 일정 시간에 동작하는 것이다.

032 다음 중 배전선로의 부하율이 F일 때 손실계수 H와의 관계로 옳은 것은?

① $H = F$
② $H = \dfrac{1}{F}$
③ $H = F^3$
④ $0 \leq F^2 \leq H \leq F \leq 1$

해설 부하율 F와 손실계수 H와의 관계는 $0 \leq F^2 \leq H \leq F \leq 1$ 이다.

033 송전선에 낙뢰가 가해져서 애자에 섬락이 생기면 아크가 생겨 애자가 손상되는데 이것을 방지하기 위하여 사용하는 것은?

① 댐퍼(Damper)
② 아킹혼(Arcing horn)
③ 아모로드(Armour rod)
④ 가공지선(Overhead ground wire)

정답 29. ④ 30. ④ 31. ② 32. ④ 33. ②

해설 아킹혼(Arcing horn)의 용도는 송전선에 낙뢰가 가해져서 애자에 섬락이 생기면 아크가 생겨 애자가 손상되는 것을 방지하기 위해 사용된다.

034 154[kV] 3상 1회선 송전선로의 1선의 리액턴스가 10[Ω], 전류가 200[A]일 때 %리액턴스는?
① 1.84 ② 2.25
③ 3.17 ④ 4.19

해설 %리액턴스 $\%X = \dfrac{IX}{E} \times 100 = \dfrac{200 \times 10}{\dfrac{154}{\sqrt{3}} \times 10^3} \times 100 ≒ \dfrac{200}{89} ≒ 2.25$가 된다.

035 우리나라에서 현재 가장 많이 사용되고 있는 배전 방식은?
① 3상 3선식 ② 3상 4선식
③ 단상 2선식 ④ 단상 3선식

해설 3상 4선식 배전 방식은 우리나라에서 현재 가장 많이 사용되고 있는 배전 방식이다.

036 조상설비가 아닌 것은?
① 단권 변압기 ② 분로 리액터
③ 동기 조상기 ④ 전력용 콘덴서

해설 조상설비가 옳은 것은 분로 리액터, 동기 조상기, 전력용 콘덴서이다.

037 단거리 송전선의 4단자 정수 A, B, C, D 중 그 값이 0인 정수는?
① A ② B
③ C ④ D

해설 직렬형 4단자망의 4단자 기초 방정식은 $\begin{cases} V_1 = AV_2 + BI_2 = V_2 + ZI_2 \\ I_1 = CV_2 + DI_2 = 0V_2 + I_2 \end{cases}$ 에서
∴ 4단자 정수는 $A=1, B=Z, C=0, D=1$이다.

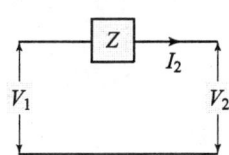

정답 | 34. ② 35. ② 36. ① 37. ③

038 전원 측과 송전선로의 합성 %Z_s가 10[MVA] 기준용량으로 1[%]의 지점에 변전설비를 시설하고자 한다. 이 변전소에 정격 용량 6[MVA]의 변압기를 설치할 때 변압기 2차 측의 단락 용량은 몇 [MVA]인가? (단, 변압기의 %Z_t는 6.9[%]이다.)

① 80 ② 100
③ 120 ④ 140

합성 %임피던스 %Z = %Z_s + %Z_t = 1 + 6.9 = 7.9[%]

∴ 변압기 2차 측의 단락 용량 $P_s = \dfrac{100}{\%Z} \times P_n = \dfrac{100}{7.9} \times 6 \fallingdotseq 80$[MVA]가 된다.

039 그림과 같은 단상 2선식 배선에서 인입구 A점의 전압이 220[V]라면 C점의 전압[V]은? (단, 저항 값은 1선의 값이며 AB 간은 0.05[Ω], BC 간은 0.1[Ω]이다.)

① 214
② 210
③ 196
④ 192

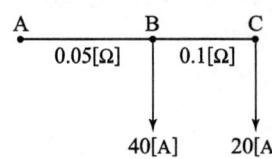

A점의 전압 V_A = 220[V] 기준일 때
B점의 전압 $V_B = V_A - 2I_B R = 220 - 2(40+20) \times 0.05 = 214$[V]
C점의 전압 $V_C = V_B - 2I_C r = 214 - 2 \times 20 \times 0.1 = 210$[V]이 된다.

040 파동 임피던스가 300[Ω]인 가공송전선 1[km]당의 인덕턴스는 몇 [mH/km]인가? (단, 저항과 누설 콘덕턴스는 무시한다.)

① 0.5 ② 1
③ 1.5 ④ 2

파동 임피던스 = 고유 임피던스 = 특성 임피던스 = $\dfrac{E}{H} = \sqrt{\dfrac{\mu_o}{\varepsilon_o}} = \omega_o L \times l$ 에서

$300 = \omega_o L \times l \fallingdotseq 300 L \times 1000$

∴ L(인덕턴스) = $\dfrac{300}{300 \times 10^3} = 1 \times 10^{-3} = 1$[mH/km]가 된다.

38. ① 39. ② 40. ②

03 전/기/기/기

041 3상 전원의 수전단에서 전압 3300[V], 전류 1000[A], 뒤진 역률 0.8의 전력을 받고 있을 때 동기 조상기로 역률을 개선하여 1로 하고자 한다. 필요한 동기 조상기의 용량은 약 몇 [kVA]인가?

① 1525　② 1950
③ 3150　④ 3429

역률 개선용 동기 조상기의 용량

$$P_r = P(\tan\theta_1 - \tan\theta_2) = \sqrt{3}\,VI\cos\theta\left(\frac{\sin\theta_1}{\cos\theta_1} - \frac{\sin\theta_2}{\cos\theta_2}\right) = 4573 \times 10^3 \left(\frac{0.6}{0.8} - \frac{0}{1}\right)$$
$$= 4573 \times 10^3 \times \frac{3}{4} \fallingdotseq 3429[kVA]\text{이 된다.}$$

042 기동장치를 갖는 단상 유도 전동기가 아닌 것은?

① 2중 농형　② 분상 기동형
③ 반발 기동형　④ 셰이딩 코일형

기동장치를 갖는 단상 유도 전동기는 분상 기동형, 반발 기동형, 셰이딩 코일형 등이다.

043 일반적인 직류 전동기의 정격표시 용어로 틀린 것은?

① 연속 정격　② 순시 정격
③ 반복 정격　④ 단시간 정격

일반적인 직류 전동기의 정격표시 용어로 옳은 것은 연속 정격, 반복 정격, 단시간 정격이다.

044 직류 전동기의 속도 제어방법 중 광범위한 속도 제어가 가능하며 운전 효율이 높은 방법은?

① 계자 제어　② 전압 제어
③ 직렬 저항 제어　④ 병렬 저항 제어

전압 제어는 직류 전동기의 속도 제어방법 중 광범위한 속도 제어가 가능하며 운전 효율이 높은 제어방법이다.

해답 41. ④　42. ①　43. ②　44. ②

045 트라이액(triac)에 대한 설명으로 틀린 것은?
① 쌍방향성 3단자 사이리스터이다.
② 턴오프 시간이 SCR보다 짧으며 급격한 전압 변동에 강하다.
③ SCR 2개를 서로 반대방향으로 병렬 연결하여 양방향 전류 제어가 가능하다.
④ 게이트에 전류를 흘리면 어느 방향이든 전압이 높은 쪽에서 낮은 쪽으로 도통한다.

해설 트라이액(triac)에 대한 설명으로 옳은 것은
① 쌍방향성 3단자 사이리스터이다.
② SCR 2개를 서로 반대방향으로 병렬 연결하여 양방향 전류 제어가 가능하다.
③ 게이트에 전류를 흘리면 어느 방향이든 전압이 높은 쪽에서 낮은 쪽으로 도통한다.

046 탭전환 변압기 1차 측에 몇 개의 탭이 있는 이유는?
① 예비용 단자
② 부하 전류를 조정하기 위하여
③ 수전점의 전압을 조정하기 위하여
④ 변압기의 여자 전류를 조정하기 위하여

해설 탭전환 변압기 1차 측에 몇 개의 탭은 수전점의 전압을 조정하기 위해서다.

047 스테핑 전동기의 스텝각이 3°이고, 스테핑 주파수(pulse rate)가 1200[rps]이다. 이 스테핑 전동기의 회전속도[rps]는?
① 10
② 12
③ 14
④ 16

해설 스테핑 전동기의 회전속도
$\eta = \dfrac{\text{스테핑 주파수}}{\text{극수}} \times \dfrac{1}{60} = \dfrac{1200}{2} \times \dfrac{1}{60} = \dfrac{1200}{120} = 10[\text{rps}]$가 된다.

048 직류기의 전기자 반작용의 영향이 아닌 것은?
① 주자속이 증가한다.
② 전기적 중성축이 이동한다.
③ 정류 작용에 악영향을 준다.
④ 정류자편 간 전압이 상승한다.

해설 직류기의 전기자 반작용의 영향인 것은
① 전기적 중성축이 이동한다.
② 정류 작용에 악영향을 준다.
③ 정류자편 간 전압이 상승한다.

정답 45. ② 46. ③ 47. ① 48. ①

049 유도 전동기 역상 제동의 상태를 크레인이나 권상기의 강하 시에 이용하고 속도 제한의 목적에 사용되는 경우의 제동방법은?
① 발전 제동　　　　　　② 유도 제동
③ 회생 제동　　　　　　④ 단상 제동

해설 유도 제동방법은 유도 전동기 역상 제동의 상태를 크레인이나 권상기의 강하 시에 이용하고 속도 제한의 목적에 사용되는 제동방법이다.

050 단락비가 큰 동기기의 특징 중 옳은 것은?
① 전압 변동률이 크다.
② 과부하 내량이 크다.
③ 전기자 반작용이 크다.
④ 송전선로의 충전 용량이 작다.

해설 단락비가 큰 동기기의 특징은
① 전압 변동률이 작다.
② 과부하 내량이 크다.
③ 전기자 반작용이 작다.
④ 송전선로의 충전 용량이 크다.

051 전류가 불연속인 경우 전원 전압 220[V]인 단상 전파정류 회로에서 점호각 $\alpha = 90°$일 때의 직류 평균 전압은 약 몇 [V]인가?
① 45　　　　　　　　　② 84
③ 90　　　　　　　　　④ 99

해설 단상 전파정류 회로의 직류 평균 전압
$$E_d = \frac{1}{\pi}\int_\alpha^\pi E_m \sin\theta\, d\theta = \frac{E_m}{\pi}(-\cos\theta)_\alpha^\pi = \frac{\sqrt{2}E}{\pi}(-\cos\pi+\cos\alpha) = \frac{\sqrt{2}E}{\pi}(1+\cos 90°)$$
$$= \frac{\sqrt{2}E}{\pi} = \frac{\sqrt{2}\times 220}{\pi} = \frac{311.08}{\pi} \fallingdotseq 99[V]$$가 된다.

052 변압기의 냉각방식 중 유입자냉식의 표시 기호는?
① ANAN　　　　　　　② ONAN
③ ONAF　　　　　　　④ OFAF

해설 변압기의 냉각방식 중 유입자냉식(ONAN), 건식자냉식(ANAN)이다.

49. ②　50. ②　51. ④　52. ②

053 타여자 직류 전동기의 속도 제어에 사용되는 워드 레오나드(Ward Leonard) 방식은 다음 중 어느 제어법을 이용한 것인가?

① 저항제어법　　② 전압제어법
③ 주파수제어법　④ 직병렬제어법

해설 타여자 직류 전동기의 속도 제어에 사용되는 워드 레오나드(Ward Leonard) 방식은 전압제어법을 이용한 것이다. 이는 저속도로부터 고속도까지 광범위에 걸쳐 원활하게 속도 조정이 가능하며 조작도 간단하고 효율도 좋다.

054 단상 변압기 2대를 사용하여 3150[V]의 평형 3상에서 210[V]의 평형 2상으로 변환하는 경우에 각 변압기의 1차 전압과 2차 전압은 얼마인가?

① 주좌 변압기 : 1차 3150[V], 2차 210[V]
　 T좌 변압기 : 1차 3150[V], 2차 210[V]
② 주좌 변압기 : 1차 3150[V], 2차 210[V]
　 T좌 변압기 : 1차 $3150 \times \frac{\sqrt{3}}{2}$[V], 2차 210[V]
③ 주좌 변압기 : 1차 $3150 \times \frac{\sqrt{3}}{2}$[V], 2차 210[V]
　 T좌 변압기 : 1차 $3150 \times \frac{\sqrt{3}}{2}$[V], 2차 210[V]
④ 주좌 변압기 : 1차 $3150 \times \frac{\sqrt{3}}{2}$[V], 2차 210[V]
　 T좌 변압기 : 1차 3150[V], 2차 210[V]

해설 단상 변압기 2대를 사용하여 3150[V]의 평형 3상에서 210[V]의 평형 2상으로 변환하는 경우 주좌 변압기와 T좌 변압기, 1차 전압과 2차 전압은?
① 주좌 변압기 : 1차 3150[V], 2차 210[V],
② T좌 변압기 : 1차 탭 전압 $3150 \times \frac{\sqrt{3}}{2}$[V], 2차 210[V]가 된다.

055 3상 유도 전동기의 속도제어법 중 2차 저항 제어와 관계가 없는 것은?

① 농형 유도 전동기에 이용된다.
② 토크 속도 특성의 비례추이를 응용한 것이다.
③ 2차 저항이 커져 효율이 낮아지는 단점이 있다.
④ 조작이 간단하고 속도 제어를 광범위하게 행할 수 있다.

해설 3상 유도전동기의 속도제어법 중 2차 저항 제어와 관계가 있는 것은?
① 토크 속도 특성의 비례추이를 응용한 것이다.
② 2차 저항이 커져 효율이 낮아지는 단점이 있다.
③ 조작이 간단하고 속도 제어를 광범위하게 행할 수 있다.

정답 53. ②　54. ②　55. ①

056
직류 발전기의 무부하 특성곡선은 다음 중 어느 관계를 표시한 것인가?
① 계자 전류 - 부하 전류
② 단자 전압 - 계자 전류
③ 단자 전압 - 회전속도
④ 부하 전류 - 단자 전압

해설 직류 발전기의 무부하 특성곡선은 단자 전압↔계자 전류의 관계를 표시한 것이다.

057
용량이 50[kVA] 변압기의 철손이 1[kW]이고 전부하동손이 2[kW]이다. 이 변압기를 최대효율에서 사용하려면 부하를 약 몇 [kVA] 인가하여야 하는가?
① 25
② 35
③ 50
④ 71

해설 최대효율의 조건 $m^2 P_c = P_i$.
$m = \sqrt{\dfrac{P_i}{P_c}} = \sqrt{\dfrac{1}{2}} = \dfrac{1}{\sqrt{2}}$ 이다.

∴ 최대효율 시의 부하 = $50 \times \dfrac{1}{\sqrt{2}} \fallingdotseq 35$[kVA]이다.

058
농형 유도 전동기 기동법에 대한 설명 중 틀린 것은?
① 전전압 기동법은 일반적으로 소용량에 적용된다.
② Y-△ 기동법은 기동 전압(V)이 $\dfrac{1}{\sqrt{3}}$[V]로 감소한다.
③ 리액터 기동법은 기동 후 스위치로 리액터를 단락한다.
④ 기동보상기법은 최종속도 도달 후에도 기동보상기가 계속 필요하다.

해설 농형 유도 전동기 기동법에 대한 설명 중 옳은 것은?
① 전전압 기동법은 일반적으로 소용량에 적용된다.
② Y-△ 기동법은 기동 전압이 $\dfrac{1}{\sqrt{3}}$[V]로 감소한다.
③ 리액터 기동법은 기동 후 스위치로 리액터를 단락한다.

059
3상 반작용 전동기(reaction motor)의 특성으로 가장 옳은 것은?
① 역률이 좋은 전동기
② 토크가 비교적 큰 전동기
③ 기동용 전동기가 필요한 전동기
④ 여자권선 없이 동기속도로 회전하는 전동기

해설 3상 반작용 전동기(reaction motor)의 특성은 여자권선 없이 동기속도로 회전하는 전동기이다.

정답 56. ② 57. ② 58. ④ 59. ④

문제 060 2대의 3상 동기 발전기를 동일한 부하로 병렬 운전하고 있을 때 대응하는 기전력 사이에 60°의 위상차가 있다면 한 쪽 발전기에서 다른 쪽 발전기에 공급되는 1상당 전력은 약 몇 [kW]인가? (단, 각 발전기의 기전력(선간)은 3300[V], 동기 리액턴스는 5[Ω]이고 전기자 저항은 무시한다.)

① 181　　② 314　　③ 363　　④ 720

해설 E(상기전력) = $\dfrac{\text{선간 기전력}}{\sqrt{3}} = \dfrac{3300}{\sqrt{3}}$[V]

∴ 한쪽 발전기에서 다른 쪽 발전기에 공급되는 1상당 전력

$P = \dfrac{E^2}{2Z(s)}\sin 60° = \dfrac{E^2}{2X(s)}\sin 60° = \dfrac{\left(\dfrac{3300}{\sqrt{3}}\right)^2}{2\times 5}\times 0.866 = \dfrac{10890000}{10\times 3}\times 0.866$

≒ 314[kW]가 된다.

04　회/로/이/론

문제 061 코일에 단상 100[V]의 전압을 가하면 30[A]의 전류가 흐르고 1.8[kW]의 전력을 소비한다고 한다. 이 코일과 병렬로 콘덴서를 접속하여 회로의 역률을 100[%]로 하기 위한 용량 리액턴스는 약 몇 [Ω]인가?

① 4.2　　② 6.2　　③ 8.2　　④ 10.2

해설 소비전력 $P = 1800$[W] $= I^2 R$[W]

∴ R(저항) $= \dfrac{P}{I^2} = \dfrac{1800}{(30)^2} = 2$[Ω]

Z(임피던스) $= R + j\omega L = \dfrac{V}{I}$[Ω]에서 $\sqrt{R^2 + (\omega L)^2} = \sqrt{(2)^2 + (\omega L)^2} = \dfrac{100}{30} = \dfrac{10}{3}$[Ω]

∴ $\omega L = \sqrt{\left(\dfrac{10}{3}\right)^2 - (2)^2} = \sqrt{\dfrac{100}{9} - 4} = \sqrt{\dfrac{64}{9}} = \dfrac{8}{3}$[Ω] ⋯ ①

병렬 회로도는

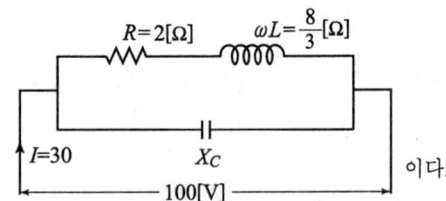

이다.

회로 역률 100[%]로 하기 위한 용량성 리액턴스(X_C)는 허수부=0일 때의

$X_C = \dfrac{1}{\omega C}$의 값이다.

∴ 병렬 회로 $Y = Y_1 + Y_2 = \dfrac{1}{R+j\omega L} + j\omega C = \dfrac{R-j\omega L}{R^2+(\omega L)^2} + j\omega C = \dfrac{R}{R^2+(\omega L)^2}$
$+ j\left(\omega C - \dfrac{\omega L}{R^2+(\omega L)^2}\right)$

∴ 허수부=0, $\omega C = \dfrac{\omega L}{R^2+(\omega L)^2}$

$\dfrac{1}{\omega C} = X_C$(용량성 리액턴스)$= \dfrac{R^2+(\omega L)^2}{\omega L} = \dfrac{2^2+(\frac{8}{3})^2}{\frac{8}{3}} = \dfrac{4+\frac{64}{9}}{\frac{8}{3}}$

$= \dfrac{300}{72} ≒ 4.2[\Omega]$가 되어야 한다.

062 그림과 같은 회로에서 저항 r_1, r_2에 흐르는 전류의 크기가 1 : 2의 비율이라면 r_1, r_2는 각각 몇 [Ω]인가?

① $r_1 = 6$, $r_2 = 3$
② $r_1 = 8$, $r_2 = 4$
③ $r_1 = 16$, $r_2 = 8$
④ $r_1 = 24$, $r_2 = 12$

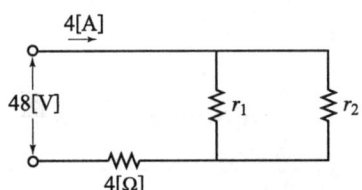

해설 r_1, r_2에 흐르는 전류를 I_1, I_2라면 $I_1 : I_2 = \dfrac{V}{r_1} : \dfrac{V}{r_2} = 1 : 2$

∴ $\dfrac{2V}{r_1} = \dfrac{V}{r_2}$에서 $r_1 = 2r_2$ … ①

∴ 합성 저항 $R = 4 + \dfrac{r_1 r_2}{r_1+r_2} = 4 + \dfrac{2r_2^2}{2r_2+r_2} = 4 + \dfrac{2}{3}r_2 = \dfrac{V}{I} = \dfrac{48}{4} = 12$

$12 - 4 = 8 = \dfrac{2}{3}r_2$

∴ $r_2 = \dfrac{3}{2} \times 8 = 12[\Omega]$을 ①식에 대입 $r_1 = 2r_2 = 2 \times 12 = 24[\Omega]$가 된다.

063 회로에서 스위치를 닫을 때 콘덴서의 초기 전하를 무시하면 회로에 흐르는 전류 $i(t)$는 어떻게 되는가?

① $\dfrac{E}{R}e^{\frac{C}{R}t}$
② $\dfrac{E}{R}e^{\frac{R}{C}t}$
③ $\dfrac{E}{R}e^{-\frac{1}{CR}t}$
④ $\dfrac{E}{R}e^{\frac{1}{CR}t}$

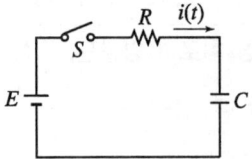

62. ④ 63. ③

해설 R-C 직렬회로 과도현상에서 스위치를 닫는 순간의 과도 전류
$i(t) = \frac{E}{R} e^{-\frac{1}{CR}t}$ [A] 이고, τ(시정수)$= CR$[sec] 이다.

064
다음 그림과 같은 전기회로의 입력을 e_i, 출력을 e_o라고 할 때 전달함수는?

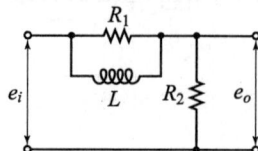

① $\dfrac{R_2(1+R_1Ls)}{R_1+R_2+R_1R_2Ls}$

② $\dfrac{1+R_2Ls}{1+(R_1+R_2)Ls}$

③ $\dfrac{R_2(R_1+Ls)}{R_1R_2+R_1Ls+R_2Ls}$

④ $\dfrac{R_2+\dfrac{1}{Ls}}{R_1+R_2+\dfrac{1}{Ls}}$

해설 $G(s)$(전달함수)$= \dfrac{E_o(s)}{E_i(s)} = \dfrac{R_2 I(s)}{\left(\dfrac{R_1 SL}{R_1+SL}+R_2\right)I(s)} = \dfrac{R_2(R_1+SL)}{R_1 SL + R_1 R_2 + R_2 SL}$

$= \dfrac{R_2(R_1+SL)}{R_1 R_2 + R_1 SL + R_2 SL}$ 가 된다.

065
3대의 단상 변압기를 △결선으로 하여 운전하던 중 변압기 1대가 고장으로 제거하여 V결선으로 한 경우 공급할 수 있는 전력은 고장 전 전력의 몇 [%]인가?

① 57.7　② 50.0
③ 63.3　④ 67.7

해설 V결선 변압기의 출력비$= \dfrac{V결선의\ 용량}{3대\ 용량} \times 100 = \dfrac{\sqrt{3}\,VI}{3\,VI} \times 100 = \dfrac{1}{\sqrt{3}} \times 100 = 57.7$[%] 가 된다.

066
3상 회로의 영상분, 정상분, 역상분을 각각 I_0, I_1, I_2라 하고 선전류를 I_a, I_b, I_c라 할 때 I_b는? (단, $a = -\dfrac{1}{2} + j\dfrac{\sqrt{3}}{2}$이다.)

① $I_0 + I_1 + I_2$

② $I_0 + a^2 I_1 + a I_2$

③ $\dfrac{1}{3}(I_0 + I_1 + I_2)$

④ $\dfrac{1}{3}(I_0 + a I_1 + a^2 I_2)$

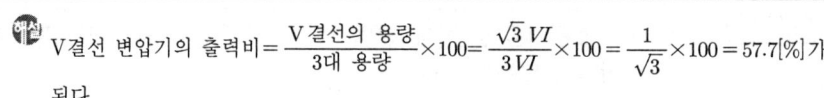

해설 3상 대칭회로에서 I_0(영상 전류), I_1(정상 전류), I_2(역상 전류)일 때의 선전류
$I_a = I_0 + I_1 + I_2$, $I_b = I_0 + a^2 I_1 + a I_2$, $I_c = I_0 + a I_1 + a^2 I_2$가 된다.

문제 067 전압의 순시값이 $v = 3 + 10\sqrt{2}\sin\omega t$ [V]일 때 실효값은 약 몇 [V]인가?
① 10.4   ② 11.6   ③ 12.5   ④ 16.2

해설 비정현파 교류 전압의 실효값

$V = \sqrt{V_o^2 + \left(\dfrac{V_{m1}}{\sqrt{2}}\right)^2} = \sqrt{3^2 + (10)^2} = \sqrt{109} \fallingdotseq 10.4$ [V]이 된다.

문제 068 시간지연 요인을 포함한 어떤 특정계가 다음 미분방정식 $\dfrac{dy(t)}{dt} + y(t) = x(t-T)$
로 표현된다. $x(t)$를 입력, $y(t)$를 출력이라 할 때 이 계의 전달함수는?

① $\dfrac{e^{-sT}}{s+1}$ ② $\dfrac{s+1}{e^{-sT}}$ ③ $\dfrac{e^{sT}}{s-1}$ ④ $\dfrac{e^{-2sT}}{s+2}$

해설 미분방정식 양변 라플라스 변환하면 (단, 초기치 값=0이다.)

∴ $sY(s) + Y(s) = e^{-sT}X(s)$, $Y(s)(1+s) = X(s)e^{-sT}$

∴ $G(s) = \dfrac{Y(s)}{X(s)} = \dfrac{e^{-sT}}{1+s}$가 된다.

문제 069 다음과 같은 회로에서 단자 a, b 사이의 합성 저항[Ω]은?

① r
② $\dfrac{1}{2}r$
③ $\dfrac{3}{2}r$
④ $3r$

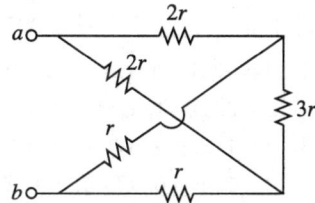

해설 회로를 펼치면

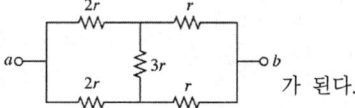

가 된다.

이는 맞보는 변에 곱이 같으므로 평형 회로이다.

∴ 이 회로는 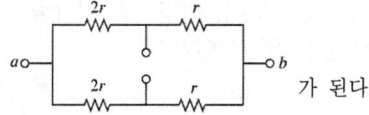 가 된다.

a, b 간의 합성 저항 $R_{ab} = \dfrac{3}{2}r$ [Ω]가 된다.

정답 67. ① 68. ① 69. ③

[070] 4단자 회로망이 가역적이기 위한 조건으로 틀린 것은?

① $Z_{12} = Z_{21}$
② $Y_{12} = Y_{21}$
③ $H_{12} = -H_{21}$
④ $AB - CD = 1$

【해설】 4단자 회로망이 가역적이기 위한 조건은
① $Z_{12} = Z_{21}$ (①망과 ②망 사이의 임피던스는 ②망과 ①망 사이의 임피던스와 같다.)
② $Y_{12} = Y_{21}$ (①마디와 ②마디 사이의 어드미턴스는 ②마디와 ①마디 사이의 어드미턴스와 서로 같다.)
③ $H_{12} = -H_{21}$ 도 서로 같으므로 가역적이 성립된다.

[071] 그림과 같은 회로에서 유도성 리액턴스 X_L의 값[Ω]은?

① 8
② 6
③ 4
④ 1

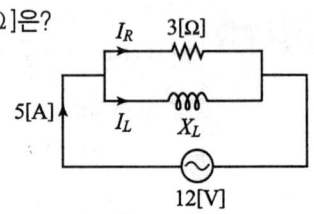

【해설】 키르히 제1법칙에서 $I = I_R + I_L$ [A]

∴ $I_L = \sqrt{I^2 - I_R^2} = \sqrt{5^2 - (\frac{12}{3})^2} = \sqrt{9} = 3 = \frac{V}{X_L} = \frac{12}{X_L}$ [A]이다.

∴ X_L(유도성 리액턴스) $= \frac{12}{3} = 4$ [Ω]이 된다.

[072] 그림과 같은 단일 임피던스 회로의 4단자 정수는?

① $A = Z, B = 0, C = 1, D = 0$
② $A = 0, B = 1, C = Z, D = 1$
③ $A = 1, B = Z, C = 0, D = 1$
④ $A = 1, B = 0, C = 1, D = Z$

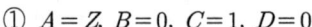
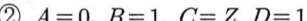
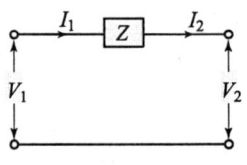

【해설】 단일 임피던스 회로의 4단자 정수는 4단자 기초방정식에서
$\begin{cases} V_1 = AV_2 + BI_2 = V_2 + ZI_2 \\ I_1 = CV_2 + DI_2 = 0V_2 + I_2 \end{cases}$ 이다. ∴ $A = 1, B = Z, C = 0, D = 1$이 된다.

[073] 저항 3개를 Y로 접속하고 이것을 선간 전압 200[V]의 평형 3상 교류 전원에 연결할 때 선전류가 20[A] 흘렀다. 이 3개의 저항을 △로 접속하고 동일 전원에 연결하였을 때의 선전류는 몇 [A]인가?

① 30 ② 40 ③ 50 ④ 60

【해답】 70. ④ 71. ③ 72. ③ 73. ④

해설

① Y결선에서 I_Y(선전류)$=\dfrac{\frac{V}{\sqrt{3}}}{r}=\dfrac{200}{\sqrt{3}\,r}=20$[A]

∴ r(1상 저항)$=\dfrac{200}{\sqrt{3}\times 20}=\dfrac{10}{\sqrt{3}}$[Ω] … ①

② △결선에서 I_Δ(선전류)$=\sqrt{3}\,I_P=\sqrt{3}\times\dfrac{V}{r}=\sqrt{3}\times\dfrac{200}{\frac{10}{\sqrt{3}}}=\dfrac{3\times 200}{10}=60$[A]가 된다.

074 $R=4000$[Ω], $L=5$[H]의 직렬 회로에 직류 전압 200[V]를 가할 때 급히 단자 사이의 스위치를 단락시킬 경우 이로부터 1/800초 후 회로의 전류는 몇 [mA]인가?
① 18.4
② 1.84
③ 28.4
④ 2.84

해설 R-L 직렬 회로에 직류 전압을 가하고 급히 단자 사이의 스위치를 단락시킬 경우의 과도
전류 $i_{(t)}=\dfrac{E}{R}e^{-\frac{R}{L}t}=\dfrac{200}{4000}e^{-\frac{4000}{5}\times\frac{1}{800}}=\dfrac{1}{20}\times e^{-1}=\dfrac{1}{20}\times 0.368=0.0184=18.4$[mA]가 된다.

075 다음과 같은 파형을 푸리에 급수로 전개하면?

① $y(x)=\dfrac{4A}{\pi}(\sin\alpha\sin x+\dfrac{1}{9}\sin 3\alpha\sin 3x+\cdots\cdots)$
② $y(x)=\dfrac{4A}{\pi}(\sin x+\dfrac{1}{3}\sin 3x+\dfrac{1}{5}\sin 5x+\cdots\cdots)$
③ $y(x)=\dfrac{4}{\pi}(\dfrac{\cos 2x}{1.3}+\dfrac{\cos 4x}{3.5}+\dfrac{\cos 6x}{5.7}+\cdots\cdots)$
④ $y(x)=\dfrac{A}{\pi}+\dfrac{\sin 2x}{2}+\dfrac{\sin 4x}{4}+\cdots\cdots$

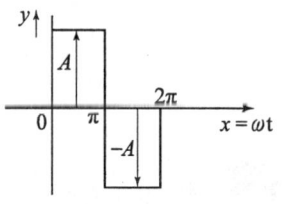

해설 직사각형파(전파구형파)는 반파정현대칭으로 기함수($n=1, 3, 5, 7$)이며, 정현파 b_n만
존재한다. 즉 $b_n=\dfrac{4}{\pi}\int_0^{\frac{\pi}{2}}y(x)\sin nx\,d_x=\dfrac{4A}{\pi}\int_0^{\frac{\pi}{2}}\sin nx\,d_x=\dfrac{4A}{\pi}\left(\dfrac{-\cos nx}{n}\right)\Big|_0^{\frac{\pi}{2}}=\dfrac{4A}{\pi n}$
이다. ∴ 푸리에 급수 $y(x)=\dfrac{4A}{\pi}(\sin x+\dfrac{1}{3}\sin 3x+\dfrac{1}{5}\sin 5x+\cdots\cdots)$가 된다.

076 $i_1=I_m\sin\omega t$[A]와 $i_2=I_m\cos\omega t$[A]인 두 교류 전류의 위상차는 몇 도인가?
① 0°
② 30°
③ 60°
④ 90°

해설 $i_1=I_m\sin\omega t$[A]와 $i_2=I_m\cos\omega t\,I_m\sin(\omega t+90°)$[A]이다.
∴ 두 교류 전류의 위상차는 90°가 된다.

정답 74.① 75.② 76.④

077 R-L 직렬 회로에서 $e = 10 + 100\sqrt{2}\sin\omega t + 50\sqrt{2}\sin(3\omega t + 60°) + 60\sqrt{2}\sin(5\omega t + 30°)$[V]인 전압을 가할 때 제3고조파 전류의 실효값은 몇 [A]인가? (단, $R = 8[\Omega]$, $\omega L = 2[\Omega]$이다.)

① 1   ② 3
③ 5   ④ 7

해설 R-L 직렬 회로에서 제3고조파 전류의 실효값

$$I_3 = \frac{E_3}{\sqrt{R^2 + (3\omega L)^2}} = \frac{50}{\sqrt{(8)^2 + (3\times 2)^2}} = \frac{50}{\sqrt{64+36}} = \frac{50}{10} = 5[A] \text{가 된다.}$$

078 대칭 n상 Y결선에서 선간 전압의 크기는 상전압의 몇 배인가?

① $\sin\dfrac{\pi}{n}$ ② $\cos\dfrac{\pi}{n}$
③ $2\sin\dfrac{\pi}{n}$ ④ $2\cos\dfrac{\pi}{n}$

해설 대칭 n상 Y결선에서 선간 전압과 상전압, 선전류와 상전류의 관계는

$$\begin{cases} V_l(\text{선간 전압}) = V_p(\text{상전압})\, 2\sin\dfrac{\pi}{n}\, \varepsilon^{j\frac{\pi}{2}(1-\frac{2}{n})}[V] \\ I_l(\text{선전류}) = I_p(\text{상전류})\, \varepsilon^{j0}[A] \end{cases}$$

또, n상 Δ결선인 경우 $\begin{cases} V_l(\text{선간 전압}) = V_p(\text{상전압})\, \varepsilon^{j0}[V] \\ I_l(\text{선전류}) = I_p(\text{상전류})\, 2\sin\dfrac{\pi}{n}\, \varepsilon^{-j\frac{\pi}{2}(1-\frac{2}{n})}[A] \end{cases}$ 이다.

079 다음 함수 $F(s) = \dfrac{5s+3}{s(s+1)}$의 역라플라스 변환은?

① $2 + 3e^{-t}$ ② $3 + 2e^{-t}$
③ $3 - 2e^{-t}$ ④ $2 - 3e^{-t}$

해설 함수 $F(s) = \dfrac{5s+3}{s(s+1)} = \dfrac{K_{11}}{s} + \dfrac{K_{12}}{s+1} = \dfrac{3}{s} + \dfrac{2}{s+1}$이다.

단, $K_{11} = \lim_{s \to 0} s F(s) = \lim_{s \to 0} \dfrac{5s+3}{s+1} = \dfrac{0+3}{0+1} = 3$,

$K_{12} = \lim_{s \to -1}(s+1)F(s) = \lim_{s \to -1} \dfrac{5s+3}{s} = \dfrac{-5+3}{-1} = 2$일 때

∴ 역라플라스 변환 $f(t) = L^{-1}(F(s)) = L^{-1}\left(\dfrac{3}{s} + \dfrac{2}{s+1}\right) = 3e^{-0} + 2e^{-t} = 3 + 2e^{-t}$이 된다.

해답 77. ③ 78. ③ 79. ②

080 그림과 같은 회로가 공진이 되기 위한 조건을 만족하는 어드미턴스는?

① $\dfrac{CL}{R}$

② $\dfrac{CR}{L}$

③ $\dfrac{L}{CR}$

④ $\dfrac{LR}{C}$

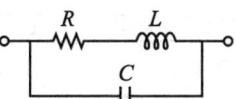

$Y = Y_1 + Y_2 = \dfrac{1}{R+j\omega L} + j\omega C = \dfrac{R-j\omega L}{R^2+(\omega L)^2} + j\omega C$

$= \dfrac{R}{R^2+(\omega L)^2} + j\left(\omega C - \dfrac{\omega L}{R^2+(\omega L)^2}\right)$

허수부 = 0(공진) 조건은? $\omega C = \dfrac{\omega L}{R^2+(\omega L)^2}$ $\omega CR^2 + \omega C(\omega L)^2 = \omega L$,

$(\omega L)^2 = \dfrac{\omega L}{\omega C} - \dfrac{\omega CR^2}{\omega C} = \dfrac{L}{C} - R^2$을 공진 조건을 만족하는

어드미턴스식에 대입하면 $Y = \dfrac{R}{R^2+(\omega L)^2} = \dfrac{R}{R^2+\dfrac{L}{C}-R^2} = \dfrac{CR}{L}$ [℧]가 된다.

05 전/기/설/비/기/술/기/준 및 판/단/기/준

081 저압 절연전선을 사용한 220[V] 저압 가공전선이 안테나와 접근상태로 시설되는 경우 가공전선과 안테나 사이의 이격거리는 몇 [cm] 이상이어야 하는가? (단, 전선이 고압 절연전선, 특고압 절연전선 또는 케이블인 경우는 제외한다.)

① 30   ② 60
③ 100 ④ 120

220[V] 저압 가공전선이 안테나와 접근상태로 시설되는 경우 가공전선과 안테나 사이의 이격거리는 60[cm] 이상이어야 한다. 또한 전선이 고압 절연전선, 특고압 절연전선 또는 케이블인 경우는 30[cm] 이상이어야 한다.

082 금속덕트에 넣은 전선의 단면적의 합계는 덕트의 내부 단면적의 몇 [%] 이하이어야 하는가?

① 10   ② 20
③ 32   ④ 48

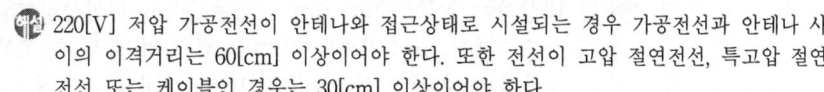

80. ② 81. ② 82. ②

해설 금속덕트 공사에서 금속덕트에 넣은 전선의 단면적의 합계는 덕트의 내부 단면적의 20[%] 이하이어야 한다. 또한 제어회로 등의 배선만을 넣은 경우는 50[%] 이하이다.

083 지선을 사용하여 그 강도를 분담시키면 안 되는 가공전선로의 지지물은?
① 목주 ② 철주
③ 철탑 ④ 철근 콘크리트주

해설 지선의 사용에서 가공전선로의 지지물로 사용하는 철탑은 지선을 사용하여 그 강도를 분담시켜서는 아니된다.
∴ 지선을 사용하여 그 강도를 분담시키면 안 되는 가공전선로의 지지물은 철탑이다.

084 저압 가공인입선 시설 시 도로를 횡단하여 시설하는 경우 노면상 높이는 몇 [m] 이상으로 하여야 하는가?
① 4 ② 4.5
③ 5 ④ 5.5

해설 인입선의 설치 높이에서 저압 가공인입선 시설 시 도로를 횡단하여 시설하는 경우 노면상 높이는 5[m] 이상으로 하여야 한다.

085 60[kV] 이하의 특고압 가공전선과 식물과의 이격거리는 몇 [m] 이상이어야 하는가?
① 2 ② 2.12
③ 2.24 ④ 2.36

해설 60[kV] 이하의 특고압 가공전선과 식물과의 이격거리는 2[m] 이상이어야 한다.

086 전기부식방지 시설에서 전원장치를 사용하는 경우로 옳은 것은?
① 전기부식방지 회로의 사용전압은 교류 60[V] 이하일 것
② 지중에 매설하는 양극(+)의 매설 깊이는 50[cm] 이상일 것
③ 지표 또는 수중에서 1[m] 간격의 임의의 2점 간의 전위차는 7[V]를 넘지 말 것
④ 수중에 시설하는 양극(+)과 그 주위 1[m] 이내의 거리에 있는 임의의점과의 사이의 전위차는 10[V]를 넘지 말 것

해설 전기부식방지 시설에서 전원장치를 사용하는 경우 수중에 시설하는 양극(+)과 그 주위 1[m] 이내의 거리에 있는 임의의점과의 사이의 전위차는 10[V]를 넘지 말아야 한다.

정답 83.③ 84.③ 85.① 86.④

087 400[V] 미만인 저압용 전동기 외함을 접지공사로 시설할 경우 접지선의 공칭단면적은 몇 [mm²] 이상의 연동선이어야 하는가?
① 0.75   ② 2.5
③ 6   ④ 16

해설 400[V] 미만인 저압용 전동기 외함을 접지공사로 시설할 경우 접지선의 공칭단면적은 2.5[mm²] 이상의 연동선이어야 한다.

088 345[kV] 변전소의 충전 부분에서 5.98[m] 거리에 울타리를 설치할 경우 울타리 최소 높이는 몇 [m]인가?
① 2.1   ② 2.3
③ 2.5   ④ 2.7

해설 345[kV] 변전소의 충전 부분에서 5.98[m] 거리에 울타리, 담을 설치할 경우 5[m] 거리에 울타리, 담 등의 높이는 2[m] 이상으로 하고 지표면과 울타리, 담 등의 하단 사이의 간격이 15[cm] 이하이므로 5.98[m] 거리인 경우는 울타리, 담의 최소 높이는 2.3[m]이어야 한다.

089 동기발전기를 사용하는 전력계통에 시설하여야 하는 장치는?
① 비상 조속기   ② 분로 리액터
③ 동기검정장치   ④ 절연유 유출방지설비

해설 동기검정장치는 동기발전기를 사용하는 전력계통에 시설하여야 하는 장치이다. 즉 동기발전기, 동기조상기를 시설하는 경우에는 동기검정장치를 시설하여야 한다.

090 특고압 가공전선로의 지지물에 시설하는 통신선 또는 이에 직접 접속하는 통신선 중 옥내에 시설하는 부분은 몇 [V] 이상의 저압 옥내배선의 규정에 준하여 시설하도록 하고 있는가?
① 150   ② 300
③ 380   ④ 400

해설 특고압 가공전선로의 지지물에 시설하는 통신선 또는 이에 직접 접속하는 통신선 중 옥내에 시설하는 부분은 400[V] 이상의 저압 옥내배선 규정에 준하여 시설한다.

091 제2종 특고압 보안공사 시 B종 철주를 지지물로 사용하는 경우 경간은 몇 [m] 이하인가?
① 100   ② 200
③ 400   ④ 500

해답 | 87.② 88.② 89.③ 90.④ 91.②

[해설] 제2종 특고압 보안공사 시 B종 철주를 지지물로 사용하는 경우 경간은 200[m] 이하 이어야 한다.

092 전체의 길이가 18[m]이고, 설계하중이 6.8[kN]인 철근 콘크리트주를 지반이 튼튼한 곳에 시설하려고 한다. 기초 안전율을 고려하지 않기 위해서는 묻히는 깊이를 몇 [m] 이상으로 시설하여야 하는가?
① 2.5
② 2.8
③ 3
④ 3.2

[해설] 설계하중이 6.8[kN], 철근 콘크리트주의 길이가 18[m]을 기초 안전율을 고려하지 않기 위해서는 묻히는 깊이를 2.8[m] 이상으로 시설하여야 한다.

093 변전소를 관리하는 기술원이 상주하는 장소에 경보장치를 시설하지 아니하여도 되는 것은?
① 조상기 내부에 고장이 생긴 경우
② 주요 변압기의 전원측 전로가 무전압으로 된 경우
③ 특고압용 타냉식 변압기의 냉각장치가 고장난 경우
④ 출력 2000[kVA] 특고압용 변압기의 온도가 현저히 상승한 경우

[해설] 변전소를 관리하는 기술원이 상주하는 장소에 경보장치를 시설해야 하는 것은?
① 조상기 내부에 고장이 생긴 경우
② 주요 변압기의 전원측 전로가 무전압으로 된 경우
③ 특고압용 타냉식 변압기의 냉각장치가 고장난 경우

094 케이블 트레이 공사에 대한 설명으로 틀린 것은?
① 금속재의 것은 내식성 재료의 것이어야 한다.
② 케이블 트레이의 안전율은 1.25 이상이어야 한다.
③ 비금속제 케이블 트레이는 난연성 재료의 것이어야 한다.
④ 전선의 피복 등을 손상시킬 돌기 등이 없이 매끈하여야 한다.

[해설] 케이블 트레이 공사에 대한 설명으로 옳은 것은?
① 금속재의 것은 내식성 재료의 것이어야 한다.
② 비금속제 케이블 트레이는 난연성 재료의 것이어야 한다.
③ 전선의 피복 등을 손상시킬 돌기 등이 없이 매끈하여야 한다.

[정답] 92. ② 93. ④ 94. ②

095 의료장소의 수술실에서 전기설비의 시설에 대한 설명으로 틀린 것은?
① 의료용 절연변압기의 정격출력은 10[kVA] 이하로 한다.
② 의료용 절연변압기의 2차 측 정격 전압은 교류 250[V] 이하로 한다.
③ 절연감시장치를 설치하는 경우 누설 전류가 5[mA]에 도달하면 경보를 발하도록 한다.
④ 전원 측에 강화절연을 한 의료용 절연변압기를 설치하고 그 2차 측 전로는 접지한다.

  의료장소의 수술실에서 전기설비의 시설에 대한 설명으로 옳은 것은?
  ① 의료용 절연변압기의 정격출력은 10[kVA] 이하로 한다.
  ② 의료용 절연변압기의 2차 측 정격 전압은 교류 250[V] 이하로 한다.
  ③ 절연감시장치를 설치하는 경우 누설 전류가 5[mA]에 도달하면 경보를 발하도록 한다.

096 전등 또는 방전등에 저압으로 전기를 공급하는 옥내의 전로의 대지전압은 몇 [V] 이하이어야 하는가?
① 100   ② 200
③ 300   ④ 400

  전등 또는 방전등에 저압으로 전기를 공급하는 옥내 전로의 대지전압은 300[V] 이하이어야 한다.

097 저압 가공인입선 시설 시 사용할 수 없는 전선은?
① 절연전선, 다심형 전선, 케이블
② 지름 2.6[mm] 이상의 인입용 비닐절연전선
③ 인장강도 1.2[kN] 이상의 인입용 비닐절연전선
④ 사람의 접촉 우려가 없도록 시설하는 경우 옥외용 비닐절연전선

  저압 가공인입선 시설 시 사용할 수 있는 전선은?
  ① 절연전선, 다심형 전선, 케이블 등
  ② 지름 2.6[mm] 이상의 인입용 비닐절연전선
  ③ 사람의 접촉 우려가 없도록 시설하는 경우 옥외용 비닐절연전선 등이다.

098 전용부지가 아닌 가공 직류 전차선의 레일면상의 높이는 몇 [m] 이상으로 하여야 하는가?
① 3.6   ② 4
③ 4.4   ④ 4.8

  전용부지가 아닌 가공 직류 전차선의 레일면상의 높이는 4.8[m] 이상이어야 한다.

 95.④ 96.③ 97.③ 98.④

099 고압 가공전선로의 가공지선으로 나경동선을 사용하는 경우의 지름은 몇 [mm] 이상이어야 하는가?

① 3.2
② 4
③ 5.5
④ 6

해설 고압 가공전선로의 가공지선으로 나경동선을 사용하는 경우의 지름은 4[mm] 이상이어야 한다.

100 저압의 옥측배선 또는 옥외배선 시설로 틀린 것은?

① 400[V] 이상 저압의 전개된 장소에 애자사용 공사로 시설
② 합성수지관 또는 금속관 공사, 가요전선관 공사로 시설
③ 400[V] 이상 저압의 점검 가능한 은폐장소에 버스덕트 공사로 시설
④ 옥내전로의 분기점에서 10[m] 이상인 저압의 옥측배선 또는 옥외배선의 개폐기를 옥내 전로용과 겸용으로 시설

해설 저압의 옥측배선 또는 옥외배선 시설로 옳은 것은?
① 400[V] 이상 저압의 전개된 장소에 애자사용 공사로 시설
② 합성수지관 또는 금속관 공사, 가요전선관 공사로 시설
③ 400[V] 이상 저압의 점검 가능한 은폐장소에 버스덕트 공사로 시설

정답 99. ② 100. ④

기출문제

2018년도

전기산업기사	2018년 3월 4일 시행
전기산업기사	2018년 4월 28일 시행
전기산업기사	2018년 8월 19일 시행

01 전/기/자/기/학

001 무한장 원주형 도체에 전류 I가 표면에만 흐른다면 원주 내부의 자계의 세기는 몇 [AT/m]인가? (단, r[m]는 원주의 반지름이고, N은 권선수이다.)

① 0   ② $\dfrac{NI}{2\pi r}$ ③ $\dfrac{I}{2r}$ ④ $\dfrac{I}{2\pi r}$

해설 무한장 원주형 도체에 전류 I[A]가 표면에는 흐를 경우 표면에만 자속이 생기고, 원주형 도체 내부에는 자속이 생기지 않으므로 원주형 도체 내부 자계세기 $H=0$[AT/m]가 된다.

002 다음이 설명하고 있는 것은?

> 수정, 로셸염 등에 열을 가하면 분극을 일으켜 한쪽 끝에 양(+) 전기, 다른 쪽 끝에 음(-) 전기가 나타나며, 냉각할 때에는 역분극이 생긴다.

① 강유전성   ② 압전기 현상
③ 파이로(Pyro) 전기   ④ 톰슨(Thomson) 효과

해설 파이로(Pyro) 전기란
수정, 로셸염 등에 열을 가하면 분극을 일으켜 한쪽 끝에 양(+) 전기, 다른 쪽 끝에 음(-) 전기가 나타나며, 냉각할 때는 역분극이 생기는 현상을 말한다.

003 비유전율이 9인 유전체 중에 1[cm]의 거리를 두고 1[μC]과 2[μC]의 두 점전하가 있을 때 서로 작용하는 힘은 약 몇 [N]인가?

① 18   ② 20   ③ 180   ④ 200

해설 coulomb 힘
$F = \dfrac{Q_1 Q_2}{4\pi\varepsilon r^2} = 9\times 10^9 \dfrac{Q_1 Q_2}{\varepsilon_s r^2} = 9\times 10^9 \dfrac{1\times 10^{-6} \times 2\times 10^{-6}}{9\times (10^{-2})^2} = \dfrac{2\times 10^{-3}}{10^{-4}} = 20$[N]이 된다.

004 비투자율 μ_s, 자속 밀도 B[Wb/m²]인 자계 중에 있는 m[Wb]의 자극이 받는 힘[N]은?

① $\dfrac{Bm}{\mu_0 \mu_s}$ ② $\dfrac{Bm}{\mu_0}$ ③ $\dfrac{\mu_0 \mu_s}{Bm}$ ④ $\dfrac{Bm}{\mu_s}$

해답 1.① 2.③ 3.② 4.①

해설 자속 밀도

$$B = \frac{\phi}{S} = \frac{m}{S} = \frac{m}{4\pi r^2}[\text{Wb/m}^2]$$

∴ 자계 중에 있는 $m[\text{Wb}]$의 자극이 받는 힘

$$F = \frac{m \times m}{4\pi \mu r^2} = \frac{m}{4\pi r^2} \times \frac{m}{\mu} = \frac{B \times m}{\mu_o \mu_s}[\text{N}]이다.$$

문제 005

반지름이 1[m]인 도체구에 최고로 줄 수 있는 전위는 몇 [kV]인가? (단, 주위 공기의 절연내력은 3×10^6[V/m]이다.)

① 30
② 300
③ 3000
④ 30000

해설 도체구에 최고로 줄 수 있는 전위

$$V = E \times r = 3 \times 10^6 \times 1 = 3 \times 10^6[\text{V/m}] = 3 \times 10^3[\text{kV}]이다.$$

문제 006

그림과 같은 정전용량이 $C_o[\text{F}]$가 되는 평행판 공기 콘덴서가 있다. 이 콘덴서의 판면적의 $\frac{2}{3}$가 되는 공간에 비유전율 ε_s인 유전체를 채우면 공기 콘덴서의 정전용량[F]은?

① $\frac{2\varepsilon_s}{3}C_o$ ② $\frac{3}{1+2\varepsilon_s}C_o$

③ $\frac{1+\varepsilon_s}{3}C_o$ ④ $\frac{1+2\varepsilon_s}{3}C_o$

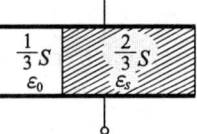

해설 공기 콘덴서의 정전용량 $C_o = \frac{\varepsilon_o S}{d}[\text{F}]$이다.

∴ 판면적 $\frac{1}{3}S$인 공간의 정전용량

$$C_1 = \frac{\varepsilon_o \times \frac{1}{3}S}{d} = \frac{1}{3} \times \frac{\varepsilon_o S}{d} = \frac{1}{3}C_o[\text{F}] \cdots ①$$

판면적 $\frac{2}{3}S$에 ε_s인 유전체인 경우의 정전용량

$$C_2 = \frac{\varepsilon_o \varepsilon_s \times \frac{2}{3}S}{d} = \frac{2}{3}\varepsilon_s \times \frac{\varepsilon_o S}{d} = \frac{2}{3}C_o \varepsilon_s[\text{F}] \cdots ②$$

∴ 병렬 콘덴서의 합성용량

$$C = C_1 + C_2 = \frac{1}{3}C_o + \frac{2}{3}C_o \varepsilon_s = \frac{1+2\varepsilon_s}{3} \times C_o[\text{F}]가 된다.$$

정답 5. ③ 6. ④

007 단면적 $S[m^2]$, 자로의 길이 $\ell[m]$, 투자율 $\mu[H/m]$의 환상 철심에 1[m]당 N회 코일을 균등하게 감았을 때 자기 인덕턴스[H]는?

① $\mu N \ell S$
② $\mu N^2 \ell S$
③ $\dfrac{\mu N^2 \ell}{S}$
④ $\dfrac{\mu N^2 S}{\ell}$

해설 환상 철심 1[m]당의 권수 N회일 때의 자기 인덕턴스

$$L_1 = \frac{N\phi}{I} = \frac{N \times \dfrac{NI}{R}}{I} = \frac{N^2}{R} [H] 이다.$$

∴ 자로 길이 $\ell[m]$일 때의 권수는 $N\ell$(회)이므로 자기 인덕턴스

$$L_2 = \frac{(N\ell)^2}{R} = \frac{(N\ell)^2}{\dfrac{\ell}{\mu s}} = \mu N^2 \ell S[H]가 된다.$$

008 반지름 $a[m]$인 접지 도체구의 중심에서 $r[m]$되는 거리에 점전하 $Q[C]$을 놓았을 때 도체구에 유도된 총 전하는 몇 [C]인가?

① 0
② $-Q$
③ $-\dfrac{a}{r}Q$
④ $-\dfrac{r}{a}Q$

해설 접지 도체와 점전하

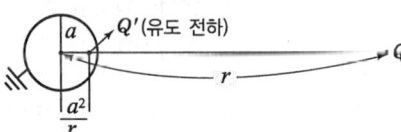

표면 전위 $O = P_{11}Q' + P_{12}Q$, $P_{11}Q' = -P_{12}Q$

∴ 도체구에 유도된 총 전하

$$Q' = -\frac{P_{12}}{P_{11}}Q = -\frac{\dfrac{1}{4\pi\varepsilon_0 r}}{\dfrac{1}{4\pi\varepsilon_0 a}} \times Q = -\frac{a}{r}Q[C] 이 된다.$$

009 각각 $\pm Q[C]$로 대전된 두 대의 도체 간의 전위차를 전위계수로 표시하면? (단, $P_{12} = P_{21}$이다.)

① $(P_{11} + P_{12} + P_{22})Q$
② $(P_{11} + P_{12} - P_{22})Q$
③ $(P_{11} - P_{12} + P_{22})Q$
④ $(P_{11} - 2P_{12} + P_{22})Q$

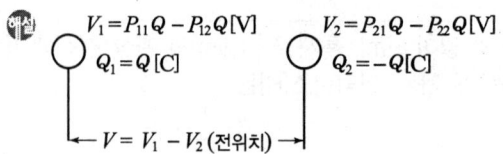

두 개의 도체 간의 전위차
$V = V_1 - V_2 = P_{11}Q_1 - P_{12}Q - P_{21}Q + P_{22}Q$
$= (P_{11} - P_{12} - P_{21} + P_{22})Q = (P_{11} - 2P_{12} + P_{22})Q[V]$이다.

010 접지구 도체와 점전하 간의 작용력은?
① 항상 반발력이다. ② 항상 흡인력이다.
③ 조건적 반발력이다. ④ 조건적 흡인력이다.

접지구 도체 기준 점전하 $Q[C]$에 대한 영상 전하 $Q' = -Q[C]$이다.
∴ 접지구 도체와 점전하 간의 작용력
$F = \dfrac{Q \times (-Q)}{4\pi\varepsilon(2r)^2} = -\dfrac{Q^2}{4\pi\varepsilon(2r)^2}[N]$로 항상 흡인력이다.

011 공기 중에서 무한평면 도체로부터 수직으로 $10^{-10}[m]$ 떨어진 점에 한 개의 전자가 있다. 이 전자에 작용하는 힘은 약 몇 [N]인가? (단, 전자의 전하량 : $-1.602 \times 10^{-19}[C]$이다.)

① 5.77×10^{-9} ② 1.602×10^{-9}
③ 5.77×10^{-19} ④ 1.602×10^{-19}

전기 영상법에서 무한평면 도체의 영상전자 $e' = 1.602 \times 10^{-19}[C]$이다.
이 전자에 작용하는 힘
$F = \dfrac{e \times (-e)}{4\pi\epsilon_0 (2r)^2} = -9 \times 10^9 \times \dfrac{e \times e}{(2r)^2} = -9 \times 10^9 \times \dfrac{(1.602 \times 10^{-19})^2}{(2 \times 10^{-10})^2}$
$= -9 \times 10^9 \times \dfrac{(1.602)^2 \times 10^{-38}}{4 \times 10^{-20}} = -\dfrac{9 \times (1.602)^2}{4} \times 10^{-9}$
$\fallingdotseq -5.77 \times 10^{-9}[N]$의 흡인력이다.

012 자속 밀도 $B[Wb/m^2]$가 도체 중에서 $f[Hz]$로 변화할 때 도체 중에 유기되는 기전력 e는 무엇에 비례하는가?

① $e \propto Bf$ ② $e \propto \dfrac{B}{f}$ ③ $e \propto \dfrac{B^2}{f}$ ④ $e \propto \dfrac{f}{B}$

렌츠의 법칙에서 $\phi = BS\cos\omega t [Wb]$로 변화할 때 도체 중에 유기되는 기전력
$e = -N\dfrac{d\phi}{dt} = -N\dfrac{d}{dt}BS\cos\omega t = -NBS\omega(-\sin\omega t) = NBS \times 2\pi f \sin\omega t \fallingdotseq Bf[V]$이다.

예답 10. ② 11. ① 12. ①

013 유전체 중의 전계의 세기를 E, 유전율을 ε이라 하면 전기변위는?

① εE ② εE^2 ③ $\dfrac{\varepsilon}{E}$ ④ $\dfrac{E}{\varepsilon}$

전속 밀도=전기변위(전하 밀도)=$\sigma = \varepsilon E$[C/m²]이다.

014 맥스웰의 전자방정식으로 틀린 것은?

① $\text{div } B = \phi$ ② $\text{div } D = \rho$
③ $\text{rot } E = -\dfrac{\partial B}{\partial t}$ ④ $\text{rot } H = i + \dfrac{\partial D}{\partial t}$

맥스웰의 전자방정식은
① 암페르(Amper) 주회적분 법칙에서 $\text{rot } H = i + \dfrac{\partial D}{\partial t}$[A/m²]
② 노이만의 공식에서 $\text{rot } E = -\dfrac{\partial B}{\partial t}$
③ 가우스 정리 적분형에서 $\text{div } D = \rho$
④ 자계의 경계 조건에서 $\text{div } B = 0$

015 유전율 ε, 투자율 μ인 매질 내에서 전자파의 전파속도는?

① $\sqrt{\varepsilon\mu}$ ② $\sqrt{\dfrac{\varepsilon}{\mu}}$ ③ $\dfrac{1}{\sqrt{\varepsilon\mu}}$ ④ $\sqrt{\dfrac{\mu}{\varepsilon}}$

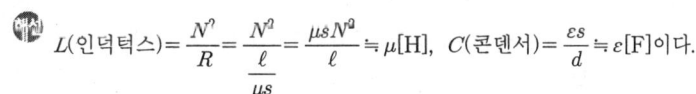

$\therefore$ 전자파의 전파속도 $v = \dfrac{\omega}{\beta} = \dfrac{\omega}{\omega\sqrt{LC}} = \dfrac{1}{\sqrt{LC}} = \dfrac{1}{\sqrt{\varepsilon\mu}}$[m/sec]이다.

016 평행판 콘덴서에서 전극 간에 V[V]의 전위차를 가할 때 전계의 세기가 공기의 절연내력 E[V/m]를 넘지 않도록 하기 위한 콘덴서의 단위 면적당의 최대용량은 몇 [F/m²]인가?

① $\dfrac{\varepsilon_0 V}{E}$ ② $\dfrac{\varepsilon_0 E}{V}$ ③ $\dfrac{\varepsilon_0 V^2}{E}$ ④ $\dfrac{\varepsilon_0 E^2}{V}$

평행판 콘덴서에서 $V = Ed$[V], $d = \dfrac{V}{E}$[m]

$\therefore$ 콘덴서 단위 면적당의 최대용량 $C_{\max} = \dfrac{\varepsilon_0 s}{d} = \dfrac{\varepsilon_0 s}{\dfrac{V}{E}} = \dfrac{\varepsilon_0 ES}{V} = \dfrac{\varepsilon_0 E}{V}$[F/m²]이다.

13. ① 14. ① 15. ③ 16. ②

017 그림과 같이 권수가 1이고 반지름 a[m]인 원형 전류 I[A]가 만드는 자계의 세기[AT/m]는?

① $\dfrac{I}{a}$ ② $\dfrac{I}{2a}$

③ $\dfrac{I}{3a}$ ④ $\dfrac{I}{4a}$

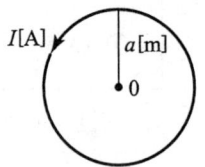

해설 비오사바르의 법칙에서 원형 코일 중심자계

$$H = \frac{I \times \ell \sin 90°}{4\pi a^2} = \frac{I \times 2\pi a \times 1}{4\pi a^2} = \frac{I}{2a} \text{[AT/m]이다.}$$

018 두 점전하 q, $\dfrac{1}{2}q$가 a만큼 떨어져 놓여있다. 이 두 점전하를 연결하는 선상에서 전계의 세기가 영(0)이 되는 점은 q가 놓여있는 점으로부터 얼마나 떨어진 곳인가?

① $\sqrt{2}\,a$ ② $(2-\sqrt{2})a$

③ $\dfrac{\sqrt{3}}{2}a$ ④ $\dfrac{(1+\sqrt{2})a}{2}$

해설

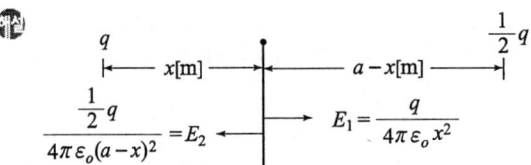

전계세기 $E = 0$인 점은 q로부터 얼마 떨어진 곳인가?

∴ $E = 0 = E_1 - E_2$, $E_1 = E_2$에서

$$\frac{q}{4\pi\varepsilon_0 x^2} = \frac{\frac{1}{2}q}{4\pi\varepsilon_0 (a-x)^2},\ (a-x)^2 = \frac{1}{2}x^2,\ \sqrt{2}(a-x) = x,\ x(1+\sqrt{2}) = \sqrt{2}\,a$$

∴ $x = \dfrac{\sqrt{2}\,a}{1+\sqrt{2}} = \dfrac{\sqrt{2}(1-\sqrt{2})a}{(1+\sqrt{2})(1-\sqrt{2})} = \dfrac{(\sqrt{2}-2)a}{1-2} = \dfrac{(\sqrt{2}-2)a}{-1}$

$= (2-\sqrt{2})a$[m]인 곳에 전계세기 $E = 0$가 된다.

019 균일한 자장 내에서 자장에 수직으로 놓여있는 직선도선이 받는 힘에 대한 설명 중 옳은 것은?

① 힘은 자장의 세기에 비례한다.
② 힘은 전류의 세기에 반비례한다.
③ 힘은 도선 길이의 1/2승에 비례한다.
④ 자장의 방향에 상관없이 일정한 방향으로 힘을 받는다.

정답 17. ② 18. ② 19. ①

해설 균일한 자장 내에서 자장에 수직으로 놓여있는 직선도선이 받는 힘 f[N]은 플레밍 왼손법칙에서 $f(전자력) = I \times Bl\sin 90° = IBl = B$[N]이다.
∴ f(힘 = 전자력)은 자장의 세기에 비례한다.

020 전류밀도 J, 전계 E, 입자의 이동도 μ, 도전율을 σ라 할 때 전류밀도[A/m²]를 옳게 표현한 것은?

① $J = 0$
② $J = E$
③ $J = \sigma E$
④ $J = \mu E$

해설 i(전류밀도) = 전도 전류밀도(J) + 변위 전류밀도(i_d)[A/m²]
∴ 전도 전류밀도란
① 도체 내에 흐르는 전류
② 자유전자 이동에 의한 전류
③ 옴 법칙 미분형, 즉 $J = \dfrac{I}{S} = \dfrac{E}{\rho} = \sigma E$[A/m²]이다.

02 전/력/공/학

021 차단기의 정격투입전류란 투입되는 전류의 최초 주파수의 어느 값을 말하는가?

① 평균값
② 최대값
③ 실효값
④ 직류값

해설 차단기의 정격투입전류란 투입되는 전류의 최초 주파수의 최대값을 말한다.

022 영상변류기와 관계가 가장 깊은 계전기는?

① 차동계전기
② 과전류계전기
③ 과전압계전기
④ 선택접지계전기

해설 선택접지계전기는 다회선에서 접지 고장 시 회선 선택용 계전기로서 영상변류기와 관계가 가장 깊은 계전기이다.

023 전력계통에서의 단락용량 증대가 문제가 되고 있다. 이러한 단락용량을 경감하는 대책이 아닌 것은?

① 사고 시 모선을 통합한다.
② 상위전압 계통을 구성한다.
③ 모선 간에 한류 리액터를 삽입한다.
④ 발전기와 변압기의 임피던스를 크게 한다.

정답 20. ③ 21. ② 22. ④ 23. ①

해설 전력계통에서의 단락용량 증대가 문제가 되고 있다. 단락용량을 경감하는 대책은
① 상위전압 계통을 구성한다.
② 모선 간에 한류 리액터를 삽입한다.
③ 발전기와 변압기의 임피던스를 크게 한다.

024 송전계통의 안정도 증진방법에 대한 설명이 아닌 것은?
① 전압변동을 작게 한다.
② 직렬 리액턴스를 크게 한다.
③ 고장 시 발전기 입·출력의 불평형을 작게 한다.
④ 고장전류를 줄이고 고장구간을 신속하게 차단한다.

해설 송전계통의 안정도 증진방법으로 옳은 설명은
① 전압변동을 작게 한다.
② 고장 시 발전기 입·출력의 불평형을 작게 한다.
③ 고장전류를 줄이고 고장구간을 신속하게 차단한다.

025 150[kVA] 전력용 콘덴서에 제5고조파를 억제시키기 위해 필요한 직렬 리액터의 최소 용량은 몇 [kVA]인가?
① 1.5
② 3
③ 4.5
④ 6

해설 150[kVA] 전력용 콘덴서에 제5고조파를 억제시키기 위한 직렬 리액터의 용량은
$5 \times 2\pi fL = \dfrac{1}{2\pi 5 fc}$, $2\pi fL = \dfrac{1}{2\pi (5^2) fc} = \dfrac{1}{2\pi fc} \times 0.04 = 150 \times 0.04 = 6[\text{kVA}]$ 이상이면 된다.

026 보일러 급수 중에 포함되어 있는 산소 등에 의한 보일러 배관의 부식을 방지할 목적으로 사용되는 장치는?
① 탈기기
② 공기 예열기
③ 급수 가열기
④ 수위 경보기

해설 탈기기는 급수 중에 용해되어 있는 산소를 제거하고자 한 장치로 보일러 급수 중에 포함되어 있는 산소 등에 의한 보일러 배관의 부식을 방지할 목적으로 사용되는 장치이다.

027 다음 중 그 값이 1 이상인 것은?
① 부등률
② 부하율
③ 수용률
④ 전압강하율

해설 부등률 = $\dfrac{\text{수용설비 개개의 최대수용전력의 합계}}{\text{합성 최대수용전력}} \geq 1$ 이다.

정답 24.② 25.④ 26.① 27.①

028 화력 발전소에서 가장 큰 손실은?
① 소내용 동력
② 복수기의 방열손
③ 연돌 배출가스 손실
④ 터빈 및 발전기의 손실

화력 발전소에서 가장 큰 손실은
① 복수기의 방열손은 약 47[%]이다.
② 터빈 손실은 약 6[%], 발전기 손실은 약 1[%] 정도이다.
③ 소내용 동력은 약 4[%], 연돌 내 배출가스 손실은 약 0.7[%] 등이다.

029 선간거리를 D, 전선의 반지름을 r이라 할 때 송전선의 정전용량은?
① $\log_{10} \frac{D}{r}$ 에 비례한다.
② $\log_{10} \frac{r}{D}$ 에 비례한다.
③ $\log_{10} \frac{D}{r}$ 에 반비례한다.
④ $\log_{10} \frac{r}{D}$ 에 반비례한다.

송전선의 정전용량 $C = \frac{0.02413}{\log_{10} \frac{D}{r}}$ [F]로 $\log_{10} \frac{D}{r}$ 에 반비례 한다.

030 배전선로의 용어 중 틀린 것은?
① 궤전점 : 간선과 분기선의 접속점
② 분기선 : 간선으로 분기되는 변압기에 이르는 선로
③ 간선 : 급전선에 접속되어 부하로 전력을 공급하거나 분기선을 통하여 배전하는 선로
④ 급전선 : 배전용 변전소에서 인출되는 배전선로에서 최초의 분기점까지의 전선으로 도중에 부하가 접속되어 있지 않은 선로

배전선로의 용어 중 옳은 것은
① 분기선은 간선으로 분기되는 변압기에 이르는 선로다.
② 간선은 급전선에 접속되어 부하로 전력을 공급하거나 분기선을 통하여 배전하는 선로다.
② 급전선은 배전용 변전소에서 인출되는 배전선로에서 최초의 분기점까지의 전선으로 도중에 부하가 접속되어 있지 않은 선로이다.

031 송전계통에서 발생한 고장 때문에 일부 계통의 위상각이 커져서 동기를 벗어나려고 할 경우 이것을 검출하고 계통을 분리하기 위해서 차단하지 않으면 안 될 경우에 사용되는 계전기는?
① 한시계전기
② 선택단락계전기
③ 탈조보호계전기
④ 방향거리계전기

28. ② 29. ③ 30. ① 31. ③

2018년 3월 4일 시행

해설 탈조보호계전기는 송전계통에서 발생한 고장 때문에 일부 계통의 위상각이 커져서 동기를 벗어나려고 할 경우 이것을 검출하고 계통을 분리하기 위해서 차단하지 않으면 안 될 경우에 사용되는 계전기이다.

032 가공 송전선에 사용되는 애자 1연 중 전압부담이 최대인 애자는?
① 중앙에 있는 애자
② 철탑에 제일 가까운 애자
③ 전선에 제일 가까운 애자
④ 전선으로부터 1/4 지점에 있는 애자

해설 전선에 제일 가까운 애자는 가공 송전선에 사용되는 애자 1연 중 전압부담이 최대인 애자이다.

033 송전선에 복도체를 사용하는 주된 목적은?
① 역률개선
② 정전용량의 감소
③ 인덕턴스의 증가
④ 코로나 발생의 방지

해설 송전선에 복도체를 사용하는 주된 목적은 코로나 발생의 방지이다.

034 선간전압, 부하역률, 선로손실, 전선중량 및 배전거리가 같다고 할 경우 단상 2선식과 3상 3선식의 공급전력의 비(단상/3상)는?
① $\frac{3}{2}$
② $\frac{1}{\sqrt{3}}$
③ $\sqrt{3}$
④ $\frac{\sqrt{3}}{2}$

해설 선간전압, 부하역률, 선로손실, 전선중량, 배전거리가 같으므로

단상 1선당의 전력 $P_1 = \frac{VI\cos\theta}{2}$[W], 3상 1선당의 전력 $P_3 = \frac{\sqrt{3}\,VI\cos\theta}{3}$[W]이다.

∴ $\frac{\text{단상 1선당의 공급전력}}{\text{3상 1선당의 공급전력}} = \frac{P_1}{P_3} = \frac{\frac{VI\cos\theta}{2}}{\frac{\sqrt{3}\,VI\cos\theta}{3}} = \frac{3}{3\sqrt{2}} = \frac{\sqrt{3}}{2}$ 이 된다.

035 송전선로의 중성점 접지의 주된 목적은?
① 단락전류 제한
② 송전용량의 극대화
③ 전압강하의 극소화
④ 이상전압의 발생방지

해설 송전선로의 중성점 접지의 주된 목적은 이상전압의 발생방지이다.

해답 32.③ 33.④ 34.④ 35.④

036 전주 사이의 경간이 80[m]인 가공 전선로에서 전선 1[m]당의 하중이 0.37[kg], 전선의 이도가 0.8[m]일 때 수평장력은 몇 [kg]인가?

① 330　　　　　　　　　　② 350
③ 370　　　　　　　　　　④ 390

해설　$D(\text{전선의 이도}) = \dfrac{WS^2}{8T}$ [m]

$T(\text{수평장력}) = \dfrac{WS^2}{8D} = \dfrac{0.37 \times 80^2}{8 \times 0.8} = \dfrac{0.37 \times 6400}{6.4} = 370$ [kg]이다.

037 수차의 특유속도 N_S를 나타내는 계산식으로 옳은 것은? (단, 유효낙차 : H[m], 수차의 출력 : P[kW], 수차의 정격 회전수 : N[rpm]이라 한다.)

① $N_S = \dfrac{NP^{\frac{1}{2}}}{H^{\frac{5}{4}}}$　　　　② $N_S = \dfrac{H^{\frac{5}{4}}}{NP}$

③ $N_S = \dfrac{HP^{\frac{1}{4}}}{N^{\frac{5}{4}}}$　　　　④ $N_S = \dfrac{NP^2}{H^{\frac{5}{4}}}$

해설　N_S(수차의 특유속도) $= N\dfrac{P^{1/2}}{H^{5/4}}$ [rpm]이며, 유효낙차 H[m]에 의해서 제한을 받는다.

038 고장점에서 전원 측을 본 계통 임피던스를 Z[Ω], 고장점의 상전압을 E[V]라 하면 3상 단락전류[A]는?

① $\dfrac{E}{Z}$　　　　　　　　② $\dfrac{ZE}{\sqrt{3}}$

③ $\dfrac{\sqrt{3}\,E}{Z}$　　　　　　　④ $\dfrac{3E}{Z}$

해설　Z(고장점에서 전원 측으로 본 계통의 임피던스)[Ω], E(고장점의 상전압)[V]일 때 $I[s]$(3상 단락전류) $= \dfrac{E}{Z}$ [A]이 된다.

039 3상 계통에서 수전단 전압 60[kV], 전류 250[A], 선로의 저항 및 리액턴스가 각각 7.61[Ω], 11.85[Ω]일 때 전압 강하율은? (단, 부하역률은 0.8(늦음)이다.)

① 약 5.50%　　　　　　② 약 7.37%
③ 약 8.69%　　　　　　④ 약 9.52%

해답　36. ③　37. ①　38. ①　39. ④

해설 $\cos\theta = 0.8$, $\sin\theta = 0.6$이다.

∴ 3상 계통에서의 전압 강하율

$$= \frac{V_S - V_R}{V_R} \times 100 = \frac{\sqrt{3}\,I(R\cos\theta + X\sin\theta)}{V_R} \times 100$$

$$= \frac{\sqrt{3} \times 250(7.61 \times 0.8 + 11.85 \times 0.6)}{60 \times 10^3} \times 100 = \frac{\sqrt{3} \times 250(6.088 + 7.11)}{60 \times 10^3} \times 100$$

$$= \frac{\sqrt{3} \times 250 \times 13.198}{60 \times 10^3} \times 100 = \frac{571506}{60 \times 10^3} = 9.52[\%]\text{이다.}$$

040 피뢰기의 구비조건이 아닌 것은?

① 속류의 차단능력이 충분할 것
② 충격 방전 개시 전압이 높을 것
③ 상용 주파 방전 개시 전압이 높은 것
④ 방전 내량이 크고, 제한 전압이 낮을 것

해설 피뢰기의 구비조건은
① 속류의 차단능력이 충분할 것
② 상용 주파 방전 개시 전압이 높은 것
③ 방전 내량이 크고, 제한 전압이 낮을 것

03 전/기/기/기

041 유도전동기의 출력과 같은 것은?

① 출력＝입력전압－철손
② 출력＝기계출력－기계손
③ 출력＝2차 입력－2차 저항손
④ 출력＝입력전압－1차 저항손

해설 유도전동기의 출력＝기계출력＝2차 입력－2차 저항손이다.

∴ 유도전동기의 출력 $P_0 = P_2 - P_{2c} = P_2 - sP_2 = \frac{N}{N_s}P_2 = (1-s)P_2$)

042 75[W] 이하의 소출력으로 소형 공구, 영상기, 치과 의료용 등에 널리 이용되는 전동기는?

① 단상 반발전동기
② 영구자석 스텝전동기
③ 3상 직권 정류자전동기
④ 단상 직권 정류자전동기

해설 단상 직권 정류자전동기는 75[W] 이하의 소출력으로 소형 공구, 영상기, 치과 의료용 등에 널리 이용되는 전동기이다.

정답 40.② 41.③ 42.④

043 직류발전기를 병렬 운전할 때 균압선이 필요한 직류발전기는?
① 분권발전기, 직권발전기
② 분권발전기, 복권발전기
③ 직권발전기, 복권발전기
④ 분권발전기, 단극발전기

직권발전기, 복권발전기는 직류발전기를 병렬 운전할 때 균압선이 필요한 직류발전기이다. 단, 균압선은 전위가 같은 점을 도선으로 연결한 선이다.

044 병렬 운전하고 있는 2대의 3상 동기발전기 사이에 무효순환전류가 흐르는 경우는?
① 부하의 증가
② 부하의 감소
③ 여자전류의 변화
④ 원동기의 출력변화

병렬 운전하고 있는 2대의 3상 동기발전기 사이에 무효순환전류가 흐르는 경우는 여자전류의 변화 때문이다.

045 전압이나 전류의 제어가 불가능한 소자는?
① SCR
② GTO
③ IGBT
④ Diode

Diode(다이오드)는 전압이나 전류의 제어가 불가능한 소자이다.

046 전기자 저항이 각각 $R_A=0.1[\Omega]$과 $R_B=0.2[\Omega]$인 100[V], 10[kW]의 두 분권발전기의 유기기전력을 같게 해서 병렬 운전하여, 정격전압으로 135[A]의 부하전류를 공급할 때 각 기기의 분담전류는 몇 [A]인가?
① $I_A=80$, $I_B=55$
② $I_A=90$, $I_B=45$
③ $I_A=100$, $I_B=35$
④ $I_A=110$, $I_B=25$

두 분권발전기의 유기기전력은 같게 해서 병렬 운전하면
$V=E_A-I_AR_A=E_B-I_BR_B$에서 $E_A=E_B$이므로 $I_AR_A=I_BR_B$
∴ $0.1I_A=0.2I_B$ … ①
$I_A+I_B=135$ … ②를 ①식에 대입하면 $0.1I_A=0.2(135-I_A)$
$I_A=\frac{27}{0.3}=90[A]$를 ②식에 대입 $90+I_B=135$, $I_B=135-90=45[A]$가 된다.
∴ $I_A=90[A]$, $I_B=45[A]$이다.

047 다이오드를 사용한 정류회로에서 여러 개를 병렬로 연결하여 사용할 경우 얻는 효과는?
① 인가전압 증가
② 다이오드의 효율 증가
③ 부하 출력의 맥동률 감소
④ 다이오드의 허용전류 증가

 43. ③ 44. ③ 45. ④ 46. ② 47. ④

2018년 3월 4일 시행

해설 다이오드를 사용한 정류회로에서 여러 개를 병렬 연결하여 사용하면 다이오드의 허용 전류가 증가되는 것을 방지하는 효과를 얻고, 직렬 연결하여 사용하면 다이오드를 과전압으로부터 보호되는 효과를 얻는다.

048 △결선 변압기의 한 대가 고장으로 제거되어 V결선으로 공급할 때 공급할 수 있는 전력은 고장 전 전력에 대하여 몇 [%]인가?

① 57.7   ② 66.7
③ 75.0   ④ 86.6

해설 출력비는 $\dfrac{V결선출력}{\triangle결선출력} = \dfrac{\sqrt{3}\,VI}{3\,VI} = \dfrac{1}{\sqrt{3}} = 0.577 = 57.7[\%]$이다.

049 변압기의 2차를 단락한 경우에 1차 단락전류 I_{s1}은? (단, V_1 : 1차 단자전압, Z_1 : 1차 권선의 임피던스, Z_2 : 2차 권선의 임피던스, a : 권수비, Z : 부하의 임피던스)

① $I_{s1} = \dfrac{V_1}{Z_1 + a^2 Z_2}$ ② $I_{s1} = \dfrac{V_1}{Z_1 + aZ_2}$

③ $I_{s1} = \dfrac{V_1}{Z_1 - aZ_2}$ ④ $I_{s1} = \dfrac{V_1}{Z_1 + Z_2 + Z}$

해설 변압기 2차를 단락한 경우 1차 측으로 환산한 합성 임피던스 $Z_{12} = Z_1 + a^2 Z_2 [\Omega]$

∴ 1차 단락전류 $I_{s1} = \dfrac{V_1}{Z_{12}} = \dfrac{V_1}{Z_1 + a^2 Z_2}$ [A]가 된다.

050 직류 분권전동기에서 단자 전압 210[V], 전기자 전류 20[A], 1500[rpm]으로 운전할 때 발생 토크는 약 몇 [N·m]인가? (단, 전기자 저항은 0.15[Ω]이다.)

① 13.2   ② 26.4
③ 33.9   ④ 66.9

해설 직류 분권전동기의 유기기전력 $E = V - I_a r_a = 210 - 20 \times 0.15 = 207[V]$

∴ $P = \omega T = EI_a$ [W]

발생 토크 $T = \dfrac{EI_a}{\omega} = \dfrac{EI_a}{2\pi\dfrac{N}{60}} = \dfrac{207 \times 20}{2\pi\dfrac{1500}{60}} = \dfrac{4140}{157} ≒ 26.4[N·m]$

051 220[V], 50[kW]인 직류 직권전동기를 운전하는데 전기자 저항(브러시의 접촉저항 포함)이 0.05[Ω]이고 기계적 손실이 1.7[kW], 표유손이 출력의 1[%]이다. 부하전류가 100[A]일 때의 출력은 약 몇 [kW]인가?

① 14.5   ② 16.7
③ 18.2   ④ 19.6

해답 48.① 49.① 50.② 51.④

해설 직류 직권전동기의 유기기전력 $E = V - I r_a = 220 - 100 \times 0.05 = 215[V]$
출력 $P = EI = 215 \times 100 = 21.5[kW]$ ... ①
전 손실 = 기계적 손실 + 표유손 = 1.7 + 21.5 × 0.01 = 1.915[kW]
∴ 부하전류 100[A]일 때의 출력
$P' = EI - $ 전 손실 $= 215 \times 100 - $ 전 손실 $= 21.5 - 1.915 ≒ 19.6[kW]$이다.

052
60[Hz], 12극, 회진자의 외경 2[m]인 동기발전기에 있어서 회전자의 주변속도는 약 몇 [m/s]인가?
① 43　　　　　　　　　② 62.8
③ 120　　　　　　　　　④ 132

해설 N_s(동기 속도)$= \dfrac{120f}{P} = \dfrac{120 \times 60}{12} = 600[rpm]$
∴ 동기발전기에 있어서 회전자의 주변속도
$V = \pi D \times \dfrac{N_s}{60} = \pi \times 2 \times \dfrac{600}{60} ≒ 62.8[m/sec]$이다.

053
변압기의 등가회로를 작성하기 위하여 필요한 시험은?
① 권선저항측정, 무부하시험, 단락시험
② 상회전시험, 절연내력시험, 권선저항측정
③ 온도상승시험, 절연내력시험, 무부하시험
④ 온도상승시험, 절연내력시험, 권선저항측정

해설 변압기의 등가회로를 작성하기 위한 필요시험은 권선저항측정, 무부하시험, 단락시험이다.

054
직류 타여자 발전기의 부하전류와 전기자전류의 크기는?
① 전기자전류와 부하전류가 같다.
② 부하전류가 전기자전류보다 크다.
③ 전기자전류가 부하전류보다 크다.
④ 전기자전류와 부하전류는 항상 0이다.

해설 직류 타여자 발전기에서는 부하전류(I)와 전기자전류(I_a)는 같다. 즉 $I = I_a$[A]이다.

055
유도전동기의 특성에서 토크와 2차 입력 및 동기속도의 관계는?
① 토크는 2차 입력과 동기속도의 곱에 비례한다.
② 토크는 2차 입력에 반비례하고, 동기속도에 비례한다.
③ 토크는 2차 입력에 비례하고, 동기속도에 반비례한다.
④ 토크는 2차 입력의 자승에 비례하고, 동기속도의 자승에 반비례한다.

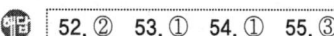
해답 52. ②　53. ①　54. ①　55. ③

해설

N_s(동기속도) $= \dfrac{120t}{P}$[rpm]

P_0(기계적 출력) $= (1-s)P_2$[W], P_2(2차 입력) $= \dfrac{P_{c2}}{s}$[W]이다.

$\therefore P_0 = EI = \omega T$[W]에서 T(토크) $= \dfrac{P_0}{\omega} = \dfrac{(1-s)P_2}{2\pi\dfrac{N}{60}} = \dfrac{(1-s)P_2}{2\pi\dfrac{(1-s)N_s}{60}}$[N·m]로

T(토크)는 2차 입력(P_2)이 비례하고, 동기속도(N_s)에 반비례한다.

056. 농형 유도전동기의 속도제어법이 아닌 것은?

① 극수변환　　　　　② 1차 저항변환
③ 전원전압변환　　　④ 전원주파수변환

해설 농형 유도전동기의 속도제어법에는 극수변환, 전원전압변환, 전원주파수변환 등이 있다.

057. 220[V], 60[Hz], 8극, 15[kW]의 3상 유도전동기에서 전부하 회전수가 864[rpm]이면 이 전동기의 2차 동손은 몇 [W]인가?

① 435　　　　② 537
③ 625　　　　④ 723

해설

N_s(동기속도) $= \dfrac{120f}{P} = \dfrac{120 \times 60}{8} = \dfrac{7200}{8} = 900$[rpm]

S(슬립) $= \dfrac{N_s - N}{N_s} = \dfrac{900 - 864}{900} = \dfrac{36}{910} = 0.04$

$\therefore P_0$(기계적 출력) $= (1-S)P_2$[W], P_2(2차 입력) $= \dfrac{P_0}{1-S} = \dfrac{15000}{1-0.04} = \dfrac{15000}{0.96}$[W]이다.

$\therefore P_{c2}$(전동기의 2차 동손) $= SP_2 = S \times \dfrac{P_0}{1-S} = \dfrac{0.04 \times 15000}{1-0.04} = \dfrac{600}{0.96} = 625$[W]이다.

058. 2대의 동기발전기가 병렬 운전하고 있을 때 동기화 전류가 흐르는 경우는?

① 부하분담에 차가 있을 때　　　② 기전력의 크기에 차가 있을 때
③ 기전력의 위상에 차가 있을 때　④ 기전력의 파형에 차가 있을 때

해설 2대의 동기발전기가 병렬 운전 시 기전력의 위상차가 있으면 동기화 전류가 흐른다.

059. 선박추진용 및 전기자동차용 구동전동기의 속도제어로 가장 적합한 것은?

① 저항에 의한 제어　　　② 전압에 의한 제어
③ 극수변환에 의한 제어　④ 전원주파수에 의한 제어

해설 전원주파수에 의한 제어는 선박추진용 및 전기자동차용 구동전동기의 속도제어로 가장 적합하다.

해답 56.② 57.③ 58.③ 59.④

060 변압기에서 권수가 2배가 되면 유기기전력은 몇 배가 되는가?
① 1　　② 2
③ 4　　④ 8

해설) 변압기 1차 측에서의 유기기전력 $E_1 = 4.44fN_1\phi_m ≒ N_1[V]$
권수를 2배로 하면 유기기전력도 2배가 된다.

04 회/로/이/론

061 $r[\Omega]$인 6개의 저항을 그림과 같이 접속하고 평형 3상 전압 E를 가했을 때 전류 I는 몇 [A]인가? (단, $r=3[\Omega]$, $E=60[V]$이다.)
① 8.66
② 9.56
③ 10.8
④ 12.6

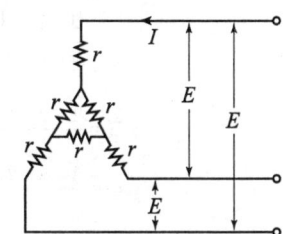

해설) △결선을 Y결선으로 고치면 $\begin{cases} \triangle_r = \frac{1}{3}Y_r \\ Y_r = 3\triangle_r \end{cases}$ 이다.

∴ I(선전류=상전류) $= \dfrac{E/\sqrt{3}}{r+\dfrac{r}{3}} = \dfrac{E \times 3}{\sqrt{3} \times 4r}$

$= \dfrac{60 \times 3}{\sqrt{3} \times 4 \times 3} = \dfrac{60}{4\sqrt{3}}$

$= \dfrac{15}{\sqrt{3}} = 8.66[A]$ 이다.

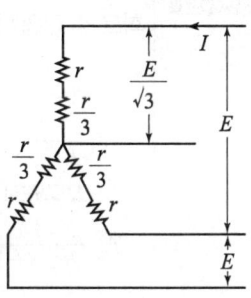

062 다음 중 정전용량의 단위 F(패럿)와 같은 것은? (단, C는 쿨롱, N은 뉴턴, V는 볼트, m은 미터이다.)
① $\dfrac{V}{C}$　　② $\dfrac{N}{C}$
③ $\dfrac{C}{m}$　　④ $\dfrac{C}{V}$

해설) C(정전용량) $= \dfrac{Q}{V}(\dfrac{C}{V} = F)$가 된다.

정답) 60.② 61.① 62.④

063 다음과 같은 Y결선 회로와 등가인 △결선 회로의 A, B, C 값은 몇 [Ω]인가?

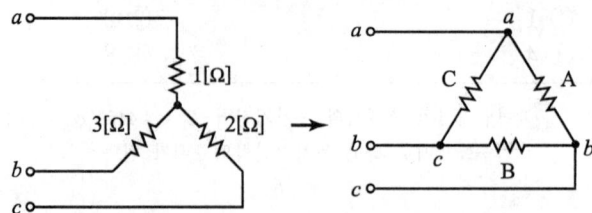

① $A=\dfrac{7}{3}$, $B=7$, $C=\dfrac{7}{2}$ ② $A=7$, $B=\dfrac{7}{2}$, $C=\dfrac{7}{3}$

③ $A=11$, $B=\dfrac{11}{2}$, $C=\dfrac{11}{3}$ ④ $A=\dfrac{11}{3}$, $B=11$, $C=\dfrac{11}{2}$

해설 Y결선 회로와 등가인 △결선 회로의 각 저항은

$A = \dfrac{1\times2+2\times3+3\times1}{3} = \dfrac{2+6+3}{3} = \dfrac{11}{3}[\Omega]$

$B = \dfrac{1\times2+2\times3+3\times1}{1} = 2+6+3 = 11[\Omega]$

$C = \dfrac{1\times2+2\times3+3\times1}{2} = \dfrac{2+6+3}{2} = \dfrac{11}{2}[\Omega]$이다.

064 회로의 전압비 전달함수 $G(s) = \dfrac{V_2(s)}{V_1(s)}$는?

① RC
② $\dfrac{1}{RC}$
③ $RCS+1$
④ $\dfrac{1}{RCS+1}$

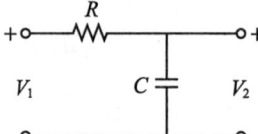

해설 회로의 전압비 전달함수

$G(s) = \dfrac{V_2(s)}{V_1(s)} = \dfrac{\dfrac{1}{SC} \times I}{(R+\dfrac{1}{SC})I} = \dfrac{1}{RSC+1}$ 이 된다.

065 측정하고자 하는 전압이 전압계의 최대 눈금보다 클 때에 전압계에 직렬로 저항을 접속하여 측정 범위를 넓히는 것은?

① 분류기   ② 분광기
③ 배율기   ④ 감쇠기

정답 63. ④   64. ④   65. ③

배율기는 측정하고자 하는 전압이 전압계의 최대 눈금보다 클 때에 전압계에 직렬로 저항을 접속하여 측정 범위를 넓히는 것이다.

066 그림과 같이 주기가 $3s$인 전압 파형의 실효값은 약 몇 [V]인가?

① 5.67
② 6.67
③ 7.57
④ 8.57

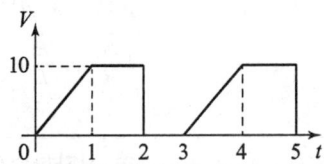

전압 파형의 실효값

$$|V| = \sqrt{\frac{1}{T}\int_0^T v(t)^2 \, dt} = \sqrt{\frac{1}{3}(\int_0^1 (10t)^2 dt + \int_1^2 (10)^2 dt)}$$

$$= \sqrt{\frac{1}{3}(100 \times \left(\frac{t^{2+1}}{2+1}\right)_0^1 + 100(t)_1^2)} = \sqrt{\frac{100}{9}(1^3 - 0^3) + \frac{100}{3}(2-1)}$$

$$= \sqrt{\frac{100}{9} + \frac{100}{3}} = \sqrt{\frac{100 + 300}{9}} = \frac{20}{3} \fallingdotseq 6.67[V] \text{이다.}$$

067 1[mV]의 입력을 가했을 때 100[mV]의 출력이 나오는 4단자 회로의 이득[dB]은?

① 40
② 30
③ 20
④ 10

4단자의 회로의 전압이득

$$G_v = 20\log_{10}\frac{V_0}{V_i} = 20\log_{10}\frac{100 \times 10^{-3}}{1 \times 10^{-3}} = 20\log_{10}\frac{100}{1}$$

$$= 20\log_{10}100 - 20\log_{10}1 = 20 \times 2 - 0 = 40[dB]$$

068 다음과 같은 회로에서 $t=0$인 순간에 스위치 S를 닫았다. 이 순간에 인덕턴스 L에 걸리는 전압[V]은? (단, L의 초기 전류는 0이다.)

① 0
② $\dfrac{LE}{R}$
③ E
④ $\dfrac{E}{R}$

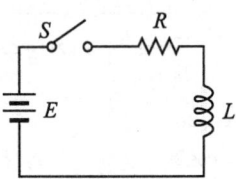

정답 66.② 67.① 68.③

해설 RL직렬회로 과도현상에서 스위치(S)를 닫는 순간의 과도전류
$i(t) = \frac{E}{R}(1-e^{-\frac{R}{L}t})$[A]이다.
∴ L(인덕턴스)에 걸리는 전압
$$V_L = L\frac{di(t)}{dt} = L\frac{d}{dt}\frac{E}{R}(1-e^{-\frac{R}{L}t}) = L\frac{d}{dt}\left(\frac{E}{R} - \frac{E}{R}e^{-\frac{R}{L}t}\right)$$
$$= 0 - L\frac{E}{R} \times (-\frac{R}{L})e^{-\frac{R}{L}t} = Ee^{-\frac{R}{L}\times 0} = E[V]\text{가 된다.}$$

문제 069 $f(t) = 3u(t) + 2e^{-t}$인 시간함수를 라플라스 변환한 것은?

① $\frac{3s}{s^2+1}$ ② $\frac{s+3}{s(s+1)}$

③ $\frac{5s+3}{s(s+1)}$ ④ $\frac{5s+1}{(s+1)s^2}$

해설 $f(t) = 3u(t) + 2e^{-t}$인 시간함수의 라플라스 변환
$$F(s) = \int_0^\infty f(t)e^{-st}dt = \int_0^\infty (3+2e^{-t})e^{-st}dt = \frac{3}{s} + 2\frac{1}{s+1}$$
$$= \frac{3s+3+2s}{s(s+1)} = \frac{5s+3}{s(s+1)} \text{이 된다.}$$

문제 070 비정현파 $f(x)$가 반파대칭 및 정현대칭일 때 옳은 식은? (단, 주기는 2π이다.)

① $f(-x) = f(x),\ f(x+\pi) = f(x)$
② $f(-x) = f(x),\ f(x+2\pi) = f(x)$
③ $f(-x) = -f(x),\ -f(x+\pi) = f(x)$
④ $f(-x) = -f(x),\ -f(x+2\pi) = f(x)$

해설 비정현파 $f(x)$가 반파대칭 및 정현대칭일 때 옳은 식은
반파대칭일 때 : $f(x) = -f(x+\pi)$이고,
정현대칭일 때 : $f(-x) = -f(x)$이다.

문제 071 $F(s) = \frac{2(s+1)}{s^2+2s+5}$의 시간함수 $f(t)$는 어느 것인가?

① $2e^t \cos 2t$ ② $2e^t \sin 2t$
③ $2e^{-t} \cos 2t$ ④ $2e^{-t} \sin 2t$

해설 $F(s) = \frac{2(s+1)}{s^2+2s+5}$의 시간함수 $f(t)$는 라플라스의 역변환
$$f(t) = L^{-1}(F(s)) = L^{-1}(\frac{2(s+1)}{s^2+2s+5}) = L^{-1}(\frac{2(s+1)}{(s+1)^2+(2)^2}) = 2e^{-t}\cos 2t \text{가 된다.}$$

정답 69. ③ 70. ③ 71. ③

072 그림과 같은 회로에서 스위치 S를 닫았을 때 시정수(sec)의 값은? (단, $L=$10[mH], $R=20[\Omega]$이다.)

① 200
② 2000
③ 5×10^{-3}
④ 5×10^{-4}

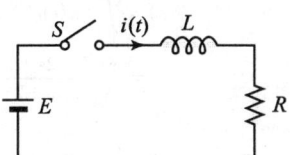

해설 RL직렬회로 과도현상에서 시정수 $T = \dfrac{L}{R} = \dfrac{10 \times 10^{-3}}{20} = 5 \times 10^{-4}$[sec]이다.

073 대칭 10상 회로의 선간전압이 100[V]일 때 상전압은 약 몇 [V]인가? (단, sin 18°$=0.309$이다.)

① 161.8
② 172
③ 183.1
④ 193

해설 n상 교류에서 선간전압 $V_\ell = V_P \times 2\sin\dfrac{\pi}{n}$[V]에서

상전압 $V_P = \dfrac{V_\ell}{2\sin\dfrac{\pi}{n}} = \dfrac{100}{2 \times \sin\dfrac{180}{10}} = \dfrac{100}{2 \times 0.309} = \dfrac{100}{0.618} \fallingdotseq 161.8$[V]이다.

074 회로에서 단자 1-1'에서 본 구동점 임피던스 Z_{11}은 몇 [Ω]인가?

① 5
② 8
③ 10
④ 15

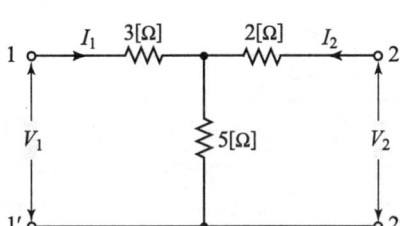

해설 Z_{11}(자기 임피던스)는 1망 내에 있는 임피던스이다.
즉, 1-1'에서 본 구동점 임피던스는 3+5=8[Ω]이다.

075 어느 회로망의 응답 $h(t) = (e^{-t} + 2e^{-2t})u(t)$의 라플라스 변환은?

① $\dfrac{3s+4}{(s+1)(s+2)}$
② $\dfrac{3s}{(s-1)(s-2)}$
③ $\dfrac{3s+2}{(s+1)(s+2)}$
④ $\dfrac{-s-4}{(s-1)(s-2)}$

해답 72.④ 73.① 74.② 75.①

해설 회로망의 응답 $h(t) = (e^{-t} + 2e^{-2t})u(t)$의 라플라스 변환

$$H(s) = \int_0^\infty h(t)e^{-st} dt = \int_0^\infty (e^{-t} + 2e^{-2t})e^{-st} dt = \frac{1}{s+1} + \frac{2}{s+2}$$
$$= \frac{s+2+2s+2}{(s+1)(s+2)} = \frac{3s+4}{(s+1)(s+2)}$$ 이다.

076 $R=50[\Omega]$, $L=200[\text{mH}]$의 직렬회로에서 주파수 $f=50[\text{Hz}]$의 교류에 대한 역률[%]은?

① 82.3
② 72.3
③ 62.3
④ 52.3

해설 임피던스 $\dot{Z} = R + jwL = R + j2\pi fL = 50 + j2 \times 3.14 \times 50 \times 200 \times 10^{-3}$
$$= 50 + j314 \times 200 \times 10^{-3} = 50 + j62.8[\Omega]$$

∴ RL직렬회로의 역률 $\cos\theta = \frac{R}{|Z|} = \frac{50}{\sqrt{(50)^2 + (62.8)^2}} = \frac{50}{80.27} ≒ 62.3$이다.

077 그림과 같은 $e(t) = E_m \sin wt$인 정현파 교류의 반파정류파형의 실효값은?

① E_m
② $\dfrac{E_m}{\sqrt{2}}$
③ $\dfrac{E_m}{2}$
④ $\dfrac{E_m}{\sqrt{3}}$

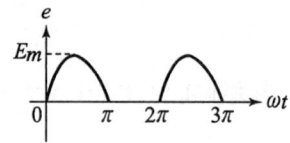

해설 $e = E_m \sin wt[\text{V}]$인 정현파 교류의 반파정류파형의 실효값

$$E = \sqrt{\frac{1}{T}\int_0^T (e(t)^2) \, dt} = \sqrt{\frac{1}{2\pi}\left(\int_0^\pi e(t)^2 dt + \int_\pi^{2\pi} 0^2 dt\right)} = \sqrt{\frac{1}{2\pi}\int_0^\pi e(t)^2 \, dt}$$

$$= \sqrt{\frac{1}{2\pi}\int_0^\pi E_m^2 \sin^2 wt \, dt} = \sqrt{\frac{E_m^2}{2\pi}\int_0^\pi \frac{1}{2}(1-\cos 2wt) dt}$$

$$= \sqrt{\frac{E_m^2}{2\pi} \times \frac{1}{2}\left(t - \frac{1}{2}\sin 2wt\right)_0^\pi} = \sqrt{\frac{E_m^2}{2\pi} \times \frac{1}{2}(\pi - 0)} = \sqrt{\left(\frac{E_m}{2}\right)^2} = \frac{E_m}{2}[\text{V}]$$ 가 된다.

(단, 2배각의 공식 $\sin 2x = 2\sin x \cos x$, $\cos 2x = \cos^2 x - \sin^2 x = 2\cos^2 x - 1 = 1 - 2\sin^2 x$)

078 대칭 3상 교류전원에서 각 상의 전압이 v_a, v_b, v_c일 때 3상 전압[V]의 합은?

① 0
② $0.3v_a$
③ $0.5v_a$
④ $3v_a$

해답 76. ③ 77. ③ 78. ①

해설 대칭 3상 교류전원에서 각 상의 전압은 벡터도에서
$v_a = |V|\angle 0° = |V|(\cos 0 + j\sin 0) = |V|(1+j0)[V]$
$v_b = |V|\angle 240° = |V|\angle -120$
$\quad = |V|(\cos 120° - j\sin 120°)$
$\quad = |V|(-\frac{1}{2} - j\frac{\sqrt{3}}{2})[V]$
$v_c = |V|\angle -240° = |V|\angle 120°$
$\quad = |V|(\cos 120° + j\sin 120°)$
$\quad = |V|(-\frac{1}{2} + j\frac{\sqrt{3}}{2})[V]$

∴ 3상 교류전압의 합
$v_a + v_b + v_c = |V|\angle 0° + |V|\angle 120° + |V|\angle -240°$
$= |V|(1+j0) + |V|(-\frac{1}{2} - j\frac{\sqrt{3}}{2}) + |V|(-\frac{1}{2} - j\frac{\sqrt{3}}{2})$
$= |V|(1+j0 - \frac{1}{2} - j\frac{\sqrt{3}}{2} - \frac{1}{2} + j\frac{\sqrt{3}}{2})$
$= |V|(1 - 1 - j\frac{\sqrt{3}}{2} + j\frac{\sqrt{3}}{2}) = 0$ 이다.

079
전압 $e = 100\sin 10t + 20\sin 20t$[V]이고, 전류 $i = 20\sin(10t-60) + 10\sin 20t$[A]일 때 소비전력은 몇 [W]인가?

① 500
② 550
③ 600
④ 650

해설 같은 주파수 사이에만 전력이 존재한다.
∴ 소비전력 $P = V_1 I_1 \cos\phi_1 + V_2 I_2 \cos\phi_2$
$= \frac{100}{\sqrt{2}} \times \frac{20}{\sqrt{2}} \cos(0-(-60°)) + \frac{20}{\sqrt{2}} \times \frac{10}{\sqrt{2}} \cos(0-0)$
$= \frac{2000}{2} \cos 60° + \frac{200}{2} \cos 0° = \frac{2000}{2} \times \frac{1}{2} + \frac{200}{2} \times 1 = \frac{2000}{4} + \frac{200}{2}$
$= 500 + 100 = 600$[W]이다.

080
RLC 직렬회로에서 공진 시의 전류는 공급 전압에 대하여 어떤 위상차를 갖는가?

① 0°
② 90°
③ 180°
④ 270°

해설 RLC직렬 공진회로에서의 전압과 전류위상은 0°이다.

79. ③ 80. ①

05 전/기/설/비/기/술/기/준 및 판/단/기/준

081 철근 콘크리트주로서 천장이 15[m]이고, 설계하중이 8.2[kN]이다. 이 지지물을 논이나 기타 지반이 연약한 곳 이외에 기초 안전율의 고려 없이 시설하는 경우에 그 묻히는 깊이는 기준보다 몇 [cm]를 가산하여 시설하여야 하는가?
① 10
② 30
③ 50
④ 70

해설 철근 콘크리트주로서 천장이 15[m]이고, 설계하중이 8.2[kN]이다. 이 지지물을 논이나 기타 지반이 연약한 곳 이외에 기초 안전율의 고려 없이 시설하는 경우 그 묻히는 깊이는 기준보다 30[cm]를 가산하여 시설하여야 한다.

082 금속관 공사에 의한 저압 옥내배선 시설에 대한 설명으로 틀린 것은?
① 인입용 비닐절연전선을 사용했다.
② 옥외용 비닐절연전선을 사용했다.
③ 짧고 가는 금속관에 연선을 사용했다.
④ 단면적 10[mm²] 이하의 전선을 사용했다.

해설 금속관 공사에 의한 저압 옥내배선 시설에 대한 설명으로 옳은 것은
① 인입용 비닐절연전선을 사용했다.
② 짧고 가는 금속관에 연선을 사용했다.
③ 단면적 10[mm²] 이하의 전선을 사용했다.

083 전 가섭선에 관하여 각 가섭선의 상정 최대장력의 33[%]와 같은 불평균 장력의 수평 종분력에 의한 하중을 더 고려하여야 할 철탑의 유형은?
① 직선형
② 각도형
③ 내장형
④ 인류형

해설 철탑의 내장형은 전 가섭선에 관하여 각 가섭선의 상정 최대장력의 33[%]와 같은 불평균 장력의 수평 종분력에 의한 하중을 더 고려하여야 할 철탑의 유형이다.

084 케이블 트레이공사에 사용되는 케이블 트레이가 수용된 모든 전선을 지지할 수 있는 적합한 강도의 것일 경우 케이블 트레이의 안전율은 얼마 이상으로 하여야 하는가?
① 1.1
② 1.2
③ 1.3
④ 1.5

해설 케이블 트레이공사에 사용되는 케이블 트레이의 안전율은 1.5 이상이어야 한다.

정답 81.② 82.② 83.③ 84.④

085 고압 가공전선로에 케이블을 조가용선에 행거로 시설할 경우 그 행거의 간격은 몇 [cm] 이하로 하여야 하는가?

① 50　　　② 60
③ 70　　　④ 80

해설 고압 가공전선로에 케이블을 조가용선에 행거로 시설할 경우 그 행거의 간격은 50[cm] 이하로 하여야 한다.

086 케이블 공사에 의한 저압 옥내배선의 시설 방법에 대한 설명으로 틀린 것은?

① 전선은 케이블 및 캡타이어 케이블로 한다.
② 콘크리트 안에는 전선에 접속점을 만들지 아니한다.
③ 400[V] 미만인 경우 전선을 넣는 방호장치의 금속제 부분에는 제3종 접지공사를 한다.
④ 전선을 조영재의 옆면에 따라 붙이는 경우 전선의 지지점 간의 거리를 케이블은 3[m] 이하로 한다.

해설 케이블 공사에 의한 저압 옥내배선의 시설 방법에 대한 설명으로 옳은 것은
① 전선은 케이블 및 캡타이어 케이블로 한다.
② 콘크리트 안에는 전선에 접속점을 만들지 아니한다.
③ 400[V] 미만인 경우 전선을 넣는 방호장치의 금속제 부분에는 제3종 접지공사를 한다.

087 교통신호등 제어장치의 금속제 외함에는 몇 종 접지공사를 하여야 하는가?

① 제1종 접지공사　　　② 제2종 접지공사
③ 제3종 접지공사　　　④ 특별 제3종 접지공사

해설 교통신호등 제어장치의 금속제 외함에는 제3종 접지공사를 하여야 한다.

088 태양전지 발전소에 태양전지 모듈 등을 시설할 경우 사용 전선(연동선)의 공칭단면적은 몇 [mm^2] 이상인가?

① 1.6　　　② 2.5
③ 5　　　④ 10

해설 태양전지 발전소에 태양전지 모듈 등을 시설할 경우 사용 연동선의 공칭단면적은 2.5[mm^2] 이상이어야 한다.

해답 85. ①　86. ④　87. ③　88. ②

089 특고압 가공전선과 저압 가공전선을 동일 지지물에 병가하여 시설하는 경우 이격거리는 몇 [m] 이상이어야 하는가?

① 1 　　② 5
③ 3 　　④ 4

해설 특고압 가공전선과 저압 가공전선을 동일 지지물에 병가하여 시설하는 경우 이격거리는 1[m] 이상이어야 한다.

090 변압기의 고압 측 1선 지락전류가 30[A]인 경우에 제2종 접지공사의 최대 접지저항 값은 몇 [Ω]인가? (단, 고압 측 전로가 저압 측 전로와 혼촉하는 경우 1초 이내에 자동적으로 차단하는 장치가 설치되어 있다.)

① 5 　　② 10
③ 15 　　④ 20

해설 고압 측 전로가 저압 측 전로와 혼촉하여 저압 측 전로의 대지전압이 150[V]를 넘는 경우로서 1초 이내에 자동차단하는 장치가 설치되어 있는 경우 변압기 고압 측 1선 지락전류가 30[A]인 경우 제2종 접지공사의 최대 접지저항값 $R = \dfrac{600}{1선지락전류} = \dfrac{600}{30} = 20[\Omega]$ 이하이어야 한다.

091 전광표시 장치에 사용하는 저압 옥내배선을 금속관 공사로 시설할 경우 연동선의 단면적은 몇 [mm²] 이상 사용하여야 하는가?

① 0.75 　　② 1.25
③ 1.5 　　④ 2.5

해설 전광표시 장치에 사용하는 저압 옥내배선을 금속관 공사로 시설할 경우 연동선의 단면적은 1.5[mm²] 이상이어야 한다.

092 고압 가공전선로에 사용하는 가공지선은 인장강도 5.26[kN] 이상의 것 또는 지름이 몇 [mm] 이상의 나경동선을 사용해야 하는가?

① 2.6 　　② 3.2
③ 4.0 　　④ 5.0

해설 고압 가공전선로에 사용하는 가공지선은 인장강도 5.26[kN] 이상의 것 또는 지름이 4.0[mm] 이상의 나경동선을 사용하여야 한다.

정답 89. ①　90. ④　91. ③　92. ③

093 전력보안 통신용 전화설비를 시설하지 않아도 되는 것은?
① 원격감시제어가 되지 아니하는 발전소
② 원격감시제어가 되지 아니하는 변전소
③ 2 이상의 급전소 상호간과 이들을 종합운용하는 급전소 간
④ 발전소로서 전기공급에 지장을 미치지 않고, 휴대용 전력보안통신 전화설비에 의하여 연락이 확보된 경우

해설 전력보안 통신용 전화설비를 시설해야 하는 곳은
① 원격감시제어가 되지 아니하는 발전소
② 원격감시제어가 되지 아니하는 변전소
③ 2 이상의 급전소 상호간과 이들을 종합운용하는 급전소 간

094 지중 전선로의 시설방식이 아닌 것은?
① 관로식
② 압착식
③ 암거식
④ 직접매설식

해설 지중 전선로의 시설방식에는 관로식, 암거식, 직접매설식이 있다.

095 지중 전선로에 사용하는 지중함의 시설기준으로 틀린 것은?
① 조명 및 세척이 가능한 장치를 하도록 할 것
② 그 안의 고인 물을 제거할 수 있는 구조일 것
③ 견고하고 차량 기타 중량물의 압력에 견딜 수 있을 것
④ 뚜껑은 시설자 이외의 자가 쉽게 열 수 없도록 할 것

해설 지중 전선로에 사용하는 지중함의 시설기준은
① 그 안의 고인 물을 제거할 수 있는 구조일 것
② 견고하고 차량 기타 중량물의 압력에 견딜 수 있을 것
③ 뚜껑은 시설자 이외의 자가 쉽게 열 수 없도록 할 것

096 특고압 가공전선은 케이블인 경우 이외에는 단면적이 몇 [mm^2] 이상의 경동연선이어야 하는가?
① 8
② 14
③ 22
④ 30

해설 특고압 가공전선은 케이블인 경우 이외에는 단면적이 22[mm^2] 이상의 경동연선이어야 한다.

해답 93.④ 94.② 95.① 96.③

097 345[kV] 변전소의 충전 부분에서 6[m]의 거리에 울타리를 설치하려고 한다. 울타리의 최소 높이는 약 몇 [m]인가?

① 2
② 2.28
③ 2.57
④ 3

해설 345[kV] 변전소의 충전 부분에서 6[m]의 거리에 울타리를 설치하려고 한다. 6[m] 기준 울타리의 최소 높이는 160[kV]를 넘는 10[kV] 또는 그 단수마다 12[cm]를 더한 값이므로 (345[kV]−160[kV])×0.12=185[kV]×0.12≒19×0.12=2.28[m]이 된다.

098 자동 차단기가 설치되어 있지 않는 전로에 접속되어 있는 440[V] 전동기의 외함을 접지할 때, 접지저항 값은 몇 [Ω] 이하이어야 하는가?

① 5
② 10
③ 30
④ 50

해설 자동 차단기가 설치되어 있지 않는 전로에 접속되어 있는 440[V] 전동기의 외함을 접지할 때는 특별 제3종 접지공사로서 접지저항값은 10[Ω] 이하이어야 한다.

099 최대사용전압이 23000[V]인 중성점 비접지식 전로의 절연내력 시험전압은 몇 [V]인가?

① 16560
② 21160
③ 25300
④ 28750

해설 최대사용전압이 23000[V]인 중성점 비접지식 전로의 절연내력 시험전압은 최대사용전압의 1.25배 전압이다.
∴ 23000×1.25=28750[V]이다.

100 다음 괄호 안에 들어갈 내용으로 옳은 것은?

> 강체방식에 의하여 시설하는 직류식 전기철도용 전차선로는 전차선의 높이가 지표상 ( )[m] 이상인 경우 이외에는 사람이 쉽게 출입할 수 없는 전용 부지 안에 시설하여야 한다.

① 4.5
② 5
③ 5.5
④ 6

해설 강체방식에 의하여 시설하는 직류식 전기철도용 전차선로는 전차선의 높이가 지표상 5[m] 이상인 경우 이외에는 사람이 쉽게 출입할 수 없는 전용 부지 안에 시설하여야 한다.

예답 97. ② 98. ② 99. ④ 100. ②

[2018년 4월 28일 시행]

01 전/기/자/기/학

001 유전체에 가한 전계 E[V/m]와 분극의 세기 P[C/m²]와의 관계로 옳은 것은?
① $P = \varepsilon_0(\varepsilon_s + 1)E$
② $P = \varepsilon_0(\varepsilon_s - 1)E$
③ $P = \varepsilon_s(\varepsilon_0 + 1)E$
④ $P = \varepsilon_s(\varepsilon_0 - 1)E$

해설 분극률이란 유전체가 +극, -극으로 대전되어 나가는 율이다.
x(분극률) $= \varepsilon_0(\varepsilon_s - 1)$
∴ P(분극의 세기) $= xE = \varepsilon_0(\varepsilon_s - 1)E = \varepsilon_0\varepsilon_s E - \varepsilon_0 E = D - \varepsilon_0 E$[C/m²]
D(전속밀도) $= \varepsilon_0 E + P$[C/m²]도 된다.

002 자유공간(진공)에서의 고유 임피던스[Ω]는?
① 144　② 277　③ 377　④ 544

해설 자유공간(진공)에서의 고유 임피던스
$Z_0 = \sqrt{\dfrac{\mu_0}{\varepsilon_0}} = \sqrt{\dfrac{4\pi \times 10^{-7}}{8.855 \times 10^{-12}}} = \sqrt{\dfrac{12.56 \times 10^5}{8.855}} \fallingdotseq 377$[Ω]이 된다.

003 크기가 1[C]인 두 개의 같은 점전하가 진공 중에서 일정한 거리가 떨어져 9×10^9[N]의 힘으로 작용할 때 이들 사이의 거리는 몇 [m]인가?
① 1　② 2　③ 4　④ 10

해설 두 개 점전하 사이의 거리를 r[m]라면
coulomb힘 $F = \dfrac{Q_1 Q_2}{4\pi\varepsilon_0 r^2} = 9 \times 10^9 \dfrac{1 \times 1}{r^2}$[N], $r^2 = \dfrac{9 \times 10^9}{9 \times 10^9} = 1$
∴ 두 전하 사이의 거리 $r = 1$[m]가 된다.

004 공극을 가진 환상 솔레노이드에서 총 권수 N, 철심의 비투자율 μ_r, 단면적 A, 길이 ℓ이고 공극이 δ일 때, 공극부에 자속밀도 B를 얻기 위해서는 전류를 몇 [A] 흘려야 하는가?
① $\dfrac{10^7 B}{2\pi N}\left(\dfrac{\ell}{\mu_r} + \delta\right)$
② $\dfrac{10^7 B}{2\pi N}\left(\dfrac{\delta}{\mu_r} + \ell\right)$
③ $\dfrac{10^7 B}{4\pi N}\left(\dfrac{\ell}{\mu_r} + \delta\right)$
④ $\dfrac{10^7 B}{4\pi N}\left(\dfrac{\delta}{\mu_r} + \ell\right)$

정답 1.② 2.③ 3.① 4.③

해설 그림에서 자기 저항

$$R = R_1 + R_2 = \frac{\ell}{\mu_0 \mu_r A} + \frac{\delta}{\mu_0 A} = \frac{1}{\mu_0 A}(\frac{\ell}{\mu_r} + \delta)[\text{AT/Wb}]$$

$$\therefore F(\text{기자력}) = NI = R\phi [\text{AT}]$$

$$I(\text{전류}) = \frac{R\phi}{N} = \frac{\frac{1}{\mu_0 A}(\frac{\ell}{\mu_r} + \delta) \times BA}{N}$$

$$= \frac{10^7 B(\frac{\ell}{\mu_r} + \delta)}{4\pi N}[\text{A}]\text{가 된다.}$$

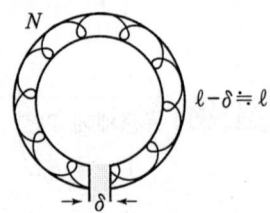

$\ell - \delta \fallingdotseq \ell$

005 자계의 세기가 H인 자계 중에 직각으로 속도 v로 발사된 전하 Q가 그리는 원의 반지름 r은?

① $\dfrac{mv}{QH}$ ② $\dfrac{mv^2}{QH}$ ③ $\dfrac{mv}{\mu QH}$ ④ $\dfrac{mv^2}{\mu QH}$

해설 전하 $Q[\text{C}]$의 구심력 $BQv = \dfrac{mv^2}{r}$ (원심력)

$\therefore Q[\text{C}]$이 그리는 원의 반지름 $r = \dfrac{mv}{BQ} = \dfrac{mv}{\mu HQ}[\text{m}]$이 된다.

(단, B(자속밀도) $= \mu H[\text{Wb/m}^2]$)

006 면전하밀도 $\sigma[\text{C/m}^2]$, 판간 거리 $d[\text{m}]$인 무한 평행판 대전체 간의 전위차[V]는?

① σd ② $\dfrac{\sigma}{\varepsilon}$

③ $\dfrac{\varepsilon_0 \sigma}{d}$ ④ $\dfrac{\sigma d}{\varepsilon_0}$

해설 무한 평행판 대전체의 전계세기 $E = \dfrac{\sigma}{\varepsilon_0}[\text{V/m}]$로서 거리에 관계없다.

$\therefore$ 무한 평행판 대전체 간의 전위차 $V = Ed = \dfrac{\sigma \times d}{\varepsilon_0}[\text{V}]$이다.

007 진공 중의 도체계에서 임의의 도체를 일정 전위의 도체로 완전 포위하면 내외공간의 전계를 완전 차단시킬 수 있는데 이것을 무엇이라 하는가?

① 홀효과 ② 정전차폐
③ 핀치효과 ④ 전자차폐

해설 정전차폐란 진공 중의 도체계에서 임의의 도체를 일정 전위의 도체로 완전 포위하면 내외공간의 전계를 완전 차단시킬 수 있는 것을 말한다.

해답 5. ③ 6. ④ 7. ②

008 평면 전자파의 전계 E와 자계 H 사이의 관계식은?

① $E=\sqrt{\dfrac{\varepsilon}{\mu}}\,H$
② $E=\sqrt{\mu\varepsilon}\,H$
③ $E=\sqrt{\dfrac{\mu}{\varepsilon}}\,H$
④ $E=\sqrt{\dfrac{1}{\mu\varepsilon}}\,H$

해설 평면 전자파에서 전자계의 고유 임피던스 $Z_0=\dfrac{E}{H}=\sqrt{\dfrac{\mu}{\varepsilon}}\,[\Omega]$

∴ E(전계세기)$=\sqrt{\dfrac{\mu}{\varepsilon}}\,H\,[V/m]$이 된다.

009 그림과 같은 반지름 a[m]인 원형 코일에 I[A]의 전류가 흐르고 있다. 이 도체 중심축상 x[m]인 P점의 자위는 몇 [A]인가?

① $\dfrac{I}{2}\left(1-\dfrac{x}{\sqrt{a^2+x^2}}\right)$

② $\dfrac{I}{2}\left(1-\dfrac{a}{\sqrt{a^2+x^2}}\right)$

③ $\dfrac{I}{2}\left(1-\dfrac{x^2}{(a^2+x^2)^{\frac{3}{2}}}\right)$

④ $\dfrac{I}{2}\left(1-\dfrac{a^2}{(a^2+x^2)^{\frac{3}{2}}}\right)$

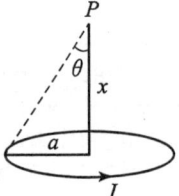

해설 자기 쌍극자 moment, $M=ml=\sigma lS=PS=\mu_0 IS\,[Wb/m]$

자기 쌍극자 중심축상 x[m]인 P점의 자위

$u=\dfrac{M\cos\theta}{4\pi\mu_0 r^2}=\dfrac{ml\cos\theta}{4\pi\mu_0 r^2}=\dfrac{\sigma lS\cos\theta}{4\pi\mu_0 r^2}=\dfrac{\sigma l}{4\pi\mu_0}\omega=\dfrac{\mu_0 I}{4\pi\mu_0}\times 2\pi(1-\cos\theta)$

$=\dfrac{I}{2}\left(1-\dfrac{x}{\sqrt{a^2+x^2}}\right)$[A]가 된다.

010 자기 인덕턴스가 각각 L_1, L_2인 두 코일을 서로 간섭이 없도록 병렬로 연결했을 때 그 합성 인덕턴스는?

① $L_1 L_2$
② $\dfrac{L_1+L_2}{L_1 L_2}$
③ L_1+L_2
④ $\dfrac{L_1 L_2}{L_1+L_2}$

해설 자기 인덕턴스가 각각 L_1, L_2인 두 코일이 서로 간섭이 없으면 M(상호 인덕턴스)$=0$로 병렬 연결할 때 합성 인덕턴스 $L=\dfrac{L_1 L_2}{L_1+L_2}$[H]가 된다.

011 도체의 성질에 대한 설명으로 틀린 것은?
① 도체 내부의 전계는 0이다.
② 전하는 도체 표면에만 존재한다.
③ 도체의 표면 및 내부의 전위는 등전위이다.
④ 도체 표면의 전하밀도는 표면의 곡률이 큰 부분일수록 작다.

해설 도체의 성질에 대한 설명으로 옳은 것은
① 도체 내부의 전계는 0이다.
② 전하는 도체 표면에만 존재한다.
③ 도체의 표면 및 내부의 전위는 등전위이다.

012 전류에 의한 자계의 방향을 결정하는 법칙은?
① 렌츠의 법칙
② 플레밍의 왼손 법칙
③ 플레밍의 오른손 법칙
④ 암페어의 오른나사 법칙

해설 암페어의 오른나사 법칙은 전류에 의한 자계 방향은 오른나사의 진행 방향이 전류 방향이고, 회전 방향이 자계 방향으로 자계 방향을 결정하는 법칙이다.

013 금속도체의 전기저항은 일반적으로 온도와 어떤 관계인가?
① 전기저항은 온도의 변화에 무관하다.
② 전기저항은 온도의 변화에 대해 정특성을 갖는다.
③ 전기저항은 온도의 변화에 대해 부특성을 갖는다.
④ 금속도체의 종류에 따라 전기저항의 온도특성은 일관성이 없다.

해설 금속도체의 전기저항은 온도의 변화에 대해 정특성을 갖는다. 즉, 온도상승 저항증가 온도감소 저항감소된다.

014 반지름 a[m]인 두 개의 무한장 도선이 d[m]의 간격으로 평행하게 놓여 있을 때 $a \ll d$인 경우, 단위 길이당 정전용량[F/m]은?

① $\dfrac{2\pi\varepsilon_o}{\ln\dfrac{d}{a}}$ ② $\dfrac{\pi\varepsilon_o}{\ln\dfrac{d}{a}}$

③ $\dfrac{4\pi\varepsilon_o}{\dfrac{1}{a}-\dfrac{1}{d}}$ ④ $\dfrac{2\pi\varepsilon_o}{\dfrac{1}{a}-\dfrac{1}{d}}$

정답 11. ④ 12. ④ 13. ② 14. ②

해설 선 전하밀도 λ[c/m], 두 개의 무한장 도선의 전계세기

$$E = E_1 + E_2 = \frac{\lambda}{2\pi\varepsilon_0 x} + \frac{\lambda}{2\pi\varepsilon_0 (d-x)}$$

$$= \frac{\lambda}{2\pi\varepsilon_0}\left(\frac{1}{x} + \frac{1}{d-x}\right) [V/m] 이다.$$

$$\therefore V = -\int_{d-a}^{a} E \cdot d_x = -\int_{d-a}^{a} \frac{\lambda}{2\pi\varepsilon_0}\left(\frac{1}{x} + \frac{1}{d-x}\right) d_x$$

$$= \frac{-\lambda}{2\pi\varepsilon_0}(\ln x - \ln(d-x))_{d-a}^{a}$$

$$= \frac{\lambda}{\pi\varepsilon_0} \ln\frac{d}{a} [V] (단, d \gg a 이다.)$$

$\therefore$ 단위 길이당의 정전용량 $C = \frac{\lambda}{V} = \frac{\lambda}{\frac{\lambda}{\pi\varepsilon_0}\ln\frac{d}{a}} = \frac{\pi\varepsilon_0}{\ln\frac{d}{a}}$ [F/m]이 된다.

015
두 개의 코일이 있다. 각각의 자기 인덕턴스가 0.4[H], 0.9[H]이고, 상호 인덕턴스가 0.36[H]일 때 결합계수는?

① 0.5　　② 0.6
③ 0.7　　④ 0.8

해설 자기 인덕턴스 $L_1 = \frac{N_1^2}{R}$[H], $L_2 = \frac{N_2^2}{R}$[H]이다.

$$L_1 \times L_2 = \frac{N_1^2}{R} \times \frac{N_2^2}{R} = \left(\frac{N_1 N_2}{R}\right)^2 = M^2 [H]$$

$\therefore M$(상호 인덕턴스)$= K\sqrt{L_1 L_2}$ [H]

$$K(결합계수) = \frac{M}{\sqrt{L_1 L_2}} = \frac{0.36}{\sqrt{0.4 \times 0.9}} = \frac{0.36}{\sqrt{0.36}} = \sqrt{0.36} = 0.6 이 된다.$$

016
비유전율이 2.4인 유전체 내의 전계의 세기가 100[mV/m]이다. 유전체에 축적되는 단위 체적당 정전에너지는 몇 [J/m³]인가?

① 1.06×10^{-13}　　② 1.77×10^{-13}
③ 2.32×10^{-13}　　④ 2.32×10^{-11}

해설 유전체에 축적되는 단위 체적당의 정전에너지

$$W = \frac{1}{2}CV^2 = \frac{1}{2} \times \frac{\varepsilon s}{d} \times (Ed)^2 = \frac{1}{2}\varepsilon E^2 Sd = \frac{1}{2}\varepsilon E^2 = \frac{1}{2}\varepsilon_0 \varepsilon_s E^2$$

$$= \frac{1}{2} \times 8.855 \times 10^{-12} \times 2.4 \times (100 \times 10^{-3})^2 = \frac{1}{2} \times 8.855 \times 2.4 \times 10^{-12} \times 10^{-2}$$

$$= 10.626 \times 10^{-14} = 1.0626 \times 10^{-13} [J/m^3] 이다.$$

해답 15. ② 16. ①

017 동심구 사이의 공극에 절연내력이 50[kV/mm]이며 비유전율이 3인 절연유를 넣으면, 공기인 경우의 몇 배의 전하를 축적할 수 있는가? (단, 공기의 절연내력은 3[kV/mm]라 한다.)

① 3
② $\dfrac{50}{3}$
③ 50
④ 150

해설 동심구 사이가 공기인 경우의 절연내력(전계 세기)

$E_0 = \dfrac{Q_0}{4\pi\varepsilon_0 r^2}$ [V/m], $Q_0 = 4\pi\varepsilon_0 r^2 E_0$ [C]

$\therefore 4\pi\varepsilon_0 r^2 = \dfrac{Q_0}{E_0}$ ⋯ ①

동심구 사이가 절연유인 경우의 절연내력(전계 세기)

$E = \dfrac{Q}{4\pi\varepsilon_0 \varepsilon_s r^2}$ [V/m], $Q = 4\pi\varepsilon_0 r^2 \varepsilon_s E$ [C]에 ①식을 대입하면

$Q = 4\pi\varepsilon_0 r^2 \times \varepsilon_s E = \dfrac{Q_0}{E_0} \times \varepsilon_s E = \dfrac{Q_0}{3} \times 3 \times 50 = 50 Q_0$ [C]이 된다.

018 자계의 벡터 포텐셜을 A라 할 때, A와 자계의 변화에 의해 생기는 전계 E 사이에 성립하는 관계식은?

① $A = \dfrac{\partial E}{\partial t}$
② $E = \dfrac{\partial A}{\partial t}$
③ $A = -\dfrac{\partial E}{\partial t}$
④ $E = -\dfrac{\partial A}{\partial t}$

해설 자계의 Vector potential을 A라 할 때 $B = \operatorname{rot} A$ 이다.
맥스웰의 제2 파동방정식에서 자계의 변화에 의한 전계의 회전은

$\operatorname{rot} E = -\dfrac{\partial}{\partial t} \times \operatorname{rot} A$ 이다.

$\therefore E = -\dfrac{\partial A}{\partial t}$ 의 관계가 성립된다.

019 그림과 같이 유전체 경계면에서 $\varepsilon_1 < \varepsilon_2$ 이었을 때 E_1과 E_2의 관계식 중 옳은 것은?

① $E_1 > E_2$
② $E_1 < E_2$
③ $E_1 = E_2$
④ $E_1 \cos\theta_1 = E_2 \cos\theta_2$

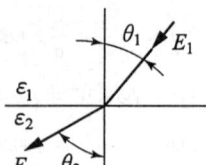

정답 17. ③ 18. ④ 19. ①

해설 유전체 경계조건에서 $D_1 = D_2 = D$일정일 때 $\varepsilon_1 < \varepsilon_2$이면 E_1과 E_2의 관계로

① $D_1 = D = \varepsilon_1 E_1$, $E_1 = \dfrac{D}{\varepsilon_1}$에서 ε_1(小)이면 E_1(大)가 된다.

② $D_2 = D = \varepsilon_2 E_2$, $E_2 = \dfrac{D}{\varepsilon_2}$에서 ε_2(大)이면 E_2(小)가 된다.

∴ E_1과 E_2의 관계는 $E_1 > E_2$가 된다.

020 균등하게 자화된 구(球)자성체가 자화될 때의 감자율은?

① $\dfrac{1}{2}$ ② $\dfrac{1}{3}$

③ $\dfrac{2}{3}$ ④ $\dfrac{3}{4}$

해설 H'(감자력)$= N\dfrac{J}{\mu_0}$≒J(자화 세기)에 비례한다.

이때 N(감자율)≒0, 구자성체와 외부 자계가 평행일 때, N(감자율)≒$\dfrac{1}{3}$, 구자성체와 외부 자계가 일반적인 경우 N(감자율)≒1, 구자성체와 외부 자계가 수직일 때다.

∴ 균등하게 자화된 구자성체가 자화될 때의 감자율 N≒$\dfrac{1}{3}$이 된다.

02 전/력/공/학

021 보호계전기 동작이 가장 확실한 중성점 접지방식은?

① 비접지방식   ② 저항접지방식
③ 직접접지방식   ④ 소호 리액터접지방식

해설 직접접지방식은 보호계전기 동작이 가장 확실한 중성점 접지방식이다.

022 단상 2선식의 교류 배전선이 있다. 전선 한 줄의 저항은 0.15[Ω], 리액턴스는 0.25[Ω]이다. 부하는 무유도성으로 100[V], 3[kW]일 때 급전점의 전압은 약 몇 [V]인가?

① 100   ② 110
③ 120   ④ 130

해설 단상 2선식 교류 배전선의 부하는 무유도성 100[V], 3[kW]이다.

$P = VI[\text{W}]$, $I = \dfrac{P}{V} = \dfrac{3000}{100} = 30[\text{A}]$

∴ 급전점의 전압
V=부하 전압+선로 전압 강하$= 100 + 2IR = 100 + 2 \times 30 \times 0.15 = 109$ ≒ 110[V]

정답 20. ② 21. ③ 22. ②

023 우리나라에서 현재 사용되고 있는 송전전압에 해당되는 것은?
① 150[kV]   ② 220[kV]
③ 345[kV]   ④ 700[kV]

해설 현재 우리나라에서 사용되고 있는 송전전압은 345[kV]이다.

024 제5고조파를 제거하기 위하여 전력용 콘덴서 용량의 몇 [%]에 해당하는 직렬 리액터를 설치하는가?
① 2~3   ② 5~6
③ 7~8   ④ 9~10

해설 전력용 콘덴서 용량의 5~6[%]에 해당되는 직렬 리액터를 설치하면, 제5고조파가 제거된다.

025 지정된 값 이상의 전류가 흘렀을 때 동작전류의 크기와 상관없이 항상 정해진 시간이 경과한 후에 동작하는 보호계전기는?
① 순시계전기   ② 정한시계전기
③ 반한시계전기   ④ 반한시성 정한시계전기

해설 정한시계전기는 동작전류의 크기와 관계없이 항상 정해진 시간이 경과한 후에 동작하는 보호계전기이다.

026 변전소에서 사용되는 조상설비 중 지상용으로만 사용되는 조상설비는?
① 분로 리액터   ② 동기 조상기
③ 전력용 콘덴서   ④ 정지형 무효전력 보상장치

해설 변전소에서 사용되는 조상설비 중 지상용으로만 사용되는 조상설비는 분로 리액터이다. 진상용으로만 사용되는 조상설비는 전력용 콘덴서이다.

027 저압 뱅킹(Banking)배전방식이 적당한 곳은?
① 농촌   ② 어촌
③ 화학공장   ④ 부하 밀집지역

해설 저압 뱅킹(Banking)배전방식이 적당한 곳은 부하가 밀집된 지역이다.

정답 23. ③ 24. ② 25. ② 26. ① 27. ④

028 유효낙차가 40[%] 저하되면 수차의 효율이 20[%] 저하된다고 할 경우 이때의 출력은 원래의 약 몇 [%]인가? (단, 안내 날개의 열림은 불변인 것으로 한다.)
① 37.2
② 48.0
③ 52.7
④ 63.7

해설 수차출력 $P=9.8QH\eta \fallingdotseq QH\eta$[W], 안내 날개의 열림이 불변이면 Q는 $\sqrt{H}$이다.

∴ $P = QH\eta = H \times \sqrt{H}\eta = \sqrt{H^3}\eta = H^{3/2}\eta$ … ①

H가 40[%] 저하, 수차 효율 η가 20[%] 저하되었을 때의 수차 출력

$P' = (0.6H)^{3/2} \times 0.8\eta = (0.6)^{3/2} \times 0.8 \times H^{3/2} \times \eta$[W] … ②

∴ $\dfrac{②}{①} = \dfrac{P'}{P} = \dfrac{(0.6)^{3/2} \times 0.8 \times H^{3/2} \times \eta}{H^{3/2} \times \eta} = (0.6)^{3/2} \times 0.8 = \sqrt{(0.6)^3} \times 0.8 = \sqrt{0.216} \times 0.8$

$\fallingdotseq 0.47 \times 0.8 \fallingdotseq 0.372 \fallingdotseq 37.2$[%]가 된다.

029 전력용 퓨즈는 주로 어떤 전류의 차단을 목적으로 사용하는가?
① 지락전류
② 단락전류
③ 과도전류
④ 과부하전류

해설 전력용 퓨즈는 주로 단락전류의 차단을 목적으로 사용된다.

030 장거리 송전선로의 4단자 정수(A, B, C, D) 중 일반식으로 잘못 표기한 것은?
① $A = \cosh\sqrt{ZY}l$
② $B = \sqrt{\dfrac{Z}{Y}}\sinh\sqrt{ZY}l$
③ $C = \sqrt{\dfrac{Z}{Y}}\sinh\sqrt{ZY}l$
④ $D = \cosh\sqrt{ZY}l$

해설 장거리 송전선로 100[km] 이상 분포정수 회로의 4단자 정수

$\begin{cases} V_S = V_R\cosh rl + Z_0 I_R \sinh rl = AV_R + BI_R \\ I_S = \dfrac{V_R}{Z_0}\sinh rl + I_R\cosh rl = CV_R + DI_R \end{cases}$

∴ 4단자 정수 $A = \cosh rl = \cosh\sqrt{YZ}l$

$B = Z_0\sinh rl = \sqrt{\dfrac{Z}{Y}}\sinh\sqrt{YZ}l$

$C = \dfrac{1}{Z_0}\sinh rl = \dfrac{1}{\sqrt{\dfrac{Z}{Y}}}\sinh\sqrt{YZ}l = \sqrt{\dfrac{Y}{Z}}\sinh\sqrt{YZ}l$

$D = A = \cosh rl = \cosh\sqrt{YZ}l$이다.

정답 28. ① 29. ② 30. ③

031 3상 1회선 전선로에서 대지정전용량은 C_s이고 선간정전용량을 C_m이라 할 때, 작용정전용량 C_n은?

① $C_s + C_m$
② $C_s + 2C_m$
③ $C_s + 3C_m$
④ $2C_s + 2C_m$

해설 3상 1회선 전선로의 작용정전용량 $C_n = C_s + 3C_m$ [F]이 된다.

032 송전선로의 뇌해방지와 관계없는 것은?

① 댐퍼
② 피뢰기
③ 매설지선
④ 가공지선

해설 송전선로의 뇌해방지의 대책은 피뢰기 설치, 매설지선, 가공지선을 설치한다.

033 소호 리액터 접지에 대한 설명으로 틀린 것은?

① 지락전류가 작다.
② 과도안정도가 높다.
③ 전자유도장애가 경감된다.
④ 선택지락계전기의 작동이 쉽다.

해설 소호 리액터 접지에 대한 설명으로 옳은 것은
① 지락전류가 작다.
② 과도안정도가 높다.
③ 전자유도장애가 경감된다.

034 3상 3선식 배전선로에 역률이 0.8(지상)인 3상 평형 부하 40[kW]를 연결했을 때 전압강하는 약 몇 [V]인가? (단, 부하의 전압은 200[V], 전선 1조의 저항은 0.02[Ω]이고, 리액턴스는 무시한다.)

① 2
② 3
③ 4
④ 5

해설 3상 3선식의 부하전력 $P = \sqrt{3}\, VI\cos\theta$ [W]

I(부하전류) $= \dfrac{P}{\sqrt{3}\, V\cos\theta} = \dfrac{40000}{\sqrt{3} \times 200 \times 0.6} = \dfrac{40000}{277.136} ≒ 144.3$ [A]

∴ 전압강하 $V_s - V_R = \sqrt{3}\, I(R\cos\theta + X\sin\theta) = \sqrt{3}\, I \times R\cos\theta$
$= \sqrt{3} \times 144.3 \times 0.02 \times 0.8 ≒ 4$ [V]가 된다.

해답 31.③ 32.① 33.④ 34.③

035 분기회로용으로 개폐기 및 자동차단기의 2가지 역할을 수행하는 것은?
① 기중차단기
② 진공차단기
③ 전력용 퓨즈
④ 배선용 차단기

해설 배선용 차단기는 분기회로용으로 개폐기 및 자동차단기의 2가지 역할을 수행한다.

036 교류 저압 배전방식에서 밸런서를 필요로 하는 방식은?
① 단상 2선식
② 단상 3선식
③ 3상 3선식
④ 3상 4선식

해설 단상 3선식은 교류 저압 배전방식에서 연가(선로의 평형), 즉 밸런서를 필요로 하는 방식이다.

037 보일러에서 흡수열량이 가장 큰 것은?
① 수냉벽
② 과열기
③ 절탄기
④ 공기예열기

해설 수냉벽은 노 내의 복사열을 흡수한다. 보일러에서 흡수열량이 가장 큰 곳은 수냉벽으로 40~50[%], 과열기에서의 흡수열량은 15~20[%]이다.

038 3상 차단기의 정격차단용량을 나타낸 것은?
① $\sqrt{3} \times$ 정격전압 $\times$ 정격전류
② $\dfrac{1}{\sqrt{3}} \times$ 정격전압 $\times$ 정격전류
③ $\sqrt{3} \times$ 정격전압 $\times$ 정격차단전류
④ $\dfrac{1}{\sqrt{3}} \times$ 정격전압 $\times$ 정격차단전류

해설 3상 차단기의 정격차단용량 = $\sqrt{3} \times$ 정격전압 $\times$ 정격차단전류이다.

039 변류기 개방 시 2차 측을 단락하는 이유는?
① 측정 오차 방지
② 2차 측 절연 보호
③ 1차 측 과전류 방지
④ 2차 측 과전류 보호

해설 변류기 개방 시 2차 측을 단락하는 이유는 변류기 2차 측 절연 보호 때문이다.

해답 35.④ 36.② 37.① 38.③ 39.②

040 단상 승압기 1대를 사용하여 승압할 경우 승압 전의 전압을 E_1이라 하면, 승압 후의 전압 E_2는 어떻게 되는가? (단, 승압기의 변압비는 $\dfrac{전원\ 측\ 전압}{부하\ 측\ 전압}=\dfrac{e_1}{e_2}$이다.)

① $E_2=E_1+e_1$
② $E_2=E_1+e_2$
③ $E_2=E_1+\dfrac{e_2}{e_1}E_1$
④ $E_2=E_1+\dfrac{e_1}{e_2}E_1$

해설 $n(승압기\ 변압비)=\dfrac{e_1}{e_2}$, $e_1=E_1$이며, 승압 후의 전압

$E_2=e_1+e_2=E_1+\dfrac{E_1}{n}=E_1+\dfrac{E_1}{\frac{e_1}{e_2}}=E_1+\dfrac{e_2}{e_1}E_1[V]$이 된다.

03 전/기/기/기

041 3상 전원에서 2상 전원을 얻기 위한 변압기의 결선방법은?
① △
② T
③ Y
④ V

해설 3상 전원에서 2상 전원을 얻기 위한 변압기의 결선방법은 스코트 결선(T결선), Wood bridge결선, Meyer 결선이 있다.

042 직류 직권전동기의 운전상 위험속도를 방지하는 방법 중 가장 적합한 것은?
① 무부하 운전한다.
② 경부하 운전한다.
③ 무여자 운전한다.
④ 부하와 기어를 연결한다.

해설 직류 직권전동기의 운전상 위험속도를 방지하기 위한 가장 적합한 방법은 부하와 기어를 연결한다.

043 권선형 유도전동기의 설명으로 틀린 것은?
① 회전자의 3개의 단자는 슬립링과 연결되어 있다.
② 기동할 때에 회전자는 슬립링을 통하여 외부에 가감저항기를 접속한다.
③ 기동할 때에 회전자에 적당한 저항을 갖게 하여 필요한 기동토크를 갖게 한다.
④ 전동기 속도가 상승함에 따라 외부 저항을 점점 감소시키고 최후에는 슬립링을 개방한다.

해설 권선형 유도전동기의 설명으로 옳은 것은
① 회전자의 3개의 단자는 슬립링과 연결되어 있다.
② 기동할 때에 회전자는 슬립링을 통하여 외부에 가감저항기를 접속한다.
③ 기동할 때에 회전자에 적당한 저항을 갖게 하여 필요한 기동토크를 갖게 한다.

해답 40. ③ 41. ② 42. ④ 43. ④

044 단상 반파정류회로에서 평균직류전압 200[V]를 얻는 데 필요한 변압기 2차 전압은 약 몇 [V]인가? (단, 부하는 순저항이고 정류기의 전압 강하는 15[V]로 한다.)
① 400 ② 478
③ 512 ④ 642

해설 단상 반파정류회로에 평균직류전압

$$V_{dc} = \frac{V_m}{\pi} - Ir_a = \frac{\sqrt{2}\,V_2}{\pi} - 15[V], \quad \frac{\sqrt{2}\,V_2}{\pi} = 200 + 15, \quad \sqrt{2}\,V_2 = \pi \times 215$$

∴ 변압기 2차 전압 $V_2 = \frac{3.14 \times 215}{\sqrt{2}} = \frac{675.1}{1.414} ≒ 478[V]$가 된다.

045 유도전동기의 슬립 s의 범위는?
① $1 < s < 0$ ② $0 < s < 1$
③ $-1 < s < 1$ ④ $-1 < s < 0$

해설 유도전동기의 동작 특성에 대한 슬립의 범위
- 유도전동기의 동작 범위 : $0 < s < 1$
- 유도제동기의 동작 범위 : $s > 1$
- 유도발전기의 동작 범위 : $s < 0$ 등이다.

046 정격 전압에서 전 부하로 운전하는 직류 직권전동기의 부하전류가 50[A]이다. 부하 토크가 반으로 감소하면 부하전류는 약 몇 [A]인가? (단, 자기포화는 무시한다.)
① 25 ② 35
③ 45 ④ 50

해설 직류 직권전동기에서 T(토크), N(회전수), I_a(부하 전류), ϕ(자속)의 관계는

$$N = \frac{V - I_a r_a}{K\phi} ≒ \frac{1}{\phi} ≒ \frac{1}{I_a}[\text{rpm}]$$

∴ $I_a ≒ \phi ≒ \frac{1}{N}$, $T = \frac{PZ}{2\pi a}\phi I_a ≒ \phi I_a ≒ I_a^2[\text{N}\cdot\text{m}]$이다.

∴ $\begin{cases} T ≒ I_a^2 ≒ (50)^2 \\ \frac{T}{2} ≒ (I_a^1)^2 \end{cases}$ 에서 $(I_a')^2 \times T ≒ (50)^2 \times \frac{T}{2}$, $(I_a')^2 = \frac{(50)^2}{2}$

∴ I_a'(부하 전류)$= \frac{50}{\sqrt{2}} ≒ 50 \times 0.707 ≒ 35[\text{A}]$가 된다.

047 단상 변압기를 병렬 운전하는 경우 부하전류의 분담에 관한 설명 중 옳은 것은?
① 누설 리액턴스에 비례한다. ② 누설 임피던스에 비례한다.
③ 누설 임피던스에 반비례한다. ④ 누설 리액턴스의 제곱에 반비례한다.

 44.② 45.② 46.② 47.③

해설 단상 변압기 병렬 운전 시는 내부 전압강하가 서로 같다.

즉, $Z_a I_a = Z_b I_b$, $\dfrac{I_a}{I_b} = \dfrac{Z_b}{Z_a}$ 로서 부하전류 분담은 누설 임피던스에 반비례한다.

(즉, $I_a = \dfrac{V}{Z_a}$[A], $I_b = \dfrac{V}{Z_b}$ 이다.)

048 3상 동기기에서 제동권선의 주 목적은?
① 출력 개선
② 효율 개선
③ 역률 개선
④ 난조 방지

해설 3상 동기기에서 자극 표면에 제동권선을 설치하는 주 목적은 난조발생을 방지하기 위해서다.

049 단상 유도전압조정기의 원리는 다음 중 어느 것을 응용한 것인가?
① 3권선 변압기
② V결선 변압기
③ 단상 단권변압기
④ 스콧트결선(T결선) 변압기

해설 단상 유도전압조정기 단상 단권변압기 원리를 응용한 것이다.
이때, 부하 측 전압 $V_2 = V_1$(전원 전압)$\pm E_2 \cos\alpha$(2차 회전자 전압(변화 시))[V], W(자기 용량)$= V_2 I_2$[kVA], 단상 유도전압조정기의 조정 정격용량 $P_a = E_2 I_2$[kVA]이다.

050 유도전동기의 속도 제어방식으로 틀린 것은?
① 크레머방식
② 일그너방식
③ 2차 저항 제어방식
④ 1차 주파수 제어방식

해설 유도전동기의 속도 제어방식에는 크레머방식, 2차 저항 제어방식, 1차 주파수 제어방식, 극수 변환법 등이 있다.

051 4극, 60[Hz]의 정류가 주파수 변환기가 회전자계 방향과 반대방향으로 1440[rpm]으로 회전할 때의 주파수는 몇 [Hz]인가?
① 8
② 10
③ 12
④ 15

해설 $N_s = \dfrac{120 f_1}{P} = \dfrac{120 \times 60}{4} = 1800$[rpm], 정류자의 주파수 변환기가 회전자계 방향과 반대 방향으로 회전 시 $N = 1440$[rpm]이므로,

S(슬립)$= \dfrac{N_s - N}{N_s} = \dfrac{1800 - 1440}{1800} = \dfrac{360}{1800} = 0.2$

∴ 회전 시 주파수 $f_2 = s f_1 = 0.2 \times 60 = 12$[Hz]이 된다.

예답 48. ④ 49. ③ 50. ② 51. ③

052 직류전동기의 속도제어법 중 광범위한 속도제어가 가능하며 운전효율이 좋은 방법은?
① 병렬제어법
② 전압제어법
③ 계자제어법
④ 저항제어법

전압제어법은 직류전동기의 속도제어법 중 광범위한 속도 제어가 가능하며, 운전효율이 좋은 제어법이다.

053 교류 단상 직권전동기의 구조를 설명한 것 중 옳은 것은?
① 역률 및 정류개선을 위해 약계자 강전기자형으로 한다.
② 전기자 반작용을 줄이기 위해 약계자 강전기자형으로 한다.
③ 정규개선을 위해 강계자 약전기자형으로 한다.
④ 역률개선을 위해 고정자와 회전자의 자로를 성층철심으로 한다.

교류 단상 직권전동기는 역률 및 정류개선을 위해서 약계자 강전기자형 구조로 한다.

054 변압기 단락시험과 관계없는 것은?
① 전압 변동률
② 임피던스 와트
③ 임피던스 전압
④ 여자 어드미턴스

변압기 단락시험으로 부하손을 측정한다. 즉 저압측 단락 전원전압 증가시켜 정격전류에서 전압계 지시 V_{1s}(임피던스 전압), 전력계 지시 P_s(임피던스 와트)을 읽으면, 소자와 전압 변동률이 계산된다. ∴ 변압기 단락시험과 관계가 있는 것은 전압 변동률, 임피던스 전압, 임피던스 와트 등이다.

055 전기자 저항이 0.3[Ω]인 분권발전기가 단자 전압 550[V]에서 부하 전류가 100[A]일 때 발생하는 유도기전력[V]은? (단, 계자전류는 무시한다.)
① 260
② 420
③ 580
④ 750

분권발전기에서 계자전류는 무시하므로 $I_a = I + I_f = I = 100$[A]
∴ $V = E - I_a r_a$[V], 유도기전력 $E = V + I_a r_a = 550 + 100 \times 0.3 = 550 + 30 = 580$[V]이다.

056 동기기의 단락전류를 제한하는 요소는?
① 단락비
② 정격 전류
③ 동기 임피던스
④ 자기 여자 작용

단락전류 $I_s = \dfrac{E}{Z_s} = \dfrac{E}{r + jX_s}$[A]
∴ 동기기의 단락전류를 제한하는 것은 동기 임피던스이다.

52.② 53.① 54.④ 55.③ 56.③

057

병렬 운전 중인 A, B 두 동기발전기 중 A발전기의 여자를 B발전기보다 증가시키면 A발전기는?

① 동기화 전류가 흐른다.   ② 부하 전류가 증가한다.
③ 90° 진상 전류가 흐른다.   ④ 90° 지상 전류가 흐른다.

해설 병렬 운전 중인 A, B 두 동기발전기 중 A발전기의 여자를 B발전기보다 증가시키면 A발전기는 90° 지상 전류가 흐른다.

058

3상 동기발전기가 그림과 같이 1선 지락이 발생하였을 경우 단락전류 I_a를 구하는 식은? (단, E_a는 무부하 유기기전력의 상전압, Z_0, Z_1, Z_2는 영상, 정상, 역상 임피던스이다.)

① $\dot{I}_o = \dfrac{3\dot{E}_a}{\dot{Z}_o \times \dot{Z}_1 \times \dot{Z}_2}$

② $\dot{I}_o = \dfrac{\dot{E}_a}{\dot{Z}_o \times \dot{Z}_1 \times \dot{Z}_2}$

③ $\dot{I}_o = \dfrac{3\dot{E}_a}{\dot{Z}_o + \dot{Z}_1 + \dot{Z}_2}$

④ $\dot{I}_o = \dfrac{3\dot{E}_a}{\dot{Z}_o + \dot{Z}_1^2 + \dot{Z}_2^3}$

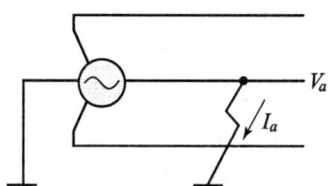

해설 초기 조건 $\begin{cases} V_a = 0 \\ I_b = I_c = 0 \end{cases}$ 에서 $I_0 = I_1 = I_2$ [A]이다.

초기 조건에서 $V_a = 0 = V_0 + V_1 + V_2 = -Z_0 I_0 + E_a - Z_1 I_1 - Z_2 I_2$ [V]

$E_a = (Z_o + Z_1 + Z_2) I_o$, $I_o = I_1 = I_2 = \dfrac{E_a}{Z_o + Z_1 + Z_2}$ [A]이다.

∴ 단락전류 $I_a = I_o + I_1 + I_2 = 3I_o = \dfrac{3E_a}{Z_o + Z_1 + Z_2}$ [A]가 된다.

059

유도전동기의 동기와트에 대한 설명으로 옳은 것은?

① 동기속도에서 1차 입력   ② 동기속도에서 2차 입력
③ 동기속도에서 2차 출력   ④ 동기속도에서 2차 동손

해설 유도전동기의 동기와트=1차 출력=동기속도에서 2차 입력을 말한다.

정답 57.④ 58.③ 59.②

060
임피던스 전압 강하 4[%]의 변압기가 운전 중 단락되었을 때 단락전류는 정격전류의 몇 배가 흐르는가?
① 15   ② 20
③ 25   ④ 30

해설 %Z(임피던스 전압 강하)=4[%], 변압기 운전 중 단락되었을 때
단락전류 $I_s = \dfrac{100}{\%Z} \times I_n = \dfrac{100}{4} \times I_n = 25 I_n$ [A]이다.
∴ 단락전류는 정격전류의 25배이다.

04 회/로/이/론

061
3상 불평형 전압에서 역상전압이 50[V], 정상전압이 200[V], 영상전압이 10[V]라고 할 때 전압의 불평형률(%)은?
① 1   ② 5
③ 25   ④ 50

해설 3상 불평형 전압에서 전압의 불평형률
$= \dfrac{\text{역상전압}}{\text{정상전압}} \times 100 = \dfrac{V_2}{V_1} \times 100 = \dfrac{50}{200} \times 100 = 25$[%]이다.

062
다음과 같은 회로의 a-b 간 합성 임피던스는 몇 H인가? (단, L_1=4H, L_2=4H, L_3=2H, L_4=2H이다.)

① $\dfrac{8}{9}$
② 6
③ 9
④ 12

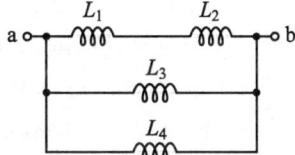

해설 $\dfrac{1}{L} = \dfrac{1}{L_1+L_2} + \dfrac{1}{L_3} + \dfrac{1}{L_4}$

∴ 합성 인덕턴스 $L = \dfrac{1}{\dfrac{1}{L_1+L_2}+\dfrac{1}{L_3}+\dfrac{1}{L_4}} = \dfrac{L_3 \times L_4 \times (L_1+L_2)}{L_3 L_4 + L_4(L_1+L_2) + L_3(L_1+L_2)}$

$= \dfrac{2 \times 2 \times (4+4)}{2 \times 2 + 2(4+4) + 2(4+4)} = \dfrac{4 \times 8}{4+16+16} = \dfrac{32}{36} = \dfrac{8}{9}$[H]이 된다.

정답 60.③ 61.③ 62.①

063 R-L-C 직렬회로에서 시정수의 값이 작을수록 과도현상이 소멸되는 시간은 어떻게 되는가?
① 짧아진다. ② 관계없다.
③ 길어진다. ④ 일정하다.

해설 RLC직렬회로에서 시정수[τ] 값이 작으면 작을수록 과도현상 소멸 시간은 짧아진다. 빨리 사라진다. 또 시정수[τ] 값이 크면 클수록 과도현상 소멸시간은 길어진다. 천천히 사라진다.

064 대칭 좌표법에서 사용되는 용어 중 3상에 공통된 성분을 표시하는 것은?
① 공통분 ② 정상분
③ 역상분 ④ 영상분

해설 영상분은 대칭 좌표법에서 사용되는 용어 중에서 3상에 공통된 성분이다.

065 어떤 회로의 단자 전압이 $V = 100\sin\omega t + 40\sin 2\omega t + 30\sin(3\omega t + 60°)$[V]이고 전압강하의 방향으로 흐르는 전류가 $I = 10\sin(\omega t - 60°) + 2\sin(3\omega t + 105°)$[A]일 때 회로에 공급되는 평균전력[W]은?
① 271.2 ② 371.2
③ 530.2 ④ 630.2

해설 비정현파 전압, 전류에 의한 전력
$$P = \frac{1}{T}\int_0^T v(t)i(t)dt = V_0 I_0 + \sum_{n=1}^{\infty} V_n I_n \cos\psi_n [\text{W}]$$
같은 주파수 사이에만 전력이 존재한다.
(단, ψ_n(위상차)=전압 위상(기준)−전류 위상이다.)
∴ 평균전력 $P = V_1 I_1 \cos\psi_1 + V_3 I_3 \cos\psi_3$
$= \frac{100}{\sqrt{2}} \times \frac{10}{\sqrt{2}} \cos(0-60°) + \frac{30}{\sqrt{2}} \times \frac{2}{\sqrt{2}} \cos(60°-105°)$
$= \frac{1000}{2}\cos 60° + \frac{60}{2}\cos(-45°) = 500 \times \frac{1}{2} + 30 \times 0.707$
$= 250 + 21.21 ≒ 271.2$[W]이다.

066 3상 대칭분 전류를 I_0, I_1, I_2라 하고 선전류를 I_a, I_b, I_c라고 할 때 I_b는 어떻게 되는가?
① $I_0 + I_1 + I_2$ ② $I_0 + a^2 I_1 + a I_2$
③ $I_0 + a I_1 + a^2 I_2$ ④ $\frac{1}{3}(I_0 + I_1 + I_2)$

정답 63.① 64.④ 65.① 66.②

해설 3상 대칭분 전류를 I_0, I_1, I_2라 할 때 선전류 I_a, I_b, I_c는, 즉 비대칭 3상 전류
$I_a = I_0 + I_1 + I_2$, $I_b = I_0 + a^2 I_1 + a I_2$, $I_c = I_0 + a I_1 + a^2 I_2$이다.
(단, $a = -\frac{1}{2} + j\frac{\sqrt{3}}{2}$, $a^2 = -\frac{1}{2} - j\frac{\sqrt{3}}{2}$, $1 + a + a^2 = 0$는 3상 교류, 전류 혹은 전압의 합은 0이다.)
∴ $I_b = I_0 + a^2 I_1 + a I_2$이다.

067 부하에 $100\angle 30°$[V]의 전압을 가하였을 때 $10\angle 60°$[A]의 전류가 흘렀다면 부하에서 소비되는 유효전력은 약 몇 [W]인가?

① 400
② 500
③ 682
④ 866

해설 P_a(복소전력) $= V\dot{I} = 100\angle 30 \times 10\angle -60° = 1000\angle 30° - 60° = 1000\angle -30°$
$= 1000(\cos 30° - j\sin 30°) = 1000 \times \frac{\sqrt{3}}{2} - j1000 \times \frac{1}{2}$
$= 866 - j500 = P - jPr$[VA]
∴ 부하에서 소비되는 유효전력 $P = 866$[W]가 된다.

068 그림과 같은 회로에서 0.2[Ω]의 저항에 흐르는 전류는 몇 [A]인가?

① 0.1
② 0.2
③ 0.3
④ 0.4

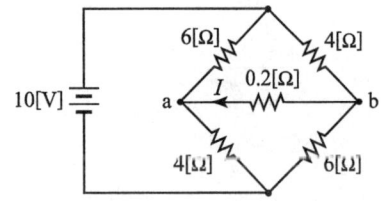

해설 그림에서 마디 전압 $V_a = \frac{6}{4+6} \times 10 = 6$[V], $V_b = \frac{4}{4+6} \times 10 = 4$[V]이다.
∴ ab 간의 전압 $V_{ab} = V_a - V_b = 6 - 4 = 2$[V]
0.2[Ω]의 저항에 흐르는 전류
$I = \frac{V_{ab}}{R_t} = \frac{V_{ab}}{\frac{4 \times 6}{4+6} + 0.2 + \frac{4 \times 6}{4+6}} = \frac{2}{2.4 + 0.2 + 2.4} = \frac{2}{5} = 0.4$[A]가 된다.

069 $\frac{1}{s^2 + 2s + 5}$의 라플라스 역변환 값은?

① $e^{-2t}\cos 2t$
② $\frac{1}{2}e^{-t}\sin t$
③ $\frac{1}{2}e^{-t}\sin 2t$
④ $\frac{1}{2}e^{-t}\cos 2t$

해답 67.④ 68.④ 69.③

해설 라플라스의 역변환 $L^{-1}(\frac{1}{s+1}) = e^{-t}$, $L^{-1}(\frac{\omega}{s^2+\omega^2}) = \sin\omega t$ 이다.

∴ 문제의 함수 $F(s) = \frac{1}{s^2+2s+5} = \frac{1}{2} \times \frac{2}{(s+1)^2+2^2}$ 인 부분 분수로 고쳐서 라플라스

역변환하면 $f(t) = L^{-1}(F(s)) = L^{-1}(\frac{1}{2} \times \frac{2}{(s+1)^2+(2)^2}) = \frac{1}{2}e^{-t}\sin 2t$ 가 된다.

070 $\mathcal{L}[u(t-a)]$는 어느 것인가?

① $\frac{e^{as}}{s^2}$
② $\frac{e^{-as}}{s^2}$
③ $\frac{e^{as}}{s}$
④ $\frac{e^{-as}}{s}$

해설 $L(u(t-a)) = \int_a^\infty u(t)e^{-st}dt = \int_a^\infty 1 \cdot e^{-st}dt = \frac{e^{-st}}{-s}\Big|_a^\infty = \frac{e^{-\infty}-e^{-as}}{-s} = \frac{e^{-as}}{s}$ 가 된다.

071 2단자 임피던스 함수 $Z(s) = \frac{(s+2)(s+3)}{(s+4)(s+5)}$ 일 때 극점(pole)은?

① $-2, -3$
② $-3, -4$
③ $-2, -4$
④ $-4, -5$

해설 2단자 임피던스 함수 $Z(s) = \frac{(s+2)(s+3)}{(s+4)(s+5)}$ 일 때

극점(×)는 분모=0, $s=-4$, $s=-5$이며, 단락회로이다.
또한 영점(O)은 분자=0, $s=-2$, $s=-3$이며, 개방회로이다.
∴ 극점은 $-4, -5$이다.

072 그림과 같은 회로에서 G_2[℧] 양단의 전압강하 E_2[V]는?

① $\frac{G_2}{G_1+G_2}E$
② $\frac{G_1}{G_1+G_2}E$
③ $\frac{G_1G_2}{G_1+G_2}E$
④ $\frac{G_1+G_2}{G_1+G_2}E$

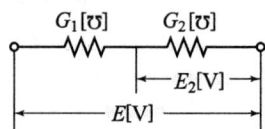

해설 직렬회로에서는 I(전류)가 일정하다.

∴ G_2[℧] 양단의 전압강하 $E_2 = IR_2 = \frac{I}{G_2}$[V]로서 E_2는 G_2에 반비례하므로

분배법칙에서 G_2 양단의 전압강하 $E_2 = \frac{G_1}{G_1+G_2} \times E$[V]가 된다.

정답 70.④ 71.④ 72.②

073 그림과 같은 T형 회로의 영상 전달정수 θ는?

① 0
② 1
③ -3
④ -1

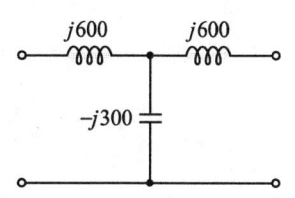

해설 T형 4단자망의 4단자 정수

$\begin{vmatrix} A & B \\ C & D \end{vmatrix} = \begin{vmatrix} 1 & j600 \\ 0 & 1 \end{vmatrix} \begin{vmatrix} 1 & 0 \\ \frac{1}{-j300} & 1 \end{vmatrix} \begin{vmatrix} 1 & j600 \\ 0 & 1 \end{vmatrix} = \begin{vmatrix} 1-2=-1 & j600 \\ j\frac{1}{300} & 1 \end{vmatrix} \begin{vmatrix} 1 & j600 \\ 0 & 1 \end{vmatrix} = \begin{vmatrix} -1 & 0 \\ j\frac{1}{300} & -1 \end{vmatrix}$이다.

∴ 영상 전달 정수 $\theta = \ln_e(\sqrt{AD} + \sqrt{BC}) = \ln_e(\sqrt{-1 \times (-1)} + \sqrt{0}) = \ln_e 1 = 0$이 된다.

074 저항 $\frac{1}{3}[\Omega]$, 유도 리액턴스 $\frac{1}{4}[\Omega]$인 R-L 병렬회로의 합성 어드미턴스[℧]는?

① $3+j4$
② $3-j4$
③ $\frac{1}{3}+j\frac{1}{4}$
④ $\frac{1}{3}-j\frac{1}{4}$

해설 RL병렬회로의 합성 어드미턴스

$Y = Y_1 + Y_2 = \frac{1}{R} + \frac{1}{jX_L} = \frac{1}{\frac{1}{3}} - j\frac{1}{\frac{1}{4}} = 3 - j4$[℧]가 된다.

075 대칭 3상 Y결선 부하에서 각 상의 임피던스가 $Z = 16 + j12[\Omega]$이고 부하전류가 5[A]일 때, 이 부하의 선간전압[V]은?

① $100\sqrt{2}$
② $100\sqrt{3}$
③ $200\sqrt{2}$
④ $200\sqrt{3}$

해설 대칭 3상 Y결선 부하에 상전압

$V_p = IZ = 5 \times (16 + j12) = 5 \times \sqrt{(16)^2 + (12)^2} = 5 \times \sqrt{256 + 144} = 5 \times 20 = 100[V]$

∴ 이 부하의 선간전압 $V_e = \sqrt{3} V_p = \sqrt{3} \times 100[V]$가 된다.

076 정현파의 파고율은?

① 1.111
② 1.414
③ 1.732
④ 2.356

정답 73.① 74.② 75.② 76.②

예설 전파 정현파 교류의 실효값 $= \dfrac{I_m}{\sqrt{2}}$ [A]

전파 정현파 교류의 평균치 값 $= \dfrac{2I_m}{\pi}$ [A] 이므로

파고율 $= \dfrac{\text{최대치 값}}{\text{실효치 값}} = \dfrac{I_m}{\dfrac{I_m}{\sqrt{2}}} = \sqrt{2} = 1.414$ 이다.

077 부동작 시간(dead time) 요소의 전달함수는?

① Ks ② $\dfrac{K}{s}$

③ Ke^{-Ls} ④ $\dfrac{K}{Ts+1}$

예설 부동작 시간(dead time)요소란 t=0에서 입력 변화가 있어도 $t=L$에서 출력 변화가 없는 요소로 전달함수 $G(s) = \dfrac{Y(s)}{X(s)} = Ke^{-Ls}$ 이다.

078 $i(t) = I_e e^{st}$ [A]로 주어지는 전류가 콘덴서 C[F]에 흐르는 경우의 임피던스[Ω]는?

① C ② sC

③ $\dfrac{C}{s}$ ④ $\dfrac{1}{sC}$

예설 $\dfrac{d}{dt} = j\omega = s$(교류), 콘덴서 C[F]에 교류전류가 흐르는 경우의

임피던스 $\dot{Z} = \dfrac{1}{j\omega C} = \dfrac{1}{sC}$ [Ω]이 된다.

079 전기회로의 입력을 V_1, 출력을 V_2라고 할 때 전달함수는? (단, $S=j\omega$이다.)

① $\dfrac{1}{R+\dfrac{1}{j\omega C}}$ ② $\dfrac{1}{j\omega+\dfrac{1}{RC}}$

③ $\dfrac{j\omega}{j\omega+\dfrac{1}{RC}}$ ④ $\dfrac{j\omega}{R+\dfrac{1}{j\omega C}}$

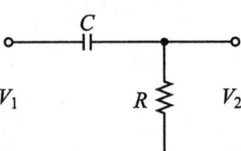

예설 $\dfrac{d}{dt} = j\omega = S$(교류), 입력 전압 $V_1(S) = (R+\dfrac{1}{SC})I(S)$ [V], 출력 전압 $V_2(S) = RI(S)$ [V]

∴ 전기회로의 전달 함수

$G(S) = \dfrac{V_2(S)}{V_1(S)} = \dfrac{RI(S)}{(R+\dfrac{1}{SC})I(S)} = \dfrac{R}{R+\dfrac{1}{SC}} = \dfrac{SCR}{SCR+1} = \dfrac{S}{S+\dfrac{1}{CR}} = \dfrac{j\omega}{j\omega+\dfrac{1}{RC}}$ 가 된다.

정답 77. ③ 78. ④ 79. ③

080 비정현파 전압 $v = 100\sqrt{2}\sin\omega t + 50\sqrt{2}\sin 2\omega t + 30\sqrt{2}\sin 3\omega t$ [V]의 왜형류은 약 얼마인가?

① 0.36
② 0.58
③ 0.87
④ 1.41

해설 비정편파 전압의 왜형률

$= \dfrac{\text{전 고조파 전압의 실효치}}{\text{기본파 전압의 실효치}} = \dfrac{\sqrt{V_2^2 + V_3^2}}{V_1} = \dfrac{\sqrt{(50)^2 + (30)^2}}{100}$

$= \dfrac{\sqrt{3400}}{100} = \dfrac{58.3}{100} ≒ 0.58$ 이 된다.

05 전/기/설/비/기/술/기/준 및 판/단/기/준

081 백열전등 또는 방전등에 전기를 공급하는 옥내전로의 대지전압은 몇 [V] 이하이어야 하는가?

① 150
② 220
③ 300
④ 600

해설 백열전등, 방전등에 전기를 공급하는 옥내전로의 대지 전압은 300[V] 이하이어야 한다.

082 특고입 가공진선로에 사용하는 칠탑 중에서 진선로의 지지물 양쪽의 경간의 차가 큰 곳에 사용하는 철탑의 종류는?

① 각도형
② 인류형
③ 보강형
④ 내장형

해설 내장형 철탑은 특고압 가공전선로에 사용하는 철탑 중에서 전선로의 지지물 양쪽 경간의 차가 큰 곳에 사용하는 철탑이다.

083 과전류 차단 목적으로 정격전류가 70[A]인 배선용 차단기를 저압전로에서 사용하고 있다. 정격전류의 2배 전류를 통한 경우 자동적으로 동작해야 하는 시간은?

① 2분
② 4분
③ 6분
④ 8분

해설 과전류 차단 목적으로 정격전류가 70[A](50[A]를 넘고 100[A] 이하)인 배선용 차단기를 저압전로에 사용하고 있다. 정격전류의 2배 전류를 통한 경우 자동적으로 동작해야 하는 시간은 6분이다.

해답 80.② 81.③ 82.④ 83.③

084 저압 가공전선이 가공약전류 전선과 접근하여 시설될 때 저압 가공전선과 가공약전류 전선 사이의 이격거리는 몇 [cm] 이상이어야 하는가?

① 40　　　　② 50
③ 60　　　　④ 80

해설 저압 가공전선이 가공약전류 전선과 접근하여 시설될 때 저압 가공전선과 가공약전류 전선 사이의 이격거리는 60[cm] 이상이어야 한다.

085 345[kV] 가공 송전선로를 평야에 시설할 때, 전선의 지표상의 높이는 몇 [m] 이상으로 하여야 하는가?

① 6.12　　　　② 7.36
③ 8.28　　　　④ 9.48

해설 345[kV] 가공 송전선로를 평야에 시설할 때 전선의 지표상 높이는 시설규정 제124조에서 160[kV] 이하는 6[m](기준)이고, 160[kV] 이상은 10[kV] 또는 그 단수마다 12[cm] 가산한 값으로 한다.
∴ 전선 지표상 높이는 $6+(34.5-16.0) \times 0.12 = 6+19 \times 0.12 = 8.28$[m]가 된다.

086 저압 옥내배선의 사용전선으로 틀린 것은?

① 단면적 2.5[mm^2] 이상의 연동선
② 단면적 1[mm^2] 이상의 미네럴인슈레이션 케이블
③ 사용전압 400[V] 미만의 전광표시장치 배선 시 단면적 1.5[mm^2] 이상의 연동선
④ 사용전압 400[V] 미만의 전광표시장치 배선 시 단면적 0.5[mm^2] 이상의 연동선

해설 저압 옥내배선의 사용전선으로 옳은 것은
① 단면적 2.5[mm^2] 이상의 연동선
② 단면적 1[mm^2] 이상의 미네럴인슈레이션 케이블
③ 사용전압 400[V] 미만의 전광표시장치 배선 시 단면적 1.5[mm^2] 이상의 연동선

087 도로에 시설하는 가공 직류 전차 선로의 경간은 몇 [m] 이하로 하여야 하는가?

① 30　　　　② 40
③ 50　　　　④ 60

해설 도로에 시설하는 가공 직류 전차 선로의 경간은 60[m] 이하이어야 한다.

정답 84.③　85.③　86.④　87.④

088 사용전압이 100[kV] 이상의 변압기를 설치하는 곳의 절연유 유출방지 설비의 용량은 변압기 탱크 내장유량의 몇 [%] 이상으로 하여야 하는가?
① 25   ② 50
③ 75   ④ 100

해설 사용전압이 100[kV] 이상의 변압기를 설치하는 곳의 절연유 유출방지 설비의 용량은 변압기 탱크 내장유량의 50[%] 이상으로 하여야 한다.

089 고압 가공전선로의 경간은 B종 철근 콘크리트주로 시설하는 경우 몇 [m] 이하로 하여야 하는가?
① 100   ② 150
③ 200   ④ 250

해설 고압 가공전선로의 경간은 B종 철근 콘크리트주로 시설하는 경우 250[m] 이하로 하여야 한다.

090 가요전선관 공사에 의한 저압 옥내배선 시설에 대한 설명으로 틀린 것은?
① 옥외용 비닐전선을 제외한 절연전선을 사용한다.
② 제1종 금속제 가요전선관의 두께는 0.8[mm] 이상으로 한다.
③ 중량물의 압력 또는 기계적 충격을 받을 우려가 없도록 시설한다.
④ 옥내배선의 사용전압이 400[V] 이상인 경우에 제3종 접지공사를 한다.

해설 가요선선관 공사에 의한 저압 옥내배선 시설에 대한 설명으로 옳은 것은
① 옥외용 비닐전선을 제외한 절연전선을 사용한다.
② 제1종 금속제 가요전선관의 두께는 0.8[mm] 이상으로 한다.
③ 중량물의 압력 또는 기계적 충격을 받을 우려가 없도록 시설한다.

091 가공전선로의 지지물 중 지선을 사용하여 그 강도를 분담시켜서는 안 되는 것은?
① 철탑   ② 목주
③ 철주   ④ 철근콘크리트주

해설 가공전선로의 지지물 중 지선을 사용하여 그 강도를 분담시키는 것은 철주, 목주, 철근콘크리트주 등이다.

092 최대 사용전압이 23[kV]인 권선으로서 중성선 다중 접지방식의 전로에 접속되는 변압기 권선의 절연내력시험 시험전압은 약 몇 [kV]인가?
① 21.16   ② 25.3
③ 28.75   ④ 34.5

정답 88.② 89.④ 90.④ 91.① 92.①

해설 최대 사용전압이 23[kV](25[kV] 이하는 최대 사용전압×0.92배 전압)인 전선으로서 중성선 다중 접지방식의 전로에 접속되는 변압기 권선의 절연내력시험 전압=25× 0.92=21.16[kV]으로 10분간 견뎌야 한다.

093
목주, A종 철주 및 A종 철근 콘크리트주를 사용할 수 없는 보안공사는?
① 고압 보안공사 ② 제1종 특고압 보안공사
③ 제2종 특고압 보안공사 ④ 제3종 특고압 보안공사

해설 목주, A종 철주 및 A종 철근 콘크리트주를 사용할 수 있는 보안공사는 고압 보안공사, 제2종 특고압 보안공사, 제3종 특고압 보안공사이다.

094
정격전류 20[A]인 배선용 차단기로 보호되는 저압 옥내전로에 접속할 수 있는 콘센트 정격전류는 몇 [A] 이하인가?
① 15 ② 20
③ 22 ④ 25

해설 제42조에서 저압전로에 사용하는 배선용 차단기는 정격전류의 1배에 견딜 것
∴ 정격전류 20[A]인 배선용 차단기로 보호되는 저압 옥내전로에 접속할 수 있는 콘센트 정격전류는 20[A] 이하이어야 한다.

095
사용전압이 380[V]인 옥내배선을 애자사용 공사로 시설할 때 전선과 조영재 사이의 이격거리는 몇 [cm] 이상이어야 하는가?
① 2 ② 2.5
③ 4.5 ④ 6

해설 사용전압이 380[V]인 옥내배선을 애자사용 공사로 시설할 때 전선과 조영재사이의 이격거리는 2.5[cm] 이상이어야 한다.

096
과전류차단기로 저압전로에 사용하는 퓨즈는 수평으로 붙인 경우에 정격전류의 몇 배의 전류에 견뎌야 하는가?
① 1.1 ② 1.25
③ 1.6 ④ 2.0

해설 판단기준 제38조에서 과전류차단기로 저압전로에 사용하는 퓨즈는 수평으로 붙인 경우에 정격전류 1.1배의 전류에 견디고, 배선용 차단기는 정격전류의 1배의 전류에 자동적으로 동작하지 않아야 한다.

해답 93.② 94.② 95.② 96.①

097 특고압 가공전선과 발전소 금속제의 울타리 등이 교차하는 경우에 울타리에는 교차점에서 좌, 우로 45[m] 이내에 시설하는 접지공사의 종류는 무엇인가?

① 제1종 접지공사
② 제2종 접지공사
③ 제3종 접지공사
④ 특별 제3종 접지공사

> 특고압 가공전선과 발전소 금속제의 울타리 등이 교차하는 경우에 울타리에는 교차점에서 좌, 우로 45[m] 이내에는 제1종 접지공사를 하여야 한다.

098 전력보안통신 설비인 무선통신용 안테나를 지지하는 목주는 풍압하중에 대한 안전율이 얼마 이상이어야 하는가?

① 1.0
② 1.2
③ 1.5
④ 2.0

> 전력보안통신 설비인 무선통신용 안테나를 지지하는 목주는 풍압하중에 대한 안전율이 1.5 이상이어야 한다.

099 특고압 가공전선로의 경간은 지지물이 철탑인 경우 몇 [m] 이하이어야 하는가? (단, 단주가 아닌 경우이다.)

① 400
② 500
③ 600
④ 700

> 특고압 가공전선로의 경간은 지지물이 철탑인 경우는 600[m] 이하이어야 한다. (단, 단주가 아닌 경우다.)

100 "조상설비"에 대한 용어의 정의로 옳은 것은?

① 전압을 조정하는 설비를 말한다.
② 전류를 조정하는 설비를 말한다.
③ 유효전력을 조정하는 전기기계기구를 말한다.
④ 무효전력을 조정하는 전기기계기구를 말한다.

> 조상설비란 무효전력을 조정하는 전기기계기구를 말한다.

정답 | 97. ① 98. ③ 99. ③ 100. ④

01 전/기/자/기/학

001 자화율을 χ, 자속밀도를 B, 자계의 세기를 H, 자화의 세기를 J라고 할 때, 다음 중 성립될 수 없는 식은?

① $B = \mu H$
② $J = \chi B$
③ $\mu = \mu_0 + \chi$
④ $\mu_s = 1 + \dfrac{\chi}{\mu_0}$

해설 χ(자화율) $= \mu_0(\mu_s - 1) = \mu_0\mu_s - \mu_0 = \mu - \mu_0$ 에서

① $\mu_s - 1 = \dfrac{\chi}{\mu_0}$, $\mu_s = 1 + \dfrac{\chi}{\mu_0}$ [F/m]
② $\mu = \mu_0 + \chi$ [F/m], J(자화 세기) $= \chi H = \mu_0(\mu_s - 1)H = \mu_0\mu_s H - \mu_0 H = B - \mu_0 H$ [Wb/m²]
③ $J = \chi H$ [Wb/m²]
④ $B = \mu H$ [Wb/m²] 등이 성립된다.

002 두 유전체의 경계면에서 정전계가 만족하는 것은?

① 전계의 법선성분이 같다.
② 전계의 접선성분이 같다.
③ 전속밀도의 접선성분이 같다.
④ 분극 세기의 접선성분이 같다.

해설 두 유전체의 경계면에서
① 전계(E)의 접선(평행)성분이 같다.
  $E_{1t} = E_{2t}$, $E_1 \sin\theta_1 = E_2 \sin\theta_2$ … ①
② 전속밀도(D)의 법선(수직) 성분이 같다.
  $D_{1n} = D_{2n}$, $D_1 \cos\theta_1 = D_2 \cos\theta_2$, $\varepsilon_1 E_1 \cos\theta_1 = \varepsilon_2 E_2 \cos\theta_2$ … ①

∴ 두 유전체의 경계조건은 $\dfrac{①}{②} = \dfrac{E_1 \sin\theta_1}{\varepsilon_1 E_1 \cos\theta_1} = \dfrac{E_2 \sin\theta_2}{\varepsilon_2 E_2 \cos\theta_2}$, $\dfrac{\tan\theta_1}{\varepsilon_1} = \dfrac{\tan\theta_2}{\varepsilon_2}$

∴ 두 유전체의 경계조건은 $\dfrac{\tan\theta_1}{\tan\theta_2} = \dfrac{\varepsilon_1}{\varepsilon_2}$ 이 된다.

003 자기 쌍극자의 중심축으로부터 r[m]인 점의 자계의 세기에 관한 설명으로 옳은 것은?

① r에 비례한다.
② r^2에 비례한다.
③ r^2에 반비례한다.
④ r^3에 반비례한다.

정답 1.② 2.② 3.④

해설 자기 쌍극자의 중심축으로부터 $r[m]$인 점의 자위

$U = \dfrac{M\cos\theta}{4\pi\mu_0 r_2}$[A] (단, $M = ml$[Wb·m])

① r방향의 자계 세기 $H_r = -\dfrac{\partial U}{\partial r} = -\dfrac{\partial U}{\partial r} \times \dfrac{M\cos\theta}{4\pi\mu_0 r^2} = \dfrac{2M\cos\theta}{4\pi\mu_0 r^3}$[AT/m]

② θ방향의 자계 세기 $H_\theta = -\dfrac{\partial U}{r\partial\theta} = -\dfrac{\partial}{r\partial\theta} \times \dfrac{M\cos\theta}{4\pi\mu_0 r^2} = \dfrac{M\sin\theta}{4\pi\mu_0 r^3}$[AT/m]

∴ 자기 쌍극자의 중심으로부터 $r[m]$인 점의 자계 세기

$H = \sqrt{H_r^2 + H_\theta^2} = \dfrac{M}{4\pi\mu_0 r^3}\sqrt{(2\cos\theta)^2 + (\sin\theta)^2} = \dfrac{M}{4\pi\mu_0 r^3}\sqrt{4\cos^2\theta + 1 - \cos^2\theta}$

$= \dfrac{M}{4\pi\mu_0 r^3}\sqrt{1 + 3\cos^2\theta} ≒ \dfrac{1}{r^3}$이다. 즉 r^3에 반비례한다.

004 진공 중의 전계강도 $E = ix + jy + kz$로 표시될 때 반지름 10[m]의 구면을 통해 나오는 전체 전속은 약 몇 [C]인가?

① 1.1×10^{-7} ② 2.1×10^{-7}
③ 3.2×10^{-7} ④ 5.1×10^{-7}

해설 가우스의 정리 적분형 $\int_s D \cdot ds$, $D \cdot S = Q$이다.

∴ Q(구면을 통해 나오는 전체 전하) $= \psi$(전체전속) $= D \cdot S = \varepsilon_0 E \cdot S = \varepsilon_0 E \cdot 4\pi r^2$

$= 8.855 \times 10^{-12} \times 1 \times 4 \times 3.14 \times 10^2 = 8.855 \times 10^{-12} \times 1256$

$≒ 1.1 \times 10^{-7}$[C]이다.

005 물의 유전율을 ε, 투자율을 μ라 할 때 물속에서의 전파속도는 몇 [m/s]인가?

① $\dfrac{1}{\sqrt{\varepsilon\mu}}$ ② $\sqrt{\varepsilon\mu}$ ③ $\sqrt{\dfrac{\mu}{\varepsilon}}$ ④ $\sqrt{\dfrac{\varepsilon}{\mu}}$

해설 물속에서 전파속도 $v = \dfrac{\omega}{\beta} = \dfrac{\omega}{\omega\sqrt{LC}} = \dfrac{1}{\sqrt{LC}} = \dfrac{1}{\sqrt{\varepsilon\mu}}$[m/sec]이다. (단, $C = \dfrac{\varepsilon S}{d} ≒ \varepsilon$[F/m])

$L = \dfrac{N^2}{R} = \dfrac{N^2}{\dfrac{l}{\mu S}} = \dfrac{\mu S N}{l} ≒ \mu$[H/m])

006 반지름 a[m]인 원주 도체의 단위 길이당 내부 인덕턴스[H/m]는?

① $\dfrac{\mu}{4\pi}$ ② $\dfrac{\mu}{8\pi}$ ③ $4\pi\mu$ ④ $8\pi\mu$

해설 원주 도체 단위 길이당 내부 인덕턴스 $L_i = \dfrac{\mu l}{8\pi} = \dfrac{\mu}{8\pi}$[H/m]이다.

해답 4.① 5.① 6.②

007 [Ω·sec]와 같은 단위는?
① F
② H
③ F/m
④ H/m

해설 기전력 $e = L\dfrac{di}{dt}$ [V]

∴ L(인덕턴스) $= \dfrac{e}{di} \times dt = R \cdot t = [\Omega \cdot \sec] = [\text{Hery}] = [\text{H}]$ 이다.

008 그림과 같이 일정한 권선이 감겨진 권회수 N회, 단면적 S[m²], 평균자로의 길이 l[m]인 환상 솔레노이드에 전류 I[A]를 흘렸을 때 이 환상 솔레노이드의 자기 인덕턴스[H]는? (단, 환상 철심의 투자율은 μ이다.)

① $\dfrac{\mu^2 N}{l}$

② $\dfrac{\mu S N}{l}$

③ $\dfrac{\mu^2 S N}{l}$

④ $\dfrac{\mu S N^2}{l}$

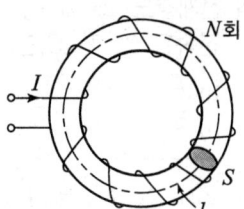

해설 환상 솔레노이드의 자기 인덕턴스

$L = \dfrac{N\phi}{I} = \dfrac{N}{I} \times \dfrac{NI}{R} = \dfrac{N^2}{R} = \dfrac{N^2}{\dfrac{l}{\mu S}} = \dfrac{\mu S N^2}{l}$ [H]이다.

009 콘덴서의 성질에 관한 설명으로 틀린 것은?
① 정전용량이란 도체의 전위를 1[V]로 하는 데 필요한 전하량을 말한다.
② 용량이 같은 콘덴서를 n개 직렬 연결하면 내압은 n배, 용량은 1/n로 된다.
③ 용량이 같은 콘덴서를 n개 병렬 연결하면 내압은 같고, 용량은 n배로 된다.
④ 콘덴서를 직렬 연결할 때 각 콘덴서에 분포되는 전하량은 콘덴서 크기에 비례한다.

해설 콘덴서의 일반적인 성질
① 정전용량이란 도체의 전위를 1[V]로 하는 데 필요한 전하량을 말한다.
② 용량이 같은 콘덴서를 n개 직렬 연결하면 내압은 n배, 용량은 1/n로 된다.
③ 용량이 같은 콘덴서를 n개 병렬 연결하면 내압은 같고, 용량은 n배로 된다.

정답 7.② 8.④ 9.④

010 두 도체 사이에 100[V]의 전위를 가하는 순간 700[μC]의 전하가 축적되었을 때 이 두 도체 사이의 정전용량은 몇 [μF]인가?

① 4　　　　　　　　　　② 5
③ 6　　　　　　　　　　④ 7

해설　두 도체 사이의 정전용량 $C = \dfrac{Q}{V} = \dfrac{700 \times 10^{-6}}{100} = 7 \times 10^{-6}[\text{F}] = 7[\mu\text{F}]$이다.

011 무한 평면도체로부터 거리 a[m]의 곳에 점전하 2π[C]가 있을 때 도체 표면에 유도되는 최대 전하밀도는 몇 [C/m²]인가?

① $-\dfrac{1}{a^2}$　　　　　　② $-\dfrac{1}{2a^2}$
③ $-\dfrac{1}{2\pi a}$　　　　　　④ $-\dfrac{1}{4\pi a}$

해설　전기 영상법에서 무한 평면도체로부터 a[m] 떨어진 점의 점전하 $Q = 2\pi$[C]에 대한 영상 전하는 항상 $-Q$[C]이다.
∴ 원점 O에 전계 세기는 Vector이므로
$$E = E_1 + E_2 = \dfrac{Q}{4\pi\varepsilon_0 a^2} + \dfrac{Q}{4\pi\varepsilon_0 a^2} = 2 \times \dfrac{Q}{4\pi\varepsilon_0 a^2} = \dfrac{Q}{2\pi\varepsilon_0 a^2}[\text{V/m}]$$
원점 O에 전하밀도가 최대 유기 전하밀도이다.
∴ $\sigma_{\max}$(최대 유기 전하밀도) $= -\varepsilon_0 E = -\varepsilon_0 \times \dfrac{Q}{2\pi\varepsilon_0 a^2} = -\dfrac{2\pi}{2\pi a^2} = -\dfrac{1}{a^2}$[C/m²]이 된다.

012 강자성체가 아닌 것은?

① 철(Fe)　　　　　　② 니켈(Ni)
③ 백금(Pt)　　　　　④ 코발트(Co)

해설　강자성체는 철(Fe), 니켈(Ni), 코발트(Co)이다.

013 온도 0[℃]에서 저항이 R_1[Ω], R_2[Ω], 저항 온도계수가 α_1, α_2[1/℃]인 두 개의 저항선을 직렬로 접속하는 경우, 그 합성저항 온도계수는 몇 [1/℃]인가?

① $\dfrac{\alpha_1 R_2}{R_1 + R_2}$　　　　　　② $\dfrac{\alpha_1 R_1 + \alpha_2 R_2}{R_1 + R_2}$
③ $\dfrac{\alpha_1 R_1 - \alpha_2 R_2}{R_1 + R_2}$　　　　④ $\dfrac{\alpha_1 R_2 + \alpha_2 R_1}{R_1 + R_2}$

해답　10. ④　11. ①　12. ③　13. ②

예설 두 개의 저항선을 직렬 연결하는 경우의 합성저항

$R = R_1(1+\alpha_1 t) + R_2(1+\alpha_2 t) = (R_1+R_2) + (R_1\alpha_1 + R_2\alpha_2)t$

$= (R_1+R_2)(1+(\dfrac{R_1\alpha_1+R_2\alpha_2}{R_1+R_2})t) = R_T(1+\alpha_T t)[\Omega]$이다.

∴ 합성저항의 온도계수 $\alpha_T = \dfrac{R_1\alpha_1+R_2\alpha_2}{R_1+R_2}$ 이다.

014
평행판 콘덴서에서 전극 간에 $V[V]$의 전위차를 가할 때, 전계의 강도가 공기의 절연내력 $E[V/m]$를 넘지 않도록 하기 위한 콘덴서의 단위 면적당 최대용량은 몇 $[F/m^2]$인가?

① $\varepsilon_o EV$
② $\dfrac{\varepsilon_o E}{V}$
③ $\dfrac{\varepsilon_o V}{E}$
④ $\dfrac{EV}{\varepsilon_o}$

해설 $V = Ed[V]$, $d = \dfrac{V}{E}[m]$이다.

∴ 평행판 콘덴서 단위 면적당의 최대 용량

$C = \dfrac{\varepsilon_0 S}{d} = \dfrac{\varepsilon_0 S}{\dfrac{V}{E}} = \dfrac{\varepsilon_0 ES}{V}[F] = \dfrac{\varepsilon_0 E}{V}[F/m^2]$이 된다.

015
그림과 같이 반지름 $a[m]$, 중심 간격 $d[m]$, A에 $+\lambda[C/m]$, B에 $-\lambda[C/m]$의 평행 원통 도체가 있다. $d \gg a$라 할 때의 단위 길이당 정전용량은 약 몇 $[F/m]$인가?

① $\dfrac{2\pi\varepsilon_o}{\ln\dfrac{a}{d}}$
② $\dfrac{\pi\varepsilon_o}{\ln\dfrac{a}{d}}$
③ $\dfrac{2\pi\varepsilon_o}{\ln\dfrac{d}{a}}$
④ $\dfrac{\pi\varepsilon_o}{\ln\dfrac{d}{a}}$

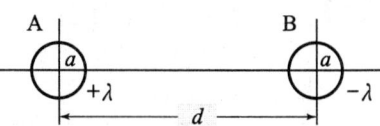

해설 평행 원통 도체의 전계 $E = \dfrac{\lambda}{2\pi\varepsilon_0 x} + \dfrac{\lambda}{2\pi\varepsilon_0 (d-x)} = \dfrac{\lambda}{2\pi\varepsilon_0}(\dfrac{1}{x}+\dfrac{1}{d-x})[V/m]$이다.

∴ 평행 원통 도체 단위 길이당의 정전용량

$C = \dfrac{\lambda l}{V} = \dfrac{\lambda l}{-\int_{d-a}^{a} Edx} = \dfrac{\lambda}{-\int_{d-a}^{a} \dfrac{\lambda}{2\pi\varepsilon_0}} \times \dfrac{1}{(\dfrac{1}{x}+\dfrac{1}{d-x})dx}$

$= \dfrac{\lambda}{-\dfrac{\lambda}{2\pi\varepsilon_0}(\ln x - \ln(d-x))_{d-a}^{a}} \fallingdotseq \dfrac{2\pi\varepsilon_0}{2\times\ln\dfrac{d}{a}} = \dfrac{\pi\varepsilon_0}{\ln\dfrac{d}{a}}[F/m]$이 된다.

정답 14. ② 15. ④

016 벡터 $A = 5r\sin\phi a_z$가 원기둥 좌표계로 주어졌다. 점$(2, \pi, 0)$에서의 $\nabla \times A$를 구한 값은?

① $5a_r$ ② $-5a_r$
③ $5a_\phi$ ④ $-5a_\phi$

해설 벡터 $A = 5r\sin\phi a_z$가 원기둥 좌표계일 때 점$(2, \pi, 0)$에서의

$$\text{rot } A = \nabla \times A = \begin{vmatrix} \dfrac{a_r}{r} & a_\phi & \dfrac{a_z}{r} \\ \dfrac{\partial}{\partial r} & \dfrac{\partial}{\partial \phi} & \dfrac{\partial}{\partial z} \\ A_r & rA_\phi & A_z \end{vmatrix} = \dfrac{a_r}{r}\left(\dfrac{\partial A_z}{\partial \phi} - 0\right) - 0\left(\dfrac{\partial A_z}{\partial r} - 0\right) + 0(0-0) = \dfrac{a_r}{r}\left(\dfrac{\partial 5r\sin\phi}{\partial \phi}\right)$$

$$= \dfrac{a_r}{r}(5r \times (-\cos\phi)) = \dfrac{a_r}{r}(-5r\cos 0) = \dfrac{a_r}{r}(-5r) = -5a_r$$

017 두 종류의 금속으로 된 폐회로에 전류를 흘리면 양 접속점에서 한 쪽은 온도가 올라가고 다른 쪽은 온도가 내려가는 현상을 무엇이라 하는가?

① 볼타(Volta) 효과   ② 지벡(Seebeck) 효과
③ 펠티에(Peltier) 효과   ④ 톰슨(Thomson) 효과

해설 펠티에(Peltier) 효과란 두 종류의 금속으로 된 폐회로에 전류를 흘리면 양 접속점에서 한 쪽은 온도가 올라가고 다른 쪽은 온도가 내려가는 현상을 말한다.

018 전자유도작용에서 벡터퍼텐셜을 A[Wb/m]라 할 때 유도되는 전계 E[V/m]는?

① $\dfrac{\partial A}{\partial t}$ ② $\displaystyle\int A dt$
③ $-\dfrac{\partial A}{\partial t}$ ④ $-\displaystyle\int A dt$

해설 $B = \text{rot } A$인 A를 벡터퍼텐셜이라 한다. Paraday-Lentz 전자 유도 법칙의 미분형에서 $\text{rot } E = -\dfrac{\partial B}{\partial t} = \dfrac{\partial}{\partial t} \times \text{rot } A$에서 유도되는 전계 $E = -\dfrac{\partial A}{\partial t}$[V/m]이 된다.

019 비투자율 μ_s, 자속밀도 B[Wb/m²]인 자계 중에 있는 m[Wb]의 점자극이 받는 힘 [N]은?

① $\dfrac{mB}{\mu_o}$ ② $\dfrac{mB}{\mu_o \mu_s}$
③ $\dfrac{mB}{\mu_s}$ ④ $\dfrac{\mu_o \mu_s}{mB}$

16. ②   17. ③   18. ③   19. ②

예상 자계 $H = \dfrac{m}{4\pi r^2 \mu} = \dfrac{B}{\mu}$[AT/m]

∴ 자계 중에 m[Wb]의 점자극이 받는힘

$F = \dfrac{m \times m}{4\pi\mu r^2} = mH = m \times \dfrac{B}{\mu} = \dfrac{mH}{\mu_0 \mu_s}$[N]이 된다.

020 모든 전기장치를 접지시키는 근본적 이유는?

① 영상전하를 이용하기 때문에
② 지구는 전류가 잘 통하기 때문에
③ 편의상 지면의 전위를 무한대로 보기 때문에
④ 지구의 용량이 커서 전위가 거의 일정하기 때문에

해설 모든 전기장치를 접지시키는 근본 이유는 지구의 용량이 커서 전위가 거의 일정하기 때문이다.

02 전/력/공/학

021 단상 2선식에 비하여 단상 3선식의 특징으로 옳은 것은?

① 소요 전선량이 많아야 한다.
② 중성선에는 반드시 퓨즈를 끼워야 한다.
③ 110[V] 부하 외에 220[V] 부하의 사용이 가능하다.
④ 전압 불평형을 줄이기 위하여 저압선의 말단에 전력용 콘덴서를 설치한다.

해설 단상 2선식에 비하여 단상 3선식의 특징은 110[V] 부하 외에 220[V]의 사용이 가능하다.

022 정3각형 배치의 선간거리가 5[m]이고, 전선의 지름이 1[cm]인 3상 가공 송전선의 1선의 정전용량은 약 몇 [μF/km]인가?

① 0.008   ② 0.016
③ 0.024   ④ 0.032

해설 3상 가공 송전선 1선의 정전용량

$C = \dfrac{0.02413}{\log_{10}\dfrac{D}{r}} = \dfrac{0.02413}{\log_{10}\dfrac{500}{0.5}} = \dfrac{0.02413}{\log_{10}1000} = \dfrac{0.02413}{3} \fallingdotseq 0.008$[μF/km]

정답 20.④ 21.③ 22.①

023 수력발전소의 취수방법에 따른 분류로 틀린 것은?
① 댐식
② 수로식
③ 역조정지식
④ 유역변경식

해설 수력발전소의 취수(낙차)방법에 따른 분류는 수로식 발전소, 댐식 발전소, 유역변경식 발전소, 댐수로식 발전소 등이다.

024 선로의 특성 임피던스에 관한 내용으로 옳은 것은?
① 선로의 길이에 관계없이 일정하다.
② 선로의 길이가 길어질수록 값이 커진다.
③ 선로의 길이가 길어질수록 값이 작아진다.
④ 선로의 길이보다는 부하전력에 따라 값이 변한다.

해설 선로의 특성 임피던스 $Z_0 = \dfrac{E}{H} = \sqrt{\dfrac{\mu}{\varepsilon}} = \dfrac{377}{\sqrt{\varepsilon_s}}[\Omega]$이다.
이는 선로의 길이에 관계없이 일정하다.

025 송전선에 복도체를 사용할 때의 설명으로 틀린 것은?
① 코로나 손실이 경감된다.
② 안정도가 상승하고 송전용량이 증가한다.
③ 정전 반발력에 의한 전선의 진동이 감소된다.
④ 전선의 인덕턴스는 감소하고, 정전용량이 증가한다.

해설 송전선에 사용하는 복도체의 특성은
① 코로나 손실이 경감된다.
② 안정도가 상승하고 송전용량이 증가한다.
③ 전선의 인덕턴스는 감소하고, 정전용량이 증가한다.

026 화력발전소에서 증기 및 급수가 흐르는 순서는?
① 보일러 → 과열기 → 절탄기 → 터빈 → 복수기
② 보일러 → 절탄기 → 과열기 → 터빈 → 복수기
③ 절탄기 → 보일러 → 과열기 → 터빈 → 복수기
④ 절탄기 → 과열기 → 보일러 → 터빈 → 복수기

해설 화력발전소에서 증기 및 급수가 흐르는 순서는 절탄기 → 보일러 → 과열기 → 터빈 → 복수기이다.

예답 23. ③ 24. ① 25. ③ 26. ③

027 선간전압이 V[kV]이고, 1상의 대지정전용량이 C[μF], 주파수가 f[Hz]인 3상 3선식 1회선 송전선의 소호 리액터 접지방식에서 소호 리액터의 용량은 몇 [kVA]인가?

① $6\pi fCV^2 \times 10^{-3}$
② $3\pi fCV^2 \times 10^{-3}$
③ $2\pi fCV^2 \times 10^{-3}$
④ $\sqrt{3}\pi fCV^2 \times 10^{-3}$

해설 3상 3선식 1회선 송전선의 소호 리액터 접지방식에서 소호 리액터의 용량

$P_c = 3EI_c = 3E \times \dfrac{E}{X_c} = 3 \times \omega CE^2 \times 10^{-6} = 3 \times 2\pi fC \times \left(\dfrac{V}{\sqrt{3}} \times 10^3\right)^2 \times 10^{-6}$[A]

$= 2\pi fCV^2 \times 10^{-3}$[kVA]가 된다.

028 중성점 비접지방식을 이용하는 것이 적당한 것은?

① 고전압 장거리
② 고전압 단거리
③ 저전압 장거리
④ 저전압 단거리

해설 저전압 단거리 선로는 중성점 비접지 방식을 이용하는 것이 적당하다. 중성점 비접지방식은 지락 시 1선 지락전류가 작고, 전자유도장해도 적고 1선 지락 시 과도안정도가 크다.

029 수전단전압이 3,300[V]이고, 전압강하율이 4[%]인 송전선의 송전단전압은 몇 [V]인가?

① 3,395
② 3,432
③ 3,495
④ 5,678

해설 전압강하율 $\varepsilon = \dfrac{V_s - V_r}{V_r} = \dfrac{V_s}{V_r} - 1$

∴ $\dfrac{V_s}{V_r} = 1 + \varepsilon$. 송전선의 송전단 전압

$V_s = V_r(1+\varepsilon) = 3300(1+0.04) = 3300 \times 1.04 = 3,432$[V]이 된다.

030 현수애자 4개를 1련으로 한 66[kV] 송전선로가 있다. 현수애자 1개의 절연저항은 1,500[MΩ], 이 선로의 경간이 200[m]라면 선로 1[km]당의 누설컨덕턴스는 몇 [℧]인가?

① 0.83×10^{-9}
② 0.83×10^{-6}
③ 0.83×10^{-3}
④ 0.83×10^{-2}

해설 현수애자 1련의 저항 $r = 1,500 \times 4 = 6 \times 10^9$[Ω]

표준 경간 200[Ω]으로 할 때 1[km]의 저항 $R = \dfrac{6}{5} \times 10^9$[Ω]이다.

∴ 누설 컨덕턴스 $G = \dfrac{1}{R} = \dfrac{1}{\dfrac{6}{5} \times 10^9} = \dfrac{5}{6} \times 10^{-9}$[℧] ≒ 0.83×10^{-9}[℧]가 된다.

27. ③ 28. ④ 29. ② 30. ①

031 변압기의 손실 중 철손의 감소 대책이 아닌 것은?
① 자속 밀도의 감소 ② 권선의 단면적 증가
③ 아몰퍼스 변압기의 채용 ④ 고배향성 규소 강판 사용

해설 변압기 손실 중 철손의 감소 대책은 ① 자속 밀도의 감소, ② 고배향성 규소 강판 사용, ③ 아몰퍼스 변압기 채용 등이다.

032 변압기 내부 고장에 대한 보호용으로 현재 가장 많이 쓰이고 있는 계전기는?
① 주파수 계전기 ② 전압차동 계전기
③ 비율차동 계전기 ④ 방향 거리 계전기

해설 비율차동 계전기는 변압기 내부 고장에 대한 보호용으로 현재 가장 많이 쓰이고 있다.

033 그림과 같은 전로의 단락 용량은 약 몇 [MVA]인가? (단, 그림의 수치는 10,000[kVA]를 기준으로 한 %리액턴스를 나타낸다.)
① 33.7
② 66.7
③ 99.7
④ 132.7

해설 P_n(정격용량)= 10,000[kVA]= 10[MVA]이다.

단락용량 $P_s = \dfrac{100}{\%X} \times P_n = \dfrac{100}{15} \times 10 = 66.7[\text{MVA}]$이다.

(단, $\%X$(%리액턴스)= $10+3+\dfrac{4}{2} = 15[\%]$)

034 영상변류기를 사용하는 계전기는?
① 지락계전기 ② 차동계전기
③ 과전류계전기 ④ 과전압계전기

해설 영상변류기는 배전선로나 지중케이블 등에 사용되며 고감도 지락계전기가 접속된다.
∴ 지락계전기는 영상변류기를 사용하는 계전기이다.

035 전선의 지지점 높이가 31[m]이고, 전선의 이도가 9[m]라면 전선의 평균 높이는 몇 [m]인가?
① 25.0 ② 26.5 ③ 28.5 ④ 30.0

해설 전선의 평균 높이(h)= 전선 지지점 높이(h') $-\dfrac{2}{3}D = 31-\dfrac{2}{3}\times 9 = 31-6 = 25[\text{m}]$이다.

31. ② 32. ③ 33. ② 34. ① 35. ①

036 초고압용 차단기에서 개폐저항을 사용하는 이유는?
① 차단전류 감소
② 이상전압 감쇄
③ 차단속도 증진
④ 차단전류의 역률개선

해설 초고압용 차단기에서는 이상전압의 감쇄를 위해서 개폐저항을 사용한다.

037 전력계통 안정도는 외란의 종류에 따라 구분되는데, 송전선로에서의 고장, 발전기 탈조와 같은 큰 외란에 대한 전력계통의 동기운전 가능 여부로 판정되는 안정도는?
① 과도안정도
② 정태안정도
③ 전압안정도
④ 미소신호안정도

해설 과도 안정도는 송전선로에서의 고장, 발전기 탈조와 같은 큰 외란에 대한 전력계통의 동기운전 가능 여부로 판정되는 안정도를 말한다.

038 역률 개선에 의한 배전계통의 효과가 아닌 것은?
① 전력손실 감소
② 전압강하 감소
③ 변압기 용량 감소
④ 전선의 표피효과 감소

해설 역률 개선에 대한 배전계통의 효과는
① 전력손실 감소, ② 전압강하 감소, ③ 변압기 용량 감소이다.

039 원자력 발전의 특징이 아닌 것은?
① 건설비와 연료비가 높다.
② 설비는 국내 관련 사업을 발전시킨다.
③ 수송 및 저장이 용이하여 비용이 절감된다.
④ 방사선 측정기, 폐기물 처리 장치 등이 필요하다.

해설 원자력 발전의 특징
① 설비는 국내 관련 사업을 발전시킨다.
② 방사선 측정기, 폐기물 처리 장치 등이 필요하다.

040 최대 전력의 발생 시각 또는 발생 시기의 분산을 나타내는 지표는?
① 부등률
② 부하율
③ 수용률
④ 전일효율

해설 부등률 = $\dfrac{\text{최대 전력의 합계}}{\text{합성 최대 전력}} \geq 1$ 로써 최대 전력의 발생 시각 또는 발생 시기의 분산을 나타내는 지표이다.

정답 36. ② 37. ① 38. ④ 39. ①, ③ 40. ①

03 전/기/기/기

041 3상 Y결선, 30[kW], 460[V], 60[Hz] 정격인 유도전동기의 시험결과가 다음과 같다. 이 전동기의 무부하 시 1상당 동손은 약 몇 [W]인가? (단, 소수점 이하는 무시한다.)

- 무부하 시험 : 인가전압 460[V], 전류 32[A]
- 소비전력 : 4,600[W]
- 직류시험 : 인가전압 12[V], 전류 60[A]

① 102 ② 104
③ 106 ④ 108

해설 3상 Y결선 전동기 무부하 시험 시 1상 당의 입력=소비전력+동손

∴ $\frac{VI}{3}$=소비전력+동손(P_c), $P_c = \frac{460 \times 32}{3} - 4600 = 306$[W]

∴ 1상 당의 동손 $P_c' = \frac{306}{3} = 102$[W]이 된다.

042 임피던스 강하가 4[%]인 변압기가 운전 중 단락되었을 때 그 단락전류는 정격전류의 몇 배인가?

① 15 ② 20
③ 25 ④ 30

해설 단락전류 $I(s) = \frac{100}{\%Z} \times I_n = \frac{100}{4} \times I_n = 25I_n$[A]가 된다. 즉, 25배가 된다.

043 3상 유도전동기의 특성에 관한 설명으로 옳은 것은?

① 최대 토크는 슬립과 반비례한다.
② 기동 토크는 전압의 2승에 비례한다.
③ 최대 토크는 2차 저항과 반비례한다.
④ 기동 토크는 전압의 2승에 반비례한다.

해설 3상 유도전동기의 Torqu(토크) 특성 P_0(기계적 출력)$=\omega T$[W].

T(기동 Torque)$=\frac{P_0}{\omega} = \frac{(1-S)P_2}{2\pi \frac{N}{60}} = \frac{(1-S)P_2}{2\pi \times \frac{(1-S)N_s}{60}} = \frac{(I_1')^2 r_2'}{2\pi \times \frac{1}{60} \times \frac{120f}{P}}$

$= \frac{r_2'}{\frac{4\pi f}{P}} \times \frac{V_1^2}{(r_1+r_2')^2 + (x_1+x_2')^2} ≒ V_1^2$[N·m]이다.

∴ 이는 3상 유도전동기의 기동 Torque(토크) 특성으로서 기동 Torque(토크)는 전압의 2승에 비례한다. 즉, $T ≒ V_1^2$[N·m]이다.

정답 41.① 42.③ 43.②

044 3상 유도전동기의 속도제어법이 아닌 것은?

① 극수변환법　　　　　　　② 1차 여자제어
③ 2차 저항제어　　　　　　④ 1차 주파수제어

해설 3상 유도전동기의 속도제어법에는 2차 저항제어법, 1차 주파수제어법, 극수변환법 등이 있다.

045 3상 유도전동기의 출력이 10[kW], 전부하 때의 슬립이 5[%]라 하면 2차 동손은 약 몇 [kW]인가?

① 0.426　　　　　　　　　② 0.526
③ 0.626　　　　　　　　　④ 0.726

해설 3상 유도전동기의 기계적인 출력 $P_0 = (1-S)P_2$[W]

2차 입력=1차 출력 $P_2 = \dfrac{P_0}{1-S}$[W]

∴ 3상 유도전동기의 2차 동손

$P_{c2} = SP_2 = S \times \dfrac{P_0}{1-S} = 0.05 \times \dfrac{10}{1-0.05} = 0.05 \times \dfrac{10}{0.95} ≒ 0.526$[kW]이다.

046 직류발전기의 전기자 권선법 중 단중 파권과 단중 중권을 비교했을 때 단중 파권에 해당하는 것은?

① 고전압 대전류　　　　　② 저전압 소전류
③ 고전압 소전류　　　　　④ 저전압 대전류

해설 직류발전기의 전기자 권선법

단중 파권	단중 중권
① 직렬권이다. ② 고전압 저 전류용이다. ③ 균압선이 필요없다. ④ 병렬회로수=극수=brush수($a=2$)이다.	① 병렬권이다. ② 저전압 대 전류용이다. ③ 균압선이 필요하다. ④ 병렬회로수=극수=brush수($a=P$)이다.

∴ 단중 파권에 해당하는 것은 고전압, 소전류용이다.

047 일반적으로 전철이나 화학용과 같이 비교적 용량이 큰 수은 정류기용 변압기의 2차 측 결선방식으로 쓰이는 것은?

① 3상 반파　　　　　　　　② 3상 전파
③ 3상 크로즈파　　　　　　④ 6상 2중 성형

해설 변압기의 2차 측 6상 2중 성형 결선방식은 일반적으로 전철이나 화학용과 같이 비교적 용량이 큰 수은 정류기용 변압기의 2차 측 결선방법으로 사용된다.

해답　44.②　45.②　46.③　47.④

048 자기용량 3[kVA], 3,000/100[V]의 단권변압기를 승압기로 연결하고 1차 측에 3,000[V]를 가했을 때 그 부하용량[kVA]은?
① 76   ② 85
③ 93   ④ 94

해설 승압기용 단권변압기에서

2차 정격전압 $V_2 = V_1 + \dfrac{1}{a}V_1 = 3000 + \dfrac{100}{3000} \times 3000 = 3000 + 100 = 3100[V]$

2차 정격전류 $I_2 = \dfrac{P}{V_2} = \dfrac{3000}{100} = 30[A]$이다.

∴ 부하용량 $P_2 = V_2 I_2 = 3100 \times 30 = 93000 = 93[kVA]$이 된다.

049 SCR에 관한 설명으로 틀린 것은?
① 3단자 소자이다.
② 전류는 애노드에서 캐소드로 흐른다.
③ 소형의 전력을 다루고 고주파 스위칭을 요구하는 응용분야에 주로 사용된다.
④ 도통 상태에서 순반향 애노드전류가 유지전류 이하로 되면 SCR은 차단 상태로 된다.

해설 SCR의 특성
① 3단자 소자이다.
② 전류는 애노드에서 캐소드로 흐른다.
③ 도통 상태에서 순반향 애노드전류가 유지전류 이하로 되면 SCR은 차단 상태로 된다.

050 직류 분권전동기의 기동 시에는 계자 저항기의 저항값은 어떻게 설정하는가?
① 끊어둔다.
② 최대로 해 둔다.
③ 0(영)으로 해 둔다.
④ 중위(中位)로 해 둔다.

해설 직류 분권전동기에서

Ts(기동 토크)$= K\phi I_a[N \cdot m]$, $I_a = I - I_f$

I_f(계자 전류)$= \dfrac{V}{R_f + R_{FR}}[A]$이다.

∴ 기동 토크를 크게하는 것이 좋다. 여자전류도 클수록 좋다. 따라서 직류 분권전동기 기동 시에는 계자 저항(R_f)과 직렬로 연결된 계자저항기의 저항(R_{FR})은 0으로 해둔다.

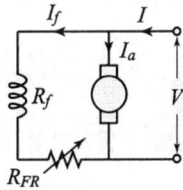

정답 48. ③ 49. ③ 50. ③

051 공급전압이 일정하고 역률 1로 운전하고 있는 동기전동기의 여자전류를 증가시키면 어떻게 되는가?
① 역률은 뒤지고 전기자 전류는 감소한다.
② 역률은 뒤지고 전기자 전류는 증가한다.
③ 역률은 앞서고 전기자 전류는 감소한다.
④ 역률은 앞서고 전기자 전류는 증가한다.

공급전압이 일정하고 역률 1로 운전하고 있는 동기전동기의 여자전류를 증가시키면, 역률은 앞서고 전기자 전류는 증가한다.

052 동기발전기의 단락비나 동기 임피던스를 산출하는 데 필요한 특성곡선은?
① 부하 포화곡선과 3상 단락곡선
② 단상 단락곡선과 3상 단락곡선
③ 무부하 포화곡선과 3상 단락곡선
④ 무부하 포화곡선과 외부 특성곡선

동기발전기에서 무부하 포화곡선과 3상 단락곡선은 동기발전기 단락비나 동기 임피던스를 산출하는 데 필요한 특성곡선이다.

053 변압기 내부 고장에 대한 보호용으로 사용되는 계전기는 어느 것이 적당한가?
① 방향계전기
② 온도계전기
③ 접지계전기
④ 비율차동계전기

비율차동계전기는 변압기 내부 고장에 대한 보호용으로 사용되는 계전기이다.

054 직류 분권전동기 운전 중 계자 권선의 저항이 증가할 때 회전속도는?
① 일정하다.
② 감소한다.
③ 증가한다.
④ 관계없다.

직류 분권전동기에서 $\phi ≒ I_f$(계자 전류)$= \dfrac{V}{R_f + R_{FR}}$[A]이다.

R_f(계자 저항)이 증가하면 $\phi = I_f$는 감소된다.

∴ n(회전속도)$= K\dfrac{V - I_a r_a}{\phi} ≒ \dfrac{V}{I_f(감소)}$[rpm]는 증가된다.

055 동기기의 과도 안정도를 증가시키는 방법이 아닌 것은?
① 단락비를 크게 한다.
② 속응 여자방식을 채용한다.
③ 회전부의 관성을 작게 한다.
④ 역상 및 영상임피던스를 크게 한다.

51. ④ 52. ③ 53. ④ 54. ③ 55. ③

해설 동기기의 과도 안정도를 증가시키는 방법은
① 단락비를 크게 한다.
② 속응 여자방식을 채용한다.
③ 역상 및 영상 임피던스를 크게 한다.

056 단상 반발 유도전동기에 대한 설명으로 옳은 것은?
① 역률은 반발기동형보다 나쁘다.
② 기동 토크는 반발기동형보다 크다.
③ 전부하 효율은 반발기동형보다 좋다.
④ 속도의 변화는 반발기동형보다 크다.

해설 단상 반발 유도전동기는 브러시(brush)를 이동하여 회전속도를 제어하는 전동기로서 회전속도의 변화는 단상 반발기동형 유도전동기보다 크다.

057 2중 농형 유도전동기가 보통 농형 유도전동기에 비해서 다른 점은 무엇인가?
① 기동 전류가 크고, 기동 토크도 크다.
② 기동 전류가 적고, 기동 토크도 적다.
③ 기동 전류가 적고, 기동 토크도 크다.
④ 기동 전류가 크고, 기동 토크도 적다.

해설 2중 농형 유도전동기 외측 슬롯에 사용되는 전선은 누설 리액턴스가 작고 저항이 커야 한다. ∴ 보통 농형 유도전동기에 비해서 기동 전류는 적고, 기동 토크는 크다. 또한 특성이 떨어지는 결점이 있다.

058 직류전동기의 공급전압을 V[V], 자속을 ϕ[Wb], 전기자 전류를 I_a[A], 전기자 저항을 R_a[Ω], 속도를 N[rpm]이라 할 때 속도의 관계식은 어떻게 되는가? (단, k는 상수이다.)

① $N = k\dfrac{V + I_a R_a}{\phi}$
② $N = k\dfrac{V - I_a R_a}{\phi}$
③ $N = k\dfrac{\phi}{V + I_a R_a}$
④ $N = k\dfrac{\phi}{V - I_a R_a}$

해설 직류 전동기의 회전속도 $N = K\dfrac{V - I_a R_a}{\phi}$[rpm]이다.

059 유입식 변압기에 콘서베이터(conservator)를 설치하는 목적으로 옳은 것은?
① 충격 방지
② 열화 방지
③ 통풍 장치
④ 코로나 방지

해설 유입식 변압기에 콘서베이터(conservator)란 변압기 상부에 설치된 원통형의 유조(기름통)으로 변압기 부하의 변화에 따르는 호흡작용으로 변압기 기름의 팽창, 수축이 콘서베이터 상부에서 행해지므로 변압기 기름의 열화를 방지한다.

해답 | 56. ④ 57. ③ 58. ② 59. ②

060 3상 반파정류회로에서 직류전압의 파형은 전원전압 주파수의 몇 배의 교류분을 포함하는가?

① 1 ② 2
③ 3 ④ 6

해설 맥동률 $r = \dfrac{AC(교류의\ 실효치)}{DC(직류의\ 평균치)} \times 100 =$ 직류(DC)에 교류(AC)가 포함된 율을 말한다.

맥동률과 전원 주파수 60[Hz]에 대한 직류 전압(맥동전압) 주파수는 다음과 같다.
단상 반파 정류회로 r(맥동률)=121[%], 직류 전압 주파수=60[Hz]
단상 전파 정류회로 r(맥동률)=48.2[%], 직류 전압 주파수=120[Hz]
3상 반파 정류회로 r(맥동률)=18.2[%], 직류 전압 주파수=180[Hz]
3상 전파 정류회로 r(맥동률)=4.2[%], 직류 전압 주파수=360[Hz]이다.
∴ 3상 반파 정류회로에서 직류 전압의 파형 주파수는 전원전압 주파수의 3배의 교류분을 포함한다.

04   회/로/이/론

061 $e^{j\frac{2}{3}\pi}$ 와 같은 것은?

① $\dfrac{1}{2} - j\dfrac{\sqrt{3}}{2}$ ② $-\dfrac{1}{2} - j\dfrac{\sqrt{3}}{2}$
③ $-\dfrac{1}{2} + j\dfrac{\sqrt{3}}{2}$ ④ $\cos\dfrac{2}{3}\pi + \sin\dfrac{2}{3}\pi$

해설 극좌표를 직각좌표로 고치면 $e^{j\frac{2\pi}{3}} = \angle\dfrac{2}{3}\pi = \cos\dfrac{2\pi}{3} + j\sin\dfrac{2\pi}{3} = -\dfrac{1}{2} + j\dfrac{\sqrt{3}}{2}$ 이 된다.

062 100[V], 800[W], 역률 80[%]인 교류회로의 리액턴스는 몇 [Ω]인가?

① 6   ② 8
③ 10 ④ 12

해설 $\cos^2\theta + \sin^2\theta = 1$, $\sin\theta = \sqrt{1-\cos^2\theta} = \sqrt{1-(0.8)^2} = 0.6$

P(유효전력)$= VI\cos\theta[\text{W}]$, $I = \dfrac{P}{V\cos\theta} = \dfrac{800}{100 \times 0.8} = \dfrac{800}{80} = 10[\text{A}]$이다.

P_r(무효전력)$= VI\sin\theta = 100 \times 10 \times 0.6 = 600[\text{Var}]$

∴ $P_r = VI\sin\theta = I^2 Z \times \dfrac{X}{Z} = I^2 X[\text{Var}]$

X(리액턴스)$= \dfrac{P_r}{I^2} = \dfrac{600}{(10)^2} = 6[\Omega]$이 된다.

정답 60.③ 61.③ 62.①

063

그림과 같은 π형 4단자 회로의 어드미턴스 상수 중 Y_{22}는 몇 [℧]인가?

① 5
② 6
③ 9
④ 11

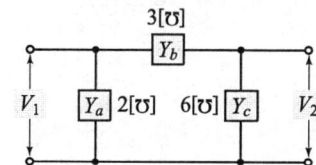

해설 π형 4단자 망의 4단자 정수

$$\begin{vmatrix} A & B \\ C & D \end{vmatrix} = \begin{vmatrix} 1 & 0 \\ Y_a & 1 \end{vmatrix} \begin{vmatrix} 1 & \dfrac{1}{Y_b} \\ 0 & 1 \end{vmatrix}$$

$$\begin{vmatrix} 1 & 0 \\ Y_c & 1 \end{vmatrix} = \begin{vmatrix} 1 & \dfrac{1}{Y_b} \\ Y_a & 1+\dfrac{Y_a}{Y_b} \end{vmatrix} \begin{vmatrix} 1 & 0 \\ Y_c & 1 \end{vmatrix} = \begin{vmatrix} 1+\dfrac{Y_c}{Y_b} & \dfrac{1}{Y_b} \\ Y_a+Y_c(1+\dfrac{Y_a}{Y_b}) & 1+\dfrac{Y_a}{Y_b} \end{vmatrix}$$

$$\therefore Y_{11} = \dfrac{D}{B} = \dfrac{\dfrac{Y_a+Y_b}{Y_b}}{\dfrac{1}{Y_b}} = Y_a + Y_b \, [\text{℧}]$$

$$Y_{22} = \dfrac{A}{B} = \dfrac{\dfrac{Y_b+Y_c}{Y_b}}{\dfrac{1}{Y_b}} = Y_b + Y_c = 3+6 = 9 \, [\text{℧}]$$

(역방향) $Y_{12} = Y_{21} = \dfrac{1}{B} = \dfrac{1}{\dfrac{1}{Y_b}} = Y_b \, [\text{℧}]$

064

불평형 3상 전류 $I_a = 15+j2$ [A], $I_b = -20-j14$ [A], $I_c = -3+j10$ [A]일 때 영상전류 I_0는 약 몇 [A]인가?

① $2.67+j0.36$
② $15.7-j3.25$
③ $-1.91+j6.24$
④ $-2.67-j0.67$

해설 불평형 3상 회로에서의 대칭분, 전류는

I_0(영상전류)$= \dfrac{1}{3}(I_a+I_b+I_c)$ [A],

I_1(정상전류)$= \dfrac{1}{3}(I_a+aI_b+a^2I_c)$ [A],

I_2(역상전류)$= \dfrac{1}{3}(I_a+a^2I_b+aI_c)$ [A]

∴ 대칭분의 영상전류 $I_0 = \dfrac{1}{3}(I_a+I_b+I_c) = \dfrac{1}{3}(15+j2-20-j14-3+j10)$

$= \dfrac{1}{3}(-8-j2) = -2.67-j0.67$ [A]이 된다.

63. ③ 64. ④

065 어떤 계에 임펄스 함수(δ함수)가 입력으로 가해졌을 때 시간함수 e^{-2t}가 출력으로 나타났다. 이 계의 전달함수는?

① $\dfrac{1}{s+2}$ ② $\dfrac{1}{s-2}$

③ $\dfrac{2}{s+2}$ ④ $\dfrac{2}{s-2}$

해설 입력 임펄스 함수(δ함수)=1, 출력 시간함수 $f(t)=e^{-2t}$일 때,

출력 함수 $F(s) = \int_0^\infty e^{-2t} e^{-st} dt = \int_0^\infty e^{-(s+2)t} dt = \dfrac{e^{-(s+2)t}}{-(s+2)}\Big)_0^\infty = \dfrac{0-1}{-(s+2)}$

$= \dfrac{1}{s+2}$ 이다.

∴ 계의 전달함수 $= \dfrac{출력함수}{입력함수} = \dfrac{F(s)}{(\delta함수)} = \dfrac{F(s)}{1} = \int_0^\infty e^{-2t} e^{-st} dt$

$= \int_0^\infty e^{-(s+2)t} dt = \dfrac{1}{s+2}$ 이 된다.

066 0.2[H]의 인덕터와 150[Ω]의 저항을 직렬로 접속하고 220[V] 상용교류를 인가하였다. 1시간 동안 소비된 전력량은 약 몇 [Wh]인가?

① 209.6   ② 226.4
③ 257.6   ④ 286.9

해설 Z(임피던스)$= R+j\omega L = 150+j2\pi fL = 150+j75.4[\Omega]$

∴ $I = \dfrac{V}{Z} = \dfrac{220}{\sqrt{(150)^2+(75.4)^2}} = \dfrac{220}{\sqrt{28185.16}} ≒ \dfrac{220}{168} = 1.31[A]$

∴ P(소비전력)$= VI\cos\theta = 220 \times 1.31 \times \dfrac{R}{Z} = 220 \times 1.3 \times \dfrac{150}{168} ≒ 257.6[W]$

∴ 소비전력량 $W = Pt = 257.6 \times 1 = 257.6[Wh]$이 된다.

067 어떤 제어계의 출력이 $C(S) = \dfrac{5}{S(S^2+S+2)}$로 주어질 때 출력의 시간함수 $C(t)$의 최종값은?

① 5   ② 2

③ $\dfrac{2}{5}$ ④ $\dfrac{5}{2}$

해설 최종치 정리에서 출력의 시간함수 $C(t)$는

$\lim_{t \to \infty} C(t) = \lim_{S \to 0} S\,C(S) = \lim_{S \to 0} S \times \dfrac{5}{S(S^2+S+2)} = \lim_{S \to 0} \dfrac{5}{S^2+S+2} = \dfrac{5}{2}$ 이

출력의 시간함수 $C(t)$의 최종값이 된다.

정답 65.① 66.③ 67.④

068 $e(t) = E_m \cos(100\pi t - \frac{\pi}{3})$[V]와 $i(t) = I_m \sin(100\pi t + \frac{\pi}{4})$[A]의 위상차를 시간으로 나타내면 약 몇 초인가?

① 3.33×10^{-4}
② 4.33×10^{-4}
③ 6.33×10^{-4}
④ 8.33×10^{-4}

해설 $e(t) = E_m \cos(100\pi t - \frac{\pi}{3}) = E_m \sin(100\pi t + \frac{\pi}{2} - \frac{\pi}{3}) = E_m \sin(100\pi t + \frac{\pi}{6})$[V]

∴ θ(위상차)$=100\pi t = \frac{\pi}{4} - \frac{\pi}{6} = \frac{6\pi - 4\pi}{24} = \frac{\pi}{12}$ 에서

t(시간)$= \frac{\frac{\pi}{12}}{100\pi} = \frac{1}{1200} \fallingdotseq 8.33 \times 10^{-4}$[sec]이 된다.

069 같은 저항 r[Ω] 6개를 사용하여 그림과 같이 결선하고 대칭 3상 전압 V[V]를 가했을 때 흐르는 전류 I는 몇 [A]인가?

① $\frac{V}{2r}$
② $\frac{V}{3r}$
③ $\frac{V}{4r}$
④ $\frac{V}{5r}$

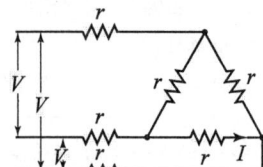

해설 $\triangle_r$ 저항을 Y_r 저항으로 고치면 1상의 합성저항 $R_t = r + \frac{r}{3} = \frac{4r}{3}$[Ω]이다.

Y결선의 선전류 $I_l = \frac{\frac{V}{\sqrt{3}}}{R_t} = \frac{\frac{V}{\sqrt{3}}}{\frac{4r}{3}} = \frac{\sqrt{3}\,V}{4r}$[A]

∴ 문제의 그림에서 △결선 상전류 $I = \frac{I_l}{\sqrt{3}} = \frac{1}{\sqrt{3}} \times \frac{\sqrt{3}\,V}{4r} = \frac{V}{4r}$[A]가 된다.

070 어떤 교류전동기의 명판에 역률=0.6, 소비전력=120[kW]로 표기되어 있다. 이 전동기의 무효전력은 몇 [kVar]인가?

① 80
② 100
③ 140
④ 160

해설 $\cos^2\theta + \sin^2\theta = 1$, 무효율 $\sin\theta = \sqrt{1-\cos^2\theta} = \sqrt{1-(0.6)^2} = 0.8$이다.

P(소비전력=유효전력)$= VI\cos\theta$[W], $VI = \frac{P}{\cos\theta} = \frac{120}{0.6} = 200$[kVA]

∴ P_r(무효전력)$= VI\sin\theta = 200 \times 0.8 = 160$[kVar]가 된다.

 68. ④ 69. ③ 70. ④

071 대칭 3상 전압이 있을 때 한 상의 Y전압 순시값 $e_p = 1,000\sqrt{2}\sin\omega t + 500\sqrt{2}\sin(3\omega t + 20°) + 100\sqrt{2}\sin(5\omega t + 30°)$ [V]이면 선간전압 E_l에 대한 상전압 E_p의 실효값 비율($\frac{E_p}{E_l}$)은 약 몇 [%]인가?

① 55 ② 64
③ 85 ④ 95

해설 대칭 3상 Y결선의 상전압 실효치는 제3고조파 포함된다.

∴ E_p(상전압) $= \sqrt{V_1^2 + V_3^2 + V_5^2} = \sqrt{(1,000)^2 + (500)^2 + (100)^2} = 1120$[V] … ①

대칭 3상 Y결선의 선간전압 실효치는 제3고조파가 나타나지 않는다.

∴ E_l(선간전압) $= \sqrt{3} \times \sqrt{V_1^2 + V_5^2} = \sqrt{3} \times \sqrt{(1000)^2 + (100)^2} = 1732$[V] … ②

∴ 선간전압 E_l에 대한 상전압 E_p의 실효값 비율 $\frac{E_p}{E_l} = \frac{1120}{1732} ≒ 0.646 ≒ 64$[%]가 된다.

072 대칭 좌표법에서 사용되는 용어 중 각상에 공통인 성분을 표시하는 것은?

① 영상분 ② 정상분
③ 역상분 ④ 공통분

해설 영상분은 대칭 좌표법에서 사용되는 용어 중 각상에 공통인 성분을 표시하는 것이다.

073 어느 저항에 $V_1 = 220\sqrt{2}\sin(2\pi \cdot 60t - 30°)$[V]와 $V_2 = 100\sqrt{2}\sin(3 \cdot 2\pi \cdot 60t - 30°)$ [V]의 전압이 각각 걸릴 때의 설명으로 옳은 것은?

① V_1이 V_2보다 위상이 15° 앞선다.
② V_1이 V_2보다 위상이 15° 뒤진다.
③ V_1이 V_2보다 위상이 75° 앞선다.
④ V_1과 V_2의 위상관계는 의미가 없다.

해설 전압 V_1과 V_2는 같은 위상이다.
∴ 위상차 $= -30 - (-30) = -30 + 30 = 0$이므로 V_1과 V_2의 위상관계는 의미가 없다.

074 RLC 병렬 공진회로에 관한 설명 중 틀린 것은?

① R의 비중이 작을수록 Q가 높다.
② 공진 시 입력 어드미턴스는 매우 작아진다.
③ 공진 주파수 이하에서의 입력전류는 전압보다 위상이 뒤진다.
④ 공진 시 L 또는 C에 흐르는 전류는 입력전류 크기의 Q배가 된다.

해답 71. ② 72. ① 73. ④ 74. ①

해설 RLC 병렬회로에 관한 설명으로 옳은 것은

① 병렬공진은 전류확대비 $Q = \dfrac{I_L}{I} = \dfrac{I_C}{I} = \dfrac{R}{\omega_o L} = \omega_o CR$,

직렬공진은 전압확대비 $Q = \dfrac{V_L}{V} = \dfrac{V_C}{V}$ 이다.

② 공진 시 입력 어드미턴스는 매우 작아진다.
③ 공진 주파수 이하에서의 입력전류는 전압보다 위상이 뒤진다.
④ 공진 시 L 또는 C에 흐르는 전류는 입력전류 크기의 Q배가 된다.

075 대칭 5상 회로의 선간전압과 상전압의 위상차는?

① 27° ② 36°
③ 54° ④ 72°

해설 대칭 n상 교류회로에서

선간전압 $V_l[V]$과 상전압 $V_p[V]$의 관계 $V_l = V_p \times 2\sin\dfrac{\pi}{n} \varepsilon^{j\frac{\pi}{2}(1-\frac{2}{n})}[V]$에서

위상차 $\phi = \dfrac{\pi}{2}(1-\dfrac{2}{n}) = \dfrac{\pi}{2}(1-\dfrac{2}{5}) = \dfrac{\pi}{2} - \dfrac{\pi}{5} = \dfrac{5\pi - 2\pi}{10} = \dfrac{3\pi}{10} = \dfrac{3 \times 180}{10} = 54°$ 이 된다.

076 $\dfrac{S\sin\theta + \omega\cos\theta}{S^2 + \omega^2}$의 역라플라스 변환을 구하면 어떻게 되는가?

① $\sin(\omega t - \theta)$ ② $\sin(\omega t + \theta)$
③ $\cos(\omega t - \theta)$ ④ $\cos(\omega t + \theta)$

해설 삼각함수 자연대수 표기

$\sin\omega t = \dfrac{e^{j\omega t} - e^{-j\omega t}}{2j}$, $\cos\omega t = \dfrac{e^{j\omega t} - e^{-j\omega t}}{2}$

삼각함수의 라플라스 변환

$L(\sin\omega t) = \int_0^\infty \sin\omega t e^{-St} dt = \int_0^\infty \dfrac{e^{j\omega t} - e^{-j\omega t}}{2j} \times e^{-St} dt = \dfrac{\omega}{S^2 + \omega^2}$,

$L(\cos\omega t) = \int_0^\infty \cos\omega t e^{-St} dt = \int_0^\infty \dfrac{e^{j\omega t} + e^{-j\omega t}}{2} \times e^{-St} dt = \dfrac{S}{S^2 + \omega^2}$ 이다.

∴ 삼각함수의 가법정리

$\sin(\omega t + \theta) = \sin\omega t \cos\theta + \cos\omega t \sin\theta = \dfrac{\omega \times \cos\theta}{S^2 + \omega^2} + \dfrac{S \times \sin\theta}{S^2 + \omega^2} = \dfrac{S \times \sin\theta + \omega \times \cos\theta}{S^2 + \omega^2}$

∴ 라플라스 변환 $L(\sin(\omega t + \theta)) = \dfrac{S \cdot \sin\theta + \omega \cdot \cos\theta}{S^2 + \omega^2}$ 이고,

역변환 $L^{-1}(\dfrac{S \cdot \sin\theta + \omega \cdot \cos\theta}{S^2 + \omega^2}) = \sin(\omega t + \theta)$가 된다.

정답 75. ③ 76. ②

077 대칭 3상 전압이 a상 V_a[V], b상 $V_b=a^2V_a$[V], c상 $V_c=aV_a$[V]일 때 a상을 기준으로 한 대칭분전압 중 정상분 V_1[V]은 어떻게 표시되는가? (단, $a=-\frac{1}{2}+j\frac{\sqrt{3}}{2}$이다.)

① 0
② V_a
③ aV_a
④ a^2V_a

해설 대칭 3상 전압

V_a[V], $V_b=a^2V_a=(-\frac{1}{2}-j\frac{\sqrt{3}}{2})V_a$[V], $V_c=aV_a=(-\frac{1}{2}+j\frac{\sqrt{3}}{2})V_a$[V]일 때
a상의 기준 $1+a+a^2=0$(3상 교류 전류 및 전압의 합은 0이다.)으로 한 대칭분 전압

V_0(영상전압)$=\frac{1}{3}(V_a+V_b+V_c)=\frac{1}{3}(V_a+a^2V_a+aV_a)=\frac{1}{3}(1+a^2+a)V_a=0$

V_1(정상전압)$=\frac{1}{3}(V_a+aV_b+a^2V_c)=\frac{1}{3}(V_a+a\times a^2V_a+a^2\times aV_a)$
$=\frac{1}{3}V_a(1+a^3+a^3)=\frac{3}{3}V_a=V_a$

V_2(역상전압)$=\frac{1}{3}(V_a+a^2V_b+aV_c)=\frac{1}{3}(V_a+a^2\times a^2V_b+a\times aV_a)=\frac{1}{3}V_a(1+a^4+a^2)$
$=\frac{1}{3}(1+a+a^2)V_a=0$

∴ 대칭분 전압 $V_0=0$, $V_1=V_a$, $V_2=0$이다.

078 그림에서 a, b 단자의 전압이 100[V], a, b에서 본 능동 회로망 N의 임피던스가 15[Ω]일 때 a, b 단자에 10[Ω]의 저항을 접속하면 a, b 사이에 흐르는 전류는 몇 [A]인가?

① 2
② 4
③ 6
④ 8

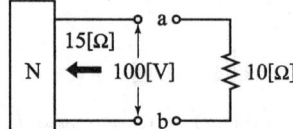

해설 데브난 정리에서 전원의 내부 저항 $r=15$[Ω], 부하 ab단자 저항 $R=10$[Ω]일 때 ab 사이에 흐르는 전류 $I=\frac{V}{r+R}=\frac{100}{15+10}=\frac{100}{25}=4$[A]가 된다.

079 전원이 Y결선, 부하가 △결선된 3상 대칭회로가 있다. 전원의 상전압이 220[V]이고 전원의 상전류가 10[A]일 경우, 부하 한 상의 임피던스[Ω]는?

① $22\sqrt{3}$
② 22
③ $\frac{22}{\sqrt{3}}$
④ 66

해답 77.② 78.② 79.④

해설 전원 Y결선의 선간전압

$V_l = \sqrt{3} \times 상전압 = \sqrt{3} \times 220 = 부하\ \triangle결선의\ 상전압 = 부하\ \triangle결선의\ 선간전압 \cdots ①$

∴ 전원 Y결선의 상전류=선전류 I_l=부하 $\triangle$결선의 선전류(I_l)

$= \sqrt{3} \times 부하\ \triangle결선\ 상전류(I_p)$

$= \sqrt{3} \times \dfrac{\triangle결선\ 상전압}{R} = \sqrt{3} \times \dfrac{\sqrt{3} \times 220}{R}$[A]

부하 한 상의 임피던스(저항) $R = \dfrac{3 \times 220}{I_l} = \dfrac{660}{10} = 66[\Omega]$가 된다.

080

$\dfrac{dx(t)}{dt} + 3x(t) = 5$의 라플라스 변환 $X(s)$는? (단, $x(0^+) = 0$이다.)

① $\dfrac{5}{s+3}$
② $\dfrac{3s}{s+5}$
③ $\dfrac{3}{s(s+5)}$
④ $\dfrac{5}{s(s+3)}$

해설 $\dfrac{dx(t)}{dt} + 3x(t) = 5$, 양변 라플라스 변환하면 $SX(s) + 3X(s) = \dfrac{5}{S}$

∴ $X(s)(S+3) = \dfrac{5}{S} X(s) = \dfrac{5}{S(S+3)}$가 된다.

05 전/기/설/비/기/술/기/준 및 판/단/기/준

081

사용전압이 22.9[kV]인 가공전선과 지지물 사이의 이격거리는 몇 [cm] 이상이어야 하는가?

① 5
② 10
③ 15
④ 20

해설 사용전압이 22.9[kV]인 가공전선과 지지물 사이의 이격거리는 20[cm] 이상이어야 한다.

082

농사용 저압 가공전선로의 시설에 대한 설명으로 틀린 것은?

① 전선로의 경간은 30[m] 이하일 것
② 목주의 굵기는 말구 지름이 9[cm] 이상일 것
③ 저압 가공전선의 지표상 높이는 5[m] 이상일 것
④ 저압 가공전선은 지름 2[mm] 이상의 경동선일 것

해설 농사용 저압 가공전선로의 시설에 대한 옳은 설명은
① 전선로의 경간은 30[m] 이하일 것
② 목주의 굵기는 말구 지름이 9[cm] 이상일 것
③ 저압 가공전선은 지름 2[mm] 이상의 경동선일 것

정답 80.④ 81.④ 82.③

083 수소 냉각식 발전기·조상기 또는 이에 부속하는 수소 냉각 장치의 시설방법으로 틀린 것은?

① 발전기 안 또는 조상기 안의 수소의 순도가 70[%] 이하로 저하한 경우에 경보장치를 시설할 것
② 발전기 또는 조상기는 기밀구조의 것이고 또한 수소가 대기압에서 폭발하는 경우 생기는 압력에 견디는 강도를 가지는 것일 것
③ 발전기 안 또는 조상기 안의 수소의 압력을 계측하는 장치 및 그 압력이 현저히 변동할 경우에 이를 경보하는 장치를 시설할 것
④ 발전기축의 밀봉부에는 질소 가스를 봉입할 수 있는 장치와 누설한 수소가스를 안전하게 외부에 방출할 수 있는 장치를 설치할 것

해설 수소 냉각식 발전기·조상기 또는 이에 부속하는 수소 냉각 장치의 시설방법으로 옳은 것은
① 발전기 또는 조상기는 기밀구조의 것이고 또한 수소가 대기압에서 폭발하는 경우 생기는 압력에 견디는 강도를 가지는 것일 것
② 발전기 안 또는 조상기 안의 수소의 압력을 계측하는 장치 및 그 압력이 현저히 변동할 경우에 이를 경보하는 장치를 시설할 것
③ 발전기축의 밀봉부에는 질소 가스를 봉입할 수 있는 장치와 누설한 수소가스를 안전하게 외부에 방출할 수 있는 장치를 설치할 것

084 폭연성 분진 또는 화약류의 분말이 전기설비가 발화원이 되어 폭발할 우려가 있는 곳에 시설하는 저압 옥내배선의 공사방법으로 옳은 것은?

① 금속관공사
② 애자사용공사
③ 합성수지관공사
④ 캡타이어 케이블공사

해설 폭연성 분진 또는 화약류의 분말이 전기설비가 발화원이 되어 폭발할 우려가 있는 곳에 시설하는 저압 옥내배선의 공사방법에는 금속관공사 또는 케이블공사에 의한다.

085 전력계통의 운용에 관한 지시 및 급전조작을 하는 곳은?

① 급전소
② 개폐소
③ 변전소
④ 발전소

해설 급전소는 전력계통의 운용에 관한 지시 및 급전조작을 하는 곳이다.

086 가공전선로의 지지물에 취급자가 오르고 내리는 데 사용하는 발판 볼트 등은 지표상 몇 [m] 미만에 시설하여서는 아니되는가?

① 1.2
② 1.5
③ 1.8
④ 2.0

정답 83.① 84.① 85.① 86.③

해설 가공전선로의 지지물에 취급자가 오르고 내리는 데 사용하는 발판 볼트 등은 지표상 1.8[m] 미만에 시설하여서는 아니된다.

087 금속몰드 배선공사에 대한 설명으로 틀린 것은?
① 몰드에는 특별 제3종 접지공사를 할 것
② 접속점을 쉽게 점검할 수 있도록 시설할 것
③ 황동제 또는 동제의 몰드는 폭이 5[cm] 이하, 두께 0.5[mm] 이상인 것일 것
④ 몰드 안의 전선을 외부로 인출하는 부분은 몰드의 관통 부분에서 전선이 손상될 우려가 없도록 시설할 것

해설 금속몰드 배선공사에 대한 설명으로 옳은 것은
① 접속점을 쉽게 점검할 수 있도록 시설할 것
② 황동제 또는 동제의 몰드는 폭이 5[cm] 이하, 두께 0.5[mm] 이상인 것일 것
③ 몰드 안의 전선을 외부로 인출하는 부분은 몰드의 관통 부분에서 전선이 손상될 우려가 없도록 시설할 것

088 그룹 2의 의료장소에 상용전원 공급이 중단될 경우 15초 이내에 최소 몇 [%]의 조명에 비상전원을 공급하여야 하는가?
① 30　　② 40
③ 50　　④ 60

해설 그룹 2의 의료장소에 상용전원 공급이 중단될 경우 15초 이내에 최소 50[%]의 조명에 비상전원을 공급하여야 한다.

089 전선을 접속하는 경우 전선의 세기(인장하중)는 몇 [%] 이상 감소되지 않아야 하는가?
① 10　　② 15
③ 20　　④ 25

해설 전선을 접속하는 경우 전선의 세기(인장하중)는 20[%] 이상 감소되지 않아야 한다.

090 고압 보안공사 시에 지지물로 A종 철근 콘크리트주를 사용할 경우 경간은 몇 [m] 이하이어야 하는가?
① 50　　② 100
③ 150　　④ 400

해설 고압 보안공사 시에 지지물로 A종 철근 콘크리트주를 사용할 경우 경간은 100[m] 이하이어야 한다.

정답 87. ①　88. ③　89. ③　90. ②

091 154[kV] 가공전선을 사람이 쉽게 들어갈 수 없는 산지(山地)에 시설하는 경우 전선의 지표상 높이는 몇 [m] 이상으로 하여야 하는가?

① 5.0
② 5.5
③ 6.0
④ 6.5

해설 154[kV] 가공전선을 사람이 쉽게 들어갈 수 없는 산지에 시설하는 경우 전선의 지표상 높이는 5[m] 이상으로 하여야 한다.

092 조상기의 보호장치로서 내부 고장 시에 자동적으로 전로로부터 차단되는 장치를 설치하여야 하는 조상기 용량은 몇 [kVA] 이상인가?

① 5,000
② 7,500
③ 10,000
④ 15,000

해설 조상기의 보호장치로서 내부 고장 시에 자동적으로 전로로부터 차단되는 장치를 설치하여야 하는 조상기 용량은 15,000[kVA] 이상이어야 한다.

093 154[kV] 가공전선로를 제1종 특고압 보안공사에 의하여 시설하는 경우 사용 전선의 단면적은 몇 [mm²] 이상의 경동연선이어야 하는가?

① 35
② 50
③ 95
④ 150

해설 154[kV] 가공전선로를 제1종 특고압 보안공사에 의하여 시설하는 경우 사용 전선의 단면적은 150 [mm] 이상의 경동연선이어야 한다.

094 풀용 수중 조명등에 전기를 공급하기 위하여 1차 측 120[V], 2차 측 30[V]의 절연 변압기를 사용하였다. 절연 변압기 2차 측 전로의 접지에 대한 설명으로 옳은 것은?

① 접지하지 않는다.
② 제1종 접지공사로 접지한다.
③ 제2종 접지공사로 접지한다.
④ 제3종 접지공사로 접지한다.

해설 풀용 수중 조명등에 전기를 공급하기 위하여 1차 측 120[V], 2차 측 30[V]의 절연 변압기를 사용할 경우 절연 변압기 2차 측 전로는 접지하지 않는다.

095 조가용선을 사용하지 않아도 되는 전력 보안 통신선의 굵기는 지름 몇 [mm]의 어떤 선을 사용하는가? (단, 케이블은 제외한다.)

① 2.0, 경동선
② 2.0, 연동선
③ 2.6, 경동선
④ 2.6, 연동선

정답 91.① 92.④ 93.④ 94.① 95.③

☞ 조가용선을 사용하지 않아도 되는 전력 보안 통신선의 굵기는 지름 2.6[mm]의 경동선을 사용한다.

096
인가가 많이 연접되어 있는 장소에 시설하는 가공전선로의 구성재에 병종 풍압하중을 적용할 수 없는 경우는?

① 저압 또는 고압 가공전선로의 지지물
② 저압 또는 고압 가공전선로의 가섭선
③ 사용전압이 35[kV] 이상의 전선에 특고압 가공전선로에 사용하는 케이블 및 지지물
④ 사용전압이 35[kV] 이하의 전선에 특고압 절연전선을 사용하는 특고압 가공전선로의 지지물

☞ 인가가 많이 연접되어 있는 장소에 시설하는 가공전선로의 구성재에 병종 풍압하중을 적용할 수 있는 경우는
  ① 저압 또는 고압 가공전선로의 지지물
  ② 저압 또는 고압 가공전선로의 가섭선
  ③ 사용전압이 35[kV] 이하의 전선에 특고압 절연전선을 사용하는 특고압 가공전선로의 지지물

097
지선 시설에 관한 설명으로 틀린 것은?

① 지선의 안전율은 2.5 이상이어야 한다.
② 철탑은 지선을 사용하여 그 강도를 분담시켜야 한다.
③ 지선에 연선을 사용할 경우 소선 3가닥 이상의 연선이어야 한다.
④ 지선근가는 지선의 인장하중에 충분히 견디도록 시설하여야 한다.

☞ 지선 시설에 관한 옳은 설명은
  ① 지선의 안전율은 2.5 이상이어야 한다.
  ② 지선에 연선을 사용할 경우 소선 3가닥 이상의 연선이어야 한다.
  ③ 지선근가는 지선의 인장하중에 충분히 견디도록 시설하여야 한다.

098
횡단보도교 위에 시설하는 경우 그 노면상 전력보안 가공통신선의 높이는 몇 [m] 이상인가?

① 3   ② 4
③ 5   ④ 6

☞ 횡단보도교 위에 시설하는 경우 그 노면상 전력보안 가공통신선의 높이는 3[m] 이상이어야 한다.

96. ③ 97. ② 98. ①

099 전격살충기의 시설방법으로 틀린 것은?
① 전기용품안전 관리법의 적용을 받은 것을 설치한다.
② 전용개폐기를 가까운 곳에 쉽게 개폐할 수 있게 시설한다.
③ 전격격자가 지표상 3.5[m] 이상의 높이가 되도록 시설한다.
④ 전격격자와 다른 시설물 사이의 이격거리는 50[cm] 이상으로 한다.

해설 전격살충기의 시설방법은
① 전기용품안전 관리법의 적용을 받은 것을 설치한다.
② 전용개폐기를 가까운 곳에 쉽게 개폐할 수 있게 시설한다.
③ 전격격자가 지표상 3.5[m] 이상의 높이가 되도록 시설한다.

100 옥내에 시설하는 사용전압 400[V] 미만의 이동 전선으로 사용할 수 없는 전선은?
① 면절연전선
② 고무코드전선
③ 용접용 케이블
④ 고무절연 클로로프렌 캡타이어 케이블

해설 옥내에 시설하는 사용전압 400[V] 미만의 이동 전선으로 사용할 수 없는 전선은
① 고무코드전선
② 용접용 케이블
③ 고무절연 클로로프렌 캡타이어 케이블이다.

해답 99. ④ 100. ①

기출문제

2019년도

전기산업기사	2019년 3월 3일 시행
전기산업기사	2019년 4월 27일 시행
전기산업기사	2019년 8월 4일 시행

01 전/기/자/기/학

001 그림과 같은 동축케이블에 유전체가 채워졌을 때의 정전용량(F)은? (단, 유전체의 비유전율은 ε_s이고 내반지름과 외반지름은 각각 a[m], b[m]이며 케이블의 길이는 ℓ[m]이다.)

① $\dfrac{2\pi\varepsilon_s \ell}{\ln\dfrac{b}{a}}$ ② $\dfrac{2\pi\varepsilon_o\varepsilon_s \ell}{\ln\dfrac{b}{a}}$

③ $\dfrac{\pi\varepsilon_s \ell}{\ln\dfrac{b}{a}}$ ④ $\dfrac{\pi\varepsilon_o\varepsilon_s \ell}{\ln\dfrac{b}{a}}$

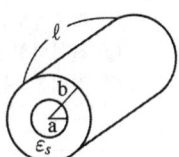

해설 동축케이블의 전압

$$V = -\int_b^a E\,dr = -\int_b^a \dfrac{\lambda}{2\pi\varepsilon r}\,dr = \dfrac{\lambda}{2\pi\varepsilon_o\varepsilon_s}\left(-\dfrac{1}{r}\right)_b^a = \dfrac{\lambda}{2\pi\varepsilon_o\varepsilon_s}\ln\dfrac{b}{a}\,[V]$$

∴ 케이블 길이 ℓ[m]의 정전용량

$$C = \dfrac{\lambda\ell}{V} = \dfrac{\lambda\ell}{\dfrac{\lambda}{2\pi\varepsilon_o\varepsilon_s}\ln\dfrac{b}{a}} = \dfrac{2\pi\varepsilon_o\varepsilon_s\ell}{\ln\dfrac{b}{a}}\,[F]\text{이다.}$$

002 두 벡터가 $A = 2a_x + 4a_y - 3a_z$, $B = a_x - a_y$일 때 $A\times B$는?

① $6a_x - 3a_y + 3a_z$ ② $-3a_x - 3a_y - 6a_z$
③ $6a_x + 3a_y - 3a_z$ ④ $-3a_x + 3a_y + 6a_z$

해설 단위 vector의 계산

① scalar 계산 $\begin{cases} i\cdot i = j\cdot j = K\cdot K = 1 \\ i\cdot j = j\cdot K = K\cdot i = 0 \end{cases}$

② vector 계산 $i\times i = j\times j = K\times K = 0$

$\begin{cases} i\times j = K \\ j\times K = i \\ K\times i = j \end{cases}$ $\begin{cases} j\times i = -K \\ K\times j = -i \\ i\times K = -j \end{cases}$ 이다.

∴ $A\times B = \begin{vmatrix} a_x & a_y & a_z \\ 2 & 4 & -3 \\ 1 & -1 & 0 \end{vmatrix} = \triangle_{11} - \triangle_{12} + \triangle_{13} = a_x(0-3) - a_y(0+3) + a_z(-2-4)$

$= -3a_x - 3a_y - 6a_z$ 이 된다.

정답 1. ② 2. ②

003 두 유전체가 접했을 때 $\dfrac{\tan\theta_1}{\tan\theta_2}=\dfrac{\varepsilon_1}{\varepsilon_2}$의 관계식에서 $\theta_1=0°$일 때의 표현으로 틀린 것은?

① 전속밀도는 불변이다.
② 전기력선은 굴절하지 않는다.
③ 전계는 불연속적으로 변한다.
④ 전기력선은 유전율이 큰 쪽에 모여진다.

해설 두 유전체 경계조건에서 $\theta_1=0$일 때의 옳은 것은
① 전속밀도는 불변이다.
② 전기력선은 굴절하지 않는다.
③ 전계는 불연속적으로 변한다.

004 공기 중 임의의 점에서 자계의 세기(H)가 20[AT/m]라면 자속밀도(B)는 약 몇 [Wb/m²]인가?

① 2.5×10^{-5}
② 3.5×10^{-5}
③ 4.5×10^{-5}
④ 5.5×10^{-5}

해설 B(자속밀도)$=\mu H=\mu_o H=4\pi\times10^{-7}\times20=4\times3.14\times10^{-7}\times20$
$\fallingdotseq 2.5\times10^{-5}$[Wb/m²]이다.

005 전자석의 흡인력은 공극(air gap)의 자속밀도를 B라 할 때 다음의 어느 것에 비례하는가?

① B
② $B^{0.5}$
③ $B^{1.6}$
④ $B^{2.0}$

해설 전자석의 흡인력 $F\fallingdotseq\dfrac{B^{2.0}}{2\mu_o}\fallingdotseq B^{2.0}$에 비례한다.

006 그림과 같이 평행한 두 개의 무한 직선 도선에 전류가 각각 I, $2I$인 전류가 흐른다. 두 도선 사이의 점 P에서 자계의 세기가 0이다. 이때 $\dfrac{a}{b}$는?

① 4
② 2
③ $\dfrac{1}{2}$
④ $\dfrac{1}{4}$

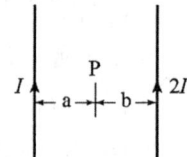

3.④ 4.① 5.④ 6.③

그림과 같이 평행한 두 개의 무한 직선 도선의 일점 P에서 자계의 세기가 0이 되기 위한 $\frac{a}{b}$는 앙페르의 주회적분 법칙에서 P점에 자계의 세기는 $H_a = H_b$,

$\frac{I}{2\pi a} = \frac{2I}{2\pi b}$.   ∴ $\frac{a}{b} = \frac{I}{2I} = \frac{1}{2}$이 된다.

007 감자율(Demagnetization factor)이 "0"인 자성체로 가장 알맞은 것은?
① 환상 솔레노이드
② 굵고 짧은 막대 자성체
③ 가늘고 긴 막대 자성체
④ 가늘고 짧은 막대 자성체

H'(감자력) = $N\frac{J}{\mu_o}$ ≒ J(자화세기)

N(감자율)≒0(환상 솔레노이드)이고, N(감자율)≒1(가늘고 긴 막대 자성체)이다.

∴ H'(감자력) ≒ J(자화세기) = χH [Wb/m²]에 비례한다.

008 질량이 m[kg]인 작은 물체가 전하 Q[C]를 가지고 중력 방향과 직각인 무한도체평면 아래쪽 d(m)의 거리에 놓여있다. 정전력이 중력과 같게 되는데 Q[C]의 크기는?
① $d\sqrt{\pi\varepsilon_o mg}$
② $\frac{d}{2}\sqrt{\pi\varepsilon_o mg}$
③ $2d\sqrt{\pi\varepsilon_o mg}$
④ $4d\sqrt{\pi\varepsilon_o mg}$

질량이 m[kg]인 작은 물체가 Q[C]를 갖고 무한도체평면 아래쪽 d(m)에 놓여있다. 전기영상법 이용 정전력이 중력과 같게 되는데 필요한 Q[C] 값은

f(정전력) = $\frac{Q^2}{4\pi\varepsilon_o(2d)^2}$ = mg(중력)

∴ $Q^2 = 16\pi\varepsilon_o d^2 \times mg$, $Q = 4d\sqrt{\pi\varepsilon_o mg}$ [C]이 된다.

009 극판의 면적 $S=10$[cm²], 간격 $d=1$[mm]의 평행판 콘덴서에 비유전율 $\varepsilon_s=3$인 유전체를 채웠을 때 전압 100[V]를 인가하면 축적되는 에너지는 약 몇 [J]인가?
① 0.3×10^{-7}
② 0.6×10^{-7}
③ 1.3×10^{-7}
④ 2.1×10^{-7}

W(평행판 콘덴서에 축적되는 에너지)

$= \frac{1}{2}CV^2 = \frac{1}{2} \times \frac{\varepsilon_o \varepsilon_s S}{d} \times V^2 = \frac{1}{2} \times \frac{8.855 \times 10^{-12} \times 3 \times 10 \times 10^{-4}}{1 \times 10^{-3}} \times (100)^2$

$= \frac{1}{2} \times 8.855 \times 3 \times 10^{-8} ≒ 1.3 \times 10^{-7}$[J]이 된다.

7. ① 8. ④ 9. ③

010 자기인덕턴스 0.5[H]의 코일에 1/200초 동안에 전류가 25[A]로부터 20[A]로 줄었다. 이 코일에 유기된 기전력의 크기 및 방향은?

① 50[V], 전류와 같은 방향 ② 50[V], 전류와 반대 방향
③ 500[V], 전류와 같은 방향 ④ 500[V], 전류와 반대 방향

해설 코일에 유기되는 기전력 $e = L\dfrac{di}{dt} = 0.5 \times \dfrac{25-20}{\dfrac{1}{200}} = 0.5 \times 5 \times 200 = 500[V]$이다.

∴ 코일에 유기되는 기전력의 크기는 500[V], 방향은 전류와 같은 방향이다.

011 어느 점전하에 의하여 생기는 전위를 처음 전위의 $\dfrac{1}{2}$이 되게 하려면 전하로부터의 거리를 어떻게 해야 하는가?

① $\dfrac{1}{2}$로 감소시킨다. ② $\dfrac{1}{\sqrt{2}}$로 감소시킨다.
③ 2배 증가시킨다. ④ $\sqrt{2}$배 증가시킨다.

해설 처음 전위 $V = \dfrac{Q}{4\pi\varepsilon_o r}[V]$, r(거리) $= \dfrac{Q}{4\pi\varepsilon_o V}[m]$이다.

∴ 거리를 처음의 1/2배로 하면 $\dfrac{1}{2}V = \dfrac{Q}{4\pi\varepsilon_o r'}[V]$

r'(거리) $= \dfrac{Q}{4\pi\varepsilon_o \dfrac{V}{2}} = 2 \times \dfrac{Q}{4\pi\varepsilon_o V} = 2r[m]$이 된다.

즉 거리는 2배로 증가된다.

012 자계의 세기를 표시하는 단위가 아닌 것은?

① A/m ② Wb/m
③ N/Wb ④ AT/m

해설 H(자계의 세기)의 단위는 $H = [AT/m]$, $H = [A/m]$, $H = \dfrac{F}{m}[N/Wb]$ 등이다.

013 그림과 같이 면적 $S[m^2]$, 간격 $d[m]$인 극판 간에 유전율 ε, 저항률 ρ인 매질을 채웠을 때 극판간의 정전용량 C와 저항 R의 관계는? (단, 전극판의 저항률은 매우 작은 것으로 한다.)

① $R = \dfrac{\varepsilon\rho}{C}$ ② $R = \dfrac{C}{\varepsilon\rho}$
③ $R = \varepsilon\rho C$ ④ $R = \dfrac{1}{\varepsilon\rho C}$

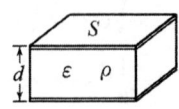

해답 10. ③ 11. ③ 12. ② 13. ①

해설 극판간의 정전용량 $C = \dfrac{\varepsilon S}{d}$[F], 극판간의 저항 $R = \rho\dfrac{d}{S}$[Ω]이다.

∴ $RC = \rho\dfrac{d}{S} \times \dfrac{\varepsilon S}{d} = \rho\varepsilon$, 저항 $R = \dfrac{\rho\varepsilon}{C}$[Ω]이다.

014
점전하 Q[C]와 무한평면도체에 대한 영상전하는?

① Q[C]와 같다. ② $-Q$[C]와 같다.
③ Q[C]보다 크다. ④ Q[C]보다 작다.

해설 무한평면도체에서 점전하 Q[C]에 대한 영상전하는 $-Q$[C]와 같다.

015
전계의 세기 E, 자계의 세기가 H일 때 포인팅 벡터(P)는?

① $P = E \times H$ ② $P = \dfrac{1}{2}E \times H$
③ $P = H \, \text{curl} \, E$ ④ $P = E \, \text{curl} \, H$

해설 포인팅 벡터 $P = E \times H$[W/m²]. 이는 전계 E[V/m], 자계 H[AT/m]일 때 단위시간에 단위면적을 통과하는 에너지의 흐름을 말한다.

016
철심환의 일부에 공극(air gap)을 만들어 철심부의 길이 ℓ[m], 단면적 A[m²], 비투자율이 μ_r이고 공극부의 길이 δ[m]일 때 철심부에서 총권수 N회인 도선을 감아 전류 I[A]를 흘리면 자속이 누설되지 않는다고 하고 공극 내에 생기는 자계의 자속 ϕ_0[Wb]는?

① $\dfrac{\mu_0 ANI}{\delta\mu_r + \ell}$ ② $\dfrac{\mu_0 ANI}{\delta + \mu_r \ell}$
③ $\dfrac{\mu_0 \mu_r ANI}{\delta\mu_r + \ell}$ ④ $\dfrac{\mu_0 \mu_r ANI}{\delta + \mu_r \ell}$

해설 철심환의 전체 자기저항

$R = R_1 + R_2 \fallingdotseq \dfrac{\ell}{\mu_o \mu_r A} + \dfrac{\delta}{\mu_o A} = \dfrac{1}{\mu_o A}\left(\dfrac{\ell}{\mu_r} + \delta\right)$

$= \dfrac{1}{\mu_o A} \times \dfrac{\mu_r \delta + \ell}{\mu_r}$ [AT/Wb]

$R_1 = \dfrac{\ell}{\mu A} = \dfrac{\ell}{\mu_o \mu_r A}$

$R_2 = \dfrac{\delta}{\mu_o A}$ [AT/Wb]

철심환의 기자력 $F = NI = R\phi$[AT]

∴ 자속 $\phi = \dfrac{NI}{R} = \dfrac{NI}{R_1 + R_2} = \dfrac{NI}{\dfrac{\mu_r \delta + \ell}{\mu_o \mu_r A}} = \dfrac{\mu_o \mu_r ANI}{\mu_r \delta + \ell}$ [Wb]이다.

14. ② 15. ① 16. ③

2019년 3월 3일 시행

017 내구의 반지름이 6[cm], 외구의 반지름이 8[cm]인 동심구 콘덴서의 외구를 접지하고 내구에 전위 1800[V]를 가했을 경우 내구에 충전된 전기량은 몇 [C]인가?

① 2.8×10^{-8}
② 3.8×10^{-8}
③ 4.8×10^{-8}
④ 5.8×10^{-8}

외구 접지 동심구 콘덴서의 정전용량

$$C = \frac{Q}{V} = \frac{Q}{-\int_b^a E dr} = \frac{Q}{\frac{Q}{4\pi\varepsilon_o}\left(\frac{1}{a} - \frac{1}{b}\right)} = \frac{4\pi\varepsilon_o}{\frac{1}{a} - \frac{1}{b}} = \frac{4\pi\varepsilon_o ab}{b-a} [F] \text{에서}$$

Q(내구에 충전된 전기량) $= CV = \frac{4\pi\varepsilon_o ab}{b-a} \times V$

$$= \frac{\frac{1}{9 \times 10^9} \times 8 \times 10^{-2} \times 6 \times 10^{-2}}{8 \times 10^{-2} - 6 \times 10^{-2}} \times 18 \times 10^2 = \frac{\frac{10^{-9} \times 48 \times 18 \times 10^{-2}}{9}}{2 \times 10^{-2}}$$

$$= \frac{864 \times 10^{-11}}{18 \times 10^{-2}} = 4.8 \times 10^{-8} [C] \text{이 된다.}$$

018 다음 중 ( )에 들어갈 내용으로 옳은 것은?

맥스웰은 전극간의 유전체를 통하여 흐르는 전류를 해석하기 위해 (㉠)의 개념을 도입하였고, 이것도 (㉡)를 발생한다고 가정하였다.

① ㉠ 와전류, ㉡ 자계
② ㉠ 변위전류, ㉡ 자계
③ ㉠ 전자전류, ㉡ 전계
④ ㉠ 파동전류, ㉡ 전계

맥스웰은 전극간의 유전체를 통하여 흐르는 전류를 해석하기 위해 (㉠ 변위전류 $i_d = \frac{\partial D}{\partial t} = \varepsilon \frac{\partial E}{\partial t}$ [A/m²])의 개념을 도입하였고, 이것도 (㉡ 자계 $rot H = \frac{\partial D}{\partial t}$)를 발생한다고 가정하였다.

019 권선수가 N회인 코일에 전류 I[A]를 흘릴 경우, 코일에 ϕ[Wb]의 자속이 지나간다면 이 코일에 저장된 자계에너지(J)는?

① $\frac{1}{2}N\phi^2 I$
② $\frac{1}{2}N\phi I$
③ $\frac{1}{2}N^2\phi I$
④ $\frac{1}{2}N\phi I^2$

코일에 유기되는 기전력은 렌츠법칙에서 $e = L\frac{di}{dt} = N\frac{d\phi}{dt}$ [V].

∴ $LI = N\phi$ (자속쇄교수)

W(코일에 저장되는 자계에너지) $= \frac{1}{2}LI^2 = \frac{1}{2} \times \frac{N\phi}{I} \times I^2 = \frac{1}{2}N\phi I$ [J]가 된다.

17. ③ 18. ② 19. ②

[020] 다음 중 인덕턴스의 공식이 옳은 것은? (단, N은 권수, I는 전류, ℓ은 철심의 길이, R_m은 자기저항, μ는 투자율, S는 철심 단면적이다.)

① $\dfrac{NI}{R_m}$ ② $\dfrac{N^2}{R_m}$ ③ $\dfrac{\mu NS}{\ell}$ ④ $\dfrac{\mu_0 NIS}{\ell}$

렌즈 법칙에서 코일에 유기 기전력 $e = L\dfrac{di}{dt} = N\dfrac{d\phi}{dt}$[V].

∴ $LI = N\phi$ (자속쇄교수)

L(인덕턴스) $= \dfrac{N\phi}{I} = \dfrac{N \times \dfrac{NI}{R_m}}{I} = \dfrac{N^2}{R_m}$[H]

(단, F(기자력) $= NI = R_m\phi$[AT], $\phi = \dfrac{NI}{R_m}$[Wb] 상식에 대입)

02 전/력/공/학

[021] 직렬 콘덴서를 선로에 삽입할 때의 현상으로 옳은 것은?
① 부하의 역률을 개선한다.
② 선로의 리액턴스가 증가된다.
③ 선로의 전압강하를 줄일 수 없다.
④ 계통의 정태안정도를 증가시킨다.

직렬 콘덴서를 선로에 삽입하면 계통의 정태안정도를 증가시킨다.

[022] 송전선로의 중성점을 접지하는 목적으로 가장 옳은 것은?
① 전압강하의 감소   ② 유도장해의 감소
③ 전선 동량의 절약   ④ 이상전압의 발생 방지

송전선로의 중성점을 접지하면 이상전압의 발생이 방지된다.

[023] 그림과 같은 3상 송전계통의 송전전압은 22[kV]이다. 한 점 P에서 3상 단락했을 때 발전기에 흐르는 단락전류는 약 몇 [A]인가?

① 725
② 1150
③ 1990
④ 3725

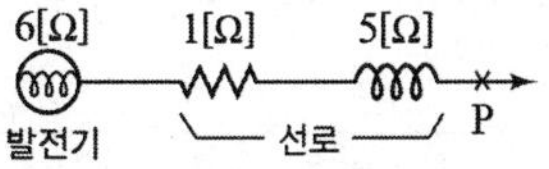

발전기 6[Ω] — 1[Ω] — 5[Ω] P
                  선로

답 20.② 21.④ 22.④ 23.②

해설 발전기에 흐르는 단락전류

$$I_s = \frac{E}{Z} = \frac{\frac{22000}{\sqrt{3}}}{1+j11} = \frac{22000}{\sqrt{3} \times \sqrt{r^2+(11)^2}} = \frac{22000}{\sqrt{3} \times 11} ≒ \frac{22000}{19} ≒ 1154 ≒ 1150[A]$$

024 전력계통의 전력용 콘덴서와 직렬로 연결하는 리액터로 제거되는 고조파는?
① 제2고조파 ② 제3고조파
③ 제4고조파 ④ 제5고조파

해설 제5고조파는 전력계통의 전력용 콘덴서와 직렬로 연결하는 리액터로 제거된다.

025 배전선로에서 사용하는 전압 조정방법이 아닌 것은?
① 승압기 사용 ② 병렬콘덴서 사용
③ 저전압계전기 사용 ④ 주상변압기 탭 전환

해설 배전선로에서 사용하는 전압 조정방법에는 승압기 사용, 병렬콘덴서 사용, 주상변압기 탭 전환 방법 등이다.

026 다음 중 뇌해방지와 관계가 없는 것은?
① 댐퍼 ② 소호환
③ 가공지선 ④ 탑각접지

해설 뇌해방지와 관계가 있는는 것은 소호환, 가공지선, 탑각접지 등이다.

027 다음 ( )에 알맞은 내용으로 옳은 것은? (단, 공급 전력과 선로 손실률은 동일하다.)

선로의 전압을 2배로 승압할 경우, 공급전력은 승압 전의 (㉮)로 되고, 선로 손실의 승압 전의 (㉯)로 된다.

① ㉮ $\frac{1}{4}$, ㉯ 2배
② ㉮ $\frac{1}{4}$, ㉯ 4배
③ ㉮ 2배, ㉯ $\frac{1}{4}$
④ ㉮ 4배, ㉯ $\frac{1}{4}$

해설 P(공급 전력=송전 전력)= $\sqrt{3}\, VI\cos\theta$ [W].

∴ P_ℓ(선로 손실=손실 전력=전력 손실)= $3I^2R = 3 \times \left(\frac{P}{\sqrt{3}\,V\cos\theta}\right)^2 \times R$

$= \frac{P^2}{V^2\cos^2\theta} \times \rho\frac{\ell}{A} = \frac{P^2\rho\ell}{V^2\cos^2\theta\, A} ≒ \frac{1}{V^2}$ [W] ⋯ ②

24.④ 25.③ 26.① 27.④

$$K(\text{전력 손실률}) = \frac{P_\ell}{P} = \frac{1}{P} \times \frac{P^2 \rho \ell}{V^2 \cos^2\theta A} = \frac{P\rho\ell}{V^2 \cos^2\theta A}$$

∴ $P(\text{공급 전력=손전 전력}) = \frac{KV^2 \cos^2\theta A}{\rho\ell} ≒ V^2[\text{W}]$ … ②

∴ ①, ② 식에서 선로의 전압(V)을 2배로 승압할 경우

$P'(\text{공급 전력}) = (V')^2 = (2V)^2 = 4V^2$ 는 (㉮ $4P$[W])로 되고

$P_\ell'(\text{선로 손실}) = \frac{1}{(V')^2} = \frac{1}{(2V)^2} = \frac{1}{4} \times \frac{1}{V^2}$ 는 (㉯ $\frac{1}{4}P_\ell$[W])로 된다.

028
일반회로정수가 A, B, C, D이고 송전단 상전압이 E_s인 경우, 무부하 시의 충전 전류(송전단 전류)는?

① CE_s
② ACE_s
③ $\frac{C}{A}E_s$
④ $\frac{A}{C}E_s$

해설 무부하인 일반회로의 4단자 방정식은 $E_s = AE_R + BI_R$, $I_s = CE_R + DI_R$이며
무부하 시는 $I_R = 0$이므로 $E_s = AE_R$, $E_R = \frac{1}{A}E_s$ [V]

∴ 무부하 시 송전단 전류 $I_s = CE_R = C \times \frac{1}{A}E_s$ [A]이다.

029
주상변압기의 고장이 배전선로에 파급되는 것을 방지하고 변압기의 과부하 소손을 예방하기 위하여 사용되는 개폐기는?

① 리클로저
② 부하개폐기
③ 컷아웃스위치
④ 섹셔널라이저

해설 컷아웃스위치는 주상변압기의 고장이 배전선로에 파급되는 것을 방지하고 변압기의 과부하 소손을 예방하기 위하여 사용되는 개폐기이다.

030
중성점 저항접지방식에서 1선 지락 시의 영상전류를 I_o라고 할 때, 접지저항으로 흐르는 전류는?

① $\frac{1}{3}I_o$
② $\sqrt{3}\,I_o$
③ $3I_o$
④ $6I_o$

해설 중성점 저항접지방식에서 1선 지락 시의 영상전류를 I_o[A]라 할 때, 접지저항으로 흐르는 전류는 $3I_o$[A]가 된다.

해답 28. ③ 29. ③ 30. ③

031 변전소에서 수용가로 공급되는 전력을 차단하고 소내 기기를 점검할 경우, 차단기와 단로기의 개폐조작 방법으로 옳은 것은?

① 점검 시에는 차단기로 부하회로를 끊고 난 다음에 단로기를 열어야 하며, 점검 후에는 단로기를 넣은 후 차단기를 넣어야 한다.
② 점검 시에는 단로기를 열고 난 후 차단기를 열어야 하며, 점검 후에는 단로기를 넣고 난 다음에 차단기로 부하회로를 연결하여야 한다.
③ 점검 시에는 차단기로 부하회로를 끊고 단로기를 열어야 하며, 점검 후에는 차단기로 부하회로를 연결한 후 단로기를 넣어야 한다.
④ 점검 시에는 단로기를 열고 난 후 차단기를 열어야 하며, 점검이 끝난 경우에는 차단기를 부하에 연결한 다음에 단로기를 넣어야 한다.

해설 변전소에서 수용가로 공급되는 전력을 차단하고 소내 기기를 점검할 경우, 차단기와 단로기의 개폐조작 방법은 점검 시에는 차단기(CB)로 부하회로를 끊고 난 다음에 단로기(DS)를 열어야 하며, 점검 후에는 단로기(DS)를 넣은 후 차단기(CB)를 넣어야 한다.

032 설비용량 600[kW], 부등률 1.2, 수용률 60%일 때의 합성 최대전력을 몇 [kW]인가?
① 240 ② 300 ③ 432 ④ 833

해설 부등률 = $\dfrac{\text{개개 수용전력의 합계}}{\text{합성 최대전력}}$

∴ 합성 최대전력 = $\dfrac{\text{수용률} \times \text{설비용량}}{\text{부등률}} = \dfrac{0.6 \times 600}{1.2} = 300[kW]$

(단, 수용률 = $\dfrac{\text{최대 수용전력 합계}}{\text{설비용량}}$)

033 다음 보호계전기 회로에서 박스 (A) 부분의 명칭은?
① 차단코일
② 영상변류기
③ 계기용변류기
④ 계기용변압기

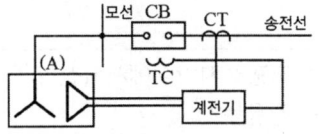

해설 그림의 보호계전기 회로에서 (A)는 계기용변압기이다.

034 단거리 송전선로에서 정상상태 유효전력의 크기는?
① 선로리액턴스 및 전압위상차에 비례한다.
② 선로리액턴스 및 전압위상차에 반비례한다.
③ 선로리액턴스에 반비례하고 상차각에 비례한다.
④ 선로리액턴스에 비례하고 상차각에 반비례한다.

정답 31.① 32.② 33.④ 34.③

해설 단거리 송전선로에서 정상상태 유효전력(송전 전력=전송 전력)
$P = \dfrac{V_S V_R}{X} \sin\delta$ [MW]로 선로리액턴스(X)에 반비례하고 상차각(δ)에 비례한다.

035 전력 원선도의 실수축과 허수축은 각각 어느 것을 나타내는가?
① 실수축은 전압이고, 허수축은 전류이다.
② 실수축은 전압이고, 허수축은 역률이다.
③ 실수축은 전류이고, 허수축은 유효전력이다.
④ 실수축은 유효전력이고, 허수축은 무효전력이다.

해설 전력 원선도의 교류전력 $E \cdot \overline{I} = E(\cos\phi_1 + j\sin\phi_2) \times I(\cos\phi_1 - j\sin\phi_2)$
$= EI\cos\phi_1 + jEI\sin\phi_2 = P(\text{유효전력}) + jQ(\text{무효전력})$[VA]이다.
∴ 전력 원선도의 실수축은 유효전력이고, 허수축은 무효전력이다.

036 전선로의 지지물 양쪽의 경간의 차가 큰 장소에 사용되며, 일명 E형 철탑이라고도 하는 표준 철탑의 일종은?
① 직선형 철탑
② 내장형 철탑
③ 각도형 철탑
④ 인류형 철탑

해설 내장형 철탑은 전선로의 지지물 양쪽의 경간의 차가 큰 장소에 사용되며, 일명 E형 철탑이라고도 하는 표준 철탑의 일종이다.

037 수차발전기가 난조를 일으키는 원인은?
① 수차의 조속기가 예민하다.
② 수차의 속도 변동률이 적다.
③ 발전기의 관성 모멘트가 크다.
④ 발전기의 자극에 제동권선이 있다.

해설 수차발전기가 난조를 일으키는 원인은 수차의 조속기가 예민하다.

038 차단기가 전류를 차단할 때, 재점호가 일어나기 쉬운 차단 전류는?
① 동상전류
② 지상전류
③ 진상전류
④ 단락전류

해설 진상전류는 차단기가 전류를 차단할 때, 재점호가 일어나기 쉬운 차단 전류이다.

정답 35. ④ 36. ② 37. ① 38. ③

039 배전선에 부하가 균등하게 분포되었을 때 배전선 말단에서의 전압강하는 전 부하가 집중적으로 배전선 말단에 연결되어 있을 때의 몇 %인가?

① 25   ② 50
③ 75   ④ 100

해설 균등 분포일 때 배전선 말단 부하의 전압강하 $e = IR$ [V]

집중 분포일 때 배전선 말단 부하의 전압강하 $e' = \int_0^1 iRd_x = \int_0^1 I(1-x)Rd_x$

$= IR\int_0^1 (1-x)d_x = IR\left(x - \frac{x^2}{2}\right)_0^1 = IR\left(1 - 0 - \frac{1^2 - 0^2}{2}\right) = IR\left(1 - \frac{1}{2}\right) = \frac{IR}{2}$ [V]이다.

∴ $\frac{집중\ 부하\ 전압강하}{균등\ 부하\ 전압강하} \times 100 = \frac{e'}{e} \times 100 = \frac{\frac{IR}{2}}{IR} \times 100 = \frac{1}{2} \times 100 = 50\%$ 이다.

040 송전선의 특성임피던스를 Z_0, 전파속도를 V라 할 때, 이 송전선의 단위길이에 대한 인덕턴스 L은?

① $L = \frac{V}{Z_0}$ ② $L = \frac{Z_0}{V}$
③ $L = \frac{Z_0^2}{V}$ ④ $L = \sqrt{Z_0}\ V$

해설 송전선의 특성임피던스 $Z_0 = \sqrt{\frac{Z}{Y}}$ [Ω], 무손실 선로에서는 $R=0$, $G=0$이다.

∴ $Z_0 = \sqrt{\frac{Z}{Y}} = \sqrt{\frac{L}{C}}$ [Ω], 양변자승 $Z_0^2 = \frac{L}{C}$, $C = \frac{L}{Z_0^2}$ [F] … ①

전파속도 $V = \frac{\omega}{\beta} = \frac{\omega}{\omega\sqrt{LC}} = \frac{1}{\sqrt{LC}} = \frac{1}{\sqrt{L \times \frac{L}{Z_0^2}}} = \frac{Z_0}{L}$ [m/sec]

∴ 인덕턴스 $L = \frac{Z_0}{V}$ [H]이다.

03 전/기/기/기

041 정격 150[kVA], 철손 1[kW], 전부하 동손이 4[kW]인 단상변압기의 최대 효율(%)과 최대 효율 시의 부하(kVA)는? (단, 부하 역률은 1이다.)

① 96.8%, 125[kVA]   ② 97%, 50[kVA]
③ 97.2%, 100[kVA]   ④ 97.4%, 75[kVA]

정답 39.② 40.② 41.④

해설 변압기 최대 효율인 부하 $m = \sqrt{\dfrac{P_i}{P_c}} = \sqrt{\dfrac{1}{4}} = \dfrac{1}{2}$

변압기 최대 효율 시의 부하 $P = 150 \times \dfrac{1}{2} = 75[\text{kVA}]$가 된다.

∴ 최대 효율 $\eta_{\max} = \dfrac{P}{P + P_i + P_c} \times 100 = \dfrac{P}{P + 2P_i} \times 100$

$= \dfrac{75}{75 + 2 \times 1} \times 100 = \dfrac{75}{77} \times 100 = 97.4\%$

∴ $\eta_{\max} = 97.4\%$, $P(\text{부하}) = 75[\text{kVA}]$이다.

042
사이리스터에 의한 제어는 무엇을 제어하여 출력전압을 변환시키는가?
① 토크
② 위상각
③ 회전수
④ 주파수

해설 사이리스터에 의한 제어란 위상각을 제어하여 출력전압을 변환시키는 것이다.

043
전동력 응용기기에서 GD^2의 값이 적은 것이 바람직한 기기는?
① 압연기
② 송풍기
③ 냉동기
④ 엘리베이터

해설 권상기나 엘리베이터는 전동력 운용기기에서 GD^2(플라이 휠)의 값이 적은 것이 바람직한 기기이다.(단, GD^2(플라이 휠)은 회전에너지를 축적하였다가 부하변동에 대응하는 것이다.)

044
온도 측정장치 중 변압기의 권선온도 측정에 가장 적당한 것은?
① 탐지코일
② dial온도계
③ 권선온도계
④ 봉상온도계

해설 권선온도계는 온도 측정장치 중 변압기의 권선온도 측정에 가장 적당하다.

045
어떤 변압기의 백분율 저항강하가 2%, 백분율 리액턴스강하가 3%라 한다. 이 변압기로 역률이 80%인 부하에 전력을 공급하고 있다. 이 변압기의 전압변동률은 몇 %인가?
① 2.4
② 3.4
③ 3.8
④ 4.0

해설 변압기의 전압변동률 $\varepsilon = p\cos\theta + q\sin\theta = 2 \times 0.8 + 3 \times 0.6 = 1.6 + 1.8 = 3.4\%$이다.

42. ② 43. ④ 44. ③ 45. ②

046 직류 및 교류 양용에 사용되는 만능 전동기는?
① 복권전동기　　　　　② 유도전동기
③ 동기전동기　　　　　④ 직권 정류자전동기

해설) 직권 정류자전동기는 직류 및 교류 양용에 사용되는 만능 전동기를 말한다.

047 어떤 IGBT의 열용량은 0.02[J/℃], 열저항은 0.625[℃/W]이다. 이 소자에 직류 25[A]가 흐를 때 전압강하는 3[V]이다. 몇 ℃의 온도상승이 발생하는가?
① 1.5　　　② 1.7　　　③ 47　　　④ 52

해설) IGBT 소자의 전력 $P = VI = \dfrac{\text{온도상승}}{\text{열저항}}$

∴ 온도상승 $= VI \times \text{열저항} = 3 \times 25 \times 0.625 = 46.875 \fallingdotseq 47\,℃$ 이다.

048 직류전동기의 속도제어법 중 정지 워드레오나드 방식에 관한 설명으로 틀린 것은?
① 광범위한 속도제어가 가능하다.
② 정토크 가변속도의 용도에 적합하다.
③ 제철용 압연기, 엘리베이터 등에 사용된다.
④ 직권전동기의 저항제어와 조합하여 사용한다.

해설) 직류전동기의 속도제어법 중 정지 워드레오나드 방식에 관한 설명으로 옳은 것은
① 광범위한 속도제어가 가능하다.
② 정토크 가변속도의 용도에 적합하다.
③ 제철용 압연기, 엘리베이터 등에 사용된다.

049 권수비 30인 단상변압기의 1차에 6600[V]를 공급하고, 2차에 40[kW], 뒤진 역률 80%의 부하를 걸 때 2차 전류 I_2 및 1차 전류 I_1은 약 몇 [A]인가? (단, 변압기의 손실은 무시한다.)
① $I_2 = 145.5$, $I_1 = 4.85$　　　② $I_2 = 181.8$, $I_1 = 6.06$
③ $I_2 = 227.3$, $I_1 = 7.58$　　　④ $I_2 = 321.3$, $I_1 = 10.28$

해설) 권수비 $a = \dfrac{V_1}{V_2} = \dfrac{I_2}{I_1}$, $V_2 = \dfrac{V_1}{a} = \dfrac{6600}{30} = 220[V]$, $P_2 = V_2 I_2 \cos\theta\,[kW]$

∴ $I_2(\text{2차 전류}) = \dfrac{P_2}{V_2 \cos\theta} = \dfrac{40000}{220 \times 0.8} = \dfrac{40000}{176} \fallingdotseq 227.3[A]$. 또한 $a = \dfrac{I_2}{I_1}$

∴ $I_1(\text{1차 전류}) = \dfrac{I_2}{a} = \dfrac{227.3}{30} \fallingdotseq 7.58[A]$ 가 된다.

∴ $I_1 = 7.58[A]$, $I_2 = 227.3[A]$ 이다.

정답) 46. ④　47. ③　48. ④　49. ③

050 동기전동기에서 90° 앞선 전류가 흐를 때 전기자 반작용은?
① 감자작용
② 증자작용
③ 편자작용
④ 교차자화작용

해설 동기전동기의 감자작용이란 위상특성 곡선에서 E(기전력) 기준 전기자 전류가 90° 앞선 경우의 전기자 반작용을 말한다.

051 일정 전압으로 운전하는 직류전동기의 손실이 $x+yI^2$으로 될 때 어떤 전류에서 효율이 최대가 되는가? (단, x, y는 정수이다.)
① $I=\sqrt{\dfrac{x}{y}}$
② $I=\sqrt{\dfrac{y}{x}}$
③ $I=\dfrac{x}{y}$
④ $I=\dfrac{y}{x}$

해설 손실 $x+yI^2$ 중에서 x는 부하전류에 관계없는 고정손이고 yI^2은 전류 제곱에 비례하는 가변손이다. 최대 효율의 조건은 고정손=가변이다. 즉 $x=yI^2$.
∴ I(부하전류)$=\sqrt{\dfrac{x}{y}}$ 에서 최대 효율이 된다.

052 T-결선에 의하여 3300[V]의 3상으로부터 200[V], 40[kVA]의 전력을 얻는 경우 T좌 변압기의 권수비는 약 얼마인가?
① 10.2
② 11.7
③ 14.3
④ 16.5

해설 a_M(주좌 변압기의 권수비)$=\dfrac{V_1}{V_2}=\dfrac{3300}{220}$
T좌 변압기의 권수비 $a_T=a_M \times \dfrac{\sqrt{3}}{2}=16.5 \times 0.866 ≒ 14.3$이다.

053 유도전동기 슬립 s의 범위는?
① $1 < s$
② $s < -1$
③ $-1 < s < 0$
④ $0 < s < 1$

해설 유도전동기 동작 특성에 대한 슬립의 범위
유도전동기의 동작 영역 $1 > s > 0$
유도제동기의 동작 영역 $s > 1$
유도발전기의 동작 영역 $s < 0$ 등이다.

정답 50.① 51.① 52.③ 53.④

054 전기자 총 도체수 500, 6극, 중권의 직류전동기가 있다. 전기자 전 전류가 100[A]일 때의 발생토크는 약 몇 [kg·m]인가? (단, 1극당 자속수는 0.01[Wb]이다.)

① 8.12
② 9.54
③ 10.25
④ 11.58

해설 $1[kg \cdot m] = 9.8[N \cdot m]$, 중권 a(병렬회로수) $= P$(극수) $= 6$

∴ $P = EI_a = \omega T[W]$

$T(\text{토크}) = \dfrac{EI_a}{\omega} \times \dfrac{1}{9.8} = \dfrac{\dfrac{P}{a}Zn\phi I_a}{2\pi n} \times \dfrac{1}{9.8} = \dfrac{PZ}{2\pi a}\phi I_a \times \dfrac{1}{9.8}$

$= \dfrac{6 \times 500}{2\pi \times 6} \times 0.01 \times 100 \times \dfrac{1}{9.8} = \dfrac{500}{6.28} \times \dfrac{1}{9.8} = \dfrac{500}{61.544} ≒ 8.12[kg \cdot m]$이다.

055 3상 동기발전기 각 상의 유기기전력 중 제3고조파를 제거하려면 코일간격/극간격을 어떻게 하면 되는가?

① 0.11
② 0.33
③ 0.67
④ 0.34

해설 3상 동기발전기 각 상의 유기기전력 중 제3고조파를 제거하기 위한 β(코일간격/극간격)의 값은, 즉 제3고조파를 제거하기 위한 조건은 $\dfrac{3\beta\pi}{2} = n\pi$(단, $n = 0, 1, 2, 3, \cdots$)

$n = 0$일 때 $\dfrac{3\beta\pi}{2} = 0 \cdot \pi$, β(코일간격/극간격) $= 0$(권선이 이루어지지 않는다.)

$n = 1$일 때는 $\dfrac{3\beta\pi}{2} = 1 \cdot \pi$, β(코일간격/극간격) $= \dfrac{2}{3} ≒ 0.67$이다.

056 3상 유도전동기의 토크와 출력에 대한 설명으로 옳은 것은?

① 속도에 관계가 없다.
② 동일 속도에서 발생한다.
③ 최대 출력은 최대 토크보다 고속도에서 발생한다.
④ 최대 토크가 최대 출력보다 고속도에서 발생한다.

해설 3상 유도전동기의 최대 출력은 최대 토크보다 고속도에서 발생한다.

057 단자전압 220[V], 부하전류 48[A], 계자전류 2[A], 전기자 저항 0.2[Ω]인 직류분권발전기의 유도기전력(V)은? (단, 전기자 반작용은 무시한다.)

① 210
② 220
③ 230
④ 240

해답 54. ① 55. ③ 56. ③ 57. ③

해설 그림의 직류분권발전기 회로에서
I_a(전기자 전류)$= I + I_f = 48 + 2 = 50[A]$
V(단자전압)$= E - I_a r_a [V]$
∴ E(직류분권발전기의 유기 기전력)
$= V + I_a r_a = 220 + 50 \times 0.2 = 230[V]$이다.

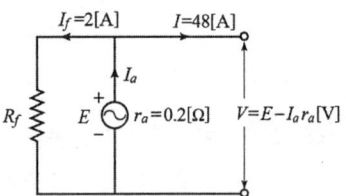

058 200[kW], 200[V]의 직류 분권발전기가 있다. 전기자 권선의 저항이 0.025[Ω]일 때 전압변동률은 몇 %인가?
① 6.0 ② 12.5
③ 20.5 ④ 25.0

해설 무부하 단자전압 $V_o = V_n + I_a r_a = 200 + \frac{200 \times 10^3}{200} \times 0.025 = 200 + 25 = 225[V]$

∴ 전압변동률 $\varepsilon = \frac{V_o - V_n}{V_n} \times 100 = \frac{225 - 200}{200} \times 100 = 12.5\%$이다.

[별해] 전압변동률

$\varepsilon = \frac{V_o - V_n}{V_n} \times 100 = \frac{I_a r_a}{V_n} \times 100 = \frac{\frac{200 \times 10^3}{200} \times 0.025}{200} \times 100 = \frac{25}{200} \times 100 = 12.5\%$

059 동기발전기에서 전기자 전류를 I, 역률을 $\cos\theta$라 하면 횡축 반작용을 하는 성분은?
① $I\cos\theta$ ② $I\cot\theta$
③ $I\sin\theta$ ④ $I\tan\theta$

해설 동기발전기에서 E(기준) 전기자 전류 $I[A]$에 전기자 반작용

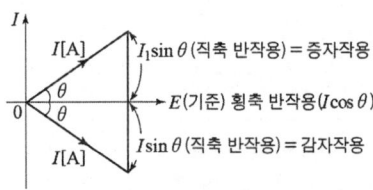

∴ 횡축 반작용(교차 자화 작용)의 성분은 $I\cos\theta$이다.

060 단상 유도전동기와 3상 유도전동기를 비교했을 때 단상 유도전동기의 특징에 해당되는 것은?
① 대용량이다. ② 중량이 작다.
③ 역률, 효율이 좋다. ④ 기동장치가 필요하다.

해설 단상 유도전동기와 3상 유도전동기를 비교할 때 단상 유도전동기의 특징은 기동장치가 필요하다.

해답 58.② 59.① 60.④

04 회/로/이/론

061 비정현파의 성분을 가장 옳게 나타낸 것은?

① 직류분+고조파 ② 교류분+고조파
③ 교류분+기본파+고조파 ④ 직류분+기본파+고조파

해설 비정현파 교류

$$f(t) = A_o + \sum_{n=1}^{\infty} A_n \sin(n\omega t + \theta_n) = A_o + A_1 \sin(\omega t + \theta_1) + A_2 \sin(2\omega t + \theta_2)$$
$$+ A_3 \sin(3\omega t + \theta_3) + \cdots \text{이므로}$$

비정현파는 직류분+기본파+고조파 성분의 합성이다.

062 다음과 같은 전류의 초기값 $i(0^+)$를 구하면?

$$I(s) = \frac{12(s+8)}{4s(s+6)}$$

① 1 ② 2 ③ 3 ④ 4

해설 초기 조건

$$\lim_{t \to 0} i(t) = \lim_{s \to \infty} sI(s) = \lim_{s \to \infty} s \times \frac{12(s+8)}{4s(s+6)} = \lim_{s \to \infty} \frac{12(\infty+8)}{4(\infty+6)} = \frac{12}{4} = 3$$

063 대칭 n상 환상결선에서 선전류와 환상전류 사이의 위상차는 어떻게 되는가?

① $2(1-\frac{2}{n})$ ② $\frac{n}{2}(1-\frac{\pi}{2})$
③ $\frac{\pi}{2}(1-\frac{n}{2})$ ④ $\frac{\pi}{2}(1-\frac{2}{n})$

해설 대칭 n상 환상결선(△결선)에서 선전류와 환상전류 사이의 관계는

$I_\ell = I_p 2\sin\frac{\pi}{n} \varepsilon^{-j\frac{\pi}{2}\left(1-\frac{2}{n}\right)}$ [A]로써 위상차 $\theta = \frac{\pi}{2}\left(1-\frac{2}{n}\right)$이다.

064 V_a, V_b, V_c를 3상 불평형 전압이라 하면 정상(正相)전압(V)은?
(단, $a = -\frac{1}{2} + j\frac{\sqrt{3}}{2}$이다.)

① $3(V_a + V_b + V_c)$ ② $\frac{1}{3}(V_a + V_b + V_c)$
③ $\frac{1}{3}(V_a + a^2 V_b + a V_c)$ ④ $\frac{1}{3}(V_a + a V_b + a^2 V_c)$

정답 61.④ 62.③ 63.④ 64.④

해설 V_a, V_b, V_c를 3상 불평형 전압이라 하면

대칭분의 영상전압 $V_0 = \frac{1}{3}(V_a + V_b + V_c)$[V]

정상전압 $V_1 = \frac{1}{3}(V_a + aV_b + a^2V_c)$[V]

역상전압 $V_2 = \frac{1}{3}(V_a + a^2V_b + aV_c)$[V]이다.

065

그림에서 4단자 회로 정수 A, B, C, D 중 출력 단자 3, 4가 개방되었을 때의 $\frac{V_1}{V_2}$인 A의 값은?

① $1 + \frac{Z_2}{Z_1}$ ② $1 + \frac{Z_3}{Z_2}$

③ $1 + \frac{Z_2}{Z_3}$ ④ $\frac{Z_1 + Z_2 + Z_3}{Z_1 Z_3}$

해설 π형 4단자망의 4단자 정수

$$\begin{vmatrix} A & B \\ C & D \end{vmatrix} = \begin{vmatrix} 1 & 0 \\ \frac{1}{Z_1} & 1 \end{vmatrix} \begin{vmatrix} 1 & Z_3 \\ 0 & 1 \end{vmatrix} \begin{vmatrix} 1 & 0 \\ \frac{1}{Z_2} & 1 \end{vmatrix} = \begin{vmatrix} 1 & Z_3 \\ \frac{1}{Z_1} & 1+\frac{Z_3}{Z_1} \end{vmatrix} \begin{vmatrix} 1 & 0 \\ \frac{1}{Z_2} & 1 \end{vmatrix} = \begin{vmatrix} 1+\frac{Z_3}{Z_2} & Z_3 \\ \frac{1}{Z_1} + \frac{1}{Z_2}\left(1+\frac{Z_3}{Z_1}\right) & 1+\frac{Z_3}{Z_1} \end{vmatrix}$$

∴ π형 4단자망에서 출력 단자 3, 4가 개방되었을 때 4단자 정수

$A = \frac{V_1}{V_2}\bigg|_{I_2=0} = 1 + \frac{Z_3}{Z_2}$ 가 된다.

066

$R = 1[k\Omega]$, $C = 1[\mu F]$가 직렬접속된 회로에 스텝(구형파)전압 10[V]를 인가하는 순간에 커패시터 C에 걸리는 최대전압(V)은?

① 0 ② 3.72 ③ 6.32 ④ 10

해설 R-C 직렬회로에 스텝(구형파)전압 $V = 10$[V]을 인가하는 순간 커패시턴스는 개방 상태로 전압의 변화 $\left(\frac{dV}{dt} = 0\right)$는 0이다.

∴ 순시전류 $i_{(t)} = C\frac{dV}{dt} = 0$, C(커패시턴스)에 걸리는 최대전압=0[V]이다.

067

저항 $R = 6[\Omega]$과 유도리액턴스 $X_L = 8[\Omega]$이 직렬로 접속된 회로에서 $v = 200\sqrt{2} \sin\omega t$[V]인 전압을 인가하였다. 이 회로의 소비되는 전력(kW)은?

① 1.2 ② 2.2 ③ 2.4 ④ 3.2

해설 R-L 직렬 회로의 임피던스 $\dot{Z} = R + jX_L = \sqrt{R^2 + X_L^2}\,[\Omega]$.

회로 전류 $I = \dfrac{V}{\dot{Z}} = \dfrac{V}{\sqrt{R^2 + X_L^2}} = \dfrac{200}{\sqrt{6^2 + 8^2}} = \dfrac{200}{10} = 20[A]$

직렬 회로의 소비 전력 $P = I^2 R = (20)^2 \times 6 = 2400[W] = 2.4[kW]$이다.

068 어느 소자에 전압 $e = 125\sin 377t\,[V]$를 가했을 때 전류 $i = 50\cos 377t\,[A]$가 흘렀다. 이 회로의 소자는 어떤 종류인가?

① 순저항
② 용량 리액턴스
③ 유도 리액턴스
④ 저항과 유도 리액턴스

해설 직렬 회로는 전류 $I[A]$ 기준 임피던스 $\dot{Z} = \dfrac{E_m \angle 0}{I_m \angle +90} = \dfrac{125\angle 0°}{50\angle 90°} = 2.5\angle -90[\Omega]$

즉 전류(I) 기준 전압(E)의 위상이 90° 뒤진다.

∴ 임피던스 $\dot{Z} = X_c = 2.5[\Omega]$, 용량성 리액턴스이다.

069 기전력 3[V], 내부저항 0.5[Ω]의 전지 9개가 있다. 이것을 3개씩 직렬로 하여 3조 병렬 접속한 것에 부하저항 1.5[Ω]을 접속하면 부하전류(A)는?

① 2.5 ② 3.5 ③ 4.5 ④ 5.5

해설
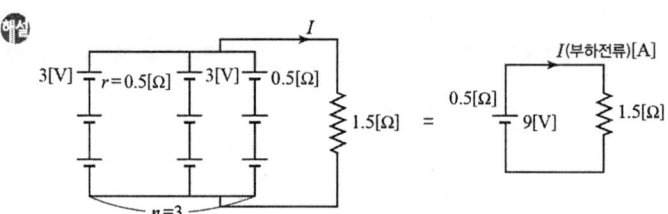

∴ 부하전류 $I = \dfrac{E}{R_t} = \dfrac{9}{0.5 + 1.5} = 4.5[A]$이다.

070 $\dfrac{E_o(s)}{E_i(s)} = \dfrac{1}{s^2 + 3s + 1}$의 전달함수를 미분방정식으로 표시하면?

(단, $\mathcal{L}^{-1}[E_o(s)] = e_o(t)$, $\mathcal{L}^{-1}[E_i(s)] = e_i(t)$이다.)

① $\dfrac{d^2}{dt^2}e_i(t) + 3\dfrac{d}{dt}e_i(t) + e_i(t) = e_o(t)$

② $\dfrac{d^2}{dt^2}e_o(t) + 3\dfrac{d}{dt}e_o(t) + e_o(t) = e_i(t)$

③ $\dfrac{d^2}{dt^2}e_i(t) + 3\dfrac{d}{dt}e_i(t) + \displaystyle\int e_i(t)dt = e_o(t)$

④ $\dfrac{d^2}{dt^2}e_o(t) + 3\dfrac{d}{dt}e_o(t) + \displaystyle\int e_o(t)dt = e_i(t)$

정답 68.② 69.③ 70.②

예해 $\frac{d}{dt}=j\omega=s$, $\mathcal{L}^{-1}[E_o(s)]=e_o(t)$, $\mathcal{L}^{-1}[E_i(s)]=e_i(t)$ 일 때

전달함수 $\frac{E_o(s)}{E_i(s)}=\frac{1}{s^2+3s+1}$ 의 미분방정식으로 표시는

$s^2 E_o(s)+3s E_o(s)+E_o(s)=E_i(s)$

∴ $\frac{d^2}{dt^2}e_o(t)+3\frac{d}{dt}e_o(t)+e_o(t)=e_i(t)$ 이다.

071
정격전압에서 1[kW]의 전력을 소비하는 저항에 정격의 80%의 전압을 가할 때의 전력(W)은?

① 340　　　　　　　　② 540
③ 640　　　　　　　　④ 740

예해 $P=VI=I^2R=\frac{V^2}{R}$ ≒ $V^2=1$[kW]이다. $V'=0.8$[V]일 때의 소비전력

$P'=(V')^2=(0.8V)^2=0.64\times V^2=0.64\times 1000=640$[W]이다.

072
$e=200\sqrt{2}\sin\omega t+150\sqrt{2}\sin 3\omega t+100\sqrt{2}\sin 5\omega t$[V]인 전압을 R-L 직렬회로에 가할 때에 제3고조파 전류의 실효값은 몇 [A]인가? (단, $R=8$[Ω], $\omega L=2$[Ω]이다.)

① 5　　　　　　　　② 8
③ 10　　　　　　　　④ 15

예해 R-L 직렬회로에서 제3고조파 전류의 실효값

$I_3=\frac{V_3}{\sqrt{R^2+(3\omega L)^2}}=\frac{150}{\sqrt{(8)^2+(3\times 2)^2}}=\frac{150}{10}=15$[A]이다.

073
대칭 3상 Y결선에서 선간전압이 $200\sqrt{3}$[V]이고 각 상의 임피던스가 $30+j40$[Ω]의 평형부하일 때 선전류(A)는?

① 2　　　　　　　　② $2\sqrt{3}$
③ 4　　　　　　　　④ $4\sqrt{3}$

예해 대칭 3상 Y결선에서 평형부하일 때 선전류=상전류

$I_p=\frac{V_p}{Z}=\frac{\frac{V_\ell}{\sqrt{3}}}{30+j40}=\frac{\frac{200\sqrt{3}}{\sqrt{3}}}{\sqrt{(30)^2+(40)^2}}=\frac{200}{50}=4$[A]이다.

정답 71. ③　72. ④　73. ③

074 3상 회로에 Δ결선된 평형 순저항 부하를 사용하는 경우 선간전압 220[V], 상전류가 7.33[A]라면 1상의 부하저항은 약 몇 [Ω]인가?

① 80　　　　　　　　② 60
③ 45　　　　　　　　④ 30

해설 3상 Δ결선의 선간전압=상전압=220[V]일 때 상전류 $I_p = \dfrac{V_p}{R}$ [A]

∴ Δ결선 1상의 부하저항 $R = \dfrac{V_p}{I_p} = \dfrac{220}{7.33} ≒ 30[Ω]$ 이다.

075 두 대의 전력계를 사용하여 3상 평형 부하의 역률을 측정하려고 한다. 전력계의 지시가 각각 P_1[W], P_2[W]할 때 이 회로의 역률은?

① $\dfrac{\sqrt{P_1+P_2}}{P_1+P_2}$　　　　② $\dfrac{P_1+P_2}{P_1^2+P_2^2-2P_1P_2}$

③ $\dfrac{2(P_1+P_2)}{\sqrt{P_1^2+P_2^2-P_1P_2}}$　　　　④ $\dfrac{P_1+P_2}{2\sqrt{P_1^2+P_2^2-P_1P_2}}$

해설 3상 2전력계 법에서

$\left(\dfrac{무효전력}{유효전력}\right)^2 = \dfrac{(\sqrt{3}P_2-P_1)^2}{(P_1+P_2)^2} = \dfrac{(\sqrt{3}VI\sin\theta)^2}{(\sqrt{3}VI\cos\theta)^2} = \dfrac{\sin^2\theta}{\cos^2\theta} = \dfrac{1-\cos^2\theta}{\cos^2\theta} = \dfrac{1}{\cos^2\theta} - 1$ 에서

$\dfrac{1}{\cos^2\theta} = 1 + \dfrac{3(P_2-P_1)^2}{(P_1+P_2)^2} = \dfrac{(P_1+P_2)^2 + 3(P_2-P_1)^2}{(P_1+P_2)^2}$

$= \dfrac{P_1^2+2P_1P_2+P_2^2+3P_2^2-6P_1P_2+3P_1^2}{(P_1+P_2)^2} = \dfrac{4P_1^2+4P_2^2-4P_1P_2}{(P_1+P_2)^2}$

∴ $\cos\theta = \sqrt{\dfrac{(P_1+P_2)^2}{4P_1^2+4P_2^2-4P_1P_2}} = \dfrac{P_1+P_2}{2\sqrt{P_1^2+P_2^2-P_1P_2}}$

076 $t=0$에서 스위치 S를 닫았을 때 정상 전류값(A)은?

① 1
② 2.5
③ 3.5
④ 7

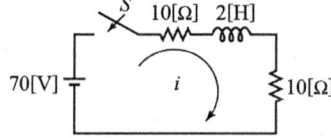

해답　74. ④　75. ④　76. ③

◉ $t=0$에서 스위치 S를 닫았을 때 과도전류 $i_{(t)} = \frac{E}{R} \times e^{-\frac{R}{L}t}$ [A]이다.

∴ 정상전류 값은 $\frac{E}{R} = \frac{70}{20} = 3.5$[A]이다.

077
L형 4단자 회로망에서 4단자 정수가 $B = \frac{5}{3}$, $C = 1$이고, 영상임피던스 $Z_{01} = \frac{20}{3}$ [Ω]일 때 영상임피던스 Z_{02}[Ω]의 값은?

① 4 ② $\frac{1}{4}$ ③ $\frac{100}{9}$ ④ $\frac{9}{100}$

◉ L형 4단자 회로망에서 $Z_{01} = \sqrt{\frac{AB}{CD}} = \frac{20}{3}$[Ω], $Z_{02} = \sqrt{\frac{BD}{CA}}$ [Ω]

$Z_{01} \times Z_{02} = \sqrt{\frac{AB}{CD}} \times \sqrt{\frac{BD}{CA}} = \sqrt{\frac{B^2}{C^2}} = \frac{B}{C} = \frac{5}{3}$

∴ $Z_{02} = \frac{\frac{B}{C}}{Z_{01}} = \frac{\frac{5}{3}}{\frac{20}{3}} = \frac{5}{20} = \frac{1}{4}$[Ω]이다.

078
다음과 같은 회로에서 a, b 양단의 전압은 몇 [V]인가?

① 1
② 2
③ 2.5
④ 3.5

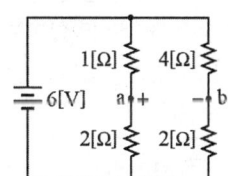

◉ $V_a = \frac{2}{2+1} \times 6 = 4$[V], $V_b = \frac{2}{4+2} \times 6 = 2$[V]이다.

∴ a, b 양단의 전압 $V_{ab} = V_a - V_b = 4 - 2 = 2$[V]이다.

079
저항 R_1[Ω], R_2[Ω] 및 인덕턴스 L[H]이 직렬로 연결되어 있는 회로의 시정수(s)는?

① $\frac{R_1 + R_2}{L}$ ② $\frac{L}{R_1 + R_2}$

③ $-\frac{R_1 + R_2}{L}$ ④ $-\frac{L}{R_1 + R_2}$

◉ 저항 R_1[Ω], R_2[Ω]와 인덕턴스 L[H]의 직렬 회로의 시정수 $\tau = \frac{L}{R_1 + R_2}$[sec]가 된다.

77. ② 78. ② 79. ②

080 $F(s) = \dfrac{s}{s^2+\pi^2} \cdot e^{-2s}$ 함수를 시간추이정리에 의해서 역변환하면?

① $\sin\pi(t+a) \cdot u(t+a)$
② $\sin\pi(t-2) \cdot u(t-2)$
③ $\cos\pi(t+a) \cdot u(t+a)$
④ $\cos\pi(t-2) \cdot u(t-2)$

해설 시간추이정리 $L(f(t-a)) = e^{-as}F(s)$ 이다.
∴ $L^{-1}\left(e^{-2s} \cdot \dfrac{s}{s^2+\pi^2}\right) = \cos\pi(t-2) \cdot u(t-2)$ 이다.

05 전/기/설/비/기/술/기/준 및 판/단/기/준

081 건조한 장소로서 전개된 장소에 한하여 시설할 수 있는 고압 옥내배선의 방법은?

① 금속관 공사
② 애자사용 공사
③ 가요전선관 공사
④ 합성수지관 공사

해설 애자사용 공사는 건조한 장소로서 전개된 장소에 한하여 시설할 수 있는 고압 옥내배선의 방법이다.

082 154/22.9[kV]용 변전소의 변압기에 반드시 시설하지 않아도 되는 계측장치는?

① 전압계
② 전류계
③ 역률계
④ 온도계

해설 역률계는 154/22.9[kV]용 변전소의 변압기에 반드시 시설하지 않아도 되는 계측장치이다.

083 22.9[kV] 특고압 가공전선로의 중성선은 다중 접지를 하여야 한다. 각 접지선을 중성선으로부터 분리하였을 경우 1[km]마다 중성선과 대지 사이의 합성전기저항 값은 몇 [Ω] 이하인가? (단, 전로에 지락이 생겼을 때의 2초 이내에 자동적으로 이를 전로로부터 차단하는 장치가 되어 있다.)

① 5
② 10
③ 15
④ 20

해설 전로에 지락이 생겼을 때의 2초 이내에 자동적으로 이를 전로로부터 차단하는 장치가 되어 있는 22.9[kV] 특고압 가공전선로의 중성선은 다중 접지를 하여야 한다. 각 접지선을 중성선으로부터 분리하였을 경우 1[km]마다 중성선과 대지 사이의 합성전기저항 값은 15[Ω] 이하이어야 한다.

해답 80.④ 81.② 82.③ 83.③

084 전기부식방식 시설은 지표 또는 수중에서 1[m] 간격의 임의의 2점(양극의 주위 1[m] 이내의 거리에 있는 점 및 울타리의 내부점을 제외한다.)간의 전위차가 몇 [V]를 넘으면 안 되는가?
① 5   ② 10
③ 25 ④ 30

해설 전기부식방식 시설은 지표 또는 수중에서 1[m] 간격의 임의의 2점(양극의 주위 1[m] 이내의 거리에 있는 점 및 울타리의 내부점을 제외한다.)간의 전위차가 5[V]를 넘으면 아니된다.

085 고압 가공전선이 가공약전류전선 등과 접근하는 경우에 고압 가공전선과 가공약전류전선 사이의 이격거리는 몇 [cm] 이상이어야 하는가? (단, 전선이 케이블인 경우)
① 20 ② 30
③ 40 ④ 50

해설 전선이 케이블인 경우 고압 가공전선이 가공약전류전선 등과 접근하는 경우에 고압 가공전선과 가공약전류전선 사이의 이격거리는 40[cm] 이상이어야 한다.

086 가공전선로의 지지물에 지선을 시설하는 기준으로 옳은 것은?
① 소선 지름 : 1.6[mm], 안전율 : 2.0, 허용인장하중 : 4.31[kN]
② 소선 지름 : 2.0[mm], 안전율 : 2.5, 허용인장하중 : 2.11[kN]
③ 소선 지름 : 2.6[mm], 안전율 : 1.5, 허용인장하중 : 3.21[kN]
④ 소선 지름 : 2.6[mm], 안전율 : 2.5, 허용인장하중 : 4.31[kN]

해설 가공전선로의 지지물에 지선을 시설하는 경우 소선 지름은 2.6[mm], 안전율은 2.5, 허용인장하중은 4.31[kN]을 기준으로 한다.

087 시가지 등에서 특고압 가공전선로를 시설하는 경우 특고압 가공전선로용 지지물로 사용할 수 없는 것은? (단, 사용전압이 170[kV] 이하인 경우이다.)
① 철탑   ② 목주
③ 철주   ④ 철근 콘크리트주

해설 시가지 등에서 특고압 가공전선로를 시설하는 경우 사용전압이 170[kV] 이하인 특고압 가공전선로용 지지물로 사용할 수 없는 것은 목주이다.

해답 84.① 85.③ 86.④ 87.②

088 중성선 다중접지식의 것으로 전로에 지락이 생겼을 때에 2초 이내에 자동적으로 이를 전로로부터 차단하는 장치가 되어 있는 22.9[kV] 가공전선로를 상부 조영재의 위쪽에서 접근상태로 시설하는 경우, 가공전선과 건조물과의 이격거리는 몇 [m] 이상이어야 하는가? (단, 전선으로는 나전선을 사용한다고 한다.)

① 1.2   ② 1.5   ③ 2.5   ④ 3.0

해설 나전선을 사용한 중성선 다중접지식의 것으로 전로에 지락이 생겼을 때에 2초 이내에 자동적으로 이를 전로로부터 차단하는 장치가 되어 있는 22.9[kV] 가공전선로를 상부 조영재의 위쪽에서 접근상태로 시설하는 경우, 가공전선과 건조물과의 이격거리는 3.0[m] 이상이어야 한다.

089 시가지에 시설하는 고압 가공전선으로 경동선을 사용하려면 그 지름은 최소 몇 [mm]이어야 하는가?

① 2.6   ② 3.2   ③ 4.0   ④ 5.0

해설 시가지에 시설하는 고압 가공전선으로 경동선을 사용하려면 그 지름은 최소 5.0[mm] 이어야 한다.

090 케이블을 지지하기 위하여 사용하는 금속제 케이블 트레이의 종류가 아닌 것은?

① 사다리형   ② 통풍 밀폐형
③ 통풍 채널형   ④ 바닥 밀폐형

해설 케이블을 지지하기 위하여 사용하는 금속제 케이블 트레이의 종류에는 사다리형, 통풍 채널형, 바닥 밀폐형 등이 있다.

091 출퇴표시등 회로에 전기를 공급하기 위한 변압기는 2차측 전로의 사용전압이 몇 [V] 이하인 절연 변압기이어야 하는가?

① 40   ② 60   ③ 150   ④ 300

해설 출퇴표시등 회로에 전기를 공급하기 위한 변압기는 2차측 전로의 사용전압이 60[V] 이하인 절연 변압기이어야 한다.

092 발전소·변전소 또는 이에 준하는 곳의 특고압 전로에는 그의 보기 쉬운 곳에 어떤 표시를 반드시 하여야 하는가?

① 모선(母線) 표시   ② 상별(相別) 표시
③ 차단(遮斷) 위험표시   ④ 수전(受電) 위험표시

해설 상별(相別) 표시는 발전소·변전소 또는 이에 준하는 곳의 특고압 전로에는 그의 보기 쉬운 곳에 반드시 표시하여야 한다.

정답 88. ④   89. ④   90. ②   91. ②   92. ②

093 전력 보안 통신용 전화설비를 시설하여야 하는 곳은?

① 2 이상의 발전소 상호 간
② 원격 감시 제어가 되는 변전소
③ 원격 감시 제어가 되는 급전소
④ 원격 감시 제어가 되지 않는 발전소

> 원격 감시 제어가 되지 않는 발전소에는 전력 보안 통신용 전화설비를 시설하여야 한다.

094 6.6[kV] 지중전선로의 케이블을 직류전원으로 절연 내력시험을 하자면 시험전압은 직류 몇 [V]인가?

① 9900
② 14420
③ 16500
④ 19800

> 6.6[kV] 지중전선로의 케이블을 직류전원으로 절연 내력시험을 할 때 절연 내력 시험 전압은 고압 또는 특별고압전선의 절연 내력 시험전압의 2배의 직류전압((최대 사용 전압×1.5배)×2배=(6600×1.5)×2=9900×2=19800[V])를 지중전로의 케이블과 대지 간에 10분간 가하여 이에 견뎌야 한다.

095 전기부식방지 시설을 시설할 때 전기부식방지용 전원장치로부터 양극 및 피방식체까지의 전로의 사용전압은 직류 몇 [V] 이하이어야 하는가?

① 20
② 40
③ 60
④ 80

> 전기부식방지 시설을 시설할 때 전기부식방지용 전원장치로부터 양극 및 피방식체까지의 전로의 사용전압은 직류 60[V] 이하이어야 한다.

096 변압기의 안정권선이나 유휴권선 또는 전압조정기의 내장권선을 이상전압으로부터 보호하기 위하여 특히 필요할 경우에 그 권선에 접지공사를 할 때에는 몇 종 접지공사를 하여야 하는가?

① 제1종 접지공사
② 제2종 접지공사
③ 제3종 접지공사
④ 특별 제3종 접지공사

> 변압기의 안정권선이나 유휴권선 또는 전압조정기의 내장권선을 이상전압으로부터 보호하기 위하여 특히 필요할 경우에 그 권선에 접지공사를 할 때에는 제1종 접지공사를 하여야 한다.

정답 93. ④ 94. ④ 95. ③ 96. ①

097 가공 직류 전차선의 레일면상의 높이는 몇 [m] 이상이어야 하는가?
① 6.0　　② 5.5
③ 5.0　　④ 4.8

해설 가공 직류 전차선의 레일면상의 높이는 4.8[m] 이상이어야 한다.

098 제1종 접지공사의 접지저항 값은 몇 [Ω] 이하로 유지하여야 하는가?
① 10　　② 30
③ 50　　④ 100

해설 제1종 접지공사의 접지저항 값은 10[Ω] 이하로 유지하여야 한다.

099 고압 가공전선 상호 간의 접근 또는 교차하여 시설되는 경우, 고압 가공전선 상호 간의 이격거리는 몇 [cm] 이상이어야 하는가? (단, 고압 가공전선은 모두 케이블이 아니라고 한다.)
① 50　　② 60
③ 70　　④ 80

해설 케이블이 아닌 고압 가공전선 상호 간의 접근 또는 교차하여 시설되는 경우, 고압 가공전선 상호 간의 이격거리는 80[cm] 이상이어야 한다.

100 과전류차단기로 시설하는 퓨즈 중 고압전로에 사용하는 비포장 퓨즈는 정격전류의 몇 배의 전류에 견디어야 하는가?
① 1.1　　② 1.25
③ 1.5　　④ 2

해설 과전류차단기로 시설하는 퓨즈 중 고압전로에 사용하는 비포장 퓨즈는 정격전류의 1.25배의 전류에 견디어야 한다.

해답　97. ④　98. ①　99. ④　100. ②

01 전/기/자/기/학

001 두 종류의 유전체 경계면에서 전속과 전기력선이 경계면에 수직으로 도달할 때에 대한 설명으로 틀린 것은?
① 전속밀도는 변하지 않는다.
② 전속과 전기력선은 굴절하지 않는다.
③ 전계의 세기는 불연속적으로 변한다.
④ 전속선은 유전율이 작은 유전체 쪽으로 모이려는 성질이 있다.

> 두 종류의 유전체 경계면에서 전속과 전기력선이 경계면에 수직으로 도달하면은?
> ① 전속밀도는 변하지 않는다.
> ② 전속과 전기력선은 굴절하지 않는다.
> ③ 전계의 세기는 불연속적으로 변한다.

002 점전하 $+Q$의 무한 평면도체에 대한 영상전하는?
① $+Q$
② $-Q$
③ $+2Q$
④ $-2Q$

> 점전하 $+Q[\text{C}]$의 무한 평면도체에 대한 영상전하는 항상 $-Q[\text{C}]$이다.

003 MKS 단위계에서 진공 유전율 값은?
① $4\pi \times 10^{-7}[\text{H/m}]$
② $\dfrac{1}{9 \times 10^9}[\text{F/m}]$
③ $\dfrac{1}{4\pi \times 9 \times 10^9}[\text{F/m}]$
④ $6.33 \times 10^{-4}[\text{H/m}]$

> coulomb힘 $F = \dfrac{Q_1 Q_2}{4\pi \varepsilon_o \varepsilon_s r^2} = 9 \times 10^9 \dfrac{Q_1 Q_2}{\varepsilon_s r^2}[\text{N}]$에서 $\dfrac{1}{4\pi \varepsilon_o} = 9 \times 10^9$
>
> ∴ MKS 단위계에서 진공 유전율은
>
> $\varepsilon_o = \dfrac{1}{4\pi \times 9 \times 10^9}[\text{F/m}] = \dfrac{10^{-9}}{36\pi} = \dfrac{10^{-9}}{36 \times 3.14} ≒ 8.855 \times 10^{-12}[\text{F/m}]$가 된다.

> 1. ④ 2. ② 3. ③

004 진공 중에 서로 떨어져 있는 두 도체 A, B가 있다. A에만 1[C]의 전하를 줄 때 도체 A, B의 전위가 각각 3[V], 2[V]였다고 하면, A에 2[C], B에 1[C]의 전하를 주면 도체 A의 전위는 몇 [V]인가?

① 6 ② 7
③ 8 ④ 9

해설 $Q_A = 1[C]$일 때, $V_1 = 3 = P_{11}Q_A + P_{12}Q_B = P_{11} \times 1 + P_{12} \times 0$에서 $P_{11} = 3$이다.
$V_2 = 2 = P_{21}Q_A + P_{22}Q_B = P_{21} \times 1 + P_{22} \times 0$에서 $P_{21} = P_{12} = 2$이다.
∴ $Q_A = 2[C]$, $Q_B = 1[C]$일 때 도체 A의 전위
$V_A = P_{11}Q_A + P_{12}Q_B = 3 \times 2 + 2 \times 1 = 6 + 2 = 8[V]$가 된다.

005 비유전율 $\varepsilon_r = 5$인 유전체 내의 한 점에서 전계의 세기가 10^4[V/m]라면, 이 점의 분극의 세기는 약 몇 [C/m²]인가?

① 3.5×10^{-7} ② 4.3×10^{-7}
③ 3.5×10^{-11} ④ 4.3×10^{-11}

해설 분극의 세기
$P = \chi E = \varepsilon_o(\varepsilon_r - 1)E = 8.855 \times 10^{-12}(5-1) \times 10^4 = 35.42 \times 10^{-12+4} ≒ 3.5 \times 10^{-7}[C/m^2]$

006 전자파의 에너지 전달방향은?

① $\nabla \times E$의 방향과 같다. ② $E \times H$의 방향과 같다.
③ 전계 E의 방향과 같다. ④ 자계 H의 방향과 같다.

해설 전자파의 에너지(포인팅 Vector)는 단위시간에 단위면적을 통과하는 에너지의 흐름으로 크기와 방향은 $\frac{P}{S} = EH = E \times H[W/m^2]$이며 $E \times H$의 방향과 같다.

007 자기 유도계수가 20[mH]인 코일에 전류를 흘릴 때 코일과의 쇄교 자속수가 0.2[Wb]였다면 코일에 축적된 에너지는 몇 [J]인가?

① 1 ② 2
③ 3 ④ 4

해설 L(자기 유도계수)$=20$[mH]인 코일에 전류를 흘리면 $LI = N\phi$(쇄교 자속수),
$I = \frac{N\phi}{L} = \frac{0.2}{20 \times 10^{-3}} = \frac{200}{20} = 10$[A]이다.
∴ 코일에 축적된 에너지 $W = \frac{1}{2}LI^2 = \frac{1}{2}LI \times I = \frac{1}{2}N\phi \times I = \frac{1}{2} \times 0.2 \times 10 = 1$[J]이다.

정답 4.③ 5.① 6.② 7.①

008
등전위면을 따라 전하 $Q[C]$를 운반하는 데 필요한 일은?

① 항상 0이다.　　② 전하의 크기에 따라 변한다.
③ 전위의 크기에 따라 변한다.　　④ 전하의 극성에 따라 변한다.

　등전위면은 전위가 같은 면을 선으로 연결한 것으로 전위차(전압)이 없다.
　∴ 등전위면을 따라 전하 $Q[C]$를 운반하는 데 필요한 일은 항상 0이다.

009
접지된 직교 도체 평면과 점전하 사이에는 몇 개의 영상 전하가 존재하는가?

① 1　　② 2　　③ 3　　④ 4

　직교 도체($\theta=90°$) 평면과 점전하 사이의 영상 전하 수는
　$\dfrac{360}{\theta}-1=\dfrac{360}{90}-1=3$개다.

010
비자화율 $\chi_m=2$, 자속밀도 $B=20ya_x[\text{Wb/m}^2]$인 균일 물체가 있다. 자계의 세기 H는 약 몇 [AT/m]인가?

① 0.53×10^7ya_x　　② 0.13×10^7ya_x
③ 0.53×10^7xa_y　　④ 0.13×10^7xa_y

　χ(자화율)$=\mu_o(\mu_s-1)$, $\mu_s-1=\dfrac{\chi}{\mu_o}$(비자화율), μ_s(비투자율)$=1+\dfrac{\chi}{\mu_o}=1+2=3$이다.
　∴ B(자속밀도)$=\mu H=\mu_o\mu_s H[\text{Wb/m}^2]$에서
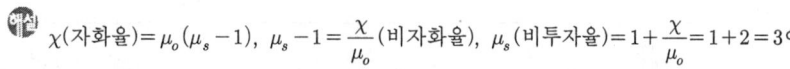
　$\fallingdotseq 0.53\times10^7ya_x[\text{AT/m}]$이다.

011
자위의 단위에 해당되는 것은?

① A　　② J/C
③ N/Wb　　④ Gauss

　코일의 권수가 1회 이상일 때의 자위 단위는 AT이고, 권수가 1일 때는 A이다.

012
유전체의 초전효과(pyroelectric effect)에 대한 설명이 아닌 것은?

① 온도변화에 관계없이 일어난다.
② 자발 분극을 가진 유전체에서 생긴다.
③ 초전효과가 있는 유전체를 공기 중에 놓으면 중화된다.
④ 열에너지를 전기에너지로 변화시키는 데 이용된다.

　8. ①　9. ③　10. ①　11. ①　12. ①

2019년 4월 27일 시행

해설 유전체의 초전효과(pyroelectric effect)에 대한 설명으로 옳은 것은?
① 자발 분극을 가진 유전체에서 생긴다.
② 초전효과가 있는 유전체를 공기 중에 놓으면 중화된다.
③ 열에너지를 전기에너지로 변화시키는 데 이용된다.

013 자기 인덕턴스 0.05[H]의 회로에 흐르는 전류가 매초 500[A]의 비율로 증가할 때 자기 유도기전력의 크기는 몇 [V]인가?
① 2.5
② 25
③ 100
④ 1000

해설 자기 유도기전력의 크기 $e = L\dfrac{di}{dt} = 0.05 \times 500 = 25[V]$가 된다.

014 진공 중 반지름이 a[m]인 원형 도체판 2매를 사용하여 극판거리 d[m]인 콘덴서를 만들었다. 만약 이 콘덴서의 극판거리를 2배로 하고 정전용량은 일정하게 하려면 이 도체판의 반지름 a_1는 얼마로 하면 되는가?
① $2a$
② $\dfrac{1}{2}a$
③ $\sqrt{2}\,a$
④ $\dfrac{1}{\sqrt{2}}a$

해설 반지름 a[m]인 원형 도체판 사이의 정전용량 $C = \dfrac{\varepsilon_o S}{d} = \dfrac{\varepsilon_o \pi a^2}{d}$[F]

반지름 $a^2 = \dfrac{Cd}{\pi \varepsilon_o}$[m] ⋯ ①

극판거리만 $2d$[m]로 할 경우 도체판 반지름 a_1[m]는

$C = \dfrac{\varepsilon_o S_1}{2d} = \dfrac{\varepsilon_o \pi a_1^2}{2d}$[F]에서 $a_1^2 = \dfrac{Cd}{\pi \varepsilon_o} \times 2 = 2a$

∴ $a_1 = \sqrt{2}\,a$[m]이어야 한다.

015 두 개의 코일에서 각각의 자기인덕턴스가 $L_1 = 0.35$[H], $L_2 = 0.5$[H]이고, 상호인덕턴스는 $M = 0.1$[H]이라고 하면 이때 코일의 결합계수는 약 얼마인가?
① 0.175
② 0.239
③ 0.392
④ 0.586

해설 코일의 결합계수

$K = \dfrac{M}{\sqrt{L_1 L_2}} = \dfrac{0.1}{\sqrt{0.35 \times 0.5}} = \dfrac{0.1}{\sqrt{175}} = \dfrac{0.1}{0.418} ≒ 0.239$이어야 한다.

정답 13. ② 14. ③ 15. ②

016 맥스웰 전자방정식에 대한 설명으로 틀린 것은?
① 폐곡면을 통해 나오는 전속은 폐곡면 내의 전하량과 같다.
② 폐곡면을 통해 나오는 자속은 폐곡면 내의 자극의 세기와 같다.
③ 폐곡선에 따른 전계의 선적분은 폐곡선 내를 통하는 자속의 시간 변화율과 같다.
④ 폐곡선에 따른 자계의 선적분은 폐곡선 내를 통하는 전류와 전속의 시간적 변화율을 더한 것과 같다.

해설 맥스웰 전자방정식에 대한 설명으로 옳은 것은?
① 폐곡면을 통해 나오는 전속은 폐곡면 내의 전하량과 같다.
② 폐곡선에 따른 전계의 선적분은 폐곡선 내를 통하는 자속의 시간 변화율과 같다.
③ 폐곡선에 따른 자계의 선적분은 폐곡선 내를 통하는 전류와 전속의 시간적 변화율을 더한 것과 같다.

017 원점 주위의 전류 밀도가 $J=\dfrac{2}{r}a_r$[A/m²]의 분포를 가질 때 반지름 5[cm]의 구면을 지나는 전 전류는 몇 [A]인가?
① 0.1π ② 0.2π ③ 0.3π ④ 0.4π

해설 원점 주위의 전류 밀도(전도 전류 밀도)
$J=\dfrac{2}{r}a_r=\dfrac{I}{S}=\dfrac{I}{구의 \ 표면적}=\dfrac{I}{4\pi r^2}$[A/m²]에서 구면을 지나는

전 전류 $I=J\times$구의 표면적$(S)=\dfrac{2}{r}\times 4\pi r^2=8\pi\times r=8\pi\times 5\times 10^{-2}$
$=40\pi\times 10^{-2}=0.4\pi$[A]된다.

018 다음 조건 중 틀린 것은? (단, χ_m : 비자화율, μ_r : 비투자율이다.)
① $\mu_r \gg 1$이면 강자성체
② $\chi_m > 0$, $\mu_r < 1$이면 상자성체
③ $\chi_m < 0$, $\mu_r < 1$이면 반자성체
④ 물질은 χ_m 또는 μ_r의 값에 따라 반자성체, 상자성체, 강자성체 등으로 구분한다.

해설 다음 조건 중 옳은 것은? (단, χ(자화율)$=\mu_o(\mu_r-1)$, $\mu_r-1=\dfrac{\chi}{\mu_o}=\chi_m$ (비자화율),
μ_r(비투자율)$=1+\dfrac{\chi}{\mu_o}=1+\chi_m$ 등이다.)
① $\mu_r \gg 1$이면 강자성체이다.
② $\chi_m < 0$, $\mu_r < 1$이면 반자성체이다.
③ 물질은 χ_m 또는 μ_r의 값에 따라 반자성체, 상자성체, 강자성체 등으로 구분한다.

정답 16. ② 17. ④ 18. ②

019 권선수가 400회, 면적이 9π[cm²]인 장방형 코일에 1[A]의 직류가 흐르고 있다. 코일의 장방형 면과 평행한 방향으로 자속밀도가 0.8[Wb/m²]인 균일한 자계가 가해져 있다. 코일의 평행한 두 변의 중심을 연결하는 선을 축으로 할 때 이 코일에 작용하는 회전력은 약 몇 [N·m]인가?

① 0.3
② 0.5
③ 0.7
④ 0.9

해설 장방형 코일의 면과 평행한 자속방향으로 θ=0이다.
∴ 이 코일에 작용하는 회전력
$T = IBNS\cos\theta = 1 \times 0.8 \times 400 \times 9\pi \times 10^{-4} \times \cos 0$
$= 400 \times 7.2\pi \times 10^{-4} \times 1 = 4 \times 22.608 \times 10^{-2} ≒ 0.9[N·m]$이다.

020 자기 회로의 자기저항에 대한 설명으로 틀린 것은?

① 단위는 AT/Wb이다.
② 자기회로의 길이에 반비례한다.
③ 자기회로의 단면적에 반비례한다.
④ 자성체의 비투자율에 반비례한다.

해설 자기 회로의 자기저항에 대한 설명으로 옳은 것은
① 단위는 AT/Wb이다.
② $R(자기저항) = \dfrac{\ell}{\mu S}$ [AT/Wb]로 단면적에 반비례한다.
③ 자성체의 비투자율에 반비례한다.

02 전/력/공/학

021 차단기의 정격차단시간을 설명 한 것으로 옳은 것은?

① 계기용 변성기로부터 고장전류를 감지한 후 계전기가 동작할 때까지의 시간
② 차단기가 트립 지령을 받고 트립 장치가 동작하여 전류차단을 완료할 때까지의 시간
③ 차단기의 개극(발호)부터 이동 행정 종료 시까지의 시간
④ 차단기 가동접촉자 시동부터 아크 소호가 완료될 때까지의 시간

해설 차단기의 정격차단시간이란 차단기가 트립 지령을 받고 트립 장치가 동작하여 전류차단을 완료할 때까지의 시간을 말한다.

 19. ④ 20. ② 21. ②

022 송전계통의 안정도를 증진시키는 방법은?
① 중간 조상설비를 설치한다.
② 조속기의 동작을 느리게 한다.
③ 계통의 연계는 하지 않도록 한다.
④ 발전기나 변압기의 직렬 리액턴스를 가능한 크게 한다.

해설 송전계통의 안정도를 증진시키는 방법은?
① 중간 조상설비를 설치한다.
② 직렬 리액턴스(X)를 작게 한다.
③ 전압 변동을 작게 한다.
④ 고장 구간을 신속하게 차단한다.

023 보일러 절탄기(economizer)의 용도는?
① 증기를 과열한다.   ② 공기를 예열한다.
③ 석탄을 건조한다.   ④ 보일러 급수를 예열한다.

해설 보일러 절탄기(economizer)의 용도는 보일러 급수를 예열한다. 즉 연도 내에 설치하여 이를 통과하는 보일러 급수를 보일러로부터 나오는 연도 폐기 가스로 가열하는 장치이다.

024 보호 계전 방식의 구비 조건이 아닌 것은?
① 여자돌입전류에 동작할 것
② 고장 구간의 선택 차단을 신속 정확하게 할 수 있을 것
③ 과도 안정도를 유지하는 데 필요한 한도 내의 동작 시한을 가질 것
④ 적절한 후비 보호 능력이 있을 것

해설 보호 계전 방식의 구비 조건은?
① 고장 구간의 선택 차단을 신속 정확하게 할 수 있을 것
② 과도 안정도를 유지하는 데 필요한 한도 내의 동작 시한을 가질 것
③ 적절한 후비 보호 능력이 있을 것

025 가공지선을 설치하는 주된 목적은?
① 뇌해 방지   ② 전선의 진동 방지
③ 철탑의 강도 보강   ④ 코로나의 발생 방지

해설 가공지선을 설치하는 주된 목적은 뇌해 방지이다. 또한 댐퍼는 진동 방지이다. 오프셋(off-set)는 단락 방지로 쓰이고 있다.

정답 22. ① 23. ④ 24. ① 25. ①

026 변압기의 보호방식에서 차동계전기는 무엇에 의하여 동작하는가?
① 1, 2차 전류의 차로 동작한다.
② 전압과 전류의 배수 차로 동작한다.
③ 정상전류와 역상전류의 차로 동작한다.
④ 정상전류와 영상전류의 차로 동작한다.

변압기의 보호방식에서 차동계전기는 1, 2차 전류의 차로 동작한다.
∴ 차동계전기는 발전기나 변압기의 내부고장 검출에 사용된다.

027 저압뱅킹 배전방식에서 저전압 측의 고장에 의하여 건전한 변압기의 일부 또는 전부가 차단되는 현상은?
① 아킹(Arcing) ② 플리커(Flicker)
③ 밸런서(Balancer) ④ 캐스케이딩(Cascading)

캐스케이딩(Cascading)이란 저압뱅킹 배전방식에서 저전압 측의 고장에 의하여 건전한 변압기의 일부 또는 전부가 차단되는 현상을 말한다.

028 직류송전방식의 장점은?
① 역률이 항상 1이다. ② 회전자계를 얻을 수 있다.
③ 전력 변환장치가 필요하다. ④ 전압의 승압, 강압이 용이하다.

직류송전방식의 장점은 역률이 항상 1이다.

029 주파수 60[Hz], 정전용량 $\frac{1}{6\pi}$[μF]의 콘덴서를 △결선해서 3상전압 20000[V]를 가했을 때의 충전용량은 몇 [kVA]인가?
① 12 ② 24
③ 48 ④ 50

△결선의 상전압＝선간전압이다.
∴ 3상 △결선의 충전용량

$$P_a = 3EI_c = 3E \times \frac{E}{X_c} = 3\omega CE^2 = 3 \times 2\pi f CE^2$$

$$= 6\pi \times 60 \times \frac{1}{6\pi} \times 10^{-6} \times (2 \times 10^4)^2 = 60 \times 4 \times 10^2$$

$$= 24 \times 10^3 = 24[\text{kVA}]$$이다.

26. ① 27. ④ 28. ① 29. ②

030 전선에서 전류의 밀도가 도선의 중심으로 들어갈수록 작아지는 현상은?
① 표피효과 ② 근접효과
③ 접지효과 ④ 페란티효과

표피효과는 전선에서 전류의 밀도가 도선의 중심으로 들어갈수록 작아지는 현상을 말한다. 이 경우 표피효과의 두께(전선에 전류가 흐르는 두께) $\delta = \sqrt{\dfrac{2}{\omega k \mu}} = \sqrt{\dfrac{2}{2\pi f k \mu}} = \dfrac{1}{\sqrt{\pi f k \mu}} ≒ \dfrac{1}{\sqrt{f}}$ [mm]가 된다.

031 그림에서 X부분에 흐르는 전류는 어떤 전류인가?
① b상 전류
② 정상전류
③ 역상전류
④ 영상전류

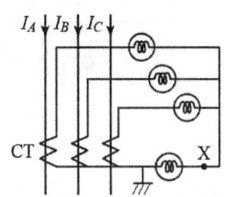

그림에서 X부분에 흐르는 전류는 영상전류이다.

032 화력발전소의 기본 사이클이다. 그 순서로 옳은 것은?
① 급수펌프 → 과열기 → 터빈 → 보일러 → 복수기 → 급수펌프
② 급수펌프 → 보일러 → 과열기 → 터빈 → 복수기 → 급수펌프
③ 보일러 → 급수펌프 → 과열기 → 복수기 → 급수펌프 → 보일러
④ 보일러 → 과열기 → 복수기 → 터빈 → 급수펌프 → 축열기 → 과열기

화력발전소의 기본 사이클은 급수펌프 → 보일러 → 과열기 → 터빈 → 복수기 → 급수펌프이다.

033 345[kV] 송전계통의 절연협조에서 충격절연내력의 크기순으로 나열한 것은?
① 선로애자 > 차단기 > 변압기 > 피뢰기
② 선로애자 > 변압기 > 차단기 > 피뢰기
③ 변압기 > 차단기 > 선로애자 > 피뢰기
④ 변압기 > 선로애자 > 차단기 > 피뢰기

345[kV] 송전계통의 절연협조에서 충격절연내력의 크기순으로 나열하면 선로애자 > 차단기 > 변압기 > 피뢰기이다.

해답 30. ① 31. ④ 32. ② 33. ①

034 증기의 엔탈피(Enthalpy)란?
① 증기 1[kg]의 잠열
② 증기 1[kg]의 기화 열량
③ 증기 1[kg]의 보유 열량
④ 증기 1[kg]의 증발열을 그 온도로 나눈 것

해설 증기의 엔탈피(Enthalpy)란? 증기 1[kg]의 보유 열량을 말한다.

035 최대 수용전력의 합계와 합성 최대 수용전력의 비를 나타내는 계수는?
① 부하율　② 수용률　③ 부등률　④ 보상률

해설 부등률 = $\dfrac{\text{최대 수용전력의 합계}}{\text{합성 최대 수용전력}} \geq 1$ 이다.
∴ 부등률이다.

036 연가를 하는 주된 목적은?
① 미관상 필요　　　　② 전압강하 방지
③ 선로정수의 평형　　④ 전선로의 비틀림 방지

해설 연가를 하는 주된 목적은 선로정수의 평형이다.

037 지름 5[mm]의 경동선을 간격 1[m]로 정삼각형 배치를 한 가공전선 1선의 작용 인덕턴스는 약 몇 [mH/km]인가? (단, 송전선은 평형 3상 회로)
① 1.13　② 1.25　③ 1.42　④ 1.55

해설 가공전선 1선의 작용 인덕턴스
$L = 0.05 + 0.4605 \log_{10} \dfrac{D}{r} = 0.05 + 0.4605 \log_{10} \dfrac{1000}{2.5} = 0.05 + 0.4605 \log_{10} 400$
$= 0.05 + 0.4605 (\log_{10} 2^2 + \log_{10} 100) = 0.05 + 0.4605 (2 \times 0.3010 + 2)$
$= 0.05 + 0.4605 (2.602) = 0.05 + 1.198 ≒ 1.25 [\text{mH/km}]$ 이다.

038 송전선로의 후비 보호 계전 방식의 설명으로 틀린 것은?
① 주 보호 계전기가 그 어떤 이유로 정지해 있는 구간의 사고를 보호한다.
② 주 보호 계전기에 결함이 있어 정상 동작을 할 수 없는 상태에 있는 구간 사고를 보호한다.
③ 차단기 사고 등 주 보호 계전기로 보호할 수 없는 장소의 사고를 보호한다.
④ 후비 보호 계전기의 정정값은 주 보호 계전기와 동일하다.

해답 34.③　35.③　36.③　37.②　38.④

애설 송전선로의 후비 보호 계전 방식의 설명으로 옳은 것은
① 주 보호 계전기가 그 어떤 이유로 정지해 있는 구간의 사고를 보호한다.
② 주 보호 계전기에 결함이 있어 정상 동작을 할 수 없는 상태에 있는 구간 사고를 보호한다.
③ 차단기 사고 등 주 보호 계전기로 보호할 수 없는 장소의 사고를 보호한다.

039 지상 역률 80[%], 10000[kVA]의 부하를 가진 변전소에 6000[kVA]의 콘덴서를 설치하여 역률을 개선하면 변압기에 걸리는 부하(kVA)는 콘덴서 설치 전의 몇 %로 되는가?

① 60 ② 75 ③ 80 ④ 85

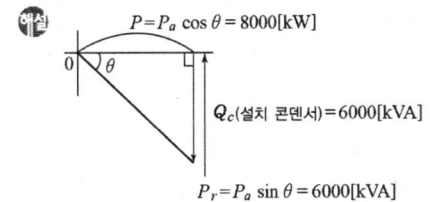

변전소는 역률 80(%), P_a =10000[kVA]의 부하이다. Q_c =6000[kVA]의 콘덴서를 설치하여 역률을 개선하면 변압기 부하는 콘덴서 설치 전의

$$\frac{P+j(P_r-\theta_c)}{P_a}=\frac{P}{P_a}=\frac{8000}{10000}=0.8$$

∴ 80%가 된다.

040 3상 3선식 3각형 배치의 송전선로에 있어서 각 선의 대지 정전용량이 0.5038[μF]이고, 선간 정전용량이 0.1237[μF]일 때 1선의 작용 정전용량은 약 몇 [μF]인가?

① 0.6275 ② 0.8749
③ 0.9164 ④ 0.9755

애설 1선의 작용 정전용량 $C=C_s+3C_m=0.5038+3\times0.1237=0.8749[\mu F]$이다.

03 전/기/기/기

041 단상변압기 3대를 이용하여 △-△ 결선하는 경우에 대한 설명으로 틀린 것은?
① 중성점을 접지할 수 없다.
② Y-Y결선에 비해 상전압이 선간전압의 $\frac{1}{\sqrt{3}}$ 배이므로 절연이 용이하다.
③ 3대 중 1대에서 고장이 발생하여도 나머지 2대로 V결선하여 운전을 계속할 수 있다.
④ 결선 내에 순환전류가 흐르나 외부에는 나타나지 않으므로 통신장애에 대한 염려가 없다.

단상변압기 3대를 이용하여 △-△ 결선하는 경우에 대한 설명으로 옳은 것은
① 중성점을 접지할 수 없다.
② 3대 중 1대에서 고장이 발생하여도 나머지 2대로 V결선하여 운전을 계속할 수 있다.
③ 결선 내에 순환전류가 흐르나 외부에는 나타나지 않으므로 통신장애에 대한 염려가 없다.

042 누설 변압기에 필요한 특성은 무엇인가?
① 수하특성　　　　　② 정전압특성
③ 고저항특성　　　　④ 고임피던스특성

수하특성은 누설 변압기에 필요한 특성이며 전기 용접기의 특성으로 V(단자 전압) $= E - Ir$ [V]이다.

043 권선형 유도전동기의 저항제어법의 장점은?
① 부하에 대한 속도변동이 크다.
② 역률이 좋고, 운전효율이 양호하다.
③ 구조가 간단하며, 제어조작이 용이하다.
④ 전부하로 장시간 운전하여도 온도 상승이 적다.

권선형 유도전동기의 저항제어법의 장점은 구조가 간단하며, 제어조작이 용이하다.

044 권선형 유도전동기에서 비례추이를 할 수 없는 것은?
① 토크　　　　　　② 출력
③ 1차 전류　　　　④ 2차 전류

권선형 유도전동기에서 비례추이를 할 수 있는 것은 토크(touque), 1차 전류, 2차 전류 등이다.

045 직류발전기에서 기하학적 중성축과 각도 θ만큼 브러시의 위치가 이동되었을 때 감자기자력(AT/극)은? (단, $K = \dfrac{I_a Z}{2Pa}$)

① $K\dfrac{\theta}{\pi}$　　② $K\dfrac{2\theta}{\pi}$　　③ $K\dfrac{3\theta}{\pi}$　　④ $K\dfrac{4\theta}{\pi}$

직류발전기에서 전기자 감자기자력 $AT_d = K\dfrac{2\theta}{\pi}$ (AT/극)

단, 2θ(2θ 내의 전기자 반작용을 말한다.) $K = \dfrac{I_a Z}{2Pa}$에서 $\dfrac{Z}{2P}$(극당의 권회수), $\dfrac{I_a}{a}$(도체 1개에 흐르는 전류를 말한다.)

42. ①　43. ③　44. ②　45. ②

046 동기발전기의 단락시험, 무부하시험에서 구할 수 없는 것은?
① 철손
② 단락비
③ 동기리액턴스
④ 전기자 반작용

> 동기발전기의 단락시험, 무부하시험에서 구할 수 있는 것은 철손, 단락비, 동기리액턴스 등이다.

047 자극수 4, 전기자 도체수 50, 전기자저항 0.1[Ω]의 중권 타여자전동기가 있다. 정격전압 105[V], 정격전류 50[A]로 운전하던 것을 전압 106[V] 및 계자회로를 일정히 하고 무부하로 운전했을 때 전기자전류가 10[A]라면 속도변동률(%)은? (단, 매 극의 자속은 0.05[Wb]라 한다.)
① 3
② 5
③ 6
④ 8

> 중권 타여자전동기의 유기 기전력 $E = \frac{P}{a} Z \frac{n}{60} \phi$[V]
>
> n(타여자전동기 속도)$= \frac{aE \times 60}{PZ\phi} = \frac{a(V - I_a r_a) \times 60}{PZ\phi} = \frac{4(105 - 50 \times 0.1) \times 60}{4 \times 50 \times 0.05}$
>
> $= \frac{100 \times 240}{10} = 2400$[rpm] ⋯ ①
>
> 타여자전동기 정격전압에서의 기전력
>
> $E = V - I_a - r_a = 105 - 50 \times 0.1 = 100 = \frac{P}{a} Zn\phi = Kn\phi$ ⋯ ②
>
> E_o(타여자전동기 무부하에서의 기전력)$= V_o - I_o r_o = 106 - 10 \times 0.1 = 105 = Kn_o\phi$ ⋯ ③
>
> ②식과 ③식에서 무부하시 타여자전동기의 속도
>
> $n_o = \frac{105 \times n}{100} = \frac{105 \times 2400}{100} = 2520$[rpm] ⋯ ④
>
> ∴ ①식과 ④식에서 속도변동률$= \frac{n_o - n}{n} \times 100 = \frac{2520 - 2400}{2400} \times 100 = \frac{12000}{2400} = 5\%$이다.

048 직류 직권전동기의 속도제어에 사용되는 기기는?
① 초퍼
② 인버터
③ 듀얼 컨버터
④ 사이클로 컨버터

> 초퍼는 직류 직권전동기의 속도제어에 사용되는 기기이다.

049 6극 유도전동기의 고정자 슬롯(slot)홈 수가 36이라면 인접한 슬롯 사이의 전기각은?
① 30°
② 60°
③ 120°
④ 180°

해답 | 46.④ 47.② 48.① 49.①

해설 한 슬롯(slot)간 전기각 $\alpha = 180 \times \dfrac{\text{극수}}{\text{총 slot(홈) 수}} = 180 \times \dfrac{6}{36} = \dfrac{180}{6} = 30°$ 이다.

문제 050 다음은 직류 발전기의 정류곡선이다. 이 중에서 정류 말기에 정류의 상태가 좋지 않은 것은?

① ⓐ
② ⓑ
③ ⓒ
④ ⓓ

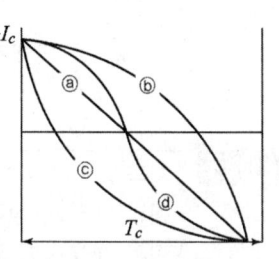

해설 직류 발전기의 정류곡선에서 ⓑ는 부족 정류로 브러시의 뒤쪽에서 불꽃이 발생 정류 말기에 정류 상태가 좋지 않다. 또한 ⓒ는 과정류로 브러시 앞쪽에 불꽃이 발생되는 정류이다.

문제 051 직류전압의 맥동률이 가장 작은 정류회로는? (단, 저항부하를 사용한 경우이다.)

① 단상전파
② 단상반파
③ 3상반파
④ 3상전파

해설 맥동률은 직류(DC)에 교류(AC)가 포함된 율을 말한다.

$r(\text{맥동률}) = \dfrac{\text{AC의 실효치}}{\text{DC의 평균치}} \times 100\%$

단상반파 맥동률 $r = 121\%$
단상전파 맥동률 $r = 48.2\%$
3상반파 맥동률 $r = 18.3\%$
3상전파 맥동률 $r = 4.2\%$로 가장 작은 맥동률이다.

문제 052 동기 주파수변환기의 주파수 f_1 및 f_2 계통에 접속되는 양극을 P_1, P_2라 하면 다음 어떤 관계가 성립되는가?

① $\dfrac{f_1}{f_2} = P_2$
② $\dfrac{f_1}{f_2} = \dfrac{P_2}{P_1}$
③ $\dfrac{f_1}{f_2} = \dfrac{P_1}{P_2}$
④ $\dfrac{f_2}{f_1} = P_1 \cdot P_2$

해설 동기 주파수변환기에서 양극의 동기속도 $N_{s1} = N_{s2}$이면 $\dfrac{120 f_1}{P_1} = \dfrac{120 f_2}{P_2}$ 에서

$\dfrac{f_1}{f_2} = \dfrac{P_1}{P_2}$ 의 관계가 성립된다.

해답 50.② 51.④ 52.③

053 단락비가 큰 동기발전기에 대한 설명 중 틀린 것은?
① 효율이 나쁘다. ② 계자전류가 크다.
③ 전압변동률이 크다. ④ 안정도와 선로 충전용량이 크다.

해설 단락비가 큰 동기발전기에 대한 설명으로 옳은 것은?
① 효율이 나쁘다.
② 계자전류가 크다.
③ 안정도와 선로 충전용량이 크다.

054 직류 분권발전기가 운전 중 단락이 발생하면 나타나는 현상으로 옳은 것은?
① 과전압이 발생한다. ② 계자저항선이 확립된다.
③ 큰 단락전류로 소손된다. ④ 작은 단락전류가 흐른다.

해설 직류 분권발전기에서 부하저항 $R_L[\Omega]$이 작으면 부하전류 $I[A]$가 크게 증가하며 계자전압 $V ≒ 0$이다.
∴ 직류 분권발전기가 운전 중 계자전압이 거의 0이면
I_f(계자전류)$= I_s$(단락전류)$= \dfrac{V}{R_f} ≒ 0[A]$로 작은 단락전류가 흐른다.

055 직류전동기의 속도제어 방법에서 광범위한 속도제어가 가능하며, 운전효율이 가장 좋은 방법은?
① 계자제어 ② 전압제어
③ 직렬 저항제어 ④ 병렬 저항제어

해설 전압제어 방법은 직류전동기의 속도제어 방법에서 광범위한 속도제어가 가능하며, 운전효율이 가장 좋은 방법이다.

056 동기발전기의 권선을 분포권으로 하면?
① 난조를 방지한다.
② 파형이 좋아진다.
③ 권선의 리액턴스가 커진다.
④ 집중권에 비하여 합성 유도 기전력이 높아진다.

해설 동기발전기의 권선을 분포권으로 하면
① 고조파 감소로 파형이 좋아진다.
② 권선의 리액턴스 감소로 기전력이 감소된다.

정답 53. ③ 54. ④ 55. ② 56. ②

057 어떤 변압기의 부하역률이 60%일 때 전압변동률이 최대라고 한다. 지금 이 변압기의 부하역률이 100%일 때 전압변동률을 측정 했더니 3%였다. 이 변압기의 부하역률이 80%일 때 전압변동률은 몇 %인가?

① 2.4　　② 3.6　　③ 4.8　　④ 5.0

해설 ① 부하역률 100%일 때 $\cos\theta = 1$, $\sin\theta = 0$이다.
전압변동률 $\varepsilon_{100} = p\cos\theta + q\sin\theta = p = 3\%$ … ①
최대 전압변동률 $\varepsilon_{max} = \sqrt{p^2 + q^2}$ 는 부하역률 60%일 때다.
∴ $\cos\theta = 0.6 = \dfrac{p}{\sqrt{p^2+q^2}} = \dfrac{3}{\sqrt{3^2+q^2}}$ 에서 $\sqrt{3^2 + q^2} = \dfrac{3}{0.6} = 5$
∴ $q = \sqrt{5^2 - 3^2} = \sqrt{16} = 4\%$ … ②

② 부하역률 80%일 때 $\cos\theta = 0.8$, $\sin\theta = 0.6$이다.
전압변동률 $\varepsilon_{0.8} = p\cos\theta + q\sin\theta = 3 \times 0.8 + 4 \times 0.6 = 2.4 + 2.4 = 4.8\%$이다.

058 그림은 복권발전기의 외부특성곡선이다. 이 중 과복권을 나타내는 곡선은?

① A
② B
③ C
④ D

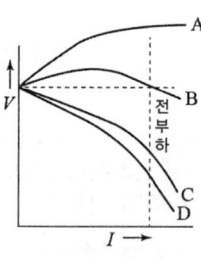

해설 복권발전기는 직권 계자 권선과 분권 계자 권선을 갖는 발전기이다.
① 가동 복권 발전기는 직권 권선과 분권 권선 자속이 합해지는 방향
　㉠ 과복권 발전기는 전부하 전압이 무부하 전압보다 높은 발전기이다.
　㉡ 평복권 발전기는 전부하 전압과 무부하 전압이 같은 발전기이다.
② 차동 복권 발전기는 직권 권선과 분권 권선 자속이 상쇄되도록 한 발전기로서 수하특성을 갖는다.

059 200[V]의 배전선 전압을 220[V]로 승압하여 30[kVA]의 부하에 전력을 공급하는 단권변압기가 있다. 이 단권변압기의 자기용량은 약 몇 [kVA]인가?

① 2.73　　② 3.55　　③ 4.26　　④ 5.25

해설 단권변압기의 자기용량 = 부하용량 × $\dfrac{\text{승압 전압}}{\text{고압측 전압}} = 30 \times \dfrac{220 - 200}{220}$
$= 30 \times \dfrac{20}{220} = \dfrac{600}{220} ≒ 2.73[\text{kVA}]$이다.

57. ③　58. ①　59. ①

060 유도전동기에서 공간적으로 본 고정자에 의한 회전자계와 회전자에 의한 회전자계는?

① 항상 동상으로 회전한다.
② 슬립만큼의 위상각을 가지고 회전한다.
③ 역률각만큼의 위상각을 가지고 회전한다.
④ 항상 180°만큼의 위상각을 가지고 회전한다.

유도전동기에서 공간적으로 본 고정자에 의한 회전자계와 회전자에 의한 회전자계는 항상 동상으로 회전한다.

04 회/로/이/론

061 $f(t) = e^{-t} + 3t^2 + 3\cos 2t + 5$의 라플라스 변환식은?

① $\dfrac{1}{s+1} + \dfrac{6}{s^2} + \dfrac{3s}{s^2+5} + \dfrac{5}{s}$
② $\dfrac{1}{s+1} + \dfrac{6}{s^3} + \dfrac{3s}{s^2+4} + \dfrac{5}{s}$
③ $\dfrac{1}{s+1} + \dfrac{5}{s^2} + \dfrac{3s}{s^2+5} + \dfrac{4}{s}$
④ $\dfrac{1}{s+1} + \dfrac{6}{s^3} + \dfrac{2s}{s^2+4} + \dfrac{4}{s}$

라플라스 변환

$$F(s) = \int_0^\infty f(t)e^{-st}dt = \int_0^\infty e^{-t}e^{-st}dt + \int_0^\infty 3t^2 e^{-st}dt$$
$$+ \int_0^\infty 3 \times \left(\dfrac{e^{j2t} + e^{-j2t}}{2}\right) \times e^{-st}dt + \int_0^\infty 5e^{-st}dt = \int_0^\infty e^{-(s+1)t}dt + 3\dfrac{2i}{s^{2+1}}$$
$$+ 3\int_0^\infty \left(\dfrac{e^{-(s-j2)t} + e^{-(s+j2)t}}{2}\right)dt + 5\int_0^\infty e^{-st}dt$$
$$= \dfrac{0-1}{-(s+1)} + 3 \times \dfrac{2 \times 1}{s^3} + \dfrac{3}{2}\left(\dfrac{0-1}{-(s-j2)} + \dfrac{0-1}{-(s+j2)}\right)$$
$$= \dfrac{1}{s+1} + \dfrac{6}{s^3} + \dfrac{3s}{s^2+4} + \dfrac{5}{s} \text{이다.}$$

062 RLC 직렬회로에서 $R=100[\Omega]$, $L=5[mH]$, $C=2[\mu F]$일 때 이 회로는?

① 과제동이다.
② 무제동이다.
③ 임계제동이다.
④ 부족제동이다.

정답 60. ① 61. ② 62. ③

해설 RLC 직렬회로 과도현상에서

비진동상태	진동상태	임계상태
$\frac{R^2}{4L^2} - \frac{1}{LC} > 0$	$\frac{R^2}{4L^2} - \frac{1}{LC} < 0$	$\frac{R^2}{4L^2} - \frac{1}{LC} = 0$
$R^2 > 4\frac{L}{C}$	$R^2 < 4\frac{L}{C}$	$R^2 = 4\frac{L}{C}$

인 조건이다.

∴ $R^2 = 4\frac{L}{C}$ 에서 $(100)^2 = 4 \times \frac{5 \times 10^{-3}}{2 \times 10^{-6}}$

∴ $10000 = \frac{20}{2} \times 10^3 = 10000$ 이므로 임계제동이다.

063 구형파의 파형률(㉠)과 파고율(㉡)은?

① ㉠ 1, ㉡ 0 ② ㉠ 1.11, ㉡ 1.414
③ ㉠ 1, ㉡ 1 ④ ㉠ 1.57, ㉡ 2

해설 구형파는 실효치 값=평균치 값=최대치 값이다.

∴ 파형률 = $\frac{실효치\ 값}{평균치\ 값}$ = 1, 파고율 = $\frac{최대치\ 값}{실효치\ 값}$ = 1이다.

064 그림과 같은 회로의 전압 전달함수 $G(s)$는?

① $\dfrac{RC}{s + \dfrac{1}{RC}}$ ② $\dfrac{RC}{s + RC}$

③ $\dfrac{RC}{RCs + 1}$ ④ $\dfrac{1}{RCs + 1}$

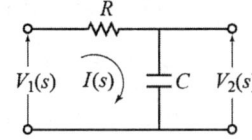

해설 전압 전달함수

$G(s) = \dfrac{V_2(s)}{V_1(s)} = \dfrac{I(s)\dfrac{1}{sC}}{I(s)(R + \dfrac{1}{sC})} = \dfrac{\dfrac{1}{sC}}{\dfrac{sCR+1}{sC}} = \dfrac{1}{SCR+1}$ 이다.

065 평형 3상 부하에 전력을 공급할 때 선전류가 20[A]이고 부하의 소비전력이 4[kW]이다. 이 부하의 등가 Y회로에 대한 각 상의 저항은 약 몇 [Ω]인가?

① 3.3 ② 5.7
③ 7.2 ④ 10

해설 평형 3상 부하 전력 $P = I^2 R$[W], R(평형 3상 부하 저항) = $\dfrac{P}{I^2} = \dfrac{4000}{(20)^2} = 10$[Ω]이다.

∴ 부하의 등가 Y회로에 대한 각 상의 저항 $r = \dfrac{R}{3} = \dfrac{10}{3} ≒ 3.3$[Ω]이다.

정답 63. ③ 64. ④ 65. ①

066 그림과 같은 회로의 영상 임피던스 Z_{01}, $Z_{02}[\Omega]$는 각각 얼마인가?

① 9, 5
② 6, $\frac{10}{3}$
③ 4, 5
④ 4, $\frac{20}{9}$

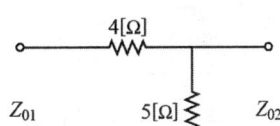

해설 L형 4단자망의 4단자 정수

$\begin{vmatrix} A & B \\ C & D \end{vmatrix} = \begin{vmatrix} 1 & 4 \\ 0 & 1 \end{vmatrix} \begin{vmatrix} 1 & 0 \\ \frac{1}{5} & 1 \end{vmatrix} = \begin{vmatrix} 1+\frac{4}{5} & 4 \\ \frac{1}{5} & 1 \end{vmatrix}$ 이다.

∴ 영상 임피던스

$Z_{01} = \sqrt{\frac{AB}{CD}} = \sqrt{\frac{\frac{9}{5} \times 4}{\frac{1}{5} \times 1}} = \sqrt{36} = 6[\Omega]$

$Z_{02} = \sqrt{\frac{BD}{CA}} = \sqrt{\frac{4 \times 1}{\frac{1}{5} \times \frac{9}{5}}} = \sqrt{\frac{25 \times 4}{9}} = \sqrt{\frac{100}{9}} = \frac{10}{3}[\Omega]$ 이다.

067 기본파의 60%인 제3고조파와 80%인 제5고조파를 포함하는 전압의 왜형률은?

① 0.3
② 1
③ 5
④ 10

해설 전압의 왜형률 $= \frac{\text{전 고조파 전압의 실효치}}{\text{기본파 전압의 실효치}} \times 100 = \sqrt{\left(\frac{V_3}{V_1}\right)^2 + \left(\frac{V_5}{V_1}\right)^2} \times 100$

$= \sqrt{\left(\frac{60}{100}\right)^2 + \left(\frac{80}{100}\right)^2} = \sqrt{(0.6)^2 + (0.8)^2} = \sqrt{0.36 + 0.64} = 1$ 이다.

068 RL 직렬회로에서 시정수의 값이 클수록 과도현상은 어떻게 되는가?

① 없어진다.
② 짧아진다.
③ 길어진다.
④ 변화가 없다.

해설 RL 직렬회로의 시정수 $\tau = \frac{L}{R}[\sec]$이다. 시정수 값이 크면 클수록 과도현상은 길어지고 오래 지속되며, 천천히 사라진다.

해답 66. ② 67. ② 68. ③

069 $e_1 = 6\sqrt{2}\sin\omega t$[V], $e_2 = 4\sqrt{2}\sin(\omega t - 60°)$[V]일 때, $e_1 - e_2$의 실효값(V)은?

① 4
② $2\sqrt{2}$
③ $2\sqrt{7}$
④ $2\sqrt{13}$

해설 전압의 실효값 $\dot{E}_1 = 6\angle 0°$ [V], $\dot{E}_2 = 4\angle -60°$ [V]이다.

∴ 실효값 $\dot{E}_1 - \dot{E}_2 = 6\angle 0° - 4\angle -60° = 6(\cos 0° + j\sin 0°) - 4(\cos 60° - j\sin 60°)$
$= 6(1 + j0) - 4(\frac{1}{2} - j\frac{\sqrt{3}}{2}) = (6-2) + j2\sqrt{3} = 4 + j2\sqrt{3}$
$= \sqrt{4^2 + (2\sqrt{3})^2} = \sqrt{16+12} = \sqrt{28} = \sqrt{4 \times 7} = 2\sqrt{7}$ [V]이다.

070 3상 평형회로에서 선간전압이 200[V]이고 각 상의 임피던스가 $24 + j7$[Ω]인 Y결선 3상 부하의 유효전력은 약 몇 [W]인가?

① 192
② 512
③ 1536
④ 4608

해설 3상 Y결선 평형회로에서 1상의 전류

$$I = \frac{\frac{V}{\sqrt{3}}}{Z} = \frac{V}{\sqrt{3}\,Z} = \frac{200}{\sqrt{3} \times (24 + j7)} [A]$$

∴ 3상 Y결선 부하의 유효전력

$$P = 3I^2R = 3\left(\frac{200}{\sqrt{3} \times \sqrt{(24)^2 + (7)^2}}\right)^2 \times 24 = \frac{40000}{625} \times 24 = 1536[W]$$가 된다.

071 대칭 6상 전원이 있다. 환상결선으로 각 전원이 150[A]의 전류를 흘린다고 하면 선전류는 몇 [A]인가?

① 50
② 75
③ $\frac{150}{\sqrt{3}}$
④ 150

해설 대칭 n상 교류의 선전류 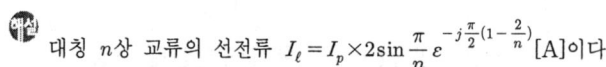[A]이다.

∴ 대칭 6상 교류의 선전류 $I_\ell = I_p \times 2\sin\frac{\pi}{n} = 150 \times 2\sin\frac{\pi}{6} = 150 \times 2 \times \frac{1}{2} = 150$[A]이다.

072 $f(t) = e^{at}$의 라플라스 변환은?

① $\frac{1}{s-a}$
② $\frac{1}{s+a}$
③ $\frac{1}{s^2 - a^2}$
④ $\frac{1}{s^2 + a^2}$

정답 69.③ 70.③ 71.④ 72.①

해설 라플라스 변환

$$F(s) = \int_0^\infty f(t)e^{-st}dt = \int_0^\infty e^{at}e^{-st}dt = \int_0^\infty e^{-(s-a)t}dt = \frac{0-1}{-(s-a)} = \frac{1}{s-a}$$ 이 된다.

073

1상의 직렬 임피던스가 $R=6[\Omega]$, $X_L=8[\Omega]$인 △결선의 평형부하가 있다. 여기에 선간전압 100[V]인 대칭 3상 교류전압을 가하면 선전류는 몇 [A]인가?

① $3\sqrt{3}$
② $\dfrac{10\sqrt{3}}{3}$
③ 10
④ $10\sqrt{3}$

해설 △결선의 V_ℓ(선간전압)$= V_p$(상전압)$=100[V]$이며,

$$I_\ell(\text{선전류}) = \sqrt{3}\,I_p(\text{상전류}) = \sqrt{3} \times \frac{V_p}{Z} = \sqrt{3} \times \frac{V_p}{R+jX_L}$$
$$= \sqrt{3} \times \frac{100}{\sqrt{6^2+8^2}} = \sqrt{3} \times \frac{100}{10} = \sqrt{3} \times 10 [A] \text{이다.}$$

074

그림의 회로에서 전류 I는 약 몇 [A]인가?
(단, 저항의 단위는 [Ω]이다.)

① 1.125
② 1.29
③ 6
④ 7

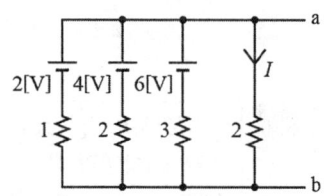

해설 밀만의 정리에서 병렬 접속점에 합성 전압

$$V_{ab} = \frac{I_1+I_2+I_3}{Y_1+Y_2+Y_3} = \frac{\frac{2}{1}+\frac{4}{2}+\frac{6}{3}}{\frac{1}{1}+\frac{1}{2}+\frac{1}{3}} = \frac{12+12+12}{6+3+2} = \frac{36}{11}[V]$$

∴ 전류 $I = \dfrac{\frac{36}{11}}{2} = \dfrac{36}{22} = 1.639 ≒ 1.29[A]$이다.

075

$i = 20\sqrt{2}\sin\left(377t - \dfrac{\pi}{6}\right)$의 주파수는 약 몇 [Hz]인가?

① 50 ② 60 ③ 70 ④ 80

해설 ω(각속도)$=2\pi f = 377[rad/sec]$

∴ 전류의 주파수 $f = \dfrac{377}{2\pi} = \dfrac{377}{6.28} ≒ 60[Hz]$이다.

정답 73. ④ 74. ② 75. ②

076

$Z(s) = \dfrac{2s+3}{s}$ 로 표시되는 2단자 회로망은?

① 2[Ω] —WW— $\dfrac{1}{3}$[F] —||—
② 2[H] —⌇⌇⌇— 3[Ω]
③ 2[Ω] —WW— 3[H]
④ 3[F] —||— 2[Ω]

해설 카워형 방정식에서

$Z(s) = \dfrac{2s+3}{s} = 2 + \dfrac{3}{s} = ②+\dfrac{1}{\dfrac{s}{3}}$ [Ω]이다.

Z_1(직), $Y_2 = \dfrac{1}{Z_2}$(병)

∴ Z_1(직렬 저항) = 2[Ω]

∴ $Y_2 = \dfrac{1}{Z_2}$(병렬 용량 리액터) = $\dfrac{1}{\dfrac{s}{3}} = \dfrac{1}{j\omega\left(\dfrac{1}{3}\right)} = \dfrac{1}{j\omega C_2}$ [Ω]

C_2(콘덴서)

C_2(병렬 콘덴서) = $\dfrac{1}{3}$[F]

∴ 2단자 회로망은 —WW—2[Ω]— $\dfrac{1}{3}$[F] —||— 이다.

077

a-b 단자의 전압이 50∠0°[V], a-b단자에서 본 능동 회로망(N)의 임피던스가 $Z = 6+j8$[Ω]일 때, a-b 단자에 임피던스 $Z' = 2-j2(ohm)$를 접속하면 이 임피던스에 흐르는 전류[A]는?

① $3-j4$
② $3+j4$
③ $4-j3$
④ $4+j3$

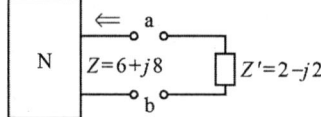

해설 테브난의 정리에서 임피던스에 흐르는 전류

$I = \dfrac{V}{Z+Z'} = \dfrac{50}{6+j8+2-j2} = \dfrac{50}{8+j6} = \dfrac{50(8-j6)}{8^2+6^2} = \dfrac{50}{100}(8-j6) = 4-j3$ [A]가 된다.

078

$F(s) = \dfrac{2}{(s+1)(s+3)}$ 의 역라플라스 변환은?

① $e^{-t} - e^{-3t}$
② $e^{-t} - e^{3t}$
③ $e^{t} - e^{3t}$
④ $e^{t} - e^{-3t}$

정답 76.① 77.③ 78.①

해설 함수 $F(s)$를 부분 함수로 전개하면

$$F(s) = \frac{2}{(s+1)(s+3)} = \frac{K_1}{s+1} + \frac{K_2}{s+3} = \frac{1}{s+1} + \frac{-1}{s+3} \cdots ①$$

$$K_1 = \lim_{s \to -1}(s+1)F(s) = \lim_{s \to -1}(s+1) \times \frac{2}{(s+1)(s+3)} = \lim_{s \to -1}\left(\frac{2}{s+3}\right)$$

$$= \frac{2}{-1+3} = \frac{2}{2} = 1$$

$$K_2 = \lim_{s \to -3}(s+3)F(s) = \lim_{s \to -3}(s+3) \times \frac{2}{(s+1)(s+3)} = \lim_{s \to -3}\left(\frac{2}{s+1}\right)$$

$$= \frac{2}{-3+1} = \frac{2}{-2} = -1$$

상기 식에 대입하면 $F(s) = \frac{1}{s+1} + \frac{-1}{s+3}$의 라플라스 역변환

$f(t) = L^{-1}(F(s)) = L^{-1}\left(\frac{1}{s+1} + \frac{-1}{s+3}\right) = e^{-t} - e^{-3t}$ 가 된다.

079 그림과 같은 평형 3상 Y결선에서 각 상이 8[Ω]의 저항과 6[Ω]의 리액턴스가 직렬로 연결된 부하에 선간전압 $100\sqrt{3}$ [V]가 공급되었다. 이때 선전류는 몇 [A]인가?

① 5
② 10
③ 15
④ 20

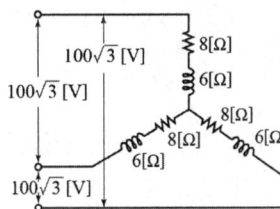

해설 평형 3상 Y결선의 V_ℓ(선간전압) $= \sqrt{3} V_p$(상전압)[V]

$\therefore V_p = \frac{V_\ell}{\sqrt{3}} = \frac{100\sqrt{3}}{\sqrt{3}} = 100$[V]이다.

또한 I_ℓ(선전류) $= I_p$(상전류) $= \frac{V_p}{R + jX_L} = \frac{100}{8+j6} = \frac{100}{\sqrt{8^2+6^2}} = \frac{100}{10} = 10$[A]이다.

080 인덕턴스가 각각 5[H], 3[H]인 두 코일을 모두 dot 방향으로 전류가 흐르게 직렬로 연결하고 인덕턴스를 측정하였더니 15[H]이었다. 두 코일간의 상호 인덕턴스[H]는?

① 3.5   ② 4.5   ③ 7   ④ 9

해설 두 코일을 직렬 연결하면 상호 인덕턴스는 $+M$[H]이다.

합성 인덕턴스 $L = 15 = L_1 + L_2 + 2M$[H]이다.

$2M = 15 - L_1 - L_2 = 15 - 5 - 3 = 7$

$\therefore M$(상호 인덕턴스) $= \frac{7}{2} = 3.5$[H]이다.

해답 79. ② 80. ①

05 전/기/설/비/기/술/기/준 및 판/단/기/준

081 23[kV] 특고압 가공전선로의 전로와 저압전로를 결합한 주상변압기의 2차측 접지선의 굵기는 공칭단면적이 몇 [mm²] 이상의 연동선인가? (단, 특고압 가공전선로는 중성선 다중접지식의 것을 제외한다.)
① 2.5　　② 6　　③ 10　　④ 16

해설 23[kV] 특고압 가공전선로의 전로와 저압전로를 결합한 주상변압기의 2차측 접지선의 굵기는 특고압 가공전선로는 중성선 다중접지식의 것을 제외한다면 공칭단면적은 6[mm²] 이상의 연동선이어야 한다.

082 특고압 가공전선로의 지지물 양쪽의 경간의 차가 큰 곳에 사용되는 철탑은?
① 내장형철탑　　② 인류형철탑
③ 각도형철탑　　④ 보강형철탑

해설 내장형철탑은 특고압 가공전선로의 지지물 양쪽의 경간의 차가 큰 곳에 사용되는 철탑이다.

083 고압 가공 전선이 경동선 또는 내열동합금선인 경우 안전율의 최소값은?
① 2.0　　② 2.2
③ 2.5　　④ 4.0

해설 고압 가공 전선이 경동선 또는 내열동합금선인 경우 안전율의 최소값은 2.2이어야 한다.

084 강색 차선의 레일면상의 높이는 몇 [m] 이상이어야 하는가? (단, 터널 안, 교량아래 그 밖에 이와 유사한 곳에 시설하는 경우는 제외한다.)
① 2.5　　② 3.0
③ 3.5　　④ 4.0

해설 터널 안, 교량아래 그 밖에 이와 유사한 곳에 시설하는 경우는 제외할 때 강색 차선의 레일면상의 높이는 4.0[m] 이상이어야 한다.

085 사용전압 60000[V]인 특고압 가공전선과 그 지지물·지주·완금류 또는 지선 사이의 이격거리는 몇 [cm] 이상이어야 하는가?
① 35　　② 40
③ 45　　④ 65

해답 81.② 82.① 83.② 84.④ 85.②

해설 사용전압 60000[V]인 특고압 가공전선과 그 지지물·지주·완금류 또는 지선 사이의 이격거리는 40[cm] 이상이어야 한다.

086
특고압 가공전선로의 지지물에 시설하는 통신선 또는 이것에 직접 접속하는 통신선일 경우에 설치하여야 할 보안장치로서 모두 옳은 것은?

① 특고압용 제2종 보안장치, 고압용 제2종 보안장치
② 특고압용 제1종 보안장치, 특고압용 제3종 보안장치
③ 특고압용 제2종 보안장치, 특고압용 제3종 보안장치
④ 특고압용 제1종 보안장치, 특고압용 제2종 보안장치

해설 특고압 가공전선로의 지지물에 시설하는 통신선 또는 이것에 직접 접속하는 통신선일 경우에 설치하여야 할 보안장치로서 모두 옳은 것은 특고압용 제1종 보안장치, 특고압용 제2종 보안장치이다.

087
특고압 가공전선로에서 발생 하는 극저주파 전자계는 지표상 1[m]에서 전계가 몇 [kV/m] 이하가 되도록 시설하여야 하는가?

① 3.5　　　　② 2.5
③ 1.5　　　　④ 0.5

해설 특고압 가공전선로에서 발생 하는 극저주파 전자계는 지표상 1[m]에서 전계가 3.5[kV/m] 이하가 되도록 시설하여야 한다.

088
철탑의 강도 계산에 사용하는 이상 시 상정 하중의 종류가 아닌 것은?

① 좌굴하중　　　　② 수직하중
③ 수평횡하중　　　④ 수평종하중

해설 철탑의 강도 계산에 사용하는 이상 시 상정 하중의 종류는 수직하중, 수평횡하중, 수평종하중 등이다.

089
고압 가공전선에 케이블을 사용하는 경우의 조가용선 및 케이블의 피복에 사용하는 금속체에는 몇 종 접지공사를 하여야 하는가?

① 제1종 접지공사　　　② 제2종 접지공사
③ 제3종 접지공사　　　④ 특별 제3종 접지공사

해설 고압 가공전선에 케이블을 사용하는 경우의 조가용선 및 케이블의 피복에 사용하는 금속체에는 제3종 접지공사를 하여야 한다.

정답 86.④　87.①　88.①　89.③

2019년 4월 27일 시행

090 고압 옥내배선을 애자사용 공사로 하는 경우, 전선의 지지점간의 거리는 전선을 조영재의 면을 따라 붙이는 경우 몇 [m] 이하이어야 하는가?
① 1　　　　　　　　② 2
③ 3　　　　　　　　④ 5

> 해설 고압 옥내배선을 애자사용 공사로 하는 경우, 전선의 지지점간의 거리는 전선을 조영재의 면을 따라 붙이는 경우 2[m] 이하이어야 한다.

091 수소냉각식의 발전기·조상기에 부속하는 수소 냉각 장치에서 필요 없는 장치는?
① 수소의 압력을 계측하는 장치
② 수소의 온도를 계측하는 장치
③ 수소의 유량을 계측하는 장치
④ 수소의 순도 저하를 경보하는 장치

> 해설 수소냉각식의 발전기·조상기에 부속하는 수소 냉각 장치에서 필요한 장치는 ① 수소의 압력을 계측하는 장치, ② 수소의 온도를 계측하는 장치, ③ 수소의 순도 저하를 경보하는 장치이다.

092 동일 지지물에 저압 가공전선(다중접지된 중성선은 제외)과 고압 가공전선을 시설하는 경우 저압 가공전선은?
① 고압 가공전선의 위로 하고 동일 완금류에 시설
② 고압 가공전선과 나란하게 하고 동일 완금류에 시설
③ 고압 가공전선의 아래로 하고 별개의 완금류에 시설
④ 고압 가공전선과 나란하게 하고 별개의 완금류에 시설

> 해설 동일 지지물에 저압 가공전선(다중접지된 중성선은 제외)과 고압 가공전선을 시설하는 경우 저압 가공전선은 고압 가공전선의 아래로 하고 별개의 완금류에 시설한다.

093 사용전압 15[kV] 이하인 특고압 가공전선로의 중성선 다중 접지시설은 각 접지선을 중성선으로부터 분리하였을 경우 1[km] 마다의 중성선과 대지사이의 합성 전기저항 값은 몇 [Ω] 이하이어야 하는가?
① 30　　　　　　　　② 50
③ 400　　　　　　　　④ 500

> 해설 사용전압 15[kV] 이하인 특고압 가공전선로의 중성선 다중 접지시설은 각 접지선을 중성선으로부터 분리하였을 경우 1[km] 마다의 중성선과 대지사이의 합성 전기저항 값은 30[Ω] 이하이어야 한다.

정답 90. ② 91. ③ 92. ③ 93. ①

094 저압 옥내배선과 옥내 저압용의 전구선의 시설방법으로 틀린 것은?

① 쇼케이스 내의 배선에 0.75[mm²]의 캡타이어케이블을 사용하였다.
② 출퇴표시등용 전선으로 1.0[mm²]의 연동선을 사용하여 금속관에 넣어 시설하였다.
③ 전광표시장치의 배선으로 1.5[mm²]의 연동선을 사용하고 합성수지관에 넣어 시설하였다.
④ 조영물에 고정시키지 아니하고 백열전등에 이르는 전구선으로 0.55[mm²]의 케이블을 사용하였다.

해설 보기항 ②은 전기설비기술기준의 판단기준 제168조에 의거 출퇴표시등에 사용하는 배선은 단면적 1.5[mm²] 이상의 연동선을 사용하고 이를 합성수지관 공사·금속관 공사·금속 몰드 공사·금속덕트 공사·플로어 덕트 공사 또는 셀룰러 공사에 의하여 시설하도록 되어있으므로 문제에서 저압 옥내배선과 옥내 저압용 전구선의 시설방법으로 틀린 것을 묻고 있어 보기항 ②도 전기설비기술기준의 판단기준에 의거하여 틀린 내용이 되므로 보기항 ②, ④을 정답으로 인정한다.

095 교류 전차선 등이 교량 등의 밑에 시설되는 경우 교량의 가더 등의 금속제 부분에는 제 몇 종 접지공사를 하여야 하는가?

① 제1종 접지공사   ② 제2종 접지공사
③ 제3종 접지공사   ④ 특별 제3종 접지공사

해설 교류 전차선 등이 교량 등의 밑에 시설되는 경우 교량의 가더 등의 금속제 부분에는 제3종 접지공사를 하여야 한다.

096 저압 및 고압 가공전선의 높이에 대한 기준으로 틀린 것은?

① 철도를 횡단하는 경우는 레일면상 6.5[m] 이상이다.
② 횡단 보도교 위에 시설하는 경우 저압 가공전선은 노면 상에서 3[m] 이상이다.
③ 횡단 보도교 위에 시설하는 경우 고압 가공전선은 그 노면 상에서 3.5[m] 이상이다.
④ 다리의 하부 기타 이와 유사한 장소에 시설하는 저압의 전기철도용 급전선은 지표상 3.5[m]까지로 감할 수 있다.

해설 저압 및 고압 가공전선의 높이에 대한 기준으로 옳은 것은?
① 철도를 횡단하는 경우는 레일면상 6.5[m] 이상이다.
② 횡단 보도교 위에 시설하는 경우 고압 가공전선은 그 노면 상에서 3.5[m] 이상이다.
③ 다리의 하부 기타 이와 유사한 장소에 시설하는 저압의 전기철도용 급전선은 지표상 3.5[m]까지로 감할 수 있다.

94. ②, ④ 95. ③ 96. ②

097 "지중 관로"에 포함되지 않는 것은?
① 지중 전선로
② 지중 레일 선로
③ 지중 약전류 전선로
④ 지중 광섬유 케이블 선로

해설 지중 관로에 포함되는 것은 ① 지중 전선로, ② 지중 약전류 전선로, ③ 지중 광섬유 케이블 선로이다.

098 전체의 길이가 16[m]이고 설계하중이 6.8[kN] 초과 9.8[kN] 이하인 철근 콘크리트주를 논, 기타 지반이 연약한 곳 이외의 곳에 시설할 때, 묻히는 깊이를 2.5[m]보다 몇 [cm] 가산하여 시설하는 경우에는 기초의 안전율에 대한 고려 없이 시설하여도 되는가?
① 10
② 20
③ 30
④ 40

해설 전체의 길이가 16[m]이고 설계하중이 6.8[kN] 초과 9.8[kN] 이하인 철근 콘크리트주를 논, 기타 지반이 연약한 곳 이외의 곳에 시설할 때, 묻히는 깊이를 2.5[m]보다 30[cm] 가산하여 시설하는 경우에는 기초의 안전율에 대한 고려 없이 시설하여도 된다.

099 사용전압이 20[kV]인 변전소에 울타리·담 등을 시설하고자 할 때 울타리·담 등의 높이는 몇 [m] 이상이어야 하는가?
① 1
② 2
③ 5
④ 6

해설 사용전압이 20[kV]인 변전소에 울타리·담 등을 시설하고자 할 때 울타리·담 등의 높이는 2[m] 이상이어야 한다.

100 최대사용전압 440[V]인 전동기의 절연내력 시험전압은 몇 [V]인가?
① 330
② 440
③ 500
④ 660

해설 최대사용전압 440[V]인 전동기의 절연내력 시험전압은 500[V]이다.

해답 | 97. ② 98. ③ 99. ② 100. ③

03 전기산업기사

전기자기학 / 전력공학 / 전기기기 / 회로이론 / 전기설비기술기준 및 판단기준

[2019년 8월 4일 시행]

01 전/기/자/기/학

001 인덕턴스가 20[mH]인 코일에 흐르는 전류가 0.2초 동안 6[A]가 변화되었다면 코일에 유기되는 기전력은 몇 [V]인가?
① 0.6
② 1
③ 6
④ 30

해설 렌즈법칙에서 코일에 유기되는 기전력
$e = L\dfrac{di}{dt} = 20 \times 10^{-3} \times \dfrac{6}{0.2} = 10 \times 10^{-3} \times 60 = 0.6[\text{V}]$ 이다.

002 어떤 물체에 $F_1 = -3i + 4j - 5k$와 $F_2 = 6i + 3j - 2k$의 힘이 작용하고 있다. 이 물체에 F_3을 가하였을 때 세 힘이 평형이 되기 위한 F_3은?
① $F_3 = -3i - 7j + 7k$
② $F_3 = 3i + 7j - 7k$
③ $F_3 = 3i - j - 7k$
④ $F_3 = 3i - j + 3k$

해설 세 힘의 평형 조건은 세 힘의 합이 0일 때이다.
∴ $F_1 + F_2 + F_3 = 0$
$F_3 = -(F_1 + F_2) = -((-3i + 4j - 5k) + (6i + 3j - 2k))$
$= -((-3 + 6)i + (4 + 3)j + (-5 - 2)k)$
$= -3i - 7j + 7k$가 된다.

003 직류 500[V] 절연저항계로 절연저항을 측정하니 2[MΩ]이 되었다면 누설전류(μA)는?
① 25
② 250
③ 1000
④ 1250

해설 "옴"의 법칙에서 누설전류
$i = \dfrac{V}{R} = \dfrac{500}{2 \times 10^6} = 250 \times 10^{-6} = 250[\mu\text{A}]$ 이다.

정답 1.① 2.① 3.②

004 동심구에서 내부도체의 반지름이 a, 절연체의 반지름이 b, 외부도체의 반지름이 c이다. 내부도체에만 전하 Q를 주었을 때 내부도체의 전위는? (단, 절연체의 유전율은 ε_o이다.)

① $\dfrac{Q}{4\pi\varepsilon_o a}\left(\dfrac{1}{a}+\dfrac{1}{b}\right)$ ② $\dfrac{Q}{4\pi\varepsilon_o}\left(\dfrac{1}{a}-\dfrac{1}{b}\right)$

③ $\dfrac{Q}{4\pi\varepsilon_o}\left(\dfrac{1}{a}-\dfrac{1}{b}-\dfrac{1}{c}\right)$ ④ $\dfrac{Q}{4\pi\varepsilon_o}\left(\dfrac{1}{a}-\dfrac{1}{b}+\dfrac{1}{c}\right)$

해설 동심구 내부도체의 전위

$V = -\int_\infty^c E\,dr + \left(-\int_b^a E\,dr\right) = \dfrac{Q}{4\pi\varepsilon_o}\left(\dfrac{1}{r}\right)_\infty^c + \dfrac{Q}{4\pi\varepsilon_o}\left(\dfrac{1}{r}\right)_b^a = \dfrac{Q}{4\pi\varepsilon_o}\left(\dfrac{1}{c}-\dfrac{1}{\infty}+\dfrac{1}{a}-\dfrac{1}{b}\right)$

$= \dfrac{Q}{4\pi\varepsilon_o}\left(\dfrac{1}{a}-\dfrac{1}{b}+\dfrac{1}{c}\right)$[V]이다.

005 M.K.S 단위로 나타낸 진공에 대한 유전율은?

① $8.855\times10^{-12}\,[\text{N/m}]$ ② $8.855\times10^{-10}\,[\text{N/m}]$
③ $8.855\times10^{-12}\,[\text{F/m}]$ ④ $8.855\times10^{-10}\,[\text{F/m}]$

해설 쿨롬의 법칙에서 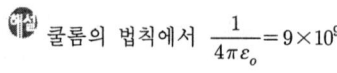 $= 9\times10^9$

ε_o(MKS 단위로 나타낸 진공에 유전율) $= \dfrac{1}{4\pi\times9\times10^9} = \dfrac{10^{-9}}{36\pi} = 8.855\times10^{-12}\,[\text{F/m}]$ 이다.

006 인덕턴스의 단위에서 1[H]는?
① 1[A]의 전류에 대한 자속이 1[Wb]인 경우이다.
② 1[A]의 전류에 대한 유전율이 1[F/m]이다.
③ 1[A]의 전류가 1초간에 변화하는 양이다.
④ 1[A]의 전류에 대한 자계가 1[AT/m]인 경우이다.

해설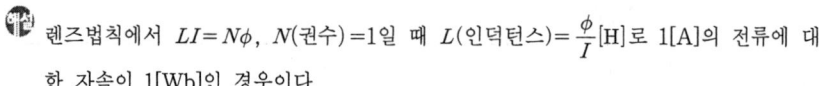

007 자유공간의 변위전류가 만드는 것은?
① 전계   ② 전속
③ 자계   ④ 분극지력선

해답 4.④ 5.③ 6.① 7.③

해설 맥스웰의 제2 기초방정식에서 $rot\,H = i(변위전류) = \dfrac{\partial D}{\partial t}$이다.

∴ 자유공간의 변위전류가 만드는 것은 자계이다.

[008] 평행한 두 도선간의 전자력은? (단, 두 도선간의 거리는 $r[\mathrm{m}]$라 한다.)

① r에 반비례 ② r에 비례
③ r^2에 비례 ④ r^2에 반비례

해설 평행한 두 도선

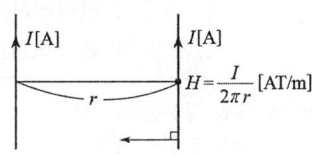

$f(평행한\ 두\ 도선\ 사이의\ 전자력) = I \times B\ell\sin 90° = I \times \mu_o H \ell$

$= I \times 4\pi \times 10^{-7} \times \dfrac{I\ell}{2\pi r} = \dfrac{2I^2\ell \times 10^{-7}}{r}[\mathrm{N}]$이다.

∴ 평행한 두 도선 간의 전자력은 거리(r)에 반비례한다.

[009] 간격 $d[\mathrm{m}]$인 두 평행판 전극 사이에 유전율 ε인 유전체를 넣고 전극 사이에 전압 $e = E_m \sin\omega t [\mathrm{V}]$를 가했을 때 변위전류밀도($\mathrm{A/m^2}$)는?

① $\dfrac{\varepsilon\omega E_m \cos\omega t}{d}$ ② $\dfrac{\varepsilon E_m \cos\omega t}{d}$
③ $\dfrac{\varepsilon\omega E_m \sin\omega t}{d}$ ④ $\dfrac{\varepsilon E_m \sin\omega t}{d}$

해설 $i(변위전류밀도) = \dfrac{\partial D}{\partial t} = \varepsilon\dfrac{\partial E}{\partial t} = \varepsilon\dfrac{\partial}{\partial t}\dfrac{e}{d} = \varepsilon\dfrac{\partial}{\partial t} \times \dfrac{E_m \sin\omega t}{d} = \varepsilon\dfrac{E_m}{d}\omega\cos\omega t$

$= \dfrac{\varepsilon\omega E_m \cos\omega t}{d}[\mathrm{A/m^2}]$이다.

[010] $10^6[\mathrm{cal}]$의 열량은 약 몇 $[\mathrm{kWh}]$의 전력량인가?

① 0.06 ② 1.16
③ 2.27 ④ 4.17

해설 $P(전력) = VI\,[\mathrm{W}]$

$W(전력량) = Pt = w \cdot \sec = J = \dfrac{1}{4.189}\mathrm{cal} ≒ 0.24\,\mathrm{cal}$

$1[\mathrm{kWh}] = 860[\mathrm{kcal}]$이다.

∴ $10^6[\mathrm{cal}] = 1000[\mathrm{kcal}] = 1000 \times \dfrac{1}{860} ≒ 1.16[\mathrm{kWh}]$가 된다.

해답 8. ① 9. ① 10. ②

011 전기기기의 철심(자심)재료로 규소강판을 사용하는 이유는?
① 동손을 줄이기 위해
② 와전류손을 줄이기 위해
③ 히스테리시스손을 줄이기 위해
④ 제작을 쉽게 하기 위하여

> 전기기기의 철심(자심)재료로 규소강판을 사용하는 이유는 히스테리시스손을 줄이기 위해서이다.

012 접지 구도체와 점전하 사이에 작용하는 힘은?
① 항상 반발력이다.
② 항상 흡인력이다.
③ 조건적 반발력이다.
④ 조건적 흡인력이다.

> 접지 구도체에서는 점전하 $Q[C]$에 대한 영상전하는 항상 $-Q[C]$이다.
> ∴ 접지 구도체와 점전하 사이에 작용하는 힘은 항상 흡인력이다.

013 플레밍의 왼손법칙에서 왼손의 엄지, 검지, 중지의 방향에 해당되지 않는 것은?
① 전압
② 전류
③ 자속밀도
④ 힘

> 플레밍의 왼손법칙(직류 전동기의 원리)에서 왼손의 엄지(힘), 검지(자속밀도), 중지(전류)의 방향에 해당된다. ∴ 플레밍의 왼손법칙에 해당되는 것은 힘, 자속밀도, 전류이다.

014 반지름 1[m]의 원형 코일에 1[A]의 전류가 흐를 때 중심점의 자계의 세기(AT/m)는?
① $\frac{1}{4}$
② $\frac{1}{2}$
③ 1
④ 2

> 반지름 r[m]인 원형 코일 중심에서의 자계세기
> $H = \frac{I}{2r} = \frac{1}{2 \times 1} = \frac{1}{2}$[AT/m]이다.

015 전류가 흐르는 도선을 자계 내에 놓으면 이 도선에 힘이 작용한다. 평등자계의 진공 중에 놓여 있는 직선전류 도선이 받는 힘에 대한 설명으로 옳은 것은?
① 도선의 길이에 비례한다.
② 전류의 세기에 반비례한다.
③ 자계의 세기에 반비례한다.
④ 전류와 자계 사이의 각에 대한 정현(sine)에 반비례한다.

11. ③ 12. ② 13. ① 14. ② 15. ①

해설 평등자계의 진공 중에 놓여 있는 직선전류 도선이 받는 힘 $f = I \times B\ell \sin\theta ≒ \ell$[N]이다.
∴ 직선전류 도선이 받는 힘은 도선의 길이에 비례한다.

016 여러 가지의 도체의 전하 분포에 있어서 각 도체의 전하를 n배할 경우, 중첩의 원리가 성립하기 위해서 그 전위는 어떻게 되는가?

① $\frac{1}{2}n$이 된다.   ② n배가 된다.
③ $2n$배가 된다.   ④ n^2배가 된다.

해설 각 도체의 전위가 V인 도체계에서 각 도체의 전하를 n배하면 중첩의 원리가 성립되기 위해서는 그 전위도 n배가 되어야 한다.

017 $E = i + 2j + 3k$[V/cm]로 표시되는 전계가 있다. 0.02[μC]의 전하를 원점으로부터 $r = 3i$[m]로 움직이는데 필요로 하는 일(J)은?

① 3×10^{-6} ② 6×10^{-6}
③ 3×10^{-8} ④ 6×10^{-8}

해설 스칼라(scalor)의 단위 Vector 계산
$i \cdot i = j \cdot j = k \cdot k = 1$, $i \cdot j = j \cdot k = k \cdot i = 0$이다.
∴ $W(일) = F \cdot r = QE \cdot r = 0.02 \times 10^{-6}(i + 2j + 3k) \cdot 3i$
$= 0.02 \times 10^{-6} \times (3i \cdot i) = 0.02 \times 10^{-6} \times 3 = 6 \times 10^{-8}$[J]이다.

018 동일 용량 C[μF]의 커패시터 n개를 병렬로 연결하였다면 합성정전용량은 얼마인가?

① $n^2 C$ ② nC
③ $\frac{C}{n}$ ④ C

해설 동일 용량 C[μF]를 n개 병렬 연결하면 합성정전용량은 nC[μF]가 된다.

019 무한장 직선 도체에 선전하밀도 λ[C/m]의 전하가 분포되어 있는 경우, 이 직선 도체를 축으로 하는 반지름 r[m]의 원통면상의 전계(V/m)는?

① $\frac{\lambda}{2\pi\varepsilon_o r^2}$ ② $\frac{\lambda}{2\pi\varepsilon_o r}$ ③ $\frac{\lambda}{4\pi\varepsilon_o r^2}$ ④ $\frac{\lambda}{4\pi\varepsilon_o r}$

해설 무한장 직선 도체를 축으로 하는 반지름 r[m]의 원통면상의 전계는 가우스 정리
적분형에서 $\int_s E \cdot ds = \frac{Q}{\varepsilon_o}$, $E \cdot S = E \times 2\pi r \times 1 = \frac{\lambda \times 1}{\varepsilon_o}$
∴ $E = \frac{\lambda}{2\pi\varepsilon_o r}$[V/m]이다. (단, λ(선전하밀도) $= \frac{Q}{\ell} = \frac{Q}{1} = Q$[C/m])

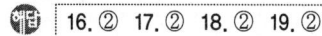
16. ② 17. ② 18. ② 19. ②

020 전류 2π[A]가 흐르고 있는 무한직선 도체로부터 2[m]만큼 떨어진 자유공간 내 P점의 자속밀도의 세기(Wb/m²)는?

① $\dfrac{\mu_0}{8}$ ② $\dfrac{\mu_0}{4}$

③ $\dfrac{\mu_0}{2}$ ④ μ_0

해설 무한직선 도체로부터 r[m]만큼 떨어진 점에 자계세기는 앙페르의 주회적분 법칙에서
$$\int_c H d\ell = I, \ H \cdot \ell = H \times 2\pi r = I$$
∴ H(자계세기) $= \dfrac{I}{2\pi r}$ [AT/m]이다.

∴ $r = 2$[m] 떨어진 자유공간 P점에 자속밀도
$$B = \mu_o H = \mu_o \times \dfrac{I}{2\pi r} = \mu_o \times \dfrac{2\pi}{2\pi \times 2} = \dfrac{\mu_o}{2} \ [\text{Wb/m}^2] \text{이다.}$$

02 전/력/공/학

021 가공 왕복선 배치에서 지름이 d[m]이고 선간거리가 D[m]인 선로 한 가닥의 작용 인덕턴스는 몇 [mH/km]인가? (단, 선로의 투자율은 1이라 한다.)

① $0.5 + 0.4605 \log_{10} \dfrac{D}{d}$ ② $0.05 + 0.4605 \log_{10} \dfrac{D}{d}$

③ $0.5 + 0.4605 \log_{10} \dfrac{2D}{d}$ ④ $0.05 + 0.4605 \log_{10} \dfrac{2D}{d}$

해설 가공 왕복선 배치에서 지름이 d[m]이면 반지름 $r = \dfrac{d}{2}$[m]이고

선간거리가 D[m]인 선로 한 가닥의 작용 인덕턴스
$$L = 0.05 + 0.4605 \log_{10} \dfrac{D}{r} = 0.05 + 0.4605 \log_{10} \dfrac{D}{\frac{d}{2}} = 0.05 + 0.4605 \log_{10} \dfrac{2D}{d} \ [\text{mH/km}] \text{이다.}$$

022 송전계통의 중성점을 접지하는 목적으로 틀린 것은?
① 지락 고장 시 전선로의 대지 전위 상승을 억제하고 전선로와 기기의 절연을 경감시킨다.
② 소호리액터 접지방식에서는 1선 지락 시 지락점 아크를 빨리 소멸시킨다.
③ 차단기의 차단용량을 증대시킨다.
④ 지락고장에 대한 계전기의 동작을 확실하게 한다.

정답 20. ③ 21. ④ 22. ③

해설 송전계통의 중성점을 접지하는 목적으로 옳은 것은?
① 지락 고장 시 전선로의 대지 전위 상승을 억제하고 전선로와 기기의 절연을 경감시킨다.
② 소호리액터 접지방식에서는 1선 지락 시 지락점 아크를 빨리 소멸시킨다.
③ 지락고장에 대한 계전기의 동작을 확실하게 한다.

023 다음 중 전력선 반송 보호계전방식의 장점이 아닌 것은?
① 저주파 반송전류를 중첩시켜 사용하므로 계통의 신뢰도가 높아진다.
② 고장 구간의 선택이 확실하다.
③ 동작이 예민하다.
④ 고장점이나 계통의 여하에 불구하고 선택차단개소를 동시에 고속도 차단할 수 있다.

해설 다음 중 전력선 반송 보호계전방식의 장점은?
① 고장 구간의 선택이 확실하다.
② 동작이 예민하다.
③ 고장점이나 계통의 여하에 불구하고 선택차단개소를 동시에 고속도 차단할 수 있다.

024 발전소의 발전기 정격전압(kV)으로 사용되는 것은?
① 6.6
② 33
③ 66
④ 154

해설 발전소의 발전기 정격전압으로는 6.6[kV]가 사용된다.

025 송전선로를 연가하는 주된 목적은?
① 페란티효과의 방지
② 직격뢰의 방지
③ 선로정수의 평형
④ 유도뢰의 방지

해설 송전선로를 연가하는 주된 목적은 선로정수의 평형이고 송전선로의 페란티효과의 방지는 변전소에 분로 리액터나 병렬 리액터를 설치한다.

026 뒤진 역률 80%, 10[kVA]의 부하를 가지는 주상변압기의 2차측에 2[kVA]의 전력용 콘덴서를 접속하면 주상변압기에 걸리는 부하는 약 몇 [kVA]가 되겠는가?
① 8
② 8.5
③ 9
④ 9.5

정답 23. ① 24. ① 25. ③ 26. ③

해설 뒤진 역률 80%, 10[kVA]의 부하의 $P(\text{유효전력}) = P_a \cos\theta = 10 \times 0.8 = 8[\text{kW}]$
$P_{r1}(\text{무효전력}) = P_a \sin\theta = P_a \times \sqrt{1-\cos^2\theta} = 10 \times \sqrt{1-(0.8)^2}$
$= 10 \times 0.6 = 6[\text{kVar}]$ (뒤짐)이다.
주상변압기의 2차측에 $P_{r2}(\text{전력용 콘덴서}) = 2[\text{kVar}]$(진상)를 접속할 때의
$P_r(\text{무효전력}) = P_{r1} - P_{r2} = 6 - 2 = 4[\text{kVar}]$이다.
∴ 주상변압기의 부하 $P_a = \sqrt{P^2 + P_r^2} = \sqrt{(8)^2 + (4)^2} = \sqrt{80} \fallingdotseq 9[\text{kVA}]$가 된다.

027 부하전류 및 단락전류를 모두 개폐할 수 있는 스위치는?
① 단로기 ② 차단기
③ 선로개폐기 ④ 전력퓨즈

해설 차단기(CB)란 부하전류 및 단락전류를 모두 개폐할 수 있는 스위치이다.

028 송전선로에 낙뢰를 방지하기 위하여 설치하는 것은?
① 댐퍼 ② 초호환
③ 가공지선 ④ 애자

해설 가공지선은 송전선로에 낙뢰를 방지하기 위하여 설치한다.
∴ 가공지선의 설치 목적은 뇌해방지이다.

029 송, 수전단 전압을 E_S, E_R이라 하고 4단자정수를 A, B, C, D라 할 때 전력 원선도의 반지름은?
① $\dfrac{E_S E_R}{A}$ ② $\dfrac{E_S^2 E_R^2}{A}$ ③ $\dfrac{E_S E_R}{B}$ ④ $\dfrac{E_S^2 E_R^2}{B}$

해설 송, 수전단 전압을 E_S, E_R이라 하고 4단자정수를 A, B, C, D라 할 때 전력 원선도의 반지름은 $\dfrac{E_S E_R}{B}$이다.

030 양수발전의 주된 목적으로 옳은 것은?
① 연간 발전량을 늘이기 위하여
② 연간 평균 손실 전력을 줄이기 위하여
③ 연간 발전비용을 줄이기 위하여
④ 연간 수력발전량을 늘이기 위하여

해설 양수발전의 주된 목적은 연간 발전비용을 줄이기 위해서이다.

정답 27. ② 28. ③ 29. ③ 30. ③

031 동일한 부하전력에 대하여 전압을 2배로 승압하면 전압강하, 전압강하율, 전력손실률은 각각 얼마나 감소하는지를 순서대로 나열한 것은?

① $\frac{1}{2}, \frac{1}{2}, \frac{1}{2}$
② $\frac{1}{2}, \frac{1}{2}, \frac{1}{4}$
③ $\frac{1}{2}, \frac{1}{4}, \frac{1}{4}$
④ $\frac{1}{4}, \frac{1}{4}, \frac{1}{4}$

해설 P(동일한 부하전력)$=VI\cos\theta$[W]일 때

① V_1(전압강하)$=IR=\dfrac{P \cdot R}{V\cos\theta} ≒ \dfrac{1}{V}$ 이다.

전압을 $2V$로 승압 시 V_2(전압강하)$≒\dfrac{1}{2V}=\dfrac{1}{2}\times\dfrac{1}{V}=\dfrac{1}{2}V_1$ 감소된다.

② ε_1(전압강하율)$=\dfrac{V_S-V_R}{V_R}=\dfrac{IR}{V_R}=\dfrac{\dfrac{P \cdot R}{V_R\cos\theta}}{V_R}=\dfrac{P \cdot R}{V_R^2\cos\theta}≒\dfrac{1}{V_R^2}$ 이다.

전압을 $2V$로 승압 시, ε_2(전압강하율)$≒\dfrac{1}{(2V_R)^2}=\dfrac{1}{4}\times\dfrac{1}{V_R^2}=\dfrac{1}{4}\varepsilon_1$ 감소된다.

③ K_1(전력손실률)$=\dfrac{P_\ell}{P}=\dfrac{I^2R}{P}=\dfrac{\dfrac{P^2\times R}{V^2\cos^2\theta}}{P}=\dfrac{P\times R}{V^2\cos^2\theta}≒\dfrac{1}{V^2}$ 이다.

전압을 $2V$로 승압하면 K_2(전력손실률)$≒\dfrac{1}{(2V)^2}≒\dfrac{1}{4}\times\dfrac{1}{V^2}=\dfrac{1}{4}K_1$ 감소된다.

∴ 전압강하, 전압강하율, 전력손실률은 $\dfrac{1}{2}, \dfrac{1}{4}, \dfrac{1}{4}$ 만큼 감소된다.

032 송전선로에 근접한 통신선에 유도장해가 발생하였을 때, 전자유도의 원인은?

① 역상전압
② 정상전압
③ 정상전류
④ 영상전류

해설 송전선로에 근접한 통신선에 유도장해가 발생하였을 때, 전자유도의 원인은 영상전류이다.

033 66[kV], 60[Hz] 3상 3선식 선로에서 중성점을 소호리액터 접지하여 완전 공진상태로 되었을 때 중성점에 흐르는 전류는 몇 [A]인가? (단, 소호리액터를 포함한 영상회로의 등가 저항은 200[Ω], 중성점 잔류전압은 4400[V]라고 한다.)

① 11
② 22
③ 33
④ 44

해설 소호리액터의 인덕턴스와 대지 정전용량이 완전 공진상태이므로 소호리액터를 포함한 영상회로의 등가저항 200[Ω], 중성점 잔류전압이 4400[V], 중성점에 흐르는 전류 $I_o=\dfrac{E_n}{R}=\dfrac{4400}{200}=22$[A]가 된다.

정답 31. ③ 32. ④ 33. ②

034 변류기 개방 시 2차측을 단락하는 이유는?
① 2차측 절연 보호
② 2차측 과전류 보호
③ 측정오차 방지
④ 1차측 과전류 방지

 변류기 개방 시 2차측을 단락하는 이유는 2차측 절연을 보호하기 위해서이다.

035 3상 3선식 송전 선로에서 정격전압이 66[kV]이고, 1선당 리액턴스가 10[Ω]일 때, 100[MVA] 기준의 %리액턴스는 약 얼마인가?
① 17%
② 23%
③ 52%
④ 69%

$$\%x(리액턴스) = \frac{IZ}{E} \times 100 = \frac{\frac{P_a}{\sqrt{3}V} \times Z}{\frac{V}{\sqrt{3}}} \times 100 = \frac{P_a \times Z}{V^2} \times 100$$

$$= \frac{100 \times 10^6 \times 10}{(66 \times 10^3)^2} \times 100 = \frac{100000}{(66)^2} ≒ 23\% 이다.$$

036 정격용량 150[kVA]인 단상 변압기 두 대로 V결선 했을 경우 최대 출력은 약 몇 [kVA]인가?
① 170
② 173
③ 260
④ 280

P_a(단상 변압기 1대의 정격용량)=150[kVA]이다. 두 대로 V결선 할 경우의
$P_{\max}$(최대 출력)= $\sqrt{3}P_a = \sqrt{3} \times 150 ≒ 260$[kVA]이다.

037 배전선로의 역률개선에 따른 효과로 적합하지 않은 것은?
① 전원측 설비의 이용률 향상
② 선로절연에 요하는 비용 절감
③ 전압강하 감소
④ 선로의 전력손실 경감

배전선로의 역률개선에 따른 효과로 적합한 것은?
① 전원측 설비의 이용률 향상
② 전압강하 감소
③ 선로의 전력손실 경감 등이다.

34. ① 35. ② 36. ③ 37. ②

038 어떤 수력발전소의 수압관에서 분출되는 물의 속도와 직접적인 관련이 없는 것은?
① 수면에서의 연직거리 ② 관의 경사
③ 관의 길이 ④ 유량

해설 v(물의 분출 속도)$=\sqrt{2gH}$ [m/s], g=중력의 가속도(9.8m/s²), H= 어느 기준면에 대한 높이(m)와 관련이 있는 것은 ① 수면에서의 연직거리, ② 관의 경사, ③ 유량 등이다.

039 송전단 전압 161[kV], 수전단 전압 155[kV], 상차각 40°, 리액턴스가 49.8[Ω]일 때 선로손실을 무시한다면 전송 전력은 약 몇 [MW]인가?
① 289 ② 322
③ 373 ④ 869

해설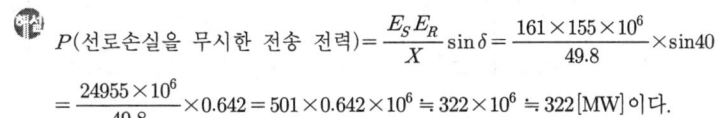
P(선로손실을 무시한 전송 전력)$=\dfrac{E_S E_R}{X}\sin\delta=\dfrac{161\times 155\times 10^6}{49.8}\times\sin 40°$
$=\dfrac{24955\times 10^6}{49.8}\times 0.642=501\times 0.642\times 10^6 ≒ 322\times 10^6 ≒ 322$[MW]이다.

040 차단기에서 정격차단 시간의 표준이 아닌 것은?
① 3[Hz] ② 5[Hz]
③ 8[Hz] ④ 10[Hz]

해설 차단기에서 정격차단 시간의 표준은 개극시간과 아크시간을 합친 것으로 3~8[Hz]이다.
∴ 3[Hz], 5[Hz], 8[Hz]가 표준이다.

03 전/기/기/기

041 동기발전기에 회전계자형을 사용하는 이유로 틀린 것은?
① 기전력의 파형을 개선한다.
② 계자가 회전자이지만 저전압 소용량의 직류이므로 구조가 간단하다.
③ 전기자가 고정자이므로 고전압 대전류용에 좋고 절연이 쉽다.
④ 전기자보다 계자극을 회전자로 하는 것이 기계적으로 튼튼하다.

해설 동기발전기에 회전계자형을 사용하는 이유로 옳은 것은?
① 계자가 회전자이지만 저전압 소용량의 직류이므로 구조가 간단하다.
② 전기자가 고정자이므로 고전압 대전류용에 좋고 절연이 쉽다.
③ 전기자보다 계자극을 회전자로 하는 것이 기계적으로 튼튼하다.

38. ③ 39. ② 40. ④ 41. ①

2019년 8월 4일 시행

042

60[Hz], 12극, 회전자 외경 2[m]의 동기발전기에 있어서 자극면의 주변속도(m/s)는 약 얼마인가?

① 34
② 43
③ 59
④ 63

해설 N_s(동기속도)$= \frac{120f}{P} = \frac{120 \times 60}{12} = 600$[rpm]

D(회전자 외경=회전자 지름)는 2[m]인 동기발전기에서 자극면의 주변속도

$v = \pi D \times \frac{N_s}{60} = \pi \times 2 \times \frac{600}{60} = 6.28 \times 10 ≒ 63$[m/s] 이다.

043

단상 전파정류회로를 구성한 것으로 옳은 것은?

①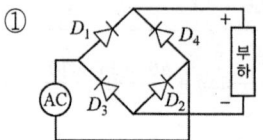
②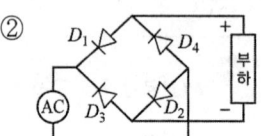
③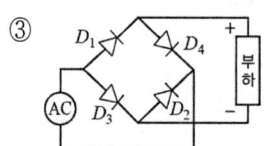
④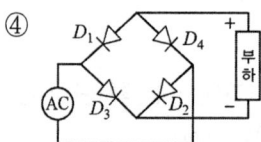

해설 ①의 AC(교류)에서
- +반파는 D_1(통전), D_3(개방),
- -반파는 D_2(통전), D_4(개방)으로

부하에 전력을 공급하므로 단상 전파정류회로이다.

044

동기전동기의 전기자반작용에서 전기자전류가 앞서는 경우 어떤 작용이 일어나는가?

① 증자작용
② 감자작용
③ 횡축반작용
④ 교차자화작용

해설 동기전동기의 전기자반작용에서 전기자전류가 앞서는 경우는 감자작용이 일어난다.

045

3상 유도전동기의 원선도 작성에 필요한 기본량이 아닌 것은?

① 저항 측정
② 슬립 측정
③ 구속 시험
④ 무부하 시험

해설 3상 유도전동기의 원선도 작성에 필요한 기본량은 저항 측정, 구속 시험, 무부하 시험이다.

42. ④　43. ①　44. ②　45. ②

[046] 유도전동기 원선도에서 원의 지름은? (단, E를 1차 전압, r는 1차로 환산한 저항, x를 1차로 환산한 누설 리액턴스라 한다.)

① rE에 비례
② rxE에 비례
③ $\dfrac{E}{r}$에 비례
④ $\dfrac{E}{x}$에 비례

해설 유도전동기에서 I_1(1차 전류)=I_o(여자 전류)+$I_1{}'$(1차 부하 전류)

$= YE + \dfrac{E}{\sqrt{(r_1 + \dfrac{r_2{}'}{s})^2 + (x_1 + x_2{}')^2}}$ [A]의 원선도는 그림이다.

① 유도전동기 기동 시 $s=1$

$I_1 = I_0 + I_1{}' = \dfrac{E}{\sqrt{(r_1 + r_2{}') + (x_1 + x_2{}')^2}}$

$= \dfrac{E}{\sqrt{r^2 + x^2}}$ [A]

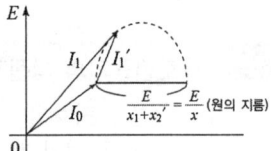

② 유도전동기 운전 시 $s=0$

$I_1 = I_0 + I_1{}' \fallingdotseq \dfrac{E}{x_1 + x_2{}'} = \dfrac{E}{x}$ [A]가 원선도의 지름이다.

[047] 단상 직권정류자전동기에 관한 설명 중 틀린 것은? (단, A : 전기자, C : 보상권선, F : 계자권선이라 한다.)

① 직권형은 A와 F가 직렬로 되어 있다.
② 보상 직권형은 A, C 및 F가 직렬로 되어 있다.
③ 단상 직권정류자전동기에서는 보극권선을 사용하지 않는다.
④ 유도 보상 직권형은 A와 F가 직렬로 되어 있고 C는 A에서 분리한 후 단락되어 있다.

해설 단상 직권정류자전동기에 관한 설명 중 옳은 것은?
① 직권형은 A와 F가 직렬로 되어 있다.
② 보상 직권형은 A, C 및 F가 직렬로 되어 있다.
③ 유도 보상 직권형은 A와 F가 직렬로 되어 있고 C는 A에서 분리한 후 단락되어 있다.

[048] PN 접합 구조로 되어 있고 제어는 불가능하나 교류를 직류로 변환하는 반도체 정류 소자는?

① IGBT
② 다이오드
③ MOSFET
④ 사이리스터

해설 다이오드(Diode)는 PN 접합 구조로 되어 있고 제어는 불가능하나 AC(교류)를 DC(직류)로 변환하는 반도체 소자이다.

049 3상 분권정류자전동기의 설명으로 틀린 것은?
① 변압기를 사용하여 전원전압을 낮춘다.
② 정류자권선은 저전압 대전류에 적합하다.
③ 부하가 가해지면 슬립의 발생 소요 토크는 직류전동기와 같다.
④ 특성이 가장 뛰어나고 널리 사용되고 있는 전동기는 시라게 전동기이다.

🔍 3상 분권정류자전동기의 설명으로 옳은 것은?
① 변압기를 사용하여 전원전압을 낮춘다.
② 정류자권선은 저전압 대전류에 적합하다.
③ 특성이 가장 뛰어나고 널리 사용되고 있는 전동기는 시라게 전동기이다.

050 유도전동기의 회전자에 슬립 주파수의 전압을 공급하여 속도를 제어하는 방법은?
① 2차 저항법　　　　② 2차 여자법
③ 직류 여자법　　　　④ 주파수 변환법

🔍 2차 여자법은 유도전동기의 회전자에 슬립 주파수의 전압을 공급하여 속도를 제어하는 방법이다.

051 권선형 유도전동기의 속도-토크 곡선에서 비례추이는 그 곡선이 무엇이 비례하여 이동하는가?
① 슬립　　　　② 회전수
③ 공급전압　　　　④ 2차 저항

🔍 권선형 유도전동기의 P_2(1차 출력) = 2차 입력 = 동기와트 = $\omega_s T$[W]

$$T(\text{토크}) = \frac{P_2}{\omega_s} = \frac{(I_1')^2 \times \frac{r_2'}{s}}{\frac{4\pi f}{P}} [\text{N} \cdot \text{m}] \text{이다.}$$

∴ 비례추이란 $T = \frac{r_2'}{s}$ 이다. 즉 T(토크)가 $\frac{r_2'}{s}$ 에 비례하는 것을 말한다.

T는 일정을 유지하기 위해서는 r_2'(2차 저항) ≒ s(슬립)이어야 한다.
즉 $2r_2' ≒ 2s$, $3r_2' ≒ 3s$이다. 그러므로 속도-토크 곡선에서 비례추이는 곡선의 2차 저항에 비례하여 이동된다.

052 정격전압 200[V], 전기자 전류 100[A]일 때 1000[rpm]으로 회전하는 직류 분권전동기가 있다. 이 전동기의 무부하 속도는 약 몇 [rpm]인가? (단, 전기자 저항은 0.15[Ω], 전기자 반작용은 무시한다.)
① 981　　　　② 1081
③ 1100　　　　④ 1180

정답 49. ③　50. ②　51. ④　52. ②

해설 직류 분권전동기에서 $I_a = 100[\text{A}]$일 때의 역기전력
$E = V - I_a r_a = 200 - 100 \times 0.15 = 185 = KN\phi \doteqdot N = 1000[\text{rpm}]$ … ①
무부하일 때는 $V = E_o = 200 = KN_o\phi = N_o[\text{rpm}]$ … ②
①, ② 식에서 N_o(무부하 속도) $= \dfrac{E_o}{E} \times N = \dfrac{200}{185} \times 1000 \doteqdot 1081[\text{rpm}]$이다.

053
이상적인 변압기에서 2차를 개방한 벡터도 중 서로 반대 위상인 것은?
① 자속, 여자 전류
② 입력 전압, 1차 유도기전력
③ 여자 전류, 2차 유도기전력
④ 1차 유도기전력, 2차 유도기전력

해설 이상적인 변압기가 무부하 시(2차 개방 시) $i_2 = 0$일 때
V_1(입력 전압=1차 전압)$= -E_1 = -N_1\dfrac{d\phi}{dt}[\text{V}]$가
렌츠법칙으로 벡터도는 $V_1 = -E_1$이다.
즉, 입력 전압 V_1과 1차 유기기전력 E_1은
서로 반대인 위상이다.

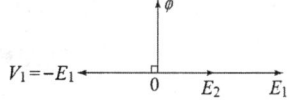

054
동일 정격의 3상 동기발전기 2대를 무부하로 병렬 운전하고 있을 때, 두 발전기의 기전력 사이에 30°의 위상차가 있으면 한 발전기에서 다른 발전기에 공급되는 유효전력은 몇 [kW]인가? (단, 각 발전기의(1상의) 기전력은 1000[V], 동기 리액턴스는 4[Ω]이고, 전기자 저항은 무시한다.)
① 62.5
② $62.5 \times \sqrt{3}$
③ 125.5
④ $125.5 \times \sqrt{3}$

해설 3상 동기발전기 2대를 무부하 병렬 운전 시 한 발전기에서 다른 발전기에 공급되는
P(유효전력) $= \dfrac{E^2 \sin\delta}{2Z_s} = \dfrac{E^2}{2X_s}\sin 30 = \dfrac{(1000)^2}{2\times 4} \times \dfrac{1}{2} = \dfrac{1000}{16} \times 1000$
$= 62.5 \times 10^3 = 62.5[\text{kW}]$이다.

055
어떤 단상 변압기의 2차 무부하전압이 240[V]이고 정격 부하 시의 2차 단자전압이 230[V]이다. 전압변동률은 약 몇 %인가?
① 2.35
② 3.35
③ 4.35
④ 5.35

해설 단상 변압기에서 E_o(2차 무부하전압)=240[V],
V_{2n}(정격 부하 시 2차 단자전압)=230[V]일 때
ε(전압변동률)$= \dfrac{E_o - V_{2n}}{V_{2n}} \times 100 = \dfrac{240 - 230}{230} \times 100 \doteqdot 4.35\%$이다.

2019년 8월 4일 시행

056 정격전압 6000[V], 용량 5000[kVA]의 Y결선 3상 동기발전기가 있다. 여자전류 200[A]에서의 무부하 단자전압 6000[V], 단락전류 600[A]일 때, 이 발전기의 단락비는 약 얼마인가?

① 0.25　　　　　　　　② 1
③ 1.25　　　　　　　　④ 1.5

3상 동기발전기의 정격전류 I_n는 $P_a = \sqrt{3} \, VI_n$[VA]

I_n(정격전류) $= \dfrac{P_a}{\sqrt{3} \, V} = \dfrac{5000 \times 10^3}{\sqrt{3} \times 6000} ≒ 481.23$[A]이다.

정격전류 I_n는 481.23[A]와 같은 I_s(단락전류) = 600[A]를 통하는데 요하는

여자전류 $I_f'' = \dfrac{I_n \times I_f'}{I_s} = \dfrac{481.23 \times 200}{600} = 160.41$[A]이다.

∴ K(단락비) $= \dfrac{I_f'}{I_f''} = \dfrac{200}{160.41} ≒ 1.25$ 이다.

057 다음은 직류 발전기의 정류 곡선이다. 이 중에서 정류 초기에 정류의 상태가 좋지 않은 것은?

① ⓐ
② ⓑ
③ ⓒ
④ ⓓ

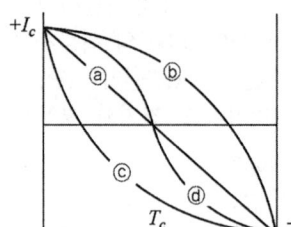

직류 발전기의 정류 곡선에서 ⓒ(과정류)는 정류 초기에 정류의 상태가 좋지 않은 경우이다.

058 2대의 변압기로 V결선하여 3상 변압하는 경우 변압기 이용률(%)은?

① 57.8　　　　　　　　② 66.6
③ 86.6　　　　　　　　④ 100

2대의 변압기로 V결선하여 3상 변압하는 경우 변압기 이용률은

$\dfrac{\text{V결선의 용량}}{\text{2대 용량}} \times 100 = \dfrac{\sqrt{3} \, VI}{2VI} \times 100 = \dfrac{\sqrt{3}}{2} \times 100 = 86.6\%$ 이다.

56. ③　57. ③　58. ③

059 직류기의 전기자에 일반적으로 사용되는 전기자 권선법은?
① 2층권　　　　　　② 개로권
③ 환상권　　　　　　④ 단층권

해설) 2층권은 직류기의 전기자에 일반적으로 사용되는 전기자 권선법이다.

060 3300/200[V], 50[kVA]인 단상 변압기의 %저항, %리액턴스를 각각 2.4%, 1.6%라 하면 이때의 임피던스 전압은 약 몇 [V]인가?
① 95　　　　　　② 100
③ 105　　　　　④ 110

해설) $P(\%저항강하) = \dfrac{I_{1n} r_{12}}{V_{1n}} \times 100 = \dfrac{I_{1n}^2 r_{12}}{V_{1n} I_{1n}} \times 100 = \dfrac{P_s}{P_a} \times 100\%$

$q(\%리액턴스) = \dfrac{I_{1n} x_{12}}{V_{1n}} \times 100\%$

$Z(\%임피던스) = \dfrac{I_{1n} Z_{12}}{V_{1n}} \times 100 = \dfrac{V_s}{V_{1n}} \times 100 = \sqrt{p^2 + q^2} \times 100\%$

(단, V_s(임피던스 전압) $= I_{1n} Z_{12}$[V], P_s(임피던스 와트) $= I_{1n}^2 r_{12}$[W]이다.)

∴ $Z(\%임피던스) = \sqrt{p^2 + q^2} = \sqrt{(2.4)^2 + (1.6)^2} ≒ 2.88$이다.

$Z = \dfrac{V_s}{V_{1n}} \times 100$, V_s(임피던스 전압) $= \dfrac{Z \times V_{1n}}{100} = \dfrac{2.88 \times 3300}{100} ≒ 95$[V]가 된다.

04　회/로/이/론

061 전달함수 출력(응답)식 $C(s) = G(s)R(s)$에서 입력함수 $R(s)$를 단위 임펄스 $\delta(t)$로 인가할 때 이 계의 출력은?
① $C(s) = G(s)\delta(s)$
② $C(s) = \dfrac{G(s)}{\delta(s)}$
③ $C(s) = \dfrac{G(s)}{s}$
④ $C(s) = G(s)$

해설) 전달함수의 출력(응답) $C(s) = G(s)R(s)$이다.
입력함수 $r(t) = \delta(t)$(단위 임펄스)로 인가하면, 즉 $R(s) = L(r(t)) = L(\delta(t)) = 1$이다.
∴ 출력(응답) $C(s) = G(s)R(s) = G(s) \cdot 1 = G(s)$가 된다.

해답 | 59. ① 60. ① 61. ④

062 단자 a와 b사이에 전압 30[V]를 가했을 때 전류 I가 3[A] 흘렀다고 한다. 저항 $r[\Omega]$은 얼마인가?

① 5
② 10
③ 15
④ 20

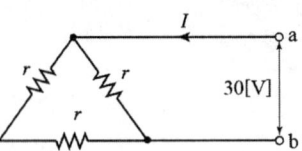

해설 합성저항 $R = \dfrac{r \times 2r}{r + 2r} = \dfrac{2r}{3} = \dfrac{V}{I} = \dfrac{30}{3} = 10[\Omega]$

∴ r(저항) $= \dfrac{3}{2} \times 10 = \dfrac{30}{2} = 15[\Omega]$이다.

063 3상 불평형 전압에서 불평형률은?

① $\dfrac{영상전압}{정상전압} \times 100\%$
② $\dfrac{역상전압}{정상전압} \times 100\%$
③ $\dfrac{정상전압}{역상전압} \times 100\%$
④ $\dfrac{정상전압}{영상전압} \times 100\%$

해설 3상 불평형 전압에서 불평형률 $= \dfrac{역상전압(V_2)}{정상전압(V_1)} \times 100\%$이다.

064 전압과 전류가 각각 $v = 141.4\sin(377t + \dfrac{\pi}{3})[V]$, $i = \sqrt{8}\sin(377t + \dfrac{\pi}{6})[A]$인 회로의 소비(유효)전력은 약 몇 [W]인가?

① 100
② 173
③ 200
④ 344

해설 유효(소비)전력은 같은 주파수 사이에서만 생긴다.

∴ P(유효전력) $= VI\cos\theta = \dfrac{141.4}{\sqrt{2}} \times \dfrac{\sqrt{8}}{\sqrt{2}} \cos\left(\dfrac{\pi}{3} - \dfrac{\pi}{6}\right)$

$= 100 \times 2\cos(60-30) = 200\cos30 = 200 \times \dfrac{\sqrt{3}}{2} ≒ 173[W]$이다.

065 다음과 같은 4단자 회로에서 영상 임피던스(Ω)는?

① 200
② 300
③ 450
④ 600

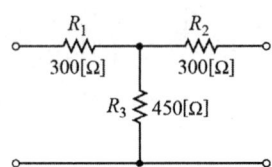

해답 62.③ 63.② 64.② 65.④

예설 T형 4단자망의 4단자 정수

$$\begin{vmatrix} A & B \\ C & D \end{vmatrix} = \begin{vmatrix} 1 & 300 \\ 0 & 1 \end{vmatrix} = \begin{vmatrix} 1 & 0 \\ \frac{1}{450} & 1 \end{vmatrix} = \begin{vmatrix} 1 & 300 \\ 0 & 1 \end{vmatrix} = \begin{vmatrix} 1+\frac{300}{450} & 300 \\ \frac{1}{450} & 1 \end{vmatrix} \begin{vmatrix} 1 & 300 \\ 0 & 1 \end{vmatrix}$$

$$= \begin{vmatrix} 1+\frac{300}{450} & 300(1+\frac{300}{450})+300 \\ \frac{1}{450} & 1+\frac{300}{450} \end{vmatrix}$$ 이다. $A=D$ 이므로 대칭회로이다.

∴ 영상 임피던스

$$Z_{01} = \sqrt{\frac{AB}{CD}} = Z_{02} = \sqrt{\frac{BD}{CA}} = \sqrt{\frac{B}{C}} = \sqrt{\frac{300(1+\frac{300}{450})+300}{\frac{1}{450}}} = \sqrt{\frac{\frac{225000}{450}+300}{\frac{1}{450}}}$$

$$= \sqrt{\frac{500+300}{\frac{1}{450}}} = \sqrt{800 \times 450} = \sqrt{360000} = 600 [\Omega]$$ 이다.

066 저항 1[Ω]과 인덕턴스 1[H]를 직렬로 연결한 후 60[Hz], 100[V]의 전압을 인가할 때 흐르는 전류의 위상은 전압의 위상보다 어떻게 되는가?

① 뒤지지만 90° 이하이다.
② 90° 늦다.
③ 앞서지만 90° 이하이다.
④ 90° 빠르다.

예설 Z(직렬 임피던스) $= R+j\omega L = R+j2\pi fL = 1+j2\times 3.14\times 60\times 1 = 1+j377 [\Omega]$ 이다.

∴ 직렬회로의 I(전류) $= \frac{V}{Z} = \frac{100}{1+j377} = \frac{100}{\sqrt{1^2+(377)^2} \angle \tan^{-1}\frac{377}{1}}$

$= \frac{100}{\sqrt{142130}} \angle -\tan^{-1}377 ≒ \frac{100}{119} \angle -89.85° ≒ 0.84 \angle -89.85° ≒ -90°$ [A] 이다.

이는 V(전압)기준 I(전류)의 위상은 뒤지지만 90° 이하이다.

067 어떤 정현파 교류전압의 실횻값이 314[V]일 때 평균값은 약 몇 [V]인가?

① 142   ② 283
③ 365   ④ 382

예설 V(정현파 교류전압의 실횻값) $= \frac{V_m}{\sqrt{2}}$ [V]

V_m(최대치 전압) $= \sqrt{2} V$[V] 이다.

∴ V_{av}(평균치 전압값) $= \frac{2V_m}{\pi} = \frac{2\times\sqrt{2} V}{\pi} = \frac{2\times\sqrt{2}\times 314}{\pi} = \frac{888}{3.14} ≒ 283$ [V] 이다.

정답 66. ① 67. ②

068 평형 3상 저항 부하가 3상 4선식 회로에 접속되어 있을 때 단상 전력계를 그림과 같이 접속하였더니 그 지시 값이 W[W]이었다. 이 부하의 3상 전력(W)은?

① $\sqrt{2}\,W$
② $2W$
③ $\sqrt{3}\,W$
④ $3W$

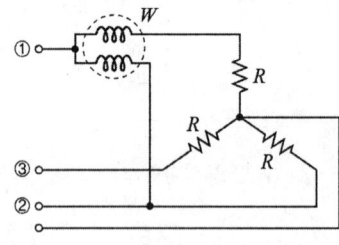

해설 평형 3상 저항 부하이므로 $\theta=0$이다.
①, ②단자 연결 시 전력계 지시 $W=VI\cos(30+\theta)=VI\cos30$[W] ⋯ ⓐ
①, ③단자 연결 시 전력계 지시 $W=VI\cos(30-\theta)=VI\cos30$[W] ⋯ ⓑ
∴ ⓐ과 ⓑ 식에서 부하의 3상 전력
$P=W+W=2W=2VI\cos30=2VI\times\dfrac{\sqrt{3}}{2}=\sqrt{3}\,VI$[W]이다.

069 그림과 같은 RC 직렬회로에 $t=0$에서 스위치 S를 닫아 직류 전압 100[V]를 회로의 양단에 인가하면 시간 t에서의 충전전하는? (단, R=10[Ω], C=0.1[F]이다.)

① $10(1-e^{-t})$
② $-10(1-e^{t})$
③ $10e^{-t}$
④ $-10e^{t}$

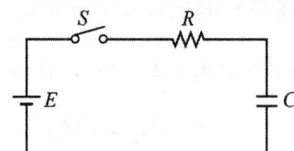

해설 RC 직렬회로 과도현상에서 콘덴서 C[F]의 충전전하
$Q_o=CE\left(1-e^{-\frac{1}{CR}t}\right)=0.1\times100\left(1-e^{-\frac{1}{0.1\times10}t}\right)=10(1-e^{-t})$[C]이 된다.

070 다음 두 회로의 4단자 정수 A, B, C, D가 동일할 조건은?

① $R_1=R_2,\ R_3=R_4$
② $R_1=R_3,\ R_2=R_4$
③ $R_1=R_4,\ R_2=R_3=0$
④ $R_2=R_3,\ R_1=R_4=0$

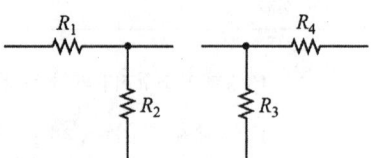

68. ② 69. ① 70. ④

해설 문제 두 회로의 4단자 정수 동일 조건은 $R_1 = R_4 = 0$이면

L형과 역L형의 4단자 정수는 $\begin{vmatrix} 1 & 0 \\ \frac{1}{R_2} & 1 \end{vmatrix} = \begin{vmatrix} 1 & 0 \\ \frac{1}{R_3} & 1 \end{vmatrix}$로서 동일 조건이 된다.

∴ $R_1 = R_4 = 0$, $\frac{1}{R_3} = \frac{1}{R_2}$에서 $R_2 = R_3$이다.

071 Y결선된 대칭 3상 회로에서 전원 한 상의 전압이 $V_a = 220\sqrt{2}\sin\omega t$[V]일 때 선간전압의 실횻값 크기는 약 몇 [V]인가?

① 220
② 310
③ 380
④ 540

해설 Y결선된 대칭 3상 회로에서 전원 1상의 상전압 실횻값 $V_p = 220$[V]이다.

V_ℓ(선간전압의 실횻값) $= \sqrt{3}\,V_p = \sqrt{3} \times 220 ≒ 380$[V]이다.

072 $a + a^2$의 값은? (단, $a = e^{j2\pi/3} = 1\angle 120°$이다.)

① 0
② -1
③ 1
④ a^3

해설 연산자 계산

$a = \angle 120° = a^{-2} = \cos 120° + j\sin 120° = -\frac{1}{2} + j\frac{\sqrt{3}}{2}$

$a^2 = \angle 240° = a^{-1} = \cos 240° + j\sin 240° = -\frac{1}{2} - j\frac{\sqrt{3}}{2}$

$a^3 = \angle 360° = a^{-3} = \cos 360° + j\sin 360° = 1 + j0$

∴ 3상 교류 전압 혹은 전류의 합은 0이다.

즉 $a^3 + a^2 + a = 1 + a^2 + a = 1 - \frac{1}{2} + j\frac{\sqrt{3}}{2} - \frac{1}{2} - j\frac{\sqrt{3}}{2} = 0$

∴ $1 + a + a^2 = 0$, $a + a^2 = -1$이다.

073 평형 3상 Y결선 회로의 선간전압이 V_l, 상전압이 V_p, 선전류가 I_l, 상전류가 I_p일 때 다음의 수식 중 틀린 것은? (단, P는 3상 부하전력을 의미한다.)

① $V_l = \sqrt{3}\,V_p$
② $I_l = I_p$
③ $P = \sqrt{3}\,V_l I_l \cos\theta$
④ $P = \sqrt{3}\,V_p I_p \cos\theta$

해설 평형 3상 Y결선 회로에서 P(부하전력) $= \sqrt{3}\,V_\ell I_\ell \cos\theta$[W]이다.

선간전압 $V_\ell = \sqrt{3}\,V_p$[V], 선전류 $I_\ell = I_p$[A]의 수식은 옳은 것이다.

∴ 3상 Y결선 회로의 수식 중 틀린 식은 $P = \sqrt{3}\,V_p I_p \cos\theta$이다.

정답 71. ③ 72. ② 73. ④

074 전압이 $v = 10\sin 10t + 20\sin 20t$[V]이고, 전류가 $i = 20\sin 10t + 10\sin 20t$[A]이면, 소비(유효)전력(W)은?

① 400
② 283
③ 200
④ 141

해설 다상교류에서 소비(유효전력)은 같은 주파수 사이에서만 존재한다.

$\therefore P(\text{소비전력}) = V_1 I_1 \cos\theta_1 + V_2 I_2 \cos\theta_2$

$= \dfrac{10}{\sqrt{2}} \times \dfrac{20}{\sqrt{2}} \cos(0-0) + \dfrac{20}{\sqrt{2}} \times \dfrac{10}{\sqrt{2}} \cos(0-0)$

$= \dfrac{200}{2} + \dfrac{200}{2} = \dfrac{400}{2} = 200$[W]이다.

075 코일의 권수 $N=1000$회이고, 코일의 저항 $R=10$[Ω]이다. 전류 $I=10$[A]를 흘릴 때 코일의 권수 1회에 대한 자속이 $\phi = 3 \times 10^{-2}$[Wb]라면 이 회로의 시정수(s)는?

① 0.3
② 0.4
③ 3.0
④ 4.0

해설 렌즈법칙에서 $LI = N\phi$, L(인덕턴스) $= \dfrac{N\phi}{I} = \dfrac{1000 \times 3 \times 10^{-2}}{10} = 3$[A]이다.

$\therefore$ RL 직렬회로의 시정수 $\tau = \dfrac{L}{R} = \dfrac{3}{10} = 0.3$[s]이다.

076 $\mathcal{L}[f(t)] = F(s) = \dfrac{5s+8}{5s^2+4s}$ 일 때, $f(t)$의 최종값 $f(\infty)$는?

① 1
② 2
③ 3
④ 4

해설 최종치 정리에서 최종값

$f(\infty) = \lim_{t \to \infty} f(t) = \lim_{s \to 0} s F(s) = \lim_{s \to 0} s \times \dfrac{5s+8}{5s^2+4s} = \lim_{s \to 0} s \times \dfrac{5s+8}{s(5s+4)}$

$= \lim_{s \to 0} \dfrac{5s+8}{5s+4} = \dfrac{8}{4} = 2$이다.

077 평형 3상 부하의 결선을 Y에서 △로 하면 소비전력은 몇 배가 되는가?

① 1.5
② 1.73
③ 3
④ 3.46

해답 74. ③ 75. ① 76. ② 77. ③

예 평형 3상 부하의 결선을 Y에서 △로 하면
① 저항은 3배   ∴ $\triangle_R = 3Y_r$
② 소비전력도 3배   ∴ $\triangle_P = 3Y_p$
③ 콘덴서는 $\frac{1}{3}$배   ∴ $\triangle_C = \frac{1}{3}Y_c$ 가 된다.

078
정현파 교류 $i = 10\sqrt{2}\sin(\omega t + \frac{\pi}{3})$를 복소수의 극좌표 형식인 페이저(phasor)로 나타내면?

① $10\sqrt{2} \angle \frac{\pi}{3}$
② $10\sqrt{2} \angle -\frac{\pi}{3}$
③ $10 \angle \frac{\pi}{3}$
④ $10 \angle -\frac{\pi}{3}$

예설 정현파 교류 전류를 복소수의 극좌표 형식인 페이저(phasor)로 나타내면
$\dot{I} = 10 \angle \frac{\pi}{3}$ [A]이고, 직각좌표로 나타내면
$\dot{I} = 10\left(\cos\frac{\pi}{3} + j\sin\frac{\pi}{3}\right) = 10\left(\frac{1}{2} + j\frac{\sqrt{3}}{2}\right) = 5 + j5\sqrt{3}$ [A]이다.

079
$V_1(s)$을 입력, $V_2(s)$를 출력이라 할 때, 다음 회로의 전달함수는? (단, $C_1 = 1$[F], $L_1 = 1$[H])

① $\frac{s}{s+1}$
② $\frac{s^2}{s^2+1}$
③ $\frac{1}{s+1}$
④ $1 + \frac{1}{s}$

예설 $G(s)$(전달함수) $= \frac{V_2(s)}{V_1(s)} = \frac{I(s)SL_1}{I(s)\left(SL_1 + \frac{1}{SC_1}\right)} = \frac{SL_1}{\frac{S^2L_1C_1+1}{SC_1}}$

$= \frac{S^2L_1C_1}{S^2L_1C_1+1} = \frac{S^2}{S^2+1}$ 이다.

정답 78. ③ 79. ②

080 $\dfrac{dx(t)}{dt}+3x(t)=5$의 라플라스 변환은? (단, $x(0)=0$, $X(s) = \mathcal{L}[x(t)]$)

① $X(s) = \dfrac{5}{s+3}$　　② $X(s) = \dfrac{3}{s(s+5)}$

③ $X(s) = \dfrac{3}{s+5}$　　④ $X(s) = \dfrac{5}{s(s+3)}$

해설 $\dfrac{d}{dt}=j\omega=s$ 이다. 방정식 양변 라플라스 변환하면

$sX(s)+3X(s)=\dfrac{5}{s}$, $X(s)(s+3)=\dfrac{5}{s}$

∴ $X(s) = \dfrac{5}{s(s+3)}$ 이다.

05 전/기/설/비/기/술/기/준 및 판/단/기/준

081 전용 개폐기 또는 과전류차단기에서 화약류 저장소의 인입구까지의 배선은 어떻게 시설하는가?

① 애자사용공사에 의하여 시설한다.
② 케이블을 사용하여 지중으로 시설한다.
③ 케이블을 사용하여 가공으로 시설한다.
④ 합성수지관공사에 의하여가공으로 시설한다.

해설 전용 개폐기 또는 과전류차단기에서 화약류 저장소의 인입구까지의 배선은 케이블을 사용하여 지중으로 시설한다.

082 전기철도에서 직류 귀선의 비절연 부분에 대한 전식 방지를 위한 귀선의 극성은 어떻게 해야하는가?

① 감극성으로 한다.
② 가극성으로 한다.
③ 정극성으로 한다.
④ 부극성으로 한다.

해설 전기철도에서 직류 귀선의 비절연 부분에 대한 전식 방지를 위한 귀선의 극성은 부(−)극성으로 한다.

정답 80.④ 81.② 82.④

083 과전류차단기를 설치하지 않아야 할 곳은?
 ① 수용가의 인입선 부분
 ② 고압 배전선로의 인출장소
 ③ 직접 접지계통에 설치한 변압기의 접지선
 ④ 역률조정용 고압 병렬콘덴서 뱅크의 분기선

> 과전류차단기를 설치하여야 할 곳은
> ① 수용가의 인입선 부분
> ② 고압 배전선로의 인출장소
> ③ 역률조정용 고압 병렬콘덴서 뱅크의 분기선 등이다.

084 사용전압 154[kV]의 가공전선을 시가지에 시설하는 경우 전선의 지표상 높이는 최소 몇 [m] 이상이어야 하는가? (단, 발전소·변전소 또는 이에 준하는 곳의 구내와 구외를 연결하는 1경간 가공전선은 제외한다.)
 ① 7.44   ② 9.44   ③ 11.44   ④ 13.44

> 사용전압 154[kV]의 가공전선을 시가지에 시설하는 경우 전선의 지표상 높이는 154[kV]는 35[kV](기준) 10[m]에 35[kV] 넘는 10[kV] 또는 그 단수마다 12[cm]를 더한 값이어야 하므로 10+(154−35)×0.12=10+119×0.12≒10+12×0.12=11.44[m] 이상이어야 한다.

085 특고압 가공전선로의 지지물에 시설하는 가공 통신 인입선은 조영물의 붙임점에서 지표상의 높이를 몇 [m] 이상으로 하여야 하는가? (단, 교통에 지장이 없고 또한 위험의 우려가 없을 때에 한한다.)
 ① 2.5   ② 3   ③ 3.5   ④ 4

> 특고압 가공전선로의 지지물에 시설하는 가공 통신 인입선은 교통에 지장이 없고 또한 위험의 우려가 없을 때에 한하여 조영물의 붙임점에서 지표상의 높이를 3.5[m] 이상으로 하여야 한다.

086 발전기의 보호장치에 있어서 과전류, 압유장치의 유압저하 및 베어링의 온도가 현저히 상승한 경우 자동적으로 이를 전로로부터 차단하는 장치를 시설하여야 한다. 해당되지 않는 것은?
 ① 발전기에 과전류가 생긴 경우
 ② 용량 10000[kVA] 이상인 발전기 내부에 고장이 생긴 경우
 ③ 원자력발전소에 시설하는 비상용 예비발전기에 있어서 비상용 노심냉각장치가 작동한 경우
 ④ 용량 100[kVA] 이상의 발전기를 구동하는 풍차의 압유장치의 유압, 압축공기장치의 공기압이 현저히 저하한 경우

83. ③ 84. ③ 85. ③ 86. ③

해설 발전기의 보호장치에 있어서 과전류, 압유장치의 유압저하 및 베어링의 온도가 현저히 상승한 경우 자동적으로 이를 전로로부터 차단하는 장치를 시설하여야 되는 것은?
① 발전기에 과전류가 생긴 경우
② 용량 10000[kVA] 이상인 발전기 내부에 고장이 생긴 경우
③ 용량 100[kVA] 이상의 발전기를 구동하는 풍차의 압유장치의 유압, 압축공기장치의 공기압이 현저히 저하한 경우

087 지중 또는 수중에 시설되어 있는 금속체의 부식을 방지하기 위한 전기부식방지 회로의 사용전압은 직류 몇 [V] 이하여야 하는가? (단, 전기부식방지 회로는 전기부식방지용 전원장치로부터 양극 및 피방식체까지의 전로를 말한다.)
① 30　　　　　　　　　　② 60
③ 90　　　　　　　　　　④ 120

해설 지중 또는 수중에 시설되어 있는 금속체의 부식을 방지하기 위한 전기부식방지 회로(전기부식방지용 전원장치로부터 양극 및 피방식체까지의 전로)의 사용전압은 직류 60[V] 이하이어야 한다.

088 특고압 전선로에 사용되는 애자장치에 대한 갑종 풍압하중은 그 구성재의 수직 투영면적 1[m²]에 대한 풍압하중을 몇 [Pa]를 기초로 하여 계산한 것인가?
① 588　　　　　　　　　② 666
③ 946　　　　　　　　　④ 1039

해설 특고압 전선로에 사용되는 애자장치에 대한 갑종 풍압하중은 그 구성재의 수직 투영면적 1[m²]에 대한 풍압하중을 1039[Pa]를 기초로 하여 계산한 것이다.

089 특고압 가공전선에서 철탑(단주 제외)의 경간은 몇 m 이하로 하여야 하는가?
① 400　　　　　　　　　② 500
③ 600　　　　　　　　　④ 700

해설 특고압 가공전선에서 철탑(단주 제외)의 경간은 600[m] 이하로 하여야 한다.

090 지중 전선로를 직접 매설식에 의하여 시설하는 경우에 차량 및 기타 중량물의 압력을 받을 우려가 있는 장소의 매설 깊이는 몇 [m] 이상인가?
① 1.0　　　　　　　　　② 1.2
③ 1.5　　　　　　　　　④ 1.8

해설 지중 전선로를 직접 매설식에 의하여 시설하는 경우에 차량 및 기타 중량물의 압력을 받을 우려가 있는 장소의 매설 깊이는 1.2[m] 이상이어야 한다.

정답 87. ②　88. ④　89. ③　90. ②

091 지중전선이 지중약전류 전선 등과 접근하거나 교차하는 경우에 상호 간의 이격거리가 저압 또는 고압의 지중전선이 몇 [cm] 이하일 때, 지중전선과 지중약전류 전선 사이에 견고한 내화성 격벽(隔壁)을 설치하여야 하는가?

① 10   ② 20   ③ 30   ④ 60

해설 지중전선이 지중약전류 전선 등과 접근하거나 교차하는 경우에 상호 간의 이격거리가 저압 또는 고압의 지중전선이 30[cm] 이하일 때, 지중전선과 지중약전류 전선 사이에 견고한 내화성 격벽(隔壁)을 설치하여야 한다.

092 가공전선로의 지지물에 시설하는 지선의 안전율과 허용 인장하중의 최저값은?

① 안전율은 2.0 이상, 허용 인장하중 최저값은 4[kN]
② 안전율은 2.5 이상, 허용 인장하중 최저값은 4[kN]
③ 안전율은 2.0 이상, 허용 인장하중 최저값은 4.4[kN]
④ 안전율은 2.5 이상, 허용 인장하중 최저값은 4.31[kN]

해설 가공전선로의 지지물에 시설하는 지선의 안전율은 2.5 이상이고,

허용 인장하중 = $\dfrac{인장강도}{안전율}$ 의 최저값은 4.31[kN]이어야 한다.

093 건조한 장소로서 전개된 장소에 한하여 고압옥내배선을 할 수 있는 것은?

① 금속관공사   ② 애자사용공사
③ 합성수지관공사   ④ 가요전선관공사

해설 애자사용공사는 건조한 장소로서 전개된 장소에 한하여 고압옥내배선을 할 수 있다.

094 전기욕기용 전원장치로부터 욕조안의 전극까지의 전선 상호간 및 전선과 대지 사이에 절연저항 값은 몇 [MΩ] 이상이어야 하는가?

① 0.1   ② 0.2   ③ 0.3   ④ 0.4

해설 전기욕기용 전원장치로부터 욕조안의 전극까지의 전선 상호간 및 전선과 대지 사이에 절연저항 값은 0.1[MΩ] 이상이어야 한다.

095 피뢰기를 반드시 시설하지 않아도 되는 곳은?

① 발전소·변전소의 가공전선의 인출구
② 가공전선로와 지중전선로가 접속되는 곳
③ 고압 가공전선로로부터 수전하는 차단기 2차측
④ 특고압 가공전선로로부터 공급을 받는 수용장소의 인입구

정답 91. ③ 92. ④ 93. ② 94. ① 95. ③

해설 피뢰기를 반드시 시설하여야 되는 곳은?
① 발전소·변전소의 가공전선의 인출구
② 가공전선로와 지중전선로가 접속되는 곳
③ 특고압 가공전선로로부터 공급을 받는 수용장소의 인입구 등이다.

096 교류 전차선로의 전로에 시설하는 흡상변압기(吸上變壓器)·직렬커패시터나 이에 부속된 기구 또는 전선이나 교류식 전기철도용 신호 회로에 전기를 공급하기 위한 특고압용의 변압기를 옥외에 시설하는 경우 지표상 몇 [m] 이상에 시설해야 하는가? (단, 시가지 이외의 지역으로 울타리를 시설하지 않는 경우이다.)
① 5 ② 6
③ 7 ④ 8

해설 교류 전차선로의 전로에 시설하는 흡상변압기·직렬커패시터나 이에 부속된 기구 또는 전선이나 교류식 전기철도용 신호 회로에 전기를 공급하기 위한 특고압용의 변압기를 옥외에 시설하는 경우(단, 시가지 이외의 지역으로 울타리를 시설하지 않는 경우)는 지표상 5[m] 이상에 시설해야 한다.

097 백열전등 또는 방전등에 전기를 공급하는 옥내전로의 대지전압은 몇 [V] 이하이어야 하는가?
① 150 ② 300
③ 400 ④ 600

해설 백열전등 또는 방전등에 전기를 공급하는 옥내전로의 대지전압은 300[V] 이하이어야 한다.

098 내부에 고장이 생긴 경우에 자동적으로 전로로부터 차단하는 장치가 반드시 필요한 것은?
① 뱅크용량 1000[kVA]인 변압기
② 뱅크용량 10000[kVA]인 조상기
③ 뱅크용량 300[kVA]인 분로리액터
④ 뱅크용량 1000[kVA]인 전력용 커패시터

해설 내부에 고장이 생긴 경우에 자동적으로 전로로부터 차단하는 장치가 반드시 필요한 것은 뱅크용량 1000[kVA]인 전력용 커패시터이다.

099 특고압 가공전선로에 사용하는 가공지선에는 지름 몇 [mm] 이상의 나경동선을 사용하여야 하는가?
① 2.6 ② 3.5
③ 4 ④ 5

정답 96.① 97.② 98.④ 99.④

해설 특고압 가공전선로에 사용하는 가공지선에는 지름 5[mm] 이상의 나경동선을 사용하여야 한다.

100 제2종 접지공사에 사용하는 접지선을 사람이 접촉할 우려가 있는 곳에 철주 기타의 금속체를 따라서 시설하는 경우에는 접지극을 그 금속체로부터 지중에서 몇 [m] 이상 이격시켜야 하는가? (단, 접지극을 철주의 밑면으로부터 30[cm] 이상의 깊이에 매설하는 경우는 제외한다.)
① 1 ② 2
③ 3 ④ 4

해설 제2종 접지공사에 사용하는 접지선을 사람이 접촉할 우려가 있는 곳에 철주 기타의 금속체를 따라서 시설하는 경우(단, 접지극을 철주의 밑면으로부터 30[cm] 이상의 깊이에 매설하는 경우는 제외한다.)에는 접지극을 그 금속체로부터 지중에서 1[m] 이상 이격시켜야 한다.

정답 100. ①

기출문제

2020년도

전기산업기사	2020년 6월 21일 시행
	(제1·2회 통합 필기시험)
전기산업기사	2020년 8월 22일 시행

01 전/기/자/기/학

001 유전율이 각각 다른 두 종류의 유전체 경계면에 전속이 입사될 때 이 전속은 어떻게 되는가? (단, 경계면에 수직으로 입사하지 않는 경우이다.)

① 굴절
② 반사
③ 회절
④ 직진

해설 유전율이 각각 다른 두 종류의 유전체 경계면에 전속이 수직으로 입사하지 않는 경우 전속은 굴절한다.

002 반지름이 9[cm]인 도체구 A에 8[C]의 전하가 균일하게 분포되어 있다. 이 도체구에 반지름 3[cm]인 도체구 B를 접촉시켰을 때 도체구 B로 이동한 전하는 몇 [C]인가?

① 1
② 2
③ 3
④ 4

해설 도체구 A에 도체구 B를 접촉하면 두 도체구는 병렬 연결

$V(일정) = \dfrac{Q}{C_1 + C_2}$[V]이다.

∴ 두체구 A의 전하 $Q=8$[C]이 도체구 B로 이동한 전하

$Q_2 = C_2 V = C_2 \times \dfrac{Q}{C_1 + C_2} = \dfrac{4\pi\varepsilon_o r_2 \times Q}{4\pi\varepsilon_o (r_1 + r_2)}$

$= \dfrac{r_2}{r_1 + r_2} \times Q = \dfrac{3}{9+3} \times 8 = \dfrac{24}{12} = 2$[C]이 된다.

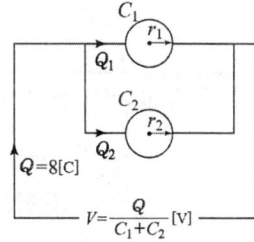

003 내구의 반지름 a[m], 외구의 반지름 b[m]인 동심 구 도체 간에 도전율이 k[S/m]인 저항물질이 채워져 있을 때의 내외구간의 합성저항[Ω]은?

① $\dfrac{1}{8\pi k}\left(\dfrac{1}{a} - \dfrac{1}{b}\right)$
② $\dfrac{1}{4\pi k}\left(\dfrac{1}{a} - \dfrac{1}{b}\right)$
③ $\dfrac{1}{2\pi k}\left(\dfrac{1}{a} - \dfrac{1}{b}\right)$
④ $\dfrac{1}{\pi k}\left(\dfrac{1}{a} + \dfrac{1}{b}\right)$

해답 1.① 2.② 3.②

해설 내외 반지름이 a, b인 동심 구의 정전용량

$$C = \frac{Q}{V} = \frac{Q}{-\int_b^a E dr} = \frac{Q}{\frac{Q}{4\pi\varepsilon}\left(\frac{1}{a}-\frac{1}{b}\right)} = \frac{4\pi\varepsilon}{\frac{1}{a}-\frac{1}{b}}[\text{F/m}]$$이다.

∴ R(동심 구 간에 도전율 k[S/m]인 저항물질이 채워져 있을 때의 내외구간의 합성
저항$= \frac{\rho\varepsilon}{C} = \frac{\rho\varepsilon}{\frac{4\pi\varepsilon}{\frac{1}{a}-\frac{1}{b}}} = \frac{1}{4\pi k}\left(\frac{1}{a}-\frac{1}{b}\right)$[Ω]가 된다.(단, $\frac{1}{\rho}=k$[S/m]이다.)

004
대전된 도체 표면의 전하밀도를 σ[C/m²]이라고 할 때, 대전된 도체 표면의 단위면적이 받는 정전응력[N/m²]은 전하밀도 σ와 어떤 관계에 있는가?

① $\sigma^{\frac{1}{2}}$에 비례
② $\sigma^{\frac{3}{2}}$에 비례
③ σ에 비례
④ σ^2에 비례

해설 대전된 도체 표면의 전계세기 $E = \frac{\sigma}{\varepsilon_o}$[V/m](단, σ(전하밀도)= D(전속밀도)[C/m²]이다.)

∴ 대전된 도체 표면의 단위면적이 받는 힘(정전응력)은 맥스웰 응력에서
전계가 경계면에 수직일 때 받는 힘(정전응력)

$$f = \frac{1}{2}(E_2-E_1)D = \frac{1}{2}\left(\frac{\sigma}{\varepsilon_2}-\frac{\sigma}{\varepsilon_1}\right)\times\sigma = \frac{1}{2}\left(\frac{1}{\varepsilon_2}-\frac{1}{\varepsilon_1}\right)\sigma^2$$

≒ σ^2[N/m²]에 비례하는 힘을 받는다.

005
양극판의 면적이 S[m²], 극판 간의 간격이 d[m], 정전용량이 C_1[F]인 평행판 콘덴서가 있다. 양극판 면적을 각각 $3S$[m²]로 늘이고 극판 간격을 $\frac{1}{3}d$[m]로 줄였을 때의 정전용량 C_2[F]는?

① $C_2 = C_1$
② $C_2 = 3C_1$
③ $C_2 = 6C_1$
④ $C_2 = 9C_1$

해설 C_1(평행판 콘덴서의 정전용량)$= \frac{\varepsilon S}{d}$[F]이다. $S_1 = 3S$[m²], $d_1 = \frac{1}{3}d$[m]로 할 경우의
정전용량 $C_2 = \frac{\varepsilon S_1}{d_1} = \frac{\varepsilon \times 3S}{\frac{1}{3}d} = 9\times\frac{\varepsilon S}{d} = 9C_1$[F] 관계가 된다.

해답 4. ④ 5. ④

006 투자율이 각각 μ_1, μ_2인 두 자성체의 경계면에서 자기력선의 굴절의 법칙을 나타낸 식은?

① $\dfrac{\mu_1}{\mu_2} = \dfrac{\sin\theta_1}{\sin\theta_2}$ ② $\dfrac{\mu_1}{\mu_2} = \dfrac{\sin\theta_2}{\sin\theta_1}$

③ $\dfrac{\mu_1}{\mu_2} = \dfrac{\tan\theta_1}{\tan\theta_2}$ ④ $\dfrac{\mu_1}{\mu_2} = \dfrac{\tan\theta_2}{\tan\theta_1}$

해설 투자율이 각각 μ_1, μ_2인 두 자성체의 경계면에서
① 자속밀도의 수직 성분은 경계면 양측이 서로 같다.
즉 $B_{1n} = B_{2n}$, $B_1 \cos\theta_1 = B_2 \cos\theta_2$, $\mu_1 H_1 \cos\theta_1 = \mu_2 H_2 \cos\theta_2$ ⋯ ㉠
② 자계의 수평 성분은 경계면의 양측이 서로 같다.
즉 $H_{1t} = H_{2t}$, $H_1 \sin\theta_1 = H_2 \sin\theta_2$ ⋯⋯⋯⋯⋯⋯⋯⋯⋯⋯⋯⋯ ㉡
③ $\therefore \dfrac{㉡}{㉠} = \dfrac{H_1 \sin\theta_1}{\mu_1 H_1 \cos\theta_1} = \dfrac{H_2 \sin\theta_2}{\mu_2 H_2 \cos\theta_2}$ 에서 $\dfrac{\tan\theta_1}{\mu_1} = \dfrac{\tan\theta_2}{\mu_2}$
$\therefore \dfrac{\mu_1}{\mu_2} = \dfrac{\tan\theta_1}{\tan\theta_2}$ 의 식이 자기력선의 굴절의 법칙이다.

007 전계 내에서 폐회로를 따라 단위 전하가 일주할 때 전계가 한 일은 몇 [J]인가?

① ∞ ② π
③ 1 ④ 0

해설 스톡의 정리 $\int_c E\,dl = 0$이다. 즉 전계 내에서 폐회로를 따라 단위 양전하를 일주할 때 전계가 한 일은 0[J]이다.

008 진공 중에서 멀리 떨어져 있는 반지름이 각각 a_1[m], a_2[m]인 두 도체구를 V_1[V], V_2[V]인 전위를 갖도록 대전시킨 후 가는 도선으로 연결할 때 연결 후의 공통 전위 V[V]는?

① $\dfrac{V_1}{a_1} + \dfrac{V_2}{a_2}$ ② $\dfrac{V_1 + V_2}{a_1 a_2}$

③ $a_1 V_1 + a_2 V_2$ ④ $\dfrac{a_1 V_1 + a_2 V_2}{a_1 + a_2}$

해답 6.③ 7.④ 8.④

해설 진공 중에 두 도체구를 가느다란 도선으로 연결하면 구는 병렬 접속으로

$$V(\text{공통 전위}) = \frac{Q_1+Q_2}{C_1+C_2} = \frac{C_1V_1+C_2V_2}{C_1+C_2}$$

$$= \frac{4\pi\varepsilon_o(a_1V_1+a_2V_2)}{4\pi\varepsilon_o(a_1+a_2)}$$

$$= \frac{a_1V_1+a_2V_2}{a_1+a_2}\,[V]\text{이다.}$$

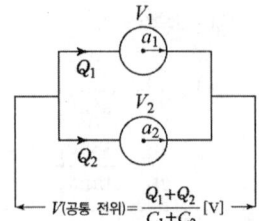

009 그림과 같이 도체 1을 도체 2로 포위하여 도체 2를 일정 전위로 유지하고 도체 1과 도체 2의 외측에 도체 3이 있을 때 용량계수 및 유도계수의 성질로 옳은 것은?

① $q_{23} = q_{11}$
② $q_{13} = -q_{11}$
③ $q_{31} = q_{11}$
④ $q_{21} = -q_{11}$

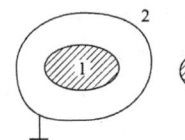

해설 q_{21}(유도계수) $= -q_{11}$(용량계수)이다.

010 와전류(eddy current)손에 대한 설명으로 틀린 것은?

① 주파수에 비례한다.　② 저항에 반비례한다.
③ 도전율이 클수록 크다.　④ 자속밀도의 제곱에 비례한다.

해설 와전류(eddy current)손에 대한 설명으로 옳은 것은

① P_e(와전류손)$= \eta(ftK_fB_m)^2 ≒ B_m^2\,[\text{W/kg}]$이다.

② 맥스웰 제2전자파동 방정식 $rot\,i = -K\dfrac{\partial B}{\partial t}$.

또한 $rot\,i$(와전류손) ≒ K(도전율) ≒ $\dfrac{1}{\rho}$ ≒ $\dfrac{1}{R(\text{도체 저항})}$이다.

∴ ⓐ 와전류손은 도전율(K)이 클수록 크다.
　ⓑ 와전류손은 도체 저항에 반비례한다.
　ⓒ 도체에서 자속밀도의 시간적 변화는 와전류손을 발생한다.

011 전계 $E[\text{V/m}]$ 및 자계 $H[\text{AT/m}]$의 에너지가 자유공간 사이를 $C[\text{m/s}]$의 속도로 전파될 때 단위 시간에 단위 면적을 지나는 에너지(W/m²)는?

① $\dfrac{1}{2}EH$　② EH
③ EH^2　④ E^2H

9. ④ 10. ① 11. ②

해설 P(포인팅 Vector)란 평면 전자파가 $v=\dfrac{1}{\sqrt{\varepsilon\mu}}$[m/s]의 속도로 단위 시간에 단위 면적을 통과하는 에너지의 흐름을 말한다.

∴ $P=\dfrac{P}{s}=Wv=\sqrt{\varepsilon\mu}\,EH\times\dfrac{1}{\sqrt{\varepsilon\mu}}=EH$[W/m²]가 된다.

012
공기 중에 선간거리 10[cm]의 평행왕복 도선이 있다. 두 도선 간에 작용하는 힘이 4×10^{-6}[N/m]이었다면 도선에 흐르는 전류는 몇 [A]인가?

① 1　　② 2　　③ $\sqrt{2}$　　④ $\sqrt{3}$

해설 평행왕복 도선 간에 작용하는 힘(전자력)

$f = I_2 \times B\ell\sin 90° = I_2 \times B\ell = I_2 \times \mu H\ell$

$\quad = I_2 \times \mu\dfrac{I_1\ell}{2\pi r} = \dfrac{4\pi\times10^{-7}\times I_1 I_2 \ell}{2\pi r}$

$\quad = \dfrac{2I_1I_2\ell}{r}\times10^{-7}$[N]이다.

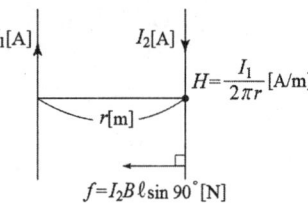

$I_1 = I_2 = I$[A]라면 평행왕복 도선에 흐르는 전류

$I_1\times I_2 = I^2 = \dfrac{r\times f}{2\ell\times10^{-7}} = \dfrac{10\times10^{-2}\times4\times10^{-6}}{2\times1\times10^{-7}} = \dfrac{4}{2} = 2$[A]

∴ 평행왕복 도선차에 흐르는 전류 $I=\sqrt{2}$[A]이다.

013
자기 인덕턴스가 L_1, L_2이고 상호 인덕턴스가 M인 두 회로의 결합계수가 1일 때, 성립되는 식은?

① $L_1\cdot L_2 = M$　　② $L_1\cdot L_2 < M^2$
③ $L_1\cdot L_2 > M^2$　　④ $L_1\cdot L_2 = M^2$

해설 자기 인덕턴스 $L_1=\dfrac{N_1^2}{R}$[H], $L_2=\dfrac{N_2^2}{R}$[H]이다.

∴ $L_1\times L_2 = \dfrac{N_1^2}{R}\times\dfrac{N_2^2}{R} = \left(\dfrac{N_1 N_2}{R}\right)^2 = M^2$

K(결합계수)≒1일 때, 상호 인덕턴스 $M^2 = L_1\cdot L_2$가 성립된다.

014
어떤 콘덴서에 비유전율 ε_s인 유전체로 채워져 있을 때의 정전용량 C와 공기로 채워져 있을 때의 정전용량 C_0의 비 $\left(\dfrac{C}{C_0}\right)$는?

① ε_s　　② $\dfrac{1}{\varepsilon_s}$　　③ $\sqrt{\varepsilon_s}$　　④ $\dfrac{1}{\sqrt{\varepsilon_s}}$

정답 12.③ 13.④ 14.①

해설) 콘덴서에 공기로 채워져 있을 때 정전용량 $C_0 = \dfrac{\varepsilon_0 s}{d}$ [F] … ①

콘덴서에 비유전율 ε_s인 유전체로 채워져 있을 때의 정전용량

$C = \dfrac{\varepsilon_0 \varepsilon_s s}{d} = \varepsilon_s \times \dfrac{\varepsilon_0 s}{d} = \varepsilon_s \times C_0$ [F] … ②이다.

∴ ②식에서 $\varepsilon_s = \left|\dfrac{C}{C_0}\right|$ 가 된다.

015 유전체에서의 변위전류에 대한 설명으로 틀린 것은?
① 변위전류가 주변에 자계를 발생시킨다.
② 변위전류의 크기는 유전율에 반비례한다.
③ 전속밀도의 시간적 변화가 변위전류를 발생시킨다.
④ 유전체 중의 변위전류는 진공 중의 전계 변화에 의한 변위전류와 구속전자의 변위에 의한 분극전류와 합이다.

해설) 유전체에서의 변위전류 $i_d = \dfrac{\partial D}{\partial t} = \varepsilon \dfrac{\partial E}{\partial t}$ [A/m²]에 대한 설명으로 옳은 것은

① 맥스웰의 제1전자파동방정식에서 $rot\,H = \dfrac{\partial D}{\partial t}$ 이다.

∴ 변위전류가 주변에 자계를 발생시킨다.
② 전속밀도의 시간적 변화가 변위전류를 발생시킨다.
③ 유전체 중의 변위전류는 진공 중의 전계 변화에 의한 변위전류와 구속전자의 변위에 의한 분극전류와 합이다.

016 환상 솔레노이드의 자기 인덕턴스(H)와 반비례 하는 것은?
① 철심의 투자율
② 철심의 길이
③ 철심의 단면적
④ 코일의 권수

해설) 환상 솔레노이드의 자기 인덕턴스

$L = \dfrac{N\phi}{I} = \dfrac{N^2}{R} = \dfrac{N^2}{\dfrac{\ell}{\mu S}} = \dfrac{\mu S N^2}{\ell}$ [H]로 철심의 길이에 반비례한다.

017 자성체에 대한 자화의 세기를 정의한 것으로 틀린 것은?
① 자성체의 단위 체적당 자기모멘트
② 자성체의 단위 면적당 자화된 자하량
③ 자성체의 단위 면적당 자화선의 밀도
④ 자성체의 단위 면적당 자기력선의 밀도

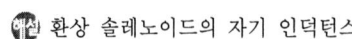

해설 자성체의 자화세기 $J = \dfrac{dM}{dV} = \dfrac{dm}{ds} = \sigma_r(\text{자극밀도}) = \chi H = \mu_0(\mu_s - 1)H = B - \mu_0 H$
$= B\left(1 - \dfrac{1}{\mu_s}\right)$[Wb/m²]를 정의한 것으로 옳은 것은
① 자성체의 단위 체적당 자기모멘트
② 자성체의 단위 면적당 자화된 자하량
③ 자성체의 단위 면적당 자화선의 밀도이다.

018 두 전하 사이 거리의 세제곱에 반비례하는 것은?
① 두 구전하 사이에 작용하는 힘 ② 전기쌍극자에 의한 전계
③ 직선 전하에 의한 전계 ④ 전하에 의한 전위

해설 전기쌍극자에 의한 전계세기 $E = \sqrt{E_r^2 + E_\theta^2} = \dfrac{M}{4\pi\varepsilon_0 r^3} \times \sqrt{1 + 3\cos^2\theta} = \dfrac{1}{r^3}$ [V/m]로서
두 전하 사이 거리의 세제곱에 반비례한다.

019 정사각형 회로의 면적을 3배로, 흐르는 전류를 2배로 증가시키면 정사각형의 중심에서의 자계의 세기는 약 몇 %가 되는가?
① 47 ② 115 ③ 150 ④ 225

해설 $V(\text{체적}) = 1 = s\ell$ [m³], $s_1 = 3s$ 일 때의 길이 $\ell_1 = \dfrac{1}{s_1} = \dfrac{1}{3s} = \dfrac{\ell}{3}$ [m]이다.

∴ 정사각형 코일 중심 자계 $H_1 = \dfrac{2\sqrt{2}\,I}{\pi\ell}$ [A/m]이다.

정사각형 회로에 $I_1 = 2I$[A], $s_1 = 3s$[m²]로 증가시키면 $\ell_1 = \dfrac{1}{3}\ell$[m]가 된다.

이때 정사각형 코일 중심 자계

$H_2 = \dfrac{2\sqrt{2}\,I_1}{\pi\ell_1} = \dfrac{2\sqrt{2} \times 2I}{\pi \times \dfrac{\ell}{3}} = \dfrac{2\sqrt{2}\,I}{\pi\ell} \times 6 = 6H_1$ [A/m]이 된다.

020 그림과 같이 권수가 1이고 반지름이 a[m]인 원형 코일에 전류 I[A]가 흐르고 있다. 원형 코일 중심에서의 자계의 세기(AT/m)는?

① $\dfrac{1}{a}$

② $\dfrac{1}{2a}$

③ $\dfrac{1}{3a}$

④ $\dfrac{1}{4a}$

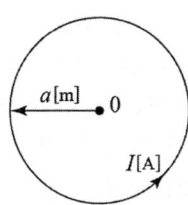

해답 18. ② 19. 정답없음 20. ②

해설 비오사바르의 법칙에서 원형 코일 중심 자계

$$H = \frac{I \times \Delta \ell}{4\pi a^2} \sin 90° = \frac{I \times 2\pi a}{4\pi a^2} = \frac{I}{2a} [\text{A/m}] \text{ (단, } \Delta \ell (\text{원둘레}) = 2\pi a[\text{m}] \text{이다.)}$$

02 전/력/공/학

021 전압이 일정값 이하로 되었을 때 동작하는 것으로서 단락 시 고장 검출용으로도 사용되는 계전기는?

① OVR
② OVGR
③ NSR
④ UVR

해설 UVR(Under Voltage Relay)는 전압이 일정값 이하로 되었을 때 동작하는 것으로서 단락 시 고장 검출용으로도 사용되는 계전기이다.

022 반동수차의 일종으로 주요부분은 러너, 안내날개, 스피드링 및 흡출관 등으로 되어 있으며 50~500m 정도의 중낙차 발전소에 사용되는 수차는?

① 카플란수차
② 프란시스수차
③ 펠턴수차
④ 튜블러수차

해설 프란시스수차는 반동수차의 일종으로 주요부분은 러너, 안내날개, 스피드링 및 흡출관 등으로 되어 있으며 50~500m 정도의 중낙차 발전소에 사용되는 수차이다.

023 페란티현상이 발생하는 원인은?

① 선로의 과도한 저항
② 선로의 정전용량
③ 선로의 인덕턴스
④ 선로의 급격한 전압강하

해설 페란티현상이란
선로의 정전용량으로 인하여 무부하시나 경부하시에 수전단 전압이 송전단 전압보다 높아지는 현상으로 분로리액터나 동기조상에 지상용량으로 방지할 수 있다.
∴ 페란티현상의 발생 원인은 선로의 정전용량이다.

024 전력계통의 경부하시나 또는 다른 발전소의 발전전력에 여유가 있을 때, 이 잉여 전력을 이용하여 전동기로 펌프를 돌려서 물을 상부의 저수지에 저장하였다가 필요에 따라 이 물을 이용해서 발전하는 발전소는?

① 조력발전소
② 양수식발전소
③ 유역변경식발전소
④ 수로식발전소

정답 21.④ 22.② 23.② 24.②

해설 양수식발전소란 경부하시나 다른 발전소의 발전전력에 여유가 있을 때 이 잉여전력을 이용하여 전동기로 펌프를 돌려서 물을 상부의 저수지에 저장하였다가 필요에 따라 이 물을 이용해서 발전하는 발전소를 말한다.

025 열의 일당량에 해당되는 단위는?
① kcal/kg
② kg/cm²
③ kcal/cm³
④ kg·m/kcal

해설 열의 일당량에 해당되는 단위는 kg·m/kcal이다.

026 가공전선을 단도체식으로 하는 것보다 같은 단면적의 복도체식으로 하였을 경우에 대한 내용으로 틀린 것은?
① 전선의 인덕턴스가 감소된다.
② 전선이 정전용량이 감소된다.
③ 코로나 발생률이 적어진다.
④ 송전용량이 증가한다.

해설 가공전선을 단도체식으로 하는 것보다 같은 단면적의 복도체식으로 하였을 경우에 대한 내용으로 옳은 것은
① 전선의 인덕턴스가 감소된다.
② 코로나 발생률이 적어진다.
③ 송전용량이 증가한다.

027 연가의 효과로 볼 수 없는 것은?
① 선로 정수의 평형
② 대지 정전용량의 감소
③ 통신선의 유도 장해의 감소
④ 직렬 공진의 방지

해설 연가의 효과로 볼 수 있는 것은
① 선로 정수의 평형
② 통신선의 유도 장해의 감소
③ 직렬 공진의 방지

028 발전기나 변압기의 내부고장 검출로 주로 사용되는 계전기는?
① 역상계전기
② 과전압계전기
③ 과전류계전기
④ 비율차동계전기

해설 비율차동계전기는 발전기나 변압기의 내부고장 검출로 주로 사용되는 계전기이다.

정답 25.④ 26.② 27.② 28.④

029 송전선로에 역섬락을 방지하는 가장 유효한 방법은?
① 피뢰기를 설치한다. ② 가공지선을 설치한다.
③ 소호각을 설치한다. ④ 탑각 접지저항을 작게 한다.

해설 송전선로에서 역섬락을 일으키지 않을 탑각 접지저항의 최고값 = $\dfrac{\text{애자의 섬락전압}}{\text{뇌전류}}$ 이다.
그러므로 송전선로에서 역섬락을 방지하는 가장 유효한 방법은 탑각 접지저항을 작게 한다.

030 교류 송전방식과 직류 송전방식을 비교할 때 교류 송전방식의 장점에 해당되는 것은?
① 전압의 승압, 강압 변경이 용이하다.
② 절연계급을 낮출 수 있다.
③ 송전효율이 좋다.
④ 안정도가 좋다.

해설 교류 송전방식과 직류 송전방식을 비교할 때 교류 송전방식의 장점에 해당되는 것은 전압의 승압, 강압 변경이 용이하다.

031 단상 2선식 교류 배전선로가 있다. 전선의 1가닥 저항이 0.15[Ω]이고, 리액턴스는 0.25[Ω]이다. 부하는 순저항부하이고 100[V], 3[kW]이다. 급전점의 전압(V)은 약 얼마인가?
① 105 ② 110 ③ 115 ④ 124

해설 부하는 순저항부하이므로 $\cos\theta = 1$, $\sin\theta = 0$이다.
∴ 단상 2선식 교류 배전선로에 급전점의 전압(전원 전압)
$V_S = V_R + 2I(R\cos 0 + X\sin 0) = V_R + 2I(R+0) = V_R + 2IR = 100 + 2 \times \dfrac{P}{V} \times R$
$= 100 + 2 \times \dfrac{3000}{100} \times 0.15 = 100 + 60 \times 0.15 = 100 + 9 = 109 ≒ 110[V]$ 이다.

032 반한시성 과전류계전기의 전류-시간 특성에 대한 설명으로 옳은 것은?
① 계전기 동작시간은 전류의 크기와 비례한다.
② 계전기 동작시간은 전류의 크기와 관례없이 일정하다.
③ 계전기 동작시간은 전류의 크기와 반비례한다.
④ 계전기 동작시간은 전류의 크기의 제곱에 비례한다.

해설 반한시성 과전류계전기의 전류-시간 특성은 계전기 동작시간은 전류의 크기와 반비례한다.

해답 29.④ 30.① 31.② 32.③

033 지상부하를 가진 3상 3선식 배전선로 또는 단거리 송전선로에서 선간 전압강하를 나타낸 식은? (단, I, R, X, θ는 각각 수전단 전류, 선로저항, 리액턴스 및 수전단 전류의 위상각이다.)

① $I(R\cos\theta + X\sin\theta)$
② $2I(R\cos\theta + X\sin\theta)$
③ $\sqrt{3}I(R\cos\theta + X\sin\theta)$
④ $3I(R\cos\theta + X\sin\theta)$

해설 지상부하를 가진 3상 3선식 배전선로의 송전단 전압
$V_S = V_R + \sqrt{3}I(R\cos\theta + X\sin\theta)[\text{V}]$
∴ 배전로의 선간 전압강하 $V_S - V_R = \sqrt{3}I(R\cos\theta + X\sin\theta)[\text{V}]$이다.

034 다음 중 송·배전선로의 진동 방지대책에 사용되지 않는 기구는?

① 댐퍼   ② 조임쇠
③ 클램프   ④ 아머 로드

해설 송·배전선로의 진동 방지대책에 사용되는 기구는 댐퍼, 클램프, 아머 로드이다.

035 단락전류를 제한하기 위하여 사용되는 것은?

① 한류리액터   ② 사이리스터
③ 현수애자   ④ 직렬콘덴서

해설 한류리액터는 단락전류를 제한하기 위하여 사용된다.

036 어느 변전설비의 역률을 60%에서 80%로 개선하는데 2800[kVA]의 전력용 커패시터가 필요하였다. 이 변전설비의 용량은 몇 [kW]인가?

① 4800   ② 5000
③ 5400   ④ 5800

해설 변전설비의 역률을 60%에서 80%로 개선 시 변전설비의 용량(kW)은

$P_a = P\left(\dfrac{\sin\theta_1}{\cos\theta_1} - \dfrac{\sin\theta_2}{\cos\theta_2}\right)$

∴ P(변전설비의 용량) $= \dfrac{P_a}{\dfrac{\sin\theta_1}{\cos\theta_1} - \dfrac{\sin\theta_2}{\cos\theta_2}} = \dfrac{2800}{\dfrac{0.8}{0.6} - \dfrac{0.6}{0.8}} = \dfrac{2800}{\dfrac{4}{3} - \dfrac{3}{4}} = \dfrac{2800}{\dfrac{16-9}{12}}$

$= \dfrac{2800}{7} \times 12 = 4800[\text{kW}]$이어야 한다.

33. ③ 34. ② 35. ① 36. ①

037 교류 단상 3선식 배전방식을 교류 단상 2선식에 비교하면?
① 전압강하가 크고, 효율이 낮다.
② 전압강하가 작고, 효율이 낮다.
③ 전압강하가 작고, 효율이 높다.
④ 전압강하가 크고, 효율이 높다.

교류 단상 3선식 배전방식을 교류 단상 2선식에 비교하면 교류 단상 3선식 배전방식은 전압강하가 작고, 효율이 높다.

038 배전선로의 전압을 $\sqrt{3}$ 배로 증가시키고 동일한 전력 손실률로 송전할 경우 송전 전력은 몇 배로 증가되는가?
① $\sqrt{3}$
② $\dfrac{3}{2}$
③ 3
④ $2\sqrt{3}$

$P = \sqrt{3} VI\cos\theta [\text{W}]$, $I = \dfrac{P}{\sqrt{3} V\cos\theta}[\text{A}]$

손실 전력 $P_\ell = 3I^2 R = 3 \times \left(\dfrac{P}{\sqrt{3} V\cos\theta}\right)^2 \times \rho\dfrac{\ell}{A} = \dfrac{P^2 \rho \ell}{V^2 \cos^2\theta A} ≒ \dfrac{1}{V^2}$ … ①

전력 손실률 $K = \dfrac{P_\ell}{P} = \dfrac{1}{P} \times \dfrac{P^2 \rho \ell}{V^2 \cos^2\theta A} = \dfrac{P\rho\ell}{V^2 \cos^2\theta A}$

∴ A(단면적) $= \dfrac{P\rho\ell}{V^2 \cos^2\theta K} ≒ \dfrac{1}{V^2}$ … ②

P(송전 전력) $= \dfrac{V^2 K \cos^2\theta A}{\rho \ell} ≒ V^2$ … ③

∴ 배전선로의 전압을 $\sqrt{3}$ 배로 증가시키고 동일한 전력 손실률(K)로 송전할 경우 송전 전력 $P_1 ≒ (\sqrt{3}\, V)^2 = 3V^2 = 3P$로 증가된다.

039 주상 변압기의 2차 측 접지는 어느 것에 대한 보호를 목적으로 하는가?
① 1차 측의 단락
② 2차 측의 단락
③ 2차 측의 전압강하
④ 1차 측과 2차 측의 혼촉

주상 변압기의 2차 측 접지는 1차 측과 2차 측의 혼촉을 보호할 목적으로 한다.

37. ③ 38. ③ 39. ④

100[MVA]의 3상 변압기 2뱅크를 가지고 있는 배전용 2차 측의 배전선에 시설할 차단기 용량(MVA)은? (단, 변압기는 병렬로 운전되며, 각각의 %Z는 20%이고, 전원의 임피던스는 무시한다.)
① 1000　　　　　　　　② 2000
③ 3000　　　　　　　　④ 4000

3상 변압기 2뱅크를 병렬 운전 시 합성 $\%Z = \dfrac{20 \times 20}{20 + 20} = 10\%$ 이다.

∴ 배전용 2차 측의 배전선에 시설할 차단기 용량
$P_s = \dfrac{100}{\%Z} \times P_a = \dfrac{100}{10} \times 100 = 1000[\text{MVA}]$ 이다.

03　전/기/기/기

 단상 다이오드 반파정류회로인 경우 정류효율은 약 몇 %인가? (단, 저항부하인 경우이다.)
① 12.6　　　　　　　　② 40.6
③ 60.6　　　　　　　　④ 81.2

단상 반파교류(실효치) 전압 $V = \dfrac{V_m}{\sqrt{2}} \times \dfrac{1}{\sqrt{2}}[\text{V}]$

단상 반파교류(실효치) 전류 $I = \dfrac{I_m}{\sqrt{2}} \times \dfrac{1}{\sqrt{2}}[\text{A}]$ 이다.

또 단상 반파직류(평균치) 전압 $V_{dc} = \dfrac{2V_m}{\pi} \times \dfrac{1}{2}[\text{V}]$

단상 반파직류(평균치) 전류 $I_{dc} = \dfrac{2I_m}{\pi} \times \dfrac{1}{2}[\text{A}]$

∴ 단상 다이오드 반파정류회로인 경우 정류효율

$\eta = \dfrac{\text{단상 반파직류(평균치) 전력}(P_{dc})}{\text{단상 반파교류(실효치) 전력}(P)} \times 100 = \dfrac{P_{dc}}{P} \times 100$

$= \dfrac{V_{dc} I_{dc}}{VI} \times 100 = \left(\dfrac{I_{dc}}{I}\right)^2 \times \dfrac{R_L}{r_d + R_L} \times 100$

$= \left(\dfrac{\dfrac{2I_m}{\pi} \times \dfrac{1}{2}}{\dfrac{I_m}{\sqrt{2}} \times \dfrac{1}{\sqrt{2}}}\right)^2 \times \dfrac{1}{1 + \dfrac{r_d}{R_L}} \times 100 = \left(\dfrac{2}{\pi}\right)^2 \times \dfrac{1}{1 + \dfrac{r_d}{R_L}} \times 100 ≒ 40.6\%$ 이다.

40. ①　41. ②

042 직류발전기의 병렬운전에서 균압모선을 필요로 하지 않는 것은?
① 분권발전기 ② 직권발전기
③ 평복권발전기 ④ 과복권발전기

해설 분권발전기는 직류발전기의 병렬운전에서 균압모선을 필요로 하지 않는 발전기이다.

043 3상 유도전동기의 전원측에서 임의의 2선을 바꾸어 접속하여 운전하면?
① 즉각 정지된다.
② 회전방향이 반대가 된다.
③ 바꾸지 않았을 때와 동일하다.
④ 회전방향은 불변이나 속도가 약간 떨어진다.

해설 3상 유도전동기의 전원측에서 임의의 2선을 바꾸어 접속하여 운전하면 회전방향이 반대가 된다.

044 직류 분권전동기의 정격전압 220[V], 정격전류 105[A], 전기자저항 및 계자회로의 저항이 각각 0.1[Ω] 및 40[Ω]이다. 기동전류를 정격전류의 150%로 할 때의 기동저항은 약 몇 [Ω]인가?
① 0.46 ② 0.92 ③ 1.21 ④ 1.35

해설 직류 분권전동기의 정격전압 220[V], 정격전류 105[A]이다.

기동전류 $I(s) = I(정격전류) \times 150\% = \dfrac{정격전압(V)}{기동저항(R(s))}$ [A]이다.

∴ 기동저항 $R(s) = \dfrac{V}{I \times 1.5} = \dfrac{220}{105 \times 1.5} = \dfrac{220}{157.5} ≒ 1.3968 ≒ 1.35[\Omega]$ 이다.

045 전기자저항과 계자저항이 각각 0.8[Ω]인 직류직권전동기가 회전수 200[rpm], 전기자전류 30[A]일 때 역기전력은 300[V]이다. 이 전동기의 단자전압을 500[V]로 사용한다면 전기자전류가 위와 같은 30[A]로 될 때의 속도(rpm)는? (단, 전기자 반작용, 마찰손, 풍손 및 철손은 무시한다.)
① 200 ② 301 ③ 452 ④ 500

해설 직류직권전동기에서 $V(단자전압) = E + I_a(r_a + R_s)$[V]
∴ E(역기전력) $= 300[V] = V - I_a(r_a + R_s) = kN\phi ≒ N = 200$[rpm] ……… ①
E_1(역기전력) $= V - I_a(r_a + R_s) = 500 - 30(0.8 + 0.8) = 452[V] = kN_1\phi ≒ N_1$ … ②

①, ②식에서 N_1(회전속도) $= \dfrac{E_1}{E} \times N = \dfrac{452}{300} \times 200 ≒ 301$[rpm] 이다.

정답 42.① 43.② 44.④ 45.②

046 수은 정류기에 있어서 정류기의 밸브작용이 상실되는 현상을 무엇이라고 하는가?
① 통호　　② 실호
③ 역호　　④ 점호

해설 역호란 수은 정류기에 있어서 정류기의 밸브작용이 상실되는 현상을 말한다.

047 3상 유도전동기의 전원주파수와 전압의 비가 일정하고 정격속도 이하로 속도를 제어하는 경우 전동기의 출력 P와 주파수 f와의 관계는?
① $P \propto f$　　② $P \propto \dfrac{1}{f}$
③ $P \propto f^2$　　④ P는 f에 무관

해설 3상 유도전동기에서 E(유기기전력) $= 4.44fN\phi_m \fallingdotseq f$ [V], s(슬립) $= \dfrac{N_s - N}{N_s}$,

$sN_s = N_s - N$, N(회전자 속도) $= (1-s)N_s = (1-s) \times \dfrac{120f}{P}$ [rpm],

N_s(동기속도) $= \dfrac{120f}{P}$ [rpm] 이다.

∴ 전동기의 출력(기계적인 출력)

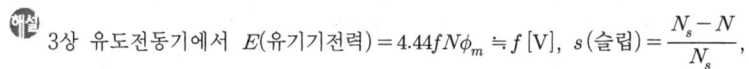
$P = EI = \omega T = 2\pi \dfrac{T}{60} \times N = 2\pi \dfrac{T}{60} \times (1-s) \dfrac{120f}{P} \fallingdotseq f$ 의 관계가 성립된다.

048 SCR에 대한 설명으로 옳은 것은?
① 증폭기능을 갖는 단방향성 3단자 소자이다.
② 제어기능을 갖는 양방향성 3단자 소자이다.
③ 정류기능을 갖는 단방향성 3단자 소자이다.
④ 스위칭기능을 갖는 양방향성 3단자 소자이다.

해설 SCR(Silicon Controlled Rectifier, 실리콘 제어 정류소자)의 기호이다. 이는 PNPN 접합의 4층 구조이며 애노드(A), 캐소드(K), 게이트(G)의 극성을 붙인 역방향 저지 3단자 타입의 사이리스터이다. 즉 정류기능을 갖는 단방향성 3단자 소자이다.

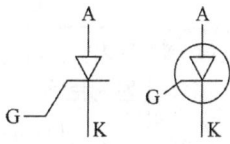

049 유도전동기의 주파수가 60[Hz]이고 전부하에서 회전수가 매분 1164회이면 극수는? (단, 슬립은 3%이다.)
① 4　　② 6
③ 8　　④ 10

해답 46.③　47.①　48.③　49.②

에제 N_S(유도전동기 전부하에서의 회전수)$=\dfrac{120f}{P}$[rpm]

∴ P(극수)$=\dfrac{120f}{N_s}=\dfrac{120\times 60}{1164}=\dfrac{7200}{1164}≒6$극이다.

050 동기기의 과도 안정도를 증가시키는 방법이 아닌 것은?
① 속응 여자방식을 채용한다.
② 동기 탈조계전기를 사용한다.
③ 동기화 리액턴스를 작게 한다.
④ 회전자의 플라이휠 효과를 작게 한다.

에제 동기기의 과도 안정도를 증진시키는 방법으로 옳은 것은
① 속응 여자방식을 채용한다.
② 동기 탈조계전기를 사용한다.
③ 동기화 리액턴스를 작게 한다.

051 전압비 3300/100[V], 1차 누설 임피던스 $Z_1=12+j13[\Omega]$, 2차 누설 임피던스 $Z_2=0.015+j0.013[\Omega]$인 변압기가 있다. 1차로 환산된 등가 임피던스(Ω)는?
① $22.7+j25.5$
② $24.7+j25.5$
③ $25.5+j22.7$
④ $25.5+j24.7$

에제 전압비 $a^2=\dfrac{V_1}{V_2}\times\dfrac{I_2}{I_1}=\dfrac{I_2}{V_2}\times\dfrac{V_1}{I_1}=\dfrac{Z_1}{Z_2}$ (단, $a=\dfrac{3300}{110}=30$)

∴ 1차로 환산된 등가 임피던스

$Z=Z_1+a^2Z_2=12+j13+a^2\times 0.015+ja^2\times 0.013$
$=12+j13+(30)^2\times 0.015+(30)^2\times 0.013=(12+900\times 0.015)+j(13+900\times 0.013)$
$=(12+13.5)+j(13+11.7)=25.5+j24.7[\Omega]$

052 동기발전기의 단자 부근에서 단락이 발생되었을 때 단락전류에 대한 설명으로 옳은 것은?
① 서서히 증가한다.
② 발전기는 즉시 정지한다.
③ 일정한 큰 전류가 흐른다.
④ 처음은 큰 전류가 흐르나 점차 감소한다.

에제 동기발전기 단자 부근에서 단락이 발생되었을 때 단락전류는 처음에는 큰 전류가 흐르나 점차 감소한다.

50. ④ 51. ④ 52. ④

053 어떤 공장에 뒤진 역률 0.8인 부하가 있다. 이 선로에 동기조상기를 병렬로 결선해서 선로의 역률을 0.95로 개선하였다. 개선 후 전력의 변화에 대한 설명으로 틀린 것은?

① 피상전력과 유효전력은 감소한다.
② 피상전력과 무효전력은 감소한다.
③ 피상전력은 감소하고 유효전력은 변화가 없다.
④ 무효전력은 감소하고 유효전력은 변화가 없다.

뒤진 역률 0.8에서 0.95로 개선 시 전력(피상전력 (P_{a2})), 유효전력(P), 무효전력(P_{r2})의 변화는 아래와 같다.(단, 병렬 결선 V일정)
① 피상전력(P_{a2})과 무효전력(P_{r2})는 감소한다.
② 피상전력($P_{a1} \to P_{a2}$)는 감소하고 유효전력(P)는 변화가 없다.
③ 무효전력($P_{r1} \to P_{r2}$)는 감소하고 유효전력(P)는 변화가 없다.

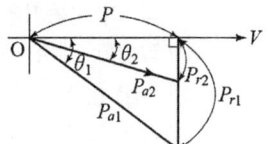

054 기동 시 정류자의 불꽃으로 라디오의 장해를 주며 단락장치의 고장이 일어나기 쉬운 전동기는?

① 직류 직권전동기
② 단상 직권전동기
③ 반발기동형 단상유도전동기
④ 셰이딩코일형 단상유도전동기

반발기동형 단상유도전동기는 기동 시 정류자의 불꽃으로 라디오의 장해를 주며 단락장치의 고장이 일어나기 쉬운 전동기이다.

055 8극, 유도기전력 100[V], 전기자전류 200[A]인 직류발전기의 전기자권선을 중권에서 파권으로 변경했을 경우의 유도기전력과 전기자전류는?

① 100[V], 200[A]   ② 200[V], 100[A]
③ 400[V], 50[A]   ④ 800[V], 25[A]

① 직류발전기에서 $Zn\phi$=일정, 중권 → 파권일 때 유도기전력(V)은

중권 $a = P$, $E_1 = 100 = \frac{P}{a}Zn\phi = \frac{8}{8}Zn\phi = Zn\phi$[V]

파권 $a = 2$, $E_2 = \frac{P}{a}Zn\phi = \frac{8}{2}Zn\phi = 4Zn\phi = 4E_1 = 4 \times 100 = 400$[V] 이다.

53. ① 54. ③ 55. ③

② 직류발전기에서 $E \cdot n = $일정, $\phi \leftrightarrows I$이며 중권 → 파권일 때의 전기자전류(A)는

중권 $a = P$, $E = \dfrac{P}{a}Zn\phi_1 = \dfrac{8}{8}ZnI_1 = ZnI_1[V]$, $I_1 = \dfrac{E}{Zn}[A]$이다.

파권 $a = 2$일 때 $E = \dfrac{P}{a}Zn\phi_2 = \dfrac{8}{2}ZnI_2 = 4ZnI_2$, $I_2 = \dfrac{E}{4Zn} = \dfrac{I_1}{4} = \dfrac{200}{4} = 50[A]$가 된다.

∴ 중권에서 파권으로 변경할 때의 유도기전력 $E_2 = 400[V]$, 전기자전류 $I_2 = 50[A]$가 된다.

056

8극, 50[kW], 3300[V], 60[Hz]인 3상 권선형 유도전동기의 전부하 슬립이 4%라고 한다. 이 전동기의 슬립링 사이에 0.16[Ω]의 저항 3개를 Y로 삽입하면 전부하 토크를 발생할 때의 회전수(rpm)는? (단, 2차 각상의 저항은 0.04[Ω]이고, Y접속이다.)

① 660　　② 720
③ 750　　④ 880

3상 권선형 유도전동기의 N_s(동기속도) $= \dfrac{120f}{P} = \dfrac{120 \times 60}{8} = \dfrac{7200}{8} = 900[rpm]$

s_1(전부하 슬립) = 0.04, 슬립링 사이에 R(외부저항) = 0.16[Ω] 3개 Y접속

2차 각상의 저항 $r_2 = 0.04[Ω]$ Y접속이다.

비례추이에서 $\dfrac{r_2}{s_1} = \dfrac{r_2 + R}{s_2} = \dfrac{0.04}{0.04} = \dfrac{0.04 + 0.16}{s_2}$

$s_2 = 0.04 + 0.16 = 0.2 = \dfrac{N_s - N_2}{N_s}$

$0.2 N_s = N_s - N_2$

∴ N_2(전부하 토크 시 회전수) $= (1 - 0.2) \times N_s = 0.8 \times 900 = 720[rpm]$가 된다.

057

임피던스 강하가 5%인 변압기가 운전 중 단락되었을 때 그 단락전류는 정격전류의 몇 배인가?

① 20　　② 25
③ 30　　④ 35

$I_{(s)}$(단락전류) $= \dfrac{100}{\%Z} \times I_n = \dfrac{100}{5} \times I_n = 20I_n[A]$이다.

즉 단락전류는 정격전류의 20배이다.

058

변압기의 임피던스와트와 임피던스전압을 구하는 시험은?

① 부하시험　　② 단락시험
③ 무부하시험　　④ 충격전압시험

정답 56. ② 57. ① 58. ②

해설 변압기 부하 시 저압측 단락시험으로 임피던스와트
$P(s) = I_{1n}^2 r_{12}[W]$와 V_{1s}(임피던스전압)$= I_{1n} Z_{12}[V]$가 구해진다.
(단, $Z_{12} = \sqrt{r_{12}^2 + X_{12}^2}[\Omega]$이다.)

059 변압기에서 1차 측의 여자 어드미턴스를 Y_0라고 한다. 2차 측으로 환산한 여자 어드미턴스 Y_0'을 옳게 표현한 식은? (단, 권수비를 a라고 한다.)

① $Y_0' = a^2 Y_0$
② $Y_0' = a Y_0$
③ $Y_0' = \dfrac{Y_0}{a^2}$
④ $Y_0' = \dfrac{Y_0}{a}$

해설 이상변압기에서 a(권수비)$= \dfrac{V_1}{V_2} = \dfrac{I_2}{I_1} = \dfrac{N_1}{N_2}$이다.

$\therefore a^2 = \dfrac{V_1}{V_2} \times \dfrac{I_2}{I_1} = \dfrac{I_2}{V_2} \times \dfrac{V_1}{I_1} = \dfrac{Z_1}{Z_2} = \dfrac{\frac{1}{Y_0}}{\frac{1}{Y_0'}} = \dfrac{Y_0'}{Y_0}$ 에서 $Y_0' = a^2 Y_0$의 관계가 성립된다.

060 3상 동기기의 제동권선을 사용하는 주 목적은?

① 출력이 증가한다.
② 효율이 증가한다.
③ 역률을 개선한다.
④ 난조를 방지한다.

해설 3상 동기기의 자극 표면에 제동권선을 설치 사용하는 목적은 난조를 방지하기 위해서이다.

04 회/로/이/론

061 $Z = 5\sqrt{3} + j5[\Omega]$인 3개의 임피던스를 Y결선하여 선간전압 250[V]의 평형 3상 전원에 연결하였다. 이때 소비되는 유효전력은 약 몇 [W]인가?

① 3125
② 5413
③ 6252
④ 7120

해설 I(상전압)$= \dfrac{\frac{V}{\sqrt{3}}}{Z} = \dfrac{V}{\sqrt{3} Z} = \dfrac{250}{\sqrt{3} \times \sqrt{(5\sqrt{3})^2 + (5)^2}} = \dfrac{250}{\sqrt{3} \times \sqrt{100}} = \dfrac{25}{\sqrt{3}}[A]$

∴ 평형 3상 전원의 유효전력

$P = 3I^2 R = 3 \times \left(\dfrac{25}{\sqrt{3}}\right)^2 \times 5\sqrt{3} = 625 \times 8.66 ≒ 5412[W]$

59. ① 60. ④ 61. ②

062 그림과 같은 회로에서 스위치 S를 $t=0$에서 닫았을 때 $v_L(t)|_{t=0}=100[V]$, $\dfrac{di(t)}{dt}\Big|_{t=0}=400[A/s]$이다. $L[H]$의 값은?

① 0.75
② 0.5
③ 0.25
④ 0.1

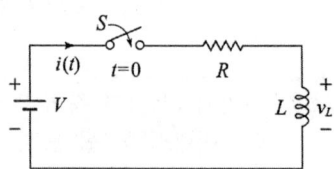

해설 $L[H]$에 걸리는 전압 $v_L|_{t=0}=L\dfrac{di(t)}{dt}\Big|_{t=0}$

∴ L(인덕턴스)$=\dfrac{v_L|_{t=0}}{\dfrac{di(t)}{dt}\Big|_{t=0}}=\dfrac{100}{400}=\dfrac{1}{4}=0.25[H]$이다.

063 $r_1[\Omega]$인 저항에 $r[\Omega]$인 가변저항이 연결된 그림과 같은 회로에서 전류 I를 최소로 하기 위한 저항 $r_2[\Omega]$는? (단, $r[\Omega]$은 가변저항의 최대 크기이다.)

① $\dfrac{r_1}{2}$
② $\dfrac{r}{2}$
③ r_1
④ r

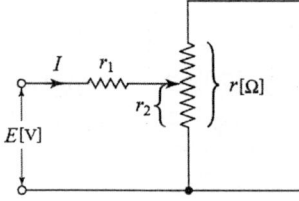

해설 최소정리란 두 수의 합이 일정할 때 두 수 곱이 최소인 조건은 두 수가 같을 때이다.
$r-r_2=r_2,\ 2r_2=r$
∴ $r_2=\dfrac{r}{2}$일 때 회로전류 $I[A]$가 최소가 된다.

064 다음과 같은 회로에서 $V_a,\ V_b,\ V_c[V]$를 평형 3상 전압이라 할 때 전압 $V_0[V]$은?

① 0
② $\dfrac{V_1}{3}$
③ $\dfrac{2}{3}V_1$
④ V_1

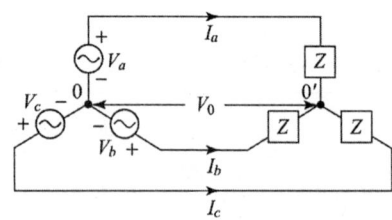

📝 평형 3상 전압 혹은 전류합은 0이다.
$V_a + V_b + V_c = 0$ 혹은 $I_a + I_b + I_c = 0$이다.
$V_a - V_0 = I_a Z$ … ①
$V_b - V_0 = I_b Z$ … ②
$V_c - V_0 = I_c Z$ … ③
①+②+③ = $V_a + V_b + V_c - 3V_0 = (I_a + I_b + I_c)Z$[V]
$0 - 3V_0 = 0$
∴ V_0(중성점의 전압) = 0이다.

065

9[Ω]과 3[Ω]인 저항 6개를 그림과 같이 연결하였을 때, a와 b 사이의 합성저항(Ω)은?

① 9
② 4
③ 3
④ 2

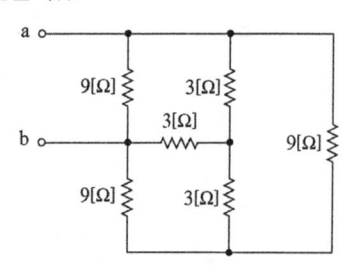

📝 Y결선 저항 $R = 3$[Ω]를 △결선으로 변환하면 $3R = 3 \times 3 = 9$[Ω]가 된다.
∴ 등가회로는

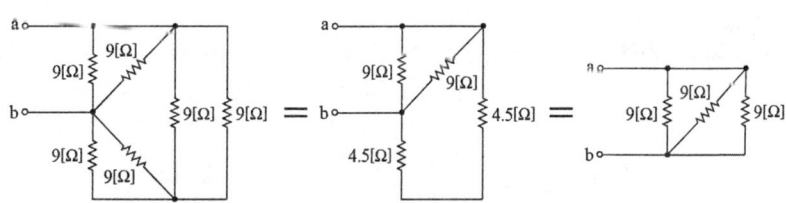

3개 병렬 ab간의 합성저항 $R_{ab} = \dfrac{9}{3} = 3$[Ω]이다.

066

그림과 같은 회로의 전달함수는? (단, 초기조건은 0이다.)

① $\dfrac{R_2 + C_S}{R_1 + R_2 + C_S}$

② $\dfrac{R_1 + R_2 + C_S}{R_1 + C_S}$

③ $\dfrac{R_2 C_S + 1}{R_2 C_S + R_1 C_S + 1}$

④ $\dfrac{R_2 C_S + R_1 C_S + 1}{R_2 C_S + 1}$

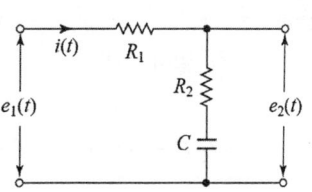

📌 65. ③ 66. ③

해설 ① 키르히호프 제2법칙을 양변 라플라스 변환하면
$$E_1 S = (R_1 + R_2 + \frac{1}{SC})I(S) \cdots \text{㉠}$$
② 키르히호프 제2법칙을 양변 라플라스 변환하면
$$E_2 S = (R_2 + \frac{1}{SC})I(S) \cdots \text{㉡}$$
∴ 회로의 전달함수 $G(S) = \dfrac{E_2 S}{E_1 S} = \dfrac{(R_2 + \frac{1}{SC})I(S)}{(R_1 + R_2 + \frac{1}{SC})I(S)} = \dfrac{SCR_2 + 1}{SCR_1 + SCR_2 + 1}$ 이 된다.

067
그림과 같은 회로에서 5[Ω]에 흐르는 전류 I는 몇 [A]인가?

① $\dfrac{1}{2}$

② $\dfrac{2}{3}$

③ 1

④ $\dfrac{5}{3}$

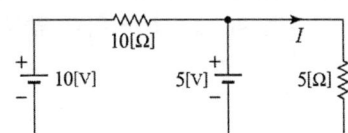

해설 5[Ω] 단자에 걸리는 전압은 직류 5[V]이다.

∴ 5[Ω] 저항에 흐르는 전류 $I = \dfrac{5}{5} = 1[A]$이다.

068
전류의 대칭분이 $I_0 = -2 + j4$[A], $I_1 = 6 - j5$[A], $I_2 = 8 + j10$[A]일 때 3상전류 중 a상 전류(I_a)의 크기($|I_a|$)는 몇 A인가? (단, I_0는 영상분이고, I_1은 정상분이고, I_2는 역상분이다.)

① 9 ② 12

③ 15 ④ 19

해설 비대칭 a상의 전류
$|I_a| = I_0 + I_1 + I_2 = -2 + j4 + 6 - j5 + 8 + j10 = 12 + j9 = \sqrt{(12)^2 + (9)^2}$
$= \sqrt{144 + 81} = \sqrt{225} = 15[A]$이다.

069
$V = 50\sqrt{3} - j50$[V], $I = 15\sqrt{3} + j15$[A]일 때 유효전력 P[W]와 무효전력 Q[var]는 각각 얼마인가?

① $P = 3000$, $Q = -1500$

② $P = 1500$, $Q = -1500\sqrt{3}$

③ $P = 750$, $Q = -750\sqrt{3}$

④ $P = 2250$, $Q = -1500\sqrt{3}$

정답 67. ③ 68. ③ 69. ②

예해 P_a(피상전력) $= \dot{V}\overline{I} = (50\sqrt{3}-j50)\times(15\sqrt{3}-j15)$
$= ((50\sqrt{3}\times 15\sqrt{3})-(50\times 15))+j((-50\times 15\sqrt{3})-(50\sqrt{3}\times 15))$
$= (2250-750)+j(-750\sqrt{3}-750\sqrt{3})$
$= 1500-j1500\sqrt{3} = P+jQ [\text{VA}]$
∴ P(유효전력) $= 1500[\text{W}]$, Q(무효전력) $= -1500\sqrt{3}[\text{Var}]$이다.

070 푸리에 급수로 표현된 왜형파 $f(t)$가 반파대칭 및 정현대칭일 때 $f(t)$에 대한 특징으로 옳은 것은?

$$f(t) = a_0 + \sum_{n=1}^{\infty} a_n \cos n\omega t + \sum_{n=1}^{\infty} b_n \sin n\omega t$$

① a_n의 우수항만 존재한다. ② a_n의 기수항만 존재한다.
③ b_n의 우수항만 존재한다. ④ b_n의 기수항만 존재한다.

예해 푸리에 급수로 표현된 왜형파 $f(t)$에서의
① 반파대칭이란 양(+)의 반파를 π만큼 이동 반전하면 음(-)의 반파와 일치하는 파형을 말한다.
∴ $f(t) = -f(t+\pi)$이며 기함수 $n=1, 3, 5, 7, 9$이다.
a_0(직류진폭) $= 0$, a_n(여현파진폭), b_n(정현파진폭)만 존재한다.
② 정현대칭이란 어떤 파형을 수직축에 대해서 반전하고 수평축에 대해서 반전할 때 일치하는 파형이다.
∴ $f(-t) = -f(t)$, $-f(-t) = f(t)$이니 기함수 $n=1, 3, 5, 7 \cdots$ 이다.
a_0(직류진폭) $= 0$, a_n(여현파진폭) $= 0$, b_n(정현파진폭)의 기수항만 존재한다.
③ 반파대칭 및 정현대칭이란 반파대칭+정현대칭으로 반파대칭에서는 a_n, b_n만 존재 $a_0 = 0$이고 정현대칭에서는 b_n의 기수항만 존재. $a_0 = 0$, $a_n = 0$이다.
∴ 반파대칭 및 정현대칭에서는 b_n의 기수항만 존재한다.

071 그림과 같은 회로에서 L_2에 흐르는 전류 $L_2[\text{A}]$가 단자전압 $V[\text{V}]$보다 위상이 $90°$ 뒤지기 위한 조건은? (단, ω는 회로의 각주파수(rad/s)이다.)

① $\dfrac{R_2}{R_1} = \dfrac{L_2}{L_1}$
② $R_1 R_2 = L_1 L_2$
③ $R_1 R_2 = \omega L_1 L_2$
④ $R_1 R_2 = \omega^2 L_1 L_2$

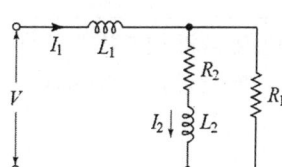

해답 70. ④ 71. ④

해설 분배법칙에서 L_2에 흐르는 전류

$$I_2 = \frac{R_1}{R_1+R_2+j\omega L_2} \times I_1 = \frac{R_1}{R_1+R_2+j\omega L_2} \times \frac{V}{j\omega L_1 + \frac{R_1(R_2+j\omega L_2)}{R_1+R_2+j\omega L_2}}$$

$$= \frac{R_1}{R_1+R_2+j\omega L_2} \times \frac{(R_1+R_2+j\omega L_2) \times V}{j\omega L_1(R_1+R_2+j\omega L_2) + R_1R_2 + j\omega L_2 R_1}$$

$$= \frac{R_1 \times V}{j\omega L_1(R_1+R_2) - \omega^2 L_1 L_2 + R_1 R_2 + j\omega L_2 R_1} \text{[A]에서}$$

I_2[A]가 단자전압 V보다 90° 뒤지기 위한 조건은 전류 I_2의 분모 실수부가 0일 때다. 즉 $-\omega^2 L_1 L_2 + R_1 R_2 = 0$, $R_1 R_2 = \omega^2 L_1 L_2$ 이어야 한다.

072 RC 직렬회로의 과도현상에 대한 설명으로 옳은 것은?

① $(R \times C)$의 값이 클수록 과도 전류는 빨리 사라진다.
② $(R \times C)$의 값이 클수록 과도 전류는 천천히 사라진다.
③ 과도 전류는 $(R \times C)$의 값에 관계가 없다.
④ $\frac{1}{R \times C}$의 값이 클수록 과도 전류는 천천히 사라진다.

해설 RC 직렬회로의 과도현상에 τ(시정수) = $(R \times C)$의 값이 클수록 과도 전류는 천천히 사라진다. 오래 지속된다.

073 용량이 50[kVA]인 단상 변압기 3대를 △결선하여 3상으로 운전하는 중 1대의 변압기에 고장이 발생하였다. 나머지 2대의 변압기를 이용하여 3상 V결선으로 운전하는 경우 최대 출력은 몇 [kVA]인가?

① $30\sqrt{3}$ ② $50\sqrt{3}$
③ $100\sqrt{3}$ ④ $200\sqrt{3}$

해설 P_1(용량) = 50[kVA]인 단상 변압기 3대를 △결선 운전 중 1대가 고장인 경우 나머지 2대의 변압기를 이용하여 3상 V결선으로 운전하는 경우 최대 출력은 $P = \sqrt{3} \times P_1 = \sqrt{3} \times 50$[kVA]가 된다.

074 각 상의 전류가 $i_a = 30\sin\omega t$[A], $i_b = 30\sin(\omega t - 90°)$[A], $i_c = 30\sin(\omega t + 90°)$[A]일 때 영상분 전류(A)의 순시치는?

① $10\sin\omega t$ ② $10\sin\frac{\omega t}{3}$
③ $30\sin\omega t$ ④ $\frac{30}{\sqrt{3}}\sin(\omega t + 45°)$

정답 72.② 73.② 74.①

해 대칭분 영상전류의 순시치
$$I_o = \frac{1}{3}(i_a + i_b + i_c) = \frac{1}{3}(30\sin\omega t + 30\sin(\omega t - 90°) + 30\sin(\omega t - 90°))$$
$$= \frac{1}{3}(30\sin\omega t) = 10\sin\omega t[A] 가 된다.$$

075
$f(t) = \sin t + 2\cos t$를 라플라스 변환하면?

① $\dfrac{2s}{s^2+1}$
② $\dfrac{2s+1}{(s+1)^2}$
③ $\dfrac{2s+1}{s^2+1}$
④ $\dfrac{2s}{(s+1)^2}$

해 $f(t) = \sin t + 2\cos t$를 라플라스 변환
$$F(s) = \int_0^\infty f(t)e^{-st}dt = \frac{1}{s^2+1} + 2 \times \frac{s}{s^2+1} = \frac{2s+1}{s^2+1}$$ 이 된다.

076
어떤 회로에 흐르는 전류가 $i(t) = 7 + 14.1\sin\omega t$[A]인 경우 실효값은 약 몇 [A]인가?

① 11.2
② 12.2
③ 13.2
④ 14.2

해 왜형파의 실효치 전류
$$I = \sqrt{(직류\ 전류)^2 + (기본파\ 전류)^2} = \sqrt{I_0^2 + I_1^2} = \sqrt{(7)^2 + \left(\frac{I_{m1}}{\sqrt{2}}\right)^2}$$
$$= \sqrt{7^2 + \left(\frac{14.1}{\sqrt{2}}\right)^2} = \sqrt{49+100} = \sqrt{149} ≒ 12.2[A] 이다.$$

077
어떤 전지에 연결된 외부 회로의 저항은 5[Ω]이고 전류는 8[A]가 흐른다. 외부 회로에 5[Ω] 대신 15[Ω]의 저항을 접속하면 전류는 4[A]로 떨어진다. 이 전지의 내부 기전력은 몇 [V]인가?

① 15
② 20
③ 50
④ 80

해 $E = I_1(r + R_1) = 8(r+5) = 8r + 40$ … ①
$E = I_2(r + R_2) = 4(r+15) = 4r + 20$ … ②
∴ ①-②에서 $0 = 4r - 20$
$r = \dfrac{20}{4} = 5[\Omega]$ … ③를 ②식에 대입하면
E(전지의 내부 기전력) $= I_2(r+15) = 4(5+15)$
$= 4 \times 20 = 80[V]$ 이다.

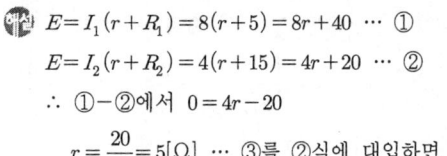

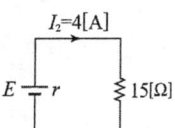

해답 75.③ 76.② 77.④

2020년 6월 21일 시행

078 파형율과 파고율이 모두 1인 파형은?

① 고조파   ② 삼각파
③ 구형파   ④ 사인파

해설 구형파의 실효치 전류 $|I|$ = 평균치 전류(I_{av}) = 최대치 전류(I_m)[A]이다.

∴ 파형율 = $\dfrac{실효치}{평균치}$ = 1, 파고율 = $\dfrac{최대치}{실효치}$ = 1이다.

∴ 파형율 = 파고율 = 1인 파형은 구형파이다.

079 회로의 4단자 정수로 틀린 것은?

① $A=2$
② $B=12$
③ $C=\dfrac{1}{4}$
④ $D=6$

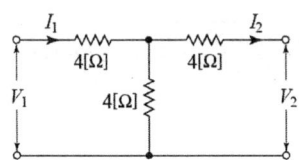

해설 T형 4단자망의 4단자 정수

$\begin{vmatrix} A & B \\ C & D \end{vmatrix} = \begin{vmatrix} 1 & 4 \\ 0 & 1 \end{vmatrix} \begin{vmatrix} 1 & 0 \\ \frac{1}{4} & 1 \end{vmatrix} \begin{vmatrix} 1 & 4 \\ 0 & 1 \end{vmatrix} = \begin{vmatrix} 2 & 4 \\ \frac{1}{4} & 1 \end{vmatrix} \begin{vmatrix} 1 & 4 \\ 0 & 1 \end{vmatrix} = \begin{vmatrix} 2 & 12 \\ \frac{1}{4} & 2 \end{vmatrix}$ 이다.

∴ 4단자 정수 $A=2$, $B=12$, $C=\dfrac{1}{4}$, $D=2$이다.

080 그림과 같은 4단자 회로망에서 출력 측을 개방하니 $V_1=12$[V], $I_1=2$[A], $V_2=4$[V] 이고, 출력 측을 단락하니 $V_1=16$[V], $I_1=4$[A], $I_2=2$[A]이었다. 4단자 정수 A, B, C, D는 얼마인가?

① $A=2$, $B=3$, $C=8$, $D=0.5$
② $A=0.5$, $B=2$, $C=3$, $D=8$
③ $A=8$, $B=0.5$, $C=2$, $D=3$
④ $A=3$, $B=8$, $C=0.5$, $D=2$

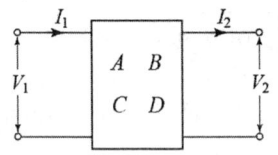

해설 4단자 회로망에서 출력 측을 개방 $I_2=0$일 때 4단자 기초 방정식

$\begin{cases} V_1 = AV_2 + BI_2 = AV_2 \\ I_1 = CV_2 + DI_2 = CV_2 \end{cases}$ 에서 $A=\dfrac{V_1}{V_2}\bigg|_{I_2=0} = \dfrac{12}{4} = 3$, $C=\dfrac{I_1}{V_2}\bigg|_{I_2=0} = \dfrac{2}{4} = \dfrac{1}{2} = 0.5$

또 출력 측 단락 $V_2=0$일 때 4단자 기초 방정식

$\begin{cases} V_1 = AV_2 + BI_2 = BI_2 \\ I_1 = CV_2 + DI_2 = DI_2 \end{cases}$ 에서 $B=\dfrac{V_1}{I_2}\bigg|_{V_2=0} = \dfrac{16}{2} = 8$, $D=\dfrac{I_1}{I_2}\bigg|_{V_2=0} = \dfrac{4}{2} = 2$

∴ 4단자 정수 $A=3$, $B=8$, $C=0.5$, $D=2$이다.

해답 78. ③ 79. ④ 80. ④

05 전/기/설/비/기/술/기/준 및 판/단/기/준

081 버스덕트 공사에 의한 저압의 옥측배선 또는 옥외배선의 사용전압이 400[V] 이상인 경우의 시설기준에 대한 설명으로 틀린 것은?

① 목조 외의 조영물(점검할 수 없는 은폐장소)에 시설할 것
② 버스덕트는 사람이 쉽게 접촉할 우려가 없도록 시설할 것
③ 버스덕트는 KS C IEC 60529(2006)에 의한 보호등급 IPX4에 적합할 것
④ 버스덕트는 옥외용 버스덕트를 사용하여 덕트 안에 물이 스며들어 고이지 아니하도록 한 것일 것

> 버스덕트 공사에 의한 저압의 옥측배선 또는 옥외배선의 사용전압이 400[V] 이상인 경우의 시설기준에 대한 설명으로 옳은 것은
> ① 버스덕트는 사람이 쉽게 접촉할 우려가 없도록 시설할 것
> ② 버스덕트는 KS C IEC 60529(2006)에 의한 보호등급 IPX4에 적합할 것
> ③ 버스덕트는 옥외용 버스덕트를 사용하여 덕트 안에 물이 스며들어 고이지 아니하도록 한 것일 것

082 가공전선로의 지지물에 지선을 시설하려는 경우 이 지선의 최저 기준으로 옳은 것은?

① 허용인장하중 : 2.11[kN], 소선지름 : 2.0[mm], 안전율 : 3.0
② 허용인장하중 : 3.21[kN], 소선지름 : 2.6[mm], 안전율 : 1.5
③ 허용인장하중 : 4.31[kN], 소선지름 : 1.6[mm], 안전율 : 2.0
④ 허용인장하중 : 4.31[kN], 소선지름 : 2.6[mm], 안전율 : 2.5

> 가공전선로의 지지물에 지선을 시설하려는 경우 이 지선의 최저 기준은 허용인장하중 : 4.31[kN], 소선지름 : 2.6[mm], 안전율 : 2.5이어야 한다.

083 직류식 전기철도에서 배류선의 상승 부분 중 지표상 몇 [m] 미만의 부분은 절연전선(옥외용 비닐 절연전선을 제외한다.), 캡타이어 케이블 또는 케이블을 사용하고 사람이 접촉할 우려가 없고 또한 손상을 받을 우려가 없도록 시설하여야 하는가?

① 1.5
② 2.0
③ 2.5
④ 3.0

> 직류식 전기철도에서 배류선의 상승 부분 중 지표상 2.5[m] 미만의 부분은 절연전선(옥외용 비닐 절연전선을 제외한다), 캡타이어 케이블 또는 케이블을 사용하고 사람이 접촉할 우려가 없고 또한 손상을 받을 우려가 없도록 시설하여야 한다.

정답 81. ① 82. ④ 83. ③

084 고압전로 또는 특고압전로와 저압전로를 결합하는 변압기의 저압측의 중성점에는 제 몇 종 접지공사를 하여야 하는가?

① 제1종 접지공사 ② 제2종 접지공사
③ 제3종 접지공사 ④ 특별 제3종 접지공사

해설 고압전로 또는 특고압전로와 저압전로를 결합하는 변압기의 저압측의 중성점에는 제2종 접지공사를 하여야 한다.

085 변압기에 의하여 특고압전로에 결합되는 고압전로에는 사용전압의 몇 배 이하인 전압이 가하여진 경우에 방전하는 장치를 그 변압기의 단자에 가까운 1극에 설치하여야 하는가?

① 3 ② 4
③ 5 ④ 6

해설 변압기에 의하여 특고압전로에 결합되는 고압전로에는 사용전압의 3배 이하인 전압이 가하여진 경우에 방전하는 장치를 그 변압기의 단자에 가까운 1극에 설치하여야 한다.

086 수상전선로의 시설기준으로 옳은 것은?

① 사용전압이 고압인 경우에는 클로로프렌 캡타이어 케이블을 사용한다.
② 수상전선로에 사용하는 부대(浮臺)는 쇠사슬 등으로 견고하게 연결한다.
③ 고압 수상전선로에 지락이 생길 때를 대비하여 전로를 수동으로 차단하는 장치를 시설한다.
④ 수상전선로의 전선은 부대의 아래에 지지하여 시설하고 또한 그 절연피복을 손상하지 아니하도록 시설한다.

해설 수상전선로의 시설기준은 수상전선로에 사용하는 부대(浮臺)는 쇠사슬 등으로 견고하게 연결한다.

087 특고압 가공전선이 가공약전류 전선 등 저압 또는 고압의 가공전선이나 저압 또는 고압의 전차선과 제1차 접근상태로 시설되는 경우 60[kV] 이하 가공전선과 저고압 가공전선 등 또는 이들의 지지물이나 지주 사이의 이격거리는 몇 [m] 이상인가?

① 1.2 ② 2
③ 2.6 ④ 3.2

해설 특고압 가공전선이 가공약전류 전선 등 저압 또는 고압의 가공전선이나 저압 또는 고압의 전차선과 제1차 접근상태로 시설되는 경우 60[kV] 이하 가공전선과 저고압 가공전선 등 또는 이들의 지지물이나 지주 사이의 이격거리는 2[m] 이상이어야 한다.

정답 84.② 85.① 86.② 87.②

088 가공전선로의 지지물에는 취급자가 오르고 내리는데 사용하는 발판 볼트 등은 특별한 경우를 제외하고 지표상 몇 [m] 미만에는 시설하지 않아야 하는가?
① 1.5 ② 1.8
③ 2.0 ④ 2.2

해설 가공전선로의 지지물에는 취급자가 오르고 내리는데 사용하는 발판 볼트 등은 특별한 경우를 제외하고 지표상 1.8[m] 미만에는 시설하지 않아야 한다.

089 특고압 가공전선과 가공약전류 전선 사이에 보호망을 시설하는 경우 보호망을 구성하는 금속선 상호 간의 간격은 가로 및 세로를 각각 몇 [m] 이하로 시설하여야 하는가?
① 0.75 ② 1.0
③ 1.25 ④ 1.5

해설 특고압 가공전선과 가공약전류 전선 사이에 보호망을 시설하는 경우 보호망을 구성하는 금속선 상호 간의 간격은 가로 및 세로를 각각 1.5[m] 이하로 시설하여야 한다.

090 옥내 고압용 이동전선의 시설기준에 적합하지 않은 것은?
① 전선은 고압용의 캡타이어케이블을 사용하였다.
② 전로에 지락이 생겼을 때에 자동적으로 전로를 차단하는 장치를 시설하였다.
③ 이동전선과 전기사용기계기구와는 볼트 조임 기타의 방법에 의하여 견고하게 접속하였다.
④ 이동전선에 전기를 공급하는 전로의 중성극에 전용 개폐기 및 과전류차단기를 시설하였다.

해설 옥내 고압용 이동전선의 시설기준에 적합한 것은
① 전선은 고압용의 캡타이어케이블을 사용하였다.
② 전로에 지락이 생겼을 때에 자동적으로 전로를 차단하는 장치를 시설하였다.
③ 이동전선과 전기사용기계기구와는 볼트 조임 기타의 방법에 의하여 견고하게 접속하였다.

091 교통신호등의 시설기준에 관한 내용으로 틀린 것은?
① 제어장치 금속제 외함에는 제3종 접지공사를 한다.
② 교통신호등 회로의 사용전압은 300[V] 이하로 한다.
③ 교통신호등 회로의 인하선은 지표상 2[m] 이상으로 시설한다.
④ LED를 광원으로 사용하는 교통신호등의 설치는 KS C 7528 "LED 교통신호등"에 적합한 것을 사용한다.

정답 88.② 89.④ 90.④ 91.③

해설 교통신호등의 시설기준에 관한 내용으로 옳은 것은
① 제어장치 금속제 외함에는 제3종 접지공사를 한다.
② 교통신호등 회로의 사용전압은 300[V] 이하로 한다.
③ LED를 광원으로 사용하는 교통신호등의 설치는 KS C 7528 "LED 교통신호등"에 적합한 것을 사용한다.

092 터널 안의 윗면, 교량의 아랫면 기타 이와 유사한 곳 또는 이에 인접하는 곳에 시설하는 경우 가공 직류 전차선의 레일면상의 높이는 몇 [m] 이상인가?

① 3　　　　　　　　　② 3.5
③ 4　　　　　　　　　④ 4.5

해설 터널 안의 윗면, 교량의 아랫면 기타 이와 유사한 곳 또는 이에 인접하는 곳에 시설하는 경우 가공 직류 전차선의 레일면상의 높이는 3.5[m] 이상이어야 한다.

093 사람이 상시 통행하는 터널 안 배선의 시설기준으로 틀린 것은?

① 사용전압은 저압에 한한다.
② 전로에 터널의 입구에 가까운 곳에 전용 개폐기를 시설한다.
③ 애자사용 공사에 의하여 시설하고 이를 노면상 2[m] 이상의 높이에 시설한다.
④ 공칭단면적 2.5[mm^2] 연동선과 동등 이상의 세기 및 굵기의 절연전선을 사용한다.

해설 사람이 상시 통행하는 터널 안 배선의 시설기준으로 옳은 것은
① 사용전압은 저압에 한한다.
② 전로에 터널의 입구에 가까운 곳에 전용 개폐기를 시설한다.
③ 공칭단면적 2.5[mm^2] 연동선과 동등 이상의 세기 및 굵기의 절연전선을 사용한다.

094 고압 가공전선이 교류 전차선과 교차하는 경우, 고압 가공전선으로 케이블을 사용하는 경우 이외에는 단면적 몇 [mm^2] 이상의 경동연선(교류 전차선 등과 교차하는 부분을 포함하는 경간에 접속점이 없는 것에 한한다.)을 사용하여야 하는가?

① 14　　　　　　　　② 22
③ 30　　　　　　　　④ 38

해설 고압 가공전선이 교류 전차선과 교차하는 경우, 고압 가공전선으로 케이블을 사용하는 경우 이외에는 단면적 38[mm^2] 이상의 경동연선(교류 전차선 등과 교차하는 부분을 포함하는 경간에 접속점이 없는 것에 한한다.)을 사용하여야 한다.

해답 92.② 93.③ 94.④

095 1차측 3300[V], 2차측 220[V]인 변압기 전로의 절연내력 시험전압은 각각 몇 [V]에서 10분간 견디어야 하는가?

① 1차측 4950[V], 2차측 500[V]
② 1차측 4500[V], 2차측 400[V]
③ 1차측 41250[V], 2차측 500[V]
④ 1차측 3300[V], 2차측 400[V]

해설 1차측 3300[V], 2차측 220[V]인 변압기 전로의 절연내력 시험전압은 전기설비기준 제19조 변압기 전로의 절연내력 시험전압에서 최대사용전압의 1.5배전압(1차측 전압=3300×1.5=4950[V], 최대전압이 500[V] 미만으로 되는 경우는 500[V](2차측 전압=500[V]) 등에서 각각 10분간 견디어야 한다.
∴ 1차측 전압=4950[V], 2차측 전압=500[V]이다.

096 저압 가공전선과 고압 가공전선을 동일 지지물에 시설하는 경우 이격거리는 몇 [cm] 이상이어야 하는가? (단, 각도주(角度柱)·분기주(分岐柱) 등에서 혼촉(混觸)의 우려가 없도록 시설하는 경우는 제외한다.)

① 50
② 60
③ 70
④ 80

해설 저압 가공전선과 고압 가공전선을 동일 지지물에 시설하는 경우 이격거리는 50[cm] 이상이어야 한다.(단, 각도주·분기주 등에서 혼촉의 우려가 없도록 시설하는 경우는 제외한다.)

097 중성선 다중접지식의 것으로서 전로에 지락이 생겼을 때 2초 이내에 자동적으로 이를 전로로부터 차단하는 장치가 되어 있는 22.9[kV] 특고압 가공전선이 다른 특고압 가공전선과 접근하는 경우 이격거리는 몇 [m] 이상으로 하여야 하는가? (단, 양쪽이 나전선인 경우이다.)

① 0.5
② 1.0
③ 1.5
④ 2.0

해설 중성선 다중접지식의 것으로서 전로에 지락이 생겼을 때 2초 이내에 자동적으로 이를 전로로부터 차단하는 장치가 되어 있는 22.9[kV] 특고압 가공전선이 다른 특고압 가공전선과 접근하는 경우 이격거리는 1.5[m] 이상으로 하여야 한다.(단, 양쪽이 나전선인 경우이다.)

098 고압 또는 특고압 가공전선과 금속제의 울타리가 교차하는 경우 교차점과 좌, 우로 몇 [m] 이내의 개소에 제1종 접지공사를 하여야 하는가? (단, 전선에 케이블을 사용하는 경우는 제외한다.)

① 25
② 35
③ 45
④ 55

 95. ① 96. ① 97. ③ 98. ③

🔑 고압 또는 특고압 가공전선과 금속제의 울타리가 교차하는 경우 교차점과 좌, 우로 45[m] 이내의 개소에 제1종 접지공사를 하여야 한다.(단, 전선에 케이블을 사용하는 경우는 제외한다.)

099 의료장소 중 그룹 1 및 그룹 2의 의료 IT계통에 시설되는 전기설비의 시설기준으로 틀린 것은?

① 의료용 절연변압기의 정격출력은 10[kVA] 이하로 한다.
② 의료용 절연변압기의 2차측 정격전압은 교류 250[V] 이하로 한다.
③ 전원측에 강화절연을 한 의료용 절연변압기를 설치하고 그 2차측 전로는 접지한다.
④ 절연감시장치를 설치하여 절연저항이 50[kΩ]까지 감소하면 표시설비 및 음향설비로 경보를 발하도록 한다.

🔑 의료장소 중 그룹 1 및 그룹 2의 의료 IT계통에 시설되는 전기설비의 시설기준으로 옳은 것은
① 의료용 절연변압기의 정격출력은 10[kVA] 이하로 한다.
② 의료용 절연변압기의 2차측 정격전압은 교류 250[V] 이하로 한다.
③ 절연감시장치를 설치하여 절연저항이 50[kΩ]까지 감소하면 표시설비 및 음향설비로 경보를 발하도록 한다.

100 전력 보안통신 설비인 무선통신용 안테나를 지지하는 목주의 풍압하중에 대한 안전율은 얼마 이상으로 해야 하는가?

① 0.5
② 0.9
③ 1.2
④ 1.5

🔑 전력 보안통신 설비인 무선통신용 안테나를 지지하는 목주의 풍압하중에 대한 안전율은 1.5 이상이어야 한다.

정답 99. ③ 100. ④

01 전/기/자/기/학

001 맥스웰(Maxwell) 전자방정식의 물리적 의미 중 틀린 것은?
① 자계의 시간적 변화에 따라 전계의 회전이 발생한다.
② 전도전류와 변위전류는 자계를 발생시킨다.
③ 고립된 자극이 존재한다.
④ 전하에서 전속선이 발산한다.

맥스웰(Maxwell) 전자방정식의 물리적 의미는
① 자계의 시간적 변화에 따라 전계의 회전이 발생한다.($rot\ E = -\frac{\partial B}{\partial t}$)
② 전도전류와 변위전류는 자계를 발생시킨다.
　　($rot\ H = i_c$(전도전류)$+ i_d$(변위전류)$= KE + \frac{\partial D}{\partial t}$)
③ 전하에서 전속선이 발산한다.(σ(전하밀도)$= D$(전속밀도))

002 무한 평면 도체로부터 d[m]인 곳에 점전하 Q[C]가 있을 때 도체 표면상에 최대로 유도되는 전하밀도는 몇 [C/m²]인가?

① $-\frac{Q}{2\pi d^2}$
② $-\frac{Q}{2\pi \varepsilon_0 d^2}$
③ $-\frac{Q}{4\pi d^2}$
④ $-\frac{Q}{4\pi \varepsilon_0 d^2}$

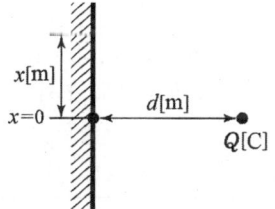

점전하 Q[C]에 대한 영상전하는 항상 $-Q$[C]이다.
원점의 전계세기
$E_0 = E_1 + E_2 = \frac{Q}{4\pi\varepsilon_0 d^2} + \frac{Q}{4\pi\varepsilon_0 d^2} = \frac{Q}{2\pi\varepsilon_0 d^2}$ [V/m]이다.
무한 평면 도체 표면상
최대 유기 전하밀도=원점의 전하밀도이다.
∴ D_{max}(최대 전속밀도)$= \sigma_{max}$(최대 전하밀도)
$= -\varepsilon_0 E_0 = -\varepsilon_0 \times \frac{Q}{2\pi\varepsilon_0 d^2} = -\frac{Q}{2\pi d^2}$ [C/m²]이다.

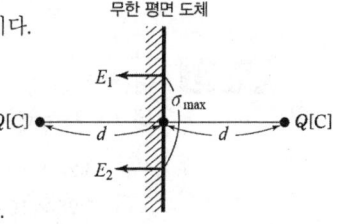

해답 1. ③ 2. ①

003 자기회로에 대한 설명으로 틀린 것은? (단, S는 자기회로의 단면적이다.)
① 자기저항의 단위는 H(Henry)의 역수이다.
② 자기저항의 역수를 퍼미언스(Permeance)라고 한다.
③ "자기저항=(자기회로의 단면을 통과하는 자속)/(자기회로의 총 기자력)"이다.
④ 자속밀도 B가 모든 단면에 걸쳐 균일하다면 자기회로의 자속은 BS이다.

해설 자기회로에 대한 설명으로 옳은 것은
① 자기회로의 F(기자력)$=NI=R\phi=H\ell$[N], R(자기저항)$=\dfrac{NI}{\phi}$

(A/Wb$=\dfrac{1}{\frac{Wb}{A}}=\dfrac{1}{H(헨리)}$)로서 H(Henry)의 역수단위이다.

② 자기저항의 역수를 퍼미언스(Permeance)이고 전기저항의 역수는 지이멘스이다.
③ 자속밀도 B가 모든 단면에 걸쳐 균일하다면 자기회로의 자속 $\phi=BS$[Wb]이다.

004 전계의 세기가 5×10^2[V/m]인 전계 중에 8×10^{-8}[C]의 전하가 놓일 때 전하가 받는 힘은 몇 [N]인가?
① 4×10^{-2} ② 4×10^{-3}
③ 4×10^{-4} ④ 4×10^{-5}

해설 coulomb 힘 $F=QE=8\times10^{-8}\times5\times10^2=40\times10^{-6}=4\times10^{-5}$[N]이다.

005 진공 중에 판간 거리가 d[m]인 무한 평판 도체 간의 전위차(V)는? (단, 각 평판 도체에는 면전하밀도 $+\sigma$[C/m²], $-\sigma$[C/m²]가 각각 분포되어 있다.)
① σd ② $\dfrac{\sigma}{\varepsilon_0}$ ③ $\dfrac{\varepsilon_0\sigma}{d}$ ④ $\dfrac{\sigma d}{\varepsilon_0}$

해설 무한 평판 도체의 전계세기 $E=\dfrac{\sigma}{\varepsilon_0}$[V/m]

∴ 판간 거리가 d[m]인 무한 평판 도체 간의 전위차
$V=Ed=\dfrac{\sigma}{\varepsilon_0}\times d$[V]가 된다.

006 어떤 자성체 내에서의 자계의 세기가 800[AT/m]이고 자속밀도가 0.05[Wb/m²]일 때 이 자성체의 투자율은 몇 [H/m]인가?
① 3.25×10^{-5} ② 4.25×10^{-5}
③ 5.25×10^{-5} ④ 6.25×10^{-5}

해답 3.③ 4.④ 5.④ 6.④

해설 자성체의 자속밀도 $B = \mu H [\text{Wb/m}^2]$

자성체의 투자율 $\mu = \dfrac{B}{H} = \dfrac{0.05}{800} = \dfrac{5 \times 10^{-4}}{8} = 0.625 \times 10^{-4} = 6.25 \times 10^{-5} [\text{H/m}]$ 이다.

007

비유전율이 2.8인 유전체에서의 전속밀도가 $D = 3.0 \times 10^{-7} [\text{C/m}^2]$일 때 분극의 세기 P는 약 $[\text{C/m}^2]$인가?

① 1.93×10^{-7}
② 2.93×10^{-7}
③ 3.50×10^{-7}
④ 4.07×10^{-7}

해설 $P(\text{분극세기}) = \chi E = \varepsilon_0 (\varepsilon_s - 1) E = \varepsilon_0 \varepsilon_s E - \varepsilon_0 E$

$= \varepsilon_0 \varepsilon_s E \left(1 - \dfrac{\varepsilon_0 E}{\varepsilon_0 \varepsilon_s E}\right) = D\left(1 - \dfrac{1}{\varepsilon_s}\right) = 3 \times 10^{-7}\left(1 - \dfrac{1}{2.8}\right) = 3 \times 10^{-7}(1 - 0.357)$

$= 3 \times 10^{-7} \times 0.643 ≒ 1.93 \times 10^{-7} [\text{C/m}^2]$ 이다.

008

자기 인덕턴스의 성질을 설명한 것으로 옳은 것은?

① 경우에 따라 정(+) 또는 부(−)의 값을 갖는다.
② 항상 정(+)의 값을 갖는다.
③ 항상 부(−)의 값을 갖는다.
④ 항상 0이다.

해설 자기 인덕턴스는 항상 정(+)의 값을 갖는다.

009

반지름이 $a[\text{m}]$인 도체구에 전하 $Q[\text{C}]$을 주었을 때, 구 중심에서 $r[\text{m}]$ 떨어진 구 외부($r > a$)의 한 점에서의 전속밀도 $D[\text{C/m}^2]$는?

① $\dfrac{Q}{4\pi a^2}$
② $\dfrac{Q}{4\pi r^2}$
③ $\dfrac{Q}{4\pi \varepsilon a^2}$
④ $\dfrac{Q}{4\pi \varepsilon r^2}$

해설 반지름 $a[\text{m}]$인 도체구에 $Q[\text{C}]$의 전하를 주었을 때 $r > a[\text{m}]$인 구도체 외부의 한 점에서의 전속밀도 $D = \varepsilon_0 E = \varepsilon_0 \times \dfrac{Q}{4\pi \varepsilon_0 r^2} = \dfrac{Q}{4\pi r^2} [\text{C/m}^2]$가 된다.

010

1[Ah]의 전기량은 몇 [C]인가?

① $\dfrac{1}{3600}$
② 1
③ 60
④ 3600

해설 $I(\text{전류}) = \dfrac{Q}{t} [\text{C/sec}]$

$Q(\text{전기량}) = It = 1 \times 3600 = 3600 [\text{C}]$이 된다.

정답 7.① 8.② 9.② 10.④

011 공기 중에 있는 무한 직선 도체에 전류 $I[A]$가 흐르고 있을 때 도체에서 $r[m]$ 떨어진 점에서의 자속밀도는 몇 $[Wb/m^2]$인가?

① $\dfrac{I}{2\pi r}$　　② $\dfrac{2\mu_0 I}{\pi r}$　　③ $\dfrac{\mu_0 I}{r}$　　④ $\dfrac{\mu_0 I}{2\pi r}$

해설 Amper의 주회적분의 법칙에서
$$\int_c H d\ell = I, \ H \times 2\pi r = I, \ H(\text{자계세기}) = \dfrac{I}{2\pi r} [A/m] \text{이다.}$$
∴ 무한 직선 도체에 $I[A]$ 전류가 흐르고 있을 때 도체에서 $r[m]$ 떨어진 점에서의 자속밀도 $B = \mu_0 H = \mu_0 \times \dfrac{I}{2\pi r} [Wb/m^2]$가 된다.

012 $2[Wb/m^2]$인 평등 자계 속에 길이가 $30[cm]$인 도선이 자계와 직각 방향으로 놓여 있다. 이 도선이 자계와 $30°$의 방향으로 $30[m/s]$의 속도로 이동할 때, 도체 양단에 유기되는 기전력(V)의 크기는?

① 3　　② 9
③ 30　　④ 90

해설 플레밍 오른손법칙에서 도선이 자계와 $30°$의 방향으로 $30[m/sec]$의 속도로 이동할 때 도체 양단에 유기되는 기전력 $e = B\ell v \sin 30° = 2 \times 30 \times 10^{-2} \times 30 \times \dfrac{1}{2} = 18 \times \dfrac{1}{2} = 9[V]$ 이다.

013 무손실 유전체에서 평면 전자파의 전계 E와 자계 H 사이 관계식으로 옳은 것은?

① $H = \sqrt{\dfrac{\varepsilon}{\mu}} E$　　② $H = \sqrt{\dfrac{\mu}{\varepsilon}} E$

③ $H = \dfrac{\varepsilon}{\mu} E$　　④ $H = \dfrac{\mu}{\varepsilon} E$

해설 $Z_0(\text{전자계 고유임피던스}) = \dfrac{E}{H} = \sqrt{\dfrac{\mu}{\varepsilon}} [\Omega]$
∴ $H(\text{자계}) = \sqrt{\dfrac{\varepsilon}{\mu}} E[AT/m], \ E(\text{전계}) = \sqrt{\dfrac{\mu}{\varepsilon}} H[V/m]$이다.

014 강자성체가 아닌 것은?

① 철　　② 구리
③ 니켈　　④ 코발트

해설 강자성체는 철(Fe), 니켈(Ni), 코발트(Co) 등이다.

정답 11. ④　12. ②　13. ①　14. ②

015 2[μF], 3[μF], 4[μF]의 커패시터를 직렬로 연결하고 양단에 가한 전압을 서서히 상승시킬 때의 현상으로 옳은 것은? (단, 유전체의 재질 및 두께는 같다고 한다.)

① 2[μF]의 커패시터가 제일 먼저 파괴된다.
② 3[μF]의 커패시터가 제일 먼저 파괴된다.
③ 4[μF]의 커패시터가 제일 먼저 파괴된다.
④ 3개의 커패시터가 동시에 파괴된다.

해설 $C_1 = 2[\mu F]$, $C_2 = 3[\mu F]$, $C_3 = 4[\mu F]$을 직렬 연결하면 $Q[C]$ 일정하다.

∴ 각 용량에 걸리는 전압 $V_{최대} = \dfrac{Q}{C_{최소}}[V]$로서 최소용량에 최대전압이 걸리므로 $Q[C]$을 계속 증가하면 최소용량 $C_1 = 2[\mu F]$의 커패시터가 제일 먼저 파괴된다.

016 패러데이관의 밀도와 전속밀도는 어떠한 관계인가?

① 동일하다.
② 패러데이관의 밀도가 항상 높다.
③ 전속밀도가 항상 높다.
④ 항상 틀리다.

해설 패러데이관의 밀도와 전속밀도($D = \dfrac{\psi}{S}$)는 동일하다.

017 표의 ㉠, ㉡과 같은 단위로 옳게 나열한 것은?

| ㉠ | Ω · s |
| ㉡ | s/Ω |

① ㉠ H, ㉡ F
② ㉠ H/m, ㉡ F/m
③ ㉠ F, ㉡ H
④ ㉠ F/m, ㉡ H/m

해설 ㉠ 패러데이 법칙에서 $V = L\dfrac{di}{dt}[V]$,

$L(인덕턴스) = \dfrac{V}{di} \times dt \left(\dfrac{V}{A} \times \sec = \Omega \cdot \sec = H(Herny) \right)$이다.

㉡ 패러데이 법칙에서 $V = \dfrac{1}{C}\int i(t)dt[V]$, $dV = \dfrac{i(t)}{C} \times dt$,

$C(커패시턴스) = \dfrac{i(t)}{dV} \times dt \left(\dfrac{A}{V} \times \sec = \dfrac{1}{\Omega} \times \sec = F(Farady) \right)$이다.

정답 15. ① 16. ① 17. ①

018 선간전압이 66000[V]인 2개의 평행 왕복 도선에 10[kA]의 전류가 흐르고 있을 때 도선 1[m]마다 작용하는 힘의 크기는 몇 [N/m]인가? (단, 도선 간의 간격은 1[m]이다.)

① 1 ② 10
③ 20 ④ 200

2개의 평행 왕복 도선에 작용하는 힘의 크기는 플레밍의 왼손법칙에서

$$f(\text{힘}) = I_2 B \ell \sin 90° = I_2 \times \mu_0 H \ell \times 1$$
$$= I_2 \times \mu_0 \frac{I_1 \ell}{2\pi r} = 4\pi \times 10^{-7} \times \frac{I_1 I_2 \ell}{2\pi r}$$
$$= \frac{2 I_1 I_2 \times 1}{r} \times 10^{-7} = \frac{2(10 \times 10^3)^2 \times 10^{-7}}{1}$$
$$= 20 [\text{N/m}]$$

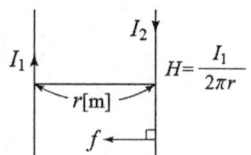

019 지름 2[mm]의 동선에 π[A]의 전류가 균일하게 흐를 때 전류밀도는 몇 [A/m²]인가?

① 10^3 ② 10^4
③ 10^5 ④ 10^6

$i(\text{전류밀도}) = \dfrac{I}{S} = \dfrac{I}{\pi \times \left(\dfrac{D}{2}\right)^2} = \dfrac{\pi}{\pi \times \left(\dfrac{2}{2} \times 10^{-3}\right)^2} = 10^6 [\text{A/m}^2]$ 이다.

020 대전 도체 표면의 전하밀도는 도체 표면의 모양에 따라 어떻게 되는가?

① 곡률이 작으면 작아진다.
② 곡률 반지름이 크면 커진다.
③ 평면일 때 가장 크다.
④ 곡률 반지름이 작으면 작다.

곡률이 작으면 대전 도체 표면의 S(면적)이 넓어진다.

∴ 대전 도체 표면의 $\sigma(\text{전하밀도}) = \dfrac{Q}{S} [\text{C/m}^2]$는 작아진다.

즉 곡률이 작으면 작아진다.

18. ③ 19. ④ 20. ①

02　전/력/공/학

021 수전용 변전설비의 1차측에 설치하는 차단기의 용량은 어느 것에 의하여 정하는가?
① 수전전력과 부하율
② 수전계약용량
③ 공급측 전원의 단락용량
④ 부하설비용량

해설 수전용 변전설비의 1차측에 설치하는 차단기의 용량은 공급측 전원의 단락용량에 의하여 정하여 진다.

022 어떤 발전소의 유효 낙차가 100[m]이고, 사용수량이 10[m³/s]일 경우 이 발전소의 이론적인 출력(kW)은?
① 4900
② 9800
③ 10000
④ 14700

해설 발전소의 이론적인 출력 $P = 9.8\,QH = 9.8 \times 10 \times 100 = 9800 [\text{kW}]$ 이다.

023 다음 중 전력선에 의한 통신선의 전자유도장해의 주된 원인은?
① 전력선과 통신선사이의 상호 정전용량
② 전력선의 불충분한 연가
③ 전력선의 1선 지락 사고 등에 의한 영상전류
④ 통신선 전압보다 높은 전력선의 선압

해설 전자유도장해의 주된 원인은 전력선의 1선 지락 사고 등에 의한 영상전류이다.

024 다음 중 전압강하의 강도를 나타내는 식이 아닌 것은? (단, E_S는 송전단전압, E_R은 수전단전압이다.)

① $\dfrac{I}{E_R}(R\cos\theta + X\sin\theta) \times 100\%$
② $\dfrac{\sqrt{3}\,I}{E_R}(R\cos\theta + X\sin\theta) \times 100\%$
③ $\dfrac{E_S - E_R}{E_R} \times 100\%$
④ $\dfrac{E_S + E_R}{E_S} \times 100\%$

해설 단상 전압강하율 $\varepsilon = \dfrac{E_S - E_R}{E_R} \times 100 = \dfrac{I}{E_R}(R\cos\theta + X\sin\theta) \times 100\%$

3상 전압강하율 $\varepsilon = \dfrac{E_S - E_R}{E_R} \times 100 = \dfrac{\sqrt{3}\,I}{E_R}(R\cos\theta + X\sin\theta) \times 100\%$

해답　21. ③　22. ②　23. ③　24. ④

025. 피뢰기의 제한전압이란?

① 상용주파전압에 대한 피뢰기의 충격방전 개시전압
② 충격파 침입 시 피뢰기의 충격방전 개시전압
③ 피뢰기가 충격파 방전 종료 후 언제나 속류를 확실히 차단할 수 있는 상용주파 최대전압
④ 충격파 전류가 흐르고 있을 때의 피뢰기 단자전압

해설 피뢰기의 제한전압이란 충격파 전류가 흐르고 있을 때의 피뢰기 단자전압을 말한다.

026. 3상 1회선의 송전선로에 3상 전압을 가해 충전할 때 1선에 흐르는 충전전류는 30[A], 또 3선을 일괄하여 이것과 대지사이에 상전압을 가하여 충전시켰을 때 전 충전전류는 60[A]가 되었다. 이 선로의 대지정전용량과 선간정전용량의 비는? (단, 대지정전용량= C_s, 선간정전용량= C_m이다.)

① $\dfrac{C_m}{C_s} = \dfrac{1}{6}$ ② $\dfrac{C_m}{C_s} = \dfrac{8}{15}$

③ $\dfrac{C_m}{C_s} = \dfrac{1}{3}$ ④ $\dfrac{C_m}{C_s} = \dfrac{1}{\sqrt{3}}$

해설 ① 3상 1회선 송전선은 △결선으로
E_ℓ(선간전압)= E_p(상전압)의 3상 전압을 가해 충전할 때에 1선에 충전전류

$I_1 = 30 = \dfrac{E_p}{X_{Cm}} = \dfrac{E_p}{\dfrac{1}{\omega 3 C_m}} = 3\omega C_m E_p [A]$ 에서

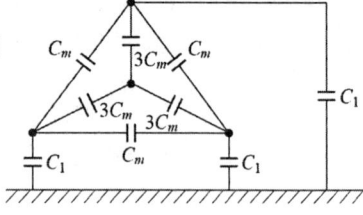

$\omega C_m E_p = \dfrac{I_1}{3} = \dfrac{30}{3} = 10[A]$ ············ ㉠

② 3선 일괄하여 이것과 대지사이에 E_p(상전압)으로 충전시켰을 때
C_s(대지 정전 용량) = $3C_m + C_1[F]$에 충전전류

$I_2 = 60 = \dfrac{E_p}{X_{Cs}} = \dfrac{E_p}{\dfrac{1}{\omega C_s}} = \omega C_s E_p [A] \cdots$ ㉡

③ ∴ $\dfrac{㉠}{㉡} = \dfrac{\omega C_m E_p}{\omega C_s E_p} = \dfrac{C_m}{C_s} = \dfrac{10}{60} = \dfrac{1}{6}$ 이 된다.

027. 변류기를 개방할 때 2차측을 단락하는 이유는?

① 1차측 과전류 보호   ② 1차측 과전압 방지
③ 2차측 과전류 보호   ④ 2차측 절연보호

해설 변류기를 개방할 때 2차측을 단락하는 이유는 2차측 절연보호 때문이다.

해답 25. ④ 26. ① 27. ④

028 30000[kW]의 전력을 50[km] 떨어진 지점에 송전하려고 할 때 송전전압(kV)은 약 얼마인가? (단, still식에 의하여 산정한다.)

① 22 ② 33 ③ 66 ④ 100

still식에서 경제적인 송전전압

$$kV = 5.5\sqrt{0.6\ell + \frac{p}{100}} = 5.5\sqrt{0.6 \times 50 + \frac{30000}{100}} = 5.5\sqrt{30+300} = 5.5 \times 18.16 ≒ 100[kV]$$

029 송전선로에서 4단자정수 A, B, C, D 사이의 관계는?

① $BC - AD = 1$ ② $AC - BD = 1$
③ $AB - CD = 1$ ④ $AD - BC = 1$

송전선로에서 4단자정수 사이의 관계는 $AD - BC = 1$이다.

030 역률 0.8(지상), 480[kW] 부하가 있다. 전력용 콘덴서를 설치하여 역률을 개선하고자 할 때 콘덴서 220[kVar]를 설치하면 역률은 몇 %로 개선되는가?

① 82 ② 85 ③ 90 ④ 96

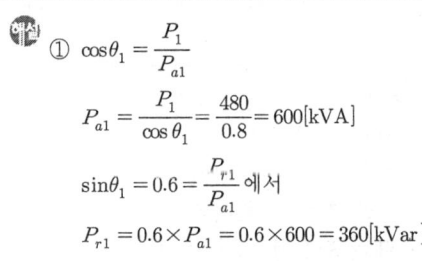
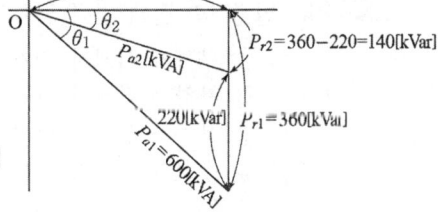

① $\cos\theta_1 = \dfrac{P_1}{P_{a1}}$

$P_{a1} = \dfrac{P_1}{\cos\theta_1} = \dfrac{480}{0.8} = 600[kVA]$

$\sin\theta_1 = 0.6 = \dfrac{P_{r1}}{P_{a1}}$ 에서

$P_{r1} = 0.6 \times P_{a1} = 0.6 \times 600 = 360[kVar]$

② $P_{r2} = 360 - 220 = 140[kVar]$ 이다.

∴ $P_{a2} = \sqrt{P_1^2 + P_{r2}^2} = \sqrt{(480)^2 + (140)^2}$
$= \sqrt{230,400 + 19,600} = \sqrt{250,000}$
$= 500[kVA]$

$\cos\theta_2$(역률) $= \dfrac{P_1}{P_{a2}} = \dfrac{480}{500} = 0.96$이다.

031 송전선로의 중성점을 접지하는 목적으로 가장 알맞은 것은?

① 전선량의 절약   ② 송전용량의 증가
③ 전압강하의 감소   ④ 이상 전압의 경감 및 발생 방지

송전선로의 중성점을 접지하는 목적은 이상 전압의 경감 및 발생 방지이다.

28. ④ 29. ④ 30. ④ 31. ④

032 철탑의 접지저항이 커지면 가장 크게 우려되는 문제점은?
① 정전 유도 ② 역섬락 발생
③ 코로나 증가 ④ 차폐각 증가

해설 철탑의 접지저항 = $\dfrac{\text{애자의 섬락 전압}}{\text{뇌 전류}}$으로 커지면 역섬락 발생이 가장 크게 우려된다.

033 단상 교류회로에 3150/210[V]의 승압기를 80[kW], 역률 0.8인 부하에 접속하여 전압 상승시키는 경우 약 몇 [kVA]의 승압기를 사용하여야 적당한가? (단, 전원전압은 2900[V]이다.)
① 3.6 ② 5.5 ③ 6.8 ④ 10

해설 승압기(체승용 변압기)의 출력전압
$$V_2 = e_1 + e_2 = e_1\left(1 + \dfrac{e_2}{e_1}\right) = V_1\left(1 + \dfrac{1}{n}\right) = 2900\left(1 + \dfrac{210}{3150}\right) = 3093[V]$$
승압기 출력 $P = V_2 I_2 \cos\theta [W]$
I_2(부하전류) $= \dfrac{P}{V_2 \cos\theta} = \dfrac{80,000}{3093 \times 0.8} = 32[A]$
∴ 승압기 용량(자기용량) $W = e_2 I_2 = 210 \times 32 = 6720[VA] ≒ 6.8[kVA]$이다.

034 발전기의 정태 안정 극한전력이란?
① 부하가 서서히 증가할 때의 극한전력
② 부하가 갑자기 크게 변동할 때의 극한전력
③ 부하가 갑자기 사고가 났을 때의 극한전력
④ 부하가 변하지 않을 때의 극한전력

해설 발전기의 정태 안정 극한전력이란 부하가 서서히 증가할 때의 극한전력을 말한다.

035 ( ) 안에 들어갈 알맞은 내용은?

"화력발전소의 (㉠)은 발생 (㉡)을 열량으로 환산한 값과 이것을 발생하기 위하여 소비된 (㉢)의 보유열량 (㉣)를 말한다."

① ㉠ 손실율 ㉡ 발열량 ㉢ 물 ㉣ 차
② ㉠ 열효율 ㉡ 전력량 ㉢ 연료 ㉣ 비
③ ㉠ 발전량 ㉡ 증기량 ㉢ 연료 ㉣ 결과
④ ㉠ 연료소비율 ㉡ 증기량 ㉢ 물 ㉣ 차

해설 화력발전소의 (㉠ 열효율)은 발생 (㉡ 전력량)을 열량으로 환산한 값과 이것을 발생하기 위하여 소비된 (㉢ 연료)의 보유열량 (㉣ 비)를 말한다.

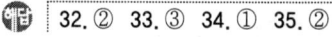
32. ② 33. ③ 34. ① 35. ②

036 수전단 전압이 송전단 전압보다 높아지는 현상과 관련된 것은?
① 페란티 효과　　② 표피 효과
③ 근접 효과　　④ 도플러 효과

해설 페란티 효과란 선로의 정전용량으로 인하여 무부하 시나 경부하 시에 수전단 전압이 송전단 전압보다 높아지는 현상으로 이는 동기조상기나 분로리액터의 지상용량으로 방지된다.

037 전력 사용의 변동 상태를 알아보기 위한 것으로 가장 적당한 것은?
① 수용률　　② 부등률
③ 부하율　　④ 역률

해설 부하율 = $\dfrac{평균\ 전력}{최대\ 수용전력}$ 으로 전력 사용의 변동 상태를 알아보기 위한 것으로 가장 적당하다.

038 3상으로 표준전압 3[kV], 용량 600[kW], 역률 0.85로 수전하는 공장의 수전회로에 시설할 계기용 변류기의 변류비로 적당한 것은? (단, 변류기의 2차 전류는 5[A]이며, 여유율은 1.5배로 한다.)
① 10　　② 20
③ 30　　④ 40

해설 P(3상 수전 전력) = $\sqrt{3}\,V_1 I_1 \cos\theta$ [W]

I_1(수전 전류 = 변류기 1차 전류) = $\dfrac{P}{\sqrt{3}\,V_1 \cos\theta} = \dfrac{600000}{\sqrt{3}\times 3000 \times 0.85} = \dfrac{600000}{4416} ≒ 135.8$[A]

∴ 변류비 = $\dfrac{I_1}{I_2} \times 여유율(1.5) = \dfrac{135.8}{5} \times 1.5 ≒ 40$이 된다.

039 화력발전소에서 탈기기를 사용하는 주목적은?
① 급수 중에 함유된 산소 등의 분리 제거
② 보일러 관벽의 스케일 부착의 방지
③ 급수 중에 포함된 염류의 제거
④ 연소용 공기의 예열

해설 화력발전소에서 탈기기를 사용하는 주목적은 급수 중에 함유된 산소 등의 분리 제거를 위해서이다.

해답 36.① 37.③ 38.④ 39.①

040 조상설비가 있는 발전소 측 변전소에서 주변압기로 주로 사용되는 변압기는?
① 강압용 변압기
② 단권 변압기
③ 3권선 변압기
④ 단상 변압기

해설 3권선 변압기는 조상설비가 있는 발전소 측 변전소에서 주변압기로 주로 사용된다.

03 전/기/기/기

041 직류기의 구조가 아닌 것은?
① 계자 권선
② 전기자 권선
③ 내철형 철심
④ 전기자 철심

해설 직류기의 구조에는 계자 권선, 전기자 권선, 전기자 철심 등이다.

042 인버터에 대한 설명으로 옳은 것은?
① 직류를 교류로 변환
② 교류를 교류로 변환
③ 직류를 직류로 변환
④ 교류를 직류로 변환

해설 인버터란 직류(DC)를 교류(AC)로 변환하는 장치이다. 즉 자동차의 이그니셜 코일을 말한다.

043 표면을 절연 피막처리 한 규소강판을 성층하는 이유로 옳은 것은?
① 절연성을 높이기 위해
② 히스테리시스손을 작게 하기 위해
③ 자속을 보다 잘 통하게 하기 위해
④ 와전류에 의한 손실을 작게 하기 위해

해설 표면을 절연 피막처리 한 규소강판을 성층하는 이유는 와전류에 의한 손실을 작게 하기 위해서이다.

044 직류전동기의 역기전력에 대한 설명으로 틀린 것은?
① 역기전력은 속도에 비례한다.
② 역기전력은 회전방향에 따라 크기가 다르다.
③ 역기전력이 증가할수록 전기자 전류는 감소한다.
④ 부하가 걸려 있을 때에는 역기전력은 공급전압보다 크기 작다.

정답 40. ③ 41. ③ 42. ① 43. ④ 44. ②

해설 직류전동기의 역기전력에 대한 설명으로 옳은 것은

① 역기전력 $E = V - I_a r_a = \dfrac{P}{a} Zn\phi = \dfrac{P}{a} Z \dfrac{N}{60} \phi = K_1 \phi N [\text{V}]$

∴ $N(회전속도) = \dfrac{E}{K_1 \phi} [\text{rpm}]$는 역기전력에 비례한다.

② 역기전력이 증가할수록 전기자 전류는 감소한다. 즉, $E = V - I_a r_a [\text{V}]$

③ 부하가 걸려 있을 때에는 역기전력은 공급전압보다 크기가 작다.

045 동기발전기 종류 중 회전계자형의 특징으로 옳은 것은?

① 고주파 발전기에 사용
② 극소용량, 특수용으로 사용
③ 소요전력이 크고 기구적으로 복잡
④ 기계적으로 튼튼하여 가장 많이 사용

해설 동기발전기 종류 중 회전계자형이란 회전자가 계자, 고정자가 전기자로 특징은 슬립링이 2개로 절연이 쉽고 큰 전류를 흘릴 수 있어 기계적으로 튼튼하여 가장 많이 사용된다.

046 직류전동기 중 부하가 변하면 속도가 심하게 변하는 전동기는?

① 분권 전동기
② 직권 전동기
③ 자동 복권 전동기
④ 가동 복권 전동기

해설 직권 전동기는 직류전동기 중에서 부하가 변하면 속도가 심하게 변하는 전동기이다.

047 직류기에서 전류용량이 크고 저전압 대전류에 가장 적합한 브러시 재료는?

① 탄소질
② 금속 탄소질
③ 금속 흑연질
④ 전기 흑연질

해설 금속 흑연질은 직류기에서 전류용량이 크고 저전압 대전류에 가장 적합한 브러시 재료이다.

048 변압기의 효율이 가장 좋을 때의 조건은?

① 철손 = 동손
② 철손 = $\dfrac{1}{2}$ 동손
③ $\dfrac{1}{2}$ 철손 = 동손
④ 철손 = $\dfrac{2}{3}$ 동손

해설 변압기에서 최대효율의 조건은 철손(P_i) = 동손(P_c)일 때이다.

해답 45. ④ 46. ② 47. ③ 48. ①

049 3상, 6극, 슬롯 수 54의 동기발전기가 있다. 어떤 전기자 코일의 두 변이 제1슬롯과 제8슬롯에 들어있다면 단절권 계수는 약 얼마인가?

① 0.9397
② 0.9567
③ 0.9837
④ 0.9117

해설 극간격 = $\dfrac{\text{slot 수}}{\text{극 수}} = \dfrac{54}{6} = 9$, 코일 간격 = 8 − 1 = 7

∴ $\beta = \dfrac{\text{코일 간격}}{\text{극간격}} = \dfrac{7}{9}$ 이다.

∴ 기본파에 대한 단절권 계수

$K_p = \sin\dfrac{\beta\pi}{2} = \sin\dfrac{\frac{7}{9}\pi}{2} = \sin\dfrac{7\times 180}{18} = \sin\dfrac{1260}{18} = \sin 70° = 0.9397$ 이다.

050 1차 전압 6900[V], 1차 권선 3000회, 권수비 20의 변압기가 60[Hz]에 사용할 때 철심의 최대 자속(Wb)은?

① 0.76×10^{-4}
② 8.63×10^{-3}
③ 80×10^{-3}
④ 90×10^{-3}

해설 변압기 1차 전압 $V_1 = 4.44fN_1\phi_m$ [V]

ϕ_m(변압기 철심의 최대 자속) = $\dfrac{V_1}{4.44fN_1} = \dfrac{6900}{4.44\times 60\times 3000} = \dfrac{69}{7992} \fallingdotseq 0.0863$

$\fallingdotseq 8.63\times 10^{-3}$ [Wb] 이다.

051 30[kW]의 3상 유도전동기에 전력을 공급할 때 2대의 단상변압기를 사용하는 경우 변압기의 용량은 약 몇 [kVA]인가? (단, 전동기의 역률과 효율은 각각 84%, 86%이고 전동기 손실은 무시한다.)

① 17
② 24
③ 51
④ 72

해설 전동기 효율 $\eta = \dfrac{\text{출력}}{\text{입력}}$, P(출력) = 입력 × η = $\sqrt{3}\,VI\cos\theta\times\eta$ [W]

∴ 2대의 단상변압기의 용량

$VI = \dfrac{P}{\sqrt{3}\cos\theta\times\eta} = \dfrac{30\times 1000}{\sqrt{3}\times 0.86\times 0.84} = 24\times 10^3 = 24$ [kVA]

052 12극과 8극인 2개의 유도전동기를 종속법에 의한 직렬접속법으로 속도제어할 때 전원주파수가 60[Hz]인 경우 무부하 속도 N_o는 몇 [rps]인가?

① 5
② 6
③ 200
④ 360

정답 49. ① 50. ② 51. ② 52. ②

[해설] 유도전동기를 종속법에 의한 직렬접속법으로 속도제어할 때 무부하 속도
$N_o = \dfrac{120f}{P_1+P_2} = \dfrac{120 \times 60}{12+8} = \dfrac{7200}{20} = 360[\text{rpm}] = \dfrac{360}{60} = 6[\text{rps}]$ 이다.

053 부흐홀츠 계전기로 보호되는 기기는?
① 변압기
② 발전기
③ 유도전동기
④ 회전변류기

[해설] 부흐홀츠 계전기(Buchholz relay)는 변압기 주탱크와 콘서베이터를 연결하는 파이프의 도중에 설치. 발전기와 주변압기 내부고장 보호용으로 사용된다.
∴ 이 계전기로 보호되는 기기는 변압기이다.

054 단상 유도전동기 중 기동토크가 가장 작은 것은?
① 반발 기동형
② 분상 기동형
③ 쉐이딩 코일형
④ 커패시터 기동형

[해설] 단상 유도전동기 중 기동토크가 큰 순서는 반발 기동형(300% 이상) > 반발 유도형(270% 이상) > 커패시터 기동형(250% 이상) > 분상 기동형(125% 이상) > 쉐이딩 코일형(40~80% 이상)이다.

055 유도전동기의 실부하법에서 부하로 쓰이지 않는 것은?
① 선동발전기
② 전기동력계
③ 프로니 브레이크
④ 손실을 알고 있는 직류발전기

[해설] 유도전동기의 실부하법에서 부하로 쓰이는 것은
① 전기동력계
② 프로니 브레이크
③ 손실을 알고 있는 직류발전기이다.

056 동기기의 전기자 권선법으로 적합하지 않은 것은?
① 중권
② 2층권
③ 분포권
④ 환상권

[해설] 동기기의 전기자 권선법으로 적합한 것은
① 집중권과 분포권
② 단절권과 전절권
③ 중권과 2층권이다.

[정답] 53. ① 54. ③ 55. ① 56. ④

057 어떤 정류기의 출력전압 평균값이 2000[V]이고 맥동률이 3%이면 교류분은 몇 [V] 포함되어 있는가?

① 20　　② 30　　③ 60　　④ 70

해설 r(정류기의 맥동률) = $\frac{\text{교류 출력전압 실효치}}{\text{직류 출력전압 평균치}} \times 100$

∴ 교류분 실효치 전압 = 맥동률 × 직류 전압 평균치 = 0.03 × 2000 = 60[V]이다.

058 돌극형 동기발전기에서 직축 리액턴스 X_d와 횡축 리액턴스 X_q는 그 크기 사이에 어떤 관계가 있는가?

① $X_d = X_q$　　② $X_d > X_q$
③ $X_d < X_q$　　④ $2X_d = X_q$

해설 돌극형 동기발전기에서는 X_d(직축 리액턴스) > X_q(횡축 리액턴스)의 크기 관계이다.

059 단상 및 3상 유도전압조정기에 대한 설명으로 옳은 것은?

① 3상 유도전압조정기에는 단락권선이 필요없다.
② 3상 유도전압조정기의 1차와 2차 전압은 동상이다.
③ 단락권선은 단상 및 3상 유도전압조정기 모두 필요하다.
④ 단상 유도전압조정기의 기전력은 회전자계에 의해서 유도된다.

해설 단상 및 3상 유도전압조정기에서는 단락권선이 필요없다.

060 전압비 a인 단상변압기 3대를 1차 △결선, 2차 Y결선으로 하고 1차에 선간전압 V[V]를 가했을 때 무부하 2차 선간전압(V)는?

① $\frac{V}{a}$　　② $\frac{a}{V}$
③ $\sqrt{3} \cdot \frac{V}{a}$　　④ $\sqrt{3} \cdot \frac{a}{V}$

해설 ① △결선인 경우 V_ℓ(선간전압) = V_p(상전압) = V[V]
② Y결선인 경우 V_{2p}(2차 상전압) = V_{1p}(1차 상전압) = V[V]
$V_{1\ell}$(1차 선간전압) = $\sqrt{3} V_{1p}$ = $\sqrt{3} V$[V]
$V_{2\ell}$(2차 선간전압) = $\sqrt{3} V_{2p}$ = $\sqrt{3} V$[V]
V_{20}(2차 무부하 선간전압)이다.
③ Y결선의 전압비 $a = \frac{V_{1\ell}}{V_{20}} = \frac{\sqrt{3} V}{V_{20}}$이다.

∴ V_{20}(Y결선 2차 무부하 선간전압) = $\sqrt{3} \cdot \frac{V}{a}$[V]이다.

정답 57. ③　58. ②　59. ①　60. ③

04 회/로/이/론

061 불평형 Y결선의 부하 회로에 평형 3상 전압을 가할 경우 중성점의 전위 $V_{n'n}$[V]는? (단, Z_1, Z_2, Z_3는 각 상의 임피던스(Ω)이고, Y_1, Y_2, Y_3는 각 상의 임피던스에 대한 어드미턴스(℧)이다.)

① $\dfrac{E_1+E_2+E_3}{Z_1+Z_2+Z_3}$

② $\dfrac{Z_1E_1+Z_2E_2+Z_3E_3}{Z_1+Z_2+Z_3}$

③ $\dfrac{E_1+E_2+E_3}{Y_1+Y_2+Y_3}$

④ $\dfrac{Y_1E_1+Y_2E_2+Y_3E_3}{Y_1+Y_2+Y_3}$

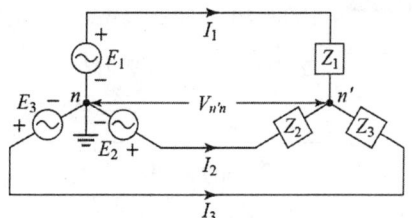

해설 3상 교류 전류의 합은 0이다.

$I_1+I_2+I_3 = Y_1(E_1-V_{n'n})+Y_2(E_2-V_{n'n})+Y_3(E_3-V_{n'n})$

$Y_1E_1+Y_2E_2+Y_3E_3-V_{n'n}(Y_1+Y_2+Y_3)=0$

∴ $V_{n'n}$(중성점의 전위) $=\dfrac{Y_1E_1+Y_2E_2+Y_3E_3}{Y_1+Y_2+Y_3}$[V]이다.

062 RL 병렬회로에서 $t=0$일 때 스위치 S를 닫는 경우 R[Ω]에 흐르는 전류 $i_R(t)$[A]는?

① $I_0\left(1-e^{-\frac{R}{L}t}\right)$

② $I_0\left(1+e^{-\frac{R}{L}t}\right)$

③ I_0

④ $I_0 e^{-\frac{R}{L}t}$

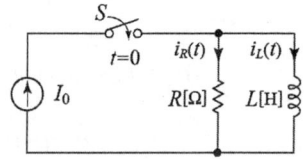

해설 RL 병렬회로에서 $t=0$일 때 스위치 S를 닫으면 키르히호프 제2법칙에서

$0=Ri+L\dfrac{di}{dt}$, $Ri=-L\dfrac{di}{dt}$(변수분리), $\dfrac{di}{i}=-\dfrac{R}{L}dt$, $\int\dfrac{di}{i}=\int-\dfrac{R}{L}dt$ 에서

$\ln i + \ln C_1 = -\dfrac{R}{L}t\ln_e e + \ln C_2$

$\lim i = -\dfrac{R}{L}t\ln_e e + \ln A = \ln A e^{-\frac{R}{L}t}$

$i = Ae^{-\frac{R}{L}t}$[A] (초기조건에서 $t=0$일 때 A(적분상수)$=I_0$이다.)

∴ R[Ω]에 흐르는 전류 $i_R = I_0 e^{-\frac{R}{L}t}$[A]가 된다.

정답 61. ④ 62. ④

063 $i(t) = 3\sqrt{2}\sin(377t - 30°)$ [A]의 평균값은 약 몇 [A]인가?

① 1.35 ② 2.7 ③ 4.35 ④ 5.4

해설 I_{dc}(평균치 전류) $= \dfrac{2I_m}{\pi} = \dfrac{2 \times 3\sqrt{2}}{\pi} = \dfrac{8.49}{3.14} ≒ 2.7$[A] 이다.

064 $i(t) = 100 + 50\sqrt{2}\sin\omega t + 20\sqrt{2}\sin\left(3\omega t + \dfrac{\pi}{6}\right)$ [A]로 표현되는 비정현파 전류의 실효값은 약 몇 [A]인가?

① 20 ② 50 ③ 114 ④ 150

해설 비정현 전류의 실효치

$$I = \sqrt{\dfrac{1}{T}\int_0^T i_{(t)}^2 dt} = \sqrt{I_0^2 + I_1^2 + I_2^2} = \sqrt{(100)^2 + (50)^2 + (20)^2} = \sqrt{12900} ≒ 114[V]$$

065 2단자 회로망에 단상 100[V]의 전압을 가하면 30[A]의 전류가 흐르고 1.8[kW]의 전력이 소비된다. 이 회로망과 병렬로 커패시터를 접속하여 합성 역률을 100%로 하기 위한 용량성 리액턴스는 약 몇 [Ω]인가?

① 2.1 ② 4.2 ③ 6.3 ④ 8.4

해설 P_1(유효전력) $= VI\cos\theta_1$[W]

P_{a1}(피상전력) $= VI = 100 \times 30 = 3000$[VA]

$\cos\theta_1$(역률) $= \dfrac{P_1}{P_{a1}} = \dfrac{1800}{3000} = 0.6$

60%인 것을 병렬 커패시터를 접속하여 합성 역률 100%로 하기 위한 무효전력

$P_{r1} = P_{r2} = VI\sin\theta_1 = 3000 \times 0.8 = 2400 = \dfrac{V^2}{X_c}$[Var]

∴ X_c(용량성 리액턴스) $= \dfrac{V^2}{P_{r2}} = \dfrac{(100)^2}{2400} ≒ 4.2$[Ω]가 된다.

066 10[Ω]의 저항 5개를 접속하여 얻을 수 있는 합성저항 중 가장 적은 값은 몇 [Ω]인가?

① 10 ② 5 ③ 2 ④ 0.5

해설 병렬 합성저항 $R = \dfrac{r}{n} = \dfrac{10}{5} = 2$[Ω]는 최소의 합성저항이다.

또한 직렬 합성저항 $R = nr = 5 \times 10 = 50$[Ω]는 최대 합성저항이다.

정답 63. ② 64. ③ 65. ② 66. ③

067 1상의 임피던스가 $14+j48[\Omega]$인 평형 △부하에 선간전압이 200[V]인 평형 3상 전압이 인가될 때 이 부하의 피상전력(VA)은?

① 1200　　② 1384　　③ 2400　　④ 4157

해설) $I = \dfrac{V}{Z} = \dfrac{200}{14+j48} = \dfrac{200}{\sqrt{(14)^2+(48)^2}} = \dfrac{200}{\sqrt{2500}} = 4[A]$이다.

∴ △부하의 피상전력 $P_a = 3VI = 3 \times 200 \times 4 = 3 \times 800 = 2400[VA]$이다.

068 어느 회로에 $V=120+j90[V]$의 전압을 인가하면 $I=3+j4[A]$의 전류가 흐른다. 이 회로의 역률은?

① 0.92　　② 0.94　　③ 0.96　　④ 0.98

해설) 임피던스

$\dot{Z} = \dfrac{\dot{V}}{\dot{I}} = \dfrac{120+j90}{3+j4} = \dfrac{(120+j90)(3-j4)}{(3+j4)(3-j4)} = \dfrac{(360+360)+j(270-480)}{9+16} = \dfrac{720-j210}{25}$

$= 28.8 - j8.4 = R+jX[\Omega]$이다.

∴ $\cos\theta$(역률) $= \dfrac{R}{Z} = \dfrac{28.8}{\sqrt{(28.8)^2+(8.4)^2}} = \dfrac{28.8}{\sqrt{900}} = \dfrac{28.8}{30} ≒ 0.96$이다.

069 동일한 용량 2대의 단상 변압기를 V결선하여 3상으로 운전하고 있다. 단상 변압기 2대의 용량에 대한 3상 V결선시 변압기 용량의 비인 변압기 이용률은 약 몇 %인가?

① 57.7　　② 70.7　　③ 80.1　　④ 86.6

해설) 변압기 이용률 $= \dfrac{V결선의\ 용량}{2대\ 용량} = \dfrac{\sqrt{3}\ VI}{2VI} = \dfrac{\sqrt{3}}{2} ≒ 0.866$

∴ 이용률은 86.6%이다.

070 20[Ω]과 30[Ω]의 병렬회로에서 20[Ω]에 흐르는 전류가 6[A]이라면 전체 전류 $I[A]$는?

① 3
② 4
③ 9
④ 10

해설) 전류 분배 법칙에서 20[Ω]에 흐르는 전류 $I_1 = 6[A] = \dfrac{30}{20+30} \times I$

∴ 전체 전류 $I = \dfrac{50 \times I_1}{30} = \dfrac{50 \times 6}{30} = \dfrac{300}{30} = 10[A]$이다.

67. ③　68. ③　69. ④　70. ④

071 기본파의 30%인 제3고조파와 기본파의 20%인 제5고조파를 포함하는 전압의 왜형률은 약 얼마인가?

① 0.21　　② 0.31
③ 0.36　　④ 0.42

해설 전압의 왜형률 = $\dfrac{\text{전고조파 전압의 실효치}}{\text{기본파 전압의 실효치}} \times 100 = \sqrt{\left(\dfrac{V_3}{V_1}\right)^2 + \left(\dfrac{V_5}{V_1}\right)^2}$

$= \sqrt{\left(\dfrac{30}{100}\right)^2 + \left(\dfrac{20}{100}\right)^2} = \sqrt{(0.3)^2 + (0.2)^2} = \sqrt{0.13} = 0.36$ 이다.

072 $e_i(t) = Ri(t) + L\dfrac{di(t)}{dt} + \dfrac{1}{C}\int i(t)dt$ 에서 모든 초기 값을 0으로 하고 라플라스 변환했을 때 $I(s)$는? (단, $I(s)$, $E_i(s)$는 각각 $i(t)$, $e_i(t)$를 라플라스 변환한 것이다.)

① $\dfrac{Cs}{LCs^2 + RCs + 1} E_i(s)$　　② $\dfrac{1}{R + Ls + \dfrac{1}{C}s} E_i(s)$

③ $\dfrac{1}{s^2 + \dfrac{L}{R}s + \dfrac{1}{LC}} E_i(s)$　　④ $\left(R + Ls + \dfrac{1}{Cs}\right) E_i(s)$

해설 $e_i(t) = Ri(t) + L\dfrac{di(t)}{dt} + \dfrac{1}{C}\int i(t)dt$ [V] 양변 라플라스 변환하면

$E_i(s) = RI(s) + sLI(s) + \dfrac{1}{sC}I(s) = I(s)\left(R + sL + \dfrac{1}{sC}\right)$

∴ $I(s) = \dfrac{E_i(s)}{R + sL + \dfrac{1}{sC}} = \dfrac{sC}{sCR + LCs^2 + 1} \times E_i(s)$ [A]가 된다.

073 4단자 회로망에서의 영상 임피던스(Ω)는?

① $j\dfrac{1}{50}$

② -1

③ 1

④ 0

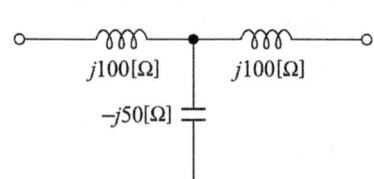

해답 71. ③ 72. ① 73. ④

예설 T형 4단자 회로망에서의 4단자 정수

$$\begin{vmatrix} A & B \\ C & D \end{vmatrix} = \begin{vmatrix} 1 & j100 \\ 0 & 1 \end{vmatrix} \begin{vmatrix} 1 & 1 \\ \frac{1}{-j50} & 1 \end{vmatrix} \begin{vmatrix} 1 & j100 \\ 0 & 1 \end{vmatrix} = \begin{vmatrix} 1-2=-1 & j100 \\ \frac{1}{-j50} & 1 \end{vmatrix} \begin{vmatrix} 1 & j100 \\ 0 & 1 \end{vmatrix}$$

$$= \begin{vmatrix} -1 & 0 \\ \frac{1}{-j50} & -1 \end{vmatrix}$$에서 4단자 정수 $A=D$이므로 대칭회로이다.

∴ 영상 임피던스 $Z_{01} = Z_{02} = \sqrt{\frac{B}{C}} = \sqrt{\frac{0}{\frac{1}{-j50}}} = 0$이다.

074 회로에서 10[Ω]의 저항에 흐르는 전류(A)는?

① 8
② 10
③ 15
④ 20

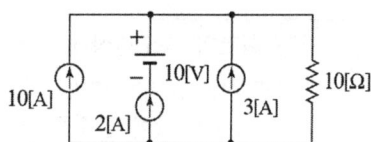

예설 ① 회로에서 정전압원 단락 시 10[Ω] 저항에 흐르는 전류
$I_1 = 10+2+3 = 15[A]$ … ㉠
② 정전류원 개방 시 10[Ω] 저항에 흐르는 전류
$I_2 = 0[A]$ ………………… ㉡
∴ 동시 존재 시 10[Ω] 저항에 흐르는 전류
$I = I_1 + I_2 = 15+0 = 15[A]$가 된다.

075 저항만으로 구성된 그림의 회로에 평형 3상 전압을 가했을 때 각 선에 흐르는 선전류가 모두 같게 되기 위한 $R[\Omega]$의 값은?

① 2
② 4
③ 6
④ 8

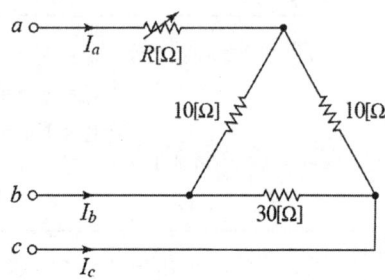

74. ③ 75. ②

△결선을 Y결선으로 고치면

$R_1 = \dfrac{10 \times 10}{30+10+10} = \dfrac{100}{50} = 2[\Omega]$,

$R_2 = \dfrac{10 \times 30}{30+10+10} = \dfrac{300}{50} = 6[\Omega]$,

$R_3 = \dfrac{30 \times 10}{30+10+10} = \dfrac{300}{50} = 6[\Omega]$에

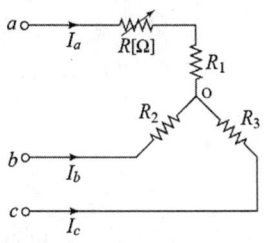

평형 3상 전압을 가했을 때 각 선류

$I_a = I_b = I_c$일 때의 $R[\Omega]$는 $I_a = \dfrac{\dfrac{V}{\sqrt{3}}}{R+R_1} = \dfrac{\dfrac{V}{\sqrt{3}}}{R_2}$에서 $R_2 = R + R_1$

∴ $R = R_2 - R_1 = 6 - 2 = 4[\Omega]$이다.

076 RC 직렬회로의 과도현상에 대한 설명으로 옳은 것은?

① 과도상태 전류의 크기는 $(R \times C)$의 값과 무관하다.
② $(R \times C)$의 값이 클수록 과도상태 전류의 크기는 빨리 사라진다.
③ $(R \times C)$의 값이 클수록 과도상태 전류의 크기는 천천히 사라진다.
④ $\dfrac{1}{R \times C}$의 값이 클수록 과도상태 전류의 크기는 천천히 사라진다.

RC 직렬회로의 과도현상에 $(R \times C)$의 값이 클수록 과도상태 전류의 크기는 천천히 사라진다. 오래 지속된다.

077 3상 회로의 대칭분 전압이 $V_0 = -8 + j3[V]$, $V_1 = 6 - j8[V]$, $V_2 = 8 + j12[V]$일 때 a상의 전압(V)은? (단, V_0는 영상분, V_1은 정상분, V_2는 역상분 전압이다.)

① $5 - j6$ ② $5 + j6$
③ $6 - j7$ ④ $6 + j7$

비대칭 3상 전압 $\begin{cases} V_a = V_0 + V_1 + V_2[V] \\ V_b = V_0 + a^2 V_1 + a V_2[V] \\ V_c = V_0 + a V_1 + a^2 V_2[V] \end{cases}$ 이다.

∴ V_a(비대칭 a상 전압) = $V_0 + V_1 + V_2 = -8 + j3 + 6 - j8 + 8 + j12 = 6 + j7[V]$이다.

078 $F(s) = \dfrac{A}{\alpha + s}$의 라플라스 역변환은?

① αe^{At} ② $A e^{\alpha t}$
③ αe^{-At} ④ $A e^{-\alpha t}$

76. ③ 77. ④ 78. ④

해설 $F(s)=\dfrac{A}{\alpha+s}$ 의 라플라스 역변환

$f(t)=\mathcal{L}^{-1}F(s)=\mathcal{L}^{-1}\dfrac{A}{\alpha+s}=Ae^{-\alpha t}$ 가 된다.

079 어드미턴스 $Y[\mho]$로 표현된 4단자 회로망에서 4단자 정수 행렬 T는?

(단, $\begin{bmatrix}V_1\\I_1\end{bmatrix}=T\begin{bmatrix}V_2\\I_2\end{bmatrix}$, $T=\begin{bmatrix}A&B\\C&D\end{bmatrix}$)

① $\begin{bmatrix}1&0\\Y&1\end{bmatrix}$

② $\begin{bmatrix}1&Y\\0&1\end{bmatrix}$

③ $\begin{bmatrix}1&0\\\dfrac{1}{Y}&1\end{bmatrix}$

④ $\begin{bmatrix}Y&1\\1&0\end{bmatrix}$

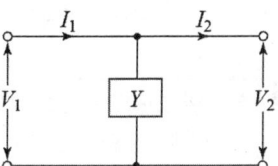

해설 병렬형 4단자 회로망에서 4단자 정수

$T=\begin{vmatrix}A&B\\C&D\end{vmatrix}=\begin{vmatrix}1&0\\Y&1\end{vmatrix}$ 이 된다.

080 22[kVA]의 부하가 0.8의 역률로 운전될 때 이 부하의 무효전력(kvar)은?

① 11.5　　② 12.3
③ 13.2　　④ 14.5

해설 $\cos^2\theta+\sin^2\theta=1$

$\sin\theta=\sqrt{1-\cos^2\theta}=\sqrt{1-(0.8)^2}=\sqrt{0.36}=0.6$

∴ 부하의 무효전력 $P_r=VI\sin\theta=22\times0.6=13.2[\text{kVar}]$이다.

05　전/기/설/비/기/술/기/준 및 판/단/기/준

081 발열선을 도로, 주차장 또는 조영물의 조영재에 고정시켜 시설하는 경우, 발열선에 전기를 공급하는 전로의 대지전압은 몇 [V] 이하이어야 하는가?

① 220　　② 300
③ 380　　④ 600

해설 발열선을 도로, 주차장 또는 조영물의 조영재에 고정시켜 시설하는 경우, 발열선에 전기를 공급하는 전로의 대지전압은 300[V] 이하이어야 한다.

79. ①　80. ③　81. ②

082 발전기를 구동하는 풍차의 압유장치의 유압, 압축공기장치의 공기압 또는 전동식 브레이드 제어장치의 전원전압이 현저히 저하한 경우 발전기를 자동적으로 전로로부터 차단하는 장치를 시설하여야 하는 발전기 용량은 몇 [kVA] 이상인가?

① 100
② 300
③ 500
④ 1000

해설 발전기를 구동하는 풍차의 압유장치의 유압, 압축공기장치의 공기압 또는 전동식 브레이드 제어장치의 전원전압이 현저히 저하한 경우 발전기를 자동적으로 전로로부터 차단하는 장치를 시설하여야 하는 발전기 용량은 100[kVA] 이상이어야 한다.

083 특고압 가공전선로의 지지물에 시설하는 통신선 또는 이에 직접 접속하는 통신선이 도로·횡단보도교·철도의 레일 등 또는 교류 전차선 등과 교차하는 경우의 시설기준으로 옳은 것은?

① 인장강도 4.0[kN] 이상의 것 또는 지름 3.5[mm] 경동선일 것
② 통신선이 케이블 또는 광섬유 케이블일 때는 이격거리의 제한이 없다.
③ 통신선과 삭도 또는 다른 가공약전류 전선 등 사이의 이격거리는 20[cm] 이상으로 할 것
④ 통신선이 도로·횡단보도교·철도의 레일과 교차하는 경우에는 통신선은 지름 4[mm]의 절연전선과 동등 이상의 절연 효력이 있을 것

해설 특고압 가공전선로의 지지물에 시설하는 통신선이 도로·횡단보도교·철도의 레일과 교차하는 경우에는 통신선은 지름 4[mm]의 절연전선과 동등 이상의 절연 효력이 있어야 한다.

084 뱅크용량 15000[kVA] 이상인 분로리액터에서 자동적으로 전로로부터 차단하는 장치가 동작하는 경우가 아닌 것은?

① 내부 고장 시
② 과전류 발생 시
③ 과전압 발생 시
④ 온도가 현저히 상승한 경우

해설 뱅크용량 15000[kVA] 이상인 분로리액터에서 자동적으로 전로로부터 차단하는 장치가 동작하는 경우인 것은 내부 고장 시, 과전류 발생 시, 과전압 발생 시이다.

085 고압 가공전선으로 ACSR(강심알루미늄연선)을 사용할 때의 안전율은 얼마 이상이 되는 이도(弛度)로 시설하여야 하는가?

① 1.38
② 2.1
③ 2.5
④ 4.01

해설 고압 가공전선으로 ACSR(강심알루미늄연선)을 사용할 때의 안전율은 2.5 이상이 되는 이도(弛度)로 시설하여야 한다.

정답 82.① 83.④ 84.④ 85.③

086 22900[V]용 변압기의 금속제 외함에는 몇 종 접지공사를 하여야 하는가?
① 제1종 접지공사
② 제2종 접지공사
③ 제3종 접지공사
④ 특별 제3종 접지공사

해설) 22900[V]용 변압기의 금속제 외함에는 제1종 접지공사를 하여야 한다.

087 시가지 또는 그 밖에 인가가 밀접한 지역에 154[kV] 가공 전선로의 전선을 케이블로 시설하고자 한다. 이때 가공전선을 지지하는 애자장치의 50% 충격섬락전압 값이 그 전선의 근접한 다른 부분을 지지하는 애자장치 값의 몇 % 이상이어야 하는가?
① 75
② 100
③ 105
④ 110

해설) 시가지 또는 그 밖에 인가가 밀접한 지역에 154[kV] 가공 전선로의 전선을 케이블로 시설하고자 한다. 이때 가공전선을 지지하는 애자장치의 50% 충격섬락전압 값이 그 전선의 근접한 다른 부분을 지지하는 애자장치 값의 105% 이상이어야 한다.

088 저압 가공전선(다중접지된 중성선은 제외한다)과 고압 가공전선을 동일 지지물에 시설하는 경우 저압 가공전선과 고압 가공전선 사이의 이격거리는 몇 [cm] 이상이어야 하는가? (단, 각도주(角度柱), 분기주(分岐柱) 등에서 혼촉(混觸)의 우려가 없도록 시설하는 경우가 아니다.)
① 50
② 60
③ 80
④ 100

해설) 저압 가공전선(다중접지된 중성선은 제외한다)과 고압 가공전선을 동일 지지물에 시설하는 경우 저압 가공전선과 고압 가공전선 사이의 이격거리는 50[cm] 이상이어야 한다.(단, 각도주(角度柱), 분기주(分岐柱) 등에서 혼촉(混觸)의 우려가 없도록 시설하는 경우가 아니다.)

089 가공전선로의 지지물에 사용하는 지선의 시설기준과 관련된 내용으로 틀린 것은?
① 지선에 연선을 사용하는 경우 소선(素線) 3가닥 이상의 연선일 것
② 지선의 안전율은 2.5 이상, 허용 인장하중의 최저는 3.31[kN]으로 할 것
③ 지선에 연선을 사용하는 경우 소선의 지름이 2.6[mm] 이상의 금속선을 사용한 것일 것
④ 가공전선로의 지지물로 사용하는 철탑은 지선을 사용하여 그 강도를 분담시키지 않을 것

해답 86.① 87.③ 88.① 89.②

해설 가공전선로의 지지물에 사용하는 지선의 시설기준과 관련된 내용으로 옳은 것은
① 지선에 연선을 사용하는 경우 소선(素線) 3가닥 이상의 연선일 것
② 지선에 연선을 사용하는 경우 소선의 지름이 2.6[mm] 이상의 금속선을 사용한 것일 것
③ 가공전선로의 지지물로 사용하는 철탑은 지선을 사용하여 그 강도를 분담시키지 않을 것

090 욕조나 샤워시설이 있는 욕실 또는 화장실 등 인체가 물에 젖어있는 상태에서 전기를 사용하는 장소에 콘센트를 시설하는 경우에 적합한 누전차단기는?

① 정격감도전류 15[mA] 이하, 동작시간 0.03초 이하의 전류동작형 누전차단기
② 정격감도전류 15[mA] 이하, 동작시간 0.03초 이하의 전압동작형 누전차단기
③ 정격감도전류 20[mA] 이하, 동작시간 0.3초 이하의 전류동작형 누전차단기
④ 정격감도전류 20[mA] 이하, 동작시간 0.3초 이하의 전압동작형 누전차단기

해설 욕조나 샤워시설이 있는 욕실 또는 화장실 등 인체가 물에 젖어있는 상태에서 전기를 사용하는 장소에 콘센트를 시설하는 경우에 적합한 누전차단기는 정격감도전류 15[mA] 이하, 동작시간 0.03초 이하의 전류동작형 누전차단기이다.

091 건조한 곳에 시설하고 또한 내부를 건조한 상태로 사용하는 진열장 안의 사용전압이 400[V] 미만인 저압 옥내배선은 외부에서 보기 쉬운 곳에 한하여 코드 또는 캡타이어 케이블을 조영재에 접촉하여 시설할 수 있다. 이때 전선의 붙임점 간의 거리는 몇 [m] 이하로 시설하여야 하는가?

① 0.5   ② 1.0
③ 1.5   ④ 2.0

해설 건조한 곳에 시설하고 또한 내부를 건조한 상태로 사용하는 진열장 안의 사용전압이 400[V] 미만인 저압 옥내배선은 외부에서 보기 쉬운 곳에 한하여 코드 또는 캡타이어 케이블을 조영재에 접촉하여 시설할 수 있다. 이때 전선의 붙임점 간의 거리는 1.0[m] 이하로 시설하여야 한다.

092 다음 ( )의 ㉠, ㉡에 들어갈 내용으로 옳은 것은?

"전기철도용 급전선"이란 전기철도용 (㉠)로부터 다른 전기철도용 (㉠) 또는 (㉡)에 이르는 전선을 말한다.

① ㉠ 급전소, ㉡ 개폐소   ② ㉠ 궤전선, ㉡ 변전소
③ ㉠ 변전소, ㉡ 전차선   ④ ㉠ 전차선, ㉡ 급전소

해설 전기철도용 급전선이란 전기철도용 (㉠변전소)로부터 다른 전기철도용 (㉠변전소) 또는 (㉡전차선)에 이르는 전선을 말한다.

정답 90.① 91.② 92.③

093 기구 등의 전로의 절연내력 시험에서 최대 사용전압이 60[kV]를 초과하는 기구 등의 전로로서 중성점 비접지식전로에 접속하는 것은 최대 사용전압의 몇 배의 전압에 10분간 견디어야 하는가?

① 0.72
② 0.92
③ 1.25
④ 1.5

해설 기구 등의 전로의 절연내력 시험에서 최대 사용전압이 60[kV]를 초과하는 기구 등의 전로로서 중성점 비접지식전로에 접속하는 것은 최대 사용전압의 1.25배의 전압에 10분간 견디어야 한다.

094 폭연성 분진이 많은 장소의 저압 옥내배선에 적합한 배선공사방법은?

① 금속관 공사
② 애자사용 공사
③ 합성수지관 공사
④ 가요전선관 공사

해설 폭연성 분진이 많은 장소의 저압 옥내배선에 적합한 배선공사방법은 금속관 공사, 케이블 공사에 의할 것

095 변압기에 의하여 154[kV]에 결합되는 3300[V] 전로에는 몇 배 이하의 사용전압이 가하여진 경우에 방전하는 장치를 그 변압기의 단자에 가까운 1극에 시설하여야 하는가?

① 2
② 3
③ 4
④ 5

해설 변압기에 의하여 154[kV]에 결합되는 3300[V] 전로에는 3배 이하의 사용전압이 가하여진 경우에 방전하는 장치를 그 변압기의 단자에 가까운 1극에 시설하여야 한다.

096 절연내력시험은 전로와 대지 사이에 연속하여 10분간 가하여 절연내력을 시험하였을 때에 이에 견디어야 한다. 최대 사용전압이 22.9[kV]인 중성선 다중 접지식 가공전선로의 전로와 대지 사이의 절연내력 시험전압은 몇 [V]인가?

① 16488
② 21068
③ 22900
④ 28625

해설 절연내력시험은 전로와 대지 사이에 연속하여 10분간 가하여 절연내력을 시험하였을 때에 이에 견디어야 한다. 최대 사용전압이 22.9[kV]인 중성선 다중 접지식 가공전선로의 전로와 대지 사이의 절연내력 시험전압은 0.92배(22.9×0.92)=21068[V]의 전압이다.

정답 93.③ 94.① 95.② 96.②

097 제1종 특고압 보안공사로 시설하는 전선로의 지지물로 사용할 수 없는 것은?
① 목주
② 철탑
③ B종 철주
④ B종 철근 콘크리트주

> 해설 제1종 특고압 보안공사로 시설하는 전선로의 지지물로 사용할 수 있는 것은 철탑, B종 철주, B종 철근 콘크리트주이다.

098 154[kV] 가공전선과 식물과의 최소 이격거리는 몇 [m]인가?
① 2.8
② 3.2
③ 3.8
④ 4.2

> 해설 154[kV] 가공전선과 식물과의 최소 이격거리는 3.2[m]이다.

099 풀장용 수중조명등에 전기를 공급하기 위하여 사용되는 절연변압기에 대한 설명으로 틀린 것은?
① 절연변압기 2차측 전로의 사용전압은 150[V] 이하이어야 한다.
② 절연변압기 2차측 전로에는 반드시 제2종 접지공사를 하며, 그 저항 값은 5[Ω] 이하가 되도록 하여야 한다.
③ 절연변압기 2차측 전로의 사용전압이 30[V] 이하인 경우에는 1차 권선과 2차 권선 사이에 금속제의 혼촉방지판이 있어야 한다.
④ 절연변압기의 2차측 전로의 사용전압이 30[V]를 초과하는 경우에는 그 전로에 지락이 생겼을 때에 자동적으로 전로를 차단하는 장치가 있어야 한다.

> 해설 풀장용 수중조명등에 전기를 공급하기 위하여 사용되는 절연변압기에 대한 설명으로 옳은 설명은
> ① 절연변압기 2차측 전로의 사용전압은 150[V] 이하이어야 한다.
> ② 절연변압기 2차측 전로의 사용전압이 30[V] 이하인 경우에는 1차 권선과 2차 권선 사이에 금속제의 혼촉방지판이 있어야 한다.
> ③ 절연변압기의 2차측 전로의 사용전압이 30[V]를 초과하는 경우에는 그 전로에 지락이 생겼을 때에 자동적으로 전로를 차단하는 장치가 있어야 한다.

100 저압 가공인입선 시설 시 도로를 횡단하여 시설하는 경우 노면상 높이는 몇 [m] 이상으로 하여야 하는가?
① 4
② 4.5
③ 5
④ 5.5

> 해설 저압 가공인입선 시설 시 도로를 횡단하여 시설하는 경우 노면상 높이는 5[m] 이상으로 하여야 한다.

해답 97. ① 98. ② 99. ② 100. ③

전기산업기사 필기

정가 30,000원

- 공저자   이   광   수
-              이   기   수
- 발행인   차   승   녀

- 2007년 4월 10일   제1판 제1인쇄발행
- 2008년 2월 11일   제2판 제1인쇄발행
- 2010년 1월 15일   제3판 제1인쇄발행
- 2011년 2월 25일   제4판 제1인쇄발행
- 2012년 2월 25일   제5판 제1인쇄발행
- 2013년 1월 30일   제6판 제1인쇄발행
- 2014년 2월 5일   제7판 제1인쇄발행
- 2015년 1월 30일   제8판 제1인쇄발행
- 2016년 3월 10일   제9판 제1인쇄발행
- 2017년 1월 25일   제10판 제1인쇄발행
- 2017년 8월 10일   제11판 제1인쇄발행
- 2018년 1월 10일   제11판 제2인쇄발행
- 2019년 1월 25일   제12판 제1인쇄발행
- 2019년 10월 30일   제13판 제1인쇄발행
- 2020년 3월 31일   제13판 제2인쇄발행
- 2020년 11월 20일   제14판 제1인쇄발행
- 2021년 3월 10일   제14판 제2인쇄발행

도서출판 건기원

(등록 : 제11-162호, 1998. 11. 24)

경기도 파주시 연다산길 244(연다산동 186-16)
TEL : (02)2662-1874~5   FAX : (02)2665-8281

★ 건기원은 여러분을 책의 주인공으로 만들어 드리며 출판 윤리 강령을 준수합니다.
★ 본 수험서를 복제・변형하여 판매・배포・전송하는 일체의 행위를 금하며, 이를 위반할 경우 저작권법 등에 따라 처벌받을 수 있습니다.

ISBN   979-11-5767-541-8   13560